目　次

(Ⅱ巻)

双翅目 Diptera ………………………………………………………………………… 篠永　哲　791

　オビヒメガガンボ科　Pediciidae ……………………………………………… 中村剛之　799
　ヒメガガンボ科　Limoniidae …………………………………………………… 中村剛之　807
　シリブトガガンボ科　Cylindrotomidae ……………………………………… 中村剛之　839
　ガガンボ科　Tipulidae …………………………………………………………… 中村剛之　843
　アミカ科成虫　Blephariceridae Adult ………………………………………… 三枝豊平　859
　アミカ科幼虫　Blephariceridae Larvae ……………………………………… 岡崎克則　907
　ハネカ科　Nymphomyiidae ……………………………………………………… 竹門康弘　929
　チョウバエ科　Psychodidae …………………………………………………… 古屋八重子　935
　ニセヒメガガンボ科　Tanyderidae ………………………………… 三枝豊平, 中村剛之　939
　コシボソガガンボ科　Ptychopteridae ……………………………… 三枝豊平, 中村剛之　943
　ホソカ科　Dixidae ……………………………………………………… 三枝豊平, 杉本美華　957
　カ科　Culicidae …………………………………………………………………… 田中和夫　1021
　ユスリカバエ科　Thaumaleidae ………………………………………… Bradley J. Sinclair　1271
　ブユ科　Simuliidae ……………………………………………………………… 上本騏一　1279
　ユスリカ科　Chironomidae ………………………………………… 新妻廣美, 山本　優　1307
　ミズアブ科　Stratiomyidae ……………………………………………………… 永冨　昭　1445
　ナガレアブ科　Athericidae ……………………………………………………… 永冨　昭　1455
　アブ科　Tabanidae ………………………………………………………………… 早川博文　1463
　オドリバエ科　Empididae ……………………………………………………… 三枝豊平　1479
　アシナガバエ科　Dolichopodidae ……………………………………………… 桝永一宏　1557
　ヤリバエ科　Lonchopteridae …………………………………………………… 三枝豊平　1565
　ハナアブ科　Syrphidae …………………………………………………………… 池崎善博　1595
　ベッコウバエ科　Dryomyzidae ………………………………………………… 巣瀬　司　1609
　ヤチバエ科　Sciomyzidae ……………………………………………………… 末吉昌宏　1611
　ニセミギワバエ科　Canacidae ……………………………………… 宮城一郎, 大石久志　1643
　フンバエ科　Scathophagidae …………………………………………………… 諏訪正明　1653
　ハナバエ科　Anthomyiidae ……………………………………………………… 諏訪正明　1655
　イエバエ科　Muscidae …………………………………………………………… 篠永　哲　1657

索　引 ……………………………………………………………………………………………… 1665

（I 巻）

第 2 版への序文	谷田一三	v
はじめに	谷田一三	vii

総　論 ……………………………………………………………………… 川合禎次　1

　　第 1 章　水生昆虫とは ………………………………………………………… 1
　　第 2 章　水への適応 …………………………………………………………… 5
　　第 3 章　水生昆虫研究の史的展望 …………………………………………… 10

各　論 ……………………………………………………………………… 川合禎次　27

　　第 1 章　水生昆虫幼虫の目 (order) の検索表 ……………………………… 27

カゲロウ目　Ephemeroptera　Plate 1〜16　31

カゲロウ目　**Ephemeroptera** ……………………… 石綿進一，竹門康弘，藤谷俊仁　47
　　トビイロカゲロウ科　Leptophlebiidae …………………………………………… 59
　　カワカゲロウ科　Potamanthidae ………………………………………………… 64
　　シロイロカゲロウ科　Polymitarcyidae …………………………………………… 66
　　モンカゲロウ科　Ephemeridae …………………………………………………… 68
　　ヒメシロカゲロウ科　Caenidae …………………………………………………… 69
　　マダラカゲロウ科　Ephemerellidae ……………………………………………… 73
　　ヒメフタオカゲロウ科　Ameletidae ……………………………………………… 88
　　コカゲロウ科　Baetidae …………………………………………………………… 91
　　ガガンボカゲロウ科　Dipteromimidae …………………………………………… 111
　　フタオカゲロウ科　Siphlonuridae ………………………………………………… 114
　　チラカゲロウ科　Isonychiidae …………………………………………………… 117
　　ヒトリガカゲロウ科　Oligoneuriidae …………………………………………… 121
　　ヒラタカゲロウ科　Heptageniidae ……………………………………………… 121

トンボ目（蜻蛉目）　**Odonata** ……………………………………… 石田昇三，石田勝義　151

　均翅亜目　Zygoptera ………………………………………………………………… 153
　　カワトンボ科　Calopterygidae …………………………………………………… 155
　　ハナダカトンボ科　Chlorocyphidae ……………………………………………… 158
　　ミナミカワトンボ科　Euphaeidae ………………………………………………… 159
　　ヤマイトトンボ科　Megapodagrionidae ………………………………………… 160
　　アオイトトンボ科　Lestidae ……………………………………………………… 161
　　モノサシトンボ科　Platycnemididae …………………………………………… 165

イトトンボ科	Coenagrionidae	168
ムカシトンボ亜目	**Anisozygoptera**	180
ムカシトンボ科	Epiophlebiidae	180
不均翅亜目	**Anisoptera**	180
ムカシヤンマ科	Petaluridae	182
ヤンマ科	Aeshnidae	183
サナエトンボ科	Gomphidae	193
ミナミヤンマ科	Chlorogomphidae	206
オニヤンマ科	Cordulegastridae	208
ミナミヤマトンボ科	Gomphomacromiidae	208
ヤマトンボ科	Macromiidae	209
エゾトンボ科	Corduliidae	212
トンボ科	Libellulidae	218

カワゲラ目（積翅目） PLECOPTERA ……………… 清水高男，稲田和久，内田臣一 271

1. ヒロムネカワゲラ科（ヒロカワゲラ科）	Peltoperlidae	279
2. アミメカワゲラ科	Perlodidae	280
3. カワゲラ科	Perlidae	293
4. ミドリカワゲラ科	Chloroperlidae	304
5. トワダカワゲラ科	Scopuridae	308
6. シタカワゲラ科（ミジカオカワゲラ科）	Taeniopterygidae	309
7. オナシカワゲラ科	Nemouridae	311
8. クロカワゲラ科	Capniidae	315
9. ホソカワゲラ科（ハラジロオナシカワゲラ科）	Leuctridae	321

カワゲラ目（積翅目）追記 PLECOPTERA, Additional Notes ……… 内田臣一，吉成 暁 325

2. アミメカワゲラ科	Perlodidae	325
3. カワゲラ科	Perlidae	325
7. オナシカワゲラ科	Nemouridae	326
8. クロカワゲラ科	Capniidae	327
9. ホソカワゲラ科	Leuctridae	327

半翅目 Hemiptera ……………………………………………… 林 正美，宮本正一 329

タイコウチ下目	**NEPOMORPHA**	334
タイコウチ科	Nepidae	334
コオイムシ科	Belostomatidae	337
ミズムシ科	Corixidae	340
メミズムシ科	Ochteridae	359

アシブトメミズムシ科	Gelastocoridae	359
コバンムシ科	Naucoridae	360
ナベブタムシ科	Aphelocheiridae	360
マツモムシ科	Notonectidae	362
マルミズムシ科	Pleidae	369
タマミズムシ科	Helotrephidae	370

アメンボ下目　**GERROMORPHA** ……………………………………………… 371
　ミズカメムシ科　Mesoveliidae ………………………………………… 371
　イトアメンボ科　Hydrometridae ……………………………………… 374
　ケシミズカメムシ科　Hebridae ………………………………………… 377
　カタビロアメンボ科　Veliidae ………………………………………… 380
　アメンボ科　Gerridae …………………………………………………… 392
　サンゴアメンボ科　Hermatobatidae …………………………………… 408

ミズギワカメムシ下目　**LEPTOPODOMORPHA** …………………………… 409
　ミズギワカメムシ科　Saldidae ………………………………………… 409
　アシナガミギワカメムシ科　Leptopodidae …………………………… 419
　サンゴカメムシ科　Omaniidae ………………………………………… 420

ヘビトンボ目（広翅目）　Megaloptera ……………………… 林　文男　429

アミメカゲロウ目（脈翅目）　Neuroptera …………………… 林　文男　437
　ミズカゲロウ科　Sisyridae ……………………………………………… 437
　シロカゲロウ科　Nevrorthidae ………………………………………… 439
　ヒロバカゲロウ科　Osmylidae ………………………………………… 439

トビケラ目（毛翅目）　Trichoptera　Plate 1～6　443

トビケラ目（毛翅目）　Trichoptera ……… 谷田一三，野崎隆夫，伊藤富子，服部壽夫，久原直利　449
　ナガレトビケラ科　Rhyacophilidae …………………………… 服部壽夫　474
　カワリナガレトビケラ科（ツメナガナガレトビケラ科を改称）　Hydrobiosidae …… 服部壽夫　498
　ヒメトビケラ科　Hydroptilidae ………………………………… 伊藤富子　500
　カメノコヒメトビケラ科　Ptilocolepidae ……………………… 伊藤富子　512
　ヤマトビケラ科　Glossosomatidae ……………………………… 服部壽夫　514
　　―ヤマトビケラ科追記―………………………………………… 谷田一三　523
　ヒゲナガカワトビケラ科　Stenopsychidae ……………………… 谷田一三　525
　カワトビケラ科　Philopotamidae ………………………………… 久原直利　529
　クダトビケラ科　Psychomyiidae ………………………………… 谷田一三　544
　キブネクダトビケラ科　Xiphocentonridae ……………………… 谷田一三　552
　シンテイトビケラ科　Dipseudopsidae …………………………… 谷田一三　553

ムネカクトビケラ科	Ecnomidae		久原直利	557
イワトビケラ科	Polycentropodidae		谷田一三	560
シマトビケラ科	Hydropsychidae		谷田一三	567
マルバネトビケラ科	Phryganopsychidae		野崎隆夫	584
トビケラ科	Phryganeidae		野崎隆夫	585
カクスイトビケラ科	Brachycentridae		野崎隆夫	590
キタガミトビケラ科	Limnocentropodidae		野崎隆夫	597
カクツツトビケラ科	Lepidostomatidae		伊藤富子	598
エグリトビケラ科	Limnephilidae		野崎隆夫	613
コエグリトビケラ科	Apataniidae		野崎隆夫	628
クロツツトビケラ科	Uenoidae		野崎隆夫	634
ニンギョウトビケラ科	Goeridae		野崎隆夫	637
ヒゲナガトビケラ科	Leptoceridae		谷田一三	643
ホソバトビケラ科	Molannidae		伊藤富子	657
アシエダトビケラ科	Calamoceratidae		谷田一三・伊藤富子	661
フトヒゲトビケラ科	Odontoceridae		谷田一三	665
ケトビケラ科	Sericostomatidae		谷田一三	667
ツノツツトビケラ科	Beraeidae		野崎隆夫	669
カタツムリトビケラ科	Helicopsychidae		谷田一三	670

膜翅目（ハチ目） Hymenoptera ……………………… 小西和彦 689

1．ヒメバチ科　Ichneumonidae ……………………………………………… 689

鱗翅目　Lepidoptera ……………………………………… 吉安 裕 695

ミズメイガ亜科　Acentropinae（= Nymphulinae） ……………………… 696

コウチュウ目（鞘翅目）　Coleoptera ……………… 佐藤正孝，吉富博之 707

オサムシ亜目　Adephaga ………………………………………………… 712
　1．コガシラミズムシ科　Haliplidae ………………………………………… 713
　2．ムカシゲンゴロウ科　Phreatodytidae ………………………………… 715
　3．コブゲンゴロウ科　Noteridae ………………………………………… 715
　4．ゲンゴロウ科　Dytiscidae ……………………………………………… 718
　5．ミズスマシ科　Gyrinidae ……………………………………………… 738
ツブミズムシ亜目　Myxophaga …………………………………………… 741
　1．ツブミズムシ科　Torridincolidae ……………………………………… 741
カブトムシ亜目　Polyphaga ……………………………………………… 742
　1．ダルマガムシ科　Hydraenidae ………………………………………… 745
　2．ホソガムシ科　Hydrochidae …………………………………………… 748

3．マルドロムシ科　Georissidae ·· 748
4．セスジガムシ科　Helophoridae ·· 749
5．ガムシ科　Hydrophilidae ·· 751
6．マルハナノミ科　Scirtidae ·· 762
7．ナガハナノミ科　Ptilodactylidae ·· 764
8．ヒラタドロムシ科　Psephenidae ·· 765
9．ナガドロムシ科　Heteroceridae ·· 767
10．ドロムシ科　Dryopidae ··· 770
11．ヒメドロムシ科　Elmidae ··· 770
12．ホタル科　Lampyridae ·· 777
13．ハムシ科　Chrysomelidae ··· 779
14．ゾウムシ科　Curculionidae ··· 779

双翅目　Diptera

篠永　哲

　双翅目（ハエ目）は非常に大きなグループで，現在国内から知られている科は，約150科ある．そのうちでもユスリカ科のように1000種近くの種を含む科もあるが数種しか知られていない科もある．双翅目とは，2枚の翅をもった昆虫という意味である．すなわち，前翅は飛翔に用いられ，後翅は萎縮して平均棍という器官となっている．双翅目昆虫を大別すると長角亜目（Nematocera）と短角亜目（Brachyera）の2亜目に分けられる．長角亜目とは，成虫の触角が同じ大きさの12節以上からなる数珠状となっている昆虫群で，ガガンボ科，カ科，ユスリカ科，チョウバエ科など多くの科が含まれ，幼虫が水生のものが多い．短角亜目は，成虫が蛹から羽化してくる時に，蛹殻が縦に割れて成虫が脱出する直縫短角群（Orthorraphous Brachycera）と蛹殻（囲蛹殻）が環状に割れる環縫短角群（Cyclorrhaphous Brachycera）に分類される．直縫短角群は，一般にアブと呼ばれているグループで，ミズアブ科，シギアブ科，アブ科，オドリバエ科などが含まれ，幼虫が水生のものも多い．環縫短角群は，ハエの仲間で多くの科に分かれていて種数も多いが，幼虫が水生のものは少ない．ヤチバエ科，ミギワバエ科，イエバエ科の一部などに水生の幼虫が知られている．

　水生昆虫として水域に生息しているのは幼虫のみで，成虫は水中には生息しない．生息環境としては，河川，池沼，湖など広い水域から，樹洞，植物の葉腋，地上の水溜り，満潮になると水面下となる海岸の泥土や砂地，海岸の岩礁の溜り水など様々である．河川にしても，ゆっくりと流れる大河から流速の速い渓流など環境が異なるとそこに生息する種も違ってくる．

　食性も様々である．ブユのように，流水中の草や石などに付着していて，上流に向けて口を開き，口刷毛で流れてくる珪藻や小さな藻類などを濾し取るもの，蚊のように水中の微生物を浮遊しながら口刷毛を動かして摂食するもの，水底の泥土中に生息し，そこに生息する微生物を摂取するもの，他の昆虫類の幼虫を襲って食べるものなどがある．

　発育速度は，種によって異なり，蚊のなかには，幼虫期間が数日で約10日で成虫となり，年に数回の世代を繰り返すものや，アブでは幼虫期間が1～2年と長期にわたるものもある．越冬する際のstageも，卵，幼虫，蛹，成虫期など様々で，なかには温度条件が良ければ休眠しない種もある．

　水生の幼虫は，一般に水中で蛹化する．蛹化に際しては，ブユ科のように繭を形成するものとしないものがある．また，カ科のように，活発に活動する可動蛹と水草や岩に固着して運動しない蛹がある．羽化する際には，ブユ科では，水中で羽化し，成虫は空気に包まれて空中に脱出する．また，カ科やユスリカ科では，蛹が水面に浮遊しながら羽化する．

　呼吸は，カ科のように気門と気管が発達していて陸生昆虫と同じく空気呼吸をするものと，体表から水中の溶存酸素を吸収するものがある．ユスリカ科の一部では，肛門の周辺に肛門鰓と側鰓，腹鰓などをもっている種もあるが，これらで水中の溶存酸素を取り入れているかどうかは不明である．

　双翅目昆虫は，基本的には成虫の形態で分類されているが，幼虫でもそれぞれの亜目，群で形態的に区別できる．ここでは，水生双翅目昆虫として知られている日本産の科について検索表で解説することにする．ただし，長角亜目の検索については，前著『日本産水生昆虫検索図説』（橋本，1965）に従った．

水生双翅目幼虫の亜目，科の検索表

1　頭部は完全で，咀嚼口をもち大顎は水平に動き，2対以上の歯がある；幼虫期は3齢以上で，体は頭部を除き13節からなり，9対の気門をもっている；大顎には通常2個以上の歯があり，鉤状または鎌状で無歯のものもある；頭部は普通胸部に引き込まれることはない（図1）……………………………………………………… 長角亜目　Nematocera … 3
―　頭部は不完全で，大顎は垂直に動き，体は13節よりも少なく，9対の気門をもつ；頭部は胸部に引き込まれるか退化している ……………………… 短角亜目　Brachycera … 2
2　大顎は普通鎌状で無歯である；頭部の後半部または全体が胸部に引き込まれる
　…………………………………………… 直縫短角群　Orthorrhaphous Brachycera（図2）… 17
―　頭殻は膜質化し，退化している；触角は痕跡的かまったく消失している
　…………………………………………… 環縫短角群　Cyclorrhaphous Brachycera（図3）… 21
3　腹部の末端節に6本の長い糸状突起と2対の擬脚がある（図4）
　………………………………………………………… ニセヒメガガンボ科　Tanyderidae
―　腹部の末端節に糸状突起をもたない ………………………………………………………… 4
4　腹部第1節から第7節までに対をなす擬脚が少なくとも2対以上ある ……………………… 5
―　腹部第1節から第7節までに対をなす擬脚をまったく欠く ………………………………… 7
5　腹部の擬脚は第1節と第2節のみにある（図5）……………………… ホソカ科　Dexidae
―　腹部の擬脚は第1節から第7節までに各1対ずつある ……………………………………… 6
6　体は円筒形，擬脚は細長く直立方向にのび，先端の爪は長く刺状で輪状に配列する（図6）
　………………………………………………………………………… ハネカ科　Nymphomyiidae
―　体は左右に扁平で，擬脚は太く側方へ開く，その先端に吸盤がある（図7）
　………………………………………………………………… アミカモドキ科　Deuterophlebiidae
7　頭部，胸部および腹部第1節は融合する．体節中央腹面に1個ずつの吸盤がある（図8）
　………………………………………………………………………… アミカ科　Blepharoceridae
―　頭部，胸部および腹部第1節は融合しない ………………………………………………… 8
8　頭部の一部または全部が胸部の中に引き込まれる．体の後端に気門を備えた呼吸盤がある
　…………………………………………………………………………………………………… 9
―　頭部は胸部に引き込まれず，体の後端に気門盤をもたない …………………………… 10
9　体の後端にある呼吸盤を取り巻く肉質突起は3対，稀に4対である（図9a, b）
　………………………………………………………………………… ガガンボ科　Tipulidae
―　体の後端にある呼吸盤を取り巻く肉質突起は4対である
　………………………………………………………………………… ヒメガガンボ科　Limnoiidae
10　体の後端に1本の長大な呼吸管が発達している（図10）
　………………………………………………………………… コシボソガガンボ科　Ptychopteridae
―　体の後端に長大な呼吸管はない ……………………………………………………………… 11
11　胸部および腹部の体節はさらに分節し，過剰の体節を形成している（図11）
　………………………………………………………………………… チョウバエ科　Psychodide
―　胸部および腹部に過剰の分節はない ………………………………………………………… 12
12　胸部の3節は癒合し球状に肥大し，腹部と明瞭に区別できる ……………………………… 13
―　胸部の3節は癒合せず，胸部は腹部よりもやや太いかほぼ同大である …………………… 14
13　胸部に1対，腹部第7節に1対の浮嚢がある（図12）………………… フサカ科　Chaoboridae

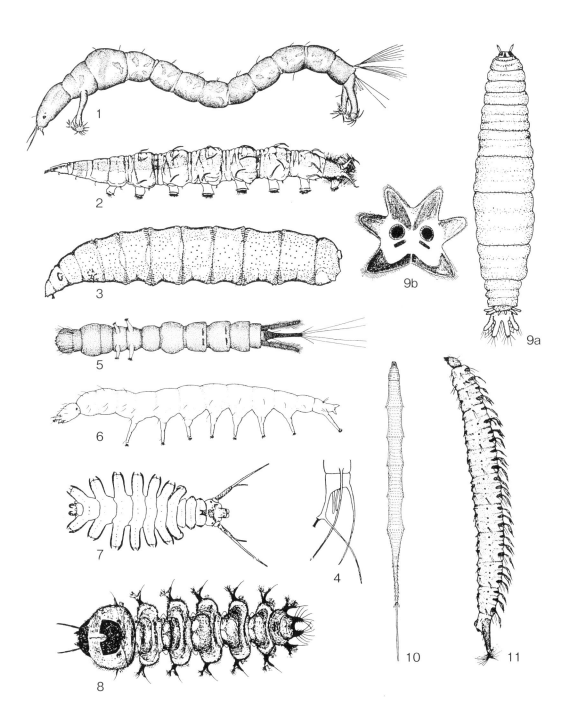

―	胸部, 腹部ともに浮嚢をもたない(図13)	カ科 Cilicidae
14	胸部第1節と第2節の境界は不明瞭；腹部末端節は他の環節より長く，かつ肥大し，その後端には吸盤がある(図14)	ブユ科 Simuliidae
―	胸部3節は明瞭に区別され，体はほぼ円筒形で腹部末端節は肥大せず，その後端に吸盤ももたない	15
15	胸部第1節の背面に1対の短い呼吸管がある；胸部第1節および腹部末端の擬脚はいずれも対をなさない(図15)	ユスリカバエ科 Thaumaleidae
―	胸部に呼吸管はない；胸部第1節および腹部末端節の擬脚は対をなすか単一またはもたない	16
16	胸部第1節および腹部末端節の擬脚はよく発達し先端は二分して対をなす(図1)	ユスリカ科 Chironomidae
―	胸部第と腹部末端節の擬脚は，通常単一またはこれを欠く；後端の擬脚が対をなす場合は短く痕跡的である(図16)	ヌカカ科 Ceratopogonidae
17	擬脚をもたない(図17)	ミズアブ科 Stratiomyidae
―	擬脚をもつ	18
18	腹部各体節の背面および側面に先の尖った肉質突起がある(図2)	ナガレアブ科 Athericidae
―	腹部各体節に肉質突起はない	19
19	体の後端に呼吸管がない(図18)	オドリバエ科 Empididae
―	体の後端に呼吸管がある	20
20	体は円筒形，両端が尖っている；腹部には縦の筋がある；呼吸管は互いに接近し垂直の裂け目の上にある(図19)	アブ科 Tabanidae
―	呼吸管は離れており，数個の尖った突起に囲まれている(図20)	アシナガバエ科 Dolichopodidae
21	体は背腹に扁平	22
―	体は円筒形	23
22	後方気門は扁平な盤上にあり，裂孔は放射型に配列している；通常汚水性で水生貝類やその卵を捕食する(図21)	ヤチバエ科の一部 Sciomyzidae, Antichaeta
―	後方気門は突出した突起上にあり，裂孔はやや並列する；他の幼虫などを捕食する(図22)	イエバエ科の一部 Muscidae, Graphomyia
23	口鉤は痕跡的または欠く；後方気門は接近し，短いかまたは非常に長い突起の先端に位置する(図23)	ハナアブ科 Syrphidae
―	口鉤をもつ；後方気門は離れている	24
24	体は細長く，後方に長くのびている；後方気門は長くのび，2分した枝の先端に位置する；前方気門をもたないものもある(図24)	ミギワバエ科 Ephydridae
―	後方気門は左右とも並列し枝分れしない	25
25	後方気門は離れていて，1つの板の上にはなく浅い凹陥部にあるかのびた呼吸管上にある；前方気門は長くのびている(図25)	26
―	前方気門は短い	27
26	腹部末端節に明瞭な突起をもたない(図26)	ニセミギワバエ科 Canacidae
―	腹部末端節に明瞭な突起がある(図27)	ヤチバエ科 Sciomyzidae

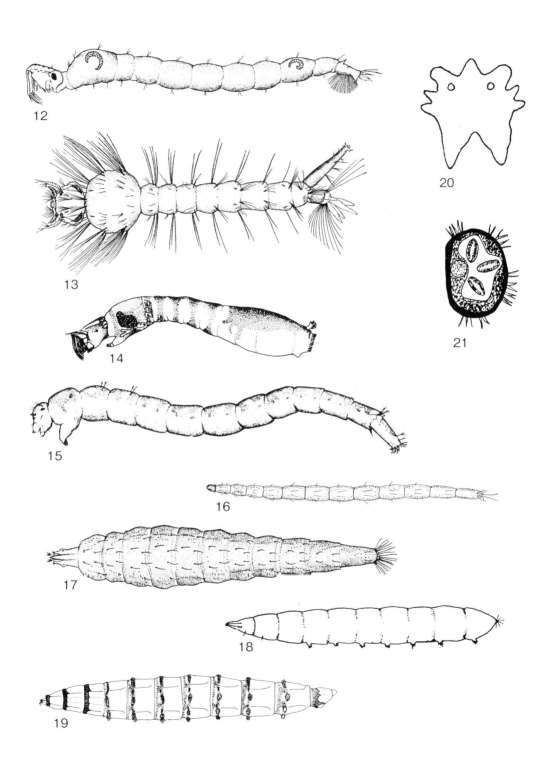

27　腹部各体節は横に突出した突起がある；咽頭骨格の背翼は幅広く腹翼の幅の約2倍である
　　　（水生の *Oedoparena* 属）（図28a, b）…………………………… **ベッコウバエ科**　Dryomyzidae
—　腹部の体節には突起はない ……………………………………………………………… 28
28　体全体に小棘がある；後方気門はやや突出している（図29a, b, c）
　　　………………………………………………………………… **フンバエ科**　Scathophagidae
—　小棘は体節の前縁または後縁にあるのみである ……………………………………… 29
29　後方気門の裂孔は3本とも別の方向を向いている（図30a, b）… **ハナバエ科**　Anthomyiidae
—　後方気門の裂孔は3本とも並列するか曲折する（図31a, b）………… **イエバエ科**　Muscidae

参考文献

Ferrar, P. 1987. A guide to the breedinga habits and immature stages of Diptera Cyclorrhapha. Entomonograph, 8(1): 1-478. 8(2): 479-907. E. J. Brill/ Scandinavian Science Press, Leiden/ Copenhagen.
Hennig, W. 1968. Die Larvenformen der Dipteren. 1. Teil. 148 pp.; 2 Teil. 458 pp.; 3 Teil. 628pp.
Johannsen, O. A. 1977. Aquatic Diptera. Eggs, larvae, and pupae of aquatic flies. Entomological Reprint Specialists, Part 1. 1-71pp., 24figs. Part 2. 1-62pp., 12figs. Part 3. 1-84pp., 18figs. Part 4. 1-80pp., 18figs.
川合禎次（編）1985．日本産水生昆虫検索図説．東海大学出版会，東京．409pp.
Smith, K. G. V. 1989. An introduction to the immature stages of British flies. Diptera larvae, with notes on eggs, puparia and pupae. Handbook for the identification of British insects, 10(14): 1-280. Royal Entomologica Society of London.
Skidmore, P. 1985. The biology of the Muscidae of the world. Dr. W. Junk Publication, 550pp.
津田松苗（編）1962．水生昆虫学．北隆館，東京．

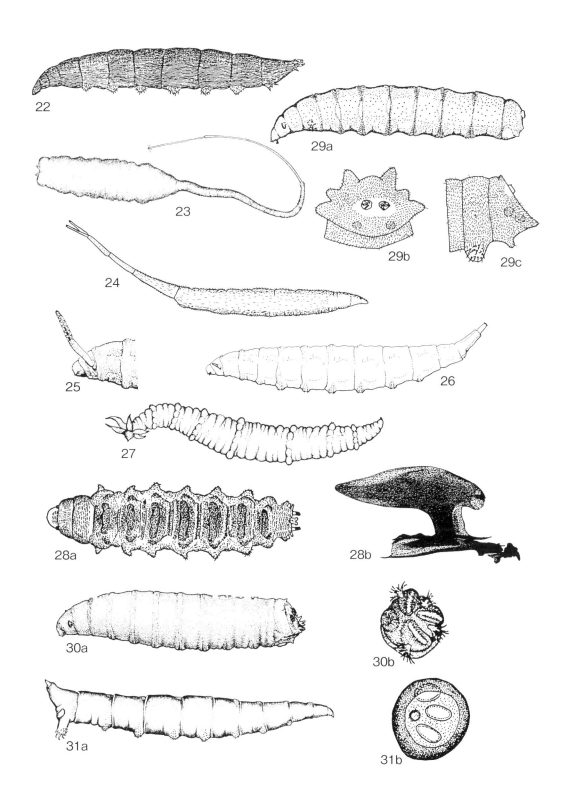

オビヒメガガンボ科　Pediciidae

中村剛之

　ガガンボ上科に分類される小〜大型のガガンボ類である．ガガンボ上科では比較的小さな科で，エチオピア区を除く各生物地理区に分布し，日本からは7属66種が記録されている．オビヒメガガンボ科の幼生期の研究は進んでおらず，幼虫が陸生か水生か生息環境が不明の属もあるため，検索表ではこれまで日本から記録のあるすべての属を示す．

　オビヒメガガンボ科は複眼が短い毛で覆われることや翅のsc-r横脈がSc脈の先端から翅の基部側にはなれて位置するなど，祖先的と考えられる形質によって特徴づけられる．単系統性はDNAの情報を用いた解析によって強く支持されている（Petersen et al., 2010など）．オビヒメガガンボ科はもともと広義のガガンボ科Tipulidaeヒメガガンボ亜科Limoniinaeの一族として扱われていたが（Alexander & Byers, 1981など，改定前の本書でもこの分類体系を踏襲した），Stary（1992）以降，それまでの亜科や族を科に昇格させ，広義のガガンボ科を4つの科に分ける扱いが一般的となっており，現在ではオビヒメガガンボ科も独立した科として認知されている（Oosterbroek, 2006など）．

　成虫は水田や林間の小さな沢，日陰の湿地などの周辺にみられる．Ulinae亜科（*Ula*属）の幼虫はキノコを食べて育つが，Pediciinae亜科の幼虫はほとんどが水生または半水生である．後者は小さな沢や湿ったコケの中，水辺周辺の泥の中にみられ，動きが敏捷で貧毛類や他の昆虫などを捕食する．

形態的特徴

成虫：体長5〜25mm．頭部は小さい．口吻は短く，前方に突出するが，ガガンボ科にみられる鼻状の突起はない．複眼は半球状で，短い毛に覆われ（*Nipponomyia*属は例外的に無毛），雌雄ともに離眼的，単眼を欠く．触角は12〜17節．小腮鬚は5節からなり，短い．中胸背板は大きく，前楯板（praescutum）と楯板（scutum）はV字形の縫合線で区切られている．翅は細長く，明瞭な斑紋をもつ種ともたない種がある．Sc脈はC脈に終わり，R_1脈とはsc-r横脈でつながる．sc-r横脈はRs脈の起点付近かそれより手前にあり，R脈は4本に枝分かれして翅の縁に届く．m_1室をもつもの（Pediciinae亜科）ともたないもの（Ulinae亜科）がある．A_1脈は長く，普通CuP脈の半分以上の長さがある．脚は細長く，転節と腿節の関節部で折れやすい．中脚の副基節（meron）は小さく，真基節（eucoxa）の後方に位置し，副基節と後側板の間は膜によって区切られている．脛節は前脚に1本，中，後脚に各々2本の距棘（tibial spurs）をもつ．腹部は細長く，生殖基節（gonocoxite）は大きく，先端に1〜2本の生殖端節（gonostylus）をもつ．雌の腹部末端節は，尾角（cercus）と第8腹板後方の下生殖弁（hypogynial valve）が伸長し，先の尖った産卵管（ovipositor）を形成する．尾角は先端部分が上に向かって反り返る．

幼虫：体形は細長く，円筒形．腹部に匍匐皺や腹脚をもち，呼吸系は腹部末端に1対の気門がある後気門式（metapneustic）．水生の属では呼吸盤の突起は腹面の2本が発達し，背面と側面の突起は消失している．

亜科，属と亜属の検索

成虫

1a 翅の膜は無毛．m_1室をもつ ……………………………………… Pediciinae亜科…2
1b 翅の膜全体に細毛が生える．M_{1+2}脈が翅の縁まで届き，m_1室を欠く

　　　　　　……………………………………………… Ulinae 亜科…キノコガガンボ属　*Ula*（幼虫は陸生）
2a　複眼は毛に覆われる．r-m 横脈は Rs 脈の分岐かそれより先（R_5 脈上）に位置する …… 3
2b　複眼は無毛．r-m 横脈は Rs 脈の分岐より手前（Rs 脈上）に位置する
　　　　　　……………………………………………… ウスキオビヒメガガンボ属　*Nipponomyia*（幼生期は不明）
3a　bm 室は横脈で2つに分割される ………………………………………………………… 4
3b　bm 室に横脈をもたない …………………………………………………………………… 5
4a　bm 室のほか，r_3 室，r_4 室，m_1 室にも横脈をもつ．Rs 脈は先端で R_{2+3+4} 脈と R_5 脈に分かれる
　　　　　　……………………………… アヤオビヒメガガンボ属　*Heterangaeus*（幼生期は不明）
4b　r_3 室，r_4 室，m_1 室に横脈をもたない．Rs 脈は先端で R_{2+3} 脈と R_{4+5} 脈に分かれる
　　　　　　……………………………… マダラオビヒメガガンボ属　*Nasiternella*（幼虫は朽木生）
5a　dm 室をもつものともたないものがある．dm 室をもつ場合，m-m 横脈は M_{1+2} 脈と M_3 脈を繋いでいる（つまり，m_1 室は有柄）．M_{3+4} 脈は M 脈の分岐点から離れた場所（dm 室がある場合，dm 室の中央より先）で M_3 脈と M_4 脈に分離する ……………………………… 6
5b　つねに dm 室をもち，m-m 横脈は M_2 脈と M_3 脈を繋いでいる．M_3 脈と M_4 脈は M 脈の分岐点かその直後で分離する
　　　　　　……………… ダイミョウガガンボ属　*Pedicia* 一部（*Amalopis* 亜属）（幼虫は水生）
6a　翅長は17 mm 以下．翅に顕著な三角形の暗褐色紋はない．dm 室があるものとないものがある ………………………………………………………………………………… 7
6b　大型（翅長17 mm 以上）．翅には前縁部，R_2 脈～m-cu 脈，CuA 脈を3辺とする三角形の暗褐色紋がある．dm 室をもつ
　　　　　　……………………… ダイミョウガガンボ属　*Pedicia* 一部（*Pedicia* 亜属）（幼虫は水生）
7a　R_1 脈は2本の脈で Rs 脈の前方の分枝と連結される ……………………………… 8
7b　R_1 脈と Rs 脈の前方の分枝を繋ぐのは R_2 脈1本のみ ……………………………… 9
8a　m-m 横脈をもち，dm 室がある
　　　　　　…………… ホソオビヒメガガンボ属　*Dicranota* 一部（*Eudicranota* 亜属）（幼生期は不明）
8b　m-m 横脈をもたず，dm 室がない
　　　　　　…………… ホソオビヒメガガンボ属　*Dicranota* 一部（*Dicranota* 亜属）（幼虫は水生）
9a　m-m 横脈をもたず，dm 室がない ……………………………………………………… 10
9b　m-m 横脈をもち，dm 室がある
　　　　　　…………… ホソオビヒメガガンボ属　*Dicranota* 一部（*Ludicia* 亜属）（幼虫は水生）
10a　Rs 脈は Rs 脈の分岐点から R_{2+3} 脈の分岐点までの長さより短い．Rs 脈は先端で R_{2+3+4} 脈と R_5 脈の2本または R_{2+3}，R_4 脈，R_5 脈の3本に分かれるため，r_4 室は柄をもたない
　　　　　　…………… ホソオビヒメガガンボ属　*Dicranota* 一部（*Rhaphidolabis* 亜属）（幼虫は水生）
10b　Rs 脈は Rs 脈の分岐点から R_{2+3} 脈の分岐点までの長さより長い．Rs 脈は先端で R_{2+3} 脈と R_{4+5} 脈に分かれるため，r_4 室は短い柄をもつ
　　　　　　……………………………………………… ハタモトガガンボ属　*Tricyphona*（幼虫は水生）

属の検索
幼虫，一部の属のみ

1a　腹脚をもたず，第4～7腹節に匍匐皺か幅の広い突起を有する ……………………… 2
1b　第3～7腹節の腹側に先端に鉤爪を備えた腹脚（prolegs）を有する．

.... ホソオビヒメガガンボ属　*Dicranota*（一部）
2a　匍匐皺は腹部の背面，腹面両方に発達し，非常に小さな針状突起をもつ
.... ホソオビヒメガガンボ属　*Dicranota (Ludicia)*
2b　匍匐皺や幅の広い突起は腹側だけに発達し，針状突起をもたない
.... ダイミョウガガンボ属　*Pedicia*，ハタモトガガンボ属　*Tricyphona*

ウスキオビヒメガガンボ属（新称）　*Nipponomyia*（図1-1）

　体長10〜16 mm．体は淡い黄色から橙色の美しいガガンボ．オビヒメガガンボ科のなかでは例外的に複眼の細毛を欠く．翅は透明で前縁部近くが黄色く縁取られる．翅脈はホソオビヒメガガンボ属やハタモトガガンボ属の翅脈に似るが，r-m横脈がRs脈の分岐点より手前にあることは特異的である．dm室をもつ種ともたない種がある．

　幼生期は幼虫，蛹ともに不明．成虫は山間の小さな沢の周りでみつかり，雄は数個体が地上50 cmほどの高さに集まって群飛を行う．

　東洋区と旧北区東部に15種が分布し，日本からは3種が知られる．

アヤオビヒメガガンボ属（新称）　*Heterangaeus*（図1-2，図3）

　体長7〜15 mm．翅脈はマダラオビヒメガガンボ属，ハタモトガガンボ属に似るが，r_3室，r_4室，bm室，m_1室に横脈をもつ．dm室は常に閉じており，m-m横脈はM_{1+2}脈の分岐点かその付近に位置する．翅には顕著な褐色の模様をもつ．

　幼生期は幼虫，蛹ともに不明．成虫は明るい林道沿いの草むらでみられる．雄は林内や林道沿いの日だまりの草の上で群飛を行う．

　日本を中心とした東アジアに分布し，国内には既知の6種がすべて分布している．

ホソオビヒメガガンボ属（新称）　*Dicranota*

　小型のガガンボで，成虫の体長は普通7 mm以下．翅は横褐色を帯びた透明．翅の横脈や脈の分岐点に斑紋をもつものと無紋のものがある．R_2脈はR_1脈の先端付近にある．R_{2+3}脈は長く，R_{2+3+4}脈はないか非常に短い．M_3脈とM_4脈は共通の柄部（M_{3+4}脈）をもつ．

　幼虫は小さな川のよどみや池の砂泥底にすむ．素早く砂や小石の間を移動し，ミミズなどを捕食する．体をくねらせながら泳ぐこともできる．

　分類と分布．旧北区，東洋区，新北区，新熱帯区に分布し，9亜属に分類される．オビヒメガガンボ科で最も大きな属で，旧北区だけでも100種以上が知られている．日本からは4亜属26種が記録されている．

Eudicranota 亜属

　体長5〜6 mm．体は白色に近い黄白色．r室にR_1脈とR_{2+3}脈を結ぶ横脈がある．m-m横脈があり，dm室が閉じている．翅には脈の分岐点，横脈上に斑紋がある．

　幼虫，蛹ともに不明．日本から2種が記録されている．

Dicranota 亜属

　体長4〜7 mm．体色は淡い黄褐色から暗い灰色．r_1室にR_1脈とR_{2+3}脈を結ぶ横脈がある．翅には明瞭な斑紋をもたない．m-m横脈がなく，dm室が開いている．日本から4種が記録されている．

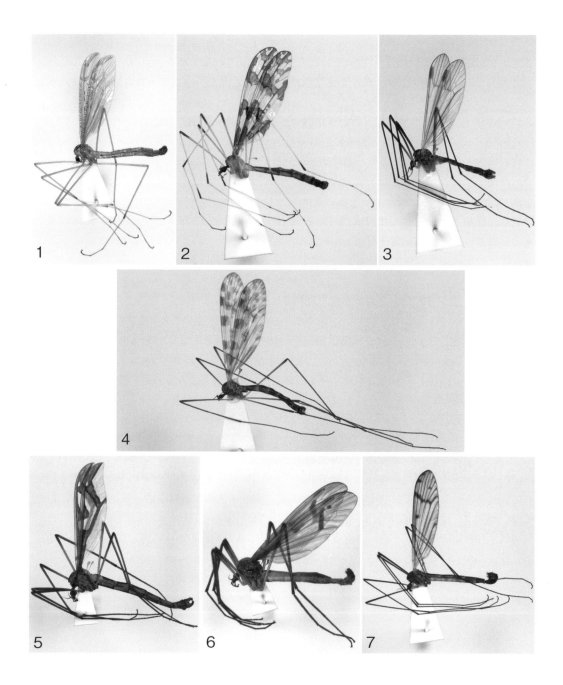

図1 オビヒメガガンボ科成虫 Pediciidae
1：ウスキシマヘリガガンボ *Nipponpomyia kuwanai* (Alexander, 1913) ♂　2：*Heterangaeus gloriosus* (Alexander, 1924) ♂　3：*Dicranota* (*Ludicia*) sp. ♂　4：マダラオビヒメガガンボ *Nasiternella varinervis* (Zetterstedt, 1851) ♂　5：ギフダイミョウガガンボ *Pedicia* (*Pedicia*) *gifuensis* Kariya, 1934 ♂　6：*Pedicia* (*Pedicia*) sp. ♂　7：*Pedicia* (*Amalopis*) sp. ♂

オビヒメガガンボ科 5

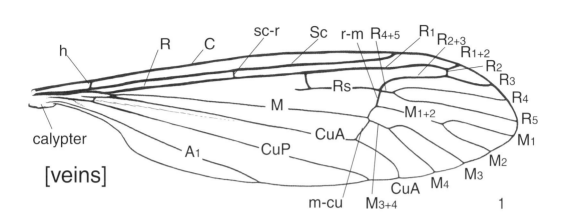
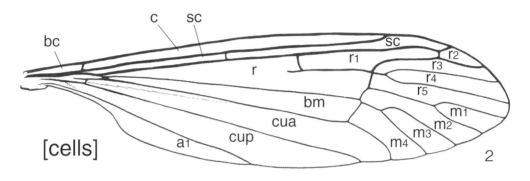
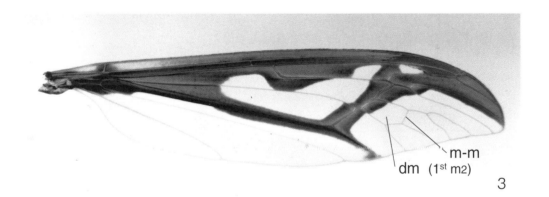

図2 オビヒメガガンボ科翅 Pediciidae
1〜2：*Tricyphona* sp.（1：翅脈，2：翅室） 3：ギフダイミョウガガンボ *Pedicia (Pedicia) gifuensis*

Ludicia 亜属（図1-3）

ホソオビヒメガガンボ属では大きく，体長約9 mm．r_1室に横脈はない．m-m横脈があり，dm室が閉じている．日本から *Dicranota* (*Ludicia*) *clausa* Alexander, 1938ただ1種が記録されている．

Rhaphidolabis 亜属

体長4.5～8 mm．r_1室に横脈はなく，dm室が開いている．日本から19種が記録されている．

ダイミョウガガンボ属　*Pedicia*

大型，体長7 mm以上，大きなものでは25 mmをこえる．
幼虫は湧水の周辺，細い沢，水に濡れた落ち葉や苔の中などにすみ，捕食性．
日本からこれまでに2亜属15種が記録されている．

Amalopis 亜属（図1-7）

成虫．体長7～15 mm．一見，次のハタモトガガンボ属に似ているが，翅脈の違いによって区別される．翅は横褐色を帯びた透明で，R_2脈から m-cu 脈にかけて斜めに走る細い帯状紋や，各横脈，脈の分岐点の上に斑点状の斑紋をもつ．R_4脈はR_{2+3}脈との共通柄（R_{2+3+4}脈）をもつ．m-m横脈はM_2脈とM_3脈を繋ぐ．M脈はM_{1+2}脈，M_3脈，M_4脈と分かれるため，M_{3+4}脈をもたない．
日本に6種が記録されている．

Pedicia 亜属（図1-5，6，図2-3）

成虫．大型，体長15 mm以上．翅は褐色を帯びた透明で，前縁部，CuA，r-m～m-cu横脈を3辺とする大きな黒褐色の三角形の斑紋をもつか，R_2脈から m-cu 脈に向かう太い斜めの帯状紋をもつ．R_4脈はしばしばR_5脈との共通柄（R_{4+5}脈）をもつ．dm室は閉じている．M脈はM_{1+2}脈とM_{3+4}脈に分かれ，M_{3+4}脈はdm室の一辺となる．
日本には9種が記録されている．

ハタモトガガンボ属（新称）　*Tricyphona*（図2-1，2）

成虫．体長7～15 mm．翅は褐色を帯びた透明で，縦脈の分岐点や横脈上に小さな暗褐色斑をもつ．R_{2+3+4}脈はなく，R_4脈はしばしばR_5脈との共通柄（R_{4+5}脈）をもつ．dm室をもつものともたないものがある．dm室をもつときm-m横脈はM_{1+2}脈とM_3脈を繋ぐ．M_3脈とM_4脈は共通の柄部（M_{3+4}脈）をもつ．

日本からこれまでに8種が記録されている．本属は前述のダイミョウガガンボ属 *Pedicia* に近縁で，この属の亜属として扱われることがある．この2つの属の関係は再検討が必要である．

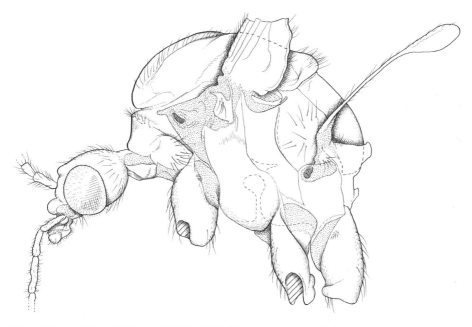

図3　アヤオビヒメガガンボ属成虫，頭部および胸部 *Heterangaeus gloriosus*

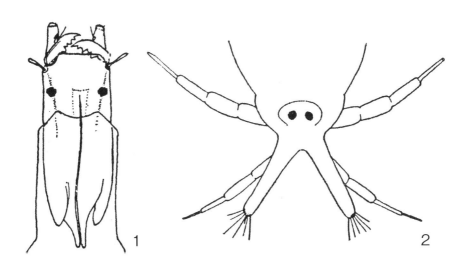

図4　オビヒメガガンボ科幼虫 Pediciidae
1：*Dicranota bimaculata*（欧州）　頭部　　2：*Tricyphona inconstans*（北米）　呼吸盤　（1～2：Alexander, 1920）

関連文献

Alexander, C. P. 1920. The crane-flies of New York. part II. biology and phylogeny. Memoirs of Cornell University Agricultural Experiment Station 38: 691-1133.

Alexander, C. P. & G. W. Byers. 1981. Tipulidae. In J. F. McAlpine et al. (eds.), Manual of Nearctic Diptera. Vol. 1.: 153-190. Research Branch, Agriculture Canada, Monogaph 27.

Oosterbroek, P. 2006. The European families of the Diptera. Identification, Diagnosis, Biology. KNNV-Uitgeverij, Utrecht.

Oosterbroek, P. 2017. Website "Catalogue of the Craneflies of the World (Diptera, Tipuloidea: Pediciidae, Limoniidae, Cylindrotomidae, Tipulidae)". http://ccw.naturalis.nl（2017年9月）

Stary, J. 1992. Phylogeny and classification of Tipulomorpha, with special emphasis on the family Limoniidae. Acta Zoologica Cracoviensia 35: 11-36.

Petersen, M. J., M. A. Bertone, B. M. Wiegmann & G. W. Courtney. 2010. Phylogenetic synthesis of morphological and molecular data reveals new insights into the higher-level classification of Tipuloidea (Diptera). Systematic Entomology 35: 526-545.

ヒメガガンボ科　Limoniidae

中村剛之

　微小〜大型のガガンボ類．最も小さなものは *Tasiocera*（*Dasymolophilus*）の一種で体長2 mm以下．一方，*Libnotes* 属，*Metalimnobia* 属の一部の種は翅長が20 mmを超える．全ての生物地理区に分布し，いずれの地域でも種数は極めて多い．4つの亜科に分類され，これまでに世界各地から約11,000種が記載されている．

　ヒメガガンボ科は以前，ガガンボ科ヒメガガンボ亜科の一部として扱われていたが（Alexander & Byers, 1981など，改訂前の本書でもこの分類体系を踏襲した），この広義のガガンボ科が4つに分割され，ヒメガガンボ科も現在では独立した科として認識されている（Oosterbroek, 2006など）．日本からはこれまでに64属447種が記録されている（中村, 2014）．

　日本国内におけるヒメガガンボ科の幼虫期の研究は進んでいない．また，幼虫の生息環境が判明していない分類群も多く残されている．そのため，成虫の検索表ではこれまでに日本から記録がある全ての属を示す．

形態的特徴

　成虫：体長2〜25 mm．口吻は一般に短く（一部に吸蜜のため長く特化した口吻をもつグループがある），ガガンボ亜科に見られる鼻状の突起はない．複眼は無毛で一部の種をのぞき離眼的．触角は13〜16節からなり，数珠状か鞭状，一部の種で鋸歯状や櫛状となる．小腮鬚は短く5節．翅は細長く，Sc脈はC脈に終わり，R_1脈とはsc-r横脈でつながる．sc-r横脈はSc脈の先端近くに位置することが多い．R脈，M脈はそれぞれ3〜4本に枝分かれして翅の縁に終わる．A_1脈は通常CuP脈の半分より長い．中脚の副基節（meron）は小さく真基節（eucoxa）の内側に位置するか，発達して真基節から離れて後側板（epimeron）の腹側に位置する．副基節と後側板の間は縫合線か膜によって区切られている．脛節は前脚に1本，中，後脚に各々2本の距棘があるものと距棘を欠くものがある．雄交尾器は生殖基節の先端に1〜2本の生殖端節を有する．

　幼虫：呼吸系は基本的には後気門式，一部の属で後気門を欠く．呼吸盤の周りの突起は基本的に5本以下．これらの突起は様々に変形し，突起をもたないものもある．

生態

　成虫はさまざまな環境に生息し，多くの種は湿地，草地，森林，沼沢の周辺など湿度の高い場所で見られる．クチナガガガンボ属 *Elephantomyia*，クチボソヒメガガンボ属 *Geranomyia* はアザミやノギク等の花に集まって吸蜜する．ウスバガガンボ属 *Antocha*，*Rhipidia*，キマダラヒメガガンボ属 *Epiphragma* 等は種によって夕刻に多数の個体が集まり，群飛行動を行う．また，多くの種は夜間明りに飛来する．

　幼虫は湿った林内の土壌中，朽ち木（*Epiphragma*, *Limonia*, *Discobola*, *Molophilus*），キノコ（*Metalimnobia*），蘚苔類，水田や湿地の泥の中（*Dicranomyia*），沼沢周辺の水の浸み込んだ土壌中（*Erioptera*），渓流の砂礫底（*Hexatoma*, *Antocha*），濡れた崖や水飛沫のかかる岩盤（*Elliptera*）等様々な環境に見られる．

2　双翅目

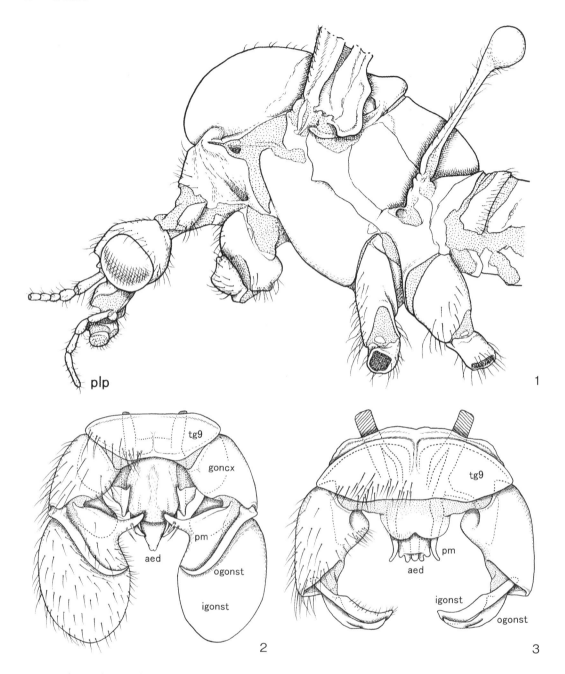

図1　頭部，胸部および雄交尾器
1，2：ウスバガガンボ属の一種 Antocha dentifera　3：タケウチマダラヒメガガンボ Dicranomyia takeuchii
aed, 挿入器 aedeagus；goncx, 生殖器節 gonocoxite；igonst, 内生殖端節 inner gonostylus；ogonst, 外生殖端節 outer gonostylus；plp, 小腮鬚 palpus；pm, 交尾鈎 parameres；tg7～9, 腹部第7～9背板

ヒメガガンボ科の亜科の検索
成虫

1a 脛節端に距棘（tibial spurs）をもつ（セダカガンボ属 Conosia を除く）．Rs 脈は 3 本に分かれて翅の縁に達する ·· 2
1b 脛節端に距棘を欠く．Rs 脈は 2〜3 本に分かれて翅縁に達する ······················· 3
2a 左右の小腮（maxilla）の蝶鉸節（stipes）は後方で癒合してV字型あるいはY字型となる
··· トゲアシヒメガガンボ亜科　Limnophilinae（p. 8）
2b 左右の小腮の蝶鉸節は癒合せず一対の棒状の構造となる
·· コケヒメガガンボ亜科　Dactylolabinae（p. 6）
3a Rs 脈は 3 本に分かれて翅の縁に達する（一部の属を除く）
··· クモヒメガガンボ亜科　Chioneinae（p. 15）
3b Rs 脈は 2 本に分かれて翅の縁に達する（一部の属を除く）
·· ヒメガガンボ亜科　Limoniinae（p. 23）

ヒメガガンボ科の属の検索表
幼虫，水生の属のみ

1a 後方気門を欠き，気管系は閉じている．呼吸盤の背面と側面の突起は消失している．腹面の突起は長く伸長し，二股に分かれ，毛の房を有する．背面と腹面の匍匐皺（creeping welt）は第 2〜7 腹節で発達する（図12-1）················· ウスバガガンボ属　Antocha
1b 後方気門をもつ．呼吸盤背面と側面の突起は普通発達するが，一部の種で消失する······ 2
2a 呼吸盤は 4〜5 本の突起に囲まれている ··· 3
2b 呼吸盤の周りの突起は 0〜3 本 ·· 29
3a 頭蓋は側面と背面が広く硬化し，後縁の切れ込みは比較的浅い（図12-7）·············· 4
3b 頭蓋は後方の切れ込みが深く，細長い棒状あるいはヘラ状の部分に分割される．硬化部の幅が広いとき，その縁の部分だけが強く硬化するため，この部分がそれぞれ独立した棒状の構造であるかのように見える（図4-10）···································· 23
4a 下口橋（hypostomal bridge）は中央が膜状の部分で分断される（Pseudolimnophila では左右の下口橋は接しても融合しない，図4-7）．腹部に匍匐皺がない·············· 5
4b 下口橋は後縁が中央で深く切れ込むことはあっても左右が完全に融合しており，分断されていない（図12-6）．各腹節の基部近くに匍匐皺があるか，基部と先端近くに帯状かパッチ状の密な毛の塊がある ··· 17
5a 呼吸盤は 5 本の黒いヘラ状の突起に囲まれている．この突起は周辺が細かく鋸歯状となる
·· *Scleroprocta*
5b 呼吸盤は 4〜5 本の円錐形か丸みを帯びた突起に囲まれている·························· 6
6a 呼吸盤の面は体軸に対してほぼ垂直．呼吸盤は 5 本の突起に囲まれている ·········· 7
6b 呼吸盤の面は体軸に対し斜め．呼吸盤は 4 本の突起に囲まれる······················· 16
7a 下口節（hypostoma）の伸張部は板状に拡大し，先端にいくつかの歯をもつ ············ 8
7b 下口節の伸張部は拡大しても先端部分が硬化しないか，歯をもたない··················· 9
8a 下口節の伸張部は先端に 4 本の歯をもつ（図8-11）．呼吸盤は広く黒化する．呼吸盤側面の突起に黒い斑紋があり，腹面の突起は中央に 1 本の色の淡い線が走る（図8-12）
··· *Molophilus*

8b	下口節の伸張部は先端に5〜8本の歯をもつ．呼吸盤は小さく，黒化した部分は広くない	*Erioptera*
9a	呼吸盤の5本の突起全ての後方に単一の黒い斑紋がある	10
9b	呼吸盤の突起の全てまたは一部の突起の後方に黒い斑紋がある．この斑紋は中央を走る色の淡い線か幅の広い淡色の部分によって左右に二分される	11
10a	呼吸盤の側面の突起の黒い斑紋は気門の間につながっている	*Ormosia*
10b	気門の間に黒い斑紋はない	*Erioptera* (*Trimicra*)
11a	呼吸盤中央背面の突起は，強く硬化し下向きに曲がった角状の突起をもつ．左右の腹面の突起の間，腹面突起と側面突起の間，側面突起と背面突起の間の呼吸盤に黒いクサビ状の斑紋をもつ（図8-1）	*Arctoconopa*
11b	呼吸盤中央背面の突起は，強く硬化した角状の突起をもたない．呼吸盤の突起と突起の間に黒い斑紋はない	12
12a	呼吸盤側面の突起は気門の周辺から連続した斑紋をもつ．腹面の突起の斑紋は中央で二分される（図8-10）	*Gonomyia*
12b	呼吸盤側面と腹面の突起の斑紋はいずれも中央で二分される．側面の突起の斑紋がより明瞭に黒化しているとき，呼吸盤の中央に4〜6個の小さな斑紋をもつ	13
13a	呼吸盤周辺の突起は短く，側面の突起の斑紋は気門周辺から続き，中央が色あせる	*Gonomyia*
13b	呼吸盤周辺の突起は基部の太さと同じ長さかそれより長い．側面の突起の斑紋は気門周辺から連続しない	14
14a	呼吸盤背面中央の突起の斑紋は中央で二分されない	*Ormosia*
14b	呼吸盤周辺の全ての突起の斑紋は中央で二分される	15
15a	気門の間は基本的に黒化しない	*Ormosia*
15b	気門の間に2つの丸い斑紋がある．体の大きさに比べて呼吸盤は小さい	*Erioptera*
16a	下口節の伸張部は先端に4本の歯をもつ	**フチケガガンボ属** *Paradelphomyia*
16b	下口節の伸張部は先端に7〜8本の歯をもつ（図4-7）	**ホソヒメガガンボ属** *Pseudolimnophila*
17a	呼吸盤周辺には5本の突起をもつ	18
17b	呼吸盤周辺には4本の突起をもつ．背面中央の突起がある場合，そこに斑紋はない	19
18a	第2〜7腹節の前半には背面と腹面両方に葡萄皺がある（図12-9）．呼吸盤周辺の突起は長さより幅が広く，丸い．これらの突起は無紋か非常に小さな斑紋をもつ	**ナミヒメガガンボ属** *Dicranomyia*
18b	第2〜7腹節は腹面だけに葡萄皺をもつ（図12-3）．呼吸盤腹面の突起は基部の幅より長い．この突起は周辺部が暗色を帯び，中央部は広く淡色（図12-8）．下口節は5本の歯を有する（図12-6）	**クチバシガガンボ属** *Helius*
19a	第2〜7腹節には明瞭な葡萄皺がない．全ての腹節は密な毛の帯や塊をもつ．呼吸盤は気門の外側から側面突起後面にかけて，左右の腹面突起後面とその間に大きな紋が広がっている（図4-1）	**コケヒメガガンボ属** *Dactylolabis*
19b	第2〜7腹節には葡萄皺があり，密な毛の帯や塊をもたない	20
20a	呼吸盤腹面の突起はその基部の太さより長く，やや尖った先端に向け先細りとなり，長い毛に縁どられる	21

20b 呼吸盤腹面の突起はその基部の太さより短い．先端は細くて丸く，長い縁毛をもたない
　　……………………………………………………………………………………………… 22
21a 体は，幅広く偏平．腹側の匍匐皺は微小な刺をもつ．気門は上下に長い
　　………………………………………………………… クロバネヒメガガンボ属 *Elliptera*
21b 体はほぼ円筒形，わずかに偏平．腹側の匍匐皺は多数の微小な刺の列をもつ．気門は左右に長い．呼吸盤の突起は周辺部が暗色……………………… マイコガガンボ属 *Lipsothrix*
22a 呼吸盤周辺の各突起の周辺部と気門を除く呼吸盤はほぼ全体が赤褐色．気門は左右に長い
　　………………………………………………………………………………… *Orimarga*
22b 呼吸盤は各々分断された暗色の斑紋があるだけで基本的に色は淡い．気門は楕円形で"八"の字型に配列する……………………………… ナミヒメガガンボ属 *Dicranomyia*
23a 小腮は前方へ伸長せず，背面からは目立たない．呼吸盤の面は体軸にほぼ直角
　　……………………………………………… （クモヒメガガンボ亜科の一部）…8 へ戻る
23b 小腮は発達し，上下に偏平な先細りの構造となり，前方へ伸長し，先端で左右に展開する（図4-5）．小腮の先端は頭部を胸部の中に引き込んだときにも体の外に突き出している
　　……………………………………………………………………………………………… 24
24a 大腮は中央付近に関節をもつ（図4-9）．小腮と上唇上咽頭（labrum-epipharynx）は長い黄色か金色の毛に縁どられる．頭部の背面部は左右が融合してヘラ状となり，後縁部で最も幅が広い．呼吸盤は小さく，背面，側面の突起はしばしば体の中に引き込まれる… 25
24b 大腮は中央付近に間接部をもたない．小腮と上唇上咽頭は短い細毛が生えている．頭部の背面部は左右が融合していない………………………………………………… 26
25a 呼吸盤腹面突起上の斑紋は不連続．4本の突起はいずれも長い金色の毛に縁どられている．大腮末端節の基部付近の歯は先端の最も大きな歯の半分より小さい
　　……………………………………………………………… ツヤヒメガガンボ属 *Pilaria*
25b 呼吸盤腹面突起の斑紋は均一で突起の先端近くで濃くなる．4本の突起はいずれも長い毛に縁どられている．大腮末端節の基部付近の歯は先端の最も大きな歯のほぼ半分の長さ（図4-9）……………………………………… ケブカヒメガガンボ属 *Ulomorpha*
26a 呼吸盤は5本の短く丸い突起に囲まれている．このうち，いくつかの種では，強く硬化した角状の突起が呼吸盤背面と側面突起の先端近くに生えている（図8-5，6）
　　………………………………………………………………………………… *Rhabdomastix*
26b 呼吸盤の突起は通常4本で，すべてが短く先端部が丸いということはない．普通，腹側の突起は長く，長毛に縁どられる．呼吸盤上に強く硬化した角状の突起はない………… 27
27a 胸部の皮膚が付着する線より前方の頭部腹面中央部は膜質で，表面の膜のすぐ下を横断する細い棒状構造をもたない……………………………… ヒゲナガガガンボ属 *Hexatoma*
27b 胸部の皮膚が付着する線より前方の頭部腹面中央部は膜質で，表面の膜のすぐ下を横断する細い棒状構造（下咽頭の一部）をもつ……………………………………… 28
28a 呼吸盤の側面突起は後面に斑紋をもたない．大腮は先端の長い歯と長さ形が似た2本の短い歯を有する．小腮の突起はほぼ円錐形……………… ツマトゲヒメガガンボ属 *Polymera*
28b 呼吸盤の側面突起は後面に斑紋をもつ．大腮は先端の長い歯と長さ形が異なる何本かの短い歯を有する．小腮の突起は偏平…………………… カスリヒメガガンボ属 *Limnophila*
29a 頭部の後方は後縁の深い切れ込みによって細長いヘラ状の部分に分割される．呼吸盤は縦長の長方形で腹側に2本の爪状の突起をもつ．気門は淡色で非常に小さく，左右の間隔は

一つの気門の直の約3倍（図8-7）･････････････････････････････････ *Rhabdomastix*
29b 頭部の後方は背面と側面が広く硬化する．頭部後縁の切れ込みは浅い．2～7腹節は背面と腹面に匍匐皺をもつ．呼吸盤はほぼ円形か幅の広い楕円形または左右に長い長方形．気門はしばしば大きな楕円形で"八"の字型に位置する（図12-11）
･･ ナミヒメガガンボ属 *Dicranomyia*

コケヒメガガンボ亜科　Dactylolabinae

コケヒメガガンボ属 *Dactylolabis* 1属からなる．

形態的特徴

成虫：中型のヒメガガンボ．外見的特徴はトゲアシヒメガガンボ亜科の種とよく似ているが，口器の構造に原始的な特徴を残しており，ヒメガガンボ科のその他の亜科とは姉妹群関係にあると推定されている（Stary, 1992）．

生態

幼虫は崖のような水がしみ出す箇所の石の表面，石やコンクリート壁に生えた苔や藻類の中にすむ．乾燥した苔の中から幼虫が見つかることもある．蛹は終齢幼虫の脱皮殻に付着して蛹化する．

コケヒメガガンボ属　*Dactylolabis*

成虫：体長6～7 mm．触角は数珠状で16節からなる．翅は横褐色を帯び，膜は無毛．Sc脈はRs脈の分岐点付近かそれより少し手前まで伸びる．R_2脈はR_1脈の先端近くにあり，R_{2+3}脈は長い．R_{2+3+4}脈は非常に短い．MA脈を欠き，M脈は4本に枝分かれして翅の縁に届く．dm室は閉じている．日本からは次の2種が記録されている．

ウスモンコケヒメガガンボ（新称）　*Dactylolabis diluta* Alexander, 1922
成虫：体長6 mm．中胸背板は光沢のある黒．翅は横褐色を呈し，基部は透明な黄色．Rs脈の基部，Sc先端，R_2脈，R_{2+3+4}の分岐点，dm室の先端，M_{1+2}の分岐点等に褐色の斑紋をもつ．本州と四国に分布する．

オナガコケヒメガガンボ（新称）　*Dactylolabis longicauda* Alexander, 1922
成虫：体長6～6.5 mm．中胸背板は明るい褐色で4本の暗褐色の帯を有する．翅は一様に褐色，基部がやや黄色味を帯びる（図4-1）．本州，四国，九州，屋久島に分布する．

トゲアシヒメガガンボ亜科　Limnophilinae

成虫：小型～大型．体長3～20 mm．R脈は4本，M脈は2～4本に別れて翅の縁に届く．脛節は前脚に1本，中，後脚に各々2本の距棘をもつ（セダカガガンボ属 *Conosia* は例外的にこの距棘を欠く）．

生態：成虫は草地，森林，湿地などの日陰に見られる．水田，林間の小さな沢，日陰の湿地などの周辺を緩やかに飛翔する．ヒゲナガガガンボ属 *Hexatoma* は流れの緩やかな渓流の石の上で静止している個体をしばしば目にする．キマダラヒメガガンボ属 *Epiphragma* は夕方に10頭前後の雄が日だまりに集まり群飛行動を行う．幼虫はやや湿った朽木，林内の土壌，蘚苔類，水辺の土壌，渓

ヒメガガンボ科　7

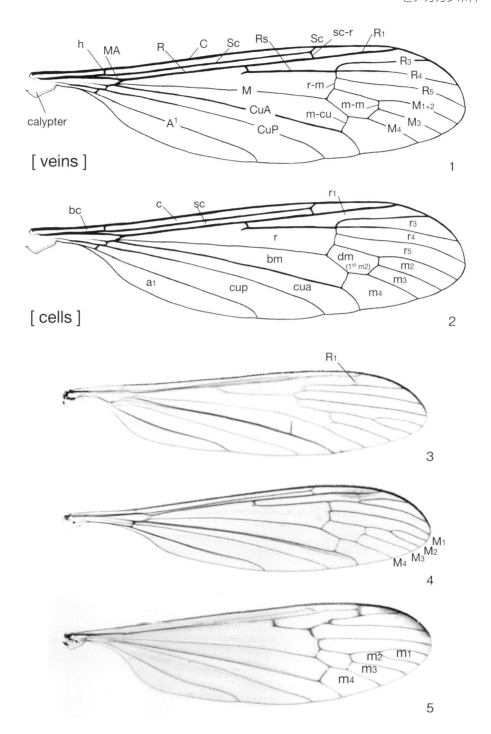

図2　トゲアシヒメガガンボ亜科，コケヒメガガンボ亜科 翅と各部の名称　Limnophilinae, Dactylolabinae
1, 2：トゲアシヒメガガンボ亜科クロケブカヒメガガンボ *Ulomorpha nigricolor*　3：コケヒメガガンボ亜科オナガコケヒメガガンボ *Dactylolabis longicauda*　4：トゲアシヒメガガンボ亜科ツヤヒメガガンボ属の一種 *Pilaria* sp.　5：トゲアシヒメガガンボ亜科 *Phylidorea* sp.　縦脈：C, Sc, R, Rs, R_1, R_2, R_3, R_{1+2}, R_4, R_{2+3}, R_{2+3+4}, R_{4+5}, R_5, M, MA, M_1, M_2, M_{1+2}, M_3, M_4, M_{3+4}, CuA, CuP, A_1.　横脈：sc-r, r-m, m-m, m-cu.　翅室：c, sc, r, r_1, r_2, r_3, r_4, r_5, bm, dm, m_1, m_2, m_3, m_4, cua, cup, a_1

流の砂礫底などに見られる．朽木や土中の有機物を食す種と，貧毛類や昆虫を捕食する種がある．
日本国内からは19属117種が記録されている．

トゲアシヒメガガンボ亜科の属の検索
成虫

1a 脛節距棘を欠く．c室に2本以上の横脈がある．r-m横脈はdm室の先端より先にある
　　　　　　　　　　　　　　　　　　　　　セダカガガンボ属　*Conosia*（水生）
1b 脛節に距棘をもつ．c室の横脈は0〜1本．r-m横脈はdm室の先端より手前にある …2
2a 触角は12節以下．13節ある場合はm_1室を欠く …………………………………………3
2b 触角は14節以上．13節しかない場合にはm_1室をもつ ……………………………………5
3a dm室がない．M脈は2本（M_{1+2}脈とM_{3+4}脈）になり，翅の縁に届く
　　　　　　　　　　　　　　　　ヒゲナガガガンボ属　*Hexatoma*（*Hexatoma*亜属，水生）
3b dm室があり，M脈は3本または4本に分岐して翅の縁に届く ………………………4
4a 中〜大型．体長10 mm以上 ……　ヒゲナガガガンボ属　*Hexatoma*（*Eriocera*亜属，水生）
4b 小型．体長5 mm以下 ……………………………………………………… *Nippolimnophila*
5a bm室は横脈で2つに分割される ……………………………………………… *Eloeophila*
5b bm室に横脈はない ………………………………………………………………………6
6a 翅の膜上に毛が生えている（図3-3）………………………………………………………7
6b 翅の膜質部は無毛．希に縁紋上に若干の細毛を有することがある ………………………9
7a 翅は基部の一部を除きほぼ全体が毛に被われる．R_{2+3+4}脈は非常に短いか消失する．m_1室はない ……………………………………………… ケブカヒメガガンボ属　*Ulomorpha*（水生）
7b 翅は先端近くが部分的に毛に被われる．R_{2+3+4}脈は一般的な長さ．m_1室がある …………8
8a 小型．翅長5.5 mm以下．R_2脈はR_{3+4}脈の分岐点近くにある．m_1室はその柄より明らかに短い ………………………………………………… フチケガガンボ属　*Paradelphomyia*（水生）
8b 中型．翅長6 mm以上．R_2脈はR_{3+4}脈の分岐点よりその長さ以上先に位置する．m_1室はその柄とほぼ同じ長さかそれより長い …………………………………………… *Adelphomyia*
9a c室に横脈がある ……………………………………… キマダラヒメガガンボ属　*Epiphragma*
9b c室に横脈はない ……………………………………………………………………10
10a m-cu横脈はM脈の分岐点（dm室の基部）付近かそれより手前にある ………………11
10b m-cu横脈はM脈の分岐点より先にあり，dm室の基部から1/4〜1/2に位置する … 13
11a MA脈を欠く．m_1室がある
　　　　　　　　………………… コケヒメガガンボ属　*Dactylolabis*（Dactylolabinae，水生/陸生）
11b MA脈がある ……………………………………………………………………………12
12a dm室はある．m_1室を欠く．雄の触角は長い ………………………………… *Taiwanomyia*
12b dm室はない．m_1室はある．触角は普通の長さ
　　　　　　　　　　　　　　　　　　………………… ツマトゲヒメガガンボ属　*Polymera*（水生）
13a MA脈を欠く ……………………………………………………………… *Austrolimnophila*
13b MA脈がある ………………………………………………………………………………14
14a Sc脈は短く，Rs脈の先端より手前で終わる ……………………………………………15
14b Sc脈は比較的長く，Rs脈の先端付近かそれより先で終わる …………………………17
15a R_2脈はR_{3+4}脈の分岐点付近に位置する．m_1室がある．縁紋に毛が生えていることが多い

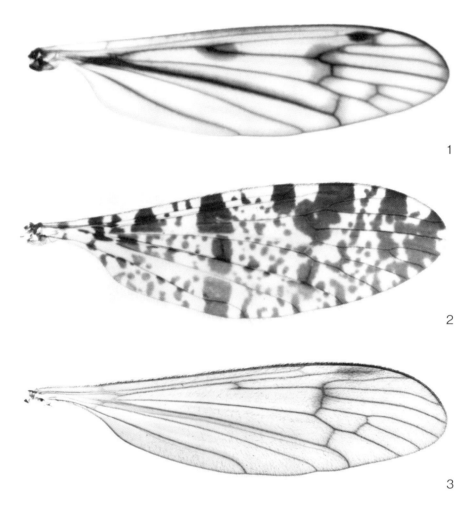

図3 トゲアシヒメガガンボ亜科 翅 Limnophilinae
1：ヒゲナガガガンボ属の一種 *Hexatoma (Eriocera)* sp. 2：*Eloeophila* sp., 3：クロケブカヒメガガンボ *Ulomorpha nigricolor*

	·· ツヤヒメガガンボ属 *Pilaria*（水生）
15b	R_2 脈は R_{3+4} 脈の分岐点よりその長さ以上先に位置する．m_1 室のある種とない種がある ·· 16
16a	m_1 室はない．脚は白色 ············ カスリヒメガガンボ属 *Limnophila (Dendrolimnophila)*
16b	m_1 室がある ·· *Afrolimnophila*
17a	後頭部が長く伸長する．R_3 脈と R_4 脈は長く，緩やかに後方へ湾曲する ·· ホソヒメガガンボ属 *Pseudolimnophila*
17b	頭部は後方へ伸長することはない ·· 18
18a	大型．体長20 mm．翅長16 mm 以上．dm 室は短く，正六角形に近い形となる ··· *Eutonia*
18b	小〜中型．体長20 mm 以下．dm 室は長方形に近い形 ·································· 19
19a	Rs 脈は R_{2+3+4} 脈の3倍より短い．R_{2+3+4} 脈は m-cu 横脈とほぼ同じ長さかそれより短い ·· *Phylidorea*

19b	Rs脈はR$_{2+3+4}$脈の4倍より長い …………………………………………………	20
20a	r$_3$室は横脈で二分される …………………………… *Dicranophragma*（*Dicranophragma*）	
20b	r$_3$室に横脈はない …………………………………………………………………………	21
21a	翅は細かな褐色の斑点模様で覆われる… カスリヒメガガンボ属 *Limnophila*（*Limnophila*）	
21b	翅に斑紋があっても，斑紋は縁紋と翅脈に沿った部分にのみ現われ，細かな斑点模様が現れることはない ………………………………………………………………………………	22
22a	体色は光沢のある黒色の種が多い．雌の翅が退化し縮小することがある．m$_1$室がある場合，m$_1$室はM$_{1+2}$脈と同じ長さかこれより長い ……………… クロヒメガガンボ属 *Prionolabis*	
22b	体色は黄褐色〜茶褐色．m$_1$室がある場合，m$_1$室はM$_{1+2}$脈の半分程度 ……………………………………………………………… *Dicranophragma*（*Brachylimnophila*）	

セダカガガンボ属　*Conosia*

成虫：体長10〜16 mm．脚の脛節に距棘を欠き，クモヒメガガンボ亜科 Chioneinae に分類されたこともある．c室に複数の横脈を持ち，中胸背板が前方に大きく張り出すなど，特異な形態を有する．翅には細かな褐色の斑点紋がある．

幼虫：低地の水田の周り，細い流れの砂泥底に生息する．

セダカガガンボ　*Conosia irrorata* (Wiedemann, 1828)

成虫：体長11〜16 mm．全身黄褐色．翅には細かな斑点模様があり，A$_1$脈の先端で翅の後縁は後方に張り出す．腹部は翅よりも長い（図5-2）．北海道以南，東洋区，オーストラリア，アフリカ北部まで広く分布する．セダカがガンボ属では本種1種だけが日本に分布する．

ヒゲナガガガンボ属　*Hexatoma*

成虫：小〜大型，体長5〜18 mm．触角は12節以下の節からなり，しばしば体長より著しく長い．鞭小節は円筒形（図4-3）．

幼虫は流れる川の石の下や，岸辺の苔の中などに見られ，他の虫やミミズなどを食べる捕食者である．幼虫の呼吸盤（図4-2，3），蛹（図4-4）．

日本からは2および幼虫背面亜属24種が記録されている．

Hexatoma 亜属

成虫：小型，体長5〜6 mm．翅は黒色か灰色を帯びる．Sc脈はRs脈の分岐点付近まで伸びる．R$_2$脈はR$_{2+3+4}$脈の分岐点付近かそれより手前に位置する．dm室を欠き，M脈は2本に分かれて翅の縁に届く．m-cu脈はM脈の分岐点付近に位置する．

日本からは2種記録されている．

Eriocera 亜属

成虫：中〜大型，体長10〜18 mm．翅は全体黒色のもの，黒色の地に白色の紋をもつもの，くすんだ透明の地に脈に沿った暗褐色の紋があるものなどさまざまなものがある．Sc脈は長く，Rs脈の分岐点より先まで伸びる．R$_2$脈はR$_{2+3+4}$脈の分岐点よりかなり先に位置する．dm室は閉じ，M脈は3〜4本に分かれて翅の縁に届く．m-cu脈はM脈の分岐点より先に位置する（図3-1）．

日本からは22種記録されている．

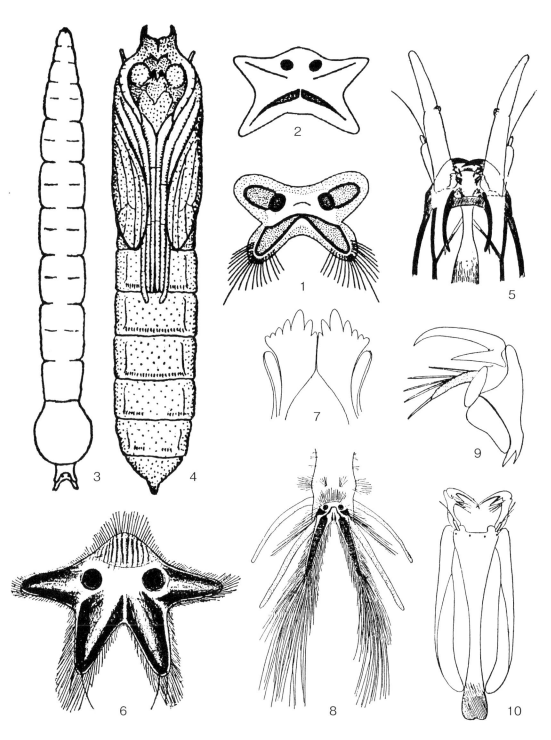

図4 コケヒメガガンボ亜科, トゲアシヒメガガンボ亜科 幼虫および蛹 Dactylolabinae, Limnophilinae
1：*Dactylolabis sexmaculata*（欧州）幼虫 呼吸盤　2：*Hexatoma (Hexatoma) fuscipennis*（欧州）幼虫 呼吸盤
3：*Hexatoma (Hexatoma) bicolor*（欧州）幼虫 背面図　4：同 蛹　5：*Limnophila (Dicranophragma) fuscovaria*
（北米）幼虫 頭部　6：同 幼虫 呼吸盤　7：*Pseudolimnophila luteipennis*（北米）幼虫 下口節, 8：同 幼虫
呼吸盤　9：*Ulomorpha pilocella*（北米）幼虫 大腮, 10：同 幼虫 頭部（1, 2：Brindle and Bryce, 1960；3,
4：Brindle, 1960；5～10：Alexander, 1920）

カスリヒメガガンボ属　*Limnophila*

成虫：体長8〜12 mm. 翅に細かな斑点模様をもつものが多い．

幼虫：止水, 流水のいずれにも棲み, 他の虫やミミズなどを食べる捕食者である．幼虫の頭部および呼吸盤（図4-5, 6）．

日本からは2亜属3種が記録されている．

Dendrolimnophila 亜属

成虫：翅に m_1 室を欠き, 翅は無紋．体は小さく体長5 mm程度．

日本からは *Limnophila* (*Dendrolimnophila*) *shikokuensis* Alexander, 1953のみが分布する．本種は体長4.5〜5 mm, 全身くすんだ黄色の小型種で, 四国から記録されている．

Limnophila 亜属

成虫：翅に m_1 室を持ち, 翅には細かな褐色の斑紋がある．体長10〜15 mm.

日本国内からは2種が記録されている．**カスリヒメガガンボ** *Limnophila* (*Limnophila*) *japonica* Alexnder, 1913（図5-4）は日本各地に普通．

フチケガガンボ属（新称）　*Paradelphomyia*

成虫：体長3〜6 mm. 翅は褐色を帯びた透明．翅は先端近くの膜が細毛に覆われる．Sc脈は短く, Rs脈の分岐点とほぼ同じレベルで終わる．R_2 脈は R_{3+4} 脈の分岐点付近に位置する．M脈は4本に枝分かれして翅の縁に届く．dm室は閉じている．m_1 室は M_{1+2} 脈のm-m脈より先の部分に比べ明らかに短い．m-cu横脈はdm室の中央付近に位置する．

幼虫：小さな流れや水たまり周辺の泥の中に棲む．

日本から *Oxyrhiza* 亜属に分類される3種が記録されている．

トゲオフチケガガンボ（新称）　*Paradelphomyia* (*Oxyrhiza*) *macracantha* Alexander, 1957

成虫：体長4.5 mm. 頭部は褐色, 胸部は鈍い黄褐色, 腹部は交尾器も含め褐色．生殖基節の先端は生殖端節の付け根より先にのび, 先端は尖る．本州に分布する．

クロフチケガガンボ（新称）　*Paradelphomyia* (*Oxyrhiza*) *nimbicolor* Alexander, 1950

成虫：体長5〜6 mm. 頭部は黒色, 胸部, 腹部は黒褐色．生殖端節は生殖基節の先端に位置する．本州に分布する．

ニッポンフチケガガンボ（新称）　*Paradelphomyia* (*Oxyrhiza*) *nipponensis* (Alexander, 1925)

成虫：体長は小さく, 3.5 mm. 頭部は灰褐色, 胸部は赤褐色, 腹部は褐色．生殖基節の先端は生殖端節の付根より先にのびる．本州, 千島列島, 樺太, 中国に分布する．

ツヤヒメガガンボ属（新称）　*Pilaria*

成虫：体長5〜10 mm. 触角は長く, 体長のほぼ半分の長さ．胸部背面は黒〜褐色で光沢が強い．翅は褐色を帯びた透明．無紋か, 脈の分岐点や横脈の周辺が暗褐色となる．膜は全くの無毛か縁紋部に数本の細毛を備える．Sc脈は短く, Rs脈の分岐点より手前で終わる．R_2 脈は R_{3+4} 脈の分岐点付近に位置する．MA脈をもち, M脈は3〜4本に枝分かれして翅の縁に届く．dm室は閉じている．m-cu横脈はdm室の中央付近に位置する（図2-4, 5-6）．

幼虫：小さな流れや水たまり周辺の泥の中に棲む．

日本からは4種が記録されている．

ツマトゲヒメガガンボ属（新称）　*Polymera*

成虫：翅は褐色を帯びた透明，縁紋部を含め無紋．膜は無毛．Sc 脈は短く，Rs 脈の分岐点より手前で終わる．MA 脈はあり，m-m 脈を欠き，dm 室は開いている．m_1 室は小さい．m-cu 横脈は M 脈の分岐点付近に位置する．

幼虫：川辺の堆積物中に棲む．

新熱帯区から約50種，新北区から2種，インド，スリランカ，日本から各々1種が記載されている．

ツマトゲヒメガガンボ（新称）　*Polymera parvicornis* Alexander, 1932

成虫：体長4.5 mm．体色が淡褐色～黄褐色の小型種である．本州に分布する．

ホソヒメガガンボ属　*Pseudolimnophila*

成虫：体長6～9 mm．頭部は後頭部が伸長する．翅は褐色を帯びた透明，縁紋部を除き無紋．膜は無毛．Sc 脈は Rs 脈の先端に近いレベルで終わる．R_2 脈は R_{3+4} 脈の分岐点かそれより少し先に位置する．R_4 と R_5 脈は平行して弱く後方へ曲がる．MA 脈を持ち，M 脈は4本に枝分かれして翅の縁に届く．dm 室は閉じている．m-cu 横脈は dm 室の基部1/4付近に位置する．

幼虫は池や川の周辺の泥の中に棲む．

日本からは2種が記録されている．

ホソヒメガガンボ　*Pseudolimnophila inconcussa* (Alexander, 1913)

体長8～9 mm．R_2 脈は R_{2+3+4} 脈の分岐点付近に位置する．A_1 脈の先端は直線状（図5-7）．千島列島，北海道，本州，台湾，中国に分布する．

マキオホソヒメガガンボ（新称）　*Pseudolimnophila telephallus* Alexander, 1957

体長6.5～7.5 mm．R_2 脈は R_{2+3+4} 脈の分岐点より少し先に位置する．A_1 脈の先端は強く湾曲する．雄交尾器は長く，輪状に巻いている．

本州に分布する．

ケブカヒメガガンボ属　*Ulomorpha*

成虫：体長7～10 mm．翅は褐色を帯びた透明．無紋か，脈の分岐点や横脈の周辺が暗褐色となる．膜は翅の基部を除くほぼ全体が細毛に覆われる．Sc 脈は Rs 脈の先端より手前で終わる．R_2 脈はしばしば退化する．MA 脈をもつ．m_1 室がなく，M 脈は3本に枝分かれして翅の縁に届く．dm 室は閉じている．m-cu 横脈は dm 室の中央付近に位置する．脚は長い毛におおわれる．

幼虫は湿地の泥の中に棲む．

分類と分布：新北区に8種，日本に2種が記録されている．

クロケブカヒメガガンボ（新称）　*Ulomorpha nigricolor* Alexander, 1925

体長6.5～8 mm．体は光沢のある黒色．翅は黄色味を帯び，基部と前縁はより強い黄色，Rs 脈の基部，縁紋から M 脈の分岐点にかけて，dm 室の先端，CuA 脈上に不明瞭な褐色紋をもつ（図3-3，図5-8）．

本州，四国，九州，朝鮮半島に分布する．

ケブカヒメガガンボ（新称）　*Ulomorpha polytricha* Alexander, 1930

体長約7.5 mm．体は光沢のある黒色．前種に似るが，翅に縁紋以外の斑紋をもたない．

屋久島に分布する．

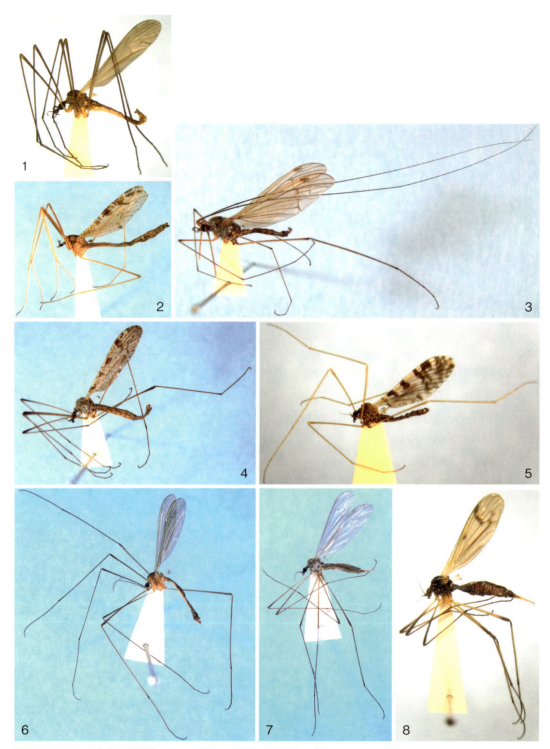

図5 コケヒメガガンボ亜科,トゲアシヒメガガンボ亜科 成虫 Dactylolabinae, Limnophilinae
1:オナガコケヒメガガンボ *Dactylolabis longicauda* 2:セダカヒメガガンボ *Conosia irrorata* 3:*Hexatoma (Eriocera)* sp. 4:カスリヒメガガンボ *Limnophila (Limnophila) japonica* 5:ヒメカスリヒメガガンボ *Limnophila (Dicranophragma) formosa* 6:トウキョウツヤヒメガガンボ *Pilaria tokionis* 7:ホソヒメガガンボ *Pseudolimnophila inconcussa* 8:クロケブカヒメガガンボ *Ulomorpha nigricolor*

クモヒメガガンボ亜科　Chioneinae

形態的特徴

　成虫：小型〜中型．体長2〜10 mm．複眼は無毛．翅脈相は多様．R脈は普通4本に枝分かれして翅の縁に届く．*Cladura*属，*Neolimnophila*属を除き，m_1室をもたない．脚は比較的短いものが多い．脛節は距棘をもたない．腹部もやや短いものが多く，*Erioconopa*属，*Ilisia*属，*Ormosia*属，*Molophilus*属などでは雄の腹部が交尾器の手前で90〜180°回転する．

　日本からはこれまでに25属165種が記録されている．

クモヒメガガンボ亜科の属の検索
成虫

1a 雌雄ともに翅は退化し，平均棍より小さい．翅脈は認められない．脚の基節は左右に大きく展開する………………………………………………………………………クモガタガガンボ属 *Chionea*
1b 翅は発達している．稀に退化するものがあるが，この場合，少なくとも雄の翅で翅脈を確認することができる．脚の左右の基節は胸部腹面で接近している…………………………… 2
2a m_1室をもち，M脈は4本に分かれて翅の縁に達する（図6-1）………………………………… 3
2b m_1室を欠き，M脈は3本に分かれて翅の縁に達する（図6-2, 3，図7-1〜3）…… 4
3a r_3室は短く，R_2脈はR_{3+4}脈の分岐点近くにある ………………………………… *Neolimnophila*
3b r_3室は長く，R_{3+4}脈の3倍以上の長さ．R_2脈はR_{3+4}脈の分岐点よりその長さ以上先にある（図6-1）………………………………………………………………………………………… *Cladura*
4a R脈は3本に分かれて翅の縁まで達する …………………………………………………………… 5
4b R脈は4本に分かれて翅の縁まで達する …………………………………………………………… 8
5a R_1脈は翅の中央より手前で終わる．R_{2+3}脈は直線状で，r-m横脈の近くでR_{4+5}脈と大きく分岐する…………………………………………………………………………………… *Styringomyia*
5b R_1脈は翅の2/3より先までのびる …………………………………………………………… 6
6a R_2脈をもつ．R_{2+3+4}脈は短く，R_2脈はRs脈の分岐点の近くに位置する
　……………………………………………………………………… *Teucholabis*（*Teucholabis*亜属）
6b R_2脈を欠く ……………………………………………………………………………………… 7
7a Sc脈はRs脈の起点付近かそれより手前で終わる．sc-r横脈はRs脈の起点より手前に位置する…………………………………………………………… *Gonomyia*（*Leiponeura*亜属，水生）
7b Sc脈はRs脈の中央付近で終わる．sc-r横脈はRs脈の起点より先に位置する …… *Atarba*
8a 翅に3本の黒い帯状紋がある．腿節は棍棒状………………………………………… *Gymnastes*
8b 翅にそのような模様はない．腿節は棍棒状にならない……………………………………… 9
9a R_3脈はR_{3+4}脈より短いかほぼ同じ長さ（図6-2）…………………………………………… 10
9b R_3脈はR_{3+4}脈の2倍より長い（図6-3，図7-1, 2, 3）……………………………… 14
10a R_2脈をもつ（図6-2）…………………………………………………………………………… 11
10b R_2脈を欠く …………………………………………………………………………………… 12
11a R_2脈はRs脈の分岐点付近にある．m-cu横脈はM脈の分岐点付近かそれより先に位置する………………………………………………………………………………… *Teucholabis*（一部）
11b R_2脈はRs脈の分岐点より，R_2脈の長さ以上先に位置する．m-cu横脈はM脈の分岐点付近かそれより手前にある（図6-2）……………………………………………… *Cheilotrichia*

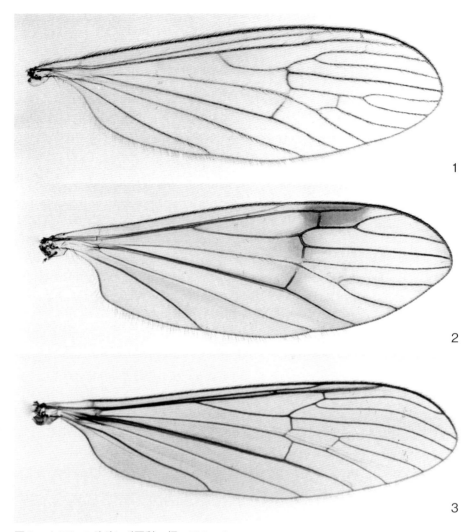

図6　クモヒメガガンボ亜科　翅　Chioneinae
1：*Cladura megacauda*　2：*Cheilotrichia* sp.　3：*Gnophomyia* sp.

- 12a Sc脈はRs脈の中央より先まで伸びる．m-cu横脈はM脈の分岐より先に位置する．中胸副基節が大きく，中，後基節は離れている··*Rhabdomastix*（水生）
- 12b 普通，Sc脈はRs脈の中央より手前で終わる．Sc脈がRs脈の中央より先まで伸びる場合，m-cu横脈はM脈の分岐点よりm-cu横脈の長さ以上手前にある．中胸副基節は小さく，中，後脚は接近している··· 13
- 13a m-cu横脈はM脈の分岐点よりm-cu横脈の長さかそれ以上手前にある．dm室をもたない ··· *Idiocera*
- 13b m-cu横脈はM脈の分岐点付近に位置する．dm室をもつ種ともたない種がある ··· *Gonomyia*（水生）
- 14a 翅の膜上に毛が生えている（図7-1，2）·· 15
- 14b 縁紋部を除き，翅の膜は無毛（図6-3，図7-3）·· 19

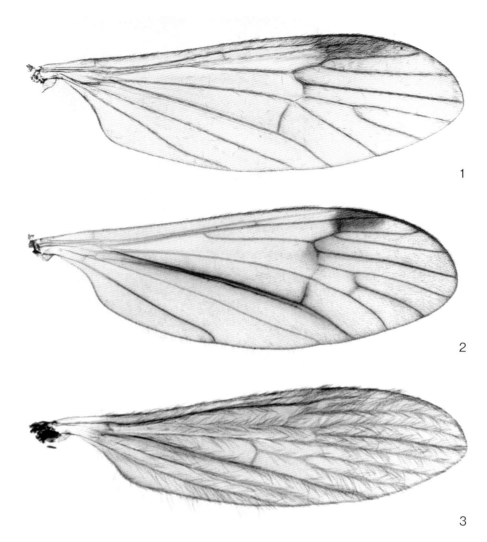

図7　クモヒメガガンボ亜科　翅　Chioneinae
1：*Ormosia* sp.　2：*Scleroprocta cinctifera*　3：*Molophilus* sp.

15a	微小種．翅長 3 mm 以下．R_{2+3+4} 脈がない ·································	*Tasiocera*
15b	翅長 4 mm 以上．R_{2+3+4} 脈がある ·························	16
16a	m-m 横脈を欠くため dm 室をもたない．M_3 脈は M_4 脈とつながる ······	*Ormosia* (*Oreophila*)
16b	dm 室をもつか，dm 室をもたない場合には M_3 脈の基部を欠き，M_3 脈は m-m 横脈を介して M_{1+2} 脈につながる ·································	17
17a	胸部背面に強い光沢をもつ·································	*Beringomyia*
17b	胸部背面は艶消しの状態·································	18
18a	後胸背板は無毛·································	*Scleroprocta*（水生）
18b	後胸背板は長い毛で被われる·································	*Ormosia*（水生）
19a	Rs 脈は先端で R_{2+3} 脈と R_{4+5} 脈に分かれる（図7-3）················	*Molophilus*（水生）
19b	Rs 脈は先端で R_{2+3+4} 脈と R_5 脈の 2 本の枝に分かれるか，R_{2+3} 脈，R_4 脈，R_5 脈の 3 本の枝に	

	分かれる………………………………………………………………………………	20
20a	中胸副基節は小さく，中，後脚の基節は接近している………………………………	21
20b	中胸副基節は大きく，中，後脚の基節は離れている……………………………………	23
21a	Rs 脈は先端で R_{2+3+4} 脈と直線的につながるか，R_{2+3+4} 脈と R_5 脈がほぼ同様の角度で分岐する．R_{1+2} 脈は R_2 脈の2倍より短く，R_{2+3+4} 脈より短い ……………………………………………………**マイコガガンボ属** *Lipsothrix*（Limoniinae，水生）	
21b	Rs 脈は R_5 脈と直線的につながる．R_{1+2} は R_2 脈の3倍より長く，R_{2+3+4} 脈より長い（図6-3）……………………………………………………………………………………	22
22a	脚は鱗片状の毛に覆われる．日本産の種は外生殖端節が長く，その中央付近に明瞭な刺状の突起をもつ…………………………………………………………………… *Idiognophomyia*	
22b	脚の毛は普通．外生殖端節は単純………………………………………………… *Gnophomyia*	
23a	雄交尾器は90〜180°回転し，第9背板は常に側面または腹面に位置する……………	24
23b	雄交尾器は回転せず，第9背板は常に背面に位置する…………………………………	27
24a	A_1 脈は湾曲する．cup 室は外縁近くで狭まる……………………………………… *Erioconopa*	
24b	A_1 脈は直線的．cup 室は外縁部で最も幅が広い…………………………………………	25
25a	M_{1+2} 脈と M_3 脈をつなぐ横脈は2本．そのうち基部側の1本は M_{1+2} 脈から分岐した縦脈のように走り，あたかも M_3 脈の基部のように見える ……………… *Hoplolabis*（*Hoplolabis*）	
25b	M_{1+2} 脈と M_3 脈をつなぐ横脈は m-m 横脈1本で dm 室は普通………………………	26
26a	雄交尾器は90°回転する．外生殖端節は単純で分岐しない．産卵管は直線的．下生殖弁は長く，尾角の先端より後方に突出するか，その先端付近まで届く……………… *Ilisia*	
26b	雄交尾器は180°回転する．外生殖端節は構造が複雑で先端が2〜3本に分岐する．産卵管は尾角が背面に強く反り返る．下生殖弁は短く，尾角の先端に届かない ………………………………………………………………………… *Hoplolabis*（*Parilisia*）	
27a	dm 室をもつ ………………………………………………………………… *Symplecta*（一部）	
27b	dm 室を欠く ……………………………………………………………………………………	28
28a	A_1 脈は湾曲する．cup 室は外縁近くで狭まる……………………………………… *Erioptera*（水生）	
28b	A_1 脈は直線的．cup 室は外縁部で最も幅が広い…………………………………………	29
29a	脚は普通の毛に覆われる…………………………………………………………… *Symplecta*	
29b	脚は平らな鱗状の毛に覆われる………………………………………………… *Arctoconopa*（水生）	

アルクトコノパ属　*Arctoconopa*

成虫：体長5〜7mm．翅は褐色を帯びた透明，無紋のものと褐色の模様のあるものがある．膜は無毛．Sc 脈は長く，Rs 脈の分岐点を遥かに越える．sc-r 横脈は Sc 脈の先端よりかなり手前にあり，Rs 脈の中央付近に位置する．R_{2+3} と R_4 脈は共通の柄部（R_{2+3+4} 脈）をもつ．R_3，R_4，R_5，M_{1+2} の各脈は長く，ほぼ直線状．M_{1+2} 脈は分岐せず翅の縁に届く．m-m 横脈がなく，dm 室は開いている．CuP 脈と A_1 脈は直線状で翅の縁に向かって離れる．中胸副基節は大きく，中胸真基節と後胸基節は離れている．

幼虫：呼吸盤は5つの短い突起を周囲に持ち，背方の突起は長く尖って腹側を向く突起を有する．呼吸盤は放射状で複雑な黒い模様を有する（図8-1）．

Erioptera 属の亜属として扱われることがある．旧北区，新北区に分布し，約20種が記載されている．日本からは *Arctoconopa bifurcata* (Alexander, 1919) のみが確認されている．

エリオプテラ属　*Erioptera*

成虫：体長3.5〜6.0 mm．翅の膜は無毛．Sc脈は長く，R_2脈付近で終わる．dm室を欠く．A_1脈は多少とも波状．cup室は中央付近で最も幅広い．中胸の副基節は大きく中基節と後基節は離れる．

幼虫：有機物に富んだ泥の中に棲む．幼虫呼吸盤（図8-3）．蛹（図8-4）．

日本からは3亜属11種と亜属の所属が不明の1種が記録されている．

エリオプテラ属の亜属の検索

1a　Rs脈は先端でR_{2+3}脈，R_4脈，R_5脈の3本に分岐する．R_{2+3}脈とR_5脈はRs脈の先端で直角に分岐し，R_4脈はRs脈と一直線に配列する ……………………………………… *Tasiocerodes* 亜属
　　Erioptera (*Tasiocerodes*) *persessilis* Alexander, 1958が日本から知られる．

1b　Rs脈は先端でR_{2+3+4}脈とR_5脈の2本に分かれ，いずれの脈もRs脈先端から斜めに分岐する ……………………………………………………………………………………………… 2

2a　触角は16節 ……………………………………………………………………… *Erioptera* 亜属
　　国内から9種が知られる．

2b　触角は12〜13節 ………………………………………………………………… *Meterioptera* 亜属
　　Erioptera (*Meterioptera*) *insignis* Edwards, 1916が日本から知られている．

ラブドマスティクス属　*Rhabdomastix*

成虫：体長3.5〜7 mm．翅の膜は無毛．Sc脈はRs脈の中央より先まで伸びる．R_2脈を欠き，R_3脈は短く，横脈のような形となる．中胸の副基節は大きく中基節と後基節は離れる．

幼虫：体長11.6〜22.9 mm．北米の種を見るかぎり，幼虫には形態が大きく異なる3つのグループがある（Hynes, 1969）．その一つは後方気門が大きく，呼吸盤の周りを5つの丸く短い突起が取り巻くもの（図8-6）．第二のグループは一つ目のグループに似ていて呼吸盤周辺の突起に刺状の突起をもつもの（図8-5）．このグループでは各々の突起の後方は褐色になり，呼吸盤背面中央と側方突起の刺状突起は長く発達する．第三のグループは呼吸盤の形状が全く異なり，呼吸盤は縦に長い長方形，後方気門は小さく，呼吸盤の上縁近くに位置する．呼吸盤背面中央と側方の突起はなく，腹面に鉤爪状の小さく尖った突起を一対有する（図8-7）．

世界から約100種が知られ，日本からは*Rhabdomastix*亜属に分類される6種が記録されている．

ゴノミア属　*Gonomyia*

成虫：体長3〜6 mm．翅の膜は無毛．Sc脈はRs脈の中央より先まで伸びる．R_2脈を欠き，R_3脈は短いなど，*Rhabdomastix*属によく似ているが，Sc脈は短くRs脈の起点付近で終わる．中胸の副基節は小さい（図9-4）．

幼虫：水辺の湿った土の中に見られる．

日本からは4亜属14種が記録されている．

ゴノミア属の亜属の検索

1a　R_3脈を欠き，Rs脈は2本に分かれて翅の縁に届く ……………………………… *Leiponeura* 亜属
　　日本国内から4種が記録されている．

1b　R_3脈をもち，Rs脈は3本に分かれて翅の縁に届く ……………………………………………… 2

2a　Sc脈はRs脈の起点より手前で終わる ……………………………………………… *Prolipophleps* 亜属

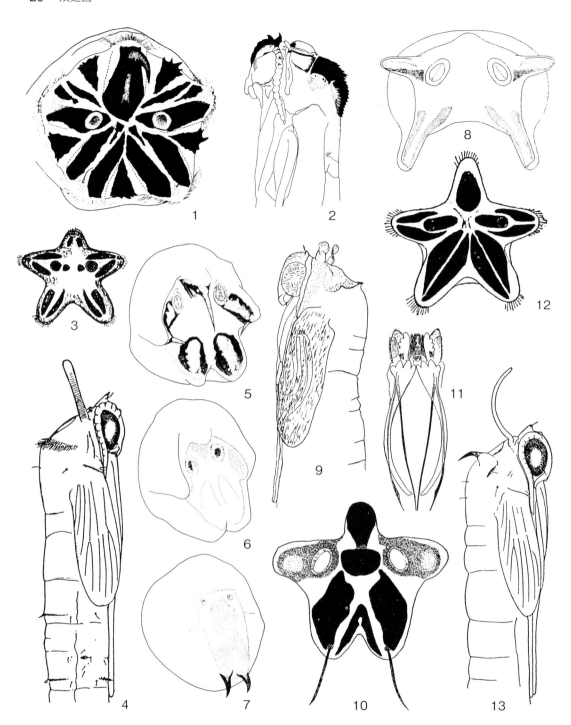

図8 クモヒメガガンボ亜科，ヒメガガンボ亜科　幼虫および蛹　Chioneinae, Limoniinae larvae, pupae
1：*Arctoconopa carbonipes*（北米）幼虫 呼吸盤　2：同 蛹　3：*Erioptera megophthalma*（北米）幼虫 呼吸盤　4：同 蛹　5：*Rhabdomastix californiensis*（北米）幼虫 呼吸盤　6：*Rhabdomastix trichophora*（北米）幼虫 呼吸盤　7：*Rhabdomastix setigera*（北米）幼虫 呼吸盤　8：*Lipsothrix hynesiana*（北米）幼虫 呼吸盤　9：*Gonomyia pleuralis*（北米）蛹　10：同 幼虫 呼吸盤　11：*Molophilus hirtipennis*（北米）幼虫 頭部　12：同 幼虫 呼吸盤　13：同 蛹（1，2：Hynes, 1969a；5〜7：Hynes, 1969b；8：Hynes, 1965；9〜10：Rogers, 1926；3，4，11〜13：Alexander, 1920）

Gonomyia (Prolipophleps) gracilistylus Alexander, 1924が日本に分布する.
- 2b Sc脈はRs脈の基部付近かそれより先まで伸びる ···································· 3
- 3a 雄交尾器の生殖基節の先端に突起をもつ．挿入器は左右非対称············ *Gonomyia* 亜属
  日本国内から8種が知られる.
- 3b 雄交尾器の生殖器節の先端に突起をもたない．挿入器は左右対称··· *Teuchogonomyia* 亜属
  Gonomyia (Teuchogonomyia) horribilis Alexander, 1941が日本から知られている.

モロフィルス属　*Molophilus*

成虫：体長2.8〜5mm. 翅は細く，膜は無毛，脈は長い毛に覆われる．R_4脈はR_5脈と共通の柄（R_{4+5}脈）をもつ（つまり，Rs脈は先端でR_{2+3}脈，R_{4+5}脈の2本に分かれる）．dm室を欠く（図7-3）．中脚は前脚，後脚に比べ明らかに短い．雄交尾器は180°回転している（図9-3）.

幼虫：濡れた土壌中に棲む．幼虫の頭部と呼吸盤（図8-11, 12）．蛹（図8-13）.

種数は多く，日本からはこれまでに*Molophilus*亜属の29種が記録されている.

オルモシア属　*Ormosia*

成虫：体長3〜7mm. 翅は幅広く，膜は全体が毛に覆われる．r_3室は長く，R_2脈はR_{3+4}脈の分岐点付近に位置する．dm室をもつものと欠くものがあり，dm室を欠く場合，M_3脈の基部を欠く（M_3脈とM_4脈の間が開いている，図7-1）．雄交尾器は180°回転している（図9-1, 2）.

幼虫：有機物に富んだ泥の中に棲む.

日本からはこれまでに3亜属24種が記録されている.

オルモシア属の亜属の検索

- 1a 外生殖端節は深く2分岐するため，一見生殖端節が3本あるように見える
  ··· *Parormosia* 亜属
  日本国内から2種が確認されている.
- 1b 外生殖端節は単純．生殖端節は明かに2本··· 2
- 2a m-m横脈を欠くためdm室は開いている（M_3脈はM_4脈と共通の柄をもつ）
  ··· *Oreophila* 亜属
  日本国内から2種が確認されている.
- 2b dm室をもつか，M_3脈の基部が消失しdm室を欠く（M_3脈はM_{1+2}脈と共通の柄をもつ）
  ··· *Ormosia* 亜属
  種が多く，現在までに日本から20種が知られている.

スクレロプロクタ属　*Scleroprocta*

成虫：体長5mm前後，翅は膜の全体が毛に覆われ，翅脈は*Ormosia*属によく似ているが（図7-2），雄交尾器は回転しない.

幼虫は湿地の泥の中に棲む.

旧北区と新北区から9種が知られ，日本からはこれまでに2種が記録されている.

22　双翅目

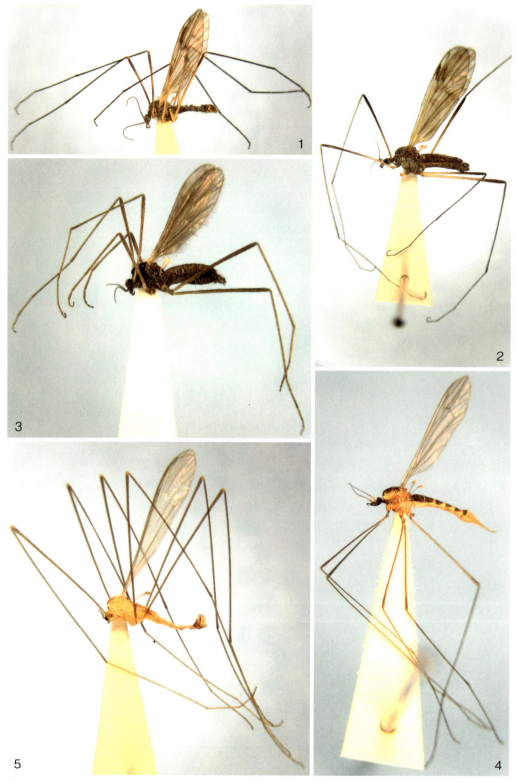

図9　クモヒメガガンボ亜科，ヒメガガンボ亜科　成虫　Chioneinae, Limoniinae
1：*Ormosia* sp.　2：*Ormosia* sp.　3：*Molophilus* sp.　4：*Gonomyia* sp.　5：*Lipsothrix apicifusca*

ヒメガガンボ亜科　Limoniinae

形態的特徴

　成虫：小型～大型．体長3～20 mm．複眼は無毛．R脈は3本（マイコガンボ属 *Lipsothrix* とモトヒメガガンボ属 *Orimarga* の一部を除く），M脈は通常3本に枝分かれして翅の縁に届き，脛節は距棘を欠く．

生態

　成虫は草地，森林，湿地，河川の周辺などに見られ，日陰など湿度の高い場所を好むが，一部に海岸の磯場にすむもの（ナミヒメガガンボ属 *Dicranomyia* の一部）もある．クチナガガンボ属 *Elephantomyia* やクチボソガガンボ属 *Geranomyia* はアザミやノギクなどのキク科植物に集まり吸蜜する．*Discobola* 属や *Metalimnobia* 属は朽ち木や朽ち木に生えたキノコに集まり産卵する．ウスバガガンボ属 *Antocha* やクロバネヒメガガンボ属 *Elliptera* は河川のごく間近に限って見ることができる．

分類と分布

　全ての生物地理区に広く分布する．日本からは19属163種が記録されている．

ヒメガガンボ亜科の属の検索

成虫

1a　Rs脈は4本に枝分かれして翅の縁に届く ……………………………………………………… 2
1b　Rs脈は3本に枝分かれして翅の縁に届く ……………………………………………………… 3
2a　Rs脈から分岐した前方の枝は2本の縦脈には分岐せずに翅の縁に届く．m-cu横脈はM脈の分岐点よりその長さ以上手前にある…… モトヒメガガンボ属　*Orimarga*（一部，水生）
2b　Rs脈から分岐した前方の枝はさらに2本の縦脈に分岐して翅の縁に届く．m-cu横脈はM脈の分岐点付近かそれより先に位置する………… マイコガンボ属　*Lipsothrix*（水生）※
　　※*Lipsothrix* 属についてはクモヒメガガンボ亜科の属の検索をあわせて参照すること．
3a　CuA脈はCuP脈と合流して翅の後縁に届く．脚は細長い ……………………… *Trentepohlia*
3b　CuA脈とCuP脈はそれぞれ独立して翅の後縁まで達する …………………………………… 4
4a　口吻は頭部より長く伸長する ……………………………………………………………………… 5
4b　口吻は短い ………………………………………………………………………………………… 7
5a　小顎鬚は口吻の中央より基部側に位置する…… クチボソガガンボ属　*Geranomyia*（水生）
5b　小顎鬚は口吻のほぼ先端に位置する ……………………………………………………………… 6
6a　口吻は体長の半分より長い ………………………………… クチナガガンボ属　*Elephantomyia*
6b　口吻は長くても頭部の2倍の長さ ……………………… クチバシガガンボ属　*Helius*（水生）
7a　触角は16節 ………………………………………………………………………………………… 8
7b　触角は14節 ………………………………………………………………………………………… 12
8a　dm室を欠く ……………………………………………………………………………………… 9
8b　dm室をもつ ……………………………………………………………………………………… 10
9a　Rs脈は長く直線的でR$_1$脈と平行．Rs脈とR$_1$脈は全長にわたって非常に接近する．m-cu横脈はM脈の分岐点近くに位置する（図10-2）
　　……………………………………………………… クロバネヒメガガンボ属　*Elliptera*（水生）

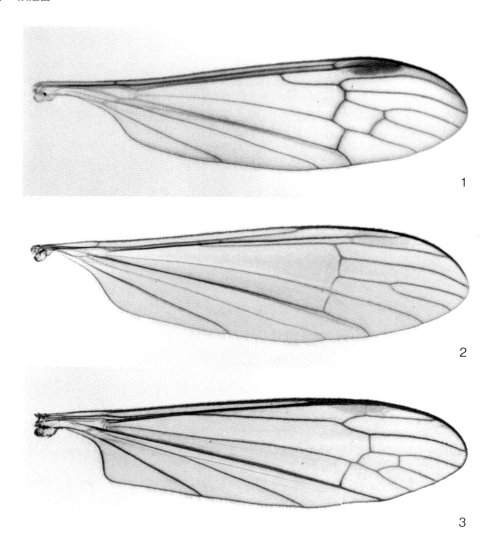

図10 ヒメガガンボ亜科 翅 Limoniinae
1：クチバシガガンボ属の一種 *Helius* sp. 2：クロバネヒメガガンボ *Elliptera zipanguensis*
3：ウスバガガンボ属の一種 *Antocha dentifera*

9b	Rs脈は上述のようにならない．m-cu横脈はM脈の分岐点よりその長さ以上手前にある ··· **モトヒメガガンボ属** *Orimarga*（水生）
10a	翅の臀角は強く突出し，角張る（図10-3）··············· **ウスバガガンボ属** *Antocha*（水生）
10b	翅の臀角は弱く張り出し，決して角張らない ·· 11
11a	R₂脈はRs脈の分岐点からRs脈の長さ以上離れ，dm室の先端のレベルより先に位置する（図11-1）··· *Dicranoptycha*
11b	R₂脈はdm室の先端のレベルより手前に位置する ······································· *Limnorimarga*
12a	cup室は横脈で二分される ··· *Discobola*
12b	cup室に横脈はない ··· 13
13a	翅は細く，臀角はまったく突出しない ·· 14
13b	翅は細くない．臀角は多少なり張り出す ··· 16

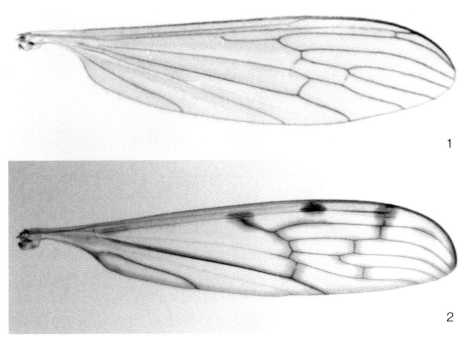

図11　ヒメガガンボ亜科　翅　Limoniinae
1：*Dicranoptycha* sp.　2：*Libnotes* (Laosa) sp.

14a dm 室はない．m-cu 横脈は M 脈の分岐点付近かそれより手前にある
　　　　　　　　　　　　　　　　　　　　　　　　　　ナミヒメガガンボ属　*Dicranomyia (Pseudoglochina)*
14b dm 室がある．m-cu 横脈は M 脈の分岐点より先にある　　　　　　　　　　　　　15
15a Rs 脈は Sc 脈の先端付近で R 脈から分岐する　　　　　　　　　　　　　　*Thrypticomyia*
15b Rs 脈は Sc 脈の先端より Rs 脈の長さ以上先で R 脈から分岐する
　　　　　　　　　　　　　　　　　　　　　　　　　ナミヒメガガンボ属　*Dicranomyia (Euglochina)*
16a 雄の触角は鞭小節の下面が張り出し，鋸歯状または櫛状　　　　　　　　　　　　　17
16b 触角は鞭小節が球形または円筒形で雄雌ともに単純　　　　　　　　　　　　　　　18
17a 触角は鋸歯状．翅にははっきりとした模様がない．sc 室は横脈で二分される．翅の臀角
　　は強くはり出す　　　　　　　　　　　　　　　　ナミヒメガガンボ属　*Dicranomyia (Idioglochina)*
17b 触角は鋸歯状または櫛状．翅に細かな褐色の斑点模様がある．sc 室に横脈はない．翅の
　　臀角のはり出しは弱い　　　　　　　　　　　　　　　　　　　　　　　　　*Rhipidia*
18a r_4 室，r_5 室は横脈で二分される（図11-2）　　　　　　　　　　　　*Libnotes* (Laosa)
18b r_4 室，r_5 室に横脈はない　　　　　　　　　　　　　　　　　　　　　　　　19
19a R_1 脈と R_{1+2} 脈は一直線上にあり，R_{1+2} 脈は R_{3+4} 脈とほぼ平行　　　　　　　20
19b R_{1+2} 脈は R_1 脈と R_2 脈の合流点付近で前方に大きく曲がるため，R_1 脈と R_{1+2} 脈は直線状に
　　配列せず，R_{1+2} 脈は横脈のような状態となる　　　　　　　　　　　　　　　　21
20a 生殖端節は 1 本　　　　　　　　　　　　　　　　　　　　　ヒメガガンボ属　*Limonia*
20b 生殖端節は 2 本　　　　　　　　　　　　　　ナミガタガンボ属　*Libnotes* (*Afrolimonia*)

21a	Sc 脈の先端は Rs 脈の分岐より先まで伸びる．R_{3+4} 脈から M_4 脈までの各縦脈は翅の先端近くで互いに平行な状態を保ったまま後方へ湾曲する ·· **ナミガタガガンボ属** *Libnotes* (*Libnotes*)
21b	Sc 脈の先端は Rs 脈の分岐点より手前で終わる．Sc 脈が Rs 脈の分岐点を越える場合，R_{3+4} 脈から M_4 脈までの縦脈は上記のようには曲がらない ································ 22
22a	複眼は大きく，頭部の上下で左右が接する ············· *Atypophthalmus* (*Atypophthalmus*)
22b	複眼は普通の大きさ ·· 23
23a	Sc 脈は Rs 脈の中央より明らかに先まで伸びる ·· 24
23b	Sc 脈は短く，Rs 脈の中央付近より手前で終わる ··· 25
24a	大型種．体長 10 mm 以上．翅には複雑な模様がある．雄交尾器の外生殖端節は刺状にならず，内生殖端節は内側に嘴状の突起をもたない ······ **マダラヒメガガンボ属** *Metalimnobia*
24b	体長 10 mm 以下．雄交尾器の外生殖端節は刺状で鉤爪のようにがる．内生殖端節の嘴状突起は長く湾曲し，基部に 1 本の大きく長い刺を有する ·································· *Achyrolimonia*
25a	生殖端節は 1 本 ··· 26
25b	生殖端節は 2 本 ·· **ナミヒメガガンボ属** *Dicranomyia* (水生)
26a	生殖端節に明らかな嘴状突起がある．嘴状突起は無毛で，刺 (rostral spine) を欠く ·· *Atypophthalmus* (*Microlimonia*)
26b	生殖端節の嘴状突起は不明瞭．生殖端節は先端まで毛に覆われている ·· **ナミヒメガガンボ属** *Dicranomyia* (*Erostrata*)

マイコガガンボ属（新称） *Lipsothrix*

成虫：体長 6〜9 mm．Sc 脈は長く，Rs 脈の分岐点よりわずかに先で終わり，sc-r 横脈は Sc 脈の先端近くにある．R_2 脈は R_1 脈の先端近くに位置し，R_{1+2} 脈は R_2 脈とほぼ同長かやや長い．腹部は細く長い（図9-5）．雄交尾器は細長くほぼ同じ長さの 2 本の生殖端節を持ち，この内，外生殖端節は無毛で黒く，中央付近内側に小さな棘状の突起を有する．

幼虫：水面近くや水面下に沈んだ朽ち木で発見される．幼虫呼吸盤（図8-8）．

日本からは 6 種が記録されている．

ウスバガガンボ属 *Antocha*

成虫：体長 3〜10 mm．触角は16節．翅の膜は無毛．Sc 脈は R 脈，R_1 脈に接近し，sc-r 横脈を欠く．Rs 脈は長く直線的．翅の臀脈域は後方に強く張り出す（図10-3）．

幼虫：後方気門を欠き，呼吸盤の突起は腹側の 1 対のみ．腹部 2〜7 節には匍匐皺が発達する（図12-1）．清流の石に糸で筒状の巣を作り，その中で生活する．

蛹：呼吸角が 8 本に分枝する（図12-2）．

成虫は水辺周辺に多く，水際に多数集まって集団で交尾，産卵する姿を見ることがある．また，夜間は明りによく集まる．

世界から 3 亜属，130種以上が知られ，日本からは 2 亜属16種が記録されている．

ウスバガガンボ属の種の検索
成虫（Torii, 1992 より抜粋）

1a	雄の脚は太く，後腿節と後脛節の関節に向き合った一対の突起がある ······················· 2

1b	雄の脚は細く，後腿節と後脛節の関節に上記のような突起をもたない	3
2a	雄の後脛節は先端に向かって顕著に太くなる	
	……………………… **スソビロウスバガガンボ** *Antocha uyei* Alexander, 1919（図13-2）	
	翅長5～11 mm．本州と九州に分布する．	
2b	雄の後脛節は先端に向かって太くならない	
	……………………… **ウスバガガンボ** *Antocha spinifer* Alexander, 1919（図13-1）	
	翅長6～13.5 mm．北海道，本州，四国，九州に分布する．	
3a	雄の腹部第9背板は後縁に一対の突起をもつ	4
3b	雄の腹部第9背板に突起をもたない	6
4a	雄交尾器の生殖基節の基部内側は単純で，毛に覆われた突起をもたない	
	…………………………………………………… *Antocha bifida* Alexander, 1924	
	翅長5～7 mm．北海道，本州，四国，九州のほか，東アジアに広く分布する．	
4b	雄交尾器の生殖基節の基部内側に毛に覆われた突起をもつ	5
5a	雄交尾器の外生殖端節は先端近くに一つの歯状突起をもつ……*Antocha latistilus* Torii, 1991	
	翅長5～6.7 mm．本州に分布する．	
5b	雄交尾器の外生殖端節は先端近くに歯状突起をもたない… *Antocha sagana* Alexander, 1932	
	翅長4.3～5.7 mm．本州と九州に分布する．	
6a	雄交尾器の生殖基節の基部内側に毛に覆われた突起をもつ	7
6b	雄交尾器の生殖基節の基部内側に毛に覆われた突起をもたない	9
7a	雄交尾器の外生殖端節は先端がヘラ状．雄の腹部第9腹板は四角形	
	…………………………………………………… *Antocha brevistyla* Alexander, 1924	
	翅長7.2 mm．北海道とロシア極東地域に分布する．	
7b	雄交尾器の外生殖端節は先端が棒状．雄の腹部第9腹板は後方が丸まる	8
8a	雄交尾器の外生殖端節は先端が尖る．パラメア内側の枝は短く，挿入器の中央まで届く	
	…………………………………………………… *Antocha brevinervis* Alexander, 1924	
	翅長4～6.5 mm．北海道，本州，四国，九州に分布する．	
8b	雄交尾器の外生殖端節は先端が尖らない．パラメア内側の枝は長く，挿入器の先端近くまで届く …………………………………………… *Antocha tuberculata* Torii, 1991	
	翅長4.5 mm．四国に分布する．	
9a	雄交尾器の外生殖端節は中ほどに歯状突起をもつ	
	…………………………………… *Antocha dentifera* Alexander, 1924（図1-3）	
	翅長3.5～6.5 mm．本州とロシア極東地域に分布する．	
9b	雄交尾器の外生殖端節は上述のような歯状突起をもたない	10
10a	翅の m-m 横脈は部分的にまたは完全に消失する … *Antocha subconfluenta* Alexander, 1930	
	翅長4～5.7 mm．四国，九州に分布する．	
10b	翅の m-m 横脈は完全	11
11a	雄交尾器の外生殖端節は先端が黒化する	12
11b	雄交尾器の外生殖端節の先端は黒化しない	15
12a	パラメアの内側の枝は先端で二股になる………………… *Antocha bidigitata* Alexander, 1954	
	翅長7～8 mm．本州，四国，九州に分布．	
12b	パラメアの内側の枝は二股に分岐しない	13

28 双翅目

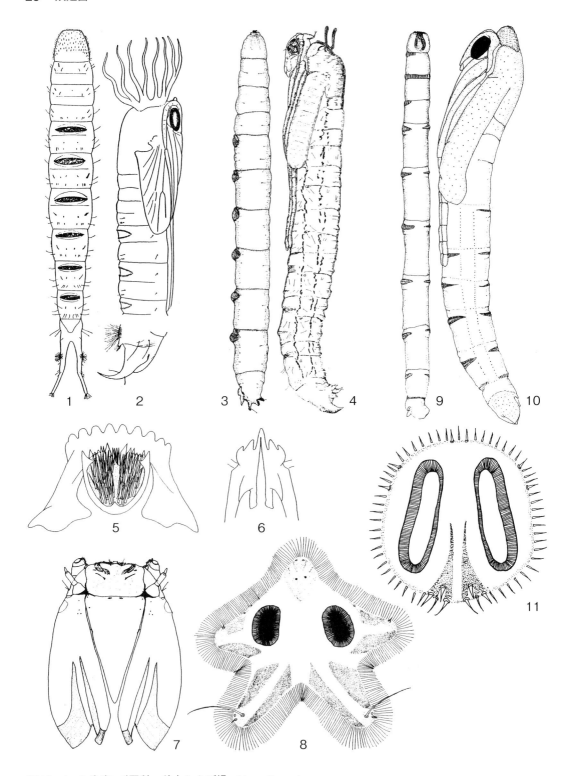

図12 ヒメガガンボ亜科 幼虫および蛹 Limoniinae larvar, pupae
1：*Antocha saxicola*（北米）幼虫 2：同 蛹 3：*Helius longirostris*（欧州）幼虫 4：同 蛹 5：同 幼虫 下咽頭 6：同 幼虫 下口節 7：同 幼虫 頭部 8：同 幼虫 呼吸盤 9：*Dicranomyia autumnalis*（欧州）幼虫 10：同 蛹 11：同 幼虫 呼吸盤（1，2：Alexander, 1920；3～11：Cramer, 1967）

13a	翅のR₃脈上に毛を有する ···	*Antocha gracillima* Alexander, 1925
	翅長5〜8 mm．本州，四国，九州，韓国，ロシア極東部に分布する．	
13b	翅のR₃脈は無毛 ···	14
14a	雄交尾器の外生殖端節は基部で膨らみ，先端は単純に尖る．内生殖端節は中ほどで膨らむ ···	*Antocha dilatata* Alexander, 1924
	翅長5〜5.5 mm．北海道，本州，四国，九州とロシア極東地域に分布する．	
14b	内外いずれの生殖端節も部分的な膨らみをもたない．外生殖端節は先端近くに鈍い突出部をもつ ··	*Antocha satsuma* Alexander, 1919
	翅長7.3〜7.6 mm．北海道，本州，四国，九州に分布する．	
15a	雄の腹部第9背板の後縁は後方に張り出す ·······················	*Antocha mitosanensis* Torii, 1991
	翅長8.5 mm．本州に分布する．	
15b	雄の腹部第9背板の後縁は直線的 ·································	*Antocha platyphallus* Alexander, 1935
	翅長6.5〜8 mm．本州に分布する．	

クロバネヒメガガンボ属　*Elliptera*

成虫：翅脈は極めて特徴的．Rs脈は長く直線的でR₁脈に近く，この脈と平行．R₂脈は弱く，dm室を欠く（図10-2）．

幼虫：半水生で，滝の周辺など水しぶきの当たる岩の表面，苔や藻類の中で生活する．

日本からは*Elliptera zipanguensis*と北海道と本州に分布する未記録種が1種確認されている．

クロバネヒメガガンボ　*Elliptera zipanguensis* Alexander, 1924

成虫：体長5〜7 mm．翅長8〜10 mm．体色は黒褐色．翅は褐色で縁紋を欠き，無紋．翅脈は全て直線的．R₃₊₄脈はまっすぐ翅の先に伸びる．成虫は秋に多く見られ，北海道から九州まで分布する．

北海道と本州に分布する未記録種は大型で，体長5〜8 mm．翅が長く，翅長8〜14 mm．翅は褐色でR₅脈の基部からM脈の分岐点にかけて脈周辺が濃い褐色を帯びる．R₃₊₄脈は先端が前方へ強く曲がる．ロシアに分布する*Elliptera jakoti* Alexander, 1925によく似ている．

クチボソガガンボ属　*Geranomyia*

成虫：体長5〜8 mm．口吻，特に脣弁（labella）が長く伸長し，鶴や鷺のくちばしのような形となる（図13-4）．*Limonia*属の亜種とされることもあり，雄交尾器の形態は*Dicranomyia*属に近い．成虫はキク科植物の花に集まり吸密する．また，夜間は明りにもよく集まる．

日本から7種記録されている．

クチバシガガンボ属　*Helius*

成虫：体長7〜9 mm．口器周辺の頭蓋が伸長して口吻を形成する．この口吻は頭部の残りの部分とほぼ等長か，長く，形状はタツノオトシゴの口を思わせる（図13-3）．翅脈はR₂脈を欠き，縁紋を除きほとんど模様をもたない（図10-1）．

幼虫は林の中の湿地などに見られる．

日本からは7種が記録されている．

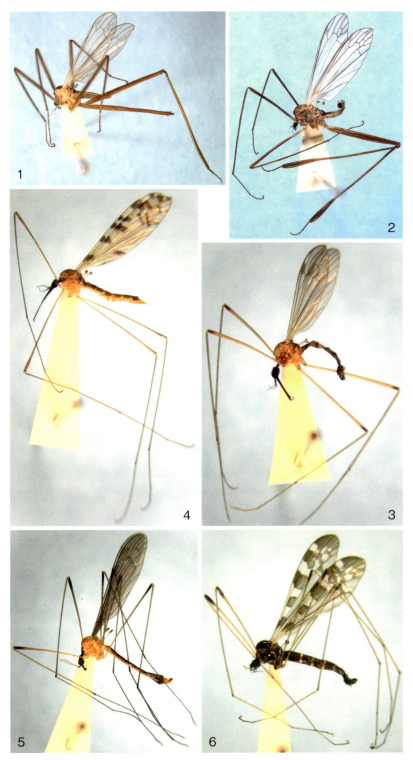

図13 ヒメガガンボ亜科　成虫　Limoniinae
1：ウスバガガンボ *Antocha spinifer*　2：スソビロウスバガガンボ *Antocha uyei*　3：クチバシガガンボ属の一種 *Helius* sp.　4：クチボソガガンボ属の一種 *Geranomyia* sp.　5：ナミヒメガガンボ属の一種 *Dicranomyia euphileta*　6：タケウチマダラヒメガガンボ *Dicranomyia takeuchii*

ナミヒメガガンボ属（新称） *Dicranomyia*

成虫：体長4〜10 mm. R_{1+2}脈（R_1脈の先端部）はR_2脈との合流の後前方に強く曲がるため横脈のようになる．雄交尾器の生殖端節は基本的に2本あり，典型的なものでは背面に位置する外生殖端節は細く単純な鉤爪状，腹面に位置する内生殖端節は大きく膨らみ，内側基部近くにクチバシ状の突起を有する（図1-2）．交尾器のこの特徴は *Geranomyia* 属，*Discobola* 属，*Rhipidia* 属等と共通である．

種数は極めて多く，構成種は共通の特徴に乏しい．多数の亜属に分類され，各々が独立して *Limonia* 属の亜属して扱われることがある．日本からはこれまでに9亜属47種が記録されている（図13-5，6）．

モトヒメガガンボ属（新称） *Orimarga*

成虫：体長6〜7 mm. 特異な翅脈相を有する．dm室を欠き，m-cu横脈はM脈の分岐点よりm-cu横脈の長さ以上基部寄りに位置する．R_1脈と翅の前縁を結ぶ横脈（研究者によってSc_2脈あるいはR_{1+2}脈とされる）をもつものがある．雄交尾器の内生殖端節，外生殖端節は細長くほぼ等長．日本からはこれまでに5種が記録されている．

関連文献

Alexander, C. P. 1920. The Crane-flies of New York, part II Biology and phylogeny. Mem. Cornell Univ. agric. Ext. St., 38: 699-1133.

Alexander, C. P. and G. W. Byers.1981. Tipulidae. In J. F. McAlpine, et al. (eds.), Manual of Nearctic Diptera. Vol. 1: 153-190. Research Branch, Agriculture Canada, Monograph 27.

Brindle, A. 1960. Notes on the Life-history of the Genus *Hexatoma* (Dipt., Tipulidae). Ent. Mon. Mag., 96: 149-152.

Brindle, A. & D. Bryce 1960. The Larvae of the British Hexatomini (Dipt., Tipulidae). Ent. Gazette, 11: 207-224.

Cramer, E. 1967. Die Tipuliden des Naturschutzparkes Hoher Vogelsberg. Deut. Ent. Zeit., N. F., 15: 133-232.

Hynes, C. D. 1965. The Immature Stages of the Genus *Lipsothrix* in the Western United States. Pan-Pacific Ent., 41: 165-172.

Hynes, C. D. 1969a. The immature stages of *Arctoconopa carbonipes* (Alex.) (Diptera: Tipulidae). Pan-Pacific Ent., 45: 1-3.

Hynes, C. D. 1969b. The immature stages of the genus *Rhabdomastix* (Diptera: Tipulidae). Pan-Pacific Ent., 45: 229-237.

中村剛之．2014．Family Limoniidaeヒメガガンボ科．中村剛之他（編），日本昆虫目録，第8巻（双翅目）：9-53．日本昆虫学会．

Oosterbroek, P. & Br. Theowald 1991. Phylogeny of the Tipuloidea based of characters of larvae and pupae (Diptera, Nematocera). Tijdsch. Ent. 134: 211-267.

Oosterbroek, P. 2006. The European families of the Diptera. Identification, Diagnosis, Biology. KNNV-Uitgeverij, Utrecht.

Oosterbroek, P. 2017. Website "Catalogue of the Craneflies of the World (Diptera, Tipuloidea: Pediciidae, Limoniidae, Cylindrotomidae, Tipulidae)". http://ccw.naturalis.nl（2017年9月）．

Rogers, J. S. 1926. Notes on the biology and immature stages of *Gonomyia* (*Leiponeura*) *pleuralis* (Will.) - Tipulidae, Diptera. Florida Ent., 10: 33-38.

Stary, J. 1992. Phylogeny and classification of Tipulomorpha, with special emphasis on the family Limoniidae. Acta Zool. cracov., 35(1): 11-36.

Torii, T. 1992. Systematic study of the genus *Antocha* recorded from Japan and its adjacent area (Diptera, Tipulidae). Acta Zool. Cracov., 35 (1): 157-192.

シリブトガガンボ科　Cylindrotomidae

中村剛之

　ガガンボ上科に分類される細長い体形をした中型のガガンボ類である．エチオピア区を除く各生物地理区から約70種が記録され（Oosterbroek, 2017），旧北区東部と東洋区に多くの種が分布する．2亜科に分類され，日本にはシリブトガガンボ亜科 Cylindrotominae の4属7種が記録されている（Takahashi, 1960；鳥居，1984；中村，2001）．

　この科はもともと広義のガガンボ科 Tipulidae の一亜科として扱われていたが（Alexander & Byers, 1981など，改定前の本書でもこの分類体系を踏襲した），現在では独立した科として認知されている（Oosterbroek, 2006, 2017）．

　成虫は比較的明るい林床の下草の間，林縁部や草地にみられ，夜間の照明にはほとんど飛来しない．幼虫は種子植物の葉上や蘚苔類の中に生息し，ガガンボ類では珍しく，生きた植物を食べる．幼虫と蛹の体表の突起と体色はカモフラージュの効果があり，苔の中などに潜む幼虫を発見することは容易ではない．一見すると鱗翅目の幼虫を思わせるが，シリブトガガンボの幼虫には脚がなく，気門が腹部末端の1対しかないため容易に区別することができる．

　シリブトガガンボ科ではクワナシリブトガガンボ属 Triogma の幼虫が水生もしくは半水生の生活を送っている．

形態的特徴

　成虫：体長7〜16 mm．頭部は比較的小さく，口吻は短く，前方に突出するが，ガガンボ科にみられる鼻状の突起はない．複眼は半球状で無毛，雌雄ともに離眼的，単眼を欠く．触角は16節からなり，鞭状か鋸歯状．小腮鬚は5節からなり，短く，一部の種で末端節が長い．中胸背板は大きく，前楯板（praescutum）と楯板（scutum）はV字形の縫合線で区切られている．翅は細長く，縁紋を除き無紋．Sc脈は縁紋の手前で先端部が消失する．sc-r横脈はSc脈の先端近くに位置する．R_1脈は後方へ曲がり，Rs脈の前方の枝と合流する．M脈は3〜4本に分かれて翅の縁に届く（図2）．A_1脈は長く，普通CuP脈の半分以上の長さがある．脚はガガンボ類としては比較的短く，転節と腿節の間の関節で折れやすい．中脚の副基節（meron）は小さく，真基節（eucoxa）の内側に位置する．脛節の距棘は前脚に1本，中，後脚に各々2本ある．腹部は細く長い．雄交尾器の生殖基節（gonocoxite）は大きく，先端に1本の生殖端節（gonostylus）を有する．挿入器（aedeagus）は先端が2分岐または3分岐する．雌の尾角（cerci）は太く短い．

　蛹：体形は細長く，前胸の呼吸角（respiratory horn）は短く，左右同長．脚包（leg sheaths）は重ならず，横一列に平行に位置する．体表面に糸状または葉状の突起を有する．食草に付着した終齢幼虫の脱皮殻の中で蛹化する．

　幼虫：体形は細長く，円筒形ないし扁平で，胸部と腹部に大きな肉質の突起が並んでいる．呼吸系は腹部末端に1対の気門がある後気門式（metapneustic）．体色は緑色または褐色．

属の検索
成虫

1a　M脈は3本に分かれて翅の縁に達する ……………………………………………… 2
1b　M脈は4本に分かれて翅の縁に達する
　　……シリブトガガンボ属　*Cylindrotoma*（陸生）（日本産1種．*C. japonica* Alexander, 1913）

2　双翅目

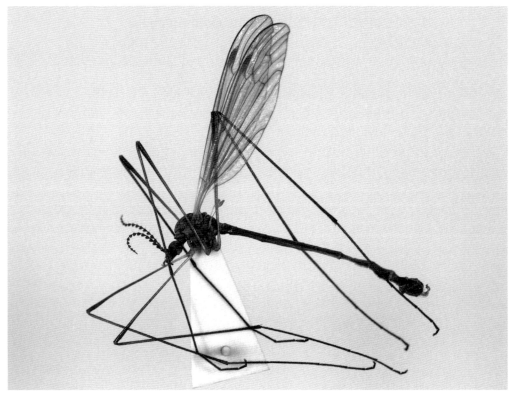

図1　クワナシリブトガガンボ *Triogma kuwanai*　成虫

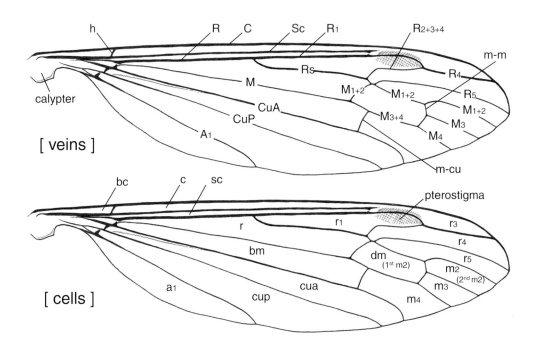

図2　クワナシリブトガガンボ *Triogma kuwanai*　翅

シリブトガガンボ科　3

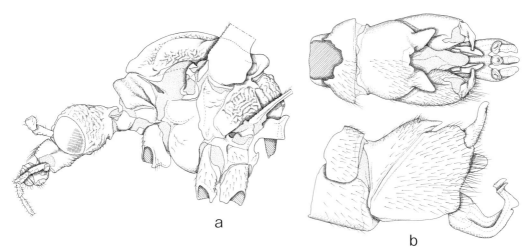

図3　クワナシリブトガガンボ *Triogma kuwanai*　成虫
a：頭部および胸部　b：雄交尾器（中村, 2001より）

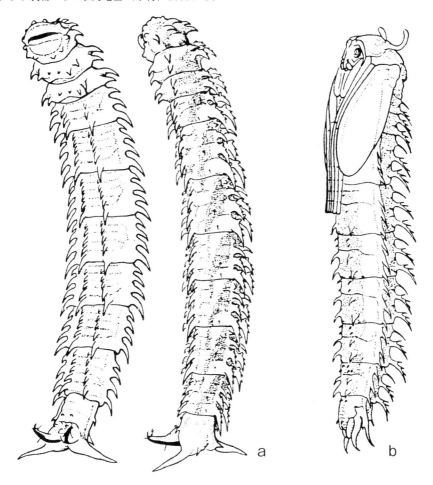

図4　幼虫および成虫
a：*Triogma trisulcata*（欧州産）幼虫　腹側面図および背側面図. b：同　蛹.（Peus, 1952より）

2a　雄交尾器の挿入器は先端が3本に分かれる．触角の鞭小節は鋸歯状または円筒形‥‥‥‥3
2b　雄交尾器の挿入器は先端が2本に分かれる．触角の鞭小節は樽形～円筒形
　‥‥‥‥‥‥‥‥‥‥‥‥‥‥‥‥‥‥‥‥ **ホソシリブトガガンボ属**　*Diogma*（陸生）
　　　　　　（日本産2種．*D. glabrata* (Meigen, 1818)，*D. caudata* Takahashi, 1960）
3a　体は光沢のない灰褐色．頭部と胸部は皺に覆われる（図3a）
　‥‥‥‥‥‥‥‥‥‥‥‥‥‥‥‥‥‥‥‥ **クワナシリブトガガンボ属**　*Triogma*（水生，半水生）
　　　　　　　　　　　　　　　　　　　　　　　　（日本産1種．*T. kuwanai*）
3b　体は光沢のある暗褐色～黒褐色．頭部表面は滑らか
　‥‥‥‥‥‥‥‥‥‥‥‥‥‥‥‥‥‥‥‥ **ノコギリシリブトガガンボ属**　*Liogma*（陸生）
　（日本産3種．*L. mikado* (Alexander, 1919)，*L. serraticornis* Alexander, 1919，*L. brevipecten* Alexander, 1932）

クワナシリブトガガンボ属　*Triogma*

成虫：触角は鞭小節が腹側に張り出し，雄雌ともに鋸歯状．頭蓋，胸部背板，側板は細かな皺に覆われる．M脈は3本に枝分かれして翅の縁に達する（図2，図3）．

蛹：腹部背面に枝分かれした刺状突起を有する（図4b）．

幼虫：背面の突起は短く，基部の太さの約1～3倍の長さ．腹部背面後方の突起は先端に，3～4本の鋸歯状の切れ込みがある（図4a）．

生態：成虫は草地や林縁の草の間を飛翔する．飛翔時は細長い腹部と姿勢からイトトンボのような印象を受ける．幼虫は比較的明るい環境の濡れた苔の中に生息し，蘚苔類を食べる．

分類と分布：北米から1種，旧北区から3種が記録されている．日本ではクワナシリブトガガンボ *Triogma kuwanai* 1種が記録されている．

クワナシリブトガガンボ　*Triogma kuwanai* (Alexander, 1913)（図1～3）

成虫：頭部，胸部，第1腹節は灰色で粉ふき状．第2～6腹節は褐色，腹部末端は黒褐色．挿入器は淡黄褐色で強く背側に湾曲し，3本の枝の先端は各々円盤状に拡大する．四国の個体群は別亜種（subsp. *limbinervis* Alexander, 1953）とされる．

北海道，本州，四国，九州に分布．成虫は4～5月に出現し，低地～山地に普通．

関連文献

Alexander, C. P. & J. Byers 1981. Tipulidae. In J.F. McAlpine et al. (eds.), Manual of Nearctic Diptera. Vol. 1: 153-190. Research Branch, Agriculture Canada, Monogaph 27.

中村剛之．2001．栃木県のシリブトガガンボ亜科（双翅目，ガガンボ科）．栃木県立博物館研究紀要－自然－ 18: 23-30.

Oosterbroek, P. 2006. The European families of the Diptera. Identification, Diagnosis, Biology. KNNV-Uitgeverij, Utrecht.

Oosterbroek, P. 2017. Website "Catalogue of the Craneflies of the World (Diptera, Tipuloidea: Pediciidae, Limoniidae, Cylindrotomidae, Tipulidae)". http://ccw.naturalis.nl（2017年9月）

Peus, F. 1952. 17. Cylindrotomidae. In E. Lindner (ed.), Die Fliegen der palaearktischen Region, 3(5)3, Lief. 169: 1-80.

Takahashi, M. 1960. A revision of Japanese Cylindrotominae (Diptera: Tipulidae). Transactions of the Shikoku Entomological Society 6: 81-91.

鳥居隆史．1984．東京都のシリブトガガンボ亜科．東京都の自然 (10): 11-15.

ガガンボ科　Tipulidae

中村剛之

中型〜大型のガガンボ類．例外的なものをのぞき体長は10 mm以上で，大型のものでは40 mmを超える．すべての生物地理区のさまざまな気候帯に分布し，いずれの地でも種数は多い．これまでに世界各地から約4,000種が記載されているが多数の未記載種を含んでいる．日本からはこれまでに13属204種が記録されている（中村，2014）．ガガンボ科は幼虫が陸生のものでも成虫が湿地や沼沢の周辺でみられる種が多く，また，幼虫の生息環境が判明していない分類群も多いことから，成虫の検索表ではこれまでに日本から記録のあるすべての属を示す．

ここで扱うガガンボ科 Tipulidae は，改定前の本書でも用いられていた広義のガガンボ科（Alexander & Byers, 1981など）のうち，ガガンボ亜科に相当する．

形態的特徴

成虫：頭部は比較的小さく，複眼は半球状で離眼的で無毛．単眼はない．触角は普通比較的長く，12〜14節．口吻は突出し，しばしば先端上面に鼻状の突起（nasus）を有する．小腮鬚は5節，末端の節は他の4節を合わせた長さより長い．中胸背板は大きく，前楯板（praescutum）と楯板（scutum）はV字形の縫合線で区切られている．中胸副基節（meron）は丸く発達し，真基節（eucoxa）から離れて後側板の腹側に位置する．脚は細長く，転節と腿節の関節で折れやすい．脛節端の距棘（tibial spurs）は基本的には前脚に1本，中脚と後脚に2本ずつあるが，分類群によって前脚または前脚と中脚の距棘を欠くもの，距棘をまったくもたないものがある．翅は細長く，しばしば顕著な斑紋を有す．Sc脈は先端が退化消失するか，R_1脈上で終わる．R_{1+2}脈，R_3脈は短く，やや横脈的．R脈は3〜4本，M脈は4本に分岐して翅の縁に届く．M_1脈とM_2脈は各々独立して翅の縁に届く（図3）．A_1脈は長く，普通CuP脈の半分以上の長さがある．平均棍は細く長い．

幼虫：細長いウジ虫形で淡い灰色〜茶褐色．頭部は卵形で，よく発達し，後縁に2つの深い切れ込みがある．頭部は胸部の中に引き込まれていて，通常外からは口器や触角の先端だけがみえる．胸部と腹部の表面に瘤状の弱い膨らみが生じることはあるが，それ以外には目立った構造はない．呼吸系は腹部末端に1対の気門がある後気門式（metapneustic）．呼吸盤（spiracular disc）の周囲は普通6本（稀に8本）の突起で囲まれる．水生の幼虫では肛門周辺に肛門葉（anal papilae）を4〜8本もつ．

蛹は細長く，中胸の1対の呼吸角（respiratory horns）は発達する．腹部には棘状の突起を備える．

生態：成虫は河川，湖沼，湿地の周辺，やや湿った草地や林内等さまざまな環境にみられる．ユウレイガガンボ属 Dolichopeza の成虫は樹洞の中やオーバーハングした石や崖の下面に静止していることが多い．クシヒゲガガンボ類（Ctenophora, Tanyptera, Dictenidea, Phoroctenia, Pselliophora 等の属）は林内の朽木や河畔の流木の周辺でみることができる．ミカドガガンボ属 Holorusia，ホソガガンボ属 Nephrotoma，ガガンボ属 Tipula の多くは燈火に飛来する．

幼虫はやや乾燥した土壌中（Nephrotoma, Tipula），湿った林内の土壌中（Nephrotoma, Tipula），朽ち木（Ctenophora, Tanyptera, Dictenidea, Phoroctenia, Pselliophora, Tipula），蘚苔類（Dolichopeza, Tipula），水田や湿地の泥の中（Indotipula, Tipula），沼沢周辺の水の浸み込んだ土壌中（Indotipula, Holorusia, Tipula），渓流の砂礫底（Tipula），樹洞の水たまり（Tipulodina）などさまざまな環境にみられる．おもに朽ち木，腐葉土，水中土中のデトリタス，コケを食べて育ち，条件によっては他の

昆虫を捕食することもある．キリウジガガンボ *Tipula aino* などが苗代に発生するとイネの種籾や発芽直後の根，芽を食べて被害を与える．ガガンボ科の幼虫は体が大きく，環境中のバイオマスも大きいために淡水魚や鳥類の格好の餌資源となっている．また，一部の幼虫は皮膚が強いことから，欧米ではレザージャケット（leatherjacket）と呼ばれ，餌持ちのよい釣餌として用いられる．ガガンボ科のうち，幼虫期を水生昆虫として過ごすガガンボはキゴシガガンボ属 *Leptotarsus*，ミカドガガンボ属 *Holorusia*，マエキガガンボ属 *Indotipula*，ノコヒゲガガンボ属 *Prionocera*，ガガンボ属 *Tipula* の一部，アシワガガンボ属 *Tipulodina* 等である．

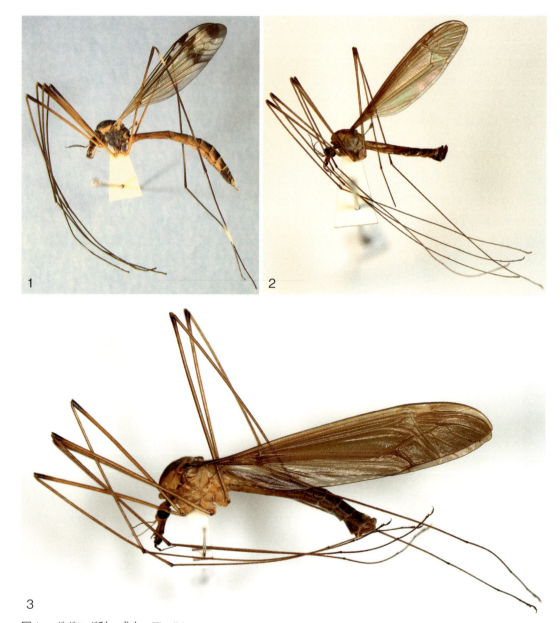

図1　ガガンボ科，成虫　Tipulidae
1：ジェーンアシワガガンボ *Tipulodina joana* ♀　2：マエキガガンボ *Indotipula yamata* ♂　3：ミカドガガンボ *Holorusia mikado* ♂

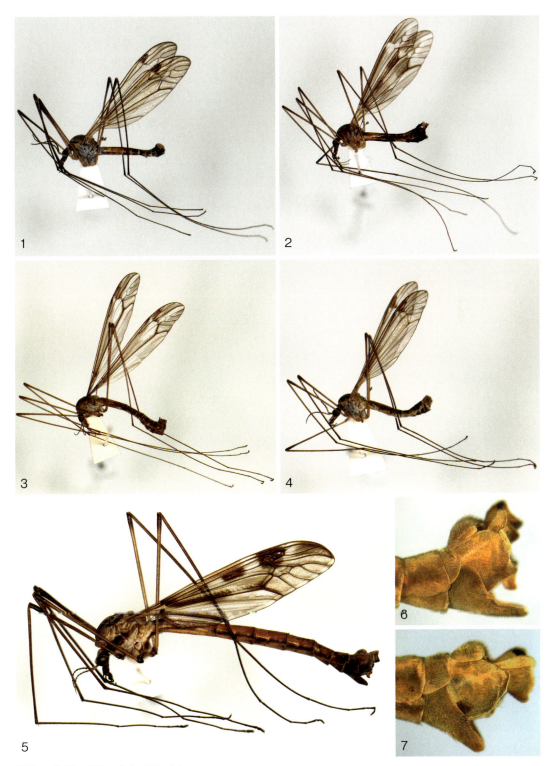

図2 ガガンボ科,成虫 Tipulidae
1:*Tipula (Arctotipula) hirticula* ♂ 2:カスリガガンボ *Tipula (Acutipula) bubo* ♂ 3:マドガガンボ *Tipula (Yamatotipula) nova* ♂ 4:キリウジガガンボ *Tipula (Yamatotipula) aino* ♂ 5〜6:マダラガガンボ *Tipula (Nippotipula) coquilletti* ♂ 7:*Tipula (Nippotipula)* sp. ♂

4　双翅目

属の検索
成虫

1 a 口吻先端に鼻状の突起をもつものともたないものがある．脚は太いかガガンボ科としては一般的な太さ．脚に白色の部分はない（アシワガガンボ属は例外）．R 脈は通常 4 本に分かれて翅の縁まで届く ··· 2

1 b 口吻先端に鼻状の突起をもたない．脚は非常に細く，長い．脛節，跗節が部分的に白色となるものが多い．R_{1+2} 脈または R_3 脈を欠き，R 脈は通常 3 本に分かれて翅の縁に届く
······································· **ユウレイガガンボ属**　*Dolichopeza*（幼虫は陸生）

2 a 雄の触角は櫛状．雌の触角は櫛状または鋸歯状．脚は比較的太い ······················ 3

2 b 触角は決して櫛状にはならない．脚はガガンボ科としては一般的な太さ ············· 7

3 a 触角の鞭小節は 3 本以上の突起をもつ ·· 4

3 b 触角の鞭小節は 2 本の長い突起をもつ ··· **ベッコウガガンボ属**　*Dictenidia*（幼虫は陸生）

4 a 鞭小節は 4 本の突起をもつ ··· 5

4 b 鞭小節は 3 本の突起をもつ ····· **ハネナガクシヒゲガガンボ属**　*Tanyptera*（幼虫は陸生）

5 a 鞭小節の突起は各々の鞭小節より明らかに長い ··· 6

5 b 鞭小節の突起はその鞭小節の長さより短い
······································· **オオクシヒゲガガンボ属**　*Phoroctenia*（幼虫は陸生）

6 a 鞭小節の 4 本の突起はほぼ同じ長さ ··· **フサヒゲガガンボ属**　*Pselliophora*（幼虫は陸生）

6 b 鞭小節の先端近くの 2 本の突起は基部の 2 本より短い
··· **クシヒゲガガンボ属**　*Ctenophora*（幼虫は陸生）

7 a 中～大型種．翅長は通常 30 mm 以下．翅長が 30 mm を超える場合，翅に明瞭なまだら模様がある．R_4 脈は緩やかに湾曲するかほとんど湾曲せず，R_5 脈とほぼ平行 ············· 8

7 b 翅長 30 mm 以上，しばしば 40 mm を超える．翅にまだら模様はない．R_4 脈は後方に強く湾曲し R_4 室は中央で狭まる．A_1 脈は短く，直線的（図 3-3）
··· **ミカドガガンボ属**　*Holorusia*（水生）

8 a Rs 脈は r-m 横脈より長い ··· 9

8 b Rs 脈は r-m 横脈より短いかほぼ同じ長さ
··· **マクレガーガガンボ属**　*Macgregoromyia*（幼生期は不明）

9 a 触角は頭部より長い．各鞭小節は基部で太い．触角の部位によって鞭小節の剛毛の長さが大きく変わることはない ·· 10

9 b 触角は頭部より短く，鞭小節は短い円筒形～弱い紡錘形．中央より先の鞭小節は基部に近い鞭小節に生えている毛より長い剛毛に覆われる
··· **キゴシガガンボ属**　*Leptotarsus*（水生）

10 a Rs 脈は m-cu 横脈より長い．M_4 脈は M_3 脈と共通部分をもつ ························ 11

10 b Rs 脈は m-cu 横脈より短い．M_4 脈は M 脈の分岐点で M_1〜M_3 脈と分かれる．体色は黄色の地に黒の模様をもつものが多く，一部に全身明るい黄褐色のもの，全身黒色のものもある ··· **ホソガガンボ属**　*Nephrotoma*（幼虫は陸生）

11 a 前脛節に 1 本の距棘（tibial spur）を有する ·· 12

11 b 前脛節に距棘を欠く ··· **マエキガガンボ属**　*Indotipula*（水生）

12 a 触角は鋸歯状とならない ··· 13

12 b 触角は各鞭小節の先端近くが腹側にせり出し，鋸歯状となる

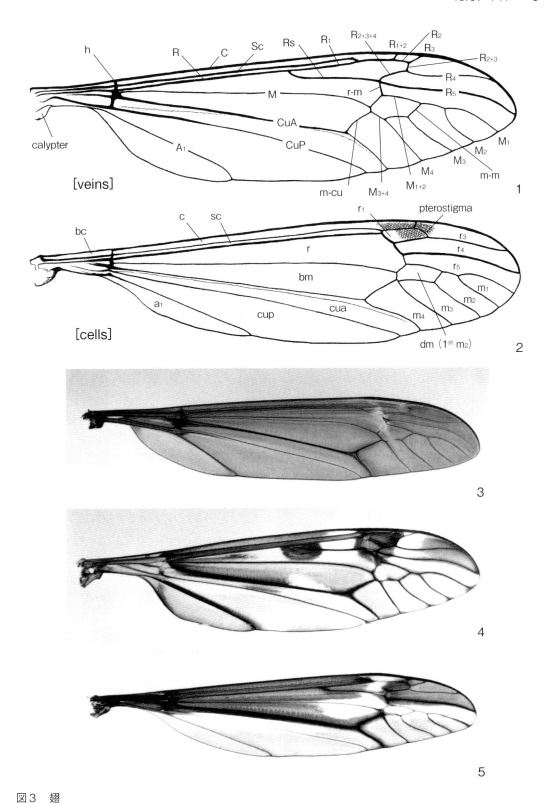

図3 翅
1：*Tipula* (*Nippotipula*) sp.　2：オオユウレイガガンボ *Dolichopeza candidipes*　3：ミカドガガンボ *Holorusia mikado*　4：*Tipula* (*Nippotipula*) sp.　5：マドガガンボ *Tipula* (*Yamatotipula*) *nova*　（1 翅脈，2 翅室）

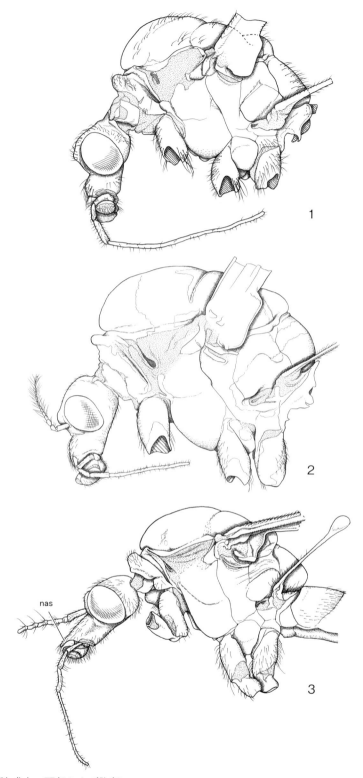

図4 ガガンボ科 成虫，頭部および胸部
1：オオユウレイガガンボ *Dolichopeza candidipes*　2：キゴシガガンボ *Leptotarsus* (*Longurio*) *pulverosus*
3：マドガガンボ *Tipula* (*Yamatotipula*) *nova*

…………………………………………………… ノコヒゲガガンボ属　*Prionocera*（水生）
13a　脚には脛節，跗節などに白色の帯状紋がある …… アシワガガンボ属　*Tipulodina*（水生）
13b　脚に白色の帯状紋はない ……………………………… ガガンボ属　*Tipula*（陸生／水生）

属の検索
幼虫，水生の属のみ

1a　それぞれの肛門葉（anal papilae）は羽状に枝分かれしない ……………………………… 2
1b　それぞれの肛門葉は羽状に枝分かれしている．呼吸盤背側の突起は太短く，側方，腹側に位置する突起は基部の直径の約2倍以上の長さ ……… キゴシガガンボ属　*Leptotarsus*
2a　終齢幼虫は40 mm以下（40 mmを超えるとき，呼吸盤は8本の突起で縁取られる）．後方気門の間隔は気門の直径と同長かそれより離れている ……………………………… 3
2b　大型．終齢幼虫は50 mmを超える．後方気門は大きく，左右の間隔は気門の直径より短い．呼吸盤周辺の突起は6本．側方と腹側の突起がほぼ同じ長さで，背側の突起がやや小さい
　　……………………………………………………………… ミカドガガンボ属　*Holorusia*
3a　呼吸盤周辺の突起は短い．長くてもそれぞれの突起の基部の太さの2倍程度 ………… 4
3b　呼吸盤周辺の突起は長い．側方と腹側の突起は突起の基部の太さの3〜4倍程度．これらの突起は長い毛で縁取られる ……………………… ノコヒゲガガンボ属　*Prionocera*
4a　肛門葉は6本または8本 ……………………………………………………………………… 5
4b　肛門葉は4本で短い．幼虫は樹洞等のたまり水でみつかる
　　…………………………………………………………… アシワガガンボ属　*Tipulodina*
5a　腹部末端節は長い細毛で密に覆われ，呼吸盤背面の突起の背面，背面と側面の突起の間に密な細毛の束がある．呼吸盤の表面は広く硬化している
　　……………………………………………………………… マエキガガンボ属　*Indotipula*
5b　腹部末端節はこれと異なる．種数が多く，幼虫の形態はさまざま … ガガンボ属　*Tipula*

ミカドガガンボ属　*Holorusia*

成虫：きわめて大型．体長は小さな個体でも20 mm．大きな個体は30 mmを超える．触角は12節．鞭小節は円筒形か腹側にわずかに張り出す．日本産の種では翅は強い褐色を帯びた透明．R_4脈は後方に湾曲し，R_5脈と平行にならない．A_1脈は短く，直線的．腿節先端に櫛状の剛毛列をもつ．

幼虫：きわめて大きく終齢幼虫は50 mmを超える．後方気門は円形で大きく，左右の間は一つの気門の直径より接近している．呼吸盤周辺の6本の突起は比較的短く，背側の突起がやや小さく，長い毛で縁取られる（図5-1）．

生態：平地〜丘陵地に多く，成虫は夕方に活動し，日没後は明りにも集まる．幼虫は水田や小さな沢，池などの土壌中にみられる．

日本からは*Ctenacroscelis*亜属の2種が確認されているほか，八重山諸島にさらに未同定の2種が分布している．

ミカドガガンボ　*Holorusia* (*Ctenacroscelis*) *mikado* (Westwood, 1876)
日本産の双翅目で最も大きい．成虫は体長30〜38 mm．翅長35〜50 mm．小楯板，後小楯板，腹部背面は中央部が暗褐色（図1-3）．4〜9月に出現する．本州，四国，九州，台湾に分布．

エサキミカドガガンボ　*Holorusia* (*Ctenacroscelis*) *esakii* (Takahashi, 1960)
成虫は体長30〜35 mm．翅長32〜36 mm．小楯板，後小楯板，腹部背板は中央部が黄褐色．4〜

7月に出現する．奄美大島，徳之島に分布．

キゴシガガンボ（コフキガガンボ）属　*Leptotarsus*

成虫：体長20 mm前後．触角は頭部より短く，鞭小節は円筒形〜弱い紡錘形．先端近くの鞭小節は各々の節よりも長い毛に覆われる．口吻は比較的短い．脚は第1跗小節が非常に長い．腹部は長い．

幼虫：呼吸盤背面の2本の突起は小さく，側面と背面の2対の突起が大きい．これらの突起は長い毛に縁取られず，数本の毛を有する．肛門葉は羽毛状に複数の枝に分かれる（図5-5，6）．

生態：成虫は発生源周辺を緩やかに飛翔する．照明にはあまり飛来しない．幼虫は湿地や渓流周辺の土壌中にみられる．

日本からは *Longurio* 亜属に分類される2種が確認されている．

キゴシガガンボ　*Leptotarsus* (*Longurio*) *pulverosus* (Matsumura, 1916)

体長20〜24 mm, 翅長22 mm. 頭部，触角，複眼，胸部，第1腹節，第6腹節以後の腹部末端部は黒色．第2腹節〜第6腹節基部は明るい燈色．翅は褐色を帯び，基部は黄色，縁紋，翅端部は黒褐色．成虫は5〜8月に出現．本州，四国，九州，対馬に分布．

ヤノキゴシガガンボ　*Leptotarsus* (*Longurio*) *yanoi* (Alexander, 1953)

体長18 mm, 翅長17 mm. 体は腹部末端部が黒色であるのを除き，全体が明るい燈色．翅は横褐色，縁紋，翅の先端部は暗褐色．四国に分布．

アシワガガンボ属　*Tipulodina*

成虫：比較的大きく，体長20 mm前後．体の基本的な構造はガガンボ属に酷似しているが，翅の先端部が黒く，脚の腿節，脛節，跗節などに白い帯がある．

幼虫：インドネシアに産する *Tipulodina nettingi* (Young, 1999) と日本のジェーンアシワガガンボの幼虫と蛹が知られている（Young, 1999；Nakamura & Ohshima, 2012）．幼虫は体長32〜48 mm, 幅3.0〜6.0 mm, 体形は円筒形で単純．呼吸盤は大きさがほぼ同じ6本の突起に囲まれ，いずれの突起も長い毛によって縁取られる．気門は大きく，左右の気門の間隔は気門の直径とほぼ同長（図5-4）．肛門葉は4本．この属の幼虫は樹洞や切り株などにできた小さな水たまりに生息する．

蛹：*T. nettingi* の蛹は体長21.0〜30.2 mm. 幅3.0〜4.0 mm. 呼吸角は長く，7.0〜10.0 mm, 先端は丸く平たい．腹部の各節に突起を有する（図5-3）．

成虫は林縁や渓流沿いを飛翔している個体をみることが多い．夜間燈火にもよく飛来する．

本属はガガンボ属の亜属とされることがある．東南アジア，東アジアに分布し約50種が確認され，日本からは2種が確認されている．おもに脚の白い模様に注目して分類されるが，この模様には変異が大きく，日本産2種についても分類学的な再検討が必要である．

ジェーンアシワガガンボ　*Tipulodina joana* (Alexander, 1919)

成虫：体長18〜20 mm, 翅長17〜18 mm. 後脛節は基部近くに幅の広い不明瞭な白色帯を有し，跗節は広く黒色（図1-1）．本州，四国に分布．公園に植栽されたケヤキの幹にたまった水たまり，使われなくなって雨水と落葉がたまった手水鉢で発生しているところが確認されている．

ニッポンアシワガガンボ　*Tipulodina nipponica* Alexander, 1923

成虫：後脛節は基部近くに幅の狭い白色帯（約3 mm），その先にやや幅の広い白色帯（約5 mm）を有し，先端は黒色．跗節は第1跗小節と第5跗小節の一部を除き白色．本州，九州に分布．

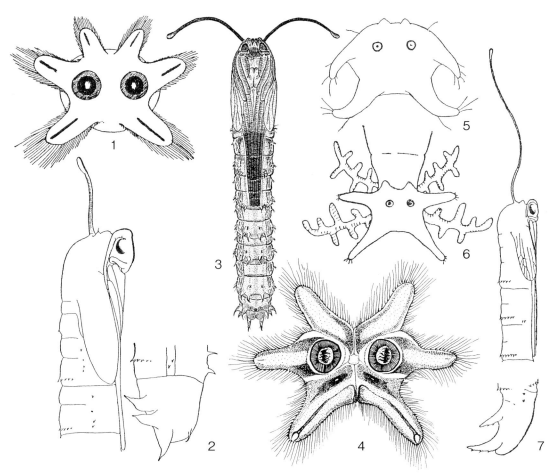

図5　ガガンボ亜科，幼虫および成虫
1：*Holorusia hespera* Arnaud & Byers, 1990（北米）幼虫 呼吸盤　2：同 蛹　3：*Tipulodina nettingi* Young, 1999（インドネシア）蛹　4：同 幼虫呼吸盤　5：*Leptotarsus testaceus* (Loew, 1869)（北米）幼虫 呼吸盤　6：*Leptotarsus rivertonensis* (Johnson, 1909)（北米）幼虫 呼吸盤　7：*Leptotarsus testaceus* (Loew, 1869) 蛹
（1，2，5〜7，Alexander, 1920；3〜4，Young, 1999）

マエキガガンボ属　*Indotipula*

成虫：体長12〜23 mm．体の基本的な構造はガガンボ属に酷似している．触角は12節．翅は褐色を帯びた透明で無紋，c室，sc室，縁紋はやや濃い褐色．脚は前脛節の距棘を欠く．

幼虫：腹部末端節は長い細毛で密に覆われ，呼吸盤背側の突起の背面，背面と側面の突起の間に密な細毛の束がある．

成虫は水田，湿地，森林内に多く，燈火にもよく飛来する．幼虫は細い沢周辺の砂泥中から得られる．本属はガガンボ属の亜属とされることがある．南アジア，東南アジア，東アジアに分布し約60種が確認されている．日本は分布のほぼ北限にあたる．日本国からこれまでに6種が確認されているが，さらに数種の未記載種が分布している．

マエキガガンボ属 種の検索（成虫）

- 1a 雄第8腹節腹板後縁は長い黄色の毛の束を有する ………………………………………… 2
- 1b 雄第8腹節腹板は毛の束をもたない ……………………………………………………… 3
- 2a 雄第9腹節背板後縁の突起は長く鋭い鉤爪状となる
  ……………………………………………… イトウマエキガガンボ *Indotipula itoana*
- 2b 雄第9腹節背板後縁の突起は鋭いが鉤爪状ではない
  ……………………………………………… キタマエキガガンボ *Indotipula mendax*
- 3a 翅の縁紋は明瞭に暗色．雄の腹部第9節腹板後方に毛の束を備えた突起を1対有する
  …………………………………………………………………………………………………… 4
- 3b 翅の縁紋は明瞭ではない．雄の腹部第9節腹板後方に上記のような突起をもたない …… 5
- 4a 雄交尾器内生殖端節は基部外側に2本の短く鋭い刺を有する
  …………………………………………… トゲオマエキガガンボ *Indotipula tetracantha*
- 4b 雄交尾器内生殖端節は基部外側に棒状の突起をもち，その先が2本の刺状に分岐する
  ………………………………………… クロトゲマエキガガンボ *Indotipula quadrispicata*
- 5a 雄交尾器外生殖端節はヘラ状，先端は太い ………… マエキガガンボ *Indotipula yamata*
- 5b 雄交尾器外生殖端節は基部が幅広く，先端に向かって中央部付近で急に細くなる
  ………………………………………… オキナワマエキガガンボ *Indotipula okinawaensis*

イトウマエキガガンボ　*Indotipula itoana* (Alexander, 1955)

体長，雄15～16 mm，雌23 mm 前後．中胸背板は明るい燈色．雄第8腹節は腹板後縁に長い毛の束を有す．第9腹節背板の後縁に1対の黒い鉤状突起を有す．この鉤状突起は内側に多数の直立した刺を備える．外生殖端節は幅の広いヘラ状．外生殖端節の後縁は直立した密な毛で縁取られ，先端部が細く突出する．本州に分布．

キタマエキガガンボ（新称）　*Indotipula mendax* (Alexander, 1924)

体長，雄，12 mm 前後．中胸背板は黄褐色．雄第8腹節腹板後縁は長い毛の束を有す．第9腹節背板は後縁に1対の黒い三角形の突起を有し，その中央はやや幅の狭いV字形の切れ込みとなる．北海道に分布．

マエキガガンボ　*Indotipula yamata* (Alexander, 1914)

体長，雄12 mm，雌19 mm 前後．中胸背板は明るい黄褐色，前楯板には不明瞭で細い暗色の帯がある（図1-2）．外生殖端節は幅の広いヘラ状．北海道，本州，四国，九州に分布．普通．

オキナワマエキガガンボ　*Indotipula okinawaensis* (Alexander, 1932)

体長，雄13 mm．中胸背板は燈色．雄第9腹節背板後縁の1対の突起は先端が斜めに切断される．外生殖端節は基部1/2が幅広く，先端に向かって急に細くなる．外生殖端節は先端まで毛に覆われる．内生殖端節は基部近くに黒色の突起を有する．沖縄に分布．

トゲオマエキガガンボ（新称）　*Indotipula tetracantha* (Alexander, 1928)

体長，雄13 mm 前後．雄第9腹節背板後縁の1対の黒い突起はV字形の切れ込みで左右に分かれる．外生殖端節は強く湾曲し，先端は黒く，刺状に尖る．内生殖端節は基部近くに2本の黒い刺を有する．本州，四国，九州に分布．

クロトゲマエキガガンボ（新称）　*Indotipula quadrispicata* (Alexander, 1933)

体長，雄，16 mm．前種に酷似している．雄第9腹節背板後縁の1対の黒い突起はやや幅の広いU字形の切れ込みで左右に分かれる．外生殖端節は強く湾曲し，先端は黒く，真直ぐの刺状に尖る．

内生殖端節は基部近くに突起をもち，その先に2本の黒い刺を有する．本州に分布．

ノコヒゲガガンボ属　*Prionocera*

成虫：中型のガガンボ．触角は13節，鞭小節には目立つ長い感覚毛をもたない．先端をのぞく各鞭小節の先端近くが腹側にせり出すため触角全体で弱く鋸歯状となる．この他の特徴はガガンボ属*Tipula*によく似ている．

生態：本属の多くの種の幼虫は湿地や湖沼の周辺の湿った環境に生息する．日本国内での生息環境についてはわかっていない．

幼虫：呼吸盤周辺の突起は6本でいずれも長い．側方と腹側の突起は特に長く，それぞれの突起の基部の太さの3～4倍程ある．どの突起も長い毛で縁取られる．

全北区に21種が記録され，日本国内からは次の1種のみが知られている．

キタノコヒゲガガンボ　*Prionocera subserricornis* (Zetterstedt, 1851)

体長，雄は11.0～12.1 mm，雌は14.2～16.7 mm．暗褐色で触角の第2節，小顎鬚，脚，平均棍は淡い黄褐色．翅は茶色味を帯びほぼ無紋，縁紋はぼんやりと暗く，縁紋の基部側～Rs脈の分岐点～dm室の基部～M_3脈の基部にかけて白く色が抜ける．全北区に広く分布するが，日本では北海道と国後島にのみ分布．

ガガンボ属　*Tipula*

成虫：中型～大型．体長10～40 mm．触角鞭小節は基部で太く，数本の長い感覚毛を有する．口吻は発達する．脛節距棘は基本的に前脚に1本，中，後脚に2本あり，一部の亜属で中脚の距棘が1本に減少する．翅は褐色を帯びた透明の地にさまざまな暗褐色の模様がある種と模様のない種とがある．翅の膜は基本的に無毛，一部の種で毛が生えている．雄交尾器は第8腹節腹板，第9腹節背板，生殖端節がさまざまに変形する．第9腹節は基本的に背板と腹板が縫合線で分離されているが，一部の亜属で背板と腹板が融合し，リング状となる．生殖基節は第9腹節に融合する．

生態：成虫は水田，湿地，沼沢，渓流の周辺，森林内等，さまざまな環境にみられる．水辺，朽ち木，苔の生えた場所に多い．雄は林内の地面や下草の間，大木の樹幹，渓流の水面などを雌を求めて活発に飛翔する．夜間は明りによく飛来する．

幼虫：森林内の土壌中（*Lunatipula*, *Odonatisca*, *Trichotipula*, *Vestiplex* 等の亜属），朽ち木中（*Lunatipula*, *Pterelachisus* 等の亜属），沼沢周辺の土壌中（*Platytipula*, *Schummelia* 等の亜属），湿地や水田の泥の中（*Platytipula*, *Tipula*, *Yamatotipula* 等の亜属），濡れたコケの中（*Savtshenkia*, *Tipula*, *Trichotipula* 等の亜属），渓流の砂泥底（*Arctotipyla*, *Nippotilula*, *Sinotipula* 等の亜属）等にみられる．幼虫の形態も生息環境によって多様である（図6）．

種数はきわめて多く，日本からは16亜属109種が記録されている．このなかには亜属の所属が不明な種を約20種含んでいる．多数の種が未記載・未記録で残されているだけでなく，亜属の単系統性やそれぞれの種の亜属への分類に多くの問題をはらんでいる．研究が進めば最終的に20前後の亜属，200以上の種が日本国内から確認されるものと考えられる．日本から記録されている16亜属のうち，*Acutipula*, *Arctotipula*, *Nippotipula*, *Platytipula*, *Savtshenkia*, *Schummelia*, *Sinotipula*, *Tipula*, *Trichotipula*, *Yamatotipula* の10亜属の幼虫が水生あるいは半水生である．このうち代表的な種について解説する．

ガガンボ属 亜属の検索（成虫）

1a 翅の膜上に毛（macrotrichia）が生えている ··· 2
1b 翅の膜には毛は生えていない ··· 3
2a 雄交尾器の aedeagal guide の突起は大きく平たいへら状 ············· *Tipula (Trichotipula)*
2b 雄交尾器の aedeagal guide の突起は刺状 ························ *Tipula (Pterelachisus)* 一部
3a 翅の基部の calypter に短いが顕著な剛毛が生えている ··· 4
3b 翅の基部の calypter は無毛 ··· 10
4a 脚が短く，どの脚の跗節も体長より短い．雄交尾器は腹部第 8 腹板の後縁に毛の生えた大きな三角形の突起を備え，第 9 背板後縁中央にはヘラを縦にしたような形状の光沢のある突起をもつ ··· *Tipula (Schummelia)*
4b 脚が長く，跗節は普通体長より長い．体長より短い場合，雄交尾器は上述のようではない ··· 5
5a Rs 脈は先端で R_5 脈とまっすぐ接続し，この分岐点に r-m 横脈も位置する．体は大きく，腹部は雄でも翅より長い ··· *Tipula (Nippotipula)*
5b Rs 脈は先端で R_5 脈の基部と R_{2+3+4} 脈に二股に分かれる．r-m 横脈は Rs 脈の分岐点の少し先で R_5 とつながる．雄の腹部は翅より短い ·· 6
6a 頭部の先端に鼻状突起（nasus）を欠く．脛節の距棘は前脚から 1-1-2 本 ··· *Tipula (Sinotipula)*
6b 頭部の先端に鼻状突起をもつ．脛節の距棘は前脚から 1-2-2 本 ······························· 7
7a 雄の腹部第 8 節腹板は後縁が交尾器の先端を超えて後方へ舌状にのびる ··· *Tipula (Emodotipula)*
7b 雄の腹部第 8 節腹板は後縁中央が舌状にのびることはない ································· 8
8a 雄の腹部第 9 節背板の後縁中央は後方に突出し，先端は黒く短い棘状の突起で覆われる．この突出部は先で小さく二股になることもある ······························· *Tipula (Acutipula)*
8b 雄の腹部第 9 節背板は中央にこのような形の突起をもたない ································· 9
9a 雄交尾器内生殖端節の基部外側に先端が黒く光沢のある鉤爪状の突起を有する．外生殖端節は大きく内生殖端節の大部分を覆うように発達する ······················· *Tipula (Tipula)*
9b 雄交尾器内生殖端節に上記のような突起をもたない．外生殖端節は小さく内生殖端節の大部分は露出する ··· *Tipula (Lunatipula)*
10a 雄の腹部第 9 節は背板と腹板が融合し，リング状の節となる ······························ 11
10b 雄の腹部第 9 節は背板と腹板が縫合線で区切られる ······································ 12
11a 雄の腹部第 9 節背板後縁中央は普通後方に突出する．その先端は中央に小さな切り込みをもち二葉となるか，中央の突出の左右に小さな突起を伴い三葉となる．この突出部の表面は普通黒く小さな棘状の突起に覆われる．aedeagal guide はへら状に発達する ··· *Tipula (Yamatotipula)*
11b 雄の腹部第 9 節背板後縁は普通中央が凹む．中央が後方に突出する場合，その表面が黒く小さな棘状の突起で覆われることはない．aedeagal guide は小さく，へら状には発達しない ··· *Tipula (Platytipula)*
12a 翅に顕著な斑紋を有する ·· 15
12b 翅には縁紋以外に目立った斑紋はもたない ·· 13
13a 頭部の先端に鼻状突起を欠く．触角は普通の長さ ·································· *Tipula (Arctotipula)*

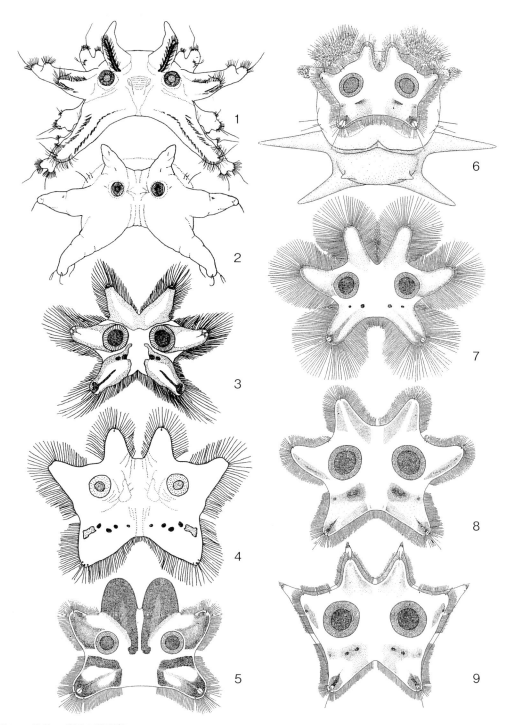

図6 ガガンボ属の呼吸盤

1：*Tipula (Nippotipula) abdominalis* (Say, 1823)（北米）　2：*Tipula (Arctotipula) sacra* Alexander, 1946（北米）
3：*Tipula (Platytipula) spenceriana* Alexander, 1943（北米）　4：*Tipula (Sinotipula) commiscibilis* Doane, 1912
（北米）　5：*Tipula (Schummelia) variicornis* Schummel, 1833（欧州～日本）　6：*Tipula (Yamatotipula) pruinosa* Wiedemann, 1817（欧州～ロシア極東地域）　7：*Tipula (Savtshenkia) cheethami* Edwards, 1924（欧州）
8：*Tipula (Acutipula) maxima* Poda, 1761（欧州）　9：*Tipula (Tipula) paludosa* Meigen, 1830（欧州）
（1～4，Gelhaus, 1986；5～9，Chiswell, 1956）

13b	頭部の先端に鼻状突起をもつ．雄の触角は長く，胸部より明らかに長い	14
14a	脛節の距棘は前脚から 1-2-2 本．雄の腹部第 8 節腹板は後縁が後方へ大きく突出する．雌の腹部は長く，尾角は短く強い	*Tipula* (*Odonatisca*)
14b	脛節の距棘は前脚から 1-1-2 本．雄の腹部第 8 節腹板は後方へ突出しない．雌の腹部は普通	*Tipula* (*Dendrotipula*)
15a	雄の腹部第 9 節背板は背面中央に隆起縁に囲まれた皿状の部分がある．雌の尾角は強く発達し，下面が鋸歯状	*Tipula* (*Vestiplex*)
15b	雄の腹部第 9 節背板は背面にこのような構造はもたない．雌の尾角は弱く鋸歯状にならない	*Tipula* (*Pterelachisus*), *Tipula* (*Savtshenkia*)

(*Pterelachisus* 亜属は 26 種，*Savtshenkia* 亜属は 3 種が日本国内から記録されているが，日本産の種を分ける検索表をつくるのは困難．*Savtshenkia* 亜属は幼虫が 4 対（8 本）の肛門葉をもつことで他の亜属から区別される）．

カスリガガンボ　*Tipula* (*Acutipula*) *bubo* Alexander, 1918

成虫：体長 18～21 mm．翅に特徴的な模様がある（図 2-2）．成虫は山地の湿地周辺や日陰の多い林床部などに普通．北海道，本州，四国に分布する．

Tipula (*Arctotipula*) *hirticula* Alexander, 1953

成虫：体長 12～17 mm．小腮鬚，触角鞭節，脚の腿節中央より先は黒色．頭部，胸部，腹部第 1 節は灰色，中胸背板は 4 本の暗灰褐色の帯状紋をもつ．頭部の鼻状突起を欠く．翅は褐色を帯び，脈は黒褐色，暗褐色の縁紋の他に目立った模様はない．腹部は黄褐色で背面中央に黒褐色の帯をもつ．雄の腹部 4～7 節は黒褐色で後縁と側縁が黄褐色（図 2-1）．雄の第 9 背板は後縁が広く弧状となり，その表面に細かな毛が生えている．春出現し，雄成虫は渓流岸の石や流木の間を雌を探して飛び回る．本州と四国に分布する．

マダラガガンボ　*Tipula* (*Nippotipula*) *coquilletti* Enderlein, 1912

成虫：体長 28～40 mm．胸部，翅に特徴的な模様がある．腹部は長く，飛翔中の姿はトンボを思わせる（図 2-5）．雄の第 8 腹節は後方に突出し，中央が深く切れ込む（図 2-6）．第 9 腹節中央に下向きの突起を有する（図 2-6）．雌は渓流の水面をかすめるように飛び回り，流木の隙間や石の上に生えた苔の中に腹部を差し込んで産卵する．明りによく集まる．幼虫は渓流の石の下などにみられる．樺太から台湾まで広く分布し，各地に普通．

本亜属にはマダラガガンボと翅や体の模様は酷似していながら，体がやや小さく，雄交尾器から区別できる近縁種がいる．両種ともに北海道から九州南部まで分布している．このマダラガガンボ属の一種は雄第 8 腹節の突出がやや弱く，腹部第 9 節腹板に突起をもたない（図 2-7）．

キリウジガガンボ　*Tipula* (*Yamatotipula*) *aino* Alexander, 1914

成虫：体長 13～19 mm．淡い褐色．中胸背面には不明瞭な褐色の帯をもつ．翅は淡い褐色を帯び，前縁部が暗褐色（図 2-4）．成虫は水田や湿地の周りにきわめて普通にみられ，夜は明りによく集まる．幼虫はイネやムギの根や芽に被害を与える害虫として知られ，「切蛆（きりうじ）」と呼ばれる．北海道から九州まで最も普通にみられる．

この他，ドウボソガガンボ（＝オオキリウジガガンボ）*Tipula* (*Odonatisca*) *nodicornis longicauda* Matsumura, 1906 もイネの根を切断加害する害虫と考えられていたが，これは別の種の誤認だと考えられている（刈谷・菅原，1987）．*Odonatisca* 亜属の幼虫は砂丘の砂や乾いた林内の土壌中にみられる．

マドガガンボ　*Tipula* (*Yamatotipula*) *nova* Walker, 1848

成虫：体長16〜22 mm．キリウジガガンボ *Tipula aino* に似るが，翅の模様が大きく異なる（図2-3，図3-5）．キリウジガガンボと同様の環境にみられ，低地の水田や湿地周辺に普通．北海道から九州，台湾からインドにわたる東洋区に広く分布する．

関連文献

Alexander, C. P. 1920. The crane-flies of New York, part II, biology and phylogeny. Memoir Cornell University Agricultural Experiment Station, 38: 699-1133.

Alexander, C. P. and G. W. Byers. 1981. Tipulidae. In J. F. McAlpine, et al. (eds.), Manual of Nearctic Diptera. Vol. 1: 153-190. Research Branch, Agriculture Canada, Monograph 27.

Chiswell, J. R. 1956. A Taxonomic Accounts of the last instar larvae of some British Tipulinae (Diptera: Tipulidae). Transactions of the Royal Entomologidal Society of London, 108: 409-484.

Cramer, E. 1967. Die Tipuliden des Naturschutzparkes Hoher Vogelsberg. Deutsche entomologische Zeitschrift, N. F., 15: 133-232.

Gelhaus, J. K. 1986. Larvae of the crane fly genus *Tipula* in North America (Diptera: Tipulidae). The University of Kansas Science Bulletin, 53: 121-182.

刈谷正次郎・菅原寛夫．1987．オオキリウジガガンボの学名と和名について．まくなぎ，(15): 20-23．

中村剛之．2014．Family Tipulidae ガガンボ科．中村剛之他（編）日本昆虫目録，第8巻（双翅目）: 55-75．日本昆虫学会．

Nakamura, T. & Y. Ohshima. 2012. Immature stages of *Tipulodina* (Alexander, 1919)(Diptera, Tipulidae). Makunagi (Acta Dipterologica), (24): 13-20.

Oosterbroek, P. & Br. Theowald. 1991. Phylogeny of the Tipuloidea based of characters of larvae and pupae (Diptera, Nematocera). Tijdschrift voor Entomologie, 134: 211-267.

Oosterbroek, P. 2006. The European families of the Diptera. Identification, Diagnosis, Biology. KNNV-Uitgeverij, Utrecht.

Oosterbroek, P. 2017. Website "Catalogue of the Craneflies of the World (Diptera, Tipuloidea: Pediciidae, Limoniidae, Cylindrotomidae, Tipulidae)". http://ccw.naturalis.nl（2017年9月）．

Stary, J. 1992. Phylogeny and classification of Tipulomorpha, with special emphasis on the family Limoniidae. Acta Zoologica Cracoviensia, 35: 11-36.

Young, C. W. 1999. New species and immature insters of crane flies of subgenus *Tipulodina* Enderlein from Slawesi (Insecta: Diptera: Tipulidae: Tipula). Annals of Carnegie Museum, 68: 81-90.

アミカ科成虫　Blephariceridae Adult

三枝豊平

　アミカ科 Blephariceridae は双翅目長角亜目アミカ型下目 Infraorder Blephariceromorpha，アミカ上科 Blepharicetoidea に属する小型ないし大型のガガンボ類に類似した体型の昆虫を含む科で，種数はあまり多くない．翅に折り紙の折り目状の独特の皺があり，これが名称の由来である．アミカ科は全動物地理区に分布し，27属約320種から構成され（Courtney, 2009），分布が特定の動物地理区に限定される属が多い．日本列島には6属約26種のアミカが生息し，面積の割には多様な属が分布し，種数も多い．これらに加えて日本列島には若干の未記載種の生息が知られているので，列島に生息するアミカの種数は30数種に達すると推定される．アミカ科の幼虫はすべて流水性（ほとんどが渓流性）で，体側に独特の括れをもち，吸盤で渓流の岩石に吸着しながら，岩上の藻類を摂食する．日本産の本科の分類学的研究は主に Kitakami（1931-1950）によって行われた．三枝（2008）は最近の知見に基づいて日本産の本科の種を図説した．最近岡崎（2007-2012, 2014）および岡崎・山本（2006），岡崎・久保田（2009）は日本各地で主に幼虫や蛹を採集，研究して，上記の Kitakami が記録しなかった多くの未知の種を見出しているが，その根拠は主に幼生期の形態的特徴によるものであり，成虫の形態の記述はない．

　アミカ科の詳しい概説は Alexander（1929, 1958），Kitakami（1931, 1950），Hogue（1981, 1987），Courtney（2000）などを参照されたい．

成虫の形態

　アミカ科の成虫は一見ガガンボ類に類似した体型で，脚はかなり長く，口吻はやや短いものから著しく長いものまで属や種によって多様で，その長さは性によって異なる種もある．頭部は中庸大，通常球形，短毛で覆われ，剛毛を欠く．複眼はよく発達し，離眼的または合眼的，多くは上下の2部に区分され，両区分の相対的な大きさは属や種で変化に富み，上部がほとんど消失するものや，上下の境界に個眼を欠く帯状部があるものまで多様．これらの特徴は属や種，性別の重要な形質になっている．複眼上部は通常，赤褐色，この部分の個眼はしばしば拡大し，下部のそれより大きい．複眼の下部は黒褐色ないし暗褐色，この部分の個眼は小さい．複眼には個眼間刺毛を生じ，その長さは属で異なる．触角は糸状で，10〜15節で構成され，その長さは頭長より短いものから頭部＋胸部長の1.5倍に達するまで属・種や性によって変化に富む．鞭小節数や末端小節と亜末端小節の長さの相対長は重要な分類形質である．口器は雄より雌でよく発達し，雌ではしばしば捕食機能をもつ．訪花性の一部の属（クチナガアミカ属 *Apistomyia* など）では口器は著しく伸長するが，これは吸蜜に適応したものである．

　胸部の概形はほぼ球状，通常は短い毛を疎生する．翅（図1）はアミカモドキ科 Deuterophlebiidae とともに双翅目としてはきわめて特徴的で，通常の翅脈に加えて全面的に網目状の二次的な皺が走り，これは翅が羽化前の段階で蛹の翅鞘の中で折りたたまれて収められていたときの痕跡である．翅形はやや幅広く，しばしば臀葉がよく発達し，臀角はほぼ直角，時には鈍角．翅脈相は科内で著しく多様，脈相の基本的構成は属で一定している．新熱帯区南部やオーストラリア区に分布する *Edwardsina* 属（図1-A, B）やマダガスカル島の *Paulianina* 属に本科としては最も原始的な翅脈相がみられ，日本産も含めて北半球の属ではクロバアミカ属 *Bibiocephala*（図1-C）が最も原始的な脈相を示す．前縁脈（C）は太く，翅頂近く R_5 脈端で終わるが，R_5 脈が退化したクチナガアミカ属 *Apistomyia* では翅頂に達する．Sc 脈は一般に短く，しばしば基部を残して消失

する：R_1脈はよく発達し，R_{2+3}脈はある場合は*Edwardsina*属のように独立に翅縁に達するが，クロバアミカ属*Bibiocephala*のように先端がR_1脈に合流するか，多くの属では欠如；R_4脈とR_5脈は独立に第1基室から生じるか（図1-D, E），有柄（図1-F），あるいはいずれかが消失して1本になる（図1-I）；多くの属ではM_1, M_2, M_{3+4}脈をもつ．M_2脈は*Edwardsina*属（図1-A, B）ではM_{3+4}脈に接続するが，それ以外（図1-C～G）では基部が消えた遊離脈になるか，完全に消失する（図1-H, I）；第2基室は第1基室よりかなり短い（図1-A～F）か，M_{3+4}脈基部の消失によって欠如（図1-G～I）する；CuA脈はよく発達する；CuP脈は通常翅縁に達する．

脚はガガンボ類のように一般に細く，長いが，その割には頑丈で，ガガンボ類のように脱落する構造をもたない．脚には通常強い剛毛を生じない．脛節の距の数は科内で多様．しばしば属や種の識別に用いられる．脛節の距の数を距式といい，1：2：2のように前，中，後脛節の距の数を示す．一部の属（たとえばギンモンアミカ属*Neohapalothrix*など）では雄の中跗節が変形する．

腹部は細長く，短い毛で覆われる．その色彩は黒褐色の地に粉で明色の斑紋を現す種もあるが，多くの属では一様に暗褐色．雄交尾器は長角亜目の基本的な構造を保つ．上雄板（epandrium）はよく発達し，下雄板（hypandrium）は生殖肢（gonopod）の生殖基節（gonocoxite）と融合して基節性腹板になる．上雄板の後方に発達する1対の板状構造は研究者によっては第10腹節背板と解釈するが，本章ではHogue（1987）のように尾角（cercus）と解釈する．尾角はよく発達し，その形状は属や種の特徴を表す．生殖端節（gonostylus）は属や種で顕著に特徴的な形状を示し，分類上で最も重要な識別形質である．本科の挿入器はきわめて特徴的で，中央のaedeaguasは3本の細い管状構造（Hogue, 1987のpenis filaments）になり，多くの場合にその両側に1対の棒状のparamere（Hogue, 1987のlateral tin）が沿う．これ以外の雄交尾器の構図にも属や種等の分類上で重要な形質がみられる．本章では雌の外部生殖器や受精嚢の形状等の分類形質については記述しないので，これらの形質の説明は省略するが，これらにはしばしば，属や種の識別形質が見出される．

アミカ科の成虫の形態のさらに詳しい解説については，Alexander（1929），Lindner（1930），Hogue（1981）等に詳しいので参照されたい．

幼生期

アミカ科の幼生期については本書の別章（岡崎克則分担執筆）に詳細を譲り，ここでは一般的な形質を述べるにとどめる．幼虫はすべて流水性（渓流性），体はやや細長く，6部に区分され，多くの属ではその間の側縁の括れが著しい．それぞれの部位には両側に偽足，腹面にひも状の鰓，腹面中央に円形の吸盤を具え，これで渓流の石の表面に体を固定して生活する．多くの幼虫は水中の平滑な岩上で生活するが，一部の種は飛沫で濡れた石上を生息場所とする．幼虫の形態は多様で，多くの分類形質がある．蛹は楕円形，背面は盛り上がり，暗色，腹面は淡色で扁平，この部分で渓流の岩に密着している．前胸と中胸の合一した背板部に4枚の板状の構造から構成される1対の顕著な鰓をもつ．成虫の翅は羽化前に完全に完成して，蛹の翅鞘の中に折りたたまれているために，蛹殻から脱出直後に翅は正常の大きさに展開し，水面に上がると直ちに空中に飛翔するといわれる．

成虫の行動

成虫の翅は羽化前になると完成され，完全に伸びているが，これは前述のように蛹殻の翅鞘の中に折りたたまれているためである．蛹殻から脱出直後に成虫は正常の大きさに翅を展開し，水面に上がると直ちに空中に飛翔するといわれている．成虫は渓流の周囲に生息し，しばしば小滝や落ち込みの周りの小枝や張り出した岩の下面などに静止している．フタマタアミカ属*Philorus*の雄は

アミカ科 3

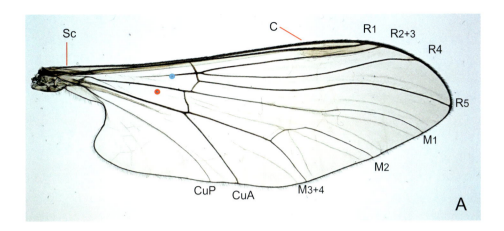

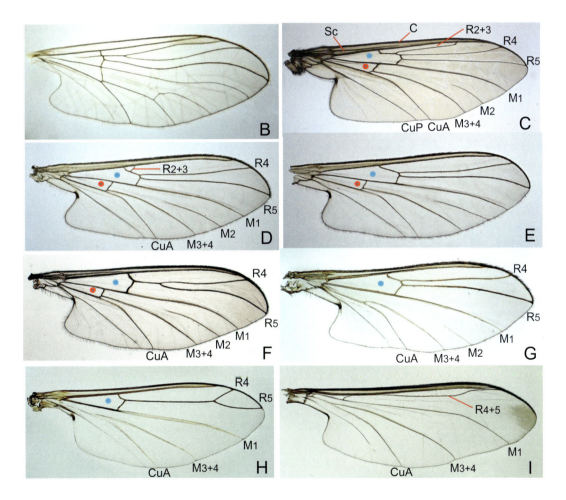

図1　アミカ科各属の代表的な翅脈相．記号はそれぞれ脈の名称．青丸は第1基室，赤丸は第2基室を示す
Wings of genera of Blephariceridae.　A：アミカ科の最も原始的な翅脈相，*Edwardsina* (s. str.) sp.（アルゼンチン）　B：*Edwardsina* (*Tonnoirina*) sp.（アルゼンチン）　C：クロバアミカ *Bibiocephala infuscata*　D：ヤマトコマドアミカ *Agathon japonicus*　E：トクナガコマドアミカ *Agathon bilobatoides*　F：ミヤマフタマタアミカ *Philorus alpinus*　G：ヒメナミアミカ *Blepharicera japonica*　H：シロウズギンモンアミカ *Neohapalothrix manschukuensis*　I：ヤマトクチナガアミカ *Apistomyia uenoi*

しばしば渓流の水面ぎりぎりに飛翔するのが観察されるが，これは新生の雌を求めている行動と思われる．雌の多くは捕食性で，渓流の周囲に生息する小型の双翅類，カゲロウなどを捕食する．一部の属（クチナガアミカ属 Apistomyia など）は渓畔の花を訪れ，吸蜜する．ギンモンアミカ属 Neohapalotrix も体に花粉が多数付着しているので，実際の訪花状態は観察されていないが，クチナガアミカ属と同様に訪花性をもつと推定される．

アミカ科の成虫の採集と標本作製

1．捕虫網による採集

　飛翔中の採集．アミカの成虫が飛翔している状態はあまり観察できない．しかし，双翅類の一般的な採集法である捕虫網による採集で成虫が得られる．アミカの成虫を最も多数採集できるのは渓流の小滝の周囲である．この部分の岩陰，岩に掛った流木の下，草などに静止している個体が多く，このような場所で捕虫網を振り回すことで成虫を飛び立たせてこれを採集する．また，前述のとおりフタマタアミカ属の雄が渓流の水面近くを多数飛翔している状態が時折観察できる．このような場合には水面ぎりぎりに捕虫網を用いてすくい取ることが可能である．一方クロバアミカ Bibiocephala infuscata の雄が渓流の上空を飛翔していることも時折観察できる．

　捕食性の雌の採集．アミカの雌の多くは捕食性で渓流の周辺の叢間で小型の双翅類等を捕獲して捕食する．このような個体は渓流の草をスイーピングネットで掬って採集することができる．

　訪花性の種の採集．クチナガアミカ属の種は渓畔の花を訪花して吸蜜しているのが観察できる．渓畔で各種の草本の開花をみたら，注意深く観察すると訪花中の本属の成虫を採集することができる．著者の経験では本属の採集はこの方法が最も効果的であり，他の方法では偶然にスイーピングで得られるくらいである．

2．羽化前の蛹殻からの摘出

　アミカ類のもう一つの採集方法は，本科の研究者によって古くから一般的に用いられているもので，日本産の場合でも Kitakami（1931他）がしばしばこの方法を用いていた．すなわち，羽化が近い蛹を水中から採集して，蛹殻を破って羽化前の成虫を引き出す方法である．前述のように成虫の翅は羽化前には蛹殻の翅鞘の中で畳まれているので，取り出した成虫から翅を広げて翅脈相の観察ができるし，また雄交尾器等も色彩は淡くてもほぼ正常の形が完成されている．この方法の利点は蛹と成虫の組み合わせを確立できることであり，また天候などに関係なく成虫が得られることでもある．しかし，蛹から抜き出した成虫は体のクチクラの色彩や被毛状態，脚の状態などが羽化後の個体とは異なるので，注意が必要である．羽化した成虫のような完成した標本にはならないが，交尾器の構造の調査や，分布資料として利用するのには有効な採集手段である．

3．標本作製

　アミカ科の成虫は採集後に標本として保存するのには，二つの方法がある．一つは乾燥標本であり，他は液浸標本である．

　乾燥標本．乾燥標本は採集後，通常は半日以内の標本が乾燥する前にクラシン紙などの三角紙（三角包紙）に包んで自然乾燥させる．この際にできるだけ翅を背中側に合わせて伸ばした状態にしておく．1枚の三角紙に数頭以上を包む場合は脚等が相互に絡み合わないように配置する必要がある．ガガンボ類に比べてアミカは脚が折れることが少ないが，脚には脛節の距の数のような重要な形質があるので，なるべく脚が折れないように包む．このようにしてつくった三角紙包みの標本

はそのままの状態で保存できるが，詳しく検鏡するためには個別に標本作製をする必要がある．その方法は一般的な三角台紙に糊づけする方法で十分である．ケント紙等で長三角形（底辺3〜5 mm，高さ9〜10 mm程度）の台紙を切り取り，この台紙に木工ボンドのような糊で乾燥標本の胸部を粘着させる．出来上がった状態で標本の方向を一定にした方が，観察にも標本箱に収容するのにも便利である．著者の場合は標本の胸部の右側面を三角台紙に張り付け，左側面が上側，頭部が左を向くようにしている．この標本の台紙を4号程度の昆虫針に刺し，個別に採集データ等を記入したラベルをつける．これらを標本箱にいれ，ナフタリン，クレオソート油等の防虫・防黴剤を入れて保存する．

乾燥標本の有利な点は，個別に標本が扱えること，生時に近い体の表皮の色彩や皮膚表面の微粉状構造（pollinosity）の色彩が保たれること，年月が経っても標本を暗黒状態で保存すれば変色が軽微になること，などである．しかし，標本が乾燥することによって，頭部，特に種分類の重要な形質である複眼が多くは萎縮すること，触角の長さや鞭小節の形状などが本来の状態を保たないこと，種の識別に重要な交尾器，特に雄交尾器が乾燥して変形し，種の特徴が観察しにくくなる等の難点が乾燥標本にはある．またアミカの乾燥標本は脚が長くて，標本箱内で占める面積が大きいために，多数の標本箱を必要とするのも難点である．

液浸標本．液浸標本は通常採集した直後に60〜70％エタノールに浸ける方法である．これは乾燥標本に比べると手間がかなり省ける．しかも，採集した時点で多数の個体を一つの管瓶に収容できる利点がある．液浸標本の利点は，頭部や外部生殖器等の構造がほとんど生時の状態に保たれること，触角，口器，交尾器などについて検鏡の際にある程度動かしても破損しないこと，用いる液にもよるが筋肉系や内臓諸器官がかなり本来の形状を保つのでそれらの研究が可能であること，乾燥標本の標本箱に比べると小さいスペースでの収容が可能なこと，等である．一方，一度の採集標本を種毎等に分類整理する場合に，それぞれを収容する管瓶を必要とすること，標本を検鏡する場合に一つ一つ標本を管瓶より取り出して調べる手間を要すること，表皮とその表面の微粉状構造の色彩が変化して生時の状態とは異なってしまうこと，長期の保存によって表皮の色彩の退色が進むこと，等の不利な点がある．蛹から摘出した成虫は言うまでもなく液浸標本として保存する．

このように二つの方法には利点と難点があるので，多数の個体が採集された場合には両方の標本作製を行うことで，両方法の欠点をカバーできる．

成虫の分類

日本を含む極東地域におけるアミカ科の分類学的研究は，松村（1915）による北海道からのクロバアミカ *Liponeura infuscata*（現 *Bibiocephala* 属）の新種の記載から始まる．その後，Alexander（1922a, 1922b, 1924）は日本からナミアミカ属 *Blepharicera* やコマドアミカ属 *Agathon* の新種を記載した．その後，概説で引用した北上四郎（Kitakami, S.）によって台湾や朝鮮半島，サハリンを含む極東地域にわたる本科の総合的な分類学的研究が行われ，この地域のアミカ科の動物相の骨格が明らかにされた．最近では Zwick & Arefina（2005）によるロシア極東地域の本科の研究が発表され，Zwick（1990）は旧北区の本科の目録を作成する過程で課題となった種についての再検討を行ったが，この研究の中には数種の日本産のアミカについて，北上が用いた標本の一部について交尾器の解剖を含めた研究を行い，その結果を報告している．最近では Zwick（1990）がアキノナミアミカ *Blepharicera tanidai* を記載している．

旧北区全域についてみるとヨーロッパでは古くから多くの研究が行われ，すでに1930年に Lindner（1930）によって Die Fliegen der palaearktischen Region Band II 1, の中で2．Blepharoceridae und Deuterophlebiidae として旧北区の本科の種についての総説が著されている．最近では，Courtney（2000, 2009），Zwick（1992,）等による概説および目録が出版されている．これに類する分類学的研究や目録は，日本のアミカ相と関連性の深い新北区の Hogue（1981, 1987）等にみられる．その他の動物地理区についても，それぞれ双翅目の目録が出版され，その中にアミカ科が含まれている（新北区では Stone（1965）等）．

日本産の本科については，三枝（2008）が図説して，和名の多くを改名し，また三枝（2014）は日本産の種の目録を出版している．

亜科の分類

本科の内部の上位分類については，Alexander（1929）が本科を 3 亜科，Edwardsininae, Blepharocerinae および Paltostominae に分類し，Lindner（1938）もこれに従っている．Alexander（1958）はその後 Paltostominae に含めていた翅脈の退行が著しく下唇鬚がきわめて長い第 2 群を Apistomyiinae として独立させ，本科を 4 亜科に分類した．この分類体系は Kitakami（1950）も踏襲している．しかし，Zwick（1992）のように，Alexander の Edwardsininae を除く 3 亜科を一つの亜科 Blepharicerinae としてまとめ，この下に 3 つの族を置く分類もあり，Courtney（2000）もこれに従っている．アミカ科内部の系統発生的関係が十分に研究されていないために，このように現時点では安定した亜科の分類体系が確立されているとはいえない．

科の上位分類群に関する論議は本章の目的ではないが，日本産の属の分類体系上の所属については Alexander（1958）の分類体系に依拠すれば，*Bibiocephala*, *Agathon*, *Philorus* および *Blepharicera* の 4 属が Blepharicerinae に，*Neohapalothrix* が Paltostominae に，そして *Apistomyia* が Apistomyiinae に分類される．

属および種の検索と記載

以下に日本産のアミカ科の中で著者が成虫を十分に確認している種について，それらが所属する属のおおよその概説と検索表，各属の種の検索表および種の概説と図を示している．属の検索表は観察が容易な翅脈の形質に基づいたもので，それに関する形質は図 1 に示してある．属については出版の原典を示さなかったが，タイプ種の名称とその分布地域を示した．属の概説は重要な形質にとどめた．属内の種の検索表については，雌雄でかなり形質が異なる場合があるので，性別に検索表を作成して，検索の便宜を図った．

種については主要な識別形質を示すとともに，分布や発生期の概要も示した．また，これらの種の原公表（新種としての記載）の文献やタイプ産地等も，参照の便のために付した．さらに，各種毎に同定の参考のために図を含めた．この図には，雌雄の成虫および雄（ツマグロアミカ *Apistomyia uenoi* は雌）のグリセリンマウントの翅脈スライド標本のカラー写真および雄交尾器の線画，ならびに Kitakami の著作から引用した頭部等の図も含めた．雄交尾器の図は，本科の総説執筆のために準備している交尾器の下絵（方眼紙に鉛筆で描かれた図）を，墨入れをしないでパソコン上で画像処理を行って，一先ず出版に耐えるような状態に改変した．即ち方眼紙の網目を消して鉛筆の線を強調するとともに，一部（膜質部や立体感の表現など）については加筆を行った．このような雄交尾器の暫定的な図をつけた目的は，交尾器の生殖端節に種の特徴が顕著に表れるので，少なくともその部分を鮮明に図示して同定の際に役立つようにすることである．そのために，正式の作図（たとえば本書のホソカ科の章の雄交尾器の図）のような細部にわたる詳細な形態図とは異なっている．たとえば腹面図で下雄板と生殖基節が融合した基節性腹板の部分の裏側にある挿入器

関係の構造は，本来は破線等で表現すべきであるが，描画過程の実線のままで残されている．これらの作図上の不備については図の利用上で注意が必要である．

日本産アミカ科成虫の翅脈相に基づく属の検索表（図1を参照のこと）

1a R_{2+3} 脈を欠く（図1-E～I）・・・ 2
1b R_{2+3} 脈をもつ（Agathon 属ではきわめて短い）（図1-C, D）・・・・・・・・・・・・・・・・・・ 6
2a M_2 脈をもつ（図1-E～G）・・ 3
2b M_2 脈を欠く（図1-H～I）・・ 5
3a R_4 と R_5 脈は相互に独立に第1基室から生じる（図1-E, G）・・・・・・・・・・・・・・・・・ 4
3b R_4 と R_5 脈は第1基室から生じる共通柄から分岐する（図1-F）
 ・・・ フタマタアミカ属 *Philorus*
4a 第2基室が形成される（図1-E）・・・・・・・・・・・・・・・・ コマドアミカ属 *Agathon*（部分）
4b 第2基室を欠く（図1-G）・・・・・・・・・・・・・・・・・・・・・・・・・・・ ナミアミカ属 *Blepharicera*
5a R_{4+5} 脈は R_4 脈と R_5 脈に分岐する；第1基室の先端は広い（図1-H）
 ・・ ギンモンアミカ属 *Neohapalothrix*
5b R_{4+5} 脈は R_5 脈を欠くので分岐しない；第1基室の先端は著しく狭い（図1-I）
 ・・・ クチナガアミカ属 *Apistomyia*
6a R_1 脈と R_{2+3} 脈で囲まれる r_1 室は長く，幅の5倍以上（図1-C）
 ・・・ クロバアミカ属 *Bibiocephala*
6b R_1 脈と R_{2+3} 脈で囲まれる r_1 室は短く，幅の4倍以下（図1-D）
 ・・・ コマドアミカ属 *Agathon*（部分）

日本産アミカ科の属毎の解説，種の検索表および種の概説
クロバアミカ属　*Bibiocephala* Osten Sacken, 1874

タイプ種：*Bibiocephala grandis* Osten Sacken, 1874（新北区の種）

中型ないし大型で長毛に覆われたアミカ．雄の複眼は合眼的，雌は離眼的で前額の幅は種間で異なる．翅脈相はかなり完全；R_{2+3} 脈は長く，翅の中央より遥か先で R_1 脈に癒合するために両脈で挟まれた r_1 室は長い；R_4, R_5 脈は独立，第2基室は閉ざされ，M_2 脈がある．雄交尾器（図2-D～G）の尾角は半円形で，邦産のコマドアミカ属 *Agathon* の種とは顕著に異なる．脚は頑丈；距式は1：2：2または0：2：2．

北半球のアミカの属としては最も原始的な翅脈相をもつもので，東アジアに3種，北米西部に1種を産する．日本列島にはクロバアミカ *B. infuscata* 1種が分布するが，以下で述べるようにこの種には幼虫の形態が異なる2群があり，その内の一つは近畿地方や中部地方から知られ，独立種として扱われることもある（本書別章のアミカ科の幼虫）．

クロバアミカ（クロバアミメカ，エゾアミカ）　*Bibiocephala infuscata* (Matsumura, 1915)（図2）

Liponeura infuscata Matsumura, 1915. Konchu-bunruigaku 2: 60, pl. 2, fig. 13 (*Liponeura*). Type locality: Sapporo; Morioka (Japan).

= *infuscata* Matsumura, 1916, Thausand Insects of Japan, add. 2: 413-414, pl. 24, fig. 7 (*Liponeura*). Type locality: Hokkaido (Sapporo); Honshu (Morioka) (Japan).

= *jezoensis* Matsumura, 1931, 6000 Illustrated Insects of Japan- Empire: 407 (*Liponeura*). Type locality: Sapporo, Hokkaido (Japan).

Bibiocephala infuscata var. *minor* Kitakami, 1931. Mem. Coll. Sci., Kyoto Imp. Univ., (B) 6: 75-76, pl. 9, figs. 12-14. Type locality: Maruyama, in Yamada near Kobe (Japan).

日本産アミカ科の中で最も頑強な体躯と煤色に着色した翅を有するきわめて特徴的な種である．

雄（図2-A）．体は黒褐色，黄灰色粉で密に覆われる．複眼は大型，長い個眼間刺毛を生じ，さらに前額長と等長の長毛を疎生する．複眼（図2-G）は前額の中央1/2で相互に接し，複眼上部は下部の約2倍．触角は黒色，鞭小節はほぼ球形．胸部は黒色の長毛で覆われる．翅（図2-C）は通常淡褐色を帯び，翅脈は黒褐色，二次的皺は淡色；R_{2+3}脈は長く，R_1脈の基部から2/3を超えた部分で融合する．脚は黄褐色，腿節端，脛節および跗節は暗褐色ないし黒褐色．距式は1：2：2．体長11～13 mm；翅長11～13.5 mm．雌（図2-B）．複眼は離眼的，下部が上部よりやや大，長毛は上部になく，下部では後縁部にまばらに生じる．前額幅は頭幅の約1/3，黄灰色粉で密に覆われる．胸部の毛は短い．翅はほぼ透明から暗褐色まで個体変異が大きい．体長10.5～15 mm；翅長11～15 mm．

分布：北海道，本州，四国．成虫は一般に山地の渓畔にみられ，年1化で初夏に出現する．幼生期の違いに基づいて関西地方から本種の変換（var.）として記載されたコクロバアミカ *Bibiocephala infuscata* var. *minor* (Kitakami) という集団が知られているが，その後 Kitakami (1950) はこれを亜種として *Bibiocephala infuscata mior* Kitakami, 1931のように扱っている．岡崎(2005)もこれに従ったが，本書の幼生期の章では岡崎は両者を別種としてあつかっている．両者は幼虫の形態が異なるが，成虫の実態は十分に解明されていない．北米西部に分布する *Bibiocephala* 属のタイプ種は本種より小型で色彩もより淡く，翅の R_{2+3} 脈は本種より長い．

コマドアミカ属　*Agathon* von Röder, 1890

タイプ種：*Agathon elegantulus* von Röder, 1890（新北区の種）．

中型ないし大型のアミカで，両性とも離眼的，日本産の種では雄の前額は単眼瘤の横幅よりかなり広く，雌では雄と同様ないし狭く，単眼瘤と等幅，時にはそれより広い（*A. bilobatoides* 雌）．北米産の種では日本産と同様の種から，雄の前額の幅が頭幅の1/3に達する種や雌の方が幅広い種もある（Hogue, 1981）．複眼の上下の区分やその相対的な大きさも種や性によって変化する．複眼は個眼間刺毛のみで長毛を欠く．翅脈相はクロバアミカ属 *Bibiocephala* にやや類似するが，R_{2+3} 脈は短く，Rs長の約1/2，種によってこの脈を欠き，北米の種ではこのような種が多いが，逆に *Agathon comstocki* (Kellogg) のように，R_{2+3} 脈が Rs の基部から R_4 脈の基部までの距離とほぼ等しいくらい長い種もある．第2基室が形成される．脚は長く，距式は0：1：2または0：0：2．日本産の種では雄交尾器の尾角は細長い指状の突起で，左右は基部では広く離れ，平行に後方に伸びる．生殖端節の慨形や内面に生じる突起の形状に種の相違が現れる．日本を含む極東アジアと北米西部に分布し，アジアには亜種を含めて11種を産し，そのうち7種が日本に生息する．極東の種は相互にきわめて近縁で1群を構成する．北米西部には9種が分布し，いずれもアジアの種とは別種である．北米の種は *Agathon sequoiarum* (Alexander) のように極東産の種に類似した雄交尾器の尾角をもつ1群のほかに，上記の *A. comstocki* や *A. doanei* (Kellog) では尾角を含めて雄交尾器に相違点が多く，他の種とは異質な群である（Hogue, 1981）．本属の分類は幼虫で明確に行われているが，一部の種は成虫が発表されていない上に，雄交尾器の形態のような重要な分類形質の研究が不十分であり，これに加えて幼虫が知れているが成虫が未記載の種が何種かあり（岡崎，2005），これと幼虫との関係が不明確である．そのために，上記7種類の成虫の明確な検索表は作成できない．ここでは，著者が成虫を明確に識別できている5種の検索表を示す．種間の形態的相違が小さく，同定には注

アミカ科 9

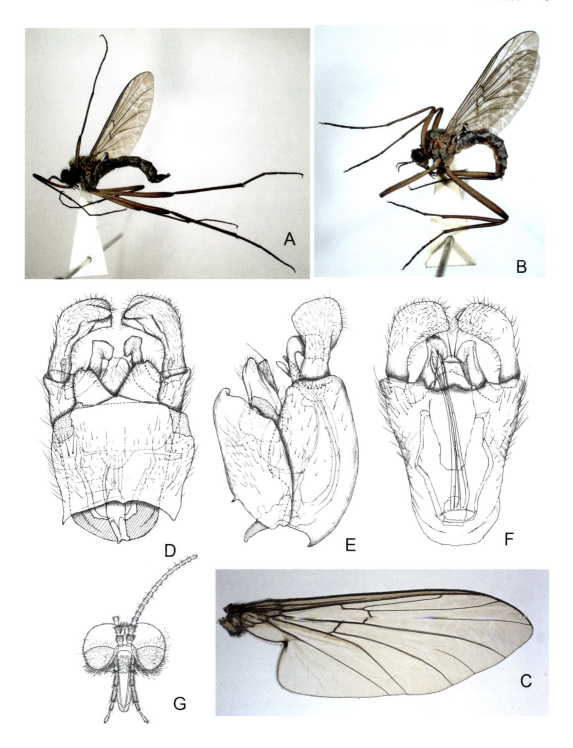

図2 クロバアミカ *Bibiocephala infuscata*
A：雄成虫（北海道愛山渓） B：雌成虫（北海道足寄町） C：雄翅（岐阜県河合村） D：雄交尾器，背面（岐阜県河合村） E：同，側面 F：同，腹面 G：雄頭部前面（G は Kitakami, 1937 より）

意が必要である．イヤコマドアミカ Agathon iyaensis (Kitakami, 1931) は幼虫のみが知られ，トゲコマドアミカ Agathon longispina (Kitakami, 1931) は成虫が知られているが，著者は十分にその実態を把握していないので省いた．本属は従来ヤマトアミカと呼ばれていたが，日本特産ではないこと，多くの種で翅の R_1 脈と R_{2+3} 脈で囲まれた短い r_1 室をもつことに基づいてコマドアミカ (小窓網蚊) という和名に変更された (三枝, 2008).

コマドアミカ属 *Agathon* の種の検索表 （雄）

1a R_{2+3} 脈がある ･･･ 2
1b R_{2+3} 脈を欠く ･･ 4
2a 複眼上部はやや大型，その横幅は単眼瘤幅の1.5倍；生殖端節は幅広く，先端に向かってやや拡大し，その背端部が角張るように張り出す ･･ 3
2b 複眼上部は小型，その横幅は単眼瘤幅より狭い；生殖端節は細く，基部から先端まで幅がほぼ等しい･･････････････････････････････････････ ミヤマコマドアミカ *Agathon montanus*
3a 胸部は暗色，小楯板も暗褐色；後腿節は先端部が顕著に暗化する；一般に R_{2+3} 脈は長く，R_{4+5} とほぼ等長 ････････････････････････････････････ ヤマトコマドアミカ *Agathon japonicus*
3b 胸部の後半は淡色化し，小楯板は黄色ないし黄褐色；後腿節はほぼ一様に黄褐色で，先端の暗化は弱い；一般に R_{2+3} 脈は短く，R_{4+5} 脈より短い
･･ アルプスコマドアミカ *Agathon bispinus*
4a 複眼上部の幅は単眼瘤幅より狭い；触角端節は亜端節の2/3長；鞭小節は細長い；後腿節の先端は暗化する ････････････････････････ トクナガコマドアミカ *Agathon bilobatoides*
4b 複眼上部の幅は単眼瘤幅の1.5倍；触角端節は亜端節にほぼ等長；鞭小節は太短い；後腿節は全面的に黄色 ････････････････････････････ エゾコマドアミカ *Agathon ezoensis*

コマドアミカ属 *Agathon* の種の検索表 （雌）

1a 背面からみた複眼は複眼上部が大部分を占め，複眼下部は辺縁部にかろうじて認められる ･･･ 2
1b 背面からみた複眼は複眼下部が複眼上部と同等かそれより広い範囲を占める ････････････ 4
2a 小型種，翅長9 mm以下；翅の基部の膜質部は黄色味を帯びず，前縁脈および翅の基部の他の翅脈は暗色，前縁と R_1 脈の間は透明ないし弱く黄色を帯びる；R_{2+3} 脈は通常消失するが，少数の個体では部分的にあるいは完全に残ることもある
･･ エゾコマドアミカ *Agathon ezoensis*
2b 大型種，翅長10 mm以上；翅の基部は翅脈，特に前縁脈も含めて黄色を帯び，前縁と R_1 脈の間は黄色ないし黄褐色；R_{2+3} 脈は常に存在する ･･････････････････････････････････ 3
3a 胸部は小楯板も含めて全面的に暗色，灰褐色粉で覆われる；翅の外半部の翅脈は暗褐色；翅膜は黄色を帯びない；後腿節は先端部が黒褐色；初夏に出現する
･･ ヤマトコマドアミカ *Agathon japonicus*
3b 胸部の後半部，特に小楯板は黄色ないし淡黄褐色；翅の外半部の翅脈は黄褐色；翅膜は淡く黄色を帯びる；後腿節は先端部が淡褐色；盛夏に本州中部の亜高山帯に出現する
･･ アルプスコマドアミカ *Agathon bispinus*
4a 複眼上部はきわめて小型，その横幅は単眼瘤と等幅；R_{2+3} 脈がある；脚は基節を含めて黄色，腿節端や脛節基部が暗色 ････････････････････ ミヤマコマドアミカ *Agathon montanus*

4b 複眼上部は中型，その横幅は単眼瘤幅の約2倍；R_{2+3}脈を欠く；脚は暗褐色，転節，前基節の基部，先端を除く中・後腿節は黄色………トクナガコマドアミカ *Agathon bilobatoides*

ヤマトコマドアミカ（ヤマトアミカ） *Agathon japonicus* (Alexander, 1922)（図3）

Bibiocephala japonica Alexander, 1922, Insecutor Inscitiae Menstruus, 10: 111 (*Bibiocephala*). Type locality: Japan (Honshiu), Mount Minomo.

翅のR_{2+3}脈をもち，胸部が全面的に暗色，雄の複眼上部はやや大型．日本産コマドアミカ属*Agathon*中の最大型種．西南日本の個体は下記に示した大きさより小さい．

雄（図3-A）．体は暗褐色，灰色粉で密に覆われる．複眼上部幅は単眼瘤幅の約1.5倍．触角末端節は亜端節とほぼ等長；鞭小節は細長い．胸背は側部も暗色；小楯板は暗褐色．翅（図3-C）は透明，基部や前縁部は僅かに黄色を帯びる；R_{2+3}脈は発達し，通常R_{4+5}脈とほぼ等長ないしやや短い．脚は黄褐色，前・中脚の腿節中部から先と後腿節端部や跗節は暗褐色．生殖端節（図3-E）は幅広く，先端に向かってやや拡大し，その背端部が角張るように張り出す．内面の突起は曲がらず，先半部がやや拡大する．体長6mm内外，翅長9mm内外．雌（図3-B）．背面から見た複眼は複眼上部が大部分を占め，複眼下部は辺縁部にかろうじて認められる．胸部は全面的に暗色．翅膜は基部を除き黄色を帯びない；基部は翅脈，特に前縁脈も含めて黄色を帯び，前縁とR_1脈の間は黄色ないし黄褐色；翅の外半部の翅脈の多くは暗褐色．距式は0：1：2または0：2：2．体長10mm内外；翅長13mm内外．

分布：北海道，本州，四国，九州．成虫は初夏に出現する．

アルプスコマドアミカ（フタトゲミヤマヤマトアミカ） *Agathon bispinus* (Kitakami, 1931)（図4）

Bibiocephala monntana var. *bispinus* Kitakami, 1931. Mem. Coll. Sci., Kyoto Imp. Univ., (B) 6: 80–81, pl. 11, figs. 29–33. Type locality: Kamikôti in Province of Sinano; Gamada in Province of Hida; many other places in the Hida Mountains; Yamagata in Province of Uzen (Japan).

翅にR_{2+3}脈をもち，胸部は前種より明色，特に小楯板は黄色ないし黄褐色，雄の複眼上部はやや大型．

雄（図4-A）．前種に類似するが胸部はより明色，小楯板は黄色ないし淡黄褐色，R_{2+3}脈（図4-C）は通常前種より短い．脚は黄色ないし淡黄褐色，腿節の端部や跗節がやや暗．生殖端節は中央部で幅広く，先方に向かってやや細まり，その背端部は丸味を帯び，張り出さない；内面の骨化突起は細長く，緩やかに湾曲する．体長4.5～6mm；翅長6.5～8mm．雌（図4-B）．胸部の後半部，特に小楯板は黄色ないし淡黄褐色；翅の外半部の翅脈は黄褐色；翅膜は黄色を帯びる．距式は0：2：2．体長7mm内外；翅長11mm内外．

本種は日本アルプスの高地で採集された幼虫や蛹に基づいて記載されたもので，Kitakami (1950) によると，幼虫や蛹は7月中旬から8月中旬に採集されており，本属中最も高山性の種とされるが，岡崎（2005）によると九州も産地に加えられ，低地では春に成虫が発生するといわれる．本書の記載と成虫の写真はKitakami (2005)の幼生期の周年経過に対応する日本アルプス白馬岳の1500m以上の高地で8月中旬に採集された個体に基づいたものである．また雄交尾器は南アルプス白根北岳の大樺沢で採集された個体に基づく．これらの成虫とKitakami (1931)が示した幼生期との対応は行われていないので，同定には注意を要する．

ミヤマコマドアミカ（ミヤマヤマトアミカ） *Agathon montanus* (Kitakami, 1931)（図5）

Bibiocephala montana Kitakami, 1931. Mem. Coll. Sci., Kyoto Imp. Univ., (B) 6: 78–80, pl. 10, figs. 25–28, pl. 11, figs. 34–36. Type locality: Kurama, Kibune and Atago near Kyoto; Sakamoto near Otsu; Hayatuki, Kurobe, and Zara Pass in Province of Ettyû; many places in the Hida mountains; Simasima,

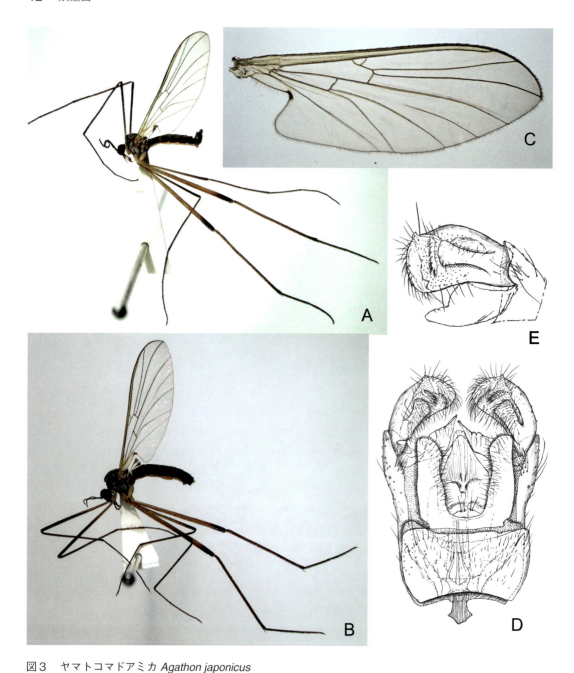

図3　ヤマトコマドアミカ *Agathon japonicus*
A：雄成虫（新潟県黒川）　B：雌成虫（山梨県増富トクサ沢）　C：雄翅（山梨県増富金山）　D：雄交尾器，背面（山梨県増富金山）　E：雄交尾器左生殖端節，内面（山梨県増富金山）

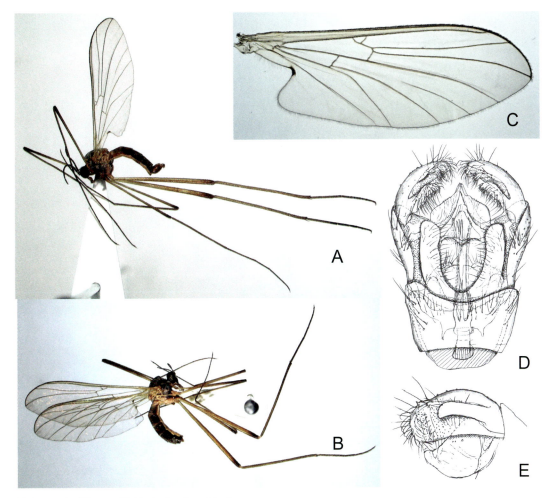

図4　アルプスコマドアミカ *Agathon bispinus*
A：雄成虫（長野県白馬岳）　B：雌成虫（長野県白馬岳）　C：雄翅（山梨県北岳広河原）　D：雄交尾器, 背面（山梨県北岳広河原）　E：雄交尾器左生殖端節, 内面（山梨県北岳広河原）

Tokugô, Kamikôti, Omati, Hukusima, Agematu, Suhara, Narai and Mt. Komagadake in Province of Sinano; Toyamazawa near Nikkô (Japan).

　腹眼上部は小型，胸部は暗色，翅に R_{2+3} 脈をもつ；雄の生殖端節は細く，内面の突起は丸味がある．
　雄（図5-A）．色彩はヤマトコマドアミカに類似するが，複眼上部は著しく退行し，その横幅は単眼瘤とほぼ等幅，その部分の個眼は小型．胸部は暗褐色ないし黒褐色，暗灰色粉で被われる．R_{2+3} 脈（図5-C）は通常 R_{4+5} 脈より短い．脚は黄色，腿節の先端部と脛節の基部が暗褐色．雄交尾器の生殖端節（図5-D, E）は細く，全長にわたってほぼ同じ幅で，先端部は丸みを帯びる；内面の骨化突起は先半部が拡大し，緩やかに下方に湾曲して丸みを帯びた端縁に終わる．体長4.5～5.5 mm；翅長7～8 mm．雌（図5-B）．雄に類似して複眼上部は小型，単眼瘤とほぼ等幅．胸部は黒褐色．暗灰色粉で覆われる．距式は0：0：2．体長6 mm内外；翅長9 mm内外．
　分布：本州，四国，九州．本種はKitakami（1931）によって京都以北，日本アルプス，日光などの幼生期の標本で記載されたもので，岡崎（2005）によると本州中部地方の河川最上流部に生息し，夏に羽化するとされる．本書の記載と図は北アルプス白馬岳の栂池近くで採集された個体に基づい

871

14 双翅目

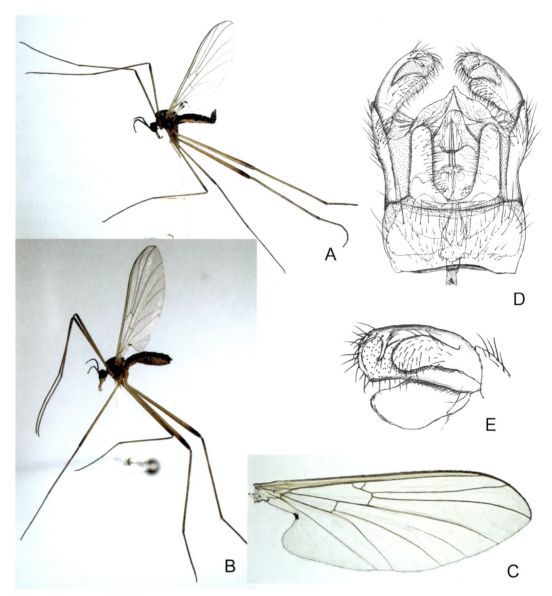

図5 ミヤマコマドアミカ *Agathon montanus*
 A：雄成虫（長野県白馬岳栂池） B：雌成虫（長野県大町市大田原） C：雄翅（長野県白馬岳栂池） D：雄交尾器，背面（長野県白馬岳栂池） E：雄交尾器左生殖端節，内面（長野県白馬岳栂池）

ている．これと同一と思われるものは，本州から九州にわたり低山地から山地にかけて初夏に出現する．

エゾコマドアミカ（エゾカワムラヤマトアミカ） *Agathon ezoensis* (Kitakami, 1950)（図6）

Bibiocephala kawamurai ezoensis Kitakami, 1950. Jour. Kumamoto Women's Univ., 2: 46-47. Type locality: Hirafu, foot of Mt. Ezo-fuzi; Hosioki-Fall, near Sapporo; Zyozankei; Sounkyo, near Asahigawa; Obako (Sounkyo); Kobako (Sounkyo) (Japan). Takinozawa, near Toyohara; Roop-line, near Maoka; Mt. Suzuya-dake, near Toyohara (Sakhalin).

Zwick & Arefina, 2005（Bonn. zoolog. Beitr., 53: 346）により米国自然史博物館所蔵の

872

アミカ科 15

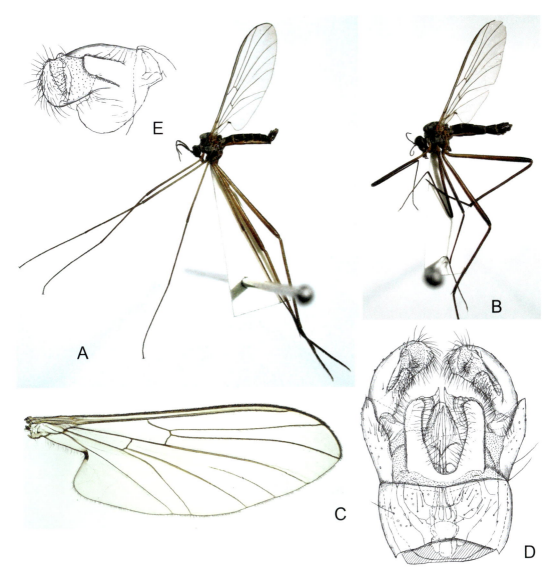

図6 エゾコマドアミカ *Agathon ezoensis*
A：雄成虫（北海道糠平） B：雌成虫（北海道糠平） C：雄翅（北海道糠平） D：雄交尾器, 背面（北海道糠平） E：雄交尾器左生殖端節, 内面（北海道糠平）

Takinozawa（Sakhalin）産の雄が本種のレクトタイプに指定されたが，指定標本が syntype であることの証明がないので，採用しない．しかも，亜種名は Kitakami によって北海道を示す ezoensis になっていて，サハリンの標本をレクトタイプにするのも不合理である．

ヤマトコマドアミカに類似するがやや小型の北海道固有の種．翅の R_{2+3} 脈は通常欠如し，脚は淡色．複眼上部はやや大型．

雄（図6-A）．複眼上部の幅は単眼瘤幅の1.5倍．触角端節は亜端節とほぼ等長ないしやや短い．胸部は暗褐色ないし褐色，灰色粉で覆われる．翅（図6-C）は通常 R_{2+3} 脈を欠くが，少数の個体ではこの脈がその基部を残す．脚は黄色ないし黄褐色，後腿節末端部はほとんど暗色化しない．生殖端節（図6-E）は全長にわたりほぼ等幅，端縁はやや丸味を帯びる；内面の骨化突起は短く端

873

16　双翅目

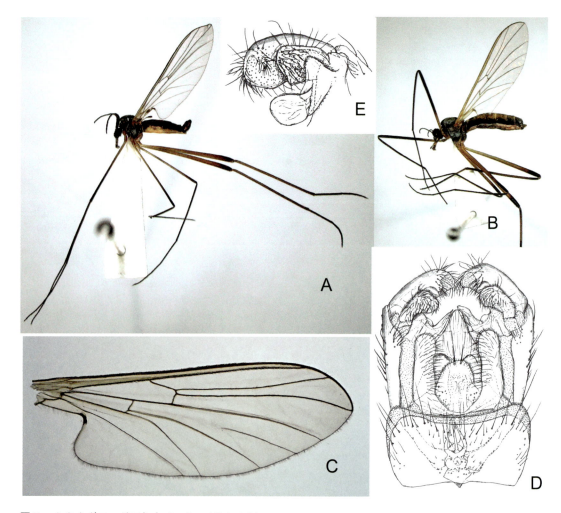

図7　トクナガコマドアミカ *Agathon bilobatoides*
A：雄成虫（広島県筒賀小原）　B：雌成虫（岡山県新見市浅間）　C：雄翅（広島県筒賀小原）　D：雄交尾器, 背面（広島県筒賀小原）　E：雄交尾器左生殖端節, 内面（広島県筒賀小原）

節本体の中央近くで終わる．体長4〜5.5 mm；翅長6.5〜7.5 mm．雌（図6-B）．複眼上部はヤマトコマドアミカと同様に大型，背面からみると下部は上部の辺縁に細く認められる程度である．胸部は黒褐色．翅はヤマトコマドアミカより幅広く，基部は黄色味を帯びず，前縁脈は黒褐色．R_{2+3}脈の状態は雄と同様．脚は雄より暗色，後腿節末端の暗色化はヤマトコマドアミカの雌と同様．体長7〜7.5 mm；翅長9〜10 mm.

分布：北海道．低地から1000 m以上の高地まで広く分布し，低地では初夏，高地では盛夏に成虫が出現する．岡崎（2005）によると北海道には本種には類似した数種の未記載種がある．

トクナガコマドアミカ（トクナガヤマトアミカ）　*Agathon bilobatoides* (Kitakami, 1931)（図7）

Philorus bilobatoides Kitakami, 1931. Mem. Coll. Sci., Kyoto Imp. Univ., (B) 6: 81-82, pl. 11-12, figs. 42-47, text fig. 6. Type locality: Kibune, Kurama and Atago near Kyoto; Sakamoto near Otsu; Iya in Shikoku; Mt. Nukedo in Province of Hida; Yamagata in Province of Uzen (Japan)．上記のとおり本種は原公表では *Philorus* 属の種として記載された．

874

翅の R_{2+3} 脈を欠如し，複眼上部は小型，脛節や腿節は先端部が暗色，雄交尾器の生殖端節の内面の骨化突起は幅広く短く，端節の中央をやや超える．

雄（図7-A）．ミヤマコマドアミカに類似する．複眼上部は小型．触角端節の長さは亜端節の約2/3．胸部は黒褐色，灰褐色粉で覆われる．翅（図7-C）は黄色味弱く，前縁脈は黄褐色，R_{2+3}脈を欠く．脚は黄褐色，腿節と脛節は端半部が徐々に暗色化し，跗節は暗褐色．雄交尾器（図7-D, E）の生殖端節はヤマトコマドアミカに類似して幅広いが，緩やかに湾曲し，その先端は丸みが強い；内面の骨化突起は短く，幅広く，ほぼ等幅．体長5 mm；翅長8 mm内外．雌（図7-B）．ヤマトコマドアミカの雌に類似するが，複眼上部は小さく，その幅は単眼瘤幅の約1.5倍．翅は雄と同様．前脚は腿節基部と基節を除いて暗褐色；中・後脚は端部を除く腿節と基節は黄色，その他は暗褐色．腹部背板中央部は黄褐色紛で覆われる．体長8 mm内外；翅長10 mm内外．

分布：本州，四国．晩春から初夏に成虫が出現する．

フタマタアミカ属　*Philorus* Kellog, 1903

タイプ種：*Blepharocera yosemite* Osten Sacken, 1877（新北区の種）

小型ないし大型のアミカを含む．複眼は長めの個眼間刺毛で密に覆われ，合眼的なものから広く離眼的なものまで多様．複眼上部も下部とほぼ等大のものから頭頂部に痕跡的になるものまで多様．複眼の大きさは種によって性差がある．口器は中庸大．触角鞭節は11〜13節に分節する．胸背の被毛は短くまばら．翅脈相：R_{2+3}脈を欠く；R_{4+5}脈は第1基室より生じる長い共通柄から分岐し，R_4脈とR_5脈の開き具合は種によって異なる；M_2脈および第2基室がある．脚は細長く単純．ユミアシヒメフタタマアミカ *Philorus longirostris* の雌では中脚がやや変形する；距式は0：0：1または0：0：2．

本属は沿海州，日本列島，台湾からヒマラヤにかけての東アジアと北米西部の山岳地帯に隔離分布する．北米の種は4種に過ぎないが東アジアには多数の種が棲息する．日本列島からは9種1亜種が知られているが，従来アシボソヒメフタタマアミカ *Philorus longirostris* の亜種とされていたタチゲヒメフタタマアミカ *Philorus minor* は三枝（2008）によって独立種とされた．下記の検索表には次種を除く9種を含めた．エゾフタマタアミカ *Philorus ezoensis* Kitakami は幼生期で記載され，その後成虫が知られている（岡崎，2005）が，著者は把握していないので，今回は省いた．本属は従来ヒメアミカと呼ばれていたが，アミカ科の邦産種では最大の種を含むので，三枝（2008）によって，共通柄から分岐するR_4，R_5脈に基づいてフタマタアミカ属と改称され，主に形態形質に基づいて種の和名も改称された．

フタマタアミカ属 *Philorus* の種の検索表（雄）

1a　R_4脈は同脈とR_5脈の共通柄（r-m横脈より先の）より長い（図8〜15-C）；両脈は基半部でかなり接近して走った後にかなり離れて翅縁に達する………………………………………… 2

1b　R_4脈は同脈とR_5脈の共通柄より短い（図16〜18-C）；両脈は基部より先端に向かって急激にかつ一様に離れて翅縁に達する………………………………………… 7

2a　複眼上部はよく発達し，両眼は接近し，両者の前額での間隔は単眼瘤より狭い（図8, 9-F）
………………………………………… 3

2b　複眼上部の発達は悪く，前額は複眼瘤幅より広い（図10, 11-F, 12-E, 13-F）
………………………………………… 4

3a　複眼上部（図8-F）は著しく大型，背面からみると複眼下部は上部の辺縁部に三日月状

にみえるのみ；前額はきわめて狭く，前単眼より狭い；鞭節は13小節に分節する；雄交尾器の生殖端節（図8-D）の背突起は細長く，先端に剛毛を生じ，また亜基部から短い内面突起を生じる……………………………………… オオメフタマタアミカ *Philorus sikokuensis*

3b 複眼上部（図9-F）はやや大型，背面からみると複眼下部が弦月状にみえる；前額はやや広く，その幅は前単眼径にほぼ等しい；鞭節は12小節に分節する；雄交尾器（図9-D）の生殖端節の背突起は幅広く，単一で，亜基部，中央部および先端部に剛毛を生じる
……………………………………………………………… ミヤマフタマタアミカ *Philorus alpinus*

4a 単眼瘤と複眼縁の間隔は単眼瘤幅より狭い（図10～11-F）；頭部および胸部は暗褐色ないし黒褐色；触角鞭節は12節から構成される．大型種……………………………………… 5

4b 単眼瘤と複眼縁の間隔は単眼瘤幅と等しい（図12-F，13-F）；触角鞭節は13小節から構成される……………………………………………………………………………………… 6

5a 触角は長く，その長さは頭幅のほぼ2倍（図11-F）；鞭節は黒色で太い；雄交尾器（図11-D）の生殖端節の背突起は内縁の突出が弱く，基部から先端にかけて長い剛毛を生じる
………………………………………………… ヒゲブトオオフタマタアミカ *Philorus kibunensis*

5b 触角は短く，その長さは頭幅にほぼ等しい（図10-F）；触角鞭節は黄色ないし黄褐色で細い；雄交尾器（図10-D）の生殖端節の背突起は内縁が中央で強く張り出し，この部分に短い棘状の刺毛を密生する……………………… ヒゲボソオオフタマタアミカ *Philorus kuyaensis*

6a 頭部および胸部背面は暗褐色（図12-A），灰色粉で密に覆われる；雄交尾器（図12-C，D）の生殖端節の背突起は中央が弱く張り出す；腹突起の湾曲部は短く幅広く，先は広く丸みを帯びる…………………………………………… ハナレメフタマタアミカ *Philorus gokaensis*

6b 頭部および胸部は黄色ないし黄褐色（図13-A）．中型種で；雄交尾器（図13-D，E）の生殖端節の背突起は中央にやや長めの付属突起を生じ；腹突起の湾曲部は長く，先に向かって尖るように細くなる……………………………… キイロフタマタアミカ *Philorus simasimensis*

7a 雄交尾器の生殖基節背面中央から1本の顕著な指状突起を生じる（図15-D）；触角鞭節は12鞭小節に分節する……………………………………………………………………………… 8

7b 雄交尾器の生殖基節背面に突起を欠く（図14-D）；触角鞭節は11節に分節する
……………………………………………………… ユミアシヒメフタマタアミカ *Philorus vividis*

8a 雄交尾器の生殖端節（図15-E）は中央から強く内方に湾曲する軟質部を生じ，軟質部は基部の骨化部とほぼ同形・同大……… アシボソヒメフタマタアミカ *Philorus longirostris*

8b 雄交尾器の生殖端節（図16-E）は先端内方に小型で弱く2葉に分かれた軟質部をもつ
………………………………………………… タチゲヒメフタマタアミカ *Philorus minor*

フタマタアミカ属 *Philorus* の種の検索表（雌）

1a R_4脈は同脈とR_5脈の共通柄（r-m横脈より先の）より長い（図8～11-B，13-B）；両脈は基半部でかなり接近して走った後にかなり離れて翅縁に達する…………………………… 2

1b R_4脈は同脈とR_5脈の共通柄より短い（図14～16-B）；両脈は基部より先端に向かって急激にかつ一様に離れて翅縁に達する…………………………………………………………… 7

2a 複眼上部はよく発達し，両眼は接近し，両者の前額での間隔は単眼瘤より狭い（図9-G）
……………………………………………………………………………………………………… 3

2b 複眼上部の発達は悪く，前額は複眼瘤幅より広い（図10～11-G）……………………… 4

3a 複眼上部は著しく大型，背面からみると複眼下部はほとんどみえない；鞭節は12小節に分

　　　　　　節する；顔面は黒褐色，灰褐色粉で覆われ，全面に黒短毛を密生する
　　　　　　………………………………………………… オオメフタマタアミカ　*Philorus sikokuensis*
　3b　複眼上部はやや大型，背面からみると上部の辺縁に沿って複眼下部が弦月状にみえる；鞭
　　　　節は13小節に分節する；顔面は黄褐色，黄色粉で覆われ，上端部に10本内外の黒短毛を生
　　　　じる………………………………………………… ミヤマフタマタアミカ　*Philorus alpinus*
　4a　頭部および胸部は暗褐色ないし黒褐色………………………………………………………… 5
　4b　頭部および胸部は黄色ないし黄褐色（図13-B）．中型種で触角鞭節は13小節から構成される；
　　　　単眼瘤と複眼縁の間隔は単眼瘤幅と等しい… キイロフタマタアミカ　*Philorus simasimensis*
　5a　前額は単眼瘤幅の2倍より狭い；複眼上部の横幅は単眼瘤幅の2倍以上………………… 6
　5b　前額は単眼瘤幅の2倍以上；複眼上部の横幅は単眼瘤幅と同じかそれより狭い．胸部側板
　　　　は黄褐色………………………………………… ハナレメフタマタアミカ　*Philorus gokaensis*
　6a　鞭小節の末端小節は亜端小節と等長；触角長は頭部幅より短い；小腮鬚の末端節長は亜端
　　　　節長の1.5倍…………………………………… ヒゲボソオオフタマタアミカ　*Philorus kuyaensis*
　6b　鞭小節の末端小節は亜端小節より短い；触角長は頭部幅より長い；小腮鬚の末端節長は亜
　　　　端節長に等しい………………………………… ヒゲブトオオフタマタアミカ　*Philorus kibunensis*
　7a　腿節および脛節（図15～16-B）は細く直線状，脛節長は腿節長の2/3以上；距式は0：0：2
　　　　……………………………………………………………………………………………………… 8
　7b　中脚の腿節（図14-B, G）は弓形に背方に湾曲し，脛節は腿節の1/2よりやや長く，腹面に
　　　　緻密に配列された微小棘が1列に並ぶ；距式は0：0：1
　　　　…………………………………………… ユミアシヒメフタマタアミカ　*Philorus vividis*
　8a　中脛節腹面の刺毛は半横臥する……… アシボソヒメフタマタアミカ　*Philorus longirostris*
　8b　中脛節腹面の刺毛はほぼ直立する…………… タチゲヒメフタマタアミカ　*Philorus minor*

オオメフタマタアミカ（シコクヒメアミカ）　*Philorus sikokuensis* Kitakami, 1931（図8）

　Philorus sikokuensis Kitakami, 1931, Mem. Coll. Sci., Kyoto Imp. Univ., (B) 6: 89-90, text-fig. 8. Type locality: Tuzuro and Iya in Sikoku (Japan).

複眼上部がよく発達した中型種．翅のR_1とR_5脈は基半部がほぼ並走し，鞭小節は13節，雄交尾器の生殖端節の背突起は深く二叉し，腹突起は先の2/3部の内縁が大きく四角形に拡大する．
　雄（図8-A）．体は暗褐色，灰褐色粉で覆われる．複眼は大きく，ほとんど合眼的，前額は前単眼の直径より狭い．複眼上部（図8-F）は大きく，背面から見ると複眼下部は三日月形に上部の辺縁に観察され，前面からみると上部と下部はほとんど同大．触角は暗褐色，鞭節は13節．R_1脈とR_5脈は基半部が相互にほぼ平行に走り，その先は離れて翅縁に達する（図8-C）．前脈は後脈との共通柄の1.8～2.0倍．脚は黄褐色，腿節は先端に向かって徐々に暗化し，脛節と跗節は暗褐色．雄交尾器の生殖端節の背突起（図8-D）は二叉し，先方の突起は細長く，先端に刺毛を生じ，基方の突起は内縁に多数の直立した刺毛を生じる；生殖端節の腹突起（図8-F）は大型，基半部は狭く，先半部はほぼ四角形に大きく広がる．体長4.5～6.5 mm；翅長6.5～9.5 mm．雌（図8-B）．雄に類似するが，複眼はやや小型，前額は前単眼の直径に等しく，背面からみると複眼下部は上部の辺縁に弦月形に観察できる．中脚は正常．体長6.5～7.5 mm；翅長9～10 mm.
　分布．本州，四国，九州．中春から初夏に出現する．沖縄本島北部には本種にきわめて類似して，前額が広く，前単眼幅を越え，複眼上部がより小型で，背面からみると複眼下部は半月形に上部の周りに観察でき，翅が煤色を帯びた集団が生息する．この集団は，本土の集団と台湾から記載された*Philorus taiwanensis* Kitakami, 1937の中間的形質を表している．これら3者の分類学的関係は今

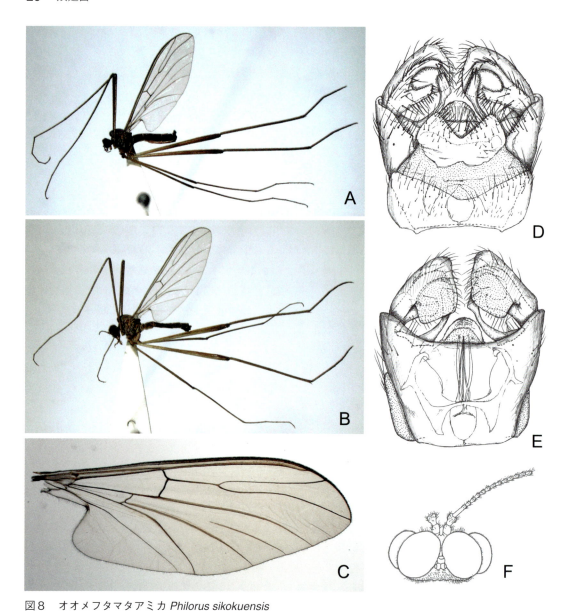

図8　オオメフタマタアミカ *Philorus sikokuensis*
A：雄成虫（福岡県犬鳴山）　B：雌成虫（犬鳴山）　C：雄翅（徳島県塔丸栃窪谷）　D：雄交尾器，背面（徳島県塔丸栃窪谷）　E：同，腹面　F：雄頭部，背面（Fは Kitakami, 1937より）

後の課題である．

ミヤマフタマタアミカ（アルプスヒメアミカ）　*Philorus alpinus* Kitakami, 1931（図9）

Philorus alpinus Kitakami, 1931, Mem. Coll. Sci., Kyoto Imp. Univ., (B) 6: 83-85, pl. 12, figs. 48-55.
Type locality: Tokugô and Kosibu in Province of Sinano; Gamada in Province of Hida; Kurobe in Province of Ettyû (Japan).

複眼がよく発達した中型種．R_4とR_5脈の基半部は並走し，雄交尾器の尾角が日本産の他種と異なり，先が方形で外側に湾曲するなど，かなりの相違がみられる特殊な種である．

雄（図9-A）．体は暗褐色，灰褐色粉で覆われる．複眼（図9-F）はよく発達し，前額幅は前単

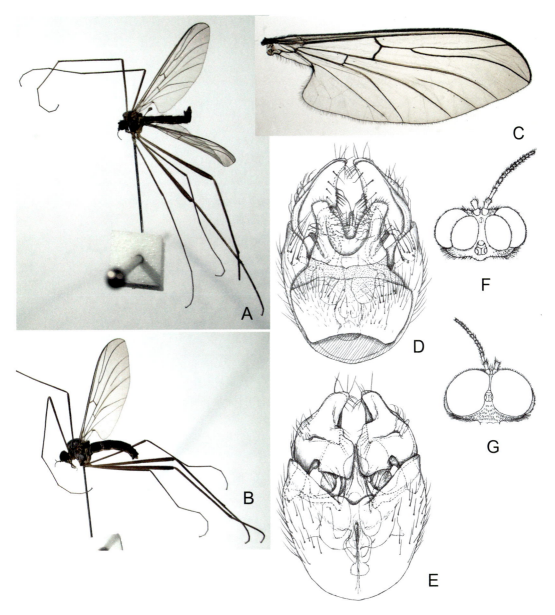

図9　ミヤマフタマタアミカ *Philorus alpinus*
A：雄成虫（山梨県北岳）　B：雌成虫（山梨県北岳）　C：雄翅（山梨県北岳）　D：雄交尾器，背面（山梨県北岳）　E：同，腹面　F：雄頭部，背面　G：雌頭部，背面　（F, G は Kitakami, 1950より）

眼の直径とほぼ等しく，複眼上部やや大きく，背面からみた幅は下部のそれにほぼ等しい．触角は暗褐色，鞭節は12節．R_4脈とR_5脈（図9-C）は基半部がほぼ平行に走り，その先は離れて翅縁に達する．前脈は後脈との共通柄の2.1〜3.2倍．脚は暗褐色ないし淡褐色，基節は黄色，腿節は基部1/3ほどが基方に向かって淡色化する．雄交尾器の生殖端節の背突起（図9-D）は幅広く，張り出した内縁は中央がやや凹み，内縁基部，同中央突出部，先端部に強い刺毛を生じ，さらに背面の先半部に数本の長刺毛を生じる；生殖端節の腹突起（図9-E）は大型，中央1/3の内縁は軟質部として大きく四角形に拡大する．尾角突起の先端部は裁断状で，他種にみられるように三角形に尖らない．

体長 5 〜 6 mm；翅長6.5〜7.5 mm. 雌（図9-B）. 雄に類似するが，やや大型. 複眼（図9-B）は雄より発達し，複眼（図9-G）上部は著しく大きく，背面からみると複眼下部は上部に隠れてみえない. 複眼下部は前面または側面から見ると上部の約1/3. 前額はきわめて狭く，前単眼幅の1/3. R_4脈はR_5脈との共通柄の2.5倍. 中脚は正常. 体長6.5〜7.5 mm；翅長 9 〜10 mm.

分布：北海道，本州中部地方. 日本アルプスの山地帯から記載された種で，本州では山地〜亜高山帯に生息し，成虫は低地では初夏に，高地で盛夏に出現する.

ヒゲボソオオフタマタアミカ（オオバヒメアミカ）　*Philorus kuyaensis* Kitakami, 1931（図10）

Philorus kuyaensis Kitakami, 1931. Mem. Coll. Sci., Kyoto Imp. Univ., (B) 6: 87-89, pl. 13, figs. 60-62, pl. 14, figs 63-65. Type locality: Atago, Kibune, Kurama and Kumogahata near Kyoto; Sakamoto near Otsu; Oze in Province of Ettyû; Iida, Mt. Komagadake, Simasima and Nakabuda in Province of Sinano; Takao in Province of Musasi; Iya in Shikoku (Japan).

翅のR_4脈とR_5脈の基半部は並走し，暗褐色の腹部に光沢のある大型種. 生殖端節の腹突起は細長く単純，背突起は先に向かってやや幅を増し，先端は再び細くなる.

雄（図10-A）. 体は暗褐色，頭部は薄く灰褐色粉で覆われ，胸部および腹部は著しく光沢がある. 複眼（図10-F）は中程度に発達し，前額幅は単眼瘤の直径よりやや広く，複眼上部は小型，横幅は単眼瘤の直径の1.5倍弱，背面からみると下部の横幅よりやや狭い. 触角（図10-F）は短く，その長さは頭長の1.5倍，頭幅とほぼ等長. 鞭節は黄褐色，12小節に分節し，各鞭小節は細く短い. 鞭節の末端小節は亜端小節とほぼ等長. R_4脈とR_5脈は基半部がほぼ平行に走り，その先は離れて翅縁に達する. R_4脈はR_5脈との共通柄の1.5〜1.6倍. 脚は黄色ないし黄褐色，腿節の先端部がやや暗色. 雄交尾器の生殖端節の背突起（図10-D）は幅広く，内縁中央よりやや先方では内方に強く張り出し，その縁に短い棘状の刺毛を密生し，その先は先端に向かって細くなる；生殖端節の腹突起（図10-E）は細長く，中央より先がやや幅を増し，先端部が丸味を帯びるが，軟質部はほとんど発達しない. 体長5.5〜 8 mm；翅長 8 〜11 mm. 雌（図10-B）. 雄に類似するが，かなり大型で本属としては最大. 前額（図10-G）は雄よりやや広く，複眼上部は雄より大型，背面からみたその幅は複眼下部幅の約 2 倍. 触角は頭幅と等長，鞭節は通常黄色ないし褐色，その末端節は亜末端節と等長. 小腮鬚の末端節長は亜端節長の 2 倍. R_4脈はR_5脈との共通柄の約1.7倍. 腿節先端部は黒褐色. 中脚は正常. 体長 8 〜9.5 mm；翅長12〜13.5 mm.

分布：本州，四国，九州. 低山地〜山地に生息し，成虫は中春に現れる普通種.

ヒゲブトオオフタマタアミカ（キブネヒメアミカ）　*Philorus kibunensis* Kitakami, 1931（図11）

Philorus kibunensis Kitakami, 1931. Mem. Coll. Sci., Kyoto Imp. Univ., (B) 6: 85-86, pl. 13, figs. 59, text-fig. 7. Type locality: Kibune and Atago near Kyoto; Oze in Province of Ettyû; Iya in Sikoku (Japan).

前種に酷似した光沢のある大型種. 翅のR_4脈とR_5脈の基半部は並走し，雄生殖端節の背突起は丸味を帯びた先端部までほぼ等幅，腹突起は前種ヒゲボソオオフタマタアミカ *Philorus kuyaensis* Kitakami より先半部が拡大する.

雄（図11-A）. 体は暗褐色，頭部は薄く灰褐色粉で覆われ，胸部および腹部は著しく光沢がある. 複眼（図11-F）および前額の形状は前種とほぼ同じ. 触角（図11-F）は長く，その長さは頭長の約 3 倍，頭幅より長い. 鞭節は黒色，12小節に分節し，各鞭小節は太い. 鞭節の末端小節は亜端小節の1/2ないし2/3. R_4脈とR_5脈（図11-C）は基半部がほぼ平行に走り，その先は離れて翅縁に達する. R_4脈はR_5脈との共通柄の1.1〜1.8倍. 脚は黄色ないし黄褐色，腿節の先端部が褐色ないし暗褐色. 脛節および跗節はやや暗色. 雄交尾器の生殖端節の背突起（図11-D）は細長く，中央部の内側への

アミカ科 23

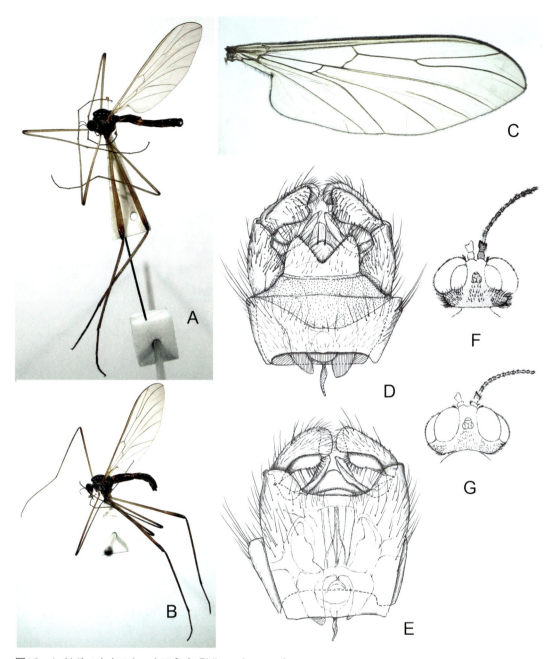

図10　ヒゲボソオオフタマタアミカ *Philorus kuyaensis*
A：雄成虫（福岡県犬鳴山）　B：雌成虫（福岡県犬鳴山）　C：雄翅（兵庫県豊岡市阿瀬渓谷）　D：雄交尾器，背面（山梨県昇仙峡）　E：同，腹面　F：雄頭部，背面　G：雌頭部，背面（F, G は Kitakami, 1950 より）

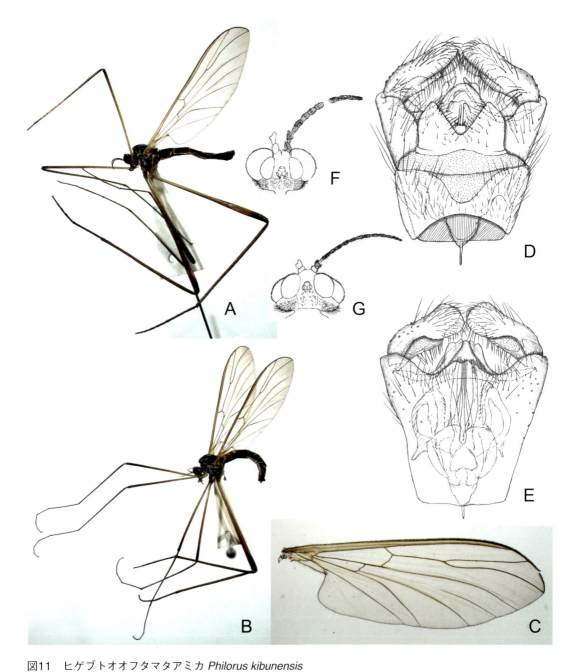

図11　ヒゲブトオオフタマタアミカ *Philorus kibunensis*
A：雄成虫（福岡県犬鳴山）　B：雌成虫（福岡県犬鳴山）　C：雄翅（徳島県剣山）　D：雄交尾器背面（徳島県剣山）　E：同，腹面　F：雄頭部，背面　G：雌頭部，背面（F, G は Kitakami, 1950 より）

張り出しはきわめて弱く，全長にわたってほぼ等幅，その内縁全長にわたってやや長い刺毛を生じる；生殖端節の腹突起（図11-E）は細長く，先半部は幅広くなるが，その部分でも内側への軟質部はほとんど発達しない．体長8～9 mm；翅長11～12.5 mm．雌（図11-B）．前種の雌に酷似する．触角（図11-G）は頭幅よりやや長く，鞭節は黒色，その末端節は亜末端節の1/2強．小腮鬚の末端節は亜端節と等長．R_{2+3}脈はR_{4+5}脈との共通柄の約1.1倍．前腿節は端半部が暗褐色，中・後腿節先端部は黒褐色．脛節と付節は暗色化する．中脚は正常．体長10 mm内外；翅長13 mm内外．

分布：本州，四国，九州．低山地～山地に生息し，成虫は晩春～初夏に現れる．著者の成虫採集の経験では前種より少ない．

ハナレメフタマタアミカ（ゴカヒメアミカ）　*Philorus gokaensis* Kitakami, 1950（図12）

Philorus gokaensis Kitakami, 1950, Jour. Kumamoto Women's Univ., 2: 54-55, pl. 1, fig. 1-6 (*Philorus*). Type locality: Gokanosyo, in Kyusyu (Tarumizu; Kamiarezi) (Japan).

翅のR_4脈とR_5脈は基半部が並走し，前額が幅広い中型種，雄交尾器の生殖端節の背突起は細長く中央部内縁が弱く張り出し，背突起の先版部は弱く膜状に拡大する．

雄（図12-A）．暗褐色で頭部および胸部は灰白色粉で覆われ，胸部側板は黄色，腹部は光沢ある暗褐色．頭部（図12-E）の後頭部は強く膨出する．左右の複眼は広く離れ，前額幅は単眼瘤幅の2倍または頭幅の1/3，複眼上部はきわめて小型，背方からみたその横幅は単眼瘤幅と等しく，複眼下部の1/2．触角は長く，その長さは頭長の3倍強；鞭節は13小節に分節し，太く，第1小節基部を除いて黒褐色．末端節は著しく短く，亜末端節の長さの1/3．R_4脈とR_5脈（図12-B）は基半部がほぼ平行に走り，その先は離れて翅縁に達する．R_4脈はR_5脈との共通柄の1.5倍．脚は黄褐色，前腿節は端半部が徐々に暗化し，中・後腿節は先端が黒褐色．脛節と跗節は暗褐色ないし黒褐色．雄交尾器の生殖端節の背突起（図12-C）は細長く，腹突起とほぼ等長，内縁中央部が瘤状に張り出し，その端は丸みを帯びて，その部分に数本の強い剛毛を生じる；腹突起（本体）（図12-D）の先半部はかなり拡大し，ほぼ等幅を保ち，丸味を帯びた鈍頭に終わる；本体先端は弱く広がる．体長6 mm内外；翅長9 mm内外．雌．Kitakami（1950）によると，蛹から取りだした1頭の雌は雄に類似するが，複眼の上部は雄よりも大型，その部分の個眼は褐色，下部の個眼よりわずかに大きい；触角は長く，鞭小節は幅と長さは等しい；末端節は亜端節の1.5倍以上；小腮鬚の末端節は第4節と等長．中脚は正常．

分布：本州（大台ケ原），九州．成虫は中春～初夏に現れる．著者の採集経験では稀．著者は大台ケ原で採集された1頭の雄標本を保有するのみである．しかし，岡崎（2010）は山梨（甲府市），同氏（2011）は熊本県川辺川上流，同氏（2012）は紀伊半島南部，岡崎・山本（2006）は四国山地西部，岡崎・久保田（2009）は長野県松本市および伊那市でそれぞれ本種の幼生期や時には成虫を記録している．いずれの場所でも少ない種のようである．本種は第二次大戦敗戦後に京都から熊本の熊本女子大学に奉職された北上四郎博士が，京都時代に熊本県の五家荘で1937年に採集された幼虫，蛹，これから取り出した雌雄成虫に基づいて1950年に同大学の紀要に新種として記載されたものである．

キイロフタマタアミカ（シマシマヒメアミカ）　*Philorus simasimensis* Kitakami, 1931（図13）

Philorus simasimaensis Kitakami, 1931. Mem. Coll. Sci., Kyoto Imp. Univ., (B) 6: 90 (*Philorus*). Type locality: Simasima in Province of Sinano.

日本産の*Philorus*属には少ない黄色系の種で，前額が幅広いやや小型の種，翅のR_4脈と$_5$脈の基半部は並走する；雄交尾器の生殖端節の背突起はやや細く，基半部で短い枝を生じ，腹突起は先半部がやや拡大するが，膜質部を欠く．

26　双翅目

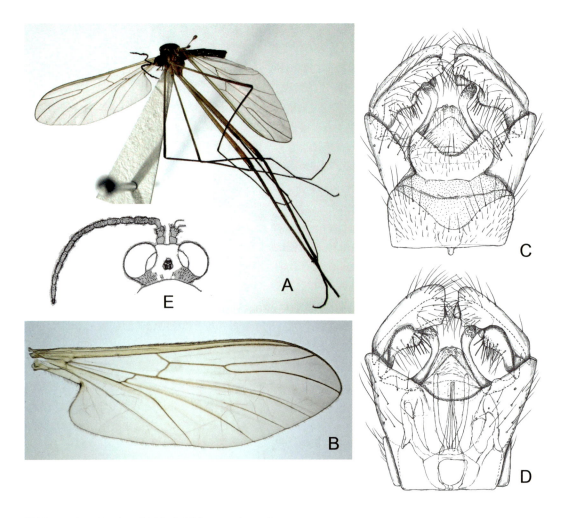

図12　ハナレメフタマタアミカ *Philorus gokaensis*
A：雄成虫（奈良県大台ケ原）　B：雄翅（奈良県大台ケ原）　C：雄交尾器，背面（奈良県大台ケ原）　D：同，腹面　E：雄頭部，背面（E は Kitakami, 1950 より）

　雄（図13-A）．体は橙黄色ないし淡黄褐色．腹部はやや暗色；胸部および腹部は光沢が強い．頭部（図13-F）の後頭部は強く膨出する．左右の複眼は広く離れ，前額幅は単眼瘤幅の2倍または頭幅の1/3，複眼上部はきわめて小型，その横幅は単眼瘤幅に等しい．単眼瘤は黒色，複眼上部との間隔は単眼瘤幅に等しい．触角はきわめて長く，その長さは頭長の3.5倍；鞭節は13小節に分節し，細長く，鞭小節径の1/2長の白色細毛で密に覆われ，基部に少数の黒色刺毛を生じる；第1鞭小節は短く，長さは第2鞭小節の1.5倍；末端小節は著しく短くかつ細く，亜端小節の長さの1/2．黒色．R_4 脈と R_5 脈（図13-C）は基半部がほぼ平行に走り，その先は離れて翅縁に達する．R_4 脈は R_5 脈との共通柄の1.7〜2倍．脚は黄色，腿節末端部が僅かに暗色を帯びる．雄交尾器の生殖端節の背突起（図13-D）は細長く，腹突起（本体）よりやや短く，内縁中央部から短い突起を生じ，その先は裁断状，その部分に数本の強い剛毛を生じる；腹突起（図13-E）は基半部が細長く，端半部は先端の広がりは強く丸みを帯びた三角形．体長4〜5 mm；翅長6〜7.5 mm．雌（図13-B）．雄に類似するが，触角はやや短く，鞭小節の細毛は短い．中脚は正常．体長5.5〜6.5 mm；翅長8.5〜9 mm．

884

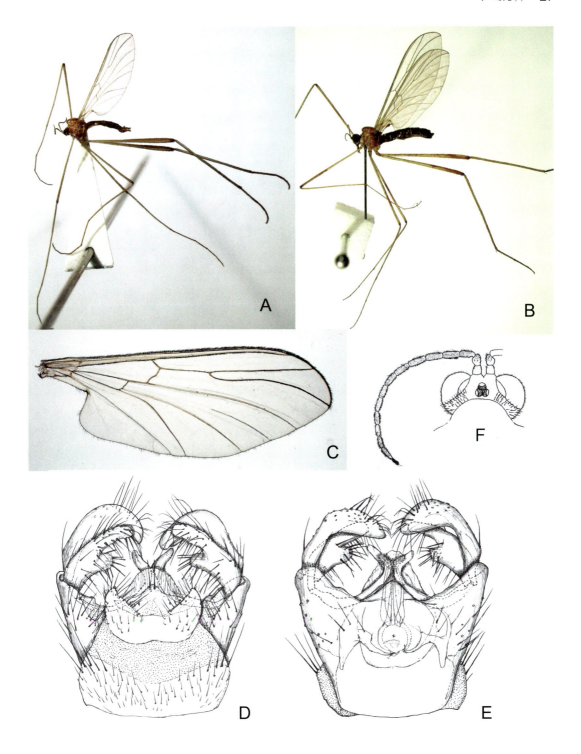

図13 キイロフタマタアミカ *Philorus simasimensis*
A：雄成虫（和歌山県大塔山） B：雌成虫（熊本県市房山） C：雄翅（和歌山県大塔山） D：雄交尾器，背面（和歌山県大塔山） E：同，腹面 F：雄頭部，背面 （FはKitakami, 1950より）

分布：本州中部，四国（剣山，高知物部），九州．山地性の種で，成虫は晩春から盛夏に現れる．

ユミアシヒメフタマタアミカ（ヒメアミカ）　*Philorus vividis* Kitakami, 1931（図14）

Philorus vividis Kitakami, 1931,. Mem. Coll. Sci., Kyoto Imp. Univ., (B) 6: 95-97, pl. 15, figs. 72-80, text-figs. 1, 2-A, 9. Type locality: Kibune, Kurama, Atago and Kumogahata near Kyoto; Sakamoto and Anô near Otsu; Yamada and Arima near Kobe; Tokugô, Agematu and Suhara in Province of Sinano; Minobu in Province of Tôtômi; Huzibasi, Syômyô and Oze in Province of Ettyu; Iya in Sikoku; Yunohira near Beppu in Kyûsyû (Japan).

次の2種を含めて翅のR_4脈とR_5脈が基部から先に向かって一様に離れていく特徴をもつ小型種；雄交尾器の生殖基節の背部は単純で突起を生じない．雌の中脚腿節が特徴的に弓形にそる点で近似種から容易に識別できる．

雄（図14-A）．体は暗褐色ないし淡褐色，灰白色粉で薄く覆われる．左右の複眼は広く離れ，前額幅は単眼瘤幅のほぼ2倍，複眼上部はきわめて小型，その横幅は単眼瘤幅に等しい．触角（図14-F）はきわめて長く，頭長の5倍を超える；鞭節は第1鞭小節の黄色の基半部を除き黒色，10小節に分節し，鞭小節はかなり細長く，基部が太く先端に向かって細くなり，刺毛を欠き，明色の短細毛が密生する；末端小節は亜端小節と等長．R_4脈はR_5脈（図14-C）から急角度で離れ，それぞれ翅縁に達する．R_4脈の長さは両脈の共通柄の約0.6倍．脚は暗褐色，腿節基部はやや明色．距式は0：0：1．雄交尾器（図14-D）の生殖基節背面に突起を欠く；生殖端節の背突起は細く，本体（腹突起）とほぼ等長，その端半部は先端に向かってやや幅広くなり，やや張り出した辺縁から背面にかけて多数の短い刺毛を密生する；生殖端節の本体（図14-E）は細く，その形状は背突起に類似し，先端はやや広くなるが，軟質部を欠く．体長3～3.8 mm；翅長4～4.5 mm．雌（図14-B）．諸形態形質は雄に類似；触角鞭小節は太さが一様で背面に数本の短刺毛を生じる；中腿節（図14-B, G）は先端に向かって弱く肥大し，全長にわたって緩やかに弓形に背方に湾曲する；中脛節は中腿節の長さの0.55倍，きわめて弱く腹方に曲がり，腹面に微小で短い棘を一列に密生し，その長さは脛節の厚みの1/5，相互の間隔は棘の長さより短い．体長3.5～5 mm；翅長5.5～7 mm．

分布：北海道，本州，四国，九州．多化性で成虫は中春から晩秋までみられる．三枝（2008）の*Philorus viridis*は誤記．

アシボソヒメフタマタアミカ（ナガヒメアミカ）　*Philorus longirostris* Kitakami, 1931（図15）

Philorus longirostris Kitakami, 1931. Mem. Coll. Sci., Kyoto Imp. Univ., (B) 6: 91-93, pl. 14, figs. 66-71 (*Philorus*). Type locality: Kibune and Atago near Kyoto; Sakamoto near Otsu; Yamada near Kobe; Nakanoyu, Kamikôti, Tokugô, Agematu and Ôtaki in Province of Sinano; Dorokawa in Province of Yamato; Yunohira near Beppu in Kyusyu (Japan).

前種同様にR_4とR_5脈が基部から先に向かって一様に離れる；雄の生殖基節の背部に太い突起を生じ，生殖端節の背突起は細く，ほぼ等幅，腹突起は特徴的にその先端部から内側に向かった長い舌状の拡大部を生じる．雌の中脛節腹面にやや横臥した刺毛を生じる小型種．

雄（図15-A）．体は淡褐色ないし暗褐色，胸部側板は黄色ないし淡黄褐色．複眼は中庸大，前額は弱く隆起し，その幅は単眼幅の2倍弱，頭幅の1/3強；複眼上部はきわめて小型，その横幅は単眼瘤幅の1/2．前単眼は前背方へ突出する．触角は頭長の4.5倍，鞭節は11小節に分節し，各鞭小節は細長く，灰色の細毛を密生し，基部はやや肥大し，そこに少数の黒刺毛を生じる；末端小節と亜端小節は等長．R_4脈（図15-C）は基部からR_5脈から急激に離れ，翅縁に達し，R_5脈との共通柄の0.7～0.8倍．雄交尾器の生殖基節の背面（図14-D）には長い顕著な突起を生じ，その先端は丸みを帯び，腹面に強い刺毛を密生する；生殖端節の背突起は一様に細長く，先端に微小な棘を密生する；生殖

アミカ科 29

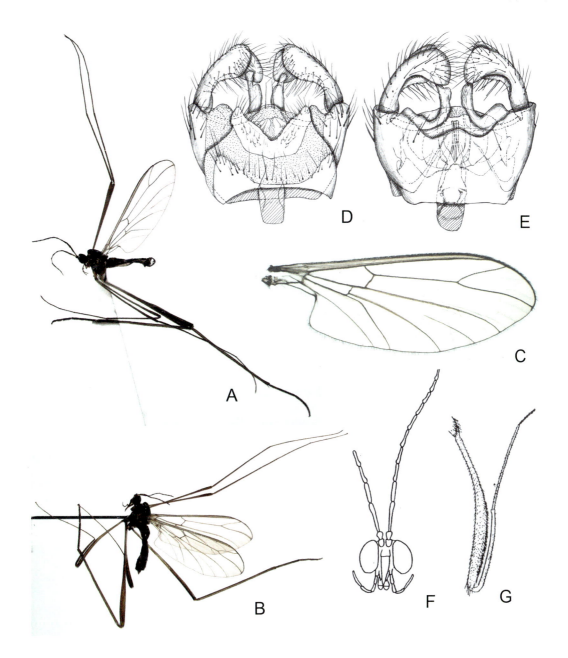

図14 ユミアシヒメフタマタアミカ *Philorus vividis*
A：雄成虫（宮崎県浜の瀬川） B：雌成虫（大分県九酔渓） C：雄翅（宮崎県浜の瀬川） D：雄交尾器,
背面（宮崎県浜の瀬川） E：同, 腹面 F：雄頭部, 前面 G：雌右中脚（F, G は Kitakami, 1931 より）

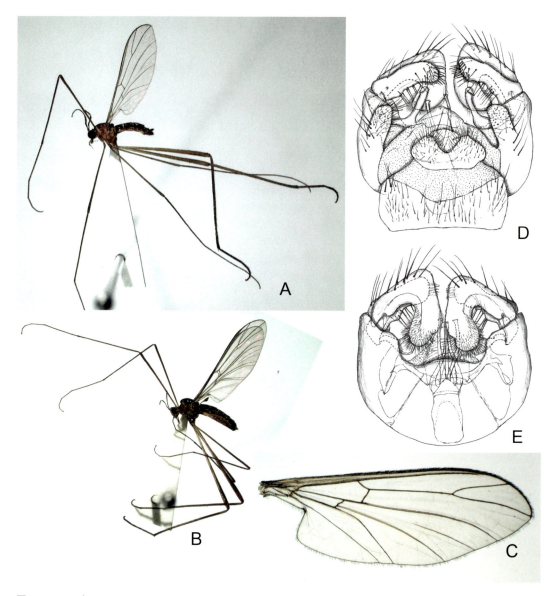

図15 アシボソヒメフタマタアミカ *Philorus longirostris*
A：雄成虫（福岡市野河内渓谷） B：雌成虫（福岡市西油山） C：雄翅（新潟県胎内市黒川） D：雄交尾器，背面（福岡市野河内渓谷） E：同，腹面

端節の本体（腹突起）（図15-E）は硬化部端半の内側からこれとほぼ同形の大型の軟質部を張り出す．体長3.5～4.5 mm；翅長5.5～7 mm．雌．雄に類似し，触角はやや短い．中脛節は細く直線状，その長さは中腿節長の0.75倍，腹面の毛はほぼ横臥する．体長5～6 mm；翅長6.5～8.5 mm．

　分布：北海道，本州，四国，九州．多化性で，成虫は中春から晩秋までみられる．本種に類似して，生殖端節本体の軟質部が著しく拡大した未記載種が西南日本に生息するので，両種の雄の同定には雄交尾器を検する必要がある．

タチゲヒメフタマタアミカ（コガタヒメアミカ） *Philorus minor* Kitakami, 1931（図16）
　Phlorus longirostris var. *minor* Kitakami, 1931, Mem. Coll. Sci., Kyoto Imp. Univ., (B) 6: 93. Type

アミカ科　31

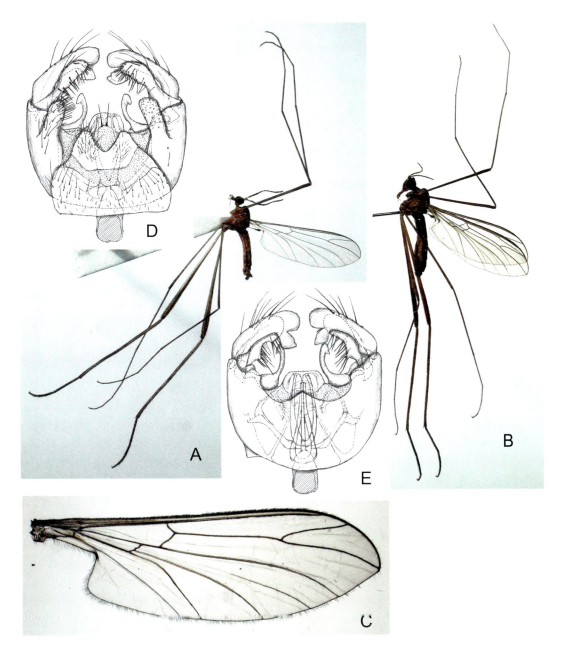

図16　タチゲヒメフタマタアミカ Philorus minor
A：雄成虫（宮崎県浜の瀬川）　B：雌成虫（山梨県増富金山）　C：雄翅（宮崎県浜の瀬川）　D：雄交尾器，背面（長野県中房温泉）　E：同，腹面

locality: Syakuzyôin Province of Hida (Japan).

前種同様にR_4脈とR_5脈が基部から先に向かって一様に離れる；雄の生殖基節の背部に太い突起を生じ，生殖端節の腹突起は亜端部内縁に小型の膜状突出部を生じるにすぎない．雌の中脛節腹面に半直立した刺毛を密生する小型種．

雄（図16-A）．前種に酷似する．R_4脈はR_5脈（図16-C）との共通柄の長さの0.6～0.7倍．雄交尾器の生殖基節背部（図16-D）に長い突起を生じる；生殖端節の背突起は内側中央部よりやや基方が弱く隆起し，先端とこの隆起部に微小な棘を密生する；生殖端節の本体（腹突起）（図16-E）は硬化部の先に弱くしばしば二葉に分かれた短い軟質部を生じ，分かれる場合は1つは硬化部の先端を形成するように突出する．体長3.5～4.5 mm；翅長5.5～6.5 mm．雌（図16-B）．諸形質は雄に類似する．前種雌とは中脛節が中腿節長の0.7倍，その腹面の毛はほぼ直立するので識別できる．体長4.5～5.5 mm；翅長6.5～8 mm．

分布：本州，四国，九州．成虫は初夏から晩秋にかけて現れる．本種は前種の1型とされていたが，雄交尾器の形態，雌中脛節腹面の毛の状態の形質などが顕著に異なるので独立種であることは疑いない．前種の項で述べた西南日本の未記載種の雌は中脛節腹面の直立した細毛を生じることで本種雌と共通するが，大型（翅長9～9.5 mm）である．

ナミアミカ属　*Blepharicera* Macquart, 1843

タイプ種：*Blepharicera limbipennis* Macquart, 1843（=*Astenia fasciata* Westwood, 1842）（欧州から中東の種）

小型ないし大型のアミカを含む．複眼は長めの個眼間刺毛で密に覆われ，ほぼ合眼的なものから広く離眼的なものまで多様，複眼上部も下部とほぼ等大のものから頭頂部に痕跡的に残るものまで多様．複眼の大きさは種によって性差があり，雌では上部は著しく拡大し，その背面部が広くほぼ平坦になり，また両域の間に個眼を欠く広い光沢のある骨化帯をもつ種もある．口器は中庸大．触角鞭節は13小節からなり，雄では長く鞭小節も太いが，雌では短く，鞭小節も細い．胸背の被毛は短く，疎．翅脈相：R_{2+3}脈を欠く；R_4，R_5脈は第1基室より独立に生じる；M_2脈がある；第2基室を欠く．脚は細長く単純；距式は0：0：1または0：0：0．本属は北半球の温帯から部分的にはボルネオ，フィリピン，マレー半島等の東洋区の熱帯にかけて広く分布する．日本列島からは4種が知られているが，数種の未記載種が分布している（岡崎，2005）．本属は従来スカシアミカと呼ばれていたが，語源が明確でなく，翅が透明の属は他にもあるので，本属が科のタイプ属であることに基づいてナミアミカ（並網蚊）と改称され，種の和名も主に形態・生態形質に基づいて改称された（三枝，2008）．従来しばしば誤綴の属名*Blepharocera*が慣用されたので，属名や科名（異名Blepharoceridae）には注意．Kitakami (1931) はオオメナミアミカ *B. esakii* やハナレメナミアミカ *B. shirakii* に対して*Parablepharocera*という属を独立させたが，成虫の翅脈上でのRs脈の長さなど，本科での一般的な属分類の特徴を十分にもつものとは考えられず，*Blepharicera*の異名として扱われている．

ナミアミカ属*Blepharicera*の種の検索表（雄）

1a 後脛節に1本の距をもつ；中型ないし大型種．翅長5 mm以上；背面からみた複眼上部（図18-F，19-F）の横幅は単眼瘤幅より広い ·· 2

1b 後脛節に距を欠く；小型種．翅長4.5 mm以下；背面からみた複眼上部（図17-F）の横幅は単眼瘤幅より遥かに狭い．触角の末端鞭小節は亜端小節より長い；Rs脈（図17-C）は

r-m 横脈とほぼ等長かやや長い；脚は黄色……………… **ナミアミカ** *Blepharicera japonica*
2a 平均棍の先端部は暗色；複眼（図19-F）は広く離れ，前額幅は前単眼径より幅広い；背面からみた複眼上部は狭く，その横幅は複眼下部の横幅に等しいか，それより狭い；触角鞭節の末端小節は亜端小節より短い；胸部側面の後半部は暗色の前半部に比べて明色 … 3
2b 平均棍の先端部は明色；複眼（図18-F）は相互にきわめて接近し，前額幅は前単眼の直径より狭い；背面からみた複眼上部は広く，その横幅は複眼下部の横幅の約2倍；触角鞭節の末端小節は亜端小節より長く，通常1.5倍以上；胸部側面は全面的に暗褐色ないし黒褐色 ……………………………………………………………… **オオメナミアミカ** *Blepharicera esakii*
3a 前額幅（図19-F）は単眼瘤幅の1.5倍，背面から見た複眼上部の横幅は複眼下部の横幅の1/2；単眼瘤は複眼縁から広く離れる；雄交尾器の生殖端節の腹突起（図19-E）は基部から先端まで一様に細く，先端部は拡大しない… **ハナレメナミアミカ** *Blepharicera shirakii*
3b 前額幅は単眼瘤幅よりやや狭く，背面からみた複眼上部の横幅は複眼下部の横幅にほぼ等しい；単眼瘤は複眼縁に接する；雄交尾器の生殖端節の腹突起（図20-E）は先端が扇状に拡大する……………………………………………… **アキノナミアミカ** *Blepharicera tanidai*

ナミアミカ属 *Blepharicera* の種の検索表（雌）

1a 後脛節に2本の距をもつ（1本はきわめて短い）；中型ないし大型種，翅長7 mm以上；前額は単眼瘤より狭い；背面からみた複眼上部の横幅は単眼瘤幅より広い……………… 2
1b 後脛節に距を欠く；小型種，翅長5 mm以下；背面からみた複眼上部の横幅（図17-G）は単眼瘤幅より遥かに狭い．触角の末端鞭小節は亜端小節より長い；Rs脈はr-m横脈とほぼ等長かやや長い；脚は黄色……………… **ヒメナミアミカ** *Blepharicera japonica*
2a 平均棍の球状部は暗色，黄色の柄部と対照的；翅の翅片の辺縁とそれから生じる毛は暗色；腹部は黒褐色で，各節背板は前部が細く灰色粉で，残りが黒褐色粉で密に覆われる；中，後脚は暗褐色，腿節は基部近くがやや明色になる………………………………………… 3
2b 平均棍の球状部は黄色で，柄部とほぼ同色；翅の翅片の辺縁とそれから生じる毛は黄色；腹部は暗褐色，背板は一様に褐色粉で覆われる；中・後脚は黄色，腿節の先端1/5程が黒褐色……………………………………………………………… **オオメナミアミカ** *Blepharicera esakii*
3a 翅長7.7〜8.9 mm（平均値8.05 mm）；成虫は晩春から晩夏にかけて出現する
……………………………………………………………… **ハナレメナミアミカ** *Blepharicera shirakii*
3b 翅長9.1〜10.9 mm（平均値10.47 mm）；成虫は晩夏から中秋にかけて出現する
……………………………………………………………… **アキノナミアミカ** *Blepharicera tanidai*

ヒメナミアミカ（ニホンアミカ）　*Blepharicera japonica* (Kitakami, 1931)（図17）

Blepharocera japonica Kitakami, 1931. Mem. Coll. Sci., Kyoto Imp. Univ., (B) 6: 102-103, pl. 15, figs. 81-83, pl. 16. Figs. 84-86, text-fig. 4. Type locality: Kibune, Kurama and Atago near Kyoto; Yamada and Arima near Kobe; Kosibu in Province of Sinano; Mt. Sugoroku in Province of Hida (Japan).

Blepharicera 属に限らず，日本産のアミカでも最小種，後脛節に距を欠き，雌雄ともに複眼は広く離れ，複眼上部がきわめて小型に縮小している．

雄（図17-A）．頭部は暗褐色，灰白色粉で覆われ，胸部と腹部は褐色，胸部側板は明色，胸背は光沢があり，腹部各節の前縁部はやや広く淡色，灰白色粉で覆われる．単眼瘤は大型．複眼（図17-E）は離眼的，前額幅は頭の1/4強，単眼瘤よりやや広い；複眼上部は著しく退行し，その幅は単眼瘤の1/4．触角は頭長の3.5倍；末端鞭小節は長く，亜端小節の約2倍．翅のRs脈はr-m横

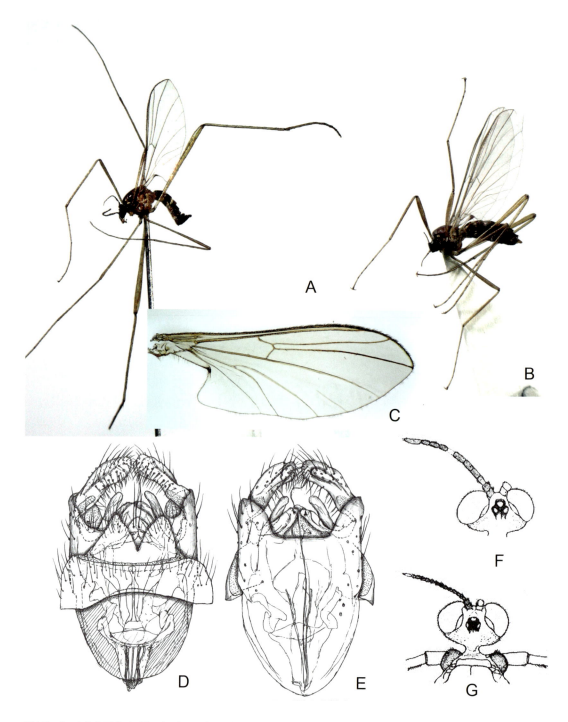

図17　ヒメナミアミカ *Blepharicera japonica*
A：雄成虫（新潟県胎内市黒川）　B：雌成虫（長野県平谷村大椋沢）　C：雄翅（新潟県胎内市黒川）　D：雄交尾器，背面（新潟県胎内市黒川）　E：同，腹面　F：雄頭部，背面　G：雌頭部・前胸，背面（F, GはKitakami, 1950より）

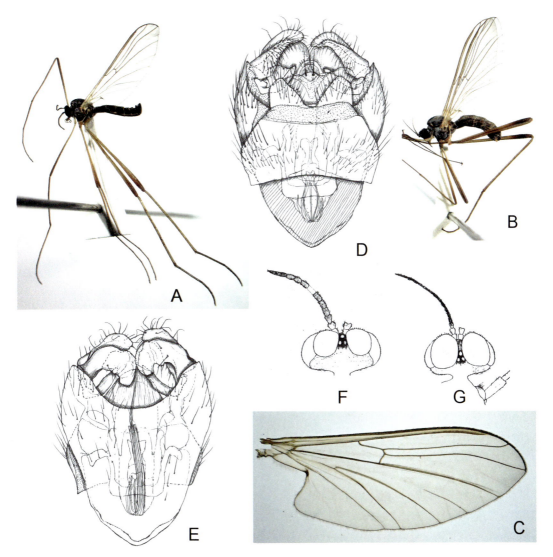

図18 オオメナミアミカ *Blepharicera esakii*
A：雄成虫（長野県島々谷岩魚止） B：雌成虫（山梨県昇仙峡） C：雄翅（山梨県昇仙峡） D：雄交尾器, 背面（山梨県昇仙峡） E：同, 腹面 F：雄頭部, 背面 G：雌頭部, 背面（F, G は Kitakami, 1950より）

脈とほぼ等長（図17-C）．平均棍の球状部は暗色．脚は細く，後腿節は距を欠く．雄交尾器の生殖端節（図17-D）は浅く二叉し，背・幅の突起はほぼ同形．体長2.5〜3 mm；翅長：4〜4.5 mm．雌（図17-B）．雄に類似するが，触角は短く，頭長の約2倍（図17-G），脚は短く，前腿節は雄より太い．後跗節の基小節基部に少数の長刺毛を生じ，一見脛節の端距にみえる．体長2.5〜3.5 mm；翅長4〜5 mm．

分布：本州，四国．多化性で成虫は初夏から晩秋まで出現する．九州には本種に似て触角の末端鞭小節が亜端小節より短く，別種と思われる集団が分布する．

オオメナミアミカ（スカシアミカ） *Blepharicera esakii* (Alexander, 1924)（図18）
　　Blepharocera esakii Alexander, 1924. Insecutor Inscitiae Menstruus, 12: 52-53. Type locality: Japan

(Honshiu), Mt. Takao, Musashi-no-kuni, altitude about 500 feet. (*Parablepharocera* に所属させられたこともある).

平均棍が先端の球状部も含めて黄色で, 雌雄とも複眼がよく発達し, 一様に暗褐色の腹部をもつ中型種.

雄 (図18-A). 複眼はよく発達し, ほとんど合眼的, 前額は前単眼の直径より狭い；複眼上部 (図18-F) は大きく, 背面から見るとその横幅は下部のそれの約4倍；下部は上部の辺縁に弦月状に認められる. 触角は長く, その長さは頭長の約3倍. 末端鞭小節長は亜端鞭小節長の約2倍. 胸部は全面的に暗褐色, 薄く灰白色粉で覆われる；側板は後半部も含めて全面的に暗色. 翅の基部はやや黄色味を帯び, 翅片の辺縁脈は黄色でその縁毛も黄色；Rs脈 (図18-C) はr-m横脈の約2倍. 平均棍は先端の球状部も含めて全体的に黄色. 脚は黄色ないし淡黄褐色, 腿節は先端近くで暗色. 腹部は腹板を含めて全体的に一様に暗褐色, 各節前部の明色帯を欠き, 灰褐色粉で薄く覆われる. 雄交尾器の生殖端節の腹突起 (図18-E) は中央部に向かって著しく拡大し, 後半部は内側に湾曲して先端に向かって幅を減じる. 体長4.5～6mm；翅長6.5～8mm. 雌 (図18-B). 雄に似るが大型. 複眼はほとんど合眼的, 前単眼幅より前額は狭い；複眼上部 (図18-G) は著しく発達し, 背面の膨らみは弱くかなり平面的；上部と下部の間には個眼を欠く黒色帯が介在し, これは前面で幅広い；背面からみた複眼下部は雄よりさらに狭い. 触角は頭長の約2倍長. 翅や平均棍の色彩などは雄と同様で, 次の2種から本種雌を識別するための重要な区別点である. 体長8～10mm；翅長10～12.5mm.

分布：本州, 四国, 九州. 年1化性, 成虫は晩春～初夏に出現する.

ハナレメナミアミカ (シラキスカシアミカ) *Blepharicera shirakii* (Alexander, 1922) (図19)

Blepharicera shirakii Alexander, 1922. Insecutor Inscitiae Menstruus, 10: 22. Type locality: Japan (Honshu), Tokumoto, Province of Shinano. (*Parablepharocera* に所属させられたこともある).

暗色の平均棍をもち, 雄が広く離眼的なやや小型の暗色の種.

雄 (図19-A). 複眼 (図19-F) は広く離眼的, 前額幅は前単眼の直径の1.5倍；複眼上部は小さく, 背面からみるとその横幅は単眼瘤幅にほぼ等しく, また下部のそれの2/3弱；下部は大きく半月形. 触角は著しく長く, その長さは頭長の約5倍. 末端鞭小節長 (図19-F) は亜端鞭小節長の1/2ないし2/3. 胸部は全面的に暗褐色, 薄く灰白色粉で覆われ, 光沢がある；側板は後半部でしばしば淡色. 翅 (図19-C) の基部は黄色味を帯びず, 基部域の翅脈は暗色, 翅片の辺縁脈は暗色でその縁毛も暗色；Rs脈はr-m横脈の約2倍. 平均棍は柄部が黄色, 球状部は褐色. 脚は黄色ないし淡黄褐色, 腿節の先端部での暗化は弱い. 腹部は暗褐色, 背板の前縁がやや広く, 後縁が細く淡色になり, この部分は灰色粉で覆われる. 雄交尾器 (図19-D, E) の腹域にあたる基節性腹板は著しく長く, その前端部は長く体腔内に伸びる；生殖端節の腹突起 (図19-E) は一様に細く, 緩やかに内側に湾曲する. 体長3.5～6mm；翅長5.5～7.5mm. 雌 (図19-B). 前種の雌に類似する. 複眼はほとんど合眼的, 前額は前単眼幅とほぼ頭幅；複眼上部は著しく発達し, 背面の膨らみは弱くかなり平面的；上部と下部の間には個眼を欠く黒色帯が介在し, これは前面で幅広い；背面からみると複眼下部はほとんど認められない. 触角は頭長の約2倍長. 翅や平均棍の色彩などは雄と同様. 脚は暗褐色, 基節, 転節および腿節の基部は黄色ないし黄褐色. 体長5.5～6.5mm；翅長7.5～9mm.

分布：本州, 四国, 九州. 多化性, 成虫は晩春～初秋に出現する.

アキノナミアミカ *Blepharicera tanidai* Zwick, 1990 (図20)

Blepharicera tanidai Zwick, 1990. Bonn. Zool. Beitr., 41: 242, fig. 5 (*Blepharicera*). Type locality: Japan, Honshu, Ishikawa, Mt. Hakusan Area.

アミカ科 37

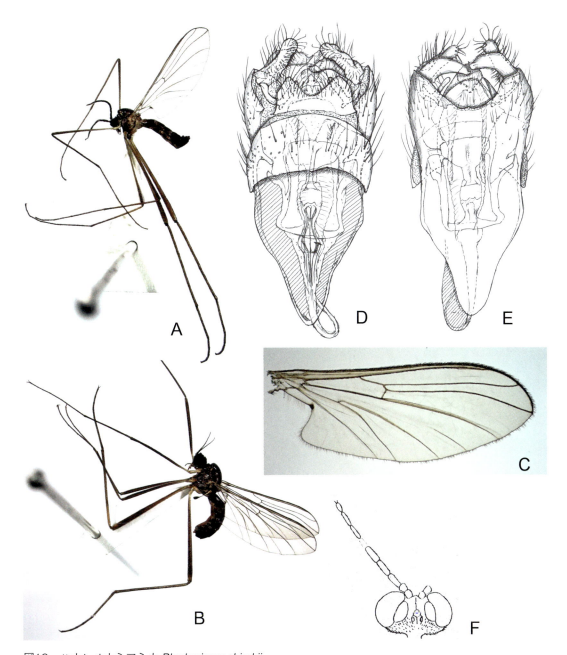

図19 ハナレメナミアミカ *Blepharicera shirakii*
A：雄成虫（長野県平谷村小椋沢） B：雌成虫（長野県平谷村小椋沢） C：雄翅（長野県平谷村小椋沢） D：雄交尾器，背面（長野県平谷村小椋沢） E：同，腹面 F：雄頭部，背面 （F は Kitakami, 1950 より）

38 　双翅目

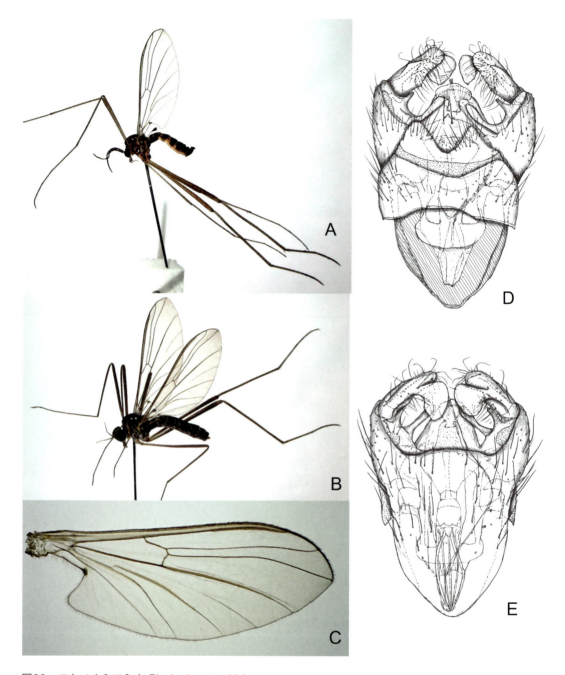

図20　アキノナミアミカ *Blepharicera tanidai*
A：雄成虫（長野県奥志賀高原）　B：雌成虫（長野県奥志賀高原）　C：雄翅（長野県奥志賀高原）　D：雄交尾器，背面（長野県島々谷）　E：同，腹面

暗色の平均棍をもち，雄の複眼が広く離眼的な暗色の中型の種；雄交尾器の生殖端節の腹突起は団扇状に大きく拡大する．晩夏～秋に成虫が出現する．

　雄（図20-A）．複眼は離眼的，前額幅は前単眼の直径にほぼ等しい；複眼上部はやや大きく，背面からみるとその横幅は単眼瘤幅の2倍弱，また下部のそれよりやや大きい．触角は著しく長く，その長さは頭長の約5倍．末端鞭小節は楕円形，その長さは亜端鞭小節長の1/3．胸部は全面的に暗褐色，薄く灰白色粉で覆われ，光沢がある；側板は後半部でしばしば淡色．翅（図20-C）の基部は黄色味を帯びず，基部域の翅脈は暗色，翅片の辺縁脈は暗色でその縁毛も暗色；Rs脈長はr-m横脈長の約2倍．平均棍は柄部が黄色，球状部は褐色．脚は黄色ないし淡黄褐色，腿節の先端部での暗化は弱い．腹部は暗褐色，背板の前縁がやや広く淡色，後縁が細く淡黄褐色になり，この部分は灰色粉で覆われる．雄交尾器（図20-D, E）の腹域は前2種に比べて短く，前端部の陥入を欠く．生殖端節の腹突起（図20-E）は基部が細く，端半部がほぼ直角に内側に曲がり，団扇状に幅広くなる．端節背突起は一様に細く，緩やかに内側に湾曲する．体長4.5～5.5 mm；翅長6～8 mm．雌．前種雌に酷似し，翅が長い．体長6.5～8 mm；翅長9.1～10.9 mm.

　分布：本州（中部・東北地方山地）．年1化性．成虫は発生期が遅く，晩夏から中秋にかけ出現する．日本から最も新しく記載されたアミカ科の種である．

ギンモンアミカ属　*Neohapalothrix* Kitakami, 1938

　タイプ種：*Neohapalothrix kanii* Kitakami, 1938（日本産）
　腹節背板に銀灰色の斑紋を表すやや小型ないし中型のアミカで，アルタイ山脈から東亜にかけてのこれらの地域特産の3種から構成される．雄は合眼的，雌は合眼的または離眼的，その場合も前額はきわめて狭い；複眼は上下に区分され，上部は下部と等大かやや大きい；個眼間刺毛はきわめて短い．触角は頭長よりやや長く，鞭節は13小節に分節され，形状に性差がない．口吻は細く，頭部の高さよりやや長く，唇弁はやや骨化し，長さは幅の2倍．胸部は暗褐色，著しく濃く灰褐色粉で覆われる．胸背の隆起は弱い；側背板は雄では有毛．翅はR_{2+3}脈を欠き，R_{4+5}脈は著しく長い共通柄をもち，R_1脈端の水準でR_4, R_5脈に分岐する；Rs脈はr-m横脈よりやや短い；第2基室とM_2脈を欠く．前腿節は内側（前方）に湾曲し，雄の中跗節は種によって程度の差はあるが変形を受ける．距式は1：2：2．腹部は黒褐色粉で密に覆われ，背板前側部には銀灰色粉で覆われた斑紋がある．本属は上記の通り日本を含むアジア東北部に分布し，次の2種カニギンモンアミカ *N. kanii* とシロウズギンモンアミカ *N. manschukuensis* および *Neohapalotrix acanthonympha*（Brodskij, 1954）で構成される．後の2種が同一か否かは明らかではない，前の2種は日本に分布する．これら2種の従来の和名は学名の種名に献名された人名に基づくものであったが，属の和名を統一して腹部背板の銀灰色紋に基づいてギンモンアミカとし，その前に献名された人名を付して改称された（三枝, 2008）．本属に翅脈相が類似した *Hapalothrix* 属は欧州の *H. lugubris* Loew, 1876の1種からなる．

ギンモンアミカ属 *Neohapalothrix* の種の検索表（雄）

1a 中脚の跗節（図22-A, B）は著しく変形し，第1, 2跗小節は扁平に拡大し，第1, 3跗小節端に1本の長剛毛を生じ，第2跗小節前縁には3本の細い突起を生じる
　………………………………… シロウズギンモンアミカ　*Neohapalothrix manschukuensis*
1b 中脚の跗節（22-A, 下方に伸びた黒色の中脛・跗節）の変形は軽微；第1, 2跗小節は細く，第1跗小節は先端が弱く抉られ，短い剛毛を生じ，第2跗小節は扁平，突起を欠く
　………………………………………………………… カニギンモンアミカ　*Neohapalothrix kanii*

ギンモンアミカ属の種の検索表（雌）

1a　複眼は合眼的……………………　シロウズギンモンアミカ　*Neohapalothrix manschukuensis*

1b　複眼は離眼的，前額幅は前単眼径とほぼ同幅（図24-H）

　………………………………………………　カニギンモンアミカ　*Neohapalothrix kanii*

シロウズギンモンアミカ（シロウズアミカ） *Neohapalothrix manschukuensis* (Mannheims, 1938)（図21～23）

　　Curupira manschukuensis Mannheims, 1938. Arb. Morph. Taxon. Ent. Berlin-Dahlem, 5: 329-330, fig. 1 (*Curupira*). Type locality: Weischache, Manschukuo (China).

　　= *Neohapalothrix shirozui* Saigusa, 1973. Sieboldia, 4: 226-230, pl. 16, figs. 1-7, pl. 17, figs. 1-8. Type locality: Piuka, Teshio, Hokkaido.

　雄の中跗節が著しく変形したやや小型のアミカ．

　雄（図21-A）．体は黒色　頭部（図23-A，B）．複眼は前額長の1/2の距離に亘って左右が接する；複眼上部は大きく，側面からみると下部の約2倍，個眼は下部のそれの約2倍．触角（図23-C）は黒色，細く，頭長の約2倍長．口吻（図23-B）は頭部の高さの約1.3倍長，唇弁は小型．胸部は背面がきわめて密に黒褐色粉で覆われ，やや紫色の光沢があり，中胸背板には相互にかなり離れた2条の灰色縦条がある；側板は密に銀灰色粉で覆われ，側背板には黄褐色長毛を生じる．翅（図21-C，22-F）は透明，前縁と R_1 脈は黄色，R_{4+5} 脈と中脈基幹は黒色，他の翅脈は淡色．平均棍の柄部は黄色，球状部は暗色．脚は黄色，前・後基節は暗色，腿節の先端部は暗褐色，前腿節前腹面（図22-C）には黄褐色の剛毛を生じ，亜端部で最も長い；前脛節と前跗節（（図22-D，E）の前腹面には一列の黒色の刺毛を生じ，脛節のそれは背方に湾曲し，跗節のそれは直立する；第3跗小節は第4跗小節の1/2長，腹面に1剛毛を生じる．中跗節（図22-A，B）は著しく変形し，第1，2跗小節は扁平に拡大し，第1，3跗小節端に1本の長剛毛を生じ，第2跗小節後縁には3本の突起を生じ，基部突起は細く湾曲し，中央突起は短く，先端突起は幅広い；第3，4跗小節は第1，2跗小節の2/3長．後腿節の基部後背面に数本のやや長い黒毛を生じる．腹部は黒褐色粉で覆われ，背板（図22-G）の前側部には銀灰色粉で覆われた3角形の大紋を現す．交尾器（図23-D～F）の尾角先端には弱い欠刻がある．体長6.3～7.5 mm；翅長6.3～7.3 mm．雌（図21-B）．雄に類似．複眼は雄と同様に合眼的．脚は普通，雄のような変形はみられない．前脚は特殊な剛毛や刺毛を欠き，中跗節は細く，常形．体長6.5 mm；翅長7.5～8 mm．

　分布：北海道；国外ではアルタイ，中国東北，沿海州から記録がある（Mannheims, 1938, Zwick, 1990, Zwick & Arefina, 2005）．年1化で成虫は6月下旬～7月中旬に発生する．本種は日本では九州大学教授で蝶類学者であった白水隆博士が初めて北海道で採集されたもので，同氏に献名された．その後，原公表では雌で記載され（Mannheims, 1938），後に雄が判明した上記の学名の種とされた．Zwick, 1990では本種の種小名が *manshukuensis* と誤記されている．

カニギンモンアミカ（カニアミカ） *Neohapalothrix kanii* Kitakami, 1938（図24）

　　Neohapalothrix kanii Kitakami, 1938. Mem. Coll. Sci., Kyoto Imp. Univ., (B) 14: 344-350, pl. 21, figs. 1-11, pl. 22, figs. 12-16, pl. 23, figs. 18-21. Type locality: Kurokawa, Nagawa-Village, 1100 meters above the sea-level, near foot of Mt. Norikura, (Prov. of Sinano).

　雄の中跗節の変形がきわめて軽微なやや小型の種．

　雄（図24-A）．前種の雄に類似するが，以下の諸点で顕著に異なる．前脛節と前跗節は暗褐色，腹面の刺毛はより短く，第3跗小節は1剛毛を欠く；中跗節の第1跗小節は先端がやや拡大し，第2跗小節はやや扁平，突起を欠く；後腿節後背面の長毛を生じる範囲はより長く，それらは1列に

アミカ科　41

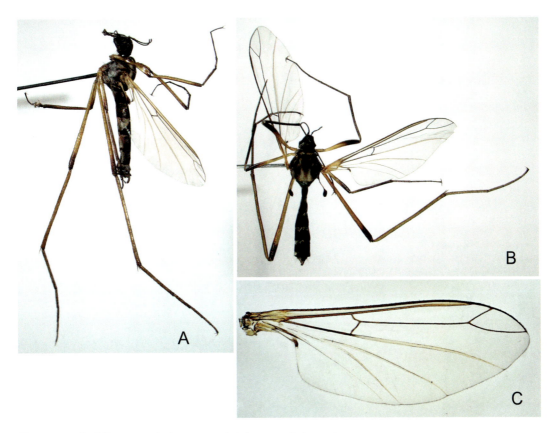

図21　シロウズギンモンアミカ *Neohapalothrix manschukuensis*
A：雄成虫（北海道足寄町足寄太）　B：雌成虫（ロシア極東 S. Yakutua）　C：雄翅（ロシア極東 S. Yakutua）

配列される．雄交尾器（図24-D, E）の尾角先端は尖る．体長6mm内外；翅長6〜6.5mm．雌（図24-B）．前種の雌に酷似するが，やや小型．複眼（図24-H）は前単眼の直径とほぼ頭幅の狭い前額で分離される；複眼上部は小型，背面からみると複眼下部が上部の辺縁部に三日月形に観察される．体長4.5〜5mm；翅長6〜6.5mm．

分布：従来は本州中部地方（長野，新潟）の山地から知られていたが，紀伊半島南部からも記録された（岡崎，2012）．年1化性で成虫は6月上旬〜7月中旬に出現する．本種は京都大学出身の著名な生態学者である可児藤吉博士が初めて採集したもので，同氏に献名された．

クチナガアミカ属　*Apistomyia* Bigot, 1862

タイプ種：*Apistomyia elegans* Bigot, 1862（南欧の種）

雌雄ともにきわめて細長い口器，狭長な第1基室と単一の径脈分岐をもつ大変特徴的な中型ないし小型のアミカ．雄は合眼的，雌は離眼的，複眼は上下に区分され，複眼上部は雄では下部と等大，雌では小型で単眼瘤とほぼ等幅．触角は短く，頭部と等長かやや長い；鞭節は8小節に分節され，末端小節は亜端小節より長くやや肥大する．口器は長く，頭部の高さを超え，唇弁は1対のきわめて細長い構造になり，左右は分離する．翅（図25-C）前縁脈およびR₁脈は太く，Rs脈の基部はきわめて短く，r-m横脈が斜めのために第1基室は狭長で先端は尖る；Rs脈は単一，R_5脈が消失し，

899

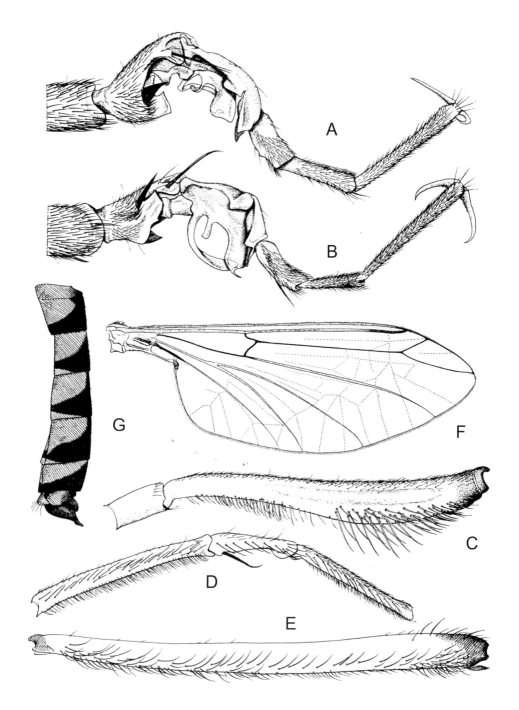

図22 シロウズギンモンアミカ Neohapalothrix manschukuensis, Neohapalothrix shirozui の♂ホロタイプ（北海道美深）Holotype of Neohapalothrix shirozui.
A：左中跗節，背面　B：同，前面　C：左前脛節，前面　D：左前跗節（第1～3跗小節），前面　E：左前脛節，前面　F：翅　G：腹部，側面　（Saigusa, 1973より）

アミカ科　43

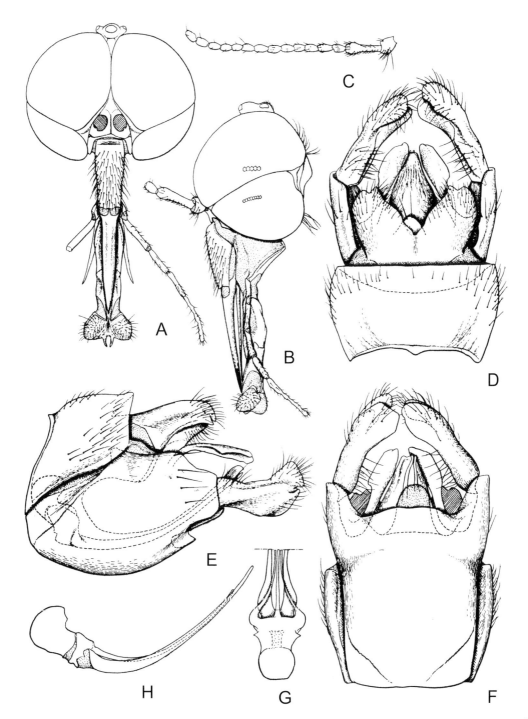

図23　シロウズギンモンアミカ Neohapalothrix manschukuensis, Neohapalothrix shirozui の♂ホロタイプ
（北海道美深）Holotype of Neohapalothrix shirozui.
A：頭部（KOH処理済み），前面　B：天童，側面　C：触角　D：交尾器，背面　E：天童，側面　F：同，腹面　G：挿入器基部，背面　H：挿入器，側面（Saigusa, 1973より）

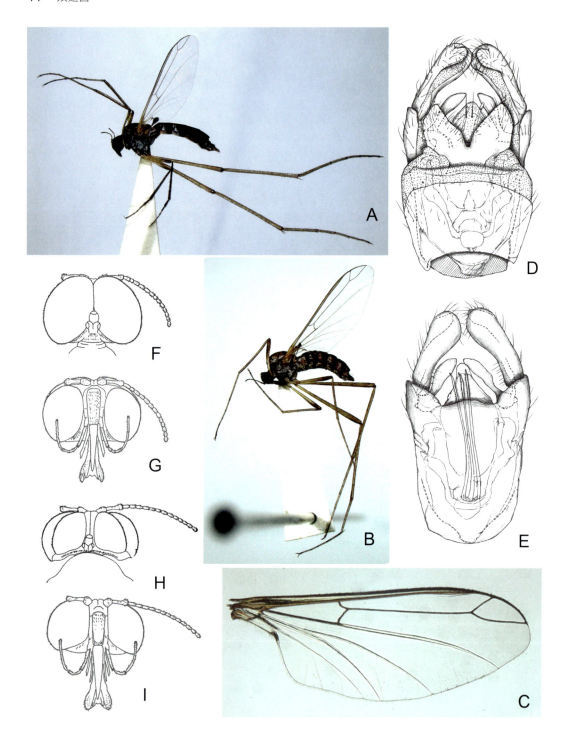

図24　カニギンモンアミカ *Neohapalothrix kanii*
A：雄成虫（新潟県胎内市黒川）　B：雌成虫（新潟県胎内市黒川）　C：雄翅（新潟県胎内市黒川）　D：雄交尾器，背面（新潟県胎内市黒川）　E：同，腹面　F：雄頭部，背面　G：雄頭部，前面　H：雌頭部，背面　I：雌頭部，前面（F〜IはKitakami, 1938より）

アミカ科　45

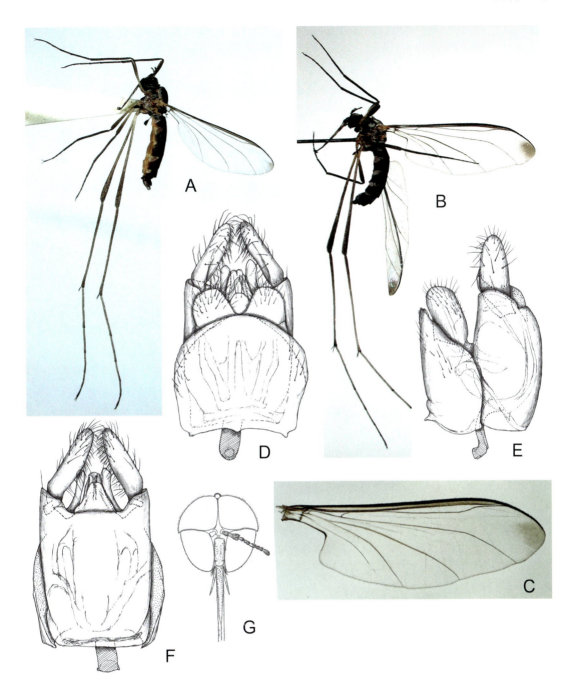

図25　ヤマトクチナガアミカ *Apistomyia uenoi*
A：雄成虫（北海道夕張岳）　B：雌成虫（熊本県五家荘葉木）　C：雌翅（熊本県内大臣峡）　D：雄交尾器,
背面（北海道夕張岳）　E：同, 側面　F：同, 腹面　G：雄頭部, 前面（蛹殻より摘出；下唇の先半分は省略）
（G は Kitakami, 1936 より）

先端部は R_4 脈に相当し，これは R_1 脈先端近くで前縁に達する．第2基室を欠き，M_2 脈を欠く．後脚はきわめて長い．距式は0：0：2．分布：旧北区，東洋区，オーストラリア区に分布し，主要な分布地域は熱帯ないし亜熱帯地方で，種数は多い．日本には本土にツマグロクチナガアミカ *Apistomyia uenoi* 1種が生息し，岡崎（2005）によると琉球列島にタイワンクチナガアミカ *Apistomyia nigra* が分布している．本属は旧来ツマグロアミカと呼ばれていたが，翅端部に暗斑をもたない種や，この特徴を雌にしか現さない種があるので，特殊な口器に基づいて改称された（三枝，2008）．

ヤマトクチナガアミカ（改称：ツマグロアミカ）　　*Apistomyia uenoi*（Kitakami, 1931）

Curupira uenoi Kitakami, 1931, Mem. Coll. Sci., Kyoto Imp. Univ., (B) 6: 103-104, text-figs. 10. Type locality: Nakabusa in Province of Sinano.

著しく長い口器をもち，体が黒色，腹部背板に青灰色の斑点を現し，雌の翅端が暗色になる小型ないし中型のアミカ．

雄（図25-A）．黒色ないし黒褐色．複眼（図25-G）は合眼的．触角の長さは頭部の高さにほぼ等しい．顔面は銀灰色の粉で覆われる．胸部は黒色粉で，背域の側縁と側板は銀灰色粉で密に覆われる．翅はガラス様透明，翅端はかすかに暗色；後縁は基部から臀角にかけて黒色．前縁脈とSc脈は黒色で太く，他の翅脈は褐色．平均棍の柄部は黄色，球状部は黒色．脚は黒色，腿節基部や前・後跗節は淡色．腹部は黒色粉で密に覆われ，背板は前側部に大型の銀灰色ないし鉛色の三角形の斑紋を現し，その後端は背板側縁のほぼ中央に達する．雄交尾器（図26-D～F）には顕著な特徴はみられない．体長3.6～5 mm；翅長4.1～5.5 mm．雌（図25-B）．雄に類似し，複眼は離眼的，前額は単眼瘤とほぼ等幅；中央は黒色，眼縁は幅広く銀灰色．翅端（図25-C）には明瞭な暗褐色紋を現し，臀葉の突出部はかすかに暗色．脚は後脛節の大部分も明色．体長3.8～5 mm；翅長5.2～7 mm．

分布：北海道，本州，四国，九州，屋久島．多化性で，成虫は初夏から晩夏にかけて出現し，渓畔の花を訪れる．北海道山地の夏季，九州の初夏に採集された個体は大型．広島山地（盛夏）の雄は体長3.6～3.9 mm，翅長4.1～4.8 mm，兵庫県氷ノ山（盛夏）の雌は体長3.8～4.0 mm，翅長5.2～5.6 mm で，小型．Kitakami（1937）は台湾から幼生期と雌成虫に基づいてタイワンクチナガアミカ（新称）*Apistomyia nigra* Kitakami, 1941を記載した．岡崎（2005）はタイワンクチナガアミカを沖縄本島，八重山群島から記録している．本種雌はヤマトクチナガアミカから小型（翅長5～5.3 mm），黒色，爪の棘数が4～5個，翅が透明，臀葉の突出部が暗色などの諸点で識別されるとした．これらの特徴は必ずしもヤマトクチナガアミカとの区別点にならず，本州産でも上記のように小型個体が得られている．成虫の識別は今後の問題である．

謝辞

本章の雄交尾器や翅の作図，画像処理については杉本千穂氏の協力をえた．記して謝意を表したい．

引用文献

Alexander, C. P. 1922. An undescribed net-winged midge from Japan (Diptera, Blepharoceridae). Insecutor Inscitiae Menstruus, 10 (1-3): 21-23.

Alexander, C. P. 1922. The blepharocerid genus Bibiocephala Osten Sacken in Japan. Insecutor Inscitiae Menstruus, 10 (4-6): 111-112.

Alexander, C. P. 1924. Undescribed species of Nematocera from Japan. Insecutor Inscitiae Menstruus, 12 (4-6): 49-55.

Alexander, C. P. 1929. Blepharoceridae. In Diptera of Patagonia and South Chile, Part II, Fascicle II: 33-75, pls. V-VIII, British Museum (Natural History), London.

Alexander, C. P. 1958. Geographical distribution of the net-winged midges (Blepharoceridae, Diptera). Proceedings tenth International Congress of Entomology, 1: 813-828.

Courtney, G. W. 2000. A. 1. Family Blephariceridae. In L. Papp & Darvas, B. (eds.) Contribution to a Manual of Palaearctic Diptera, Appendix: 7-30.

Courtney, G. W. 2009. Blephariceridae (net-winged midges). In B. V. Brown et al. (eds.) Manual of Central American Diptera, 1: 237-243. NRC Research Press, Ottawa.

Hogue, C. L. 1981. Blephariceridae, In J. F. McAlpine et al. (eds.) Manual of Nearctic Diptera, 1: 191-197. Research Branch Agriculture Canada, Ottawa.

Hogue, C. L. 1987. Blephariceridae. In G. C. D. Griffiths (ed.). Flies of the Nearctic Region, II(4), Stuttgart.

Kitakami, S. 1931. The Blepharoceridae of Japan. Memoirs of the College of Science, Kyoto Imperial University, Series B, 6: 52-108, pls. VIII-XVII.

Kitakami, S. 1937. Supplementary notes on the Blepharoceridae of Japan. Memoirs of the College of Science, Kyoto Imperial University, Series B, 12: 115-136, pls. I-III.

Kitakami, S. 1938. A new genus and species of Blepharoceridae from Japan. Memoirs of the College of Science, Kyoto Imperial University, Series B, 14: 341-352, pls. XXI-XXIII.

Kitakami, S. 1941. Supplementary notes on the Blepharoceridae of Japan. Memoirs of the College of Science, Kyoto Imperial University, Series B, 16: 59-74, pls. I-II,

Kitakami, S. 1950. The revision of the Blepharoceridae of Japan and adjacent territories. Journal of the Kumamoto Women's University, 2: 15-80, pls. I-V.

Lindner, E. 1930. Blepharoceridae+Deuterophlebiidaei. In W. Lindner, (ed.) Die Fliegen der Palaearktischen Region, II1(2): 1-36, pls. 1-2. Schweizerbart'sche Verlagsbuchhandlungm, Stuttgart,

Mannheims, B. J. 1938. Über das Vorkommer der Gattung *Curupira* in manschukuo nebst Beschreibung der Entwicklungsstadien neuer Blephoroceriden aus Anatolien und Süd – Chile. Arb. Morph. Taxon, Ent. Berlin – Dahlem, 5(4): 328-322.

松村松年. 2015. 昆虫分類学. 下巻. 警醒社書店. 東京.

岡崎克則. 2007. 岩手県北上山地のアミカ科昆虫,その種類相と流程分布. 陸水生物学報, 22: 47-57.

岡崎克則. 2010. 関東山地のアミカ科昆虫,特に多摩川上流部における分布傾向. 陸水生物学報, 25: 7-15.

岡崎克則. 2008. 北海道のアミカ科昆虫,種構成と地理的分布. 陸水生物学報, 23: 27-41.

岡崎克則. 2011. 九州山地のアミカ科昆虫. 陸水生物学報, 26: 13-19.

岡崎克則. 2012. 紀伊半島南部のアミカ科昆虫. 陸水生物学報, 27: 15-28.

Okazaki, K. 2014. Annual life cycle of *Philorus ezoensis* Kitakami, 1931 (Diptera: Blephariceridae), with special reference to the seasonal habitat displacement by larvae. Biolgly and Inland Waters, 29: 55-60.

岡崎克則・山本栄治. 2006. 四国山地西部,小田深山のアミカ科昆虫. 陸水生物学報, 21: 1-10.

岡崎克則・久保田憲明. 2009. 長野県のアミカ科昆虫. 陸水生物学報, 24: 53-62.

Saigusa, T. 1973. A new species of the genus *Neohapalothrix* from Japan (Diptera: Blephariceridae). Sieboldia, 4(3): 225-235, pls. 16-17.

三枝豊平. 2008. アミカ科Blephariceridae. 平嶋義宏・森本桂（編）. 新訂原色日本昆虫図鑑, 第III巻: 276-285, pls. 129-131, figs. 2208a-2229b.

三枝豊平. 2014. アミカ科. 日本昆虫目録, 8(1): 76-79. 日本昆虫学会, 福岡（櫂歌書房）.

Stone, A. 1965. Family Blephariceridae. In A. Stone, et al. (eds). A catalog of the Diptera of America North of Mexico: 98-100. Washington, D. C.

Zwick, P. 1992. Family Blephariceridae. In A. Soós, L. Papp & P. Oosterbroek (eds.) Catalogue of Palaearctic Diptera, vol. 1: 39-54.

Zwick, P. 1990. Systematic notes on Holarctic Blephariceridae (Diptera). Bonner Zoologische Beitrage, 41: 231-257.

Zwick, P. & Arefina, T. 2005. The new-winged midges (Diptera: Blephariceridae) of the Russian Far East. Bonner zoologische Beiträge, 53: 333-357.

アミカ科幼虫　Blephariceridae Larva

岡崎克則

　約30属300余種がこれまでに南極大陸と一部の海洋島を除く全世界から記録されている（Zwick, 1992）．従来は Edwardsininae，アミカ亜科 Blepharicerinae，ギンモンアミカ亜科（カニアミカ亜科）Paltostominae，そしてクチナガアミカ亜科（ツマグロアミカ亜科）Apistomyiinae の 4 亜科に区分されていたが，後者の 2 亜科をアミカ亜科内の族とし，科全体を Edwardsininae とアミカ亜科 Blepharicerinae の 2 亜科に再編成する考えが提唱された（Zwick, 1977, 1981）．成虫が原始的な体制を保持し，遺残分布の傾向を示すことや（Rohdendorf, 1974），さらに最も新しいクチナガアミカ亜科 Apistomyiinae のクチナガアミカ属（ツマグロアミカ属）*Apistomyia* の分布がヨーロッパから東洋区を経てニュージーランドにまで及ぶことから，起源は非常に古いと考えられている（Alexander, 1958；Zwick, 1981）．近年，中生代末期の化石が中国東北部で発見された（Zhang & Lukashevich, 2007）．

　我が国のアミカ科昆虫に関する知見は，主に戦前から1950年にかけて北上四郎によって蓄積，体系化された．これまでに既知種として 6 属25種 1 亜種が知られ（三枝，2014），和文による成虫の検索表は三枝（2008）によって最近まとめられた．また，幼虫や蛹の形態に基づいて，さらに10種を超える未記載種の存在が報告されている（岡崎，2007，2008，2010，2011，2012；岡崎・久保田，2009；岡崎・山本，2006）．日本のアミカ相は，隣接する東洋区やヒマラヤ地域よりもむしろ北アメリカ西部と類縁が近く（Zwick, 1977），加えて北アメリカの28種（Courtney et al., 1996），オーストラリアの25種（Zwick, 1977）と比較して，面積の割に種数が豊富なことは，日本列島の地史の複雑さとの関連を想像させる．

　生活史のすべての段階で山間渓流と密接に結びついた生活を送るために分布範囲が山岳地に限定され（Alexander, 1963），さらに移動力が乏しいことから地域固有種への分化傾向が強い（Hogue, 1987；Zwick, 1992）．あらゆる種類の水質の悪化や汚濁に対して脆弱で，多くの地域で分布範囲が確実に狭まりつつあり，オーストラリアではダム建設が原因で数種が絶滅危惧種としてレッドリストに記載されている（Zwick, 1981）．

　成虫は脚の長い繊細な昆虫で，ガガンボに似ているが，脚が頑丈なこと，翅の表面に名前の由来となった網目状の細かな折り目があること，さらに複眼が上下に二分されていることなどから識別は容易である．体サイズは小型から中型（翅長：約 4 〜13 mm；老熟幼虫の体長：約 4 〜16 mm）．成虫は山間渓流の周辺の植物や岩上，橋の裏面等の日陰の部分にみられ，一般に昼行性で，接近すると敏感に察知して飛び去る．一般にオスは口器が退化しているのに対し，メスは発達した大顎をもち，小さな昆虫類を捕食するが（Hogue, 1981；Zwick, 1981, 1992），クチナガアミカ亜科 Apistomyiinae では雌雄ともに吸汁口をもち（Zwick, 1977, 1981），訪花することが知られている（三枝，2008）．

　成虫の寿命は 1 〜 2 週間と短く，メスの方が長い（Hogue, 1981）．日本産の種では，オスがメスに先立って羽化し（Okazaki, 2014），種によってはオスが群飛をすることが知られている（Alexander, 1963；Stuckenberg, 1958）．交尾は羽化直後のメスと行なわれ（Hogue, 1981），卵は渓流の岩上の飛沫で濡れた部分に産み付けられる（Alexander, 1963；Hogue, 1981；Zwick, 1981）．

　孵化した幼虫は歩いて水中に入り，岩石の表面の微細な藻類を食べて成長する（Zwick, 1981, 1992）．幼虫は外見上 6 〜 7 節の体節から構成されるが（図 1 - 1）（Hogue, 1981），第 1 体節（bs1）は頭部と胸部 3 節そして第 1 腹節が癒合し，第 2 〜 6 体節はそれぞれ第 2 〜 6 腹節に相当，さらに尾端の第 7 体節は癒合した第 7 〜10腹節からなる．種によっては尾端の第 7 体節が第 6 体節と癒合

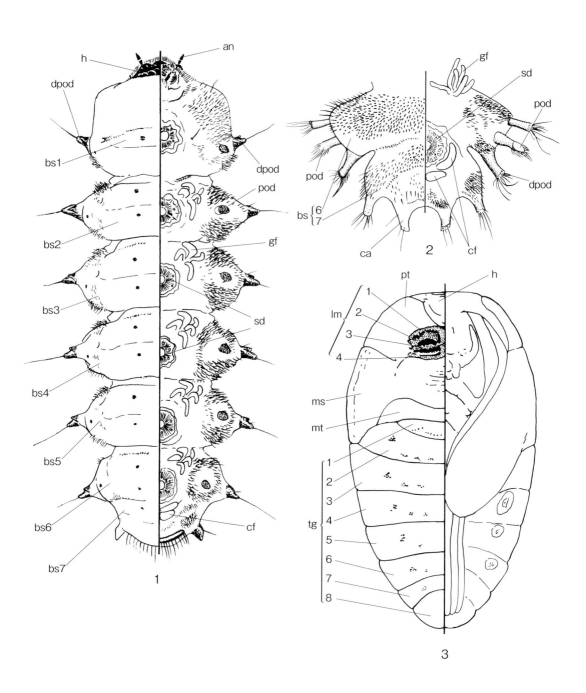

図1 一般的な形態と各部の名称（左半分：背面；右半分：腹面）
1：クロバアミカ Bibiocephala infuscata の終齢幼虫　2：ハナレメナミアミカ Blepharicera shirakii の終齢幼虫の第6・7体節　3：ミヤマフタマタアミカ Philorus alpinus の蛹
h（head）：頭部　an（antenna）：触角　bs（body segment）：体節　dpod（dorsal pseudopod）：触毛肢　pod（pseudopod）：爪状肢　ca（caudal appendage）：尾肢　gf（gill filament）：気管鰓　sd（sucking disc）：吸盤　cf（caudal filament）：尾鰓　pt（prothorax）：前胸　ms（mesothorax）：中胸　mt（metathorax）：後胸　lm（lamella）：呼吸板　tg（tergite）：腹節背板

し，1つの体節を形成するようにみえる．各体節の腹面の中央部には1つの吸盤（sd）と，その左右に1対の気管鰓（gf）をもち，その分枝数は幼虫の齢の判定に使うことができる．各体節の背面には周辺よりも強くキチン化する小部分が中央部に4カ所，体側部に2カ所みられるが，これらをまったく欠く種から小板，瘤や小棘，さらには発達した強大な棘をもつ種まで，その発達の程度は種で大きく異なる．また，多くの種では第1～6体節の左右端にキチン化した爪状肢（pod）と先端に触毛をもつ触毛肢（dpod）を，第7体節には1対の爪状肢と触毛肢をもつ．第7体節には，さらに4本の尾鰓（cf）があるが，これらは分枝しないので齢判定には用いない．さらに第7体節の末端部に1対のキチン板や尾肢（ca）をもつ場合があり（図1-2），その形態は種の区別に役立つ．

　蛹は幼虫と同じ生息環境でみられる．背面からみると，くさび形，卵形，長卵形あるいは長楕円形をしている（図1-3）．背腹に扁平で，盛り上がった背側は強くキチン化し，黄褐色から黒褐色を呈する．頭部を流れの下流側に向け，扁平な腹面を岩石面に固着させている．前端に片側4枚の呼吸板（lm）を1対もつ．羽化は短時間で終了し，その際に水流の牽引力を必要とする種もある（Hogue, 1981；Zwick, 1992）．

　日本産の種の生活史は，冬型，夏型，そして周年型に区分されている（Kitakami, 1950）．冬型は冬期間に発育する年1化性の生活史で，初秋に孵化した幼虫が水温の低い冬季に発育し，翌春に羽化するタイプと，冬のさなかに孵化し，その後迅速に発育して早春に羽化するものとがある．夏型は夏季に発育段階の異なる幼虫が共存してみられるタイプで，1化性と多化性とがある．1化性のタイプは標高の高い地域や寒冷地にみられ，5～6月に幼虫が出現し，成夏に羽化する．多化性の種は，早春に幼虫が出現し始め，初夏から秋までの間に幼虫と成虫とが同時にみられる．周年型は各齢の幼虫や蛹が周年にわたってみられ，多化性である．

　幼虫の生息環境については，従来3タイプが知られている（Kitakami, 1950）．幼虫や蛹が主に水中の岩石の表面にいる水中型には，多くの属と種が含まれる．次に，水の飛沫によって濡れた岩の表面に幼虫が生息する湿岩型で，これにはフタマタアミカ属（ヒメアミカ属）*Philorus* の多くの種があてはまる．また，滝から落ちる水が強く当たっているような岩の表面に生息する瀑布型にはヤマトクチナガアミカ（ツマグロアミカ）*Apistomyia uenoi* (Kitakami, 1930) が該当する．近年，フタマタアミカ属（ヒメアミカ属）*Philorus* の複数の未記載種が間断なく水滴が滴り落ちる岩盤上からのみ採集されることから，4つ目のタイプとして滴下型が提唱された（岡崎，2012）．

アミカ科の属の検索
終齢幼虫

1a	爪状肢（pod）をもつ	2
1b	爪状肢を欠く	ギンモンアミカ属 *Neohapalothrix*
2a	爪状肢は各体節の腹面に位置し，背側からはみえない	3
2b	爪状肢は各体節の側端部に位置し，背側からみえる	4
3a	体全体に黒褐色と黄褐色の不規則な斑紋がある．大型で，背に棘を欠く	クロバアミカ属 *Bibiocephala*
3b	体は全体に黄褐色～茶褐色で，不規則な斑紋がない．大型になり，背にキチンの棘か明瞭な突起をもつ	フタマタアミカ属 *Philorus* の一部
4a	触毛肢（dpod）をもつ	5
4b	触毛肢を欠く	7
5a	触毛肢は各体節に2対で，鰓糸（gf）の分枝数は7本	

…………………………………………………………………… ナミアミカ属 *Blepharicera* の一部
5b 触毛肢は各体節に1対で，鰓糸の分枝数は5本 …………………………………………… 6
6a 第1体節は縦横ほぼ同長．触毛肢は多くの種でブーツ形．ほとんどの種で，第1体節背部に三角形のキチンの小棘の横列をもつ．各体節の背面には，多くの種で6つの瘤状の突起を，一部の種でキチン化した長い棘を有する …………… コマドアミカ属 *Agathon*
6b 第1体節は横長で，背部にはキチンの小棘の横列を欠く．ほとんどの種で第2〜6体節の触毛肢の背側にキチン化した背棘をもつ．第7体節を除く各体節の背面に6本の強くキチン化した棘ないしキチン板がある ……………… フタマタアミカ属 *Philorus* の一部
7a 第2〜6の各体節の鰓糸数は7本 ……………………… ナミアミカ属 *Blepharicera* の一部
7b 第2〜6の各体節の鰓糸数は5本．各体節は強くキチン化し，体側部の前後縁に沿って小棘が鋸歯状に並ぶ …………………………………………… クチナガアミカ属 *Apistomyia*

蛹

1a 各腹節背板（tg）の中央に1本の棘がある．呼吸板（lm）は細長くて直立する
 …………………………………………………………… ギンモンアミカ属 *Neohapalothrix*
1b 各腹節背板の中央に棘がない ……………………………………………………………… 2
2a 体は卵形ないし小判形で著しく扁平．腹節の外縁部は波状に突出しない．呼吸板は半透明で角状に大きく突出せず，第1と第4呼吸板の間に第2と第3呼吸板を包み込むように，隙間を開けて配列する ……………………………………… フタマタアミカ属 *Philorus*
2b 体は長卵形か長楕円形で厚みがある．呼吸板は厚く不透明で多くは角状に突出する …… 3
3a 4枚の呼吸板は形が異なる．大きな第1と第4呼吸板が，小型の第2と第3呼吸板を中に包み込むように配列する ………………………………… クチナガアミカ属 *Apistomyia*
3b 呼吸板は4枚ともほぼ同形同大で，中胸から大きく突出する ……………………………… 4
4a 呼吸板は大きく，花びらのように開く．体型は楕円形で背部に向かって強く盛り上がる．腹面に痕跡的な鰓がある ………………………………… クロバアミカ属 *Bibiocephala*
4b 呼吸板は4枚が平行に並ぶ．体はくさび形でやや平たい．腹面の鰓を欠く …………… 5
5a 体はやや扁平で，腹節背面中央の稜線は不明瞭．前胸（pt）と中胸（ms）の周縁部に多くの皺とキチン質の顆粒が分布する ……………………………… コマドアミカ属 *Agathon*
5b 体は中高で，腹節背面の正中線上の稜線は明瞭．前胸と中胸には皺やキチン質の顆粒がなく平滑 …………………………………………………………… ナミアミカ属 *Blepharicera*

成虫の翅脈

1a Rは4分岐する．R_{2+3}は先端部でR_1と癒合し，間に間室r_1を，末端部にR_{1-3}を形成する
 ……………………………………………………………………………………………………… 2
1b Rは三分岐する ……………………………………………………………………………… 3
2 R_4はR_{1-3}よりもかなり長い（図2-1）………………… クロバアミカ属 *Bibiocephala*
3a R_4はR_{1-3}と同じくらいの長さ．bm-cuをもつ ………………………………………… 4
3b R_4はR_{1-3}と同じくらいの長さ．bm-cuを欠く ………………………………………… 5
4a Rsは基部でR_4とR_5に分岐する．r_4は無柄．間室r_1をもつ場合とない場合がある（図2-2）
 …………………………………………………………………………… コマドアミカ属 *Agathon*
4b Rsは中ほどでR_4とR_5に分岐する．r_4は有柄（図2-3）…… フタマタアミカ属 *Philorus*

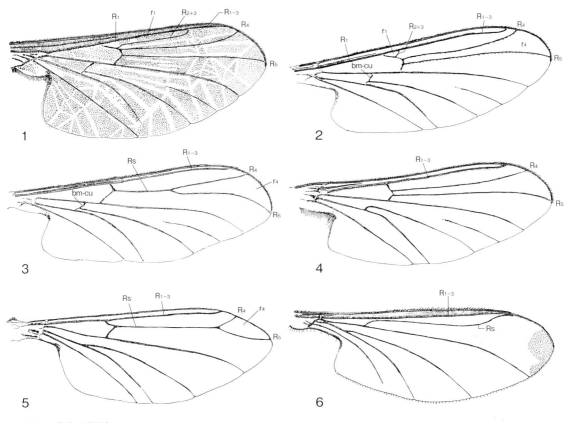

図2 成虫の翅脈
1：クロバアミカ *Bibiocephala infuscata*　2：ヤマトコマドアミカ *Agathon japonicus*　3：ヒゲボソオオフタマタアミカ *Philorus kuyaensis*　4：ヒメナミアミカ *Blepharicera japonica*　5：シロウズギンモンアミカ *Neohapalothrix manschukuensis*　6：ヤマトクチナガアミカ *Apistomyia uenoi*

5a　Rs は基部で R_4 と R_5 に分岐し，これらの長さはほぼ等しい（図2-4）
　‥‥‥‥‥‥‥‥‥‥‥‥‥‥‥‥‥‥‥‥‥‥‥‥‥‥‥‥‥‥‥‥‥‥ ナミアミカ属　*Blepharicera*
5b　Rs は先端部で R_4 と R_5 に分岐する．r_4 は有柄（図2-5）
　‥‥‥‥‥‥‥‥‥‥‥‥‥‥‥‥‥‥‥‥‥‥‥‥‥‥‥‥‥‥‥‥ ギンモンアミカ属　*Neohapalothrix*
5c　Rs は分岐せずに上方に強くカーブし，末端部近くで R_{1-3} に合する（図2-6）
　‥‥‥‥‥‥‥‥‥‥‥‥‥‥‥‥‥‥‥‥‥‥‥‥‥‥‥‥‥‥‥‥‥ クチナガアミカ属　*Apistomyia*

クロバアミカ属　*Bibiocephala*

東アジアと北アメリカ西部の山岳地帯に隔離分布し（Alexander, 1958），日本からはクロバアミカとコクロバアミカが知られる（Kitakami, 1950）．後種は前種の亜種として取り扱われていたが，しばしば同所的にみられることや形態の差異から，別種として扱うのが適切だと考えられる．属の見直しにより *Amika* は本属のシノニムとされた（Alexander, 1958）．

クロバアミカ *B. infuscata* の成熟した幼虫は体長がしばしば15 mm を超え，世界最大のアミカだろうとの由（Courtney, 私信）．幼虫の背面には黒褐色と汚白色の不規則な斑紋があり，この斑紋は個体変異が著しい．触状肢と爪状肢をもつが，爪状肢は小さく，背側からはみえない．齢が進む

につれて鰓糸の数は「0・1・3・5」と変化し,老熟すると頭胸部が四角形を呈する(Kitakami, 1950). 著しく動きが鈍く,流量の多い早瀬に生息し,昼間は岩石の下面から採集されることが多い.

蛹は大型で長楕円形. 背側に強く膨隆する. 呼吸板は4枚ともに大きく,花びら状に不規則に広がる. 早瀬の岩石の下面や側面の窪んだ部分に固着している(可児, 1952).

クロバアミカ属の種の検索
終齢幼虫

1a 背面は主に暗褐色. 体長は13〜16.5 mm(図3-1a, b)
················· **クロバアミカ** *Bibiocephala infuscata* (Matsumura, 1916)
(北海道,本州,四国. 冬に発育し,春に羽化. 山間渓流の早瀬の水中に普通にみられる. 動きが鈍く,石を動かすと容易に石面を離れて流下する. 昼間は石の下面や側面で静止しているが,夜間には上面に移動して活動する.)

1b 背面は明色. 第3と第4体節は暗色. 体長約11 mm(図3-2a, b)
················· **コクロバアミカ** *Bibiocephala minor* (Kitakami, 1931)
(本州. 分布は極限され,兵庫県,長野県,山梨県から採集記録がある. 幼虫は山間渓流の早瀬の水中に生息し,冬季に発育する.)

蛹

1a 全体の形は長楕円形で一般に背面は黒褐色. 体長9〜11 mm
················· **クロバアミカ** *Bibiocephala infuscata* (Matsumura, 1916)

1b 長楕円形で背面の色は上種よりも明るく,上種と比較してはるかに小型. 体長約8.3 mm(図3-2c)················· **コクロバアミカ** *Bibiocephala minor* (Kitakami, 1931)

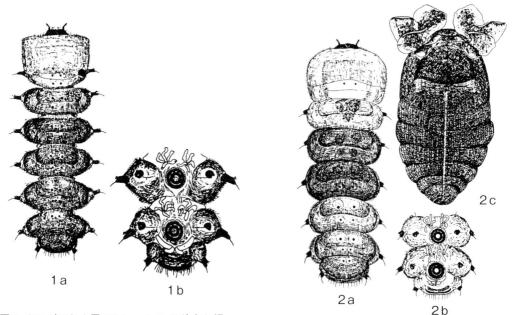

図3 クロバアミカ属 *Bibiocephala* の幼虫と蛹
1:クロバアミカ *Bibiocephala infuscata*,a:幼虫の背面;b:第5〜7体節の腹面 2:コクロバアミカ *Bibiocephala minor*,a:幼虫の背面;b:第5〜7体節の腹面;c:蛹の背面(Kitakami, 1931より)

コマドアミカ属(ヤマトアミカ属) *Agathon*

　中央アジアのアルタイ山脈，日本列島を含む東アジア，そして北アメリカ西部と，北半球の広い範囲に不連続に分布する(Alexander, 1958).すべての種が *Bibiocephara* として記載されたが，*Agathon* に移された(Alexander, 1958).主に山間渓流の水中の岩上に生息し，多くの種は冬型の一化性で春の雪解け後に羽化し，一部は多化性である.徳島県祖谷から記載されたイヤコマドアミカ *A. iyaensis* (Kitakami, 1931)の蛹と成虫は未知である.本属は東日本で種数が多い傾向があり，中部地方から東北地方にかけて何種かの未記載種の存在が知られている.

　幼虫は一般的なアミカ幼虫の形態を保持し，ほとんどの種は第1体節の背面に2～3列のキチン化した小棘の横列をもつ.各体節の背面には2～6個の弱くキチン化した瘤や小棘をもつ種が多いが，強大な棘をもつ種もある.多くの種で触毛肢の先端部はブーツ状を呈するが，一部の種では双棘状に分岐する(Kitakami, 1931, 1950).

　幼虫は齢が進むにつれて体節腹面の鰓糸の分枝数が「0・1・3・5」と変化する(Kitakami, 1950).幼虫の体内に蛹体が形成されるようになると，内部の蛹の呼吸板が第1体節の背面に外皮を通して紋様としてみえる.

　蛹は細長いくさび形を呈する種が多い.全身をキチン質の顆粒が覆い，その色に個体変異があるため，同種でも蛹の体色が異なってみえる場合がある.中胸背面の表皮上には，全体にわたって複雑な皺が分布する.種間で形態的な差異が目立たず，近縁種の区分が難しいが，頭部の形状，呼吸板の形状と配列様式，左右の呼吸板の間隔と中胸背面上の皺の状態などの形質が種の区別に有用である.

コマドアミカ属(ヤマトアミカ属)の種の検索
終齢幼虫

1a　第7体節の末端部に1対のキチン化した尾肢がある ………………………………………… 2
1b　尾肢を欠き，第7体節の先端部は半円形をしている ………………………………………… 3
2a　尾肢は大きく頑丈で，基部幅の約2倍ほどの長さがある.第1体節背面のキチン小突起の横列を欠く.第1～3体節の中央部はキチン化する.触角(an)は長く，第1体節の1/2～1/3(図4-1a, b, c, d) ……**ヤマトコマドアミカ** *Agathon japonicus* (Alexander, 1922)(北海道，本州，四国，九州.冬に発育し，春に羽化.山間渓流の早瀬の水中に普通にみられる.)
2b　尾肢は短く，基部幅と同じほどの長さ.第1体節に3列のキチン小突起を，各体節背面の中央部に4つのイボ状の突起をもつ.触角は短く，第1体節の1/5の長さ(図4-2a, b) ………………………………**イヤコマドアミカ** *Agathon iyaensis* (Kitakami, 1931)(徳島県.冬に発育.蛹と成虫は知られていない.水中に生息.)
3a　各体節背面の瘤状突起を欠くか，あるいは目立たない.触毛肢は上下に分岐せずにブーツ形をしている ………………………………………………………………………………… 4
3b　各体節の背面の突起はキチン化し棘状.触毛肢は上下にわずかに二叉する ……………… 6
4a　各体節背面の突起は小棘状.第1体節上の3列の小突起の数：14～18, 10～12, 0～8.触角長は第1体節の1/2～1/3.体色はクリーム色から黄褐色.体長5.5～8.2 mm ……………………………………**エゾコマドアミカ** *Agathon ezoensis* (Kitakami, 1950)(北海道.冬に発育し，春に羽化.上流部に普通にみられる.水中型.ごく近縁の未記載種が存在する.)

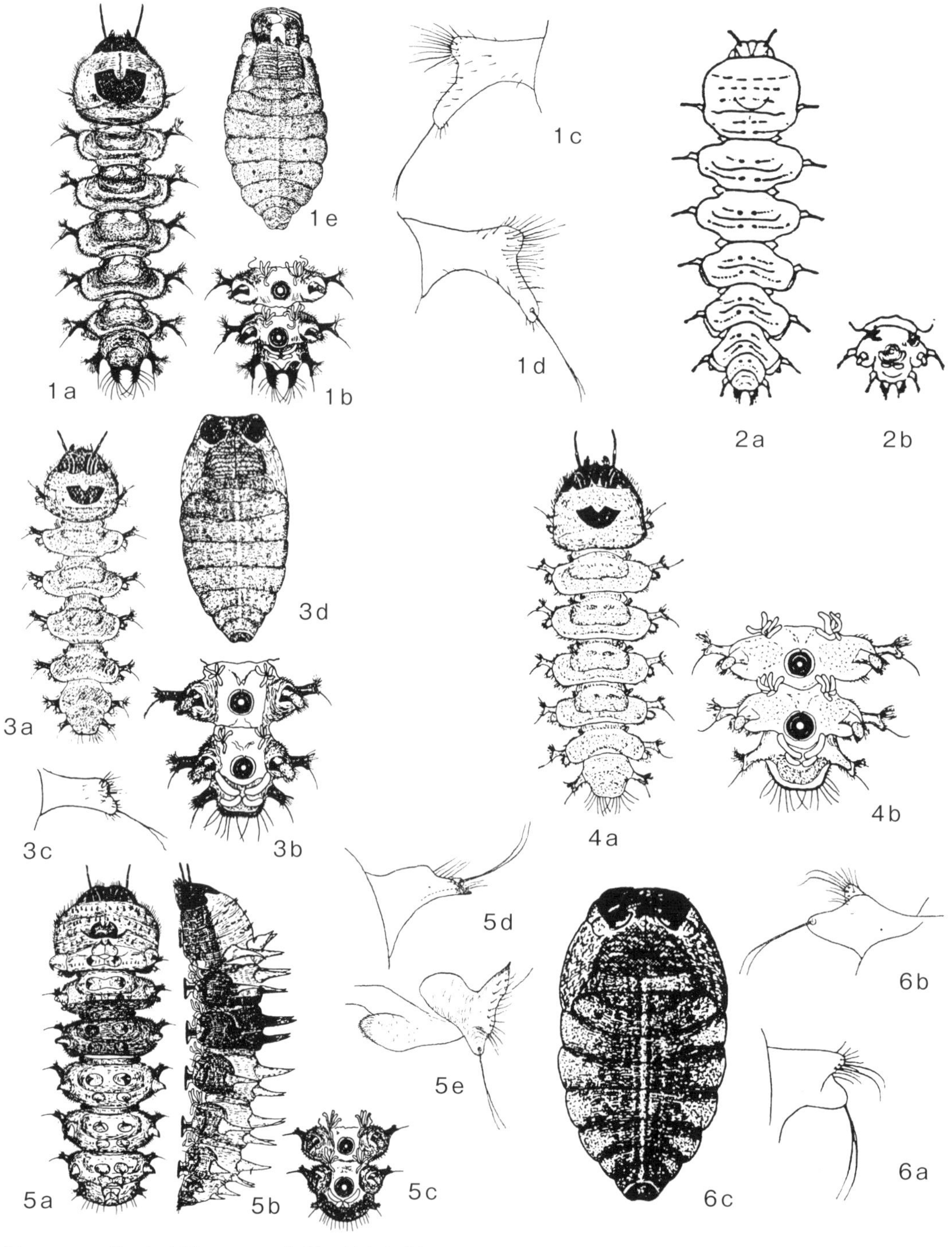

8 双翅目

図4 コマドアミカ属 *Agathon* 各種の幼虫と蛹
1：ヤマトコマドアミカ *Agathon japonicus*, a：幼虫の背面；b：幼虫の第5～7体節腹面；c：触毛肢の背面；d：同腹面；e：蛹の背面　2：イヤコマドアミカ *Agathon iyaensis*, a：幼虫の背面；b：第6・7体節の腹面　3：アルプスコマドアミカ *Agathon bispinus*, a：幼虫の背面；b：第5～7体節の腹面；c：触毛肢の背面；d：蛹の背面　4：ミヤマコマドアミカ *Agathon montanus*, a：幼虫の背面；b：第5～7体節の腹面　5：トゲコマドアミカ *Agathon longispinus*, a：幼虫の背面；b：同側面；c：第5～7体節の腹面；d：触毛肢の背面；e：同側面　6：トクナガコマドアミカ *Agathon bilobatoides*, a：触毛肢の背面；b：同腹面；c：蛹の背面（Kitakami, 1931より）

4b 各体節背面の瘤状突起を欠く．第1体節のキチン化した小突起はもたないか目立たない
 ・・・5

5a 各体節の側端部に1対のイボ状の突起を有する．第1体節を除く各体節上には小突起や小瘤がみられる．触角長は第1体節の1/3〜1/4．背部は黒褐色．体長4.7〜8.6 mm（図4-3a, b）・・・・・・・・・・・・・・・・アルプスコマドアミカ　*Agathon bispinus* (Kitakami, 1931)
 （本州，九州．低地では春に羽化するが高地では夏に羽化．流れの速い山間渓流の早瀬の水中に普通．近縁の未記載種が存在する．）

5b 体節上にイボや小瘤を欠く．触角は長く，第1体節の1/2．体はやや扁平で，体色は白っぽい．体長5.4〜7.2 mm（図4-4a, b）
 ・・・・・・・・・・・・・・・・・・・・・ミヤマコマドアミカ　*Agathon montanus* (Kitakami, 1931)
 （九州，四国，本州，北海道．上流部に出現し，夏に羽化．水中型．近縁の未記載種が複数存在する．）

6a 各体節上に，それぞれ6本のキチン化した頑丈で湾曲した棘をもつ．触毛肢の背側の突起は顕著で鋭い．第1体節上の3列の小突起の数：16〜18, 14〜16, 10〜12．触角長は第1体節の1/3〜1/4．体色は主に明るい黄色で，第2・3体節は黒色．体長5.5〜6.7 mm（図4-5a, b, c, d, e）・・・・・・・・・・・トゲコマドアミカ　*Agathon longispinus* (Kitakami, 1931)
 （本州，四国，九州．冬に発育し，春に羽化．山間渓流の早瀬の水中にみられる．）

6b 各体節の背部に4本の長い直線的な棘をもつが，体側部の棘は短く目立たない．触毛肢の背棘は円錐形．第1体節上の小突起の数：15〜20, 15〜20, 9〜12．触角長は第1体節の1/6．体色は暗い黄褐色．体長6〜8.5 mm（図4-6a, b, c）
 ・・・・・・・・・・・・・・・・・トクナガコマドアミカ　*Agathon bilobatoides* (Kitakami, 1931)
 （本州，四国．冬型で，春に羽化．水中型．山間渓流の早瀬の水中で採集される．）

蛹

1a 呼吸板は水平に前方に向かって伸長し，さらに内側に向かって湾曲するので左右の先端部が互いに接する．中胸中央部の縦隆線は顕著．体は長卵形で黒褐色（図4-1e）
 ・・・・・・・・・・・・・・・・・・・ヤマトコマドアミカ　*Agathon japonicus* (Alexander, 1922)

1b 呼吸板は斜め前方に向かって伸長し，左右の先端は通常互いに離れる．中胸の縦隆線は目立たない．全体の形は長楕円形で，体色は黄褐色から茶褐色　・・・・・・・・・・・・・・・・・・・・2

2a 背面のキチン質の顆粒は一様に黒い　・・3

2b 背面のキチン質の顆粒は不均一に黒く，しばしば異なる色を含む　・・・・・・・・・・・・・・・・・4

3a 全体の形は長卵形で暗褐色．背面には時に黄色の顆粒が混じる．体長4.2〜5.8 mm
 ・・・・・・・・・・・・・・・・・・・・エゾコマドアミカ　*Agathon ezoensis* (Kitakami, 1950)

3b 全体の形は長卵形．背部は黒色で辺縁部は淡色．体長3.5〜6.7 mm．左右の呼吸板の先端部は通常互いに離れる（図4-3d）
 ・・・・・・・・・・・・・・・・・・アルプスコマドアミカ　*Agathon bispinus* (Kitakami, 1931)

4a 全形は長楕円形でやや扁平．黄色っぽい茶色をしている．体長5〜6.8 mm．呼吸板は黒色で，4枚が隙間を空けずに並ぶ．キチン顆粒は黄色っぽく，中胸後部背面にまばらに分布する（図4-6c）・・・・・・・・・・トクナガコマドアミカ　*Agathon bilobatoides* (Kitakami, 1931)

4b 全形は長卵形ないし卵円形．呼吸板はオレンジ色〜暗褐色をし，隙間を置いて並ぶ　・・・・・・5

5a 全形は長卵形で黄〜暗褐色．体長4〜5.8 mm．背の顆粒と呼吸板はオレンジ色〜暗褐色

　　　　　　　　…………………………… ミヤマコマドアミカ　*Agathon montanus* (Kitakami, 1931)
5b　全形は長卵形で赤褐色．体長4.5〜5.6 mm．呼吸板は褐色で，不ぞろいに配列．左右の先端
　　が軽く接する場合があるキチン顆粒は主に暗褐色を呈するが，中胸のは黄色っぽい
　　　　　　　　…………………………… トゲコマドアミカ　*Agathon longispinus* (Kitakami, 1931)

フタマタアミカ属（ヒメアミカ属）　*Philorus*

　中央アジアのアルタイ山脈，北インド，ヒマラヤを経て日本を含む東アジア，そして北アメリカ西部の山岳地帯に不連続に分布する（Alexander, 1958）．コマドアミカ属 *Agathon* 同様に多数の種を含むが，本属はむしろ西日本で種数が豊富で，数種の未記載種が存在する（岡崎，2006, 2011, 2012）．他属と比較して生息環境が著しく多様にわたり，幼虫，蛹ともに水中に生息する種から，滝や急流の周辺の飛沫で濡れた岩面上に生息する種や（Kitakami, 1950），水が滴り流れる岩盤上にのみ出現する種までみられ（岡崎，2012），さらに幼虫が生息環境を季節で変える種もある（Okazaki, 2014）．
　老熟すると幼虫の第1体節は横長の楕円形になり，その背面には体内に形成される蛹の呼吸板が表皮を通して透けてみえるようになる．第7体節を除く各体節の背面には6個のキチン化した瘤や棘を有し，種によっては強くキチン化した長い棘をもつ．第1〜6体節にそれぞれ1対の触毛肢と爪状肢をもち，多くの種で第2〜6体節の触毛肢が二分岐し，背方への分岐はキチン化した棘となる．爪状肢の位置は，各体節の腹面から体側部までさまざまであるが，体側部に位置する種ほど敏捷に動く傾向がある．日本の種では，発育の進展にともなって鰓糸の分糸数が「0・1・3・5」と変化する（Kitakami, 1950）．第6・7体節が強く癒合して尾端部の外周縁が半円形となる種もある．多くの種は第7体節の末端部に1対のキチン板の尾肢（ca）をもつが，種によっては棍棒状に発達する．
　蛹は背腹に著しく扁平で，全体は卵形か長楕円形を呈する．呼吸板は第1と第4呼吸板が小さな第2と第3呼吸板を前後から包み込むように並び，特に水上の湿岩上で蛹化する種では，発達した第1と第4呼吸板が形成する輪の中に小さな第2と第3呼吸板が前後に並ぶ．その形態と配置の状態，胸腹部背面の光沢とキチン質の顆粒の分布状態は種の区別に有用である．

フタマタアミカ属（ヒメアミカ属）の種の検索
終齢幼虫

1a　尾端部の外縁は全体として半円形で，尾肢や中央部に切れ込みがない ………………… 2
1b　尾端部の外縁は半円形を呈しない．発達した尾肢か，あるいは中央部に切れ込みがある．
　　種によっては，切れ込みは浅く目立たない ………………………………………………… 7
2a　第6〜10腹節の癒合が著しく，第6と第7体節が1つの体節を構成するようにみえる．触
　　毛肢と爪状肢は強くキチン化する．体は頑丈で中高 ……………………………………… 3
2b　第6〜10腹節の癒合は不完全で，第6と第7体節が明瞭に区別できる．稀に尾肢の痕跡を
　　もつ．体は比較的細長い ……………………………………………………………………… 5
3a　各体節背面の棘と触毛肢の棘は痕跡的で半球形．背面は全体に暗いオレンジ色〜暗褐色．
　　体長は7〜9 mm（図5-1a, b）
　　　　　　　　…………………………… ヒゲボソオオフタマタアミカ　*Philorus kuyaensis* Kitakami, 1931
　　（本州，四国，九州．2〜4齢で越冬し，春に羽化．湿岩型．体表面にしばしば藻を生や
　　している．）
3b　各体節背面の棘と触毛肢の棘は頑丈で長い ………………………………………………… 4
4a　各体節背面の棘の長さは基部直径の約5倍ほど．触毛肢の背棘は背方へ湾曲する．背面は

全体に暗褐色．体長10～13 mm（図5-2a, b, c, d）
.... **ヒゲブトオオフタマタアミカ** *Philorus kibunensis* Kitakami, 1931
（本州，四国，九州．4齢で越冬し，春に羽化．大型になる．湿岩型．）

4b 各体節背面の棘の長さは基部直径の約2.5倍ほど．背面は全体に暗赤褐色．体長7.5～9.5 mm
（図5-3a, b）................... **エゾフタマタアミカ** *Philorus ezoensis* Kitakami, 1931
（北海道西部の山岳地帯．冬に発育し，春に羽化．湿岩型．）

5a 各体節背面の棘は頑丈で，基部直径の約2.5倍ほどの長さをもつ．触毛肢は背棘を欠く．
第7体節の末端部がわずかに突出する．鰓は，前方に向かう1本の茎から5本の鰓糸が分
岐する．鰓糸は細い．背面は全体に暗い緑黄色で，第3体節はやや明色．体長5～6 mm（図
5-4a, b, c）................... **ユミアシヒメフタマタアミカ** *Philorus vividis* Kitakami, 1931
（北海道，本州，四国，九州．典型的な湿岩型で多化性の夏型．山間渓流に普通で，中流
域にも出現する．）

5b 各体節背面の棘は小さく，基部直径の約2倍ほど．触毛肢の背棘は細長く，側方に向かう．
鰓は基部で分岐し，鰓糸は太く厚い 6

6a 背面は全体に茶褐色．頭胸部はわずかに淡色．体長6～8 mm（図6-1a, b, c）
.... **アシボソヒメフタマタアミカ** *Philorus longirostris* Kitakami, 1931
（北海道，本州，四国，九州，屋久島．湿岩型．おおむね多化性の夏型だが北海道では一
化性．滝や砂防ダム等の飛沫がかかる場所に多数見られることがある．）

6b 背面は明るい黄褐色．第4と5体節はやや明色．体長5.5～6.5 mm
.... **タチゲヒメフタマタアミカ** *Philorus minor* Kitakami, 1931
（北海道，本州，四国，九州，屋久島．多化性の夏型で湿岩型．複数の未記載種が存在する．）

7a 尾肢は棍棒状で非常によく発達する．触毛肢は背棘をもたず棍棒状で細長い．触角は第1
体節の約1/3の長さ．背面は全体に暗褐色．体長7.2～9.2 mm（図6-3a, b）
.... **ミヤマフタマタアミカ** *Philorus alpinus* Kitakami, 1931
（北海道，佐渡島，本州．夏型．本州では多化性で北海道では一化性．湿岩上で蛹化．）

7b 尾肢を欠き，第7体節末端の中央部が切れ込む．触毛肢は背棘を有し，触角は第1体節の
1/3～1/4の長さがある 8

8a 触毛肢の背棘は鈍く，円錐形．各体節背面の棘は，中央に小突起をもった円板状を呈する．
第7体節末端の切れ込みは大きく，その左右に三角形状に突出し，よくキチン化する．触
角の長さは第1体節の約1/4～1/5．背面は暗黄褐色．第1～2体節はやや淡色．体長
約7.7 mm（図6-4a, b）...... **オオメフタマタアミカ** *Philorus sikokuensis* Kitakami, 1931
（本州，四国，九州．冬型で湿岩型．山間渓流から中流域上部まで生息範囲が広い．）

8b 触毛肢の背棘と各体節背面の棘は鋭く頑丈．第7体節先端部中央の切れ込みはごく浅く，
外縁部はほぼ半円形 9

9a 第7体節は末端部の腹面に1対のキチン板をもつ．触角の長さは第1体節の約1/4で，体
は細長く背面は全体に黒っぽい．体長8.5 mm（図6-5a, b）
.... **ハナレメフタマタアミカ** *Philorus gokaensis* Kitakami, 1950
（本州，四国，九州．冬に発育し，4～5月に羽化．湿岩型．源流部から採集される．）

9b 第7体節末端部のキチン化は弱く，さらにその腹面のキチン板は左右が融合し，中央部が
くびれた瓢箪形を呈する．触角は第1体節の約1/3の長さ．背面は全体に暗い緑褐色．
各体節の周辺部と第7体節はやや明色．体長6～7 mm（図6-6a, b）

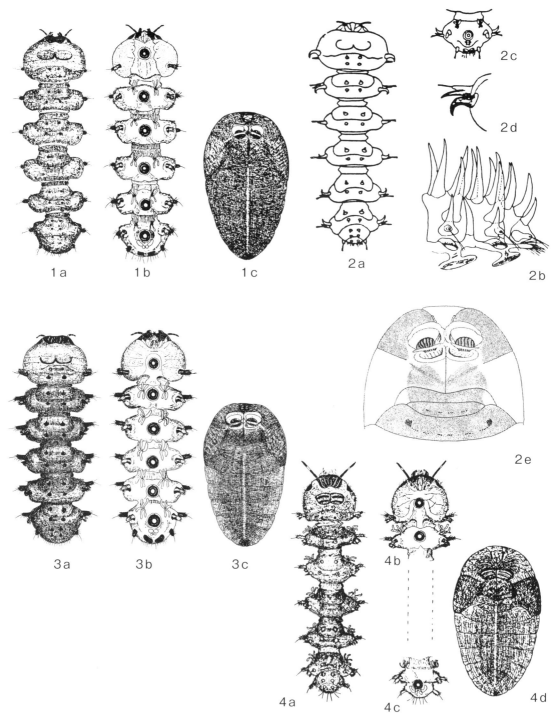

図5　フタマタアミカ属 Philorus 各種の幼虫と蛹
1：ヒゲボソオオフタマタアミカ Philorus kuyaensis，a：幼虫の背面；b：同腹面；c：蛹の背面　2：ヒゲブトオオフタマタアミカ Philorus kibunensis，a：幼虫の背面；b：第5〜7体節の側面；c：第6・7体節の腹面；d：触毛肢の背面；e：蛹の頭胸部　3：エゾフタマタアミカ Philorus ezoensis，a：幼虫の背面；b：同腹面；c：蛹の背面　4：ユミアシヒメフタマタアミカ Philorus vividis，a：幼虫の背面；b：第1・2体節の腹面；c：第6・7体節の腹面；d：蛹の背面（Kitakami, 1931, 1950より）

アミカ科 13

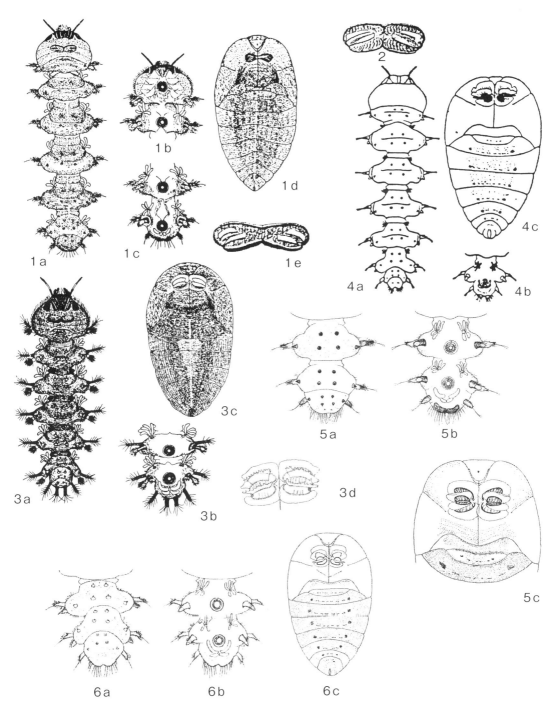

図6 フタマタアミカ属 *Philorus* 各種の幼虫と蛹
1：アシボソヒメフタマタアミカ *Philorus longirostris*, a：幼虫の背面；b：第1・2体節の腹面；c：第5～7体節の腹面；d：蛹の背面；e：蛹の呼吸板 2：タチゲヒメフタマタアミカ *Philorus minor* 蛹の呼吸板 3：ミヤマフタマタアミカ *Philorus alpinus*, a：幼虫の背面；b：第5～7体節の腹面；c：蛹の背面；d：呼吸板 4：オオメフタマタアミカ *Philorus sikokuensis*, a：幼虫の背面；b：第6・7体節の腹面；c：蛹の背面 5：ハナレメフタマタアミカ *Philorus gokaensis*, a：第5～7体節の背面；b：同腹面；c：蛹の頭胸部 6：キイロフタマタアミカ *Philorus simasimensis*, a：第5～7体節の背面；b：同腹面；c：蛹の背面
（Kitakami, 1931, 1950より）

14　双翅目

　　　　　　……………………… キイロフタマタアミカ *Philorus simasimensis* Kitakami, 1931
（本州，九州．冬に発育する．湿岩型．最上流部に出現する．）

蛹

1a　左右の呼吸板の基部は互いに離れる．片側4枚の呼吸板は形が同じで半円形をし，前後に分かれて並ぶ ………………………………………………………………………………2
1b　左右の呼吸板は，中胸の正中線上でその基部が互いに接続する．4枚の呼吸板はそれぞれの大きさと形が異なり，内側に位置する2枚は外側の呼吸板によって囲まれる ………8
2a　中胸前部にキチン質の顆粒を欠くか，もしくは非常にまばら ………………………………3
2b　キチン質の顆粒は，中胸前部に密で均一に分布する ……………………………………6
3a　全体の形は卵形．内側に位置する2枚の呼吸板の末端部には多数の切れ込みがあり，その末端部は半透明．蛹の背部は黄色から暗褐色．キチン質の顆粒は黄色っぽく，中胸から腹節の背板上にまばらに分布し，腹部末端節の先端部の半分にはみられない．体長5.5～7.5 mm（図6-3c, d）………… ミヤマフタマタアミカ *Philorus alpinus* Kitakami, 1931
3b　内側の2枚の呼吸板の末端部の切れ込みは小さいか，あるいはまったく欠く……………4
4a　全体の形は卵形．呼吸板の末端部に1つの小さな切れ込みがある．キチン質の顆粒は黄色っぽく，腹節背板の内半部にのみみられる．背部は黒褐色で光沢がある．体長5.5～6.6 mm（図6-4c）……………… オオメフタマタアミカ *Philorus sikokuensis* Kitakami, 1931
4b　呼吸板末端部に切れ込みがない．キチン顆粒は褐色か黒っぽく，腹節背板に広く分布する ………………………………………………………………………………………………5
5a　全体形は卵形．尾端に向けてすぼまる．呼吸板の末端部は灰色．胸部の背面は黒褐色で虹色の弱い光沢があり，キチン顆粒は中胸の前後部に非常にまばらに分布する．体長6.4～8 mm（図6-5c）……………… ハナレメフタマタアミカ *Philorus gokaensis* Kitakami, 1950
5b　卵形．呼吸板の末端部は半透明．胸部の背板は不明瞭な黄褐色．キチン顆粒は中胸の後部中央にV字状に分布し，中胸前端部にはみられない．体長4.6～5.6 mm（図6-6c）
　　　　　　……………………… キイロフタマタアミカ *Philorus simasimensis* Kitakami, 1931
6a　卵形．呼吸板の末端部は波状にうねる．胸腹節背面の顆粒は黄褐色．背面は黒褐色で光沢がある．体長7.5～9.5 mm（図5-2e）
　　　　　　……………………… ヒゲブトオオフタマタアミカ *Philorus kibunensis* Kitakami, 1931
6b　呼吸板の末端は平坦．胸腹節背面の顆粒は黒色 ……………………………………………7
7a　卵形で，胸腹節背面は褐色．体長7～8 mm（図5-3c）
　　　　　　……………………… エゾフタマタアミカ *Philorus ezoensis* Kitakami, 1931
7b　呼吸板は四角で小さい．その末端部は白っぽく基部との境界が不明瞭．胸腹節背面は暗褐色～黒色で，光沢に乏しい．全体形は卵形．体長5.5～7.5 mm（図5-1c）
　　　　　　……………………… ヒゲボソオオフタマタアミカ *Philorus kuyaensis* Kitakami, 1931
8a　胸腹節の背面にキチン顆粒を欠く．第2と第3呼吸板はほぼ半円形．体は楕円形で尾端が尖る．全体に不明瞭な黄褐色で周縁部は淡色．体長3.3～4.9 mm（図5-4d）
　　　　　　……………………… ユミアシヒメフタマタアミカ *Philorus vividis* Kitakami, 1931
8b　胸腹節背面の広い範囲にわたってキチン質の顆粒が分布する ……………………………9
9a　全体形は長楕円形．4枚の呼吸板は強く前後に圧縮されて配列し，第2呼吸板の基部は横幅の1/2より小さい．体はやや中高で，後端に向かって尖る．背部は全体にわたって褐色．

体長3.5～6 mm（図6-1 d, e）
.... アシボソヒメフタマタアミカ *Philorus longirostris* Kitakami, 1931

9b 全体形は長楕円形．呼吸板は前後に扁圧されずに配列し，第2呼吸板の基部は横幅と同長か2/3以上の長さがある．第3呼吸板の外側の1/3は高さが減少．背面は主に黄褐色．体長3.3～4.9 mm（図6-2）
.... タチゲヒメフタマタアミカ *Philorus minor* Kitakami, 1931

ナミアミカ属（ニホンアミカ属） *Blepharicera*

ヨーロッパからユーラシア大陸を経て東アジア，北アメリカ西部と東部など北半球に広域分布する（Alexander, 1958）．上流域に分布が限られる傾向の強いアミカ科の中では例外的に中流域の広い範囲に進出し（可児，1952），さらに撹乱によって平瀬化した場所でも豊富にみられることが多い（岡崎，2012）．これまで北海道から採集された記録がない（岡崎，2008）．石川県の白山山系から記載された**アキノナミアミカ** *Blepharicera tanidai* Zwick, 1990 の幼虫と蛹は未知で，その他に数種の未記載種がある（岡崎，2007, 2012）．スカシアミカ属 *Parablepharocera* は本属内の亜属として扱われるようになった（Alexander, 1958）．

幼虫の体節背面にはキチン質の板，突起や棘など有効な分類形質に乏しい．背面は黄白色と褐色の文様が目立つ．第7体節以外の各体節には1対の爪状肢をもつが，2対の触毛肢をもつ種と，欠く種とがある（Courtney, 2000）．発育が進むにしたがって，鰓糸の数は「0・1・4・7」と増える（Kitakami, 1950）．

蛹は長卵形で背側に向かって膨隆し，腹節背板の周縁部はやや波状に突出する．中胸背面にはキチン質の顆粒を欠き，表皮上の皺は痕跡的で，背面は平滑で艶がある．黒色のキチン顆粒は，後胸と腹節背面にのみみられる．4枚の呼吸板は縦長で同型同大．平行に並び，全体に内側に向けて軽く湾曲し，その先端部は弱く尖る．

ナミアミカ属（ニホンアミカ属）の種の検索
終齢幼虫

1a 触毛肢と尾肢を欠く（図7-1 a, b）
.... ヒメナミアミカ *Blepharicera japonica* (Kitakami, 1931)
（本州，四国．多化性の夏型で水中型．中流域の比較的水温の高い場所にも出現する．普通．）

1b 各体節の側端部にそれぞれ2対の触毛肢をもつ．尾肢を有する 2

2a 触毛肢は強くキチン化し，前後それぞれのサイズがほぼ等しい．体背面は暗褐色．体長9～12 mm（図7-2 a, b, c）...... オオメナミアミカ *Blepharicera esakii* (Alexander, 1924)
（本州，四国，九州．冬型で春に羽化する．水中型で中流域に普通．流れの緩やかな平瀬でもみられ，体全体にゴミをかぶっていることがある．）

2b 触毛肢のキチン化は弱く，前に位置する方が後ろのものよりもサイズが大きい．体背面は緑がかった淡褐色．体長6.5～8.8 mm（図7-3 a, b）
.... ハナレメナミアミカ *Blepharicera shirakii* (Alexander, 1922)
（本州，四国，九州，奄美大島．夏型の多化性．水中型で中流域に普通．）

16　双翅目

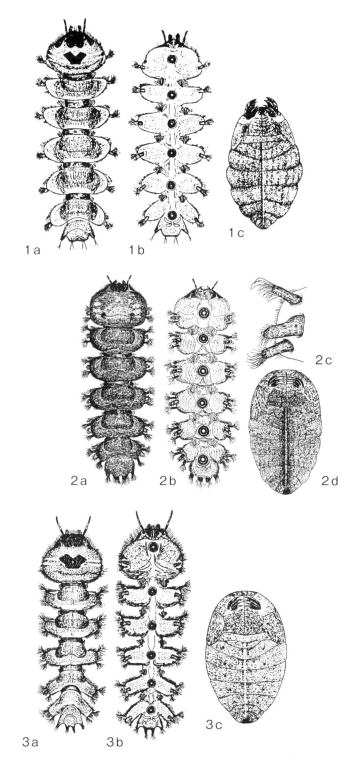

図7　ナミアミカ属 *Blepharicera* 各種の幼虫と蛹
1：ヒメナミアミカ *Blepharicera japonica*，a：幼虫の背面；b：同腹面；c：蛹の背面　2：オオメナミアミカ *Blepharicera esakii*，a：幼虫の背面；b：同腹面；c：触毛肢と爪状肢の腹面；d：蛹の背面　3：ハナレメナミアミカ *Blepharicera shirakii*，a：幼虫の背面；b：同腹面；c：蛹の背面（Kitakami, 1931より）

蛹

1a 体は長楕円形で，背腹に強く肥厚し，腹節の周縁は著しく波状を呈する．腹節背面の正中線上の稜線は目立たない．後胸と腹節の背面にはキチン質の黒い顆粒が分布する（図7-1c）
……………………………… ヒメナミアミカ　*Blepharicera japonica* (Kitakami, 1931)

1b 体はそれほど背腹に厚くはなく，腹節の周縁部はわずかに波状になる．腹節背板の正中線上の稜線ははっきりと目立つ……………………………………………………………… 2

2a 楕円形をし，背面は全体的に黒褐色．体長：雄で5.5～7 mm，雌で6.5～8.7 mm（図7-2d）
……………………………… オオメナミアミカ　*Blepharicera esakii* (Alexander, 1924)

2b 楕円形をし，背面は暗黄褐色．体長：通常は4.3～6.5 mm（図7-3c）
……………………………… ハナレメナミアミカ　*Blepharicera shirakii* (Alexander, 1922)

ギンモンアミカ属（カニアミカ属）　*Neohapalothrix*

東アジア固有の属で，3種が知られ，日本列島からは2種が記録されている（Kitakami, 1938；Zwick, 1990）．他の属と比較して，河川の中流部に流程分布の中心をもつ（可児, 1952；岡崎, 2007, 2012）．

幼虫は小判形の概形をし，各体節の背中線上にそれぞれキチン化した1本の大きな棘をもつ．背面は黄白色と黒褐色の文様が目立つ．各体節の側部は大きく葉状に左右に突出し，その先端には2本の触毛肢がある．爪状肢はない．第7体節は半円形で尾肢を欠き，外縁部に剛毛が並ぶ．第2～6体節の鰓糸の数は齢が進むにつれて「0・1・4・7」と変わる（Kitakami, 1950）．幼虫の動きは非常に鈍い．

蛹は中央部が高く盛り上がり，横断面は三角形を呈する．各腹節背板の中心に1本の大きな棘をもつ．片側4枚の呼吸板は同型同大で細長く，体軸に対してほぼ垂直に立ち並ぶ．

ギンモンアミカ属（カニアミカ属）の種の検索
終齢幼虫

1a 第1体節の両端が左右に強く突出する．背面には白っぽいスジがあり非常に目立つ．背中線上の棘は痕跡的．各体節に2対みられる触毛肢の大きさは前後でほぼ等しい（図8-1a, b）……………………………… カニギンモンアミカ　*Neohapalothrix kanii* Kitakami, 1938
（本州．産地は極限されるが普通．年一化性で，夏に羽化する．水中型．水温が高く，流れの緩やかな場所でもみられる．生息環境の悪化に非常に弱く，各地の河川で採集が困難になっている（西尾, 2003, 2013）．有機汚濁が進んでいない河川では，下流域まで豊富にみられ（可児, 1952；岡崎, 2007, 2012），しばしば水生昆虫群集の優占種となる（西尾, 2013）．）

1b 第1体節両端の左右への突出は目立たない．体節の背中線上の棘は基部直径の1.5～2倍の長さをもつ．各体節に2対みられる触毛肢は，前が後よりも小さい（図8-2a, b）
……………… シロウズギンモンアミカ　*Neohapalothrix manschukuensis* (Mannheims, 1938)
（アルタイ山脈，中国東北部，ロシア沿海州（Zwick, 1997）．北海道では石狩低地帯以東（岡崎, 2012）．大陸では一化性の夏型．北海道では7月下旬に羽化．水中型で，幼虫は極端に動きが鈍い．産地は極限されるが普通．*Neohapalothrix shirouzui* Saigusa, 1973 は本種のシノニム（Zwick, 1997）．）

18　双翅目

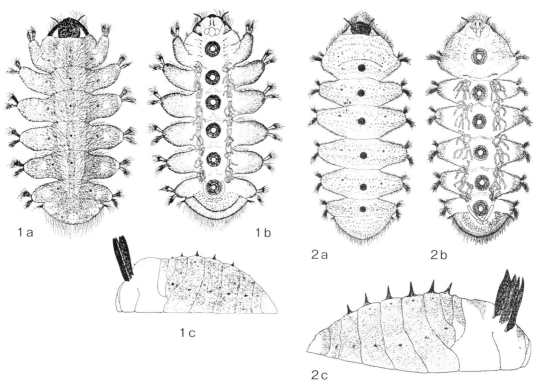

図8　ギンモンアミカ属 Neohapalothrix の幼虫と蛹
1：カニギンモンアミカ Neohapalothrix kanii，a：幼虫の背面；b：同腹面；c：蛹の側面　2：シロウズギンモンアミカ Neohapalothrix manschukuensis，a：幼虫の背面；b：同腹面；c：蛹の側面（Kitakami, 1936, 1938, 1950 より）

蛹

1a 全体形は角のない菱形．腹節背板背中線上の棘は小さく，それぞれの長さが基部直径の約1.5倍で，第1と第6腹節では痕跡的である．体長5.2～6.2 mm（図8-1c）
　　　　　………………………………**カニギンモンアミカ**　Neohapalothrix kanii Kitakami, 1938

1b 角のない菱形をし，腹節背板上の各棘は大きく，基部直径の約2.5倍ほどの長さをもつ．体長6～6.4 mm（図8-2c）
　　　　　………………**シロウズギンモンアミカ**　Neohapalothrix manschukuensis (Mannheims, 1938)

クチナガアミカ属（ツマグロアミカ属）*Apistomyia*

　ヨーロッパから日本列島を経てオーストラリア東部にまで広く分布する（Alexander, 1958）．東洋区に分布の中心をもち，日本からは2種の記録がある（Kitakami, 1941, 1950；岡崎, 2005）．他の属と異なり，成虫は雌雄ともに吸汁口をもち（Kitakami, 1937），訪花することが知られている（三枝, 2008）．
　幼虫は体全体が黒褐色で強くキチン化し，体節の背面に明瞭な突起や棘を欠く．第2～5体節はそれぞれ横長の長方形で，その前縁部には小棘が鋸歯状に並ぶ．各体節は1対の爪状肢をもち，その先端部はブラシ状の剛毛の束で覆われる．触毛肢はない．第7体節には爪状肢と後方に向かう1対の尾肢をもち，その先端部にはブラシ状の剛毛の束がある．第2～6体節の鰓糸の分枝数は，幼

アミカ科　19

虫の齢が進むにつれて「0・1・3・5」と変わる (Kitakami, 1950)（図9）.

蛹は長卵形で，強くキチン化し，背側に強く膨隆する．各腹節の外縁部は波状．片側4枚の呼吸板はそれぞれの大きさと形が著しく異なり，比較的大きな第1と第4呼吸板が小さな第2と第3呼吸板を前後からはさみ込むように並び，さらに左右が正中線上で接する (Kitakami, 1950)（図9）.

クチナガアミカ属（ツマグロアミカ属）の種の検索
終齢幼虫

1a　触角の長さは第1体節の約1/5．各体節背面の前後縁にはキチンの小棘が鋸歯状に並ぶ．小棘は全体が黒っぽい（図9-1a）．各体節の爪状肢の先端や尾端部の剛毛は微小な棘を

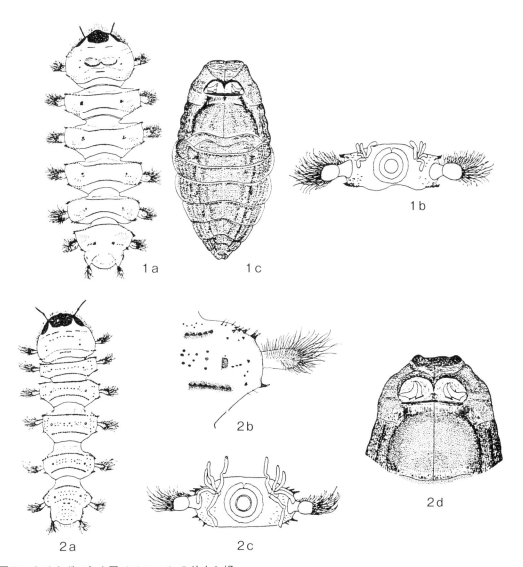

図9　クチナガアミカ属 Apistomyia の幼虫と蛹
1：ヤマトクチナガアミカ Apistomyia uenoi, a：幼虫の背面；b：幼虫の第2体節の腹面；c：蛹の背面　2：ミナミクチナガアミカ Apistomyia nigra, a：幼虫の背面；b：幼虫の第2体節（右半）の背面；c：幼虫の第2体節の腹面；d：蛹の頭胸部の背面（Kitakami, 1936, 1941 より）

もつ．鰓糸は短い（図9-1b）．体はやや扁平で黒褐色．体長5.5～7 mm.
.... **ヤマトクチナガアミカ** *Apistomyia uenoi* (Kitakami, 1931)
（北海道，本州，四国，九州，屋久島．多化性で，幼虫は周年観察できる．瀑布の落ち口直下の岩表面や流れの非常に速い岩盤上に生息し，極端に動きが鈍い．しばしば多数の個体がみられる（Kitakami, 1950）．成虫の採集が困難で，河川を離れて生活しているか，もしくは夜行性のためと推測されている（Zwick, 1981）.）

1b 触角の長さは第1体節の約1/3．各体節背面の中央部にキチンの小瘤からなる不完全な横列をもち，各体節の前後縁の鋸歯状小棘の先端には，円筒形の白っぽい乳頭突起がある（図9-2b）．爪状肢や尾端部の剛毛は単純．鰓糸は長い（図9-2c）．体は細長く黒色（図9-2a）．体長約4.7 mm
...... **ミナミクチナガアミカ（タイワンクチナガアミカ）** *Apistomyia nigra* (Kitakami, 1941)
（沖縄本島，石垣島，西表島，台湾．幼虫や蛹は，流れの速い岩盤上や飛沫のかかる岩上に生息し，幼虫の動きは比較的すばやい．台湾では多化性で，周年にわたって幼虫や蛹をみることができる．メス成虫は活発に飛翔する（Kitaiami, 1941）.）

蛹

1a 全体は長卵形．背面の顆粒は黄褐色～黒褐色が混在する．第3呼吸角は，第2呼吸角の内葉よりわずかに短い．黒褐色を呈する．体長3.5～4.7 mm（図9-1c）
.... **ヤマトクチナガアミカ** *Apistomyia uenoi* (Kitakami, 1931)
1b 長卵形で背面の顆粒はすべて黒褐色．第3呼吸角は，第2呼吸角の内葉と同長．全体に黒味の強い褐色．体長3.1～3.5 mm（図9-2d）
...... **ミナミクチナガアミカ（タイワンクチナガアミカ）** *Apistomyia nigra* (Kitakami, 1941)

参考文献

Alexander, C. P. 1958. Geographical distribution of the net-winged midges (Blephaloceridae, Diptera). Xth International Congress of Entomology (Montreal, 1956), 1: 813-828.

Alexander, C. P. 1963. Guide to the insects of Connecticut. Part VI. Diptera or true flies of Connecticut. Eighth Fascicle. Bull. Conn. St. Geol. Nat. Hist. Surv., 93: 39-71.

Courtney, G. W. et al. 1996. Aquatic Diptera Pt. 1. In Meritt, R.W. & K. W. Cummins (eds.), An Introduction to the Aquatic Insects of North America. 3rd ed. Kendall/Hunt, Dubuque Iowa.

Courtney, G. W. 2000. A. 1. Family Blephariceridae. In Papp. L. & B. Darvas (eds.), Contribution to a Manual of Palaearctic Diptera. Appendix: 7-30. Science Herald, Budapest.

Hogue, C. H. 1981. Blephariceridae. In McAlpine, J. F. et al. (eds.), Manual of Nearctic Diptera, Vol. 1. Agr. Canada, Ottawa.

Hogue, C. H. 1987. Blephariceridae. In Griffiths, G. C. D. (ed.), Flies of the Nearctic Region II (4), E. Schweizerbart' sche Verlagsbuchhandlung, Stuttgart.

可児藤吉．1952．木曽王滝川昆虫誌．木曽教育会，木曽福島町．

Kitakami, S. 1931. The Blephaloceridae of Japan. Memoirs of the College of Science, Kyoto Imperial University, Series B, 6 (2): 53-108, Pls. VIII-XVII.

Kitakami, S. 1937. Supplement notes of Blephaloceridae of Japan. Memoirs of the College of Science, Kyoto Imperial University, Series B, 12 (2): 115-136, pls. I-III.

Kitakami, S. 1938. A new genus and species of Blephaloceridae from Japan. Memoirs of the College of Science, Kyoto Imperial University, Series B, 14 (2): 341-352, pls. XXI-XXIII.

Kitakami, S. 1941. On the Blepharoceridae of Formosa, with a note on *Apistomyia uenoi* (Kitakami). Memoirs of the College of Science, Kyoto Imperial University, Series B, 16(1): 59-72, pls. I-II.

Kitakami, S. 1950. The revision of the Blepharoceridae of Japan and Adjacent Territories. Journal of the Kumamoto Women's University, 2(15): 15-80, pls. I-V.

西尾規孝．2003．カニアミカについての生態的知見．New Entomologist, 52: 84-85.

西尾規孝．2013．ニッポンアミカモドキの生物学．自費出版，上田．

岡崎克則．2005．アミカ科 Blephariceridae．川合・谷田（編），日本産水生昆虫 科・属・種への検索: 717-736．東海大学出版会，秦野市．

岡崎克則．2007．北上山地のアミカ科昆虫，その種類相と流程分布．陸水生物学報, 22: 47-57.

岡崎克則．2008．北海道のアミカ科昆虫，種組成と地理的分布．陸水生物学報, 23: 27-41.

岡崎克則．2010．関東山地のアミカ科昆虫，特に多摩川上流部における分布傾向．陸水生物学報, 25: 7-15.

岡崎克則．2011．九州山地のアミカ科昆虫．陸水生物学報, 26: 13-19.

岡崎克則．2012．紀伊半島南部のアミカ科昆虫．陸水生物学報, 27: 15-28.

岡崎克則・久保田憲昭．2009．長野県のアミカ科昆虫．陸水生物学報, 24: 53-62.

岡崎克則・山本栄治．2006．四国山地西部，小田深山のアミカ科昆虫．陸水生物学報, 21: 1-10.

Okazaki, K. 2014. Annual life cycle of *Philorus ezoensis* Kitakami, 1931 (Diptera: Blephariceridae), with special reference to the seasonal habitat displacement by larvae. Biology of Inland Waters, 29: 55-60.

Rohdendorf, B. 1974. The historical development of Diptera. The Univ. Alberta Press.

三枝豊平．2008．アミカ科 Blephariceridae．平嶋・森本（監修），新版 原色昆虫大図鑑 第Ⅲ巻: 376-385, pls. 129-131．北隆館，東京．

三枝豊平．2014．Family Blephariceridae アミカ科．日本昆虫目録 第8巻 双翅目（第1部 長角亜目－短角亜目無額嚢節）: 76-79．日本昆虫学会，福岡（櫂歌書房）．

Stuckenberg, B. P. 1958. Taxonomic and morphological studies on the genus *Paulianina* Alexander (Diptera: Blepharoceridae). Mem. Inst. Sci. Madagascar. Series E, 10: 97-198.

Zhang, J. & E. D. Lukashevich. 2007. The oldest known net-winged midges (Insecta: Diptera: Blephariceridae) from the late Mesozoic of northeast China. Cretaceous Research, 28: 302-309.

Zwick, P. 1977. Australian Blephariceridae (Diptera). Australian Journal of Zoology, Suppl. Ser. (46): 1-121.

Zwick, P. 1981. 42 Blephariceridae. In Keast, A. (ed.), Ecological Biogeography of Australia: 1185-1193. Dr. Junk bv Pub., The Hague.

Zwick, P. 1990. Systematic notes of Holarctic Blephariceridae (Diptera). Bonn. Zool. Beitr., 41: 231-257.

Zwick, P. 1992. Family Blephariceridae. In Soos, A. et al. (eds.), Catalogue of Palaearctic Diptera. Vol. 1. Trichoceridae – Nymphomyiidae. Hungarian National History Museum, Budapest.

Zwick, P. 1997. Synonimies in the genus *Neohapalothrix*. Aquatic Insects, 19: 9-13.

ハネカ科　Nymphomyiidae

竹門康弘

　ハネカ科（Nymphomyiidae）は，1932年3月に徳永雅明（Tokunaga, 1932）が京都市貴船川で発見したカスミハネカ *Nymphomyia alba* に基づいて設立した1属 *Nymphomyia* からなる特異な双翅目である．成虫の羽に多数の毛があり鳥の羽毛のようであることからこの名がついた．これまで世界中で合計10種余りが知られており，日本にはカスミハネカ *Nymphomyia alba*，キョクトウハネカ *Nymphomyia rohdendorfi*，カンナハネカ *Nymphomyia kannasatoi*，琉球列島で *Nymphomyia holoptica* の近縁種ならびに本州中部山岳域で未確認種の計5種が記録されている（Tokunaga, 1932; Takemon & Tanida, 1994; Makarchenko, 1996; Saigusa et al., 2009; Makarthenko et al., 2014）．また，ロシア極東には *Nymphomyia levanidovae*，*Nymphomyia rohdendorfi*，*Nymphomyia kaluginae*，*Nymphomyia kannasatoi* の4種（Rohdendorf & Kalugina, 1974; Makarthenko, 1979; Makarthenko & Makarchenko, 1983; Makarthenko, 1996, 2013; Makarthenko et al., 2014），北米には *Nymphomyia walkeri*，*Nymphomyia dolichopeza* の2種（Mingo & Gibbs, 1976; Kevan & Cutten, 1981; Smith et al., 1989），ヒマラヤには *Nymphomyia burundini* の1種（Cutten & Kevan, 1970），中国南部には *Nymphomyia holoptica* の1種，モンゴルには *Nymphomyia rohdendorfi* の近縁種1種（Hayford & Bouchard, 2012）が記録されている．ハネカ科は幼虫・蛹・成虫ともに極めて特異な形態であることから，古くより昆虫学者の注目を集め，多くの系統分類的研究が行われてきた（Tokunga, 1932, 1935a, 1935b, 1936; Courtney, 1994; Oosterbroek & Courtney, 1995; Wagner et al., 2000; Schneeberg et al., 2012）．かつては双翅目の中で最も祖先形質を引き継いだ孤立グループに位置付けられていたが，形態学的な系統解析によって，アミカ科やカニアミカ科と類縁のグループであると考えられるようになった（Wood & Borkent, 1989; Courtney, 1994; Oosterbroek & Courtney, 1995）．

　ハネカ属は，終齢幼虫の体長が1.5～2.0 mm，蛹や成虫の体長が1.7～2.9 mmほどの微少な昆虫である．幼虫期と蛹期を渓流の流水中で過ごし，羽化した成虫は羽毛のような特異な形態の翅で川面を飛翔し空中で交尾するが，交尾後には翅を脱落させて水中に戻る．ハネカ属幼虫は，カナダや米国では，渓流中の岩や石礫に生えた水生コケ類の隙間（Ide, 1964, 1965; Kevan & Cutten, 1981），湧水中のコケ（*Fontinalis*）や水生植物（*Callitriche*）が生えた石礫底（Adler et al., 1985），酸性小河川の早瀬の石礫底（Smith et al., 1989）などから採集されている．ロシア極東に分布する *Nymphomyia levanidovae* は，幼虫と蛹が携巣性トビケラの巣内から発見されたことから，トビケラに寄生ないしは捕食寄生する可能性が指摘されている（Rodendorf & Kalugina, 1974）．

カスミハネカ　*Nymphomyia alba* Tokunaga, 1932

　日本産ハネカ属3種のうち，カスミハネカは，京都市貴船川で最初に記録された（Tokunaga, 1932）．徳永（1950）は，「本種は近畿地方の山脚地及び山地の清流に生息し，成虫は早春及び晩秋の候に大発生を見，しばしば河川上を大群で浮動飛翔し，雲霞の水面を被うような稀観を呈する」と記しており，当時貴船川以外でも観察していたことが伺える．本種は，その後，奈良県紀ノ川水系高見川（Takemon & Tanida, 1993, 1994），奈良県紀ノ川水系四郷川や京都府美山町由良川水系美山川（竹門，2005），岐阜県長良川や群馬県上野村神流川（Saigusa et al., 2009; Makarthenko et al., 2014），三重県松阪市櫛田川や徳島県つるぎ町吉野川（中村ほか，2015），栃木県ならびに国後島から記録されている（三枝，2014）．幼虫は，奈良県紀ノ川水系高見川では，瀬から淵の石礫底や砂底に生息し，コケ類（モスマット）や落葉落枝の堆積（リターパック）からは採集されていない（Takemon & Tanida, 1993）．

成虫の形態的特徴：体長1.8〜2.9 mmの細長くひ弱な体型で（図1），体色は全体に淡褐色で頭部と胸部背面ならびに交尾器は濃褐色を呈する．前翅は体長に比べて長く白いので，河川上空を飛翔中は白く見える．頭部は先細りの円錐形で，頭蓋の先端は下向きに彎曲し歯のように鋭く尖る．触角は3節で基節と台座の上に載っている．ただし基節の基部は台座と癒合して一つの節のようにも見える．触角の第1節は大きく多数のしわがあり，前半が太く後半が細い．第2，3節は小さく単なる小突起に見える．第2節は第3節よりも短いが太く第3節に並んで感覚器官を載せている．各複眼は29〜32個の小眼からなり，頭部の側面から下面に張り出している．複眼の後方には1対の単眼がある．前胸は短く頚部の一部のように見える．中胸と後胸は同程度に細長く，それぞれの後端部に前翅と平均棍とが接続する．前・中・後脚ともに長くて細い．各脚の基節は長く，前脚では側方に中・後脚はやや下方に張り出す．腿節と脛節はいずれも長く，前後2節に分離する．5節からなる跗節もよく発達しており，先端には2本の鋭く彎曲した爪がある．前翅は体長よりも長く，体長2.2 mmの雄の前翅は2.5 mm．前縁は直線で後縁が突出する鈍角三角形を呈する（図1）．全体に白色で，基部から前翅中央部にかけてR_1を含む数本の翅脈が痕跡的に認められる．前翅の前後縁には，細く長い毛が密生しており前翅全体が羽毛のように見える．平均棍は，棍棒型でよく発達している．腹部は9節からなり，1〜8節は乳白色．各腹節表面にまばらな細毛を有し，とくに各節背板の後縁に沿って細毛列がある．外部からの観察では腹節の表面に気門は認められない．腹部第9節の末端は2叉し，雌雄ともに短い尾毛状の細い突起を有する．雄の第9節中央には筒状の生殖器官が開口している．

蛹の形態的特徴：蛹は体長1.7〜2.7 mmで細長い体型（図2）．体色はクリーム色から淡褐色で，幼虫よりも硬化している．頭部は明瞭に分節しており，幅・高さともに胸部よりも小さい．複眼は成虫と同様の個眼が既に認められ，全体に頭部表面より盛り上がっている．頭部前縁部は，成虫と同様先端部分が下向きに突出し，その左右に触角の原基とその台座が発達している．胸部は長く中胸部分が最大幅となる．中胸側面から細長い前翅の原基が下方へ伸び，その先端は第2腹節中央部分に達する．9節からなる腹節は明瞭で，第2腹節から第8腹節の後縁よりに強い刺の列があり，腹面の刺列上には長毛を有する．第9腹節の背面後端は左右に開く形でするどく尖る．腹面には交尾器の原基が認められる．

幼虫の形態的特徴：橋本（1985）は，日本産のハネカ幼虫が未発見だったので，北米産の幼虫について形態的特徴を紹介した．その後，Takemon & Tanida（1994）が，奈良県吉野川で発見した幼虫について，その形態と生活様式などを記載した．終齢幼虫（図3）の体長は1.5〜2.0 mm，体色は透明で，固定標本では白色を帯びる．頭部は硬化しており，前縁には長い触角が前方に突き出している．口器には上唇，大顎，舌板，下唇板が発達しており，頭部下面から明瞭に観察される．胸部と腹部は膜質．胸部と腹部の各節の背面と側面には，それぞれ左右一対の長毛を有する．胸部は3節からなり，中胸が最大で後胸が最小．腹部は9節からなり，第1〜7節と第9節の腹面にはそれぞれ1対の擬脚が下方に突出している．擬脚は伸縮でき，先端には長短12本の針状の爪と4本の櫛状の爪を有する．また，第9腹の擬脚は細長く先端には短い針状の爪と櫛状の爪が2本ずつある．

成虫の羽化と繁殖行動：分布域によって時期は異なるが，晩秋から早春の季節に一斉に羽化した成虫が川面の上空に集団で群飛する．遠目には霞がかかったように見えることが，カスミハネカの名の由来である．これまで，京都府由良川（1997年11月），奈良県高見川（1999年4月），奈良県四郷川（2001年3月），群馬県神流川（2007・2008年3月〜4月）で群飛が観察されており，11月や3月には昼間，4月には夕方に飛翔する（竹門，2005; Saigusa et al., 2009）．ただし，群馬県神流川では，カンナハネカとカスミハネカが同所的に生息しており，それぞれの羽化期も重なっているも

ハネカ科　3

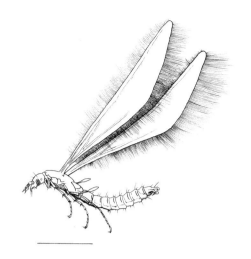

図1　カスミハネカ雄成虫．スケールは1mm．
Nymphomyia alba male adult

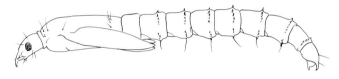

図2　カスミハネカ雄蛹．スケールは1 mm．*Nymphomyia alba* male pupa

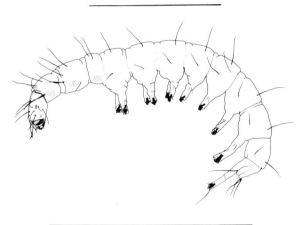

図3　カスミハネカ幼虫．スケールは1mm．
Nymphomyia alba larva

のの、カンナハネカが3月にカスミハネカが4月に多いことが知られており（Saigusa et al., 2009），これまでの各地の記録については種の同定を再確認する必要がある．

　群飛中に雄と雌が連結し，空中で交尾に至る．雄は腹部を下方に屈曲させて雌の尾端の下方から連結する．飛行中のペアには，この姿勢のまま空中交尾を続けるものと，雄が屈曲した腹部を伸ばして後ろ向きとなり，互いに逆向きの姿勢で交尾をするものとが観察される．着地後に交尾を継続するペアについても，雄が腹部を屈曲して雌と同じ方向を向いた姿勢のもの（図4）と，尾端同士で連結して逆向きの姿勢のものとが見られる．逆向きになる時には，両個体が背側を上にしたままなので，互いに尾端を左もしくは右に90度ねじれる姿勢となる．交尾の初期に雄が尾端を下方に屈曲させる点は，カゲロウやカワゲラが上方に屈曲させるのと逆であり対照的である．

　2001年3月に四郷川において交尾時間の測定を行った．空中で交尾が始まる瞬間は確認すること

図4 交尾中のカスミハネカのペア．後方の個体が雄で，腹部を下方に曲げて雌の後部から連結している．（写真撮影：佐藤成史）
Nymphomyia alba male and female in copula. (Photo by S.Sato)

が難しかったので，空中でペアとなったものを発見してから追跡し，乖離するまでの時間を交尾時間として計測した．その結果，交尾時間は平均76.5秒（最短22秒〜最長198秒，n = 11）であった．ただし，途中で見失ったものは除外したので，この結果は，過少評価かもしれない．

カスミハネカの成虫は飛び立つ時に，尾端を腹面に屈曲しこれを基物に弾くことによって飛び跳ねる行動をする（徳永，1950; Saigusa et al., 2009）．飛行後に地物上に降りた成虫は，腹部を下方に曲げてくねらせているうちに長い翅を引っ掛けると簡単に脱落させてしまう（竹門，2005）．米国の *Nymphimyia walkeri* では，交尾姿勢のペアが河床の底生動物サンプルから得られており（Mingo & Gibbs, 1976），空中で交尾したペアがそのまま水中に移動する場合がありうる．河床の底生動物サンプルからの翅の脱落した成虫が採集される現象（Courtney, 1994）は，カスミハネカでも頻繁に見られることから，空中から水中に移動後も，しばらく底生動物として生活する可能性がある．

キョクトウハネカ *Nymphomyia rohdendorfi* Makarchenko, 1979

本種は，Makarchenko（1979）がロシアシベリア北東部コリマ川で記載した種である．Makarthenko & Gunderina（2012）によって雄成虫や雌成虫の形態が再記載されている．日本では，Makarchenko（1996）が北海道各地で記録したが，これらの記録は幼虫に基づいており，今後成虫を採集して精査する必要がある．

カンナハネカ *Nymphomyia kannasatoi* Makarchenko & Gunderina, 2014

本種は，2007年に群馬県上野村の佐藤成史氏が写真撮影したことがきっかけで，Saigusa et al.（2009）によってキョクトウハネカの近縁種として紹介され，Makarthenko et al.（2014）が新種として記載した種である．これまで，群馬県上野村神流川，ロシア極東のサハリン諸島から記録されている（Saigusa et al., 2009; Makarthenko et al., 2014）．

本種の形態は，キョクトウハネカと極めて似ているが，成虫の交尾器の形態で区別され，両種の違いはDNAのCOI領域の配列の違いとして確認されている（Makarthenko et al., 2014）．いっぽう，カスミハネカとの違いについては，幼虫，蛹，成虫ともに，雄雌を問わずマルピーギ小管の形状で明確に区別ができるという（Saigusa et al., 2009）．すなわち，カスミハネカでは，腹部側面に透けて見えるマルピーギ小管の屈曲部前端が，第1腹節まで達するのに対して，カンナハネカでは，マルピーギ小管の屈曲部前端が第3腹節後端までしか至らない（図5，図6）．この違いは，幼虫や蛹にも共通している点で分類上極めて有用な形質と言える．また，幼虫においては，カスミハネカの頭部側面は後縁部を除いて淡色であるのに対して，カンナハネカでは全体的に暗褐色で複眼の周囲のみが淡色となる．さらに，胸部や腹部の各体節背面の毛の長さが，カスミハネカでは比較的短

図5 カスミハネカ雄成虫（左）とカンナハネカ雄成虫（右）．矢印はマルピーギ小管の前端を示す．（写真撮影：佐藤成史）Male adult of *Nymphomyia alba* (left) and *Nymphomyia kannnasatoi* (right). Arrows indicate the position of the anterior curvature of the Malpighian tubules. (Photos by S. Sato)

図6 カスミハネカ幼虫（左）とカンナハネカ幼虫（右）．矢印はマルピーギ小管の前端を示す．（写真撮影：三枝豊平）Nymphs of *Nymphomyia alba* (left) and *Nymphomyia kannnasatoi* (right). Arrows indicate the position of the anterior curvature of the Malpighian tubules. (Photos by T. Saigusa)

く体節の径を超えないが，カンナハネカでは明らかに体節の径を超えるほど長い点でも区別できる．

群馬県上野村神流川では，カスミハネカと同所的に生息し，しかも羽化期もいずれも3〜4月であることが分かっている（Saigusa et al., 2009）．このような現象が各地でも生じている可能性があるため，今後ハネカ属の調査では留意する必要がある．

参考文献

Adler, P. H., R. W. Light & E. A. Cameron. 1985. Habitat characteristics of *Palaeodipteron walkeri* (Diperta: Nymphomyiidae). Entomological News, 96: 211-213.

Back, C. & D. M. Wood. 1979. *Palaeodipteron walkeri* new record Diptera Nymphomyiidae in northern Quebec Canada. The Canadian Entomologist, 111: 1287-1292.

Courtney, G. W. 1990. Cuticular morphology of larval mountain midges Diptera Deuterophlebiidae: Implications for the phylogenetic relationships of Nematocera. Canadian Journal of Zoology, 68, 556-578.

Courtney, G. W. 1991. Phylogenetic analysis of the Blephariceromorpha with special reference to mountain midges Diptera Deuterophlebiidae. Systematic Entomology, 16: 137-172.

Courtney, G. W. 1994. Biosystematics of the Nymphomyiidae (Insecta: Diptera): Life history, morphology and phylogenetic relationships. Smithsonian Contributions to Zoology, No. 550: 1-41.

Courtney, G. W. 1998. First records of the Nymphomyiidae (Diptera) in Nepal. Proceedings of the Entomological Society Washington, 100: 595-597.

Cutten, F. E. A. & D. K. McE. Kevan. 1970. The Nymphomyiidae (Diptera), with special reference to *Palaeodipteron walkeri* Ide and its larva in Quebec, and a description of a new genus and species from India. Canadian Journal of Zoology, 48: 1-24.

Harper, P. P. & M. Lauzon. 1989. Life cycle of the nymph fly *Palaeodipteron walkeri* Ide, 1965 Diptera Nymphomyiidae in the White Mountains of Southern Quebec Canada. The Canadian Entomologist 121, 603-608.

Hayford, B. & R. W. Bouchard. 2012. First Record of Nymphomyiidae (Diptera) from Central Asia with notes on novel habitat for Nymphomyiidae. Proceedings of the Entomological Society of Washington, 114: 186-193.

橋本　碩.1985. ハネカ科. 川合禎次 (編) 日本産水生昆虫検索図説：263-265. 東海大学出版会, 東京.

Ide, F. P. 1964. A fly of the archaic family Nymphomyiidae found in New Brunswick in 1961. The Canadian Entomologist, 96: 119-120.

Ide, F. P. 1965. A fly of the archaic family Nymphomyiidae (Diptera) from North America. The Canadian Entomologist, 97: 496-507.

Kevan, D. K. McE. & F. E. A. Cutten. 1981. Nymphomyiidae. In J. F. McAlpine et al. (eds.): Manual of Nearctic Diptera, Vol. 1: 203-207.

Makarthenko, E. A. 1979. *Nymphomyia rohdendorfi* sp. n., a new representative of archaic insects (Diptera, Nymphomyiidae) from the upper Kolyma flow. Zool. Zh. 58: 1070-1073. (in Russian)

Makarchenko, E. A. 1996. Some remarks on distribution of the Far Eastern Nymphomyiidae (Diptera). Makunagi (Acta Dipterologica), 19: 22-25.

Makarthenko, E. A. 2013. *Nymphomyia kaluginae* sp.n. - a new species of archaic Diptera (Nymphomyiidae) from Amur River basin (Russian Far East). Euroasian Entomological Journal, 12: 291-296. (in Russian)

Makarthenko, E. A. & L. I. Gunderina. 2012. Morphological redescription and DNA barcoding of *Nymphomyia rohdendorfi* Makarchenko, 1979 (Diptera, Nymphomyiidae) from Amur River Basin (Russian Far East). Euroasian Entomological Journal, 11: 17-25. (in Russian)

Makarthenko, E. A., L. I. Gunderina & S. Sato. 2014. Morphological description and DNA barcoding of *Nymphomyia kannasatoi* sp.n. (Diptera, Nymphomyiidae) from Japan and South of Sakhalin Island, with data on biology of species. Euroasian Entomological Journal, 13: 535-544. (in Russian)

Makarchenko, E. A. & M. A. Makarchenko. 1983. Archaic flies Nymphomyiidae /Diptera/ from the Far East of the USSR. In O. A. Skarlato (ed.), Diptera (Insecta), Their Systematics, Geographic Distribution and Ecology: 92-95. Zoological Institute, USSR Academy of Sciences. (in Russian)

Mingo, T. M. & K.E. Gibbs. 1976. A record of *Palaeodipteron walkeri* Ide (Diptera: Nymphomyiidae) from Main: a species and family new to the United States. Entomological News, 87: 184-185.

中村剛之・加藤大智・三枝豊平. 2015. 三重県, 徳島県におけるカスミハネカの記録. 三重県総合博物館研究紀要, 1: 23-24.

Oosterbroek, P. & G.W. Courteney. 1995. Phylogeny of the nematocerous families of Diptera (Insecta). Zoological Journal of the Linnean Society, 115: 267-311.

Rohdendorf, B. B. & N. S. Kalugina. 1974. The discovery of a member of peculiar family Nymphomyiidae (Diptera) in the Maritime Territory. Entomological Review, 53: 146-151.

三枝豊平. 2014. Nymohomyiidaeハネカ科. 日本昆虫目録編集委員会 (編). 日本昆虫目録第8巻1号, 双翅目：80. 日本昆虫学会, 福岡.

Saigusa, T., T. Nakamura, & S. Sato. 2009. Insect mist-swarming of *Nymphomyia* species in Japan. Fly Times, 43: 2-8.

Schneeberg, K., F. Friedrich, G. W. Courtney, B. Wipfler & R. G. Beutel. 2012. The larvae of Nymphomyiidae (Diptera, Insecta) – Ancestral and highly derived? Arthropod Structure & Development, 41: 293-301.

Smith, M. E., B.J. Wyskwski, C. T. Driscoll, C. M. Brooks & C. C. Cosentini. 1989. *Palaeodipteron walkeri* (Diptera: Nymphomyiidae) in the Adirondack Mountains, New York. Entomological News, 100: 122-124.

竹門康弘. 2005. ハネカ科. 川合禎次・谷田一三 (編), 日本産水生昆虫 科・属・種への検索, 737-741. 東海大学出版会, 秦野, 神奈川.

Takemon, Y. & K. Tanida. 1993. Environmental elements for recovery and conservation of riverine nature. In M. Anpo (ed.), Proceedings of International Symposium on Global Amenity：349-356. University of Osaka Prefecture, Sakai.

Takemon, Y. & K. Tanida. 1994. New data on *Nymphomyia alba* (Diptera: Nymphmyiidae) from Japan. Aquatic Insects, 16: 119-124.

Tokunaga, M. 1932. A remarkable dipterous insect from Japan, *Nymphomyia alba*, gen. et sp. nov. Annotates Zoologica Japonensis, 13: 559-569.

Tokunaga, M. 1935a . On the pupae of the nymphomyiid fly (Diptera). Mushi, 8: 44-52.

Tokunaga, M. 1935b. A morphological study of the nymphomyiid fly. Philippine Journal of Science, 56: 127-214.

Tokunaga, M. 1936. The central nervous, tracheal and digestive systems of a nymphomyiid fly. Philippine Journal of Science, 59: 189-216.

徳永雅明. 1950. 日本昆虫図鑑：1567. 北隆館, 東京.

Wagner, R., C. Hoffeins & H. W. Hoffeins. 2000. A fossil nymphomyiid (Diptera) from the Baltic and Bitterfeld amber. Systematic Entomology, 25: 115-120.

Wood, D. M. & A. Borkent.1989. Phylogeny and classification of the Nematocera. In J. F. McAlpie (ed.): Manual of Nearctic Diptera. Vol. 3: 1333-1370.

チョウバエ科　Psychodidae*

古屋八重子

　幼虫は10mm未満の円筒状ないし，やや扁平な円筒状で，原脚等はない．頭部は小さいが，完全に分化しており，前胸部に引き込まれることもない．両気門性で，胸部に1対と尾部の呼吸管の先端に気門がある．呼吸管の先端には通常2対の肉質突起があり，これに毛を生じている．各体節は2または3個の小環節に分かれている．体表にはキチン小板，剛毛，顆粒などが発達しており，生時には体の周囲に泥等をつけているものが多い．種名の判明していない幼虫については整理番号を付した．

　生息場所は，下水溝や汚水溜めと，もう1つは，これと対照的に山間の急流近くの湿潤区が多い．成虫は Tokunaga & Komyo (1955) によって3亜科8属31種が報告されているが，幼虫はあまりわかっていない．

チョウバエ科幼虫の属の検索

1a　触角は4節よりなり，頭の幅より長い ･･･ *Sycorax*
1b　触角は上記より短い ･･ 2
2a　灰白色ないし黄白色．肛門の周囲にキチン板をもたない．体の前寄りには背面の小キチン板をもたない小環節がある ･･ *Psychoda*
2b　褐色ないし黒褐色．肛門を囲んで3個のキチン板がある ･･････････････････････････ 3
3a　腹節の第2の小環節には，腹面に楕円形のキチン板が1対ある ･･････････････ *Pericoma*
3b　上記のキチン板がないか，あってもごく小さく目立たない ･････････････ *Telmatoscopus*

Sycorax Haliday

　成虫では，*Sycorax japonicus* Tokunaga et Etsuko が知られている (Tokunaga & Komyo, 1955)．幼虫は長い触角が特色である．

Psychoda Latreille

　成虫では10種が報告されている (Tokunaga & Komyo, 1955)．
　幼虫の体表に細かい毛はあるが，顆粒や剛毛はあまりなく，全般に淡色である．下唇板には明瞭な歯がない．胸部3節と第1腹節は2小環節に，第2～7腹節は3小環節に分かれている．第8～10腹節は合一して尾部を形成している．

Psychoda sp. PA

　体長7～8mm．背面のキチン板は第6・7腹節にのみある．体表には微小な毛が粗く生じているだけで，顆粒はない．胸部の気門はわずかに盛り上がった部分の先にある．呼吸管はやや長く，基部の2倍または頭長の2.5倍あり，先端へ細くなっている．肉質突起は2対で，ごく小さい．
　なお，この種は『日本幼虫図鑑』のホシチョウバエ *Psychoda alternata* とよく一致するが，Johannsen (1933) の記述では *P. alternata* は第5～7腹節にキチン背板があるとなっている点が異なるので，*Psychoda* sp. PA と仮の種名を付しておく．幼虫と蛹の生息場所は下水溝．

---

*本科については，古屋 (1985, 2005) を再録した．

Pericoma Walker

成虫は8種が報告されている（Tokunaga & Komyo, 1955）.

幼虫の体表にはキチン板や顆粒が多く，全般に濃色である．胸部3節と第1腹節は2小環節に，第2～7腹節は3小環節に分かれる．各小環節の背面にはキチン板があり，腹節の第2の小環節の腹面には楕円形のキチン板が1対ある．第8～10腹節は合一して尾部を形成する．

Pericoma sp. PA

幼虫はやや扁平で，中ほどが少し太い．背面のかなりの部分を濃褐色のキチン板が覆い，腹面にもキチン板がある．さらに，キチン板の間を黒褐色ないし黒色の顆粒がうずめつくしており，全体に黒っぽい色に見える．

胸部と腹部のキチン背板には，両端に各々2～4本の金茶色をした長剛毛があり，その長さは体の厚みの1/2～1/3程度．またこの剛毛は体軸に沿って列生している．

腹面は扁平で，背方より淡色であり，柳葉状の剛毛がある．この剛毛束の配列は，第1の小環節の側方に1対，第2の小環節の楕円形キチン板に各2対，第3の小環節には側方と中央寄りとに2対，となっている．これらのうち，第3の小環節の側方の1対には長い剛毛が含まれるが，それ以外は短い．

背面の長剛毛が生じるあたりは体軸に沿って稜線のように角張っており，また腹面が扁平であるために，体の横断面は台形に近い形になっている．

前気門は前胸からのびた小さい管の先端にある．呼吸管はあまり長くなく，第7腹節と同長かや

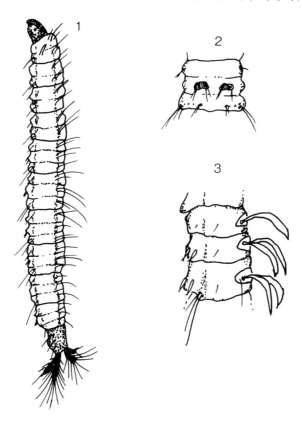

図1 *Pericoma* 属
1：*Pericoma* sp. PA の全形左側面　2：*Pericoma* sp. PA の第4腹節腹面　3：*Pericoma* sp. PC の第4腹節側面

や長い程度．肉質突起は長く，腹方の1対は呼吸管と同長，背方の1対はこれより少し短い．2対ともに長毛を生じている．標本の体長4～4.5mm．長野県の蓼科高原の小流で，1972年11月に採集．

Pericoma sp. PB

Pericoma sp. PA と極めてよく似ているが，以下の点が異なっている．背面の長剛毛は上方へ向かわず，斜め横へのびており，数も少なめである．呼吸管は第7腹節より長く，最大の腹節（第3，4腹節）とほぼ同長．肉質突起は腹方の1対が呼吸管の1/4～1/5長，背方の1対は腹方のものの約1/2長である．標本の体長4～5mm．静岡県藁科川の上流清沢村で1972年1月に採集．

Pericoma sp. PC

キチン背板には各1対の剛毛束があり，この剛毛はリボン状で，体表面にリボンの面を直角に下向きに生じている．これら剛毛束は，多少の変異はあるが，第1の小環節では1個，第2と第3の小環節では2個からなっている（1：2：2）．

腹面には第2と第3の小環節に4～6個の小さい柳葉状の剛毛が横に並んでいる．第3の小環節の側方には長い剛毛がある．

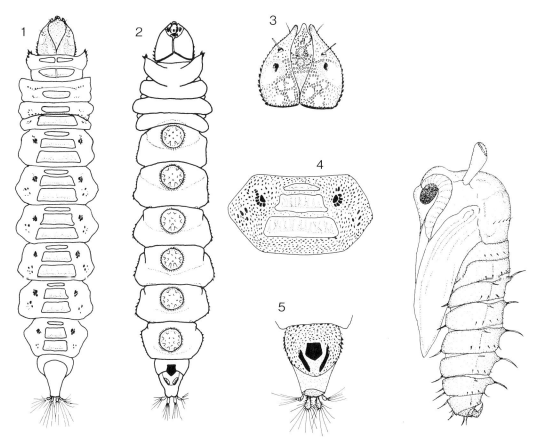

図2　キイヒラタチョウバエ *Telmatoscopus kii*
1：全形背面　2：全形腹面　3：頭部背面　4：第3腹節背面
5：尾部腹面（古屋，1970より）

図3　キイヒラタチョウバエ *Telmatoscopus kii* の蛹（古屋，1970より）

前気門は胸部からのびた小管の先にある．呼吸管は第7腹節の約1.5倍の長さで，先端が細くなる．肉質突起は腹方の1対が呼吸管の1/3～1/4の長さで長い毛を生じているが，背方の1対は痕跡的．肛門の近くに4本の剛毛がある．

本種は背面にリボン状剛毛をもつ点で，Johannsen（1933）の *P. albitarsis*，徳永（1959）の *Pericoma* sp. とよく似ているが，これらの種では第1と第3の小環節で2個，第2小環節で1個のリボン状剛毛をもつことになっている（2：1：2）．標本の体長3 mm．和歌山県熊野川の支流大塔川の湿潤区で，1972年6月に採集した．

Telmatoscopus Eaton

成虫は6種，幼虫は2種知られている（古屋，1975；Tokunaga & Komyo, 1955；徳永，1959）．幼虫は一般に *Pericoma* 属とよく似ているが，下面に吸盤をもつ種は *Maruina* 属（北米およびインド産）と似ている．

オオケチョウバエ　*Telmatoscopus albipunctatus* Willistone

8～9 mm．褐色ないし黒褐色で，体表には一面に微細な小刺状毛があり，多数の長剛毛を生じている．胸部3節と第1腹節は2小環節に，第2～7腹節は3小環節に分かれる．各小環節の背面にはキチン板をもつ．第8～10腹節は合一して尾部を形成する．

キイヒラタチョウバエ　*Telmatoscopus* (*Neotelmatoscopus*) *kii* Tokunaga & Etsuko

体長3.5～4 mm．細長い紡錘形で，横断面はかまぼこ形である．下面に吸盤をもち，アミカのように石面に吸着している．

小環節は十分に分化していない．前胸は背面にくびれがあり，その前後にキチン背板がある．中胸は背面にややくびれた線があり，その後部にだけ背板がある．後胸と第1腹節の背面にはくびれはなく，各1個のキチン背板がある．第2～7腹節は小環節に分かれていないが，各3個のキチン背板をもつ（なお，古屋（1970，1975）では第1腹節を後胸の一部として記したので，訂正する）．第2～7腹節の下面には，大きく明瞭な吸盤をもつ．呼吸管は第7腹節とほぼ同長，先端部に2対の肉質突起をもつ．

幼虫と蛹は，山間部の沢や小流で，大きな岩に囲まれ一日中うす暗い場所に生息する．

『日本幼虫図鑑』に記されている *Telmatoscopus* (*Neotelmatoscopus*) sp. は本種と思われる．

参考文献

古屋八重子．1970．静岡市で採集されたヒラタチョウバエ *Telmatoscopus* sp. について．奈良陸水生物学報，3: 32-33.

古屋八重子．1975．キイヒラタチョウバエの幼虫と蛹について．昆虫と自然，10(2): 30.

古尾八重子．1985．チョウバエ科．川合禎次（編），日本産水生昆虫検索図説：286-289．東海大学出版会，東京．

Johannsen, O. A. 1933. Aquatic Diptera, Part I. Nemocera exclusive of Chironomidae and Ceratopogonidae. Cornell University.

Tokunaga, M. & E. Komyo. 1955. Japanese Psychodidae, III. New or little known moth flies, with descriptions of ten new species. Philippine Journal of Science, 84: 205-228.

徳永雅明．1959．ちょうばえ科．江崎悌三ほか（編），日本幼虫図鑑：622-624．北隆館，東京．

ニセヒメガガンボ科　Tanyderidae

三枝豊平，中村剛之

　成虫は脚が長く，細長い体をした中型の双翅目昆虫で，翅に明瞭な褐色の斑紋があり，ガガンボ上科の一部（*Epiphragma*, *Heterangaeus* 等）によく似ている．しかし，翅のR脈が5本に分枝して，いずれも独立に翅の縁に達している点や，A_1脈（従来のA_2脈）が弱く，翅の縁に達しないことなどからガガンボ上科とは明らかに区別することができる．

　世界から現生種10属38種，化石種4属7種が報告され，日本からはニセヒメガガンボ属 *Protanyderus* の2種が知られている．

ニセヒメガガンボ属　*Protanyderus*

　成虫は体長5〜14 mm．頭部は丸く小さい．口吻は前方に突出し，頭蓋部より短い．触角は比較的短く，16節からなり，鞭部には各鞭小節より長い毛が生えている．複眼は雌雄ともに頭部背面で離眼的で，腹面で左右が接し，個眼の間には直立した短い刺毛が生えている．単眼はない．前胸背板と頸節片は小さく，頸部は短い．翅は後縁が臀域中央で後方へ直角に張り出す．くすんだ透明の地に明確な褐色の斑紋をもつ．Sc脈は翅の中央より先まで伸び，sc-r横脈はSc脈の先端近くに位置する．R脈は5本，M脈は4本の枝に分岐し，各々の脈が独立して翅の縁に達する．r_2室はR_{2+3}脈より明らかに短い．Rs脈やM脈の分岐点，r-m横脈，m-cu横脈が翅の中央付近に位置するため，r_3〜r_5室，dm室，m_3〜m_4室は長い．A_1脈は弱く，不完全で翅の縁に達しない（図2）．

　蛹は北米産の *Protanyderus margarita* Alexander, 1948について知られている．この種では頭部の先端に1対の先の尖った鶏冠状の突起，顔面に3本の小さな突起を有する．前胸背板は前方のantepronotumと後方のpostpronotumに分かれ，小さな呼吸角（respiratory horn）がpostpronotumの腹側の縁から生じている．脚包（leg sheaths）は相接して平行に配列される．腹部背板は各々前後に分かれ，第1〜7節は側面に，第8節は側面突起の基部背面に各々1対の気門を有する（図1-2，図示した蛹は本属と近縁な *Protoplasa fitchii*，北米産）．

　幼虫は細長くやや扁平．体色は黄白色．呼吸系は気門が前胸と腹部第8節に各1対ある双気門式（amphipneustic）．頭部は強く骨化する．ガガンボ上科のように頭部を胸部に引き込むことはできない．胸部は3節に，腹部は9節に分節する．胸部および腹部第1〜7節は単純．腹部第8節と9節に長い気管鰓（tracheal gills）を各々1対，第9節に先端に鉤爪をもつ腹脚（prolegs）1対とその先端付近にやや短い気管鰓1対，さらに肛門周辺にほぼ同じ長さの肛門葉（anal papillae）2対を有する（図1-1）．

　成虫は発生源となる河川の周辺にみられ，夜間にはしばしば燈火に飛来する．この際，白幕などにすべての脚をついて体を高く保持し，翅を真っ直ぐ横に開いて静止する．徳永（1939）に「（成虫は）休息時には樹枝に1脚又は2脚を用ひて垂下する習性を有す」とあるが，著者らは日本産の種でこのような習性を観察していない．幼虫は水生で，流れの緩やかな河川の砂礫底から発見される．終齢幼虫は岸辺の砂地に移動して蛹化するものと考えられている．

　本属はニセヒメガガンボ科では例外的に分布域が広い．旧北区，東洋区，新北区の3つの生物地理区から12種が報告されている．

2　双翅目

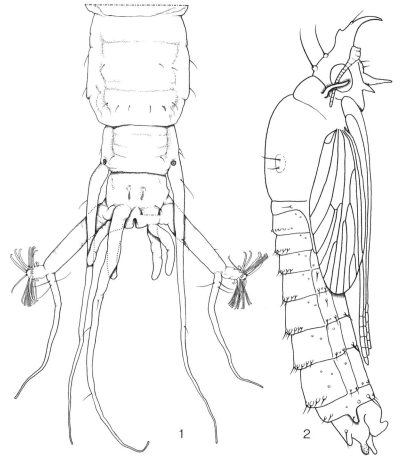

図1　幼虫および蛹
1：エサキニセヒメガガンボ *Protanyderus esakii*　幼虫　腹部末端部　背面図　2：*Protoplasa fitchii*（北米）蛹　側面図（Alexander, 1930）

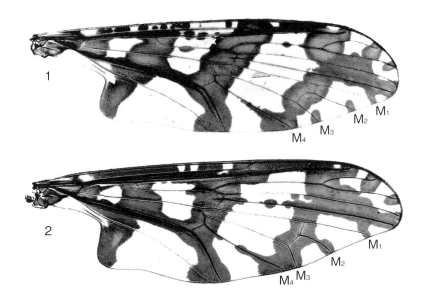

図2　翅
1：エサキニセヒメガガンボ *Protanyderus esakii*　2：アルプスニセヒメガガンボ *Protanyderus alexanderi*

ニセヒメガガンボ科 3

図3 成虫
1：エサキニセヒメガガンボ *Protanyderus esakii*　2：アルプスニセヒメガガンボ *Protanyderus alexanderi*

成虫の種の検索

1a　m_1室，m_2室は狭く，M_1，M_2，M_3の各脈は翅の縁に向かってわずかに離れる（図2-1）．雄交尾器の挿入器は中央の枝が左右の枝に比べ短い
　　　　　　　　　　　　　　　　　　　　　　　　　エサキニセヒメガガンボ　*Protanyderus esakii*
1b　m_1室，m_2室は幅広く，M_1，M_2，M_3の各脈は翅の縁に向かって顕著に広がる（図2-2）．雄交尾器の挿入器は3本の枝がほぼ同じ長さ
　　　　　　　　　　　　　　　　　　　　　　　　　アルプスニセヒメガガンボ　*Protanyderus alexanderi*

エサキニセヒメガガンボ　*Protanyderus esakii* Alexander, 1932

成虫は体長7〜8 mm．雄の翅は幅が狭く，Cu脈の末端部近くで翅の後縁部は特に張り出さない．M_1〜M_3の各脈は平行か翅の縁に向かってわずかに離れる（図2-1）．雄交尾器の挿入器は先端で3分岐し，中央の枝が短い．

終齢幼虫は体長約12 mm（腹端の突起を含まない）．体形は細長くやや扁平．体色は淡い黄白色．胸部と腹部は先端が平らなサジ状の微毛で覆われている．腹部第8節と第9節背面の気管鰓はほぼ同長で腹部第8節の約5倍の長さがある．腹脚の鈎爪は腹脚の中に収納することができ，長い鎌状のものが約20本，さらにその基部に太く短い鈎爪が約5本それぞれ1列に並んでいる．腹脚先端の鞭状部は腹脚本体の1.3倍の長さがあり，基部近くに3本の細長い刺毛を有する（図1-1）．

生態と分布：成虫は7〜10月に発生し，低地〜山間部の主に河川沿いの地点で発見される．これ

まで採集された個体の多くは夜間照明に飛来したところを採集されたものである．成虫の生態を垣間見ることのできる例として，川辺のヤナギの葉に静止する個体の発見例，渓流沿いの森林の下草のスウィーピングによって採集された例，オオヒメグモの巣に捕らえられた個体の採集例などがある．

幼虫は河川中流域の流れの緩やかな砂礫底にみられる．熊本県での観察例では，本種の生息場所は水深約50 cm，握り拳大から重さ10 kg 程の石が堆積した広い川底で，堆積物中には枯れ枝や落ち葉の破片なども含まれ，川底の石の表面はうっすらと褐色の藻類に覆われていた．熊本県五木村八重では，終令と思われる幼虫が8月および9月に採集されている．幼虫の動きは緩慢で砂礫の中から取り出すとゆっくりと体を屈伸する運動を繰り返す．蛹は発見されていない．

本州（新潟県以南），四国，九州，中国遼寧省，ロシア沿海地方，モンゴルに分布．稀．

アルプスニセヒメガガンボ　*Protanyderus alexanderi* Kariya, 1935

成虫は体長7～9 mm．前種に酷似する．雄の翅の後縁はCuの先端部付近で若干張り出す．M_1～M_3の各脈は翅の縁に向かって広がり，m_1室，m_2室は幅広い（図2-2）．雄交尾器の挿入器先端の3本の枝はほぼ等長．

幼虫や蛹はいまだ発見されていない．

本州の東北地方から中部地方にかけての山岳部（標高500～2,000 m）に分布し，成虫は8～10月に発生する．渓流沿いで灯火に飛来した個体が発見される．日本固有種．稀．

関連文献

Alexander, C. P. 1930. Observations on the dipterous family Tanyderidae. Proceedings of Linnean Society of New South Wales, 55: 221-230, pls. 5-6.

Alexander, C. P. 1932. The dipterous family Tanyderidae in Japan (Insecta). Annotates Zoologica Japonica, 13: 273-281.

Alexander, C. P. 1981. 6 Tanyderidae. In J. F. McAlpine et al. (eds.) Manual of Nearctic Diptera, volume 1: 149-151. Research Branch Agriculture Canada, Ottawa.

馬場金太郎．1935．アルプスニセヒメガガンボ山形県に産す．むし，8: 89．

馬場金太郎．1982．エサキニセヒメガガンボの採集記録．越佐昆虫同好会々報，55: 8．

江崎悌三．1934．日本における Tanyderidae の発見．むし，7: 56-57．

Exner, K. & D. A. Craig. 1976. Larvae of Alberta Tanyderidae (Diptera: Nematocera). Quaestiones Entomologicae, 12: 219-237.

苅谷正次郎 1935．日本産 Tanyderidae に就いて．むし，8: 39-41, pl. 6．

苅谷正次郎 1984．ニセヒメガガンボ科覚え書き．越佐昆虫同好会々報，57: 31-35．

Knight, A. W. 1963. Description of the tanyderid larva *Protanyderus margarita* Alexander from Colorado. Bulletin of the Brooklyn Entomological Society, 58: 99-102.

Knight, A. W. 1964. Description of the tanyderid pupa *Protanyderus margarita* Alexander from Colorado. Entomological News, 75: 237-241.

Krzeminski, W. & D. D. Judd. 1997. 2. 14. Family Tanyderidae. In L. Papp & B. Darvas (eds.) Contributions to a manual of Palaearctic Diptera, Volume 2: 291-297. Science Herald, Budapest.

徳永雅明．1939．贋姫大蚊科腰細大蚊科偽大蚊科擬網蚊科（昆蟲綱-雙翅群）．日本動物分類，第10巻，第7編，第2号: 1-126．

Wagner, R. 1992. Family Tanyderidae. In A. Soos (ed.) Catalogue of Palaearctic Diptera, Volume 1: 37-39. Hungarian Natural History Museum, Budapest.

コシボソガガンボ科　Ptychopteridae

三枝豊平, 中村剛之

　コシボソガガンボ科の成虫は脚が長く細長い体形をした中型の双翅目昆虫で, ヒメガガンボ科の一部の種によく似ている. しかし, 系統上の位置は決して近縁なものではなく, 翅の R_4 脈, R_5 脈が長い共通柄（R_{4+5} 脈）をもつこと, A_1 脈（従来の A_2 脈）が退化すること, 平均棍の基部に平均棍前突起（prehalter）をもつことなどにより容易に区別できる.

　新熱帯区, オーストラリア区を除く世界各地に分布し, 2亜科3属85種が知られている. 日本からはコシボソガガンボ属 *Ptychoptera*, ヒメコシボソガガンボ属 *Bittacomorphella* の2属14種が報告されている（Rozkošný, 1992；中村・三枝, 2004；Nakamura & Saigusa, 2009；Nakamura, 2012）.

形態的特徴

成虫：体長7〜15 mmほど. 頭部は幅広く, 口器は発達する. 小腮鬚は長く, 5節. 触角は雌雄ともに細長い鞭状, 雄では特に長く, 体長を超える種もある. 触角鞭節は13または18小節からなり, 各鞭小節は長い円筒形. 複眼は大きく半球状で無毛, 雌雄ともに離眼的. 単眼はない.

　中胸背板は大きく膨らんでいる. 前楯板（praescutum）と楯板（scutum）はV字型の縫合線で区切られ, 前楯板には1対の平行な溝が縦方向に走る. 中胸副基節は中胸後側板と完全に融合している. Sc脈は長く, 翅の全長の2/3付近までのびる. sc-r横脈はない. R脈は4本（R_{1+2}, R_3, R_4, R_5 の各脈）に分かれて翅の縁に達する. R_4 脈と R_5 脈は常に長い共通柄（R_{4+5} 脈）をもつ. M脈は2〜3本に分岐して翅の縁に達し, M_{1+2} 脈はM脈と直線的につながる. m-m横脈はなく, dm室を欠く. CuA脈はm-cu横脈の先で強く後方に湾曲する. 平均棍の基部前方に小さな突起（平均棍前突起）をもつ.

　腹部は細長く, 基部で最も細い. 雄の腹部第9節背板後縁は左右が後方にさまざまな形に突出する. 生殖基節（gonocoxite）は大きく, 先端に1本の生殖端節（gonostylus）をもつ.

蛹：体形は細長い. 中胸にある1対の呼吸角（respiratory horn）は非対称で, 一方が細長く伸長し, しばしば体長より長い.

幼虫：体は細長い. 気門は腹部末端にある後気門式（metapneustic）. 頭部は完全で強く骨化している. 腹部第1〜3節は腹面に1対の腹脚（prolegs）をもち, その先端に小さな鉤爪を具える. 腹部の先端は細長く伸長し, 伸縮自在の呼吸管となる. 肛門葉（anal papillae）は1対で, 細長い円筒状. 幼虫が呼吸管を収縮すると, 肛門葉は腹部の中に引き込まれ, 外から確認できなくなる.

亜科の検索
成虫

1a 触角は15節. 翅の M_{1+2} 脈は常に分岐し, m_1 室を形成する（図2-1〜12）. 脚は黄褐色から黒褐色. 雌の尾角（cerci）は鉾状で先端が尖る
　………………………………………………………………… コシボソガガンボ亜科　Ptychopterinae

1b 触角は20節. 翅の M_{1+2} 脈は分岐せずに翅縁に達する（図2-13, 14）. 脚は黒褐色で脛節や跗節は部分的に白色. 雌の尾角は小さく, 細かな毛に覆われ, 先端は尖らない
　………………………………………………………………… ヒメコシボソガガンボ亜科　Bittacomorphinae

幼虫・蛹

- 1a 幼虫は灰〜黄褐色，腹部の表面はスムース，呼吸角は長く，体長の1/4以上．蛹は，翅包（wing sheath）にm_1室が確認できる．脚包（leg sheath）は重ならない
  ·· **コシボソガガンボ亜科** Ptychopterinae
- 1b 幼虫は赤〜黒褐色，胸部および腹部は細かな突起とそこに付着した細かな植物片や土に覆われる．呼吸角は短かく，体長の1/6以下．蛹の翅包にm_1室は確認できない．前脚の脚包は中脚の脚包の上に重なる ··············· **ヒメコシボソガガンボ亜科** Bittacomorphinae

コシボソガガンボ亜科　Ptychopterinae

コシボソガガンボ属 *Ptychoptera* 1属からなる．

コシボソガガンボ属　*Ptychoptera*

成虫：体は光沢のある黒色または鈍い金属光沢のある青黒色の地に橙〜黄褐色の斑紋があるか，黄褐色の地に黒色の斑紋をもつ．触角は15節．脛節の距棘（tibial spurs）は細く，針状．翅はR脈やM脈の分岐点に小さな褐色の紋をもつか，翅の中央部（Rsの分岐点，r-m横脈，m-cu横脈を含む）と先端近く（R_{2+3}，R_{4+5}，M_{1+2}の各脈の分岐点を含む）に2本の黒褐色の帯状紋を有する．M_{1+2}脈は分岐し，m_1室を形成する．雌の尾角は鉾状で先端が尖る．

蛹：右側の呼吸角が長い．6本の脚包は重ならず，平行に配列する．翅包越しにm_1室が確認できる（図1-3〜5）．

幼虫：体色は灰褐色〜黄褐色，腹部は細かな皺と短い毛に覆われる．腹部第1〜3節腹側の腹脚は発達が弱い．呼吸角は長く，体長の1/4以上をしめる．

生態と分布：成虫は湿地周辺の草原や森林内の下草上でみられる．植物の葉の上で翅を広げて静止している個体や交尾中の個体をみることが多く，また湿地上を低く活発に飛翔する．明かりには飛来しない．幼虫は湿地や休耕田，河川や湖沼周辺の有機物に富んだ泥の中に生息する．

本属はオーストラリア区と新熱帯区を除く各生物地理区から，72種が確認されている．日本からはこれまでに以下に示す12種が記録されているが，著者らはこのほかに若干の未記載種を確認している．

コシボソガガンボ属の種の検索

- 1a 小楯板の中央部は黄色から黄褐色 ··· 2
- 1b 小楯板は全体が黒色 ··· 5
- 2a 腹部は全体黒色 ··· **エゾコシボソガガンボ**　*Ptychoptera subscutellaris*
- 2b 腹部は部分的に黄色または褐色 ·· 3
- 3a 中胸側板は褐色で灰色の微毛を密生する．中胸前楯板，楯板は中央部に互いに接する3本の太い黒色紋をもち，周辺部は黄褐色．中背板は黒褐色で灰色の微毛を密生する
  ·· **ダイミョウコシボソガガンボ**　*Ptychoptera daimio*
- 3b 中胸側板は黄色 ··· 4
- 4a 中胸前楯板は黄褐色で中央部は光沢のある黒色，楯板は明るい黄色．腹部背板は側面が黄色で背中線上に黒い帯が走る．腹部の末端，産卵管は黒色
  ·· **キイロコシボソガガンボ**　*Ptychoptera clitellaria*

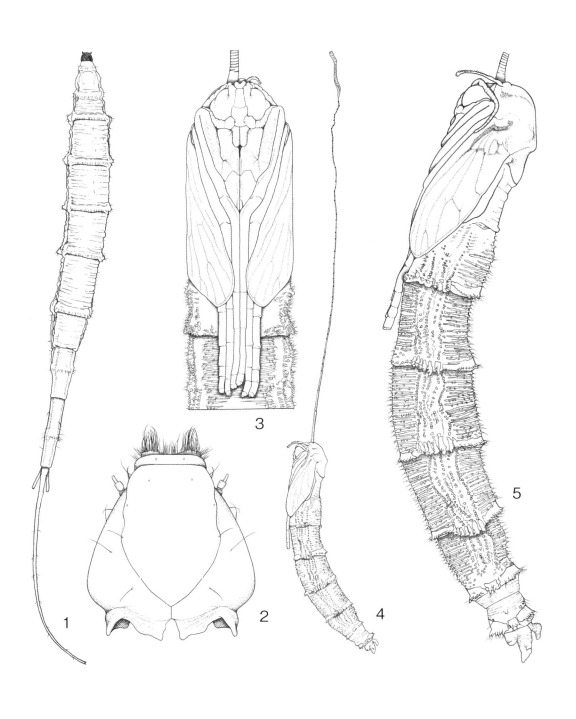

図1　コシボソガガンボ亜科　キュウシュウコシボソガガンボ *Ptychoptera kyushuensis* 幼虫・蛹
1〜2：幼虫（1：全体図，2：頭部 背面図）　3〜5：蛹（3：頭部および胸部 腹面図，4〜5：全体図 側面図）

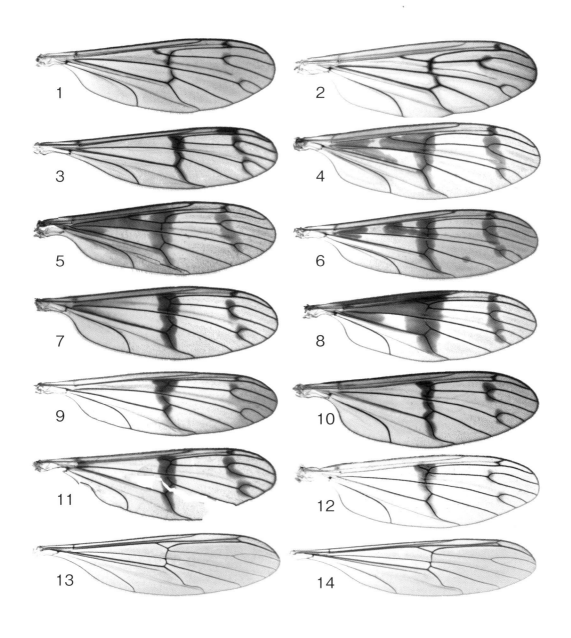

図2　コシボソガガンボ科 Ptychopteridae　翅
1：エゾコシボソガガンボ Ptychoptera subscutellaris　2：ダイミョウコシボソガガンボ Ptychoptera daimio
3：タイワンコシボソガガンボ Ptychoptera formosensis　4：ヤスマツコシボソガガンボ Ptychoptera yasumatsui　5：タケウチコシボソガガンボ Ptychoptera takeuchii　6：キベリコシボソガガンボ Ptychoptera pallidicostalis　7：オビコシボソガガンボ Ptychoptera japonica　8〜9：ヤマトコシボソガガンボ Ptychoptera yamato　10：キュウシュウコシボソガガンボ Ptychoptera kyushuensis　11：イチタコシボソガガンボ Ptychoptera ichitai　12：シラカミコシボソガガンボ Ptychoptera shirakamiensis　13：ニッポンヒメコシボソガガンボ Bittacomorphella nipponensis　14：エサキヒメコシボソガガンボ Bittacomorphella esakii

4b	中胸前楯板と楯板は広く黒色．腹部は黄色と黒の横縞模様となる．腹部の末端，産卵管は黄色‥‥‥‥‥‥‥‥‥‥‥‥‥‥‥‥‥‥‥‥タイワンコシボソガガンボ *Ptychoptera formosensis*	
5a	Rs 脈は長く，r-m 横脈の3倍以上の長さ．生殖基節は膨れる．生殖端節は枝分かれし，先端がへら状になるなど形態が複雑‥‥‥‥‥‥‥‥‥‥‥‥‥‥‥‥‥‥‥‥‥‥‥‥‥	6
5b	Rs 脈は r-m 横脈の2倍より短い．生殖基節は細く，生殖端節は枝分かれせず単純な鉤状 ‥‥‥	8
6a	雄の腹部第9節背板から後方へのびる1対の突起は長く，生殖端節の先端に届く‥‥‥‥‥‥‥‥‥‥‥‥‥‥‥‥‥‥‥‥‥‥‥ヤスマツコシボソガガンボ *Ptychoptera yasumatsui*	
6b	雄の腹部第9節背板後方の突起はやや短く，生殖基節の先端近くで終わる‥‥‥‥‥‥‥	7
7a	翅の前縁部（c 室および sc 室）は暗褐色 ‥‥‥‥‥‥‥‥‥‥‥‥‥‥‥‥‥タケウチコシボソガガンボ *Ptychoptera takeuchii*	
7b	翅の前縁部は黄褐色 ‥‥‥‥‥‥‥‥‥‥‥‥‥‥‥‥‥‥キベリコシボソガガンボ（新称）*Ptychoptera pallidicostalis*	
8a	雄の腹部第9節腹板は後縁部中央がとげ状に鋭く突出する‥‥‥‥‥‥‥‥‥‥‥‥‥‥	9
8b	雄の腹部第9節腹板の後縁部中央は尖らない‥‥‥‥‥‥‥‥‥‥‥‥‥‥‥‥‥‥‥‥	10
9a	交尾鉤（parameres）は L 字型に曲がり，先端は側方を向く ‥‥‥‥‥‥‥‥‥‥‥‥‥‥‥‥‥‥‥‥‥‥‥‥‥‥オビコシボソガガンボ *Ptychoptera japonica*	
9b	交尾鉤は大きく S 字型に曲がり，先端は中央後方を向く ‥‥‥‥‥‥‥‥‥‥‥‥‥‥‥‥‥‥‥‥‥‥ヤマトコシボソガガンボ（新称）*Ptychoptera yamato*	
9c	交尾鉤はわずかに S 字型に曲がり，先端は下方を向く ‥‥‥‥‥‥‥‥‥‥‥‥‥‥‥‥‥‥‥‥‥‥‥シラカミコシボソガガンボ *Ptychoptera shirakamiensis*	
10a	雄の腹部第9節腹板の後縁部中央は先端が丸みを帯びる．交尾鉤は S 字状に曲がる ‥‥‥‥‥‥‥‥‥‥‥‥‥‥‥‥‥キュウシュウコシボソガガンボ（新称）*Ptychoptera kyushuensis*	
10b	雄の腹部第9節腹板の後縁部中央は先端がえぐられる．背面からみると交尾鉤は（ ）型となる‥‥‥‥‥‥‥‥‥‥‥‥‥‥‥イチタコシボソガガンボ（新称）*Ptychoptera ichitai*	

エゾコシボソガガンボ *Ptychoptera subscutellaris* Alexander, 1921（図2-1, 3-1, 7-1）

体長9mm前後．頭部と胸部背板は光沢のある黒色，胸部側板は銀白色の微毛に覆われる．分布：北海道，ロシア極東地域．成虫は夏（6～8月）に出現．低地～山地に普通．

ダイミョウコシボソガガンボ *Ptychoptera daimio* Alexander, 1921（図2-2, 3-3, 7-2）

体長10～12 mm．体は黄褐色で前楯板と楯板に3本の黒褐色の紋がある．分布：北海道．成虫は盛夏（7～8月）に出現．山地に生息するが少ない．

キイロコシボソガガンボ *Ptychoptera clitellaria* Alexander, 1935

体長11 mm．楯板，小楯板，中背板，側板が明るい黄褐色．分布：旧北区の双翅目のカタログ（Rozkošný, 1992）で日本に分布すると記されているが，日本での分布や出現期等の詳細は不明，何かの誤同定かも知れない．タイプ産地は中国四川省．

タイワンコシボソガガンボ *Ptychoptera formosensis* Alexander, 1924（図2-3, 3-3, 7-3）

体長7～9mm．翅の帯状紋は細く，Rs 脈は短い．中胸と後胸の背板は青い金属光沢をもつ黒色，胸部側板は一様に明るい黄色．分布：奄美大島，石垣島，西表島；台湾．

ヤスマツコシボソガガンボ *Ptychoptera yasumatsui* Tokunaga, 1939（図2-4, 4-1）

体長9～11 mm．翅の r 室，m 室の基部に黒褐色の斑紋をもち，c 室は黄褐色．雄の腹部第9節

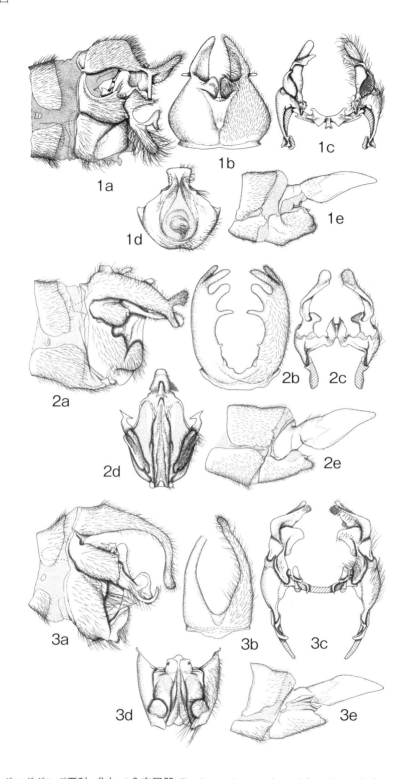

図3　コシボソガガンボ亜科 成虫♂♀交尾器 Ptychopterinae male and female genitalia
1：エゾコシボソガガンボ *Ptychoptera subscutellaris*　2：ダイミョウコシボソガガンボ *Ptychoptera daimio*
3：タイワンコシボソガガンボ *Ptychoptera formosensis*（a：♂交尾器 側面図，b：♂第9腹節背板 背面図，c：♂生殖肢およびパラメア 背面図，d：♂第9腹節腹板 腹面図，e：♀腹部末端 側面図）

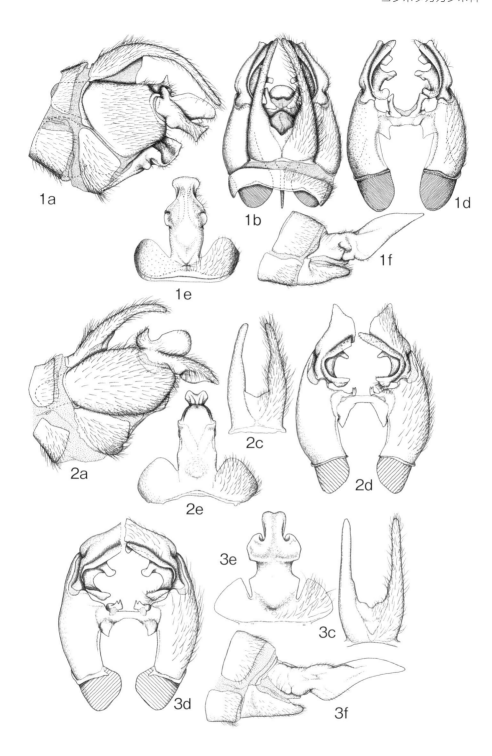

図4 コシボソガガンボ亜科 成虫 交尾器 Ptychopterinae genitalia
1：ヤスマツコシボソガガンボ Ptychoptera yasumatsui　2：タケウチコシボソガガンボ Ptychoptera takeuchii　3：キベリコシボソガガンボ Ptychoptera pallidicostalis　(a：♂交尾器 側面図，b：同 背面図，c：♂第9腹節背板 背面図，d：♂生殖肢およびパラメア 背面図，e：♂第9腹節腹板 腹面図，f：♀腹部末端 側面図)

8　双翅目

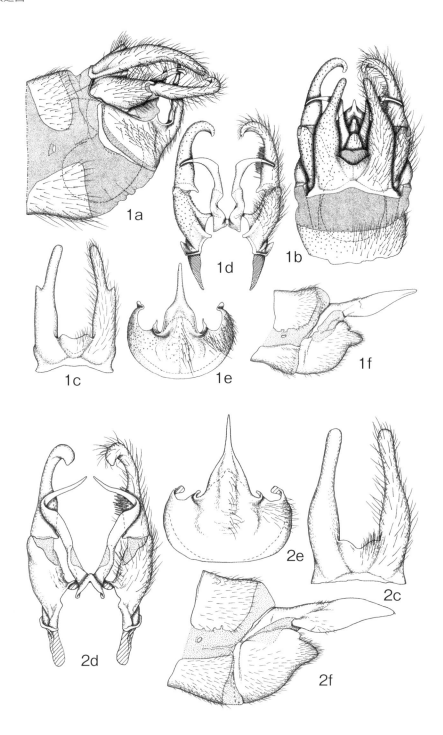

図5　コシボソガガンボ亜科 成虫 交尾器 Ptychopterinae genitalia
1：オビコシボソガガンボ Ptychoptera japonica　2：ヤマトコシボソガガンボ Ptychoptera yamato　(a：♂交尾器 側面図, b：同 背面図, c：♂第9腹節背板 背面図, d：♂生殖肢およびパラメア 背面図, e：♂第9腹節腹板 腹面図, f：♀腹部末端 側面図)

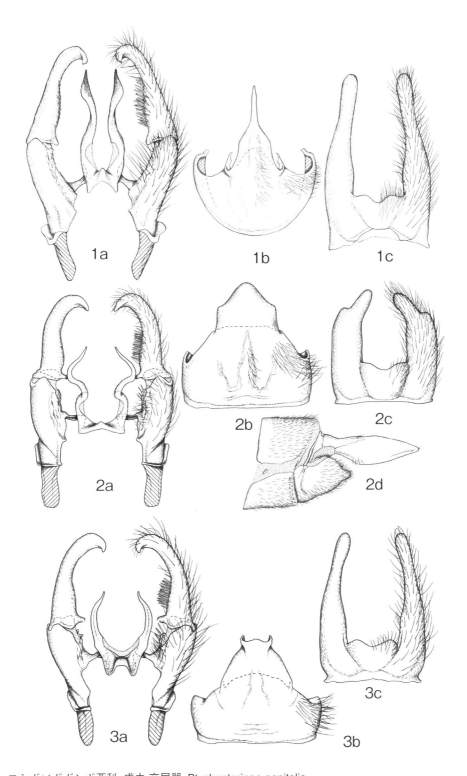

図6　コシボソガガンボ亜科 成虫 交尾器 Ptychopterinae genitalia
1：シラカミコシボソガガンボ *Ptychoptera shirakamiensis*　2：キュウシュウコシボソガガンボ *Ptychoptera kyushuensis*　3：イチタコシボソガガンボ *Ptychoptera ichitai*　(a：♂生殖肢およびパラメア 背面図，b：♂第9腹節腹板 腹面図，c：♂第9腹節背板 背面図，d：♀腹部末端 側面図)

背板後方の2本の突起は非常に長く，生殖端節の先端まで届く．分布：九州．摸式産地の福岡県英彦山では，成虫は5～8月に出現する．

タケウチコシボソガガンボ *Ptychoptera takeuchii* Tokunaga, 1938（図2-5，4-2）

体長8 mm．全種によく似るが，翅のc室，sc室，r室の全体とm室の基部が黒褐色となる．分布：本州．和歌山県高野山から得られた1個体（ホロタイプ）が知られているのみである．本種は京都市山科から得られた4個体の雌のパラタイプとともに記載され，その翅が図示されているが（Tokunaga, 1938），調査の結果，本種のパラタイプはすべてヤマトコシボソガガンボであることがわかった（Nakamura & Saigusa, 2009）．

キベリコシボソガガンボ *Ptychoptera pallidicostalis* Nakamura & Saigusa, 2009（図2-6，4-3）

体長9～11 mm．前の2種によく似ている．翅のr室，m室の基部に黒褐色の斑紋があるが，c室は黄褐色．雄の第9腹節背板の突起は短く，生殖基節の先端付近で終わる．分布：本州．長野県と新潟県の山地で6月にみつかっている．

オビコシボソガガンボ *Ptychoptera japonica* Alexander, 1913（図2-7，5-1，7-4）

体長7～12 mm．翅に2本の細い帯状の暗褐色紋をもつ．パラメア (parameres) は細長く尖り，L字型に曲がり，先端が外側に向かって広がる．雄第9腹節背板の突起は普通単純だが（図5-1b），しばしば外側に突出部をもつ個体がみられる（図5-1c）．分布：本州．関東地方の平野部からみつかっている．本種は従来，本州，四国，九州，屋久島から記録されていたが，これらの記録の中には後の3種が混同されていると考えられる．各地の標本の再検討が必要である．

ヤマトコシボソガガンボ *Ptychoptera yamato* Nakamura & Saigusa, 2009（図2-8，9，5-2）

体長7～12 mm．翅の斑紋には2型あり，前種と同様に2本の細い帯状紋をもつものと，タケウチコシボソガガンボのように翅の基部が前縁を含め広く黒褐色となるものがある．タケウチコシボソガガンボとはRs脈が短いことで容易に区別される．パラメアは長大で，大きくS字型に曲がり，先端は内側後方に向かって集束する．分布：関東地方以南の本州，四国，九州．本州では前種より標高の高い場所からみつかる．

シラカミコシボソガガンボ *Ptychoptera shirakamiensis* Nakamura, 2012（図2-12，6-1）

体長8～11 mm．翅の中央に1本の細い帯状の暗褐色紋，R_{4+5}脈とM_{1+2}脈それぞれの分岐点に小さな暗褐色紋をもつ．外見上はヤマトコシボソガガンボに酷似するがパラメアが先端1/3ほどで下方向へ湾曲することで区別できる．分布：東北地方北部の白神山地からのみ知られている．

本種とヤマトコシボソガガンボ，オビコシボソガガンボの3種はともに第9腹節腹板の後方が刺状に突出する特徴があり，きわめて近縁な関係にあると考えられる．

キュウシュウコシボソガガンボ *Ptychoptera kyushuensis* Nakamura & Saigusa, 2009（図1，2-10，6-2）

体長8～11 mm．第9腹節腹板の後方は尖らず，後縁中央の突起は太く，先端は丸みを帯びる．パラメアは細く，小さくS字型に曲がる．分布：九州，本州（京都）．

イチタコシボソガガンボ *Ptychoptera ichitai* Nakamura & Saigusa, 2009（図2-11，6-3）

体長7.6 mm．第9腹節腹板の後方は尖らず，後縁中央の突起は太く，先端はえぐられる．パラメアは細く，背側からみると（ ）型に湾曲する．分布：本州．青森県，山形県，新潟県からみつかっている．少ない．

コシボソガガンボ科 11

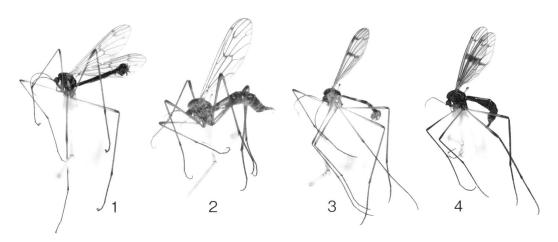

図7 コシボソガガンボ亜科 成虫 Ptychopterinae
1：エゾコシボソガガンボ Ptychoptera subscutellaris ♂　2：ダイミョウコシボソガガンボ Ptychoptera daimio ♀　3：タイワンコシボソガガンボ Ptychoptera formosensis ♂　4：オビコシボソガガンボ Ptychoptera japonica ♀

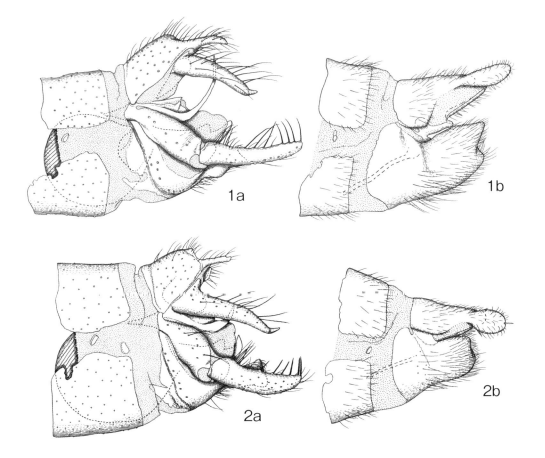

図8 ヒメコシボソガガンボ亜科 成虫 Bittacomorphinae genitalia
1：ニッポンヒメコシボソガガンボ Bittacomorphella nipponensis　2：エサキヒメコシボソガガンボ Bittacomorphella esakii（a：♂交尾器 側面図，b：♀腹部末端 側面図）

953

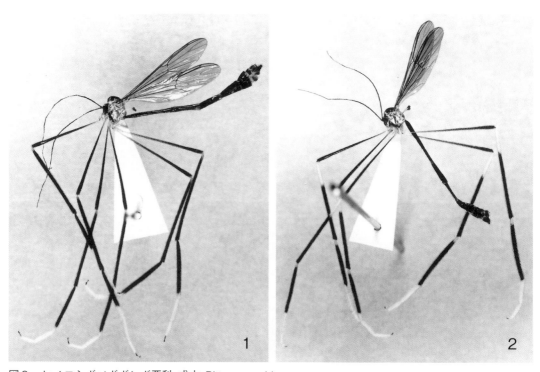

図9　ヒメコシボソガガンボ亜科 成虫 Bittacomorphinae
1：ニッポンヒメコシボソガガンボ *Bittacomorphella nipponensis*　2：エサキヒメコシボソガガンボ *Bittacomorphella esakii*

ヒメコシボソガガンボ亜科　Bittacomorphinae

　この仲間の成虫は脚を開いて風を受け，風に漂うような独特の飛翔をする．その際，跗節や脛節の白い部分だけが薄暗い林内を浮遊しているようにみえ，不気味な印象を与えるため，欧米ではヒメコシボソガガンボ亜科の昆虫を"phantom flies（幽霊バエ）"と呼んでいる．
　本亜科は世界からこれまでに *Bittacomorpha* 属とヒメコシボソガガンボ属 *Bittacomorphella* の2属13種が報告され，日本からはヒメコシボソガガンボ属の2種が記録されている．

ヒメコシボソガガンボ属　*Bittacomorphella*

成虫：体は一般に黒褐色で腹部は非常に細い．触角は20節．胸部は小さく，側板は銀色の微毛で覆われる．翅は細長く斑紋をもたない．M_{1+2} 脈は分岐せずに翅の縁に達する（図2-12, 13）．脚は黒褐色で脛節や跗節は部分的に白色．前脛節の距棘は幅広く変形している．
蛹：前胸右側の呼吸角が長くのびる．翅包内の翅は M_{1+2} 脈が分岐していない．前脚の脚包は中脚の脚包の上に重なる．
幼虫：体色は黒色を帯び，腹部末端の呼吸管は短く，体長の1/6以下で黄褐色．胸部と腹部は比較的長い突起で覆われる．この突起は体の側面と後方でさらに長い．第1～3腹節腹側の腹脚は発達し，先端の爪はしっかりとしている．
生態と分布：森林内の日の当たらない湿地や地下水が湧き出してぬかるんでいる場所，小さな沢がよどんで泥や落ち葉が堆積している場所で発生する．成虫はコシボソガガンボ属の種よりも日陰

を好む傾向が強い．

本属は北米から5種，東南アジアおよび中国から4種，日本から2種記録されている．

ヒメコシボソガガンボ属の種の検索

1a 脛節は基部の小範囲が白色．第1跗小節基部は黒褐色
.... ニッポンヒメコシボソガガンボ　*Bittacomorphella nipponensis*

1b 脛節の基部1/3，第1跗小節基部が白色
.... エサキヒメコシボソガガンボ　*Bittacomorphella esakii*

ニッポンヒメコシボソガガンボ　*Bittacomorphella nipponensis* Alexander, 1924（図2-13, 8-1, 9-1）
体長10～11 mm．脛節は基部の小範囲が白色．第1跗小節先端部～4跗小節は白色．
分布：本州の関東地方北部および東北地方．成虫は5～7月に採集されている．

エサキヒメコシボソガガンボ　*Bittacomorphella esakii* Tokunaga, 1938（図2-14, 8-2, 9-2）
体長10～13 mm．脛節の基部1/3，第1跗小節基部，第1跗小節先端部～第5跗小節基部が白色．
分布：本州の中部地方～中国地方，四国，九州．成虫は6～10月に採集されている．

関連文献

Alexander, C. P. 1913. Report on a collection of Japanese craneflies (Tipulidae), with a key to the species of *Ptychoptera*. Canadian Entomologists, 45: 197-200.

Alexander, C. P. 1921. Two undescribed species of Nematocera from Japan. Insecutor Insecitiae Menstruus, 12 (4-6): 49-52.

Alexander, C. P. 1924. Undescribed species of Japanese Ptychopteridae (Diptera). Insecutor Insecitiae Menstruus, 9: 80-83.

Alexander, C. P. 1935. New of little-known Tipulidae from eastern Asia (Diptera), 26. Philippine Journal of Science, 57: 195-225.

Alexander, C. P. 1981. 22 Ptychopteridae. In J. F. McAlpine et al. (eds.) Manual of Nearctic Diptera, volume 1: 325-328. Research Branch Agriculture Canada, Ottawa.

Krzeminski, W. and P. Zwick. 1993. New and little known Ptychopteridae (Diptera) from the Palaearctic Region. Aquatic Insects, 15(2): 65-87.

中村剛之・三枝豊平．2004．日本産コシボソガガンボ属*Ptychoptera*の分類学的研究（双翅目，コシボソガガンボ科）．日本昆虫学会第64回大会講演要旨：21．

Nakamura, T. & T. Saigusa. 2009. Taxonomic study of the family Ptychopteridae of Japan (Diptera). Zoosymposia, 3. 273-303.

Nakamura, T. 2012. A description of a new species of *Ptychoptera* Meigen, 1803 from the Shirakami Mountains, Honshu, Japan and some notes on distributions of Japanese species (Diptera, Ptychopteridae). Shirakami-Sanchi, 1: 15-18.

Rozkošný, R. 1992. Family Ptychopteridae (Liriopeidae). In A. Soos (ed.) Catalogue of Palaearctic Diptera, volume 1: 370-373. Hungarian Natural History Museum, Budapest.

Rozkošný, R. 1997. 2. 15. Family Ptychopteridae. In L. Papp & B. Darvas (eds.) Contributions to a manual of Palaearctic Diptera, volume 2: 291-297. Science Herald, Budapest.

Tokunaga, M. 1938. Two undescribed species of Japanese ptychopterid craneflies. Mushi, 11: 186-190.

Tokunaga, M. 1939. A new Japanese ptychopterid cranefly. Mushi, 12 (1): 78-80.

徳永雅明．1939．贋姫大蚊科腰細大蚊科偽大蚊科擬綱蚊科（昆蟲綱-雙翅群）．日本動物分類，第10巻，第7編，第2号：1-126．

ホソカ科　Dixidae

三枝豊平，杉本美華

1．ホソカ科の概要

　ホソカ科 Dixidae は双翅目長角亜目 Nematocera, カ型下目 Culicomorpha, カ上科 Culicoidea に属する1科で，本上科のなかでは成虫に多くの原始的な形質を維持している昆虫群である．本科は属，種とも数が少ない．カ上科にはホソカ科のほかにカ科 Culicidae およびケヨソイカ科 Chaoboridae の2科が含まれる．ホソカ科は成虫の翅脈相などの基本構造においてこれら2科に類似している．本科の種はすべて小型で，体長は2〜5 mm，翅長2〜7 mm，外観的には同じ上科の他の2科よりもむしろ小型のガガンボ類に類似して，繊細で，体は細長く，繊細な毛を粗生する．翅は細く，無色透明ないし暗色の斑紋を有し，翅脈上に微小な毛を生じるが，カ科にみられるような鱗片を生じない．脚も著しく細く，長い．本科はカ科のなかの1亜科として取り扱われたこともあるが，現在，一般的な分類体系では独立の科とされる．カ科とは翅や体の刺毛は短く，鱗片状にならないこと，口吻が短く，舐食型の構造になっていること，雄の触角が雌と大差ない糸状であること等で容易に識別できる．ケヨソイカ科はカ科のように鱗片を生じないが，体，脚，翅脈等に長毛を生じること，雄の触角に長毛を房状に生じることなどで，ホソカ科から容易に識別される．ホソカ科は幼虫の生息場所が多くは山地の小渓流や細流であるために，成虫もこのような環境に生息する種が多い．本科の総合的な知見は Nowell（1951）が詳しい．

　本科は全動物地理区に分布し，熱帯から亜寒帯まで広く生息し，150種以上の種が知られる．本科は Nowell（1951）によると次の3亜科8属に分類される．

　Subfamily Dixinae　（*Dixa*, *Nothodixa*, *Neodixa*, *Dixapuella*）
　Subfamily Paradixinae　（*Paradixa*, *Dixina*, *Dixella*）
　Subfamily Meringodixinae　（*Meringodixa*）

　これらに加えて，最近 Papp（2006）によってタイから *Dixella* 属に類似した *Asiodixa* 属が創設されているが，筆者ら（2010）の見解ではおそらくこれは *Dixella* に含められるべきものであろう．

　このように3亜科が設立されているが，これらの属は成虫においては触角にみられるわずかの形状や被毛状態，雄交尾器の微細な形質，翅脈上の形質などによって分類されていて，多くの場合にその差異は僅差であるばかりか，時には明確に識別できないこともある．そのために成虫による上位分類群の分類はかなり困難をきたしている．その結果，以下述べるように，これらの属のいくつかを統合し，あるは別の属の亜属に分類することもあり，現在でも分類体系は安定していない．

　新北区の双翅目のカタログ（Hurbert, 1965）では *Dixapuella*, *Dixella*（*Paradixa* を含む），および *Meringodixa* は *Dixa* の亜属として扱われ，北米双翅目のマニュアル（Peters, 1981）では *Dixapuella* を *Dixella* に含めて，これと *Dixa*, *Meringodixa* を属として扱っている．旧北区の双翅目のカタログ（Rozkosny, 1991）では，旧北区の種を *Dixa* と *Dixella* に分類し，*Dixella* には *Paradixa* と *Dixina* を含めている．旧北区双翅目のマニュアル（Wagner, 1997）でもこの体系が踏襲され，英国の総説（Disney, 1999）でも同様である．日本昆虫目録もこの体系に従っている（三枝, 2014）．

　成虫の分類はこのように錯綜しているが，幼虫の形態形質に基づくと，北半球に生息する *Dixa*, *Dixella*（*Dixina* を含む），*Meringodixa* の3属の種は知られている限り顕著な形態的特徴によって明確に識別が可能である．このような状況のために，本科の安定的な分類体系を得るためには，将来，分子系統学的な解析を行い，その結果を幼虫に基づく分類と対比して考察するとともに，詳細な成

虫の形態形質とも対比させながら，より蓋然性の高い系統分岐状況を推論することが必須である．

日本での研究史

　日本列島のホソカ科の研究は，川村（1932）によって *Dixa* sp. の幼虫（図1-A，B；後述のようにマダラホソカ *Dixa longistyla* に相当する）が，また徳永（1959）によって *Dixa* sp. の幼虫および蛹（図1-C，D；後述のようにキスジクロホソカ '*Dixa*' *obtusa* Takahashi に相当する）が図示記載された．成虫については Ishihara（1947）がニッポンホソカ *Dixa nipponica* Ishihara をわが国から初めての種として記載した．次いで Takahashi（1958）は日本産の本科の分類学的再検討を行い，*Dixa* 属には上記ニッポンホソカのほかに9新種1新亜種を，*Dixina* 属には1新種を記載した．彼が記載した種（および亜種）は以下のとおりである．

　マダラホソカ *Dixa longistyla* Takahashi
　キュウシュウホソカ *Dixa kyushuensis* Takahashi
　ヒコサンホソカ *Dixa hikosana* Takahashi
　ミスジホソカ *Dixa trilineata* Takahashi
　ミスジホソカ北海道亜種 *Dixa trilineata jezoensis* Takahashi
　キスジクロホソカ *Dixa obtusa* Takahashi
　クロホソカ *Dixa yamatona* Takahashi
　エゾクロホソカ *Dixa nigrella* Takahashi
　ヒメクロホソカ *Dixa minutiformis* Takahashi
　ババクロホソカ *Dixa babai* Takahashi
　コガタホソカ *Dixina subobscura* Takahashi

高橋（1962）は本科について概説するとともに，Takahashi（1958）に基づく各種の解説を示し，また幼生期や生態についても言及して，ニッポンホソカの幼虫，ヒコサンホソカの蛹を図示した．ニッポンホソカの成虫は徳永（1950）によっても図示解説され，また徳永（1965）はクロホソカ，マダラホソカ，およびヒコサンホソカの成虫の写真を示し，解説した．三枝（2008）はマダラホソカ，ニッポンホソカ，ヒコサンホソカ，ヒメクロホソカ，エゾクロホソカ，およびコガタホソカの成虫の写真を示し，解説した．

　三枝・杉本（2010）は東アジアの種の成虫と幼生期の研究に基づいてこの地域のホソカ科の分類について以下のような結論を示した．

1. 本地域の種は *Dixa*, *Dixella*, *Meringodixa* 各属と1未記載属に分類される．
2. 幼虫が特異な北米西部の *Meringodixa* は日本列島と台湾に *Dixa minutiformis* を含む数種を擁し，東亜・北米西部隔離分布を示す．
3. 台湾，琉球列島の *Dixa nigripleura* は雌が狭長の尾角を，石清水性の幼虫が特有の形態を示すので独立属を構成し，これは日本列島から中国南部にかけて *Dixa kyushuensis* を含む数種を擁する．
4. *Dixa obtusa* は幼虫の形態から *Dixella* に属し，本属には日本産の *Dixa subobscura* とこれに近縁の中国中部産の種を含む．
5. *Dixa longistyla* は雌がやや長い尾角を，雄が後付節に特有の刺毛をもち，これと1群を構成する複数の種が東アジアのほぼ全域に分布する．
6. *Meringodixa*, 未記載属，*Dixella*, longistyle 群はそれぞれ単系統群で，*Dixa* は前2属に対して側系統的になる．

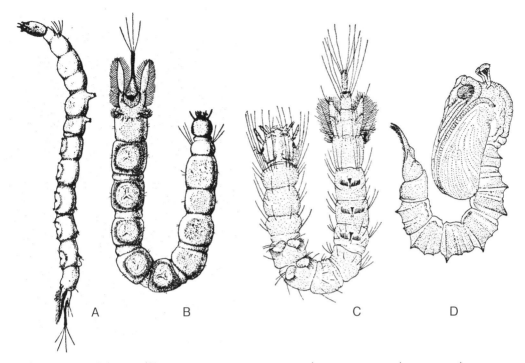

図1　ホソカ科の幼虫および蛹 Larvae and pupa of Dixidae (after Kawamura (1932, A, B) & Tokunaga (1959, C, D)).
A, B：ほそか属幼虫（川村，1932より）　C, D：ほそか *Dixa* sp.（徳永，1959より）

　上記の結論のなかで属の変更などが示されているが，三枝・杉本（2010）は講演要旨であるので，正式な分類学的変更とは認められないために，本書では属の変更はこれに従っていない．また，分布資料としてヤエヤマイワシミズホソカ（新称）*Dixa nigripleura* Papp を琉球列島から記録した．

　古屋（1973）は本科の幼虫について研究し，ニッポンホソカのほかに *Dixa* sp. DA と *Dixa* sp. DB の幼虫の形態，および前種の蛹を図示，記載し，また幼生期の生態についても解説した（図38）．古屋（1985）は同氏の1973年の論文で扱った種に加えて *Dixa* sp. DC を図示・解説し（図43- a ～ c），この種を *Paradixa* 亜属に，sp. DA および sp. DB を *Nothodixa* 亜属に分類した．この記述は本書の旧版にそのまま再録され，さらに改訂版の本書でも古屋（1985）の内容がそのまま再録されている．本章では古屋の *Dixa* sp. DA の含まれるホソカの群を暫定的にイリンミズホソカ群 '*Dixa*' *kyushuensis* group と呼ぶことにした．

　本書では筆者らの最近の調査・研究に基づいて，本科の形態，生態，採集と飼育，分類について詳細に解説し，特に成虫および幼虫について詳しい図説を行った．種の配列については幼虫の形態に重きを置く分類体系に従って解説した．すなわち，日本産既知種のなかで，大部分は *Dixa* 属に含まれるが，キュウシュウホソカは古屋の *Dixa* sp. DA とともにイワシミズホソカ群とし，ヒメクロホソカとババクロホソカは幼虫の形態から *Meringodixa* 属にきわめて近縁であり，この属に含めるか新属を設立する必要があるが，本書では暫定的に *Meringodixa* 型の種として属名に引用符をつけ '*Dixa*' 属とし，またキスジクロホソカ '*Dixa*' *obtusa* は *Dixella* 属に含めるべき種であるが，暫定的に引用符をつけた '*Dixa*' 属として扱った．

2. 形態

成虫:

　基本構造はカ科に類似するが，口吻は短く，体や翅などの刺毛は鱗片状に変化しない．

　頭部は胸部よりやや狭く，複眼（compound eye）は半球形で側方に張り出し，個眼間刺毛（ommatrichia）を欠き，左右の複眼は背方でより広く相互に離れている；単眼（ocellus）を欠く．触角窩（antennal foramen）は大きく，左右の触角窩で囲まれて顔面（face）は著しく狭い．触角（antenna）は長く，雄ではしばしば体長とほぼ等長；柄節（scape）は梗節（pedicel）よりやや短く，梗節は球形に著しく拡大し，鞭節（flagellum）は14鞭小節（flagellomere）に分節，各鞭小節は細長く短い刺毛を生じ，特に基部数節の刺毛はやや顕著．口吻は短く退行的，上唇（labrum）は長めの三角形，大腮（mandible）は退行的で短く細い．小腮（maxilla）の外葉（galea）は大腮と同様に退行的，小腮鬚（maxillary palpus）は5個の鬚小節（palpomere）に分節し，細長く，長めの刺毛を疎生する．小腮鬚の基部2小節は短く，末端小節は第4小節より長い場合が多く，多数の環状の皺を生じ，可撓的．下唇（labium）の基部は下唇前基節（prementum）で，中央に縦溝状線を現わし，下唇鬚（labial palpus）はきわめて短く，2小節からなり，基部の節は扁平で短く，端節は半球形で微毛を疎生する．

　胸部は高さと長さがほぼ等しい；中胸楯板（mesonotum）は前胸に覆い被さるように張り出す．中剛毛（acrostichal seta）や背中剛毛（dorsocentral seta）は繊細な刺毛状；小楯板（scutellum）にはほぼ中央を横断する繊細な刺毛列があり，また少数の刺毛が後縁に沿って生じる．前胸背板（pronotum）は前前胸背板（antepronotum）と後前胸背板（肩瘤）（postpronotum; humerus）に分化する；下小楯板（postscutellum）は強く張り出す．中胸楯板は一様に暗褐色のものから，淡色で暗色の顕著な3縦条を現すものまで種によって異なり，分類上の特徴になる．

　脚は細長く繊細，短毛を生じるが，カ科のような鱗片状刺毛を欠く；脛節は距を欠く；後脛節端はしばしば広がる．第1付小節はその先の4小節の合計長より長い；雄の前・中脚第5付小節はしばしば腹面がやや内湾し，その基部には鉤型に湾曲した1刺毛を生じる；雄の側爪にはしばしば数本の分岐を生じる．

　翅（図2）はやや細く，覆片（calypter）や小翅片（alula）は発達せず，臀葉（anal lobe）は中程度に発達する．翅脈相の基本配列はカ科と同一；翅脈は鱗片を欠く；Sc脈は翅のほぼ中央で前縁に達し，R_1脈は先端部が前縁に沿って湾曲し，ほぼ翅端に達する；Rs脈は長い；R_{2+3}脈とR_2脈は緩やかに後方に湾曲し，後者はR_3脈と先端に向かってやや接近することが多い；R_{4+5}は単一で分岐しない；M_1とM_2脈は共通柄から分岐後広く離れる；中央室を欠く．平均棍（halter）は中庸大，柄部もかなり幅広い．翅の斑紋は，これを欠く種，中央の基室端に暗斑を現す種，さらに不規則な暗斑を現す種，網目状の条斑を現す種など多様で，種を識別する有効な特徴になる．

　腹部は細長く，疎らに細毛を生じる．雄の腹端部は第5腹節と第8腹節の間で180°の捻転が行われるために，雄交尾器は腹端部では腹面が背方を向き，この捻転は羽化後数時間内で完了する．

　雄交尾器．上雄板（epandrium）と下雄板（hypandrium）はともによく発達し，刺毛を粗生し，両者は細い膜質部で明確に分離される．生殖基節（gonocoxite）は一般に大形で膨らみ，その背縁末端に近くに1個の突起（端葉 apical lobe；背面突起 dorsal process）を生じ，種によっては基部腹面に近くさらに1個の突起（基葉 basal lobe；腹面突起 ventral process）を具える．端葉は瘤状，指状，鉤状，撥（ばち）状など形状が多様で，一般に後背方を向くが，基方に曲がるものもある．端葉は主にその先端部に刺毛ないし棘を生じている．*Dixa*属では端葉は短く，*Dixella*属では長く，生殖端節の長さの1/2を超える．生殖端節（gonostylus）の形状は多様，短い指状のものから撥状，鎌状，菱形板状などがあり，種を分類する重要な形質である．第10腹節背域は種によって1枚の大型の背

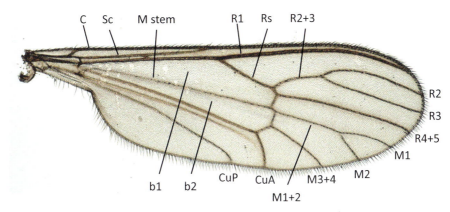

図2　ホソカ科キスジクロホソカ '*Dixa*' *obtusa* の翅 Wing of '*Dixa*' *obtusa*.
b1：第1基室；b2：第2基室；C：前縁脈

板で占められるものから，中央の小型円形の骨化部とこれとは別に両側に分離した1対の骨化部に細分されたものがあり，後者ではこれら3個の骨片を備えるものから中央の小円形骨片を欠き，両側の骨片のみを有するものがある．尾角に相当する有毛の骨片は1枚の大型の背板と連続する場合と両側に分離した骨片と連続する場合があり，いずれの場合でも，これは斜め下方に伸びる．パラメアを含む phallic organ は通常発達が悪いが，挿入器は一般に細く針状で，種によっては著しく長く，交尾器より前方の腹腔内に伸びることもある．

　雌腹端部（図8-D, F）．第8腹節は一般的な形状で，腹板の後縁は弱く後方に張り出すこともある．第9腹節背板は小型，楕円形ないし方形；腹板は背板から分離され，その側面が幅広く，腹面に向かって細くなる．第10腹節背域は概して膜質で，尾角基部が前方に伸びて左右が合一する場合には背域は弱く骨化する；腹板は腹中線部が尾角の腹側で後方に伸び，1対の短い葉状に分かれることが多く，時には腹中線部が膜質化する．尾角の形状や長さは多様，多くの場合は半円形ないし半楕円形，マダラホソカ（図8-D）やイワシミズホソカ群（図8-F）では著しく長く伸びる．雌内部生殖器の bursa にはしばしば対在する骨化部があり，クロホソカにみられるような小さい棘状突起群からマダラホソカにみられるように1本の棘を生じた大型円形の骨板まで，その形状は多様である．ここでは雌腹端部については種別の詳細な解説は行わない．

幼虫：

　幼虫の齢期は4齢．齢によって著しい形態の変化はみられない．幼虫（図3）はやや扁平の細長い円筒形，胴部背面はやや平坦，腹面が丸みを帯び，この傾向は *Meringodixa* 型で顕著である．*Meringodixa* 型は *Dixa* や *Dixella* よりも胴部の幅に対する相対長がかなり短い．ホソカ科の幼虫の頭部の形態学については Schremmer（1950）が詳しい．

　頭部は胸部とほぼ同じ幅のやや扁平な半円形ないし半楕円形，背面から見た後縁は直線状ないしやや湾曲し，前縁部は張り出す．頭蓋（cranium）は強く骨化し，黒色ないし赤褐色；構造的には身蓋箱状，蓋箱に相当する扁平な背面は大型の頭盾（clypeus, 図4-B）で，残りの頭蓋が身箱（図4-A）に相当する．両者の間には判然とした溝状線があり，脱皮の際にはここが裂ける．身箱に相当する頭蓋下部は頭部後方で頭盾の後縁に沿って背方に細く伸びて，頭盾の後縁を囲む．頭蓋の側面前端に近く触角窩があり，そのすぐ後方に触角窩よりやや大きい眼がある．触角（antenna, 図5-B）は強く骨化した細長い円筒状の構造で，長さは頭部幅の約2/3，緩やかに内側に曲がる．

6　双翅目

図3　ホソカ科の4齢幼虫　Fourth instars of Dixidae.
A, B：マダラホソカ *Dixa longistyla*　C, D：キスジクロホソカ '*Dixa*' *obtusa*　E, F：クロイワシミズホソカ '*Dixa*' sp.　G, H：ババホソカ '*Dixa*' *babai*　A, C, E, G：背面　B, D, F, H：側面

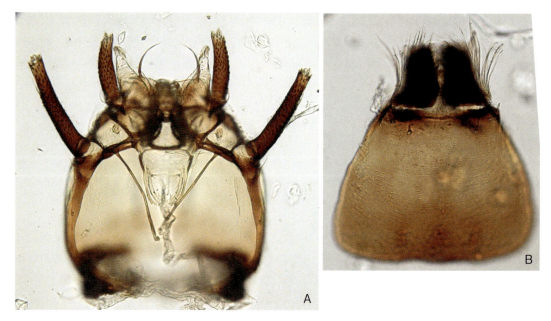

図4　マダラホソカ *Dixa longistyla* の4齢幼虫の頭部　Head of 4th instar of *Dixa longistyla*.
A：頭蓋下部, 背面　B：頭蓋上部, 背面

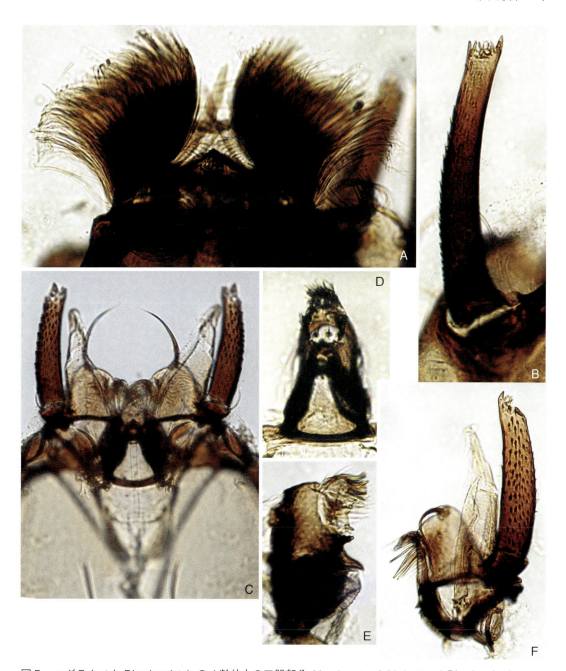

図5　マダラホソカ Dixa longistyla の4齢幼虫の口器部分　Mouthparts of 4th instar of Dixa longistyla.
A：上唇刷毛塊　B：触角　C：小腮と大腮　D：下唇背面　E：下唇側面　F：小鰓と大鰓腹面（外面）

触角表面には多数の微棘を生じ，先端部には数個の感覚突起がある．触角窩と眼のそれぞれ後背方に１本の刺毛を生じる．頭蓋の前縁の腹中線部は突出して中央歯（median tooth）となり，その上部に下唇（labium）がつく．頭盾は前方に向かってやや幅を減じる略梯形，頭盾の亜側縁のほぼ中央に１本，前側端近くに２本の刺毛を生じる．

頭盾の前縁に三角形のよく骨化した上唇（labrum）の本体が接続する．上唇背面の側縁に近く２対の太くて長い剛毛を生じ，外側の１対はやや扁平な槍穂状の形で側縁は細かな鋸歯状になる．上唇の側縁基部に１対の顕著な上唇刷毛塊（図５-A）が関節する．この刷毛塊は密生した多数の強い剛毛で構成され，これらは斜め側方を向いている．大腮（mandible，図５-F）は方形，端縁に内側に曲がる強い剛毛（spine-like seta）を生じ，内縁の端半部には長めの刺毛群が直立して刺毛櫛（setal comb）を構成し，内縁の中央部には３個内外の強く骨化した歯（teeth）が生じ，さらにその基方が磨砕部（molar area）になり，微小な棘を密生する．小腮（maxilla，図５-F）は小腮鬚（maxillary palpus）とこれを生じる基部の臼形の骨化部および骨化着色の弱い長円錐形部の３部から構成される．小腮鬚は触角を小型化したような形状で，よく骨化した円筒状，わずかに内側に曲がり，表面には多数の微棘を生じ，先端には数個の感覚突起を備える．三角錐状部はその先端が小腮鬚先端より手前で終わり，端半部に内側を向く数本の曲がった刺毛列を生じる．下唇（labium, 図５-D, E）は三角錐状の構造で，基部背面は三角形の膜質部を両側から囲むように骨化壁があり，その上縁は微小な鈍い鋸歯状になる．膜質部の先端近くに唾腺の開口部がある．下唇背面中央部には前後に各１個の棘状突起を生じる．下唇背面の先端部は膜質化し，そこに３対の微小な感覚突起があり，膜質部の側縁から端縁に沿って微小な毛を生じた骨化板が立ち上がっている．

胸部は３節からなる．中胸が幅と長さで最も大きい．特に終齢幼虫が老熟して蛹化前になると翅や脚の原基が発達するので，この部分が白く膨らむようになる．前胸には腹面に数対の刺毛と側面に１～２対の顕著な刺毛を生じる．これらの刺毛は*Dixa*の多くの種やイワシミズホソカ群の種で著しく長く，*Dixa*では４本の集団とそれから両側にやや離れた各１本の計６本である．これらの刺毛はクロホソカや*Meringodixa*型の種では著しく短い．これらの顕著な刺毛のほかに，胸部や第１～７腹節には規則的に微小な刺毛を生じている．これらの体節の微小な刺毛の一部はイワシミズホソカ群では第１～４腹節の亜背部では著しく長く，顕著である．

腹部（図８-A, B）は10体節から構成されている．第１～７腹節はほぼ同形，第８腹節で背面後方に気門が開口し，これを取り巻く耳形の濾水骨片をともなっている．第９，10腹節は著しい変形をしている．第１，２腹節の腹面には１対の擬脚（pseudopod，図６-F，図41）が生じる．擬脚の先には数十本の強く曲がった鉤爪状の棘が列生し，擬脚先端には筋肉が挿入されている．*Dixa*の多くの種では擬脚は疣状であるが，イワシミズホソカ群では異常に長く，体節の丈とほぼ等長で，生時には擬脚の先端が体の側面から外側にはみだしてみえる．これらの擬脚は幼虫が濡れた岩など基物の表面を移動するときの足掛かりや定位時に体を保つのに機能している．濡れた壁面にあまり上がらない*Meringodixa*型の幼虫では擬脚の発達が悪く，ヒメクロホソカやババクロホソカではかなり退行的な擬脚が第１腹節に残るだけである．

第５～７腹節後方（図６-A）の腹面には腹中線を挟んで後方を向く１列の微小な腹域小棘列（ventral comb，図６-G, H）が並んでいる．この棘列は左右１対に分割され，その間の腹中線部に縦長の中央骨片（median bar）を生じることが多い．これらの構造はホソカの幼虫が濡れた壁面で逆U字形に体を保つときに，体の後半部が滑るのを防ぐ機能をもっていると考えられる．第７腹節の後縁は弱く土手状に肥大し，ここに微小な顆粒状突起を密生することもある（図６-H）．擬脚と同様に，通常は壁面によじ登らない*Meringodixa*型の幼虫ではこの構造の発達も悪い．

ホソカ科　9

図6　マダラホソカ Dixa longistyla　4齢幼虫脱皮殻の腹部構造 Exuviae of 4th instar of *Dixa longistyla*.
A：第4腹節より後の展開図（左側は背面，右側腹面）　B：腹端部背面　C：第6腹節のコロナ状撥水域　D：第9腹節背板　E：第8腹節気門周辺域　F：第2～3腹節腹域の擬脚　G：第6腹節腹域の小棘列　H：第7腹節腹域の小棘列周辺

　ホソカ科の幼虫の胴部の皮膚には，刺毛とは異なる非細胞性のクチクラ突起である毛状突起（微細毛，microtrichia）が密生している．これらの毛状突起は Dixella では特殊化しない．Dixa やイワシミズホソカ群および Meringodixa 型の幼虫ではこれらの毛状突起が特定の部位で長く伸びて多数の枝毛をだし，溌水機能をもつ構造に変形している．これらを便宜的に溌水毛（hydrofuge hair, hydrofuge plumose hair）と呼ぶことにする．溌水毛で囲まれた皮膚面（溌水域，hydrofuge area，図6-A）は内部に水が浸入しないために，水面上にでていることになる．Dixa やイワシミズホソカ群の幼虫の溌水域は腹節背面に円形，楕円形，三角オムスビ形，略菱形などの形状をとる．一般的なものは円形のコロナ型（図6-A, C）である．コロナ型溌水域は Dixa やイワシミズホソカ群にみられ，多くは5個が第3～7腹節背面に現れるが，Dixa の一部，たとえばクロホソカなどでは第2腹節にも現れ，この場合は6個のコロナ型溌水域をもつことになる．溌水域の外周には長い溌水毛が列生し，それよりやや内側にはコロナの内側を向く短い溌水毛が並び，この間には短い溌水毛が外側を向いて多数生じる．溌水面の中央の領域には微小な三角錐ないし棘状の突起が密生している．イワシミズホソカ群では第2，3腹節のコロナはその前側部で顕著な房状に発達する．Meringodixa

965

型の幼虫（図44-D）はコロナ状の澆水域の発達は悪く，その代わりに，第2〜7腹節にわたって，各節の側縁から前縁と後縁のそれぞれ途中まで澆水毛列を生じるので，これらの節の背面全体が澆水域になる．この場合に第7腹節以外では側縁の澆水毛列が前端，中央および後端でそれぞれ葉状に張り出している．ヒメクロホソカ等では第2腹節は前縁の全長にわたって澆水毛列がる．

ホソカ科の幼虫の第8腹節の後半部（図6-E）には1対の気門（spiracle；図6-E，8-Bのs），それを取り巻くような気門葉（postspiracular process, spiracular appendage, spiracular plate；図6-E，8-Bのsp），気門を結ぶ線の背中線上にある気門間小板（interspiracular disc；図8-Bのisp）と3対の複雑に分岐した樹状刺毛である気門前刺毛（pre-spiracular hairs；図8-Bのpsh）がある．中央の1対は気門間小板がある場合には，しばしばこれから生じる．気門葉は気門より外側に突出する楕円形の板状部分と気門の後方から内側に向かってこれを取りまく細長い骨化部（気門後片；図8-Bのpsp）から構成され，前者の先端には欠刻があり，また前者の周縁には長い澆水剛毛を列生する．気門後片の内側の形状は種特異的である．また耳形骨片から第9腹節にかけて体側に沿って1列の澆水刺毛列（detached setae）が続く．

ホソカ科幼虫の第9腹節は著しく特殊化している．背域は平坦で中央に大型の中央背板（median sclerite または basal plate, 9th abdominal tergite；第9節背板；図6-D；図8-Bのtg9）がある．背域の側縁から節の側面にかけて1対の大型の骨片である基側板（anterolateral plate または basal lobe of lateral plate；図8-A，8-Bのblp）が発達する．この骨片は平坦な背面から側面に変わる部分で顕著な稜を形成する．この稜には太くて長い澆水性剛毛が列生する．この骨片の後縁に関節して多様な形状の板状の突起である櫂状突起（posterolateral plate または posterior paddle（of lateral plate）；図8-A，8-Bのpp）；図6-B）を生じ，この突起は浅い舟形で楕円形（Dixa属），細長く一様に先端に向かって幅を減じる（コガタホソカ群 'D.' minutiformis group），あるいはイワシミズホソカ群 'D.' kyushuensis group では細板状で著しく長い．櫂状突起の背面は平坦，腹面は弱く隆起し，両面の境界稜全長にわたってこれを縁取るように太くて長い澆水性剛毛を列生する．中央背板は多くは基側板とは細い膜質部で分離されているが，時には両者が融合し，また中央背板が縦に三分して，側部が基側板と融合する．基側板の腹側の縁の後半部に沿って短いが強い数本の剛毛を生じる．この有毛部は時には基側板本体から分離することもある．櫂状突起背面の基縁の内端には小隆起があり，ここからほぼ直立する1本の長く細い刺毛を生じる．この生毛隆起は時には中央背板，基側板および櫂状突起に挟まれた狭い膜質部に孤立することもある．

ホソカ科幼虫の第10腹節（図7）も特殊化している．第9腹節との境界部は通常の節間膜になる．第9腹節本体背域は基部が円錐形で先が細長い筒状の骨化部から構成される．円錐形の基半部であるサドル（saddle（図8-A，Bのtg10））の腹面は膜質化し，ここに肛門（図8-Aのan）が開き，3対の短い棒状の鰓突起（図8-Aのgl）を生じる．筒状の先半部は細長く，かつ先端までほぼ同じ太さを保つ棒状の突起である尾突起（caudal process, tail-process；図8-A，Bのcp）となっている．サドルの側縁に沿って小型の骨片，側腹小片（ventrolateral plate；図8-Aのlp）があり，これには少数の長い刺毛を生じる．尾突起先端部に生じるきわめて長い刺毛は幼虫が水面に接して移動する場合やmeniscusに定位する場合に機能していると考えられる．これらの刺毛は3対で，先端背面にある端背刺毛（図8-A，Bのsd），末端にある端刺毛（図8-Aのst），腹面にある端腹刺毛（図8-Aのsv）である．これらの刺毛の第10腹節背板（サドルと尾突起）との長さや刺毛相互の相対的長さは種によって多様である．*Meringodixa*型幼虫（図7-G, H）では尾突起の刺毛は著しく短く，端刺毛は太く，相接して後方に伸び，先端部は鉤状に下方に湾曲し，端背刺毛はしばしば枝毛を生じ，端刺毛に添えられ，端腹刺毛は単純で最も短い．

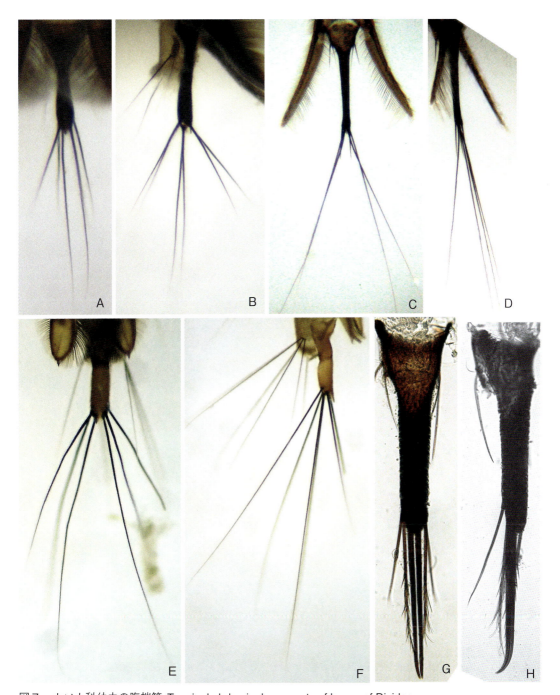

図7 ホソカ科幼虫の腹端節 Terminal abdominal segments of larvae of Dixidae.
A, B：マダラホソカ *Dixa longistyla*　C, D：'*Dixa*' sp. クロイワシミズホソカ　E, F：キスジクロホソカ '*Dixa*' *obtusa*　G, H：ババクロホソカ '*Dixa*' *babai*. A, C, E, G：背面　B, D, F, H：左側面

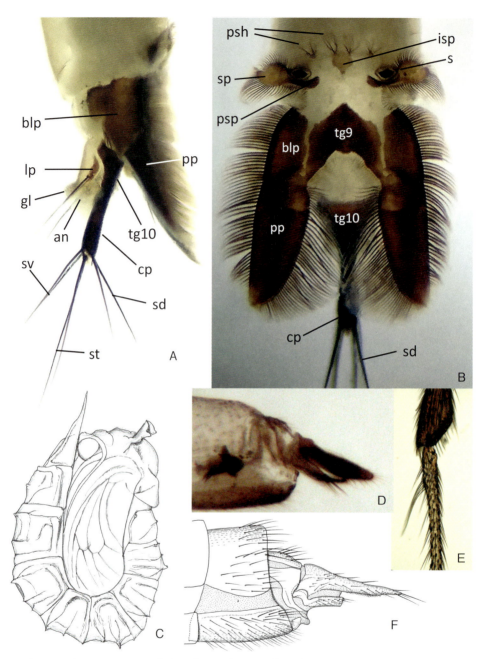

図8　マダラホソカ Dixa longistyla とキュウシュウホソカ 'Dixa' kyushuensis Dixa longistyla (A-E) and 'Dixa' kyushuensis (F). (A, B. terminal abdominal segments, C. pupa, D. female terminalia, E. male hind metatarsus, F. female terminalia.)
A：4齢幼虫腹端部，側面　B：4齢幼虫腹端部，背面　C：蛹，左側面　D：雌腹端部，左側面　E：雄後脚の脛節端と第1跗小節基部，後者の腹面亜基部の長刺毛を示す　F：雌腹端部　A～E：マダラホソカ　F：キュウシュウホソカ　A，B：an：肛門（anus）　bpl：基側板 base of lateral plate　cp：尾突起（caudal process）　gl：鰓（gill）　isp：気門間小板（inter spiraculara disc）　lp：第10腹節側小骨片（lateral sclerite of segment 10）　pp：櫂状突起（poserior paddle of lateral plate）　psh：気門前刺毛（pre-spiracular hair）　psp: 気門後片　s：気門（spiracle of 8th segment）　sd：背端刺毛（dorsodistal seta）　sp：気門葉（spiraculara plate）　st：末端刺毛（distal seta）　sv：腹端刺毛（ventrodistal seta）　tg9：第9腹節中央背板（9th abdominal tergite, saddle-shaped plate, basal plate, median sclerite）　tg10：第10腹節背板（10th abdominal tergum, saddle）

図9　ホソカ属 *Dixa*, '*Dixa*' およびコガタホソカ属 *Dixella* の蛹　Pupae of *Dixa*, '*Dixa*' and *Dixella*.
A：ニッポンホソカ *Dixa nipponica*　B：ヒメクロホソカ '*Dixa*' *minutiformis*　C：ババクロホソカ '*Dixa*' *babai*　D：コガタホソカ *Dixella subobscura*　E：クロシミズホソカ '*Dixa*' sp.　F：キュウシュウホソカ（脱皮殻）'*Dixa*' *kyushuensis* (exuviae)

蛹：

　蛹（図8-C, 9）の概形はカ科のそれに類似する．頭部は小型で胸部と一体となって頭胸部状を呈し，腹部は長く，生時は中ほどで湾曲して頭胸部の腹側にしっかりと密着されている．エタノール固定標本にすると腹部は体軸に対して前方に突き出すか後方に伸びて，生時の状態とは異なってくる．呼吸突起は複眼の後方，前胸の側部から生じ，形状はラッパ形，その形態は種などの識別点になるという（Disney, 1999）．翅鞘は大型で楕円形，蛹の初期には内側の脚が湾曲しているのが透視できる．平均棍は細長く，翅の後縁に沿って伸びる．

　腹部の第1腹節はやや小型，中央の横隆起がある．第2〜7腹節は大型，背域には亜前縁，中央および亜後縁に横隆起が発達する．亜後縁の横隆起が最も顕著で，その後面は微細な鮫肌状の突起を生じる．イワシミズホソカ群では亜後縁の隆起が特に顕著で，その亜側面は棘状の突起に変形す

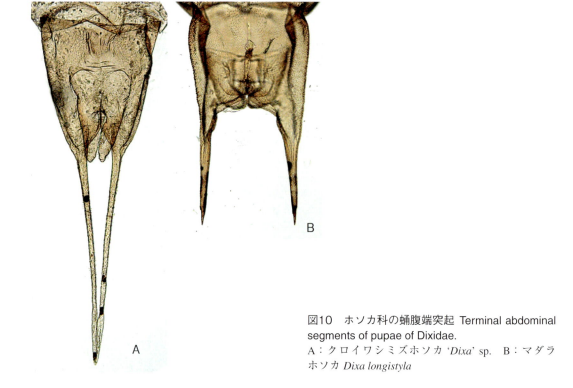

図10 ホソカ科の蛹腹端突起 Terminal abdominal segments of pupae of Dixidae.
A：クロイワシミズホソカ 'Dixa' sp.　B：マダラホソカ Dixa longistyla

る．中央隆起の側面，亜後縁隆起の前面などに刺毛を生じるが，概して微小．イワシミズホソカ群では前述の棘状突起の前方の刺毛が長めで目立つ．第8腹節背域の隆起條はしばしば不明瞭になる．第9腹節背域（図10）は平坦で後方に向かって細くなり，その先は1対の長三角形の櫂状突起となる．この突起は背域との境界を欠き，もちろん可動ではない．櫂状突起の形状は群や種で特徴があり，特にイワシミズホソカ群（図9-E，F，10-A）では長い針状の突起となる．第9腹節腹域には雄では生殖肢（図10-B），雌では尾角の原基（図10-A）がみられる．

卵：
　卵（図11-A）はやや扁平の楕円形，長さは幅の1.5倍よりやや長い．卵の色彩は黄色，白色および緑色で，マイクロパイルは卵の細長い方の先端にあるという（Peters, 1981）．卵は卵塊としてゼラチン状物質に包まれている．

3．生態

産卵から1齢幼虫の孵化まで（図11-A，B）：
　ホソカ科の卵は水面近く産卵される．卵期は数日と短く，孵化した1齢幼虫はゼラチン様物質から脱出して水面にでて，幼虫の一般的な生活を始める．
　ホソカ科の卵は雌によって水際の水草，岩などの表面の濡れた部分に卵塊として産卵される．卵は楕円形でほぼ透明ないし白色，かなりの数がほぼ1層になるように平面的に産卵され，これらは全体が透明のゼラチン様物質で覆われている．キスジクロホソカの場合は交尾した雌は羽化後1～2日の間に産卵する．卵は当初は白色であるが，2日後には体節の分節状態が薄く灰色に現われ，3日後には橙色の目が顕著になり，4日後には1齢幼虫体が形成され，孵化する．孵化前の幼虫は

図11 キスジクロホソカ '*Dixa*' *obtusa* の卵塊 Egg mass of '*Dixa*' *obtusa*.
A：卵塊　B：孵化直前の卵塊の一部

体をU字形に曲げているが，その後卵殻を破って水中などに現れてくる．水中に入った幼虫は体をくねらせる運動を続けて水面に達すると，まず頭部の前端部を水面上にだす．続いて水面近くで体を強く湾曲させて，腹端の後側突起の部分を頭部に近づけ，頭部前縁の上唇で突起を扱くことによって，これまで水中にあったこの部分が水面上に浮き上がる．これによって，1齢幼虫は完全に水面生活者としての活動が始まる．水面生活者になってからは，幼虫は体を屈曲させながら水際に移動してmeniscus面（微小凹水面）に定位し，多くは間もなく逆U字形の姿勢を保って，摂食を始める．このような連続的な屈曲運動で水面を移動するのが一般的であるが，時には水面生活者になった時のように，腹端が頭部のところまでくるように体を湾曲させてから，次に頭部が前方に進むように体を直線状に伸ばし，さらにまた腹端を前方に達した頭部につけるという行動を連続させて前進することもある．筆者は飼育条件下では，小型のユスリカなど軟弱な双翅類の乾燥個体を摺りガラスなどの粗面上で，これらが埃になるほど微細に磨砕して，その少量を水面に浮かべると，1齢幼虫は2齢以降と同様な行動でこれらを摂食する．

幼虫：

　ホソカ科の幼虫は淡水性で渓流の淀みなど流速の遅い部分，細流，岩清水，池，湿原など多様な淡水環境に生息し（図12），基本的には水面生活者（厳密には水面直下生活者）である．

　（生息環境と生息状況）幼虫期が明らかになった *Dixa* 型の日本産種の幼虫は流水に生息し，流れの緩慢な場所や小さな淀みの部分，特に暗い位置に好んで生息する．このような場所では，岸辺の岩や水上に出ている石や枯木，枯葉などの水際には，解放水面からこれらの物体の水面上の部分にかけて，水面が凹湾している．幼虫はこの凹湾している水際であるmeniscus面またはそれよりやや上部の濡れた壁面に体を逆U字形に保って定位する（図13-A〜B，D〜F）．これらの薄い水面を攀じ登り，あるいは移動する際には，逆U字形に保った体の両腕状部になる頭部を含む前半と腹端を含む後半部を交互に伸縮させることによって，上方あるいは下方への移動を行う．この行動は古屋（1973）に図示されている．移動の際の足掛かりとしては，第1，2腹節腹面の偽脚および第5〜7腹節腹面の櫛歯状微棘列が使われ，またこれらの器官は幼虫が静止位置に定位するのにも機能している．腹部の第2（3）〜7腹節背面のコロナ状撥水毛域および第9腹節の基側板や櫂状突起，第8腹節の気門葉を含む第8〜9腹節背面は水面上に露出される．状況に応じて解放水面を移動するときには，通常は水面直下に保たれた体を活発にくねくねと蛇行させながら運動する．なお，

図12　ホソカ科幼虫の生息環境　Habitats of larvae of Dixidae.
A，B：キスジクロホソカ 'Dixa' obtusa の幼虫の生息地，林縁の谷川が堰きとめられた小堰堤池（福岡市柏原）　C：マダラホソカ Dixa longistyla やニッポンホソカ Dixa nipponica 等の幼虫の一般的な生息環境，これより幅広い渓流にも生息する（熊本県市房山）　D：ヒメクロホソカ 'Dixa' minutiformis の幼虫が生息する山地細流（熊本県市房山）　E：クロイワシミズホソカ 'Dixa' sp. やキュウシュウホソカ 'Dixa' kyushuensis の幼虫が生息する岩清水（熊本県内大臣峡）　F：Eの一部で，タニガワトビケラ属 Dolophilodes の泥を塗した袋状の巣．

Dixa 属に分類されているクロホソカの幼虫は山地細流にも生息するが，次のイワシミズホソカ群の幼虫とともにしばしば岩清水でも採集される．

イワシミズホソカ群は岩清水（図12-E）の流速が遅く，水層の薄い部分に定位し，*Dixa* 型の幼虫と同様に体を逆U字形に保って定位する．古屋（1973）によると，岩清水に形成される *Dolophilodes* 属（タニガワトビケラ属，古屋は「カワトビケラの1種 *Dolophylodes* sp. DA」としている）のトビケラの幼虫の袋状に下垂した巣の表面に定位していることもみられるという（図12-F）．本群では第1，2腹節の擬脚が異常に長く発達していて，これを体側より外側に張り出すようにして岩清水の垂直の岩の表面を把握して定位していると考えられる．

以上の2群の幼虫は腹部背面のコロナ状配列の溌水毛と第8〜9腹節辺縁の溌水毛列によって，体の背面を水面上に露出させている．

これら2群に対して，*Dixella* 属の幼虫は基本的には池等の止水（図12-A，B）に生息し，第8〜9腹節の撥水域は *Dixa* 型の幼虫と同様に水面上に出ているが，腹部背面のコロナ状配列の溌水毛を欠くので，腹部の大部分は水面直下にあり，水辺の水草，ごみ等の水際にできる meniscus 面に逆U字形の姿勢で定位する（図13-B）．*Dixella* 属の種は一般に止水域に多いといわれ，第9〜10腹節だけを水面上に露出して生活するほかは行動的には *Dixa* 属と大差ない．

Meringodixa 群に含まれる日本産の種はババホソカ，ヒメクロホソカとこれらに近縁の未記載種である．これらの種の幼虫は，山地の細流のような流水（図12-D）に生息し，腹部側面に撥水毛列をもつので，体の背面を水面上に露出して水際に定位する．しかし，前3群より体が太短く，擬脚の発達が悪い．このために，静止時には尾突起先端の端刺毛の鉤状部を細流の停留水域の石や枯れ葉等に懸けて，体を直線状に保ち，頭部を流芯に向けて定位する（図13-C）．*Dixa* 型幼虫のようには体を逆U字形にできないので，meniscus より上の濡れた基物の上に登ることはできない．しかし，meniscus のラインを水平に移動することは可能で，この場合には，「変形尺取り虫型」の移動を行う．形は尺取虫移動のようであっても，体の背腹の位置は変わらないので，この点は尺取り虫とは異なり，いわば横方向の尺取り型移動である．まず腹端部の剛毛によって直線状に定位していた体を真横に逆U字形に曲げて，腹端部より離れた meniscus の位置に頭部をつけ，すぐにその位置に腹端部を移動させ，ほとんど同時に頭部を離してさらにそこから離れた meniscus の横の位置に移動させる．この一連の動作を迅速に行って meniscus 上を水平に急速に移動する．解放水面を移動する場合には，水面で体を左右にくねらすようにして前進していくが，その動作は *Dixa* 型の幼虫に比べてくねる程度が弱く，また動作も緩慢である．そして，再び meniscus の近くに到達すると，meniscus の凹面に吸い寄せられるように引っ張られて，腹端剛毛の先端が meniscus の基物縁に達して，そこに定位する．

ホソカ科の幼虫の平常の生活は上記のような meniscus の水面生息者として行われるが，何らかの攪乱を受けると解放水面に泳ぎだしたり，時にはカ科のボウフラのように水中に潜水することもある．潜水する場合は第9腹節の櫂状突起を背中側に合わせて，その間に空気を包んでおく．このために，いったん潜水しても，再び水面に達すると櫂状突起の溌水毛が開いてその間に包んでいた気泡が外気につながり，櫂状突起の上面が水面上に現れ，同時に腹部のコロナ状溌水毛や側面の撥水毛列が水を弾いて，体が水面に浮上する．

（脱皮）幼虫の脱皮は通常の静止位置で行われる．幼虫の最終齢期は4齢であるので，幼虫は3回の幼虫・幼虫の脱皮を行う．脱皮は胸部から腹部の前方の節まで背中線が裂開して始まり，その後体全体を前齢のクチクラから外部に出して新齢幼虫が脱出する．脱皮直後は体色が淡い．脱皮直後の前齢の脱皮殻は meniscus に付着しているか，水面に浮遊している．なお，この脱皮殻は水中

図13 ホソカ科幼虫の摂食行動姿勢 Larvae of Dixidae in feeding.
A：ニッポンホソカ（摂食中）*Dixa nipponica* in feeding　B：コガタホソカ（摂食中）*Dixella subobscura* in feeding　C：ヒメクロホソカ（摂食中）'*Dixa*' *minutiformis* in feeding　D：クロイワシミズホソカ（摂食中）'*Dixa*' sp. in feeding　E：キュウシュウホソカ（摂食中）'*Dixa*' *kyushuensis* in feeding　F：マダラホソカ，体の体の前半部（摂食中）*Dixa longistyla* in feeding

で注意深く皺等を伸ばすと，幼虫の外部形態を観察するのに好都合な標本となる．

　（摂食）ホソカの幼虫はいずれも水面に浮かぶ微小な藻類や有機物を引き寄せて摂食（水面引き寄せ摂食）する．摂食行動（図13，特にF）を行う時には，幼虫は体の前半部をやや水中に沈め，頭部を強く背方に反転するように曲げて，頭部の腹面が水面に露出するような状態になる（背面は必然的に斜め下側，水面下になる）．この状態で幼虫の上唇にある1対の顕著な刷毛状の構造を上下にきわめて急速に動かし続けることによって，口器の方向に左右から渦状の水流を起こす．この水流によって運ばれてくる水面に浮かんだ微小な有機物を刷毛状構造で口器内に送り，これを摂食する．微細な摂食物は嚥下されて連続的に咽頭から消化管に送られるが，やや大型の摂食物は口器内で破砕するためか，嚥下するのに2〜3秒を要する．引き寄せた浮遊物が大型で口器内に納まらない場合や，摂食に適さない物質の時には頭部を水中に沈めるように急激に強く腹側に反転させて，摂食に不適な浮遊物を水中に放出する．*Dixa* 属の幼虫はこのような姿勢で摂食するが，*Dixella* 属のキスジホソカではこのほかに摂食中に頭部を左右に体軸に対して約45度まで傾けて，採餌の方向を変える行動がしばしば観察される．*Meringodixa* 群では上記2属の一般的な摂食行動のほかに，体をくねらせて体側面の撥水毛列を捌くような行動をしばしば行い，この行動によっても毛に付着した食物を摂食するものと考えられる．

　飼育条件下では *Dixa* 属や *Dixella* 属の幼虫は水面の浮遊物が腹端部の撥水刺毛に付着することがあり，この際には体の後半部を強く左右に振ることでこれらの付着物を振りほどく．また，櫂状突起を含む腹端部の刺毛に汚れが生じているときには，体を曲げて口器上唇の刷毛状突起でこれらを拭い去る行動をとる．

蛹化と蛹（図14）：

　4齢幼虫は十分に摂食して老熟すると，翅や脚の原基の発達によって胸部が膨らみ，この部分の色彩が白味を帯びてくる．このような幼虫は meniscus から上の，通常数 cm ほどの位置に移動して水に濡れているあるいは湿っている植物や蘚類，岩などの上に定位して，動きが大変鈍くなり，2日後くらいに蛹化する．老熟幼虫の胸部の背中線を裂開して脱皮し，蛹になる．脱皮時に蛹の体表に何らかの粘液が分泌されるものと考えられ，蛹は通常その位置に翅鞘の側面をゆるく粘着された状態になる．蛹の外側を向いた面は広く水面から露出するために，外側を向いた呼吸突起の先端は通常は空中に露出する．内側を向いた呼吸突起はしばしば水中に没するか，開口縁だけが水面から露出することもある．蛹は腹部を内側に曲げてその腹面が翅鞘部に接してこれに沿うような姿勢を保ち，強い刺激がない限り腹部をくねらすなどの運動は行わない．蛹期はきわめて短く20℃前後では2〜3日である．何らかの力が蛹に加わって蛹化場所から離れて開放水面に現れた場合には，蛹は呼吸突起を水面にだして漂うが，水際であれば直ちに meniscus の凹水面に引きつけられる．

羽化：

　蛹は蛹化当初は翅鞘が透明で内部の後脚などが透視できるが，蛹化2日後には白く不透明になり，蛹期は大変短く，2〜3日後には羽化する．羽化時にはそれまで湾曲していた腹部が直線状に伸ばされ，胸部背中線が裂開してここから成虫が脱出する．蛹殻から脱出した成虫は蛹化場所の近くで翅を体軸にほぼ平行でやや前縁が上がるような傾きを保ち，その間に翅が平面的になるように血流を翅に送る．翅が十分に平面的に展開すると，成虫は両翅が重なるように腹部の上に引きつける．このような状態になると間もなく飛翔可能になる．

　羽化後に翅が透明になり，さらに体や翅，脚の色彩が十分に着色するには一般的に1日以上を要

20　双翅目

図14　ホソカ属 Dixa および 'Dixa' の蛹化状態　Pupated condition of Dixa and 'Dixa' species.
A：マダラホソカ（蛹と脱皮殻）Dixa longistyla with larval exuviae　B：ミスジホソカ Dixa trilineata　C：クロイワシミズホソカ（蛹と脱皮殻）'Dixa' sp. with larval exuviae　D：ヒメクロホソカ 'Dixa' minutiformis

する．

成虫：

　ホソカ科の成虫は幼虫の生息場所の周囲で活動する．即ち，流水性の種は渓流，細流等の周囲，止水性の種は池塘の周囲，石清水性の種は岩清水の近くに生息している．成虫は照度の強い日中は生息場所の叢間の植物，山地小渓流のオーバーハングした湿った岸の岩陰など，岩清水の石面などに静止している．飼育容器内においては頭部を上に向けて成虫は前脚と中脚で基物につかまり，体はかなり高く保ち，後脚はほぼ体軸のレベルに持ち上げられている．時折体軸より背方に後脚を交互に上げることもある．

　夕刻に向かって日射が弱まるか，曇天の午後になると，生息場所の風当たりが弱い小渓流の上，叢の上，数 m 以下位の樹の枝の下の空間などで雄は群飛する．大きな群飛は数十頭以上の個体で構成される．群飛中の飛翔は緩やかで，個体の間隔はかなり近く，コンパクトな群飛である．群飛内の個体は30 cm 前後の空間を緩やかに上下に飛翔する．群飛の中に雌が飛来して空中で交尾し，そのまま地上に降りて交尾を続けるといわれているが（Nowell, 1951），著者は観察したことがない．

　交尾は上記のとおり雄の群飛に雌が飛来して起こる場合と，雄が雌等の発生場所を徘徊飛翔しながら羽化した雌を探して交尾する場合もあるといわれている（Nowell, 1951）．筆者のキスジクロホソカの飼育結果では，小型のシャーレ内で雄は静止している雌，時には雄に対してさえも交尾を迫

る行動を示す．雄は静止している雌の側方から翅をやや震わせながら接近し，側面ないし背面から雌に絡むように接する．この段階で多くの場合に雌と腹部の位置が合わないためか，雄は雌から離れていく．しかし，雄が腹部を曲げた時に腹端が雌の腹端に達した場合には交尾が行われる．交尾中は静止した雌の腹側ないしやや側方の腹側に雄が回り，軽く抱き合うような姿勢で交尾が継続する．交尾時間は正確には記録しなかったが，数分前後であった．交尾後の雌はシャーレ内に敷いた湿ったろ紙の上に卵塊を産卵した．

周年経過：

　九州の平地での著者らの観察によると，ホソカ科の周年経過の概要は次のとおりである．成虫は1～2月の厳冬期を除いてほぼ1年中観察される．しかし，多くの種では晩秋から早春にかけて成虫の個体数は急増し，夏季は一般に個体数が少ない．ヒメクロホソカの場合には温暖期にはほとんど採集されず，晩秋から初冬にかけて著しく多数の個体が出現する．一方，マダラホソカやニッポンホソカは温暖期でも比較的個体数が多い．

　九州などの暖地では12月や1月の冬季でも成虫が観察され，温暖で風が弱い午後には群飛も観察される．寒冷地では必然的に活動期の始まりは遅れ，終焉は早くなり，夏季でも成虫がかなり活動する．

　幼虫の個体数も成虫の個体数にほぼ一致した季節的消長をあらわす．九州の平地では多くの種がかなり生長した齢で冬を過ごすが，若齢幼虫もある程度混在するので，特定の越冬齢期があるとは考えられない．また，冬季でも羽化直後の状態の個体が採集されるので，この時期に蛹化する個体があると考えられる．マダラホソカやニッポンホソカ，およびイワシミズホソカ群の九州産のクロイワシミズホソカ（仮称）では年間を通じて各齢の幼虫が採集されている．

4．採集と飼育

成虫の採集：

　ホソカ科の成虫の採集には2つの方法がある．1つは幼虫の発生地の周辺，谷川の縁の叢や岩陰等を掬い網法で捕虫網を振りながら草等に静止している個体を掬って採集するか，網を振ることで起こる風によって飛び立つ個体を採集する．ホソカの成虫は体が軟弱であるために捕虫網を強く振ったり，あるいは枯れ葉や枯れ枝等を捕虫網の中に入れたままで捕虫網を振り続けると，捕えられたホソカが傷むので，このような荒い網の振り方は避けなければならない．もう1つの成虫の採集法は夕刻に向かって雄の群飛が始まるので，このような群飛を捕虫網で採集する．通常は1つの群飛は1種で構成されているので，群飛ごとに採集し，採集時間，天候，群飛の場所，群飛集団の形状やサイズ，群飛内の各個体の飛跡などを記録しておくとよい．なお，群飛で採集できるのはほとんどすべてが雄である．

　採集した成虫は一部をエタノール等の液浸標本とし，残りの大部分は乾燥標本として柔らかなグラシン紙の三角紙に収容する．紙が硬いと，収容時にはホソカが本来の体型を保っているが，乾燥するにつれて紙に圧迫されて扁平に押しつぶされたような状態になるので，硬いグラシン紙の三角紙は避けた方がよい．ホソカの成虫を正確に同定するためには，雄交尾器や雌の腹端部を観察する必要がある．しかし，乾燥標本ではこれらの部分が乾燥変形して，本来の形状を示さないことが多い．液浸標本ではこのような部分の乾燥による変形が避けられ，かつある程度の柔軟性が保たれるので，観察過程で標本を傷めることが少ない．多数の個体が採れた場合には，乾燥，液浸の両方の標本をつくると，後の同定が容易である．

なお，エタノールの液浸標本は年月が経つと，色素がエタノールに浸出して，色彩が著しく淡くなり，本来の状態がわからなくなるので，少数の個体しか採集できなかった場合は乾燥標本とする．そして，必要に応じて交尾器等同定に必要な部分を一般的な外部形態観察用の10％程度の苛性カリ溶液等で処理，希釈した酢酸溶液で中和して水洗し，グリセロール（グリセリン）に入れて保存し，観察することが望ましい．エタノール漬の標本は，早い段階で50％程度のグリセロールに漬け，さらに徐々にグリセロールの濃度を上げて，最終的には80％前後の液に保存すると，体や翅の色彩の脱色を低減させうる．この場合にはグリセロールの濃度によって体の収縮がある程度起こることが多い．

幼虫の採集：
Ⅰ．採集法
　採集用具
　　バット（vat）　中型（30×40 cm くらい）か大型のプラスチック製の白色の平皿またはアルミ製の平皿　1〜2個
　　観賞淡水魚用の掬い網　大小2個くらい（20×10 cm の枠が四角形のものを含む）
　　中型のポリバケツ　1個
　　1リットルくらいのプラスチック製柄付きビーカー　1個
　　1〜2リットルのペットボトルの空き瓶
　　ガラス製の広口瓶　直径，高さが5〜6 cm 内外のもの数個
　　竹串　採集現場の細い枯れ枝でも代用できる
　採集時期
　　一般にホソカの成虫は晩秋から早春にかけて個体数が多い．暖地では真冬でも気温が高く日射のある日には水辺で群飛等の活動をする．そのために，幼虫の採集も秋から早春にかけての季節がよいが，岩清水性の種等など周年採集できるものもある．成虫を得るためには早春に採集した方が飼育は容易で，晩秋から冬季の幼虫は休眠するのか，順調に成長しないことが多い．
　基本採集法
　1．バットに深さ1／2程度現場の水を満たして水平の場所に置く．広口瓶に現場の水を深さ2 cm ほど入れておく．
　2．生息場所に応じた採集法で掬い網等を用いてホソカの幼虫を掬う．
　3．掬った網を裏返しにして網に入った中身をバットの水中に移す．網にしがみついて離れない幼虫もあるので，よく注意して移す．
　4．幼虫は水面を泳いだり，水面に浮いている植物片，バットの側壁の濡れている部分に定位しようとするので，水面を泳いでいるのはその状態で，定位しているのはそっと水面に浮かべて，竹串，現場の細い枯れ枝等を用いて水面から掬いあげる．
　5．広口瓶の水面に掬いあげた幼虫を放す．
　6．クーラーボックスを冷やしておいて，広口瓶はその中に収納して実験室に運ぶ．運搬中はなるべく激しく揺れないようにする．幼虫はしばしば容器壁面を伝わって，蓋の裏側に達することもあるので，蓋の開閉時にはこれらをつぶさないように注意する．
　止水性種の採集法
　1．周囲が森林等で囲まれている池や沼のヨシが密生している場所や植物片が集合して浮いているような場所を掬い網で水面近くを掬う．

2．長靴などで水面を波立たせたり，渦を生じさせるようにして，水面を乱し，定位している幼虫が解放水面に現れるようにすると，より多数の幼虫が採集できる．

渓流性種の採集法
1．渓流の縁の水が淀んでいる場所や，そこに植物片が浮いているような場所をなるべく選ぶ．
2．幼虫は多くは水辺の岩，石，水面から露出している植物や枯れ木などの水辺ぎりぎりの微小凹水面（meniscus：メニスカス）上部に定位している．採集を試みようとして生息場所の水面を弱く波立たせると，幼虫は定位位置より上部の濡れている面に移動してしまう．このような状態になると幼虫が解放水面に出てこないので掬えない．そこで，長靴等で淀みの水を強く波立たせるようにしたり，あるいはビーカーなどに汲んだ水を岩等の上から流して，メニスカスに定位している幼虫を解放水面に泳ぎださせる．
3．水面を繰り返し掬い網で掬う．水面を蛇行するようにくねくねと泳いでいる個体は特に注意して掬うとよい．
4．傾斜の強い斜面を流れる細流では，流幅が狭くなって水が細く流れる場所の下に掬い網を受けて，その上部の小さい淀みやそこに浮いている植物片を手荒にかき回して，解放水面に押し出された幼虫が流れによって押し流されて，セットした下部の網で受け掬う．
5．*Meringodixa* 型の幼虫は暗所を好み，山間の細流の石や岩の陰の暗い部分に多くは定位しているようなので，このような場所をなるべく掬うようにする．

岩清水性種の採集法
1．岩清水の下端から上部に向かって数回にわたって採集を試みる．
2．採集する位置の下に掬い網をセットする．なるべく網の枠を岩表面に押しつけるようにするか，小さくオーバーハングしている位置を選び，その下等に網をセットする．セットする位置は水を上から流した場合に最も水の流下量が多いと推定される場所にする．岩と網の縁の間の隙間が大きいと上から流した水が隙間から洩れて掬い網に入らないため，注意する．
3．バケツ等に前もって水を入れておく．岩清水の主流部でたくさん水が確保できるのであれば，その水を使う．その水をビーカーやペットボトルに入れて，掬い網を受けている部分より50～60 cm 上から急速に岩面に水を流す．
4．これを2～3回繰り返して，岩面に生息する幼虫を洗い流して掬い網に受ける．
5．岩面にはユスリカバエ，ナガレトビケラ類，カワゲラ類，ユスリカ類等の幼虫も生息していて，これらも流れ落ちてくる．ユスリカバエの幼虫もホソカの幼虫と同様に水面に浮くが，これは細長くて体がまっすぐで，腹端に櫂状突起をもたないのでホソカの幼虫から区別できる．
6．岩清水の下部を採集し終わったら，さらにその上の部分を同様にして採集する．
7．岩面がオーバーハングしている場合はその下にバットを置いて網代わりにして，そこに流れた幼虫を受けることもできる．
8．ホソカの幼虫は岩清水のなかでも水の流下する速度が（見てもよくわからないほど）大変遅い部分や泥だらけの微小な靴下を下げたようなタニガワトビケラの巣がたくさんついているような場所に概して多いので，そのような場所があればそこを選ぶとよい．

II．飼育法

飼育容器など
　さまざまなガラス容器　シャーレ，管瓶，広口瓶，その他
　さまざまなプラスチック容器（プラスチック容器の表面には製品を型から外れやすくするための

離型剤が残っているために容器壁面が水を弾いて，結果的にメニスカスができないので，壁面に紙を張るなどして，幼虫の定位可能な工夫が必要）

現地の水またはカルキ抜きした水道水や蒸留水

飼育上での注意事項

1. 水面に薄膜（辛うじて確認できる程度のものでも都合が悪い）が生じると水面を餌の微細な有機物が流れなくなるので幼虫は餌不足になり，飼育は失敗する．
2. ホソカの幼虫は寄生菌類にきわめて弱い．水中で感染するようであるが，菌類に寄生されると間もなく死亡する．死んだ状態で死骸を水中に放置すれば1日くらいで表皮を突き破って幼虫の体の幅位の長さの白っぽい菌糸が無数に生じてくる．この原因は現地の水を使うことで起こるのか，どうかは明らかではない．いったん感染が起こると，1容器で飼育している幼虫に急速に広がって全個体が病死する．これを回避するためには個別飼育をするか，蒸留水等を用いるか，または発生を確認したら弱った幼虫をすぐに排除するか，などの措置をする必要がある．水温が低いほど病気の発生が少ないといわれている（Nowell, 1951）．
3. 餌が多いと食べ残しの餌がすぐ腐敗して，これが原因で上記のとおり水面に薄膜が生じる．いつも注意して双眼実体顕微鏡などで飼育水面の様子を観察し，薄膜が生じないように，餌の取り換えを注意して行う．薄膜が生じたらそれを取り除いたり，水を入れ替える．水面が汚れるとこれが幼虫の浼水毛について撥水機能が衰え，幼虫が浮上できなくなって溺死する危険性が高い．飼育を成功させるためには，容器内を清浄な水に保つことが肝要である．
4. 蛹期は1〜3日で終わるので，蛹化したら羽化，収容の準備を周到にしておく必要がある．
5. 若齢幼虫が脱皮したら形態研究の目的で，脱皮殻を50％くらいのエタノールに入れて保存する．

餌の調達

1. これまでの経験から餌は草本等のよく乾燥した枯れ葉，乾燥した小型ユスリカ等が適当である．青汁の素，麩等も餌として試してみたが，前者は好まれないし，後者は栄養的にはよいが，時間が経過すると水を吸って粘着性が増し，水面に膜を形成したり，幼虫に粘着するので，良好な餌とはいえなかった．
2. 上記した材料を乳鉢などを用いて，軽く息を吹きかけると煙のように舞いあがり四散するような細かさまで摩砕する．乳鉢などがない場合は，十分に乾燥した餌を容器に入れて初めは大きめのかけらに壊し，さらに微小な大きさに壊す．ある程度小さくなったら，表面がざらざらした紙，やや粗面のプラスチック板等の上にこれらを置いて，手指の爪の面を用いて，材料を押しつぶし，さらに磨り潰す作業を繰り返す．餌を微細にしたつもりでも，幼虫の口器（咽頭）のサイズを超えることがあるので，このような餌は，幼虫がいったん上唇ブラシでとらえても，嚥下することなく，頭部を水中に入れて餌を水中に放棄する．

飼育一般

1. 飼育容器に水を深さ2〜3 cm入れる．中にきれいに洗浄した石や枯れ枝等を入れて，これらが部分的に水面にでているようにする．幼虫は容器の壁面や入れた石等の水面ぎりぎりの場所のメニスカスに定位する．*Dixa*や*Dixella*の幼虫は逆U字形の姿勢で定位し，*Meringodixa*型の幼虫は腹端の刺毛をメニスカスにつけて定位する．後者は定位場所の選択が微妙で，なかなか一定の場所にとどまらない傾向がある．特に明るい場所を嫌う傾向が顕著なので，暗所に置くと安定する．
2. いずれの容器でも容器の壁面に水面よりかなり上部まで水の層ができる（壁面が濡れている）と幼虫はそれを伝わって容器の外に脱出することがある．そのために容器には蓋をして

おくことが必要である．容器の蓋の内面が濡れている場合は，そこまで這いあがることもある．ガラスシャーレでは皿と蓋の隙間から外に脱出することもあるので，いつも注意しておくことが肝要である．幼虫は脱出するとまもなく干からびて死亡する．
3. 前述のとおり，水面に生じた薄膜はいつも注意して取り除いておく．これを怠ると幼虫にゴミが付着したり，幼虫が採餌のために上唇のブラシ状構造を動かしても，水面を覆う膜のために水面の渦流が生じないで，餌を口器に運ぶことができない．
4. 給餌は前述の餌を面相のような細筆の先にごく少量取って，それを水面に振り落として与える．量はなるべく少なめにした方が，水もあまり汚れないので，幼虫の生育にもよい．

多頭飼育
1. ガラスシャーレや硝子の広口瓶等を用いる．タッパー等プラスチック容器を使うと，上記のとおり容器表面には製造過程で離型剤が塗ってあるためか，壁面に水がなじまず（弾いてしまって），メニスカスが形成されず，幼虫は壁面に定位できない．この場合は壁面にコピー紙のようなものを張りつけて，そこに幼虫が上がって定位できるようにするか，石や枯れ木等を入れて，それらが水面に露出するようにして，定位場所を新しくつくっておく必要がある．
2. このような容器の中に水を入れて，幼虫を放つ．ガラス容器では壁面に定位できるが，さらに石や枯れ枝等を入れて，これらが水面上に上がっているようにしておくと，幼虫に定位場所をより多く与えることができる．
3. イワシミズホソカ群の場合には，表面がなるべく平坦な石を用いる．この石の縁が水面にくるようにしておくと，幼虫は石が濡れていれば，濡れている部分のなかほどまで移動して定位することができる．
4. 多頭飼育は飼育管理が容易であるが，いったん罹病個体が生じると急激に伝染するようで飼育容器の個体は早晩すべて罹病して死んでしまう．

個別飼育
小型のシャーレまたはスクリュー管瓶で個別に飼育する．これだと罹病などの感染がかなり防げるが，個別に管理しなければならないので，手間がかかる．また，水面の膜の除去や給餌上での手間もかかる．大型容器の場合と同様に蓋をしておかないと幼虫が脱出する．

蛹化
1. 蛹化が近づくと，幼虫の胸部が膨らみ，その色彩が白味を帯びてくる．さらに幼虫の行動が鈍くなると蛹化が近い．幼虫は通常定位する水面よりやや高い場所を選んでそこに静止していて，まもなく脱皮して蛹になる．蛹は翅鞘の片側を容器等の壁面にゆるく粘着して固定している．管理上で幼虫飼育容器から出す必要がある場合は（多頭飼育の場合等）蛹化後1日経ってクチクラが硬化した段階で細い面相のような毛筆で弱く蛹を押して壁面からずらすようにすると，動いて，水面に浮かぶ．このように蛹化位置から外したものは，シャーレなどに濾紙を敷いてそれを湿らせ，その上に蛹を置く．
2. 1対の呼吸管の片方だけでも水面に開口していれば呼吸が順調に行えるようである．
3. なお，飼育法ではないが，形態研究の目的で以下の措置を行うとよい．幼虫が蛹化すると幼虫の脱皮殻が蛹の近くにあるので，蛹化直後に細いピンセットや面相のような細筆を使って脱皮殻を取りだし，それを微量の中性洗剤をとかした水の中にいれて（水中に沈めるため），胸部前方と第8腹節前部を2本のピンセットで弱く挟んで，ゆっくりと伸ばしていくと，脱皮殻が本来の体長位の長さに伸びてくる．早く伸ばそうとすると脱皮殻が千切れてしまうので，根気強くゆっくりと伸ばしていく．胴部が伸びても，この状態では脱皮殻の背面と腹面

が密着しているので，この密着状態を剥がすことで，幼虫の形状の観察が容易になる．この作業は体を伸ばす作業よりもさらに慎重に行う必要がある．00号の昆虫針または微針に柄をつけた柄つき針をつくる．双眼実体顕微鏡のもとでこれらの針の先端部を胸部の裂開部に入れて，先尖りピンセットで胴部脱皮殻の縁を挟み，針の頭を徐々に腹端部の方に動かしながら，脱皮殻の背面と腹面を分離する．分離が完成したら，ストローなどを1cmくらいの長さに切り，これを縦に割って樋状にして，これと直交する柄をつけた道具を事前に作成しておく．これを脱皮殻のある水中に入れて，脱皮殻が変形しないように樋状部に乗せて，水面から引き上げ，これを50％ほどのエタノールに入れて保存する．羽化後の蛹殻も幼虫の脱皮殻と同じ容器に保存し，成虫との関連がつくようにラベルをつけておく．

羽化

蛹化後，2〜3日後には成虫が羽化してくる．羽化後1〜2日そのまま放置しておくと，体のクチクラの硬化と着色が進行して，その種本来の色彩・形状になる．

累代飼育

キスジクロホソカを多頭飼育して蛹化後もそのままにしておくと，容器内で交尾する．交尾した雌個体はメニスカスにゼリー状無色透明物質で覆われた状態で数十個程度の卵を産む．卵は1週間以内で孵化する．1齢幼虫は水面でほぼ老熟幼虫と同様な行動している．以後はより細かい餌を与えて飼育すればよい．

5．分類

研究史の項で述べたように，日本列島のホソカ科はこれまで2属11種1亜種が知られている．古くから幼虫の記録はあるが，種名が明らかになったのは石原（1947）が最初である．その後，Takahashi（1958）によって10種1亜種が記載されたが，それ以降はほとんど論文が出版されていない．実際にはこの倍の20種余りが日本列島に分布していることが著者らの調査でわかっているが，そのほとんどは未記載種であると考えられる．

日本産の既知種は *Dixa* と *Dixella* の2属に分類されている．成虫に基づく両属の識別点は，触角鞭節の第1小節の形（膨らむか円筒形か），雄交尾器の生殖基節の背縁末端から生じる突起の長さ，生殖端節の先端の形状，中胸下前側板の刺毛の有無，などであるが，これらの形質は中間的なものもあり，形質の組み合わせも単純に2群に区分できるものではない．ただし，幼虫では両属は腹部背面のコロナ状浅水域をもつ *Dixa* とこれを欠く *Dixella* に容易に識別できる．コガタホソカは *Dixina* 属として記載されたが，この属は現在 *Dixella* 属の同物異名（シノニム）となっている．ここでは，旧北区のカタログに基づいて本種を *Dixella* 属に，その他の種を *Dixa* 属に暫定的に含めた．

さらに古屋（1973）によって *Dixa* sp. DA として幼虫が図示・記載された種（図43-A〜C）は，本州中部から近畿地方にかけて分布し，岩清水に生息する．この種の幼虫は，腹部の擬脚が著しく長く，また櫂状突起が細長い点で *Dixa* 属の幼虫とは著しく異なる．*Dixa* sp. DA の成虫は知られていない．本種に酷似した幼虫は九州各地の山間の岩清水から発見されている．九州産の種は成虫が得られており，雌の尾角が著しく長い点で *Dixa* 属の種とは顕著に異なっている．この九州産の種はクロイワシミズホソカ（仮称）'*Dixa*' sp. として本書で扱い，成虫のみならず幼虫や蛹も図示した．本種はまた，マダラホソカに類似した翅の斑紋をもつのでこの種の項で識別形質を挙げてある．キュウシュウホソカ '*Dixa*' *kyushuensis* の雌もこの種と同様に長い尾角を備えている．これら3種に加えて台湾から記載され，本書で新しく日本から記録されるヤエヤマイワシミズホソカ（新称）'*Dixa*' *nigripleura* は将来 *Dixa* とは別の属として分離されるべきものであるが，キュウシュウホソ

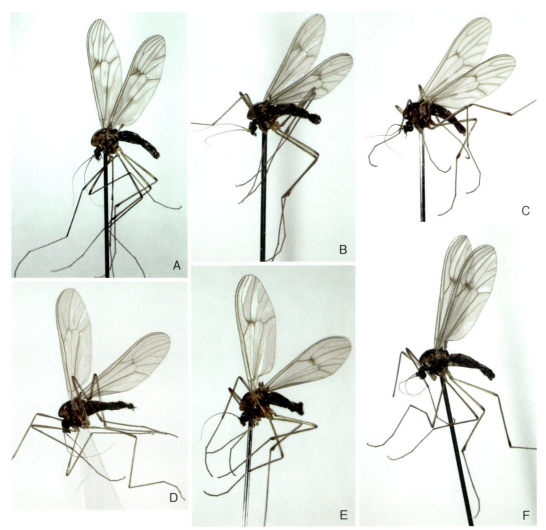

図15 ホソカ属 *Dixa* の雄成虫 Males of *Dixa* species.
A：マダラホソカ♂ *Dixa longistyla*　B：タイワンマダラホソカ♂ *Dixa formosana*　C：ニッポンホソカ♂ *Dixa nipponica*　D：エゾクロホソカ♂ *Dixa nigrella*　E：ヒコサンホソカ♂ *Dixa hikosana*（腹端の幅広い交尾器を示す）　F：ミスジホソカ♂ *Dixa trilineata*（腹端の狭い交尾器を示す）

カと同様に本書では暫定的に引用符をつけて '*Dixa*' 属としておく．

　一方，*Dixa* 属の種として記載されたヒメクロホソカとババクロホソカは，幼虫の形態について北米西部に分布する *Meringodixa* 属の種に酷似しているが，この属とは部分的な相違は認められる．これら2種およびこれらに類似した未記載種は将来正式に *Meringodixa* 属またはこれに近縁の新属のもとに分類されるべきものであるが，本書では暫定的に '*Dixa*' 属としておく．

　Dixa 属として記載されたキスジクロホソカは，その後筆者ら（三枝・杉本，2010）によって幼虫が確認された．本種は徳永（1951）が *Dixa* sp. として図示した幼虫（腹面が図示されているが，記載文中では背面として扱われている），また古屋（1985）が *Dixa* sp. DC として幼虫を図示・記載（図43-D～F）したものと一致した．本種は幼虫の形態から判断すると明らかに *Dixella* 属に属する種であるが，正式な分類学的所属の変更を行うまでは，本書では '*Dixa*' *obtusa* としておく．古屋

28 双翅目

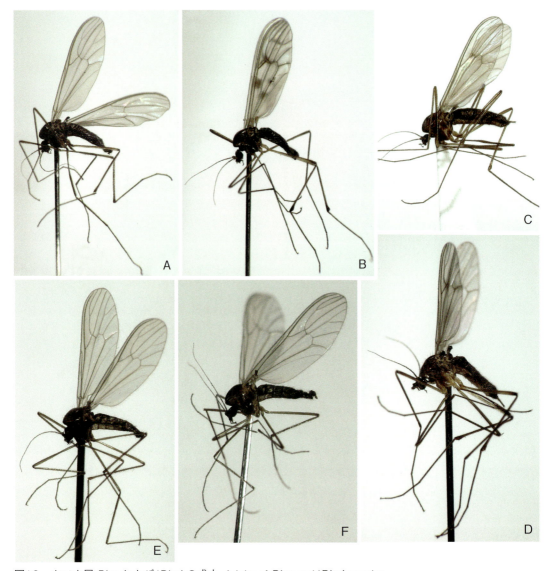

図16 ホソカ属 *Dixa* および '*Dixa*' の成虫 Adults of *Dixa* and '*Dixa*' species.
A：クロホソカ♂ *Dixa yamatona*　B：クロイワシミズホソカ♂ '*Dixa*' sp.　C：キュウシュウホソカ♀ '*Dixa*' *kyushuensis*（細長い尾角を示す）　D：ヤエヤマイワシミズホソカ♀ '*Dixa*' *nigripleura*（細長い尾角を示す）
（図17）　E：ヒメクロホソカ♂ '*Dixa*' *minutiformis*　F：ババクロホソカ♂ '*Dixa*' *babai*

（1973）で *Dixa* sp. DB として図示・記載された種（図38-C, D）は，上記した筆者らの研究によって，クロホソカ *Dixa yamatona* であることが判明している．南西諸島には台湾から記載された *Dixa formosana* が生息することが筆者らの研究で明らかになった．この種にはタイワンマダラホソカの和名を与えて，日本新記録として本書に含めた．

次に日本産種の成虫の検索表を示す．この検索表には Takahashi（1958）に挙げられている種に加えて，ヤエヤマイワシミズホソカとタイワンマダラホソカを含めてある．しかし，日本列島には既知種と同数ほどの未知の種が生息しているために，以下の検索表は暫定的なものである．正確な同定には各種の項の解説および図示されてる雄交尾器との対応などを行う必要がある．

984

ホソカ科　29

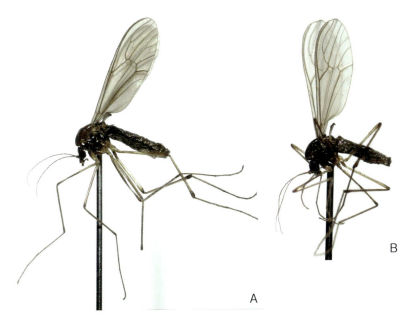

図17　ホソカ属 'Dixa' とシスイホソカ属 Dixella の雄成虫　Males of 'Dixa' and Dixella species.
A：キスジクロホソカ♂ 'Dixa' obtusa　B：コガタホソカ♂ Dixella subobscura

成　虫
ホソカ科成虫の種の検索表

1a　R_{2+3}脈およびR_{4+5}脈は第1基室から独立に，あるいは1点から生じる ···················· 2
1b　R_{2+3}脈とR_{4+5}脈は第1基室から生じる共通柄から分岐する（図19-D），翅は無紋，Rs脈基部のレベルで第1基室の幅は第2基室の約2倍 ············ **コガタホソカ**　Dixella subobscura
2a　中胸楯板の地色は黄褐色ないし暗褐色，この地色より暗い3本の暗色の縦帯がある（図20-A～E） ·· 3
2b　中胸楯板は一様に暗褐色で，輪郭の明瞭な暗条を現さない ··································· 7
3a　翅の斑紋はよく発達し，Rs脈分岐部周辺の暗紋のほかに，少なくとも第2基室後縁脈基半部の周囲が暗条になる（図18-A～C） ··· 4
3b　翅の斑紋の発達は悪く，第1基室先端のRs脈分岐部の周囲に不明瞭な暗紋を現すのみである（図18-E，F） ··· 6
4a　雄の後脚第1跗小節の基部下面には周辺の弱小な刺毛から明確に識別できる1～3本の顕著な長くて太い刺毛を生じる（後脛節端にある曲がった1本の距と混同しないこと）；雄交尾器（図21）の生殖端節（図22）は著しく長く，弓型に湾曲する；雌の尾角（図8-D）は細長く顕著，腹端をはるかに超えて後方に伸びる ··· 5
4b　雄の後脚第1跗小節の基部下面の刺毛はすべて短く均一，顕著に識別できる長刺毛を欠く；雄交尾器（図23）の生殖端節は短く半月状；雌の尾角は短く，腹端を超えて長く伸びない ··· **ニッポンホソカ**　Dixa nipponica
5a　大型，翅長4.5～6.5 mm；雄の生殖端節（図22左図）は細長で，生殖基節より長く，亜基部内側に顕著な角状隆起を生じない；翅の斑紋はよく発達する（図18-A）
　　　··· **マダラホソカ**　Dixa longistyla（北海道～沖縄島）

985

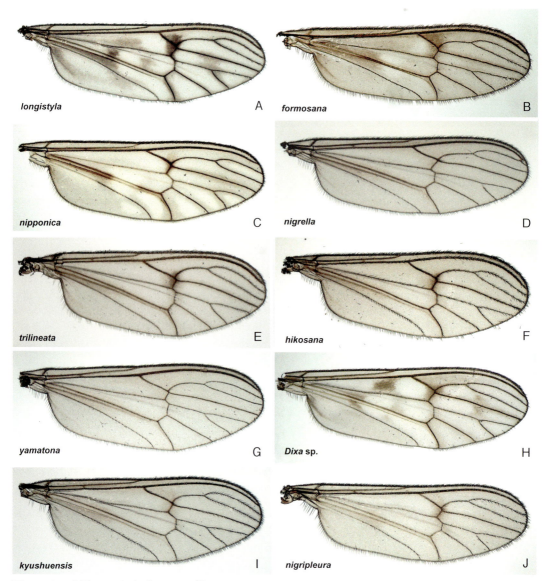

図18 ホソカ属 *Dixa* および '*Dixa*' の翅 Wings of *Dixa* and '*Dixa*' species.
A：マダラホソカ *Dixa longistyla*　B：タイワンマダラホソカ *Dixa formosana*　C：ニッポンホソカ *Dixa nipponica*　D：エゾクロホソカ *Dixa nigrella*　E：ミスジホソカ *Dixa trilineata*　F：ヒコサンホソカ *Dixa hikosana*　G：クロホソカ *Dixa yamatona*　H：クロイワシミズホソカ '*Dixa*' sp.　I：キュウシュウホソカ '*Dixa*' *kyushuensis*　J：ヤエヤマイワシミズホソカ '*Dixa*' *nigripleura*

5b 小型，翅長3.3〜3.9 mm；雄の生殖端節（図22右図）は太短く，生殖基節より短く，亜基部内側に顕著な角状隆起を生じる；翅の斑紋の発達が弱い（図18-B）
　　‥‥‥‥‥‥‥‥‥‥‥‥‥‥‥‥‥‥‥‥‥‥‥‥**タイワンマダラホソカ**　*Dixa formosana*（八重山諸島）

6a 雄交尾器（図25，15-F）は第8腹節とほぼ等幅；第9腹節腹板は後方に向かってわずかに広がる；雌の第8腹節腹板の gonapophysis は広く，中央が凹む
　　‥‥‥‥‥‥‥‥‥‥‥‥‥‥‥‥‥‥‥‥‥‥ **ミスジホソカ**　*Dixa trilineata*（北海道，本州，九州）

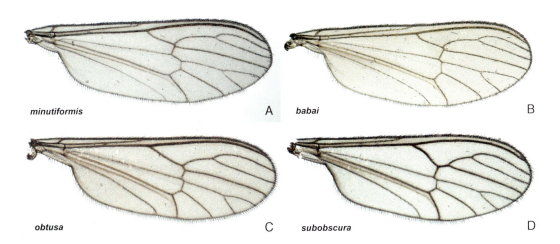

図19　ホソカ属 'Dixa' およびシスイホソカ属 Dixella の翅　Wings of 'Dixa' and Dixella species.
A：ヒメクロホソカ 'Dixa' minutiformis　B：ババクロホソカ 'Dixa' babai　C：キスジクロホソカ 'Dixa' obtusa　D：コガタホソカ Dixella subobscura

6b	雄交尾器（図26, 15-E）は第8腹節よりかなり幅広く；第9腹節腹板は後方に向かって広がり，その結果後縁幅は前縁幅の約1.5倍；雌の第8腹節腹板の gonapophysis は1対の突起を左右に突き出す……………………………………………… **ヒコサンホソカ**　*Dixa hikosana*	
7a	翅は無紋（図18-D, G, 19-A〜C）；雌の尾角は短い………………………………………	8
7b	翅は少なくとも Rs の分岐部に不明瞭な暗斑を現す（図18-H〜J）；雌の尾角は著しく長い ………………………………………………………………………………………………	12
8a	翅の M 脈幹は翅の後縁より前縁に近く縦走するために，Rs 脈起点のレベルで第1基室の幅は第2基室の幅とほぼ同じかわずかに広い（図18-D, G, 19-A, B）…………………	9
8b	翅の M 脈幹は翅のほぼ中央を縦走するために，Rs 脈起点のレベルで第1基室の幅は第2基室の幅のほぼ2倍（図19-C）．雄の生殖端節は長い棘状で，後方に突き出る（図34） ……………………………………………………………… **キスジクロホソカ**　*'Dixa' obtusa*	
9a	第1〜2腹節の毛は主に黒色；交尾器の生殖端節は三角形または指形で短く，後方に長く突き出さない（図28, 32, 33）；翅は黄色味を帯びない……………………………………	10
9b	腹部の毛はすべて黄色，交尾器の生殖端節は長い突起状で，後方に突き出る（図24）；翅はかすかに黄色味を帯びる……………………………………… **エゾクロホソカ**　*Dixa nigrella*	
10a	雄交尾器の生殖端節はほぼ三角形（図32, 33）；M_{1+2} 脈は M_1 脈よりかなり長い（図19 4 A, B）………………………………………………………………………………………	11
10b	雄交尾器の生殖端節は指状で基半部は広い（図28）；M_{1+2} 脈は M_1 脈にほぼ等長（図18-G）……………………………………………………………… **クロホソカ**　*Dixa yamatona*	
11a	小型，翅長2.5〜3.1 mm；生殖端節は腹縁を底辺とする長三角形，強い刺毛を生じる端縁は背縁とほぼ等長で直線状，生殖端節の先端は尖る（図32）；側面から見たパラメアは短く，直線状，先端が2本の棘状に分岐する………………… **ヒメクロホソカ**　*'Dixa' minutiformis*	
11b	中型，翅長3.4〜3.6 mm；生殖端節の端縁は背縁より長く，先端で屈曲するために，生殖端節の先端は裁断される（図33）；側面から見たパラメアは長く，上方に伸びてから鎌状	

に湾曲し，先端は分岐しないで尖る･･････････････････････････････････ ババクロホソカ '*Dixa*' *babai*

12a 翅はRs脈の分岐部に不明瞭な暗斑を現すだけである（図18-I, J）･･････････････････････ 13
12b 翅はRs脈の分岐部のみならず，第1基室中央，R_{4+5}脈中央の前後の翅室などに顕著な暗斑を現す（図18-H）．雄交尾器（図31）の生殖端節は細く，背面から見ると尖っている先端に向かって徐々に細くなる･･････････････････････････ **クロイワシミズホソカ** '*Dixa*' sp.
13a 大型種，翅長3.4〜4.2 mm；腹部の毛は黒色，褐色毛を混じる；M_1脈はM_{1+2}脈より明らかに長い；雄の生殖端節（図29）は細く，緩やかに端縁に向かって幅広くなり，背端部がやや張り出し10本内外の短棘を生じ，端縁中央に1本の刺毛を生じる
･･ **キュウシュウホソカ** '*Dixa*' *kyushuensis*
13b 小型種，翅長2.8〜3.0 mm；腹部の毛は黄色；M_1脈はM_{1+2}脈より明らかに短い（稀に等しい）；雄の生殖端節（図30）は基部が幅広く，先端に向かって細まり，基部内縁に数本の強い剛毛を生じ，背縁中央部と内面の先端近くに各1本の長い剛毛を生じる
･･ **ヤエヤマイワシミズホソカ** '*Dixa*' *nigripleura*

成虫の記載

以下の記載のなかの体長や翅長の数値は，それぞれの種の原記載，日本昆虫分類図説ホソカ科，およびこれらに部分的に依拠した北隆館発行の新訂原色昆虫大図鑑第3巻に示された数値と異なるところがある．模式標本などの計測の結果，原記載の測定値と実際の模式標本に基づく測定値とがある程度異なる場合がみられた（たとえばキュウシュウホソカ雌の翅長が原記載では5.2 mmとされているが，模式標本では4.1〜4.3 mm）．以下の記載では模式標本ならびに筆者らの保有する標本に基づいて正しく測定した結果が示されている．

マダラホソカ　*Dixa longistyla* Takahashi, 1958（図8-D，図15-A，18-A，20-A，21，22左）

Dixa longistyla Takahashi, 1958. Mushi, 32: 5-6, pl. 1, fig. 1(wing), pl. 2, fig. 1 (basal segments of antenna), pl. 3, figs. 1&2 (male genitalia), pl. 5, figs. 3 & 4 (female terminalia). Type locality: Kibune, near Kyoto, Honshu.

頭部は暗褐色，褐色粉で覆われ，眼縁刺毛は黒色．触角柄節と梗節は黄褐色ないし赤褐色，後者は時に褐色，鞭節は黒色，第1鞭小節基部は黄色；第1鞭小節は細長く，梗節長の2.5倍以上，生じる刺毛は小節幅とほぼ等長．胸部は黄褐色ないし淡褐色，表面を覆う粉はやや薄いために弱い光沢がある．中胸楯板（図20-A）は背面から見ると前縁から前小楯板部域前縁に達する中央縦帯と中央付近から発して後縁に達する側縦帯は幅広く暗褐色，中央帯の前半部は楯板前縁や亜前縁に沿って側部に広がり，また帯の中央部に明色の細縦線が現れることもある；前方から見ると楯板の側縦帯の前方に1対の黄灰色の楕円形紋が現れる；前小楯板域は暗灰褐色粉で覆われる；小楯板は黄褐色，両側は暗褐色．胸背の刺毛は黒色．胸部側板は暗褐色，不明瞭な明斑が現れ，そのうち上，下前側板の間や下前側板後縁中央から後側板に向かう縦帯はやや明瞭；前側板は無毛．翅（図18-A）は斑紋がよく発達する；地色はかすかに灰色を帯びる；r-m横脈後端からRs分岐部をとおりRs基部からR_1脈基部1/4の範囲に広がる逆三角形の暗褐色紋，第2基室中央部の円紋とこれに連続するcua室基半部も暗褐色，M_{1+2}脈分岐部周辺，第2基室亜端部，CuA脈周辺，およびcup室全般はやや暗色を帯びる；第1基室もやや暗化する個体も多い．平均棍は黄色．脚は黄色，腿節末端と脛節末端は黒色，脛節は基部に向かって暗化することもある；後脛節末端は幅広い；雄の後脚第1跗小節の腹面基部には1〜3本の顕著な長刺毛を生じ，これは周囲の毛の約2〜3倍長で太さも際立って太く，雄について次種を除く日本産の他種から本種を識別する最重要の形質の1つで

図20　ホソカ属 *Dixa* および '*Dixa*' の胸部背面　Dorsal aspect of mesonotum of *Dixa* and '*Dixa*' species.
A：マダラホソカ *Dixa longistyla*　B：タイワンマダラホソカ *Dixa formosana*　C：ニッポンホソカ *Dixa nipponica*　D：ミスジホソカ *Dixa trilineata*　E：ヒコサンホソカ *Dixa hikosana*　F：クロイワシミズホソカ '*Dixa*' sp.

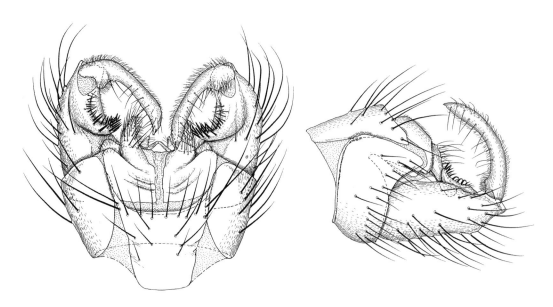

図21 マダラホソカ *Dixa longistyla* の雄交尾器 Male genitalia of *Dixa longistyla*.
左：背面　右：左側面

ある（図8-E）．腹部は暗褐色，黄褐色の毛を疎生し，暗色毛を混じる．雄交尾器（図21，22左）の生殖基節背突起は顕著，半月形ないし三日月形で，生殖端節長の1/2長，先端に微棘を多数生じる；生殖端節は細長く，基節と等長，強く内側に湾曲し，基部内側に隆起部を欠くか，生じても著しく弱い；生殖端節は乾燥標本でも背側に強く湾曲した状態で明瞭に観察できる．雌交尾器（図8-D）の尾角は長く，基部幅の約3倍であるが，キュウシュウホソカ（図8-F）ほどは長くはない．しかし，本種と次種タイワンマダラホソカ *Dixa formosana* の雌が共有する顕著な識別形質である．

体長：♂　2.4～3.2 mm，♀　3.2～4.3 mm；翅長：♂　3.7～4.9 mm，♀　3.8～5.5 mm.
分布：北海道，本州，四国，九州，沖縄諸島（沖縄島）．
生態：成虫は早春より出現し温暖期を通じて活動し，夏季でも個体数の著しい減少がみられない．低山地から山地の森林の小渓流の周囲に現れる普通種．幼虫は大小の渓流の淀みに生息する．

本種は八重山諸島や台湾に生息する次種に類似するが，図22に示した通り，雄交尾器の生殖端節の形状で識別できる．本種や次種が含まれる1群は，雄後脚第1跗小節基部の顕著な刺毛や雌のやや長い尾角で特徴づけられ，これら2種の他に筆者の知見では沿海州から中国大陸各地にわたって多くの種を擁する，東亜固有の種群である．

なお，この群ではないが，本種に翅の斑紋がやや類似した同所的な未記載種（図16-B，18-H）が九州の山地に生息している．この種の幼虫は古屋（1973）の *Dixa* sp. DA に類似した岩清水性で，成虫の胸部背面（図20-F）は厚く暗褐色粉で覆われて，光沢が弱く，第1基室中央に顕著な暗褐色紋を現し，雄の生殖端節はマダラホソカや次種よりはるかに短く，雄後脚の第1跗小節腹面基部に特殊な刺毛を欠き，雌の尾角はキュウシュウホソカと同様に著しく長いので，容易に識別できる．上記の検索表等ではクロイワシミズホソカ '*Dixa*' sp. として示されている．

タイワンマダラホソカ（新称） *Dixa formosana* Papp, 2007（図15-B，18-B，20-B，22）

Dixa formosana Papp, 2007. Acta Zoologica Academiae Scientiarum Hungaricae, 53: 276-278, figs. 4-6 (male genitalia). Type locality: Ilan Hsien, Fu-shan, Taiwan.

 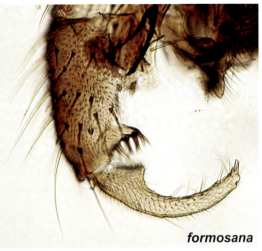

図22　ホソカ属 *Dixa* 2種の雄交尾器の左生殖肢 Left gonopods of two species of *Dixa*.
左：マダラホソカ *Dixa longistyla*　右：タイワンマダラホソカ *Dixa formosana*

前種に多くの形質で酷似するが，やや小型，翅（図18-B）の斑紋は一般により淡色，雄交尾器（図22右）の生殖基節背突起は短く小半円形，生殖端節は太く，短く，生殖基節の長さに及ばず，その亜基部内側に顕著な角状隆起を生じる．雌は前種雌から外観上で識別するのは困難であるが，多くの個体は前種よりやや小型である．

体長：♂ 2.5～2.7 mm，♀ 3.0～3.4 mm；翅長：♂ 3.3～3.8 mm，♀ 3.6～3.8 mm.

分布：八重山諸島（石垣島，西表島）．日本新記録．

生態：マダラホソカと同様に山間の小渓流の周縁で採集される普通種．

本種は台湾からミスジホソカとの比較の上で新種として最近記載されたが，ミスジホソカやヒコサンホソカとの近縁性は認められず，上記のとおり系統的にはマダラホソカにきわめて近縁の種である．日本からは本書で初めて記録される．石垣島の於茂登岳，西表島の南風見田，浦内川の小渓流で発見された．日本産の個体は台湾産のものに比べて雄交尾器の生殖端節がやや長い傾向がみられる．

ニッポンホソカ　*Dixa nipponica* Ishihara, 1947（図15-C, 18-C, 20-C, 23）

Dixa (s. str.) *nipponica* Ishihara, 1947. 松蟲 2: 56-58. Type locality: Tarumicho, Matsuyama-shi（松山市樽味町），Shikoku, Japan.

Dixa nipponica, Takahashi, 1958. Mushi, 32: 7, pl. 1, fig. 3 (wing), pl. 2, fig. 4 (basal segments of antenna), pl. 3, figs. 5 & 6 (male genitalia), pl. 5, figs. 1 & 2 (female terminalia)..

マダラホソカにやや類似する．頭部は暗褐色，灰褐色粉で覆われ；眼縁刺毛は淡色．触角は柄節，梗節を含めて全面的に黒色；第1鞭小節は短く，梗節長の約2倍，生じる刺毛は長く，小節幅の約2倍．胸部（20-C）の斑紋は前種に似るが，表面を覆う粉は前種より密であるために，光沢は前種より弱い；3黒帯は前種より一般に濃色で幅も広い；前小楯板域は淡灰褐色，中央に中央縦帯に続く暗色の細線が走る；前方から見ると楯板の側縦帯の前方は楯板前縁まで広く灰褐色ないし褐色で，中央に判然としない暗色部を現すこともある．小楯板はほぼ一様に黄褐色ないし茶褐色，側部が暗化しない；胸背の刺毛は黄色．胸部側板は暗褐色，後側板上部は黄色；前側板には淡色の刺毛を疎生する．翅（図18-C）の色彩斑紋は前種に似るが，斑紋は一般により淡色で不明瞭，翅中

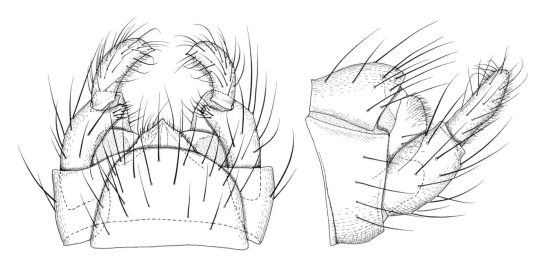

図23　ニッポンホソカ *Dixa nipponica* の雄交尾器 Male genitalia of *Dixa nipponica*.
左：背面　右：左側面

央の斑紋は r-m 横脈後端から Rs 脈分岐部周辺に狭く広がり，前種のように Rs 脈基部から R_1 脈亜基部に拡大することはない；第2基室後縁脈周縁は基半部が暗色，中央部から先3/4までが淡色，3/4からCuA脈端にかけて再び暗色になる．脚の色彩は前種と同様であるが，雄の後脚第1跗小節下面基部に前種にみられたような顕著な長刺毛を欠如する．雄交尾器（図23）の生殖基節背突起はきわめて短く，小隆起として認められるだけで，特別の刺毛を生じない；生殖端節は基節よりやや短く，半月形ないし湾曲したソーセージ形；乾燥標本では腹端から後方に突き出す1対の淡色の小突起として認められる．雌の尾角は短く，基部の幅の1.5倍長，腹端から後方に突出しない．

体長：♂ 2.1～2.6 mm，♀ 2.7～2.8 mm；翅長：3.1～3.9 mm，♀ 3.5～3.8 mm.
分布：本州，四国，九州，沖縄島．
生態：早春から初冬にかけて出現し，低地から山地にかけて生息し，九州の平地では温暖な日には12月下旬でも群飛が観察される．多くは森林の小渓流ないし溝のような小川の周囲に普通にみられ，幼虫もこのような流れの淀みに生息する．

エゾクロホソカ　*Dixa nigrella* Takahashi, 1958（図15-D，18-D，24）

Dixa nigrella Takahashi, 1958. Mushi, 32: 12-13, pl. 4, figs. 3 & 4 (male genitalia). Type locality: Ashorobuto, Ashoro Gun, Hokkaido.

体は黒褐色．頭部は暗褐色粉で覆われ，眼縁刺毛は黒色．触角は黒褐色．第1鞭小節は細く，その長さは梗節長の2倍，生じる刺毛は長く，小節幅の2.5～3倍．胸背は一様に暗褐色ないし黒褐色で斑紋を欠き，暗褐色粉で覆われる；翅後瘤は淡色；胸背の刺毛は黒色．胸部側板は暗褐色，中胸下前側板後縁中央から後胸側板中央にかけてやや淡色；前側板に黒色毛を疎生する．翅（18-D）はかすかに灰色を帯び，斑紋を欠く；翅脈は淡褐色．平均棍は暗褐色．脚はほぼ一様に淡褐色，腿節は基方に向かってやや淡色になる；中，後基節は黄褐色；後脛節先端はやや広い；後脚第1跗小節の基部下面には顕著な刺毛を欠く．腹部は黒褐色，淡褐色のやや長い毛を疎生する．雄交尾器（図24）の形状は特異；生殖基節背突起は亜端部から生じ，基節長の約1/2長，内側を向き，細く，先端に微刺毛を密生する；生殖端節の形状は特異，基半部はやや広く，中央で弱く外側に曲がり，端半部はかなり細い；端節内面には刺毛を生じる．

ホソカ科 37

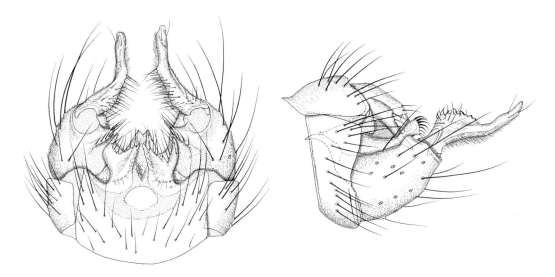

図24 エゾクロホソカ *Dixa nigrella* の雄交尾器 Male genitalia of *Dixa nigrella*.
左：背面 右：左側面

体長：♂ 2.1～2.6 mm，♀ 2.6～3.2 mm；翅長：♂ 3.6～4.1 mm，♀ 3.7～4.2 mm.
分布：北海道.
生態：低山地に生息し，成虫は足寄，苫小牧，トムラウシで5月から9月にかけて採集されている．

ミスジホソカ *Dixa trilineata* Takahashi, 1958（図15-F，18-E，20-D，25，26）

Dixa trilineata Takahashi, 1958. Mushi, 32: 9-10, pl. 1, fig. 4 (wing), pl. 2, fig. 5 (basal segments of antenna), pl. 3, figs. 9 & 10 (male genitalia), pl. 5, figs. 5 & 6 (female terminalia). Type locality: Aburayama, Fukuoka Pref., Kyushu.

頭部は黒褐色，暗褐色粉で覆われる；眼縁刺毛は黒色．触角は柄節，梗節を含めて全面的に黒褐色．胸部は暗黄色ないし黄褐色，光沢は弱い；中胸楯板（図20-D）はマダラホソカに類似した3条の黒帯を現すが，色彩は一般に暗黒褐色ないし黒色でより濃色，輪郭も明瞭，中央帯前部での外側への不明瞭な張り出しはほとんど認められない；小楯板は一様に黄色ない淡褐色；楯板の刺毛は黄色ないし黄褐色，小楯板のそれは黒色．胸部側板の上部1/2ないし2/3は黒褐色；後側板上部から側背板にかけてと下前側板から中副基節にかけては黄色ないし黄褐色；前側板には暗色の刺毛を疎生する．翅（図18-E）はかすかに灰色を帯び，第1基室先端のRs脈分岐部からr-m横脈に至る部分を囲む小淡褐色紋を現すのみ．この斑紋の濃度は個体変異が大きく，かなり不明瞭な個体が多い．平均棍は淡灰褐色．脚はマダラホソカに似るが，後脚第1跗小節は基部下面の顕著な刺毛を欠く．腹部は黒褐色，暗褐色毛を生じる．雄交尾器（図25）：次種より明らかに横幅が狭く，第8腹節とほぼ等幅；第9腹節腹板は後方に向かってわずかに広がる；第10腹節背板は後縁が浅く抉られる；第10腹節背板の分離骨片はそれ自体と等長の長い突起を後方に突出させ，それは生殖基節の末端近くに達する；生殖基節の背突起は短く，疣状；生殖端節は細長くほぼ一様の太さを保ち，先端は鈍く尖る；挿入器は短く交尾器内に収まる．雌の尾角は短い；第8腹節腹板のgonapophysisは1対の突起を左右に突き出す．

体長：♂ 2.4～3.1 mm，♀ 3.2～3.5 mm；翅長：♂ 3.7～4.2 mm，♀ 4.3～4.6 mm.
分布：北海道，本州，九州．

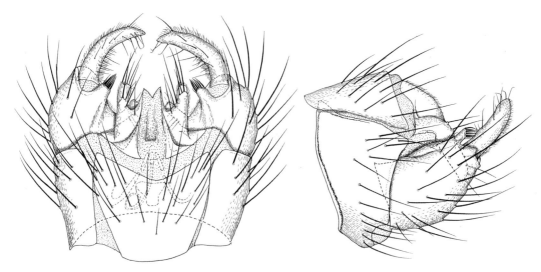

図25　ミスジホソカ Dixa trilineata の雄交尾器 Male genitalia of Dixa trilineata.
左：背面　右：左側面

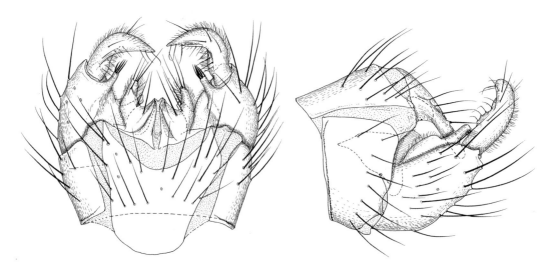

図26　ミスジホソカ北海道亜種 Dixa trilineata ezoensis の雄交尾器 Male genitalia of Dixa trilineata ezoensis.
左：背面　右：左側面

生態：成虫は春から初冬にかけて出現し，夏季は少ない．ヒコサンホソカに比べると垂直分布は広く低山地から山地まで広く現れる．

次種のヒコサンホソカに酷似するが，雄交尾器の幅が狭く，第8腹節の幅を著しく超えることがないのでこの形質で容易に識別可能である．

本種には本州と九州に分布する名義タイプ亜種，Dixa trilineata trilineata と北海道亜種の Dixa trilineata jezoensis Takahashi, 1958がある．北海道亜種は上記の記載とは，中胸楯板の地色が著しく暗色になるために3黒帯との識別が不鮮明，側板がほぼ一様に暗褐色，脚の毛が短い，雄交尾器（図26）の生殖基節の背突起がやや長い，などの点で異なっている．北海道亜種の3頭の雄の syntypes

ホソカ科 39

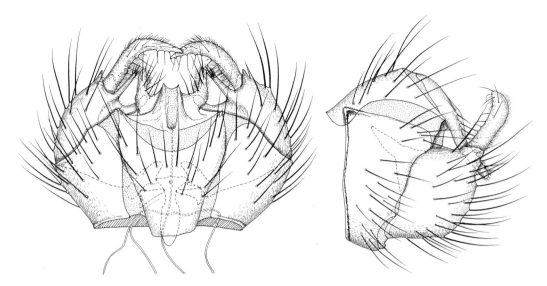

図27 ヒコサンホソカ *Dixa hikosana* の雄交尾器 Male genitalia of *Dixa hikosana*.
左：背面　右：左側面

のうちの1頭は，体長は2.1 mm，翅長は3.6 mmである．

ヒコサンホソカ *Dixa hikosana* Takahashi, 1958（図15-E，18-F，20-E，27）

Dixa hikosana Takahashi, 1958. Mushi, 32: 8-9, pl. 1, fig. 5 (wing), pl. 2, fig. 3 (basal segments of antenna), pl. 3, figs. 7 & 8 (male genitalia), pl. 5, figs. 7 & 8 (female terminalia). Type locality: Mt. Hikosan, Fukuoka Pref., Kyushu.

外観的には前種，ミスジホソカに酷似し，乾燥標本での決定的な区別点は雄交尾器が幅広く，それより前方の腹部の幅をはるかに超えていることである．雄交尾器（図27）：幅広く，第8腹節よりかなり幅広く，第9腹節腹板後縁で最大幅になる；第9腹節腹板は後方に向かって広がり，その結果後縁幅は前縁幅の約1.5倍；第9腹節背板は後方に向かって著しく拡大し，後縁は深く円弧状に抉られる；第10腹節背板の分離骨片の突起は生殖基節の末端のレベルに達する；生殖基節は丸みが強く，その背突起は細く指状で端節長の1/4長；端節は細長くほぼ一様の太さを保ち，先端は尖る；挿入器は著しく長く，細線状で，交尾器内に収まらず，体腔に向かって深く陥入した膜袋内を蛇行して収められる（図27では部分的に図示）．雌の尾角は前種同様に短い；第8腹節腹板のgonapophysisは1対の突起を左右に突き出す．

体長：♂ 2.0～2.3 mm ♀ 2.3～3.2 mm；翅長：♂ 3.2～3.8 mm，♀ 3.3～3.8 mm．

分布：本州，九州の山地．

生態：成虫は春から初冬にかけて出現し，夏季は少ない．ミスジホソカに比べるとやや山地性で個体数も一般に少ない．

クロホソカ *Dixa yamatona* Takahashi, 1958（図16-A，18-G，28）

Dixa yamatona Takahashi, 1958. Mushi, 32: 11-12, pl. 1, fig. 8 & 9 (wing), pl. 2, fig. 10 (basal segments of antenna), pl. 4, figs. 1 & 2 (male genitalia), pl. 6, figs. 6 & 7 (female terminalia). Type locality: Mt. Takao, near Tokyo, Honshu.

全身が一様に黒褐色ないし黒色で無紋の翅をもつ小型ないし中型種．頭部は黒褐色，薄く暗褐色

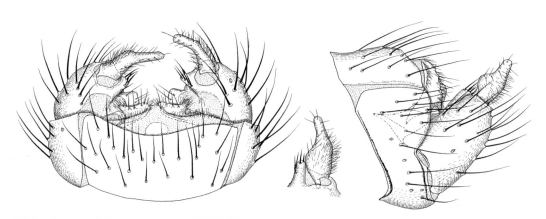

図28 クロホソカ Dixa yamatona の雄交尾器 Male genitalia of Dixa yamatona.
左：背面　右：左側面　挿入図は左側の生殖端節の側面

粉で覆われ，眼縁刺毛は黒色．触角は全体的に黒褐色；第1鞭小節は円筒形でやや長く，梗節長の2.5倍，太さは長さの1/10前後，生じる刺毛は長く黒色で小節幅の約2倍長．胸部は一様に黒褐色ないし黒色，薄く暗褐色粉で覆われる；胸背の刺毛は長く，黒色．中胸の腹中線部，後側板上部と下縁部，側背板はやや淡色；前側板上部には数本の黒色の短毛を生じる．翅（図18-G）は一様に淡灰色で無紋，翅脈は淡黄褐色，M_{1+2}脈はM_1脈とほぼ等長かやや長く，同所的に生息するヒメクロホソカより相対長が長い．平均棍は暗褐色，その基半部は暗灰色．脚は暗褐色，刺毛は黒色．腹部は暗褐色ないし黒褐色，胸部と同様に暗褐色粉で薄く覆われる．腹部の刺毛は黄褐色ないし黒色．雄交尾器（図28）の上雄板は矩形，その後縁はきわめて緩やかに内側に湾曲する；生殖基節の後背突起は短く三角形，数本の剛毛を生じる；第10腹節背域中央に小型楕円形の骨化部がある；生殖端節は短く指状，基部はやや幅広く，中央に向かって緩やかに細くなり，その後は先端までほぼ一様な太さを保つ．雌の尾角は半円形よりやや長めの葉状で，先端は丸みを帯びる．

体長：♂　2.1〜2.6 mm，♀　2.4〜3.4 mm；翅長：♂　3.2〜4.4 mm，♀　3.4〜4.5 mm.

分布：本州，四国，九州．

生態：成虫は晩秋から早春に多数発生し，温暖期にはほとんど採集されない．九州では低地から山地まで広く分布する．どこでも小渓流や細流の周囲に生息する．幼虫の生息場所も細流などの淀みであるが，時に岩清水でも採集された．次種やババクロホソカに色彩が類似するが，一般にやや大型で，多くの産地では同所的に生息するこれらの種よりもM_{1+2}脈がM_1脈に比べて短い（M_1とM_2脈の共通柄が短い）ことで，外観的にはかろうじて識別できる．正確な同定には雄交尾器の生殖端節の形状を調べる必要がある．

キュウシュウホソカ 'Dixa' kyushuensis Takahashi, 1958（図8-F，16-C，18-I，29）

Dixa kyushuensis Takahashi, 1958. Mushi, 32: 6, pl. 1, fig. 2 (wing), pl. 2, fig. 2 (basal segments of antenna), pl. 3, figs. 3 & 4 (male genitalia), pl. 6, figs. 1 & 2 (female terminalia). Type locality: Magaribuchi, Fukuoka Pref., Kyushu.

体は暗褐色ないし黒褐色．頭部は暗褐色粉で覆われ；眼縁刺毛は黒色．触角は柄節，梗節を含めて黒褐色，第1鞭小節は細く，その長さは梗節長の約2倍，小節幅の1.5倍ほどの長さの毛を疎生する．小楯板を含む胸背は一様に黒褐色；翅後瘤は暗色；胸背は暗褐色粉で覆われ，長めの黒毛を生じる．胸部側板は暗褐色，後側板上縁と中，後基節上部は淡色．翅（図18-I）はかすかに灰色を帯び，Rs脈分岐部からM_{1+2}脈の基部に至る脈を囲んでかなり不明瞭な暗色紋を現すが，色彩が淡

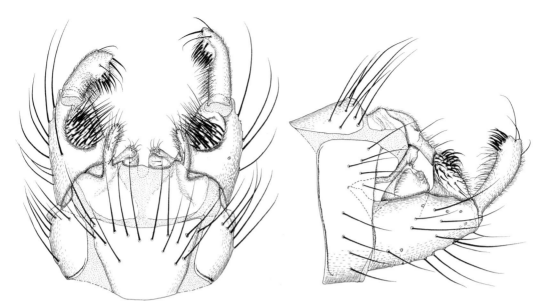

図29　キュウシュウホソカ '*Dixa*' *kyushuensis* の雄交尾器　Male genitalia of '*Dixa*' *kyushuensis*.
左：背面　右：左側面

色のためにその輪郭は不明瞭；M_{1+2}脈はR_{4+5}脈の分岐点とほぼ同じレベルでM_1脈とM_2脈に分岐し，M_1脈はM_{1+2}脈より明らかに長い．脚は基節を含めて暗褐色，後脚はやや淡色，後脛節端はやや広くなる；後脚第1跗小節基部下面には顕著な刺毛を欠く．腹部は黒褐色，褐色毛を疎生する．雄交尾器（図29）の第10腹節背板の分離骨片はやや長い突起を後方に突出させ，それは生殖基節の中間のレベルに達する；生殖基節背突起は大型，楕円形の葉状で内面に微棘を密生する；生殖端節は細く，緩やかに端縁に向かって幅広くなり，背端部がやや張り出し10本内外の短棘を生じ，端縁中央に1本の刺毛を生じる．雌の尾角は著しく長い（図8-F）．

体長：♂ 2.2～3.0 mm, 2.9～3.1 mm；翅長：♂ 3.5～3.8 mm, ♀ 3.8～4.3 mm.

分布：本州，九州；対馬．

生態：成虫は晩冬から初冬まで，厳冬期を除いて出現する．幼虫は岩清水性．

本種は従来は沖縄から未記録であったが，筆者らが2012年11月29日に沖縄島北部の比地川渓谷の岩清水で採集した10頭ほどの幼虫は，擬脚の小棘数，尾突起の先端の刺毛の相対長を含めて，九州熊本県で採集されている2頭の幼虫とほぼ一致する．同地で雄成虫が採集されれば，同定が可能になるが，現時点では雌1頭を羽化させただけなので，本書では沖縄を正式の分布に含めなかった．しかし，幼虫の項では特徴にこれら沖縄島の材料も含めた．熊本県の幼虫からも雄成虫は羽化していないが，この地域ではイワシミズホソカ群の成虫は本種と幼虫の項で述べるクロイワシミズホソカ（検索表参照）のみであるから，熊本県産の幼虫はキュウシュウホソカであると推定した．

ヤエヤマイワシミズホソカ（新称）　'*Dixa*' *nigripleura* Papp, 2007（図16-D，18-J，30）

Dixa nigripleura Papp, 2007, Acta Zoologica Academiae Scientiarum Hungaricae, 53: 278-280, figs. 7-10 (male genitalia). Type locality: Ilan Hsien, Fu-shan, Taiwan.

小型であることを除いて外観的には前種キュウシュウホソカに類似し，以下に記述する雄交尾器と少数の形質以外は前種の記載が適合する．小型，腹部の毛は黄色；中，後基節は黄色ないし黄褐色；翅（図18-J）のM_{1+2}脈はR_{4+5}脈の分岐点より翅の外縁に近いレベルでM_1脈とM_2脈と分岐し，M_1

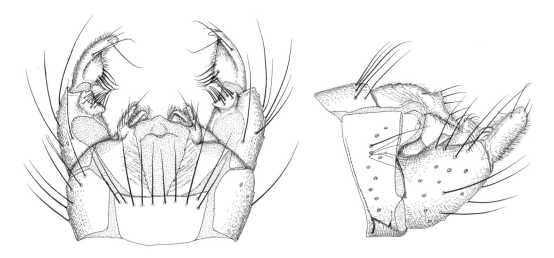

図30　ヤエヤマイワシミズホソカ '*Dixa*' *nigripleura* の雄交尾器　Male genitalia of '*Dixa*' *nigripleura*.
左：背面　右：左側面

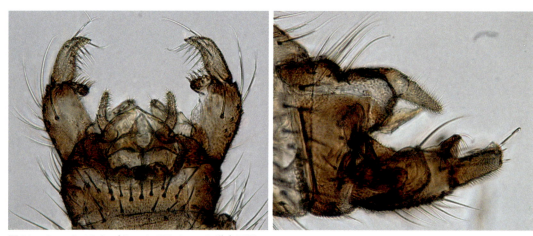

図31　クロイワシミズホソカ '*Dixa*' sp. の雄交尾器　Male genitalia of '*Dixa*' sp. of *kyushuensis* group.
左：背面　右：左側面

脈は M_{1+2} 脈より明らかに短い（稀に等しい）．雄交尾器（図30）：生殖基節背突起は半円形の台状；生殖端節は基部が幅広く，先端に向かって細まり，基部内縁に数本の強い剛毛を生じ，背縁中央部と内面の先端近くに各1本の長い剛毛を生じる．

　体長：♂　1.5〜2.2 mm，♀　2.5 mm；翅長：♂　2.3〜2.8 mm，♀　3.0 mm.
　分布：八重山諸島（新記録：石垣島，西表島），台湾．
　生態：成虫は森林の岩清水や小滝の周囲で採集される．幼虫はこのような場所の垂直の岩清水に生息している．

　本種は台湾から最近記載された種で，筆者は台北陽明山や台湾中部の南山渓観音滝の周囲で採集している．日本列島からは本書での記録が初めてとなる．八重山諸島の個体は台湾産の個体に比べるとやや小型である．沖縄本島にはイワシミズホソカ群の未記載の2種が分布し，その内の1種は本種に類似しているので注意が必要である．この種は本種から腹部の毛が黒色，雄交尾器の生殖端

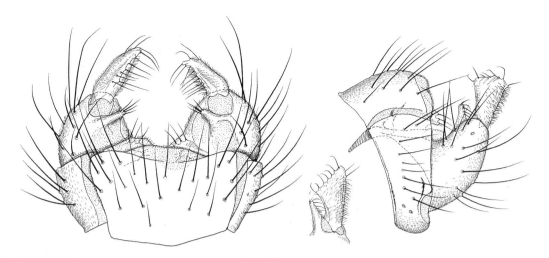

図32 ヒメクロホソカ '*Dixa*' *minutiformis* の雄交尾器 Male genitalia of '*Dixa*' *minutiformis* of *minutiformis* group.
左：背面　右：左側面　挿入図は左側の生殖端節の側面

節は三角形で，その端縁のほぼ全長にわたって強い棘状の剛毛を列生する点で識別できる．
　上記2種に加えて，本州に1種（古屋の *Dixa* sp. DA），九州に1種（クロイワシミズホソカ '*Dixa*' sp. 検索表参照），沖縄本島に2種のイワシミズホソカ群の種が生息する．ともに未記載種である．

　ヒメクロホソカ　'*Dixa*' *minutiformis* Takahashi, 1958（図16-E, 19-A, 32）
Dixa minutiformis Takahashi, 1958. Mushi, 32: 13-14, pl. 1, fig. 9 (wing), pl. 2, fig. 7 (basal segments of antenna), pl. 4, figs. 5 & 6 (male genitalia). Type locality: Mt. Hikosan, Fukuoka Pref., Kyushu.

　体は黒褐色ないし黒色．頭部は暗褐色粉で覆われ，眼縁刺毛は黒色．触角は黒色，鞭節は暗褐色，第1鞭小節は細く，その長さは梗節長の約2倍，小節幅の2～2.5倍の長刺毛を疎生する．胸背は一様に黒色ないし黒褐色，暗褐色粉で粗く覆われる；翅後瘤はやや淡色；小楯板も一様に暗褐色；胸背の刺毛は長く，黒色．胸部側板と基節は暗褐色，中亜基節はやや淡色．翅（図19-A）はかすかに灰色を帯び，斑紋は認められない；翅脈は淡褐色；M_{1+2}脈は長く，R_{4+5}脈より先方でM_1脈とM_2脈に分岐するために，両脈は短く，その分岐角度は大きい．平均棍は暗褐色ないし黒褐色．脚は暗褐色，後脛節の膨らみは弱い；後脚第1跗小節は基部下面に顕著な刺毛を欠く．腹部は黒褐色，黒色の毛を疎生する．雄交尾器（図32）：第10腹節背板の分離骨片は小型，外縁に鋸歯状にそれぞれ隆起したソケットから3本の刺毛を生じる；生殖基節の背面突起は細く，端節長の約1/2；端節は腹縁を底辺とする長三角形，強い刺毛を生じる端縁は背縁とほぼ等長で直線状，生殖端節の先端は尖る；パラメアは短く，直線状，先端が2本の棘状に分岐する．

　体長：♂ 1.5～1.9 mm, ♀ 2.0～2.2 mm；翅長：♂ 2.5～3.1 mm, ♀ 2.9～3.0 mm.
　分布：本州，九州．
　生態：成虫は晩秋～早春に多数発生し，温暖期にはほとんど採集されない．山地性の種で，山地の小渓流や細流の周囲に生息し，雄は晩秋には大きな群飛を形成する．低山では少ない．幼虫の生息場所も細流などの淀みである．

　ババクロホソカ　'*Dixa*' *babai* Takahashi, 1958（図16-F, 19-B, 33）
Dixa babai Takahashi, 1958. Mushi, 32: 14, pl. 1, fig. 7 (wing), pl. 2, fig. 9 (basal segments of antenna), pl. 4, figs. 7 & 8 (male genitalia). Type locality: Kurokawa, Niigata Pref., Honshu.

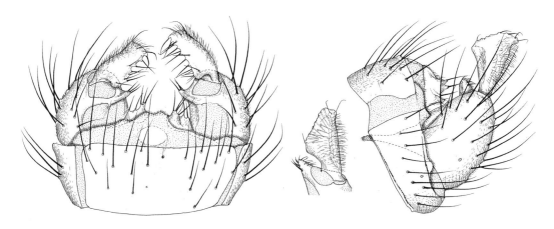

図33 ババクロホソカ '*Dixa*' *babai* の雄交尾器 Male genitalia of '*Dixa*' *babai* of *minutiforimis* group. 左：背面 右：左側面 挿入図は左側の生殖端節の側面

前種ヒメクロホソカに酷似する．やや大型で，翅（図19-B）も長く，雄交尾器（図33）にもわずかではあるが安定的な相違が認められる．雄交尾器の第10腹節背板の分離骨片から生じる刺毛は4〜5本；生殖端節の端縁は背縁より長く，先端で屈曲するために，生殖端節の先端は裁断される；パラメアは長く，鎌状に湾曲し，先端は分岐しないで尖る．

体長：♂ 1.6〜2.5 mm，♀ 2.8 mm；翅長：♂ 3.2〜3.6 mm，♀ 3.4〜3.5 mm．

分布：本州（新潟県）．

生態：生息環境は前種と同様に山地の小渓流ないし細流で，幼虫もこのような流れに生息する．故馬場金太郎博士が採集された標本で記載されたもので，新潟県胎内市黒川以外では採集されていない．晩秋及び早春に採集されている．発生地では晩秋に個体数が多く，雄の群飛もみられる．

キスジクロホソカ　'*Dixa*' *obtusa* Takahashi, 1958（図2，17-A，19-C，34）

Dixa obtusa Takahashi, 1958. Mushi, 32: 10-11, pl. 1, fig. 6 (wing), pl. 2, fig. 6 (basal segments of antenna), pl. 3, figs. 11 & 12 (male genitalia), pl. 6, figs. 4 & 5 (female terminalia). Type locality: Kurokawa, Niigata Pref., Kyushu.

頭部は黒色ないし黒褐色，頭頂周辺部は灰褐色粉で覆われる；眼縁刺毛は黒色，触角は黒褐色，第1鞭小節は細く，梗節長の2.5倍長で，小節幅の1.5倍長の黒毛を疎生する．胸背は暗褐色ないし黒褐色，灰褐色粉で薄く覆われ，光沢が強い；ミスジホソカなどで地色部に相当する位置の亜背部は前小楯板域などがやや淡色になるが，それらの境界は不明瞭で，見る角度によって変化する（原記載にはこれらの淡色部を暗黄色と記述されているが，そう表現するほど明瞭ではない）．側板は光沢ある暗褐色ないし黒褐色；前側板下半部から中亜基節にかけて黄色；前側板に刺毛を欠く．脚は黄色ないし黄褐色，基節は黄色；脛節と腿節はやや暗色で，先端部はさらに暗色；後脚第1跗小節は基部腹面に顕著な刺毛を欠く．翅（図2，19-C）はやや灰色を帯び，無紋；翅膜のクチクラの骨化が強い；M脈幹が翅の中央部を縦走するので，第2基室は狭く，Rs脈基部のレベルで第2基室の幅は第1基室の幅の約1/2；Rs脈は特に長い．平均棍は暗褐色．腹部は光沢ある黒褐色，暗褐色粉は薄い．腹部の毛は暗褐色．雄交尾器（図34）：生殖基節の背突起は長く，生殖端節のほぼ1/2，先端に2〜3本の短い棘を生じる；生殖端節は基節とほぼ等長，後方に突出し，基部から鋭く尖った先端に向かって一様に細くなり，内面に直立した刺毛を密生する．

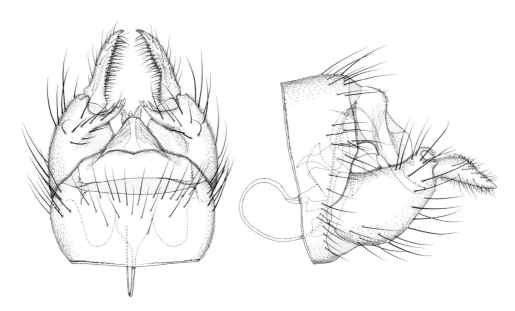

図34　キスジクロホソカ '*Dixa*' *obtusa* の雄交尾器 Male genitalia of '*Dixa*' *obtusa*.
左：背面　右：左側面

体長：♂ 1.8～2.2 mm，♀ 2.3～3.0 mm；翅長：♂ 2.8～3.3 mm，♀ 3.3～4.1 mm.
分布：本州，九州.
生態：成虫は早春から初夏にかけて採集されている．筆者は林縁の小渓流が砂防堤で堰き止められた小さな堰堤池で春に多数の幼虫を採集している．同じ場所の渓流の部分には幼虫は生息しない．本種は幼虫の項で述べるように，*Dixella* 属に属するものであるが，正式の属の変更は別途行う予定であり，本書では従来の属の分類に従った．

コガタホソカ　*Dixella subobscura* (Takahashi, 1958)（図17-B, 19-D, 35）
Dixina subobscura Takahashi, 1958. Mushi, 32: 15-16, pl. 1, fig. 10 (wing), pl. 2, fig. 11 (basal segments of antenna), pl. 4, figs. 11 & 12 (male genitalia), pl. 6, figs. 8 & 9 (female terminalia). Type locality: Kurokawa, Niigata Pref., Kyushu.

頭部は黒色，暗褐色粉に薄く覆われ光沢がある；眼縁刺毛は黒色．触角は暗褐色；第1鞭小節は基半部がやや太く，長さは梗節長の約2倍（雄）または3倍（雌），沖縄産の雌では4～5倍．胸部は暗褐色ないし黒褐色，胸背は暗褐色粉で覆われやや光沢がある．楯板を背面から見ると前半は暗灰褐色，後半はミスジホソカなどにみられる側帯に相当する位置と前小楯板域が黒色．胸背は長めの黒毛を疎生する；胸部側板は暗褐色；上半部は光沢がり，下半部は灰褐色粉で覆われる．翅（図19-D）はかなり灰色を帯び，斑紋を欠く；翅脈は褐色；R_{2+3} 脈と R_{4+5} 脈は第1基室先端から生じる共通柄から分岐する；この共通柄の長さは個体変異があり，r-m 横脈の1/2ないしこれと等長；R_{2+3} 脈の分岐点は M_{1+2} 脈の分岐点よりかなり基方に位置する．平均棍は暗褐色．脚は淡褐色，径節端と腿節端は黒色，腿節は基方に向かってやや明色になる；中，後基節は黄色．腹部は黒褐色，黒色短毛を疎生する．雄交尾器（図35）：生殖基節の背突起は細長く，生殖基節や生殖端節の長さの約3/4，斜め内側を向き，特別の刺毛を生じない；生殖端節は細長く円筒状，基節とほぼ等長，緩やかに内側に湾曲し，先端が尖る；挿入器は著しく長く，線状で，体腔内に陥入した膜袋の内部に収まり，下部に関連した針状突起が陥入する．雌の尾角は短い，

46　双翅目

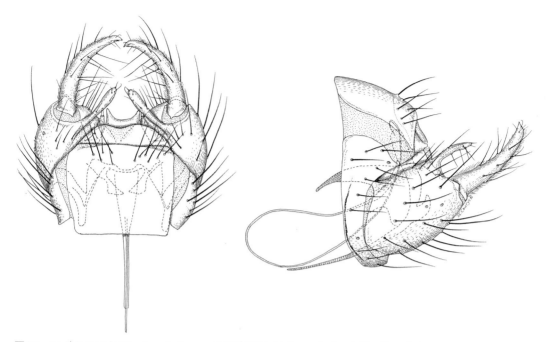

図35　コガタホソカ *Dixella subobscura* の雄交尾器　Male genitalia of *Dixella subobscura*.
左：背面　右：左側面

　体長：♂　1.6～2.1 mm，♀　2.0～2.5 mm；翅長：♂　2.9～3.1 mm，♀　2.6～3.6 mm．沖縄島の個体は九州の個体よりやや小型．
　分布：北海道，本州，九州，沖縄諸島（沖縄島）．
　生態：成虫は晩春～初夏に採集されている．幼虫は森林の流れがきわめて緩やかな細流で採集される．

幼虫

　日本産ホソカ科のなかで現在までに筆者らによって幼虫が明らかにされた種に加えて，古屋（1973）によって記載図示されたイワシミズホソカ群の *Dixa* sp. DA およびクロイワシミズホソカ（仮称）'*Dixa*' sp. を含めた．既知種で幼生期が明らかにされた種は，マダラホソカ，ニッポンホソカ，ミスジホソカ，クロホソカ，ババクロホソカ，ヒメクロホソカ，キュウシュウホソカ，ヤエヤマイワシミズホソカ，キスジクロホソカ，コガタホソカである．

ホソカ科の4齢幼虫の種の検索表

1a　第2（3）～7腹節の背面または側面に撥水細毛に囲まれた撥水域を具える（図1-B, 44-D）（流水性または岩清水性）‥‥‥‥‥‥‥‥‥‥‥‥‥‥‥‥‥‥‥‥‥‥‥‥‥‥‥‥‥‥‥‥ 2
1b　第2（3）～7腹節背面または側面に撥水細毛に囲まれた撥水域を欠く（止水ないし緩細流性）‥‥ 11
2a　体形は *Dixa* 型またはイワシミズホソカ型（図36, 41-A～F），体は細く長い；腹節背面の溌水性刺毛はコロナ状に配列される（定位時は体を逆U字形に曲げる）；第1, 2腹節腹域に各1対の擬脚を備える；第10腹節尾突起の刺毛はいずれも長く，剛毛状で，相互に放

	射状に離れる（図7-A～F） ・・ 3
2b	体形は *Meringodixa* 型，体は太く短い（図3-G，H，13-C，44-D）；腹節の側縁に沿って 溌水性刺毛列を配列する（細流性）（定位時は体を直線状に伸ばす）；第1腹節腹域のみに 1対の擬脚を備える（図41-G，H）；第10腹節尾突起の先端刺毛は著しく短く，1対の末 端刺毛は他の2対より太く棘状で相互に密接して後方に伸び，その先端部は弱く下方に曲 がり，先端は尖る（図7-G，H） ・・ 10
3a	第1，2腹節腹域の擬脚は短く（固定標本では体節の厚みより短く），生時には背面から 見て体の側縁を越えない（図36-A～D）；第9腹節の櫂状突起は短く，その長さは幅の3.5 倍以下；第1～4腹節背域の亜背部には長刺毛を生じない（基本的には流水性） ・・ *Dixa* 属　ナガレホソカ群・・・ 4
3b	第1，2腹節腹域の擬脚は長く，固定標本では体節の厚みより長く，生時には背面からみる と体の側縁を越えて外側にはみだす（図36-E，F）；第9腹節の櫂状突起は細く長く，その 長さは幅の5倍以上；第1～4腹節背域の亜背部には1本の長い刺毛を生じる（岩清水性） ・・・・・・・・・・・・・・・・・・・・・・・・・・・・・・・・・・・・・・ '*Dixa*' 属　イワシミズホソカ群・・・ 7
4a	腹部背面の撥水性コロナは5個で第3～7腹節に存在する（図1-A，36-A，38-A）；前 胸腹域前縁の刺毛は長い（図39-B 右図）（流水性） ・・・・・・・・・・・・・・・・・・・・・・・・・・・ 5
4b	腹部背面の撥水性コロナは6個で第2～7腹節に存在する（図38-C）；前胸腹域前縁の刺 毛は短い（図39-B 左図）（流水および岩清水性） ・・・・・・・・・・・・・・・・・・・・・・・・・・・・・・ クロホソカ　*Dixa yamatona*（*Dixa* sp. DB（古屋，1973））
5a	第9腹節の櫂状突起は黒色（図36-A，37-A，C）；同節中央背板と第8腹節の間の膜質部 には微小な顆粒状構造を欠く ・・・ 6
5b	第9腹節の櫂状突起は赤褐色，周囲は時に黒色ないし黒褐色（36-D，37-B）；同節中央背 板と第8腹節の間の膜質部には微小な顆粒状構造を密布する ・・・ ニッポンホソカ　*Dixa nipponica*
6a	第9腹節の櫂状突起（図36-A，37-A）は長く，その長さは幅の約2.6倍；第10腹節尾突起 は細長く，その最も細い部分の幅は突起全長の1/8；第9腹節中央背板は後縁が深く抉ら れ，前縁は前方に向かって尖る・・・・・・・・・・・・・・・・・・・ マダラホソカ　*Dixa longistyla*
6b	第9腹節の櫂状突起（図36-C，37-C）は短く，その長さは幅の約2倍；第10腹節尾突起 は太く，その最も細い部分の幅は突起全長の1/5；第9腹節中央背板は後縁はきわめて弱 く内側に湾曲し，前縁は直線状に切り取られる・・・・・・・・・・・ ミスジホソカ　*Dixa trilineata*
7a	体の骨化部や胴部背面は黒色，第10腹節尾突起に生じる2対の長刺毛（背端刺毛と末端刺 毛）はほぼその長さが等しい（図36-F）；第7腹節の撥水性コロナは後方に向かって広く なるか円形（図42-B，C，43-A）；第5，6腹節腹域の小棘列の棘数は片側にそれぞれ数本 で，次種のように3本ということはない・・・・・・・・・・・・・・・・・・・・・・・・・・・・・・・・・・・・ 8
7b	体の骨化部や胴部背面は黄褐色，第10腹節尾突起に生じる2対の長刺毛は長さが異なり， 末端刺毛は背端刺毛の約1/3の長さしかない（図36-E）；第7腹節の撥水性コロナの形は 角の丸い長方形（図42-A）；第5，6腹節腹域の小棘列の棘数は異常に少なく，片側にそ れぞれ3本・・・・・・・・・・・・・・・・・・・・・・・・・・・ キュウシュウホソカ　'*Dixa*' *kyushuensis*
8a	第7腹節の撥水性コロナは後方に向かって広くなる（図42-B，C）・・・・・・・・・・・・・・・・・ 9
8b	第7腹節の撥水性コロナは円形（図43-A）・・・・・・・・・・・・・・・・・ *Dixa* sp. DA（古屋，1973）
9a	第7腹節の撥水性コロナの前端は丸みを帯びる（図42-B）；第9腹節中央背板はほぼ三角

形，後方に向かって強く広がり，前縁は尖る；第10腹節の尾突起はきわめて長い（図40-B）………………………………………………… **ヤエヤマイワシミズホソカ** 'Dixa' nigripleura

9b 第7腹節の溌水性コロナの前端は尖る（図42-C）；第9腹節中央背板は梯形，後方に向かってわずかに幅を増し，前縁は突出しない；第10腹節の尾突起は前種より太く短い（図40-C）………………………………………………… **クロイワシミズホソカ** 'Dixa' sp.

10a 第9腹節櫂状突起は長く，幅の5.5倍強（図44-C）
………………………………………………… **ババクロホソカ** 'Dixa' babai

10b 第9腹節櫂状突起は短く，幅の4.5倍強（図44-B, D）
………………………………………………… **ヒメクロホソカ** 'Dixa' minutiformis

11a 小型（図45-B）；第9腹節背板は同節基側板背面内縁と融合する；第5～6腹節腹域に櫛歯状小棘群がある；第10腹節尾突起は円錐状で先端の細い円筒状部はきわめて短く，ほとんどこれを欠くようにみえる（緩細流性）………… **コガタホソカ** Dixella subobscura

11b 大型（図45-A）；第9腹節背板は縦に3分割され，中央部は著しく細長く，側部とは明瞭な膜質部で隔てられ，側部は同節基側板背面内縁と接合されている；第5～7腹節腹域に櫛歯状小棘群がある；第10腹節尾突起は基部の円錐状部の先にこれとほぼ等長の円筒状部に連続する（止水性）…… **キスジクロホソカ** 'Dixa' obtusa（Dixa sp. DC（古屋，1985））

幼虫の記載

マダラホソカ Dixa longistyla Takahashi, 1958（図3-A, B, 4～6, 7-A, B, 13-F, 36-A, B, 37-A, 38-A, B, 41-A, B）

識別形質：Dixa型の体形，溌水性コロナは5個，腹域小棘列は中央骨片をもつ，骨化部は黒色．黒色で長い櫂状突起，やや横長の五角形本塁形の第9節背板，およびその後縁に沿って生じる長く顕著な刺毛列によって，識別される．

体長約6.5～7.0 mm（体長は以下の種でもエタノール固定標本に基づき，上向きの頭部前縁から第10腹節尾突起の肛門開口部までを体長として測定したので，生時の体長との相違は生じうるし，固定時または液浸後の収縮や膨張による生時との相違がありうる）．体形はDixa型（図3-A, B, 36-A, B），胴部は全長にわたってほぼ等幅．触角には棘を生じない．前胸腹域前縁の刺毛は長く，頭楯長の約1.5倍，擬脚は2対，第1, 2腹節にあり，形状は類似するが，前節のは後節の約2倍の大きさ（図41-A, B）．腹部背面の溌水性コロナは5個（図3-A, 6-C），第3～7腹節にあり，第3節のそれはやや幅広く，第7節のそれは幅より長く，ともに楕円形，他の節ではほぼ円形，コロナを構成する撥水毛は側方のものがやや長く，後方のものがやや短い．腹域小棘列は（図6-A, G, H）第5～7腹節にあり，よく発達し，第5腹節のそれは体節の幅の約1/2，第7腹節のそれは前2節の幅の2/3．棘列の中央骨片は細長い板状，棘列の棘の長さの約1.5倍，後端は丸みを帯び，やや拡大する．7腹節後縁部（図6-A, H）は土手状に肥大し，微小な顆粒を密布する．第8腹節気門後片の内側の先端部は匙状に拡大する（図6-E, 8-Bのpsp）．気門間小板（図6-E, 8-Bのisp）は発達し逆五角形本塁形で，その前側角に内側の気門前刺毛（図8-Bのpsh）を生じる．第9節中央背板（図6-D, 8-Bのtg9）は逆本塁板形，幅は中心線の長さの約2倍，後縁は中央でやや突出し，後側角の突出部は先に向かって強く細くなる．基側板との間には細いが顕著な膜状部がある．第9, 10節間の背面膜質部には，第9節背板の後亜縁に沿って生じる1列の刺毛列の毛は著しく長く顕著（図6-D）．第9腹節背板の前方の膜質部には顕著な構造を欠く．第9腹節の基側板（図8-A, Bのblp）は外側に基側板の幅より長い撥水毛を生じる．櫂状突起（図8-A, Bのpp）は基

ホソカ科 49

図36 ホソカ科幼虫の静止姿勢 Resting posture of larvae of Dixidae.
A, B：マダラホソカ *Dixa longistyla*（B は腹面，短い擬脚と腹域小棘列を示す：図 A との対応上で元画像を左右反転してある） C：ミスジホソカ *Dixa trilineata* D：ニッポンホソカ *Dixa nipponica* E：キュウシュウホソカ '*Dixa*' *kyushuensis*（擬脚が張り出している状態と 1 対だけ長い尾角刺毛） F：クロイワシミズホソカ '*Dixa*' sp.（擬脚が張り出している状態と 2 対の長い尾角刺毛，2 本が重なる） A, C〜F：背面 B：腹面

1005

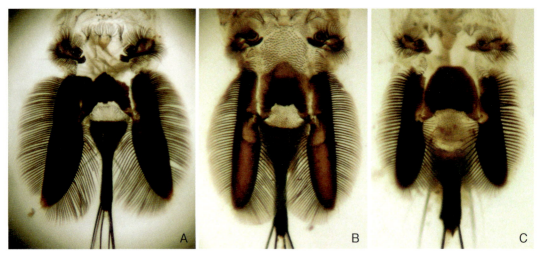

図37　ホソカ属 Dixa の4齢幼虫腹端部背面　Dorsal aspect of posterior abdominal segments of 4th instars of Dixa species.
A：マダラホソカ Dixa longistyla　B：ニッポンホソカ Dixa nipponica　C：ミスジホソカ Dixa trilineata

側板の長さの約1.8倍，長さは幅の約2.7倍，外縁はほぼ直線状，内縁は湾曲し，亜基部が最も広く，そこから緩やかに先端に向かって幅を減じる．櫂状突起は両側に撥水刺毛を列生し，また突起の先端には棘状構造を欠く．第10腹節背域（図8-A，Bのtg10とcp）は背面から見ると櫂状突起にほぼ等長，基部の肥大部（tg10）はなかほど手前に向かって強く細くなり，その先が尾突起（cp）となる．尾突起は細く，基部の約1.5倍長，亜端部にわずかに太くなる．先端部の3対の刺毛は強く単純，末端刺毛（図8-Aのst）は第10腹節の1.7倍長，背端刺毛（sd）と腹端刺毛（sv）は先端刺毛の長さの3/5．

ニッポンホソカ　*Dixa nipponica* Ishihara, 1947（図13-A, 36-D, 37-B）

識別形質：*Dixa*型の体形，溌水性コロナは5個，腹域小棘列に中央骨片を欠く．赤褐色の頭部，赤褐色で辺縁部が黒色の櫂状突起，やや縦長の五角形本塁形の第9腹節背板，およびその前方の膜質部に密布されている微小な顆粒状構造によって，識別される．

体長約5.0〜6.0 mm．体形は*Dixa*型（図36-D），胴部は全長にわたってほぼ等幅．触角には棘を生じない．前胸腹域前縁の刺毛は長く，頭楯の長さの約1.5倍，擬脚は2対，第1，2腹節にあり，形状は類似するが，前節のは後節の約2倍の大きさ．腹部背面の溌水性コロナは5個，第3〜7腹節にあり，第3，4節のそれはやや横長の楕円形，第5〜7節のそれは円形で，やや角張る．コロナを構成する毛は側方のものがやや長く，後方のものがやや短い．腹域小棘列は第5〜7腹節にあり，よく発達し，第5腹節のそれは体節の幅の約1/2，第7腹節のそれは前2節の幅の2/3．棘列はマダラホソカよりやや疎ら．棘列の中央骨片を欠く．第7腹節後縁部は土手状に肥大し，微小な顆粒を密布するが，マダラホソカほど強くはない．第8腹節の気門後片は内側の先端部までほぼ同じ幅で，先端は鈍頭に終わる．気門間小板は発達し，角が丸い方形ないし楕円形で，その前縁の角に内側の気門前刺毛を生じる．第9腹節中央背板は逆五角形本塁形，中央部が黒色，周辺は赤褐色，マダラホソカより長め，側縁はほぼ平行，その幅は中心線の長さにほぼ等しく，後縁はほぼ直線状，基側板との間には細いが顕著な膜質部がある．後側角の突出部は幅広く，先に向かって緩やかに湾曲するが，マダラホソカほど細くならない．第9節中央背板（図37-B）の前方の膜質部には全面に顕著で微小な顆粒状構造を密布するのは本種の顕著な特徴である．第9，10節間の背面膜

質部には，第9節中央背板の後亜縁に沿って生じる1列の刺毛列があるが，これらの毛は前種より短く，節間膜には背板前方の膜質部の顆粒より微小な顆粒を密布する．第10腹節の基側板は外側に基側板の幅より長い撥水毛を生じる．櫂状突起は赤褐色，周縁部は暗色（図37-B）は基側板の長さの約1.8倍，長さは幅の約3.5倍，外縁はほぼ直線状，内縁は湾曲し，中央部が最も広く，基部から中央部に向かって緩やかに幅を増し，中央部から先端に向かって徐々に狭くなる．櫂状突起は両側に長い撥水刺毛を列生し，また突起の先端には棘状構造を欠く．10腹節背域は背面から見ると櫂状突起とほぼ等長，基部の肥大部はなかほど手前に向かって強く細くなり，その先が尾突起となる．尾突起は細く，第10腹節背板基部の約1.5倍長，亜端部でわずかに太くなる．先端部の3対の刺毛は強く細く単純，先端刺毛は第10腹節の1.7倍長，背端刺毛は先端刺毛の長さの約0.7倍，腹端刺毛はそれより短く，先端刺毛の長さの約1/2．

ミスジホソカ　*Dixa trilineata* Takahashi, 1958（図36-C, 37-C）

識別形質：*Dixa*型の体形，溌水性コロナは5個，腹域小棘列に中央骨片を持つ．黒色で短く幅広い櫂状突起，逆チューリップ花形の第9節中央背板，その前方の膜質部は顆粒などを欠き，その後方の膜質部に微小な刺毛を生じ，また，太くて短い尾突起によって識別される．

体長約5.0〜5.5 mm．体形は*Dixa*型（図36-C），骨化部は黒色．胴部は全長にわたってほぼ等幅．触角内面に3〜4本の顕著な刺を生じる．前胸腹域前縁の刺毛は長く，頭楯の長さの約1.5倍，擬脚は2対，第1，2腹節にあり，形状は類似するが，前節のは後節の約2倍の大きさ．腹部背面の溌水性コロナは5個，第3〜7腹節にあり，ほぼ円形，コロナを構成する毛は側方のものがやや長く，後方のものがやや短い．腹域小棘列は第5〜7腹節にあり，よく発達し，第5腹節のそれは体節の幅の約1/2，第7腹節のそれは前2節の幅の2/3．棘列はマダラホソカよりやや疎ら．棘列の中央骨片は前端が菱形に拡大して特徴的，後端はやや拡大する．第7腹節後縁部は土手状に肥大し，微小な顆粒を密布するが，マダラホソカほど強くはない．第8腹節の気門後片は内側の先端部までほぼ同じ幅で，先端は弱く尖る．気門間小板は発達し，角が丸い逆台形で，その前縁の角に内側に気門前刺毛を生じる．第9節中央背板（図36-C）は大型，逆チューリップ花形，ほぼ黒色，最大幅は背中線部のそれの約1.3倍，前縁の幅は最大幅の約1/2．背板は前縁から中央部に向かって一様に広がり，そこから後縁に向かったほぼ同じ幅を保つ．後縁もほぼ直線状，側縁と基側板との間はかなり近く，境界の膜質部は細く，やや不明瞭．後側角の突出部は短く，基部は幅広く，先に向かって三角形に尖る．第9腹節中央背板の前方の膜質部は顆粒などを生じない点でマダラホソカに類似する．第9腹節背板の後亜縁に沿って生じる1列の刺毛列の毛は短い．第9，10腹節の節間膜には微小な顆粒を密布する．第10腹節の基側板は外側に基側板の幅より長い撥水毛を生じるが，毛列はやや疎ら．櫂状突起は基側板の長さの約2倍，長さは幅の約2.5〜3倍，外縁はほぼ直線状，内縁は湾曲し，中央部が最も広く，中央部から先端に向かって徐々に幅を減じ，先端部は丸みを帯びる．櫂状突起（図36-C）は黒色，両側にマダラホソカなどに比べるとやや疎らに撥水刺毛を列生し，また突起の先端には棘状構造を欠く．第10腹節背域は基部も尾状突起も太く，その長さは櫂状突起にほぼ等長，基部の幅は背域の長さの約1/2，中央に向かって急速に細くなる．尾突起は背域全長の約1/2，太さは突起全長や背域基部幅の約1/2できわめて太い．第10腹節側小骨片は本種では背域基部側縁部に完全に取り込まれて，独立の骨片にはならない．尾突起先端部の3対の刺毛は強く単純，先端刺毛は第10腹節の約2.7倍長，背端刺毛は先端刺毛の長さの約1/2，腹端刺毛はそれより長く，先端刺毛の長さの約3/5．

クロホソカ　*Dixa yamatona* Takahashi, 1958（図38-C, D, 39）

識別形質：*Dixa*形の体型，骨化部は黒色．前胸腹域前縁の刺毛は著しく短く，溌水性コロナは

52　双翅目

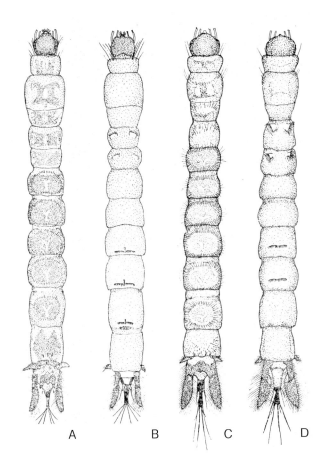

図38　ホソカ科幼虫 Larvae of Dixidae (after Furuya, 1973).
A, B：*Dixa* 属 sp. DB　A（背面），B（腹面）
C, D：*Dixa nipponica* の幼虫；C（背面），D（腹面）（古屋，1973より）（本書の知見ではA, Bはマダラホソカ *Dixa longistyla*; C, Dはクロホソカ *Dixa yamatona* と推定される）

第2～7腹節にあって合計6個の，短く幅広い第10腹節中央背板が基側板にほとんど癒合し，背板後方にはやや長めの棘状突起を密布する．櫂状突起は黒色，短く幅広く，尾突起は短く太いなどの特徴によって識別される．

体長4.5～6.0mm．体形は *Dixa* 型．胴部は全長にわたってほぼ等幅．触角は顕著な刺を欠く．前胸腹域前縁の刺毛（図39-Bの左図）はきわめて短く，頭楯の長さの3/5長．擬脚は2対，第1，2腹節にあり，前節のはよく発達して大型，第2腹節のものは小型で著しく退行的．腹部背面の溌水性コロナは6個（図38-C），第2～7腹節にあり，横長の楕円形，後方の節ではほぼ円形，コロナ（図39-C）を構成する毛は側方のもの著しく長く，後方のものがやや短いが，第2腹節では前方の毛も長い．腹域小棘列は第5～7腹節にあり，よく発達し，第6腹節のそれは体節の幅の約1/2．棘列はマダラホソカよりやや疎ら．中央骨片は笄形，前方は細く後方に向かった広がり，後端はイチョウの葉形に広がる．第7腹節後縁部にはマダラホソカにみられたような土手状肥大はみられない．第8腹節の気門後片は内側の先端部までほぼ同じ幅で，先端はやや細くなる．気門間小板は半月形で，その前縁の角に内側の気門前刺毛を生じる．第9腹節中央背板（図39-A）は幅広い半月形，暗褐色ないし黒色，最大幅は背中線部のそれの約1.8～2.0倍，丸みを帯びた側縁中央に向かって急激に幅を広げ，後縁は深く湾曲してえぐられ，中央がわずかに後方に突出する．側縁から後側突出部に向かって一様に細くなる．側縁は部分的に基側板背面の内縁と癒合する．第9腹節中央背板の前方の膜質部は顕著な顆粒などを欠き，第10腹節中央背板の亜後縁に沿って生じる1

ホソカ科 53

図39 クロホソカ Dixa yamatona の4齢幼虫の腹部構造 Abdominal structue of fourth instar of *Dixa yamatona*. (A: posterior abdominal segments, B: coronae of hydrofuge areas, C: head and thorax; left, *D. yamatona*, right, *D. longistyla*)
A：腹端部背面　B：腹部背域の浇水性コロナ　C：幼虫の前部側面（前胸腹域の刺毛の比較；右はマダラホソカ *Dixa longistyla*）

列の刺毛列は短い．第9, 10腹節間膜には微小な棘状顆粒を密布する．第10腹節の基側板は外側に基側板の幅より長い撥水毛を生じるが，毛列はやや疎ら．櫂状突起（図39-A）は黒色，基側板の長さの約2倍，長さは幅の約2.3倍，外縁は直線状，内縁は強く湾曲し，中央部が最も広く，中央部から先端に向かって強く幅を減じ，先端部は尖る．櫂状突起は両側に撥水刺毛をマダラホソカなどに比べるとやや疎らに列生し，また突起の先端には棘状構造を欠く．10腹節背域はミスジホソカのそれに似て基部も尾突起も太く，その長さは櫂状突起に等長ないしやや短く，基部の幅は背域の長さの約1/2，中央に向かって急速に細くなる．尾突起は背域全長の約1/2，太さは突起全長や背域基部幅の約1/2できわめて太く，先端に向かってかすかに幅広くなる．先端部の3対の刺毛は強く単純．先端刺毛は短く，第10腹節の約1.5倍長，背端刺毛は短く，先端刺毛の長さの0.4倍弱，腹端刺毛はそれより長く，先端刺毛の長さの約2/3．第10腹節側小骨片は小型で細長く，背域骨化部から分離している．

　古屋（1973）の *Dixa* sp. DB（図38-C, D）はその図と記載によると6個の浇水性コロナをもち，前胸前縁の刺毛は短く，また第9腹節中央背板を含む腹端構造の形状から判断して，本種である．

クロイワシミズホソカ　'*Dixa*' sp.（図3-E, F, 7-C, D, 13-D, 36-F, 40-C, 41-E, F, 42-C）
　識別形質：イワシミズホソカ型の体形，浇水性コロナは5個，擬脚が著しく長く，櫂状突起および尾突起が著しく細長い．胴部背面も骨化部も黒色．前胸腹域前縁の刺毛は長く，浇水性コロナは第3〜7腹節にあって合計5個，第7腹節のそれは後縁が最も広く，中央からやや尖っている前端に向かって幅を減じる．擬脚は第1, 2腹節にあり，著しく長く，節の厚みより長い，第9腹節背

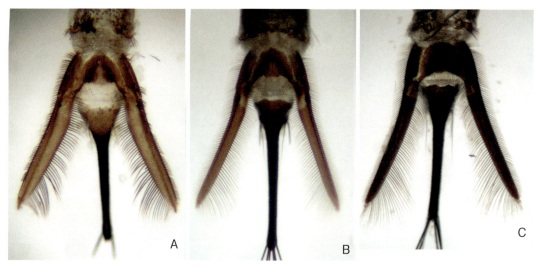

図40　イワシミズホソカ群 'Dixa' kyushuensis group の４齢幼虫腹部後端部　Posterior abdominal segments of fourth instar 'Dixa' kyushuensis group.
A：キュウシュウホソカ（脱皮殻），熊本県内大臣峡産 'Dixa' kyushuensis (exuviae) from Naidaijin, Kumamoto Pref.　B：ヤエヤマイワシミズホソカ，西表島南風見田産 'Dixa' nigripleura from Haemita, Iriomote-jima.　C：クロイワシミズホソカ（脱皮殻），熊本県内大臣峡産 'Dixa' sp. (exuviae) from Naidaijin, Kumamoto Pref., Kyushu.

板の前縁は丸みを帯び，前方への突出を欠く．櫂状突起は黒色，著しく長く細く，尾突起も同様にきわめて長く，櫂状突起よりわずかに長い，などの特徴によって識別される．

　体長5.5～6.5 mm．体形はイワシミズホソカ型（図３-E，F，13-D，36-F），胴部は全長にわたって細長く，ほぼ等幅．体は胴部背面を含めて全体的に黒色．触角は顕著な刺を欠き，前面にその幅より短く弱い棘状刺毛を生じる．前胸腹域前縁の刺毛は長く，頭楯の長さに等しく，最も長い３本の刺毛は集合して一見棘状にみえる．擬脚（図41-E，F）は２対，第１，２腹節にあり，ともによく発達して節の高さより長く，やや細く，生時は側下方に延びる．腹部背面の溌水性コロナは５個，第３～７腹節にあり，前方の節では横長の楕円形，後方の節では後縁が最も広く，中央からやや尖っている前端に向かって幅を減じる（図42-C）．コロナを構成する毛は概して短く，後方のものが最も短い．第１～４腹節背面側部の１刺毛は著しく長く，第３，４腹節では節の長さを超える．この刺毛の背方の部分ではコロナを構成する毛が著しく長くなり，叢状に集まる．腹域小棘列は第５～６腹節にあり，よく発達し，第６腹節のそれは体節の幅の約1/2，棘の数は４～５本，中央骨片は発達しない．第７腹節後縁部は土手状に細く肥大し，微小な顆粒を密布する．第８腹節の気門後片は短く，細く，わずかに気門の内側を越える程度である．第９節中央背板（図40-C）は梯形，長さは後縁部の幅の3/4，前縁および後縁もほぼ直線状，背板は後方に向かって一様に拡大し，後側部は本体の長さの1/2長の伸長部になり，櫂状突起の基部に接続する．背板の前方および後方の膜質部には微小な顆粒状構造を密布する．第９腹節の側基部と櫂状突起を含めた構造は著しく細長い．側基部は櫂状突起の長さの1/3長，櫂状突起（図40-C）は著しく細長く，緩やかに外方に湾曲し，後側方に広がり，長さは突起基部の幅の約７倍，先端に向かって一様に細くなり，先は尖る．櫂状突起の外側の撥水刺毛は短く，突起幅の約1/2，内側のそれは長く亜端部では突起幅の２～４倍長．尾突起を含めた第10腹節背域はきわめて長く，櫂状突起長の約1.0～1.1倍長，基部は全長の約1/4長，尾突起に向かって強く細くなる．尾突起はきわめて長く，長さは幅の約10倍，きわめて緩やかに先端に向かって幅を減じる．第10腹節の側小骨片は背域と完全に癒合し，１刺毛

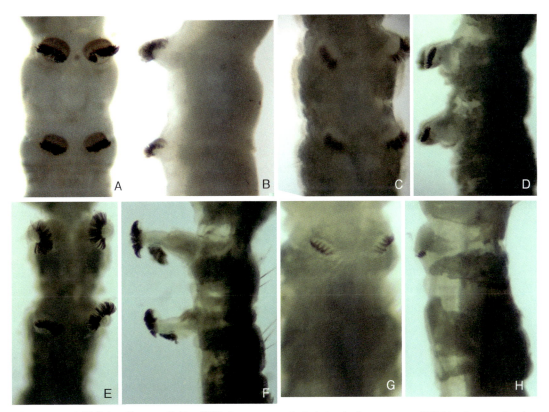

図41 ホソカ科幼虫の第2，3腹節の擬脚 Second and 3rd abdominal segments of Dixidae larvae showing pseudopods.
A, B：マダラホソカ *Dixa longistyla*　C, D：キスジクロホソカ *Dixa obtusa*　E, F：クロイワシミズホソカ '*Dixa*' sp.　G, H：ババクロホソカ '*Dixa*' *babai*　A, C, E, G：腹面　B, D, F, H：左側面.

は強く長い．尾突起の末端刺毛は尾突起を含む第10腹節背域の約2倍長，背端刺毛はそれよりやや長く，腹端刺毛は短く強く，背域の3／8長．

古屋（1973）の *Dixa* sp. DA（図43-A～C）は本州中部（静岡県）から近畿（奈良県）にかけて分布し，本種クロイワシミズホソカに色彩や櫂状突起等の形質で酷似するが，古屋の示した図に基づくと，この種では腹部背面の溌水性コロナの形状がすべて円形ないし横長の楕円形で，少なくとも第7腹節ではコロナの形状が後方に向かった幅が広くなる本種やヤエヤマイワシミズホソカとは明らかに異なる．そのためにこれら2種とは別種の可能性が高い．古屋（1973）のホソカ科幼虫の図は概して正確に描画されているので，この溌水性コロナも正確に図示されていると推定される．

沖縄本島北部にはクロイワシミズホソカに酷似した幼虫が4月頃に岩清水から採集されている．この種とクロイワシミズホソカでは成虫の雄交尾器に安定的な相違があり，両者は別種の可能性が高い．

キュウシュウホソカ　'*Dixa*' *kyushuensis* Takahashi, 1958（図13-E，36-E，40-A，42-A）

識別形質：イワシミズホソカ型の体形，クロイワシミズホソカに酷似するが，胴部の体色は黄褐色，頭部も4齢では黄褐色．腹部背域の溌水性コロナは第3～7腹節にあって合計5個，第5～7腹節のそれは縦長の楕円形，前縁および後縁は丸みが強い．第9腹節中央背板の前縁は直線状ないし丸みを帯び，前方への突出を欠く．櫂状突起は前種より淡色で幅広い．尾突起の末端刺毛が短く，背刺毛の1／3長であるなどの特徴によって識別される．

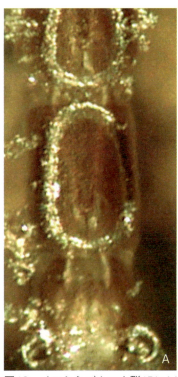  

図42　イワシミズホソカ群 'Dixa' kyushuensis group の4齢幼虫第6〜7腹節背面の溌水性コロナの形状
Hydrofuge areas of 6th and 7th abdominal segments of 4th instars of Dixidae.
A：キュウシュウホソカ 'Dixa' kyushuensis　B：ヤエヤマイワシミズホソカ 'Dixa' nigripleura　C：クロイワシミズホソカ 'Dixa' sp.

　体長約6mm．体形はイワシミズホソカ型（図13-E，36-E），骨化部も胴部背面も黄褐色（若齢では頭部はやや暗色），触角は前面に前種よりやや強い小棘を数本生じる．腹部背面の溌水性コロナは5個，第3〜7腹節にあり，前方の節では横長の楕円形，後方の節では縦長の楕円形（図42-A），第7腹節のコロナはほぼ方形に近く，角は丸みを帯び，長さは幅の1.7倍．腹域小棘列は第5〜6腹節にあり，棘の数はきわめて少なく3本．第9腹節中央背板（図40-A）は三角形，長さは後縁部の幅よりわずかに長い，前縁部は尖り，後縁はほぼ直線状，背板は前端から後方に向かって一様に拡大し，後側部は伸長して櫂状突起の基部に接続する．背板の前方には微小な顆粒状構造を密布するが，後方の膜質部は顆粒を欠く．第9腹節の側基部と櫂状突起を含めた構造はクロイワシミズホソカより幅広い．側基部は櫂状突起の長さの3/8長，櫂状突起（図40-A）は前種より幅広く，後側方に広がり，長さは突起基部の幅の6.2倍，外縁は直線状，内縁がかすかに湾曲し，先端に向かって緩やかに一様に細くなり，先は尖る．櫂状突起の外側の撥水刺毛は短く，突起幅の約0.4倍長，内側のそれは長く亜端部では突起幅の2倍長．尾突起を含めた第10腹節背域はきわめて長く，櫂状突起の1.1倍長，基部は全長の約1/4長，尾突起に向かって強く細くなる．第10腹節の側小骨片は背域と完全に癒合し，1刺毛は強く長い．尾突起の末端刺毛は4齢幼虫（図40-A）では死後腐敗脱落して測定不能であるが，同一個体の3齢幼虫期（図36-E）では，背刺毛は強く，尾突起を含む第10腹節背域の約2.7倍長，末端刺毛は明らかに短く且つ弱く，背端刺毛の0.35長，腹端刺毛はさらに短く強く，背域の1/4長，背刺毛の1/10長．
　以上の記載は熊本県内大臣峡の岩清水で2009年12月6日に採集した1頭の3齢幼虫を飼育して得

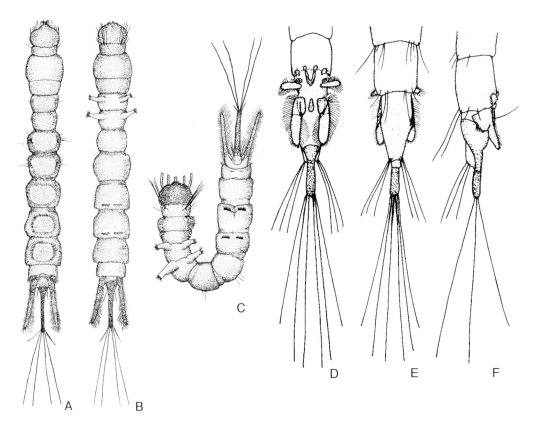

図43　ホソカ科 *Dixa* 属（古屋, 1973より）Larvae of Dixidae (after Furuya, 1973)
A〜C：*Dixa* sp. DA の幼虫　A：背面, B：腹面, C：生時の腹　D〜F：*Dixa* sp. DC 幼虫の腹端部　D：背面, E：腹面, F：左側面　（本書の知見では, A〜Cはイワシミズホソカ群 '*Dixa*' *kyushuensis* group の種；D〜F はキスジクロホソカ '*Dixa*' *obtusa* と推定される）

られた3齢の脱皮殻と4齢幼虫, および宮崎県須木村水流屋敷で2013年11月2日にキュウシュウホソカの多数の成虫とともに得た1頭の3齢幼虫に基づいている. しかし, これら2頭に基づく上記記載にほぼ一致する幼虫が, 2012年11月29日に沖縄本島北部の比地川渓谷の岩清水で採集されている. これらの幼虫から雌1頭が羽化しているが, 雄は得られていない. すなわち, 上記熊本県および沖縄本島の幼虫がキュウシュウホソカであることを確定する飼育記録はない. しかし, 成虫の項でのべたように, 九州ではイワシミズホソカ群の成虫は著者らの調査に関する限り, キュウシュウホソカと前種クロイワシミズホソカの2種のみであるから, 上記の記載はキュウシュウホソカの幼虫のものと判断した.

ヤエヤマイワシミズホソカ　'*Dixa*' *nigripleura* Papp, 2007（図40-B, 42-B）

識別形質：イワシミズホソカ型の体形, クロイワシミズホソカに酷似するが, 頭部, 胴部や櫂状突起等の色彩が褐色, 腹部背面の溌水性コロナの形状はより楕円形, 第7腹節のそれは長さが幅の約1.5倍, クロイワシミズホソカほど前方に向かって幅を減じない. 第10腹節は長く, 櫂状突起の1.15〜1.28長, 基部が短いために棒状の突起部が特に長い印象を与える. 尾突起の背端刺毛は長く, 第10腹節背板の1.6倍長. 末端刺毛の約1.1倍. などの特徴によって識別される.

体長4.5〜5.5 mm. 体形はイワシミズホソカ型, 頭部, 胴部ともに暗褐色, 触角は前面に前種と同様にやや強い小棘を数本生じる. 腹部背面の溌水性コロナは5個, 第3〜7腹節にあり, 前方の

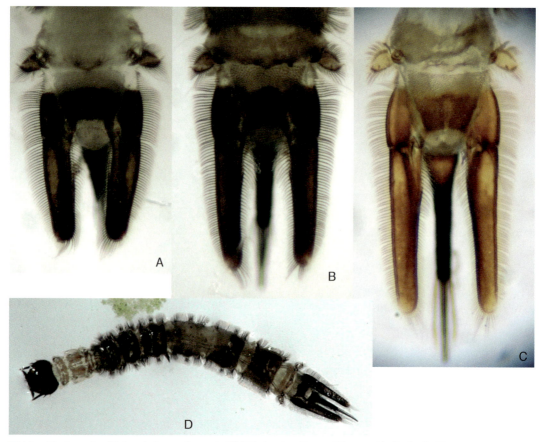

図44 Meringodixa型ヒメクロホソカ群 'Dixa' minutiformis 群の4齢幼虫背面 Fourth instars of Meringodixa-type minutiformis group.
A：'Dixa' sp. ヒメクロホソカ近似種　B：ヒメクロホソカ 'Dixa' minutiformis　C：ババクロホソカ 'Dixa' babai　D：ヒメクロホソカ 'Dixa' minutiformis　A，B，C：腹端部背面　D：幼虫背面（死後の経過のために第5～6腹節の一部で生時には暗色の体色が脱色している）

節では円形，後方の節では縦長の楕円形，第7腹節のコロナは長さが幅の約1.5倍，クロイワシミズホソカのそれにやや類似するが，この種ほど前方に向かって幅を減じないので長三角形の印象を与えない（図42-B）．腹域小棘列は第5～6腹節にあり，棘の数は4～5本．第9腹節中央背板（図40-B）は三角形，長さは後縁部の幅よりわずかに長い，前縁部は尖り，後縁はほぼ直線状，背板は前端から後方に向かって一様に拡大し，後側部は長く伸びて櫂状突起の基部に接続する．背板の前方には微小な顆粒状構造を密布するが，後方の膜質部は顕著な顆粒を欠く．第9腹節の側基部と櫂状突起を含めた構造はクロイワシミズホソカより狭い．側基部は櫂状突起の長さの3/8長，櫂状突起（図40-B）は細長く，後側方に広がり，長さは突起亜基部の幅の8～10倍，外縁は直線状ないしかすかに外側に向かって反り，内縁もほどんと直線状，櫂状突起全体としては先端に向かってかすかに幅を減じる．櫂状突起の外側の撥水刺毛は短く，突起幅と等長，内側のそれは長く亜端部では突起幅の2倍長．尾突起を含めた第10腹節背域（図40-B）はきわめて長く，櫂状突起の1.2～1.3倍長，基部は短く全長の約1/5長，尾突起に向かって強く細くなる．第10腹節の側小骨片は背域と完全に癒合し，1刺毛は強く長い．尾突起の背端刺毛は最も長く，尾突起を含む第10腹節背域の1.6～1.8倍長，末端刺毛はこれよりやや短く，それの0.8～0.9倍長，腹端刺毛はさらに短く強く，

背域の1/5長で背刺毛の1/10長.

ヒメクロホソカ 'Dixa' minutiformis Takahashi, 1958（図13-C，44-B，D）

識別形質；腹部側縁に撥水毛列を生じる Meringodixa 型の体形. 頭部は暗褐色ないし黒色, 胴部は背面が暗灰色. 櫂状突起は次種ババクロホソカより短く, 幅広く, その長さは幅の約4.6倍. 基側板の長さの約2.5倍長. 尾突起の刺毛は短く, 末端刺毛は太く, 先端が鉤状に下方に曲がる.

体長約3.0〜3.5 mm. Meringodixa 型（図13-C，44-D）胴部は背面が盛り上がり, 撥水毛のほかに微小な刺毛を密生する. 腹面はやや扁平で白色, 刺毛をほとんど欠く. 触角は顕著な棘を生じない. 胸部および第1腹節は撥水毛を欠き, 頭部幅より狭く, 中胸, 後胸および第1腹節には少数の長刺毛を生じる. 第2〜7腹節の側縁に撥水性刺毛を列生する（図44-D）. 第3〜6腹節ではこれらの刺毛は前縁および後縁のそれぞれ境界部で弱く葉状に拡大した部分と, 側縁中央部の短い葉状突起に集中する. 第2腹節では撥水毛は節の前縁にもほぼ一様に生じる. 第7腹節では撥水毛は直線状の側縁に沿ってほぼ一様に生じる. 上記の体節側部の撥水刺毛列に加えて, Dixa 型幼虫にみられた腹部背域のコロナ状撥水域も第2〜7腹節にみられるが, 刺毛は側域の刺毛列のものよりはるかに細く短いので, 目立たない. 擬脚（図41-G, H, これは次種ババクロホソカのもの, 本種でも大差ない）は第1腹節だけに生じ, 著しく短く, 鉤爪も少数. 腹域小棘列は著しく退行的, 第5, 6腹節にきわめて微小な棘が1〜2対みられるだけで, 棘も先端は丸みを帯びていて, 本来の基物への定着の機能はまったくないと判断される. これらも第7腹節にはほとんど認められない. 中央骨片もない. 第8腹節の気門後片は短く, 細く, わずかに気門の内側を越える程度である. 気門間小板は小型で円形, 内側の気門前刺毛は気門間小板からかなり離れて生じ, 外側の気門前刺毛は気門部にほぼ接して生じる. 第9腹節中央背板（図44-B）は倒台形, 背中線部が縦に弱くへこみ, 前縁は弱く丸く張り出し, 両端は基側板の基部内縁に向かって三角形に伸びる. 背板の後縁はほぼ直線状, その後側部から細く長い帯状の骨化部が櫂状突起の内基部に伸びる. 第9腹節中央背板の前方の膜質部には微小な顆粒構造を密布し, 後方には微毛を生じる. 第9腹節の基側板は側縁に基側板幅よりやや短い撥水性刺毛を列生する. 基側板端の1刺毛は独立した小板から生じ, きわめて長く, 櫂状突起長の3/4長で直立する. 櫂状突起（図44-B）は基側板の長さの2.5倍長, 最大幅の約4.6倍長, 基部から丸みを帯びた先端に向かってわずかに幅を減じる. 櫂状突起の外縁に生じる撥水刺毛は基部では突起幅よりやや短く, 突起先端部に向かって長さを減じ先端部ではきわめて短くなり, 突起内縁の刺毛は基部では突起幅に等しいが, 先の2/3では突起幅の1/4〜1/3長, 突起の先端には再び長い刺毛を生じる. 左右の櫂状突起は相互にほぼ平行に後方に伸びる. 第10腹節背域（図7-G, H, これは次種のもの, 本種も大差ない）は櫂状突起長の2/3長, 基部から尾突起基部に向かって緩やかに幅を減じ, 亜基部は横の浅い溝を形成し, 尾突起は先端に向かってわずかに幅が狭くなる. 尾突起の先端刺毛のうち, 末端刺毛はきわめて強く棘状, 第10腹節長の約1/2長, 左右の刺毛はほぼ相接して後方に伸び, その先端部は鉤状に下方に曲がり先端が尖る. 背端刺毛は末端刺毛とほぼ等長で, これに寄り添って後方に伸び, 全面に長めで傾く枝毛を疎らに生じる. 腹端刺毛は短く棘状, 他の2刺毛の1/2長. 第10腹節の側小骨片は背域に癒合している.

北部九州の低山地には本種の幼虫に類似して, 櫂状突起がさらに短い未記載の別種（図44-A）が生息するので, 注意を要する. この種では櫂状突起は本種より短く, 基側板長の2倍長, 最大幅の3.8倍長. 第9腹節背板は幅広い倒梯形, 前縁は一様に緩やかに外側に張り出し, その側部は伸長部を生じない. 第5, 6腹節の痕跡的な小棘列の間に楕円形の中央骨片をもつ, 尾突起の背端刺毛に枝毛を生じないなどの点で本種から識別できる.

60　双翅目

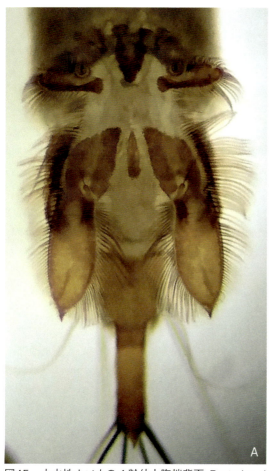

図45　止水性ホソカの４齢幼虫腹端背面 Posterior abdominal segments of 4th instars of Dixidae lilving in stagnant water.
A：キスジクロホソカ 'Dixa' obtusa　B：コガタホソカ Dixella subobscura（尾突起の刺毛が脱落した脱皮殻）

　ババクロホソカ　　'Dixa' babai Takahashi, 1958（図3-G, H，7-G, H，41-G, H，44-C）
　識別形質：Meringodixa型の体形（図3-G, H）．前種に酷似するがやや大型,以下の点で識別できる．櫂状突起（図44-C）は前種より長く，その長さは幅の約5.7倍．基側板の長さの約2.9倍長．尾突起を含む第10節（図7-G, H）は櫂状突起の約0.7倍長で，前種より相対的に長い．腹部背域のコロナ状撥水域は前種より目立つ．第5，6腹節の小棘列は前種よりさらに退行的で，1～2本の周囲からかろうじて識別できる刺毛に退化している．体長4.5 mm．
　キスジクロホソカ　'Dixa' obtusa Takahashi, 1958（図3-C, D，7-E, F，41-C, D，43-D～F，45-A）
　識別形質：コロナ状撥水域を欠くシスイホソカ型．第8～9腹節を除く腹部には撥水域を欠く（コロナ状撥水域や体側に沿った撥水列を欠く）．前胸腹域前縁の刺毛群はきわめて長く，頭部長の2倍強，第10腹節側小骨片の刺毛は著しく長く，尾突起の背端刺毛の1/2長を超える．第9腹節中央背板は縦に3分割し，中央骨片は小型で細長，側骨片は基側板と癒合する．
　体長6.0～6.5 mm．シスイホソカ型（図3-C, D）で，腹部背面に溌水性コロナ域を欠く．頭部は黄褐色，その後縁は細く黒色，胴部背面は淡灰色，触角の腹面には弱いがやや長い刺毛列がある．腹端の構造も淡色．前胸腹域前縁の刺毛は9本ともきわめて長く，頭蓋長の2倍強，放射状に広がる．第2, 3腹節の擬脚（図41-C, D）は短いがよく発達し，液浸固定標本では体節の厚さの1/2

1016

長．腹部背面にはコロナ状撥水域あるいは体側の撥水毛列をすべて欠く．第5～7腹節には腹域小棘列があり，その幅は体節の幅の約1/2，片側の棘列の前列の棘数は5～7本．中央骨片は細長く，後端が三角形に拡大する．第8腹節腹域には顕著な構造を欠く．第8腹節（図45-A）の気門後片の内側の先端部は篦状に拡大し，端縁はやや丸みを帯びる．気門間小板はよく発達し柄部の短いY字形で幅広く，分岐した両端部から内側の気門前刺毛が生じる．外側の気門前刺毛は気門よりY字形突起先端に近い円形の小骨片から生じる．これらの気門前刺毛は細かく枝分かれするDixa属のそれとは異なり特異，基部またはやや先で数本の細いが幅のある分枝に分かれて放射状に広がり，それぞれの枝は外側に強く湾曲した先で複数の糸状突起をだす．第8腹節の背側部には長い2刺毛を生じる．第9腹節中央背板（図45-A）は縦に3分割され，中央の骨片は細長く，長さは幅の5倍，この幅と同じ幅の膜質部によって外側の骨片と明瞭に分離されている．外側の骨片は基側板と融合し，両骨片の間は淡色ではあるが一連の骨化部で占められる．外側の骨片は後端で櫂状突起の基部内側に関節する．これらの骨片で囲まれた円形の膜質部にある細長い骨化部からきわめて長く直立する1刺毛を生じる．基側板は連結した第9背板の側片とほぼ同形，側縁よりやや内側から滾水性刺毛列を生じ，その外側は基側板側縁稜との間に膜質部が介在する．櫂状突起（図45-A）は短く，長さは幅の2.5倍，基部から中程までほぼ同じ幅を保ち，そこから尖った先端に向かって外縁と内縁は丸みを帯びながら接近する．先端には強い1本の棘を生じる．櫂状突起は内縁および外縁に長い撥水刺毛を列生し，これらは突起先端に向かって短くなる．基側板の側部の腹縁には2本の強い棘状突起を生じる．第10腹節背域（図7-E, F）は尾突起を含めた長さが櫂状突起長の約1.7倍，基部から突起先端までかなり幅広い．わずかしか幅を減じない．背端刺毛は第10腹節長の約2倍長，腹端刺毛はそれよりやや長く2.7倍長，末端刺毛が最も長く，約3倍．第10腹節側域には3本の長い刺毛を生じる側小骨片があり，最も長い刺毛は節の長さの1.7倍長．第9，10腹節の骨化部は黄褐色で，櫂状突起の辺縁部などは暗褐色．

徳永（1959）の「ほそか Dixa sp.」（図1-C）は全形の腹面図（記載では背面として扱っている）や古屋（1985）の Dixa sp. DC（図43-D～F）は，腹端部の図から，これらは疑いもなく本種キスジクロホソカの幼虫である．

コガタホソカ　Dixella subobscura (Takahashi, 1958)（図13-B，45-B）

識別形質：シスイホソカ型，第8～9腹節を除く腹部には撥水域を欠く（コロナ状撥水域や体側に沿った撥水列を欠く）．前胸腹域前縁の刺毛群はきわめて長く，頭部長の2倍強，第10腹節側域の刺毛は著しく長く，尾突起の背端刺毛とほぼ等長，第9腹節中央背板は基側板背面部と融合する．第10腹節背域はきわめて短く，その長さは基側板と櫂状突起の合計長の0.8倍弱．基側板の側部下縁には2本の太くて骨化が強く湾曲する黒色の棘を生じる．

体長は推定で4mm内外（4齢幼虫の脱皮殻2.5mmに基づく）．シスイホソカ型（図13-B）色彩は前種キスジクロホソカに類似して頭蓋や腹端の櫂状突起や尾突起など黄褐色．基本構造は前種と大差ない．前胸腹域前縁の刺毛は9本ともきわめて長く，頭蓋長の1.8倍長，放射状に広がる．第2，3腹節の擬脚は短いがよく発達している．腹部背面にはコロナ状撥水域あるいは体側の撥水毛列をすべて欠く．第5，6腹節には腹域小棘列があり，その周囲は広く微細な毛が密生して，クチクラがやや暗色．片側の棘列は5本前後，中央骨片を欠く．第7，8腹節の腹域は広範囲に暗色の長めの微細毛が後方を向いて密生し，前種にみられた第7腹節の腹域小棘列を欠く．第8腹節（図45-B）の気門後片の内側の先端部はその後縁が後方に張り出して，形状は撥形に拡大する．気門間小板はよく発達し底部が広いV字形で幅広く，分岐した両端から内側の気門前刺毛が生じる．外側の2本の気門前刺毛はV字形突起先端に近く逆三角形の小骨片の前部の角から生じる．これ

らの気門前刺毛は細かく枝分かれする *Dixa* 属のそれとは異なり特異，基部またはやや先で数本の細いが幅のあるに分枝に分かれて放射状に広がり，それぞれの枝は外側に強く湾曲した先で複数の糸状突起をだす．第8腹節の背側部には長い2刺毛を生じる．第9腹節中央背板（図45-B）は基側板の背面部と融合し，その前縁は前方に弱く突出し，後縁は中央部が四角形に張り出す．癒合した骨化域の後端部が膜質になり，そこに長くて直立する1刺毛を生じる細長い骨化部が櫂状突起の基部から延びる．基側板は側縁よりやや内側からきわめて長い浅水刺毛列を生じ，その外側は基側板側縁稜との間に細い膜質部が介在する．櫂状突起は短く，基側板の1.6倍長，長さは幅の1.5倍，基部からなかほどまでほぼ同じ幅を保ち，そこから丸みのある先端部に向かって外縁と内縁は丸みを帯びながら接近する．先端には棘を欠く．櫂状突起（図45-B）は内縁および外縁にきわめて長い撥水刺毛を列生し，これらは突起先端に向かって短くなる．基側板の側面の腹縁に生じる2本の棘状突起は共通の基盤から生じ，突起はゆがんだ形状である．第10腹節背域はきわめて短く，太く，尾突起を含めた長さが櫂状突起長の約1.4倍弱，基部から中央よりやや先に向かって幅を減じ，その先がかなり太く，短い尾突起になる．尾突起の背端刺毛は第10腹節長の約2.6倍長，腹端刺毛は背端刺毛とほぼ等長，末端刺毛が最も長く，第10腹節背域長の約4倍弱の長さ．第10腹節の側小骨片から3本の長い刺毛を生じり，最も長い刺毛は第10腹節長の1.7倍長．第9，10腹節の骨化部は黄褐色．

引用文献

Disney, R. H. L. 1999. British Dixidae (Meniscus Midges) and Thaumaleidae (Trickle Midges): Keys with Ecological Notes. Freshwater Biological Association, Ambleside.

古屋八重子．1973．ホソカ科幼虫について．昆虫と自然，8(6): 18-22.

古屋八重子．1985．5．ホソカ科 Dixidae．川合禎次（編），日本産水生昆虫検索図説　科・属・種への検索：289-292．東海大学出版会，東京．

古屋八重子．2005．ホソカ科 Dixidae．川合禎次・谷田一三（編），日本産水生昆虫：753-756．東海大学出版会，秦野，神奈川．

Hurbert, A. A. 1965. Family Dixidae. In A. Stone et al. (eds). A Catalog of the Diptera of America North of Mexico: 100-102. U.S. Dept. Agric., Agric. Res. Serv., Washington, D. C.

石原　保．1947．日本産ホソカ科の1新種．松蟲，2：54-58.

川村多實二．1932．ほそか屬幼蟲．内田清之助他（編），日本昆蟲圖鑑：2201，北隆館，東京．

Nowell, W. R. 1951. The dipterous family Dixidae in Western North America (Insecta: Diptera). Microentomology, 16: 188-270.

Papp, L. 2006. Dixidae. In D. Papp, B. Merz & M. Fordvari. Diptera of Thailand, A summary of the families and genera with references to the species representations. Acta Zoologica Academiae Scientiarum Hungaricae 52: 114-119.

Papp, L. 2007. Dixidae, Axymyiidae, Mycetobiidae, Keroplatidae, Macroceridae and Ditomyiidae (Diptera) from Taiwan. Acta Zoologica Academiae Scientiarum Hungaricae, 53(2): 273-294.

Peters, T. M. 1981. Dixidae. In J. F. McAlpine et al. (eds.), Manual of Nearctic Diptera, 1: 329-33. Ottawa.

Rozkosny, R. 1991. Family Dixidae. In A. Soos et al. (eds.), Catalogue of Palaearctic Diptera, Vol. 3: 66-71.

三枝豊平．2008．ホソカ科 Dixidae．平嶋義宏・森本　桂（編），新訂原色日本昆虫図鑑，第III巻：395-397, pl. 132, figs. 2249-2256.

三枝豊平．2014．ホソカ科．日本昆虫目録，8(1): 178-179．日本昆虫学会，福岡（櫂歌書房）．

三枝豊平・杉本美華．2010．東アジアのホソカ科（双翅目）の系統と生物地理．日本昆虫学会第70回大会講演要旨：36.

Schremmer, F. 1950. Bau und Funktion der Larvenmundteile der Diptrengattung *Dixa* Meigen. Österreichische

Zoologische Zeitschrift, 2: 379-413.

Takahashi, M. 1958. Revision of Japanese Dixidae (Diptera, Nematocera). Mushi, 32: 1-18, 6 Tab.

高橋三雄. 1962. 双翅目・ホソカ科. 日本昆虫分類圖説, 第2集・第2部: 20, 1pl. 北隆館, 東京.

德永雅明. 1950. にっぽんほそか *Dixa nipponica* Ishihara. 石井悌他（編）, 日本昆虫圖鑑 改定版：1540. 北隆館, 東京.

德永雅明. 1959. ほそか *Dixa* sp. 江崎悌三ほか（編）, 日本幼虫図鑑：624. 北隆館, 東京.

德永雅明. 1965. ホソカ科 Dixidae. 朝比奈正二郎他（編）, 原色日本昆虫図鑑, 第III巻：183-184, pl. 91, 北隆館, 東京.

Wagner, R. 1997. Family Dixidae. In L. Papp & B. Darvas (eds.), Contributions to a Manual of Palaearctic Diptera, Vol. 2: 299-303.

カ科　Culicidae

田中和夫

　カ科は全世界に分布し，1991年末までに3209種が報告されている．このうち，ハマダラカ亜科は428種，ナミカ亜科は2781種である．日本では，現在までに15属35亜属111種が記録され，ハマダラカ亜科は12種，ナミカ亜科は99種である．この他に，種名の確定していないものが1種ある．カ科は昆虫類の科の中で，総合的に見て最も良く研究されている科といわれ，日本でも生理，生態，遺伝子，疾病媒介性，防除対策等，各方面において高度な研究が行われ，分類も成虫と幼虫に関しては，ほとんど明らかにされており，蛹についての精密な分類学的研究は，現在，筆者によりなされつつある（Tanaka 1999, 2000a, 2000b, 2001a, 2001b, 2002a, 2002b, 2003a, 2003b, 2003c, 2004）．種に関しては，今後追加されるものがあるとしても，ごく僅かであると思われる．カ科の雌成虫の大部分は吸血性であって，単に咬刺の害によって人を悩ますのみならず，マラリア，フィラリア，黄熱病，デング熱，日本脳炎等人類に重大な影響を与えてきた数々の伝染病を媒介するものが多い．これがカの研究を促したわけであるが，他方，カ類の或種は容易に採集飼育することができ，成長も早く大量飼育も可能で，実験動物としても教材としても有用である．カ科は幼虫と蛹が水生であって，日本では古来，幼虫は孑孑（ボーフラ），蛹は鬼孑孑というユーモラスで生態形態を的確に表した名前で呼ばれてきた．諸外国では，このような特殊な呼び名は少なく，これは日本人の鋭い観察眼と，豊かな諧謔性を証明するものである．本稿では，幼虫は未発見の種を除き全種について，蛹は検索表を作れる程度まで研究されているものについて，成虫は代表的な種につき，述べる．筆者・他（Tanaka, Mizusawa & Saugstad, 1979）は曩に，日本の蚊の分類学的再検討を完成させた．本稿の検索表と図はこれを基本とし，その後に日本から発見記録された2, 3の種は，夫々の文献によって補った．ここに，それらの著者に対し敬意と謝意を表するものである．又，生態に関して御助言を賜った佐賀大学医学部茂木幹義博士に御礼申し上げる次第である．

　本文の中に記した各種の分布地は，原則として地名であって国名ではない．併し，一部依拠した文献の表記法に従った結果，不統一が出た所があると思われるが御寛恕願いたい．

　読者は，本書の前身である「日本産水生昆虫検索図説」(1985)の中のカ科の内容と本稿の内容の類似性に気付かれるであろう．同書のカ科の執筆者である中田五一博士は，カ科の分類に関しては本州のごく一部の種についての業績しかない．同書のカ科の内容を具に検討すれば，一部を除いて殆ど全てが同氏自身の研究結果であるかの如く書かれているが，枢要部の半分は Tanaka et. al., 1979の抄訳であり，半分は上村，1976（日本産蚊科各種の解説，「蚊の科学」所載）の引写しから成立っていることが分る．本稿が，先に発行された中田博士の著作を引写したのではないかという誤解が生ずることを懼れ，敢えて此処に付言しておく．

分　類

　カ科はハマダラカ亜科 Anophelinae とナミカ亜科 Culicinae の2亜科に分かれ，日本産の後者は更にナミカ族 Culicini，チビカ族 Uranotaeniini，ナガハシカ族 Sabethini，オオカ族 Toxorhynchitini の4族に分かれる．オオカ族は単独で亜科とされることが多いが，その大きさと，幼虫が肉食性であることに伴う特異な形態が，強調されすぎたためと思われる．本質的な点はナミカ亜科と同様であると考えられる．ハマダラカ亜科はナミカ類オオカ類とは形態的生態的に著しく異なり，別亜科に値する．ケヨソイカ Chaoboridae とホソカ Dixidae がカ科に含められることもあるが，別科とするのが妥当であろう．カ科は下記の特徴によって，近縁の諸科から区別される．

幼虫． 頭部は大きく明瞭で可動，胸部の中に引込まれることはなく，皮膚は良く硬化しており，通常濃色の眼点を有する．触角は頭部の側面につき，ケヨソイカ幼虫のように捕獲器に変形することはない．口刷毛はよく発達し，通常極めて多数の細毛よりなるが，まれにオオカ族の様に6〜10本の鎌状歯に変形している．小腮茎節は左右に二裂し，外側のものは小腮肢と一体化し，肢茎節となっている．胸部の3節は融合し，頭部及び腹部より明らかに幅広い一個の大塊となっている；擬脚を欠く．腹部も擬脚を欠き，又，刺毛 0-, 8-I と通常14-I, -II を欠く；後気門式で機能的気門は第8節（亜端節）のみにある；この気門は数個の硬質の気門弁を有し，肉質突起はない．第10節（末端節）は後方に伸びる2対の尾葉と刺毛4-X（腹面遊泳毛）を持つ．尚，第8節の呼吸管は，これを持つもの（ナミカ亜科）と，持たないもの（ハマダラカ亜科）とあり，必ずしも科の特徴ではない．

成虫． 単眼を欠く．触角の柄節は細い環状に退化し，梗節は球形，鞭節は13節よりなり甚だ細長い．下唇は非常に細長く伸びて管状となり，中に同様細長く伸長した上唇，大腮，小腮，下咽頭を収め，口吻を形成する．中胸背縫合線は中胸気門より前方にある．翅は長く，翅端は丸く，静止のときは常に背上に平らに置く．翅脈は強く明瞭で鱗片を具える．前縁脈は翅の全周を縁取る．亜前縁脈は径分脈分岐点を超えて伸びる．r_{2+3} は直線状で径分脈と一体である．翅室RとMは翅の中央を越えて伸びている．脚は鱗片で覆われ，基節は短い．

形態の解説

分類同定には詳しい形態の知識が必要である．カ科の形態についての解釈と述語に関しては，従来から使用されたものの中で，最も適当と思われるものを採用した．邦文では無いものが多いので，やむを得ず，新たな述語を定めたものが少なくない．誤解混乱を避けるため，英文述語と併記して形態解説の説明を作成した．これを見ていただければ，検索表等の記述が理解できると思われるが，以下に若干補足的説明を加える．尚，形態解説図1〜9の他に，幼虫各種の全形図（特に図10）を適宜参照していただきたい．

幼虫は，大型で通常褐色の頭部と，一塊に融合した胸部と，9節の腹部からなる．腹部の第9節は退化，又は，第8節と融合したと見なされ，末端節を第10節とする．これらの各節は一定数の刺毛（seta）を具えており，その位置も種によって定まっている．融合している胸部も，刺毛の位置によって，前胸，中胸，後胸のもの夫々が識別できる．これらの刺毛は，原則としてダブルリング状の毛窩（alveolus）から生じ，神経が連絡している感覚器であって，カ科の全種に相同なものであり，頭部に16対，胸部各節と腹部第1〜7節に夫々15対，腹部第8節に7対，同第10節に3対＋1あり，その他，頚部，触角，口器，呼吸管にある．そして，背面中央から側方を経て腹面中央に至る順序で，アラビア数字の番号が付けられており，このアラビア数字と体節又は器官を表すローマ字をハイフェンで結んで刺毛を表す．即ち，頭部（C），触角（A），大腮（Md），小腮（Mx），前胸（P），中胸（M），後胸（T），腹部各節（I〜VIII, X），呼吸管（S）とし，例えば，頭部第3刺毛は3-C，前胸第4刺毛は4-P，腹部第3節第6刺毛は6-III，呼吸管第1刺毛は1-Sのように呼ぶ．1-Sはイエカ属では複数の刺毛からなり，基部のものから1a-S, 1b-Sのように呼ぶ．これらの刺毛の形状と位置は，分類に甚だ有用なものである．形状については図9を参照されたい．常分岐毛というのは，分岐点が基部近くの大体一点にあり，各分枝の大きさに大差の無いものをいう．単条毛と共に最も普通なタイプの刺毛である．芒（のぎ）は長大な刺毛にこれを有するものが多い．

頭部下面中央に一対の縫合線（下口線）があり，その後端は小孔（幕状骨後腕陥）に終わるものが多い．この下口線が幕状骨後腕陥に達するとき，下口線は完全といい，達しない場合は不完全という．触角は先端近くに相接して 2-, 3-A を具えているが，この位置から先の方を端部，基の方を

幹部と呼ぶこととする．大腿の刺毛 1-Md は日本産のカでは，ハマダラカ属とシマカ亜属のみが持っている．大腿と小腿は系統分類学上重要であるが，形態各部についての邦語の述語はほとんど無いので，大部分本稿で定めた．形態解説図 2 と 3 を参照されたい．下唇は複雑に分化しており，その前方にある三角形濃色で強く硬化した板状物は，基節板（mentum plate），又は，単に下唇と呼ばれてきたが，ここでは形態学的により正確な名称として，下唇背基節（dorsomentum）と呼び，その腹側に重なる大体同大の膜状片を，下唇腹基節（ventromentum）と呼ぶこととする．

　胸腹部の皮膚は，通常薄く柔軟であるが，往々，一部が硬質化し濃色を呈する．硬質化した部分が平板状である時は，これを硬皮板という．瘤状かカサブタ状であるときは，これを硬結部と呼ぶこととする．これらは通常，刺毛の基部に現れる．腹部第 10 節の少なくとも背面には常に硬皮板があり，これを特に鞍板という．鞍板が腹面まで覆って環状となっているときは，鞍板は完全といい，環状をなしていないときは鞍板は不完全という．第 8 腹節の両側に一群の小骨片があるが，これを側鱗と言う．典型的な側鱗は大別して 2 型ある．一つは櫂型で，先端幅広く丸みがあり，周縁は一様に大体同大の小棘で縁取られている．もう一つは刺型で，バラの刺のような形で，一本の強大で鋭い主棘からなり，側縁基部寄りに微棘を伴うことが多い．呼吸管の基部の直径と背縁の長さの比を，呼吸管比という．呼吸管の基部近くの亜腹面両側に一対の棘毛列がある．この棘毛列全体も，個々の棘毛も，共に呼吸管棘と呼ばれてきたが，記述に不便なこともあるので，棘毛列全体を呼吸管櫛（pecten）と呼び，個々の棘毛は石原（1942）に従い櫛歯（pecten tooth）と呼ぶこととする．ハマダラカ亜科では，第 8 腹節の両側，呼吸盤のすぐ下に，櫛状突起を具えた一対の硬皮板があり，これを櫛歯板（pecten plate + pecten）という．呼吸管と鞍板の基縁腹面寄りに小さな突出部を持つことがある．これを基部突起（acus）という．基部突起は遊離することもある．二つ以上の切片が合一する場合，その間に縫合線を残しているときは癒合，縫合線が消失している場合は融合として区別した．

　蛹は頭部，前胸及び中胸が癒合又は融合し，後胸もこれと一体となっているが明瞭な縫合線で界され，脱皮殻ではこの線から容易に分離できる．頭胸部には気門が開口する呼吸角一対を具える．頭胸部の刺毛は大幅に減少しているが，腹部は大部分幼虫のものと関連づけられる刺毛を具えている．腹部第 8 節背面先端中央は通常やや半円形に張出しているが，これは第 9 節で，尾端中央片（median caudal lobe）と呼ばれることが多い．この部分の基部は第 8 節と完全に融合している．その腹側に生殖葉（genital lobe）を具えているが，これは雄では長く大きく二裂し，雌では短く両側に尾角（cercus）を具えている．腹部末端には遊泳片一対を具え，活発に泳ぐ．蛹の刺毛の表し方は幼虫と同様であるが，本稿では，癒合又は融合した頭胸部は後胸も含めて C（但し，図では幼虫と同様に後胸を T で示す），遊泳片は Pd で表す．蛹は外部構造が簡単で，形態的特徴に乏しいため，成虫幼虫に比し分類学的価値は一般的には落ちる．しかし，シナハマダラカ群やヒトスジシマカ群などのように，他のステージよりも容易に同定できるという例も少なくないので軽視できないし，又，蛹でも同定できる方法を確立しておくことは，防疫上，重要なことである．

　カの成虫の特色は，鱗片に富むことで，同定にはこの鱗片を用いることが最も多い．鱗片の代表的なものは図 8 に示したが，これらの変形したもの，中間的なものが色々あり，扁平鱗でも幅が狭く先の尖ったものもある．鱗片が伏臥しているか，起立しているかも重要である．叉状鱗は大抵頭頂の後方にあり，起立している．透明な鱗片もあり，数が少ないときは見逃しやすいので，注意を要する．雌成虫は，体が強固で鱗片の発達がよく，外部形態による同定が雄より容易であり，又，医学上重要なのは雌であるので，カの分類学では，形態の記載はまず雌でなされる．雄は一般的な外部形態からは雌より同定が難しいが，交尾器は他の昆虫同様最も重要であり，種的特徴を顕著に

現すことが多い．形態はかなり複雑で，分解して細部を色々な角度から見なければならないことも少なくない．この雄の交尾器は第8，9腹節と共に，羽化直後に180°回転して背腹の関係が逆になる．形態上の記述では，回転後の背腹ではなく，本来の背腹で記す．英語では，雄の交尾器に関する限り，dorsal, ventral ではなく，tergal, sternal を使うのが良いと思われる．翅の膜質部の表面は，通常非常に細かい毛のような突起を，上下両面とも一面に具えている．100～400倍の常用の倍率で楽に見ることができるもので，microtrichia というが，ここでは微毛状突起と呼ぶこととする．これは感覚器である刺毛（seta）とは異なって毛窩（alveolus）がなく，表皮が変化してできたものである．これらの倍率では見えないとき，微毛状突起を欠くという．翅室 R_2 の長さを翅脈 r_{2+3} の長さで割った値を"R_2 比"という．カの雄は一般に雌よりも繊弱で，鱗片の発達が悪く，触角梗節は大きく，鞭節はやや短いが，1～11節は通常多数の長毛を具え，12, 13節は長毛はないが長い．小腮肢は大抵のグループでは著しく長く，先端2節に剛毛を密生することが多い．胸部は刺毛の発達も弱い．翅は雌より細い．前脚，中脚の爪は，雌より長く不対称のことが多い．腹部は細長く，刺毛が多い．

幼虫の図の頭部，胸部及び腹部の第1節から第6節までと，蛹の図の後胸と腹部は，左側の半分に背面を，右側の半分に腹面を示してある．成虫の図では，♂♀の別を書いてないものは全て雌である．爪は二つ書いてある時は前脚と中脚の爪で，三つ書いてある時は前，中，後脚の爪である．

【追記】

本稿脱稿後，宮城・當間，1980で言及された *Ficalbia* 属の種は（第24頁の脚注参照），*Ficalbia ichiromiyagii*（オキナワエセコブハシカ）と命名記載された（Toma & Higa, 2004, Med. Entomol. Zool. 55(3): 195~199）．幼虫・蛹は知られていない．また，オガサワライエカ *Culex (Culex) boninensis*（34頁）は新亜属 *Sirivanakarnius* に，カラツイエカ *Culex (Culex) bitaeniorhynchus* 及びミツホシイエカ *Cx. (Cux.) sinensis* の2種（共に34頁）は新たに復活された *Oculeomyia* 亜属に移され，オガサワライエカとカラツイエカの蛹の図と記載が与えられた（Tanaka, 2004, Med. Entomol. Zool. 55(3): 217~231）．

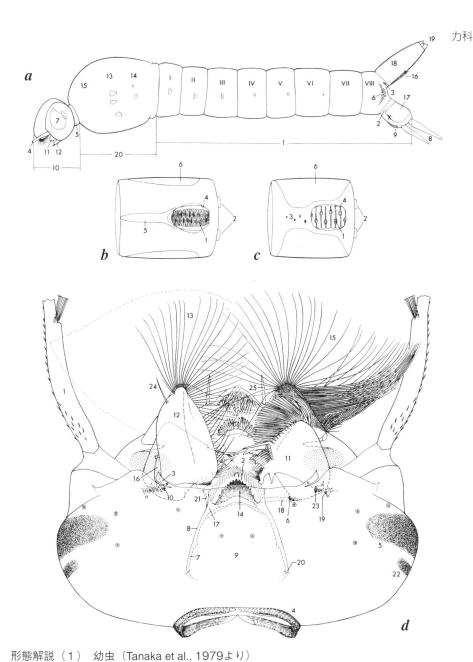

図1　形態解説（1）　幼虫（Tanaka et al., 1979より）

***a*, 側面 (ナミカ亜科)**：1, 腹部 abdomen；2, 基部突起 acus (of saddle)；3, 基部突起 acus (of siphon)；4, 触角 antenna；5, 頸部 collar；6, 側鱗 comb scales；7, 複眼 compound eye；8, 尾葉 anal lobe；9, 格子板 grid；10, 頭部 head；11, 大腮 mandible；12, 小腮 maxilla；13, 中胸 mesothorax；14, 後胸 metathorax；15, 前胸 prothorax；16, 呼吸管櫛 pecten；17, 鞍板 saddle；18, 呼吸管 siphon；19, 気門弁 spiracular valve；20, 胸部 thorax.　***b & c*, 腹部第10節腹面 (*b*, ハマダラカ亜科；*c*, ナミカ亜科)**：1, 格子上毛の基部 base of cratal seta；2, 尾葉の基部 base of anal lobe；3, 格子前毛の基部 base of precratal seta；4, 格子板 grid；5, 腹側正中板 midventral bar；6, 鞍板 saddle.　***d*, 頭部腹面 (イエカ類) (左の小腮は取除く)**：1, 触角 antenna；2, 下唇腹基節 ventromentum；3, 軸節 cardo；4, 頸部 collar；5, 複眼 compound eye；6, 大腮背側関節点 dorsal artis of mandible；7, 下口隆起 hypostomal ridge；8, 下口線 hypostomal suture；9, 下唇喉板 labiogula；10, 小腮外側関節点 lateral artis of maxilla；11, 大腮 mandible；12, 小腮 maxilla；13, 小腮刷毛 maxillary brush；14, 下唇背基節 dorsomentum；15, 口刷毛 lateral palatal brush；16, 肢茎節 palpostipes；17, 小腮副関節点（頭蓋側）paracoila；18, 大腮前関節点 precoila；19, 大腮後関節点 postcoila；20, 幕状骨後腕陥 posterior tentorial pit；21, 小腮副関節点の棒状骨 rod of paracoila；22, 側単眼 stemma；23, 大腮腹側関節点 ventral artis of mandible；24, 4-Mx（小腮第4刺毛＝小腮腹側茎節刺毛）；25, 1-C（頭部第1刺毛）.

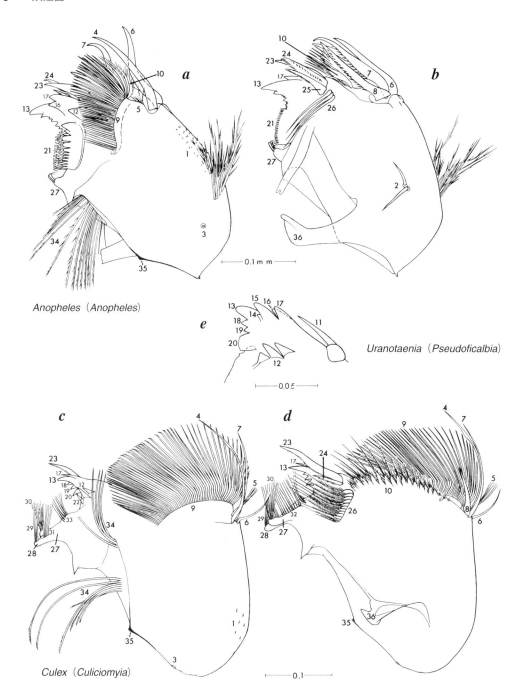

図2 形態解説（2） 幼虫大腮（Tanaka et al., 1979より）
a & b, ハマダラカ類（濾過型）； *c & d*, イエカ類（濾過型）； *e*, チビカ類咀嚼器. (*a*, *c* & *e*, 背面； *b* & *d*, 腹面).
1. 微棘 microspine； 2. 1-Md (大腮第1刺毛)； 3. 大腮孔点 mandibular puncture； 4～8. 2_a-Md～2_e-Md (大腮第2刺毛)； 9. 大腮刷毛 mandibular brush； 10. 大腮櫛 mandibular comb； 11. 背側棘毛 dorsal spine； 12. 背側歯 dorsal tooth； 13. 腹側歯 (Vt_0) ventral tooth； 14～17. 外側小歯 (VT-1～VT-4) lateral denticles； 18～20. 内側小歯 (VT_1～VT_3) mesal denticles； 21. 付属歯 accessory tooth； 22. 付属小歯 accessory denticle； 23～25. 腹面鋸状歯 ventral blade； 26. 櫛状毛 pectinate brush； 27. 大腮葉 mandibular lobe； 28. 唇状葉 labula； 29～33. 大腮葉毛 MdH_1～MdH_5； 34. 箒状毛 mandibular sweeper； 35. 背側関節点 dorsal artis； 36. 腹側関節点 ventral artis.

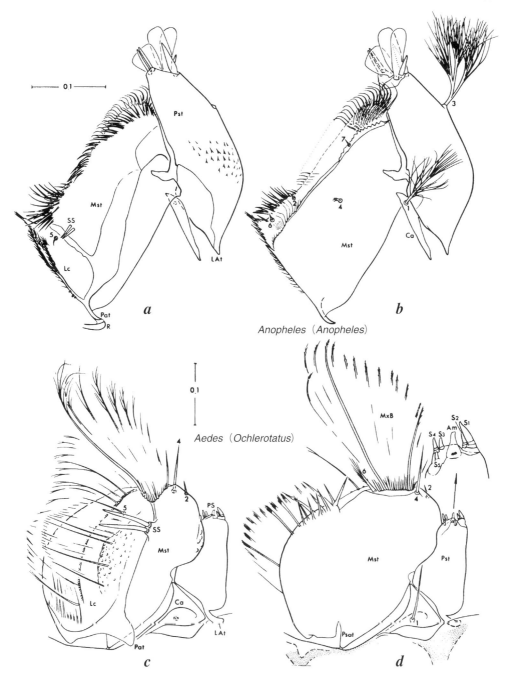

図3 形態解説（3） 幼虫小腮（Tanaka et al., 1979より）
a & b, ハマダラカ類（濾過型）； *c & d*, ヤブカ類（齧り型）. (*a & c*, 背面； *b & d*, 腹面).
Am, 嚢状突起 ampulla； Ca, 軸節 cardo； LAt, 外側関節点 lateral artis； Lc, 内葉 lacinia； Mst, 内茎節 mesostipes； MxB, 小腮刷毛 maxillary brush； Pat, 副関節点 parartis； PS, 小腮肢感覚突起（S_1〜S_5）palpal sensilla； Psat, 偽関節点 pseudoartis； Pst, 肢茎節 palpostipes； R, 小腮副関節点棒状骨 rod of parartis； SS, 小腮茎節感覚突起 stipital sensilla； 1, 1-Mx（軸節刺毛 cardinal seta）； 2, 2-Mx（茎節背側刺毛 dorsal stipital seta）； 3, 3-Mx（茎節外側刺毛 lateral stipital seta）； 4, 4-Mx（茎節腹側刺毛 ventral stipital seta）； 5, 5-Mx（内葉背側刺毛 proximal lacinial seta）； 6, 6-Mx（内葉先端刺毛 distal lacinial seta）； 7, 7-Mx（外葉刺毛 galeal seta）.

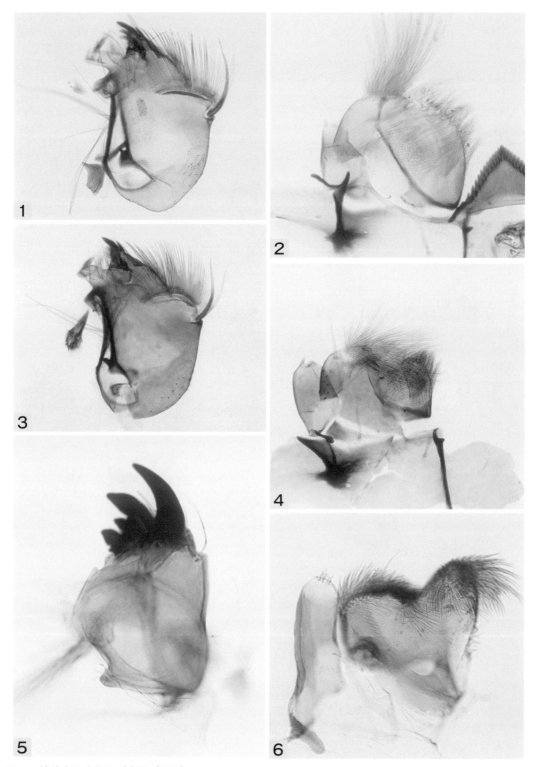

図4 蚊幼虫の大腮及び小腮(原図)
1・3・5：大腮； 2・4・6：小腮．1・2：ハクサンヤブカ Aedes (Ochlerotatus) hakusanensis 齧り型； 3・4：ダイセツヤブカ Aedes (Ochlerotatus) impiger daisetsuzanus 大腮齧り型，小腮齧り型と捕食型の中間型； 5・6：トワダオオカ Toxorhynchites (Toxorhynchites) towadensis 捕食型．

図5　形態解説（4）蛹（a, ハマダラカ, Evans, 1938より；b〜e, シマカ, Tanaka, 2001より）
a, 全形側面（♂）： Pd, 遊泳片； Tp, 呼吸角； 1-I, 浮游毛（腹部第1節第1刺毛）. b, 頭部及び前中胸展開図（左前半部）： A, 触角； DAp, 頭頂板； L1, 前肢； L2, 中肢； L3, 後肢； MP, 小腮肢； Tp, 呼吸角； WS, 翅鞘. c, 浮游毛（腹部第1節第1刺毛）. d, 後胸及び腹部（♀, 遊泳片を除く, 左側—背面, 右側—腹面）： Ce, 尾角； GL, 生殖葉； MCL, 尾端中央片（腹部第9節）； T, 後胸； I〜VIII, 腹部第1〜8節. e, ♂の腹端（右遊泳片を除く）： GL, 生殖葉； MCL, 尾端中央片（腹部第9節）；Pd, 遊泳片； VIII, 腹部第8節.

10　双翅目

図6．形態解説（5）　成虫‐1（Tanaka *et al.*, 1979より）

a．♀側面
（頭　部）
1．複眼　Compound eye
2．頭頂　Vertex
3．側頭　Tempus
4．頭盾　Clypeus
5．梗節　Pedicel
6．鞭節　Flagellum
5＋6．触角　Antenna
7．担肢節　Palpifer
8．小腮肢　Maxillary palpus
9．下唇　Labium
10．唇弁　Labellum
9＋10．口吻　Proboscis
（胸　部）
11．前胸背前側片　Antepronotum
12．前胸背後側片　Postpronotum
13．中胸背　Scutum
14．中胸背縫合線　Scutal suture
15．小盾板　Scutellum
16．後背板　Postnotum
17．亜背板　Paratergite
18．前胸前側板　Prepisternum
19．気門前域　Prespiracular area
20．中胸気門　Mesothoracic spiracle
21．気門後域　Postspiracular area
22．気門下域　Subspiracular area
23．翅基前瘤起　Prealar knob
24．中胸下前側板　Mesokatepisternum
25．中胸上後側板　Mesanepimeron
26．中胸亜基節　Mesomeron
27．後胸気門　Metathoracic spiracle
28．後胸前側板　Metepisternum
29．後胸後側板　Metepimeron
30．後胸亜基節　Metameron
（翅）
31．翅（前翅）　Wing (forewing)
32．平均棍　Halter
（脚）
33．後脚基節　Hindcoxa
34．後脚転節　Hindtrochanter
35．後脚腿節　Hindfemur
36．後脚脛節　Hindtibia
37．後脚付節　Hindtarsus
38．爪　Claw
（腹　部）
39．背板　Tergum
40．側背板　Laterotergite
41．腹板　Sternum

b．♀頭部背面
1．複眼　Compound eye
2．頭頂　Vertex
3．眼間域　Interocular space
4．側頭　Tempus
5．後後頭　Postocciput
6．頭頂毛　Vertical seta
7．側頭毛　Temporal seta
8．頭盾　Clypeus
9．柄節　Scape
10．梗節　Pedicel
11．第一鞭節　Flagellomere I
12．担肢節　Palpifer
13．小腮肢　Maxillary palpus
14．口吻　Proboscis

c．胸部背面
1．前部隆起　Anterior promontory
2．中胸背側角　Scutal angle
3．中胸背縫合線　Scutal suture
4．凹陥部　Fossal area
5．小盾板前域　Prescutellar space
6．正中毛　Acrostichal seta
7．前背中毛　Anterior dorsocentral seta
8．後背中毛　Posterior dorsocentral seta
9．肩毛　Humeral seta
10．側角毛　Angular seta
11．後凹陥毛　Posterior fossal seta
12．翅基上毛　Supraalar seta
13．小盾板前毛　Prescutellar seta
14．小盾板　Scutellum
15．前胸背前側片　Antepronotum

d．小腮（♂）；e．小腮（♀）
1．茎節　Stipes
2．担肢節　Palpifer
3．小腮肢　Maxillary palpus
4．外葉　Galea

f．前脚第5付節（♂）
1．腹面基部隆起　Ventrobasal swelling
2．腹面中央突起　Midventnral process
3．前爪　Anterior claw
4．後爪　Posterior claw
5．爪間板　Empodium

g．前脚第5付節（♀）
1．爪　Claw
2．褥板　Pulvillus
3．爪間板　Empodium

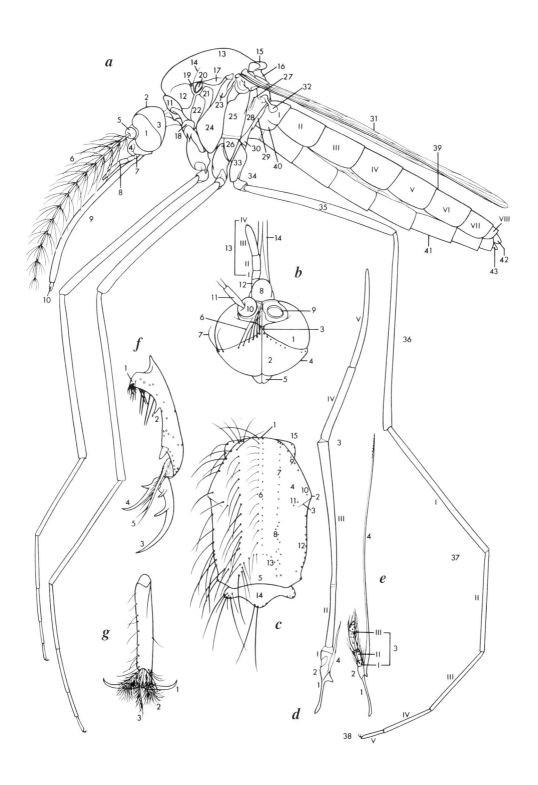

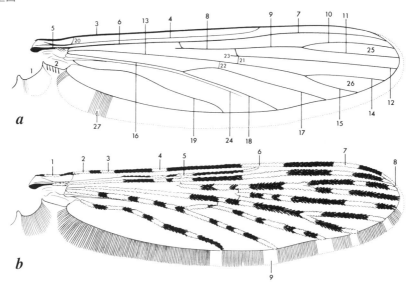
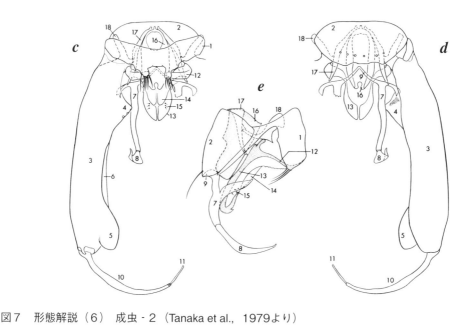

図7 形態解説（6） 成虫 - 2（Tanaka et al., 1979より）
a, 翅（カ科全般）：1. 覆片 squama； 2. 翅基片 alula； 3. 前縁脈 (c) costa； 4. 亜前縁脈 (sc) subcosta； 5. 径脈基 remigium； 6. 径脈 (r) radius； 7. (r_1)； 8. 径分脈 (rs) radial sector； 9. (r_{2+3})； 10. (r_2)； 11. (r_3)； 12. (r_{4+5})； 13. 中脈 (m)； 14. (m_{1+2})； 15. (m_{3+4})； 16. 肘脈 (cu)； 17. (cu_1)； 18. (cu_2)； 19. 第1臀脈 (1a)； 20. 肩横脈 (h) humeral cross vein； 21. 径中横脈 (r-m) radiomedial cross vein； 22. 中肘横脈 (m-cu) mediocubital cross vein； 23. 距状部 spur； 24. 翅臀襞 plica vannalis； 25. 翅室 R_2； 26. 翅室 M_1； 27. 縁鱗 fringe scale. *b*, ハマダラカ類の白斑：1. 肩前紋 prehumeral spot； 2. 肩紋 humeral spot； 3. 分脈前紋 presector spot； 4. 分脈紋 sector spot； 5. 亜分脈紋 accessory sector spot； 6. 亜前縁脈紋 subcostal spot； 7. 亜端紋 subapical spot； 8. 端紋 apical spot； 9. 縁鱗紋 fringe spot. *c*, *d* & *e*, ♂交尾器（*c*, 背面 - セスジヤブカ類； *d*, 腹面 - セスジヤブカ類； *e*, 側面〈生殖基節及び同端節を除く〉- トウゴウヤブカ類）：1. 第9背板 tergum IX； 2. 第9腹板 sternum IX； 3. 生殖基節 gonocoxite； 4. 基部背内葉 basal tergomesal lobe； 5. 先端背内葉 apical tergomesal lobe； 6. 内面膜質部 mesal membrane； 7. 小把握器茎部 claspette stem； 8. 小把握器葉部 claspette filament； 9. 内基褶 interbasal fold； 10. 生殖端節 gonostylus； 11. 爪 claw； 12. 第10背板 tergum X； 13. 肛側板 paraproct； 14. 肛節背面 tergal surface of proctiger； 15. 肛節刺毛 proctiger seta； 16. 挿入器 aedeagus； 17. 交尾鉤 paramera； 18. 基板 basal plate.

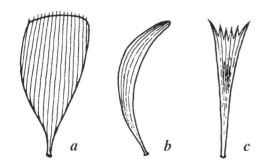

図8　形態解説（7）　成虫鱗片（原図）
a, 広扁鱗
b, 狭曲鱗
c, 叉状鱗.

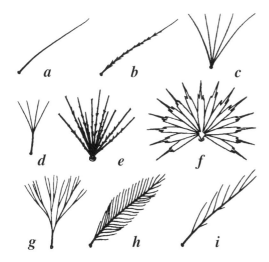

図9　形態解説（8）　幼虫刺毛（Belkin, 1962より）
a, 単条毛（無芒）single (simple) seta
b, 単条毛（有芒）single (barbed) seta
c, 常分岐毛 branched seta
d, 叉状毛 forked seta
e, 星状毛 stellate seta
f, 掌状毛 palmate seta
g, 樹枝状毛 dendritic seta
h, 羽状毛 plumose seta
i, 櫛状毛 pectinate seta.

生　態

　成虫のエネルギー源となる食餌は，花蜜，果汁，アブラムシの甘露，樹液などで，これらの糖分が利用される．花を訪れることが多いので，カは自然界における有力な花粉媒介者である．雌には吸血性のものが多く，このような種では，吸血が卵巣発育の必須条件である．吸血源は温血動物，冷血動物，無脊椎動物にわたり，種によりある程度の嗜好範囲が定まっている．
　産卵の方法は大別して3通りである．水面上にバラバラに振り撒くもの，卵塊を作るもの，水際の湿ったところに一つずつ産み付けるものである．第1のタイプはハマダラカ類，オオカ類，キンパラナガハシカなどである．ハマダラカ類の卵は，両側に浮嚢を付けており，水面に浮かぶ多数の卵は，表面張力の働きで両端を互いに接触させて，六角形の模様を形造る．イエカ属のカは卵塊を作って水面に浮かべる．この卵塊は，舟のような形をしていることが多いので卵舟と呼ばれる．一つの卵舟の卵数は数十個から多いものでは300個位である．アシマダラヌマカは水面に浮かぶ水草の葉の縁にとまり，腹端を水中に突っ込み，水中の葉裏に卵塊を付ける．ヤブカ類の大部分は，水辺の湿ったところに卵を一つずつ産み付ける．ヤブカ類の卵は，胚子が或程度以上に成長していれば，乾燥条件下では休眠状態となり，長期間生存できるものが多い．この類は岩石の窪み，樹洞，一次的地表水など，永久的でない水域を発生源としているものが多く，このような条件に卵が適応している．
　幼虫の発生水域は種により大体決まっている．大部分は淡水性であるが，半塩水性もかなりあり，

この中にはハマベヤブカの様に発生量が非常に大きく，時に社会的被害を引起すものもある．海性のものは無いが，トウゴウヤブカは海水以上の塩分濃度の水に住むこともできる．多くのカは止水に住み，湖水，池沼，水田のような広い水域に発生するものから，河床の水溜り，側溝，一次的な地上の水溜りのような中水域，動物の足跡，タケの切り株，樹洞，葉腋，落ち葉の上の水溜り，岩の窪み，空缶のような人工小容器など，ごく小さな水域を好むものまである．広い水域でも，周辺や水中の植生の状態などからくる日照の多寡によって，住む種類が違ってくる．流水を好むものは少ない．汚れた水に発生するものと，清澄な水にしか住まないものとあるが，両者を選ばないものもある．特殊な生息場所として，カニ穴（カニアナチビカ等），カミキリムシが穴を開けた生きたタケの節間（ヤンバルギンモンカ）などがあり，東南アジアではウツボカズラの瓶子，ウコン類（*Curcuma* spp.）の花苞などがある．

幼虫の食餌は，水中の緑藻類などの単細胞の微生物や腐敗有機物である．ハマダラカ類の幼虫は，水面に水平に浮かび，頭を180°回転させ口を水面直下に置き，口刷毛で水流を起こして水を口の中に流し込み，水面近くにいる微生物を濾過して摂食する．イエカ類の幼虫は，水面にぶら下って呼吸しながら，水中のプランクトンを濾過したり，水底に下りて，そこにある有機物を濾過して食べる．ヤブカ類の多くは，水底に下りて物の表面にある栄養物を齧りとるような食べ方をする．このような摂食方法の違いに応じて，口器の形がカのグループにより異なっている．捕食性の種類は，カクイカ属，ギンモンカ属，オオカ族で，水中のミジンコ，カやユスリカの幼虫，イトミミズなどを捕食する．これらのカは，口器，特に口刷毛，大腮，小腮の形が著しく変化している（図4：1～6）．これらの摂食法のタイプについて，濾過型→齧り型→捕食型という直線的進化過程が一般にいわれていたが，これに対し，祖先型は死んだ動植物を何でも食う雑食型で，これから齧り型，濾過型，捕食型が夫々別個に何回も派生進化し，齧り型が祖先型に最も近く，又，この3型に加えてアオミドロを食う食植型があるという説が提出されており（Mogi, 1978a），この方が，より妥当であろう．なお，オオカ族の成虫は吸血しないので，幼虫を生物的防除の有力な方法として利用することが試みられている．

カは幼虫も空気呼吸である．気門は腹部第8節のものだけが著しく発達し，他の気門は退化している．ハマダラカ亜科では気門は第8節の背面にじかに開いている．イエカ亜科では気門は呼吸管の先に開いている．蛹になると，この唯一の気門は，突然その位置を変えて，胸部背面の一対の呼吸角の先に開く．呼吸の必要と遊泳能力からして，幼虫は深いところには住めない．又，水底の食物を摂るものでは水深の浅いところにしか住めない．大きな水域でも，実際に幼虫がいるのは岸辺の浅い所である．ヌマカ類は呼吸管の先を水生植物の根や茎葉に差込み，植物組織中の空気を取り入れる．そのために呼吸管の先端部は著しく特化している．しかし，呼吸管の先から鰓を出して，水中の溶存酸素を摂取するのだという異論もある．

幼虫は4令を経過する．栄養や温度の条件の最も良いときは，卵期，幼虫の各令期，蛹期何れも約二日である．したがって，産卵から12日内外で成虫になる．ヤブカ類ではハマダラカやイエカ類よりもやや長いことが多い．ヌマカ類やナガハシカ族のカでは成長が遅く，アシマダラヌマカは26℃から30℃の間で，卵から成虫まで25乃至40日を要するという．大型のオオカ類はより長い時間を要し，特に第4令の生育期が他よりかなり長い．

温帯，熱帯では，カは成長できる限り，一年に何回も世代を繰り返す．温帯地方では，幼虫時代を短日条件下で過ごすと，その幼虫から羽化した成虫は，吸血しても栄養は卵巣の方へ行かず，脂肪体に蓄えられて越冬態勢に入る．温帯では，成虫越冬が多く幼虫越冬は少ない．北海道の亜寒帯のヤブカ類は，多くは年一回の発生で，春季雪解けと共に幼虫が孵化し，短時日のうちに羽化し，

成虫は産卵後，間もなく死滅する．卵は夏，秋，冬の長期間を過ごす．

採集，飼育，標本製作法

　成虫は捕虫網による叢のスウィーピング，炭酸ガストラップ，ライトトラップ，人，又は，動物の囮による吸虫管での採集で，容易に採ることができる．しかし，スィーピングやトラップで得た標本には鱗片が脱落しているものが多いので，分類学の研究用には，幼虫から飼育して完全な物を得る必要がある．又，コントロールなど応用上，成虫幼虫の関連を知ることは不可欠であるので，この意味からも，幼虫からの飼育によって成虫の標本を得ることは重要である．雄の交尾器は野外で得た標本の方が良いことが多い．成虫標本は微針を使ってダブルマウントとする．微針は下から刺し，胸部の上に抜けない様に刺す．精密な研究のためには，頭部の各部分や翅などもスライドマウントにする必要がある．雄の交尾器は，苛性カリで処理し，バルサムマウントとする．圧力を加えていけないものは，カバーグラスとスライドグラスの間に薄いガラス片をはさんで，標本が潰れないようにする．種によっては，分解して細部を別々にマウントしなければならない．データーラベルには，採集方法や幼虫の採集場所も記入する．幼虫からの飼育によって得た標本には，幼虫の採集記録と標本，交尾器などのスライド標本等との関連を間違いの無いようにするために，ラベル付けには標本番号などに特別の工夫が要求される．

　幼虫の採集には，柄杓とスポイト又は駒込ピペットがあれば大抵は間に合う．スポイトは直径25mmの大型の物が良い．口径を4mm位にしておく．カニ穴や深い樹洞など特殊な発生源では，サイホン式吸引器の工夫が要る．採集した幼虫は，その場所の水と底に溜まっている落ち葉その他のゴミと共にポリ袋（0.03mm厚）に入れ，空気を十分入れて口を細く捻って二つ折りにし，輪ゴムで固く縛って持ち帰る．カクイカが採集されている可能性があるときは注意が要る．ポリ袋は二重にした方が安全である．ばんそうこうに油性ボールペンでデーターを書いて，ポリ袋の下のほうに貼っておく．餌は持ち帰った水底のゴミで大抵間に合うが，不足したときはマウス固形飼料の粉末かエビオスを水に溶かして与える．ハマダラカ類のように，水面に浮遊する有機物を摂取しているものは，藁の浸出液を作って陽の当たる屋外に放置し，プランクトンを培養して，この水を用いて飼う．プランクトンの純粋培養ができれば，それに越したことはない．ハマダラカ類を人工飼料で飼うときは，粉末を乳鉢で細末とし，更に篩にかけて最も細かい部分を餌として，日に数回，水面に浮く様に静かに散布する．産卵トラップ，人工の発生源などを工夫し，これを発生地に設置することは甚だ有効である．採集したもののうち，一部は個体別に飼うとよい．容器はスチロフォーム製の使い捨てコップが便利である．脱皮の度にその脱皮殻を保存し，羽化まで飼って全ての脱皮殻に同一記号を付けておく．この様にして幼虫，蛹，成虫の関連を知ることができ，同定も確実となる．幼虫は個別に飼うと順調に生育しないことが多い．1〜3令幼虫の脱皮殻が必要無いときは，蛹化直前に個別にするのが良い．幼虫は熱湯（80℃内外）で固定し，これを75％エチルアルコールに移して保存する．白色陶製の滴定板（呈色反応板）の凹みの中に，少量のアルコールと共に幼虫を入れ，実体顕微鏡で見れば或程度まで分かるが，本格的な研究や正確な同定にはスライド標本としなければならない．幼虫を腹部第6節と第7節の間で切断し，頭部から腹部第6節までは背面を上に，第7節以下は左側面を上にしてマウントする．一時標本にはガムクロラールでよく，75％アルコールから直接マウントできる．永久標本にはバルサムを用いる．脱水剤はセロソルブ（エチレングリコールモノエチルエーテル）が簡便でよい．苛性カリ処理の必要はない．大腮，小腮及び下唇は解剖して摘出する．脱皮殻から摘出する方が容易であるが，酷使される部分は摩滅したり脱落している惧れがあることを承知しておかなければならない．呼吸管比の測定のためには，基部の直

径より僅かに大きい程度のガラス片をカバーグラスとスライドグラスの間に挟んでマウントする．これをやらずにマウントした標本で，呼吸管比を測定しても無意味である．幼虫の脱皮殻はなるべく形良く伸ばして，上記の要領でスライド標本とする．平たくマウントできるので，毛の長さの測定にも，分岐数を数えるにも，幼虫のマウント標本より便利なことが多い．しかし，脱皮殻での刺毛の同定には或程度の経験が要る．蛹は原則として脱皮殻のスライド標本で研究する．頭胸部は背面から左右に開き，後胸と腹部はそのまま背面を上にしてマウントする．

　実験用に大量飼育を行うときは，それなりの設備が要る．まず，温湿度と日長を調節できる部屋かインセクトロンが必要である．筆者の経験では，大きな部屋を使った方が結果が良かった．自然交尾によるときは，交尾習性に応じたサイズのケージを使用する．特に大きなケージを必要とするときは，人工交配によるほうが得策である．成虫の餌は果汁，砂糖水等でよい．吸血源として，マウス，トリ，ウサギなどを確保しておかなければならない．産卵習性に応じた産卵容器をケージの中に入れておく．水辺の湿った所に産卵するヤブカ等に対しては，ペーパータオルのような，やや厚手の吸湿性はよいが水に溶けにくい紙を，幅5〜6cmに切り，水を入れた容器の内側に水面の上下にまたがるように貼りつけて置く．水面から出ている湿った部分に卵は産み付けられる．適当量の卵が得られたら，この卵の付いた紙を乾燥させて保存する．必要に応じてこれを水に漬ければ卵は直ちに孵化する．幼虫飼育槽は，標準的には26×32×8cmのホーローバットが適当である．餌は前記の藁の浸出液（プランクトン培養液），エビオス，マウス固形飼料の粉末を適宜使用する．

　少量飼育でも大量飼育でも，肉食性など特殊な生態の種の場合は，それに応じた工夫が必要であることはいうまでもない．

略　語　表

1．属　名（Reinert, 2001，及び Tanaka, 2003c に拠る）

Ae.	- *Aedes*	*An.*	- *Anopheles*	*Ar.*	- *Armigeres*
Cs.	- *Culiseta*	*Cx.*	- *Culex*	*Hz.*	- *Heizmannia*
Lt.	- *Lutzia*	*Ma.*	- *Mansonia*	*Mi.*	- *Mimomyia*
Ml.	- *Malaya*	*Or.*	- *Orthopodomyia*	*To.*	- *Topomyia*
Tp.	- *Tripteroides*	*Tx.*	- *Toxorhynchites*	*Ur.*	- *Uranotaenia*

2．亜属名（Reinert, 2001，及び Tanaka, 2003c に拠る）

Aed.	- *Aedes*	*Adm.*	- *Aedimorphus*	*Ano.*	- *Anopheles*
Arm.	- *Armigeres*	*Bar.*	- *Barraudius*	*Cel.*	- *Cellia*
Coq.	- *Coquillettidia*	*Cuc.*	- *Culicella*	*Cui.*	- *Culiciomyia*
Cus.	- *Culiseta*	*Cux.*	- *Culex*	*Edw.*	- *Edwardsaedes*
Eto.	- *Etorleptiomyia*	*Eum.*	- *Eumelanomyia*	*Fin.*	- *Finlaya*
Geo.	- *Geoskusea*	*Har.*	- *Harbachius*	*Hez.*	- *Heizmannia*
Ilt.	- *Insulalutzia*	*Lop.*	- *Lophoceraomyia*	*Mlt.*	- *Metalutzia*
Mnd.	- *Mansonioides*	*Ncx.*	- *Neoculex*	*Neo.*	- *Neomelaniconion*
Nma.	- *Neomacleaya*	*Och.*	- *Ochlerotatus*	*Pfc.*	- *Pseudoficalbia*
Stg.	- *Stegomyia*	*Sua.*	- *Suaymyia*	*Tox.*	- *Toxorhynchites*
Trp.	- *Tripteroides*	*Ura.*	- *Uranotaenia*	*Ver.*	- *Verrallina*

3．図中の説明

A	触角	Antenna		l	外側面	outer (lateral) side
Ac	基部突起	Acus		Lf	小葉	Leaflet
Ae	挿入器	Aedeagus		LP	上唇突起	Labral process
Au	下唇腹基節	Ventromentum (Aulaeum)		Lr	上唇	Labrum
BP	基板	Basal plate		LVL	膣下唇	Lower vaginal lip
Bs	生殖基節	Gonocoxite (Basistyle)		LVS	膣下板	Lower vaginal sclerite
BT	基部背内葉	Basal tergomesal lobe		M	中胸	Mesothorax
				m	内側面	inner (mesal) side
C	頭部	Head		MB	口刷毛	Lateral palatal brush (Mouth brush)
CA	口孔歯	Cibarial armature				
Cd	擬小把握器	Claspettoid		Md	大腮	Mandible
Ce	尾角	Cercus		Mf	中脚腿節	Midfemur
Cl	爪	Claw		Ml	中脚	Midleg
CO	咀嚼器	Cutting organ		MP	下唇背基節	Dorsomentum (Mentum plate)
Co	頸部	Collar				
Cp	小把握器	Claspette		Mp	口器	Mouthparts
CS	側鱗	Comb scale		Mtb	中脚脛節	Midtibia
CT	頭胸部	Cephalothorax		Mtm	中脚付節小節	Midtarsomere
Cy	頭盾	Clypeus		Mts	中脚付節	Midtarsus
d	背面	dorsal		Mx	小腮	Maxilla
Ds	生殖端節	Gonostylus (Dististyle)		O	後陰茎	Opisthophallus
Em	爪間板	Empodium		P	前胸	Prothorax
Ex	有棘隆起	Spiny excressence		Pc	呼吸管櫛	Pecten
Ff	前脚腿節	Forefemur		Pd	遊泳片	Paddle
Fl	前脚	Foreleg		Pe	下唇前基節	Prementum
Flm	鞭節小節	Flagellomere		Pf	担肢節	Palpifer
Ftb	前脚脛節	Foretibia		Pg	生殖後葉	Postgenital lobe
Ftm	前脚付節小節	Foretarsomere		Ph	陰茎	Phallus
Fts	前脚付節	Foretarsus		Pl	触肢	Palpus
G	生殖器	Genitalia		Pm	交尾鈎	Paramere
Gi	尾葉	Anal lobe (Gill)		Po	前陰茎	Prosophallus
Gl	外葉	Galea		Pp	肛側板	Paraproct
Hf	後脚腿節	Hindfemur		Pr	口吻	Proboscis
Hl	後脚	Hindleg		Ps	陰茎体節	Phallosome
Htb	後脚脛節	Hindtibia		PT	櫛歯	Pecten tooth
Htm	後脚付節小節	Hindtarsomere		Pt	肛節	Proctiger
Hts	後脚付節	Hindtarsus		PTP	幕状骨後腕陥	Posterior tentorial pit
HyS	下口線	Hypostomal suture				
IF	内基褶	Interbasal fold		S	呼吸管	Siphon
L	下唇	Labium		s	腹面	sternal

SC	貯精嚢	Spermatheca		T	後胸	Metathorax
sc	亜前縁脈	Subcosta		t	背面	tergal
Sd	鞍板	Saddle		Tg	背板	Tergum
SE	貯精嚢門			Tp	呼吸角	Trumpet
		Spermathecal eminence		UVL	膣上唇	Upper vaginal lip
SL	亜端葉	Subapical lobe		UVS	膣上板	Upper vaginal sclerite
Sp	気門	Spiracle		v	腹面	ventral
St	腹板	Sternum		I〜X	鞭節，触肢，付節，及び腹部の各節	

検索表と各種の解説

幼虫成虫の亜科への検索表

1a　幼虫：呼吸管を欠き気門は腹部第8節背面にじかに開く．小腮軸節は棒状で，その基方は頭蓋の内部にある．腹部第10節下面に腹側正中板がある．
　　成虫：腹部の大部分は鱗片を欠く．♂交尾器の肛節は全体膜質で硬化した部分はない．挿入器は円筒状で先端に数個の小葉をもつものが多い．
　　　　　　　　　　　　　　　　　　　　　　　　　　　ハマダラカ亜科　Anophelinae (p. 18)

1b　幼虫：腹部第8節背面に呼吸管が発達し，その先端に気門が開く．小腮軸節は三角形又は四角形で平板状，頭蓋と同一平面上にあり，それと蝶番状に接続する．腹部第10節下面に腹側正中板を欠く．
　　成虫：腹部の大部分は広扁鱗で覆われる．♂交尾器の肛節には硬化した肛側板がある；もしこれが無い時は，挿入器が左右に分かれ歯状突起を持つ；先端に小葉は無い．
　　　　　　　　　　　　　　　　　　　　　　　　　　　ナミカ亜科　Culicinae (p. 23)

[I] ハマダラカ亜科　ANOPHELINAE

　幼虫は，体の刺毛の多くのものが羽状又は亜羽状である．腹部背面中央に一個又は二個の硬皮板をもつ．気門周縁の呼吸盤弁と腹部背面の掌状毛（1-I〜VII）で水面直下に水面と平行に懸垂し，頭部のみを180°回転させ，その腹面を上にして水面に浮遊するプランクトンなどを食する．泳ぎ方は非常に素早い．成虫は♂♀共小腮肢が長く，口吻とほぼ同長である．翅に白黒の斑点を現すものが多い（ハマダラカ《羽斑蚊》の名の由来）．胸背は平たく，翅と脚を除き鱗片は非常に少ない．とまるとき，物体に対し斜めの角度をとる．3属を含むが日本産はハマダラカ属1属で2亜属に分かれる．人のマラリアを媒介するのは，この属の中の一部の種に限られる．

(i) ハマダラカ属　*Anopheles*

ハマダラカ属幼虫成虫の亜属への検索表

1a　幼虫：2-C は互いに広く隔たり，その距離は 2-C と 3-C との距離よりも大きい．
　　成虫：翅の前縁には肩紋の他に少なくとも 4 白斑がある．
　　　　　　　　　　　　　　　　　　　　　　　　　　　タテンハマダラカ亜属 (*Cellia*) (p. 19)

1b　幼虫：2-C は互いに接近するか，或いは隔たっている場合でも，その間の距離は 2-C と

3-C との距離と同程度である.
成虫：翅の前縁には肩紋の他に多くとも3白斑を有するに過ぎない.
.... ハマダラカ亜属 (Anopheles) (p. 19)

i. タテンハマダラカ亜属 (Cellia)

凡そ170種がエチオピア区，東洋熱帯区，オーストラリア区に分布し，少数がアジア，ヨーロッパ南部にいる．日本では琉球に2種のみ．

タテンハマダラカ亜属幼虫の種への検索表

1 a 腹部背面の前硬皮板の幅は，夫々の節の第1刺毛の間隔とほぼ同じか，それより広い.
.... コガタハマダラカ An. (Cel.) minimus (p. 19)
1 b 腹部背面の前硬皮板の幅は，夫々の節の第1刺毛の間隔より狭い.
.... タテンハマダラカ An. (Cel.) tessellatus (p. 19)

1．コガタハマダラカ *Anopheles (Cellia) minimus* Theobald, 1901（幼虫：図10；成虫：図11）

琉球列島（宮古及び八重山群島）；東洋熱帯区（マレー半島とボルネオ島の大部分を除く）．幼虫頭幅 0.57～0.62mm．成虫♀翅長 3.1～3.4mm；脚は黒色で白斑も白帯も無い．幼虫は流れの緩やかな小川に住む．山麓地帯に比較的多い．太平洋戦争直後まで，石垣，西表でマラリアの流行に関り，大きな被害を齎した．現在では激減し，マラリアも無くなっている．ハマダラカ類の分類には細胞及び分子遺伝学的方法，生化学的方法が導入され，種が細分化される傾向にある．本種も再検討されつつあり基産地（香港）のものとは別の種とされるべきことが略々明らかとなっており，何れ学名も変更されるであろう．琉球のものと東南アジアのものとの間には，翅の白斑に微妙な相異がある．

2．タテンハマダラカ *Anopheles (Cellia) tessellatus* Theobald, 1901（幼虫：図12）

琉球列島（沖縄及び八重山群島）；東洋熱帯区；モルッカス諸島．成虫は脚に多数の白色小斑を連ねている．日本では沖縄本島，石垣島，西表島で成虫がライトトラップ，ドライアイストラップで数回採集された記録があるだけで幼虫は未発見である．遇産種と思われる．東南アジアではごく普通らしく，幼虫は池沼から水牛の足跡等に至る多様の止水域に発生，日向，日陰，清水，汚水を問わない．半塩水にも発生する．上記検索表は東南アジアの標本に拠った．

ii. ハマダラカ亜属 (Anopheles)

凡そ150種が世界中の温帯熱帯に分布する．日本産は10種，この中のヤツシロハマダラカは近年ほとんど見られなくなった．

ハマダラカ亜属幼虫の種への検索表

1 a 2-C は4～7分岐，その間の距離は 2-C と 3-C との距離にほぼ等しい.
.... モンナシハマダラカ An. (Ano.) bengalensis (p. 20)
1 b 2-C は単条で互いに接近する．... 2
2 a 触角は平滑．1-A と 5～7-C は単条．...... オオモリハマダラカ An. (Ano.) omorii (p. 20)
2 b 触角は微棘を装う．1-A は分岐し，5～7-C は羽状．... 3
3 a 3-C は単条，8-C は単条又は2分岐，1-I は1～4分岐の単純な刺毛．
.... ヤマトハマダラカ An. (Ano.) lindesayi japonicus (p. 21)

3b 3-C は少なくとも4分岐，8-C は少なくとも5分岐，1-I は多くの細葉状の分枝をもつ．
.... 4

4a 3-C は10以上の分枝を有し樹枝状．
……**シナハマダラカ群** *sinensis*-group (*sinensis*, *engarensis*, *yatsushiroensis*, *sineroides*, *lesteri*)
（シナハマダラカ群の蛹の検索表（p. 20）参照）

4b 3-C は多くとも8分岐． 5

5a 旧北区に分布． .... **チョウセンハマダラカ** *An. (Ano.) koreicus* (p. 21)

5b 琉球列島に分布． .... **オオハマハマダラカ** *An. (Ano.) saperoi* (p. 21)

シナハマダラカ群蛹の種への検索表

シナハマダラカ群の5種は幼虫による区別は困難であるが，蛹によって識別することができる．

1a 呼吸角の上縁は薄く淡色で平滑．翅鞘は通常暗色の点状紋列があるが，時に不明瞭となる．
.... 2

1b 呼吸角の上縁は厚く暗色，時に鋸歯状となる．翅鞘は通常暗色の格子状紋を有するが，時に不明瞭．又，時に格子の交点がより暗色となり点状紋様となることがあるが，完全な点状紋列とはならない． 3

2a 9-V～VII はより細く，先端に向かい次第に細まる．
.... **シナハマダラカ** *An. (Ano.) sinensis* (p. 21)

2b 9-V～VII はより太く，両側平行又は細長い楕円形．
.... **エンガルハマダラカ** *An. (Ano.) engarensis* (p. 22)

3a 呼吸角の上縁は平滑か不明瞭な鋸歯がある． 4

3b 呼吸角の上縁には明瞭な鋸歯がある． 5

4a 9-V～VII はより細く先端に向かい次第に細まる．頭胸部はほとんど常に一対の黒斑を有する． ……… **オオツルハマダラカ（北海道産）** *An. (Ano.) lesteri* from Hokkaido (p. 22)

4b 9-V～VII はより太く，両側平行か細長い楕円形．頭胸部に黒斑はない．
.... **エセシナハマダラカ** *An. (Ano.) sineroides* (p. 22)

5a 9-V～VII は先端に向かい明らかに細まる．頭胸部には通常一対の黒斑を有するが，琉球のものではこれを欠くものが少なくない．
.... **オオツルハマダラカ** *An. (Ano.) lesteri* (p. 22)

5b 9-V～VII は先端に向かい極めて僅かに細まるか，又は両側平行，時に中央部が微かに膨れ長楕円形を呈する．頭胸部に斑紋はない．
.... **ヤツシロハマダラカ** *An. (Ano.) yatsushiroensis* (p. 22)

3．**モンナシハマダラカ** *Anopheles (Anopheles) bengalensis* Puri, 1930（幼虫：図13）

琉球列島（奄美群島）；中国南部，台湾，香港，フィリピン，ボルネオ，ジャワ，インドシナ，タイ，マレー半島，ビルマ，インド東部．幼虫の頭幅0.50〜0.53mm．成虫は翅に白斑がない．幼虫は山麓の小川に発生する．神田・上村, 1967によると，奄美大島では灌漑溝，湧泉，河床，岩の窪みなどにも発生する．少ない．

4．**オオモリハマダラカ** *Anopheles (Anopheles) omorii* Sakakibara, 1959（幼虫：図14）

本州．成虫は翅に白斑が無い．幼虫は山地の樹洞に発生し，1，2令で越冬する．24±1℃，60% RH, 14hL の実験室飼育条件下で，平均卵期3.0，幼虫期12.6，蛹期3.1日である（荒川・他，

1988）．極めて稀で，基産地の静岡県戸中山の他は，富山県の立山，京都府の鞍馬山で見つかっているくらいである．西部ユーラシアの温帯南部に広く分布する *An. (Ano.) plumbeus* Stephens, 1828, 北米東部の *An. (Ano.) barberi* Coquillett, 1803, 北米南西部の *An. (Ano.) judithae* Zavortink, 1969が形態的，生態的に良く似ており，同じ種群に属すると思われる．オオモリハマダラカのみが極端に狭い分布域を持っているが，嘗て中国大陸を含むアジア東部が森林に覆われていた時代の遺存種ではないかと想像される．

5．ヤマトハマダラカ *Anopheles (Anopheles) lindesayi japonicus* Yamada, 1918（幼虫：図15の一部）

北海道，本州，四国，九州，対馬，屋久島，琉球列島（トカラ群島）；朝鮮半島，済州島，中国北部．幼虫頭幅0.69〜0.79mm．山地の小川や渓流の岸の水溜り，その他，人工池，地面と同じ高さの水槽など比較的小さな水溜りに発生，汚水にも住む．普通種．台湾の亜種 *pleccau* Koidzumi, 1924と形態学的に区別することは難しく，他の方法も含めた研究がなされるべきである．基亜種と他の2亜種は，インド〜マレー半島，フィリピンに分布する．

6．チョウセンハマダラカ *Anopheles (Anopheles) koreicus* Yamada et Watanabe, 1918

（幼虫：図15の一部）

北海道，本州，四国，九州；朝鮮半島，中国北部．幼虫頭幅1.07〜1.19mm．低山地の湧水溜り，河原の水溜りなど，比較的低温の水溜りに住む．あまり多くない．幼虫時代を短日条件下で過すと，♀は翅の白斑が発達し，所謂 edwardsi 型となるが，♂でははっきりしない（長島・他，1986）．

7．オオハマハマダラカ（オキナワハマダラカ） *Anopheles (Anopheles) saperoi* Bohart et Ingram, 1946

（幼虫：図16）

琉球列島（沖縄及八重山群島）．幼虫頭幅0.68〜0.74mm．山地の渓流，急流にも住む．沖縄本島には少なくない様であるが，基産地の石垣島では現在全く採集されず，西表島でも稀であるという（Toma & Miyagi, 1986）．前種に極めて近い種で，成虫では翅の cu_2 先端に縁紋が無く，亜前縁脈紋は前縁脈上に限られ，径脈基は黒鱗のみを有し，♂交尾器第9背板の突起は強く硬化し角状で先端が尖るなどの点で異なる．しかし，幼虫では区別困難である．琉球特産の甚だ分布の狭い種であるので，沖縄と八重山のポピュレイションの差について研究の余地があると思われる．

8．シナハマダラカ *Anopheles (Anopheles) sinensis* Wiedemann, 1828

（卵：図17-S；幼虫：図15の一部；成虫：図18）

北海道，本州，四国，九州，対馬，琉球列島，大東諸島；朝鮮半島，済州島，中国大陸，台湾，香港，インドシナ，タイ，マレー半島，シンガポール，スマトラ，ビルマ，アッサム，アフガニスタン．幼虫頭幅0.66〜0.70mm．3-Cの分岐数は30から89でエンガルハマダラカ（26〜85）と共に最も多く，エセンノハマダラカ（18〜34）の大部分，オイツルハマダラカ（16〜46）の一部はこの点で識別できる．卵については，deckと称される腹側中央部の広さに種的相異と季節的変異がある．これに関しては Otsuru & Ohmori, 1960の優れた研究があり，図17に示した．シナハマダラカではこの deck が日本の *sinensis*-group の中で最も広い．成虫♀翅長3.7〜4.8mm．頭盾両側に黒色鱗片の塊がある．中脚基節の基部と先端近くに夫々一個の明瞭な白色鱗斑を有する．翅は通常，肩紋が無く，分脈前紋は不明瞭，端紋及び cu_2 末端に縁鱗紋があり，1aには二つの黒色鱗斑を持つ．小腿肢には白帯があり，第3節基部のものは他より広いことはない．後脚付節第4節基部には通常白帯を欠く．♂は生殖基節に白鱗斑を持つ．♂の生殖器は近似のヤツシロハマダラカ，エンガルハマダラカと区別できない．幼虫は池沼，水田など，明るく広い止水域及び緩流域に住む．日本では，コガタアカイエカと共に水田発生の代表的なカであり，日本のハマダラカの中で最も多い種で，本州以南では各地に極く普通であるが，北海道では少ない．マラリアを媒介するといわれていたが，近年ではそ

のマラリア媒介能は疑われている．このグループのカの識別が，成虫，幼虫とも極めて難しく，高度の専門的知識と経験を要するので，現場での種の同定が以前は満足にできなかったことも，媒介種の判定に影響したと思われる．

9．エンガルハマダラカ *Anopheles (Anopheles) engarensis* Kanda et Oguma, 1978（幼虫：図19）

北海道．水田その他明るい広い水域に発生する．北海道では道南を除きハマダラカ属の中で最も多い．卵の deck はシナハマダラカのそれよりも，やや狭いという（Kanda & Oguma, 1978）．

10．ヤツシロハマダラカ *Anopheles (Anopheles) yatsushiroensis* Miyazaki, 1951（卵：図17-Y）

本州，九州；朝鮮半島，中国北部．水田，灌漑用水路などに発生する．基産地は熊本県八代であるが，日本では最近30年以上採集されていない．検索表の記述は朝鮮半島の標本に拠った．

11．エセシナハマダラカ *Anopheles (Anopheles) sineroides* Yamada, 1924

（卵：図17-Sd；幼虫：図15の一部）

北海道，本州，四国，九州，対馬，屋久島；朝鮮半島，済州島，中国北部．幼虫は，水田，その他地上の水溜り，小川，溝などに住む．シナハマダラカよりも低い温度のところを好む．暖地では，平地よりもやや山寄りの地に多い．稀ではないが，シナハマダラカより遥かに少ない．

12．オオツルハマダラカ *Anopheles (Anopheles) lesteri* Baisas et Hu, 1936（卵：図17-L；幼虫：図20）

北海道，本州，九州，琉球列島（奄美，沖縄，及び八重山群島）；朝鮮半島，中国南部，香港，フィリピン，ボルネオ，スマトラ，インドシナ，タイ，マレー半島，シンガポール．卵の deck は非常に細い．成虫♀は，中脚基節の基部に明瞭な白斑を持たないこと，翅の cu_2 の先端に縁鱗斑がないこと，♂は生殖基節に白斑がないことでシナハマダラカと区別できる．幼虫は，池沼，水田，流れの緩やかな小川などで，草が茂って陰のあるところに住む．水田でも初期の草丈が短いうちは発生しない．基産地はフィリピンで，東南アジアでは幾つかの亜種が認められていたが，沿海地方の塩分を含んだ水域に発生する亜種 *paraliae* Sandosham, 1959 は最近では種に昇格されている．又，中南部シナの亜種 *anthropophagus* Xu et Feng, 1975 はマラリア媒介能が強いとされているが，これも独立種とする意見がある．日本のものは分類学的，医学的に十分解明されないうちにマラリアが無くなってしまい，研究が不充分であり，基亜種と同じ亜種に属するものか否かも十分検討されていない．Tanaka et al., 1979 は，卵の deck の幅や蛹の斑紋等から，日本のオオツルハマダラカはフィリッピンの原亜種 *lesteri* よりも中南部シナの *anthropophagus* に近いのではないかと述べている．本州以南ではシナハマダラカのように普遍的ではなく，沿海地方に局地的に分布し，発生水域は微量の塩分を含む所と思われる．北海道の内陸のものは，清水域に住み，蛹の形態に異なる点があるので，本州のものとは別の亜種又は別種となる可能性があり，詳細な研究が必要である．過去にあった日本の土着マラリアに関して，都築，1901が北海道深川でマラリアを媒介することを証明し記載した *yesoensis* Tsuzuki, 1901がシナハマダラカでなくオオツルハマダラカらしいことを上村，1966, 1976a, 1976b が指摘し，Tanaka et al., 1975, Tanaka et al., 1979 もこれを支持する見解を述べた．又，マラリアが多くあった深川を含む北海道にシナハマダラカが少なくオオツルハマダラカが多いこと，本州以南ではマラリアも本種も分布が局所的であること，東南アジアでシナハマダラカのマラリア媒介が否定されていること，などを考え合わせると，日本の過去の土着マラリアの媒介者は本種である可能性が高い．もし，*An. yesoensis* のタイプ標本が発見されオオツルハマダラカと同種であることが証明されれば，この種のマラリア媒介は疑いないものとなると共に，本種の学名は *yesoensis* となり *lesteri* は *yesoensis* の亜種の扱いとなるであろう．なお，上記の様に *yezoensis* が別独立種となる可能性もある．

[II] ナミカ亜科　CULICINAE

　幼虫では，刺毛の分岐毛は大抵常分岐毛であって，羽状毛は稀である．腹部背面正中部には少なくとも第1～6節には硬皮板はない．呼吸管弁で水面から通常斜めに懸垂するが，種により垂直となるもの，ほとんど水平となるものもある．泳ぎ方は，棒振り型か蛇型か，グループによって異なる．成虫では，通常♂の小腮肢は長いが♀では甚だ短い．胸背は凸隆している．胸部腹部に鱗片が多く，特に腹部は通常完全に鱗片に覆われる．とまるときは，体を物体に平行にする．日本のナミカ亜科は4族14属に分かれ，カ科の大半はこの亜科に属する．

ナミカ亜科幼虫成虫の族への検索表

1a 幼虫：小腮軸節は全く頭蓋の一部となって，1-Mx の存在のみによって，それを知ることができる．口刷毛は左右夫々6～10本の強太の鎌状片に変化している．腹部1～7節は夫々3対の強く発達した硬結部を有し，大部分の刺毛はこの硬結部から生ずる．
　　成虫：口吻は中央で甚だ強く後下方に屈曲している．基半部は明らかに端半部より太い．小盾板は一様な弧状．気門前刺毛を持つ．翅室 R_2 は翅脈 r_{2+3} より短い．♂交尾器は硬化した肛側板を持つ．……………………………………… オオカ族　Toxorynchitini（p. 69）
1b 幼虫：小腮軸節は通常独立の切片として認められる；時に頭蓋と融合するが，三角形の突出部となって明らかにその存在を知り得る．口刷毛は常に毛状である．腹部1～7節に発達した硬結部を欠く．
　　成虫：口吻は全く或いはほとんど直線状，通常一様な太さである．稀に先端が膨大する．小盾板は3弧状．……………………………………………………………………… 2
2a 幼虫：頭蓋下面前縁に前方に突出する三角形の一対の突起があり，小腮軸節はこの突起の外側縁にヒンジ状に関節する．内茎節は内葉のものと合わせ3本の刺毛を有する．肢茎節は明らかに内茎節より長い．小腮肢感覚突起は内茎節のそれと同等に発達する．14-C と 1-Mx は互いに非常に接近して生ずる．下口線はこれを欠くか不完全．
　　成虫：翅膜は明瞭な微毛状突起を欠く．R_2 は r_{2+3} より短い．覆片に鱗片はない．翅脈 1a は cu の分岐点のレヴェルに丁度達するか，或いはそれより短い．♂交尾器肛節は膜質で，硬化した肛側板を欠く．……………………… チビカ族　Uranotaeniini（p. 64）
2b 幼虫：頭蓋下面前縁に前方に突出する三角形の突起を欠く．内茎節は内葉のものと合わせて4本の刺毛を有する．肢茎節は様々で，小腮肢の感覚突起は非常に小さい．14-C と 1-Mx は離れて生ずる．下口線は様々である．
　　成虫：翅膜は全面に明瞭な微毛状突起を具える．♂交尾器肛節は硬化した肛側板を持つ．R_2 は r_{2+3} より長いか同長である．1a は多様であるが，cu の分岐点のレヴェルより先に伸びていることが多い．……………………………………………………………………… 3
3a 幼虫：3-C は頭部前端背面に付く．第10腹節下面に格子板を有し，4-X は通常これより生ずる4本以上の刺毛からなる．
　　成虫：気門前刺毛は通常ない；もしあるときは翅の亜前縁脈下面基部に多数の刺毛を持つ (Culiseta)．覆片は後縁に鱗片をそなえる．……………… ナミカ族　Culicini（p. 24）
3b 幼虫：3-C は頭部前端下面に付く．第10腹節下面に格子板を欠き，4-X は一本の刺毛よりなる．
　　成虫：気門前刺毛がある．亜前縁脈下面基部に刺毛を持つことはない．覆片の鱗片は有

るものと無いものとある. ··· ナガハシカ族　Sabethini（p. 67）

I. ナミカ族　Culicini

ナミカ族幼虫の属への検索表

1a 呼吸管の先端気門弁部は著しく発達硬化し固定され，呼吸管本体とほぼ同長，背面に鋸歯状部がある. ··· ヌマカ属　Mansonia（p. 27）
1b 呼吸管の気門弁は短く可動で単純，鋸歯状部はない. ··································· 2
2a 触角は 2-, 3-A の直後に関節構造を有する. 肢茎節は 3-Mx を持つ.
　　　　　　　　　　　　　　　　　　　　　　　　 コブハシカ属　Mimomyia[1]（p. 25）
2b 触角に関節構造を欠く. 肢茎節に通常 3-Mx を欠く. ·································· 3
3a 1-S は 3 対以上. ·· 4
3b 1-S は 1 対. ··· 5
4a 上唇は前方に突出しない. 大腮の腹側歯は小さいか中庸. 小腮の軸節，内茎節，肢茎節は通常癒合していない. 7-II は 7-I よりも遥かに細く短い. 呼吸管は鞍板より長い.
　　　　　　　　　　　　　　　　　　　　　　　　　　　　 ナミカ属　Culex（p. 28）
4b 上唇は前方に突出する. 大腮の腹側歯は非常に強太. 小腮の軸節，内茎節，肢茎節はほとんど癒合する. 7-II は 7-I と同様長大である. 呼吸管は鞍板と同長であるか，より短い.
　　　　　　　　　　　　　　　　　　　　　　　　　　　　 カクイカ属　Lutzia（p. 39）
5a 呼吸管櫛はある. ·· 6
5b 呼吸管櫛はない. ·· 8
6a 1-S は呼吸管の基部近く，せいぜい呼吸管長の 1/6 位までにある.
　　　　　　　　　　　　　　　　　　　　　　　　　　　　 ハボシカ属　Culiseta（p. 26）
6b 1-S は呼吸管の基部から遠く隔たった所にある. ·· 7
7a 6-C は単条の主幹に一本乃至数本の小さな側枝を生ずる.
　　　　　　　　　　　　　　　　　　　　　　　　　　　 ムナゲカ属　Heizmannia（p. 40）
7b 6-C は単条か常分岐か扇状である. ························· ヤブカ属　Aedes（p. 40）
8a 第 8 腹節には大きな硬皮板があって，その後縁から長短 2 型の側鱗を生じている. 小腮軸節は頭蓋から分離している. 内茎節の感覚突起は 1 本.
　　　　　　　　　　　　　　　　　　　　　　　　　　 ナガスネカ属　Orthopodomyia（p. 26）
8b 第 8 腹節に硬皮板を欠く. 側鱗は原則として単型. 小腮軸節は後縁で頭蓋と融合している. 内茎節の感覚突起は 2 本. ··················· クロヤブカ属　Armigeres（p. 63）

ナミカ族成虫の属への検索表

1a 気門前刺毛を具える. 翅の亜前縁脈下面基部に刺毛を有する.
　　　　　　　　　　　　　　　　　　　　　　　　　　　　 ハボシカ属　Culiseta（p. 26）

---

[1] 宮城・當間，1980 により本属に近似で口吻の先端が膨大する *Ficalbia* が西表島から記録されたが，種名は確定されていない. *Ficalbia* の幼虫は触角に関節構造を持たず，1-S は呼吸管の基部近くにあること，成虫では翅の翅基片の縁鱗が刺毛状であることなどで *Mimomyia* から区別される. *Mimomyia* では，1-S は呼吸管の基部から少なくとも呼吸管の長さの 1/3 以上離れた所にあり，翅基片の縁鱗は広扁鱗である.

1b	気門前刺毛,亜前縁脈下面の刺毛共にない.	2
2a	気門後刺毛は通常ない.	3
2b	気門後刺毛は通常ある.	8
3a	口吻は先端で膨大する.	**コブハシカ属** *Mimomyia* (p. 25)
3b	口吻は普通.	4
4a	褥板は明瞭.	5
4b	褥板は無いか甚だ不明瞭.	6
5a	中胸上後側板下方の刺毛はないか,あっても3本以下.	**ナミカ属** *Culex* (p. 28)
5b	中胸上後側板下方の刺毛は4本又はそれ以上で,前縁に平行に一列に並んでいる. **カクイカ属** *Lutzia* (p. 39)	
6a	前胸背前側片は左右相接近している.後背板は通常剛毛を具える. **ムナゲカ属** *Heizmannia* (p. 40)	
6b	前胸背前側片は広く隔たる.後背板は無毛.	7
7a	前脚付節第1節は他の4節を合わせたものより短い. **ヌマカ属**(一部) *Mansonia* (part.) (p. 27)	
7b	前脚付節第1節は他の4節を合わせたものよりも長い. **ナガスネカ属** *Orthopodomyia* (p. 26)	
8a	翅の鱗片の大部分は非常に幅広く不対称形. **ヌマカ属**(一部) *Mansonia* (part.) (p. 27)	
8b	翅の鱗片は細く対称形.	9
9a	亜背板は幅狭い.中胸亜基節の上縁は後脚基節の上縁より上方にある.口吻は真直ぐ. ♂交尾器の生殖端節は一本の爪を先端付近に具える.肛側板先端は強く硬化した鈎状突起となる. **ヤブカ属** *Aedes* (p. 40)	
9b	亜背板は幅広い.中胸亜基節の上縁は後脚基節の上縁と同水準にある.口吻はやや下方に湾曲する. ♂交尾器の生殖端節は4個以上の爪を列状に具える.肛側板先端は硬化した鈎状突起とならない. **クロヤブカ属** *Armigeres* (p. 63)	

(ii) コブハシカ属 *Mimomyia*

　幼虫の気門弁は比較的大きい.蛹は呼吸角が著しく細長く,長さは幅の凡そ10倍あり,又,遊泳片も細長くて甚だ特異である.世界に30種余の小さな属で,エチオピア区,東洋熱帯区,オーストラリア区の熱帯亜熱帯に分布し,3亜属に分かれる.日本では琉球に *Etorleptiomyia* 亜属の2種を産するのみ.

コブハシカ属幼虫の種への検索表

1a	1-Cは三叉型.側鱗は一列に並び,各鱗の先端棘は側棘より明らかに大きい. **ルソンコブハシカ** *Mi. (Eto.) luzonensis* (p. 25)	
1b	1-Cは単純.側鱗は二列に並び,各鱗は大体一様に短棘で縁どられている. **マダラコブハシカ** *Mi. (Eto.) elegans* (p. 26)	

13. ルソンコブハシカ *Mimomyia (Etorleptiomyia) luzonensis* (Ludlow, 1905)

(幼虫:図21;成虫:図22)

　琉球列島(トカラ群島を除く);東洋熱帯区全域,チモール.幼虫頭幅0.86～0.97mm.成虫

♀翅長2.2〜2.9mm．口吻先端は♀では僅かに，♂では明瞭に膨大する．中胸背正中剛毛列がある．腹部も淡色鱗片が多いが，背面正中線に沿い黒色鱗片よりなる太い縦線がある．水田，池沼などに発生，普通．

14. マダラコブハシカ *Mimomyia (Etorleptiomyia) elegans* (Taylor, 1914)

琉球列島（沖縄及び八重山群島）；フィリピン，タイ，マレー半島，スマトラ，ニューギニア，ニューブリテン，オーストラリア．幼虫は沖縄では休耕田などで採集されているが（Toma & Miyagi, 1986）研究されていない．上記検索表の記述は Mattingly, 1957に拠った．本種の基産地はオーストラリアのクイーンスランドで，東洋熱帯区のものとは違うことが指摘されており（Belkin, 1962），将来研究が進めば，琉球を含む東洋熱帯区の種はオーストラリアの真の *elegans* から別種とされる可能性がある．

（ⅲ）ハボシカ属　*Culiseta*

大型のカで，翅脈 r_{4+5} の基部辺りに鱗片により点状紋を現すので，この名がある．30余種の小さな属であるが分布は世界に広がっている．大部分は温帯，亜寒帯に産するが，ごく少数が熱帯から知られている．6亜属に分かれる．日本には2亜属，各1種を産する．

ハボシカ属幼虫の種への検索表

1a　触角は頭長にほぼ等しい．1-A は触角の中央より先端寄りに生ずる．呼吸管に単条刺毛列を欠く（*Culicella* 亜属）．下唇腹基節に三角形の先端中央歯を有する．
　　　……………………………………………… ヤマトハボシカ　*Cs. (Cuc.) nipponica* (p. 26)

1b　触角は頭長の凡そ1/2．1-A は触角の中央より基部寄りに生ずる．呼吸管に呼吸管櫛に続いて単条刺毛列を有する（*Culiseta* 亜属）．下唇腹基節に先端中央歯を欠く．
　　　……………………………………………… ミスジハボシカ　*Cs. (Cus.) kanayamensis* (p. 26)

15. ヤマトハボシカ　*Culiseta (Culicella) nipponica* La Casse et Yamaguti, 1950（幼虫：図23）

北海道，本州；朝鮮半島，沿海州，中国北部．幼虫頭幅1.58〜1.69mm．地上の水溜りに発生．本州では稀，北海道でも少ない．

16. ミスジハボシカ　*Culiseta (Culiseta) kanayamensis* Yamada, 1932（幼虫：図24；成虫：図25）

北海道，本州；朝鮮半島．幼虫頭幅1.30〜1.43mm．成虫♀翅長6.3〜6.8mm．暗色のカで腹部各節背面に白色の基部横帯がある．脚は暗色鱗に覆われ，白帯はない．森林中の地上水溜り，灌漑溝などで落葉のたまった水溜りに発生する．北海道では各所に多いが，本州では高山に限られる．尚，関東地方北部山地のものは，幼虫成虫とも形態上北海道のものと僅かながら異なる点があり，更に研究を要する．鈴木，1975は北米の *Cs. (Cus.) impatiens* (Walker, 1848) を本州から記録したが，北米の標本を入手し比較したところ，本州のものとは異なる種であった．Danilov, 1976は本種を，スカンディナヴィアからシベリアにかけて広く分布する *Cs. (Cus.) bergrothi* (Edwards, 1921) と同種としたが，日本産の標本を実際に調べたかどうか明らかでなく，再検討を要する．

（ⅳ）ナガスネカ属　*Orthopodomyia*

20数種の小さな属で大部分は世界の熱帯，亜熱帯に産し，少数が温帯南部にいる．本邦では下記の一種が知られているのみである．

17. ハマダラナガスネカ *Orthopodomyia anopheloides* (Giles, 1903)（幼虫：図26；成虫：図27）

　本州，伊豆諸島，四国，九州，対馬，屋久島，琉球列島（宮古群島を除く）；中国中南部，セレベスを除く東洋熱帯区全域．幼虫頭幅0.94～1.07mm．腹部第7節にも背面に硬皮板がある．成虫♀翅長2.9～4.3mm．小腮肢は♀では口吻の1/2弱，♂では3/4から4/5である．口吻の白帯は，♀では広く先端1/3の所にあり，♂では狭くほぼ中央にある．森林地帯に生息し，樹洞，落葉の溜まった人工容器などに発生．暖地には普通，琉球列島には極めて多い．オオカ類は本種の幼虫を捕食しないようである．

（v）ヌマカ属　*Mansonia*

　植物組織から空気を取り入れるという特異な呼吸法の為に，呼吸管の先端の構造は著しく特化している．幼虫は呼吸の為に水生植物の根や茎に呼吸管でくっついており，水面に上がって来ないので，普通の方法では採集できない．世界に5亜属約80種，日本産は2亜属3種である．

ヌマカ属幼虫成虫の亜属への検索表

1a 幼虫：触角の端部は細く柔軟で，幹部とほぼ同長．側鱗の先端は尖る．
　　成虫：気門後刺毛がない．翅の鱗片は細い．♀腹部第8背板に歯状刺毛列を欠く．♂生殖端節は爪を有する．･･････････････ **キンイロヌマカ亜属**　(*Coquillettidia*)（p. 27）

1b 幼虫：触角端部は硬く，長さは幹部の1/2以下である．側鱗の先端は丸い．
　　成虫：気門後刺毛がある．大抵の翅の鱗片は非常に幅広く，非対称形のものが多い．♀腹部第8節背板には歯状刺毛列がある．♂生殖端節に爪はない．
　　　･･････････････････ **アシマダラヌマカ亜属**　(*Mansonioides*)（p. 28）

i. キンイロヌマカ亜属　(*Coquillettidia*)

　40種以上がエチオピア区，東洋熱帯区，オーストラリア区の熱帯亜熱帯に産し特にアフリカに多い．3種が新旧北区の温帯地方にいる．日本産は2種．

キンイロヌマカ亜属幼虫の種への検索表

1a 側鱗は長い単純な刺型．鞍板の上に1-Xの他に3対の短い分岐毛が側面及び亜腹面にある．
　　･･････････････････ **ムラサキヌマカ**　*Ma. (Coq.) crassipes*（p. 27）

1b 側鱗は先端に数本の細長い刺状突起を具え，基部両側にも若干の微棘がある．鞍板は1-Xの他に1～2本の刺毛を4-Xの前方の亜腹面に具えることがある．
　　･･････････････････ **キンイロヌマカ**　*Ma. (Coq.) ochracea*（p. 27）

18. ムラサキヌマカ *Mansonia (Coquillettidia) crassipes* Van der Wulp, 1881

　琉球列島（宮古群島を除く），大東諸島；中国（雲南），台湾，香港，海南島，フィリピン，インドネシア，マレー半島，タイ，ビルマ，インド，セイロン，オーストラリア区全域．成虫は叢のスウィーピングで容易に採集でき，ライト・トラップでも取れるが，幼虫は日本では未発見．上記検索表の記述はWharton, 1962に拠った．八重山群島では多いが，日本の他の地域では少ない．

19. キンイロヌマカ *Mansonia (Coquillettidia) ochracea* (Theobald, 1903)（幼虫：図28）

　本州，琉球列島（宮古群島を除く）；中国中南部，フィリピン，インドネシア，マレー半島，インドシナ，タイ，インド，ニューギネア．東京（小笠原，1939），兵庫県鳴尾（黒佐，1948），岡山（加

納・林, 1949) などの記録があるが本州では極めて稀である．琉球でも多くない．上記検索表の記述は La Casse & Yamaguti, 1950 及び Wharton, 1962 に拠った．

ii. アシマダラヌマカ亜属 *(Mansonioides)*

約10種が東洋熱帯区とオーストラリア区に産し，一種がエチオピア区にも広がっている．本邦からは下記の一種が知られているのみ．

20. アシマダラヌマカ *Mansonia (Mansonioides) uniformis* (Theobald, 1901)

(幼虫：図29；成虫：図30)

本州，四国，九州，琉球列島（トカラ諸島を除く），大東諸島；朝鮮半島，東洋熱帯区，エチオピア区，オーストラリア区．成虫♀翅長3.5〜4.6mm．幼虫は水生植物の多い池沼，堀，流れの緩やかな小川などで発見される．温帯日本では稀，琉球では多い．熱帯地方では饒産し，昼夜ともに吸血する．マレー糸状虫症，バンクロフト糸状虫症の重要な媒介者である．

（vi）ナミカ（イエカ）属 *Culex*

幼虫は棒を振るような泳ぎ方をする．"ボーフラ"の名はこの泳ぎ方に由来すると言う．蛹は，呼吸角に tracheoid といわれる気管のような細横線の密集した部分が基半部にあること，第9節の両側に刺毛1-IXを持つこと，遊泳片の刺毛が通常2本であることなどの特徴がある．これらはカクイカ属にも共通のものである．雄の交尾器は独特の分化を示しており，幾つかの特殊化した刺毛を具える生殖基節の亜端葉，多数の棘状突起を具える肛側板先端，複雑な歯状突起で構成される挿入器など特異である．世界に20亜属700以上の種を擁する大属であるが，多くの亜属は属に昇格可能であると思われる．日本には6亜属29種を産する．

ナミカ（イエカ）属幼虫の亜属への検索表

1a 3-P は 1-, 2-P と全く，或いは，ほとんど同大で常に単条．……………………………………… 2
1b 3-P は 1-, 2-P よりも明らかに細く短く，単条か分岐する．……………………………………… 3
2a 1-S はジグザグに呼吸管の腹面に並び，側面又は亜背面には 2-S の他に刺毛は無い．
…………………………………………………… **シオカ亜属** *(Barraudius)* (p. 38)
2b 1-S は呼吸管の亜腹面に対をなして並ぶ．もし，腹面にジグザグに並ぶときは，側面又は亜背面にも 1-S がある．………………………… **ナミカ（イエカ）亜属** *(Culex)* (p. 29)
3a 下唇は背基節に25以上の幅の狭い歯を具え，腹基節先端に中央歯を欠く．鞍板先端部には多数の顕著な針状突起がある．4-X は通常 8 本（稀に 9, 10本）．
………………………………………………… **クシヒゲカ亜属** *(Culiciomyia)* (p. 37)
3b 下唇は背基節に21以下のやや幅広い歯を具え，腹基節先端に中央歯がある．鞍板には顕著な針状突起は無い．4-X は10本又はそれ以上の刺毛から成る．……………………… 4
4a 4-P は細く，3-P より短い．5-C は 7-C より短い．
………… **クロウスカ亜属（コガタクロウスカ群）** *(Eumelanomyia - hayashii-*group) (p. 35)
4b 4-P は太く，3-P より長い．5-C は 7-C と同長か，より長い．…………………………… 5
5a 呼吸管櫛歯は通常1又は2個，多くとも3個の腹面小歯を具える．
………………………………………………………… **エゾウスカ亜属** *(Neoculex)* (p. 35)
5b 呼吸管櫛歯はしばしば10個内外，少なくとも4個の腹面小歯を具える．……………… 6

6a 2-, 3-A は触角の末端に生ずる．大腮の唇状葉は非常に良く発達し，大腮葉より遥かに伸長し先端はやや尖る．
 ················ **クロウスカ亜属（カギヒゲクロウスカ）** (*Eumelanomyia - brevipalpis*)（p. 35）
6b 2-, 3-A は触角の末端よりやや基部寄りに生ずる．大腮の唇状葉は大腮葉より僅かに突出するに過ぎず，先端は円い． ················ **ツノフサカ亜属** (*Lophoceraomyia*)（p. 36）

ナミカ（イエカ）属成虫の亜属への検索表

1a 中胸背正中刺毛列を具える． ··· 2
1b 中胸背正中刺毛列を欠く． ··· 5
2a 後脚第1付節の長さは脛節の80%以下． ·············· **シオカ亜属** (*Barraudius*)（p. 38）
2b 後脚第1付節の長さは脛節の85%以上． ·· 3
3a 胸側には明らかな鱗片斑が無い．腹部背板は全体黒褐色の鱗片に覆われる．
 ············ **クロウスカ亜属（コガタクロウスカ群）** (*Eumelanomyia - hayashii*-group)（p. 35）
3b 胸側には明らかな鱗片斑がある．腹部背板は白帯か，基部両側に斑紋がある． ········ 4
4a 口吻は白帯を欠く．腹部背板の白帯は各節の末端にある．
 ·· **エゾウスカ亜属** (*Neoculex*)（p. 35）
4b 口吻に白帯があり，腹部背板の白帯は各節の基部にある．或いは，どちらか一つである．或いは，口吻にも腹部背板にもどちらにも白帯がない．
 ·· **ナミカ（イエカ）亜属** (*Culex*)（p. 29）
5a 翅脈 1a は横脈 m-cu と r-m の間のレヴェルに達する．頭頂には少なくとも複眼の縁に広扁鱗を持つ． ·············· **クシヒゲカ亜属** (*Culiciomyia*)（p. 37）
5b 1a は cu の分岐点と m-cu の間のレヴェルに達するに過ぎない． ······················ 6
6a 前胸背後側片の刺毛は後縁のみに沿ってある．頭頂は前側方から複眼縁にかけて広扁鱗を具える． ························· **ツノフサカ亜属** (*Lophoceraomyia*)（p. 36）
6b 前胸背後側片の刺毛は上縁から後縁に沿ってある．頭頂の鱗片は全て細い．
 ············ **クロウスカ亜属（カギヒゲクロウスカ）** (*Eumelanomyia - brevipalpis*)（p. 35）

i. ナミカ（イエカ）亜属 (*Culex*)

この亜属に属するものには温血動物吸血性が多い．世界中に広く分布し200以上の種を含む．新熱帯区，エチオピア区に最も多い．日本産は14種で，最も普通なアカイエカ，日本脳炎媒介蚊のコガタアカイエカを含む．日本への輸入が恐れられている西ナイル脳炎を媒介する可能性のあるカは，この亜属に多い．

ナミカ（イエカ）亜属幼虫の種への検索表

1a 側鱗は櫂型で側縁から先端まで一様に微棘で縁取られる． ··························· 2
1b 側鱗は刺型で主棘は側棘よりも明らかに強太． ··· 8
2a 1-C は淡色で細く，先端部は特に細くなる． ·· 3
2b 1-C は濃色で強太． ··· 6
3a 5-, 6-C は2, 3分岐．小腮内茎節の外面は平滑．1-S は非常に繊弱で呼吸管直径より短い．呼吸管比は5以上． ············· **オビナシイエカ** *Cx.* (*Cux.*) *fuscocephala*（p. 32）
3b 5-, 6-C は4〜7分岐．小腮内茎節の外面には多くの微棘を装う．1-S は良く発達して

30　双翅目

　　　　呼吸管直径より長いか，又は，呼吸管比 5 未満である．　……………………………… 4
4a　呼吸管比は 5 以上．1-S は通常 5 対．下唇背基節の歯は 16～20（平均18.5）．
　　　　……………………………………………… スジアシイエカ　*Cx. (Cux.) vagans*（p. 32）
4b　呼吸管比は通常 5 未満．1-S は通常 4 対．下唇背基節の歯は 20～25（平均22.3）．　…… 5
5a　呼吸管は中央が膨らむ．　…（ネッタイイエカ）*Cx. (Cux.) pipiens quinquefasciatus*（p. 33）
5b　呼吸管は先端に向かい直線的にやや細まる．
　　　　……………………………………………… アカイエカ　*Cx. (Cux.) pipiens pallens*（p. 32）
6a　4-P は単条．1-S はほとんど腹面にあり，1a-S は 6～13（通常 8～10）分岐．
　　　　…………………………………………… オガサワライエカ　*Cx. (Cux.) boninensis*（p. 34）
6b　4-P は通常 2 分岐．1-S は亜腹面に生じ，2～5 分岐．　………………………………… 7
7a　5-C は 3，4 分岐．6-C と 7-I は 2 分岐．大腮の腹面鋸状歯の内縁の櫛状部は甚だ多数の
　　細い歯から成る．呼吸管比は7.0～9.0．
　　　　………………………………………… コガタアカイエカ　*Cx. (Cux.) tritaeniorhynchus*（p. 33）
7b　5-C は 5～7 分岐，6-C は 4～6 分岐，7-I は単条．大腮の腹面鋸状歯の内縁の櫛状部は
　　凡そ10個の強太の歯から成る．呼吸管比5.2～6.2．
　　　　……………………………………………… ヨツボシイエカ　*Cx. (Cux.) sitiens*（p. 34）
8a　側鱗は20個未満．1-S は亜腹面に生ずる．　……………………………………………… 9
8b　側鱗は20個以上．1-S はほとんど腹面に生ずる．　……………………………………… 12
9a　呼吸管櫛は呼吸管の基部1/5以上に達する．上唇と頭盾の間の縫合線は明瞭である．
　　　　……………………………………………………………………………………………… 10
9b　呼吸管櫛は呼吸管の基部1/10以内で終わる．上唇と頭盾の間の縫合線は消失する．　11
10a　1-S は中庸大，長さは刺毛位置の呼吸管径の 2 倍以上にはならない；何れも平滑で 3～6
　　分岐．2-S は短く単純．5-C は 3～4 分岐，9-P と 1-T は単条，2-X は 3～4 分岐．
　　　　……………………………………………… シロハシイエカ　*Cx. (Cux.) pseudovishnui*（p. 33）
10b　1-S は強太で長さは呼吸管径の 2 倍以上，有芒で 2 分岐．2-S は呼吸管末端径より長く，
　　基部近くに数本の小側枝がある．5-C は 2 分岐，9-P と 1-T は 2～3 分岐，2-X は単条．
　　　　……………………………………………… セシロイエカ　*Cx. (Cux.) whitmorei*（p. 34）
11a　下唇背基節の歯は明瞭で19～27個．4-C は長く頭部前端を超える．4-P は短く平滑．
　　　　……………………………………………… ミツホシイエカ　*Cx. (Cux.) sinensis*（p. 34）
11b　下唇背基節の歯は極めて多数で圧平され境界が不明瞭．4-C は頭部前端に達しない．4-P
　　は長く有芒．　……………………………… カラツイエカ　*Cx. (Cux.) bitaeniorhynchus*（p. 34）
12a　4-P は 2 分岐．胸部の皮膚は微棘で覆われる．
　　　　……………………………………………… ニセシロハシイエカ　*Cx. (Cux.) vishnui*（p. 33）
12b　4-P は単条．胸部の皮膚は平滑．　……………………………………………………… 13
13a　呼吸管は呼吸管櫛より先方に 1～4 個の強太で腹面に小歯の無い棘毛を亜腹面に具える．
　　1-S は 6～8 本の刺毛より成る．4-C は 3～6 分岐．
　　　　……………………………………………… ジャクソンイエカ　*Cx. (Cux.) jucksoni*（p. 34）
13b　呼吸管は亜腹面に小歯の無い強太な棘毛を欠く．1-S は 9～14本の刺毛から成る．　14
14a　4-C は 3～5 分岐．下唇背基節は三角形で側歯は大体同大．13-T は 1～3 分岐．2-S は
　　湾曲し，長さは呼吸管末端径の1/2以上で，末端の呼吸管櫛歯より長い．
　　　　……………………………………………… ミナミハマダライエカ　*Cx. (Cux.) mimeticus*（p. 34）

14b 4-C は1～2分岐．下唇腹基節はやや5角形で側歯の大きさに相異がある．13-T は少なくとも8分岐，通常10分岐以上．2-S は真直ぐで，長さは呼吸管末端径の1/3で末端の呼吸管櫛歯より短い． ················· ハマダライエカ　*Cx. (Cux.) orientalis*（p. 34）

ナミカ（イエカ）亜属蛹の種への検索表

（ニセシロハシイエカ，オガサワライエカ，カラツイエカ，ミツホシイエカを除く）

1a 5-V と5-VI は6～8分岐で，次節背板より明らかに短く，又，夫々1-V, 1-VI より短い．
················· セシロイエカ　*Cx. (Cux.) whitmorei*（p. 34）

1b 5-V と5-VI は通常2分岐で，次節背板と略々同長か，より長く，夫々1-V, 1-VI より明らかに長い． ··· 2

2a 腹部第1節背板中央部に網目状彫刻が無い（個体により例外がある）．第8節の後縁角は丸いか，鈍く角張るに過ぎない．1-II は一本の太短い基幹部から多数（9から約40）の非常に細い分枝を出す（スジアシイエカでは変異が大きく，少数の太い分枝からなるものもある）． ··· 3

2b 腹部第1節背板中央部に網目状彫刻がある．第8節の後縁角は通常角張り，往々後方に突出する．1-II は1～14本の通常の分枝からなる（コガタアカイエカを除く）． ········· 5

3a 5-IV は1-IV と略々同長で，3～6（5が最も多い）分岐．9-I は2～5（3が最も多い）分岐，9-III～VI は単条のことが多いが，屡々2分岐する．遊泳片はより狭く，縦横比は1.4～1.7．呼吸角は円筒形で，より細く縦横比は凡そ6．
················· オビナシイエカ　*Cx. (Cux.) fuscocephala*（p. 32）

3b 5-IV は1-IV より明らかに長く，2～5（3が最も多い）分岐．9-I は通常，9-III～VI は殆ど常に単条．遊泳片はより広く，縦横比は凡そ1.3（1.09～1.49）．呼吸角はより幅広く先端に向い多少太まり，縦横比は約5（4.29～5.67）． ················· 4

4a 5-IV はより長く，次節背板の0.95～1.59（平均1.23）倍，同長かより短い場合は極めて稀である．5-V と5-VI もより長く，平均で次節背板の夫々1.45倍，1.30倍あり，それより短いことは無い． ················· スジアシイエカ　*Cx. (Cux.) vegans*（p. 32）

4b 5-IV はより短く，次節背板の0.67～1.21（平均1.01）倍，約50％は同長かより短い．5-V と5-VI もより短く，平均で次節背板の1.06～1.22倍であり，屡々それより短い．
················· アカイエカ　*Cx. (Cux.) pipiens pallens*（p. 32）
················· （ネッタイイエカ）　*Cx. (Cux.) pipiens quinquefasciatus*（p. 33）

5a 6-I, 6-II はより長く，通常腹部第1背板の2倍以上．8-C は3～7（4, 5が最も多い）分岐．5-IV は3～7（5, 6が最も多い）分岐で1-IV と大体同長．6-III～VI は3本かそれ以上（通常4～6）の分枝を持つ．3-VII は2～5（4が最も多い）分岐．12-C は10-C, 11-C と大体同長． ··· 6

5b 6-I, 6-II はより短く，殆ど常に腹部第1背板の2倍より短い．8-C は1～3（通常2）分岐．5-IV は2～5（3, 4が最も多い）分岐で1-IV より明らかに長い．6-III～VI は1～3（非常に稀に4）分岐．3-VII は通常1～3（2が最も多く，稀に4）分岐．12-C は10-C, 11-C より短い（ハマダライエカに例外がある）． ················· 7

6a 1-II は太短い基幹部から甚だ多数（15以上）の非常に細い分枝を出す．1-IV は殆ど常に5-IV より非常に僅か短い． ········ コガタアカイエカ　*Cx. (Cux.) tritaeniorhynchus*（p. 33）

6b 1-II はより少ない（5～15）通常の分枝を持つ．1-IV は通常5-IV より非常に僅か長い．

　　　　　　　　　……………………………………………… シロハシイエカ　*Cx. (Cux.) pseudovishnui*（p. 33）
　7a　9-VII は多数の芒を持つ．9-VIII は通常分枝の一部が再分岐する．通常呼吸管はより短く，
　　　縦横比は約 5（4.56〜5.23）；先端の開口部は長く，呼吸角全長の約 1/3（0.21〜0.37）．
　　　　　　　　　……………………………………………… ヨツボシイエカ　*Cx. (Cux.) sitiens*（p. 34）
　7b　9-VII は無芒又は極く僅かの芒を持つに過ぎない．9-VIII の分枝が再分岐することはめっ
　　　たに無い．通常呼吸角はより長く，縦横比は凡そ 5.5〜6.5（5.00〜6.67）；先端の開口部は
　　　より短く，通常呼吸角全長の 1/5〜1/4（0.17〜0.32）． ……………………………………… 8
　8a　6-III〜V は常に 2〜4 分岐．♂の生殖器嚢は大きく，長さは遊泳片の 0.36〜0.45（平均 0.42）．
　　　9-VIII は多数の強い芒を持つ． …………… ハマダライエカ　*Cx. (Cux.) orientalis*（p. 34）
　8b　6-III〜V は通常単条，時に 2 分岐．♂の生殖器嚢は小さく，長さは遊泳片の 0.29〜0.37．
　　　…… 9
　9a　呼吸角は先端開口部で急に太まる．5-V, 5-VI はより短く，次節背板と略々同長．9-VIII
　　　は無芒又は極く僅かの芒を持つに過ぎない．
　　　　　　　　　……………………………………………… ジャクソンイエカ　*Cx. (Cux.) jacksoni*（p. 34）
　9b　呼吸角は基部から先端に向い次第に太まる．5-V, 5-VI はより長く，次節背板より遥かに
　　　長い．9-VIII の芒は顕著． ………… ミナミハマダライエカ　*Cx. (Cux.) mimeticus*（p. 34）

21．オビナシイエカ　*Culex (Culex) fuscocephala* Theobald, 1907（幼虫：図 31；蛹：図 138）
　琉球列島（八重山群島）；中国南部，台湾，香港，海南島，フィリピン，ボルネオ，ジャワ，スマトラ，インドシナ，タイ，マレー半島，シンガポール，ビルマ，インド，ネパール，セイロン，アンダマン諸島，チモール．幼虫頭幅 0.95〜1.07 mm．池沼，水田など恒常性の高い広い水域で草の生えている所に多く，水がめやヤシ殻に発生することもある．八重山群島では普通，東南アジアでは何処でも多い．

22．スジアシイエカ　*Culex (Culex) vagans* Wiedemann, 1828（幼虫：図 32；蛹：図 139）
　北海道，本州，九州，屋久島，琉球列島（奄美，沖縄及び八重山群島）；東シベリア，サハリン，朝鮮半島，モンゴリア，中国大陸，香港，インド北部，ネパール，バングラデシュ，パキスタン，アフガニスタン．幼虫頭幅 0.95〜1.25 mm．通常澄明な地上の水溜りに生息．北の地方では普通であるが，琉球では極めて稀である．

23．アカイエカ（トビイロイエカ）　*Culex (Culex) pipiens* Linné, 1758
　汎世界的に分布するカである．日本には基亜種の *pipiens*（トビイロイエカ）は産せず，東アジア特有の亜種である *pallens*（アカイエカ）と，汎熱帯的な *quinquefasciatus*（ネッタイイエカ）がいる．この他に生理的変異型である molestus（チカイエカ）もいる．本種は，分類学的にも生理生態学的にも，又，医学的にも色々な問題を抱えており，しかも人為環境に甚だ良く適応しており，人間にとって最も身近なカであるので，この種に関しては内外とも各分野で莫大な数の研究がある．
　　a．（アカイエカ）Subsp. *pallens* Coquillett, 1898（幼虫：図 33；蛹：図 140；成虫：図 35, 36 の一部）
　北海道，本州，四国，九州，伊豆諸島；朝鮮半島，済州島，中国北部．幼虫頭幅 1.10〜1.20 mm．幼虫はスジアシイエカに最も良く似ており，変異の極端なものでは識別困難なものも現れることがある．成虫♀翅長 3.0〜5.3 mm．総体に特徴の少ないカであるが，中胸背に正中刺毛列があり，中胸上後側板に下方刺毛 1, 2 本を具え，腹部背面には白帯があるが口吻，脚共に白帯がなく，脚には白条も無いことで，近似種から区別できるであろう．♂の交尾器は極めて特徴的で，特にネッタイイエカとチカイエカとの区別にはこれに拠らなければならない．挿入器の背側突起と内腹側突起

の先端の間隔の大小に相異があり，図36に示した．人家周辺の下水溝，人工容器などの汚れた水に発生，都会に最も多いカであるが，最近の日本の大都会ではではヒトスジシマカの方が多くなってきたようである．

b．（ネッタイイエカ）Subsp. *quinquefasciatus* Say, 1823（幼虫：図34；成虫：図35の一部，36の一部）

四国，九州，屋久島，琉球列島，大東諸島，小笠原群島，硫黄島；全世界の熱帯亜熱帯．幼虫は呼吸管の形がアカイエカと異なる．成虫♀翅長3.0～4.3mm．腹部背板基部の白帯が中央でやや広くなることでアカイエカと区別できることが多いが，変異も少なくないので絶対的なものではない．同定はチカイエカとの区別と共に，♂の交尾器挿入器に拠らなければならない．アカイエカと同様，人家周辺の汚れた水溜りに発生し，熱帯亜熱帯の都会地に最も多いカの一つである．フィラリアの重要媒介蚊である．

c．（チカイエカ）Forma *molestus* Forskal, 1775（成虫：図36の一部）

北海道，本州，四国，九州；全世界の温帯地方．幼虫はアカイエカとは区別できない．成虫の同定は♂の交尾器挿入器に拠るしかない．冬季に休眠せず，試験管のようなごく狭い場所でも交尾することができ，羽化した雌成虫は吸血せずに第1回目の産卵をすることができる．屋内環境に良く適応したものであって，ビルの地下，地下鉄などの都市地下の溜り水に発生する．近年は屋外での発生も報告されている．日本では1943年に初めて発見され，以後，開発の進展と共に分布を広げ，北海道まで達した．

24．コガタアカイエカ（コガタイエカ）　*Culex (Culex) tritaeniorhynchus* Giles, 1901

（幼虫：図37；蛹：図141；成虫：図38）

北海道，本州，四国，九州，対馬，屋久島，琉球列島，大東諸島，小笠原群島；朝鮮半島，沿海州南部，中国大陸，台湾，香港，フィリピン，インドネシア，インドシナ，タイ，マレー半島，シンガポール，ビルマ，インド，セイロン，マルダイブ諸島，ウズベッキスタン，トルクメン，アゼルバイジャン南部，西南アジア，アフリカ，アンボイナ島．幼虫頭幅0.94～1.12mm．近似のシロハシイエカ，ニセシロハシイエカと成虫で区別することは甚だ難しいが，幼虫ではコガタアカイエカのみ側鱗が櫂型をしており，容易に識別できる．成虫♀翅長2.2～4.0mm．中胸上後側板に下方刺毛を欠き，頭頂の直立叉状鱗は全て暗色であり，口吻と付節に白帯があり，口吻の基部には白色鱗片を散在し，中胸背は暗褐色の鱗片に覆われ，翅に白斑無く，腹部背板の白帯は各節の基部にある．通常，水田その他の日の当たる広い止水域に多く，日本では，シナハマダラカと共に水田発生蚊の代表である．その他，溝渠，水牛の足跡，岩上の水溜り，流れの緩やかな小川などにも発生する．日本脳炎の代表的媒介蚊であって，これとの関連で，本種の生態については極めて多数の研究がある．東南アジアでも最も多いカの一つで，日本脳炎も広く存在している．日本では，水田への殺虫剤の多用で激減し，日本脳炎もほとんど終息したが，環境汚染問題が大きくなり，殺虫剤の使用の減少と共に，このカは再び増加の傾向にある．

25．シロハシイエカ　*Culex (Culex) pseudovishnui* Colles, 1957（幼虫：図39；蛹：図142）

本州，四国，九州，琉球列島（トカラ群島を除く）；朝鮮半島，台湾，中国中南部，香港，ニューギニア，モロタイ，フィリピン，ボルネオ，ジャヴァ，スマトラ，シンガポール，マレー半島，インドシナ，タイ，インド，セイロン，イラン．幼虫頭幅1.01～1.10mm．コガタアカイエカと混じて採集されるが，遥かに少ない．日本脳炎媒介蚊の一つである．

26．ニセシロハシイエカ（新称）　*Culex (Culex) vishnui* (Theobald, 1901)

琉球列島（沖縄本島，石垣島）；台湾，東洋熱帯区．日本ではSirivanakarn, 1976による成虫のみの沖縄からの，Miyagi et al., 1992による石垣島からの記録があるだけであったが，現在は沖縄本島

に普通である（宮城, 2004私信）．東南アジアでは，水田の他，溝渠，渓流傍の水溜り，地上の一次的水溜りなどに発生し，草の多い所を好むという．日本脳炎媒介蚊の一つである．

27. ヨツボシイエカ *Culex (Culex) sitiens* Wiedemann, 1828（幼虫：図40；蛹：図143）

琉球列島（沖縄，宮古及び八重山群島）；朝鮮半島，中国中南部，東洋熱帯区，オーストラリア北部，太平洋諸島（マリアナからサモア，トンガ），西南アジア，東アフリカ，マダガスカル．幼虫頭幅1.15～1.27mm．地上の水溜り，池沼などで多少塩分を含む所，時に人工容器にも発生．琉球列島では多い．

28. セシロイエカ *Culex (Culex) whitmorei* (Giles, 1904)（幼虫：図41）

本州，四国，九州，琉球列島（奄美，沖縄及び八重山群島）；朝鮮半島，沿海州，中国大陸，東洋熱帯区，オーストラリア区．幼虫は，水田，地上の一次的水溜り，流れの緩やかな小川などに発生．日本では稀種．

29. ジャクソンイエカ *Culex (Culex) jacksoni* Edwards, 1934（幼虫：図42；蛹：図144）

九州（長崎），琉球列島（沖縄本島）；朝鮮半島，沿海州，中国北部，台湾，香港，インド，ネパール，セイロン．幼虫頭幅1.10～1.21mm．やや高地の水田，地上の水溜りに発生．朝鮮半島では多いが，日本では稀である．長崎での記録は幼虫一匹のみ（Mogi, 1978b）．沖縄からはToma & Miyagi, 1986により初めて記録された．

30. ミナミハマダライエカ *Culex (Culex) mimeticus* Noé, 1899（幼虫：図43；蛹：図145）

北海道，本州，四国，九州，琉球列島；朝鮮半島，旧北区南部（地中海地方を含む），東洋熱帯区．幼虫は，池沼，溝渠，小川の澱み，地上の水溜りなどで，汚濁していない所に発生する．温帯日本に稀でなく，琉球には多い．

31. ハマダライエカ *Culex (Culex) orientalis* Edwards, 1921（幼虫：図44；蛹：図146）

北海道，本州，四国，九州；朝鮮半島，済州島，シベリア，中国東北部．（台湾とフィリピンから記録があるが，再検討を要する．）幼虫頭幅1.18～1.31mm．池沼，水田，地上の水溜り，流れの緩やかな小川などに発生．水辺に草が多く，藻の多い所を好む．成虫は人から吸血しない様である．各地に普通．

32. オガサワライエカ *Culex (Culex) boninensis* Bohart, 1957（幼虫：図45）

小笠原群島特産．幼虫頭幅1.06～1.19mm．成虫♀翅長3.1～3.8mm．成虫♂の小腮肢は，この亜属の他の種では口吻より少なくとも末端節の長さだけ長く，多数の刺毛を具えているが，この種では，同長か僅かに長いだけで刺毛も少ない．♂交尾器も他とかなり異なり，新亜属を創設するに値すると思われるが，幼虫はハマダライエカ類と変わらず，特異な点は無い．地上，岩上の水溜り，流れの緩やかな小川などに発生，小笠原では多い．シノナガカクイカと共に，小笠原群島だけで特化した他に近似種のない興味ある種である．小笠原特産の他の2種，セボリヤブカ，タカハシシマカは所属すべき種グループを見出すことができる．

33. カラツイエカ *Culex (Culex) bitaeniorhynchus* Giles, 1901（幼虫：図46）

北海道，本州，四国，九州，対馬，屋久島，琉球列島；朝鮮半島，済州島，沿海州南部，中国大陸，東洋熱帯区，エチオピア区，オーストラリア区．幼虫頭幅0.89～1.10mm．胸腹部の大きさに比し頭部は小さい．この小さい頭部と特に口器の構造が本亜属としては特異で，次種と共に別亜属とするに値する．成虫♀翅長4.3～4.8mm．本亜属としては大型のカである．池沼，水田，溝渠，地上の一次的な水溜り，小川などでアオミドロの多いところ発生する．アオミドロは少なくとも本種の食餌の一つである．全国に非常に多い．

34. ミツホシイエカ *Culex (Culex) sinensis* Theobald, 1903（幼虫：図47）

本州，四国，九州，琉球列島（奄美，沖縄及び八重山群島）；朝鮮半島，沿海州南部，中国中南部，

台湾，香港，フィリピン，フロレス，ジャワ，スマトラ，マレー半島，ヴェトナム，タイ，ビルマ，インド，セイロン．幼虫は，水田，溝渠，一次的な地上の水溜り，小川などでアオミドロの多い所に発生する．前種と同じグループのカであるが，遥かに少ない．琉球では普通．

ii. エゾウスカ亜属 (Neoculex)

所属する種は僅か25種であるが広く分布し，オーストラリア区に13種，新旧北区合わせて10種，エチオピア区と中米に各一種で，東洋熱帯区に欠けている．この分布は奇妙であるが，旧北区のものとオーストラリア区のものとの形態的類似性は否定できない．日本からは旧北区系の下記の一種が知られているだけである．

35. エゾウスカ *Culex (Neoculex) rubensis* Sasa et Takahasi, 1948（幼虫：図48）

北海道，本州（京都以北）；朝鮮半島，沿海州，中国北部．幼虫頭幅1.10～1.27mm．池沼，水田，溝渠，一次的な地上の水溜りなどに生息，時に人工容器にも発生．北海道では普通，本州では少ない．

iii. クロウスカ亜属 (Eumelanomyia)

凡そ70種を含み，大部分はエチオピア区と東洋熱帯区に産し，少数がパプア亜区からニュー・ヘブリデスにいる．日本のコガタクロウスカは，この中で旧北区温帯に広がった唯一の種である．この亜属のカの多くはカエルなど冷血動物を吸血する．日本産は3種類．

クロウスカ亜属幼虫の種への検索表

1 a 触角の長さはせいぜい頭長の2/3．2-，3-A は触角の末端に生ずる．大腮の唇状葉は大腮葉の先端を超えて大きく突出する．5-C は 7-C より長く，4-P は 3-P より長い．呼吸管比は10以上；1-S はその刺毛の位置の呼吸管径より短い．
　　　　　………………… カギヒゲクロウスカ（改称）　*Cx. (Eum.) brevipalpis* (p. 36)
1 b 触角の長さは少なくとも頭長の4/5．2-，3-A は触角の末端のやや手前に生ずる．大腮の唇状葉末端は大腮葉の先端を超えない．5-C は 7-C より短く，4-P は繊弱で 3-P より短い．呼吸管比 8 未満．1-S はその刺毛の位置の呼吸管径より長い．……………………… 2
2 a 触角は淡色．2-X は 2～5 分岐で 3，4 分岐が最も多い．
　　　　　………………………… コガタクロウスカ　*Cx. (Eum.) hayashii* (p. 35)
2 b 触角は暗色．2-X は通常単条（台湾のものは 1～3 分岐）．
　　　　　………………………… オキナワクロウスカ　*Cx. (Eum.) okinawae* (p. 36)

36. コガタクロウスカ *Culex (Eumelanomyia) hayashii* Yamada, 1917

2亜種に分かれる．

a.（コガタクロウスカ）Subsp. *hayashii* Yamada, 1917（幼虫：図 49）

北海道，本州，四国，九州，対馬，屋久島；朝鮮半島，済州島，沿海州南部，中国北部．幼虫頭幅0.86～0.96mm．成虫♀翅長2.9～3.7mm．翅の R_2 は長く♀で r_{2+3} の3.50～6.57（平均4.49）倍，♂で3.15～4.86（3.85）倍．♂の小腮肢は長く口吻の0.71～0.85（0.78）．日陰の岩上の水溜り，渓流の澱み，水の綺麗な人工池などで発見され，各地に普通．大陸のものは基亜種に属するものか否か十分検討されていない．

b.（リュウキュウクロウスカ）Subsp. *ryukyuanus* Tanaka, Mizusawa et Saugstad, 1979

琉球列島（トカラ群島を除く）．基亜種に比しやや小型．成虫♀翅長2.6～3.2mm．R_2 は短く♀で r_{2+3} の2.54～3.74（3.00）倍，♂で1.90～3.16（2.39）倍．♂の小腮肢も短く口吻の0.65～0.78，特に第5節が短い．幼虫では識別困難である．亜種 *ryukyuanus* のみが東洋熱帯区に分布し，他のポピュレーションは全て旧北区に産する．

37. オキナワクロウスカ *Culex (Eumelanomyia) okinawae* Bohart, 1953（幼虫：図50）

琉球列島（奄美，沖縄及び八重山群島）；台湾，フィリピン．幼虫頭幅1.16～1.19mm．渓流の澱み，渓流沿いの地上の水溜り，岩の凹みなどで発見される．Toma & Miyagi, 1986に拠ると，本種は樹洞でも採集され，琉球には普通であるという．

38. カギヒゲクロウスカ（改称） *Culex (Eumelanomyia) brevipalpis* (Giles, 1902)（幼虫：図51）

琉球列島（沖縄及び八重山群島）；中国南部，台湾，海南島，フィリピン，ボルネオ，ジャワ，インドシナ，タイ，マレー半島，シンガポール，ビルマ，インド，セイロン，チモール，モルッカス諸島，ニューギネア，ビスマルク諸島．幼虫頭幅1.03～1.13mm．琉球では樹洞で発見されたが，東南アジアではこの他，竹の切り株，ヤシ殻，人工容器などに発生するという．琉球では稀である．本種はカギハシクロウスカと称された．"カギハシ"は鉤嘴の意と思われるが，本種の口吻は真直ぐで，曲がっているのは小腮肢である．従って，この和名は不適当と考えられるので上記のように改めた．

iv. ツノフサカ亜属　(*Lophoceraomyia*)

この亜属の雄成虫は，触角に複雑に特化した刺毛塊を具えており，これらは通常種的特徴を現す．温血動物吸血性のものも，冷血動物吸血性のものもある．大きな亜属で100以上の種が属する．大部分は東洋熱帯区とパプア亜区に産し，少数が太平洋の島々に，2種が旧北区日本などに侵入している．日本産は5種．

ツノフサカ亜属幼虫の種への検索表

1a 側鱗は2型あり，末端寄りのものは小さいが太い主棘を有する． ……………………………………………… クロツノフサカ *Cx. (Lop.) bicornutus*（p. 37）
1b 全ての側鱗は周縁一様に微棘で縁取られ，太い主棘は無い． ……………………… 2
2a 胸部の皮膚は微棘を装う．13-T は1～2本の有芒の強大な分枝と8～13本の繊弱な分枝を合わせ持つ（全体で9～14分岐）．…… アカツノフサカ *Cx. (Lop.) rubithoracis*（p. 37）
2b 胸部の皮膚は平滑か，せいぜい前側部に微棘を装うのみ．13-T は大体同長の繊弱な分枝を持つ．………………………………………………………………………………… 3
3a 5-C は通常3分岐，非常に稀に2又は4分岐．14-P は単条．2-VIII は通常2分岐． ……………………………………… ハラオビツノフサカ *Cx. (Lop.) cinctellus*（p. 37）
3b 5-C は1～2分岐；14-P は2～4分岐；2-VIII は通常単条，稀に2分岐． ………… 4
4a 呼吸管はより長く，末端径の20.3～24.3倍．6-C は2分岐；1-VII は6～7分岐． ……………………………………… フトシマツノフサカ *Cx. (Lop.) infantulus*（p. 37）
4b 呼吸管はより短く，末端径の13.3～15.6倍．6-C は単条；1-VII は2分岐． ……………………………………… カニアナツノフサカ *Cx. (Lop.) tuberis*（p. 37）

39. フトシマツノフサカ *Culex (Lophoceraomyia) infantulus* Edwards, 1922

（幼虫：図52；成虫：図53）

北海道，本州，四国，九州，琉球列島（奄美，沖縄及び八重山群島）；済州島，中国中南部，香港，

海南島，フィリピン，ジャワ，インドシナ，タイ，マレー半島，インド，ネパール，セイロン，マルダイヴ諸島．幼虫頭幅0.96～1.10mm．小川の澱み，岩上の水溜り，地上の一次的な水溜り，時に淡水のカニ穴などに発生する．琉球列島では甚だ多いが，温帯日本では稀である．

40. ハラオビツノフサカ　*Culex (Lophoceraomyia) cinctellus* Edwards, 1922

琉球列島（八重山群島）；中国（雲南），海南島，フィリピン，ボルネオ，ジャワ，スマトラ，タイ，マレー半島，シンガポール，インド．Toma & Miyagi, 1986 に拠ると，八重山では幼虫は休耕田，人工容器，樹洞で得られ，成虫はライト・トラップで普通に採集されるという．上記検索表の記述は Colless, 1965 及び Bram, 1967 に拠った．

41. アカツノフサカ　*Culex (Lophoceraomyia) rubithoracis* (Leicester, 1908)（幼虫：図54）

本州，四国，九州，琉球列島（奄美及び沖縄群島），大東諸島；中国南部，台湾，海南島，フィリピン，ボルネオ，ジャワ，スマトラ，タイ，マレー半島，シンガポール，ビルマ，インド，セイロン，チモール．幼虫頭幅0.91～0.98mm．池沼，水田，灌漑排水溝，流れの緩やかな小川，汚濁していない一次的な地上の水溜りなどに発生する．全国的に稀である．

42. クロツノフサカ　*Culex (Lophoceraomyia) bicornutus* (Theobald, 1910)（幼虫：図55）

琉球列島（八重山群島）；紅頭嶼，中国南部，海南島，インドシナ，タイ，マレー半島，シンガポール，ビルマ南部，インド西部．幼虫頭幅0.86～0.98mm．成虫♀翅長3.2～3.6mm．触角梗節に突起がある．胸背の皮膚は黒褐色，中胸上後側板に下方刺毛一本を通常具える．腹背は一様に黒褐色で白帯は無い．通常樹洞に発生，時に岩上の水溜り，地上の一次的な水溜りでも発見される．八重山では非常に多い．

43. カニアナツノフサカ　*Culex (Lophoceraomyia) tuberis* Bohart, 1946（幼虫：図56）

琉球列島（沖縄及び八重山群島）；タイ．幼虫頭幅0.96～1.08mm．淡水のカニ穴に生息する．半塩水のカニ穴や人工容器にも発生することがあるという（Toma & Miyagi, 1986）．沖縄よりも八重山の方に多い．本種の幼虫は初め Bohart, 1953 が深い岩穴より採集記載したが，田中・Saugstad・水沢, 1974はカニ穴が主たる発生源であることを発見し，他の4種のカニ穴発生のカ（カニアナヤブカ，カニアナチビカ，シロオビカニアナチビカ，ハラグロカニアナチビカ）と共に報告した．それまではカニ穴のカは日本では知られていなかった．西表島のカニ穴に住む本種を含む4種のボウフラの個体群の推定について Mogi et al., 1984 の研究がある．

v. クシヒゲカ亜属　*(Culiciomyia)*

成虫♂の小腮肢第3節の下面に，細葉状の刺毛を列生する．凡そ50種が含まれ，エチオピア区，東洋熱帯区，オーストラリア区に分布し，数種が旧北区日本とその周辺へ進出している．日本産は5種．

クシヒゲカ亜属幼虫の種への検索表

1a　呼吸管は偽関節（細い軟質帯）を有する．呼吸管比は9以上．
　　　　　………………………………………………… クロフクシヒゲカ　*Cx. (Cui.) nigropunctatus*（p. 38）
1b　呼吸管は偽関節を欠く．呼吸管比は9未満．　………………………………………………………2
2a　呼吸管は中央で顕著に膨らむ．呼吸管櫛歯は10個以下．
　　　　　……………………………………………… アカクシヒゲカ　*Cx. (Cui.) pallidothorax*（p. 38）
2b　呼吸管は中央で膨らむことはない．呼吸管櫛歯は11個以上．………………………………………3
3a　1-S は3対．………………………… リュウキュウクシヒゲカ　*Cx. (Cui.) ryukyensis*（p. 38）

3b 1-S は 4 対以上. ・・・ 4

4a 鞍板に湾入がない．呼吸管比6.1以上．1-S は繊弱で，その刺毛の位置の呼吸管径より短く，通常 1, 2 分岐．13-C は通常 6 以上の分枝を有する．
・・・ キョウトクシヒゲカ *Cx. (Cui.) kyotoensis* (p. 38)

4b 鞍板には 4-X の近くの亜腹面に湾入がある．呼吸管比5.8以下．1-S は中庸で，その刺毛の位置の呼吸管径と通常同長で，普通 3 分岐以上．13-C は通常 2～4 分岐．
・・・ ヤマトクシヒゲカ *Cx. (Cui.) sasai* (p. 38)

44. リュウキュウクシヒゲカ *Culex (Culiciomyia) ryukyensis* Bohart, 1946（幼虫：図57）

琉球列島(宮古群島を除く)．幼虫頭幅1.03～1.17mm．呼吸管の先端部に顆粒状の微細彫刻がある．発生源は，地上の一次的な水溜り，渓流のよどみ，樹洞，カニ穴，種々の人口容器など多様，汚れた水にも発生する．琉球特産で極めて普通である．

45. クロフクシヒゲカ *Culex (Culiciomyia) nigropunctatus* Edwards, 1926（幼虫：図58）

琉球列島（八重山群島）；台湾，中国南部，海南島，フィリピン，ボルネオ，ジャワ，スマトラ，タイ，マレー半島，シンガポール，インド，セイロン，パラオ諸島，カロリン群島．幼虫頭幅1.14～1.22mm．呼吸管の長さは2.45～2.90mm で日本のカの中で最も長い．呼吸管比は9.02～9.96で非常に細長く，偽関節があることでも特異である．成虫は胸側に顕著な黒斑を持っている．幼虫は水田，地上の水溜り，渓流溜り，棄てられたカニ穴などで採集される．多くはない様である．

46. アカクシヒゲカ *Culex (Culiciomyia) pallidothorax* Theobald, 1905（幼虫：図59）

本州，四国，九州，屋久島，琉球列島（奄美，沖縄及び八重山群島）；中国中南部，台湾，海南島，フィリピン，インドシナ，タイ，マレー半島，ビルマ，ネパール，インド，セイロン，チモール．幼虫頭幅1.24～1.33mm．地上の一次的な水溜り，汚濁した種々の貯水槽などに発生．本州では少ないが，九州以南では普通．

47. キョウトクシヒゲカ *Culex (Culiciomyia) kyotoensis* Yamaguti et La Casse, 1947（幼虫：図60）

本州，四国，九州，対馬，屋久島；済州島，台湾．幼虫頭幅0.96～1.04mm．竹の切り株，種々の人工容器，時に地上の水溜りに発生，清澄な水にも，汚濁した水にもいる．全国的に稀ではないが，次種より少なく，平地に，より多い．

48. ヤマトクシヒゲカ *Culex (Culiciomyia) sasai* Kano, Nitahara et Awaya, 1954（幼虫：図61）

本州，伊豆諸島，青ヶ島，四国，九州，屋久島；朝鮮半島，台湾．幼虫頭幅1.16～1.27mm．樹洞，岩の凹み，地上の一次的な溜り水，コンクリート・タンク，天水桶，空き缶，古タイヤ，古靴，壺など多種多様の自然及び人工の容器に発生する．温帯日本の山地帯に甚だ多い．

vi. シオカ亜属 (*Barraudius*)

温血動物吸血性で，旧北区に 3 種，熱帯アフリカに 1 種，計 4 種の小さな亜属である．日本に産するのは下記の 1 種で，東アジアのものも同種と思われる．

49. イナトミシオカ *Culex (Barraudius) inatomii* Kamimura et Wada, 1974（幼虫：図62）

本州；朝鮮半島，中国東北部．幼虫頭幅0.94～1.13mm．今の所，日本では岡山県倉敷市の半塩水性の芦原でしか採集されていないが，発生源の芦原は工業地帯となって消滅した由である（上村・松瀬，1997）．最近，関西国際空港で発見された（吉田・他，1999；水田・他，1999）．

（vii）カクイカ属　*Lutzia*

　比較的大型のカで，幼虫は捕食性で他のボウフラやユスリカの幼虫を食い，そのために口器が特化している．和名は"蚊喰蚊"の意である．種類は少なく，アフリカに1種，中南米に2種，アジア，オーストラリア，太平洋地域に4種産し，日本には3種がいる．雌成虫は温血動物を吸血する．蛹は，頭胸毛1～9-Cが甚だ短く殆どが単条であること，2-Cと3-Cが接近すること，腹部の節間膜に網目状の紋様があること，6-VIIが9-VIIの後内方にあること，9-II～Vが夫々7-II～Vより前方にあることを著しい特徴とする．

カクイカ属幼虫の亜属及び種への検索表

1a　側鱗は18～20個，幅の広い櫂型．呼吸管櫛は呼吸管の中央1/3の範囲内にあり，各櫛歯は密接して並び，大体同型で，腹面に小棘がある．（オガサワラカクイカ亜属（新称）*Insulalutzia*）……………………… シノナガカクイカ　*Lt. (Ilt.) shinonagai*（p.40）
1b　側鱗は30個以上で，細長い櫂型．呼吸管櫛は呼吸管のほぼ全長にわたり，各櫛歯の間隔はやや広い．末端の1，2の櫛歯は強太で腹面に小棘を欠く．（カクイカ亜属 *Metalutzia*）
　　……………………………………… サキジロカクイカ　*Lt. (Mlt.) fuscana*（p.39）
　　……………………………………… トラフカクイカ　*Lt. (Mlt.) vorax*（p.40）

カクイカ属蛹の亜属及び種への検索表

1a　浮游毛（1-I）は10以下の第1次分枝と，凡そ20の第2次分枝とから成る．2-Iと3-Iは離れている．1-IIの分枝は放射状．1-III, 1-IVは単条．5-IIは4-IIの外側にある．9-II～VIは9-Iと同様，先端に向い次第に細まる．9-VIIは単条又は2分岐で，非常に小さな芒を疎らに装う．9-VIIIは2～3分岐．腹部第8節の後縁角は後方に突出しない．（オガサワラカクイカ亜属）……………………… シノナガカクイカ　*Lt. (Ilt.) shinonagai*（p.40）
1b　浮游毛（1-I）は凡そ10の第1次分枝と，甚だ多数の第2次分枝から成る．2-Iと3-Iは接近している．1-IIの分枝はあまり広がらない．1-IV, 1-Vは2～14分岐で，単条のことはない．5-IIは4-IIの内側にある．9-II～VIの先端は切断状．9-VII, 9-VIIIの芒は顕著で，分岐数は2～14，通常前種より遥かに多い．腹部第8節の後縁角は後方に鋭く突出する．（カクイカ亜属）……………………… サキジロカクイカ　*Lt. (Mlt.) fuscana*（p.39）
　　……………………………………… トラフカクイカ　*Lt. (Mlt.) vorax*（p.40）

50. **サキジロカクイカ**　*Lutzia (Metalutzia) fuscana* Wiedemann, 1820（幼虫：図63；成虫：図64）

　琉球列島（沖縄，宮古及び八重山群島），大東諸島；済州島，沿海州南部，中国中南部，台湾，フィリピン，ボルネオ，ジャワ，スマトラ，インドシナ，タイ，マレー半島，ビルマ，インド，セイロン，アンダマン諸島，チモール，カロリン群島，パラオ諸島．幼虫頭幅1.30～1.41mm．トラフカクイカの幼虫と区別することは難しい．成虫♀翅長4.8～5.8mm．腹部先端の第7，8節，時に第6節も全面黄白色の鱗片で覆われる．本種の1卵舟あたりの卵数は変異が大きく7～412で平均80である（Tokuyama et al., 1987）．小川の澱み，側溝などで見出される．琉球列島では6～8月に甚だ多いという（Toma & Miyagi, 1986）．

51. **トラフカクイカ**　*Lutzia (Metalutzia) vorax* Edwards, 1921（蛹：図147）

　北海道，本州，伊豆諸島，四国，九州，対馬，屋久島，琉球列島，大東諸島，小笠原群島，硫黄島；朝鮮半島，済州島，沿海州南部，中国大陸，東洋熱帯区，オーストラリア区，マリアナ群島．幼虫

は，サキジロカクイカの幼虫に比し，胸部と腹部の皮膚の微棘が通常やや弱いこと，頭部背面の刺毛の基部にある小斑を欠くことが多いこと，呼吸管の微細彫刻の横皺の末端が単棘で終わることがより多いことなどの違いが認められるが，必ずしも，種を区別する決め手とはならない．1卵舟あたりの卵数は変異が大きいが，7〜262，平均36で前種より少ない（Tokuyama et al., 1987）．地上の水溜り，流れの緩やかな小川，岩の窪み，その他，多様の自然および人口の容器に発生，日本全国に普通である．

52. シノナガカクイカ *Lutzia (Insulalutzia) shinonagai* Tanaka, Mizusawa et Saugstad, 1979

（幼虫：図65；蛹：図148）

小笠原群島．幼虫は検索表に示したような顕著な相違点が他2種との間にある．成虫も♂の小腮肢は先端部にほとんど長刺毛がなく，このグループとしては極めて特異である．又，体，翅，脚共に淡色の鱗斑に乏しく，一見，他の2種と著しく異なっている．アフリカの種はアジアの他の2種と同グループに属すると思われる．中南米の2種は互いに良く似ており，成虫は斑紋に富み，幼虫は呼吸管が長いなど，アジア，アフリカの種とは異なり，*Lutzia* 亜属に属する．シノナガカクイカは何れとも著しく異なり，分類学的に孤立した種である．太平洋上の孤島である小笠原群島に，オガサワライエカと共に，この様に特化した種が見出されることは不思議ではないとはいえ，興味深いことである．幼虫は樹洞に生息する．この点でもアジアの他の2種とは著しく異なる．

（viii）ムナゲカ属 *Heizmannia*

成虫♂の小腮肢が♀と同様短いことが著しい特徴で，交尾器もまた独特で極めて複雑である．頭部，胸部，腹部とも広扁鱗に密に覆われ，鱗片の或ものは金属光沢を現す．東洋熱帯区特有の属で，凡そ30種が含まれ，只一種のみ隣接するパプア亜区のモルッカス諸島に産する．2亜属に分かれ，大多数の属する亜属 *Heizmannia* は，中胸後背板に刺毛塊を持つ．ムナゲカの名の由来である．他の亜属 *Mattinglyia* にはこの刺毛塊が無い．幼虫はヤブカ属に似ているが，一般に 4-X の発達が弱い．本属の知られている幼虫は樹洞で最も多く採集されており，その他，竹の節，ヤシ殻などが記録されている．日本では只一種の♀のみが奄美大島から知られているに過ぎない．

53. アマミムナゲカ *Heizmannia (Heizmannia) kana* Tanaka, Mizusawa et Saugstad, 1979

（成虫：図66）

琉球列島（奄美大島）．幼虫は未知．成虫♀翅長3.0〜3.5mm．頭胸腹部とも背面は黒褐色で緑色，青色，或いは黄銅色の金属光沢のある広扁鱗に覆われる．銀白色の鱗片斑が頭長中央前方，側頭，前胸前側片，中胸背の亜背板の直上，亜基節を除く中胸側板の全て，及び腹部各背板両側にある．

（ix）ヤブカ属 *Aedes*

カ科の中で最大の属で，凡そ40亜属，900種を擁する．形態的にも生態的にも多様で，温血動物吸血性の種類も多く，黄熱病，フィラリアなどの重要媒介種を含む．シマカといわれる種類もこの属に入る．幼虫はヘビのようなグネグネした泳ぎ方をするものが多い．日本産は9亜属，43種ある．Reinert, 1999, 2000a, 2000b は本属の分割を試みた．彼に拠ると，日本産のこの属は *Ochlerotatus*（*Finlaya*，*Geoskusea*，*Ochlerotatus* の3亜属を含む），*Verrallina*（*Harbachius*，*Neomacleaya*，*Verrallina* の3亜属を含む）及び *Aedes*（前記6亜属以外の全ての亜属を含む）の3属に分かれる．Reinert, 2000b の規定した狭い意味の *Aedes* 属も未だ極めて多様であって検討の余地は充分にあり，この分類法もコンセンサスを得られているとはいえないので，ここでは Edwards, 1932 以来70年間

認められてきた広い意味の *Aedes* 属を用いることとする.

ヤブカ属幼虫の亜属への検索表

1a 大腮は 1-Md を有する（図96）．小腮軸節は頭蓋から完全に分離している．呼吸管に基部突起はない．12-I を欠く． .... シマカ亜属 (*Stegomyia*) (p. 55)

1b 大腮は 1-Md を欠く．小腮軸節は基部内端で頭蓋と融合している．呼吸管に基部突起がある． 2

2a 12-I はある． 3

2b 12-I はない． 6

3a 大腮咀嚼器背側歯の外方のものは退化する．内方の背側歯は淡色で細く非常に長く，腹側歯と第1内側小歯（VT₁）との分岐点に達する．内側小歯は非常に細い．8-C は 9-, 10-C より明らかに長い． .... カニアナヤブカ亜属 (*Geoskusea*) (p. 60)

3b 大腮咀嚼器の二つの背側歯は共に短く頑丈で通常非常に濃色である．内側小歯を持つ場合，それらは非常に細いことはない．8-C は 9-, 10-C と大体同長である． 4

4a 4-X は15本以上の毛から成る．5-C は 7-C の後方にある．鞍板には基部突起がある（ハマベヤブカとカラフトヤブカを除く）．
.... セスジヤブカ亜属（一部） (*Ochlerotatus*, part.) (p. 47)

4b 4-X は15本以下の毛から成る：15本の時は 5-C は 7-C の前方にある．鞍板は基部突起を欠く（オキナワヤブカとコバヤシヤブカを除く）． 5

5a 少なくとも 4〜6-C の中の一つは 7-C と同水準か，それより前方にある．
.... トウゴウヤブカ亜属 (*Finlaya*) (p. 50)

5b 4〜6-C は 7-C の後方にある． .... ナンヨウヤブカ亜属 (*Neomelaniconion*) (p. 61)

6a 呼吸管は 1-S の他に1乃至数本の微刺毛又は短刺毛を亜先端部又は亜背部，又はその両方に具える． .... エゾヤブカ亜属 (*Aedes*) (p. 61)

6b 呼吸管は上記のような微刺毛又は短刺毛を欠く． 7

7a 5-, 6-C は互いに近接し，6-C と 7-C との距離は 5-C と 6-C との距離の2倍以上である．
.... 8

7b 5-, 6-C は広く隔たり，6-C と 7-C との距離は 5-C と 6-C との距離の2倍未満である．
.... 9

8a 鞍板に基部突起を有する． .... キンイロヤブカ亜属 (*Aedimorphus*) (p. 60)

8b 鞍板に基部突起を欠く． .... エドウオーズヤブカ亜属 (*Edwardsaedes*) (p. 61)

9a 1-S は呼吸管直径より長い．7-II は長大で 1, 2 分岐．
.... セスジヤブカ亜属（一部） (*Ochlerotatus*, part.) (p. 47)

9b 1-S はその位置の呼吸管径より短い．7-II は短小で，4本以上の分枝を持つ．
.... フトオヤブカ亜属（広義）(*Verrallina*, s. l.) (p. 62)

ヤブカ属蛹の種への検索表

(蛹については亜属の特徴が簡単に特定できないので，ここで直接，種への検索表を示す．
カラフトヤブカ，コガタフトオヤブカ，クロフトオヤブカを除く．)

1a 遊泳片の周縁は細毛状の突起で縁取られる．（ヒトスジシマカ群） 2

1b 遊泳片の周縁は細かい歯状又は刺状突起で縁取られるか，全く突起を欠く． 8

2a　6-III〜Ｖは夫々9-III〜Ｖと同長（Miyagi and Toma, 1980 による）.
　　　……………………………………………… ダイトウシマカ　*Ae. (Stegomyia) daitensis*（p. 57）
2b　6-III〜Ｖは夫々9-III〜Ｖより長い. ………………………………………………………… 3
3a　遊泳片は細長く，長さは幅の1.60〜1.89（$\bar{x}$1.74）倍；周縁の細毛状突起は短く，2-VII と同長か，それより短い；9-VIII は遊泳片の細毛状突起の縁取りのある部分に達しない.
　　　………………………………………………… ミスジシマカ　*Ae. (Stg.) galloisi*（p. 58）
3b　遊泳片は楕円形又は卵形で，長さは幅の約1.4（1.13〜1.71）倍；周縁の細毛状突起は長く，2-I, -II と大体同長で，2-VII より明らかに長い；9-VIII は遊泳片の細毛状突起の縁取りのある部分に達する. ……………………………………………………………………………… 4
4a　6-C はやや強太で，7-C より短く，4-, 5-C より長い；♂の生殖葉は長く，遊泳片の0.72〜0.85（$\bar{x}$0.80）倍. ………………………… リヴァースシマカ　*Ae. (Stg.) riversi*（p. 57）
4b　6-C は通常，刺毛群 4〜7-C の中で最も短い；♂の生殖葉は短く，遊泳片の約0.6（0.52〜0.73）倍. ……………………………………………………………………………………… 5
5a　9-III は殆ど常に 2-III より短い；9-VI は殆ど常に 2-VI の2倍より短く，3倍以上になることはない. ………………………………………………………………………………… 6
5b　9-III は殆ど常に 2-III より長い；9-VI の長さは 2-VI の2倍以上で，屢々3倍を越える.
　　　……………………………………………………………………………………………… 7
6a　2-III は通常 1-III の内方にある；2-IV, -V は夫々常に 1-IV, -V の内方にある；6-C は 4-, 5-, 7-C より，やや短い程度である. ……… ヒトスジシマカ　*Ae. (Stg.) albopictus*（p. 58）
6b　2-III は 1-III の外方にある；2-IV, -V は夫々通常 1-IV, -V の外方又は直上にある；6-C は 4-, 5-, 7-C より著しく短い. … ヤマダシマカ　*Ae. (Stg.) flavopictus flavopictus*（p. 58）
7a　9-V の長さは通常 2-V の2倍又はそれ以上である；9-VI の長さは 9-V の2倍未満である；2-VII が 1-VII の外方にあることは極めて稀である.
　　　………………………………………… （ダウンスシマカ）　*Ae. (Stg.) flavopictus downsi*（p. 59）
7b　9-V の長さは殆ど常に 2-V の2倍未満である；9-VI の長さは屢々（59%）9-V の2倍かそれ以上である；2-VII が 1-VII の内方にあることは極めて稀である.
　　　……………………………………………… （ミヤラシマカ）　*Ae. (Stg.) flavopictus miyarai*（p. 59）
8a　第2腹板の後縁は多数の大小の歯状突起を列ねている．1-Pd は単条で短く，遊泳片の長さの0.06〜0.14（$\bar{x}$0.10）倍.　キンイロヤブカ　*Ae. (Aedimorphus) vexans nipponii*（p. 60）
8b　第2腹板の後縁に歯状突起は無い. …………………………………………………………… 9
9a　1-, 5- 及び 10-VII は目立って太い.（ハトリヤブカ群）
　　　………………………………………………… ハトリヤブカ　*Ae. (Finlaya) hatorii*（p. 52）
9b　1-, 5- 及び 10-VII は通常の細い刺毛である. ……………………………………………… 10
10a　3-I は 2-I と 4-I の大体中間にある；5-IV, -V は夫々 1-IV, -V より短いか，ほぼ同長である.
　　　……………………………… ナンヨウヤブカ　*Ae. (Neomelaniconion) lineatopennis*（p. 61）
10b　3-I は 4-I よりも 2-I に近く，3-I と 2-I は非常に近接していることが多い；5-IV, -V は夫々 1-IV, -V より明らかに太く長い. ………………………………………………………… 11
11a　1-Pd は非常に短く，長さ遊泳片の0.05〜0.07（$\bar{x}$0.06）倍，2〜4分岐；9-VIII は第8節の後縁角のやや前方にある. ……… オオムラヤブカ　*Ae. (Adm.) alboscutellatus*（p. 60）
11b　1-Pd は長さ少なくとも遊泳片の1/8，それより短いことがあっても，単条で分岐しない；

	9-VIII は第8節の後縁角にある.	12
12a	6-C は 4～7-C の中で最も長く,やや太い；2-III～V は夫々 1-III～V の内側に来ることはなく,夫々の節の中央から後方1/3位の所にある.（ネッタイシマカ群）	13
12b	6-C は4～7-C の中で最も短い；2-III～V は夫々 1-III～V の内側にあり,又,より後縁近くに位置する.	14
13a	呼吸角は長く円筒形で,先端で急に広がる；2-III は殆ど常に 3-III の前外方にある；2-IV～VI は,より前外方に位置し,屡々夫々 3-IV～VI の前外方にある. ………… タカハシシマカ　Ae. (Stg.) wadai (p.59)	
13b	呼吸角は短く,基部から先端に向け次第に広がる；2-III は 3-III の前内方にある；2-IV～VI は,より後内方にあり,屡々夫々 3-IV～VI の内方に位置する (Belkin, 1962, Fig. 313による). ………… ネッタイシマカ　Ae. (Stg.) aegypti (p.59)	
14a	1-I は太い第一次分枝のみよりなる,細い第二次分枝はあっても数本．5-C は頭胸部の刺毛の中で最も長く,呼吸角と同長か,より長い；10-C は殆ど常に単条.	15
14b	1-I は凡そ10～20本の太い第一次分枝と,多数の（時に100本以上）の細い第二次分枝よりなる.	16
15a	呼吸角は太く,呼吸角比3.64；5-VI は 5-V と大体同長,第7背板の1.29～1.76（x̄1.58）倍.（ブナノキヤブカ群） ………… ブナノキヤブカ　Ae. (Fin.) oreophilus (p.54)	
15b	呼吸角は細く,呼吸角比4.23～5.30；5-VI は通常 5-V より短く,第7背板の0.97～1.54（x̄1.23）倍.（ワタセヤブカ群） ………… ワタセヤブカ　Ae. (Fin.) watasei (p.55)	
16a	6-VII は 9-VII の前内方にある．3-C は頭部刺毛の中で最も長く,5- 及び 7-C より明らかに長い.（オキナワヤブカ群）	17
16b	6-VII は 9-VII の後方にある.	18
17a	7-I は1～3分岐で,単条の場合が最も多い；9-VIII は3～9分岐で8分岐の場合が最も多い. ………… コバヤシヤブカ　Ae. (Fin.) kobayashii (p.53)	
17b	7-I は2～5分岐で3,4分岐の場合が最も多い；9-VIII は9～19分岐で,10又は11分岐の場合が最も多い. ………… オキナワヤブカ　Ae. (Fin.) okinawanus (p.53)	
18a	5-II は 4-II の内方にある.	19
18b	5-II は 4-II の外方にある.	21
19a	呼吸角は細く,呼吸角比は3.06～4.18（x̄3.52）；7-I は 6-I と同長；3-II は短く 5-II より明らかに短い；9-VIII は長く遊泳片の0.54倍,数本に分岐するのみで,両側の分枝は中央の分枝より明らかに短い；遊泳片は楕円形で遊泳片比1.43～1.45.（エセチョウセンヤブカ群） ………… エセチョウセンヤブカ　Ae. (Fin.) koreicoides (p.54)	
19b	呼吸角は幅広く,呼吸角比2.06～3.13；7-I は 6-I より長い；3-II は長く5-II より明らかに長い；9-VIII は短く遊泳片の0.23～0.42倍,6～19（通常約10）分岐,各分枝の長さに大きな差はない；遊泳片は円形で遊泳片比0.89～1.07.（トウゴウヤブカ群）	20
20a	2-Pd は通常ない；1-II, 8-VII 及び 9-VII は夫々 10～36（13～15が最も多い）,3～11（5が最も多い）及び 4～9（6が最も多い）分岐. ………… トウゴウヤブカ　Ae. (Fin.) togoi (p.53)	
20b	2-Pd は常にある；1-II, 8-VII 及び 9-VII は夫々 2～8（5が最も多い）,1～4（2が最も多い）及び 2～5（3が最も多い）分岐. … セボリヤブカ　Ae. (Fin.) savoryi (p.53)	
21a	3-, 5- 及び 7-C は長大で,呼吸角より遥かに長い（7-C が最も長い）；6-III～VI は 6-I,	

	-II と同様長大で，分枝は屡々同長でない．（ケイジョウヤブカ群）	22
21b	3-, 5- 及び 7-C は通常の細い刺毛で，呼吸角より短い；6-III〜VI は細く短い刺毛で，6-I, II より遥かに短い．	23
22a	3-, 4-, 5- 及び 7-C は夫々 2〜5，2〜4，1〜2 及び 2〜4 分岐． ケイジョウヤブカ *Ae. (Fin.) seoulensis* (p. 53)	
22b	3-, 4-, 5- 及び 7-C は夫々 7〜10，5〜8，3〜5 及び 6〜8 分岐（Chow and Mattingly, 1951による）． ムネシロヤブカ *Ae. (Fin.) albocinctus* (p. 53)	
23a	1-C は頭胸部刺毛の中で最も長く，呼吸角と大体同長．9-VIII は長く，遊泳片の0.49〜0.76倍（通常2/3），2〜4本の中央の分枝は，両側の分枝よりも明らかに長い；遊泳片は楕円形，遊泳片比1.34〜1.90，外半部と内半部は同幅．（シロカタヤブカ群）	24
23b	全ての頭胸部刺毛は細く短く，呼吸角より明らかに短い．	25
24a	旧北区日本及び温帯東アジア産． シロカタヤブカ *Ae. (Fin.) nipponicus* (p. 54)	
24b	奄美及びトカラ群島産． ニシカワヤブカ *Ae. (Fin.) nishikawai* (p. 54)	
25a	8-C は呼吸角基部より後方に位置する．（ヤマトヤブカ群）	26
25b	8-C は呼吸角基部と同レベルか，より前方にある．	28
26a	4-VIII は殆ど常に 2〜3 分岐，非常に稀に単条；6-C は通常 2〜4 分岐，稀に単条；8-VII は屡々（71%）4〜7 分岐．遊泳片の外半部は表面全体微細な刺状突起を具える． （サキシマヤブカ）*Ae. (Fin.) japonicus yaeyamensis* (p. 52)	
26b	4-VIII は屡々（77〜93%）単条；6-C は殆ど常に単条，非常に稀に分岐する；8-VII は殆ど常に 1〜3 分岐．	27
27a	遊泳片は通常先端か，先端と外縁中央部で角張る，外半部は通常表面全体に微細な刺状突起を具える；6-VII は通常 9-VII よりも短く細い． （アマミヤブカ）*Ae. (Fin.) japonicus amamiensis* (p. 52)	
27b	遊泳片は通常円形で角張らない．外半部は周縁部を除き刺状突起は全く或いは殆どない；6-VII は屡々 9-VII と同大． ヤマトヤブカ *Ae. (Fin.) japonicus japonicus* (p. 51)	
28a	6-VII は 9-VII の真直ぐ後方にある（Mogi, 1977による）． コガタキンイロヤブカ *Ae. (Edwardsaedes) bekkui* (p. 61)	
28b	6-VII は 9-VII の後内方にある．	29
29a	腹部第 1〜8 節背板は顕著な網目状彫刻に覆われる． カニアナヤブカ *Ae. (Geoskusea) baisasi* (p. 61)	
29b	腹部第 2〜8 節背板には通常明瞭な網目状彫刻はなく，1 又は数本の微細な刺状突起を具えた短い彎曲した横隆起線で覆われる，この隆起線は時に発達し，特に各背板側部で瓦状となることがある．	30
30a	1-II は 2-II と同長か，僅かに長いに過ぎない，殆ど常に単条か 2 分岐，非常に稀に 3〜4 分岐．3-I は常に単条． サッポロヤブカ *Ae. (Ochlerotatus) intrudens* (p. 50)	
30b	1-II は通常 2-II よりも明らかに長く，4 分岐か，それ以上（20分岐まで）である．トカチヤブカでは同長であるが，4 分岐又はそれ以上（12分岐まで）で，3-I は 2〜4 分岐．	31
31a	9-VII は通常の細い刺毛で，6-VII と同長か，より短い．	32
31b	9-VII は多少特化し，6-VII よりも長く太い．	33
32a	2-I は単条．腹部第 9 節は幅広く，第 8 節の60%内外；4-VIII は互いに広く隔たり，その	

	間隔は第8節の70%内外． ……　アカフトオヤブカ　*Ae. (Neomacleaya) atriisimilis* (p. 63)
32b	2-I は2分岐か，それ以上（Darsie, 1957による）．
	…………………………………………　ヒサゴヌマヤブカ　*Ae. (Och.) diantaeus* (p. 50)
33a	5-IV ～ VI は殆ど常に2～4分岐． ……………………………………………………… 34
33b	5-IV ～ VI は殆ど常に単条，非常に稀に2又は3分岐． ………………………… 38
34a	3-I は単条；9-VIII は通常単条，稀に2分岐．
	……………………………………　アカエゾヤブカ　*Ae. (Aedes) yamadai* (p. 62)
34b	3-I は2～4分岐；アカンヤブカで非常に稀に単条のことがあるが，その場合，9-VIII は4分岐か，それ以上． ……………………………………………… 35
35a	1-III は殆ど常に8分岐か，それ以上，非常に稀に6又7分岐；遊泳片は，より幅広く，遊泳片比1.08～1.36（x̄1.18）；2-VII は屡々（79%）1-VII の内方にあり，稀に（14%）**外方にある**． …………………………　セスジヤブカ　*Ae. (Och.) dorsalis* (p. 48)
35b	1-III は殆ど常に7分岐か，それ以下，トカチヤブカで非常に稀に8又は9分岐のことがある；遊泳片は，より幅狭く，遊泳片比凡そ1.4（1.14～1.67）；2-VII は様々． …… 36
36a	6-I は長く，腹部第1背板の1.05～1.92（x̄1.61）倍で，常に7-I より遥かに長い．
	……………………………………　アカンヤブカ　*Ae. (Och.) excrucians* (p. 48)
36b	6-I は短く，腹部第1背板の0.50～1.21（x̄0.83）倍で，7-I と同長か，より短い． … 37
37a	1-IV ～ VI は長さ夫々次節背板の凡そ1/2；遊泳片は通常，より幅狭く，遊泳片比1.14～1.61（x̄1.37）． …………………………　トカチヤブカ　*Ae. (Och.) communis* (p. 49)
37b	1-IV ～ VI は長さ夫々次節背板の1/2より遥かに短い；遊泳片は通常，より幅広い（Belkin, 1962, Fig. 268による）． …………………　ハマベヤブカ　*Ae. (Och.) vigilax* (p. 48)
38a	6-I は常に7-I より長く，腹部第1背板の0.81～2.00倍；1-IV は，より短く，通常次節背板の1/2より短い． ………………………………………………………………… 39
38b	6-I は長くとも7-I と同長（アッケシヤブカで稀に7-I より僅かに長いことがある），腹部第1背板の0.23～1.15倍（通常凡そ2/3）；1-IV は，より長く，通常，次節背板の1/2より長く，背板全長より長いこともある． ………………………………………… 40
39a	3-I は単条；9-VIII は通常単条，稀に2，3分岐．
	……　エゾヤブカ　*Ae. (Aed.) esoensis* (p. 61) 及びホッコクヤブカ　*Ae. (Aed.) sasai* (p. 62)
39b	3-I は殆ど常に2分岐，非常に稀に単条又は3分岐；9-VIII は2～8分岐で，3分岐の場合が最も多い． ……………………………　チシマヤブカ　*Ae. (Och.) punctor* (p. 49)
40a	1-II は5分岐か，それ以上（15分岐まで）；6-I は短く，腹部第1背板の0.23～0.67（x̄0.39）倍で，7-I より短い場合が多い．
	…………………………………　ダイセツヤブカ　*Ae. (Och.) impiger daisetsuzanus* (p. 48)
40b	1-II は殆ど常に4分岐か，それ以下，非常に稀に5分岐；6-I は腹部第1背板の0.43～1.15（通常凡そ3/4）倍で，7-I と同長か，稀に僅かに長い． ……………………………… 41
41a	5-III は通常単条，稀に2分岐，やや長く，通常第3背板の1/2以上．
	……………………………………　キタヤブカ　*Ae. (Och.) hokkaidensis* (p. 49)
41b	5-III は通常2～5分岐，短く，第3背板の1/2以下． ……………………………… 42
42a	9-VII は殆ど常に単条，非常に稀に2分岐．北海道と千島に分布．
	……………………………………　アッケシヤブカ　*Ae. (Och.) akkeshiensis* (p. 49)
42b	9-VII は2分岐（75%），又は単条（25%）．本州山地に分布．

| | ··· ハクサンヤブカ　*Ae. (Och.) hakusanensis*（p. 49） |

ヤブカ属成虫の亜属への検索表

1a　小盾板の両側片の鱗片は狭曲鱗である. ·· 2
1b　小盾板の両側片の鱗片は広扁鱗である. ·· 11
2a　頭頂の伏臥鱗片は細い，或いは中央のもののみが幅広い. ····························· 3
2b　頭頂の伏臥鱗片は大部分幅広い. ·· 8
3a　後胸亜基節に鱗片を持つ. ······ **セスジヤブカ亜属**（一部）（*Ochlerotatus*, part.）（p. 47）
3b　後胸亜基節に鱗片はない. ·· 4
4a　中胸亜基節の上縁は後脚基節の上縁より僅かに上にある．付節に白帯はない．中胸背は両側広く黄色. ················ **ナンヨウヤブカ亜属**（*Neomelaniconion*）（p. 61）
4b　中胸亜基節の上縁は後脚基節の上縁より明らかに上にある．付節に白帯がある．中胸背両側に広い黄色部はない. ··· 5
5a　翅基前隆に鱗片を欠く. ·· 6
5b　翅基前隆に鱗片がある. ·· 7
6a　中胸亜背板に鱗片がある. ······ **セスジヤブカ亜属**（一部）（*Ochlerotatus*, part.）（p. 47）
6b　中胸亜背板に鱗片がない. ··············· **エドウオーズヤブカ亜属**（*Edwardsaedes*）（p. 61）
7a　中胸背には淡色鱗より成る明瞭な条線又は斑紋がある．口吻は全体黒色鱗に覆われる.
　　·· **トウゴウヤブカ亜属**（一部）（*Finlaya*, part.）（p. 50）
7b　中胸背には明瞭な条線又は斑紋はない．口吻中央下面は広く淡色鱗に覆われる.
　　·· **キンイロヤブカ亜属**（一部）（*Aedimorphus*, part.）（p. 60）
8a　胸側の鱗片の無い所には多数の微毛がある．腹部側背板に鱗片を欠く.
　　··· **カニアナヤブカ亜属**（*Geoskusea*）（p. 60）
8b　胸側板に微毛はない．腹部側背板に鱗片がある. ······································· 9
9a　中胸背に斑紋がある．気門後域には鱗片がない.
　　·· **トウゴウヤブカ亜属**（一部）（*Finlaya*, part.）（p. 50）
9b　中胸背に斑紋はない. ·· 10
10a　中胸亜背板に鱗片がある．♀交尾器は単純．気門後域には鱗片がある.
　　··· **エゾヤブカ亜属**（*Aedes*）（p. 61）
10b　中胸亜背板に鱗片がない．♀交尾器は異常に複雑である．気門後域の鱗片は不定.
　　··· **フトオヤブカ亜属**（広義）（*Verrallina*, s. l.）（p. 62）
11a　頭頂の伏臥鱗片は大部分狭曲鱗である．中胸背に正中刺毛列を具える.
　　·· **キンイロヤブカ亜属**（一部）（*Aedimorphus*, part.）（p. 60）
11b　頭頂の伏臥鱗片は大部分広扁鱗である．中胸背に正中刺毛列を欠く. ············· 12
12a　触角梗節は多くとも4〜5枚の小さな鱗片を内側に持つのみ．付節は多くとも後脚の第1,2節に白帯を有するのみ. ········· **トウゴウヤブカ亜属**（一部）（*Finlaya*, part.）（p. 50）
12b　触角梗節は背面又は背側面を除き銀白色の広扁鱗で覆われる．後脚第1〜5付節全部に白帯を有する. ··· **シマカ亜属**（*Stegomyia*）（p. 55）

i. セスジヤブカ亜属　(*Ochlerotatus*)

中型乃至大型のカで，200近い種を有する大きな亜属で，ほとんど全世界に産するが，東洋熱帯

区に固有種は無く，エチオピア区も少ない．50種以上が北半球の寒帯亜寒帯に産し，年一回の発生で卵で越冬し，幼虫は雪解けと共に孵化し短時日で羽化．通常発生量は非常に大きく，成虫♀は夏季激しく人や動物を襲う．カナダのエルズミーア島でのカの世界最北（北緯81°49′）の記録とされたのは，この亜属の *impiger*（ダイセツヤブカの基亜種）と *nigripes* である．この2種を含む約20種は，旧北区新北区に広く跨って分布する環北極種といわれるものである．日本ではこの環北極種のうちの6種が北海道にいるが，この中の1種は北海道特産の別亜種とされる．温帯から熱帯にかけては，半塩水性の種が幾つかあり，時に大発生して社会的被害を齎すことがある．ハマベヤブカとセスジヤブカがこの仲間である．日本には，この他に2特産種，1東アジア種，1疑問種，計12種が記録されている．幼虫はヤブカ属としては比較的大きな水域に発生するものが多い．

セスジヤブカ亜属幼虫の種への検索表

1 a 側鱗は先端まで小棘によって縁取られる．最先端の小棘は時にやや大きいことがあるが，その両側の小棘の長さは最先端の小棘の少なくとも1/2はある．全側鱗は斑紋状に不規則に並ぶ．呼吸管櫛歯は等間隔に並ぶ． ·· 2

1 b 側鱗は刺型で一本（稀に2本）の強太の主棘を有し，基部両側には微棘を装う． ······ 4

2 a 1-P は2分岐で太く長い．13-III～V も太く長い．側鱗は28～81個，通常40個以上から成る． ·· トカチヤブカ *Ae. (Och.) communis*（p. 49）

2 b 1-P は単条で細く短い．13-III～V も細く短い．側鱗は15～33個． ···················· 3

3 a 1-A は2，3分岐．呼吸管櫛歯は7～12個，末端の櫛歯は呼吸管の基部から呼吸管全長の0.32～0.42の所にある． ································ ハマベヤブカ *Ae. (Och.) vigilax*（p. 48）

3 b 1-A は5～12分岐．呼吸管櫛歯は16～28個，末端の櫛歯は呼吸管の基部から呼吸管全長の0.45～0.51の所にある． ································ セスジヤブカ *Ae. (Och.) dorsalis*（p. 48）

4 a 呼吸管櫛歯は大体等間隔に並ぶ． ·· 5

4 b 呼吸管櫛歯は先端の1乃至数歯がより広い間隔をとる． ································ 10

5 a 2-, 3-P は 1-P よりも明らかに細く短い．8-P は短い．1-X は細く鞍板より短い．側鱗の先端棘は比較的弱い． ·· 6

5 b 2-P か 3-P 又は両方とも太く長く，しばしば 1-P とほとんど同長．8-P は中庸か，太く長い．1-X はやや強太で鞍板と同長か，より長い．側鱗の主棘は甚だ強太． ············ 7

6 a 5-C は単条でやや強太．12-I を欠く．7-II は 6-II の1/2以上．側鱗は9～17個． ································ ダイセツヤブカ *Ae. (Och.) impiger daisetsuzanus*（p. 48）

6 b 5-C は2～4分岐で細い．12-I はある．7-II は 6-II の1/2以下．側鱗は18～25個． ································ カラフトヤブカ *Ae. (Och.) sticticus*（p. 49）

7 a 1-M は 3-M より明らかに太く長い． ··· ハクサンヤブカ *Ae. (Och.) hakusanensis*（p. 49）

7 b 1-M は 3-M と同長か，より短く細い．（アッケシヤブカで稀に 1-M が 3-M より長いことがある．） ·· 8

8 a 6-IV, -V は単条；6-III はほとんど常に単条，非常に稀に2分岐．側鱗は6～22個，通常10個以上． ································ チシマヤブカ *Ae. (Och.) punctor*（p. 49）

8 b 6-III, IV, V はほとんど常に2分岐． ································ 9

9 a 側鱗は5～9，平均7.3．先端の呼吸管櫛歯に対する最大の側鱗の長さの比は0.92～1.29．13-V はほとんど常に2分岐．1～3-P はあまり強太ではない．3-P は通常2～4分岐． ································ キタヤブカ *Ae. (Och.) hokkaidensis*（p. 49）

9b 側鱗は8～16，平均11.7．先端の呼吸管櫛歯に対する最大の側鱗の長さの比は0.75～0.95．13-V はほとんど常に単条．1～3-P は強太で長い．3-P は通常単条．
.... アッケシヤブカ　*Ae. (Och.) akkeshiensis*（p. 49）

10a 側鱗は28～38個で不規則に斑紋状に並ぶ．呼吸管比4.2～4.9．
.... アカンヤブカ　*Ae. (Och.) excrucians*（p. 48）

10b 側鱗は8～16個で不規則な1列又は2列に並ぶ．呼吸管比3.0～3.7．……………………… 11

11a 触角は頭長より短い．5-C は 6-C のかなり後方にあり，真後ろか，僅かに内側に寄る．
.... サッポロヤブカ　*Ae. (Och.) intrudens*（p. 50）

11b 触角は頭長より長い．5-C は 6-C の明らかに内後方にある．
.... ヒサゴヌマヤブカ　*Ae. (Och.) diantaeus*（p. 50）

54. ハマベヤブカ　*Aedes (Ochlerotatus) vigilax* (Skuse, 1889)（幼虫：図67）

琉球列島（八重山群島黒島）；タイ以東の東洋熱帯区，オーストラリア区（南太平洋の島々の大部分を含む）．幼虫頭幅1.03～1.13mm．半塩水の水溜りに発生．黒島で1972年に幼虫が採集されたが，その後まったく発見されないので，偶産種と思われる．台湾，フィリピンにもおり，風に乗って南方から運ばれる可能性があり，再輸入もあり得る．南方では時に大発生し，大挙して人を襲い日常の活動を困難にして，経済的損害を与えることがあるという．

55. セスジヤブカ　*Aedes (Ochlerotatus) dorsalis* (Meigen, 1830)（幼虫：図68；蛹：図149d, 149h）

北海道，本州，四国，九州；全北区，台湾，メキシコ．幼虫頭幅1.13～1.26mm．半塩水の水溜りに発生．所により多産するが，産地は限定される．台湾では近年採集されておらず，過去の記録は誤同定か，或いは，その後に絶滅したものとされる（連，1978）．

56. アカンヤブカ　*Aedes (Ochlerotatus) excrucians* (Walker, 1856)

（幼虫：図69；蛹：図149b, 150a；成虫：図70）

北海道；全北区．日本の本亜属のカの中で最も大きい．幼虫頭幅1.50～1.61mm．成虫♀翅長4.3～6.8mm．気門後域，後胸亜基節にも鱗斑を有し，脚に白帯を具え，腹部背板は黒白の鱗片が混在し，明瞭な斑紋はない．山地平地の融雪水溜りに発生．他の寒帯亜寒帯の種とやや異なり，汚れた水にも住み，高温にも強い．全道に普通．分布が広いこともあり，地域により形態的に異なることが指摘され，南西ヨーロッパのものは，成虫♀の爪の形，幼虫の刺毛 1-I～III の有無，6-I～VI の分岐数，側鱗の数などにより別種とされた（Arnaud et al., 1976）．しかし，日本のものは，成虫では北アメリカのものに一致し，幼虫では南西ヨーロッパのものと一致する．又，日本のものと北アメリカのものは，必ずしも完全に同じではなく，相異点の評価が問題である．広い視野でもって再検討されなければならない．

57. ダイセツヤブカ　*Aedes (Ochlerotatus) impiger daisetsuzanus* Tanaka, Mizusawa et Saugstad, 1979

（幼虫：図71；幼虫大腮小腮：図 4-3, 4；蛹：図149e, 150b）

北海道．幼虫頭幅1.15～1.25mm．小腮内茎節は矩形で肢茎節は大きく長く，肉食性の種に近く，本属の大抵の種が桃型であるのと著しく異なる．これに反し，大腮は本属の種として典型的なもので全く特化しておらず，本種の食性が判断し難い．口器の分化と関連すると考えられる食性の研究がなされるべきである．大雪山中の湧駒別で，6月上旬，融雪水溜りで多数の幼虫が採集されたが，その他の地では記録がない．しかし，恐らく道央と道東の山地帯に分布していると考えられる．本種は全北区に広く分布する基亜種 *impiger impiger* とは，総体に刺毛が少なく短いこと，♂の胸側の刺毛の大部分が白色か黄白色であることで異なる．基亜種♂の胸側の刺毛は多くて長い上に黒色

か黒褐色で，この違いは非常に目立つ．又，生息地が基亜種では，森林の生育しない極地か高山であるのに対し，本亜種は森林限界内に住んでいる．このような点から，本亜種を独立の別種とする考えも成り立つが，♂の交尾器が全く一致し，幼虫に著しい相異は無く，特に顕著に特化した小腮の形態も一致するので，とりあえず，亜種として扱っている．

58. カラフトヤブカ Aedes (Ochlerotatus) sticticus (Meigen, 1838)（幼虫：図72）

　？　北海道；全北区．Yamada, 1927 により北海道北東部に産することが報じられたが，その後，本種が採集されたことが無い．Yamada が残した標本により，La Casse & Yamaguti, 1950；浅沼・他，1952 が♂交尾器を図示記載したが，軽微ながら真の sticticus との相異点が認められる．この種の正体を解明するには，Yamada の標本の産地である遠軽とその周辺で，幼虫を採集し羽化成虫を得なければならない．検索表の記述と図はアメリカ産の標本に拠った．

59. トカチヤブカ Aedes (Ochlerotatus) communis (DeGeer, 1776)（幼虫：図73；蛹：図151a）

　北海道；全北区．幼虫頭幅1.20〜1.34mm．山地平地の融雪水溜りに発生．各地に多いが道南では記録がない．

60. チシマヤブカ Aedes (Ochlerotatus) punctor (Kirby, 1837)（幼虫：図74；蛹：図151b）

　北海道，？　本州；全北区．幼虫頭幅1.27〜1.42mm．山地平地の融雪水溜りに発生．道南以外では普通．本州は♀の標本で記録されたもので，♂又は幼虫が得られなければ，同定を確認できない．

61. キタヤブカ Aedes (Ochlerotatus) hokkaidensis Tanaka, Mizusawa et Saugstad, 1979

（幼虫：図75；蛹：図149a, 149f, 152a）

　北海道．幼虫頭幅1.33〜1.37mm．平地の融雪水溜りに発生．今の所，道南でしか記録されていない．少ない．本種は初め hexodontus の亜種として記載されたが，hexodontus は全北区に分布し，北海道のものよりは遥かに高緯度の地方に産し，森林限界線付近に最も多いといわれ，更に北の方にも広がっている．北海道と同緯度の所では，森林限界を超えた高山荒原にいる．然るに，北海道のものは，より低緯度の平地に産し，生息地が異なる上，成虫では区別困難であるとはいえ，幼虫と蛹の形態に相異を認めることができるので，別種とされた（Tanaka, 1999）．

62. ハクサンヤブカ Aedes (Ochlerotatus) hakusanensis Yamaguti et Tamaboko, 1954

（幼虫：図76；幼虫大腮小腮：図4-1, 2；蛹：図152b）

　本州．幼虫頭幅1.25〜1.34mm．口器は齧り型の典型的なものである．高山の融雪水溜りに発生．基産地の加賀白山と飛騨山脈の高地帯でしか確認されていない．氷河時代の遺存種と考えられる．関東東北の山地からチシマヤブカとして記録されたものは，本種の可能性もないではない．

63. アッケシヤブカ Aedes (Ochlerotatus) akkeshiensis Tanaka, 1998

（幼虫：図77；蛹：図149g, 153a）

　北海道，千島．幼虫頭幅1.06〜1.44mm．平地の地上水溜りで発生．今の所，北海道では厚岸でしか見つかっていない．幼虫は丘陵地の麓の低地の地上の水溜りに5月中見られ，水温6℃でも成長し，15℃までが生育適温である．5月中に全て羽化を終えるようで，6月上旬には幼虫は全く見られず，成虫は後背の丘陵地の林内に無数に生息し，激しく人を襲う．この地方ではチシマヤブカも多く，アッケシヤブカと混生しているが，アッケシヤブカの方が多い．トカチヤブカ，エゾヤブカも少数ながら混生が見られた．チシマヤブカ，キタヤブカ，ハクサンヤブカ，アッケシヤブカの4種は，同じ種グループに属し，互いに酷似しており，成虫♀での区別は極めて困難である．しかし，♂交尾器と幼虫では的確に識別できるし，蛹でもかなりの程度識別可能である．

64. サッポロヤブカ Aedes (Ochlerotatus) intrudens Dyar, 1919（幼虫：図78；蛹：図153b）

　北海道；全北区．幼虫頭幅1.14〜1.34mm．平地山地の融雪水溜りに発生．北海道に広く分布し，

発生地では非常に多い．

65. ヒサゴヌマヤブカ　*Aedes (Ochlerotatus) diantaeus* Howard, Dyar et Knab, 1913（幼虫：図79）

　北海道；全北区．幼虫頭幅1.28～1.49mm．融雪期に山地の池沼に発生．近似の種より大きな水域に発生するようである．道南を除く山地帯に広く分布し，発生個所では非常に多い．

ii. トウゴウヤブカ亜属　*(Finlaya)*

　凡そ200種を含む大亜属で，その半数近くは東洋熱帯区に産し，次いでオーストラリア区に多く，エチオピア区，旧北区は少ない．南北アメリカにはいない．形態は多様で種群への分割がいろいろ試みられている．日本産のものは Tanaka et al., 1979 によりヤマトヤブカ，ハトリヤブカ，トウゴウヤブカ，ブナノキヤブカ，ワタセヤブカ，オキナワヤブカ，ケイジョウヤブカ，エセチョウセンヤブカ，シロカタヤブカの9群に分けられたが，これらは下記幼虫の検索表，前記蛹の検索表（42～44頁）により，又，♂交尾器の形態により截然と区別される．幼虫は，樹洞，竹の切株，岩の凹みなどの小さな水域に発生するものが多い．日本産は13種，多くは山地の森林地帯に生息する．

トウゴウヤブカ亜属幼虫の種への検索表

1a　呼吸管櫛の1乃至数本の先端櫛歯は他より広い間隔で生じ，強太で腹側の小歯を欠く．1-S は呼吸管櫛の先端より基部寄りに生ずる．側鱗は先端円く，側縁から先端まで微棘で縁取られる；数は32～93で斑紋状に不規則に並ぶ．（ヤマトヤブカ群）
　　　　　　　　　　　　　　　　　　　　　　ヤマトヤブカ　*Ae. (Fin.) japonicus* (p. 51)

1b　呼吸管櫛歯は全て等間隔に生ずる．1-S は呼吸管櫛の末端又は，それより先の方に生ずる．
　　　　　　　　　　　　　　　　　　　　　　　　　　　　　　　　　　　　　2

2a　側鱗は櫂型で側縁から先端まで微棘で縁取られ，斑紋状に不規則に並ぶ．4-C は非常に小さい．　　　　　　　　　　　　　　　　　　　　　　　　　　　　　3

2b　側鱗は刺型で強太な主棘を持つ．4-C は良く発達している．　　　　　　　　9

3a　6-C は 5-C と略々同長かより短く，分岐する（ワタセヤブカのみ単条）．　　4

3b　6-C は 5-C より遙かに長く単条．（オキナワヤブカ群）　　　　　　　　　8

4a　触角は微棘で覆われる．1-A は分岐する．5-，6-C は大体同水準にある．　　5

4b　触角は平滑か，或いは極微の棘を粗に具えるに過ぎない．1-A は通常単条（非常に稀に2分岐）．5-C は明らかに 6-C の後方にある．　　　　　　　　　　7

5a　1-M, -T は強太で基部周囲の皮膚は硬結し瘤状となる．（ハトリヤブカ群）
　　　　　　　　　　　　　　　　　　　　　　ハトリヤブカ　*Ae. (Fin.) hatorii* (p. 52)

5b　1-M, -T は細く短く，基部周辺の皮膚は硬結しない．（トウゴウヤブカ群）　　6

6a　下唇背基節の歯は30～36個．3-VII は 4-VII より長く強壮．呼吸管の微細彫刻は明瞭である．　　　　　　　　　　　　　　　　　トウゴウヤブカ　*Ae. (Fin.) togoi* (p. 53)

6b　下唇背基節の歯は20～23個．3-VII は 4-VII より短い．呼吸管の微細彫刻は非常に微かである．　　　　　　　　　　　　　　　　セボリヤブカ　*Ae. (Fin.) savoryi* (p. 53)

7a　4-C と 6-C は大体同水準にある．6-C は2～4分岐．1～3-P の基部周辺は硬結していない．1-P は 3-P より明らかに長い．（ブナノキヤブカ群）
　　　　　　　　　　　　　　　　　　　　　　ブナノキヤブカ　*Ae. (Fin.) oreophilus* (p. 54)

7b　4-C は 6-C のかなり後方にある．6-C は単条．1～3-P は硬結部から生ずる．1-P は 3-P と大体同長．（ワタセヤブカ群）　　　　ワタセヤブカ　*Ae. (Fin.) watasei* (p. 55)

8a	側鱗は45～65個．13-III～Vはやや長く2～4分岐．
	………………………………… オキナワヤブカ　*Ae. (Fin.) okinawanus*（p. 53）
8b	側鱗は28～38個．13-III～Vは短く4～8分岐．
	………………………………… コバヤシヤブカ　*Ae. (Fin.) kobayashii*（p. 53）
9a	側鱗は35～59個で斑紋状に不規則に並ぶ．呼吸管櫛歯は両側微棘で縁取られる．（ケイジョウヤブカ群）………………………………………………………………… 10
9b	側鱗は6～17個で一列に並ぶ．呼吸管櫛歯は腹面基部に小歯を具えるのみ．……… 11
10a	1-Aは3～5分岐．……………………… ムネシロヤブカ　*Ae. (Fin.) albocinctus*（p. 53）
10b	1-Aは単条．…………………………… ケイジョウヤブカ　*Ae. (Fin.) seoulensis*（p. 53）
11a	2-Iは非常に小さく1～2分岐．触角は長く先端半分は細い．大腿の腹側歯は第3内側小歯 VT_3 を有する．（エセチョウセンヤブカ群）
	…………………………… エセチョウセンヤブカ　*Ae. (Fin.) koreicoides*（p. 54）
11b	2-Iは強壮で亜星状，1-Iと同長に近く3～8分岐．触角は短い．大腿の腹側歯は第3内側小歯を欠く．（シロカタヤブカ群）……………………………………………… 12
12a	尾葉の長さは鞍板の1.2～1.7倍．………… シロカタヤブカ　*Ae. (Fin.) nipponicus*（p. 54）
12b	尾葉の長さは鞍板の0.5～0.7倍．………… ニシカワヤブカ　*Ae. (Fin.) nishikawai*（p. 54）

66. ヤマトヤブカ　*Aedes (Finlaya) japonicus* (Theobald, 1901)

　日本列島，琉球列島；朝鮮半島南部，済州島，中国中南部，台湾，海南島，香港．幼虫頭幅0.95～1.11mm．通常のものの他に，多くの刺毛が太く分岐数も多い多毛型が種内に現れるが，分岐数の倍加現象は明瞭でない．成虫♀翅長3.0～5.3mm．触角梗節の鱗片は通常黒色鱗の方が白色鱗よりも多い．前胸背後側片には通常暗色鱗はない．中胸背には黄褐色鱗片による縦条紋がある．小盾板両側片は狭曲鱗のみをを具える．亜背板には鱗片はない．気門下域には通常白色鱗斑を欠く．前脚付節基部の1～2節，中脚付節基部の2～3節，後脚付節基部の3～4節に基部白帯を有する；但し，後脚第4付節のものは数枚の白色鱗が上面にあるだけで帯状にならないことが多い．岩上の水溜りに最も多く見られ，その他多種多様の自然及び人工の容器に発生する．日の当たらない陰を好む．分布地全域に極めて普通で，奄美，八重山でも多いが，沖縄群島では多くの研究者により良く調査されているにも拘らず，1976年と1979年に本島北部において僅か2回幼虫が採集されたに過ぎない（当間・宮城，1981）．事実上，琉球列島では分布は不連続であると見なされる．奄美群島と八重山群島のポピュレイションが形態的にかなり異なっている事実も肯ける．本種は，旧北区に属する日本と朝鮮半島南部（済州島を含む）のポピュレイションは基亜種 *japonicus*，東洋熱帯区に属する奄美群島のものは亜種 *amamiensis*，八重山群島のものは亜種 *yaeyamensis*，台湾のものは亜種 *shintienensis*，そして中国南部のものは多分亜種 *eucleptes* として区別される．

　a. （ヤマトヤブカ）Subsp. *japonicus* (Theobald, 1901)（幼虫：図80；蛹：図154；成虫：図81）
　北海道，本州，四国，九州，対馬，屋久島；朝鮮半島南部，済州島．幼虫呼吸管比は2.69～3.90(3.38)；5-Pは2，3分岐；7-Pは2～4分岐；尾葉は背腹大体同長．成虫雌の胸部の地色は黒褐色．後脚腿節の基部前の黒帯は完全かほとんど完全．頭頂の直立叉状鱗は全部黒褐色か，一部（9枚以下）淡色鱗を混ずるもので大部分を占める．前胸背前側片は白色の広扁鱗に覆われ，時に後上方に若干の三日月型狭曲鱗を混ずる．後側片は，前上方は黄白色の三日月型狭曲鱗又は淡黄褐色の細い狭曲鱗，後下方は白色の広扁鱗で覆われる．日本のものでは通常広扁鱗が多いが，朝鮮のものでは通常三日月型鱗が多い．気門下域には通常鱗片は無いが，ごく稀に1～5枚の白色広扁鱗を持つこ

とがある．翅の前縁脈基部下面には白色又は灰白色の鱗片を持ち，多くの場合完全な斑紋を形成する．後脚第4付節は通常全体黒褐色鱗で覆われるが，時に基部に白鱗を持つことがある．しかし，白帯を持つことは極めて稀である．R_2比は♀2.24〜4.58，♂1.66〜2.67．♂交尾器の挿入器の長幅比は1.61〜2.18（平均1.83）．背面亜端橋は通常不明瞭．

b．（アマミヤブカ）Subsp. *amamiensis* Tanaka, Mizusawa et Saugatad, 1979（蛹：図155）

琉球列島(奄美群島)．幼虫呼吸管比は2.58〜3.05(2.85)で全亜種の中で最も短い．5-Pは通常単条，稀に多毛型で2分岐，7-Pは単条，多毛型は2分岐．尾葉は背側のものが腹側のものより明らかに長い．蛹の遊泳片は通常角張っているが，日本の他の2亜種と台湾の亜種では何れも真円かそれに近い楕円である．成虫雌の胸部の地色は淡褐色乃至やや濃い褐色．後脚腿節基部前の黒帯は通常不完全，ごく稀に完全，全く欠くものは無い．頭頂の直立叉状鱗は9枚以下の淡色鱗を混ずるものが最も多く，全て黒褐色のものは約1/4，淡色鱗10枚以上を持つものは非常に少ない．前胸背前側片の鱗片は通常全て広扁鱗であり，約10%が三日月型鱗を混ずる．後側片の鱗片は細い狭曲鱗が三日月型鱗より多く，広扁鱗は非常に少ない．気門下域には通常鱗片は無いが，時に1〜3枚の広扁鱗を持つものがある．翅の前縁脈基部下面は全く黒褐色鱗に覆われるか，白色又は灰褐色の鱗片数枚を混ずるだけで，斑紋は形成しない．後脚第4付節は時に1〜3枚の白鱗を基部に持つ．R_2比は基亜種と大差ない．♂の挿入器の長幅比は1.71〜2.08（1.81）．

c．（サキシマヤブカ）Subsp. *yaeyamensis* Tanaka, Mizusawa et Saugstad, 1979（蛹：図156）

琉球列島（八重山群島）．幼虫呼吸管比は3.41〜4.03（3.69）で全亜種中最も細長い．蛹では，刺毛6-C，8-VII，4-VIIIの分岐数が他の3亜種と異なる（変異の幅は多少重なる）．成虫♀の胸部の地色は前亜種と同じく淡褐色乃至やや濃い褐色．後脚腿節基部は全体白鱗で覆われ黒帯は全く無く，稀に2,3枚の黒鱗があるに過ぎない．頭頂の直立叉状鱗には通常10以上の淡色鱗が混じている．前胸背前側片は通常広扁鱗と三日月型鱗を有し，その割合は様々である．後側片には細い狭曲鱗が三日月型鱗より多く，広扁鱗は時に数枚が後下方に現れるに過ぎない．気門下域に鱗片は無い．前縁脈基部下面には通常小さな淡色鱗斑があり，全く淡色鱗の無いものは非常に稀である．後脚第4付節はしばしば基部側面寄りに一枚又は数枚の白色鱗を持つ．R_2比は♀1.74〜2.86（2.39）で平均値で他の亜種より著しく小さい．これは変異幅の大きな形質であるが，この場合，重なる部分も小さい．♂の挿入器の長幅比は1.81〜2.31（2.05）で台湾の亜種と共に最も細い．背面の亜端橋は明瞭．口吻は小腮肢，触角に比し，基亜種におけるより短い．

台湾の亜種 *shintienensis* Tsai et Lien, 1950 は♂の挿入器，♀の前胸背の鱗片の状態では *yaeyamensis* に一致するが，後脚腿節基部の黒帯が中国大陸南部のものと共に全亜種の中で最も発達しており，黒帯を全く欠く *yaeyamensis* と対蹠的である．又，胸部の地色も黒褐色で，最も顕著な特徴であるこの二つの点で，分布が隣り合わせの *yaeyamensis* と異なり，分布に著しい隔たりのある旧北区の基亜種に近いのは興味深い．尚，中国大陸南部と香港の *eucleptes* Dyar, 1921 は幼虫呼吸管櫛の遊離した先端の幾つかの櫛歯の発達が特に著しい．

67．ハトリヤブカ *Aedes (Finlaya) hatorii* Yamada, 1921（幼虫：図82；蛹：図157）

本州，四国，九州，対馬；朝鮮半島，済州島，中国南部，台湾．幼虫頭幅1.12〜1.19mm．岩上の水溜りに多く発生，時にコンクリート，石などでできた人工容器．各地に普通．海老根，1969によると幼虫は日向日陰を問わず発生し，大部分卵で越冬するが一部第4令幼虫で越冬する．

68．トウゴウヤブカ *Aedes (Finlaya) togoi* Theobald, 1907（幼虫：図83；蛹：図158）

南千島，北海道，本州，伊豆諸島，四国，九州，対馬，屋久島，琉球列島，大東諸島，小笠原群島，マーカス島，？硫黄島；朝鮮半島，済州島，沿海州南部，サハリン，中国大陸，台湾，海南島，

タイ，マレー半島，カナダ，アメリカ合衆国北部．幼虫頭幅0.94～1.18mm．潮溜り及び岩上の海水，半塩水の水溜り，時に人口容器に発生．海岸地域に多い．第2次大戦中は防火用水に発生し，内陸の都会地に侵入したが，今ではほとんど内陸では見られない．年数回（九州北部で最高6回）の発生で，通常卵で越冬，暖地では幼虫でも越冬する．無吸血産卵をするものがあり，実験的低温短日条件下で，成虫雌の翅長，無吸血産卵雌の数，その産卵数が増加する（Sota & Mogi, 1994）．事実，温帯日本では無吸血産卵雌は大型で，春秋に多く夏季には出ない．又，北海道最北部のものはほとんど全て無吸血産卵である．北米のものは形態的生理的性質が温帯日本のものに一致し，そこから人為的に移入されたと考えられる．マレー半島のものも，はじめ日本から移入されたといわれたが，これは翅長短く，幼虫は休眠せず，ほとんど全てが無吸血産卵であるので，温帯日本のものに一致せず，この説は否定された（Mogi et al., 1995）．ヒト及びイヌのフィラリア症の重要媒介者である．

69. セボリヤブカ *Aedes (Finlaya) savoryi* Bohart, 1957 （幼虫：図84；蛹：図159）

小笠原群島．幼虫頭幅0.82～1.03mm．岩上の半塩水の水溜りに発生．人工容器には発生しないらしい（Wada et al., 1973）．本種の成虫は小腮肢と脚に白帯が無いため，一見かなり違った種に見えるが，トウゴウヤブカとは成虫幼虫ともそれ以外では酷似しており，とくに♂の交尾器はほとんど一致し，又生態もほぼ同様であり，系統的には非常に近い種であると思われる．恐らく共通祖先形種が古くこの島に到達して特化し，東アジアで別個に繁栄したトウゴウヤブカが，近年に人為的にこの島に輸入されたのではないかと思われる．小笠原群島では10種のカが記録されているが，その内の4種が特産種であり，本種はその一つである．

70. ケイジョウヤブカ *Aedes (Finlaya) seoulensis* Yamada, 1921 （幼虫：図85；蛹：図160）

九州（福岡県沖ノ島）；朝鮮半島，中国北部．幼虫頭幅0.78～0.82mm．樹洞に発生．日本での記録は，茂木，1977の筑前沖ノ島が唯一のもので，幼虫が一匹採集されているだけである．

71. ムネシロヤブカ *Aedes (Finlaya) albocinctus* (Barraud, 1924)

琉球列島（八重山群島西表島）；台湾，中国（四川，雲南），ヒマラヤ西部，南インド．日本では，西表島でBohart, 1959が3♀を，Toma & Miyagi, 1986が1♀を人囮法で採集したに過ぎない．幼虫は日本では未発見．検索表の記述はChow & Mattingly, 1951に拠った．

72. コバヤシヤブカ *Aedes (Finlaya) kobayashii* Nakata, 1956 （幼虫：図86；蛹：図161）

北海道，本州，九州；朝鮮半島．幼虫頭幅1.07～1.12mm．樹洞に発生，稀種．Danilov, 1977は本種とウスリーに産する *Ae. (Fin.) alektorovi* Stackelberg, 1943 とが同種であるとしたが，日本の標本を実際に見たか否か明らかでなく，これに無条件で従うことはできない．

73. オキナワヤブカ *Aedes (Finlaya) okinawanus* Bohart, 1946

屋久島，琉球列島；台湾．本種はLien, 1968以来，台湾の *taiwanus* Lien, 1968と共にアンボイナ島を基産地とする *aureostriatus* (Doleschall, 1857) の亜種とされてきた．インドの *greenii* (Theobald, 1903)，セイロンの *kanaranus* (Barraud, 1924) も同様 *aureostriatus* の亜種とされていた．最近，Harrison et al., 1990は *greenii* を独立種とし，インドの他，ビルマ，タイ，マレー半島，フィリピンで *aureostriatus* と同定されていたものは全て *greenii* であり，*kanaranus* はその同種異名とし，*okinawanus, taiwanus* は *aureostriatus* よりは *greenii* に近いとした．琉球のものがフィリピンのものと異なることは，既に筆者・他（Tanaka et al., 1975, 1979）が指摘したところである．他地方のものとの比較検討が現状では未だ不充分であるが，ここでは取敢えずBohart, 1946に戻って *okinawanus* を独立種として扱うこととした．*taiwanus* は *okinawanus* の亜種となり，琉球には両亜種を産する．

a. （オキナワヤブカ） Subsp. *okinawanus* Bohart, 1946 （幼虫：図87；蛹：図162a-d）

屋久島，琉球列島（奄美及び沖縄群島）．幼虫頭幅0.90～1.03mm．7-P, 1-III, -IV は通常2分岐．

成虫中胸上後側板に下方刺毛3〜6本を有する．通常樹洞に生息，時に木性シダや竹の切り株，岩上の水溜り，墓石などで発見される．奄美，沖縄では普通，屋久島では少ない．

　b.（ヤエヤマヤブカ）Subsp. *taiwanus* Lien, 1968（蛹：図162e）

　琉球列島（八重山群島）；台湾．成虫中胸上後側板に下方刺毛は無い．この刺毛は重要な分類学的特徴であって，種内にこのような相異が出ることは異例であり，強力な亜種的標徴となる．幼虫7-P は通常3分岐，1-III, -IV は通常単条である．幼虫では両亜種間にあまり顕著な差は無い．

74．エセチョウセンヤブカ　*Aedes (Finlaya) koreicoides* Sasa, Kano et Hayashi, 1950
（幼虫：図88；蛹：図163）

　北海道，本州，四国（新記録），屋久島；中国（吉林）．幼虫は山地の樹洞に生息，稀種である．最近，四国産の次の標本を見る機会があった．1♀，剣山，24-vii-1966，田中梓氏採集．

75．シロカタヤブカ　*Aedes (Finlaya) nipponicus* La Casse et Yamaguti, 1948
（幼虫：図89；蛹：図164）

　北海道，本州，伊豆諸島，四国，九州，対馬，屋久島；朝鮮半島，沿海州南部，中国大陸．幼虫頭幅0.73〜0.91mm．通常樹洞に発生，時に竹の切り株，岩上の水溜り，人工小容器で見つかる．何処でもあまり多くない．

76．ニシカワヤブカ　*Aedes (Finlaya) nishikawai* Tanaka, Mizusawa et Saugstad, 1979
（幼虫：図90；蛹：図165）

　琉球列島（トカラ及び奄美群島）．幼虫頭幅0.80〜0.86mm．樹洞で採集される．奄美群島では多い．シロカタヤブカに近い種であるが，幼虫では検索表に示した点以外では，15-C の芒がニシカワでは弱いか中庸で，シロカタでは強い；1-II の分岐数は 2-II の分岐数よりもニシカワでは通常多いが，シロカタでは少ないことが多い；ニシカワでは，11-P は 3〜6（平均4.9）分岐，14-M は 7〜13（9.4）分岐，4-II は 7〜12（8.5）分岐であるに対し，シロカタでは，11-P は 2〜4（2.8），14-M は 3〜10（6.2），4-II は 4〜9（6.3）という相違があるが，同定の為には何れも限定的にしか使えない．成虫は中胸背の白肩紋が小さく側縁では側角で終わっていること，♂の小腮肢が口吻より明らかに短いことで識別容易である．シロカタヤブカでは♂の小腮肢は口吻とほぼ同長である．

77．ブナノキヤブカ　*Aedes (Finlaya) oreophilus* (Edwards, 1916)　（幼虫：図91；蛹：図166）

　北海道，本州，九州；朝鮮半島，中国（四川，雲南），インド北部．幼虫頭幅0.9〜1.1mm．樹洞に生息，稀に落葉の溜った岩上の水溜りで見つかる．山地に普通．日本からは Hara, 1959 が青森県十和田から記録したのが最初で，中田, 1962 は，青森県梵珠山を基産地として記載された *bunanoki* Sasa et Ishimura, 1951をその同種異名とした．その根拠は Hara の同定と同じく Barraud, 1934 の短い記載である．基産地（西部ヒマラヤ）との間に広大な空白域があるので，簡単な記載のみに拠って同定したり，学名の改廃を行うのは危険であるので，筆者・他（Tanaka et al., 1979）はヒマラヤ西部の成虫♀♂各2個体，幼虫5個体を調べたが，成虫は♂の交尾器を含めて概ね一致した．しかし，幼虫は総体に体刺毛が強く，分岐数もやや多く，呼吸管櫛は呼吸管の基部1/3から2/5に達するのみで，櫛歯数も少なく12〜20（平均15.4）でかなり明瞭な相異があった．日本のものは呼吸管櫛は呼吸管のほぼ中央に達し，櫛歯の数は19〜25（21.7）である．多数の材料に基づいて，ヒマラヤの個体群におけるこれらの相異が固定的であることが確かめられれば，*bunanoki* を亜種として復活させ得る可能性が十分あると考えられる．この種はヒマラヤ廻廊へ分布を伸ばした西部シナ系要素の一つであると思われる．

78．ワタセヤブカ　*Aedes (Finlaya) watasei* Yamada, 1921　（幼虫：図92；蛹：図167）

　壱岐，九州，屋久島，琉球列島（奄美，沖縄及び八重山群島）．幼虫頭幅0.78〜0.90mm．樹洞に

生息，稀に岩上の水溜りでも見つかる．琉球では少なくないが九州では甚だ稀で長崎県のみで見つかっており，基産地の大村の他，平戸 (大森，1962)，壱岐 (Mogi et al., 1981)，福島と鷹島 (Mogi & Sota, 1998) が記録されているに過ぎない．これに似た分布様式を示しているものは，本種の他にリヴァースシマカ，コガタフトオヤブカがあり，何れも九州での生息地は局所的で，特に沿岸地域と近海小島嶼に限られている．九州における分布は遺存分布であると考えられる．

iii. シマカ亜属 *(Stegomyia)*

幼虫は検索表で示したような特徴で他の全ての亜属から分離され，ヤブカ属の中ではかなり特異である．成虫は銀白色の顕著な条線や斑紋を持つものが多い．全世界に100をやや超える種類がおり，大部分は南太平洋の島々，アジア南部，アフリカの熱帯，亜熱帯地域に産し，旧北区産は数種に過ぎない．黄熱病，デング熱，フィラリア症の重要媒介者を含む．アフリカ原産のネッタイシマカとアジア原産のヒトスジシマカは，本来この亜属のカのいない南北アメリカを含む全世界の温帯熱帯に人為的に広がり，大問題となっている．日本産はこの2種を含む7種である．しかし，ネッタイシマカは定着していない．日本産7種のうち，*scutellaris* 群に属するものは幼虫による識別が非常に難しいが，重要な種類を含んでいるので，この亜属に限り，より同定の容易な成虫の種への検索表も示す．蛹も幼虫より同定容易で，既に42〜43頁に示した．

シマカ亜属幼虫の種への検索表

- **1a** 側鱗の基部両側は多数の大体同大の微棘で縁取られる．1-Md (図96参照) は良く発達し，通常2本が接して並び，それぞれ2〜7分岐する．(*scutellaris* 群) ······· 2
- **1b** 側鱗の基部両側は少数の大小不同の小棘を具える．1-Md は非常に小さく，1本の場合が多く，単条又は2分岐．(*aegypti* 群) ······· 9
- **2a** 旧北区日本 (北海道〜屋久島) 産．······· 3
- **2b** 琉球列島，大東諸島，小笠原群島産．······· 6
- **3a** 2-VII, 9-VI は通常5分岐以上．5-III, -VI は通常6分岐以上．······· 4
- **3b** 2-VII, 9-VI は通常1, 2分岐．5-III, -VI は通常1〜3分岐．鞍板は不完全．······· 5
- **4a** 4-P は1, 2分岐．14-P は2, 3分岐．鞍板は通常完全．
  ······· ミスジシマカ *Ae. (Stg.) galloisi* (p. 58)
- **4b** 4-P は3〜18分岐．14-P は4〜16分岐．鞍板は常に不完全．
  ······· ヤマダシマカ *Ae. (Stg.) flavopictus flavopictus* (p. 58)
- **5a** 6-C は通常単条．腹側の尾葉は背側のものより通常短い．
  ······· リヴァースシマカ (一部) *Ae. (Stg.) riversi* (part.) (p. 57)
- **5b** 6-C は通常2分岐．尾葉は背腹通常同長．
  ······· ヒトスジシマカ (一部) *Ae. (Stg.) albopictus* (part.) (p. 58)
- **6a** 5-VIII は通常2分岐，稀に単条．6-C は通常単条，稀に2分岐．
  ······· ダイトウシマカ *Ae. (Stg.) daitensis* (p. 57)
- **6b** 5-VIII は3〜8分岐 (ヒトスジシマカでは2〜6分岐であるが，6-C は通常2分岐，稀に単条)．······· 7
- **7a** 6-, 10-C は通常単条，稀に2分岐．側鱗の主棘は基底の長さより通常短く，両側の微棘による縁取りはより明瞭で主棘の半ば又はそれ以上に達する．側鱗の幾つかは主棘が2叉することがあり，又，2個の側鱗が基部で融合することがある．

　　　　　　　　　　…………………………………… リヴァースシマカ（一部） *Ae. (Stg.) riversi* (part.) (p. 57)

7b 6-C は通常2分岐，稀に単条か3分岐．側鱗の主棘は基底の長さと通常同長かそれより長い．両側の微棘による縁取りはより微細で主棘の基部近くにかぎられる． ………… 8

8a 10-C は通常単条，稀に2分岐．背腹の尾葉は通常同長．
　　　　　　　　…………………………………… **ヒトスジシマカ**（一部） *Ae. (Stg.) albopictus* (part.) (p. 58)

8b 10-C は通常2分岐，稀に単条か3分岐．腹側の尾葉は背側のものより通常短い．
　　　　　　　　…………………………………… （ダウンスシマカ） *Ae. (Stg.) flavopictus downsi* (p. 59)
　　　　　　　　…………………………………… （ミヤラシマカ） *Ae. (Stg.) flavopictus miyarai* (p. 59)

9a 8-, 14-P はそれぞれ3〜4, 2〜4分岐．2-VI, -VII は単条．
　　　　　　　　…………………………………… **ネッタイシマカ** *Ae. (Stg.) aegypti* (p. 59)

9b 8-, 14-P, 2-VI, -VII はそれぞれ8〜11, 6〜15, 3〜7及び3〜6分岐．
　　　　　　　　…………………………………… **タカハシシマカ** *Ae. (Stg.) wadai* (p. 59)

シマカ亜属成虫の種への検索表

1a 中胸背は銀白色又は黄白色の一本の正中条を有する．複眼は腹面よりも背面でより広く隔たっている．♀小腮肢第3節は長く第2節の1.4〜2.2倍．♂交尾器肛側板は腹面内方に突起を欠く；第9背板は前縁凸型か中央が突出する．（scutellaris 群） …………………… 2

1b 中胸背に正中条はない．複眼の隔たりは背面でより狭い．♀小腮肢第3節は短く第2節の0.9〜1.2倍．♂交尾器肛側板は腹面内方に大きな突起を持つ．第9背板は前縁凹型．（aegypti 群） ………………………………………………………………………………… 6

2a 腹部背板は基部白帯を欠く；両側に基部又は基部後白斑があり，往々背上に伸長し完全又は不完全な基部後白帯を形成する．♂交尾器小把握器は生殖基節の半ばに達するのみ．
　　　　　　　　…………………………………………………………………………………… 3

2b 腹部背板は基部白帯を有する． ………………………………………………………… 4

3a 中胸背正中条は細く銀白色．胸部側面には，銀白鱗による前後に平行に走る明瞭な2横条がある．気門下域は鱗斑を欠く．♂交尾器第9背板は，前縁に広く微毛を具える．
　　　　　　　　…………………………………… **リヴァースシマカ** *Ae. (Stg.) riversi* (p. 57)

3b 中胸背正中条は太く黄白色．胸部側面の白鱗斑は明瞭な2本の平行条を形成しない．気門下域に白鱗を具える．♂交尾器第9背板は両側に短毛群を有する．
　　　　　　　　…………………………………… **ダイトウシマカ** *Ae. (Stg.) daitensis* (p. 57)

4a 気門後域は白鱗斑を持つ．♂♀前中脚の爪は2本とも1歯を具える．中胸背は前半側縁に沿い銀白条があり，これは側角で内側に入り，後背中毛列に沿って後方に伸びる．♂交尾器小把握器は生殖基節の半ばに達するのみ；挿入器の最大幅は基半部にある；第9背板の中央部は顆粒を具える． ……………… **ミスジシマカ** *Ae. (Stg.) galloisi* (p. 58)

4b 気門後域は白鱗斑を欠く．♀の爪には歯がなく，♂は前中脚の長いほうの爪にのみ歯がある．中胸背には上記のような銀白条はない．♂交尾器小把握器は生殖基節の少なくとも先端1/3の所に達する；挿入器の最大幅は先半部にある；第9背板に顆粒はない．
　　　　　　　　…………………………………………………………………………………… 5

5a 中胸背側縁の翅基部の上方にある鱗斑は黄白色乃至黄褐色の細いか，又は三日月型の狭曲鱗より成る．後凹陥毛1本を有する．後脚第1付節は基部2/3から5/6が白い．♂交尾器第9背板の前縁は単に凸型で鋸歯状である．

カ科 57

.... ヤマダシマカ *Ae. (Stg.) flavopictus*（p. 58）
5b 中胸背側縁の翅基部の上方にある鱗斑は銀白の広扁鱗より成る。後凹陥毛はない。後脚第1付節は基部3/5から2/3が白い。♂交尾器第9背板の前縁は中央突起を有し、鋸歯状でない。.. ヒトスジシマカ *Ae. (Stg.) albopictus*（p. 58）
6a 頭盾には鱗片がある。中胸背は細い亜正中条一対を具える。♀の前中脚の爪、♂の前脚の長い方の爪は1歯を具える。♂交尾器生殖端節は中央やや先端寄りのところで少し膨大する；小把握器は生殖基節の先端近くに達する；第9背板前縁は中央深く凹み、両側は三角形に強く突出する。.. ネッタイシマカ *Ae. (Stg.) aegypti*（p. 59）
6b 頭盾には鱗片がない。中胸背は亜正中条を欠く。♂♀共爪に歯がない。♂交尾器生殖端節は先端に向かい次第に細まる；小把握器は生殖基節の先端1/3から2/5の所に達する；第9背板前縁は凹型で、中央両側で少し膨出する。
.... タカハシシマカ *Ae. (Stg.) wadai*（p. 59）

79. リヴァースシマカ *Aedes (Stegomyia) riversi* Bohart et Ingram, 1946（幼虫：図93；蛹：図168）
　四国、対馬、壱岐、九州、屋久島、琉球列島（宮古群島を除く）。幼虫頭幅0.65〜0.90mm。蛹の呼吸角長0.38〜0.50mm、遊泳片長0.57〜0.79mm。樹洞、竹の切り株、岩上の水溜り、種々の人工容器に発生。ヒトスジシマカに比べれば野性的で、主に利用されるのは初めの三つである。地域によってそれらの利用度が異なるようで、ランダムな採集の結果では、奄美では半数以上（57％）が樹洞から得られ、次いで竹の切り株（27％）、岩上の水溜り（16％）の順であった。沖縄本島では多く（73％）が岩上の水溜りで得られ、樹洞は20％であった。石垣西表では大部分（84％）が樹洞で得られ、岩上の水溜りはわずか（12％）であった。沖縄と八重山における違いは既にBohart, 1959 も指摘しているが、地質や植生など自然条件の違いによる、これらの自然容器の多寡の地域による違いについても考える必要がある。本種は琉球列島に極めて多い。九州では産地は局地的で、沿岸部と近海小島嶼に限られ、九州本土内部にはいない。今までにわかっている産地は、対馬（大森・伊藤, 1961）、鹿児島県佐多岬（Tanaka et al., 1975）、長崎県福江島及び男女群島（Mogi, 1976）、大隈半島南部（江下・栗原, 1979）、壱岐、筑前沖ノ島、佐賀県加部島、宮崎県日南海岸（Mogi, 1990）、佐賀県本土の唐津市鎮西町（Sota et al., 1992）で、最近、福島（長崎県）、鷹島（長崎県）、足摺岬、土佐清水が追加された（Mogi & Sota, 1998）。少なくとも九州北部の開発の進んでいない自然林地域の産地は、遺存分布であるという説（Mogi, 1976, 1990）が納得できるが、南部の産地の或ものは近年の温暖化傾向による北進ということも考えられるであろう。本種は *scutellaris* 亜群に属し、この亜群の種の中で、最北に分布する。近似種は台湾から南方にいる。

80. ダイトウシマカ *Aedes (Stegomyia) daitensis* Miyagi et Toma, 1980（幼虫：図94）
　大東諸島。幼虫は樹洞に発生、時に人工容器でもみつかる（Miyagi & Toma, 1980）。成虫腹部の斑紋は *scutellaris* 亜群の特徴を持つが、胸部側面の斑紋は平行条を成さない。大東諸島では14種のカが記録されているが（内一種は種名未確定）（当間・宮城, 1980）、本種だけが特産種で、他は全て広域分布種である。

81. ミスジシマカ *Aedes (Stegomyia) galloisi* Yamada, 1921（幼虫：図95；蛹：図169）
　北海道、本州、九州；朝鮮半島、中国東北部、サハリン；西シベリア（人為分布）。幼虫頭幅0.84〜0.94mm。蛹の呼吸角長0.39〜0.54mm、遊泳片長0.80〜1.05mm。樹洞、竹の切り株、時に墓石花立などに発生。北海道では普通、本州では少ない。中国東北部、沿海州、ハバロフスクからも記録があるが、Danilov & Filippova, 1978 によると、これらは彼らが記載した *Ae. (Stg.) sibiricus* Danilov

et Filippova, 1978 である．この種と思われるものは朝鮮半島中部にもいる．

82. ヒトスジシマカ　*Aedes (Stegomyia) albopictus* (Skuse, 1894)

（幼虫：図96；蛹：図170；成虫：図97）

本州，伊豆諸島，四国，九州，対馬，屋久島，琉球列島，大東諸島，小笠原群島；朝鮮半島，済州島，中国大陸，東洋熱帯区，マリアナ群島，ハワイ諸島，ニューギネア，オーストラリア北部，チャゴス列島，セイシェル，レユニオン，モーリシャス，マダガスカル，仏領ソマリア．幼虫頭幅0.75～0.90mm．蛹の呼吸角長0.34～0.57mm，遊泳片長0.60～0.86mm．成虫♀翅長2.5～3.8mm．胸部側面の白鱗斑は明瞭な2本の平行条を形成しない．後脚付節基部白帯はかなり安定した特徴である．樹洞，竹及び木性シダの切り株，葉腋など様々な自然の小容器に発生，南方ではヤシ殻に極めて多い．又，人間の居住域であらゆる人工小容器を利用し，人為環境に最も良く適応したカの一つである．本来東洋熱帯地方の種であるが，温帯気候にも良く適応している．日本における北限は日本海側では秋田県本荘市，太平洋側では宮城県古川市である（栗原，1996）．幼虫に拠る区別は非常に難しいので，同定は成虫と♂交尾器に拠るべきである．本種と次種は*albopictus*亜群に属する．

水の溜った古タイヤは恰好の産卵場所で，近年輸出された古タイヤに付いて世界中に広がっている．1979年アルバニアで目撃されたのを皮切りに，1983年北米のテネシー州メンフィスで成虫が一匹発見され，1986年には既に北米のテキサス州他12州とブラジルに定着していたことがわかり，更に，メキシコ（1988），フィジー（1988），イタリア（1990），オーストラリア（1990），南アフリカ（1991），ナイジェリア（1991），ニュージーランド（1992），ドミニカ（1993），バルバドス（1993），キューバ（1995），グァテマラ（1995），ボリヴィア（1995），エル・サルヴァドル（1996），カイマン（1997），コロンビア（1997）などで発見され，多くの地で定着し，特にアメリカ合衆国では1997年現在24の州に広がっており，撲滅の可能性は無くなった．本種はデング及び黄熱病の他，アメリカでは東部馬脳炎その他多くのウィールス病を媒介することが実験的にわかり，各地で大問題となっている．尚，日本では近年都会地で増加しているが，この種が媒介するウイールス病は日本ではあまりないので，今の所大きな問題とはならない．

83. ヤマダシマカ　*Aedes (Stegomyia) flavopictus* Yamada, 1921

成虫は前種同様胸部側面の白鱗斑は明瞭な2本の平行条をなさない．本種は3亜種に分かれる．

a.（ヤマダシマカ）Subsp. *flavopictus* Yamada, 1921（幼虫：図98；蛹：図171）

北海道，本州，伊豆諸島，四国，九州，対馬，屋久島；朝鮮半島，済州島，沿海州南部，中国東北部．琉球の2亜種に比べてやや大型．幼虫頭幅0.80～0.99mm．蛹の呼吸角長0.36～0.62mm，遊泳片長0.69～0.94mm．幼虫の刺毛は一般に強く星型で，分岐数の倍加現象を示しているものがよくあり，14-P, 5-T, 2-I, -III～VII, 5-III～V, 9-VI, 13-I, -III～Vなどは，しばしば琉球2亜種の2倍又は4倍の分岐数を持つ．このようなものを"多毛型"と呼ぶこととする．1-VIIは短く触角長の平均1.06倍．尾葉は背腹通常同長である．成虫♀翅長2.6～4.0mm．♂交尾器小把握器は短く，生殖基節の先端1/4の所までしか達していない．挿入器の長幅比は1.54～1.80（平均1.69）で最も短い．♀気門下域には大抵（88.6%）鱗片がある．♀後脚第5付節は通常（84.6%）先端に黒色部があり，全体白色のものは僅かである．竹の切り株，樹洞，時に人工容器に発生，各地に普通であるがヒトスジシマカよりは少なく，特に人為環境では少ない．

b.（ダウンスシマカ）Subsp. *downsi* Bohart et Ingram, 1946（蛹：図172）

琉球列島（奄美及び沖縄群島）．温帯日本亜種に比べて小型．幼虫頭幅0.65～0.85mm．蛹の呼吸角長0.27～0.52mm，遊泳片長0.52～0.80mm．幼虫の刺毛は温帯日本亜種に比べて一般に弱くヒトスジシマカやリヴァースシマカと同じで，分岐数も少なく多毛型は現れない．1-VIIは通常長く触

角長の平均1.63倍．腹側の尾葉は背側のものより通常短い．成虫♀翅長2.3～3.6mm．♂交尾器小把握器は長く，生殖基節先端1/6の所まで達している．挿入器の長幅比は1.71～2.11 (1.96) で最も細長い．♀気門下域には通常 (85.5%) 鱗片がない．♀後脚第5付節は先端に黒色部のあるものが65.6%である．樹洞，クワズイモ，バナナなどの葉腋，時に竹の切り株，岩上の水溜り，人工小容器に発生，ごく普通．

c. (ミヤラシマカ) Subsp. *miyarai* Tanaka, Mizusawa et Saugstad, 1979 （蛹：図173）

琉球列島（八重山群島）．幼虫頭幅0.76～1.13mm．蛹の呼吸角長0.40～0.58mm，遊泳片長0.62～0.84mm．幼虫はダウンスシマカとほとんど同じであるが，側鱗の基部両側の微棘が僅かながらより強く，主棘の中程近くまであることで異なる．ダウンスシマカでは微棘は基部のみにある．成虫♂交尾器小把握器は短く，生殖基節の先端1/4までしか達せず，温帯日本亜種に近い．挿入器の長幅比は1.58～1.98 (1.74) で前2亜種の中間．♀気門下域は多くは (66%) 鱗片を具え，これも温帯日本亜種に近い．♀後脚第5付節は通常 (88%) 全体白色で何れとも異なる．生態は前亜種と同じで，クワズイモやバナナの葉腋に発生することが最も多い．クワズイモの葉腋における本亜種の分布様式について Mogi, 1984 の研究がある．普通である．

84. ネッタイシマカ *Aedes (Stegomyia) aegypti* Linné, 1762 （幼虫：図99；成虫：図100）

アフリカ原産．全世界の熱帯，亜熱帯に分布．幼虫頭幅0.93～98mm．日本では今の所定着していないけれども，世界的に重要な黄熱病とデングの媒介蚊であるので，成虫幼虫共図示した．成虫の中胸背の白鱗による条紋は，欧米では伝統的に竪琴様と形容される．幼虫は家屋内外の人口容器に発生し，東南アジアでは通常飲料水の甕に最も多く見られる．かつて日本では，九州天草，琉球列島，及び小笠原群島で定着したことがあったが，1970年4月30日，石垣島の川平で成虫♂♀23匹が筆者のプロジェクトの過程でスタッフの一人であった西川勝により採集されたのを最後に，以後信頼すべき記録は全く無く，現在では日本の何処にも生息していないと思われる．しかし熱帯亜熱帯では，この種は何処にでも沢山おり，人為的に持ちこまれることが多いので，怠りのない注意が必要である．尚，福岡県下で1989年に採集された標本が見つかったという報告があったが（栗原・他，1999），これは後にラベル付けの誤りによるものとされた．ヒトスジシマカが現代先進国の大量消費型産業に伴って僅か十数年で世界に伝播したのに対し，ネッタイシマカの世界拡散は，大航海時代に幼虫が船舶の飲料水に混じて運ばれたことに始まったと思われる古典的人為分布である．

85. タカハシシマカ *Aedes (Stegomyia) wadai* Tanaka, Mizusawa et Saugstad, 1979

（幼虫：図101；蛹：図174）

小笠原群島．幼虫頭幅0.84～0.95mm．蛹の呼吸角長0.41～0.58mm，遊泳片長0.79～0.98mm．樹洞に発生．あまり多くないようである．小笠原特産の4種の力の中の一つである．この種は所謂 *aegypti* 群に入るが，この群の構成員はほとんどアフリカに限られ，それ以外では本種と，朝鮮半島から中国北部にかけて一種がいるに過ぎない．*aegypti* 群の力が，嘗てはアジア東部の温帯熱帯にまで広がっていた証拠であるとされる．種群の進化を考える上で，極めて興味深い事実である．

iv. キンイロヤブカ亜属 *(Aedimorphus)*

シマカ亜属と同じく世界に100を少し超える種を産するが，大部分はアフリカにおり，東南アジアには約15種，例外的に一種が全北区に広く分布する．日本産は2種．

キンイロヤブカ亜属幼虫の種への検索表

1a 5～7-C は一直線上に並ぶ．下唇背基節の歯は32～41個．側鱗は円味を帯び，側縁から先

端まで一様に短棘で縁取られる．3-VIII は1-，5-VIII より明らかに短く，芒を欠き，極めて多数の分枝を持つ． ················ **オオムラヤブカ** *Ae. (Adm.) alboscutellatus* (p. 60)

1b 6-，7-C は同水準にあるが 5-C はより後方にあって 3 者は同一直線上にない．下唇背基節の歯は 24〜29 個．側鱗は刺型．3-VIII の大きさ，分岐数は有芒であることと共に 1-，5-VIII と大体同様である ············ **キンイロヤブカ** *Ae. (Adm.) vexans nipponii* (p. 60)

86. オオムラヤブカ *Aedes (Aedimorphus) alboscutellatus* (Theobald, 1905)

(幼虫：図102；蛹：図175)

本州，九州；台湾，中国南部，フィリピン，ボルネオ，ジャワ，スマトラ，マレー半島，インドシナ，タイ，ビルマ，インド，セイロン，モロタイ，セラム，ニューギニア，アドミラルテイー諸島，ビスマルク諸島，ソロモン群島，オーストラリア北部．幼虫頭幅1.2mm．林・竹林の中の一次的な地上の水溜りに発生．東南アジアでは大小様々の水域で採集されている．日本では極めて稀で，既知産地は長崎県大村（Yamada, 1921）と宮城県仙台（和久，1950）しかない．図は水沢清行採集のフィリピン，ミンダナオ島の標本によって描いた．

87. キンイロヤブカ *Aedes (Aedimorphus) vexans nipponii* (Theobald, 1907)

(幼虫：図103；蛹：図176；成虫：図104)

北海道，本州，四国，九州，対馬，琉球列島，大東諸島；朝鮮半島，済州島，サハリン，沿海州，ハバロフスク地方，バイカル東部，モンゴル，中国大陸．幼虫頭幅1.13〜1.27mm．成虫♀翅長3.1〜4.8mm．小盾板は狭曲鱗を具える．付節各節には基部白帯がある．腹部背板は基部，両側及び中央に淡色鱗斑を有する．陽の当たる池沼，水田，溝渠，地上の水溜りなどに発生．日本で最も普通なカの一つである．疾病媒介性はない．全北区に広く分布する基亜種は腹部背板中央の淡色鱗斑を欠き，翅，脚にも淡色鱗が少ない．東南アジアや南太平洋のもの（*nocturnus* Theobald, 1903）は腹部背板中央の淡色鱗斑は前方の腹節では常に無いので，一見基亜種に似ており，Reinert, 1973は基亜種と同亜種と見なした．Belkin, 1962, Lee et al., 1982 及び Tanaka in Miyano, 1994 は別種として扱ったが，どれも十分な根拠は示していない．何れにしても *vexans* と *nocturnus* は形態的に全く同じではなく，幼虫では頭部の微細彫刻や刺毛 5-C などの分岐数に比較的コンスタントな相異があり，又，分布からみても，異なったポピュレイションと見るべきであると思う．尚，琉球で *nocturnus* に相当するらしい成虫を得たが，♀3匹のみで確定できなかった．

v. カニアナヤブカ亜属 (*Geoskusea*)

世界に約10種の小さな亜属で，大部分パプア—南太平洋地域に産し，セレベスとフィリピンに一種ずつおり，フィリピンの種が琉球に達している．パプア亜区—フィリピン—琉球という分布様式はカタゾウムシ類と同じである．分かっている限り幼虫は全てカニ穴で発見されている．一部の種は夜間人から吸血する．

88. カニアナヤブカ *Aedes (Geoskusea) baisasi* Knight et Hull, 1951 (幼虫：図105；蛹：図177)

琉球列島（トカラ群島を除く）；フィリピン．幼虫頭幅0.87〜0.96mm．半塩水性のカニ穴に生息する．八重山では稀ではない．カニアナツノフサカの項でも記したが，西表島のカニ穴に住む本種を含む4種のボウフラの個体群の推定について Mogi et al., 1984 の研究がある．

vi. ナンヨウヤブカ亜属 *(Neomelaniconion)*

世界に凡そ25種類で，全てアフリカのカであるが，その中の一種だけが東南アジアからオーストラリアまで広がっており，日本でも採集された．

89. ナンヨウヤブカ *Aedes (Neomelaniconion) lineatopennis* (Ludlow, 1905)

(幼虫：図106；蛹：図178)

琉球列島（宮古及び八重山群島）；朝鮮半島，済州島，東洋熱帯区，チモール，アンボイナ，オーストラリア北部，アフリカ．幼虫は水田，休耕田，その他日当たりの良い広闊な水域に発生．広域分布種で熱帯地方に多産し，拡散力が強いといわれる．日本では石垣島 (Miyagi & Toma, 1977)，西表島（宮城・当間，1980），と宮古島 (Toma & Miyagi, 1986) で採集され，幼虫も得られたが，偶産の可能性が高い．図はタイ国産の標本で描いた．

vii. エドウオーズヤブカ亜属 *(Edwardsaedes)*

インドからオーストラリアにかけて広く分布する *imprimens* Walker, 1860，中国貴州省の *pingpaensis* Chang, 1965 と下記の一種の3種から成る．

90. コガタキンイロヤブカ *Aedes (Edwardsaedes) bekkui* Mogi, 1977 (幼虫：図107)

北海道，本州，九州，対馬；朝鮮半島，沿海州．幼虫は森林中の一次的な地上の水溜りに発生する．本種は従来は *imprimens* と同定されていた．日本列島に広く分布しているにも拘らず極めて稀で，今までに記録された産地は，北海道金山 (Yamada, 1927)，仙台（和久，1950），北浦和（森谷・他，1973），浦和（原，1957），埼玉県秋ヶ瀬 (Reinert, 1976)，新潟県（上村，1968），金沢（玉鉾，1953），山梨県金山 (Tanaka et al., 1979)，伊勢（榊原，1959），対馬（茂木，1976），長崎県大村 (Yamada, 1927) で，ここで北海道江別市野幌 (1♀, Sept. 4, 1977, K. Tanaka & K. Tsuchiya leg.) を追加する．

viii. エゾヤブカ亜属 *(Aedes)*

全北区に分布し，種数は10に満たない．熱帯のもので本亜属に配属されたものは全て再検討を要する．日本には3種を産する．尚，Danilov, 1987は彼自身がシベリアから新種として記載した *Ae. (Aed.) dahuricus* が日本にも産するとしたが，その根拠は無意味で，これを認めることはできない．

エゾヤブカ亜属幼虫の種への検索表

1a 6-I と4-VIII は2, 3分岐．・・・・・・・・・・・・・・・・・・・・ ノカエゾヤブカ *Ae. (Aed.) yamadai* (p. 62)
1b 6-T と4-VIII は単条．・・・・・・・・・・・・・・・・・・・・・・・・・ エゾヤブカ *Ae. (Aed.) esoensis* (p. 61)
　　　　　　　　　　　　　　　　　　　　　　　　　ホッコクヤブカ *Ae. (Aed.) sasai* (p. 62)

91. エゾヤブカ *Aedes (Aedes) esoensis* Yamada, 1921

(幼虫：図108, 112の一部；蛹：図179；成虫：図109)

北海道，本州；サハリン，朝鮮半島，中国東北部，シベリア東部．幼虫頭幅1.01～1.25mm．呼吸管櫛歯の数は10～19（平均13.9）．呼吸管にある 1-S 以外の短刺毛又は微刺毛の数は1～9で地方変異があり，北海道では6，7本が最も多く，青森県のものでは4本，加賀白山では3本が50％を占める．呼吸管櫛歯の数は南方のポピュレイション程多くなり，全刺毛の分岐数の総和は北へ行くほど多くなるという傾向がある．成虫♀翅長2.9～5.0mm．腹部背板は両側基部に白斑があり，第6,

7節でも上方から見える．第2～7節には基部白帯を有することが多いが，全く欠くものもよくある．前脚基節は先端後側面に通常白斑を持つ．♂交尾器生殖端節の先端は2叉せず，基部突起は太短く生殖端節の半ばに達しない．池沼，溝渠，地上の一次的な水溜りなどに発生，北海道では平地，山地に，本州では山地に何れでも普通である．

92. アカエゾヤブカ　*Aedes (Aedes) yamadai* Sasa, Kano et Takahasi, 1950

(幼虫：図110，112の一部；蛹：図180)

北海道，本州；サハリン，沿海州，アムール．幼虫頭幅1.12mm．呼吸管櫛歯の数は11～15（平均13.3）．1-S以外の呼吸管の短又は微刺毛は3～5本である．成虫♀翅長3.2～4.3mm．腹部背面は広く一様に金褐色でやや紫色光沢を帯び，側面は基部から先端まで連続して淡金褐色であり，白斑は両側にも背面にも無い．♂交尾器生殖端節の先端は2叉せず，基部突起は細長く生殖端節の半ばに達する．平地の日の当たる池沼，溝渠，地上の一次的な水溜りなどに発生，北海道では局所的に多く，本州では稀．

93. ホッコクヤブカ　*Aedes (Aedes) sasai* Tanaka, Mizusawa et Saugstad, 1975

(幼虫：図111，112の一部；蛹：図181)

北海道，本州；朝鮮半島，沿海州，中国東北部．幼虫頭幅1.02～1.27mm．呼吸管櫛歯の数は16～24（平均20.9）．1-S以外の短又は微刺毛は1～3本で3本の場合が最も多い．成虫♀翅長4.3～4.8mm．腹部背板は両側に基部白斑があり，後方の節に行くに従い小さくなり，第6，7節では上からあまり良く見えない．第2～7節背板には完全な基部白帯は無い．♂交尾器生殖端節の先端は2叉する．森林中の地上の水溜りに発生，北海道では平地，山地に，本州では山地に産するが少ない．幼虫はエゾヤブカと非常に良く似ており，呼吸管櫛歯や呼吸管の短微刺毛の数で或程度見分けられるが，変異の幅がかなり重なるので識別できないものも多い．蛹での区別は一層困難である．成虫特に♂交尾器では上記のように明らかに異なり，同定容易である．

ix. フトオヤブカ亜属（広義）　(*Verrallina*, s. l.)

100内外の種が東洋熱帯区とオーストラリア区のパプア亜区に分布し，数種がオーストラリア本土に産し，一種が琉球から旧北区に属する九州にいる．日本産はこれを含めて3種で，全て西表島で捕れ，2種は同島特産である．この亜属のカは，♂♀共交尾器が異常に複雑に発達している．そのため腹端が幅広くなっているものが多いので，この名がある．Reinert, 1999は本亜属を属に昇格し，この中に *Harbachius*, *Neomacleaya* 及び *Verrallina* の3亜属を認めた．これに拠ると，コガタフトオヤブカは *Harbachius* 亜属に，アカフトオヤブカは *Neomacleaya* 亜属に，クロフトオヤブカは *Verrallina* 亜属に属することになる．ここでは *Aedes* 属は旧来の扱いのままとし，上記の3亜属を取敢えず *Aedes* (s. l.) 属の亜属として認めることとする．

フトオヤブカ亜属（広義）幼虫の種への検索表

1a　5,6-Cは2分岐でやや太い．呼吸管櫛歯は全て等間隔に並ぶことが多いが，時に末端歯がやや離れる．下唇背基節の歯は31～35個．
　　‥‥‥‥‥‥‥‥‥‥‥‥**コガタフトオヤブカ**　*Ae. (Harbachius) nobukonis*（p. 63）

1b　5,6-Cは3～8分岐．呼吸管櫛先端の1～5歯はより広い間隔で生ずる．‥‥‥‥‥‥2

2a　下唇背基節の歯は37～38個．呼吸管櫛は呼吸管の先端0.25～0.28の所まで達する．7-Cは11～16分岐．‥‥‥‥‥‥‥‥**アカフトオヤブカ**　*Ae. (Verrallina) atriisimilis*（p. 63）

2b　下唇背基節の歯は25～30個．呼吸管櫛は呼吸管の先端0.45～0.50の所までしか達しない．

7-C は 5 ～ 7 分岐. ………… クロフトオヤブカ *Ae. (Neomacleaya) iriomotensis* (p. 63)

94. コガタフトオヤブカ *Aedes (Harbachius) nobukonis* Yamada, 1932（幼虫：図113）

? 隠岐群島，九州，琉球列島（八重山群島）．幼虫頭幅0.78～0.87mm．地上の一次的な水溜りで得られた．日本で最も稀な種の一つで，既知産地は長崎県大村（基産地），石垣島バンナ岳（Bohart, 1956），西表島（宮城・当間，1980）だけである．隠岐群島の記録は同定が不確かである．

95. クロフトオヤブカ *Aedes (Verrallina) iriomotensis* Tanaka et Mizusawa, 1973（幼虫：図114）

琉球列島（八重山群島西表島）．幼虫頭幅0.99～1.00mm；幼虫は竹林中の浅い地上の水溜りで発見された；交尾習性はカとしては普通でないタイプで，♂は羽化後10～12時間で交尾可能となり，発生源の水面を徘徊し羽化途上の♀を捕らえて交尾する；♀は昼夜とも人から吸血する（Miyagi & Toma, 1979, 1981, 1982）．成虫♀は時期によりしばしば多数採集されるが，幼虫の採集記録は甚だ少ない．

96. アカフトオヤブカ *Aedes (Neomacleaya) atriisimilis* Tanaka et Mizusawa, 1973

（幼虫：図115；蛹：図182；成虫：図116）

琉球列島（八重山群島西表島）．幼虫頭幅0.91～0.92mm．成虫♀翅長3.4～4.4mm．頭頂は白色狭曲鱗による正中条と複眼の縁取りがある．胸部皮膚は赤褐色．森林中の浅い水溜りで得られた．前種同様，吸血に来る成虫♀は比較的採集し易いが，幼虫がなかなか捕れない．Miyagi & Toma, 1982 によると，25～27℃，70～80% RH, 16hL の実験室内飼育条件下で，卵期3日，幼虫期通常8日，蛹期1日，羽化後♂は36～40時間で，♀は30時間以上で交尾可能となり，寿命は♂10～15日，♀20～25日；狭所交尾性で，産卵も狭い空間で可能；♀は人から吸血する；尚，この種の卵は乾燥条件下では長期間生存できない．

（x）クロヤブカ属　*Armigeres*

凡そ50種を含み，大部分は東洋熱帯区に産し一部がオーストラリア区のパプア亜区にいる．2亜属に分かれるが，日本産は下記の1亜属，1種であり，これは本属で旧北区に分布を広げた唯一の種である．

97. オオクロヤブカ *Armigeres (Armigeres) subalbatus* (Coquillett, 1898)

（幼虫：図117；成虫：図118）

本州，伊豆諸島，四国，九州，対馬，屋久島，琉球列島，大東諸島；朝鮮半島，済州島，中国中南部，台湾，インドシナ，タイ，ビルマ，インド，セイロン．幼虫頭幅0.97～1.08mm．胸腹部に比し頭部は小さい．成虫♀翅長3.2～5.4mm．中胸背は周縁を除き広く黒色，脚，腹部背板共に白帯無く，全体に黒っぽい大型のカである．♂は白鱗の発達が♀より強く，中胸背に白条が現れることがある（図参照）．樹洞，木性シダの切り株，種々の人工容器などに発生，濃褐色の水を溜めている所に多い．全国に普通．

II. チビカ族　Uranotaeniini

幼虫の口器，特に小腮は全く特異である．成虫の翅の微毛状突起（microtrichia）は1000倍に拡大しないと見えない．♂交尾器の肛節は膜質で，この点ではハマダラカ亜科に似るが，挿入器などの構造は著しく異なり，成幼虫の他の諸特徴からしてもハマダラカ類との近縁性を考えることはでき

ない．小腮肢は♂♀共1節より成り短く，胸側の刺毛は数が少ないが気門前刺毛を持ち，翅の覆片は縁鱗を欠き，翅脈1aが短いなどの特徴は，ナガハシカ族に良く見られるものである．これらの特徴により本族はナミカ亜科の中で独特の地位を占めている．チビカ属 *Uranotaenia* 一属から成る．この属の雌はカエルなどの冷血動物を吸血するものが多い．しかし，温血動物から吸血するという種の報告もある．

（xi）チビカ属　*Uranotaenia*

チビカ属幼虫成虫の亜属への検索表

1a　幼虫：5-,6-Cは通常の細い刺毛である．腹部第10節の格子板の基部は裁断状に終り，鞍板に接続していない．
　　成虫：中胸側面の翅基前隆起のある部分は下前側板と融合し，その間に縫合線は無い．翅基片は広扁鱗で縁取られる．頭頂の大部分は多数の直立叉状鱗で覆われる．
　　　　………………………………………… フタクロホシチビカ亜属　(*Pseudoficalbia*)（p. 64）
1b　幼虫：5-,6-Cは著しく強太．腹部第10節の格子板の基部は細く伸長し，鞍板と接続している．
　　成虫：中胸側面の翅基前隆起のある部分と下前側板との間に縫合線がある．翅基片は縁鱗を欠く．頭頂の直立叉状鱗は無いか，あっても非常に少ない．
　　　　…………………………………………………………… チビカ亜属　(*Uranotaenia*)（p. 66）

i. フタクロホシチビカ亜属　(*Pseudoficalbia*)

凡そ70種を含み，大部分は東洋熱帯区とパプア亜区およびアフリカに産する．この内の数種がオーストラリアにも広がっている．温帯地方では，日本，ヨーロッパ，北アメリカにそれぞれ一種ずついるだけである．

フタクロホシチビカ亜属幼虫の種への検索表

1a　1-Cは痕跡的．腹部に濃色剛直の刺毛は無い．第8腹節に大きな良く硬化した明瞭な硬皮板がある．　………………………………………………………………………………… 2
1b　1-Cは良く発達し上唇突起より長い．2-I, -II, 5-IV～VI, 11-I, 9-II～Vは濃色で剛直である．第8腹節の硬皮板は小さく，あまり硬化しておらず不明瞭である．　………… 3
2a　4-Cは単条．呼吸管櫛は呼吸管の基部から0.32～0.39の所までしか達しない．1-Sは呼吸管櫛先端より先方で呼吸管の基部から0.39～0.43の所にある．
　　　　……………………………………………… ムネシロチビカ　*Ur. (Pfc.) nivipleura*（p. 66）
2b　4-Cは多数に分岐．呼吸管櫛は呼吸管の基部から0.57～0.76の所まで達する．1-Sは通常呼吸管櫛先端より基部寄りにあって，呼吸管の基部から0.57～0.74の所にある．
　　　　……………………………………………… フタクロホシチビカ　*Ur. (Pfc.) novobscura*（p. 65）
3a　5-IIIは5-IVと同長で同様に剛直．呼吸管櫛歯は全て同型で先端部では等間隔に並ぶ．鞍板は完全で先端は大体同長の微針状突起で縁取られる．
　　　　……………………………………………… シロオビカニアナチビカ　*Ur. (Pfc.) ohamai*（p. 65）
3b　5-IIIは非常に短い．呼吸管櫛歯の先端の幾つかは，より広い間隔で生じ，これらの櫛歯は腹面の小歯を欠き，他の櫛歯よりも長い．鞍板は不完全で先端は大小様々の微針状突

起で縁取られる. ··· 4
- 4 a 上唇突起の先端は丸みがある．1-S は呼吸管の先端0.40〜0.46の所にあり，呼吸管径より長い． ··· **カニアナチビカ** *Ur. (Pfc.) jacksoni* (p. 65)
- 4 b 上唇突起の先端は尖る．1-S は呼吸管の先端0.32〜0.39の所にあり，呼吸管径と等長である． ·································· **ハラグロカニアナチビカ** *Ur. (Pfc.) yaeyamana* (p. 65)

98. カニアナチビカ *Uranotaenia (Pseudoficalbia) jacksoni* Edwards, 1935（幼虫：図119）

琉球列島（沖縄群島）；香港，海南島．幼虫頭幅0.66〜0.74mm．淡水性のカニ穴に発生．稀ではない．幼虫はハラグロカニアナチビカに酷似し，成虫は次種のシロオビカニアナチビカに酷似する．沖縄本島の他に伊平屋島から記録された（当間・他，1979）が，八重山群島では近似のこの２種に置換えられ，本種は産せず，香港に隔離分布するのは面白い．

99. シロオビカニアナチビカ *Uranotaenia (Pseudoficalbia) ohamai* Tanaka, Mizusawa et Saugstad, 1975（幼虫：図120）

琉球列島（八重山群島）．幼虫頭幅0.65〜0.75mm．淡水性のカニ穴に発生，普通．既に記したが，西表島の本種を含む４種のカニ穴に住むボウフラの個体群推定について Mogi et al., 1984の研究がある．

100. ハラグロカニアナチビカ *Uranotaenia (Pseudoficalbia) yaeyamana* Tanaka, Mizusawa et Saugstad, 1975（幼虫：図121）

琉球列島（八重山群島）；台湾，中国（四川），海南島．幼虫頭幅0.65〜0.75mm．淡水性のカニ穴に発生，普通である．同じカニ穴に本種とシロオビカニアナチビカ，カニアナツノフサカが共存していることが多い．カニアナツノフサカを前２者から識別することは容易である．シロオビカニアナチビカとハラグロカニアナチビカを生きたまま実体顕微鏡などで見分けることは難しいが，両者の間には，潜水後，呼吸の為に浮上してくるまでの時間に多少の相異があり，これを利用して生きた幼虫の種の選別ができる．

101. フタクロホシチビカ *Uranotaenia (Pseudoficalbia) novobscura* Barraud, 1934

本種は２亜種に分かれる．基亜種が旧北区日本と東南アジアに広く分布するのに対し，他が琉球列島に限られるのは，琉球列島の生物地理学的特殊性の現れの一つであると考えられる．

a.（フタクロホシチビカ）Subsp. *novobscura* Barraud, 1934（幼虫：図122；成虫：図123）

本州，四国，九州，屋久島；台湾，中国南部，海南島，マレー半島，インド．幼虫頭幅0.61〜0.73mm．刺毛 3-P，4-P，14-P，6-VI の分岐数とその平均はそれぞれ，1〜3 (2.2)，1〜3 (2.2)，1〜3 (2.1)，常に１；呼吸管櫛歯の数は18〜32 (24.5) である．成虫♀翅長2.0〜2.8mm．口吻，脚，腹部背板は暗色鱗に覆われ白帯白紋は無い．中胸背の皮膚は灰褐色で一対の大きな黒色紋を側角の後方両側に持つ；背部の鱗片は大部分細い灰褐色鱗であるが，前縁に沿い白色鱗がある．胸部側面の気門後域，翅基前隆，下前側板の上部，上後側板，後胸側板の下部は黒褐色，他は淡褐色又はほとんど白色である．径脈基の基半部は白色鱗で覆われる．幼虫は自然環境では，樹洞，竹の切株に発生，人為環境では空缶，古タイヤなど様々な人工容器を利用する．各地に普通．雌はカエル類から吸血する．

b.（リュウキュウクロホシチビカ）Subsp. *ryukyuana* Tanaka, Mizusawa et Saugstad, 1979

（成虫：図123の一部）

琉球列島．幼虫では前亜種との差は成虫ほど顕著ではない．刺毛3-P，4-P，14-P，6-VI の分岐数とその平均はそれぞれ，2〜5 (3.0)，2〜6 (3.2)，2〜5 (2.8)，1〜4 (2.0) で，呼吸管櫛歯の数は15〜29 (20.7) である．成虫胸部側面は全体無色乃至淡褐色，前亜種に比し中胸背の地色もや

や淡く両側の黒紋は小さい．径脈基は奄美沖縄のものでは全体黒褐色鱗で覆われ，八重山のものでは基半部は淡黄土色鱗で覆われる．又，前亜種に比べ，♀の触角は口吻に比し僅かながら短く，♂触角第12鞭節は第13鞭節に比し短い．発生源は前亜種に同じ．琉球全域に普通．

102. ムネシロチビカ *Uranotaenia (Pseudoficalbia) nivipleura* Leicester, 1908 （幼虫：図124）

琉球列島（沖縄及び八重山群島）；台湾，中国南部，海南島，マレー半島，シンガポール，ジャワ，インド，セイロン．幼虫は沖縄で竹の切株から得られた（Toma & Miyagi, 1986）．南方では樹洞，切株，古タイヤ，空缶などが発生源として記録されている．琉球では極めて稀である．雌は豚から吸血するという（Peyton, 1977）．

ii. チビカ亜属　*(Uranotaenia)*

凡そ100種が世界の熱帯地方にほぼ均等に分布するが，エチオピア区はやや少ない．温帯にいるのは北米の一種だけである．日本産は3種で，琉球に限られ温帯日本にはいない．

チビカ亜属幼虫の種への検索表

1a　2～4-A は非常に幅広く葉状又は刃状．第8腹節左右の硬皮板は背面で連続している．
　　……………………………………………… オキナワチビカ　*Ur. (Ura.) annandalei* (p. 66)
1b　2～4-A は針状．第8腹節の硬皮板は左右が背面で分離している．………………………… 2
2a　下唇背基節の中央歯はその両側の歯より前方に突出しない．1-S は呼吸管櫛の末端より基部寄りにある．尾葉は著しく短く丸い．……… コガタチビカ　*Ur. (Ura.) lateralis* (p. 66)
2b　下唇背基節の中央歯はその両側の歯より前方に突出する．1-S は呼吸管櫛の末端付近にある．尾葉は細長く先端に向かい細まる．
　　……………………………………………… マクファレンチビカ　*Ur. (Ura.) macfarlanei* (p. 66)

103. オキナワチビカ *Uranotaenia (Uranotaenia) annandalei* Barraud, 1926 （幼虫：図125）

琉球列島（沖縄及び八重山群島）；台湾，中国南部，海南島，ビルマ，インド，ネパール．幼虫頭幅0.52～0.54mm．渓流の澱みや地上の一時的な水溜りで木陰になる所に住む．泳ぎ方はヤブカ類に似てヘビ型である．八重山群島では普通，沖縄本島では少ない．

104. コガタチビカ *Uranotaenia (Uranotaenia) lateralis* Ludlow, 1905 （幼虫：図126）

琉球列島（八重山群島西表島）；フィリピン，インドネシア，マレー半島，タイ，インド，セイロン，アンダマン諸島，チモール，モルッカス諸島，ニューギニア，ビスマルク諸島，ソロモン群島，オーストラリア北部．幼虫頭幅0.6mm，成虫翅長1.4～1.7mm（Belkin, 1962; Miyagi & Toma, 1978 に拠る）で日本のカの中で最も小さい．沿岸地域の僅かに塩分のある，日の当たる地上の水溜りに発生する．琉球では稀の様である．筆者は嘗て北スマトラの海岸近くで，ライト・トラップで莫大な数の本種を捕集したことがある．

105. マクファレンチビカ *Uranotaenia (Uranotaenia) macfarlanei* Edwards, 1914
　　　　　　　　　　　　　　　　　　　　　（幼虫：図127；成虫：図128）

琉球列島（沖縄及び八重山群島）；台湾，中国南部，香港，海南島，ジャワ，スマトラ，マレー半島，インド．幼虫頭幅0.58～0.64mm．成虫♀翅長1.8～2.4mm．腹部背板各節に顕著な白斑がある．♂の中脚の爪は一本しかない．渓流の澱みで落葉の多い所に生息する．呼吸時の姿勢は水面と平行に近く，泳ぎ方と共にハマダラカ類に似る．

III. ナガハシカ族　Sabethini

　この族のカの鱗片は，幅広く先端が円く，透明で金属光沢を現すものが多い．気門後域，気門下域，翅基前降起，上後側板の広扁鱗の付きかたは上方に向かう瓦状である．世界に9属で400近い種がいるが，半数は新熱帯区に，半数は東洋熱帯区からオーストラリア区に産し，少数がアフリカにいる．日本産は3属各1種である．

ナガハシカ族幼虫成虫の属と種への検索表

1 a 　幼虫：6-Pは単条．7-Tは甚だ太く棘状．多くの刺毛は強剛で放射状．小腮軸節は肢茎節と融合している．
　　　成虫：翅の覆片は刺毛状の鱗片で縁取られる．頭頂に直立叉状鱗がある．♂交尾器挿入器は単純で，基部幅広く先端部は細い．
　　　…………………………（ナガハシカ属）キンパラナガハシカ　*Tr. (Trp.) bambusa*（p. 67）
1 b 　幼虫：6-Pは多数に分岐する．7-Tは通常の刺毛で多数に分岐する．剛直な放射状毛は無いか，僅か．
　　　成虫：覆片に鱗片を欠く．頭頂に直立叉状鱗は無い．……………………………………2
2 a 　幼虫：4-Xは分岐する．小腮軸節と肢茎節は分離している．
　　　成虫：口吻は通常の形．前胸背前側片は左右広く隔たっている．♂交尾器挿入器は前陰茎，陰茎，後陰茎の3部より成る．
　　　…………………………（ギンモンカ属）ヤンバルギンモンカ　*To. (Sua.) yanbarensis*（p. 68）
2 b 　幼虫：4-Xは単条．小腮軸節は肢茎節と融合している．
　　　成虫：口吻は先端で顕著に膨大している．前胸背前側片は左右互いに接近している．♂交尾器挿入器は単純．…………（カギカ属）オキナワカギカ　*Ma. genurostris*（p. 68）

（xii）ナガハシカ属　*Tripteroides*

100以上の種を含み，3亜属に分かれ，全て東洋熱帯区とオーストラリア区に産する．

106. キンパラナガハシカ　*Tripteroides (Tripteroides) bambusa* (Yamada, 1917)

　本種は2亜種に分かれる．

　a.（キンパラナガハシカ）Subsp. *bambusa* (Yamada, 1917)（幼虫：図129；成虫：図130）

　北海道，本州，四国，九州，対馬，屋久島；朝鮮半島，中国大陸．幼虫頭幅1.02～1.09mm．成虫♂♀翅長2.4～4.2mm．中胸背は全体濃褐色で前縁と後縁が僅かに淡いだけである．胸部側面は亜背板，気門後域，気門下域，下前側板，上後側板，中胸亜基節が濃褐色．中胸背の正中刺毛列は前端の一対のみで他は無く，背中刺毛列も前後の間で退化し，後背中刺毛列は2～5本，通常3本しかない．腹部腹面は淡い金色の鱗片で覆われる．樹洞，竹の切株，穴の開けられた生きた竹の節間，時に自然環境にある人工容器などに発生．普通種．

　b.（ヤエヤマナガハシカ）Subsp. *yaeyamensis* Tanaka, Mizusawa et Saugstad, 1979

　　　　　　　　　　　　　　　　　　　　　　　　　　（成虫：図130の一部）

　琉球列島（トカラ及び八重山群島）．成虫♂♀翅長2.3～3.3mm．前亜種に比しやや小型．中胸背は淡黄褐色，中央部のみ褐色．亜背板，下前側板の下端，中胸亜基節の先端も黄褐色．背中刺毛列は前後連続しており，数も多い．♂触角第13鞭節の第12鞭節に対する比は小さく，♀の翅室R_2も

やや短い．幼虫においては基亜種との顕著な相違点はない．発生場所は基亜種と同様．成虫雌は昼間吸血性で，温血動物と爬虫類から吸血し，両生類からは吸血しない；卵は水面上にバラバラに散布される（Miyagi, 1973）．本亜種は♂交尾器と幼虫に明瞭な相違を見出せなかったので，亜種として記載した．しかし，この属では，これらに種間の相違が無いことがしばしばあり，分布域も隔たっていることもあり，両者は別種である可能性もある．この亜種の分類学的地位確定のためには外部形態学以外の方法も試みるべきである．なお，トカラ群島のものは Miyagi et al., 1983によって本亜種に同定記録されたが，材料不足のため尚研究の余地があるという（Toma & Miyagi, 1986）．

（xiii）ギンモンカ属　*Topomyia*

凡そ30種が東洋熱帯区に分布し，少数がオーストラリア区のパプア亜区にいる．

107．ヤンバルギンモンカ　*Topomyia (Suaymyia) yanbarensis* Miyagi, 1976

（幼虫：図131；成虫：図132）

九州，琉球列島（トカラ，奄美及び沖縄群島）；台湾．幼虫頭幅0.98mm．捕食性であって，小腮はこれに適応し幾つかの強大な歯状突起を具えている（図参照）．成虫♀翅長3.3〜3.5mm．中胸背正中線に沿って透明な広鱗片が2列に並ぶ．サビアヤカミキリなどにより穴を開けられた竹の節間に住む．又，竹の切株にも発生する．奄美，沖縄では普通．九州での産地は限られ，長崎市及び平戸の記録がある（Mogi et al., 1981）．鹿児島の記録もあるが（真喜屋・他，1976）同定不確実．実験室内飼育での観察によると，産卵から羽化まで28℃，15-h日長で25〜45日；24℃，12-h日長で4令幼虫は休眠にはいる；成虫雌は竹に開けられた直径3〜4mmの穴に産卵，一つの産卵個所に一卵しか生まない（Okazawa et al., 1986）．

（xiv）カギカ属　*Malaya*

世界に10数種の小さな属で，半数は東洋熱帯区からオーストラリア区に，半数はエチオピア区に産する．成虫雌は吸血せず，シリアゲアリから食物を貰うことが知られている．口吻は先端顕著に膨大し，上方に曲がっている．ここからアリの好む物質を分泌すると考えられている．尚，この口吻は休息時は後方に折り曲げられている．

108．オキナワカギカ　*Malaya genurostris* Leicester, 1908　（幼虫：図133；成虫：図134）

琉球列島（宮古群島を除く），大東諸島；台湾，中国南部，海南島，フィリピン，インドネシア，マレー半島，シンガポール，タイ，ビルマ，インド，セイロン，マルダイヴ諸島，ニューギネア，オーストラリア北部．幼虫頭幅0.9〜1.1mm．成虫♀翅長2.0〜2.6mm．中胸背には2列の広扁鱗より成る銀白の正中条がある．頭頂，胸部側面，腹部等の淡色の広扁鱗は金色，銀色又は透明である．幼虫はクワズイモなどの葉腋に生息し，水面から垂直に懸垂している．琉球全域に普通．幼虫のクワズイモ葉腋における分布様式について Mogi, 1984の研究がある．

IV．オオカ族　Toxorhynchitini

汎熱帯性のカで1属 *Toxorhynchites* より成る．体躯はカとしては，ずば抜けて大きい．

(xv) オオカ属　*Toxorhynchites*

世界の熱帯から70種以上が記載され，3亜属に分かれる．基亜属以外の2亜属は北米南部と中南米に限られる．基亜属 *Toxorhynchites* は東洋熱帯区に最も多く33種が記載され，オーストラリア区は東洋熱帯区と共通の4種を含めて5種，エチオピア区は12種を産する．例外的に日本を含む東アジアの温帯から2種が記録されている．日本産は3種である．幼虫は捕食性で主として他種のボウフラやユスリカの幼虫，イトミミズなどを捕食している．成虫は吸血しない．

オオカ属幼虫の種への検索表

1a 3-, 4-M は5～7-M の生ずる大きな背側硬結部から分離した別の小さな硬結部から生ずる．
　　　　　　　　　　　　　　　　　　　　　ヤマダオオカ　*Tx. (Tox.) manicatus*（p. 69）
1b 3-, 4-M は5～7-M と共通の大きな背側硬結部から生ずる．
　　　　　　　　　　　　　　　　　　　　　トワダオオカ　*Tx. (Tox.) towadensis*（p. 69）
　　　　　　　　　　　　　　　　　　　　　オキナワオオカ　*Tx. (Tox.) okinawensis*（p. 70）

109. ヤマダオオカ　*Toxorhynchites (Toxorhynchites) manicatus* Edwards, 1921

琉球列島（奄美及び八重山群島）；台湾．台湾のものが基亜種で，日本産はこれと異なる2亜種に分かれる．成虫触角梗節と腹部側背板には鱗片が無く，前胸背後側片の鱗片は平らについている．腹部第6～8節両側に剛毛群は無い．

　a.（ヤエヤマオオカ）Subsp. *yaeyamae* Bohart, 1956

琉球列島（八重山群島）．成虫翅長♀5.4～6.7mm，♂6.5～8.5mm．前胸背後側片は上縁に沿って細く金属的紫色又は青藍色で縁取られ，他は白色鱗で覆われる．腹部第6～8節側縁の刺毛は前方の腹節のものとあまり変わらない．樹洞，竹の切株に発生，稀ではない．26℃の実験室飼育条件下で，平均生育所要日数は，卵2.2，幼虫第1令1.5，第2令2.2，第3令2.4，第4令8.8，蛹5.1日である（堀尾・塚本，1985）．

　b.（ヤマダオオカ）Subsp. *yamadai* Ouchi, 1939（幼虫：図135の一部）

琉球列島（奄美群島）．幼虫頭幅1.44～1.68mm．幼虫では前亜種と区別し難い．成虫翅長♀6.1～6.6mm，♂7.6mm．前胸背後側片は上方1/2から3/5が金属的紫色又は青藍色の鱗片で覆われる．腹部第6～8節両側の刺毛は若干剛毛化している．その他，脚，腹部背板の白鱗斑，腹部腹板の紫色鱗斑の発達の度合いに亜種間の差が見られる．樹洞に発生，やや稀である．

110. トワダオオカ　*Toxorhynchites (Toxorhynchites) towadensis* Matsumura, 1916

（幼虫：図135の一部，136；幼虫大腮小腮：図4-5，6；成虫♂：図137）

北海道，本州，四国，九州，対馬，屋久島．幼虫頭幅2.1～2.3mm．日本最大のカで，4令幼虫の体長は16mm内外に達する．成虫翅長♀7.5～8.5mm，♂7.8～10.5mm．通常側頭刺毛一本を有する．触角梗節に鱗片があり，前胸背後側片の鱗片は不規則に起立している．♂の翅の横脈 m-cu は r-m と通常同位置にあり，時に基部寄りにある．♀中脚第3～5節は白色鱗で覆われる．腹部側背板に鱗片がある．第6～8節両側には顕著な剛毛群があり，6, 7節のものは黒色である．♂交尾器第9背板の刺毛は各側16～27．樹洞に生息，あまり多くない．生育所要日数はヤエヤマオオカと大差ない．共食いも普通であるので，通常一つの樹洞に一匹の幼虫しかいない．しかし，切り倒された巨大な屋久杉の幹の空洞にできた大きな水溜りで，約50匹の4令幼虫が採集されたことがある（屋久島小杉谷，1969年9月1日，水沢清行，吉井顕正採集）．

70　双翅目

111. オキナワオオカ　*Toxorhynchites (Toxorhynchites) okinawensis* Toma, Miyagi et Tanaka, 1990

　琉球列島（沖縄群島沖縄本島）．前種に比しやや小型．幼虫頭幅1.55～2.03mm．刺毛には分岐数の頻度分布にトワダオオカとの相異が見られるものがあるが，種的標徴として決定的なものはない．成虫翅長♀5.1～6.4mm，♂7.2～8.3mm．側頭刺毛を欠く．♀中脚第3付節末端，第4，5付節は黒鱗で覆われる．♂の翅の横脈 m-cu は通常 r-m より先端にあり，稀に同位置にある．腹部第6～8節両側の剛毛群の発達はより弱く，第7節の剛毛はしばしば橙黄色を呈する．♂交尾器第9背板の刺毛は各側11～21．樹洞に生息，時に人工容器にも発生する．生育所要日数はヤエヤマオオカと大差ない．産地は沖縄本島の北部山地に限られ，稀である．前種に酷似し，両種を分かつべき決定的な特徴に乏しく，特に♂交尾器と幼虫に種的相異を見出せないので，この種の分類学的地位については尚研究が必要である．

　日本列島と琉球列島においては，どの地域にも只一種のオオカしか産せず2種が同所的に産することは無い．旧北区に属する日本列島，東洋熱帯区に属する琉球列島の奄美群島，同じく沖縄本島，同じく八重山群島にトワダオオカ，ヤマダオオカ，オキナワオオカ，ヤエヤマオオカが交互に分布しているという事実はとりわけ面白いことであって，これは琉球列島諸島の分離融合の歴史と，各種各亜種のその地域への適応と，種間の競争などの結果がからみあって生じたものと考えられる．

参考文献

（Tanaka et al., 1979（文献番号112）に1976年までの日本産の蚊に関する文献約500が採録されているので，合わせて参照されたい．）

1．荒川　良・中村正聡・上村　清　1988．樹洞性オオモリハマダラカ*Anopheles omorii* の累代飼育法．衛生動物，39 (4): 347~353.
2．Arnaud, J. D., J.-A. Rioux, H. Croset and E. Guilvard　1976．*Aedes (Ochlerotatus) surcoufi* (Theobald, 1912). Retablissement du binome; analyse morphologique position au sein du complexe holarctique ≪*excrucians*≫. Annales de Parasitologie (Paris), 51 (4): 477~494.
3．浅沼　靖・加納六郎・高橋　弘　1952．北海道の蚊　I．ヤブカ属 (*Aedes*) Ochlerotatus亜属の蚊の雄生殖器の記載．北海道衛生研究所報，3: 34~40.
4．Barraud, P. J.　1934．The fauna of British India, including Ceylon and Burma. Diptera Vol. V. Family Culicidae. Tribes Megarhinini and Culicini. Taylor and Francis, London, 463pp.
5．Belkin, J. N.　1962．The mosquitoes of the South Pacific (Diptera, Culicidae). 2 vols. University of California Press, Berkeley and Los Angels, 608pp.
6．Bohart, R. M.　1946．New species of mosquitoes from the Marianas and Okinawa (Diptera, Culicidae). Proceedings of the Biological Society of Washington, 59: 39~46.
7．Bohart, R. M.　1953．A new species of *Culex* and notes on other species of mosquitoes from Okinawa. Proceedings of the Entomological Society of Washington, 55 (4): 183~188.
8．Bohart, R. M.　1956．New species of mosquitoes from the southern Ryukyu Islands. Bulletin of the Brooklyn Entomological Society, 51 (2): 29~34.
9．Bohart, R. M.　1959．A survey of the mosquitoes of the southern Ryukyus. Mosquito News, 19 (3): 194~197.
10．Bram, R. A.　1967．Contributions to the mosquito fauna of Southeast Asia. - II. The Genus *Culex* in Thailand. Contributions of the American Entomological Institute (Ann Arbor), 2 (1): iv + 296pp.
11．Chow, C. Y. and P. F. Mattingly　1951．The male genitalia and early stages of *Aedes (Finlaya) albocinctus* Barraud and *Aedes (Finlaya) albotaeniatus* var. *mikiranus* Edwards with some notes on related species. The Proceedings of the Royal Entomological Society of London, (B) 20: 80~90.
12．Colless, D. H.　1965．The genus *Culex*, subgenus *Lophoceraomyia* in Malaya (Diptera : Culicidae). Journal of Medical Entomology, 2 (3): 261~307.

13. Danilov, V. N. 1976. Revision of some holarctic species and subspecies of the genus *Culiseta* Felt. I. *Culiseta (Culiseta) kanayamensis* Yamada as a synonym of *C. (C.) bergrothi* Edwards. (in Russian). Parazitologiya, 10: 185~187.
14. Danilov, V. N. 1977. On the synonymy of species names of *Aedes* mosquitoes (subgenera *Finlaya* and *Neomelaniconion*) in the Far East fauna. (in Russian). Parazitologiya, 11 (2): 181~184.
15. Danilov, V. N. 1978. *Aedes (Aedes) yamadai* Sasa, Kano et Takahasi, a species new for the fauna of the USSR (Diptera : Culicidae). (in Russian). Taksonomiya i Ekologiya Chlenistonogikh Sibiri, Novosibirsk, p. 149~153.
16. Danilov, V. N. 1983. The species *Culiseta (Culicella) nipponica* LaCasse et Yamaguti new for the fauna. (in Russian). Parazitologiya, 17 (4): 307~309.
17. Danilov, V. N. 1985. Mosquitoes of the subgenus *Edwardsaedes* of the fauna of the Palaearctic with a description of the larva of *Aedes (Edw.) bekkui*. (in Russian). Parazitologiya, 19 (5): 378~381.
18. Danilov, V. N. 1987. Mosquitoes of the subgenus *Aedes* (Diptera, Culicidae) of the USSR fauna. II. *Aedes dahuricus* sp. n. Vestnik Zoologii 1987 (4): 35~42. (in Russian).
19. Danilov, V. N. and V. V. Filippova 1978. A new species of mosquito, *Aedes (Stegomyia) sibiricus* sp. n. (Culicidae). (in Russian). Parazitologiya, 12 (2): 170~176.
20. Danilov, V. N. and E. S. Kuprianova 1976. A description of the larva of *Culex (Neoculex) rubensis* Sasa et Takahasi (Diptera : Culicidae), a mosquito species new in the fauna of the USSR. (in Russian). Entomologicheskoe Obozrenie, 55 (4): 928~930.
21. 海老根郁子 1969. 埼玉県における蚊の調査研究. 2. 長瀞付近の川岸ロックプールに発生するハトリヤブカ幼虫の季節消長. 衛生動物, 20 (1): 27~31.
22. Edwards, F. W. 1932. Genera Insectorum fasc. 194. Diptera Family Culicidae. Luis Desmet-Verteneuil, Brussels, 258pp.
23. 江下優樹・栗原 毅 1979. ヒトスジシマカとリバーズシマカの生息場所. 衛生動物, 30 (2): 181~185.
24. Gutsevich, A. V. and A. M. Dubitskiy 1981. New species of mosquitoes in the fauna of the USSR. (in Russian). Parazitologicheskii Sbornik, 30 : 97~165. (English translation : Mosquito Systematics, 19 (1): 1~92, 1987).
25. Hara, J. 1957. Studies on the female terminalia of Japanese mosquitoes. The Japanese Journal of Experimental Medicine, 27 (1・2): 45~91.
26. Hara, J. 1959. Two new mosquito records from Japan (Diptera : Culicidae). Taxonomical and ecological studies on mosquitoes of Japan (Part 13). Japanese Journal of Sanitary Zoology, 10 (4): 225~229.
27. Harrison, B. A., R. Rattanarithikul, E. L. Peyton and K. Monkolpanya 1990. Taxonomic changes, revised occurrence records and notes on the Culicidae of Thailand and neighborhood countries. Mosq. Syst., 22 (3): 196~227.
28. Horio, M. and M. Tsukamoto 1985. Successful laboratory colonization of 3 Japanese species of *Toxorhynchites* mosquitoes. Jpn. J. Sanit. Zool., 36 (2): 87~93.
29. 石原 保 1942. 東京市付近の蚊族（Culicini）数種の卵, 幼虫, 及び蛹に依る分類学的研究. 応用動物学雑誌, 14 (1・2): 1~22.
30. Jacob, P. G. and H. R. Baht 1995. Records of *Aedes (Finlaya) albocinctus* (Diptera : Culicidae) in southern India. Mosq. Syst., 27 (3): 177~178.
31. 上村 清 1966. 日本産ハマダラカの分布と分類学上の疑問について. （講演要旨）. 日本衛生動物学会西日本支部大会講演抄録, 一般講演, p.8.
32. 上村 清 1968. 日本における衛生上重要な蚊の分布と生態. 衛生動物, 19 (1): 15~34.
33. 上村 清 1976. 北海道から報告された*Anopheles yezoensis* Tsuzuki, 1901について. （講演要旨）. 衛生動物, 27 (1): 2.
34. 上村 清 1976. 日本産蚊科各種の解説. （佐々 学編著 蚊の科学 第8章）. 北隆館, 312pp. (p. 150~288).

35. 上村　清・松瀬倶子　1997．倉敷市児島の蚊相と環境変化の影響について．（講演要旨）．衛生動物，48 (2): 170.
36. 神田錬蔵・上村　清　1967．日本未記録の奄美産*Anopheles aitkenii*群の1種モンナシハマダラカについて．衛生動物，18 (2・3): 108~113.
37. Kanda, T. and Y. Oguma　1978．*Anopheles engarensis,* a new species related to *sinensis* from Hokkaido Island, Japan. Mosq. Syst., 10 (1): 45~52.
38. 加納六郎・林　滋生　1949．キンイロヌマカ*Mansonia (Coquillettidia) ochracea* (Theobald)の研究．第1報　成虫及卵について．昆虫，17 (3): 23~26.
39. Kay, B. H., G. Prakash and R. G. Andre　1995．*Aedes albopictus* and other *Aedes (Stegomyia)* species in Fiji. Journal of the American Mosquito Control Association, 11 (2): 230~234.
40. Knusden, A. B., R. Romi and G. Majori　1996．Occurrence and spread in Italy of *Aedes albopictus,* with implications for its introduction into other parts of Europe. J. Amer. Mosq. Contr. Ass., 12 (2): 177~183.
41. 栗原　毅　1996．東北地方での小容器に発生するヤブカ属の蚊．（3報）．（講演要旨）．衛生動物，第48回日本衛生動物学会大会特集，p. 38.
42. 栗原　毅・N. Benjaphong・倉橋　弘　1999．国内で採集されたネッタイシマカの標本．（講演要旨）．衛生動物，50 (Suppl.): 34.
43. Kurihara, T., M. Kobayashi and T. Konose　1997．The northwards expansion of *Aedes albopictus* distribution in Japan. Medical Entomology and Zoology, 48 (1): 73~77.
44. 黒佐和義　1948．キンイロイヘカに就いて．新昆虫，1 (8): 320.
45. LaCasse, W. J. and S. Yamaguti　1950．Mosquito fauna of Japan and Korea. 3rd ed. Office of the Surgeon, HQ. 8th Army, 207th Malaria Survey Detachment, Kyoto, 213pp.
46. Lee, D. J., M. M. Hicks, M. Griffiths, R. C. Russel and E. N. Marks　1980~1989．The Culicidae of the Australasian Region. 12 vols. Commonwealth Institute of Health, Incorporating the School of Public Health and Tropical Medicine and the University of Sydney, Monograph Series, Entomology Monograph No. 2, Australian Government Publishing Service, Canberra, 2796pp.
47. Lien, J.-C.　1968．New species of mosquitoes from Taiwan (Diptera : Culicidae). Part V. Three new species of *Aedes* and seven new species of *Culex.* Tropical Medicine, Nagasaki, 10 (4): 217~262.
48. 連　日清　1978．本省産蚊蟲生態及其防治．中央研究院動物研究所擧辦「昆蟲生態與防治」検討會講稿集：37~69.
49. 真喜屋清・宮城一郎・上村　清　1976．鹿児島市における*Topomyia* sp.の採集記録．（講演要旨）．衛生動物，27 (1): 10.
50. Mattingly, P. F.　1957．The Culicine mosquitoes of the Indomalayan area. Part I. Genus *Ficalbia* Theobald. British Museum (Natural History), London, 61pp.
51. Miyagi, I.　1973．Colonization of *Culex (Lophoceraomyia) infantulus* Edwards and *Tripteroides (Tripteroides) bambusa* (Yamada) in laboratory. Trop. Med., Nagasaki, 15 (4): 196~203.
52. 宮城一郎　1977．南大東島の蚊について．衛生動物，28 (2): 245~247.
53. Miyagi, I. and T. Toma　1977．A new record for *Aedes (Neomelaniconion) lineatopennis* (Ludlow) in the Ryukyu Islands. Mosquito News, 37 (1): 144.
54. Miyagi, I. and T. Toma　1978．Studies on the mosquitoes of the Yaeyama Islands, Japan. 4. *Uranotaenia lateralis* Ludlow, 1905, new to Japan. Jpn. J. Sanit. Zool., 30 (2): 198~199.
55. Miyagi, I. and T. Toma　1979．Studies on the mosquitoes in the Yaeyama Islands, Japan. 3. Description of the male, pupa and larva of *Aedes (Verrallina) iriomotensis* (Diptera : Cilicidae). Mosq. Syst., 11 (1): 14~25.
56. 宮城一郎・当間孝子　1980．八重山群島の蚊科に関する研究．5．西表島の山脚，森林地帯で採集した蚊について．衛生動物，31 (2): 81~91.
57. Miyagi, I. and T. Toma　1980．A new species of *Aedes (Stegomyia)* from Daito Islands, Ryukyu, Japan (Diptera : Culicidae). Mosq. Syst., 12 (4): 428~440.
58. Miyagi, I. and T. Toma　1981．Studies on the mosquitoes in the Yaeyama Islands, Japan. 7. Observations on

the mating behavior of *Aedes (Verrallina) iriomotensis*. Jpn. J. Sanit. Zool., 32 (4): 287~292.

59. Miyagi, I. and T. Toma 1982. Studies on the mosquitoes in the Yaeyama Islands, Japan. 6. Colonization and bionomics of *Aedes (Verrallina) iriomotensis* and *Aedes (Verrallina) atriisimilis*. Mosquito News, 42 (1): 28~33.

60. Miyagi, I., T. Toma, H. Hasegawa, M. Tadano and T. Fukunaga 1992. Occurrence of *Culex (Culex) vishnui* Theobald on Ishigakijima, Ryukyu Archipelago, Japan. Jpn. J. Sanit. Zool., 43 (3): 259~262.

61. 宮城一郎・当間孝子・伊波茂雄 1983. 八重山群島の蚊科に関する研究. 8. 与名国島の蚊について. 衛生動物, 34 (1): 1~6.

62. Miyagi, I., T. Toma, H. Suzuki and T. Okazawa 1983. Mosquitoes of the Tokara Archipelago, Japan. Mosq. Syst., 15 (1): 18~27.

63. Miyano, S. 1994. Insects of the northern Mariana Islands, Micronesia, collected during the expedition. Natural History Research, Special Issue, No. 1: 199~215.

64. 水田英生・松本昭子・五島謙太郎・小竹久平 1999. 関西国際空港に生息する蚊科の調査, 特にイナトミシオカについて. 衛生動物, 50 (2): 161~164.

65. Mogi, M. 1976. Notes on the northern records of *Aedes (Stegomyia) riversi* Bohart and Ingram. Mosq. Syst., 8 (4): 347~352.

66. 茂木幹義 1976. 対馬の蚊. 対馬の生物, 長崎県生物学会, p. 309~316.

67. Mogi, M. 1977. A new species of *Aedes* (Diptera : Culicidae) from Japan. Trop. Med., Nagasaki, 19 (2): 129~140.

68. 茂木幹義 1977. 筑前沖ノ島の蚊. 壱岐の生物 —対馬との対比—, 長崎県生物学会, p. 549~557.

69. Mogi, M. 1978a. Intra- and interspecific predation in filter feeding mosquito larvae. Trop. Med., Nagasaki, 20 (1): 15~27.

70. Mogi, M. 1978b. Two species of mosquitoes (Diptera : Culicidae) new to Japan. Jpn. J. Sanit. Zool., 29 (4): 367~368.

71. Mogi, M. 1984. Distribution and overcrowding effects in mosquito larvae (Diptera : Culicidae) inhabiting taro axils in the Ryukyu, Japan. J. Med. Entomol., 21 (1): 63~68.

72. Mogi, M. 1990. Further notes on the northern distribution of *Aedes (Stegomyia) riversi* (Diptera : Culicidae). Mosq. Syst., 22 (1): 47~52.

73. Mogi, M. 1996. Overwintering strategies of mosquitoes (Diptera : Culicidae) on warmer islands may predict impact of global warming in Kyushu, Japan. J. Med. Entomol., 33 (3): 438~444.

74. Mogi, M., I. Miyagi and T. Okazawa 1884. Population estimation by removal methods and observation on population-regulating factors of crab-hole mosquito immatures (Diptera : Culicidae) in the Ryukyus, Japan. J. Med. Entomol., 21 (6): 720~726.

75. Mogi, M., I. Miyagi and H. Suzuki 1981. New locality records of five mosquito species in Japan. Jpn. J. Sanit. Zool., 32 (2): 124~126.

76. Mogi, M., T. Okazawa and T. Sota 1995. Geographical pattern in autogeny and wing length in *Aedes togoi* (Diptera : Culicidae). Mosq. Syst., 27 (3): 155~166.

77. Mogi, M. and T. Sota 1998. New distribution records of three rare species of *Aedes* mosquitoes (Diptera : Culicidae) in temperate Japan. Med. Entomol. Zool., 49 (2): 129~131.

78. 森谷清樹・矢部辰男・原田文雄 1973. 本邦産ヤブカ類の卵殻表面彫紋. 1. 走査型電子顕微鏡ならびに落射照明顕微鏡による予備的観察. 衛生動物, 24 (1): 47~55.

79. 長島義介・関川弘雄・大鶴正満 1986. チョウセンハマダラカの季節型決定要因としての日長. 衛生動物, 37 (3): 253~255.

80. 中田五一 1962. 日本産蚊亜科の分類学的並びに生態学的研究. 衛生害虫, 6 (5~12): 45~173.

81. 小笠原博 1939. 石神井産蚊科の一新種. 昆虫界, 7: 237~239.

82. Okazawa, T., M. Horio, H. Suzuki and M. Mogi 1986. Colonization and laboratory bionomics of *Topomyia yanbarensis* (Diptera : Culicidae). J. Med. Entomol., 23 (5): 493~501.

83. Omori, N. 1962. Morphology of undescribed male and immature mosquitoes of Aedines in Japan. 1. *Aedes (Finlaya) watasei*. Endemic Diseases Bulletin of Nagasaki University, 4 (11): 10~14.
84. 大森南三郎・伊藤寿美代　1961．対馬産蚊族の調査成績．衛生動物，12 (2): 151~152.
85. Otsuru, M. and Y. Ohmori 1960. Malaria studies in Japan after world war II. Part II. The research for *Anopheles sinensis* sibling species group. Jpn. J. Exp. Med., 30 (1): 33~65.
86. Peyton, E. L. 1977. Medical entomology studies - X. A revision of the subgenus *Pseudoficalbia* of the genus *Uranotaenia* in Southeast Asia (Diptera : Culicidae). Contrib. Am. Entomol. Inst. (Ann Arbor), 14 (3): iv + 273pp.
87. Reinert, J. F. 1973. Contributions to the mosquito fauna of Southeast Asia. - XVI. Genus *Aedes* Meigen, subgenus *Aedimorphus* Theobald in Southeast Asia. Contrib. Am. Entomol. Inst. (Ann Arbor), 9 (5): 1~218.
88. Reinert, J. F. 1976. Medical entomology studies - IV. The subgenera *Indusius* and *Edwardsaedes* of the genus *Aedes* (Diptera : Culicidae). Contrib. Am. Entomol. Inst. (Ann Arbor), 13 (1): 1~45.
89. Reinert, J. F. 1999. Restoration of *Verrallina* to generic rank in tribe Aedini (Diptera: Culicidae) and descriptions of the genus and three including subgenera. Contrib. Am. Entomol. Inst. (Gainesville), 31(3): 1~83.
90. Reinert, J. F. 2000a. Restoration of *Ayurakitia* to generic rank in tribe Aedini and a revised definition of the genus. J. Amer. Mosq. Contr. Ass., 16(2): 57~65.
91. Reinert, J. F. 2000b. New classification for the composite genus *Aedes* (Diptera: Culicidae: Aedini), elevation of subgenus *Ochlerotatus* to generic rank, reclassification of the other subgenera, and notes on certain subgenera and species. J. Amer. Mosq. Contr. Ass. 16(3): 175~188.
92. Reinert, J. F. 2001. Revised list of abbreviations for genera and subgenera of Cuicidae (Diptera) and notes on generic and subgeneric changes. J. Amer. Mosq. Contr. Ass. 17(1): 51~55.
93. Reiter, P. 1998. *Aedes albopictus* and the world trade in used tires, 1988－1995 : the shape of things to come? J. Amer. Mosq. Contr. Ass., 14 (1): 83~94.
94. Sakakibara, S. 1959. The larval habitats of mosquitoes in the Ise-Shrine. Bull. Lib. Arts. Dept., Mie Univ., (21): 38~46.
95. Sirivanakarn, S. 1976. Medical entomology studies - III. A revision of the subgenus *Culex* in the Oriental Region (Diptera : Culicidae). Contrib. Am. Entomol. Inst. (Ann Arbor), 12 (2): 1~272.
96. Sota, T. and M. Mogi 1994. Seasonal life cycle and autogeny in the mosquito *Aedes togoi* in northern Kyushu, Japan, with experimental analysis of the effect of temperature, photoperiod and food on life-history traits. Researches on Population Ecology. 36 (1): 105~114.
97. Sota, T., M. Mogi and E. Hayamizu 1992. Seasonal distribution and habitat selection by *Ae. albopictus* and *Ae. riversi* (Diptera : Culicidae) in northern Kyushu, Japan. J. Med. Entomol., 29 (2): 296~304.
98. 鈴木健二　1975．本邦未記録種，*Culiseta (Culiseta) impatiens*について．（講演要旨）．衛生動物，25 (4): 299.
99. 玉鉾良三　1953．金沢市野田山墓地における蚊の生態．（講演要旨）．衛生動物，4 (1・2): 7.
100. Tanaka, K. 1998. A new species of mosquitoes of *Aedes (Ochlerotatus)* (Diptera : Culicidae) from Japan. Japanese Journal of Systematic Entomology, 4 (2): 215~225.
101. Tanaka, K. 1999. Studies on the pupal mosquitoes (Diptera, Culicidae) of Japan. (1) *Aedes (Ochlerotatus)*. Jpn. J. syst. Ent. 5 (1): 105~124.
102. Tanaka, K. 2000a. Studies on the pupal mosquitoes (Diptera, Culicidae) of Japan. (2) *Aedes (Aedes)*. Jpn. J. syst. Ent. 6 (1): 1~9.
103. Tanaka, K. 2000b. Studies on the pupal mosquitoes (Diptera, Culicidae) of Japan. (3) *Aedes (Stegomyia)*. Jpn. J. syst. Ent. 6 (2): 225~247.
104. Tanaka, K. 2001a. Studies on the pupal mosquitoes of Japan. (4) Supernumerary setae found in species of *Aedes (Stegomyia)* (Diptera, Culicidae). Jpn. J. syst. Ent. 7 (1): 47~57.
105. Tanaka, K. 2001b. On the pupa of *Aedes (Stegomyia) chemulpoensis* Yamada from Korea (Diptera,

Culicidae). Jpn. J. syst. Ent. 7 (2): 189~193.

106. Tanaka, K. 2002a. Studies on the pupal mosquitoes of Japan (5). Four subspecies of *Aedes (Finlaya) japonicus* Theobald, including subsp. *shintienensis* from Taiwan (Diptera, Culicidae). Jpn. J. syst. Ent. 8 (1): 63~77.

107. Tanaka, K. 2002b. Studies on the pupal mosquitoes of Japan (6). *Aedes (Finlaya)* (Diptera, Culicidae). Jpn. J. syst. Ent. 8 (2): 137~177.

108. Tanaka, K. 2003a. Studies on the pupal mosquitoes of Japan (7). Subgenera *Aedimorphus, Geoskusea, Neomelaniconion* and *Neomacleaya* of the genus *Aedes* (Diptera, Culicidae). Jpn. J. syst. Ent. 9 (1): 11~28.

109. Tanaka, K. 2003b. Studies on the pupal mosquitoes of Japan (8). A key to species of the genus *Aedes* (Diptera, Culicidae). Med. Entomol. Zool. 54 (1): 105~111.

110. Tanaka, K. 2003c. Studies on the pupal mosquitoes of Japan (9). Genus *Lutzia*, with establishment of two new subgenera, *Metalutzia* and *Insulalutzia* (Diptera, Culicidae). Jpn. J. syst. Ent. 9 (2): 159~169.

111. Tanaka, K. 2004. Studies on the pupal mosquitoes of Japan (10). *Culex (Culex)* (Diptera, Culicidae). Jpn. J. syst. Ent. 10 (1): 9~42.

112. Tanaka, K., K. Mizusawa and E. S. Saugstad 1979. A revision of the adult and larval mosquitoes of Japan (including the Ryukyu Archipelago and the Ogasawara Islands) and Korea (Diptera : Culicidae). Contrib. Am. Entomol. Inst. (Ann Arbor), 16 : vii + 987pp.

113. 田中和夫・E. S. Saugstad・水沢清行　1974．カニ穴を主な発生源とする琉球産の蚊．（講演要旨）．衛生動物，24 (4): 308.

114. Tanaka, K., E. S. Saugstad and K. Mizusawa 1975. Mosquitoes of the Ryukyu Archipelago (Diptera : Culicidae). Mosq. Syst., 7 (3): 207~233.

115. Tokuyama, Y., T. Toma and I. Miyagi 1987. Seasonal appearance and size of egg rafts of *Culex halifaxii* and *Culex fuscanus* in Okinawajima, Ryukyu Archipelago, Japan. J. Amer. Mosq. Contr. Ass., 3 (3): 403~406.

116. 当間孝子・宮城一郎　1980．南・北大東島の蚊について．琉大保医誌，3 (1): 15~20.

117. 当間孝子・宮城一郎　1981．沖縄本島北部の山脚，森林地帯で採集した蚊について．衛生動物，32 (4): 271~279.

118. Toma, T. and I. Miyagi 1986. The mosquito fauna of the Ryukyu Archipelago with identification keys, pupal descriptions and notes on biology, medical importance and distribution. Mosq. Syst., 18 (1): 1~109.

119. 当間孝子・宮城一郎　1990．琉球列島に産する蚊の地理的分布．沖縄生物学会誌，28: 11~23.

120. Toma, T. and I. Miyagi 1992. A survey of larval mosquitoes on Kume Island, Ryukyu Archipelago, Japan. J. Amer. Mosq. Contr. Ass., 8 (4): 423~426.

121. 当間孝子・宮城一郎・星野千春　1978．伊平屋島の蚊について．琉大保医誌，1 (4): 315~319.

122. Toma, T., I. Miyagi and K. Tanaka 1990. A new species of *Toxorhynchites* mosquito (Diptera : Culicidae) from the Ryukyu Archipelago, Japan. J. Med. Entomol., 27 (3): 344~355.

123. Tovar, M. L. R. and M. G. O. Martinez 1994. *Aedes albopictus* in Muzquiz City, Coahuila, Mexico. J. Amer. Mosq. Contr. Ass., 10 (4): 587.

124. 都築甚之助　1901．北海道ニ於ケル麻刺里亜研究成績．細菌学雑誌，(71): 1~8 (717~724).

125. Wada, Yoshitake, S. Takahashi and E. Hori 1973. The new description of male, pupa and larva of *Aedes (Finlaya) savoryi* Bohart, 1956, with a note on its bionomics. Jpn. J. Sanit. Zool., 24 (2): 129~134.

126. 和久義夫　1950．日本産ヤブカ属の1種 *Aedes (Banksinella) imprimens* (Walker)について．第1報　成虫および蛹．衛生動物，1 (3): 69~73.

127. Wharton, R. H. 1962. The biology of *Mansonia* mosquitoes in relation to the transmission of filariasis in Malaya. Bulletin No. 11 from the Institute for Medical Research, Federation of Malaya : 1~114.

128. Yamada, S. 1921. Descriptions of ten new species of *Aedes* found in Japan, with notes on the relation between some of these mosquitoes and the larva of *Filaria bancrofti* Cobbold. Annotationes Zoologicae Japonenses, 10 (6): 45~81.

129. Yamada, S. 1927. An experimental study on twenty-four species of Japanese mosquitoes regarding their

suitability as intermediate hosts for *Filaria bancrofti* Cobbold. The Scientific Reports from the Government Institute for Infectious Diseases, 6: 559~622.

130. 吉田正弘・水田英生・松本昭子　1999．イナトミシオカ *Culex modestus inatomii* の累代飼育．（講演要旨）．衛生動物，50 (Suppl.): 35.

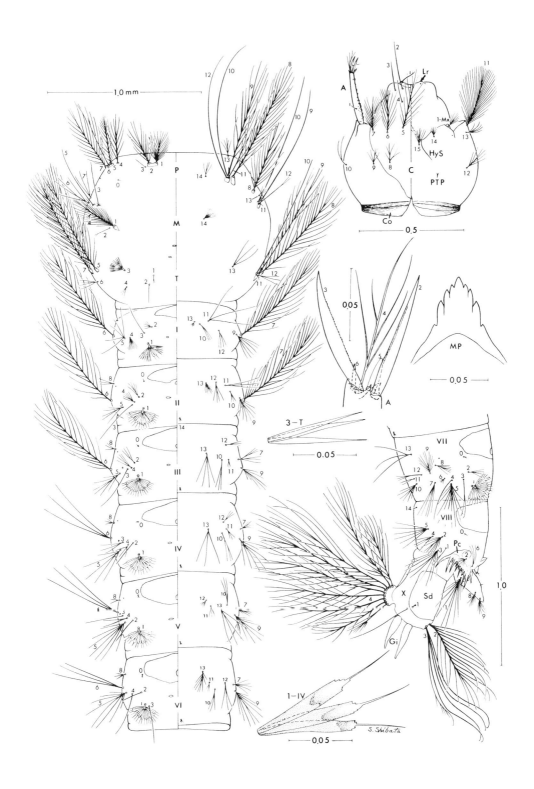

図10 コガタハマダラカ *Anopheles (Cellia) minimus* 幼虫（Tanaka et al., 1979より）

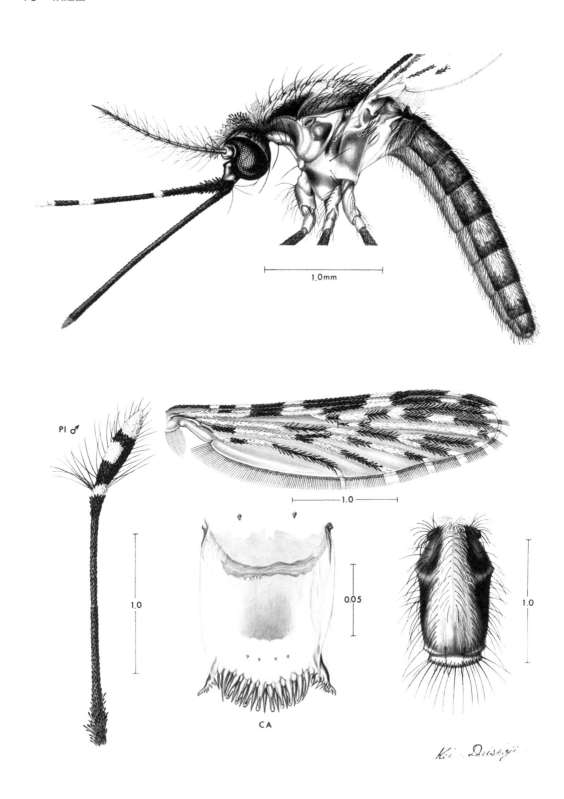

図11 コガタハマダラカ *Anopheles (Cellia) minimus* 成虫 (Tanaka et al., 1979より)

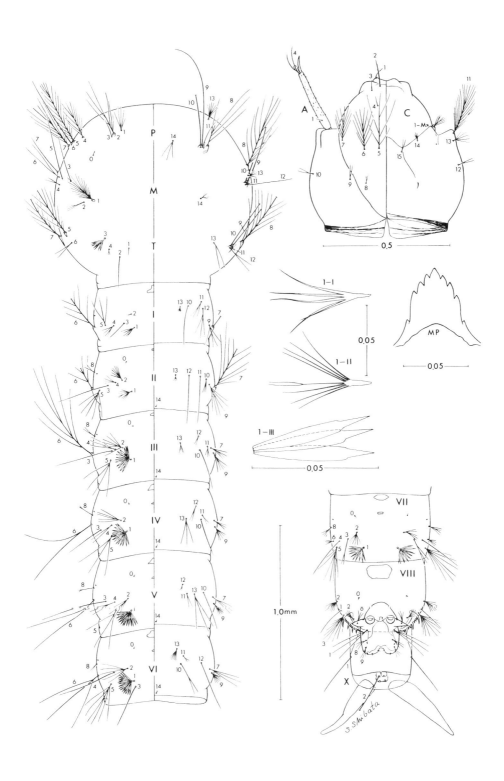

図12 タテンハマダラカ *Anopheles (Cellia) tessellatus* 幼虫（Tanaka et al., 1979より）

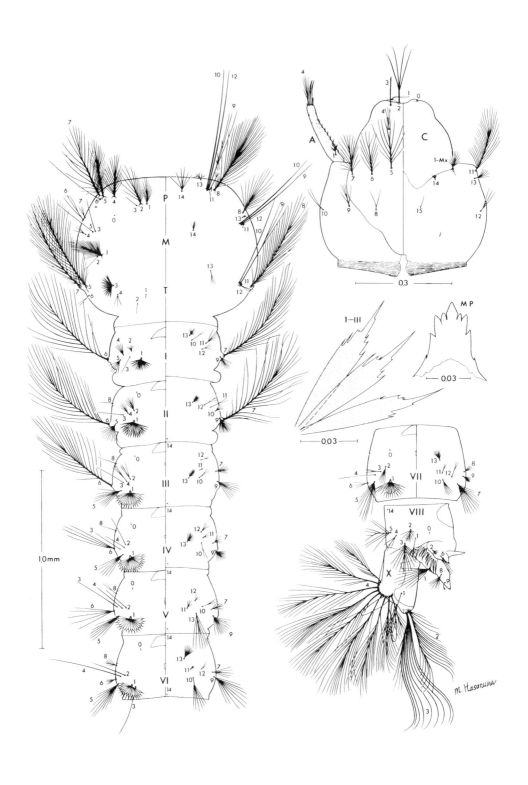

図13　モンナシハマダラカ　*Anopheles (Anopheles) bengalensis*　幼虫（Tanaka et al., 1979より）

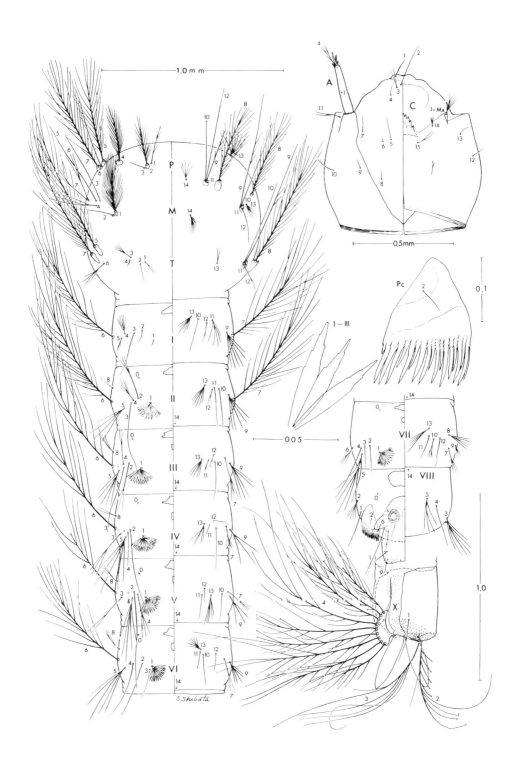

図14　オオモリハマダラカ　*Anopheles (Anopheles) omorii*　幼虫（Tanaka et al., 1979より）

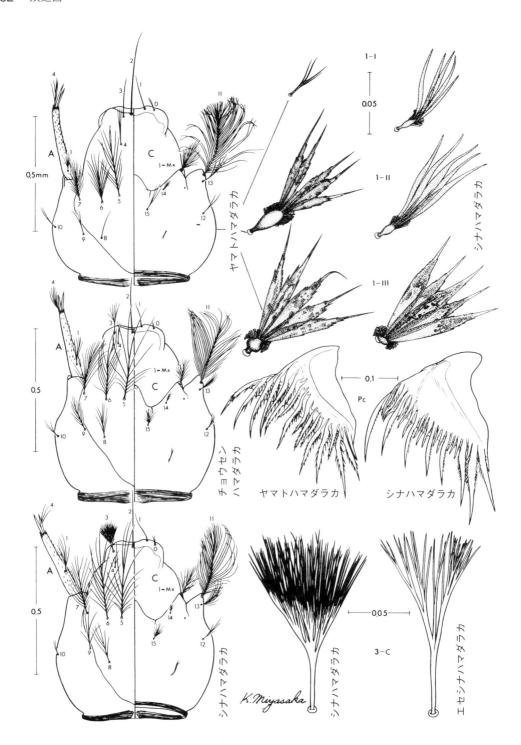

図15 ヤマトハマダラカ Anopheles (Anopheles) lindesayi japonicus：幼虫頭部，刺毛1-I～III，櫛歯板；チョウセンハマダラカ Anopheles (Anopheles) koreicus：幼虫頭部； シナハマダラカ Anopheles (Anopheles) sinensis：幼虫頭部，刺毛3-C, 1-I～III，櫛歯板； エセシナハマダラカ Anopheles (Anopheles) sineroides：刺毛3-C（Tanaka et al., 1979より）

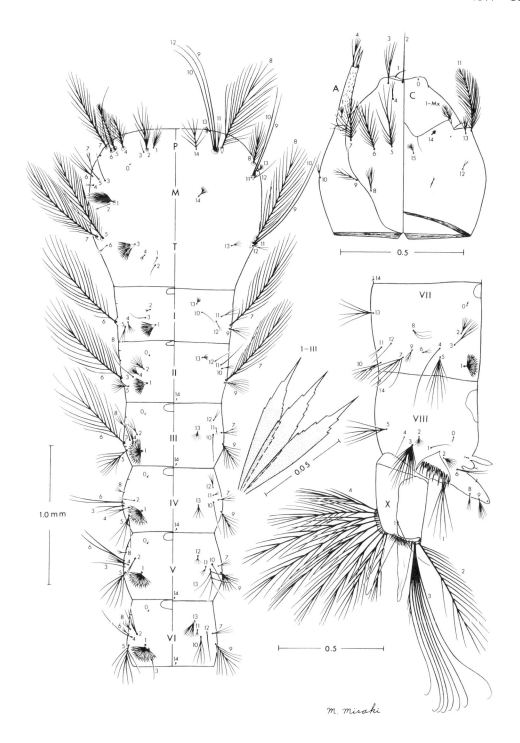

図16 オオハマハマダラカ *Anopheles (Anopheles) saperoi* 幼虫（Tanaka et al., 1979より）

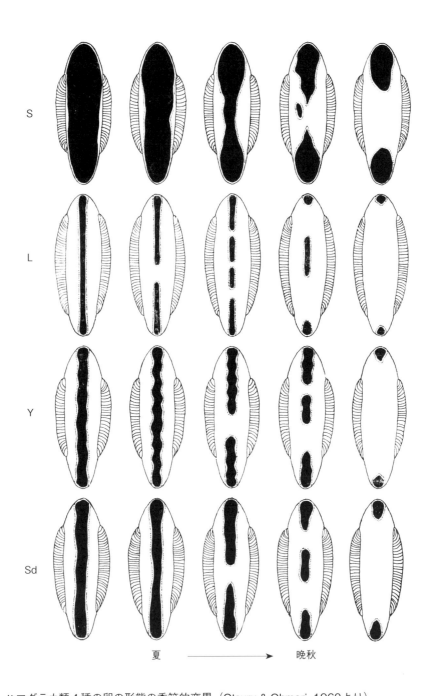

図17 ハマダラカ類4種の卵の形態の季節的変異（Otsuru & Ohmori, 1960より）
S．シナハマダラカ Anopheles (Anopheles) sinensis； L．オオツルハマダラカ Anopheles (Anopheles) lesteri； Y．ヤツシロハマダラカ Anopheles (Anopheles) yatsushiroensis； Sd．エセシナハマダラカ Anopheles (Anopheles) sineroides.

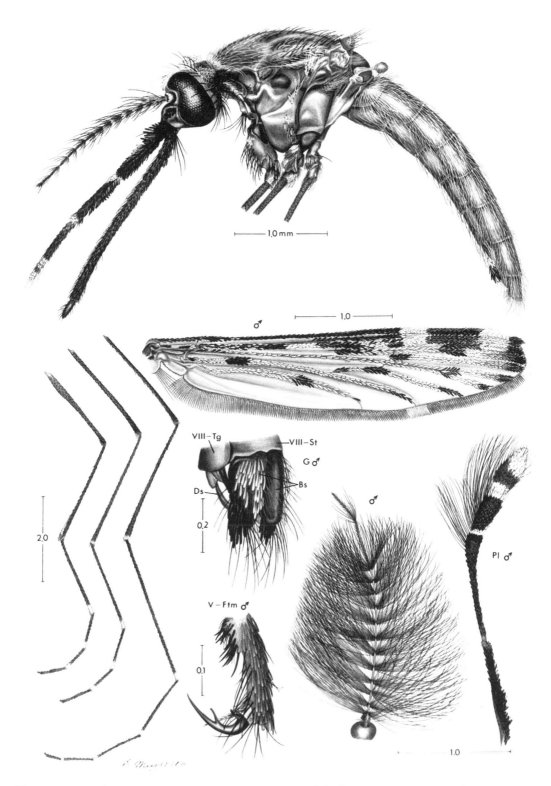

図18　シナハマダラカ　*Anopheles (Anopheles) sinensis*　成虫（Tanaka et al., 1979より）

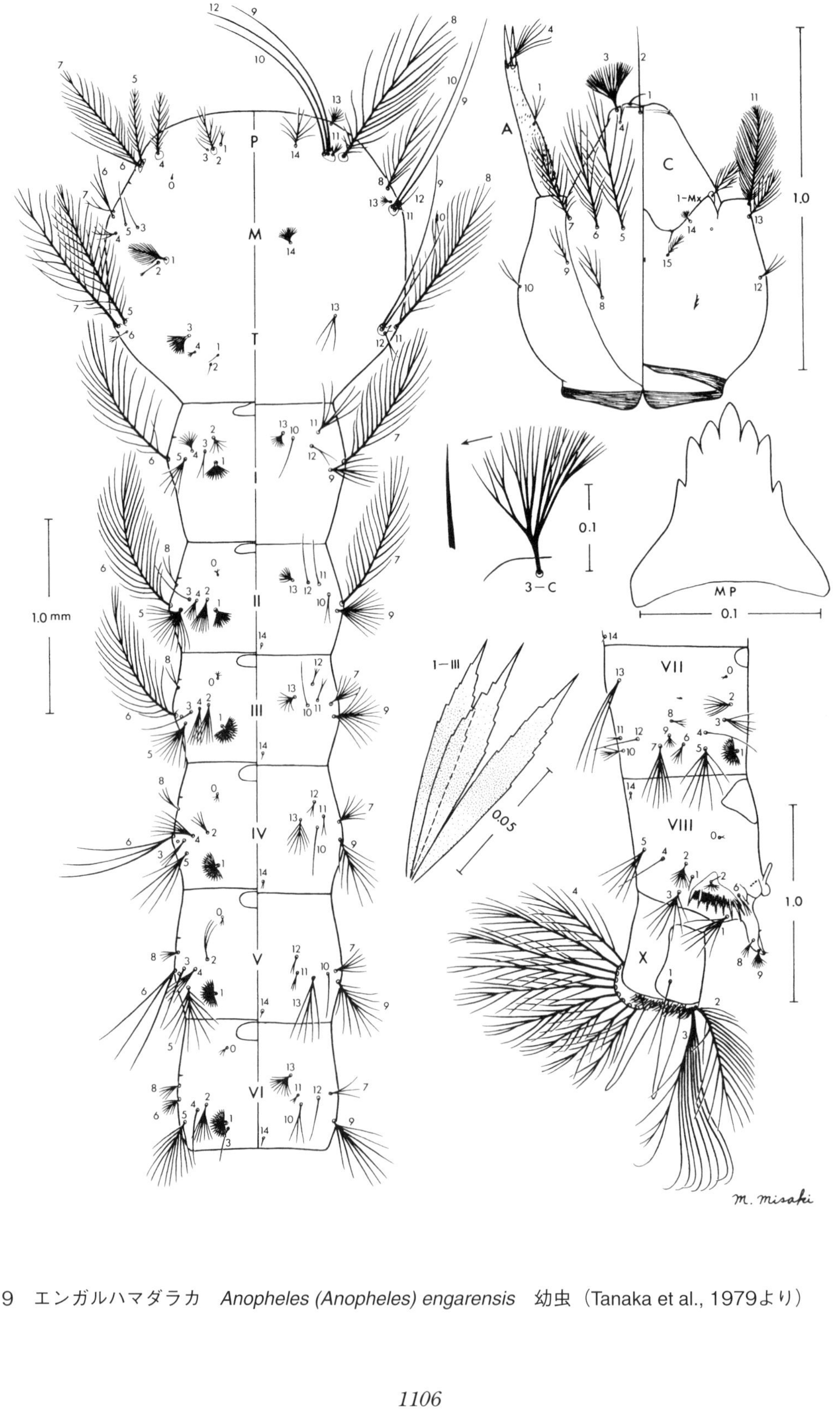

86 双翅目

図19 エンガルハマダラカ *Anopheles (Anopheles) engarensis* 幼虫（Tanaka et al., 1979より）

1106

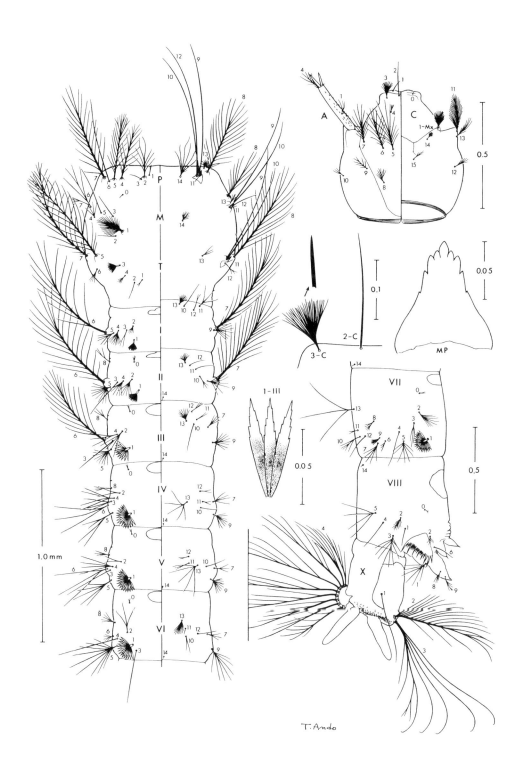

図20 オオツルハマダラカ *Anopheles (Anopheles) lesteri* 幼虫（Tanaka et al., 1979より）

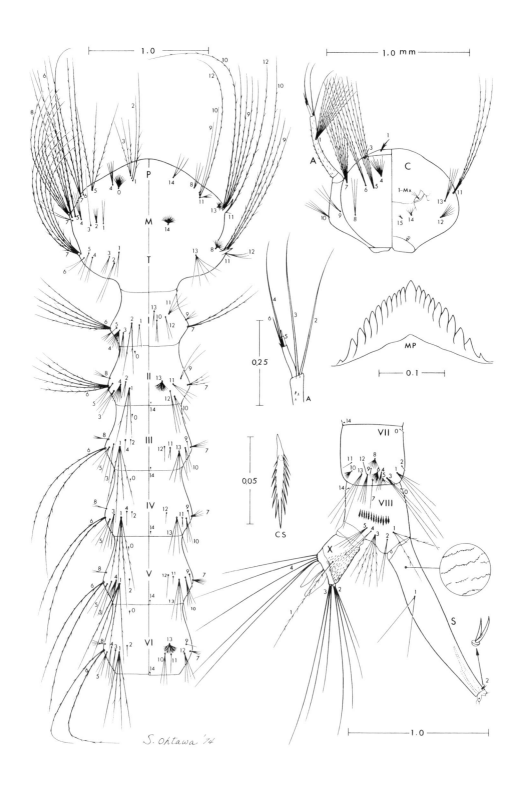

図21 ルソンコブハシカ *Mimomyia (Etorleptiomyia) luzonensis* 幼虫（Tanaka et al., 1979より）

力科　89

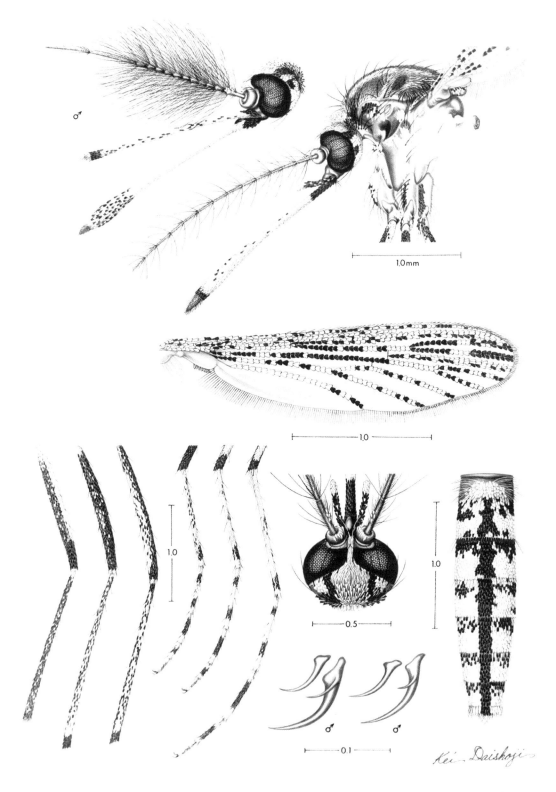

図22　ルソンコブハシカ　*Mimomyia (Etorleptiomyia) luzonensis*　成虫（Tanaka et al., 1979より）

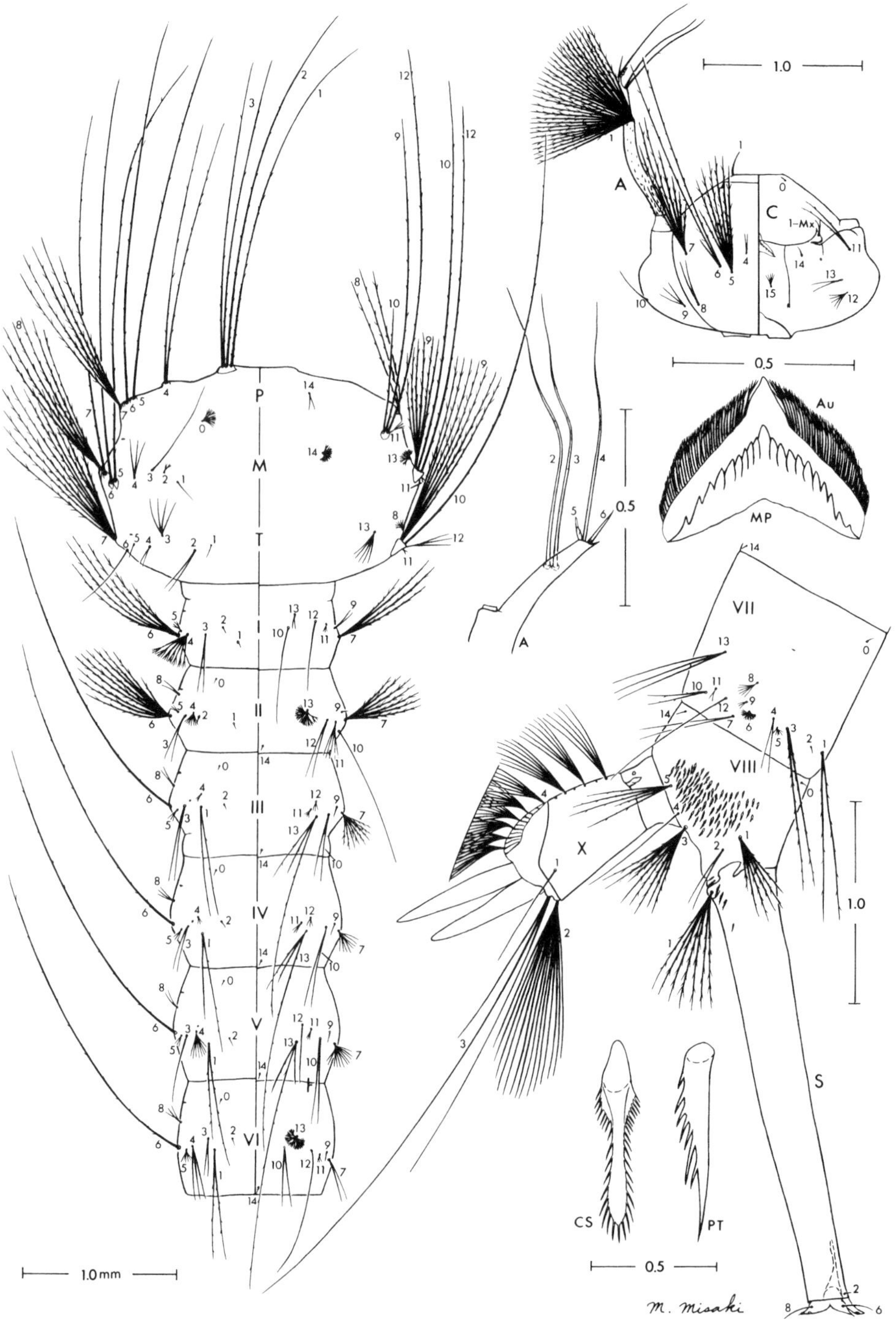

図23 ヤマトハボシカ *Culiseta (Culicella) nipponica* 幼虫 (Tanaka et al., 1979より)

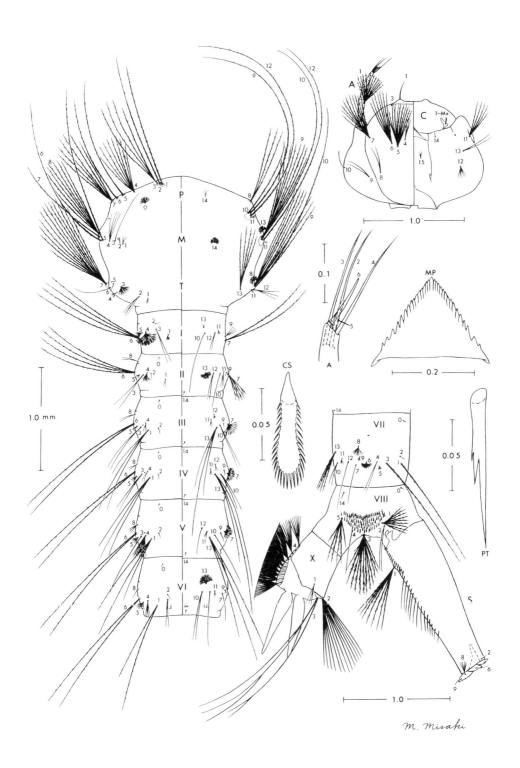

図24 ミスジハボシカ *Culiseta (Culiseta) kanayamensis* 幼虫（Tanaka et al., 1979より）

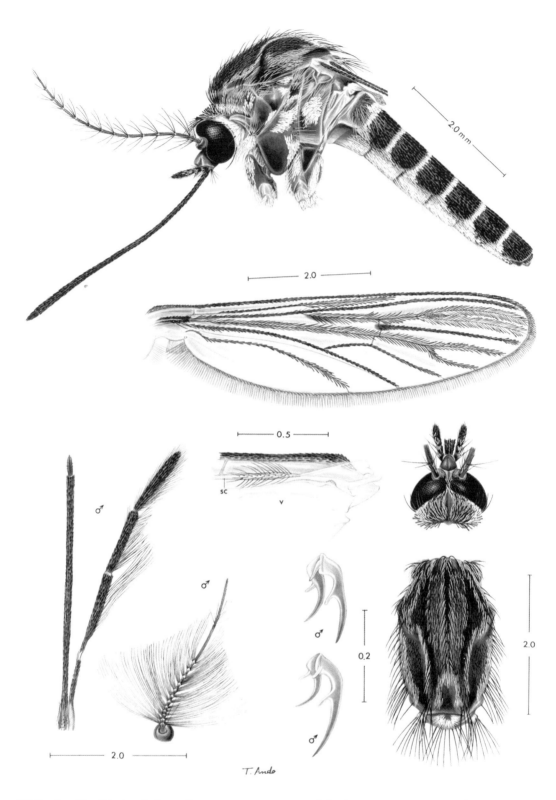

図25　ミスジハボシカ　*Culiseta (Culiseta) kanayamensis*　成虫（Tanaka et al., 1979より）

カ科 93

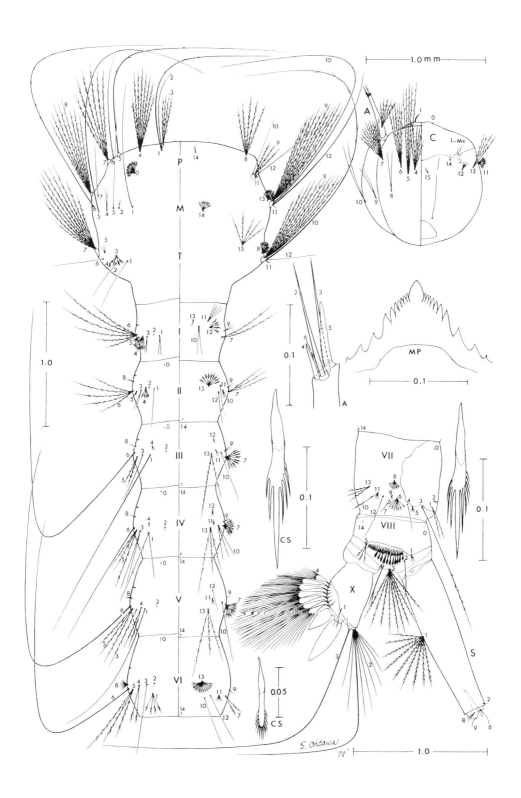

図26 ハマダラナガスネカ *Orthopodomyia anopheloides* 幼虫（Tanaka et al., 1979より）

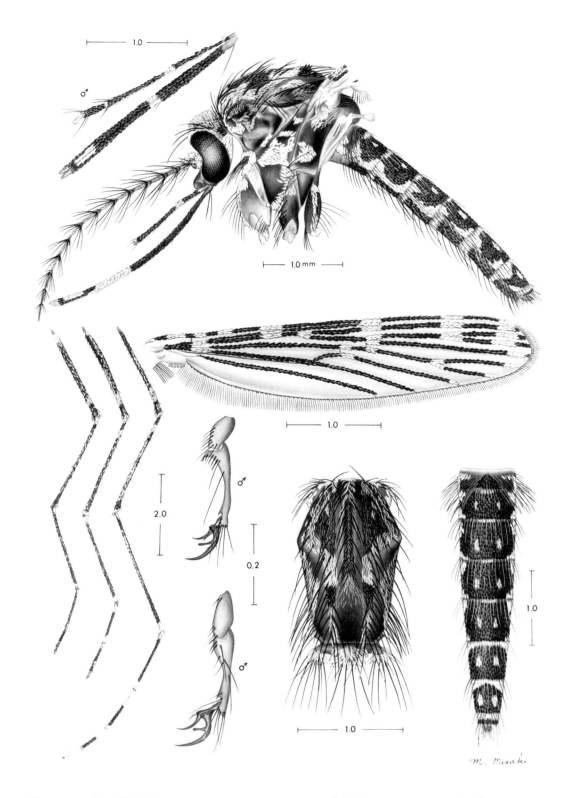

図27 ハマダラナガスネカ *Orthopodomyia anopheloides* 成虫（Tanaka et al., 1979より）

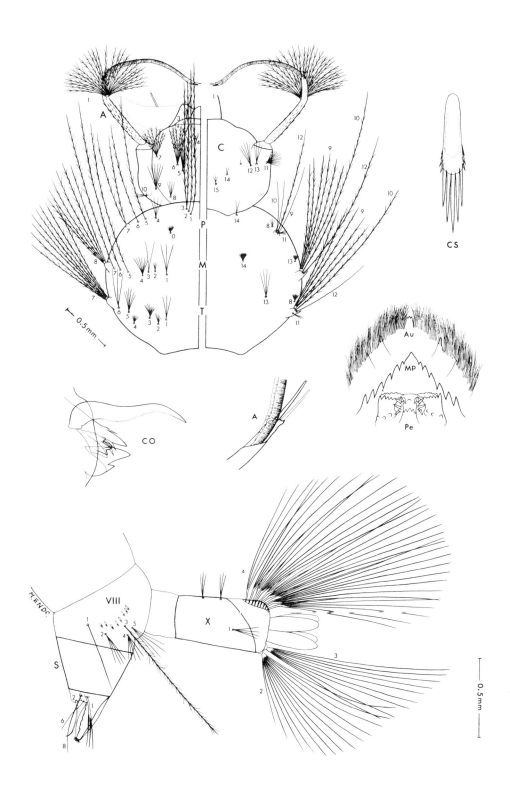

図28 キンイロヌマカ *Mansonia (Coquillettidia) ochracea* 幼虫（La Casse & Yamaguti, 1950より）

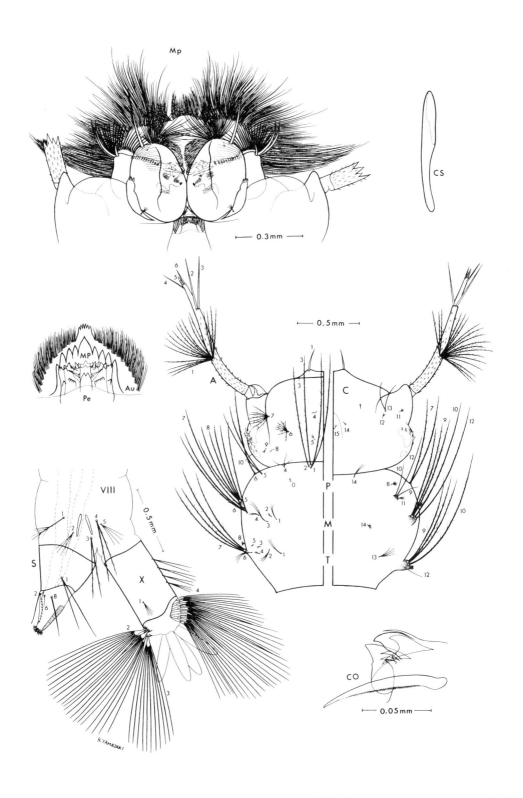

図29 アシマダラヌマカ *Mansonia (Mansonioides) uniformis* 幼虫（La Casse & Yamaguti, 1950より）

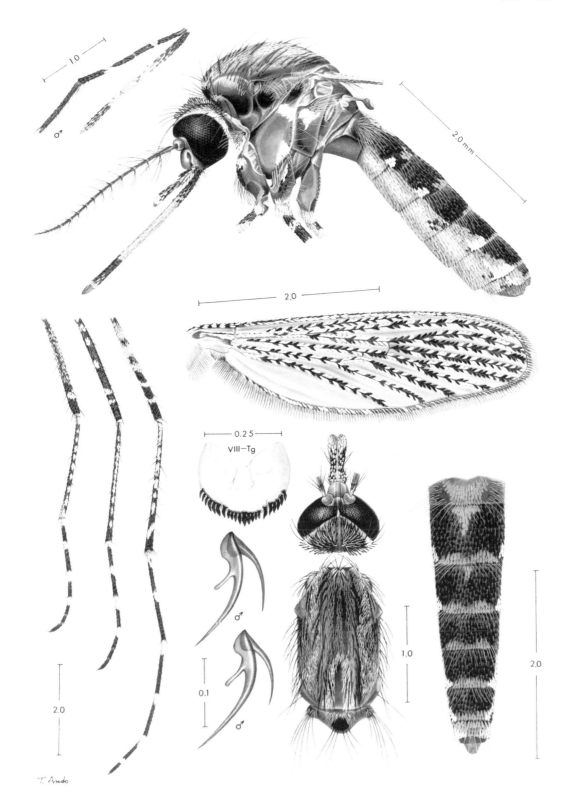

図30 アシマダラヌマカ *Mansonia (Mansonioides) uniformis* 成虫（Tanaka et al., 1979より）

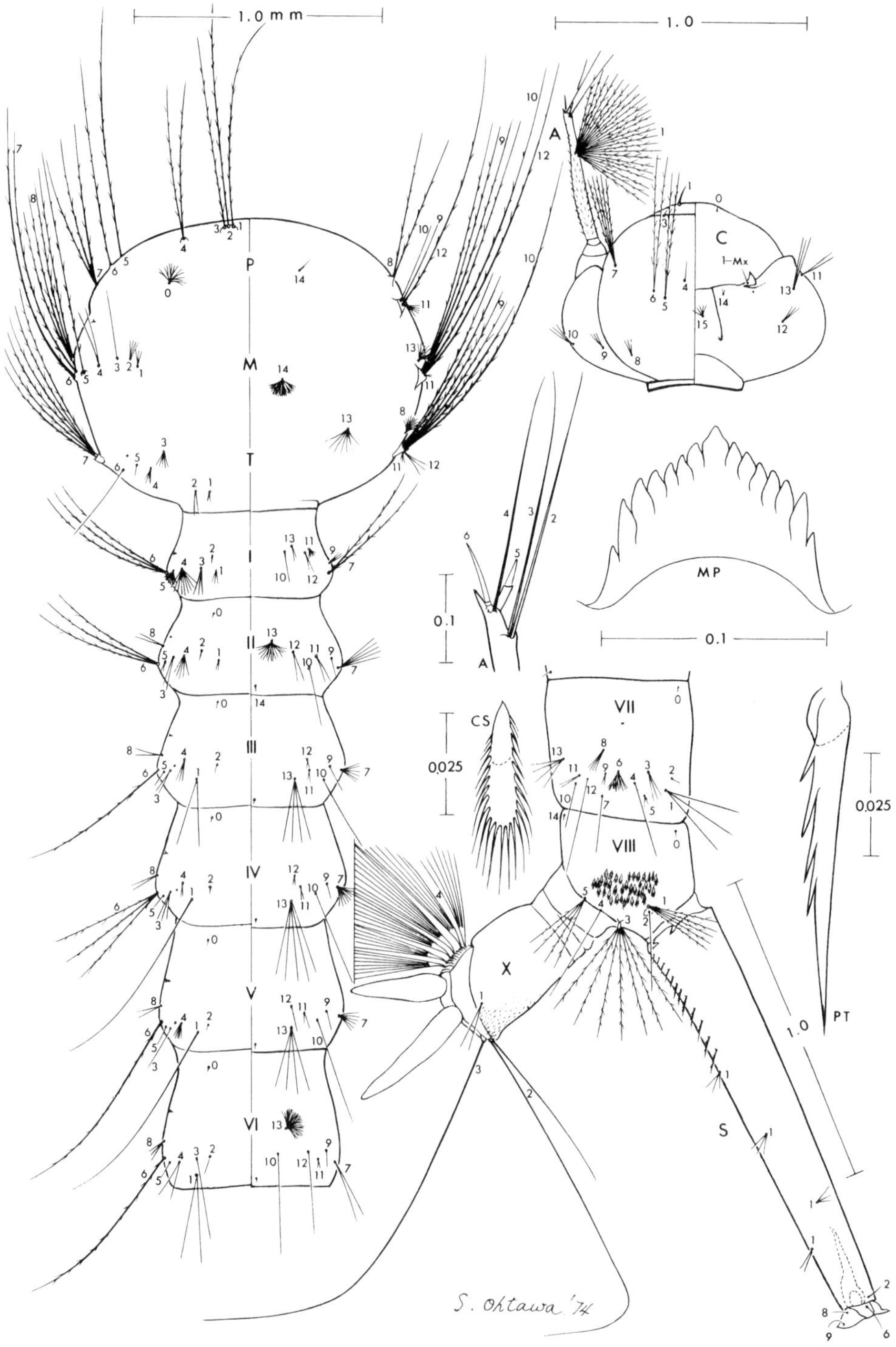

98 双翅目

図31　オビナシイエカ　*Culex (Culex) fuscocephala*　幼虫（Tanaka et al., 1979より）

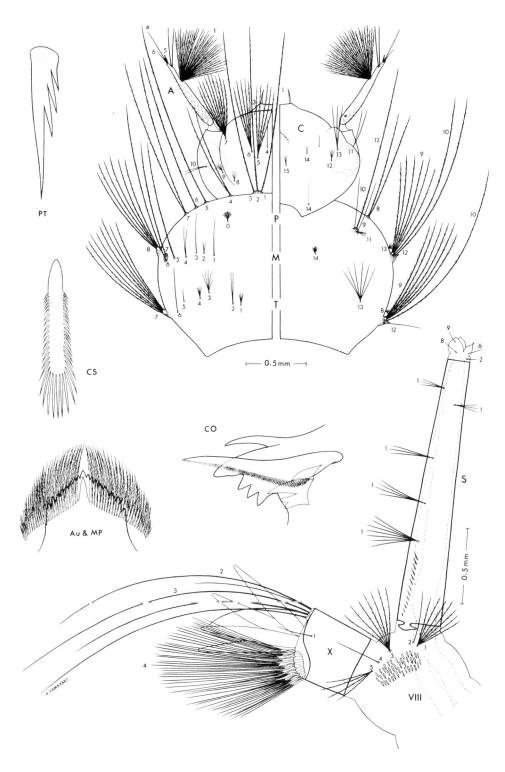

図32　スジアシイエカ　*Culex (Culex) vagans*　幼虫（La Casse & Yamaguti, 1950より）

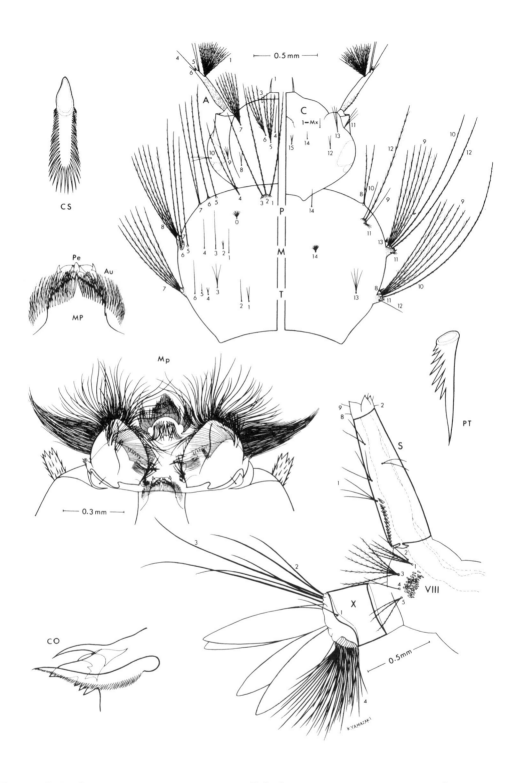

図33 アカイエカ *Culex (Culex) pipiens pallens* 幼虫（La Casse & Yamaguti, 1950より）

力科 101

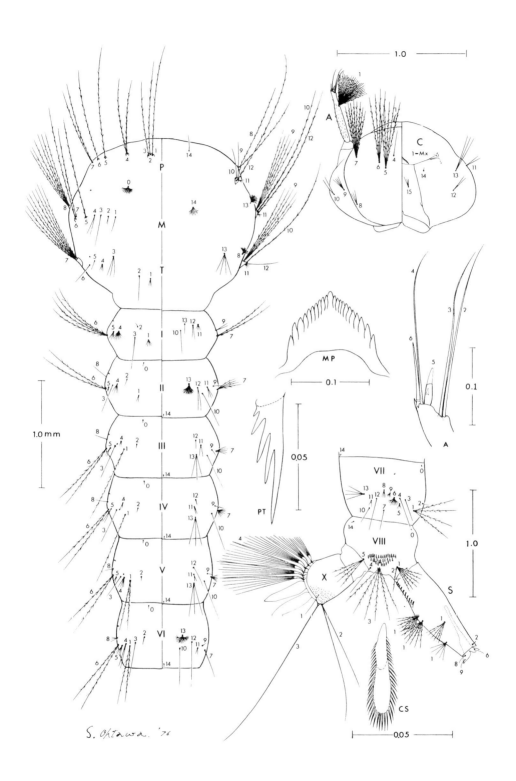

図34 ネッタイイエカ *Culex (Culex) pipiens quinquefasciatus* 幼虫 (Tanaka et al., 1979より)

102 双翅目

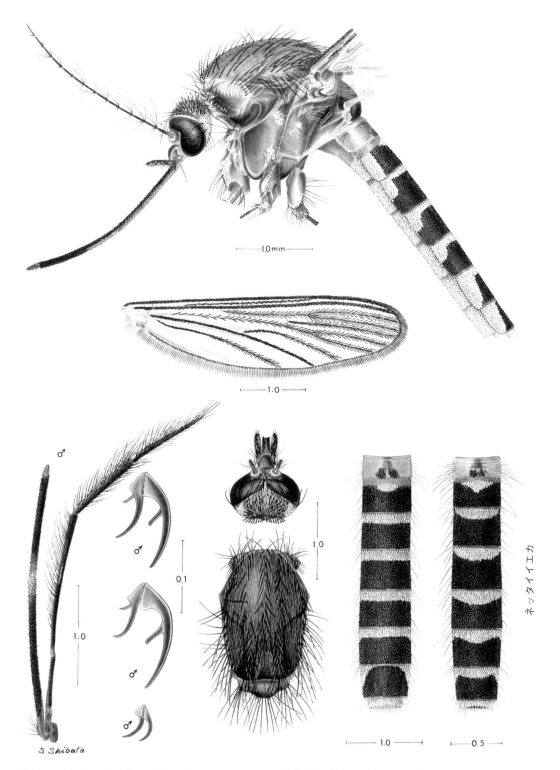

図35 アカイエカ *Culex (Culex) pipiens pallens* 成虫及びネッタイイエカ *Culex (Culex) pipiens quinquefasciatus* 成虫腹部（Tanaka et al., 1979より）

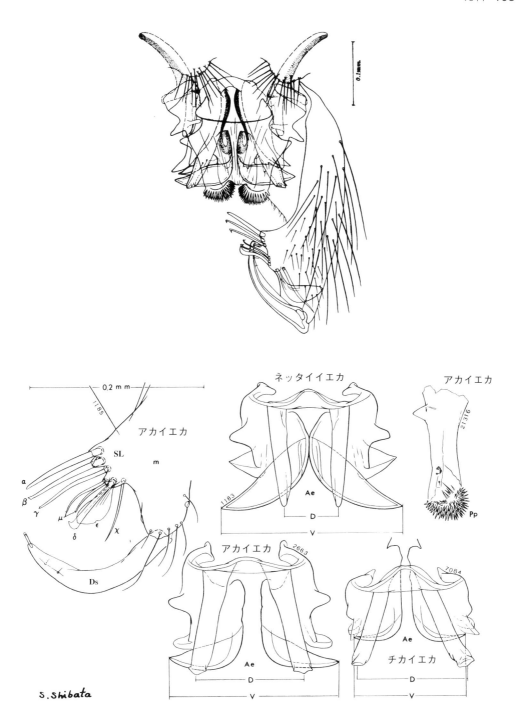

図36 アカイエカ *Culex (Culex) pipiens* 雄交尾器
上段：アカイエカ *Culex (Culex) pipiens pallens* 全形背面（左側の生殖基節，生殖端節を除く）（La Casse & Yamaguti, 1950より）．
下段：アカイエカ *Culex (Culex) pipiens pallens* 亜端葉，生殖端節，肛側板，挿入器；ネッタイイエカ *Culex (Culex) pipiens quinquefasciatus* 挿入器；チカイエカ *Culex (Culex) pipiens*, f. molestus 挿入器．（Tanaka et al., 1979より）．

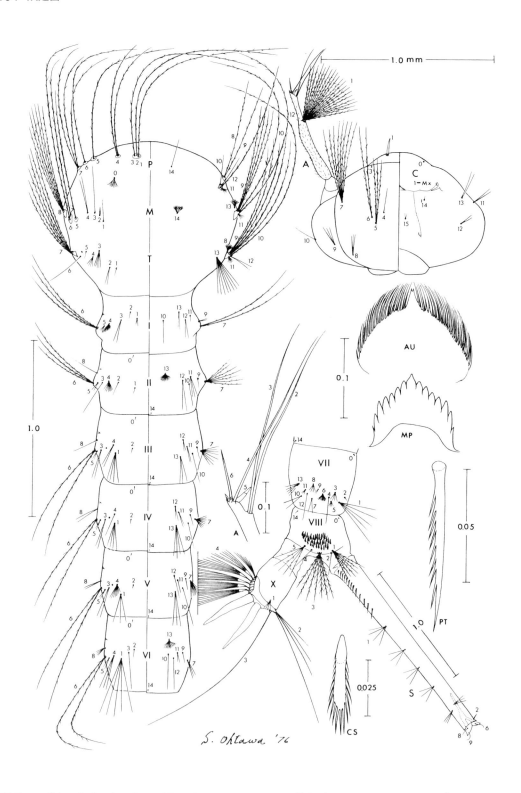

図37 コガタアカイエカ *Culex (Culex) tritaeniorhynchus* 幼虫（Tanaka et al., 1979より）

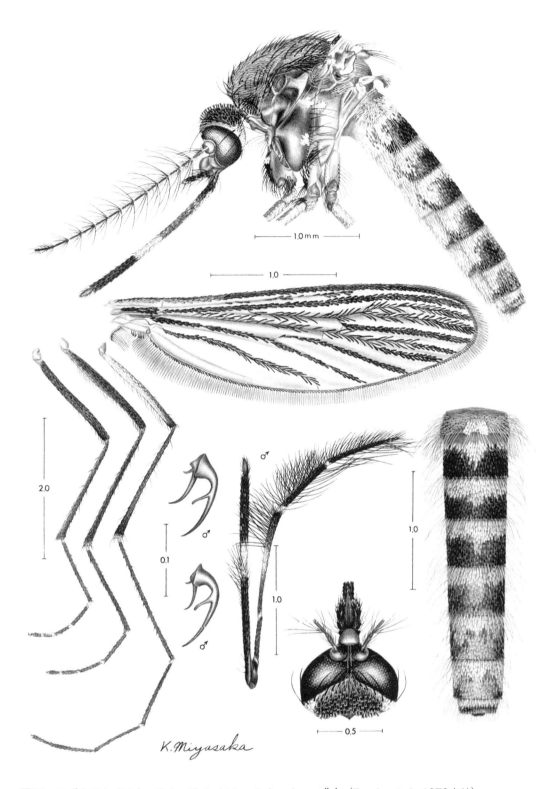

図38　コガタアカイエカ　*Culex (Culex) tritaeniorhynchus*　成虫（Tanaka et al., 1979より）

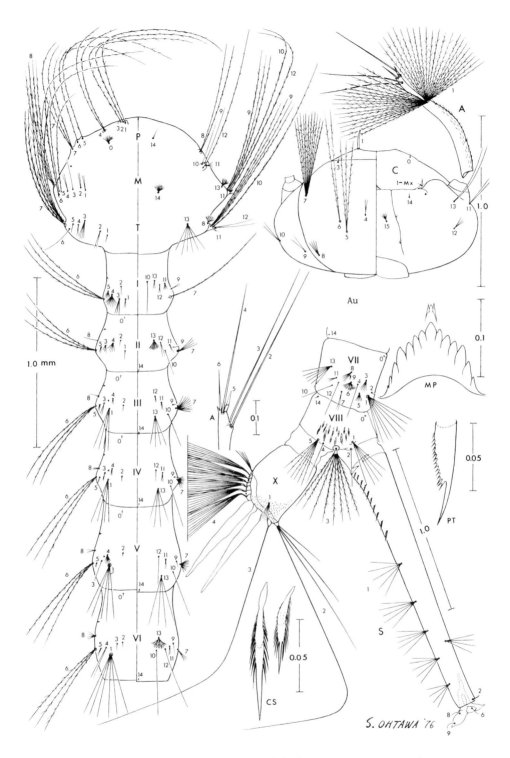

図39 シロハシイエカ *Culex (Culex) pseudovishnui* 幼虫 (Tanaka et al., 1979より)

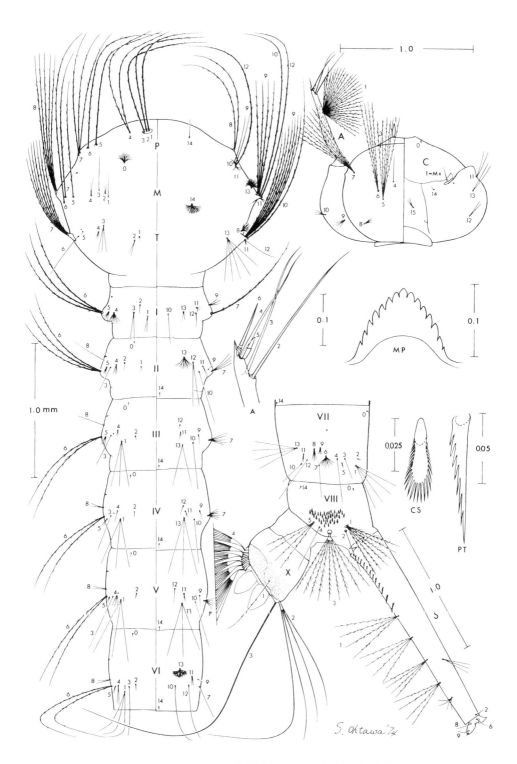

図40 ヨツボシイエカ *Culex (Culex) sitiens* 幼虫（Tanaka et al., 1979より）

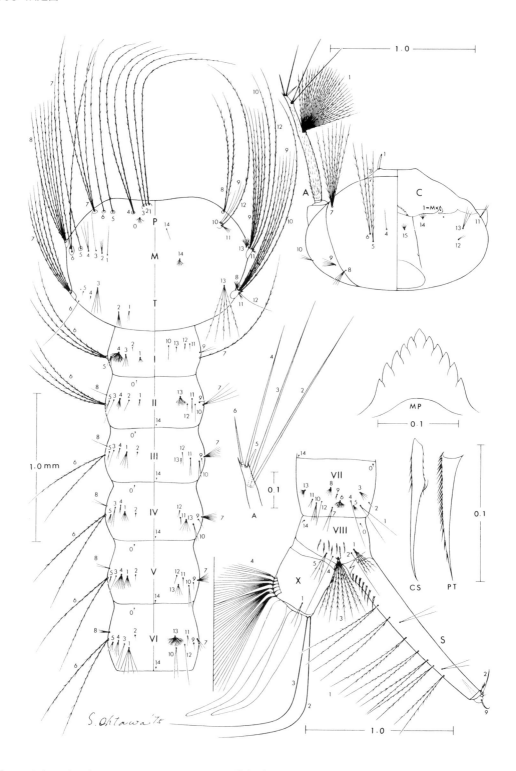

図41　セシロイエカ　*Culex (Culex) whitmorei*　幼虫（Tanaka et al., 1979より）

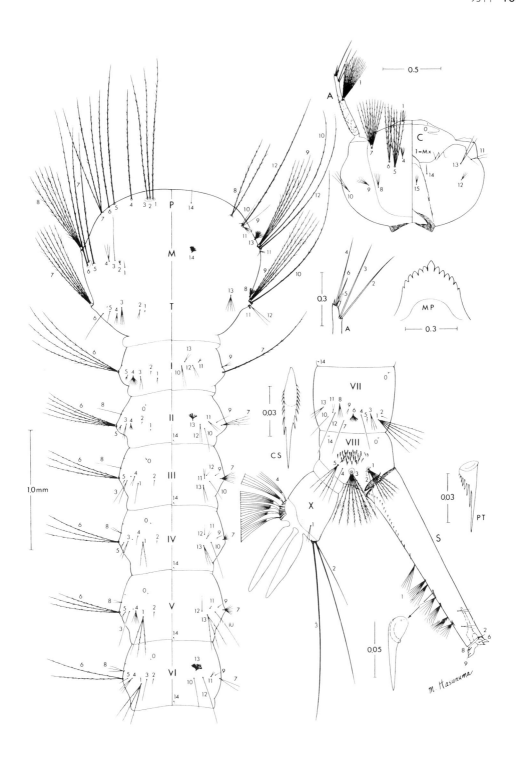

図42　ジャクソンイエカ　*Culex (Culex) jacksoni*　幼虫（Tanaka et al., 1979より）

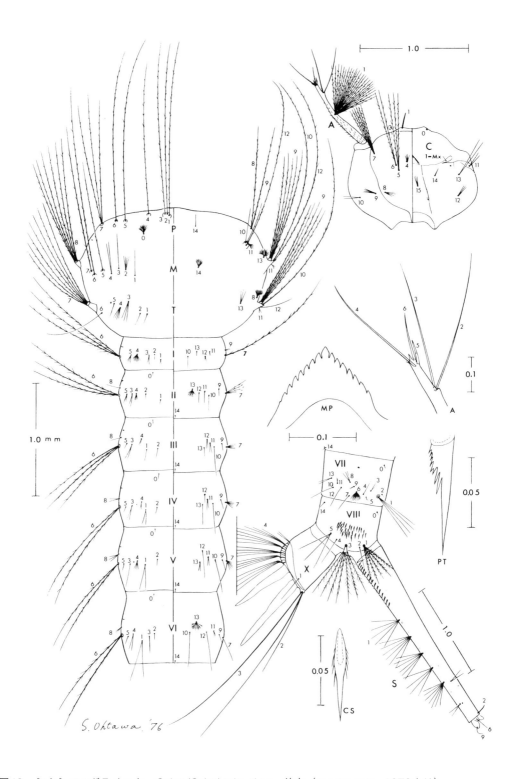

図43　ミナミハマダライエカ　*Culex (Culex) mimeticus*　幼虫（Tanaka et al., 1979より）

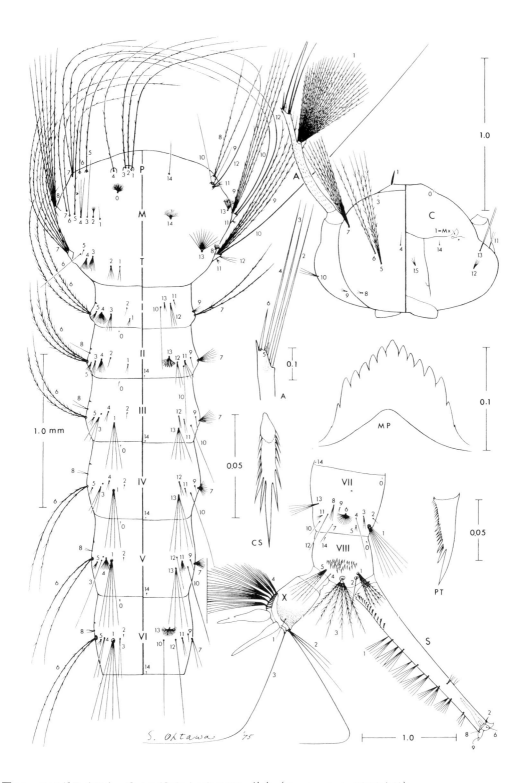

図44 ハマダライエカ *Culex (Culex) orientalis* 幼虫（Tanaka et al., 1979より）

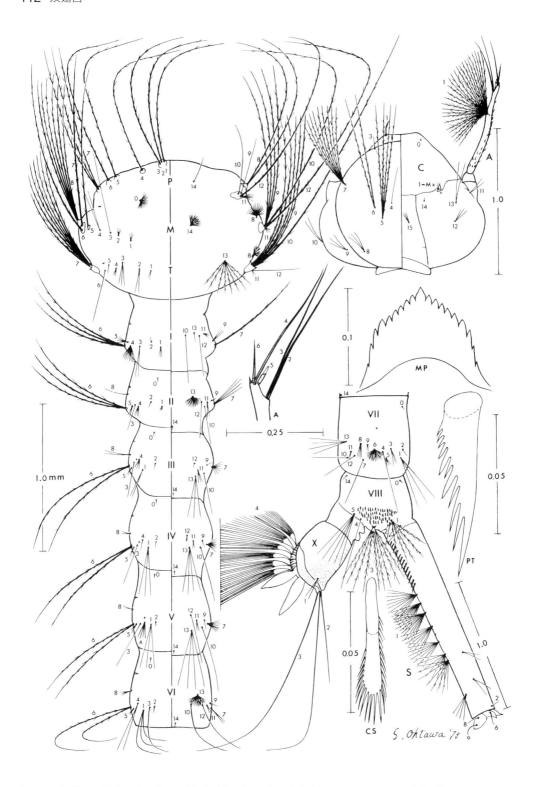

図45 オガサワライエカ *Culex (Culex) boninensis* 幼虫（Tanaka et al., 1979より）

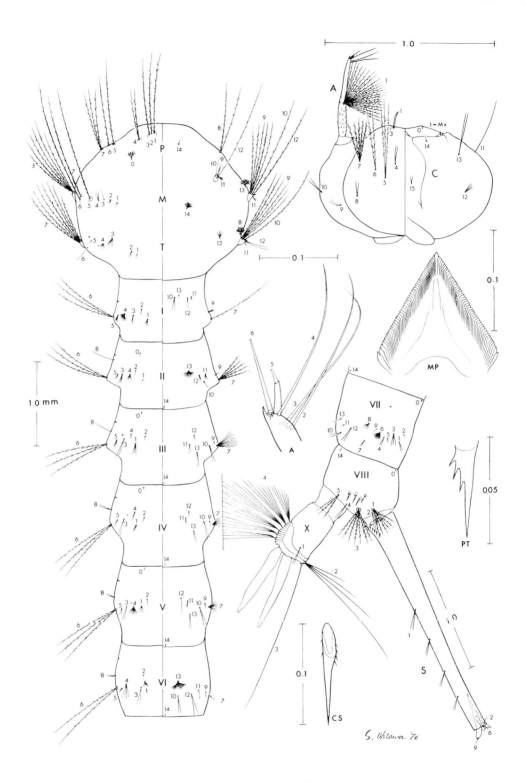

図46 カラツイエカ *Culex (Culex) bitaeniorhynchus* 幼虫（Tanaka et al., 1979より）

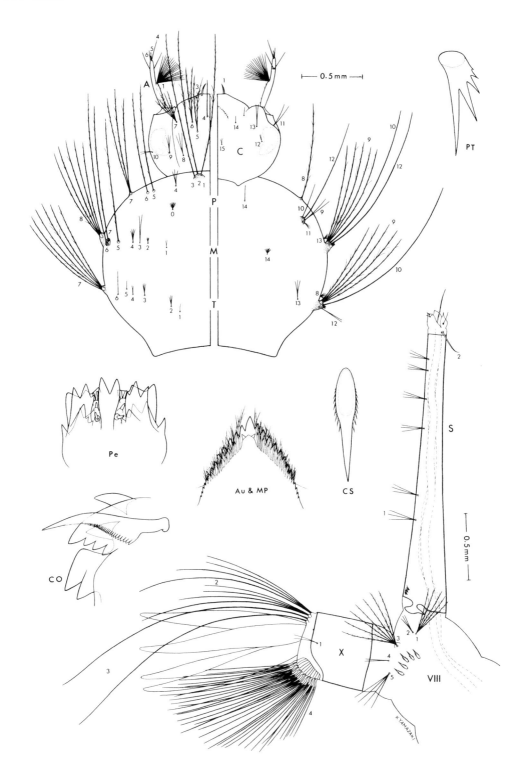

図47 ミツホシイエカ *Culex (Culex) sinensis* 幼虫（La Casse & Yamaguti, 1950より）

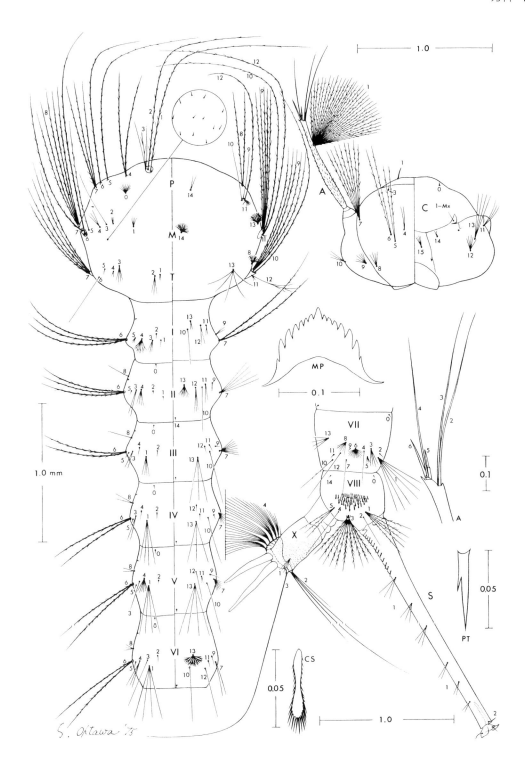

図48 エゾウスカ *Culex (Neoculex) rubensis* 幼虫 (Tanaka et al., 1979より)

116 双翅目

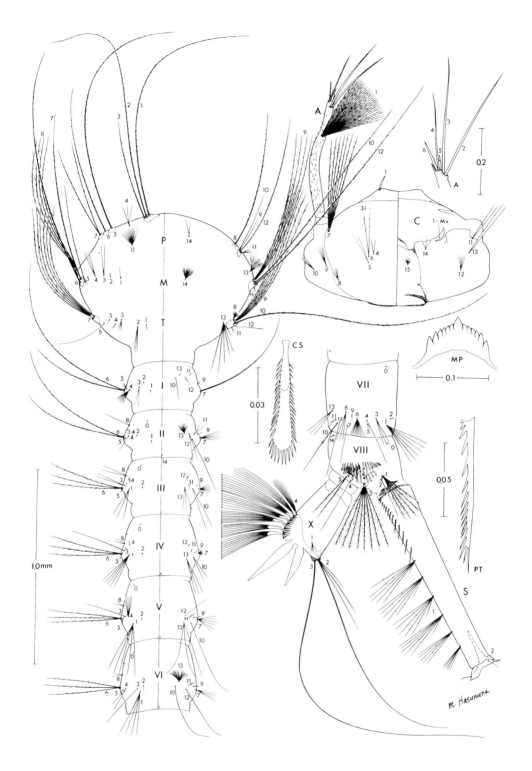

図49 コガタクロウスカ *Culex (Eumelanomyia) hayashii hayashii* 幼虫（Tanaka et al., 1979より）

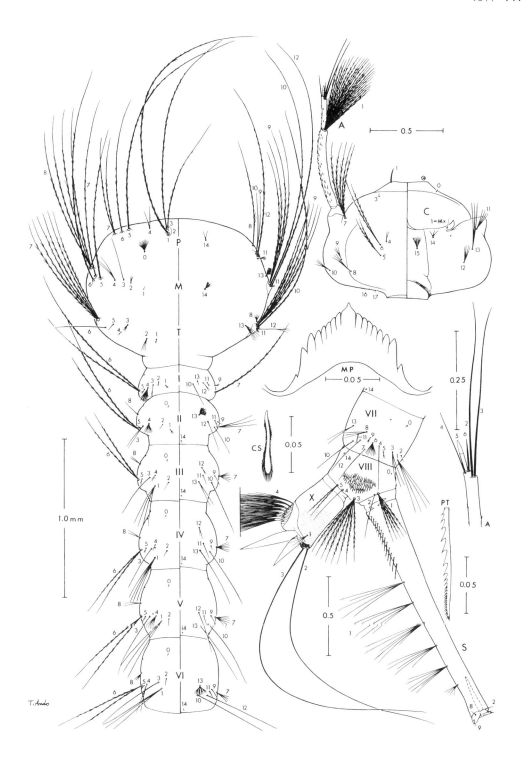

図50 オキナワクロウスカ *Culex (Eumelanomyia) okinawae* 幼虫（Tanaka et al., 1979より）

118 双翅目

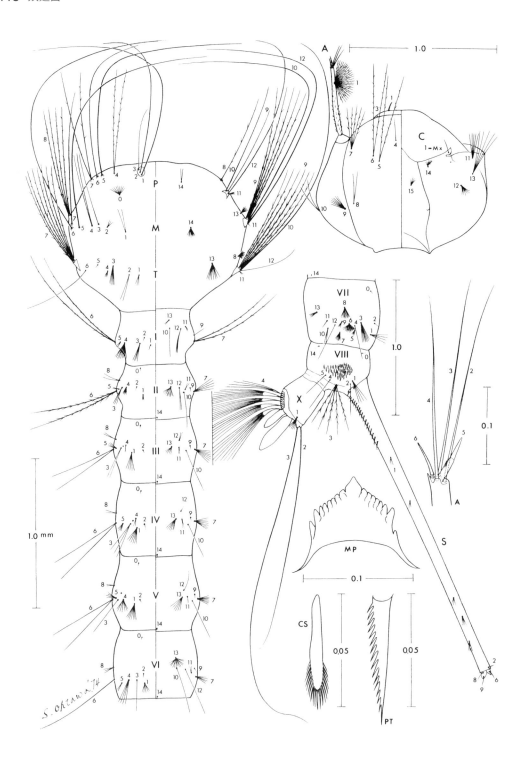

図51 カギヒゲクロウスカ *Culex (Eumelanomyia) brevipalpis* 幼虫（Tanaka et al., 1979より）

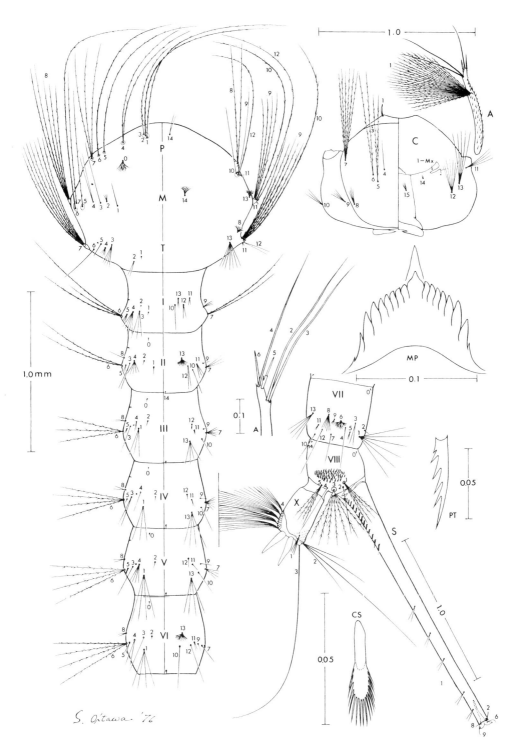

図52 フトシマツノフサカ *Culex (Lophoceraomyia) infantulus* 幼虫（Tanaka et al., 1979より）

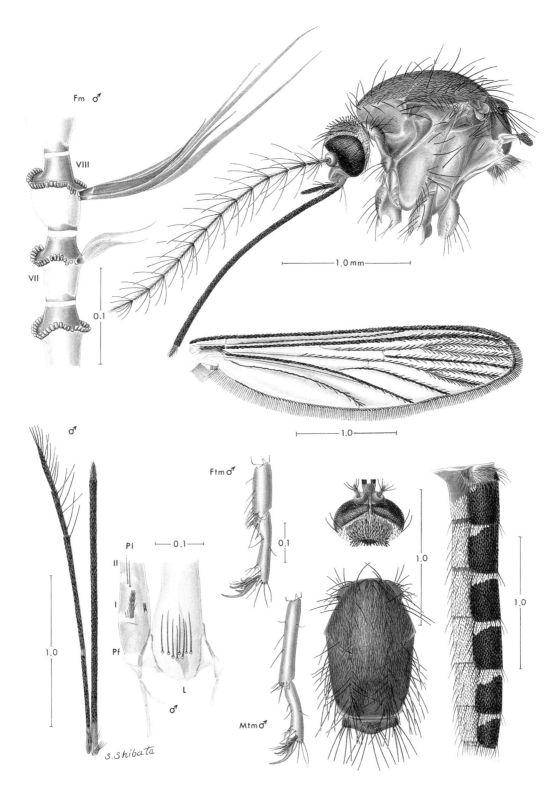

図53 フトシマツノフサカ *Culex (Lophoceraomyia) infantulus* 成虫（原図）

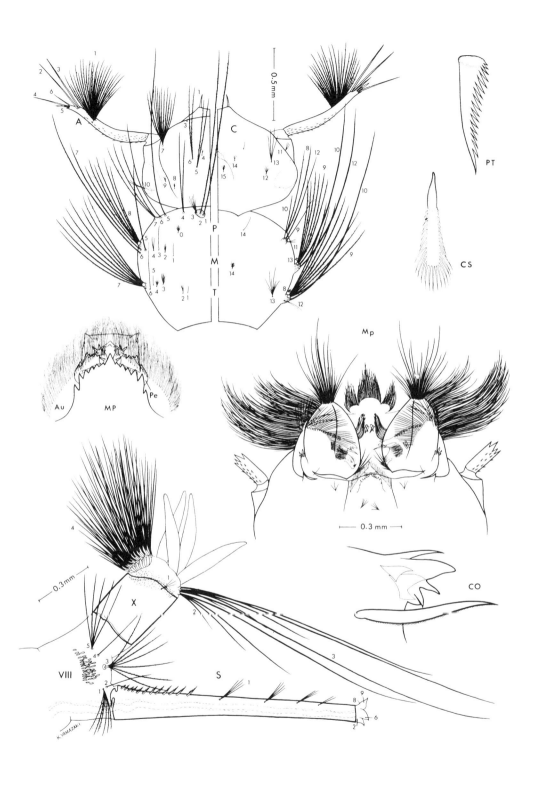

図54　アカツノフサカ　*Culex (Lophoceraomyia) rubithoracis*　幼虫（La Casse & Yamaguti, 1950より）

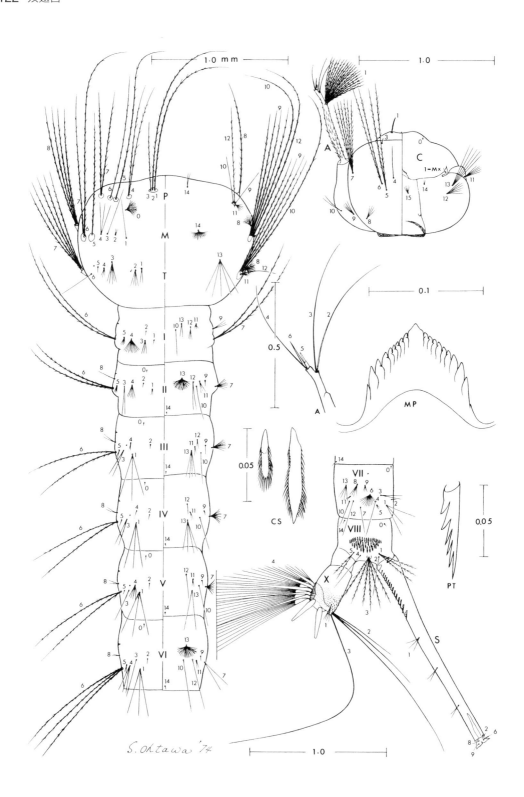

図55 クロツノフサカ *Culex (Lophoceraomyia) bicornutus* 幼虫（Tanaka et al., 1979より）

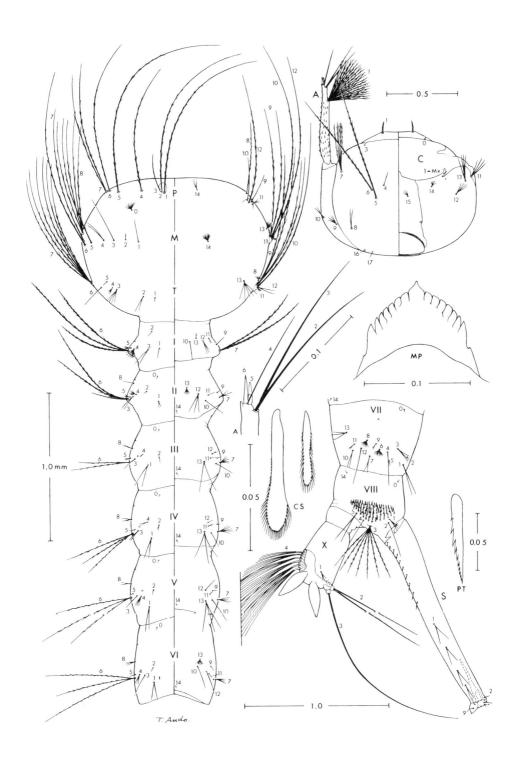

図56 カニアナツノフサカ *Culex (Lophoceraomyia) tuberis* 幼虫（Tanaka et al., 1979より）

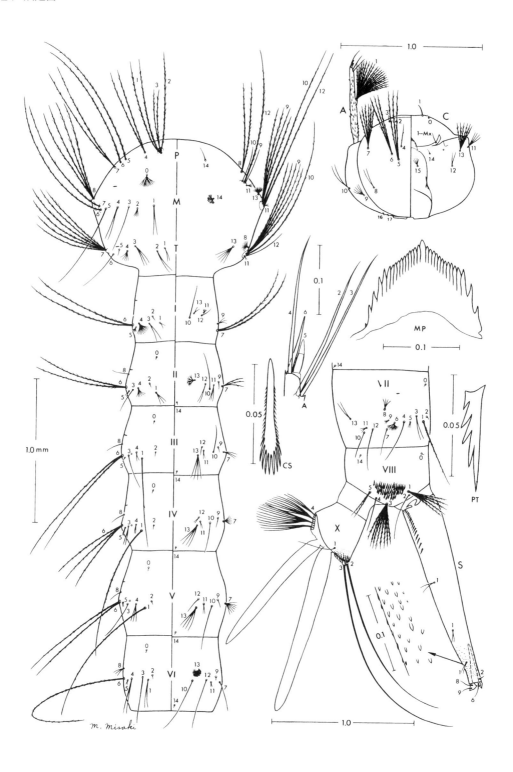

図57 リュウキュウクシヒゲカ *Culex (Culiciomyia) ryukyensis* 幼虫（Tanaka et al., 1979より）

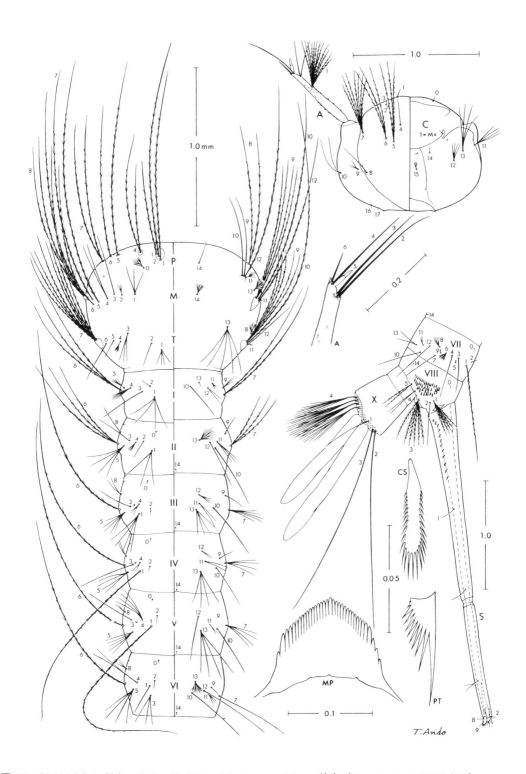

図58 クロフクシヒゲカ *Culex (Culiciomyia) nigropunctatus* 幼虫（Tanaka et al., 1979より）

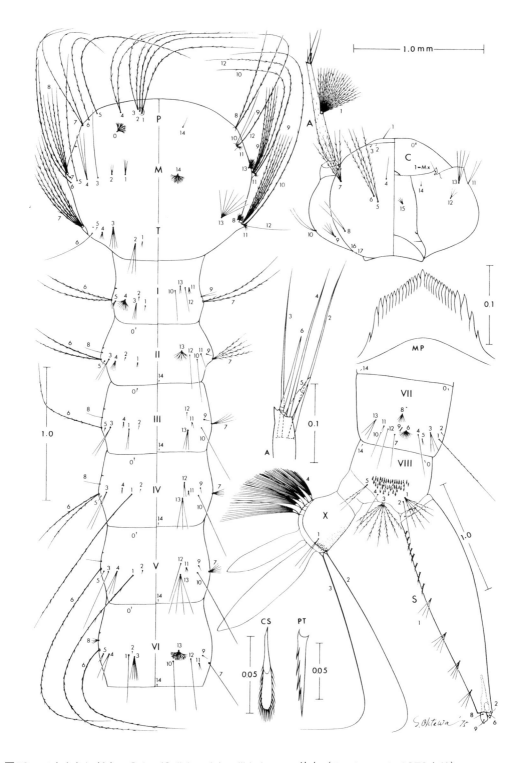

図59 アカクシヒゲカ *Culex (Culiciomyia) pallidothorax* 幼虫（Tanaka et al., 1979より）

力科 127

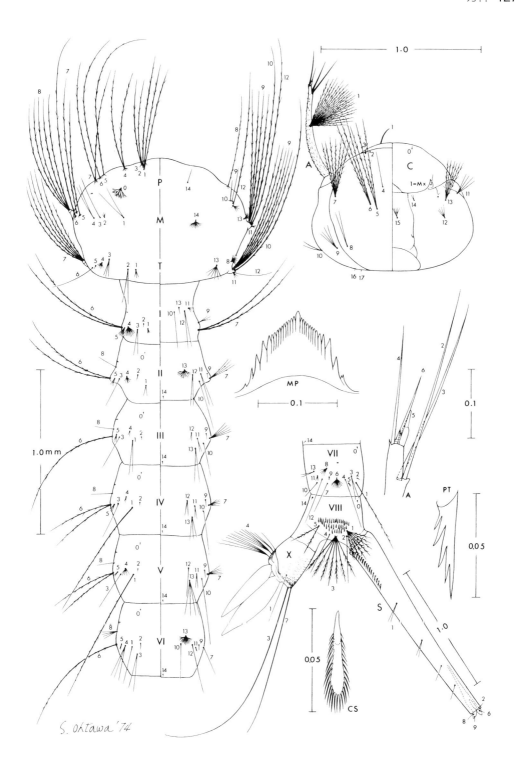

図60 キョウトクシヒゲカ *Culex (Culiciomyia) kyotoensis* 幼虫（Tanaka et al., 1979より）

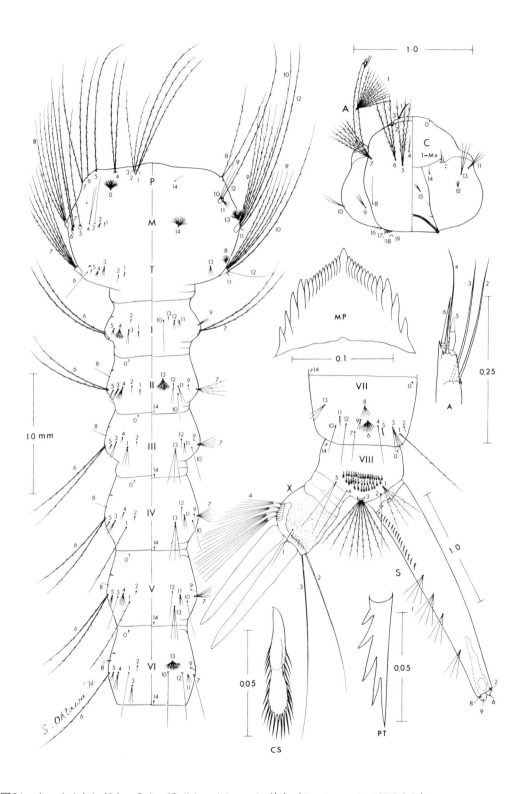

図61 ヤマトクシヒゲカ *Culex (Culiciomyia) sasai* 幼虫 (Tanaka et al., 1979より)

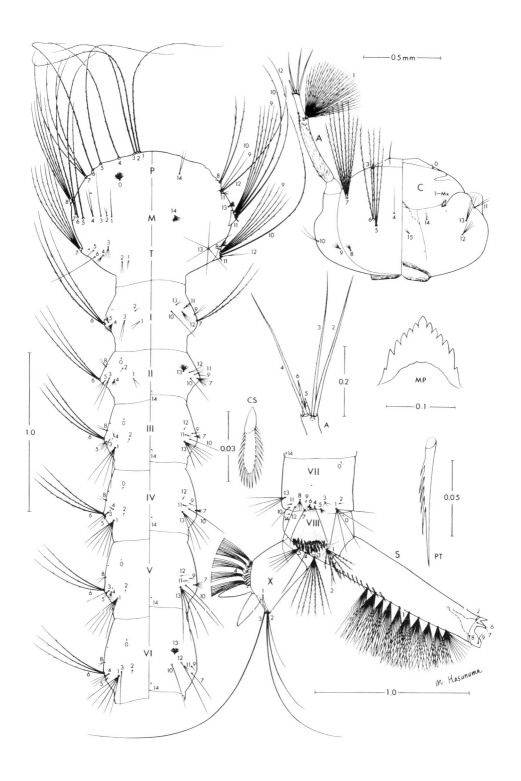

図62 イナトミシオカ *Culex (Barraudius) inatomii* 幼虫（Tanaka et al., 1979より）

130 双翅目

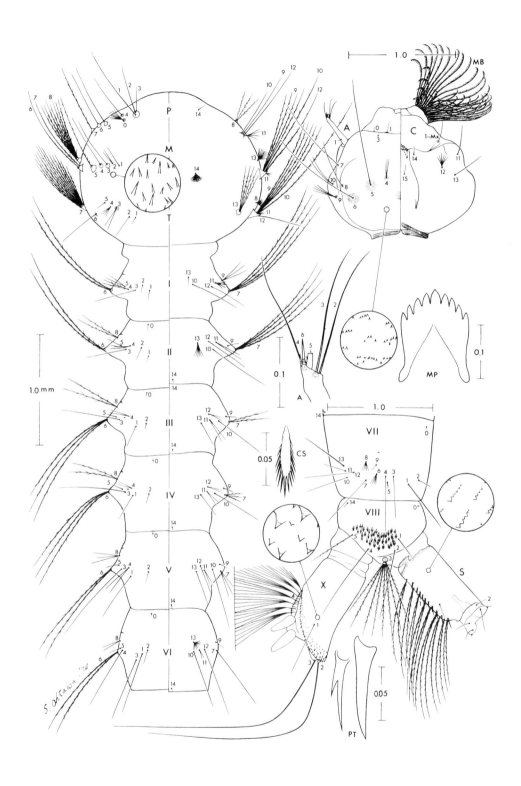

図63 サキジロカクイカ *Lutzia (Metalutzia) fuscana* 幼虫（Tanaka et al., 1979より）

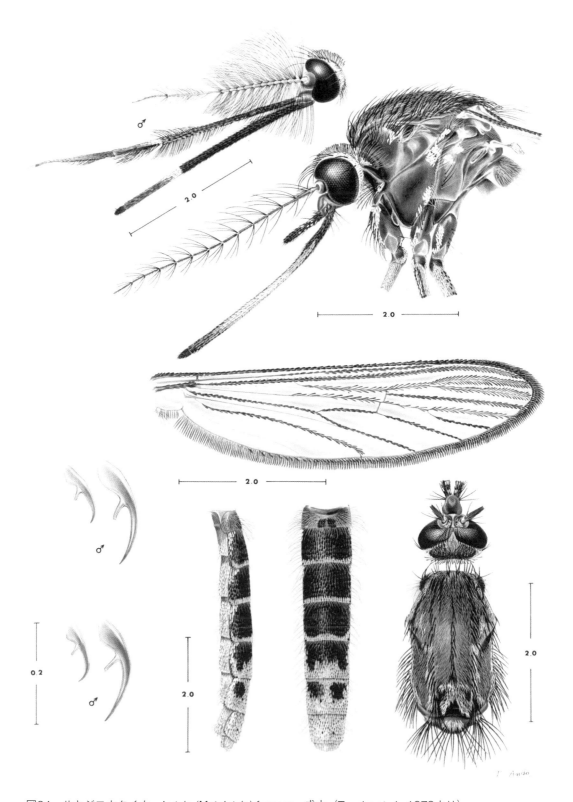

図64 サキジロカクイカ *Lutzia (Metalutzia) fuscana* 成虫（Tanaka et al., 1979より）

132 双翅目

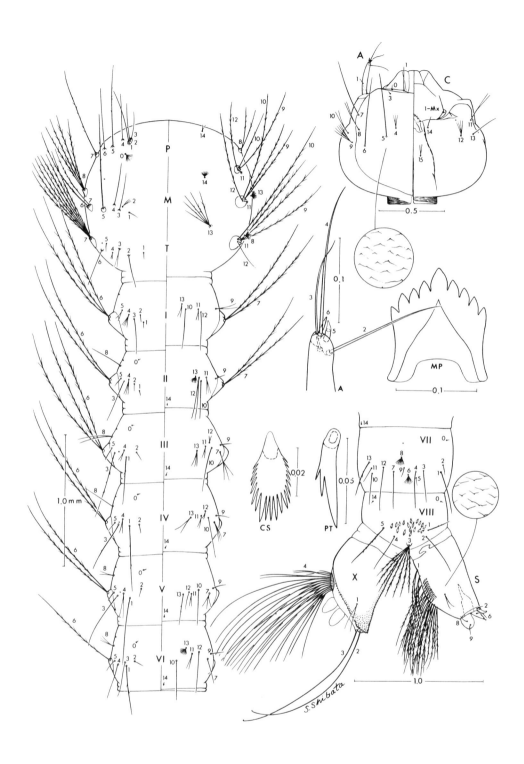

図65 シノナガカクイカ *Lutzia (Insulalutzia) shinonagai* 幼虫（Tanaka et al., 1979より）

カ科 133

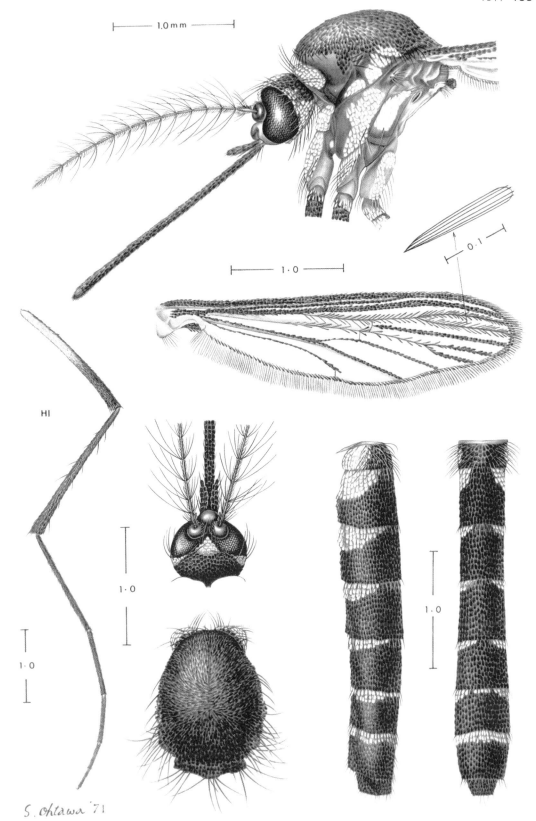

図66 アマミムナゲカ *Heizmannia (Heizmannia) kana* 成虫（Tanaka et al., 1979より）

134 双翅目

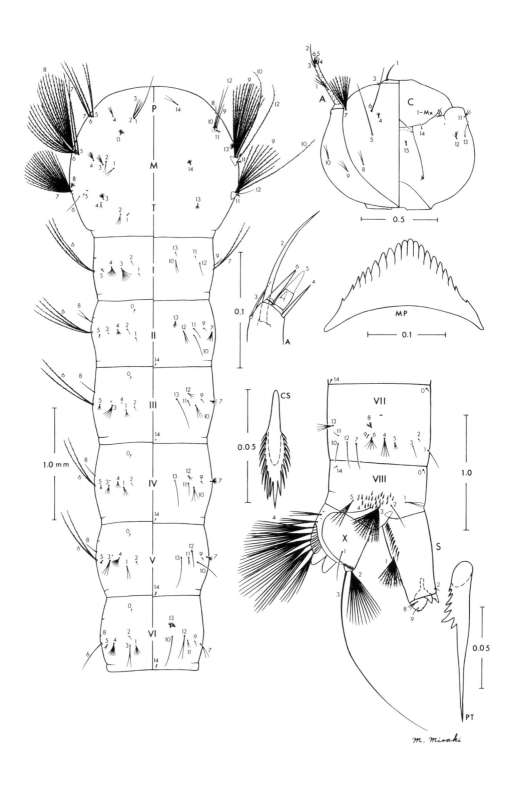

図67 ハマベヤブカ　*Aedes (Ochlerotatus) vigilax*　幼虫（Tanaka et al., 1979より）

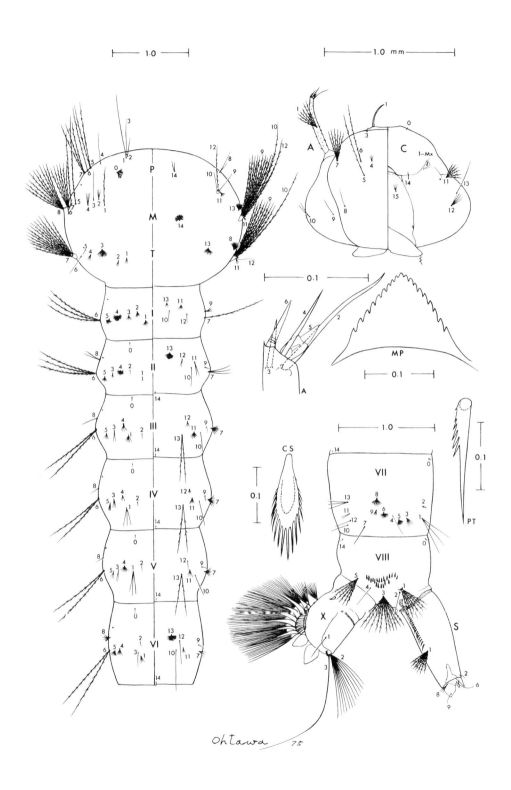

図68 セスジヤブカ *Aedes (Ochlerotatus) dorsalis* 幼虫(Tanaka et al., 1979より)

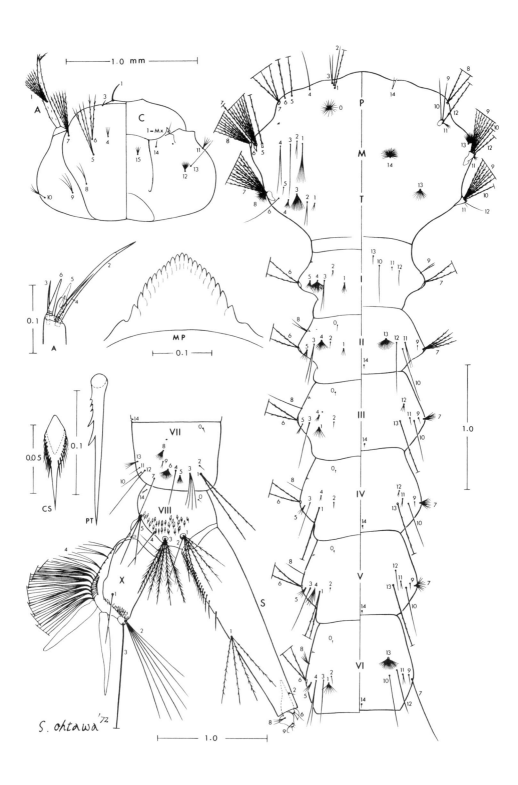

図69　アカンヤブカ　*Aedes (Ochlerotatus) excrucians*　幼虫（Tanaka et al., 1979より）

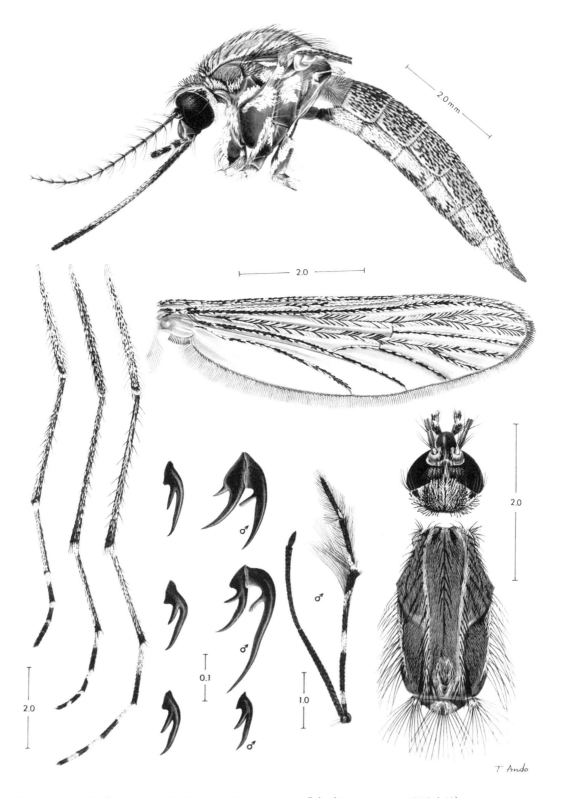

図70　アカンヤブカ　*Aedes (Ochlerotatus) excrucians*　成虫（Tanaka et al., 1979より）

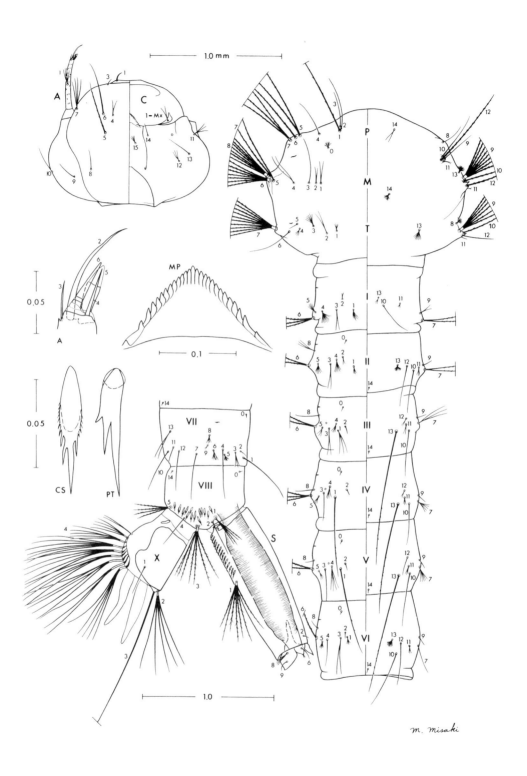

図71 ダイセツヤブカ *Aedes (Ochlerotaus) impiger daisetsuzanus* 幼虫（Tanaka et al., 1979より）

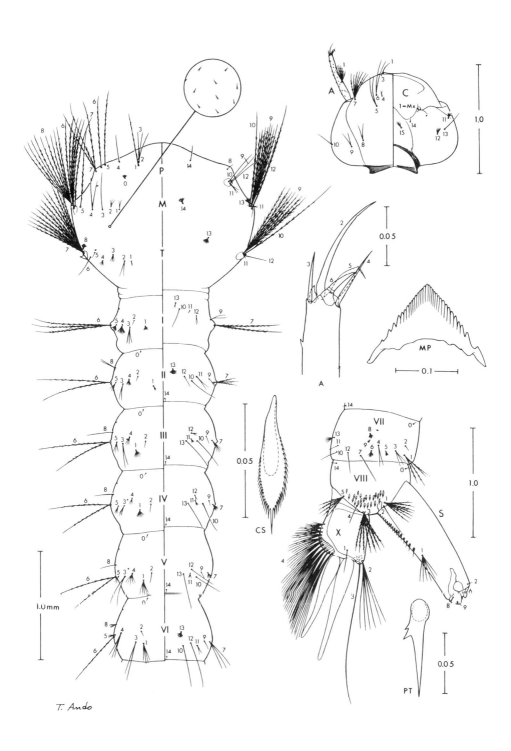

図72 カラフトヤブカ *Aedes (Ochlerotatus) sticticus* 幼虫 (Tanaka et al., 1979より)

140 双翅目

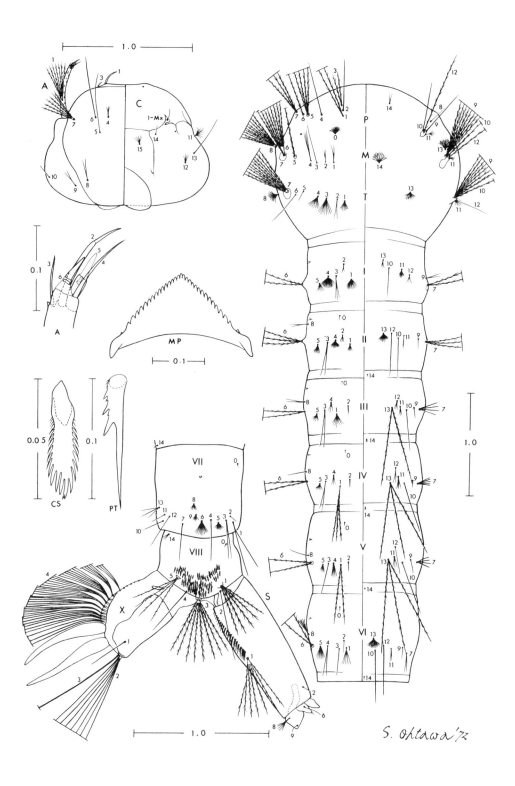

図73 トカチヤブカ *Aedes (Ochlerotatus) communis* 幼虫（Tanaka et al., 1979より）

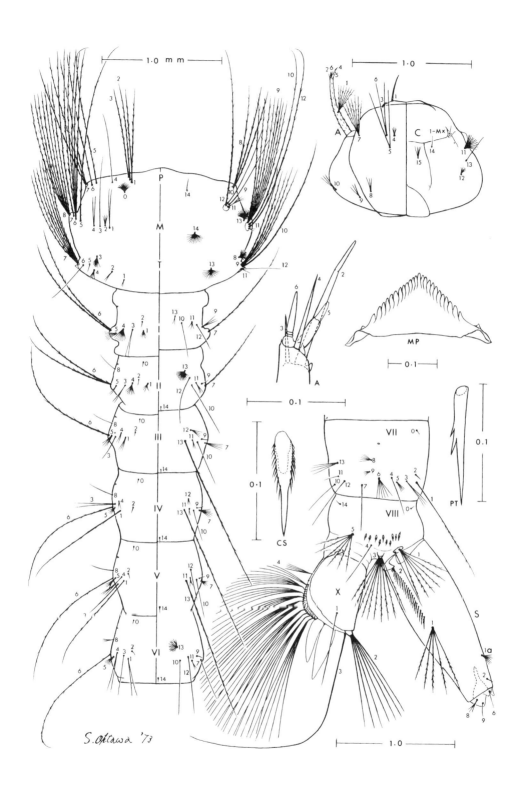

図74 チシマヤブカ　Aedes (Ochlerotatus) punctor　幼虫（Tanaka et al., 1979より）

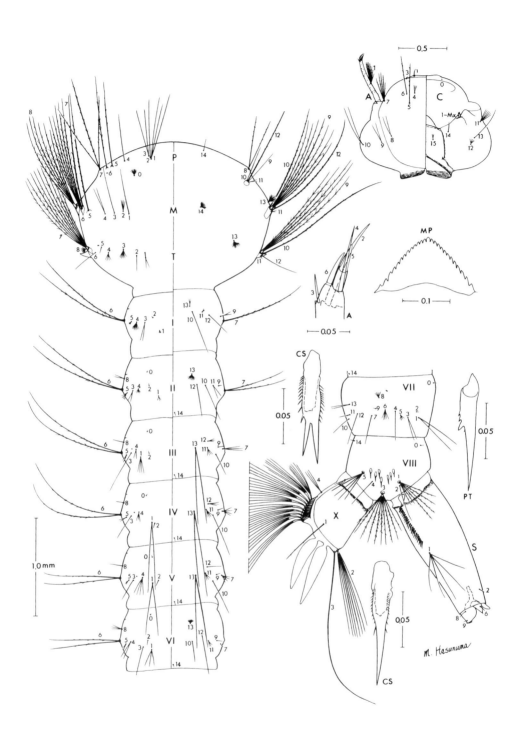

図75　キタヤブカ　Aedes (Ochlerotatus) hokkaidensis　幼虫（Tanaka et al., 1979より）

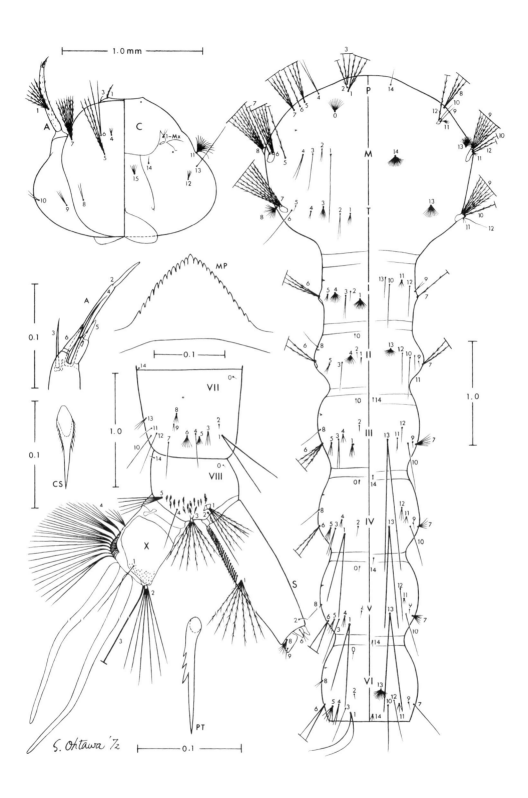

図76 ハクサンヤブカ　*Aedes (Ochlerotatus) hakusanensis*　幼虫（Tanaka et al., 1979より）

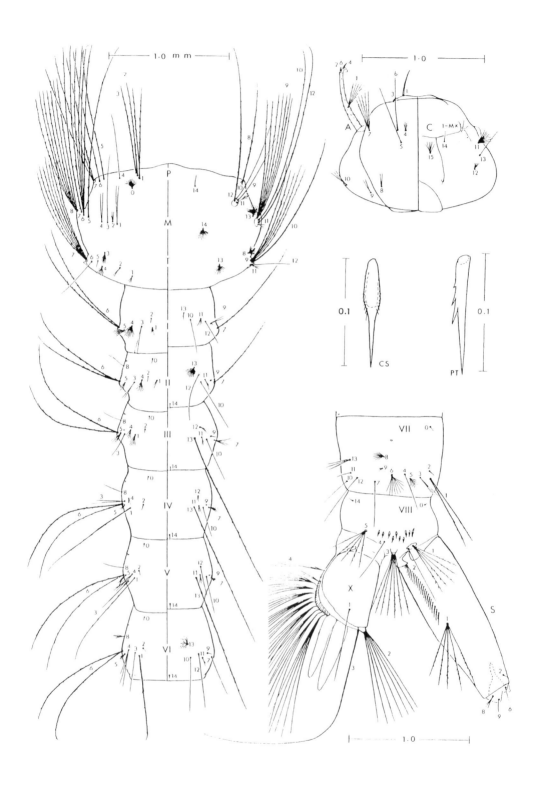

図77 アッケシヤブカ *Aedes (Ochlerotatus) akkeshiensis* 幼虫（Tanaka, 1998より）

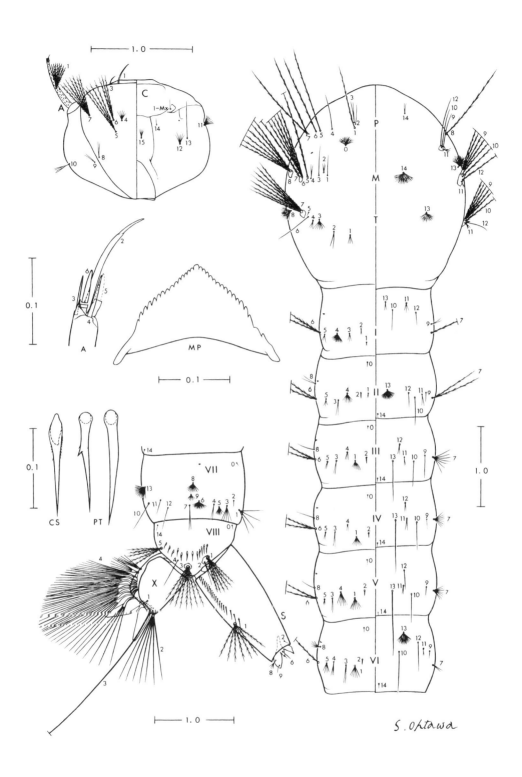

図78　サッポロヤブカ　*Aedes (Ochlerotatus) intrudens*　幼虫（Tanaka et al., 1979より）

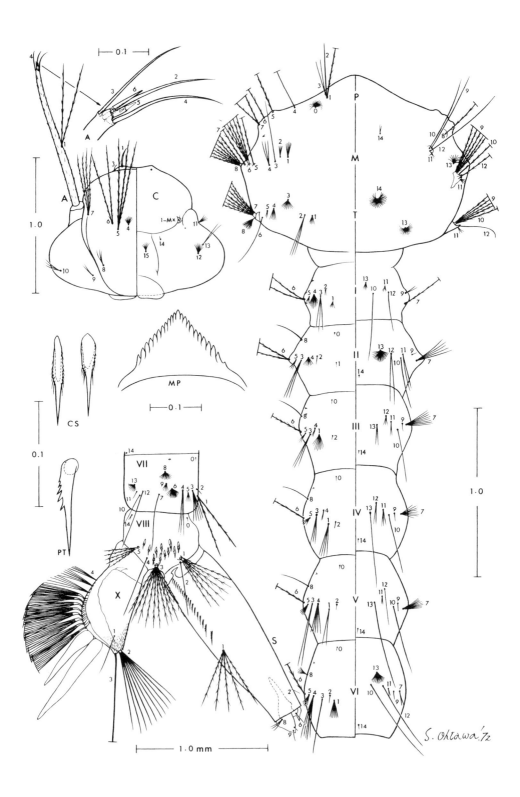

図79 ヒサゴヌマヤブカ *Aedes (Ochlerotatus) diantaeus* 幼虫（Tanaka et al., 1979より）

力科 147

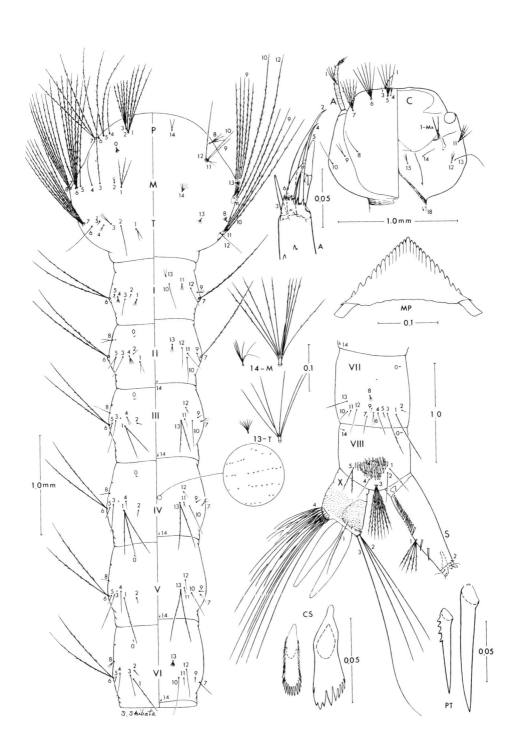

図80 ヤマトヤブカ *Aedes (Finlaya) japonicus japonicus* 幼虫（Tanaka et al., 1979より）

148 双翅目

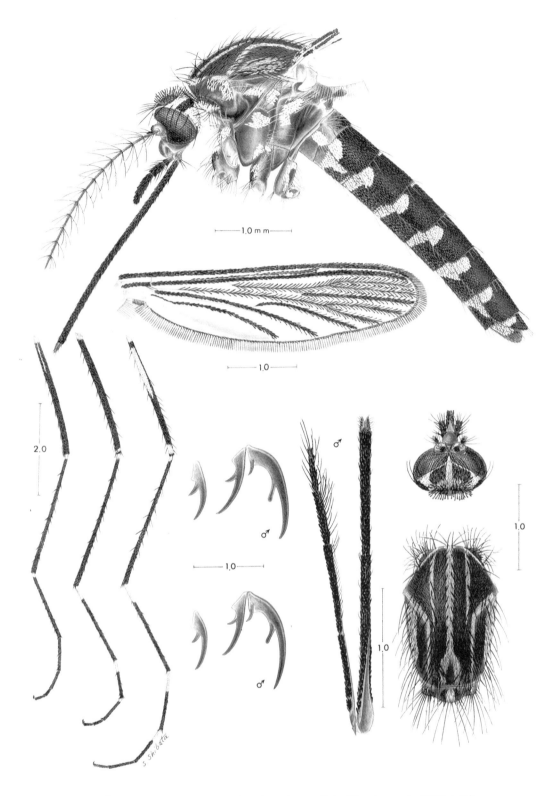

図81 ヤマトヤブカ　*Aedes (Finlaya) japonicus japonicus*　成虫（Tanaka et al., 1979より）

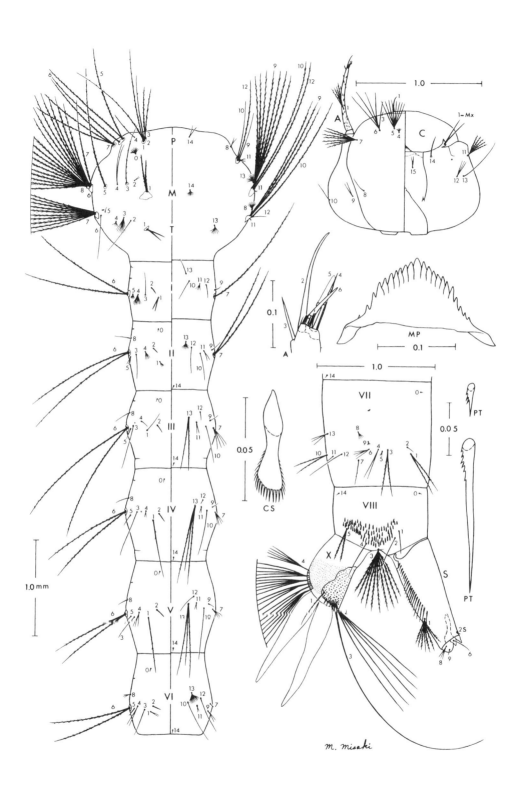

図82　ハトリヤブカ　*Aedes (Finlaya) hatorii*　幼虫（Tanaka et al., 1979より）

150 双翅目

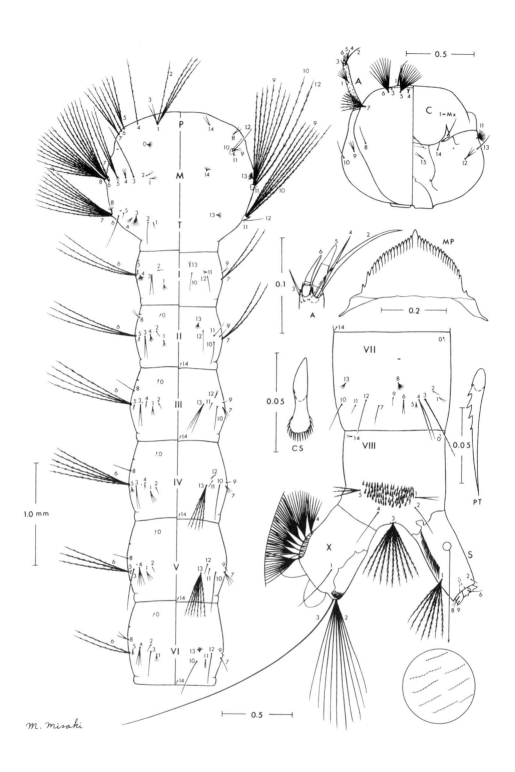

図83 トウゴウヤブカ *Aedes (Finlaya) togoi* 幼虫（Tanaka et al., 1979より）

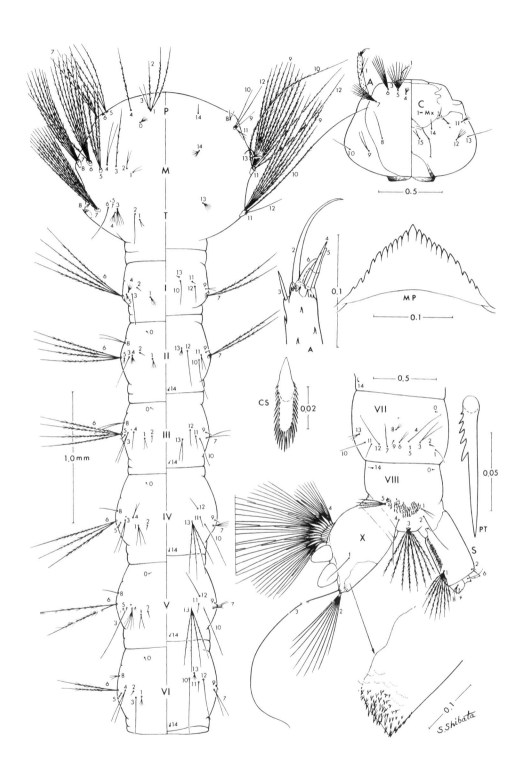

図84 セボリヤブカ *Aedes (Finlaya) savoryi* 幼虫 (Tanaka et al., 1979より)

152 双翅目

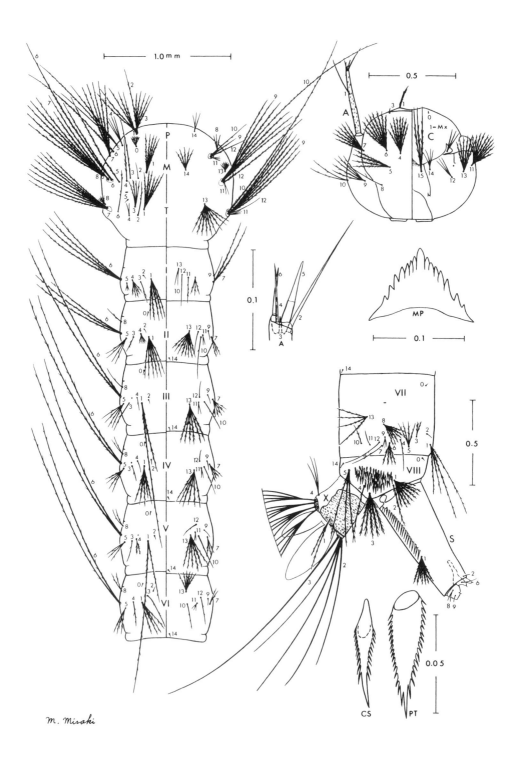

図85 ケイジョウヤブカ　*Aedes (Finlaya) seoulensis*　幼虫（Tanaka et al., 1979より）

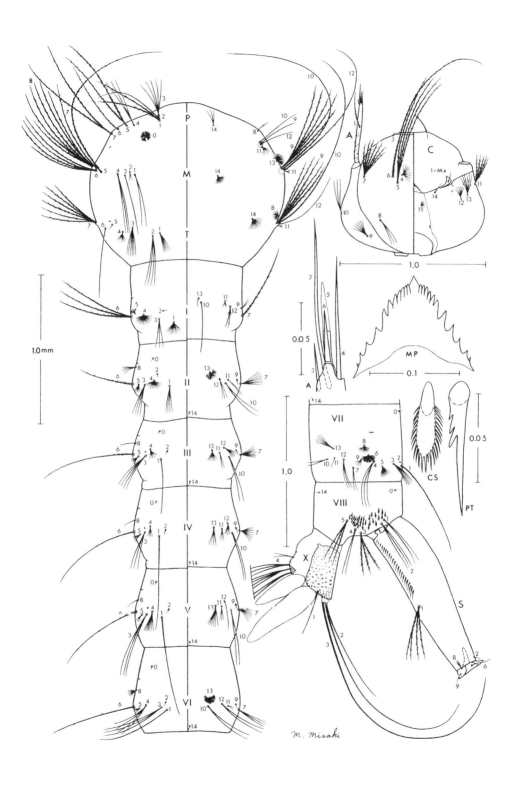

図86 コバヤシヤブカ *Aedes (Finlaya) kobayashii* 幼虫(Tanaka et al., 1979より)

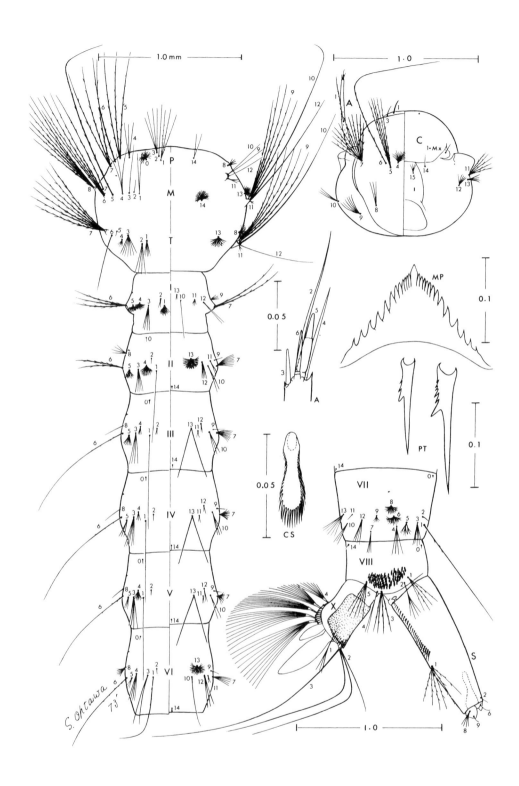

図87　オキナワヤブカ　*Aedes (Finlaya) okinawanus okinawanus*　幼虫（Tanaka et al., 1979より）

カ科 155

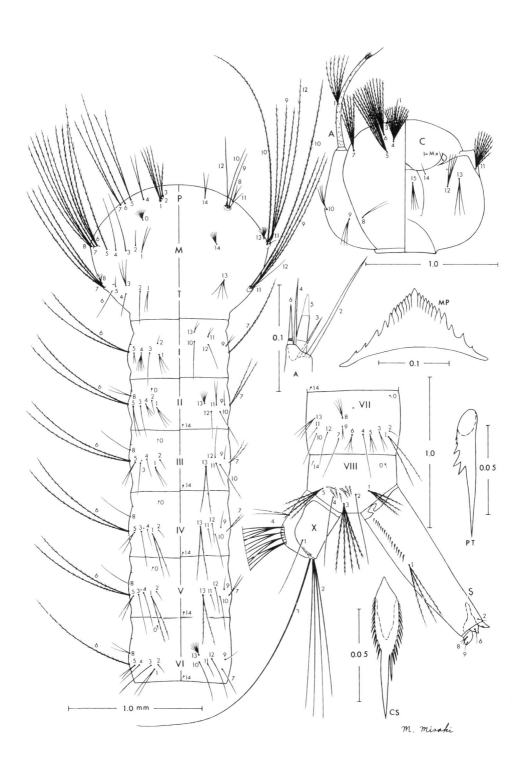

図88 エセチョウセンヤブカ *Aedes (Finlaya) koreicoides* 幼虫（Tanaka et al., 1979より）

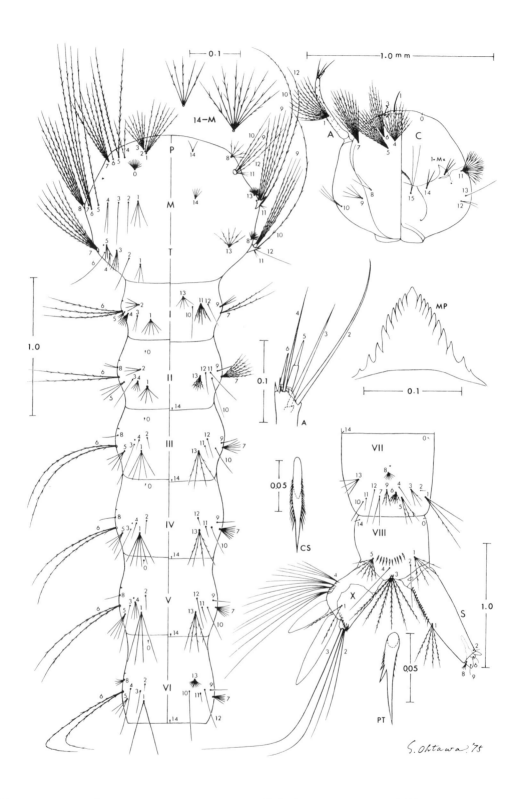

図89 シロカタヤブカ *Aedes (Finlaya) nipponicus* 幼虫（Tanaka et al., 1979より）

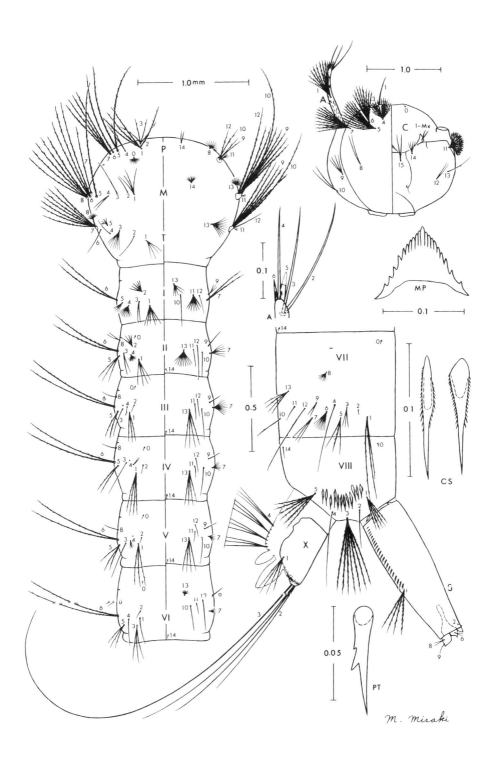

図90　ニシカワヤブカ　*Aedes (Finlaya) nishikawai*　幼虫（Tanaka et al., 1979より）

158 双翅目

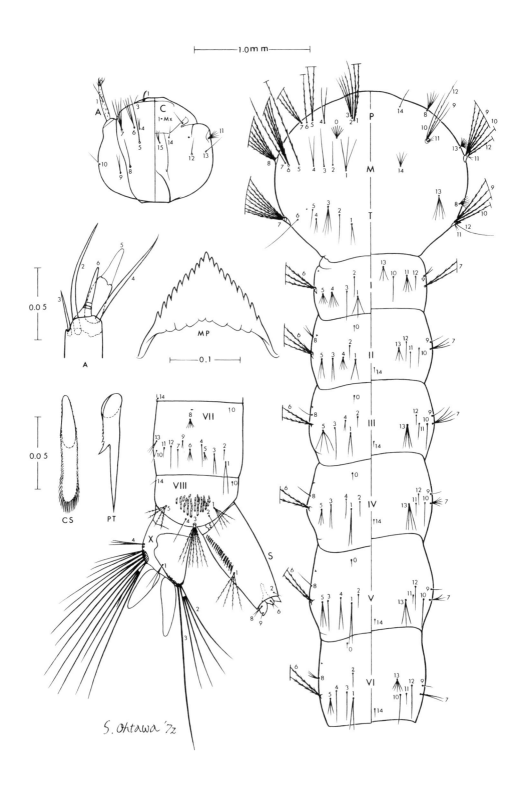

図91　ブナノキヤブカ　*Aedes (Finlaya) oreophilus*　幼虫（Tanaka et al., 1979より）

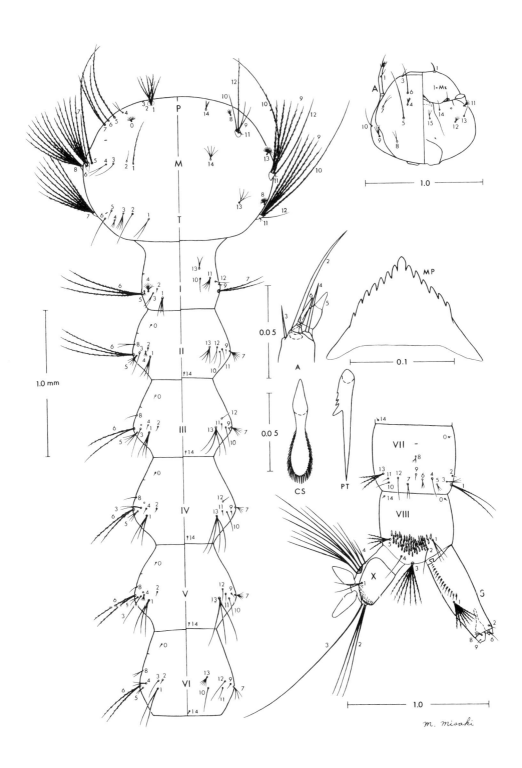

図92 ワタセヤブカ Aedes (Finlaya) watasei 幼虫 (Tanaka et al., 1979より)

160 双翅目

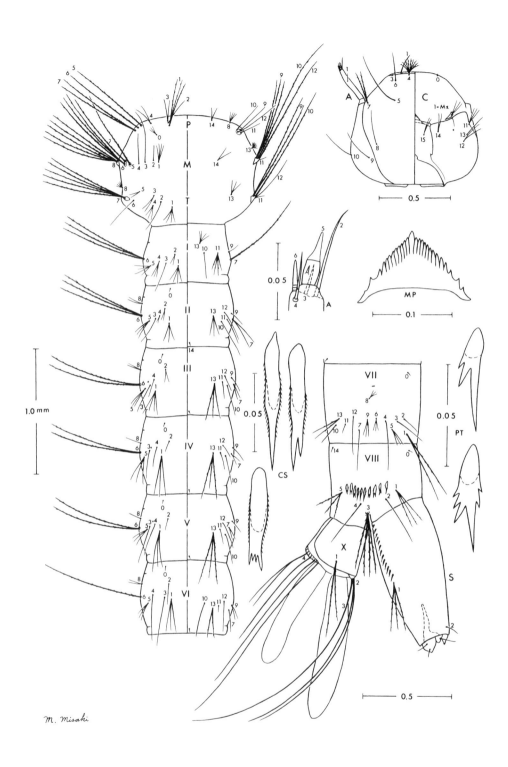

図93 リヴァースシマカ *Aedes (Stegomyia) riversi* 幼虫（Tanaka et al., 1979より）

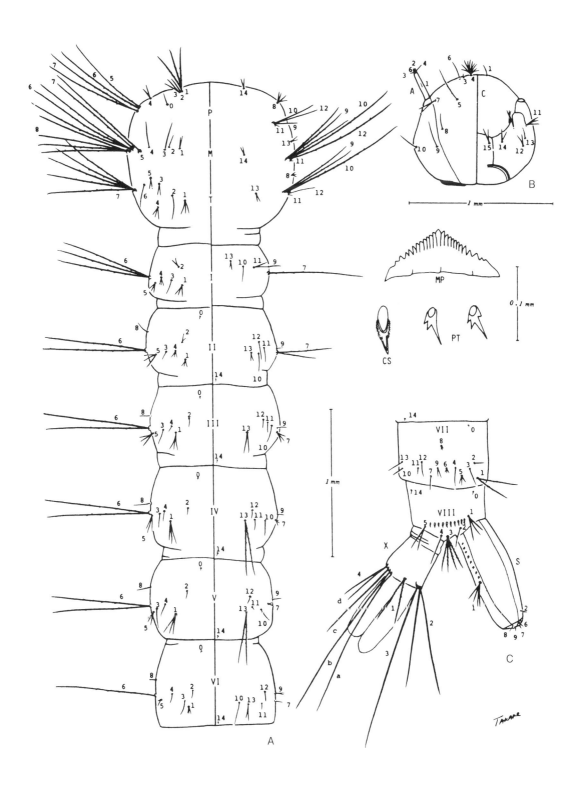

図94 ダイトウシマカ *Aedes (Stegomyia) daitensis* 幼虫（Miyagi & Toma, 1980より）

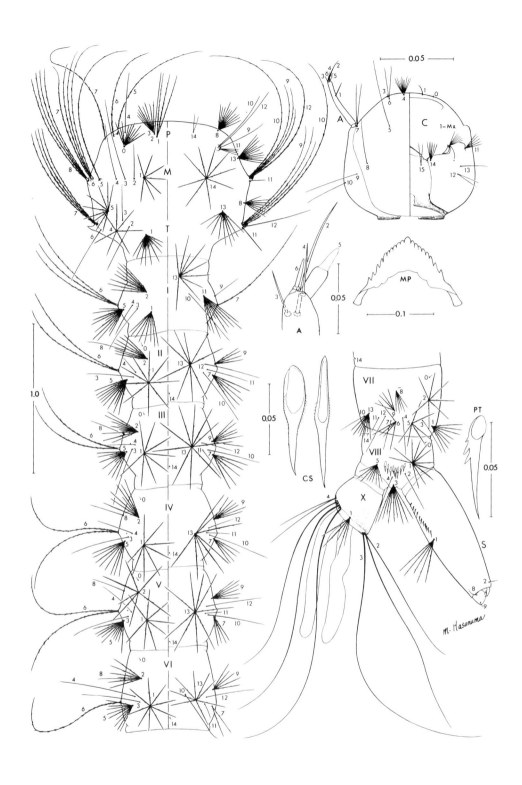

図95　ミスジシマカ　*Aedes (Stegomyia) galloisi*　幼虫（Tanaka et al., 1979より）

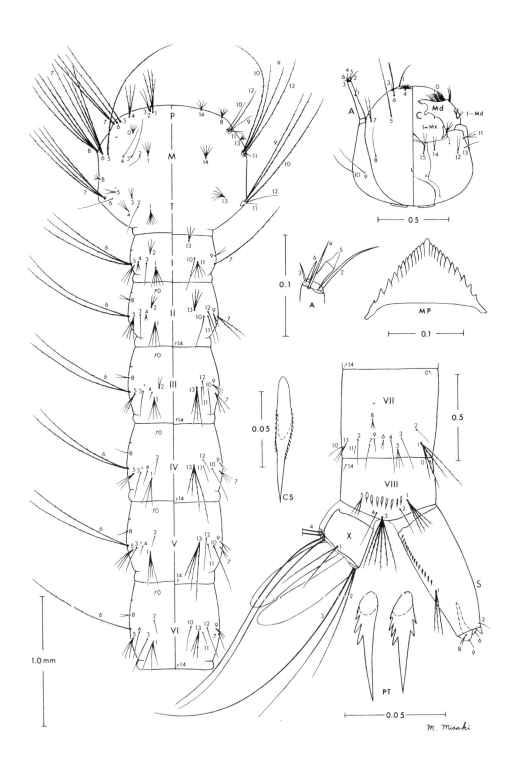

図96 ヒトスジシマカ *Aedes (Stegomyia) albopictus* 幼虫（Tanaka et al., 1979より）

164 双翅目

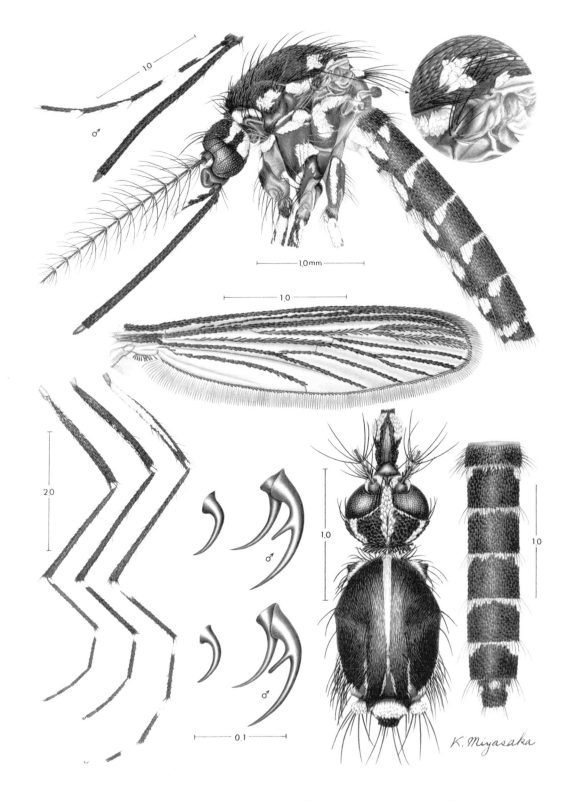

図97 ヒトスジシマカ *Aedes (Stegomyia) albopictus* 成虫（Tanaka et al., 1979より）

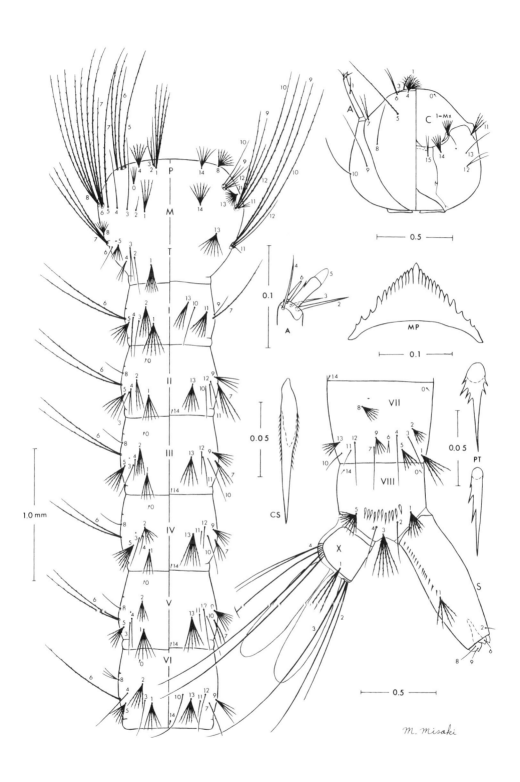

図98 ヤマダシマカ　*Aedes (Stegomyia) flavopictus flavopictus*　幼虫（Tanaka et al., 1979より）

166 双翅目

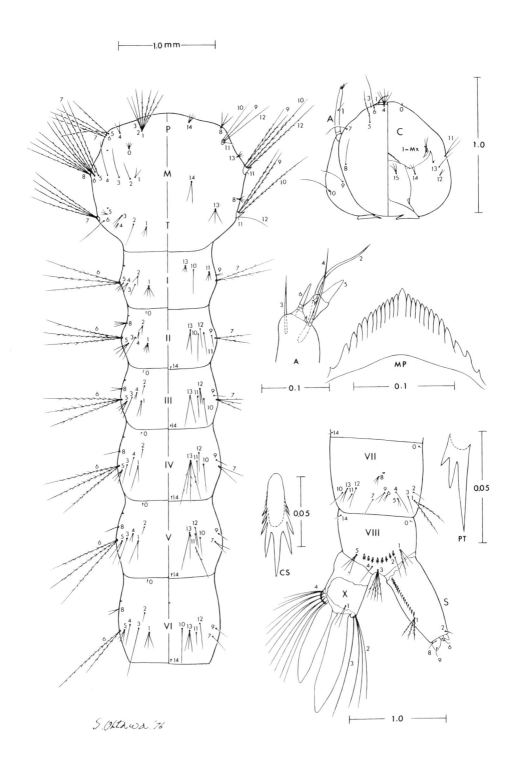

図99　ネッタイシマカ　Aedes (Stegomyia) aegypti　幼虫（Tanaka et al., 1979より）

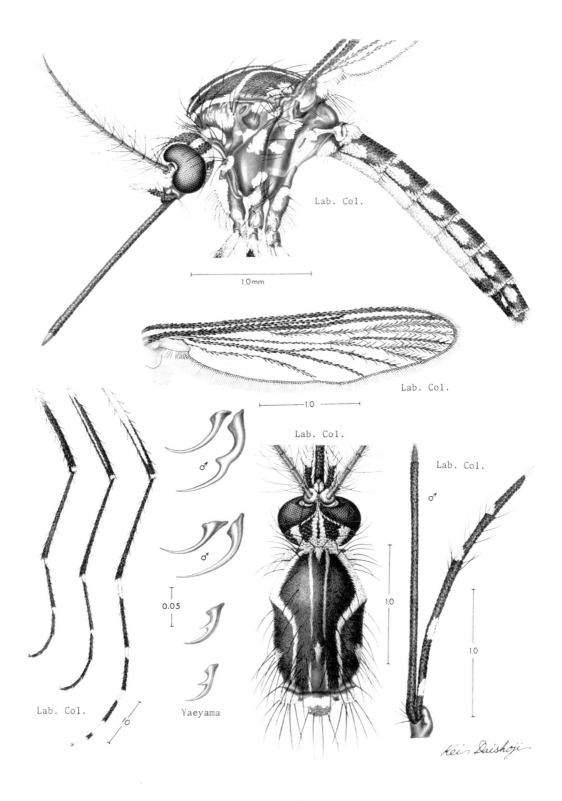

図100 ネッタイシマカ　*Aedes (Stegomyia) aegypti*　成虫（Tanaka et al., 1979より）

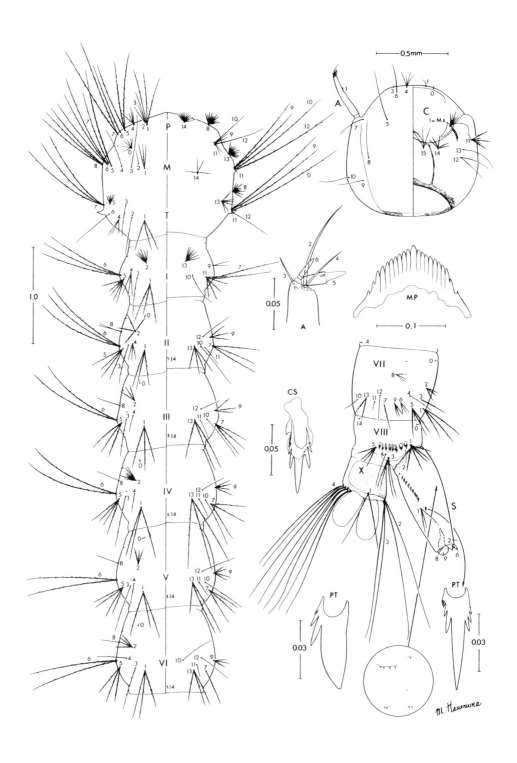

図101　タカハシシマカ　*Aedes (Stegomyia) wadai*　幼虫（Tanaka et al., 1979より）

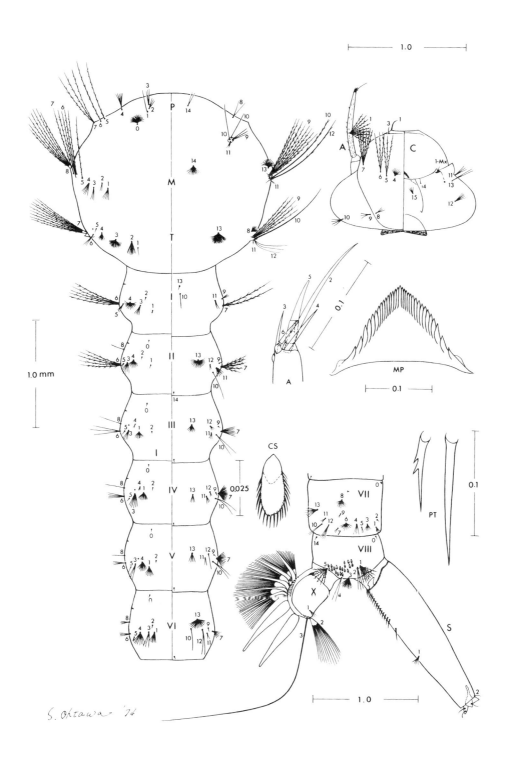

図102 オオムラヤブカ *Aedes (Aedimorphus) alboscutellatus* 幼虫(Tanaka et al., 1979より)

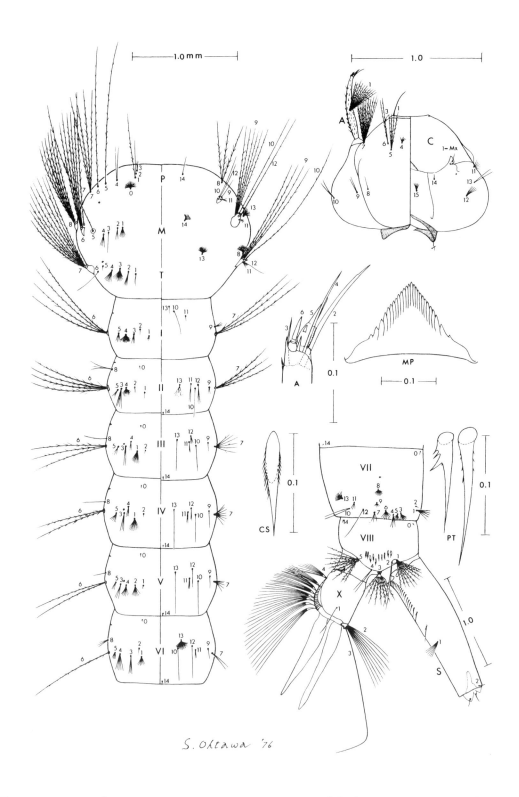

図103　キンイロヤブカ　*Aedes (Aedimorphus) vexans nipponii*　幼虫（Tanaka et al., 1979より）

力科 171

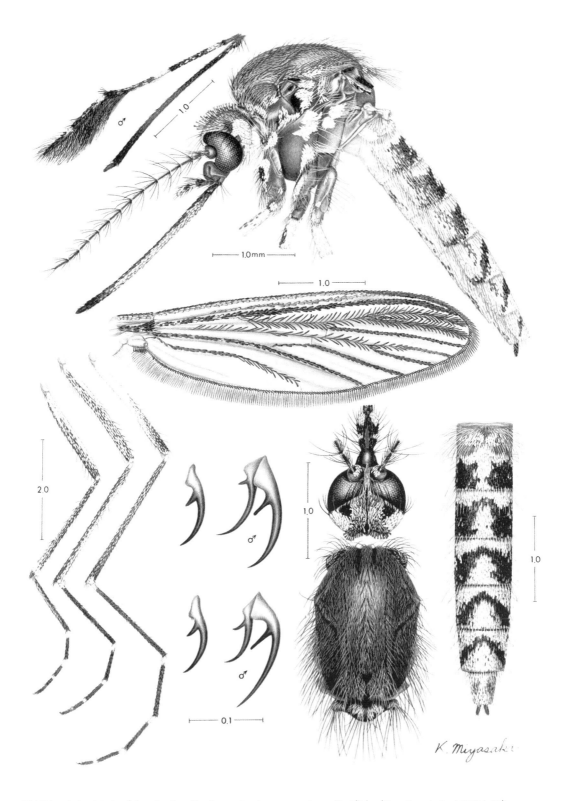

図104　キンイロヤブカ　*Aedes (Aedimorphus) vexans nipponii*　成虫（Tanaka et al., 1979より）

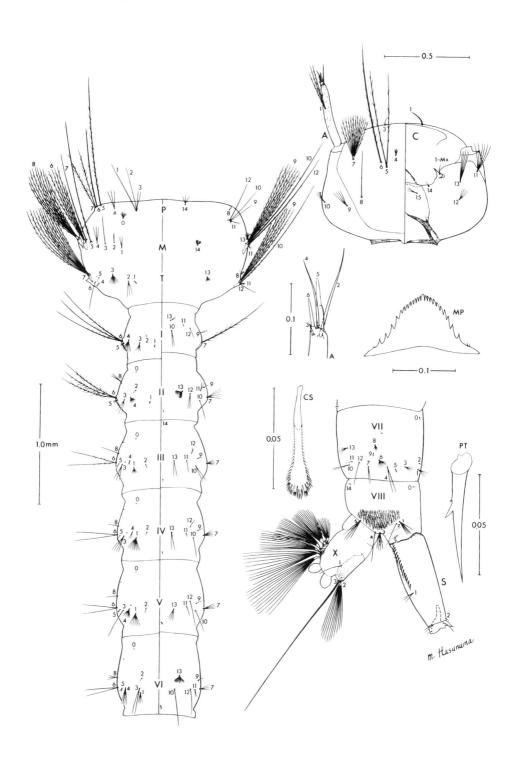

図105 カニアナヤブカ *Aedes (Geoskusea) baisasi* 幼虫（Tanaka et al., 1979より）

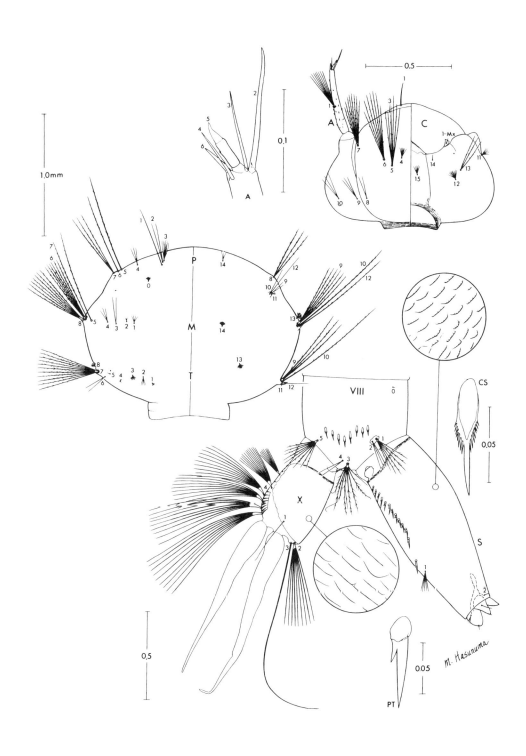

図106 ナンヨウヤブカ *Aedes (Neomelaniconion) lineatopennis* 幼虫（Tanaka et al., 1979より）

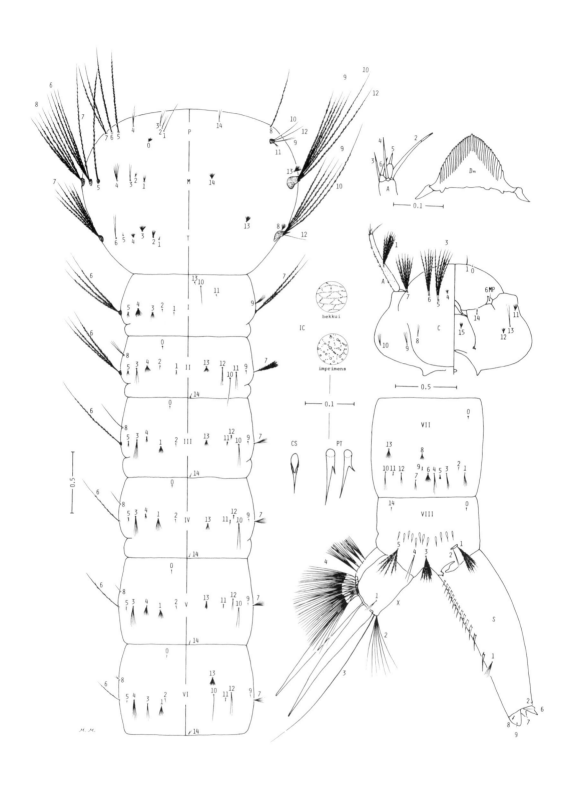

図107　コガタキンイロヤブカ　*Aedes (Edwardsaedes) bekkui*　幼虫（Mogi, 1977より）

力科 175

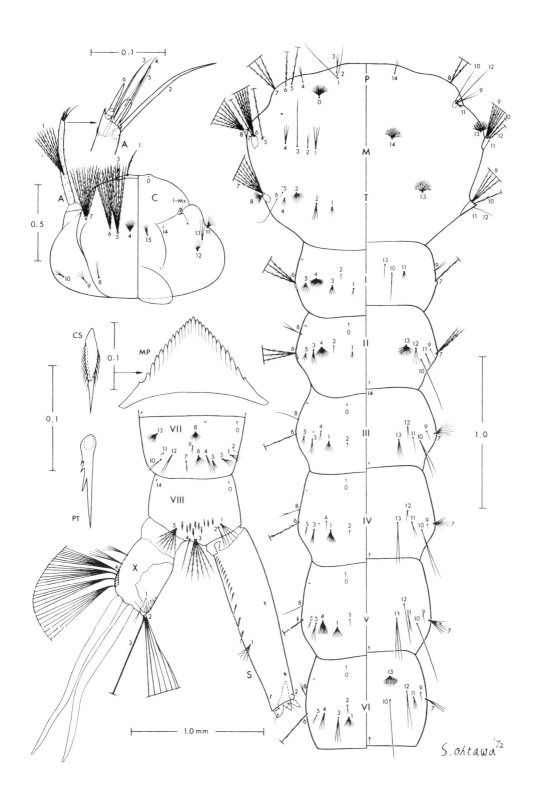

図108 エゾヤブカ *Aedes (Aedes) esoensis* 幼虫（Tanaka et al., 1979より）

176 双翅目

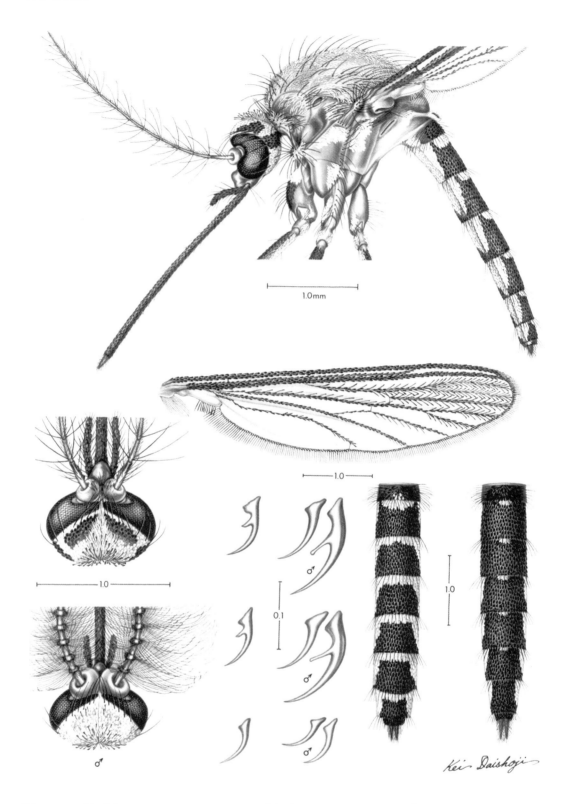

図109　エゾヤブカ　*Aedes (Aedes) esoensis*　成虫（Tanaka et al., 1979より）

力科 177

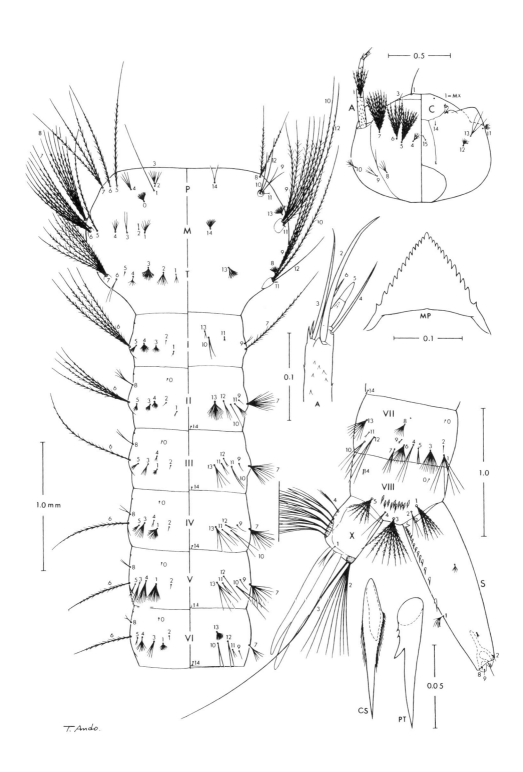

図110　アカエゾヤブカ　*Aedes (Aedes) yamadai*　幼虫（Tanaka et al., 1979より）

178 双翅目

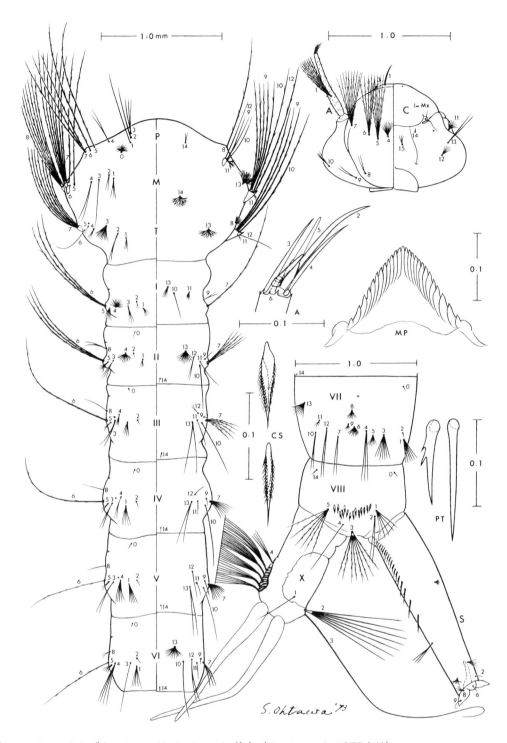

図111 ホッコクヤブカ *Aedes (Aedes) sasai* 幼虫（Tanaka et al., 1975より）

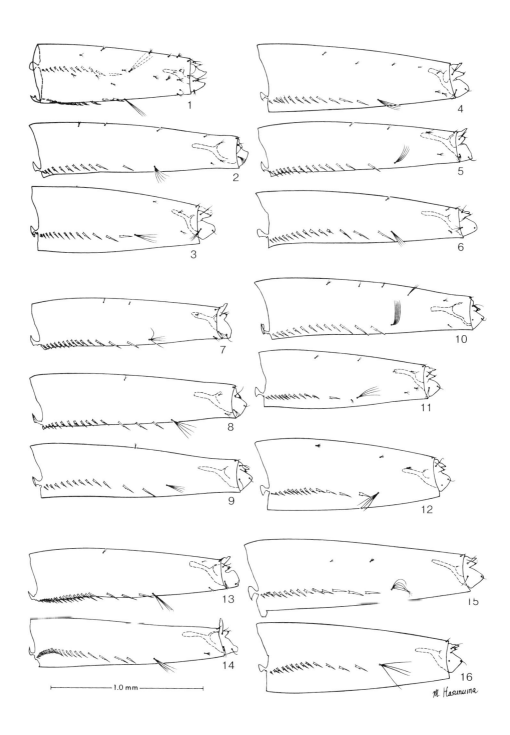

図112 エゾヤブカ亜属幼虫の呼吸管（Tanaka et al., 1979より）
1〜11，エゾヤブカ Aedes (Aedes) esoensis（1〜3，北海道産； 4〜6，青森県産； 7〜9，加賀白山産；10 & 11，異常型）．　12，アカエゾヤブカ Aedes (Aedes) yamadai.　13 & 14，ホッコクヤブカ Aedes (Aedes) sasai. 15 & 16, Aedes (Aedes) cinereus（ヨーロッパ産）．

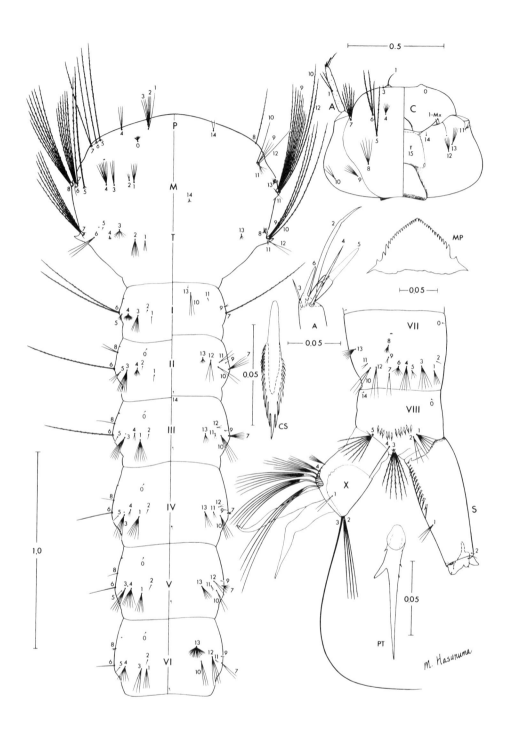

図113 コガタフトオヤブカ *Aedes (Harbachius) nobukonis* 幼虫（Tanaka et al., 1979より）

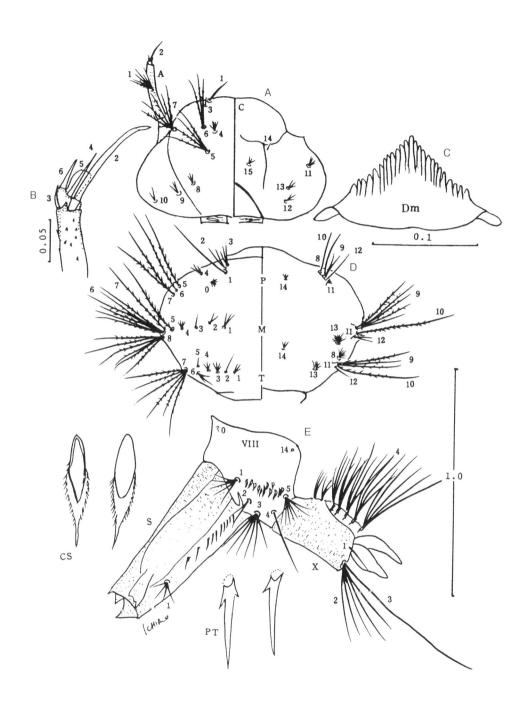

図114 クロフトオヤブカ *Aedes (Verrallina) iriomotensis* 幼虫（Miyagi & Toma, 1979より）

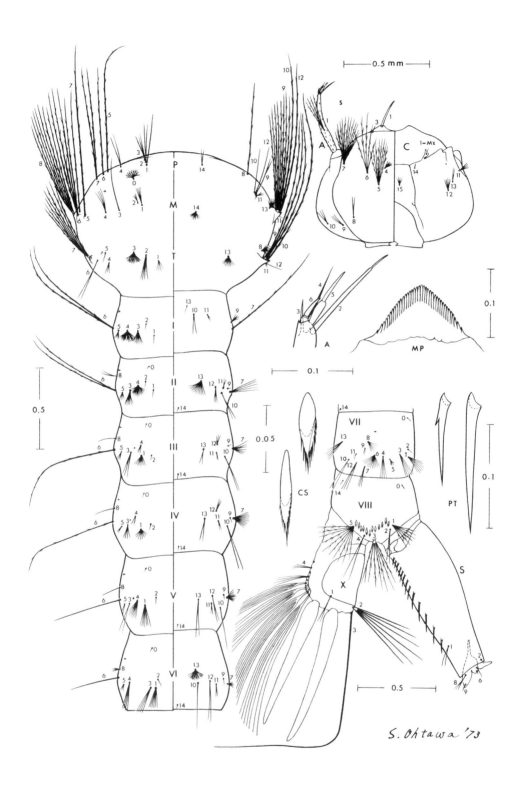

図115 アカフトオヤブカ *Aedes (Neomacleaya) atriisimilis* 幼虫（Tanaka & Mizusawa, 1973より）

カ科 183

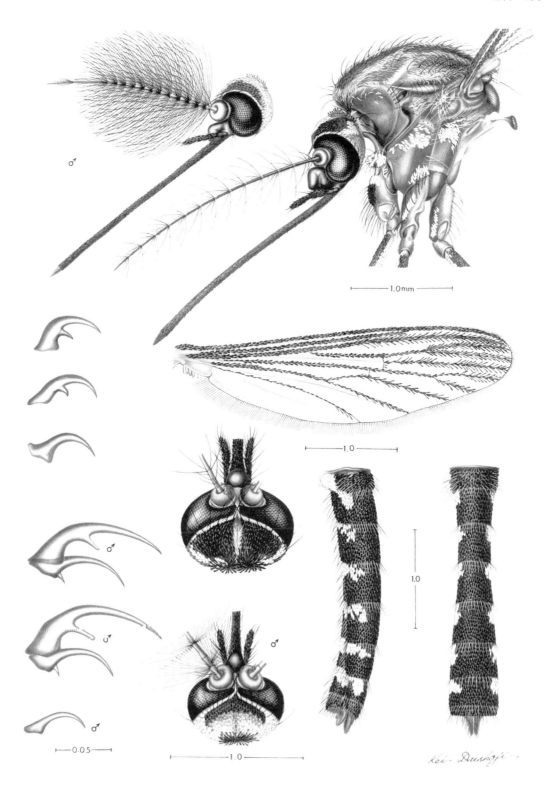

図116　アカフトオヤブカ　*Aedes (Neomacleaya) atriisimilis*　成虫（Tanaka & Mizusawa, 1973より）

184 双翅目

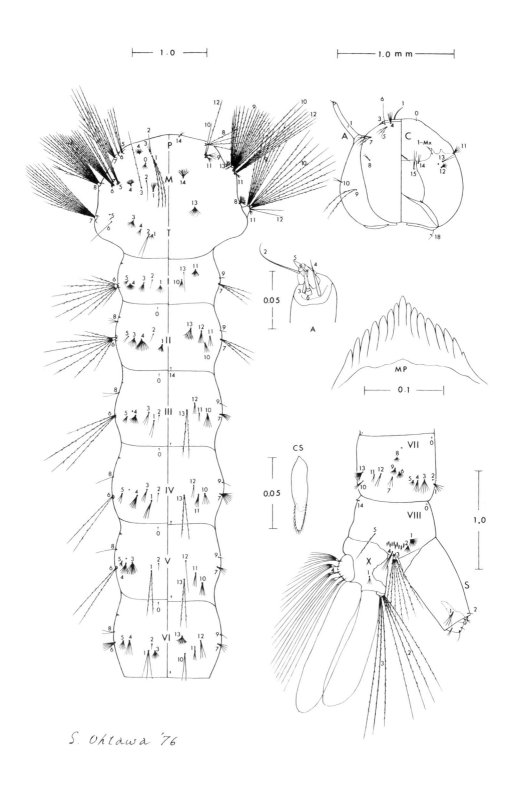

図117 オオクロヤブカ *Armigeres (Armigeres) subalbatus* 幼虫（Tanaka et al., 1979より）

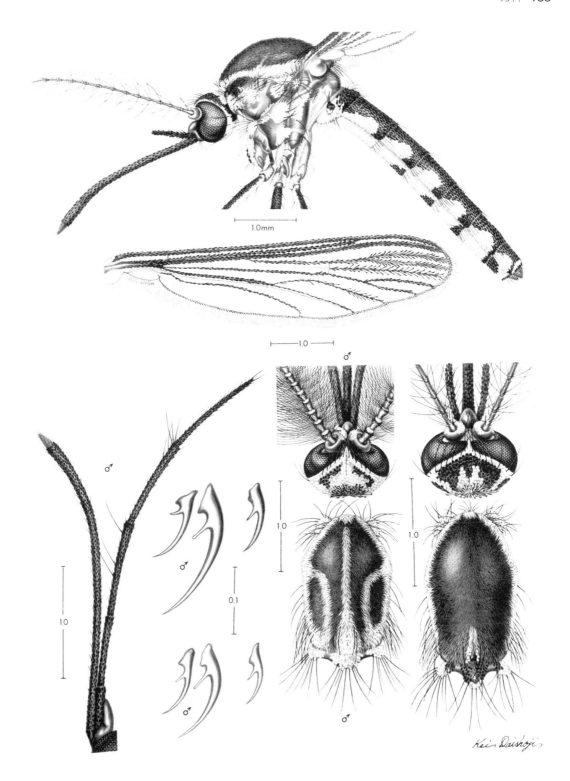

図118 オオクロヤブカ *Armigeres (Armigeres) subalbatus* 成虫 (Tanaka et al., 1979より)

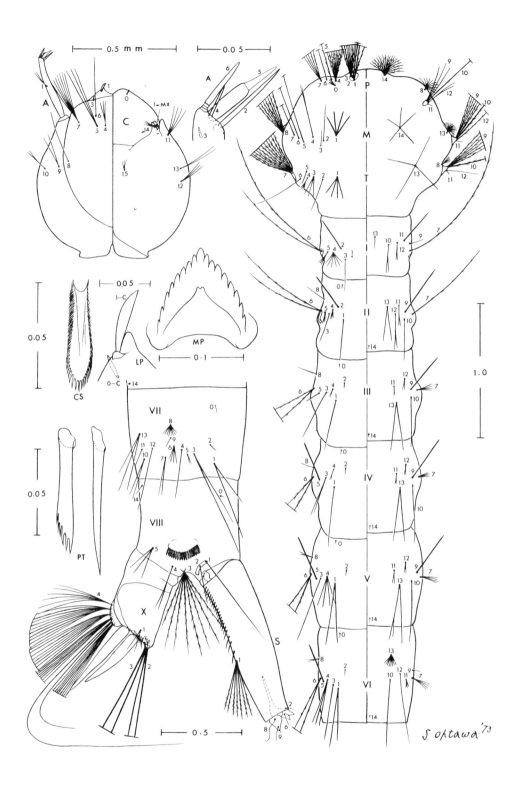

図119　カニアナチビカ　*Uranotaenia (Pseudoficalbia) jacksoni*　幼虫（Tanaka et al., 1979より）

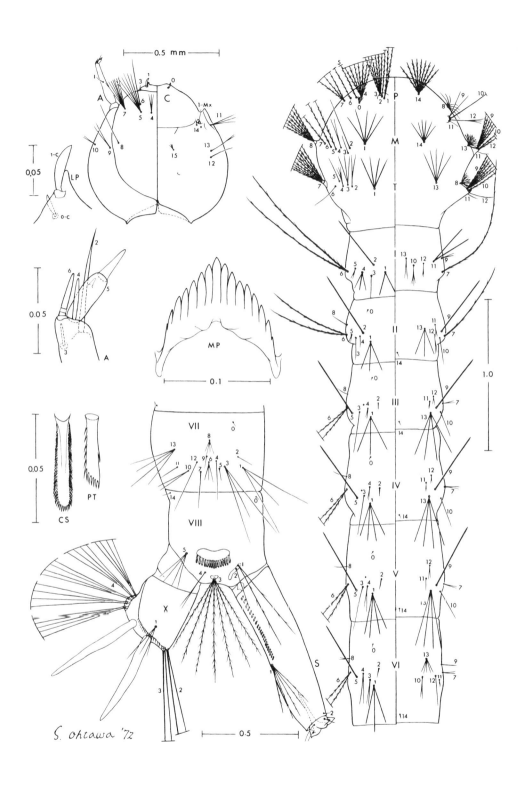

図120　シロオビカニアナチビカ　*Uranotaenia (Pseudoficalbia) ohamai*　幼虫（Tanaka et al., 1975より）

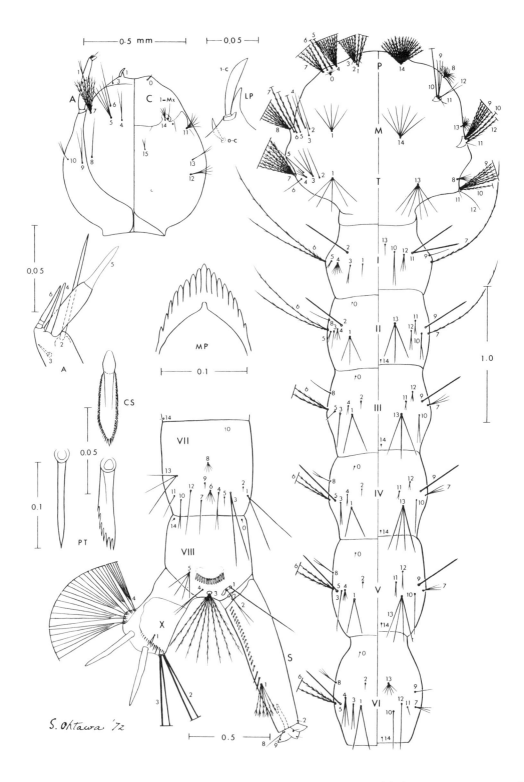

図121　ハラグロカニアナチビカ　*Uranotaenia (Pseudoficalbia) yaeyamana*　幼虫（Tanaka et al., 1975より）

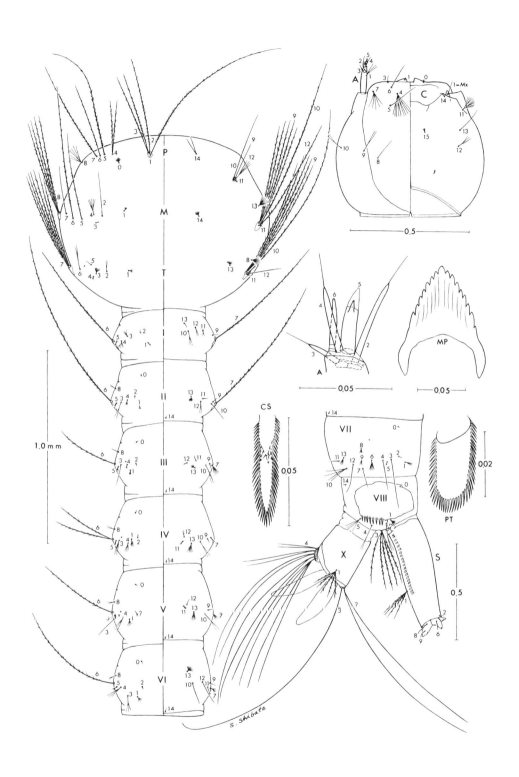

図122 フタクロホシチビカ *Uranotaenia (Pseudoficalbia) novobscura novobscura* 幼虫（Tanaka et al., 1979より）

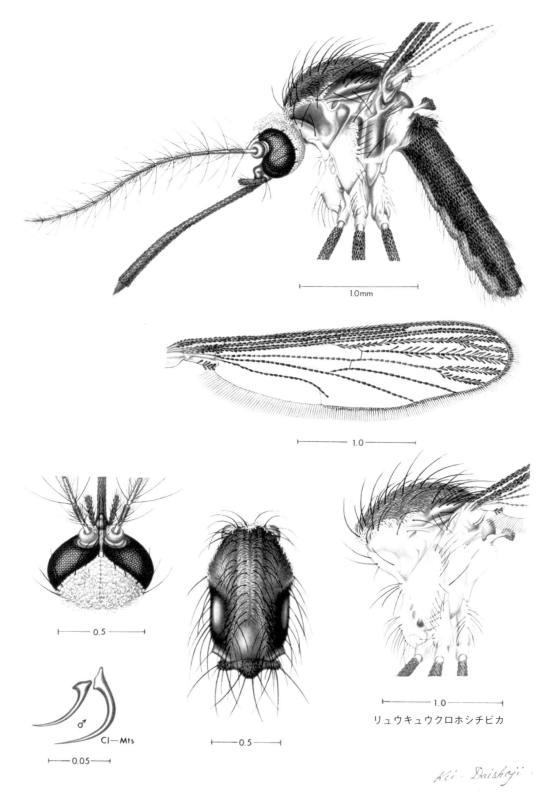

図123 フタクロホシチビカ *Uranotaenia (Pseudoficalbia) novobscura novobscura* 成虫 及び リュウキュウクロホシチビカ *Uranotaenia (Pseudoficalbia) novobscura ryukyuana* 成虫胸部側面 (Tanaka et al., 1979より)

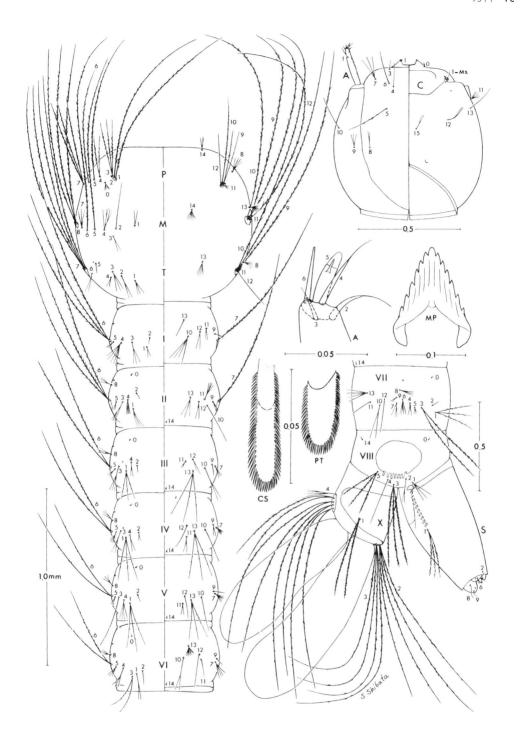

図124 ムネシロチビカ *Uranotaenia (Pseudoficalbia) nivipleura* 幼虫（Tanaka et al., 1979より）

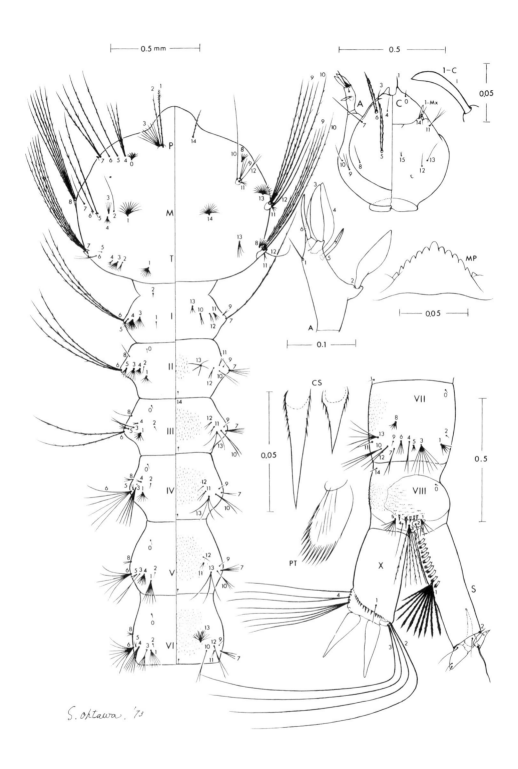

図125　オキナワチビカ　*Uranotaenia (Uranotaenia) annandalei*　幼虫（Tanaka et al., 1979より）

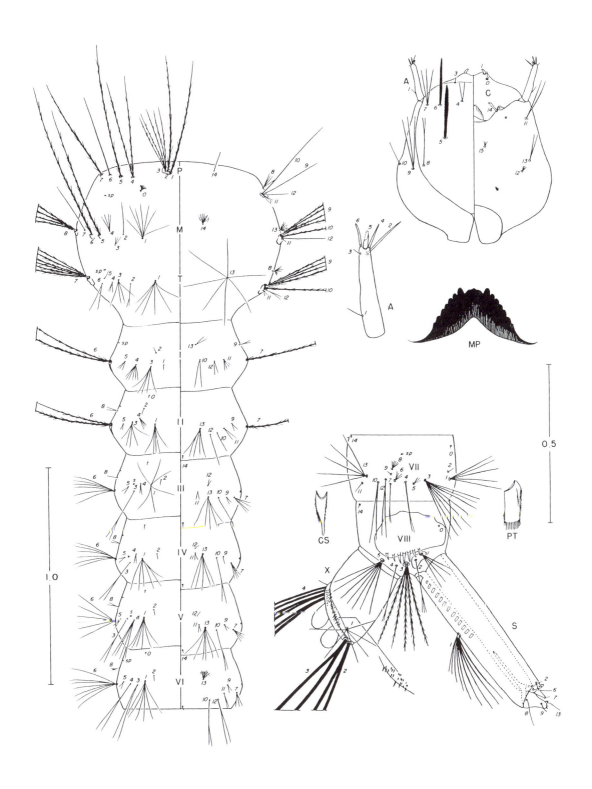

図126 コガタチビカ *Uranotaenia (Uranotaenia) lateralis* 幼虫（Belkin, 1962より）

194 双翅目

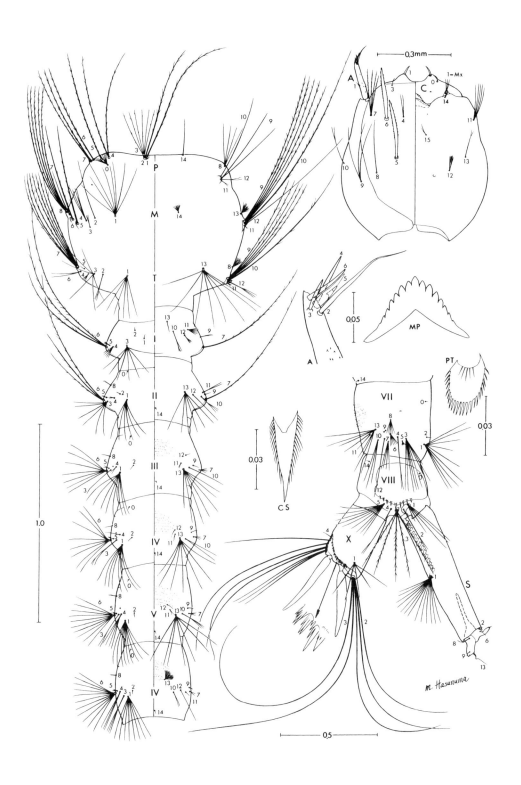

図127 マクファレンチビカ *Uranotaenia (Uranotaenia) macfarlanei* 幼虫（Tanaka et al., 1979より）

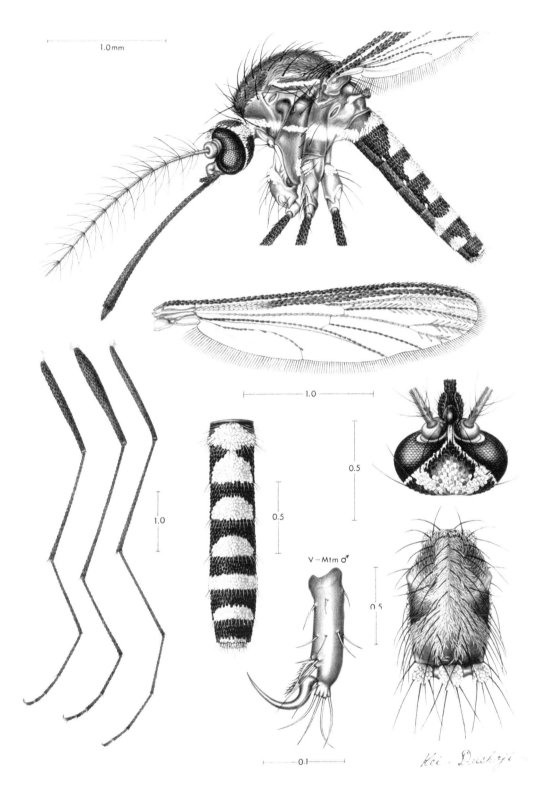

図128 マクファレンチビカ *Uranotaenia (Uranotaenia) macfarlanei* 成虫（Tanaka et al., 1979より）

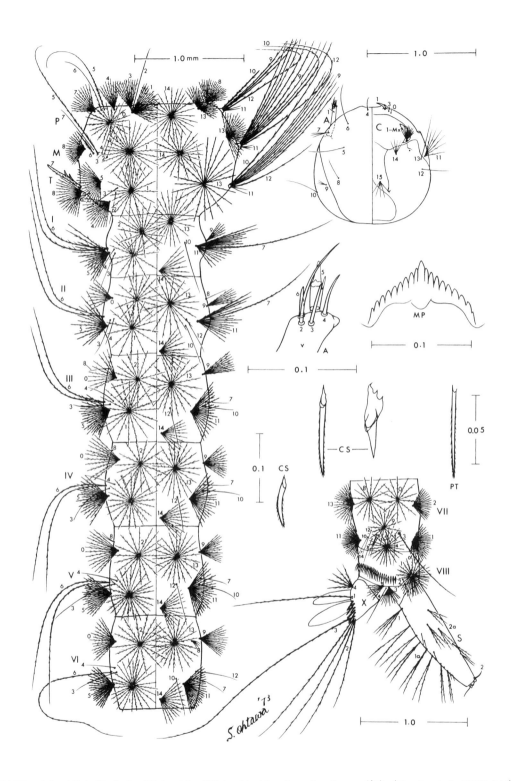

図129 キンパラナガハシカ *Tripteroides (Tripteroides) bambusa bambusa* 幼虫（Tanaka et al., 1979より）

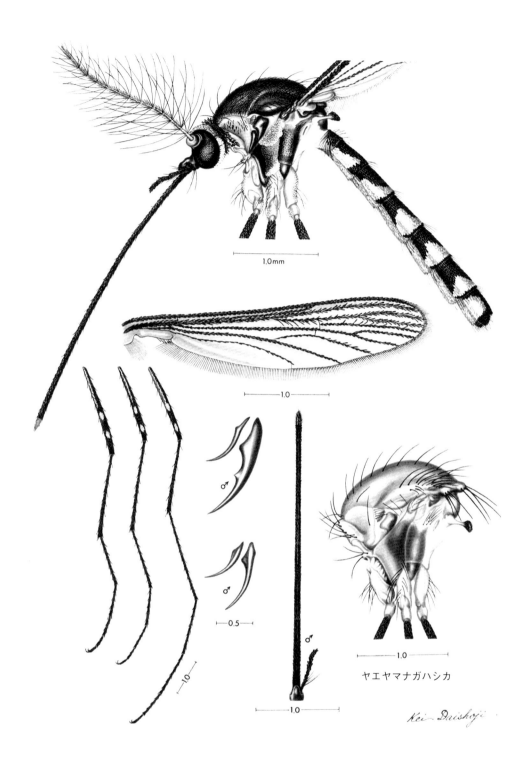

図130 キンパラナガハシカ *Tripteroides (Tripteroides) bambusa bambusa* 成虫 及び ヤエヤマナガハシカ *Tripteroides (Tripteroides) bambusa yaeyamensis* 成虫胸部側面（Tanaka et al., 1979より）

198 双翅目

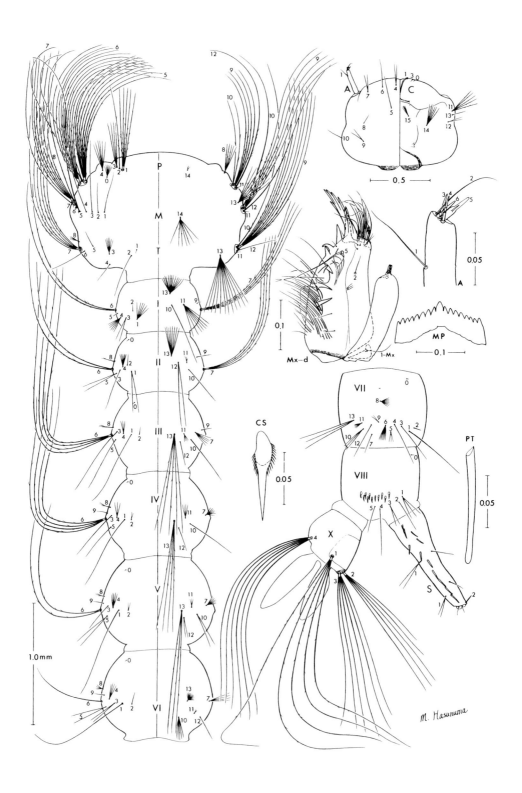

図131 ヤンバルギンモンカ *Topomyia (Suaymyia) yanbarensis* 幼虫（Tanaka et al., 1979より）

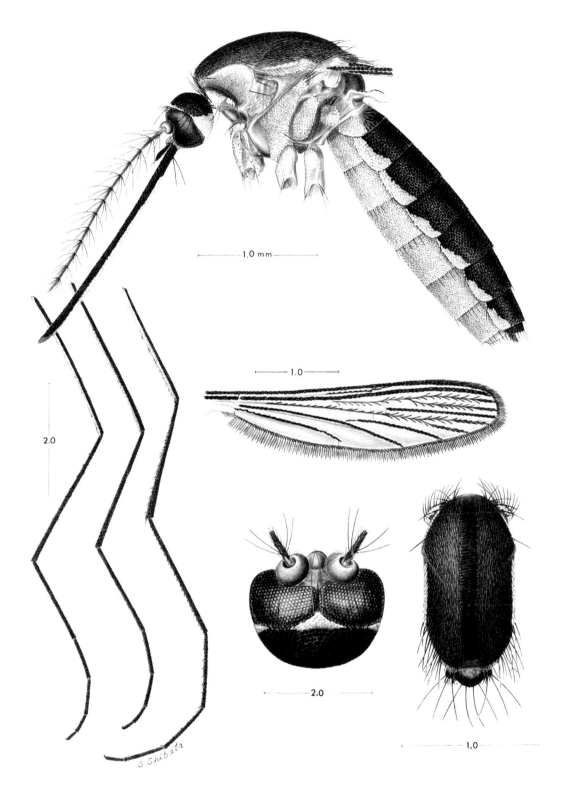

図132 ヤンバルギンモンカ *Topomyia (Suaymyia) yanbarensis* 成虫（Tanaka et al., 1979より）

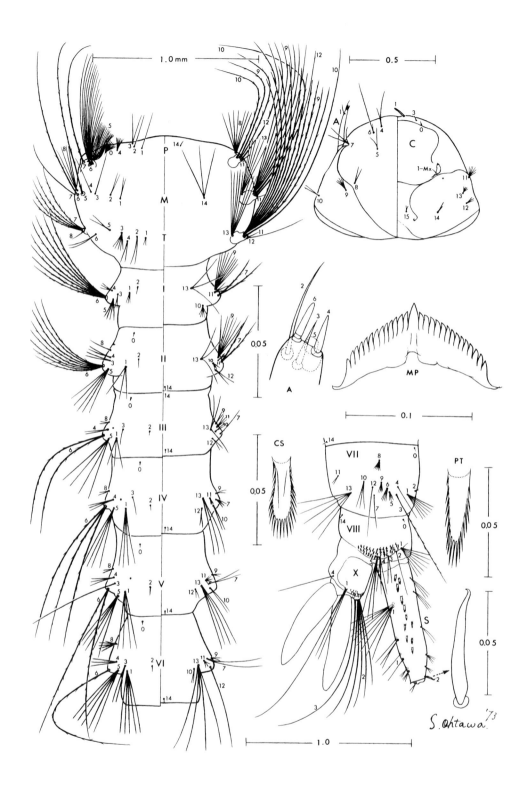

図133　オキナワカギカ　*Malaya genurostris*　幼虫（Tanaka et al., 1979より）

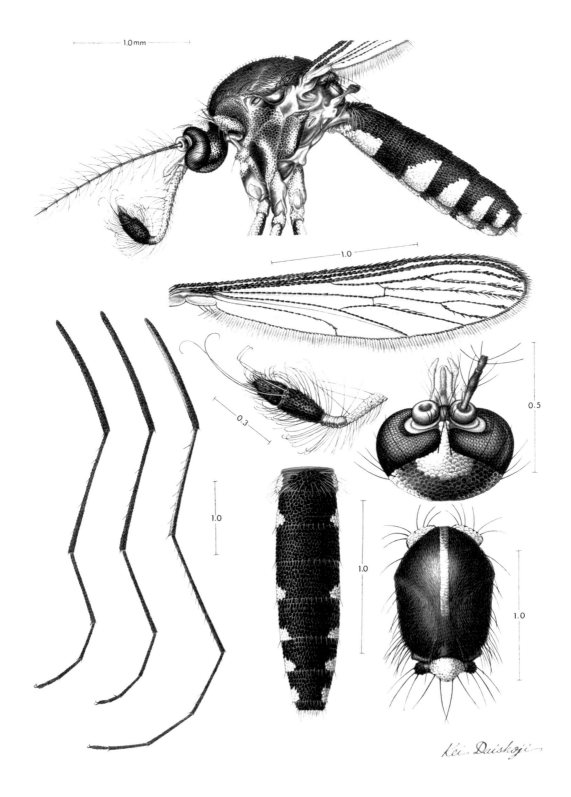

図134　オキナワカギカ　*Malaya genurostris*　成虫（Tanaka et al., 1979より）

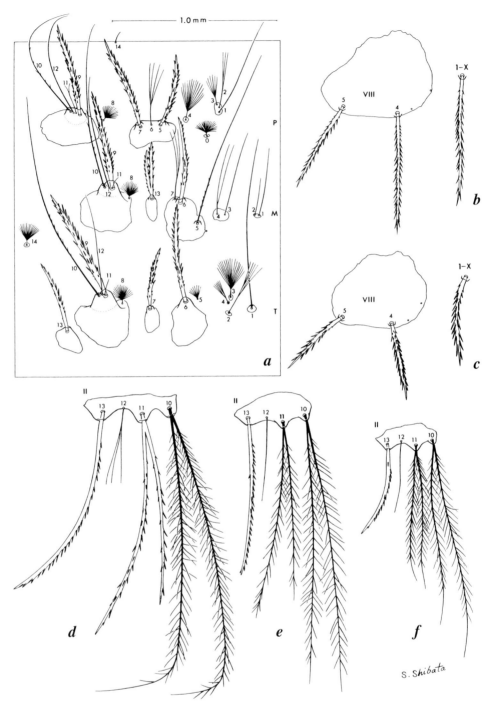

図135 ヤマダオオカ　Toxorhynchites (Toxorhynchites) manicatus yamadai，アムールオオカ Toxorhynchites (Toxorhynchites) christophi（朝鮮半島産），トワダオオカ　Toxorhynchites (Toxorhynchites) towadensis の幼虫刺毛（Tanaka et al., 1979より）
a，ヤマダオオカ胸部刺毛； b & c，腹部第8節第4，5刺毛，及び，第10節第1刺毛（b，アムールオオカ； c，ヤマダオオカ）； d〜f，腹部第2節第10〜13刺毛（d，トワダオオカ； e，アムールオオカ； f，ヤマダオオカ）

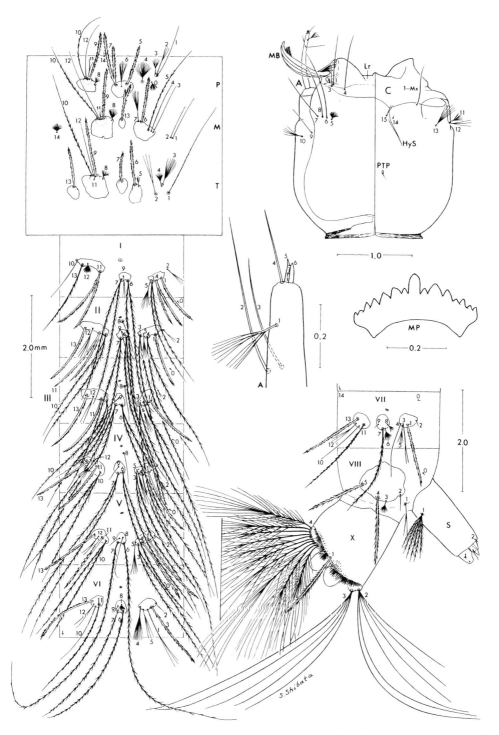

図136 トワダオオカ *Toxorhynchites (Toxorhynchites) towadensis* 幼虫（Tanaka et al., 1979より）

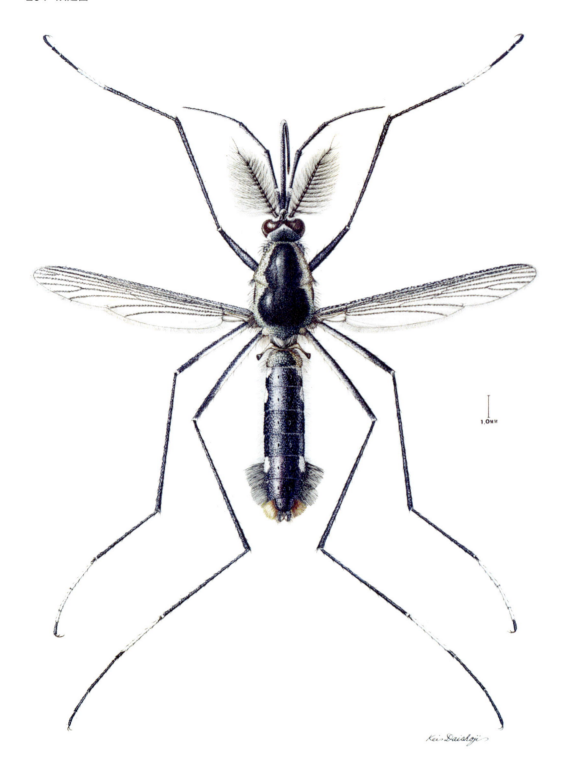

図137 トワダオオカ　*Toxorhynchites (Toxorhynchites) towadensis*　成虫♂（原図）

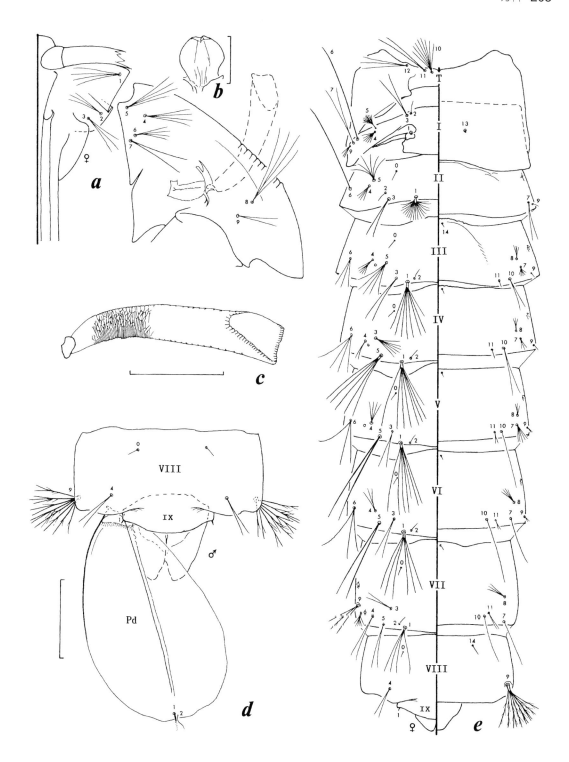

図138　オビナシイエカ　*Culex (Culex) fuscocephala*　蛹（Tanaka, 2004より）
a, 頭胸部（一部）；　*b*, 頭頂板；　*c*, 呼吸角；　*d*, 腹部第8節と左遊泳片；　*e*, 後胸と腹部.
（以下全ての蛹の図の棒線は，特に記していない限り0.3mmを表す．）

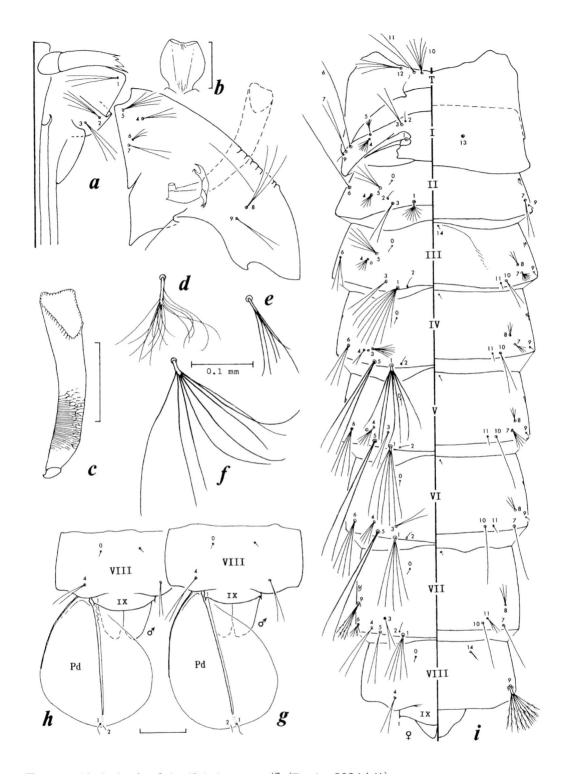

図139　スジアシイエカ　*Culex (Culex) vegans*　蛹（Tanaka, 2004より）
a, 頭胸部（一部）；　*b*, 頭頂板；　*c*, 呼吸角；　*d～f*, 刺毛1-IIの変異；　*g*, 腹部第8節と左遊泳片（平均的なもの）；　*h*, 同（遊泳片の最も幅の広いもの）；　*i*, 後胸と腹部.

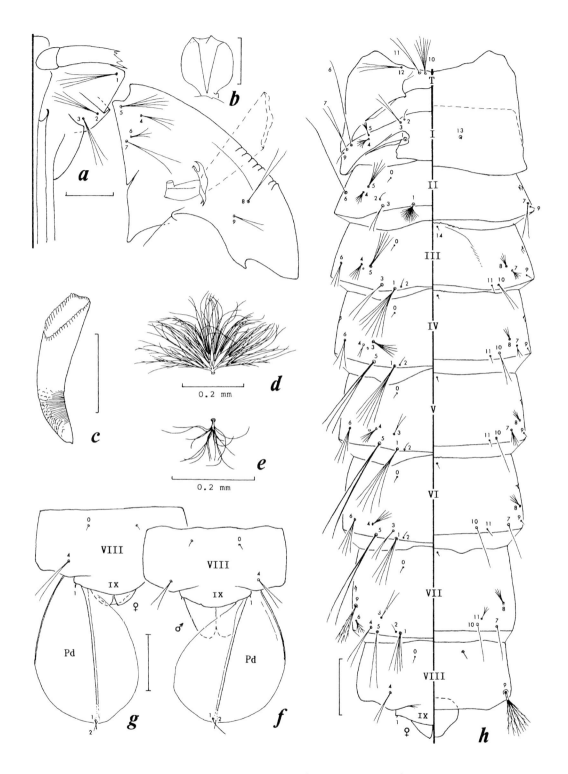

図140　アカイエカ　*Culex (Culex) pipiens pallens*　蛹（Tanaka, 2004より）
a, 頭胸部（一部）; b, 頭頂板; c, 呼吸角; d, 刺毛1-I（浮游毛）; e, 刺毛1-II; f, 腹部第8節と右遊泳片（平均的なもの）; g, 同（遊泳片の最も幅の狭いもの）; h, 後胸と腹部.

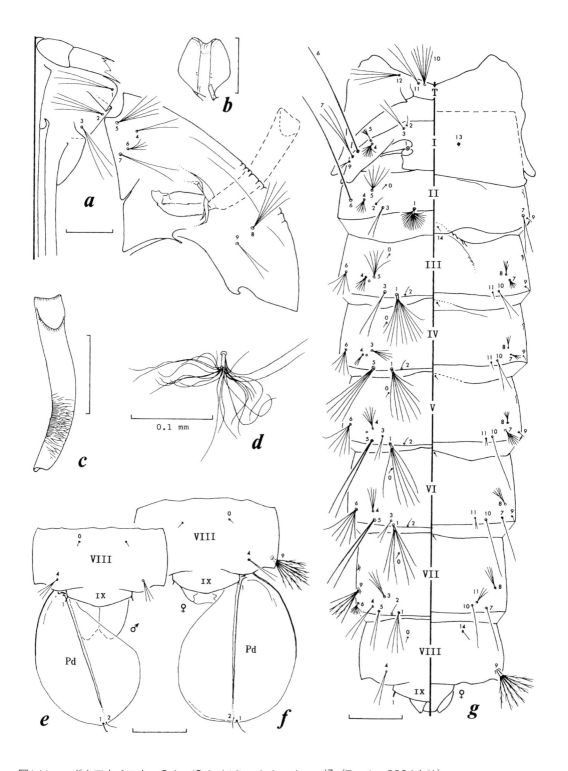

図141 コガタアカイエカ *Culex (Culex) tritaeniorhynchus* 蛹（Tanaka, 2004より）
a, 頭胸部（一部）； *b*, 頭頂板； *c*, 呼吸角； *d*, 刺毛 1-II； *e*, 腹部第8節と左遊泳片（平均的なもの）；*f*, 腹部第8節と右遊泳片（遊泳片の最も幅の広いもの）； *g*, 後胸と腹部.

カ科 209

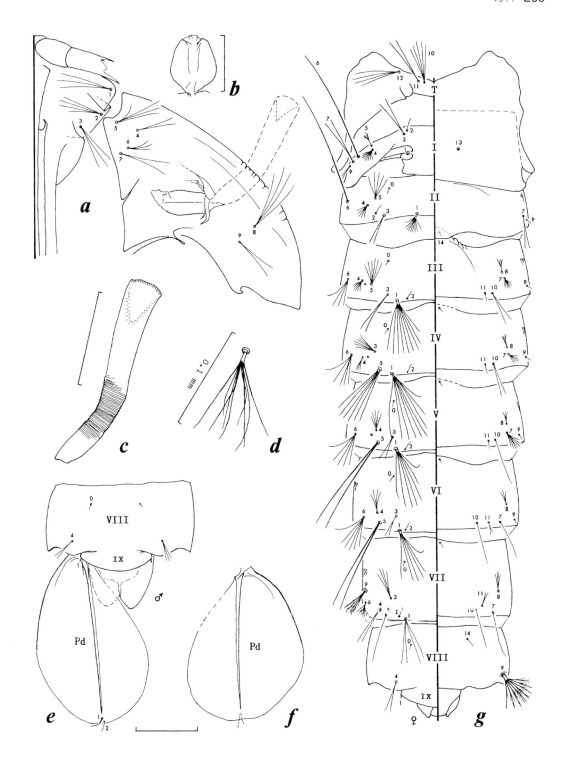

図142 シロハシイエカ *Culex (Culex) pseudovishnui* 蛹 (Tanaka, 2004より)
a, 頭胸部（一部）； b, 頭頂板； c, 呼吸角； d, 刺毛1-II； e, 腹部第8節と左遊泳片； f, 右遊泳片（最も幅の広いもの）； g, 後胸と腹部．

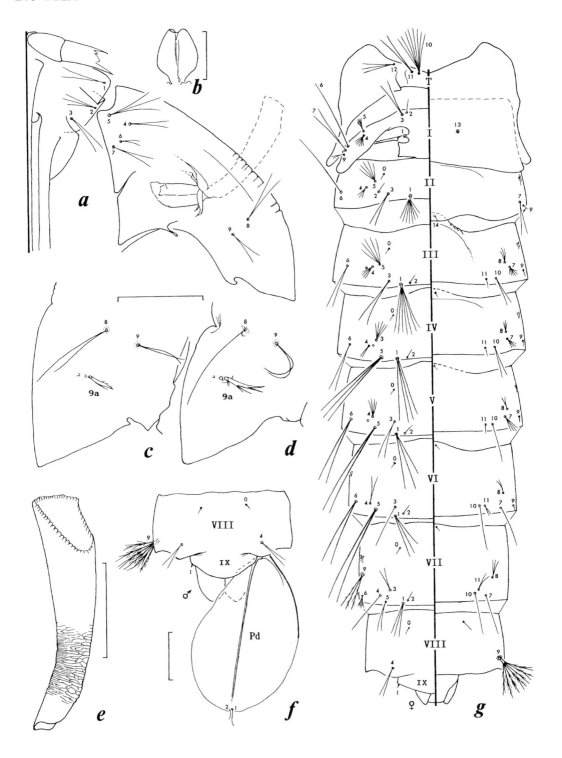

図143 ヨツボシイエカ *Culex (Culex) sitiens* 蛹（Tanaka, 2004より）
a, 頭胸部（一部）； *b*, 頭頂板； *c* & *d*, 頭胸部の過剰刺毛 9a-C を示す； *e*, 呼吸角； *f*, 腹部第8節と右遊泳片； *g*, 後胸と腹部.

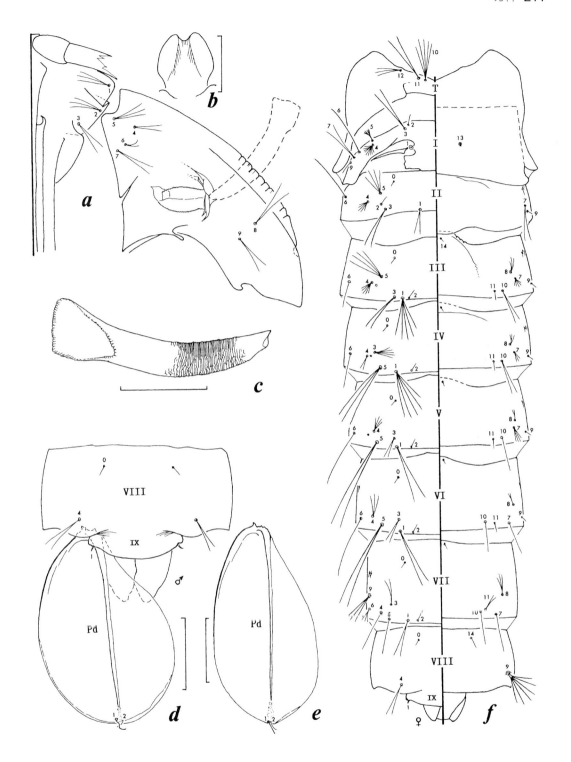

図144 ジャクソンイエカ　*Culex (Culex) jacksoni*　蛹（Tanaka, 2004より）
a, 頭胸部（一部）； *b*, 頭頂板； *c*, 呼吸角； *d*, 腹部第8節と左遊泳片（平均的なもの）； *e*, 左遊泳片（最も幅の狭いもの）； *f*, 後胸と腹部.

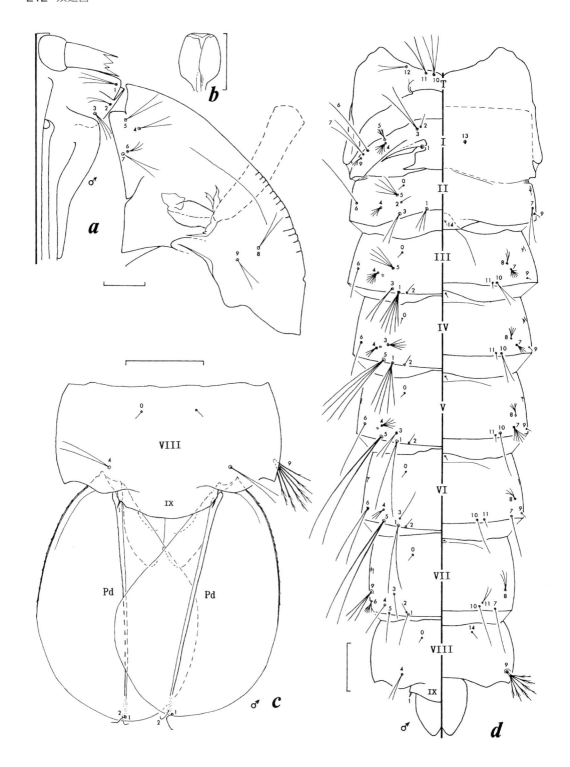

図145 ミナミハマダライエカ *Culex (Culex) mimeticus* 蛹（Tanaka, 2004より）
a, 頭胸部（一部）； *b*, 頭頂板； *c*, 腹部第8節と遊泳片； *d*, 後胸と腹部.

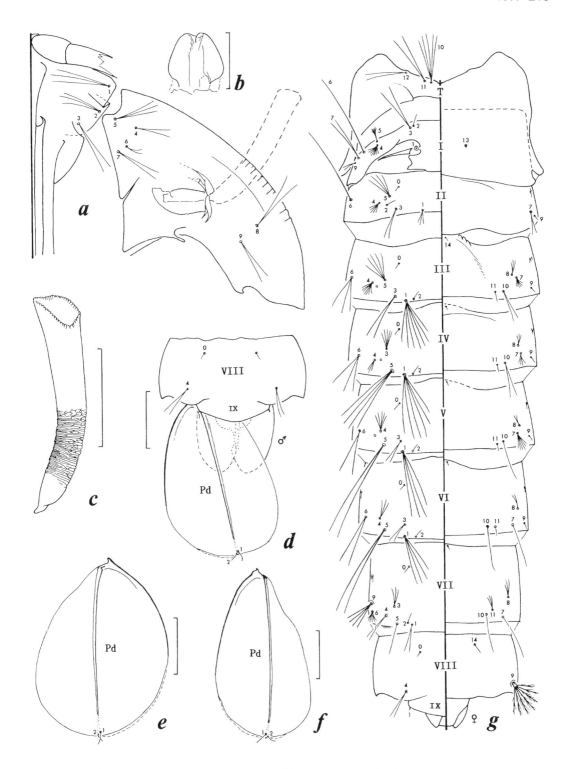

図146 ハマダライエカ *Culex (Culex) orientalis* 蛹（Tanaka, 2004より）
a. 頭胸部（一部）； b. 頭頂板； c. 呼吸角； d. 腹部第8節と左遊泳片（平均的なもの）； e. 右遊泳片（最も幅の広いもの）； f. 左遊泳片（最も幅の狭いもの）； g. 後胸と腹部.

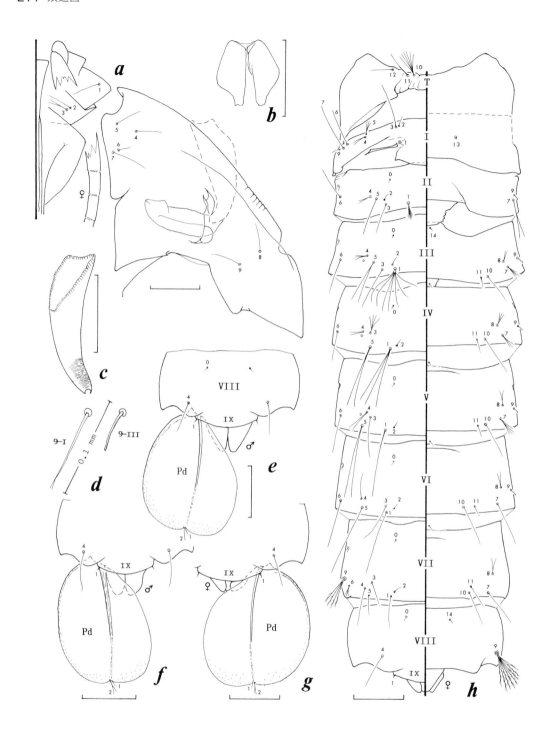

図147 トラフカクイカ *Lutzia (Metalutzia) vorax* 蛹 (Tanaka, 2003c より)
a, 頭胸部（一部）; b, 頭頂板; c, 呼吸角; d, 刺毛9-Iと9-III; e, 腹部第8節と左遊泳片（平均的なもの）; f, 腹部第8節先端と左遊泳片（最も幅の狭いもの）; g, 腹部第8節先端と右遊泳片（最も幅の広いもの）; h, 後胸と腹部.（本図の棒線は特に記したものを除き0.5mm）

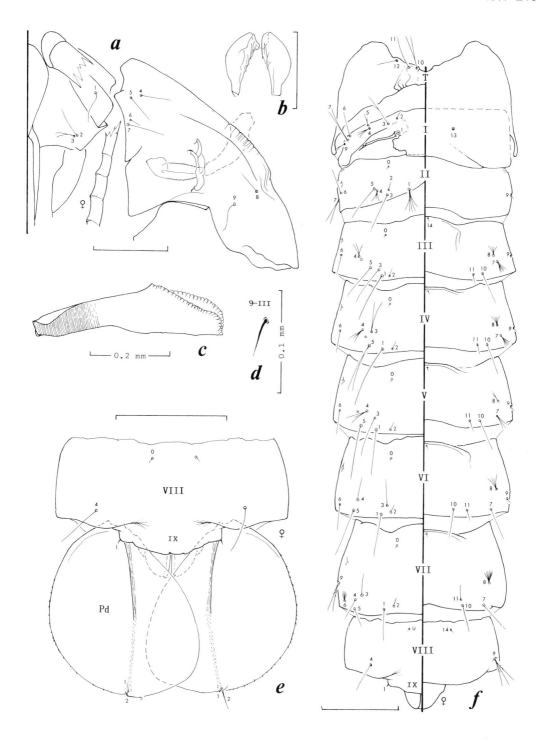

図148 シノナガカクイカ　*Lutzia (Insulalutzia) shinonagai*　蛹（Tanaka, 2003c より）
a, 頭胸部（一部）；　b, 頭頂板；　c, 呼吸角；　d, 刺毛9-III；　e, 腹部第8節と遊泳片；　f, 後胸と腹部．（本図の棒線は特に記したものを除き0.5mm）

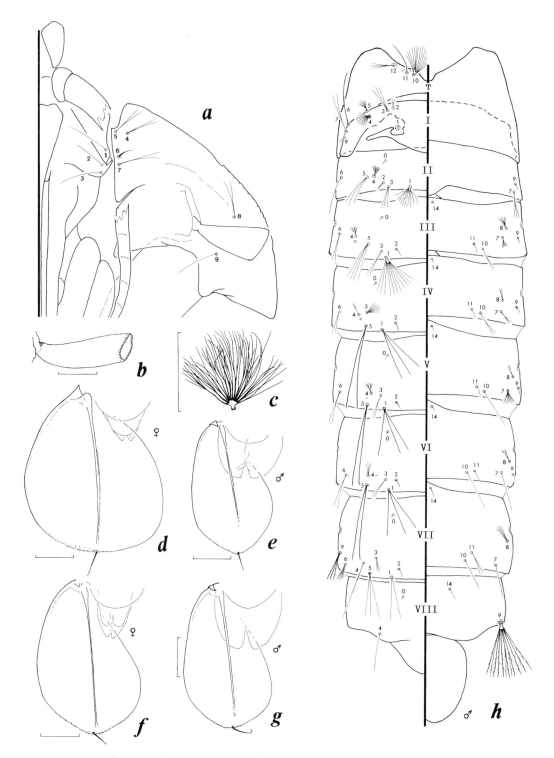

図149 セスジヤブカ亜属蛹（Tanaka, 1999より）
a, キタヤブカの頭胸部（一部）； *b*, アカンヤブカの呼吸角； *c*, ダイセツヤブカの刺毛1-I（浮游毛）； *d*, セスジヤブカ *Aedes (Ochlerotatus) dorsalis* の左遊泳片； *e*, ダイセツヤブカの左遊泳片； *f*, キタヤブカの左遊泳片； *g*, アッケシヤブカの左遊泳片； *h*, セスジヤブカの後胸と腹部.

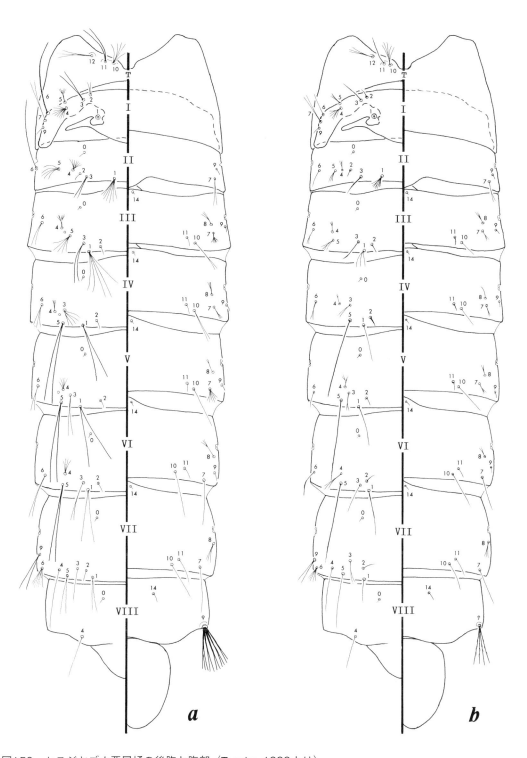

図150　セスジヤブカ亜属蛹の後胸と腹部（Tanaka, 1999より）
a, アカンヤブカ Aedes (Ochlerotatus) excrucians； *b*, ダイセツヤブカ Ae. (Och.) impiger daisetsuzanus.

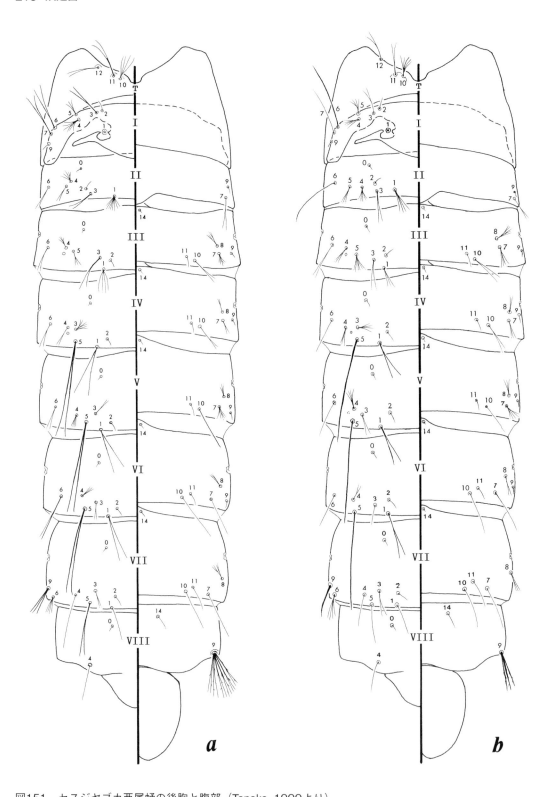

図151　セスジヤブカ亜属蛹の後胸と腹部（Tanaka, 1999より）
a, トカチヤブカ *Aedes (Ochlerotatus) communis*； *b*, チシマヤブカ *Ae. (Och.) punctor*.

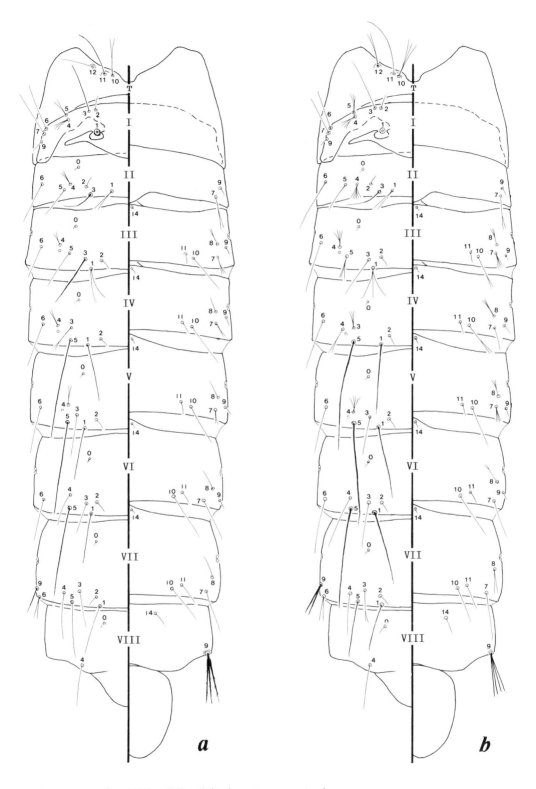

図152 セスジヤブカ亜属蛹の後胸と腹部（Tanaka, 1999より）
a, キタヤブカ Aedes (Ochlerotatus) hokkaidensis ; *b*, ハクサンヤブカ Ae. (Och.) hakusanensis.

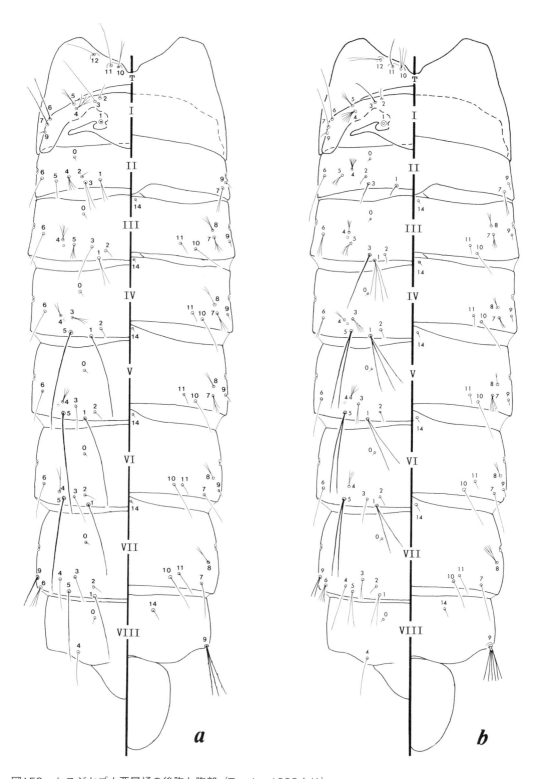

図153　セスジヤブカ亜属蛹の後胸と腹部（Tanaka, 1999より）
a, アッケシヤブカ Aedes (Ochlerotatus) akkeshiensis；　*b*, サッポロヤブカ Ae. (Och.) intrudens.

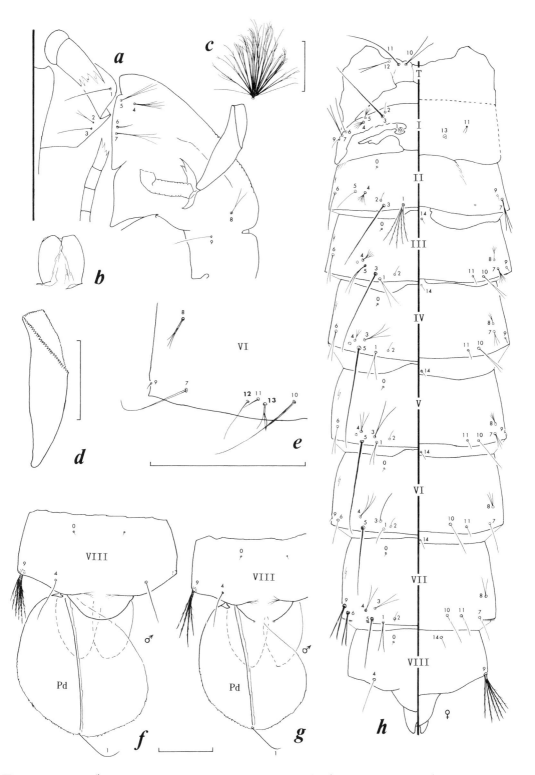

図154　ヤマトヤブカ　*Aedes (Finlaya) japonicus japonicus*　蛹（Tanaka, 2002a より）
a. 頭胸部（一部）；　b. 頭頂板；　c. 刺毛 1-I（浮游毛）；　d. 呼吸角；　e. 過剰刺毛 12- & 13-VI；
f. 腹部第8節と左遊泳片（平均的なもの）；　g. 同（遊泳片の最も幅の狭いもの）；　h. 後胸と腹部．

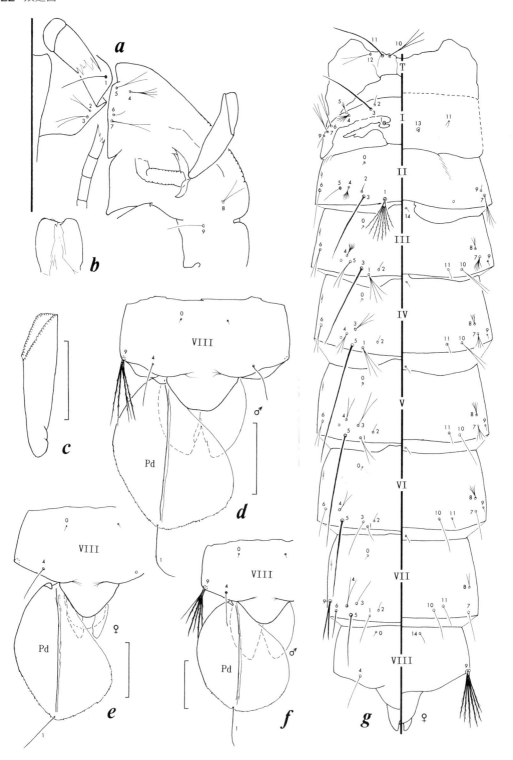

図155 ヤマトヤブカ亜種（アマミヤブカ） *Aedes (Finlaya) japonicus amamiensis* 蛹（Tanaka, 2002a より）
a, 頭胸部（一部）； *b*, 頭頂板； *c*, 呼吸角； *d*, 腹部第8節と左遊泳片（平均的なもの）； *e*, 同（遊泳片の最も幅の狭いもの）； *f*, 同（遊泳片の丸みのあるもの）； *g*, 後胸と腹部.

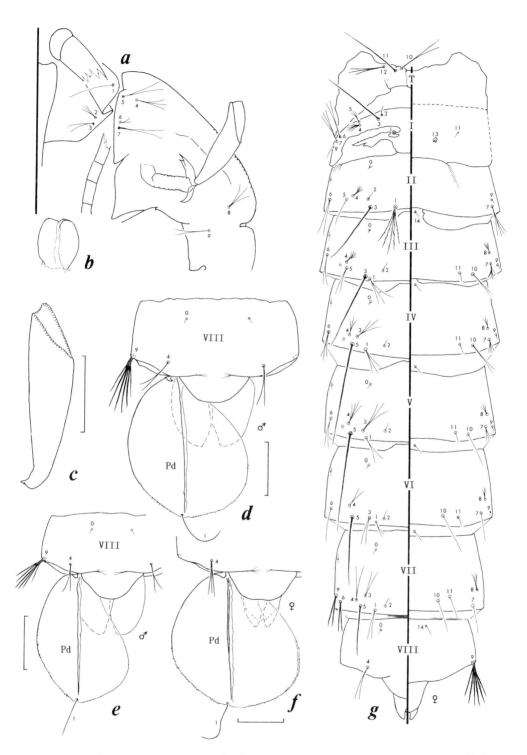

図156 ヤマトヤブカ亜種（サキシマヤブカ） *Aedes (Finlaya) japonicus yaeyamensis* 蛹（Tanaka, 2002aより）
a, 頭胸部（一部）； *b*, 頭頂板； *c*, 呼吸角； *d*, 腹部第8節と左遊泳片（平均的なもの）； *e*, 同（遊泳片の最も幅の狭いもの）； *f*, 同（遊泳片の最も幅の広いもの）； *g*, 後胸と腹部.

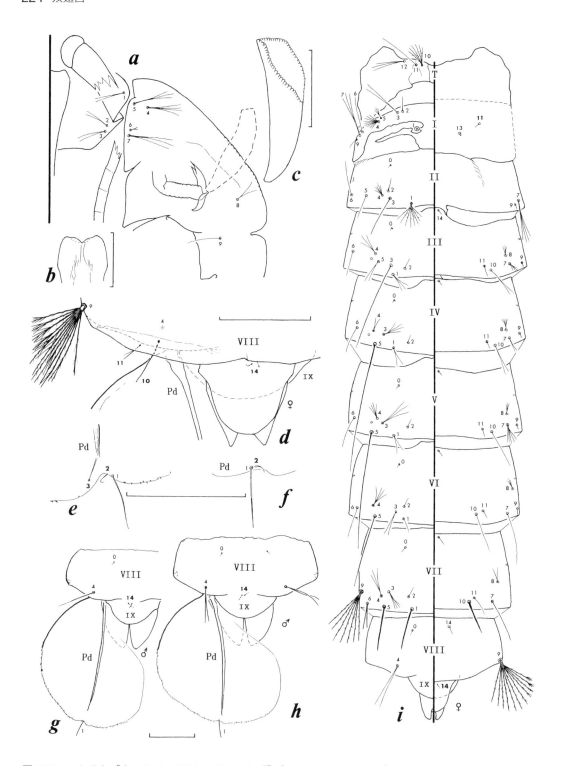

図157　ハトリヤブカ　*Aedes (Finlaya) hatorii*　蛹（Tanaka, 2002b より）
a, 頭胸部（一部）； *b*, 頭頂板； *c*, 呼吸角； *d*, 過剰刺毛10-,11- & 14-VIII； *e*, 過剰刺毛2- & 3-Pd； *f*, 過剰刺毛2-Pd； *g*, 腹部第8節と左遊泳片（最も幅の狭いもの）； *h*, 同（遊泳片の平均的なもの）； *i*, 後胸と腹部.

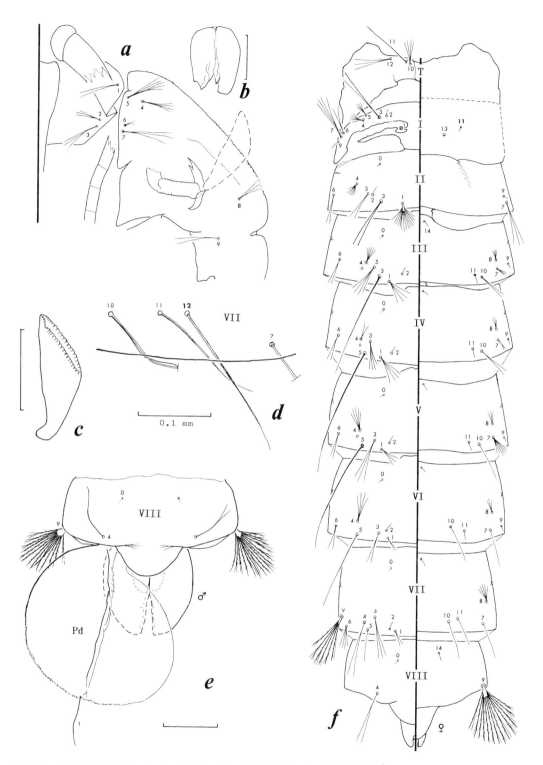

図158 トウゴウヤブカ *Aedes (Finlaya) togoi* 蛹（Tanaka, 2002b より）
a，頭胸部（一部）；b，頭頂板；c，呼吸角；d，過剰刺毛12-VII；e，腹部第8節と左遊泳片；f，後胸と腹部.

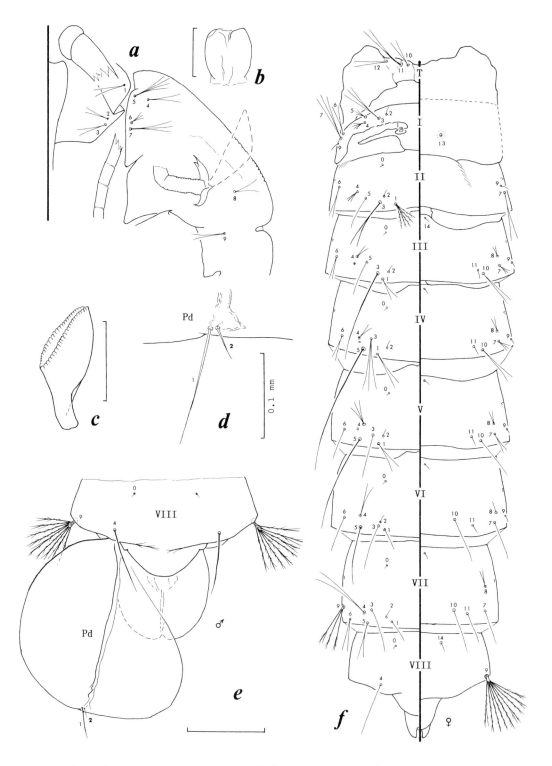

図159 セボリヤブカ *Aedes (Finlaya) savoryi* 蛹（Tanaka, 2002b より）
a, 頭胸部（一部）； b, 頭頂板； c, 呼吸角； d, 過剰刺毛 2-Pd； e, 腹部第 8 節と左遊泳片； f, 後胸と腹部.

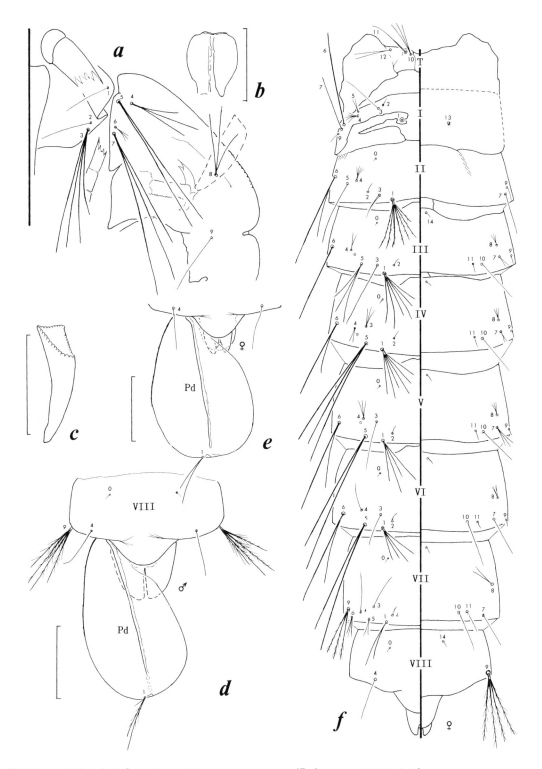

図160　ケイジョウヤブカ　*Aedes (Finlaya) seoulensis*　蛹（Tanaka, 2002b より）
a, 頭胸部（一部）；　*b*, 頭頂板；　*c*, 呼吸角；　*d*, 腹部第8節と左遊泳片（平均的なもの）；　*e*, 腹部第8節先端と左遊泳片（最も幅の広いもの）；　*f*, 後胸と腹部.

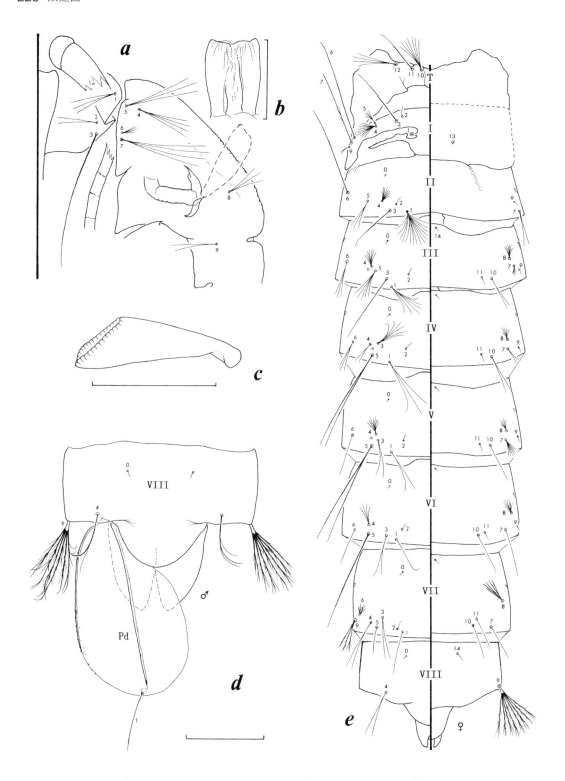

図161　コバヤシヤブカ　*Aedes (Finlaya) kobayashii*　蛹（Tanaka, 2002b より）
a, 頭胸部（一部）；　*b*, 頭頂板；　*c*, 呼吸角；　*d*, 腹部第8節と左遊泳片（平均的なもの）；　*e*, 後胸と腹部.

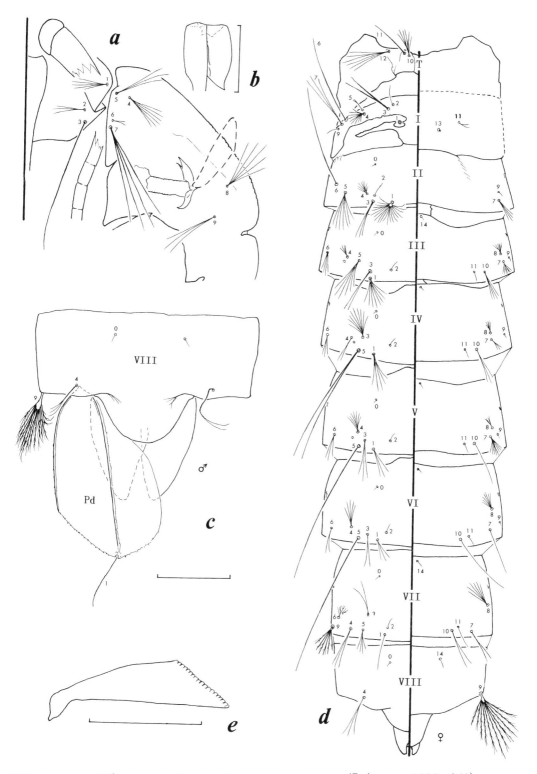

図162 オキナワヤブカ　*Aedes (Finlaya) okinawanus okinawanus*　蛹（Tanaka, 2002bより）
a, 頭胸部（一部）; b, 頭頂板; c, 腹部第8節と左遊泳片（平均的なもの）; d, 後胸と腹部; e, 呼吸角（亜種 *taiwanus*）.

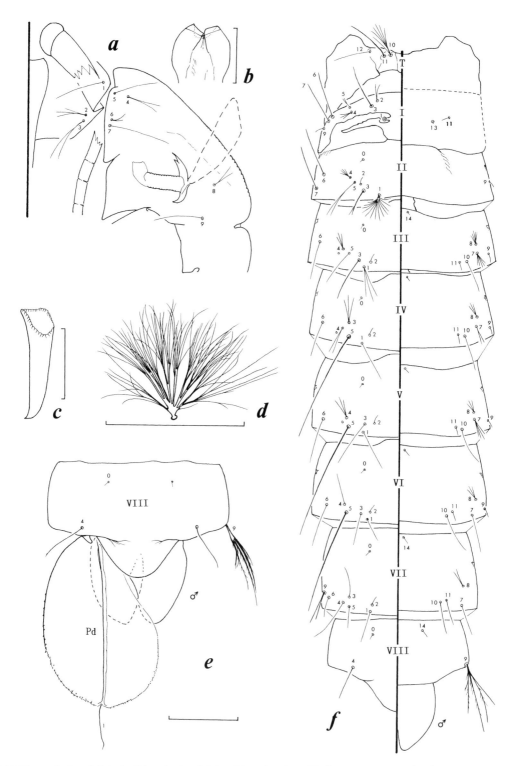

図163　エセチョウセンヤブカ　*Aedes (Finlaya) koreicoides*　蛹（Tanaka, 2002b より）
a, 頭胸部（一部）； *b*, 頭頂板； *c*, 呼吸角； *d*, 刺毛 1-I（浮游毛）； *e*, 腹部第8節と左遊泳片；
f, 後胸と腹部.

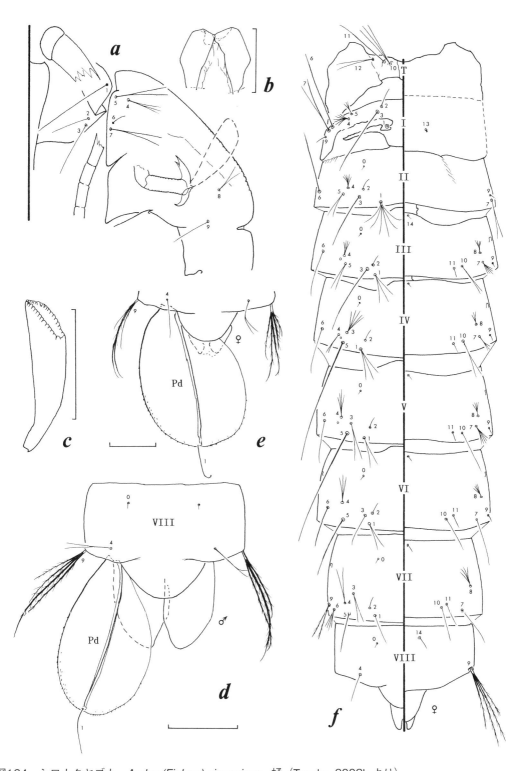

図164　シロカタヤブカ　*Aedes (Finlaya) nipponicus*　蛹（Tanaka, 2002b より）
a, 頭胸部（一部）; *b*, 頭頂板; *c*, 呼吸角; *d*, 腹部第8節と左遊泳片; *e*, 腹部第8節先端と左遊泳片（最も幅の広いもの）; *f*, 後胸と腹部.

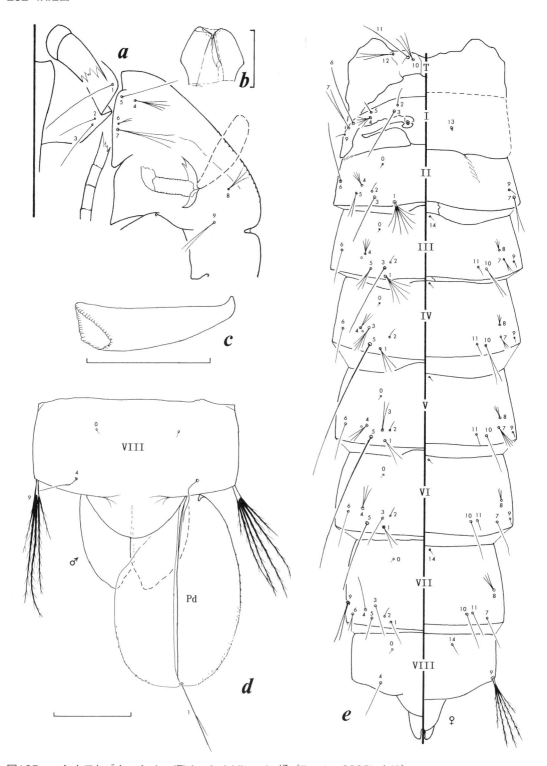

図165 ニシカワヤブカ *Aedes (Finlaya) nishikawai* 蛹(Tanaka, 2002b より)
a, 頭胸部(一部); b, 頭頂板; c, 呼吸角; d, 腹部第8節と右遊泳片; e, 後胸と腹部.

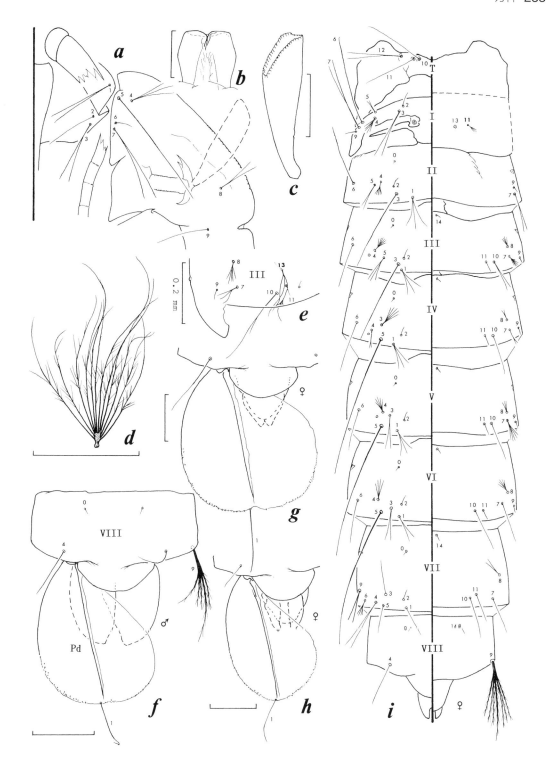

図166　ブナノキヤブカ　Aedes (Finlaya) oreophilus　蛹（Tanaka, 2002bより）
a, 頭胸部（一部）；　b, 頭頂板；　c, 呼吸角；　d, 刺毛1-I（浮游毛）；　e, 過剰刺毛13-III；　f, 腹部第8節と左遊泳片；　g, 腹部第8節先端と左遊泳片（最も幅の広いもの）；　h, 同（遊泳片の最も幅の狭いもの）；i, 後胸と腹部.

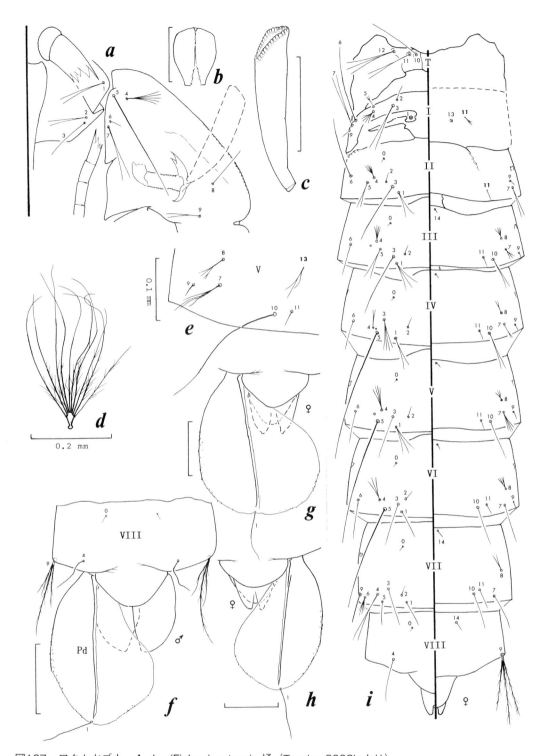

図167 ワタセヤブカ *Aedes (Finlaya) watasei* 蛹 (Tanaka, 2002b より)
a, 頭胸部（一部）； b, 頭頂板； c, 呼吸角； d, 刺毛 1-I（浮游毛）； e, 過剰刺毛13-V； f, 腹部第8節と左遊泳片； g, 腹部第8節先端と左遊泳片（最も幅の広いもの）； h, 腹部第8節先端と右遊泳片（最も幅の狭いもの）； i, 後胸と腹部.

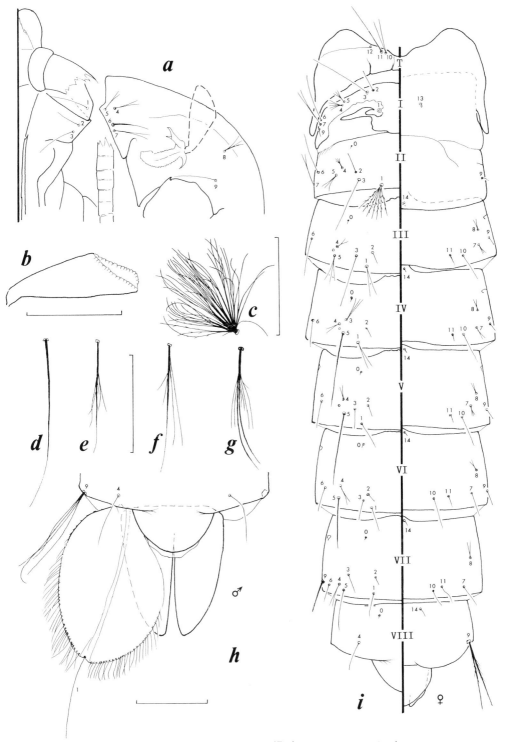

図168　リヴァースシマカ　*Aedes (Stegomyia) riversi*　蛹（Tanaka, 2000b より）
a, 頭胸部（一部）； b, 呼吸角； c, 刺毛 1-I（浮游毛）； d〜g, 刺毛 9-VIII の変異； h, 腹部第 8 節先端と左遊泳片； i, 後胸と腹部.

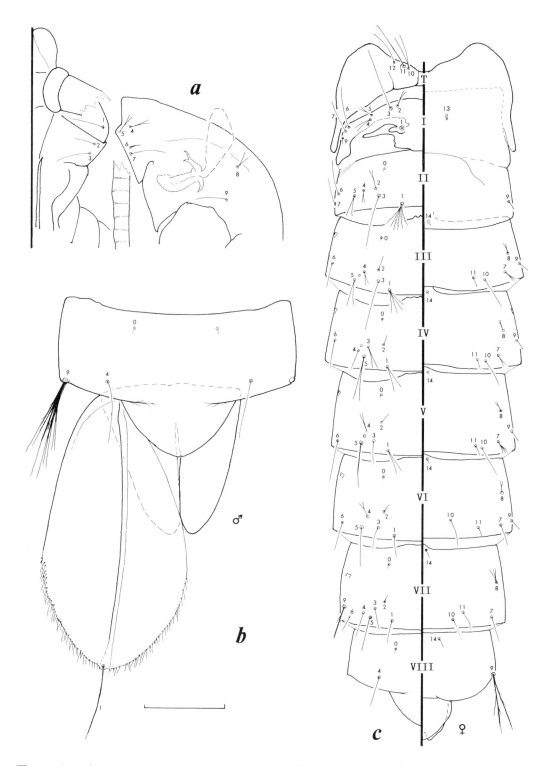

図169　ミスジシマカ　*Aedes (Stegomyia) galloisi*　蛹（Tanaka, 2000b より）
a, 頭胸部（一部）；　*b*, 腹部第8節と左遊泳片；　*c*, 後胸と腹部.

カ科 237

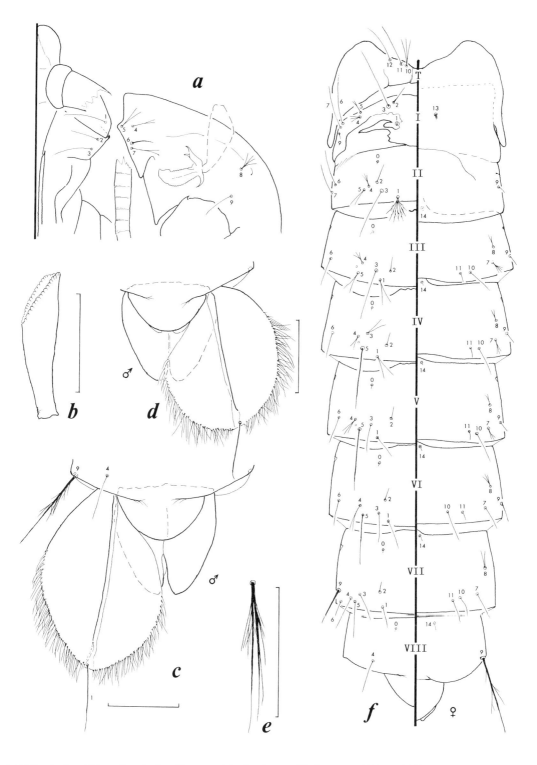

図170 ヒトスジシマカ　Aedes (Stegomyia) albopictus　蛹（Tanaka, 2000b より）
a, 頭胸部（一部）；　b, 呼吸角；　c, 腹部第8節先端と左遊泳片；　d, 腹部第8節先端と右遊泳片（最も幅の広いもの）；　e, 刺毛9-VIII の変異；　f, 後胸と腹部.

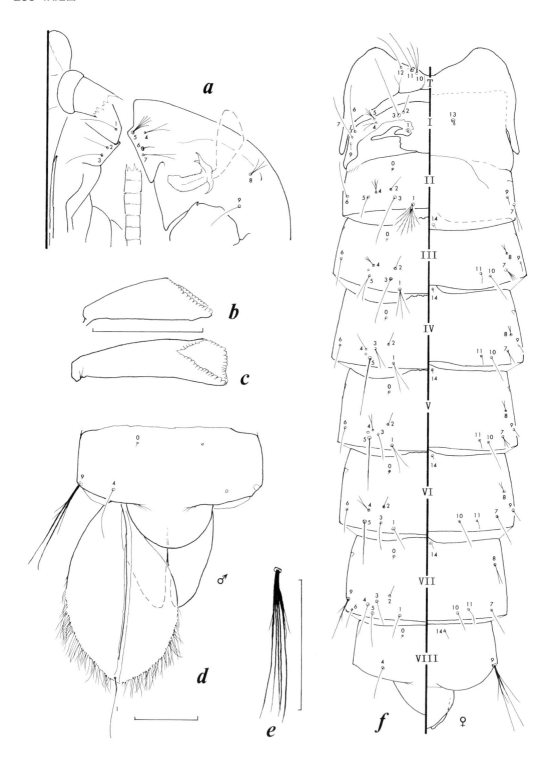

図171　ヤマダシマカ　*Aedes (Stegomyia) flavopictus flavopictus*　蛹（Tanaka, 2000b より）
a, 頭胸部（一部）；　b & c, 呼吸角；　d, 腹部第8節と左遊泳片；　e, 刺毛9-VIII の変異；　f, 後胸と腹部.

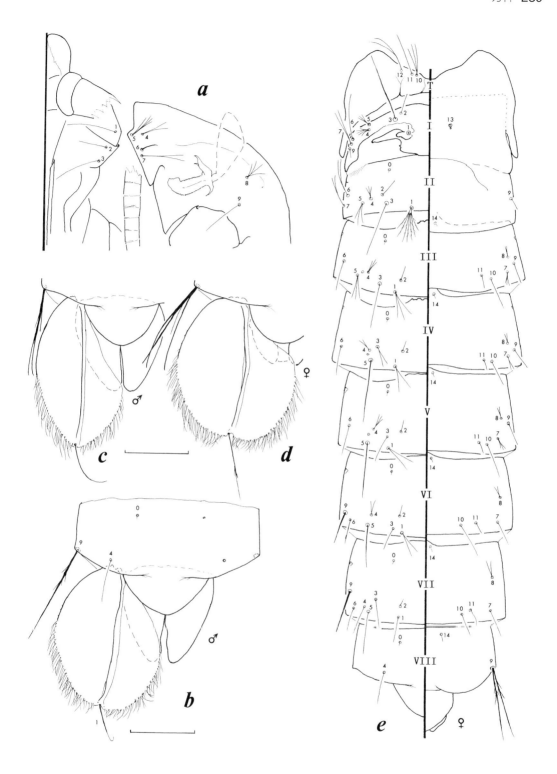

図172　ヤマダシマカ亜種（ダウンスシマカ）　*Aedes (Stegomyia) flavopictus downsi*　蛹（Tanaka, 2000b より）
a, 頭胸部（一部）； b, 腹部第8節と左遊泳片； c, 腹部第8節先端と左遊泳片（最も幅の狭いもの）；
d, 腹部第8節先端と左遊泳片（最も幅の広いもの）； e, 後胸と腹部.

図173　ヤマダシマカ亜種（ミヤラシマカ）　*Aedes (Stegomyia) flavopictus miyarai*　蛹（Tanaka, 2000b より）
a, 頭胸部（一部）；　*b & c*, 呼吸角；　*d*, 腹部第8節と左遊泳片；　*e*, 後胸と腹部.

カ科 241

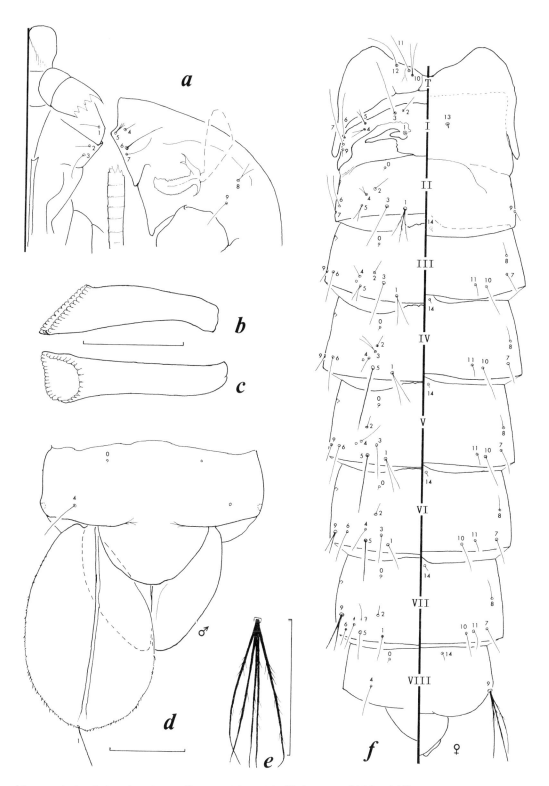

図174 タカハシシマカ　Aedes (Stegomyia) wadai　蛹（Tanaka, 2000b より）
a, 頭胸部（一部）;　b & c, 呼吸角;　d, 腹部第8節と左遊泳片;　e, 刺毛9-VIII の変異;　f, 後胸と腹部.

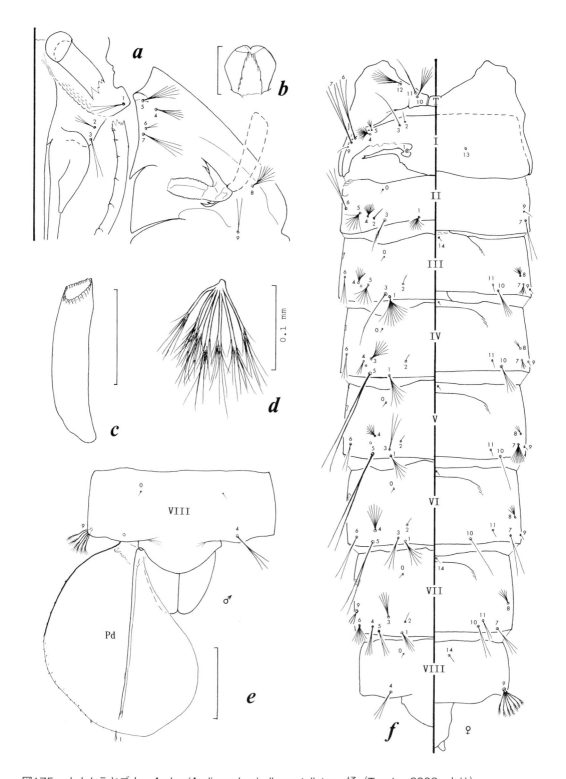

図175 オオムラヤブカ *Aedes (Aedimorphus) alboscutellatus* 蛹（Tanaka, 2003a より）
a, 頭胸部（一部）； *b*, 頭頂板； *c*, 呼吸角； *d*, 刺毛 9-VIII； *e*, 腹部第 8 節と左遊泳片； *f*, 後胸と腹部.

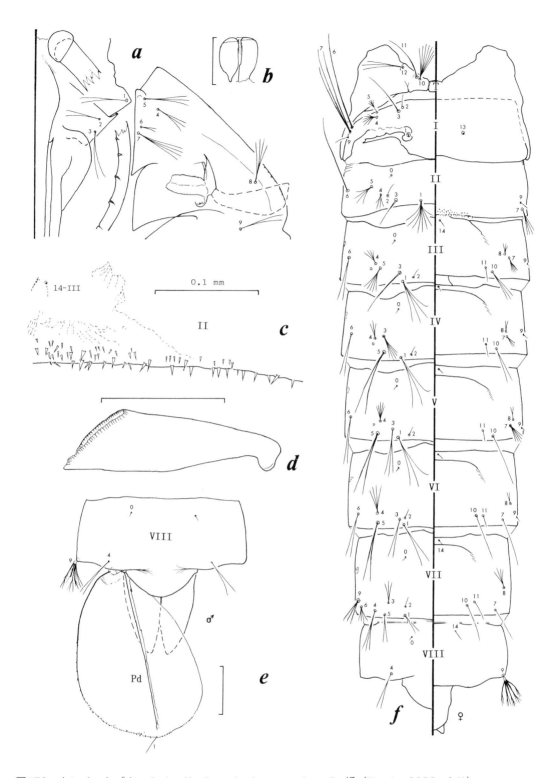

図176 キンイロヤブカ *Aedes (Aedimorphus) vexans nipponii* 蛹（Tanaka, 2003a より）
a, 頭胸部（一部）； *b*, 頭頂板； *c*, 腹部第2節腹板後縁の歯状突起列； *d*, 呼吸角； *e*, 腹部第8節と左遊泳片； *f*, 後胸と腹部.

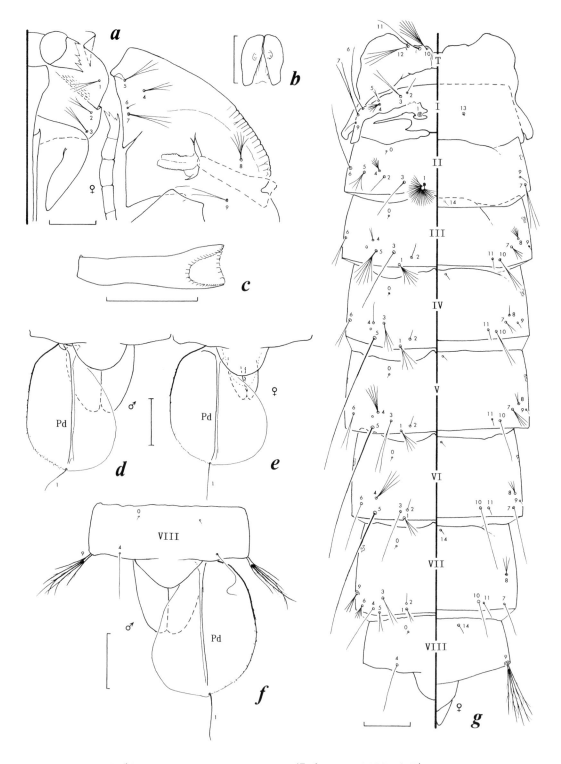

図177 カニアナヤブカ *Aedes (Geoskusea) baisasi* 蛹（Tanaka, 2003a より）
a, 頭胸部（一部）； *b*, 頭頂板； *c*, 呼吸角； *d*, 腹部第8節先端と左遊泳片（最も幅の狭いもの）； *e*, 同（遊泳片の最も幅の広いもの）； *f*, 腹部第8節と右遊泳片（平均的なもの）； *g*, 後胸と腹部.

カ科 245

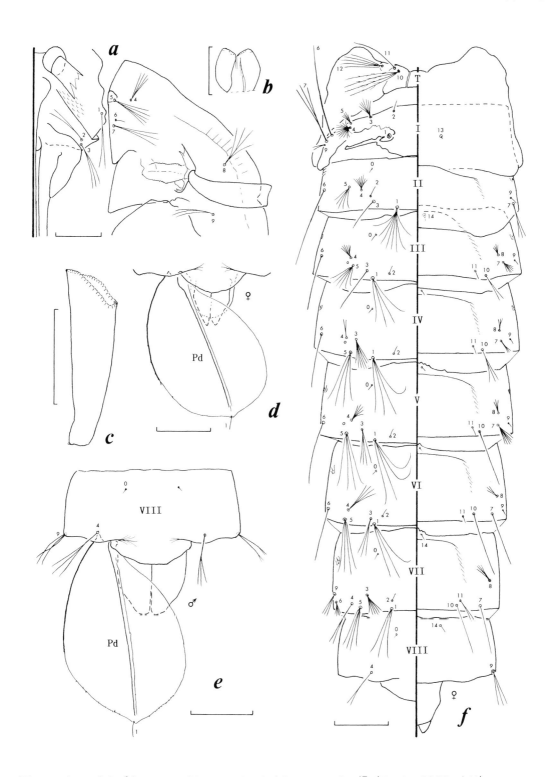

図178 ナンヨウヤブカ　*Aedes (Neomelaniconion) lineatopennis*　蛹 (Tanaka, 2003a より)
a, 頭胸部（一部）；　b, 頭頂板；　c, 呼吸角；　d, 腹部第8節先端と左遊泳片；　e, 腹部第8節と左遊泳片；f, 後胸と腹部.

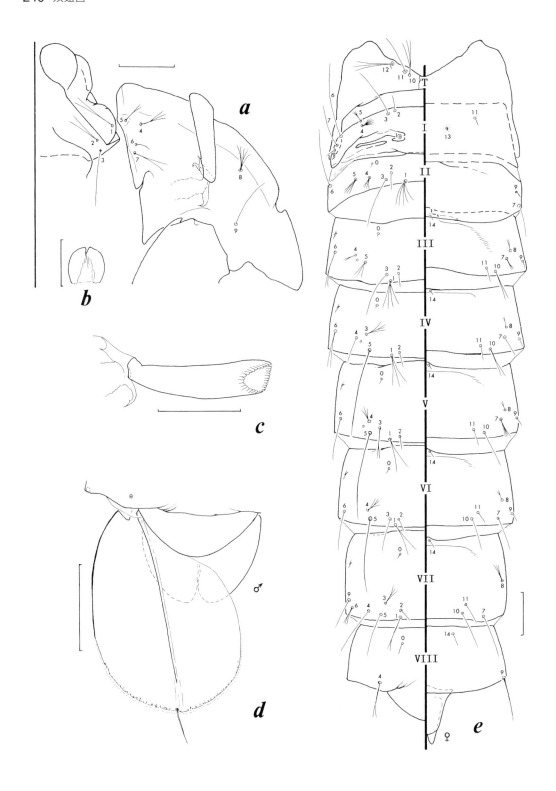

図179 エゾヤブカ *Aedes (Aedes) esoensis* 蛹（Tanaka, 2000a より）
a, 頭胸部（一部）； *b*, 頭頂板； *c*, 呼吸角； *d*, 腹部第8節先端と左遊泳片； *e*, 後胸と腹部.

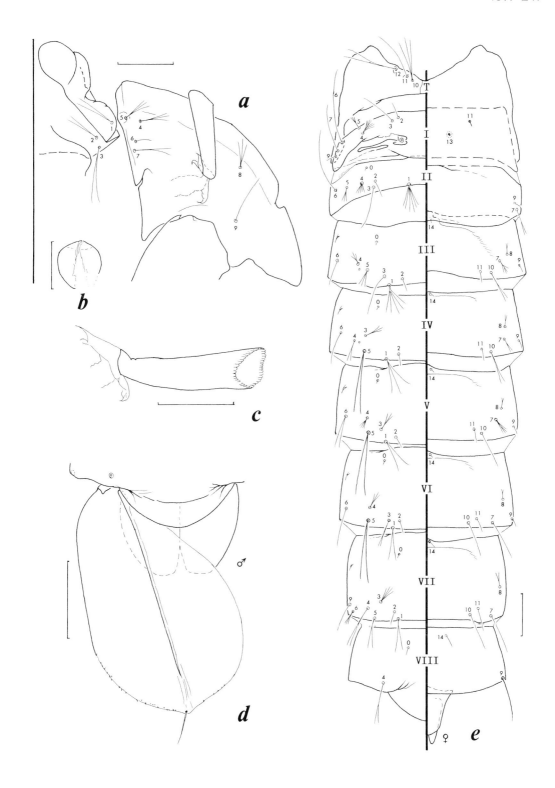

図180 アカエゾヤブカ *Aedes (Aedes) yamadai* 蛹 (Tanaka, 2000a より)
a. 頭胸部（一部）; b. 頭頂板; c. 呼吸角; d. 腹部第8節先端と左遊泳片; e. 後胸と腹部.

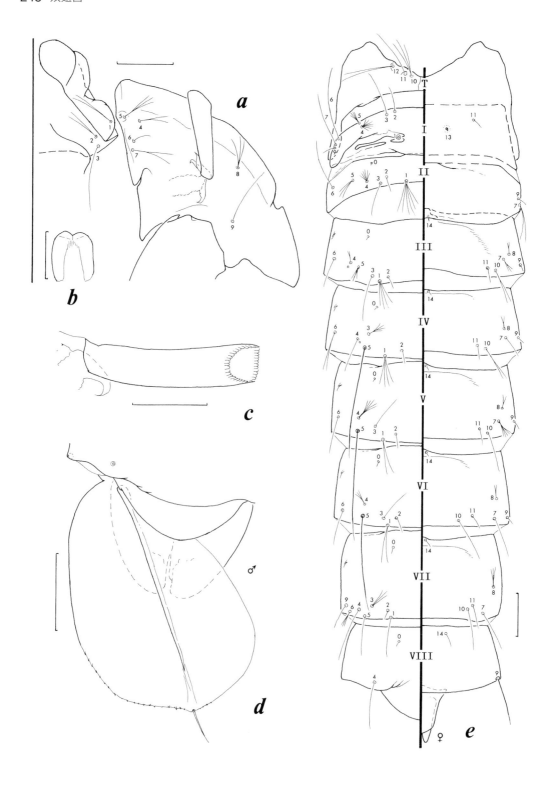

図181　ホッコクヤブカ　*Aedes (Aedes) sasai*　蛹（Tanaka, 2000a より）
a, 頭胸部（一部）；　*b*, 頭頂板；　*c*, 呼吸角；　*d*, 腹部第8節先端と左遊泳片；　*e*, 後胸と腹部.

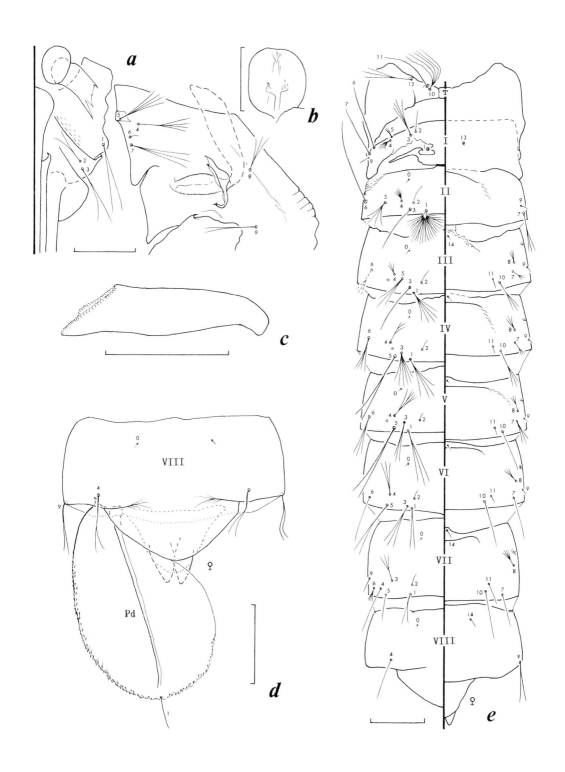

図182 アカフトオヤブカ *Aedes (Neomacleaya) atriisimilis* 蛹（Tanaka, 2003a より）
a. 頭胸部（一部）； *b*. 頭頂板； *c*. 呼吸角； *d*. 腹部第8節と左遊泳片； *e*. 後胸と腹部.

ユスリカバエ科　Thaumaleidae

Bradley J. Sinclair

　ユスリカバエ科のハエは長角亜目双翅類の稀ではあるが容易に識別できる科の一つであり，英名でsolitary midges または seepage midges と呼ばれている．現在7属に分類される185種以上が認められており，南極大陸を除く全大陸のそれぞれに代表する種が分布している．ユスリカバエ科は Culicomorpha カ型下目の Simulioidea ブユ上科（Simuliidae ブユ科および Ceratopogonidae ヌカカ科を含む）に分類されている（Borkent, 2012）．

　日本からはユスリカバエ科の2属（ユスリカバエ属 Androprosopa Mik とケバネユスリカバエ属 Trichothaumalea Edwards）が知られている．ユスリカバエ属には日本産の2既知種（Okada, 1938：A. striata, A. japonica）があり，これらは山岳地帯を通じて渓流や岩清水に沿った場所や滝の近傍に分布している．ユスリカバエ属の日本産の種は東アジアのフォーナと最も近縁であると思われる．

　ケバネユスリカバエ属は北米東部に1種，北米西部に2種が知られ（Arnaud & Boussy, 1994；Sinclair, 1992），また最近日本から記載された1種があり，これは北海道，本州および九州から知られている（Sinclair & Saigusa, 2002）．日本では本属はユスリカバエ属より遙かに稀にしか採集されず，少数の孤立した場所からのみ知られている．T. japonica Sinclair & Saigusa の蛹は知られているが，その幼虫はまだ確認されていないので，以下に述べる幼虫の記載は Sinclair (1992) による北米産の種に基づいている．ケバネユスリカバエ属の日本産種は北米東部の種，Trichothaumalea elakalensis Sinclair に最も近縁である（Sinclair & Saigusa, 2002）．

成虫の形態

　ユスリカバエ科の成虫は小型の黄褐色ないし黒色系のハエで，翅長は2mm弱～8mmである．成虫は両性とも合眼的で，単眼を欠き，触角は短く（頭部とほぼ等長），先端の鞭小節には数本の先端小刺毛を生じる．翅は幅広く，すべての翅脈は分岐せず，6～7本の翅脈が翅縁に達する．最後方の径脈は緩やかに曲がるものから強く湾曲するものまである（図4）．死ぬと翅はしばしば基部から強く折れ曲がって，腹部の両側に重ねられたようになる（Theischinger, 1986：fig. 1）．

日本産ユスリカバエ科の成虫の検索表

1　翅は前縁に達する亜前縁脈をもつ；マクロトリキアは翅脈上だけに限定される（図4A, B）；雄交尾器の生殖端節（gonostylus）の先端は太い刺毛を欠くか，1対の尖った針状の刺毛をもつ（図5） ……………………………… ユスリカバエ属　Androprosopa … 2
－　翅の亜前縁脈は前縁に達しない；マクロトリキアは翅脈上にも翅膜上にも生じる（図4C）；雄交尾器の生殖端節の先端には約30本の杭状の刺毛を生じる（図6）
　　……………　ケバネユスリカバエ　Trichothaumalea japonica Sinclair & Saigusa, 2002（図3）
　　　　　　　　　　　　　　　　　　　　　　　　　　（分布：北海道，本州，九州）
2　雄交尾器の生殖端節には1対の棘状の内側先端刺毛を具える；paramere は生殖端節とほぼ等長；（図5A）；上雄板（epandrium）の側縁は短い鈍頭の葉状突起となって突出する
　　…ヤマトユスリカバエ　Androprosopa japonica (Okada, 1938)（図1）（分布：本州，四国，九州）
－　雄交尾器の gonostylus は棘状の先端刺毛を欠く；paramere は生殖端節より短い（図5B）；上雄板の側縁は葉状突起を欠く …オカダユスリカバエ　Androprosopa striata (Okada, 1938)（図2）
　　　　　　　　　　　　　　　　　　　　　　　　　（分布：北海道，本州，四国，九州）

2　双翅目

図1　ヤマトユスリカバエ
Androprosopa japonica
左：雄　右：雌

図2　オカダユスリカバエ
Androprosopa striata
左：雄　右：雌

図3　ケバネユスリカバエ
Trichothaumalea japonica
左：雄　右：雌

ユスリカバエ科　3

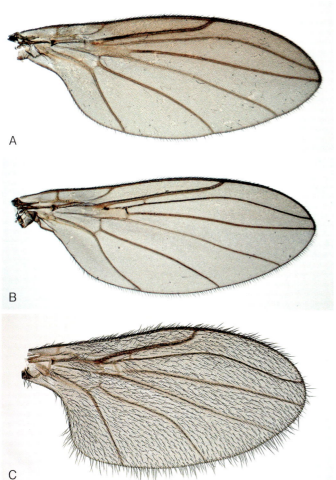

図4　ユスリカバエ科の翅
Wings of Thaumaleidae.
A：ヤマトユスリカバエ *Androprosopa japonica*　B：オカダユスリカバエ *Androprosopa striata*　C：ケバネユスリカバエ *Trichothaumalea japonica*

成虫の生態

　成虫が摂食することは知られていない．また成虫は交配のための空中群飛を行わない．成虫は幼虫の生息場所から離れたところで採集されることは稀で，これらは一般に飛翔力が弱く，しばしば岩上やオーバーハングした水辺の植生の葉上や小枝上で休んでいるのが観察される．

幼生期の形態

　ユスリカバエ科の幼虫はThienemann（1909）が初めて記述したように，捕獲から逃れるために，特徴的でユニークな横向きの痙攣的な運動で水の薄層の上を迅速に滑っていく能力があるので，容易に確認することができる．幼虫は下口式の頭蓋と撥水性クチクラの下の緑褐色のまだら模様がある皮膚によって識別される（図7，8A，9B，C）．幼虫の呼吸系は双気門式で，前胸節にある1対の短い呼吸管ないし気門と，第8腹節にある1対の指状突起（procerci）の間に開いている横長の呼吸開口を具えている．幼虫は前胸と体の後端に非対在性の疣脚（proleg）をもつ．

　ユスリカバエ科の蛹（図8B，C，D）は，強く角ばっている腹部の背面と側面の骨片によって識別され，また第2～7腹節には側気門を具えている．前胸呼吸器は一般的な水瓶形（vase-shaped）で，その先を環状に取巻く一列の呼吸開口を具えている．胸部は多数の隆起条や凹部によって皺状

1273

4 　双翅目

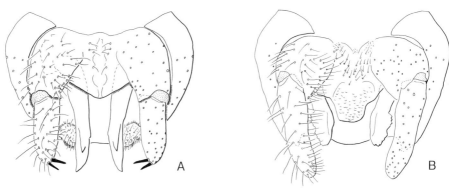

図5　ユスリカバエ属 *Androprosopa* の雄交尾器腹面図 Male genitalia of two species of *Androprosopa*, ventral view.
A：ヤマトユスリカバエ *Androprosopa japonica*　B：オカダユスリカバエ *Androprosopa striata*

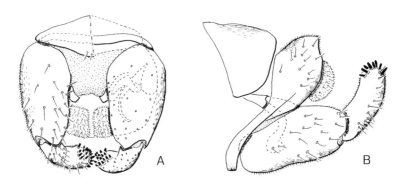

図6　ケバネユスリカバエ *Trichothaumalea japonica* の雄交尾器 Male genitalia of *Trichothaumalea japonica*, ventral and lateral view.
A：腹面　B：側面

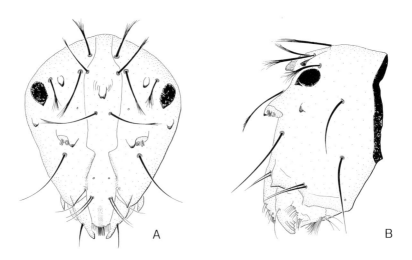

図7　ユスリカバエ属 *Androprosopa* の頭蓋 Head capsule of *Androprosopa*, anterior and lateral view.
A：前面　B：側面

1274

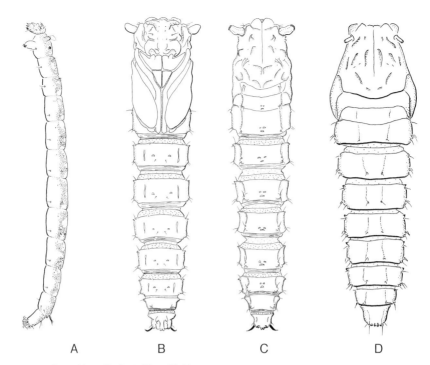

図 8 ユスリカバエ科の幼虫と蛹の形態 Larva and pupae of Thaumaleidae. (A: habitus of larva of *androprosopa* sp. B & C: Ventral and dorsal views of pupal exuvia of *Androprosopa* sp. D: dorsal view of pupal exuvia of *Trichothaumalea* sp.)
A：ユスリカバエ属 *Androprosopa* の幼虫側面　B：ユスリカバエ属 *Androprosopa* の蛹腹面　C：ユスリカバエ属 *Androprosopa* の蛹背面　D：ケバネユスリカバエ属 *Trichothaumalea* の蛹背面

になっている．

日本産ユスリカバエ科の蛹の検索表

1 亜円筒形である；腹端節は長く屈曲した鉤を生じる（図8B, C）
　……………………………………………………… ユスリカバエ属　*Androprosopa*
－ 背腹に平圧される；腹端節は鉤を欠く（図8D）
　……………………………………………………… ケバネユスリカバエ属　*Trichothaumalea*

日本産ユスリカバエ科の幼虫の検索表

1 頭部の後方において前胸に1対の膜質の突起物がある（図8A）；頭蓋は眼の間に3個の円錐状突出物を具える（図7）；胸部の長い刺毛は羽毛状
　……………………………………………………… ユスリカバエ属　*Androprosopa*
－ 前胸は突出物を欠く；頭蓋は突出物を欠く；胸部の長い刺毛は分岐しない
　……………………………………………………… ケバネユスリカバエ属　*Trichothaumalea*

幼生期の生態

　幼生期は hygropetric habitat または madicolous habitat として知られている流水のごく薄い層で覆われた岩に限られている（Vaillant, 1956；Sinclair & Marshall, 1987）．このような生息場所は小滝のある小川，渓流や泉の水面上にでている岩や滝の周囲などの岩清水に形成される（図9A）．この

図9　ユスリカバエ科の生態 Habitat and larvae of *Androprosopa* in Miyazaki Pref., Kyushu.
A：岩清水の生殖場所，Bの写真も同一場所で撮影（宮崎県小林市浜ノ瀬川猪ノ子谷）　B：岩清水の垂直の濡れた岩上のユスリカバエ属 *Androprosopa* の2頭の幼虫（宮崎県小林市浜ノ瀬川猪ノ子谷）　C：実験室内のシャーレに入れたユスリカバエ属 *Androprosopa* の幼虫

ような生息場所は岩石露頭のある山岳地や丘陵地の冷涼湿潤な森林に多く見出される．幼虫は一般に冷涼な水に限られていると考えられているが（Vaillant, 1969），北米東部の1種はかなり広い温度域に見出されており，この広い生態的耐性がこの種の広域分布を可能にしているらしい（Sinclair, 1990；Sinclair, 1996）．幼虫は大腮で岩の表面をかじって，珪藻や有機質および無機質の微細なごみ（detritus）を掬い取って摂食する（Leathers, 1922；Sinclair, 1996）．

調査および採集

　本科を採集するためには好適な水が薄く流れている岩の生息場所（madicolous habitat）や岩清水を見つけて，そこで幼虫を探すことが重要である．この方法は Arnaud & Boussy（1994）によって推奨され，北米東部のユスリカバエ類の調査で効果的であることが確かめられた．幼虫が生息する場所の岩清水の岩に水を降り注いで，下に置いた白い受け皿の中に幼虫や蛹や微細なごみ（detritus）を洗い落とすことで，手早く効果的なサンプリングが可能である．

　好適な生息場所をみつけたら（すなわち，幼虫が採集されたら），採集者が岩の表面にそっと息を吹きつけることでユスリカバエの暗色の成虫を見出すことができる．吹きつけた息で成虫の翅がひらひら動くので，どこにいるか明らかになる．成虫をみつけたら岩面にいるのを吸虫管で直接採集できる．成虫は岩清水にオーバーハングした植生を捕虫網で掬うことでも採集できる．

　ユスリカバエの成虫は岩清水状の生息地から採集した幼虫や蛹を飼育することでしばしばより効果的に得られる．老熟幼虫や蛹を岩清水から採集した糸状の藻類層や濡れた蘚類をいれた小型のシャーレの中に移して飼育することができる（Sinclair & Marshall, 1987）．水の薄層を保つために数

滴の水を加えることが必須である．シャーレは冷涼な環境の部屋に保存し，定期的に藻類を濡らしてやり，また羽化した成虫をチェックする．

参考文献

Arnaud, P. H. & I. A. Boussy. 1994. The adults of western North American Thaumaleidae (Diptera). Myia, 5: 41-152.

Leathers, A. L. 1922. Ecological study of aquatic midges and some related insects with special reference to feeding habits. Bulletin of the Bureau of Fisheries, 38: 1-61, figs. 1-57.

Borkent, A. 2012. The pupae of Culicomorpha – morphology and a new phylogenetic tree. Zootaxa, 3396: 1-98.

Okada, T. 1938. Two new species of Thaumaleidae, an unrecorded family of Diptera. Nematocera from Japan. Annotationes Zoologicae Japonenses, 17(3/4): 388-394.

Oosterbroek, P. and G. Courtney. 1995. Phylogeny of the nematocerous families of Diptera (Insects). Zoological Journal of the Linnean Society, 115: 267-311.

Sinclair, B. J. 1990. The madicolous fauna of southern Ontario, with emphasis on the Niagara Escarpment. In G. M. Allen, P. F. J. Eagles & S. D. Price (eds.) Conserving Carolinian Canada. Waterloo: 281-288.

Sinclair, B. J. 1992. A new species of *Trichothaumalea* (Diptera: Thaumaleidae) from eastern North America and discussion of male genitalic homologies. The Canadian Entomologist, 124: 491-499.

Sinclair, B. J. 1996. A review of the Thaumaleidae (Diptera: Culicomorpha) of eastern North America, including a redefinition of genus *Androprosopa* Mik. Entomologica Scandinavica, 27: 361-376.

Sinclair, B. J. & S. A. Marshall. 1987 (1986). The madicolous fauna in southern Ontario. Proceedings of the Entomological Society of Ontario, 117: 9-14.

Sinclair, B. J. & T. Saigusa. 2002. A new species of the seepage midge genus *Trichothaumalea* Edwards from Japan (Diptera: Culicomorpha: Thaumaleidae). Insect Systematics & Evolution, 33: 175-184.

Theischingre, G. 1986. Australian Thaumaleidae (Insecta: Diptera). Records of the Australian Museum, 38: 291-317.

Thienemann, A. 1909. *Orphnephila testacea*, Macq. Ein Beitrag zur Kenntnis der Fauna Hygropetrica. Annales de Biologie Lacustre, 4: 53-87.

Vaillant, F. 1956. Recherches sur la faune madicole (hygropétriqur s.l.) de France, de Corse et d'Afrique du nord. Mémoires du Muséum National d'Histoire Naturelle, Série A, Zoologie, 11: 1-258.

Vaillant. F. 1969. Les Diptères Thaumaleidae des Alpes et des Carpathes. Annales de la Société Entomologique de France (N. S.), 5: 687-705.

Wood, D. M. and A. Borkent. 1989. Phylogeny and classification of the Nematocera [Chapter] 114. In J. F. McAlpine & D. M. Wood (Coords.) Manual of Nearctic Diptera. Vol. 3: 1333-1370. Agriculture Canada Monograph, 32: vi + 1333-1581.

*本章の日本語訳は三枝豊平が作成した．

ブユ科　Simuliidae

上本騏一

I. 系統と分類
ハエ目 Diptera の中での位置

　ブユ科は直縫類 Ortorrhapha, 糸角亜目 Nematocera, ユスリカ上科 Chironomoidea に属している. 直縫とは蛹殻の縫合線が胸背中央を縦に走り, ここから裂けて羽化すること, 糸角とは触角が多数の小節からなることをそれぞれ示す. ユスリカ上科と姉妹グループとなるのはカ上科 Culicoidea で, ともに上位の階層, カ群 Culicomorpha を構成する. ユスリカ上科にはユスリカバエ科 Thaumaleidae, ブユ科 Simuliidae, ヌカカ科 Ceratopogonidae, ユスリカ科 Chironomidae の4科が含まれる. ユスリカバエ科をこの上科に置くのは異論もあるが, ここでは Hennig (1973) に従う.

　Hennig によれば, ユスリカ上科は単系統群で, 各科の翅脈の特徴から, ユスリカバエ科, ブユ科, ヌカカ科, ユスリカ科と, 順に分岐していったという. 一方, Saether (1977) は雌の生殖器の構造に基づいて考えると, ブユ科と姉妹グループを形成するのはヌカカ科だけで, Hennig の示唆したようなヌカカ科とユスリカ科ではないと主張している.

ブユ科の分類

　ブユ科の分類は専門家によって異なる方式が採用されている. 系統分類に重点を置くか, 種の検索にあたっての使い易さに重点を置くかによって立場が分かれてくる.

　もっとも簡便な方式は Crosskey (1967, 1969, 1981) によるものであろう. ほとんど全世界のブユを視野において, ブユ科を2亜科, 2族, 22属に分類している. ただし, 東洋区, オーストラリア区, 新熱帯区の種については, 原著者の報告の属をそのままリストアップするだけで, 十分な検討がなされていない. 1981年までにそれらの標本を調べる機会をもてなかったからであろうが, このため分類方式に多少バランスを欠くが, 彼の方式は便利さの点では最高のものであろう.

　もっとも複雑な分類方式は Rubzov (1956), Rubzov (1974) によって提案された. それらによれば, Davies (1965) と Wygodzinsky & Coscaron (1973) により創設された *Mayacnephia, Tlalocomyia, Araucnephia, Araucnephioides, Cnesiamima* の計5属を除いた世界のブユを4亜科5族59属に分けている. 属数で Crosskey の属数の約3倍になるのは, 彼が二命名法にこだわって亜属名を使わなかったためである. Rubzov の属の大部分は Crosskey の亜属に対応している. 残りの属名(主として東洋区, エチオピア区, 新熱帯区に分布)は標本の検討が不十分なまま属名を与えたもののように見受けられる (例えばタヒチ島の *Inseliellum*, エチオピア区の *Pomeroyellum, Paracnephia* など). しかし旧北区の多くの種の分類は詳細にわたり, この区の種の検索には, 参照しないわけにはいかない文献である.

　欧米の専門家の多くは Crosskey 方式を採用している. ここではオオブユ科とアシマダラブユ族の境界を明確にするため前者の方式を多少修正して使う. その結果, 両族に含まれる属や亜属に2, 3の異動が生じたので, それを日本に分布する属や亜属に限って表1に示した.

ブユ科の亜科と族の分類

　ブユ科はムカシブユ亜科 Parasimuliinae とブユ亜科 Simuliinae に二分される. 前者の亜科は R_1, R_{2+3}, R_{4+5} の各先端が, 後者の亜科のそれらより翅の基部に近い位置で前縁翅と合流している. ムカシブユ亜科は1属2亜属で構成されアメリカ西部のロッキー山地に分布する稀少種からなる.

1279

1969年以前のStoneらのブユの分類はブユ亜科を翅の形質により2族に区分していた．この2族の区分については諸説があるが，属や種の検索上，族のTaxonを維持する方が便利と評価し，次のように両族の定義を補強することにした．

オオブユ族 Prosimuliini の定義

成虫：中前側板溝は幅広く，前方に向かうにつれ不明瞭となる（図1A）．叉状腹板（furcasternum）（図1C-1）の腕部の先端付近に突起がない．蹠括はないか，痕跡的．蹠突起はときには欠ける．前縁脈には細毛だけ生えるが，ときには細い棘毛が混生する．R脈の基部に細毛が生える．Rs脈は普通分岐するが，ときには分岐しないことがある．

蛹：繭は通常粗く編まれ，前縁は不明瞭．通常不定形である．蛹の6～7節（ときには8節まで）の腹板は中央に縦線の走る膜によって通常は分けられる．

幼虫：額板の最大幅は通常後縁から離れた位置にあり，腹面の切れ込み（cleft）は浅く，深い場合でも亜下唇基節後縁に達することは稀である．亜下唇前縁の歯は明瞭に3群に分かれ，中央歯は通常三叉が顕著に認められる．

アシマダラブユ族 Simuliini の定義

成虫：中前側板溝は幅が狭く，前方で終わるまでその輪郭が明瞭である．叉状腹板の腕部の先端付近には顕著な（長短はあるが）突起がある（図1C-2～4）．蹠突起，蹠括は通常ともによく発達する．前縁脈には細毛と棘毛が混生する．R脈の基部には細毛があったり，なかったりする．Rs脈は通常分岐しない．雌雄の生殖器は変化に富む．生殖器板は三角状～舌状まで多様．把握器の端節は基節より短いものから長いものまで（図1D），陰茎腹板は平板状から強く側扁するものまで，変化がある．

蛹：繭は緻密に編まれ，前縁は明瞭．形はスリッパ形から靴形まで変化に富む．呼吸糸は2～100本程度まで分枝し，形も多様である．第6～8腹板は通常二分されない．

幼虫：額板の最大幅は通常後縁付近で，腹面の切れ込みは浅いものから亜下唇基節の後縁に達するものまで種によって異なる．亜下唇基節の前縁歯は微小で同高，普通は3群に分かれないが，稀に強大で3群に分かれる．

叉状腹板（雌雄ほぼ同形）を観察するには顕微鏡下で，標本より両後肢を基節とともに切除しなければならないが，その操作は簡単で，観察後叉状腹板を生殖器とともにスライド標本として保存できる．

アシマダラブユ族はオオブユ族の中の若干の先祖種から生じた多系統群であると考える．しかし現在もっとも繁栄しているアシマダラブユ属 *Simulium* を含むので亜属や種間に複雑な形質の組み合わせが認められる．各群の形質の相同または相似の判定を下し，それぞれを単系統群に組み替えねば系統発生の考察ができない．それに現存種と祖先種を結ぶ中間種の知見が少ない．このような中間種はおそらく東洋区，エチオピア区，オーストラリア区の中の僻地や大洋の諸島に分布すると思われるが，そのような地域での標本採集や記載報告がまだ少ない．そこで現時点で単系統群とみられる新熱帯区，オーストラリア区に分布する *Austrosimulium* 系統群と全北区，エチオピア区，東洋区に分布するツノマユブユ系統群の系統を検討することにする．

新熱帯区のアシマダラブユ族の中で全北区のアシマダラブユ属と形質に差があるものに *Lutzusimulium* Andretta et Andretta, 1947がある．Rubzov（1974）はこれをCnephini族に入れたが，中胸前側板溝が狭く，叉状腹板の腕部の突起が顕著で，雌は受精嚢内壁に細毛を散在させ，受精管

挿入部の周囲に網目模様のキチン化がみられる．陰茎側片の小鉤列が不明瞭な点から Cnephia 属や Stegopterna 属とは異なるグループであることを Wygodzinsky & Coscaton（1973）は指摘した．これ以来 Lutzsimulium 属は新熱帯区のアシマダラブユ族の中で孤立した．

Davies & Gyorkos（1988）は，Mackerras & Mackerras（1948）がオーストラリアのビクトリア州で採集した標本を再検討して，Austrosimulium colboi を記載した．この研究は，Lutzsimulium 属が Austrosimulium 属に近縁であることを初めて立証するものであった．Austrosimulium 系統群は，まず Lutzsimulium 属を派生し，次いで Paraustrosimulium と Austrosimulium に分かれたものと推測される．Austrosimulium 系統群以外に，アシマダラブユ族の中で単系統群と考えられて，その系統発生を一応推察できるのは Eusimulium 系統群である．

Wood（1962）はツノマユブユ亜属 Eusimulium がハルブユ属から分岐し，ツノマユブユ亜属のいくつかの中間グループを経て aureum 種群に到達する過程に関して，代表種の雄の生殖器（主として陰茎側片の構造）による1つの仮説を提案した．彼の仮説は中間に位置する既知種が乏しい時代に，ほとんど新北区産の種だけを材料にして提出されたのであるが，現在でも十分有意義な仮説である．

本稿で属に昇格させたツバメハルブユ属 Stegopterna の範囲をまず明確にしておく．この属に含まれる亜属は Stegopterna, Greniera（Wood の rivuli 種群），Hellichiella（Wood の euryadminiculum 種群）である．この3亜属は中胸前側板溝が幅広で，前方では輪郭不明瞭となる（図1A）のと，又状腹板の腕部突起を欠く（図1C-1）との2形質を共有する点でオオブユ族に含まれる．アシマダラブユ族の特徴をもつツノマユブユ属 Eusimulium のなかでもっとも原始的な形質を保持する種群は E. johannseni 種群であるように思われる．中前側板溝が狭く，その輪郭は終始明瞭で又状腹板の腕部突起は小さいが明瞭な点でアシマダラブユ族の特徴をもっている．

Montisimulium は把握器の端節の末端が斜切されたり，背面が内側に突出したり，種々の形に変形する．陰茎腹板の中央角片の先端には微小の突起が数本認められる種があるが，深い切れ込みはない．陰茎側片には長短2種の小鉤が1列に並ぶが，数は johannseni 種群よりも少ない．この亜属の段階でツノマユブユ属は2方向に放散したと思われる．1つの系列には Schoenbaueria, Cnetha が，もう1つの系列には Nevermannia, Eusimulium がそれぞれ含まれる．Crosskey（1981）の分類では，Stilboplax, Cnetha はそれぞれ Pomeroyellum, Nevermannia のジュニアシノニムとして処理されているが，Eusimulium 亜属に近縁の亜属を含め200種以上が分布する東洋区，太平洋諸島区，東アジア亜区では，ここに挙げたすべてのグループを Simulium 属から独立させ，Eusimulium 属の亜属とした方が妥当であろう．

次にブユ科のなかでもっとも多くの種を含み，世界でもっとも繁栄しているアシマダラブユ属 Simulium の系統だが，Eusimulium を分離したとしても，なおアシマダラブユ属は多系統群と考えられる．現在 Simulium 属の Simulium 亜属に属するとされる新北区の南縁から新熱帯区に分布する metallicum 種群と旧北区の Simulium 亜属のタイプ種を含む colombaschense 種群に限っても，雌雄の生殖器（生殖叉と陰茎腹板）の形質や食腔（cibarium）の歯の状態等に違いがありすぎる．しかも，両グループを結ぶ中間形質をもったグループを指摘することができないし，これらのグループの出発点となったオオブユ族の属，またはアシマダラブユ属の亜属を示唆することもできない．これはブユ科の系統進化を論ずるときの，最重要課題の1つであろう．

種の分化

Darwin は"種が他種から微細な形質の変化を重ねて生じたとすれば，どこでも無数の移行型が発見されるはずなのにこうした中間種が見当たらない点が，この本の読者の理解を困難にする1つ

になっている"と述べ，その理由を"他の種から出現した新種は移行型と競争して，それらを亡ぼしたためであろう"と説明している．だが彼の時代には移行型を見出す技術が進歩していなかったことがその理由の1つであったのではないかと思う．ブユでは唾腺染色体の解析によって"移行型"が数多く見出されている．

アフリカにはブユが媒介するオンコセルカ症（人フィラリア症の1種）が流行する．一番の運び屋（主ベクター）は *Simulium (Edwardsellum) damnosum* であるとされてきた．WHO（世界保健機構）はオンコセルカ症対策を進めるための予備調査として，1956年頃よりその流行地域と隣接地域で *S. damnosum* の生態と分布調査を行ってきた．その結果，西アフリカと中央アフリカの *S. damnosum* には，人吸血性の強い群，人吸血性のまったくない群，および中間の人吸血性の弱い群が存在すること，これらの群の幼虫は同じ水域に共存する場合（同所性）も，隣接するが異なった水域に分かれる場合（異所性）もあることが判明した．各群の幼虫，成虫の形態には多少の変異はあるが，形態の変異幅は多少とも重なり合い，各群を区別できない．そこで，唾腺染色体による分類判定が行われた．この判定結果から，ほとんどの群の間に自然交配が起こっていないことがわかった．この2種の成熟幼虫には精巣原基または卵巣原基が出現し，両者の形態の差が顕著なので唾腺染色体を調べた標本の性別が簡単に判定できた．形態の区別が不能でも生殖隔離のみられる同所種は姉妹種として唾腺染色体の永久固定標本（スライド）をタイプにして種が記載された．しかし例外もあって，姉妹種の *yahense* と *sanctipauli* の間には自然交配によるF1幼虫が存在し，その出現比は被検幼虫の約3％であったという（Vajime & Dunbar, 1975）．こうして，*S. damnosum* の姉妹種の多くはDarwinのいう移行型に該当すると見なされる．こうした「移行型」は *S. damnosum* に限らず，ブユ科の多くの種に出現する．

上本がオンコセルカ症と媒介ブユの分布調査のため日本海外技術協力事業団からエチオピアに派遣された1972年には，*S. damnosum*-complex の姉妹種は22種であったが，現在は40種を超えている．上本の調査ではエチオピアの西南部流行地の *damnosum* の群は人吸血性が強く，アワッシュ河（非流行地）の群は人吸血性がない．これ以外の習性も異なっていた．前者の群は乾季に幼虫，成虫が姿を消す．雨季の直前に成虫がまず出現し，幼虫の出現はその後であった．後者では年中幼虫，蛹が発生していた．これから流行地の雌成虫は越乾季習性をもっているように思われる．各群の唾腺染色体を調査したかったが，当時はその方面の専門家の派遣がなくて，機会を逃した（上本・和田編，1989）．

1981年日本国際協力事業団からグァテマラのオンコセルカ症防遏計画樹立のため派遣された時には，平井啓久専門家の協力を得て，*S. ochraceum* の分布と各地の群の唾腺染色体を調べた（Hirai et al., 1994）．その結果3姉妹種の存在が確認された．このうちC型は非流行地の個体群で，人吸血性は極めて弱い．A，B両型は流行地の個体群であるがB型の方が人吸血性が烈しい．A，B，Cの3群はすべて異所に分布し，Aは森林地帯，Bは森林サバンナ，Cはサバンナ地帯で，標高600〜1700mの細流が発生水域である．これら3地帯は隣接するが，その間を幅の狭いテワンテペク地溝，チキムラ地溝で分けられている．A型とC型の成虫は越乾季習性をもつ．B型群は周年採集を試みなかったが，住民の言によれば年中成虫が刺咬にくるというので，雌成虫に越乾季習性はないように思われる．

II. ブユ科の誕生と世界における分布
化石の記録

Larsson（1978）によれば，ブユ科の9標本がコペンハーゲン博物館のバルチック琥珀から見出

されたという．そのすべてがブユ科成虫かどうか疑わしいが，かりにそうであっても，ユスリカ上科のなかではもっとも発見例が少ない．同博物館のバルチック琥珀から見出されたユスリカ科は900個体を超え，ヌカカ科は270種以上の標本が報告されている．上述のバルチック琥珀中のブユ科標本は族も属も不詳であるが，東プロイセンのバルチック琥珀から *Nevermannia cerbrus* Enderlein, 1921, ロシヤ産バルチック琥珀から *Simulium oligocenicum* Rubzov, 1934が発見された．前者は記載が不十分で，*Nevermannia* 亜属かどうか疑問が残るが，後者は保存状態の非常に良い雄成虫標本をもとにしているので信頼性が高い．Rubzov によればこの種は現生種の *Schoenbaueria pusilla* (Fries) に極めて近いという．

ただ1個体ではあるが，3000万年前にツノマユブユ属の *Schoenbaueria* 亜属のような進化したグループがすでに北欧に分布していたことは興味深い．とすれば，オオブユ族のような祖先的形質を多くもつグループが出現した時代（ヌカカ科とともにユスリカの祖先種から派生した時代）は，漸新世よりはるかに古いことになる．

日本に分布するブユの属と亜属の区系

地殻変動によって日本列島の基盤となる骨格が姿を現したのは，今から約2500万年前の中新世の初期であったといわれている．この時代より1000万年前の琥珀から進化した *Schoenbaueria* 亜属（現存亜属）に近い種が出現していることは本章の始めで述べた．このことから，日本に分布する亜属（表1）の先祖種は東西の大陸から，時には島伝いに日本に分散移動して来たとみるべきであろう．日本原産の亜属は皆無に近いと思われる．

日本に分布するブユの属や亜属は旧北区，東洋区，新北区，オーストラリア区の4区系に起源をもつ．2つ以上の動物区にまたがって分布する亜属について，日本に分布する種はどちらの動物区に分布する種に近いか一応推測できるものについて言及する．

クロオオブユ亜属のクロオオブユは，蛹の呼吸系や陰茎腹板のbodyの形が東シベリアの *Prosimulium (Twinnia) sedecimfistratum* に似る．他方キタクロオオブユのそれらの形質はカナダの *P. (T.) tibblesi* に似る．両動物区のものが混在するようである．

ナツオオブユ亜属は北海道から1種だけ知られている．この種は蛹の呼吸系や雄の陰茎腹板の形は，東シベリアの *Prosimulium (Helodon) multicaulis* に似る．オオブユ亜属ではキアシオオブユとそれに近縁の未記録種は，呼吸系の数や細長い生殖器板の形からカナダの5大湖地方やバンクーバ島周辺の豪雪地域に多発する *Prosimulium (Prosimulium) magnum* 種群によく似る．このグループは日本を除いて旧北区には稀なので，新北区系のグループと思われる．その他のオオブユは，旧北区系と思われる．ムカシオオブユは，前述のように新北区であることははっきりしている．

ツノマユブユ属は，ナンヨウブユ亜属を除いて全世界に広く分布していて起源の判定は困難である．

アシマダラブユ亜属は，東洋区，旧北区で繁栄するグループであるが，新北区に分布する種類は比較的少ない．Shewell（1958）は，種数の少ない新北区のアシマダラブユ亜属のなかでも太平洋岸沿いにニューメキシコからアラスカまで広く分布する *Simulium (Aspasia) hunteri* を，Cordilleran 分布の典型種として特記しているが，日本のアシマダラブユ *S. japonicum* 種群も，雌雄の生殖器構造がアラスカ種とよく似ているし，北米の大西洋岸に分布している *S. (A.) parnassum* とも多くの形質で類似する．旧北区のシベリアや北ヨーロッパには，このグループの祖先形に近い種は分布しない．日本のアシマダラブユ種群は新北区系かも知れない．

6　双翅目

表1　日本におけるブユ属各亜属の分布

オオブユ族　Prosimuliini

オオブユ属　*Prosimulium* Roubaud, 1906　タイプ種　*hirtipes* Fries, 1824，国内分布：琉球列島，小笠原を除く全地域，（全北区系）．

　ムカシオオブユ亜属　*Distosimulium* Peterson, 1970　タイプ種　*pleurale* Malloch, 1914，国内分布：北海道，（新北区系）．

　クロオオブユ亜属　*Twinnia* Stone et Jamnback, 1955　タイプ種　*tibblesi* Stone et Jamnback, 1955，国内分布：北海道，本州，（全北区系）．

　ナツオオブユ亜属　*Helodon* Enderlein, 1921　タイプ種　*ferrugineum* Wahlberug, 1840，国内分布：北海道，（全北区系）．

　オオブユ亜属　*Prosimulium* Roubaud, 1906　タイプ種　*hirtipes* Fries, 1824，国内分布：北海道，本州，四国，九州，（全北区系）．

　ツバメハルブユ属　*Stegopterna* Enderlein, 1930　タイプ種　*richteri* Enderlein, 1930，国内分布：北海道，本州，（全北区系）．

アシマダラブユ族　Simuliini

ツノマユブユ属　*Eusimulium* Roubaud, 1906　タイプ種　*aurea* Fries, 1824，国内分布：日本全土，（全北区および東洋区，エチオピア区，オーストラリア区）．

　ツノマユブユ亜属　*Eusimulium* Roubaud, 1906　タイプ種　*aurea* Fries, 1824，国内分布：九州，（全北区，東洋区，新熱帯区，オーストラリア区）．

　ナガグツブユ亜属（新称）　*Cnetha* Enderlein, 1921　タイプ種　*latipes* Meigen, 1804，国内分布：北海道，本州，四国，九州，小笠原，南西諸島，（全北区系，東洋区）．

　ナンヨウブユ亜属　*Gomphostilbia* Enderlein, 1921　タイプ種　*ceylonica* Enderlein, 1921，国内分布：本州，九州，南西諸島，（東洋区系）．

　ミヤマブユ亜属　*Montisimulium* Rubzov, 1974　タイプ種　*shevjakovi* Dorgostajsky, Rubzov et Vlasenko, 1935，国内分布：北海道，本州，九州，（旧北区系）．

　リュウコツブユ亜属（新称）　*Nevermannia* Enderlein　タイプ種　*annulipes* Becker, 1908（= *S. ruficorne* Macquart, 1838），国内分布：本州，九州，南西諸島，（東洋区系，エチオピア区）．

アシマダラブユ属　*Simulium* Latreille, 1802　タイプ種　*colombaschensis* Fabricius, 1784，国内分布：日本全土，（全北区）．

　ツヤガシラブユ亜属　*Boophthora* Enderlein, 1921　タイプ種　*erythrocephalum* De Geer, 1776，国内分布：北海道，本州，（旧北区）．

　オシマブユ亜属　*Byssodon* Enderlein, 1921　タイプ種　*forbesi* Malloch, 1914（= *S. meridionale* Riley, 1886），国内分布：北海道，（旧北区，新北区の亜熱帯）．

　ヤマブユ亜属　*Gnus* Rubzov, 1940　タイプ種　*decimatum* Dorogostajsky, Rubzov et Vlasenko, 1935，国内分布：北海道，本州，九州，（旧北区）．

　ムナケブユ亜属　*Morops* Enderlein, 1930　タイプ種　*pygmaea* Enderlein, 1922（= *Simulium wilhelmlandae* Smart, 1944），国内分布：琉球列島，（オーストラリア区）．

　ツメトゲブユ亜属　*Odagmia* Enderlein, 1921　タイプ種　*ormatum* Meigen, 1818，国内分布：北海道，本州，九州，（旧北区）．

　アシマダラブユ亜属　*Simulium* Latreille, 1802　タイプ種　*colombaschensis* Fabricius, 1784，国内分布：北海道，本州，九州，琉球列島，（全北区，東洋区）．

　ウマブユ亜属　*Wilhelmia* Enderlein, 1921　タイプ種　*lineata* Meigen, 1804，国内分布：本州，九州，（旧北区，東洋区）．

1284

III. 生態
吸血

　ブユの吸血対象は，鳥，哺乳動物等の羽毛や毛の生えた恒温動物であって，コガタクロウスカ *Culex hayashii* や，フトシマツノフサカ *Culex infantulus* のように，カエルやヘビ・カメ・カナヘビのような冷温動物を吸血対象とするブユは知られていない．この理由の1つとして考えられるのは口器の構造で，蚊のような長い吻をもっていないためであろう．ユスリカ上科のうち吸血性をもつヌカカ科では，種によって上唇，大顎，小顎，下唇の短く突出する種があるが，ブユ科ではこのような口器をもつものはまったくない．したがって硬質の鱗の間隙に吻を突刺して吸血したり，羽毛の外側にとどまって吸血するようなことはできない．吸血はいつも毛を掻きわけて皮膚面に到達してから，大顎で傷つけ滲み出す血液を吸いとる方法で行われる．ブユ科の誕生はジュラ紀後期から白亜紀と推定されるが，この時代は爬虫類全盛期で鳥や哺乳類はいても少数で，その大部分は夜間行動性であったため，ブユの活動時間帯とはずれていたはずである．この時代の吸血対象はなんなのだろう．ヌカカ科にはトンボダニカ *Pterobosca tokunagai* のようにトンボなどの昆虫の体液を吸うものがいる．おそらくブユの祖先もこうした昆虫の体液を吸っていたのだろう．

　ブユと聞くと，昼間に足や腕，首筋を噛まれた経験から害虫という印象をもつ人が多い．しかし顕著な人吸血性をもつ種は少数にすぎない．各動物区の重要な人吸血性種は，旧北区では *Simulium (Gnus) cholodkochowskii*, *S. (G.) decimatum*, *S. (G.) jacuticum*, *S. (Simulium) morsitans*, *S. (S.) reptans*, *S. (Odagmia) ornatum*, *E. (Schoenbaueria) pusillum*，新北区では *Simulium (S.) venustum*, *S. (S.) parnassum*，東洋区では *Simulium (Himalayum) indicum*，エチオピア区では，*S. (Edwardsellum) damnosum* complex, *S. (Lewisellum) woodi*, *S. (L.) ethiopiense*，新熱帯区では，*S. (Psilopermia) callidum*, *S. (P.) ochraceum*, *S. (S.) metallicum*, *S. (Psaroniocompsa) sanguineum* であるという．

　日本の人吸血性種としては，キタオブユ *Prosimulium jezonicum*，アオキツメトゲブユ *Simulium (Odagmia) oitanum*，ニッポンヤマブユ *S. (Gnus) nacojapi*，ニッポンアシマダラブユ *S. (Simulium) nipponense*，アシマダラブユの琉球列島分布型の *S. (S.) japonicum* があげられる．

　吸血は卵巣内の濾胞の発育に必要な栄養を補給するためで，雌に限られる．

　ブユ科の中にも無吸血で産卵する種がいることが外国で知られている．このような種は雄成虫のように大顎や小顎に歯列が完全に欠けているので，すぐ推定できるが，日本産ブユでは無吸血産卵が実際に行われているかは未確認である．Takaoka (1985) はヒロシマツノマユブユを実験室内で羽化させ，雌雄を一緒にして蔗糖液で飼育し，羽化後4, 5日で成熟卵が認められたことを報告した．この種は，大顎，小顎ともに歯列があり，野外ではおそらく鳥類を吸血しているはずである．人吸血種の吸血時間帯はアオキツメトゲブユでは日出，日没前の数時間に限られるが，その他の種では日中に陽がかげるといつでも襲来する（緒方ら，1956）．

繁殖行動　Mating

　Pomerantzev (1932) は，ヌカカ科のヌカカ属 *Culicoides* における繁殖行動は雄が雌への精包を渡すことによって完了することを報じた．これはハエ目昆虫で最初の記録であった．次いで Nielsen がユスリカ科で同様の精包授受を観察した．Davies (1965) は，ウマブユの1種 *S. salopiense* の管瓶内で羽化した雌雄数番を試験管内で飼育して，精包授受を観察した．

　Davies の報告によれば，精包は最大幅150〜170μmの平滑中空の楕円体で，外表は不定の卵白のような分泌物で覆われ，塩水中では2層からなるのが認められる．内部は明瞭に一定構造をもつことがわかる．内部の精子塊は精包の後壁からのびる境界によって二分されている．陰茎腹板は膜状

の背壁の拡張によって反転させられ，精包を形成する．陰茎側片は直立し，雌の第8腹板の後縁か生殖器板の後縁とかみ合ってそれらを腹面側に押し下げる．こうして精包を収容する腔処が，雌の生殖器板と生殖叉と肛側板の間につくられることになる．精包は，できあがった雌の腔処において精子塊が受精嚢に完全に移行するまでとどまる．

　グァテマラ共和国の中央山地の太平洋側斜面にあるChicacaoの町の周辺は，オンコセルカ症の流行地の1つである．薬剤処理の対照区であったカルダモン栽培農場（標高600～1100m）で，人囮法による媒介ブユ S. ochraceum の雌成虫の定期採集が行われていた．1982年8月に採集された2個体の外部生殖器から精包が見出された．すでに精子塊が消失して外形も半月状に変形し，もとの形には戻せなかったが，内部構造は一部保たれているのが顕微鏡下で確認された．この成虫の採集場所は，農場北背の森林地帯からカルダモン畑を貫流する2本の支流（幅3～5m）の合流点に接した空地である．しかし合流地点付近の流水には幼虫や蛹はいなくて，朝夕岸の草地の上で雄成虫の群飛が時々見られたにすぎなかった．農場内で烈しく刺咬にくるこの種の幼虫や蛹の発生水域は，約1.5～2.0km離れた森林内の細流である．10月には幼虫や蛹の付着していた枯葉上で再び1個体の空の精包を発見した．

幼虫の棲み分け

　可児（1944，1952）は，ブユの幼虫が種ごとにその成育に適した場所を選択して成育していることを河川の各地点で蛹を定期的に採集して明らかにした．この資料も，可児の河川区分の基礎となった．しかし，このような調査では，明確な種の区分が困難で，蛹よりも幼虫を使った方がより棲み分け現象が把握されたであろう．しかし，可児の調査したときには，西日本のブユ成虫や蛹の分類が着手され始めた時期で，幼虫の分類はまだ手つかずの状態にあった．第二次世界大戦後は，幼虫での種の同定が可能になり，折井ら（1964）により可児の調査河川である京都府貴船川に隣接する高野川流域で，ブユ幼虫の棲み分けの調査が行われ，可児の河川型と棲み分けの対応がさらに精密に確認された．岡本（1958）は山陰地方での蛹・幼虫の分布を調べ，ブユ幼虫と蛹は河川の調査地点の標高による棲み分け現象がみられることを示した．

　エチオピアのオンコセルカ流行地域（標高800～3000m）は，主雨季が4～5カ月にすぎない．年間降雨量の平均が400～800mm，標高によって熱帯から温帯までの気温差がある環境である．雨季には下流の水量が利根川を超えるような青ナイルや，最上川を超える流量のオモ河のような大河があるが，源流から下流まで年中一貫して水の流れる河川は少ない．大部分の源流域では，乾季でも少量の水が流れるが，中流域は長距離にわたって涸れて河床が露出するか，またはほとんど流れのない水溜りとなる．下流でも流れが極めて遅くなり，小雨季にはスコールの降り方によって逆流することもある．こんな河川では，景観の違いによるブユの棲み分けはみられないようだ．源流域では流速の差に関係なく，*Nevermania* や *Pomeroyellum* のようなツノマユブユ属の多くの種（亜属）が共生している．小雨季には中～下流域でも流れがあれば，流速に関係なく *Edwardsellum*, *Metomphalus*, *Anasolen* の亜属の種が混生したり，*S. (E.) damnosum* など，成虫で乾季中の休眠をしない種がしばしば出現する．

　一方グァテマラのオンコセルカ流行地は乾季雨季の差があっても，年間雨量が1000mmを超すので，景観に対応した棲み分けがみられる．源流地域は主媒介種の発生水域で，最近はコーヒー栽培のため乾季には水量が乏しくなる傾向にあるが，雨季には多数のブユ成虫の発生がみられる．中流域は副媒介種の *S. metallicum* の主発生域で乾季でも水涸れがないため年中出現している．

産卵飛翔

代田（1969）は，幼虫が流水に生息するユスリカの種は，雌成虫が産卵のため水面上を主として飛翔し，好適な環境を見出すとそこで基物にとまって産卵すると報告している．ブユの場合も，抱卵した雌成虫は，上記のユスリカと同様，産卵に先立って比較的長距離の水面上飛翔行動をとるのではないかと推測した．このことを調べるため，久納（1980）は次のような調査を行った．

私たちも，ミラートラップと呼ぶ銀白色の波形トタン板（幅70cm，長さ60cm）を流水中に傾斜角30°になるよう支持台上に立てて，下縁が水面下5cmになるようにした．トラップに衝突した雌成虫を捕捉するため，粘稠で透明な洗剤原液を露出した板面に刷毛で塗った．この板は水底の状況や流速で固定が困難な箇所を除き，各サイトで上流と下流の方向に各1面ずつ同時に設置した．計81サイト設置したトラップのうち下流方向に向けたトラップだけで捕集ができ，上流方向に向けたトラップでは捕集は皆無であった．ゴスジシラキブユ，キアシツメトゲブユほか稀少数種を含め計407個体の雌成虫が採集され，雄は皆無であった．剖検の結果，このうち200個体以上は完熟卵を抱えていた．

この結果から，ゴスジシラキブユやキアシツメトゲブユなどの抱卵雌は，産卵に先立って川の水面上を長距離の上流に向かって飛翔することが判明した．キアシツメトゲブユの幼虫の生息域は，峡谷から平野型への移行河川型から平野型であるにもかかわらず，抱卵雌が集中捕集されたのは峡谷型であった．このことは，この種の幼虫は成育が進むにつれ生息水域を順次下流に移すことを示唆している．また抱卵雌の飛翔行動の日周期の盛衰をみると，多数を占めた上記2種では，四季を通じて午後，とくに薄暮に集中することが判明した．

飼育方法

私たちが採用している人吸血性ブユ，主としてアオキツメトゲブユの飼育方法を紹介する．

1）吸血雌成虫を得るには野外で人囮に飛来した成虫に十分吸血させ，飛び立つ寸前に飼育管瓶を被せ1個体ずつ収容する．この飼育管瓶を恒温20〜34℃の条件下で保ち，5％蔗糖水溶液を脱脂綿に浸し餌として与え，卵巣内濾胞の生育まで（4〜5日）半遮光下で個別飼育する．

2）アオキツメトゲブユの場合，飽血後，雌成虫の卵巣小管内の濾胞は，室温下で24時間経過してⅡ期に達し，72〜120時間で完熟（Ⅵ）に至る．

卵巣が成熟した頃を見はからって，これらの個体は産卵用容器に移す．容器は産卵に備えて内側に濾紙を巻き，水約1/5を入れ濾紙を湿潤状態に保つ．これらの容器は試験管立てに納め，ゆっくり横倒しにして恒温20℃で静置する．24時間ごとに産卵の有無を調べる．この方法で飽血個体の34.1％が産卵した．卵は卵塊状で産下されている．個々の卵塊は，14〜466の卵をもっていた．

産下された卵塊はそれを中心にして濾紙を1〜2cm角に切り，水を含んだスポンジ上で20℃の恒温下で胚発育を進行させる．産下当時クリーム色を呈していた卵塊は，約3，4日すると胚発育が進んで黒褐色を帯びてくる．ここで一部の卵を剖検すると，内部に眼点と擬肢を備えた幼虫が認められる．

この時期に卵塊を幼虫飼育容器（容量500ml ビーカーに水を入れたもので，エアストーンでばっ気する）に移す．卵塊は付着面を上にして濾紙をスライドグラスに紙挟みで固定して，卵塊全体が水の飛沫を浴びるように水面まで吊り下げる．このスライドグラスは孵化幼虫のための基物で，これがないと孵化直後の幼虫は濾紙とともに水流に巻き込まれて死亡することが多い．また幼虫の生存を確認する場合にも便利である．上述のビーカーには，このような濾紙を載せたスライドグラスを3枚まで収容できる．

このような状態で数日経つと，額斑中央に卵殻破砕突起をもつ1齢幼虫が一斉に孵化する．孵化直後の幼虫は一群となってスライドグラスの上にとどまるが，齢が進むにつれて容器の内側やエアストーンの空気吹き出し口などにとりつく個体も認められる．なるべく成熟するまで触れないほうが，生存率が高い．孵化直後から蛹化に至るまで4日間隔で飼育水を交換する．飼育水は，水道水を沸騰・冷却し，エアーポンプを用いて酸素の補給を十分行う．餌としては，陰干ししたホウレン草とエビオス錠を粉砕し，200メッシュの篩で通したものを与えた．飼育水の汚染が進まないよう数回に分けて与える．なお，幼虫の飼育水温は18〜21℃であった．
　3）容器中の幼虫に成熟の目印の呼吸原器の黒点の出現が認められた時点で，容器の上部をガーゼで覆い，羽化個体が脱出できないようにするか，または蛹化3〜4日後の蛹を個体ごとにぬれた紙上に移し管瓶内で室温下で飼育する．
　アオキツメトゲブユの場合，孵化後蛹化に至る最短日数は23日，最長日数は34日，平均日数は28.8日で，蛹化した蛹の羽化に至るまでの日数は約7日で，本種の場合，8月下旬以降に蛹化した個体には羽化までの日数が延長することもあった．
　実験室内で吸血交尾（精包の授受）させる方法は，ウマブユなどの種ではTakaoka (1985) が報告している．その方法は試験管内で雌雄を吸血，交尾させ産卵を得るやり方である．しかし，雄が群飛している中へ，雌が誘い込まれて交尾を終える習性をもつ種（アオキツメトゲブユやニッポンヤマブユなどのヒト吸血種）ではまだ成功せず，累代飼育のネックになっている．

IV．分類と検索

ここでは，分類体系も検索表も簡便にこしたことはないと考え，以下のような方針を採用した．
　1．地球上広範囲に分布するブユ科の分類体系は世界的視野に立って構築しなければならないが，検索表は一応隔離された小地区ごとにまとめた方が簡便で使い易い．
　2．種より高次の分類群（属 Genus，族 Tribe，亜科 Subfamily などをできるだけ統合圧縮する．ただし，200種以上を包含するような大属〔例　Crosskey (1969) の分類体系における *Simulium* 属〕は種の検索に不便なので避ける．
　3．系統分類の研究に便利なよう補助単位の亜属名を多用する．しかし，生理生態その他の研究には，属名と種小名からなる従来の二命名法で種を指定しても混同が十分避けられるよう工夫する．
　4．唾腺染色体の解析が進んで姉妹種の記載が増加している．したがって，主観的な判定が混入する危険の多い従来の微細な形態に基づく亜種名の使用はできるだけ避ける．
　5．系統分類の場合も含め，分類の対象とする種より高次の分類群が単系統群 clade であるか，多系統群 grade かの判定について，できるだけ区別するよう努力はするが，あまり神経質にならないようにした．

日本産ブユ（一部の稀少種を除く：表2参照）の種の検索

幼虫

1a　額板の最大幅はその後縁からかなり離れる ················· オオブユ属 *Prosimulium*　2
1b　額板の最大幅はその後縁にある ·· 4
1c　額板の最大幅はその後縁からやや離れる
　　　　　················· ツバメハルブユ *Stegopterna mutata* (Malloch, 1914)
2a　口刷毛がない．大顎端棘は先が鈍い
　　　　　··············· クロオブユ *Prosimulium* (*Twinnia*) *japonense* (Rubtsov, 1960)（図 3-2）

2b 口刷毛があり，頭部腹面の cleft はやや深くアーチ状
　　　　………………………… ムカシオオブユ　*Prosimulium* (*Distosimulium*) *daisetsense*
　　　　　　　　　　　　　　　　　　　　　　　Uemoto, Okazawa et Onishi, 1976（図3-1）
2c 口刷毛があり，頭部腹面の cleft はやや深く，前端は M 字形
　　　　… ナツオオブユ　*Prosimulium* (*Helodon*) *kamui* (Uemoto et Okazawa, 1980)（図2-3A，図3-3）
2d 口刷毛があり，頭部腹面の cleft は浅く，台形または M 字形
　　　　……………………オオブユ亜属　*Prosimulium* (*Prosimulium*)（図2-3B）　3
3a cleft は M 字形，亜下唇基節中央歯は側歯より高い
　　　　………………… キアシオオブユ　*Prosimulium* (*Prosimulium*) *yezoense* Shiraki, 1935
3b cleft は台形，亜下唇基節中央歯はもっとも高い側歯と同高
　　　　………………… カニオオブユ　*Prosimulium* (*Prosimulium*) *kanii* Uemoto, Onishi et Orii, 1973
3c cleft は台形，亜下唇基節中央歯は側歯より高い．大顎内縁に8個以上の歯が密に並ぶ．
　　　阿賀野川・那珂川以北に分布
　　　　………… キタオオブユ　*Prosimulium* (*Prosimulium*) *jezonicum* (Matsumura, 1931)（図3-5）
3d cleft は台形，亜下唇基節中央歯は側歯より高い．大顎内縁に4〜6個の歯が疎らに並ぶ．
　　　新潟県高田平野・相模川以西に分布
　　　　……………… ミヤコオオブユ　*Prosimulium* (*Prosimulium*) *kiotoense* Shiraki, 1935（図3-4）
4a 腹節末端の腹面に1対の互いに接する乳嘴突起がある
　　　　………………… ツノマユブユ属　*Eusimulium*・ムナケブユ亜属　*Simulium* (*Morops*)　5
4b 腹節末端に互いに接する乳嘴突起がない ……………… アシマダラブユ属　*Simulium*　9
5a cleft は深く湾入する．亜下唇基節の後縁から cleft までの距離は cleft の長さよりはるかに
　　　短い …………………………………………………………………………………………… 6
5b cleft は浅い．亜下唇基節の後縁から cleft までの距離は cleft の長さとほぼ同長か，長い
　　　　…………………………………………………………………………………………… 7
6a 触角第2節に褐色の縞目模様がある
　　　　………………… コオノツノマユブユ　*Eusimulium* (*johannseni*-gr.) *konoi* Takahasi, 1950
6b 触角第2節に縞目模様がなく，cleft は幅の広い紡錘形
　　　　………… クジナンヨウブユ　*Eusimulium* (*Gomphostiebia*) *shogakii* Rubtsov, 1962（図3-9）
6c 触角第2節に縞目模様がなく，cleft はアーチ形で先端部だけ細くのびて亜下唇基節後縁
　　　に近づく ……… ヨナクニムナゲブユ　*Eusimulium* (*Morops*) *yonakuniense* (Takaoka, 1972)
7a cleft はその先端から亜下唇基節までの長さの1/5以下の長さで，幅が狭く，ほぼ四角形
　　　　… ミエミヤマブユ　*Eusimulium* (*Montisimulium*) *mie* (Ogata et Sata, 1954)（図2-4B，図3-8）
7b cleft はその先端から亜下唇基節までの距離とほぼ等しい長さで，アーチ形またはほぼ円
　　　形 ……………………………………………………………………………………………… 8
8a cleft の先端は鈍い
　　　　……………… ウチダナガグツブユ　*Eusimulium* (*Cnetha*) *uchidai* Takahasi, 1950（図3-6）
8b cleft の先端は尖っている
　　　　………………… オタルナガグツブユ　*Eusimulium* (*Cnetha*) *subcostatum* Takahasi, 1950
8c cleft は円形
　　　　… ヒロシマリュウコツブユ　*Eusimulium* (*Nevermannia*) *geniculare* Shiraki, 1935（図3-7）
8d cleft は幅広のアーチ形

	················· サツマツノマユブユ　*Eusimulium (Eusimulium) satsumense* (Takaoka, 1976)
9a	乳嘴突起は互いに離れ，側方に突出
	················· ツヤガシラブユ　*Simulium (Boophthora) yonagoense* Okamoto, 1958
9b	乳嘴突起はない ·· 10
10a	亜下唇基節前縁は直線をなし，中央歯と側端歯の間の歯は中央歯とほぼ同大
	················· ウマブユ　*Simulium (Wilhelmia) takahasii* (Robzov, 1962)
10b	亜下唇基節前縁は多少湾曲し，間歯は中央歯や側端歯より微小 ················· 11
11a	各腹節背面に1対の小突起が並ぶ．胸，腹部の表皮に刺毛が生える．額板の斑紋は冬季はネガ形，夏季はポジ形
	················· ゴスジシラキブユ　*Simulium (Simulium) quinquestriatum* (Shiraki, 1935)
11b	上記の小突起と刺毛がない ·· 12
12a	各腹節は濃褐色の横縞か，背側全面青黒色 ······································ 13
12b	各腹節は全面淡黄色 ·· 14
13a	cleft は三角形で先端が尖る．額斑はネガ形
	·········· アシマダラブユ　*Simulium (Simulium) japonicum* Matsumura, 1931（図2-4D）
13b	cleft はアーチ形で先端が尖る
	················· スズキアシマダラブユ　*Simulium (Simulium) suzukii* Rubtsov, 1963
14a	額斑はポジ形 ·· 15
14b	額斑はネガ形 ·· 17
15a	cleft の長さは頭節後縁から亜下唇基節後縁までの長さの1/2以下
	················· ツメトゲブユ　*Simulium (Odagmia) iwatense* (Shiraki, 1935)
15b	cleft の長さは頭節後縁から亜下唇基節後縁までの長さの1/2以上 ············· 16
16a	cleft は亜下唇基節後縁に達するか，わずかに達しない
	················· ダイセンヤマブユ　*Simulium (Gnus) daisense* (Takahasi, 1950)
16b	cleft は亜下唇基節後縁に達せず，円形でその最大幅は長さをわずかに超える
	················· ニッポンヤマブユ　*Simulium (Gnus) nacojapi* Smart, 1944（図3-12）
16c	cleft は亜下唇基節後縁に達せず，円形でその最大幅は長さよりやや短い．額板の後縁と側縁が濃褐色
	········· キアシツメトゲブユ　*Simulium (Odagmia) bidentatum* (Shiraki, 1935)（図3-11）
16d	cleft は亜下唇基節後縁に達せず，円形でその最大幅は長さより短い．額板後縁と側縁が濃く着色することはない
	················· アオキツメトゲブユ　*Simulium (Odagmia) oitanum* Shiraki, 1935
17a	cleft は紡錘形で，先が尖り，頭部後縁から亜下唇基節までの長さの1/2を超える．額斑は斑点部分だけが白く抜ける
	········· オオアシマダラブユ　*Simulium (Simulium) nikkoense* Shiraki, 1935（図3-15）
17b	cleft は紡錘形で先は鈍端に終わることが多い．頭部後縁から亜下唇基節までの長さの1/2を超える．額斑は斑点とその周縁部を含めて白抜きである
	················· ヒメアシマダラブユ種群　*Simulium (Simulium) arakawae*-complex〔p. 17へ〕
	ヒメアシマダラブユ　*Simulium (Simulium) arakawae* Matsumura, 1921（図3-14）

ブユ科　13

蛹

1a 繭は粗く編まれ，不定形
　　　………………………… オオブユ属　Prosimulium・ツバメハルブユ属　Stegopterna …2
1b 繭は緻密に編まれ，定形をもつ
　　　………………………… ツノマユブユ属　Eusimulium・アシマダラブユ属　Simulium …6
2a 呼吸糸は基部で3分岐する ………………………………… オオブユ属　Prosimulium …3
2b 呼吸糸は基部で2分岐する ………………………………… ツバメハルブユ属　Stegopterna
3a 基部で3分岐の幹枝 trunks は太く扁平である．背側の幹枝から8本，腹側の2本の幹枝から各4本の計16本の急に細くなる枝を分ける
　　　………………………… クロオブユ　Prosimulium (Twinnia) japonense（図4-5C）
3b 基部で3分岐の太い幹枝のうち，背側の幹枝は先で再び太く短い枝に分岐する．これらのすべての幹枝から計約100本の急に細くなった枝を分ける
　　　………………………… ナツオオブユ　Prosimulium (Helodon) kamui
3c 基部で2分岐の幹枝は，背側の幹枝から7本，腹側の幹枝から5本，計12本の徐々に細くなってゆく小枝を分ける ………… ツバメハルブユ　Stegopterna mutata（図4-5D）
3d 基部で3分岐の幹枝は短く，わずかに太い．小枝は分岐につれ徐々に細くなる ………4
4a 背側の幹枝は4～5群に分かれ，さらに計11～14本の小枝を，側方の右枝は6～7本の小枝を，腹面の幹側は8本の小枝を分ける
　　　………………………… ムカシオオブユ　Prosimulium (Distosimulium) daisetsense
4b 3分岐の幹枝には計30～45本の小枝を分ける
　　　………………………… キアシオオブユ　Prosimulium (Prosimulium) yezoense
4c 3分岐の幹枝は分岐を繰り返しつつ総計16本の小枝を分ける ………………………5
5a 背側の幹枝から分かれた小枝群と腹側の2幹枝から分かれた小枝群はそれぞれ束になるため，背側と腹側の幹枝間が広く開く
　　　………………………… カニオオブユ　Prosimulium (Prosimulium) kanii（図4-5B）
5b 背側の幹枝と腹側の2幹枝は鈍角に開くため，小枝群は束にならないが，背側と腹側の小枝群間に空隙がある　キタオオブユ　Prosimulium (Prosimulium) jezonicum（図4-3A）
5c 背側の幹枝と腹側の2幹枝は鋭角に開くため，背側と腹側の小枝群間に隙間がない
　　　………………………… ミヤオオブユ　Prosimulium (Prosimulium) kiotoense（図4-5A）
6a 呼吸糸は一部または全部が袋状小枝で構成される ……………………………………7
6b 呼吸糸はすべて細い糸状小枝で構成される ……………………………………………8
7a 呼吸糸の分岐数は8本 ……………… ウマブユ　Simulium (Wilhelmia) takahasii（図4-4A）
7b 呼吸糸の分岐数は16本 ……… ダイセンヤマブユ　Simulium (Gnus) daisense（図4-3H）
8a 呼吸糸の分岐数が4本 …………………………………………………………………9
8b 呼吸糸の分岐数が5～6本 ………………………………………………………………13
8c 呼吸糸の分岐数が8本 ……………………………………………………………………17
8d 呼吸糸の分岐数は10本
　　　………………………… ゴスジシラキブユ　Simulium (Simulium) quinquestriatum（図4-3G，4G）
9a 触角鞘背縁に鋸歯状突起がある … ヨナクニムナケブユ　Simulium (Morops) yonakuniense
9b 触角鞘に鋸歯状突起がない ………………………………………………………………10
10a 2対の呼吸糸のいずれにも柄部が顕著に発達する ………………………………………11

10b	2対の呼吸糸の一方または両方の柄部は未発達 ………………………………………	12
11a	繭の前縁中央に顕著な突起がある …………………………… **ウチダナガグツブユ** *Eusimulium (Cnetha) uchidai*（図4-3C）	
11b	繭の前縁中央に突起がない ……… **オタルナガグツブユ** *Eusimulium (Cnetha) subcostatum*	
12a	呼吸糸の下方の対は上方の対よりも細い …………………………… **サツマツノマユブユ** *Eusimulium (Eusimulium) satsumense*	
12b	2対とも呼吸糸は同じ幅である …**コオノツノマユブユ** *Eusimulium (johannseni-gr.) konoi*	
13a	繭の前側方に窓がある ………………………………………………………………………	14
13b	繭の前側方に窓がない ………………………………………………………………………	15
14a	3対の呼吸糸はもっとも上の対から下方に向かって順次細く，黄白色から白色になる ………………………………… **アシマダラブユ** *Simulium (Simulium) japonicum*	
14b	3対の呼吸糸はすべて同じ太さである． ………………………………… **ニッポンヤマブユ** *Simulium (Gnus) nacojapi*（図4-3D）	
15a	呼吸糸5本の個体はほぼ等しい太さで，下方三叉の呼吸糸の柄部は不明瞭．呼吸糸6本の個体は中間の対の柄部が不明瞭で，最下対は上方の対より細い ……………………… **ツヤガシラブユ** *Simulium (Boophthora) yonagoense*（図4-4I）	
15b	3対の呼吸糸の最下部の対の柄部は他の対よりも顕著に長い ………………………… **ミエミヤマブユ** *Eusimulium (Montisimulium) mie*（図4-4H）	
15c	3対の呼吸糸のうち中の対の柄部がやや短く，3対の呼吸糸は同一垂直面に並んでいない ………… **ヒロシマリュウコツブユ** *Eusimulium (Nevermannia) geniculare*（図4-4D）	
15d	3対の呼吸糸の柄部はほぼ等長 ………………………………………………………………	16
16a	呼吸糸の最上枝と最下枝との開く角度は鋭角をなしている …………………………… **スズキアシマダラブユ** *Simulium (Simulium) suzukii*	
16b	呼吸糸の最上枝と最下枝との開く角度は鈍角をなしている ………………………………… **アオキツメトゲブユ** *Simulium (Simulium) oitanum* **ヒメアシマダラブユ** *Simulium (Simulium) arakawae* Matsumura, 1921	
17a	呼吸糸の最下対は他より長い柄部をもつ ……………………… **クジナンヨウブユ** *Eusimulium (Gomphostilbia) shogakii*（図4-4E）	
17b	呼吸糸の最下対は長い柄部をもたない …………………………………………………	18
18a	繭は靴形で，前縁に縁飾りがある …………………… **キアシツメトゲブユ** *Simulium (Odagmia) bidentatum*（図4-3E, F）	
18b	繭はスリッパ形 ……………………………………………………………………………	19
19a	呼吸糸の全対（4対）はほぼ同一垂直面上に並ぶ ………………………………… **ツメトゲブユ** *Simulium (Odagmia) iwatense*	
19b	呼吸糸の全対（4対）は同一垂直面上に並んでいない ……………………… **オオアシマダラブユ** *Simulium (Simulium) nikkoense*（図4-2）	

成虫（雌）

1a	Rs脈は分岐する …………………………………………… **オオブユ属** *Prosimulium*		2
1b	Rs脈は分岐しない ……………………………………… **ツバメハルブユ属** *Stegopterna* **ツノマユブユ属** *Eusimulium*・**アシマダラブユ属** *Simulium*		8

2a	生殖器板は三角形	3
2b	生殖器板は舌状で後方にのびる	5
3a	生殖叉側端は第9背板と癒合しない	
	………… ムカシオブユ *Prosimulium (Distosimulium) daisetsense*（図6-A）	
3b	生殖叉側端は第9背板と癒合する	4
4a	複眼の側縁に接した後方に単眼の痕跡器管 stemmatic bulla が各1個ある	
	………… クロオブユ *Prosimulium (Twinnia) japonense*（図6-B）	
4b	複眼の側縁に接した後方に単眼の痕跡器管 stemmatic bulla がない	
	………… ナツオブユ *Prosimulium (Helodon) kamui*（図6-C）	
5a	後腿節は末端小部分を除き黄褐色 … キアシオブユ *Prosimulium (Prosimulium) yezoense*	
5b	後腿節は全部黒褐色	6
6a	生殖器板の両側縁は外側にやや突出するように湾曲する	
	………… カニオブユ *Prosimulium (Prosimulium) kanii*	
6b	生殖器板の両側縁は中央部でやや内側にくぼむ	7
7a	小翅室は狭く，幅と長さの比は1：5	
	………… ミヤコオブユ *Prosimulium (Prosimulium) kiotoense*（図6-D）	
7b	小翅室は広く，幅と長さの比は1：3	
	………… キタオブユ *Prosimulium (Prosimulium) jezonicum*	
8a	R脈基部背面に細毛が列生する	9
8b	R脈基部背面は裸出する	18
9a	中胸側膜に細毛が生える	17
9b	中胸側膜は裸出する	10
10a	小翅室は小さいが明瞭に見える	11
10b	小翅室はない	12
11a	触角は11節で，跗括はない ………… ツバメハルブユ *Stegopterna mutata*（図8）	
11b	触角は11節で，跗括がある	
	………… コオノツノマユブユ *Eusimulium (johannseni-*gr.*) konoi*（図1-C2，図7-A）	
11c	触角は10節 ………… クジナンヨウブユ *Eusimulium (Gomphostilbia) shogakii*（図1-C4）	
12a	生殖器板の後縁はほぼ直線状	13
12b	生殖器板の後縁は一部舌状にのびる	14
13a	肢の爪には大きい基歯がある	15
13b	肢の爪には大きい基歯がない … ゴスジシラキブユ *Simulium (Simulium) quinquestriatum*	
14a	生殖器板後縁の舌状部は幅狭く，短い	
	………… ヒロシマリュウコツブユ *Eusimulium (Nevermannia) geniculare*	
14b	生殖器板後縁の舌状部は幅広く，長い	
	………… サツマツノマユブユ *Eusimulium (Eusimulium) satsumense*	
15a	胸背は黒褐色 … ミエミヤマブユ *Eusimulium (Montisimulium) mie*（図1-D2，図7-B）	
15b	胸背は灰黒色	16
16a	小顎髭の感覚器の長さはそれがある節の長さの3/4，その節は球形に近い楕円形	
	………… オタルナガグツブユ *Eusimulium (Cnetha) subcostatum*	
16b	小顎髭の感覚器の長さはそれがある節の長さの2/3，その節は長楕円形	

	················· ウチダナガグツブユ　*Eusimulium (Cnetha) uchidai*（図1-D4）	
17a	下側板に細毛が生える ············ ヨナクニムナケブユ　*Simulium (Morops) yonakuniense*	
17b	下側板は裸出する ·················· ウマブユ　*Simulium (Wilhelmia) takahasii*	
18a	肢の爪には基部寄りに小歯がある ··	19
18b	肢の爪には小歯がない ···	23
19a	中胸側膜に細毛が生える ············ ツメトゲブユ　*Simulium (Odagmia) iwatense*	
19b	中胸側膜は裸出する ···	20
20a	生殖器板内縁は後端が向き合って突出する ·······································	21
20b	生殖器板内縁は後方に向かって相互に遠ざかり，板の後方部はややキチン化し，短毛が疎らか，裸出する ···	22
21a	生殖器板の突出部は先端が尖る ········ アオキツメトゲブユ　*Simulium (Odagmia) oitanum*	
21b	生殖器板の突出部は先端が尖らない ················· キアシツメトゲブユ　*Simulium (Odagmia) bidentatum*	
22a	第7腹板中央に先の分かれた毛の束がある ················· ニッポンヤマブユ　*Simulium (Gnus) nacojapi*	
22b	第7腹板中央は裸出する ············ ダイセンヤマブユ　*Simulium (Gnus) daisense*	
23a	額面は銀白色短毛が疎生する ········ ツヤガシラブユ　*Simulium (Boophthora) yonagoense*	
23b	額面は黄褐色短毛が疎生する ···	24
24a	中胸背板は灰黒色の地に3本の黒縦条をもつ ················· アシマダラブユ　*Simulium (Simulium) japonicum*	
24b	中胸背板は3黒縦条をもたない ···	25
25a	生殖器板は短く，後縁は直線状に横にのびる ················· スズキアシマダラブユ　*Simulium (Simulium) suzukii*	
25b	生殖器板は普通の長さ，後縁は中央近くでやや湾曲する ···························	26
26a	後脛節の基部半分は褐色，残りの半分は黒色 ················· オオアシマダラブユ　*Simulium (Simulium) nikkoense*（図4-1）	
26b	後脛節の基部半分は黄色，残りの半分は黒色 ················· ヒメアシマダラブユ種群　*Simulium (Simulium) arakawae*-complex〔ブユ科 p.17へ〕	

　野外で雄成虫だけを捕集できる機会は稀であるので，雄成虫の検索表は省略した．蛹から雄成虫を得た場合は蛹の検索表を利用されたい．

　この検索表から洩れた稀少種の幼虫・蛹の検索にはこの検索表で属，亜属を同定した後，（川合禎次編，日本産水生昆虫検索図説（1985），東海大学出版会）ブユ科，323-336の各属，亜属の種の検索表を使用していただければ幸いである．前稿では *Eusimulium* を *Simulium* 属の亜属としていたが，前章で述べたように *Simulium* 属は世界で500種以上を含む大属で，日本産と近縁の種が分布する全北区と東洋区の種に限っても200種を超えている．そこで検索の便などを考えて *Eusimulium* を独立属として *Simulium* 属から分離した．

　また一部に種名を変更したものが1種ある．*Eusimulium (Nevermannia) aureohirtum* Brunetti, 1911 ヒロシマツノマユブユと前稿でしていた．この種のタイプはインド産のものである．今度パキスタンからの標本を検査する機会を得て日本産と比較したところ，*aureohirtum* の蛹の呼吸糸の着色が日本産よりも濃く，成虫の陰茎側板や，生殖器板の形も日本産と区別できるので *Eusimulium genicurale* Shiraki, 1935に戻すのが妥当と考え，変更した．

ヒメアシマダラブユ群　*Simulium (Simulium) arakawae* complex について

　上記検索表でヒメアシマダラブユは，種群 species complex として取り扱われている．これは分布地域または河川型によって3種類の多型が存在するためである．最初に原記載されたのは *Simulium arakawae* Matsumura, 1921 である．その後山梨，静岡，山口，愛媛，熊本の標本をもとにして *S. nipponense* Shiraki, 1935 が報告された．緒方ら（1956）は日本各地の標本を検討してアメリカ産の種 *S. venustum* Say, 1823 のシノニムとした．この直前に刊行された406th Medical General Laboraty (1955) のモノグラフではこの種は *S. venustum* ではなく，*S. arakawae* となっていた．上本は1973年，イギリスの自然史博物館に保存されている *venustum* と *austeni* の多くの標本と日本の標本を比較し，日本産の標本はアメリカやヨーロッパ種と異なることが判明した〔日本産ブユ科の種目録（日本衛生動物学会研究班（編），1974）〕．その後，北海道から *S. tobetsense* Ono, 1977 が報告され（Ono, 1977），これが *S. arakawae* のシノニムではないかと問題になった．このように *S. arakawae* の分類がしばしば論議の対象となるのはその産地によって人吸血嗜好性があるものとないものにはっきり差があるためである．この差が種の差によるものか，生態的に多様なグループから構成されるのか，明らかにすることが防除上必要になる．久納らは各地の河川型の異なる発生水域で，幼虫，蛹を採集して比較検討した（上本・加納，1980）．

　その結果，最終的には唾腺染色体解析の結果を待たねばならないが，ヒメアシマダラブユは形態上の小差が認められる3種，ヒメアシマダラブユ *S. arakawae*，ニッポンアシマダラブユ *S. nipponense*，エゾアシマダラブユ *S. tobetsuense* から構成される種群 species-complex と推定された．そしてこれら3種のうち *tobetsuense* は分布が限られ，他の2種は本州，九州に分布するが，発生水域に棲み分けが認められることが判明した．3種の検索表を以下に示す．

ヒメアシマダラブユ群の種の検索
幼虫
（額斑はすべて白抜き．cleft は亜下唇基節後縁から頭部後縁までの距離の1/2）

1a　cleft は円形 ………… エゾヒメアシマダラブユ　*Simulium (Simulium) tobetsuense* Ono, 1977
1b　cleft は桃実形 ………………………………………………………………………… 2
2a　亜下唇基節は低い（亜下唇基節の後縁の幅は広く，後縁の中央から前縁の中央歯までの高さは幅の約2/3）… ヒメアシマダラブユ　*Simulium (Simulium) arakawae* Matsumura, 1921（図3-14）
2b　亜下唇基節は高い（亜下唇基節の後縁の幅は狭く，後縁の中央から前縁の中央歯までの高さは幅とほぼ同長）
　………………………… ニッポンアシマダラブユ　*Simulium (Simulium) nipponese* Shiraki, 1935

成虫（雌）
1a　小顎髭の感覚器はその節の長さの約1/2．生殖叉の柄部基部は顕著に膨らむ
　……………………………………… ニッポンアシマダラブユ　*Simulium (Simulium) nipponese*
1b　小顎髭第3節の感覚器はその節の約1/3 ……………………………………………… 2
2a　生殖叉の柄部の先端は膨らまない　… ヒメアシマダラブユ　*Simulium (Simulium) arakawae*
2b　生殖叉の柄部の先端は膨らむ

.... エゾヒメアシマダラブユ　*Simulium* (*Simulium*) *tobetsuense*

成虫（雄）

1a　陰茎腹板の body の両側はほぼ平行にのびる
　　.. ヒメアシマダラブユ　*Simulium* (*Simulium*) *arakawae*
1b　陰茎腹板の body の両側は外方に膨らむ 2
2a　陰茎腹板の腹面突起は側面から見てほぼ直角に近い角度で突出
　　.. ニッポンアシマダラブユ　*Simulium* (*Simulium*) *nipponese*
2b　陰茎腹板の腹面突起は側面から見て鈍く斜めに突出
　　.. エゾヒメアシマダラブユ　*Simulium* (*Simulium*) *tobetsuense*

　これら3種のうち，ヒメアシマダラブユは瀬と淵の流れの区分のはっきりした峡谷型で，峡谷−平野型などの水域ではキアシツメトゲブユ，アオキツメトゲブユ等とともに出現する．
　一方，エゾヒメアシマダラブユとニッポンアシマダラブユは平地の細流や灌漑用水路のような瀬と淵の区分のない流れの緩い水路にだけ生息する．場所によっては，少数のヒメアシマダラブユが混じって出現することがある．このことはヒメアシマダラブユは他の2種と比べ流速や水温に対して適応幅が広いことを意味する．

参考文献（一部直接引用しないものも含めた）

Andretta, C. & M. A. V. Andretta. 1947. As especies neotropicais da familia Simuliidae Schiner (Diptera, Nematocera. II. *Lutzsimulium cruzi* n. gen. e n. sp. e neva concepcao de nervacao das asas dos Simulideos. Mem. Inst. Oswaldo Cruz., 44: 401-411.

Conn, J., K. H. Rothfels, W. S. Procunier & H. Hrai. 1989. The *Simulium metallicum* species complex (Diptera: Simuliidae) in Latin America: a cytological study. Canadian Journal of Zoology, 67: 1217-1245.

Coscaron, S. & P. Wygodzinsky. 1962. Simuliidae (Diptera, Insecta) de Tierra del Fuego, Patagonia y Islas Juan Fernandes. Acta. Zool. Lilloana, 18: 281-333.

Crosskey, R. W. 1967. The Classification of Simulium Latraille (Diptera: Simuliidae) from Australia, New Guinea, and the Western Pacific. Journal of Natural History, 1: 23-51.

Crosskey, R. W. 1968. A new species of *Prosimulium* Roubaud (Diptera: Simuliidae) from Rhodesia. Journal of Natural History 2: 487-495.

Crosskey, R. W. 1969. A re-classification of the simuliidae of Africa and its islands. Bulletin of British Museum of Natural History, Supplement, 14. 1995.

Crosskey, R. W. 1981. Simuliid Taxonomy − The Contemporary Scene. *In* Blackflies, the Future for Biological Methods in Integrated Control. M. Laird ed. 3/18, 1-399, Academic Press. London, New York, Toronto, Sydney & Francisco.

Davies, D. M., B. V. Peterson, & D. M. Wood. 1962. The black flies (Diptera: Simuliidae) of Ontario. Part I. Adult identification and distribution with description of six new species. Proceeding of Entomological Society of Ontario, 92: 69-154.

Davies, D. M. & H. Gyorkos. 1988. Two new Australian species of Simuliidae (Diptera). Journal of Australian Entomological Society, 27: 105-115.

Davies, L. 1965. The structure of certain atypical Simuliidae in relation to evolution within the family, and the erection of a new genus for the Crozet Island black-fly. Proceedings of Linnean Society, London, 176: 159-180.

Davies, L. 1965. On spermatophores in Simuliidae (Diptera). Proceedings of Royal Entomological Society of

London, (A), 40: 30-34 + 1 plate.
Downes, J. A. & W. W. Wirth. 1981. 28. Ceratopogonidae. Manual of Nearctic Diptera I. 393-421. Research Branch Agriculture Canada, Monograph 27. Canadian Government Publishing Quebec, Canada.
Hennig, W. 1973. Diptera (Zweifliigler). Handbuch der Zoologie, 4 (2), 2/31, 1-337.
Hirai, H., W. S. Procunier, J. Onofre Ochoa, & K. Uemoto. 1994. A cytogenetic analysis of the *Simulium ochraceum* species complex (Diptera: Simuliidae) in America. Canadian Journal of Genom, 37: 36-53.
平嶋義宏・森本　桂・多田内修. 1989. 昆虫分類学. 597pp. 川島書店, 東京.
可児藤吉. 1944. 渓流棲昆虫の生態. 古川晴男（編），昆虫上巻. pp. 171-317. 研究社.
可児藤吉. 1952. 木曽王滝川昆虫誌. 渓流昆虫の生態的研究. 木曽教育会, 215pp. 木曽福島.
久納　巖. 1980. 河川内に設置したミラートラップに飛来するブユ相. 衛生動物, 31: 127.
久納　巖. 1985. オオイタツメトゲブユの卵巣発育過程と産卵について. 衛生動物, 36: 153.
Larsson, S. G. 1978. Baltic Amber - A plaeobiological study. Entomonograph. 1: 1-192.
Mackrras, I. M. & M. J. Mackerras. 1948. Revisional note on Australasian Simuliidae (Diptera). Proceedings of Linnean Society, New South Wales, 77: 104-113.
日本衛生動物学会研究班（編）. 1974. 日本産ブユ科の種目録. 衛生動物, 25: 191-193.
緒方一喜・佐々　学・鈴木　猛. 1956. 衛生害虫叢書. v. ブユとその駆除. 1-162. D. D. T協会, 東京.
岡本　詢. 1958. 山陰地方に於ける蚋の生態と室内飼育に関する研究. 米子医誌, 9: 593-608.
Ono. H. 1977. Description of *Simulium tobetsensis* n. sp. from Japan (Diptera: Simuliidae). Japanese Journal of Sanitary Zoology, 28: 263-271.
Oliver, D. R. 1981. 29. Chironomidae. Manual of Nearctic Diptera I. 423-458. Research Branch Agriculture Canada, Canadian Government Publishing Center.
折井　健・北村　茂・上本騨一・石野卯吉・熊沢誠義. 1964. 京都市北郊におけるブユの研究　V. ブユ幼虫・蛹の分布と季節的消長. 衛生害虫, 8: 36-52.
Peterson, B. V. 1962. *Cnephia abdita*, a new black fly (Diptera: Simuliidae) from eastern North America. Canadian Entomologist, 94: 96-102.
Peterson, B. V. 1970. The *Prosimulium* of Canada and Alaska (Diptera: Simuliidae), Memoir of Entomological Society of Canada, 69: 1-216.
Peterson, B. V. 1977. A synopsis of the genus *Parasimulium* Malloch (Diptera: Simuliidae), with descriptions of one new subgenus and two new species. Proceeding of Entomological Society of Washington, 79: 96-106.
Peterson, B. V. 1981. 27. Simuliidae. Manual of Nearctic Diptera 1. 355-391. Research Branch, Agriculture Canada, Canadian Government Publishing Center.
Pielou, E. C. 1979. Biogeography. John Willy & Sons. Inc. New York, Chichester, Brisbane, Toronto. 351pp.
Pomerantzev, B. I. 1932. Beitrage zur Morphologie und Anatomie der Genitalien von Culicoides (Diptera, Nematocera). Magazine Parasitology, Leningrad, 3: 183-214.
Rothfels, K. H. 1979. Cytotaxonomy of black flies (Simuliidae). Annual Review of Entomology, 24: 507-539.
Rubzov, I. A. 1936. Ein neus Simuliiden Art. (*Simulium oligocenicum* sp. n) aus dem Bernstein. Comptes Rendus (Doklady) de l'Academie des Sciences de l'URSS, 8: 353-355.
Rubtzov, I. A. 1956. Insecta Diptera. Blackflies (Fam. Simuliidae) (in Russian). Fauna USSR, 6: 1-860. Zoologische Institute, Academic Sciences of USSR.
Rubtzov, I. A. 1959-1964. Simuliidae (Melusinidae). *In* E. Lindner (ed.), Die Fliegen der palaearktishen Region. Stuttgart. 14: 1-689.
Rubtzov, P. A. 1974. Evolution, Phylogeny and classification of the family Simuliidae (Diptera). Trudy Zoologicheskogo Instituta Akademia Nauk SS.
Saether, O. A. 1977. Female genitalia in Chironomidae and other Nematocera: phylogeny, keys. Bulletin of Fishery Research Board of Canada, 197: 1-209.
Shewell, G. E. 1958. Classification and distribution of arctic and subarctic Simuliidae. Proceedings of 10th International Congress on Entomology, Montreal, 1: 635-643.

Shiraki. T. 1935. Simuliidae of the Japanese Empire. Memoirs of Faculty of Science and Agriculture of Taihoku Imperial University, Formosa, 16: 1-90.

代田昭彦．1969．アカムシの研究．pp. 148．恒星社厚生閣，東京．

Stone, A. 1949. A new genus of Simuliidae from Alaska. Proceedings of Entomological Society of Washington, 51: 260-267.

Stone, A. 1952. The Simuliidae of Alaska (Diptera). Proceeding of Entomological Society of Washington, 54: 69-96.

Stone, A. 1963. An annotated list of genus-group names in the family Simuliidae (Diptera). U. S. Department Agriculture, Technical Bulletin, 1284.

Stone, A. 1964. Guide to the insects of Connecticut. VI. The Diptera or true flies of Conneeticut. 9th Fascicl. Family Simuliidae. Bulletin of Conneeticut State Geology and Natural History Survey, 97. 1-117.

Stone, A. 1965. Family Simuliidae. In A. Stone et al. (eds.), A Catalog of the Diptera of America North of Mexico. U. S. Department of Agriculture Handbook. 276. 1696pp.

Stone, A. & H. A. Jamnback 1995. The black flies of New York State (Diptera: Simuliidae). Bulletin of New York States Museum, 349: 1-44.

Stone, A. & E. L. Snoddy 1969. The black flies of Alabama. Bulletin of Alabama Agricultural Experimatal Station, Auburn University, 390:1-93.

Simpson, G. G. 1961. Principles of Animal Taxonomy.（白井謙一訳，動物分類学の基礎　1994年　岩波書店，東京）

Takaoka. H. 1985. Observations on the mating, blood feeding and oviposition of *Simulium takahasii* (Rubtsov) (Simuliidae, Diptera) in the laboratory. Japanese Journal of Sanitary Ecology, 36: 211-217.

上本騏一・久納　巌．1980．日本産ヒメアシマダラブユの再検討（1986）：衛生動物，37: 292.

上本騏一．1985．ブユ科．川合禎次（編），日本産水生昆虫検索図説，pp. 323-336．東海大学出版会，東京．

上本騏一・和田義人（編）．1989．病気の生物地理学．183 pp．東海大学出版会，東京．

Vajime, C. G. & R. W. Dunbar. 1975. Chromosomal identification of eight species of the subgenus *Edwardsellum* near and including *Simulium* (*Edwardsellum*) *damnosum* Theobald (Diptera: Simuliidae). Tropenmed. Parasit., 26: 111-138.

Wood, D. M. 1962. Part 1. Systematics,. Proceedings of 3rd conference on black flies. moderateor: A. Stone. Ontario Department of Land and Forest. Algonquin Park. pp.24-28.

Wood, D. M. 1978. Taxonomy of the Nearctic species of *Twinnia* and *Gymnopais* (Diptera: Simuliidae) and a discussion of the ancestry of the Simuliidae. Canadian Entomologist, 110: 1297-1337.

Wygodzinsky, P. & S. Coscaron. 1973. A review of the Mesoamerican and South American black flies of the tribe Prosimuliini (Simuliinae, Simuliidae). Bulletin of American Museum Natural History, 151: 131-199.

406 Medical General Laboratory, 1955. The Black Flies of Japan and Korea. 23pp. Fig. 35.

ブユ科 21

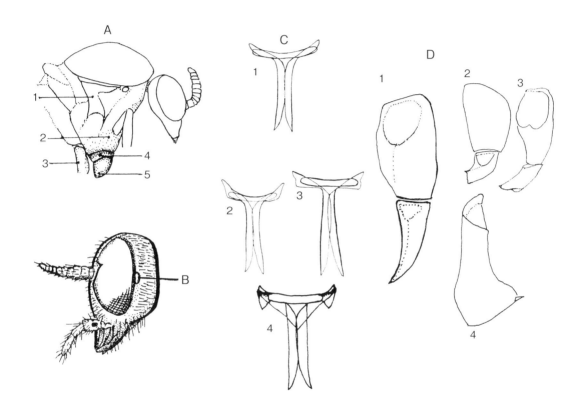

図1 オオブユ族 Prosimuliini とアシマダラブユ族 Simuliini を区別する成虫の形質
A：成虫中胸側面図．1：中胸側板；2：中前側板；3：中肢基節；4：中前側板溝；5：下前側板　B：成虫頭部側面；側単眼　C：成虫叉状腹板．1：オオブユ族 Stegopterna (Hellichiella) sp.；2：アシマダラブユ族ヤマブユ属　コオノツノマユブユ Eusimulium konoi；3：同，Eusimulium (Stilboplax) speculiventre；4：同，クジナンヨウブユ Eusimulium (Gomphostiebia) shogakii　D：雄成虫把握器端節（style of clasper）．1：オオブユ族 Stegopterna (Hellichiella) sp.；2：アシマダラブユ族，ミエヤマブユ Eusimulium (Montisimulium) mie；3：同，Eusimulium sakhalium；4：同，ウチダナガグツブユ Eusimulium (Cnetha) uchidai

1299

22 双翅目

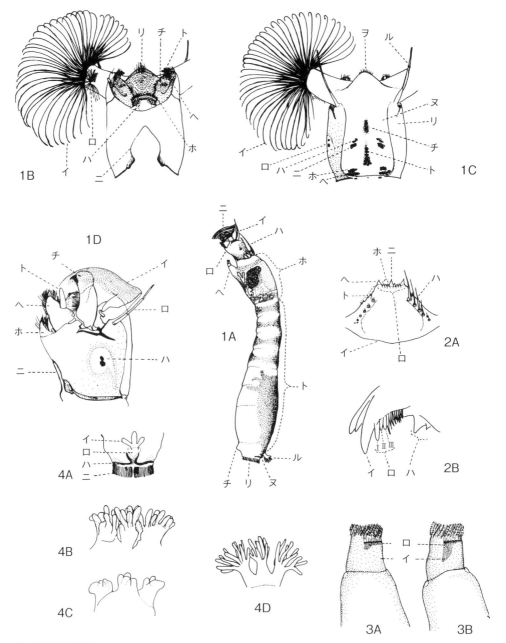

図2 蛹の胸部と呼吸角

1A：ブユ幼虫．イ：頭部；ロ：頭蓋板；ハ：額板；ニ：口刷毛；ホ：胸部；ヘ：前脚；ト：腹部；チ：乳嘴突起；リ：後吸盤；ヌ：尾板；ル：尾鰓　1B：幼虫頭部腹面．イ：口刷毛；ロ：亜口刷毛；ハ：亜下唇基節；ニ：クレフト；ホ：亜咽喉板；ヘ：小顎鬚；ト：大顎；チ：小顎；リ：上唇　1C：幼虫頭部背面．イ：肋；ロ：眼点；ハ：b斑；ニ：c斑；ホ：e斑；ヘ：f斑；ト：d斑；チ：a斑；リ：頭蓋板；ヌ：額板；ル：触角；ヲ：上唇　1D：幼虫頭部側面．イ：口刷毛；ロ：触角；ハ：眼点；ニ：クレフト；ホ：亜下唇基節；ヘ：小顎；ト：小顎鬚；チ：大顎　2A：亜下唇基節腹面．イ：後縁；ロ：前縁歯；ハ：側縁毛；ニ：中央歯；ホ：間歯；ヘ：側歯；ト：側縁歯　2B：大顎先端部．イ：先端歯；ロ：亜先端歯；ハ：内縁歯　3A：オオブユ属ナツオオブユ亜属 Prosimulium (Helodon) の前脚．イ：末端節；ロ：側板　3B：オオブユ亜属 Prosimulium (Prosimulium) の前脚　4A：腹部末端節背面．イ：尾鰓；ロ：肛門；ハ：尾板；ニ：後吸盤　4B：ミエヤマブユ Eusimulium (Montisimulium) mie の尾鰓　4C：モリソノツノマユブユ Eusimulium (Nevermannia) morisonoi の尾鰓　4D：アシマダラブユ Simulium (Simulium) japonicum の尾鰓

1300

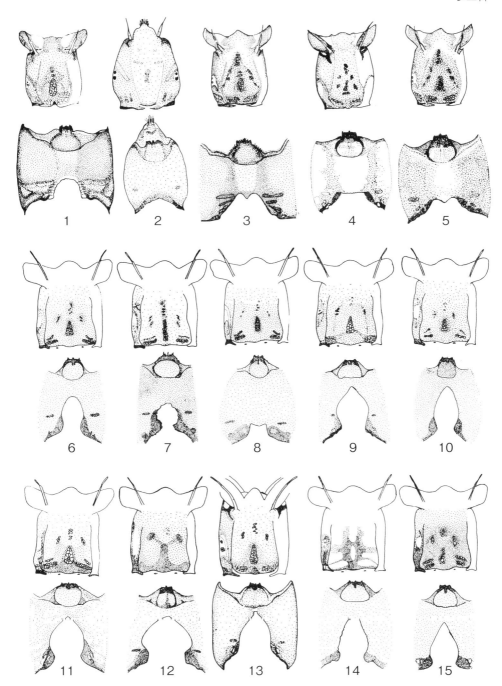

図3 各種幼虫の額斑紋とクレフト
1：ムカシオオブユ Prosimulium (Distosimulium) daisetsense　2：クロオオブユ Prosimulium (Twinnia) japonense　3：ナツオオブユ Prosimulium (Helodon) kamui　4：ミヤコオオブユ Prosimulium (Prosimulium) kiotoense　5：キタオオブユ Prosimulium (Prosimulium) jezonicum　6：ウチダナガグツブユ Eusimulium (Cnetha) uchidai　7：ヒロシマリュウコツブユ Eusimulium (Nevermannia) geniculare　8：ミエヤマブユ Eusimulium (Montisimulium) mie　9：クジナンヨウブユ Eusimulium (Gomphostiebia) shogakii　10：オガタナンヨウブユ Eusimulium (Gomphostiebia) ogatai　11：キアシツメトゲブユ Simulium (Odagmia) bidentatum　12：ニッポンヤマブユ Simulium (Gnus) nacojapi　13：キソヤマブユ Simulium (Gnus) kisoense　14：ヒメアシマダラブユ Simulium (Simulium) arakawae　15：オオアシマダラブユ Simulium (Simulium) nikkoense

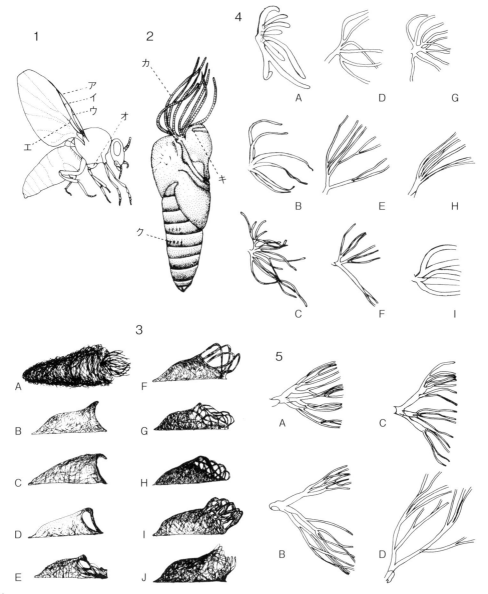

図4
1：ブユ成虫　2：ブユ蛹（オオアシマダラブユ Simulium (Simulium) nikkoense）　3：ブユの繭の側面，A：キタオオブユ Prosimulium (Prosimulium) jezonicum；B：アカクラアシマダラブユ Simulium (Simulium) rufibasis；C：ウチダナガグツブユ Eusimulium (Cnetha) uchidai；D：ニッポンヤマブユ Simulium (Gnus) nacojapi；E，F：キアシツメトゲブユ Simulium (Odagmia) bidentatum；G：ゴスジシラキブユ Simulium (Simulium) quinquestriatum；H：ダイセンヤマブユ Simulium (Gnus) daisense；I：キソヤマブユ Simulium (Gnus) kisoense；J：カワムラアシマダラブユ Simulium (Simulium) kawamurae　4：アシマダラブユ属，ヤマブユ属の呼吸糸，A：ウマブユ Simulium (Wilhelmia) takahasii；B：カワムラアシマダラブユ Simulium (Simulium) kawamurae；C：バトエナンヨウブユ Simulium (Gnus) batoense；D：ヒロシマリュウコツブユ Eusimulium (Nevermannia) geniculare；E：クジナンヨウブユ Eusimulium (Gomphostiebia) shogakii；F：バトエナンヨウブユ Simulium (Gomphostilbia) batoense；G：ゴスジシラキブユ Simulium (Simulium) quinquestriatum；H：ミエヤマブユ Eusimulium (Montisimulium) mie；I：ツヤガシラブユ Simulium (Boophthora) yonagoense　5：オオブユ属，ツバメハルブユ属の呼吸糸，A：ミヤコオオブユ Prosimulium (Prosimulium) kiotoense；B：カニオオブユ Prosimulium (Prosimulium) kanii；C：クロオオブユ Prosimulium (Twinnia) japonense；D：ツバメハルブユ Stegopterna mutata

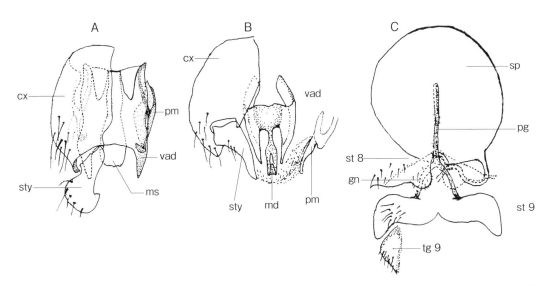

図5 ブユ科の2亜科, ムカシブユ亜科 Parasimuliinae とブユ亜科 Simuliinae の生殖器に見られる原始的構造
A：*Parasimulium* 雄成虫　B：*Prosimulium (Distosimulium)* 雄成虫　C：*Prosimulium (Distosimulium)* 雌成虫
cx：coxa　sty：style of clasper 把握器端節　ms：中央　md　pm：パラメア（陰茎側片）　vad：陰茎腹板
sp：受精嚢　pg：生殖叉柄部　gn：生殖器板　st8：8節腹板　st9：9節腹板　tg9：9節背板

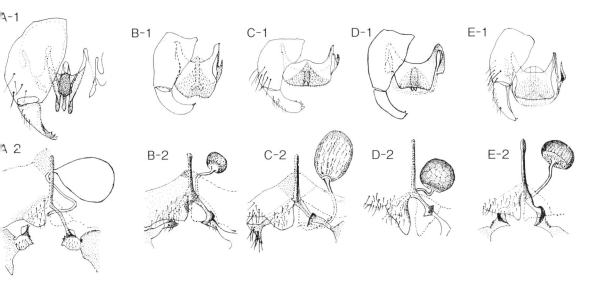

図6 オオブユ属 *Prosimulium* の雌雄生殖器（1：雄　2：雌）
A：ムカシオオブユ *Prosimulium (Distosimulium) daisetsense*　B：クロオオブユ *Prosimulium (Twinnia) japonense*
C：ナツオオブユ *Prosimulium (Helodon) kamui*　D：ミヤコオオブユ *Prosimulium (Prosimulium) kiotoense* の雌雄生殖
器　E：キタクロオオブユ *Prosimulium (Twinnia) cannibora*

26　双翅目

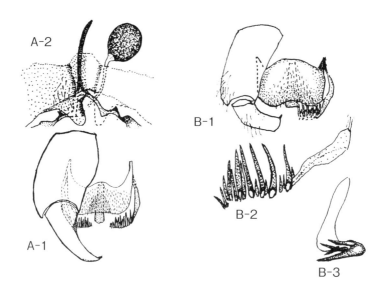

図7　ツノマユブユ属の雌雄生殖器
A：コオノツノマユブユ *Eusimulium konoi*（1：雄　2：雌）　B：ミエヤマブユ *Eusimulium (Montisimulium) mie* の雄生殖器（1：全形　2：パラメア　3：把握器末端節）

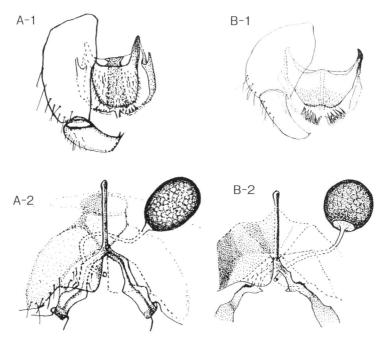

図8　ツバルハルブユ属の雌雄生殖器（1：雄　2：雌）
A：*Stegopterna (Stegopterna)* sp.　B：*Stegopterna (Hellichiella)* sp.

表2 日本産ブユ科一覧（収載種を中心にして，一部の稀少種は除く）

和名	属	亜属	種	命名者	命名年	シノニムなど
ツバメハルブユ	*Stegopterna*		*mutata*	(Malloch)	1914	
クロオオブユ	*Prosimulium*	*Twinnia*	*japonense*	Uemoto, Okazawa et Onishi	1976	
キタクロオオブユ	*Prosimulium*	*Twinnia*	*cannibora*	Ono	1977	
ムカシオオブユ	*Prosimulium*	*Distosimulium*	*daisetsense*	Uemoto, Okazawa et Onishi	1976	
ナツオオブユ	*Prosimulium*	*Helodon*	*kamui*	(Uemoto et Okazawa)	1980	
キアシオオブユ	*Prosimulium*	*Prosimulium*	*yezoensis*	Shiraki	1935	
カニオオブユ	*Prosimulium*	*Prosimulium*	*kanii*	Uemoto, Onishi et Orii	1973	
キタオオブユ	*Prosimulium*	*Prosimulium*	*jezonicum*	(Matsumura)	1931	キアシオオブユ *yezoense*
ミヤコオオブユ	*Prosimulium*	*Prosimulium*	*kiotoense*	Shiraki	1935	
コオノツノマユブユ	*Eusimulium*	*johannseni*-gr.	*konoi*	Takahasi	1950	
クジナンヨウブユ	*Eusimulium*	*Gomphostiebia*	*shogakii*	Rubtsov	1962	
ヨナクニムナゲブユ	*Eusimulium*	*Morops*	*yonakuniense*	(Takaoka)	1972	
ミエヤマブユ	*Eusimulium*	*Montisimulium*	*mie*	(Ogata et Sasa)	1954	
ウチダナガグツブユ	*Eusimulium*	*Cnetha*	*uchidai*	Takahasi	1950	
ホタルナガグツブユ	*Eusimulium*	*Cnetha*	*subcostatum*	Takahasi	1950	
ヒロシマリュウコツブユ	*Eusimulium*	*Nevermannia*	*geniculare*	Shiraki	1935	
サツマツノマユブユ	*Eusimulium*	*Eusimulium*	*satsumense*	(Takaoka)	1976	
ツヤガシラブユ	*Simulium*	*Boophthora*	*yonagoense*	Okamoto	1958	
ウマブユ	*Simulium*	*Wilhelmia*	*takahasii*	(Robzov)	1962	
ゴスジシラキブユ	*Simulium*	*Simulium*	*quinquestriatum*	(Shiraki)	1935	
アシマダラブユ	*Simulium*	*Simulium*	*japonicum*	Matsumura	1931	
スズキアシマダラブユ	*Simulium*	*Simulium*	*suzukii*	Rubtsov	1963	
ツメトゲブユ	*Simulium*	*Odagmia*	*Iwatense*	(Shiraki)	1935	
ダイセンヤマブユ	*Simulium*	*Gnus*	*daisense*	(Takahasi)	1950	
ニッポンヤマブユ	*Simulium*	*Gnus*	*nacojapi*	Smart	1944	
キソヤマブユ	*Simulium*	*Gnus*	*kisoense*	Uemoto, Onishi et Orii	1974	
キアシツメトゲブユ	*Simulium*	*Odagmia*	*bidentatum*	(Shiraki)	1935	
アオキツメトゲブユ	*Simulium*	*Odagmia*	*oitanum*	(Shiraki)	1935	
オオアシマダラブユ	*Simulium*	*Simulium*	*nikkoense*	Shiraki	1935	
ヒメアシマダラブユ群	*Simulium*	*Simulium*	*arakawae*-complex			
アオキツメトゲブユ	*Simulium*	*Simulium*	*arakawae*	Matsumura	1921	
エゾヒメアシマダラブユ	*Simulium*	*Simulium*	*tobetsuense*	Ono	1977	
ニッポンアシマダラブユ	*Simulium*	*Simulium*	*nipponense*	Shiraki	1935	
アカクラアシマダラブユ	*Simulium*	*Simulium*	*rufibasis*	Brunetti	1911	
カワムラアシマダラブユ	*Simulium*	*Simulium*	*kawamurae*	Matsumura	1921	
アオモリヤマブユ	*Simulium*	*Gnus*	*malyshevi*	Dorogostajsky, Rubzov et Vlasenko	1935	
バトエナンヨウブユ	*Simulium*	*Gnus*	*batoense*		1934	

（表の文責：谷田一三）

ユスリカ科　Chironomidae

新妻廣美

概説

　ユスリカは世界で数千種（Ferrington, 2008），日本では1000種以上（山本・山本，2014）が報告され，双翅目のなかでもひときわ大きなグループを形成する．それは普通11亜科に分けられ，日本からはAphroteniinae, Buchonomyiinae, Chilenomyiinae, Usambaromyiinae を除く7亜科が記録されている．ここではその7亜科，モンユスリカ亜科 Tanypodinae，ケブカユスリカ亜科 Podonominae，イソユスリカ亜科 Telmatogetoninae，オオヤマユスリカ亜科 Prodiamesinae，ヤマユスリカ亜科 Diamesinae，エリユスリカ亜科 Orthocladiinae，ユスリカ亜科 Chironominae について解説する．

　幼虫は動物の糞や腐植からも知られるが，多くは水生である．河川や湖沼，そして一部は海水に適応し，海の沿岸部でもみつかる．それらの棲みかは泥の中ばかりではない．河川ではクチキエリユスリカ *Orthocladius* (*Symposiocladius*) *lignicola* Kieffer, 1914やコモリユスリカ *Neobrillia longistyla* Kawai, 1991が朽木に穴を掘り，エラノリユスリカの仲間 *Epoicocladius* sp. やヤドリユスリカ *Symbiocladius rhithrogenae* (Zavřel, 1924) がカゲロウ Ephemeroptera の背に乗って生活している．また，海辺の岩場ではシオダマリユスリカ *Dicrotendipes enteromorphae* (Tokunaga, 1936) がかなり高い水温（夏期には40℃以上）と塩分濃度に耐えて生きている．ユスリカはさまざまな場所を棲みかとし，その生活も実に多様である．

　卵は，ヤマトイソユスリカ *Telmatogeton japonicus* Tokunaga, 1933やアキズキユスリカ *Stictochironomus akizukii* (Tokunaga, 1940) のように，1個か2個ずつ，ばらばらに産み落とされるものもあるが，数十から数百個，時には1000個以上の塊として産み付けられるのが普通である．オオヤマユスリカ亜科，ヤマユスリカ亜科，エリユスリカ亜科の卵塊は一般に紐状となり，卵はゼラチン質の管の中で1列か2列に並ぶ．またモンユスリカ亜科やユスリカ亜科の卵塊には球形や円筒形のものが多い．特にゼラチン質の覆いの中でモンユスリカ亜科の卵は放射状に，ユスリカ亜科の卵は螺旋状に並ぶことが多い．

　ユスリカの卵は硬く透明な卵殻（chorion）に包まれる．それは一方の側で中高，他方の側でいくぶん平坦か中窪の長楕円形である．卵の前端には精子の入る卵門 (micropyle) がある．胚発生はこのような卵の中で進む．発生のかなり早い時期に，分裂した核の1つが卵の後端に移動する．これは将来生殖細胞をつくる極細胞 (pole cell) である．極細胞と同様に卵黄中の核も何度か分裂を繰り返した後に，卵表層部へ移動する．このようにしてユスリカ亜科では胚盤葉（blastoderm）が完成すると，中高側の全域と平坦側の後方部は胚域（embryonic area）となり，細胞が増えて肥厚する．やがて，卵は殻の中でその長軸を中心に180°回転し（blastokinesis），卵黄の周りに長い胚帯（germ band）をつくる．この時，胚帯の前端と後端は卵殻の中高側に位置する．同じような胚の回転は体節が形成される頃も起こる．それで，胚が縦方向に収縮すると，その腹面は卵殻の中高側に，背面は平坦側に位置する．孵化が近づくと，卵殻内に完成した幼虫は体をくねらせ，その腹部を螺旋状に巻き始める．他方，モンユスリカ亜科では卵の平坦側全域と中高側後方部が胚域となる．ここでは胚帯形成期の回転運動はみられず，代わりに卵の前方1/3で一時的に皺ができる．これは双翅目に広くみられる頭褶（cephalic furrow）である．体節がつくられる頃，ユスリカ亜科と同様に，この亜科の胚も180°回転し，その腹面を卵殻の中高側に，背面を平坦側に置く．しかし，孵化が近づいても，幼虫はその腹部を螺旋状に巻くことはない．このようにユスリカ亜科とモンユスリ

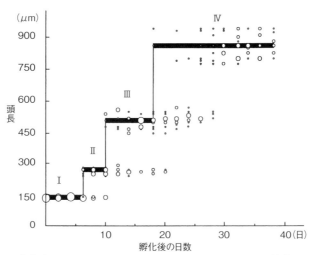

図1　発生にともなって変化するナミドロユスリカ Glyptotendipes glaucus 幼虫の頭長
1卵塊から生じた幼虫を孵化直後から最初の1個体が蛹化するまで，1日おきに毎回約20個体を無作為に取り出し，頭長を測定した（飼育温度22℃）．Ⅰ～Ⅳ，齢期

カ亜科の胚発生は大きく異なる（矢島，1996）．オオヤマユスリカ亜科，ヤマユスリカ亜科，エリユスリカ亜科はユスリカ亜科型の胚発生をする．Ashe & Murray（1983）は，欧州産 Buchonomyia thienemanni Fittkau, 1955の胚発生を観察した．その記録は断片的で，胚の回転運動に触れてはいないが，幼虫は孵化直前に腹部を螺旋状に巻くという．恐らく，Buchonomyiinae の胚発生もユスリカ亜科型であろう．それでは，イソユスリカ亜科やケブカユスリカ亜科はどうであろうか．興味深いところである．

幼虫は孵化すると，しばらく卵塊にとどまるが，やがて泳ぎ出す．幼虫の期間はこの昆虫の生活史を通して最も長い．それは水温や個体密度などによってかなり異なり，室温（20～25℃）で飼育したチカニセヒゲユスリカ Paratanytarsus grimmii (Schneider, 1885) では6～10日，アカムシユスリカ Propsilocerus akamusi (Tokunaga, 1938) では11～15ケ月程度である．この間にそれらは4回の脱皮をして，蛹となる．海外のモンユスリカ亜科では5齢の報告（Styczynski & Rakusa-Suszczewski, 1963）もあるが，わが国のユスリカでは知られる限りすべて，4齢が終齢である（図1）．モンユスリカ亜科やケブカユスリカ亜科の幼虫は泥土や苔の中を徘徊して，自由生活をする．しかし，イソユスリカ亜科やユスリカ亜科では巣管をつくって，生活するものが多い．

蛹の期間は幼虫に比べてはるかに短く，数時間から数日である．モンユスリカ亜科やケブカユスリカ亜科では蛹も自由生活し，水中を活発に泳ぐ．他方，エリユスリカ亜科やユスリカ亜科などで蛹は巣管中や水底にとどまり，羽化が近づくと，水面に向かって泳ぎ出す．そして，瞬時にして羽化が起こり，ユスリカは陸上の生活を始める．また，海生種には潮汐と関連して羽化するものもいる．特にウミユスリカ属 Clunio の周期的な羽化はよく知られている（Oka & Hashimoto, 1959；Hashimoto, 1965）．

今日ユスリカは，河川や湖沼の指標生物として，有用と考えられている．しかし，わが国では幼虫の研究が遅れ，最近の環境調査でもユスリカは無視されることがある．それで，ここでは種までの同定も可能なように，できる限り成虫や蛹も図示した．また，構造を理解する助けに，一般的なユスリカの全体図や部分図も示した（図2～12）．そこでは便宜上，Sæther（1980）に一致させた略号を使ってある．構造のさらなる理解のために，そちらも参照して欲しい．

ユスリカの正確な同定には，アルカリ処理をした顕微鏡標本が必要である．成虫の交尾器や幼

虫の頭部は，数時間10%のKOH水溶液で筋肉を溶かすと，細部の観察が容易となる．また，長期にわたる標本の保存方法は古来多くの研究者が苦心してきたところである．これらに関しては森谷 (1990)を参照して欲しい．

ユスリカ科の亜科の検索

成虫

1a 翅脈MCuがある（図3-1～5） 2
1b 翅脈MCuはない（図3-6～12） 5
2a 翅脈R_{2+3}はない．R_1とR_{4+5}は十分に離れる（図3-1）
　　　　　　　　　　　　　　　　　　　　　　ケブカユスリカ亜科　Podonominae
2b 翅脈R_{2+3}がある．R_1とR_{4+5}が接近している時にはR_{2+3}を欠く（図3-2～5） 3
3a R_{2+3}は先端でR_2とR_3に分かれる．R_1とR_{4+5}が接近している時にはR_{2+3}の一部またはすべてが消失（図3-2, 3）（ヒラアシユスリカ属 Clinotanypus のR_2はR_3から離れる（図26-1））
　　　　　　　　　　　　　　　　　　　　　　　モンユスリカ亜科　Tanypodinae
3b R_{2+3}は単純．R_1とR_{4+5}は十分に離れる（図3-4, 5） 4
4a MCuはFCuよりも翅の基部に近い（図3-4）．個眼の間に毛はない
　　　　　　　　　　　　　　　　　　　　　オオヤマユスリカ亜科　Prodiamesinae
4b MCuはFCuよりも翅の先端に近い（図3-5）．普通，個眼の間に毛がある（ヒラアシタニユスリカ Boreoheptagyia brevitarsis はMCuがFCuよりも翅の基部に近く個眼間の毛も欠くが，R_{2+3}は不完全である（図48-2, 3）） .... ヤマユスリカ亜科　Diamesinae
5a 後楯板に中央条線はない．R_{2+3}を欠く（図3-6）
　　　　　　　　　　　　　　　　　　　　　　イソユスリカ亜科　Telmatogetoninae
5b 後楯板に中央条線がある．普通，R_{2+3}がある．R_1とR_{4+5}が接近している時にはR_{2+3}を欠く（図3-7～12） 6
6a 前肢の第1跗節は脛節よりも短い．雄交尾器の把握器は内側に折れ曲がる（図2-3）
　　　　　　　　　　　　　　　　　　　　　　　エリユスリカ亜科　Orthocladiinae
6b 前肢の第1跗節は脛節よりも長い（図2-1）．一般に，雄交尾器の把握器はその基部で底節に固定され，折れ曲がることはない（図2-4）（アシマダラユスリカ属 Stictochironomus は把握器を内側に曲げることができる） .... ユスリカ亜科　Chironominae

終齢幼虫

1a 触角は頭殻内に引き込まれる（図6-1, 7-1）．下唇前基節には先端に4～8本の歯をもつ大きな舌板がある（図11, 12-1） .... モンユスリカ亜科　Tanypodinae
1b 触角は頭殻内に引き込まれない（図6-2, 8-1）．下唇前基節に前述のような舌板はない（図8-2, 12-2～6） 2
2a 副顎はない（図12-2） .... ケブカユスリカ亜科　Podonominae
2b 副顎がある（図8-4, 12-3～6） 3
3a 下唇側板に放射状の条痕がある（図8-2）．下唇側板はよく発達する（潜孔性のハムグリユスリカ属 Stenochironomus は下唇側板が退化的） .... ユスリカ亜科　Chironominae
3b 下唇側板に放射状の条痕はない．下唇側板を欠くこともある（図12-3～6） 4

4 双翅目

4a 触角の第3節に螺旋状の条痕がある（図12-3, 48-11）（オナガヤマユスリカ属 *Protanypus* は触角の螺旋状条痕を欠き，頭殻に夥しい毛を生ずる）
　　　　　　　　　　　　　　　　　　　　　　　　　　　　　　　　　　　　　ヤマユスリカ亜科 Diamesinae
4b 触角の第3節に螺旋状の条痕はない（図12-4〜6） …………………………………………………………………… **5**
5a 下唇側板はよく発達し，内側に毛がある．触角は4節（図12-4）
　　　　　　　　　　　　　　　　　　　　　　　　　　　　　　　　　　　　　オオヤマユスリカ亜科 Prodiamesinae

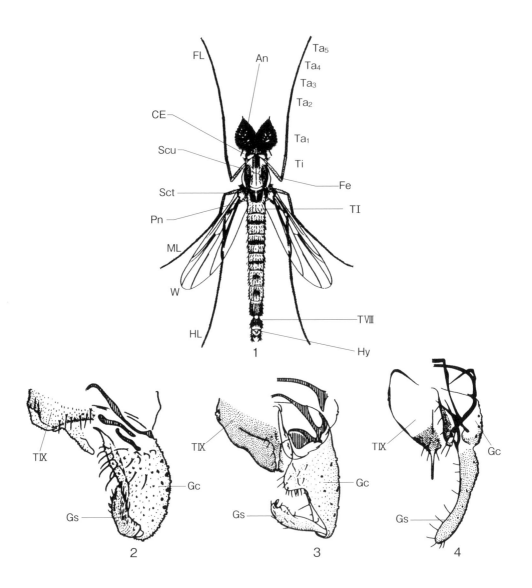

図2　ユスリカ科　雄成虫と交尾器の型
1：全形　2〜4：交尾器　1：セスジユスリカ *Chironomus (Chironomus) yoshimatsui*（ユスリカ亜科）　2：ボカシヌマユスリカ *Macropelopia (Macropelopia) paranebulosa*（モンユスリカ亜科）　3：ミダレニセナガレツヤユスリカ *Paracricotopus irregularis*（エリユスリカ亜科）　4：ユミガタニセコブナシユスリカ *Parachironomus arcuatus*（ユスリカ亜科）
An：触角　CE：複眼　Fe：腿節　FL：前肢　Gc：底節　Gs：把握器　HL：後肢　Hy：交尾器　ML：中肢　Pn：後楯板　Sct：小楯板　Scu：楯板　TⅠ〜Ⅸ：第1〜第9腹部背板　Ta$_{1\sim5}$：第1〜第5跗節　Ti：脛節　W：翅

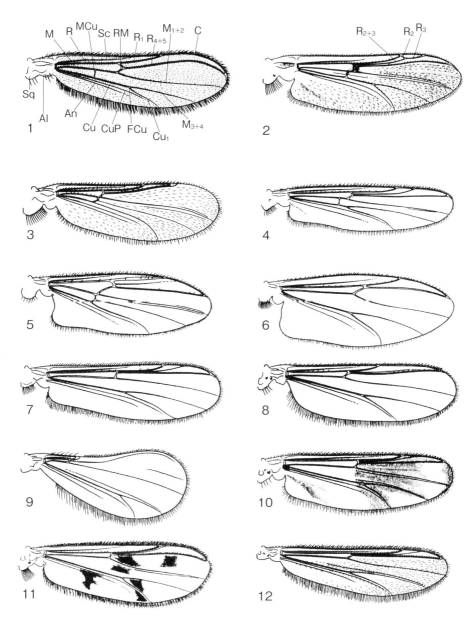

図3 ユスリカ科 雄成虫の右翅
1：ティーネマンキタケブカユスリカ *Boreochlus thienemanni*（ケブカユスリカ亜科） 2：ウスイロカユスリカ *Procladius (Holotanypus) choreus*（モンユスリカ亜科） 3：コヒメユスリカ *Nilotanypus minutus*（モンユスリカ亜科） 4：ナガイオオヤマユスリカ *Prodiamesa levanidovae*（オオヤマユスリカ亜科） 5：アルプスヤマユスリカ *Diamesa alpina*（ヤマユスリカ亜科） 6：ヤマトイソユスリカ *Telmatogeton japonicus*（イソユスリカ亜科） 7：クチキエリユスリカ *Orthocladius (Symposiocladius) lignicola*（エリユスリカ亜科） 8：タマニセテンマクエリユスリカ *Tvetenia tamaflava*（エリユスリカ亜科） 9：ヨシムラコナユスリカ *Corynoneura yoshimurai*（エリユスリカ亜科） 10：モンフサケユスリカ *Paratendipes nubilus*（ユスリカ亜科） 11：ヨツハモンユスリカ *Polypedilum (Tripodula) parapicatum*（ユスリカ亜科） 12：ナミカブトユスリカ *Paratanytarsus lauterborni*（ユスリカ亜科）

Al：第2翅基鱗片 An：臀脈 C：前縁脈 Cu：肘脈 Cu_1：第1肘脈 CuP：後肘脈 FCu：肘脈分岐点 M：中脈 M_{1+2}：第1および2中脈 M_{3+4}：第3および4中脈 MCu：中肘横脈 R：径脈 R_1：第1径脈 R_2：第2径脈 R_{2+3}：第2および3径脈 R_3：第3径脈 R_{4+5}：第4および5径脈 RM：径中横脈 Sc：亜前縁脈 Sq：第1翅基鱗片

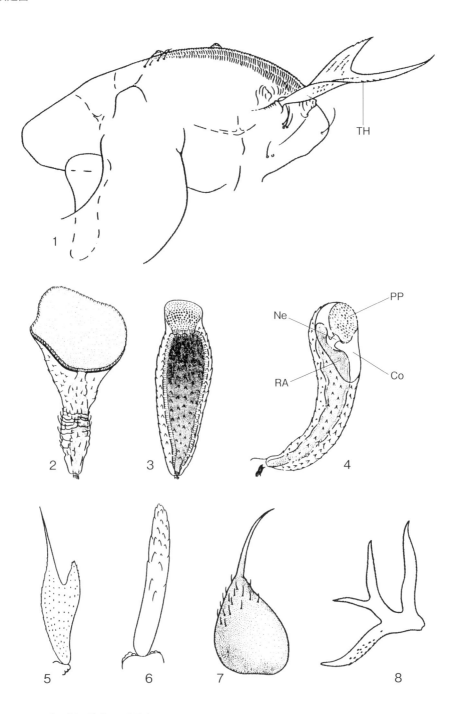

図4　ユスリカ科　蛹の胸部と呼吸角
1：胸部　2〜8：呼吸角　1，5：コモリユスリカ *Neobrillia longistyla*（エリユスリカ亜科）　2：ティーネマンキタケブカユスリカ *Boreochlus thienemanni*（ケブカユスリカ亜科）　3：ウスイロカユスリカ *Procladiu (Holotanypus) choreus*（モンユスリカ亜科）　4：オキナワコシアキヒメユスリカ *Zavrelimyia (Paramerina) okigenga*（モンユスリカ亜科）　6：ヨツオビハリユスリカ *Nanocladius (Nanocladius) tokuokasia*（エリユスリカ亜科）　7：タマハヤセユスリカ *Eukiefferiella ilkleyensis*（エリユスリカ亜科）　8：クロハモンユスリカ *Polypedilum (Polypedilum) albicorne*（ユスリカ亜科）　Co：篩環　Ne：首　PP：篩板　RA：呼吸腔　TH：呼吸角

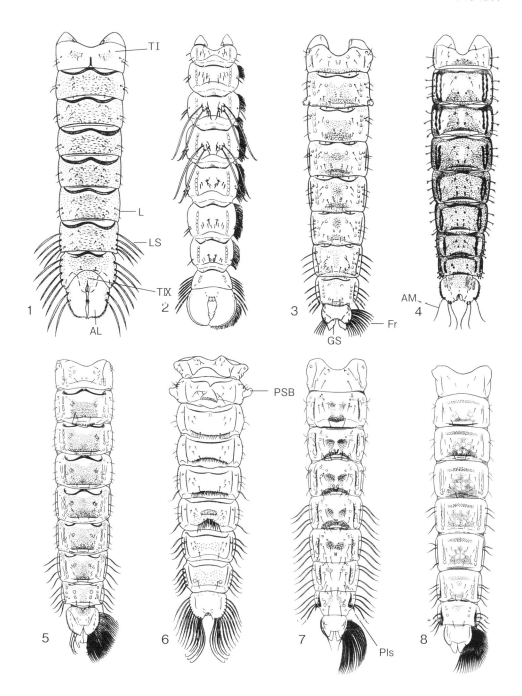

図5 ユスリカ科 雄蛹の腹部
1:ウスイロカユスリカ Procladius (Holotanypus) choreus(モンユスリカ亜科) 2:ミドリナカヅメヌマユスリカ Fittkauimyia olivacea(モンユスリカ亜科) 3:ナガイオオヤマユスリカ Prodiamesa levanidovae(オオヤマユスリカ亜科) 4:タカタユキユスリカ Sympotthastia takatensis(ヤマユスリカ亜科) 5:コモリユスリカ Neobrillia longistyla(エリユスリカ亜科) 6:ヨツオビハリユスリカ Nanocladius (Nanocladius) tokuokasia(エリユスリカ亜科) 7:クロスジコブユスリカ Dicrotendipes nigrocephalicus(ユスリカ亜科) 8:カワリフトオハモンユスリカ Polypedilum (Uresipedilum) paraviceps(ユスリカ亜科)
AL:遊泳板 AM:尾端剛毛 Fr:遊泳毛 GS:生殖器嚢 L:側毛 LS:リボン状側毛 PIS:側刺 PSB:側突起 TI:第1腹部背板 TIX:第9腹部背板 注)2,3,5,7,8左側の遊泳毛を省く

8 双翅目

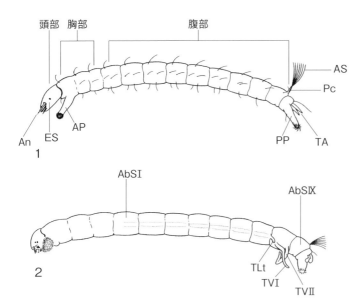

図6 ユスリカ科 幼虫の全形
1：ヤマトヒメユスリカ *Conchapelopia (Conchapelopia) japonica*（モンユスリカ亜科） 2：ヒシモンユスリカ *Chironomus (Chironomus) flaviplumus*（ユスリカ亜科）
AbS I：第1腹部環節 AbS IX：第9腹部環節 An：触角 AP：前擬脚 AS：尾剛毛 ES：眼点 Pc：尾剛毛束の台 PP：後擬脚 TA：肛門鰓 TLt：側鰓 TV I：第1血鰓 TV II：第2血鰓

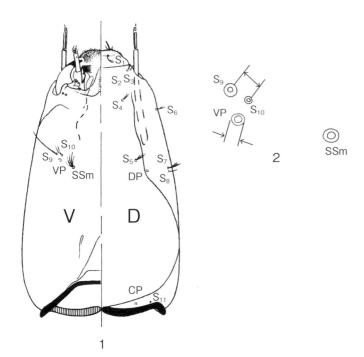

図7 ヤマトヒメユスリカ
Conchapelopia (Conchapelopia) japonica 幼虫の頭殻
1：棘毛の配置図 2：S_9-S_{10}/VP，腹面感覚孔の長径に対する第9と10毛間の距離の比
CP：背面後方感覚孔 D：背面 DP：背面感覚孔 $S_{1\sim11}$：第1〜11毛 SSm：下唇亜基節毛 V：腹面 VP：腹面感覚孔

1314

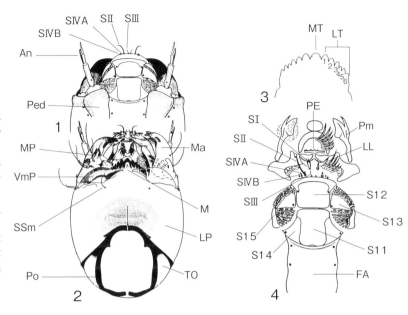

図8 ナミドロユスリカ
Glyptotendipes glaucus
幼虫の頭殻

1：背面 2：腹面 3：下唇板（数字は側歯の番号） 4：背面の節片と上唇付属器官
An：触角 FA：額 LL：上唇葉状突起 LP：側板 LT：側歯 M：下唇板 Ma：大顎 MP：下顎髭 MT：中央歯 PE：上喉頭櫛歯 Ped：触角台 Pm：副顎 Po：後頭縁 SI～IV：第1～第4上唇毛 Sl1～5：第1～第5上唇節片 SSm：下唇亜基節毛 TO：後頭三角帯 VmP：下唇側板

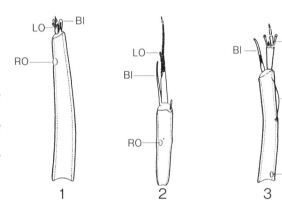

図9 ユスリカ科 幼虫の触角

1：ヨシムラヌマユスリカ *Apsectrotanypus yoshimurai*（モンユスリカ亜科） 2：ティーネマンキタケブカユスリカ *Boreochlus thienemanni*（ケブカユスリカ亜科） 3：キョウトナガレユスリカ *Rheotanytarsus kyotoensis*（ユスリカ亜科）
BI：葉状片 LO：Lauterborn 器官 RO：円形器官 SA：剛毛

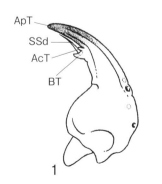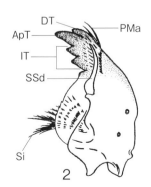

図10 ユスリカ科 幼虫の大顎

1：ダンダラヒメユスリカ *Ablabesmyia (Ablabesmyia) monilis*（モンユスリカ亜科）
2：キョウトナガレユスリカ *Rheotanytarsus kyotoensis*（ユスリカ亜科）
AcT：副歯 ApT：先端歯 BT：内縁歯 DT：背歯 IT：側歯 PMa：剛毛列 Si：房毛 SSd：指状突起

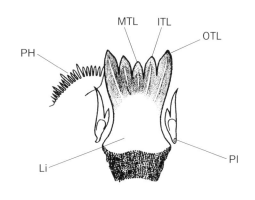

図11 ダンダラヒメユスリカ Ablabesmyia (Ablabesmyia) monilis の下唇前基節下咽頭複合体
ITL：内歯　Li：舌板　MTL：中央歯　OTL：外歯
PH：下咽頭櫛歯　Pl：副舌

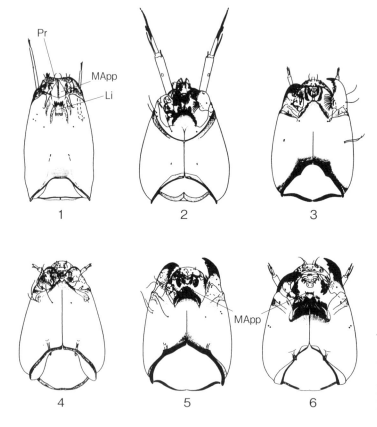

図12 ユスリカ科　幼虫の頭殻
1：ハヤセヒメユスリカ Trissopelopia longimana（モンユスリカ亜科）　2：ティーネマンキタケブカユスリカ Boreochlus thienemanni（ケブカユスリカ亜科）　3：タカタユキユスリカ Sympotthastia takatensis（ヤマユスリカ亜科）　4：シブタニオオヤマユスリカ Monodiamesa bathyphila（オオヤマユスリカ亜科）　5：ヤマトイソユスリカ Telmatogeton japonicus（イソユスリカ亜科）　6：キイロケバネエリユスリカ Parametriocnemus stylatus（エリユスリカ亜科）
Li：舌板　MApp：中央舌状体　Pr：擬歯舌

5b 下唇側板は普通貧弱．よく発達する時にはその内側に毛がないか，あるいは触角が5節以上（図12-5，6）……………………………………………………………………………… 6

6a 下唇前基節は中央に1群の長い鋸歯状突起をもつ．触角は4節，きわめて短小（図12-5）
……………………………………………………………………… **イソユスリカ亜科** Telmatogetoninae

6b 下唇前基節は中央に多くの小突起をもつ．普通，それらは葉状あるいは鱗片状で長くはない．触角は4〜7節，大きさはさまざま（図12-6）．触角が短い時には分節が不明瞭
……………………………………………………………………… **エリユスリカ亜科** Orthocladiinae

モンユスリカ亜科　Tanypodinae

　日本からは，これまでに26属70種以上の報告がある．しかし，それらの多くは成虫に関するもので，分類学上の問題も多い．著者は静岡県でチョウユスリカ属（新称）*Lepidopelopia* Harrison, 1970 の成虫を採集したが，この種も幼虫は未だ不明である．

モンユスリカ亜科の属の検索
終齢幼虫

1a　腹部の両側に顕著な剛毛の列がある．下唇板に歯列がある．普通，体は赤色 ……………… 2
1b　腹部に顕著な剛毛の列はない．下唇板に歯列はない．体は白色か赤色 ………………… 12
2a　下唇板の歯は互いに離れ，鋸歯状小板を形成しない
　　……………………………………………… ヒラアシユスリカ属　*Clinotanypus* Kieffer
2b　下唇板の歯はその基部で互いに融合し，1対かあるいはひと続きの鋸歯状小板を形成する
　　……………………………………………………………………………………………… 3

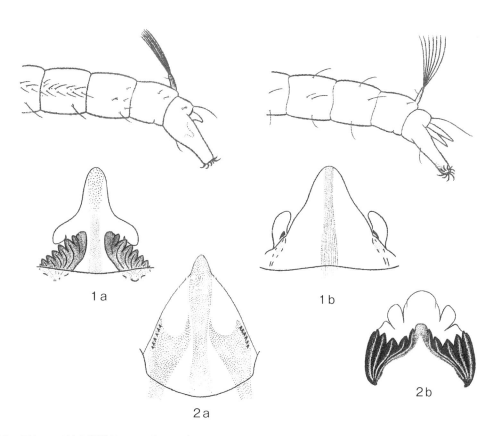

図13　モンユスリカ亜科 Tanypodinae　1
1a：ボカシヌマユスリカ *Macropelopia* (*Macropelopia*) *paranebulosa*　1b：ヤマトヒメユスリカ *Conchapelopia* (*Conchapelopia*) *japonica*　2a：モンキヒラアシユスリカ *Clinotanypus* (*Clinotanypus*) *japonicus*　2b：カスリモンユスリカ *Tanypus* (*Tanypus*) *formosanus*

3a	肛門鰓は3対 ···	モンユスリカ属 *Tanypus* Meigen
3b	肛門鰓は2対 ···	4
4a	大顎の内縁歯は先が丸い ···	5
4b	大顎の内縁歯は先が尖る ···	6
5a	舌板の中央歯は内歯よりも小さい．内歯の先端は中央歯の先端と同じ方向を向く ···	カユスリカ属 *Procladius* Skuse
5b	舌板の中央歯は内歯と同じくらい大きい．内歯の先端は外側を向く ···	テドリカユスリカ属 *Saetheromyia* Niitsuma
6a	大顎には先端歯の他に多数の歯がある ···	7
6b	大顎には先端歯の他にせいぜい4本の歯があるのみ ···	8

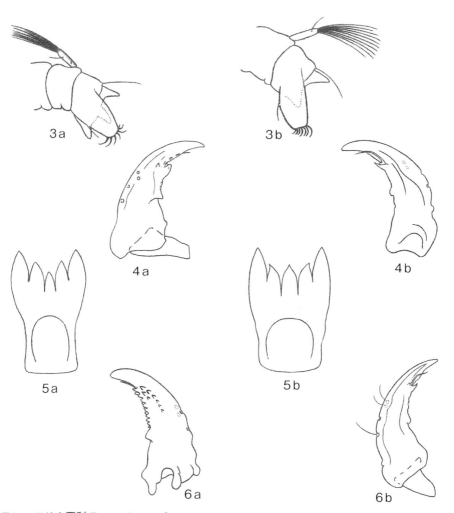

図14 モンユスリカ亜科 Tanypodinae 2
3a：カスリモンユスリカ *Tanypus (Tanypus) formosanus*　3b：ウスイロカユスリカ *Procladius (Holotanypus) choreus*　4a：ウスイロカユスリカ *Procladius (Holotanypus) choreus*　4b：ヨシムラヌマユスリカ *Apsectrotanypus yoshimurai*　5a：ウスイロカユスリカ *Procladius (Holotanypus) choreus*　5b：テドリカユスリカ *Saetheromyia tedoriprima*　6a：ミドリナカヅメヌマユスリカ *Fittkauimyia olivacea*　6b：タマリユスリカ *Alotanypus kuroberobustus*

7a	舌板の歯は4本	ヌマユスリカ属	*Psectrotanypus* Kieffer
7b	舌板の歯は5本	ナカヅメヌマユスリカ属	*Fittkauimyia* Karunakaran
8a	下唇板の内側の端は擬歯舌に達する	キタモンユスリカ属	*Brundiniella* Roback
8b	下唇板の内側の端は擬歯舌に達せず		9
9a	上唇節片がある	オビユスリカ属（新称）	*Bilyjomyia* Niitsuma & Watson
9b	上唇節片はない		10
10a	下唇板の大きな歯は4対	ヨシムラユスリカ属	*Apsectrotanypus* Fittkau
10b	下唇板の大きな歯は5～7対		11

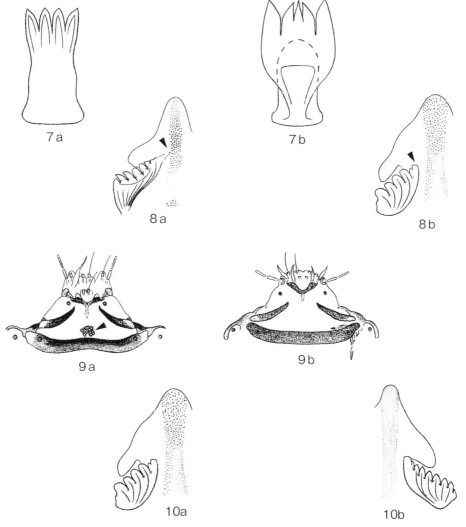

図15　モンユスリカ亜科 Tanypodinae　3
7a：クロバヌマユスリカ *Psectrotanypus varius*　7b：ミドリナカヅメヌマユスリカ *Fittkauimyia olivacea*　8a：ヤグキキタモンユスリカ *Brundiniella yagukiensis*　8b：ヨシムラヌマユスリカ *Apsectrotanypus yoshimurai*　9a：ゲンリュウオビユスリカ *Bilyjomyia fontana*　9b：キブネヌマユスリカ *Macropelopia (Macropelopia) kibunensis*　10a：ヨシムラヌマユスリカ *Apsectrotanypus yoshimurai*　10b：タマリユスリカ *Alotanypus kuroberobustus*

14　双翅目

11a　下顎髭基節のほぼ中央に円形器官がある……………**タマリユスリカ属**　*Alotanypus* Roback
11b　下顎髭基節の基部から1/4〜1/3に円形器官がある
　　……………………………………………**オオヌマユスリカ属**　*Macropelopia* Thienemann
12a　触角は頭部の約1/3の長さ　………………**モンヌマユスリカ属**　*Natarsia* Fittkau
12b　触角は頭部の約1/2の長さ　………………………………………………………… 13
13a　頭部背面の感覚孔 DP を欠く ………………………………………………………… 14
13b　頭部背面の感覚孔 DP は明瞭 ………………………………………………………… 16
14a　副舌は三叉［日本産の幼虫は未知．特徴は Roback & Rutter（1988）による］
　　………………………**ミナミヒメユスリカ属（新称）**　*Denopelopia* Roback & Rutter
14b　副舌は二叉…………………………………………………………………………… 15

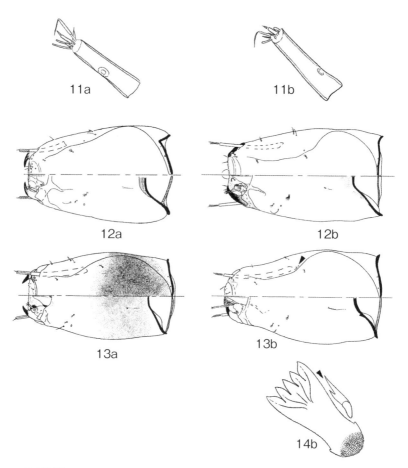

図16　モンユスリカ亜科 Tanypodinae　4
11a：タマリユスリカ *Alotanypus kuroberobustus*　11b：ボカシヌマユスリカ *Macropelopia (Macropelopia) paranebulosa*　12a：モンヌマユスリカ *Natarsia tokunagai*　12b：ハヤセヒメユスリカ *Trissopelopia longimana*　13a：オキナワコシアキヒメユスリカ *Zavrelimyia (Paramerina) okigenga*　13b：ダンダラヒメユスリカ *Ablabesmyia (Ablabesmyia) monilis*　14b：ヤマヒメユスリカ *Zavrelimyia (Zavrelimyia) monticola*

15a	触角のLauterborn器官は大きく，2つとも触角第2節と融合する．中央舌状体擬歯舌の幅は後方で著しく広がらない［日本産の幼虫は未知．特徴はCranston & Epler（2013）による］······················· **コガタノヒメユスリカ属** *Monopelopia* Fittkau	
15b	触角のLauterborn器官は，せいぜい1つが触角第2節と融合するのみ．中央舌状体擬歯舌の幅は後方で著しく広がる················· **ヤマヒメユスリカ属** *Zavrelimyia* Fittkau	
16a	下顎髭の基節は2〜4節に分かれる······ **ダンダラヒメユスリカ属** *Ablabesmyia* Johannsen	
16b	下顎髭の基節は分節しない···	17
17a	触角のLauterborn器官は2つとも触角第2節と融合する ···································· **シロヒメユスリカ属** *Krenopelopia* Fittkau	
17b	触角のLauterborn器官は2つとも触角第2節と融合しない·························	18
18a	後擬脚に櫛状の爪がある······················ **コヒメユスリカ属** *Nilotanypus* Kieffer	
18b	後擬脚に櫛状の爪はない···	19

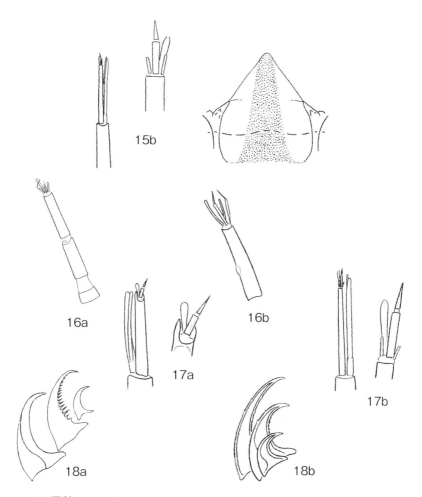

図17　モンユスリカ亜科Tanypodinae　5
15b：ヤマヒメユスリカ *Zavrelimyia* (*Zavrelimyia*) *monticola*　16a：ダンダラヒメユスリカ *Ablabesmyia* (*Ablabesmyia*) *monilis*　16b：ハヤセヒメユスリカ *Trissopelopia longimana*　17a：シロヒメユスリカ *Krenopelopia alba*　17b：ハヤセヒメユスリカ *Trissopelopia longimana*　18a：コヒメユスリカ *Nilotanypus minutus*　18b：ハヤセヒメユスリカ *Trissopelopia longimana*

19a	大顎の内縁歯はよく発達し明瞭	20
19b	大顎の内縁歯は退化的で不明瞭	21
20a	頭部腹面の感覚孔VPは第10毛より後方にある．頭殻の長さは700〜850 μm ハヤセヒメユスリカ属 *Trissopelopia* Kieffer	
20b	頭部腹面の感覚孔VPは第10毛より幾分前方にある．頭殻の長さは400〜500 μm コジロユスリカ属 *Larsia* Fittkau	
21a	後擬脚基部付近の剛毛は先端が二叉 ウスギヌヒメユスリカ属 *Rheopelopia* Fittkau	
21b	後擬脚基部付近の剛毛は単純	22
22a	下顎髭のb感覚器は2節に分かれる	23
22b	下顎髭のb感覚器は3節に分かれる	24

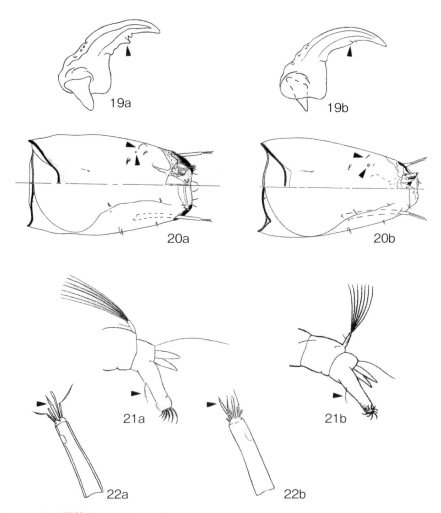

図18　モンユスリカ亜科 Tanypodinae　6
19a：ミヤガセコジロユスリカ *Larsia miyagasensis*　19b：ケイリュウヒメユスリカ *Amnihayesomyia ikawensis*　20a：ハヤセヒメユスリカ *Trissopelopia longimana*　20b：ミヤガセコジロユスリカ *Larsia miyagasensis*　21a：ウスギヌヒメユスリカ *Rheopelopia joganflava*　21b：ヤマトヒメユスリカ *Conchapelopia* (*Conchapelopia*) *japonica*　22a：ケイリュウヒメユスリカ *Amnihayesomyia ikawensis*　22b：ヤマトヒメユスリカ *Conchapelopia* (*Conchapelopia*) *japonica*

23a 頭部腹面の単純で長い第9毛は分枝した第10毛の後方に位置する
　　　　　………………………………… **ケイリュウヒメユスリカ属**　*Amnihayesomyia* Niitsuma
23b 頭部腹面の単純で長い第9毛は分枝した第10毛の前方に位置する［日本産幼虫は未知．特徴は Rieradevall & Brooks（2001）と Epler（2001）による］
　　　　　………………………………… **セマダラヒメユスリカ属**　*Thienemannimyia* Fittkau
24a 中央舌状体の擬歯舌は幅が狭く，下唇板先端の位置で舌状体全幅の1/10〜1/8を占める
　　　　　………………………………… **ニセウスギヌヒメユスリカ属**　*Coffmania* Hazra & Chadhuri
24b 中央舌状体の擬歯舌は幅が広く，下唇板先端の位置で舌状体全幅の少なくとも1/5を占める……………………………………………………………………………………… 25
25a 大顎の副歯は微小で不明瞭………………………… **トラフユスリカ属**　*Conchapelopia* Fittkau
25b 大顎の副歯は小さいが明瞭．100倍のレンズでも認められる
　　　　　………………………………………………… **ヨウヒメユスリカ属**　*Lobomyia* Niitsuma

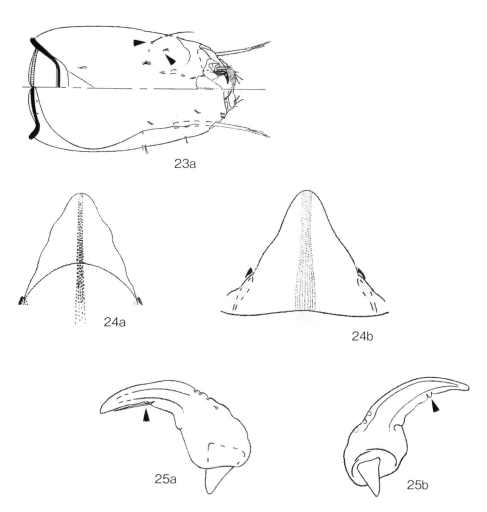

図19　モンユスリカ亜科 Tanypodinae　7
23a：ケイリュウヒメユスリカ *Amnihayesomyia ikawensis*　24a：ニセウスギヌヒメユスリカ *Coffmania insignis*　24b：ヤマトヒメユスリカ *Conchapelopia (Conchapelopia) japonica*　25a：ヤマトヒメユスリカ *Conchapelopia (Conchapelopia) japonica*　25b：ヨウヒメユスリカ *Lobomyia immaculata*

ダンダラヒメユスリカ属　*Ablabesmyia* Johannsen, 1905

後擬脚に黒色の爪を2〜3本もつ種が多い．本属は主に雄成虫の特徴によって，ダンダラヒメユスリカ亜属 *Ablabesmyia* s. str., トゲヒメユスリカ亜属（新称）*Karelia* Roback, 1971, *Sartaia* Roback, 1983, *Asayia* Roback, 1985の4亜属に分けられている（Murray & Fittkau, 1989）．日本からはダンダラヒメユスリカ亜属とトゲヒメユスリカ亜属が知られている．前者の幼虫は下顎髭の基節が2次的に3節以上に分かれ，後者では2節に分かれるので，亜属レベルの識別は幼虫でも容易である．最近，Niitsuma（2013）は日本産の種を整理し，ダンダラヒメユスリカ *Ablabesmyia* (*Ablabesmyia*) *monilis* (Linnaeus, 1758)（図10-1，11，20-1〜3，7〜9，13〜15，17，22，21-12），フトオダンダラヒメユスリカ *Ablabesmyia* (*Ablabesmyia*) *prorasha* Kobayashi & Kubota, 2002（図20-4，10，18，23，21-13），アマミダンダラヒメユスリカ（新称）*Ablabesmyia* (*Ablabesmyia*) *amamisimplex* Sasa, 1990（図20-5，11，19，24，21-14），オナガダンダラヒメユスリカ *Ablabesmyia* (*Ablabesmyia*) *jogancornua* Sasa & Okazawa, 1991（図20-6，12，16，20，21，25，21-15），マカルチェンコトゲヒメユスリカ（新称）*Ablabesmyia* (*Karelia*) *makarchenkoi* Niitsuma, 2013（図21-1，3，6〜11，16），ハバヒロトゲヒメユスリカ（新称）*Ablabesmyia* (*Karelia*) *lata* Niitsuma, 2013（図21-2，4，17），ホソトゲヒメユスリカ（新称）*Ablabesmyia* (*Karelia*) *perexilis* Niitsuma, 2013（図21-5，18）の7種を認めた．わが国でナガウデダンダラヒメユスリカ *Ablabesmyia* (*Ablabesmyia*) *longistyla* Fittkau, 1962と呼ばれてきた種はアマミダンダラヒメユスリカかオナガダンダラヒメユスリカの誤同定と考えられる．また *Ablabesmyia* (*Ablabesmyia*) *moniliformis* Fittkau, 1962は複数の種を含む可能性があり，今はこの名を疑問名とするのが適当であろう．

タマリユスリカ属　*Alotanypus* Roback, 1971

農業用の溜め池などでタマリユスリカ *Alotanypus kuroberobustus* (Sasa & Okazawa, 1992)（図22-1〜15）が採集される．北米では強酸性（pH3.9〜4.0）の水域に棲む種も報告されているが（Roback, 1978），日本でタマリユスリカのみつかる池はおおむね中性（pH6.9〜8.0）である（Niitsuma, 2005）．

ケイリュウヒメユスリカ属　*Amnihayesomyia* Niitsuma, 2007

ケイリュウヒメユスリカ *Amnihayesomyia ikawensis* Niitsuma, 2007（図22-16〜25）が記載されている．頭部腹面の毛の配置は特徴的で，これだけで近縁のウスウギヌヒメユスリカ属やエリトラフユスリカを除くトラフユスリカ属の種からも区別がつく．S_9-S_{10}/VPは5〜7．本種のタイプ産地は南アルプス麓の静岡市井川地区である．幼虫は湧水流に没した落ち葉や苔の中からみつかった（Niitsuma, 2007a）．最近，Cranston & Epler (2013) はネパールから報告された Murray (1976) の *Conchapelopia nepalicola* 種群を本属に入れた．

ヨシムラユスリカ属　*Apsectrotanypus* Fittkau, 1962

日本からはヨシムラヌマユスリカ *Apsectrotanypus yoshimurai* (Tokunaga, 1937)（図9-1，23）が知られるのみ．幼虫は山地渓流のよどみでみつかるが稀（Niitsuma, 2004b）．

オビユスリカ属（新称）　*Bilyjomyia* Niitsuma & Watson, 2009

ゲンリュウオビユスリカ（新称）*Bilyjomyia fontana* Niitsuma & Watson, 2009（図24-1〜13）とフタオビユスリカ（新称）*Bilyjomyia parallela* Niitsuma, 2014（図24-14〜25）が湧水流の泥底に棲む．この仲間は，他に北米の *Bilyjomyia algens* (Coquillett, 1902) が知られるのみ（Niitsuma & Watson,

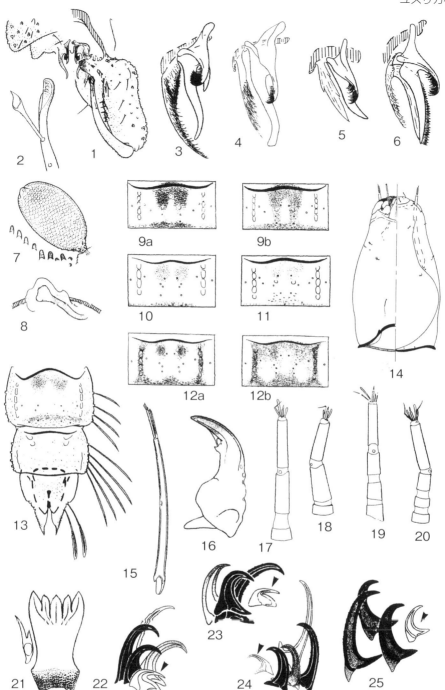

図20 ダンダラヒメユスリカ属 *Ablabesmyia* 1
1～3，7～9，13～15，17，22：ダンダラヒメユスリカ *Ablabesmyia* (*Ablabesmyia*) *monilis* 4，10，18，23：フトオダンダラヒメユスリカ *Ablabesmyia* (*Ablabesmyia*) *prorasha* 5，11，19，24：アマミダンダラヒメユスリカ *Ablabesmyia* (*Ablabesmyia*) *amamisimplex* 6，12，16，20，21，25：オナガダンダラヒメユスリカ *Ablabesmyia* (*Ablabesmyia*) *jogancornua* 1：雄成虫の交尾器（背面図，左側の底節と把握器を省く） 2：雄成虫の把握器先端 3～6：雄成虫の底節付属器 7：蛹の呼吸角とその周辺部 8：蛹呼吸角の先端突起（内部構造を示す） 9～12：蛹第4腹節背面の暗紋（a，bは変異） 13：雄蛹の第7～9腹節（背面図，左側の剛毛を省く） 14：幼虫の頭殻（左は腹面図，右は背面図） 15：幼虫の触角 16：幼虫の大顎 17～20：幼虫の下顎髭 21：幼虫の舌板と副舌 22～25：幼虫後擬脚の爪（楔印は最小の爪を示す）

1325

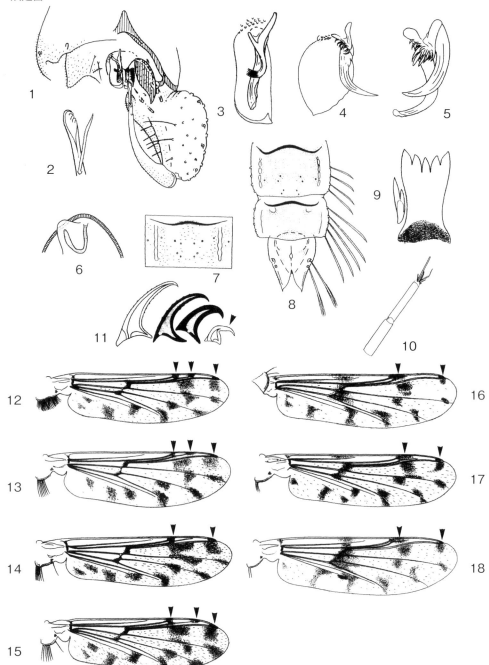

図21 ダンダラヒメユスリカ属 *Ablabesmyia* 2
1, 3, 6〜11, 16：マカルチェンコトゲヒメユスリカ *Ablabesmyia* (*Karelia*) *makarchenkoi*　2, 4, 17：ハバヒロトゲヒメユスリカ *Ablabesmyia* (*Karelia*) *lata*　5, 18：ホソトゲヒメユスリカ *Ablabesmyia* (*Karelia*) *perexilis*　12：ダンダラヒメユスリカ *Ablabesmyia* (*Ablabesmyia*) *monilis*　13：フトオダンダラヒメユスリカ *Ablabesmyia* (*Ablabesmyia*) *prorasha*　14：アマミダンダラヒメユスリカ *Ablabesmyia* (*Ablabesmyia*) *amamisimplex*　15：オナガダンダラヒメユスリカ *Ablabesmyia* (*Ablabesmyia*) *jogancornua*　1：雄成虫の交尾器（背面図，左側の底節と把握器を省く）　2：雄成虫の把握器先端　3〜5：雄成虫の底節付属器　6：蛹呼吸角の先端突起（内部構造を示す）　7：蛹第4腹節背面の暗紋　8：雄蛹の第7〜9腹節（背面図，左側の剛毛を省く）　9：幼虫の舌板と副舌　10：幼虫の下顎髭　11：幼虫後擬脚の爪（楔印は最小の爪を示す）　12〜18：雄成虫の右翅（楔印は前縁脈上の黒斑の位置を示す）

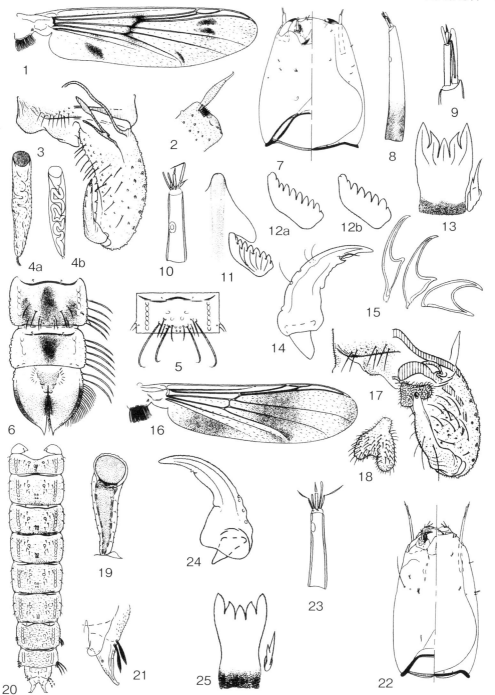

図22 タマリユスリカ属 Alotanypus とケイリュウヒメユスリカ属 Amnihayesomyia
1～15：タマリユスリカ Alotanypus kuroberobustus　16～25：ケイリュウヒメユスリカ Amnihayesomyia ikawensis　1, 16：雄成虫の右翅　2：雄成虫前肢の脛節先端　3, 17：雄成虫の交尾器（背面図，左側の底節と把握器を省く）　4, 19：蛹の呼吸角（a, bは呼吸腔の変異を示す）　5：蛹の第4腹節（背面図，背毛と側毛の配列を示す）　6：雄蛹の第7～9腹節（背面図，左側の剛毛を省く）　7, 22：幼虫の頭殻（左は腹面図，右は背面図）　8：幼虫の触角　9：幼虫の触角先端　10, 23：幼虫の下顎髭　11：幼虫の下唇板と中央舌状体　12：幼虫下唇板の歯列（a, bは変異）　13, 25：幼虫の舌板と副舌　14, 24：幼虫の大顎　15：幼虫後擬脚の爪　18：雄成虫の底節付属器　20：雄蛹の腹部（背面図，左側の剛毛を一部省く）　21：蛹の遊泳板（右腹面）

22 双翅目

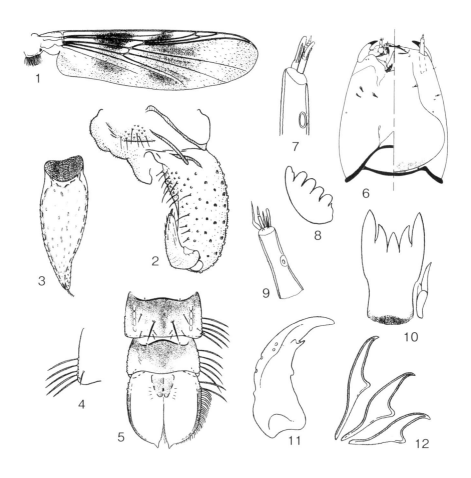

図23 ヨシムラユスリカ属 *Apsectrotanypus*
ヨシムラヌマユスリカ *Apsectrotanypus yoshimurai* 1：雄成虫の右翅 2：雄成虫の交尾器（背面図，左側の底節と把握器を省く） 3：蛹の呼吸角 4：蛹第7腹節の側毛 5：蛹の第7～9腹節（背面図，左側の剛毛を省く） 6：幼虫の頭殻（左は腹面図，右は背面図） 7：幼虫の触角先端 8：幼虫下唇板の歯列 9：幼虫の下顎髭 10：幼虫の舌板と副舌 11：幼虫の大顎 12：幼虫後擬脚の爪

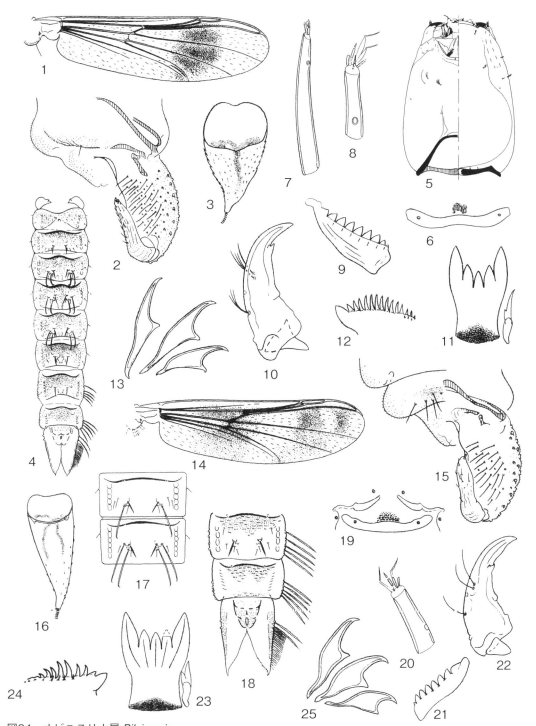

図24 オビユスリカ属 *Bilyjomyia*

1〜13：ゲンリュウオビユスリカ *Bilyjomyia fontana* 14〜25：フタオビユスリカ *Bilyjomyia parallela* 1，14：雄成虫の右翅 2，15：雄成虫の交尾器（背面図，左側の底節と把握器を省く） 3，16：蛹の呼吸角 4：雄蛹の腹部（背面図，左側の剛毛を一部省く） 5：幼虫の頭殻（左は腹面図，右は背面図） 6，19：幼虫の上唇節 7：幼虫の触角 8，20：幼虫の下顎髭 9，21：幼虫下唇板の歯列 10，22：幼虫の大顎 11，23：幼虫の舌板と副舌 12，24：幼虫の下咽頭櫛歯 13，25：幼虫後擬脚の爪 17：蛹の第3〜4腹節（背毛と側毛の配列を示す） 18：雄蛹の第7〜9腹節（背面図，左側の剛毛を省く）

2009；Niitsuma, 2014).

キタモンユスリカ属　*Brundiniella* Roback, 1978

後擬脚に，基部が押しつぶされたように広がる小さな爪をもつ．生時，体は白色か僅かに赤色．本州の清流からヤグキキタモンユスリカ *Brundiniella yagukiensis* Niitsuma, 2003（図25）が知られるのみ．幼虫はしばしば砂礫底でみつかる（Niitsuma, 2003b）.

ヒラアシユスリカ属　*Clinotanypus* Kieffer, 1913

ヒラアシユスリカ亜属 *Clinotanypus s. str.* と *Aponteus* Roback, 1971の2亜属に分けられている．後者は北米から1種が知られるのみ．わが国からはセスジヒラアシユスリカ *Clinotanypus* (*Clinotanypus*) *decempunctatus* Tokunaga, 1937，モンキヒラアシユスリカ *Clinotanypus* (*Clinotanypus*) *japonicus* Tokunaga, 1937（図26-1～10），スギヤマヒラアシユスリカ *Clinotanypus* (*Clinotanypus*) *sugiyamai* Tokunaga, 1937の3種が記載されている．それらは池沼や河川で稀にみつかるが，セスジヒラアシユスリカの幼虫は未だ不明.

ニセウスギヌヒメユスリカ属　*Coffmania* Hazra & Chadhuri, 2000

ニセウスギヌヒメユスリカ *Coffmaina insignis* Niitsuma, 2008（図26-11～21）が記載されている．S_9-S_{10} / VP は1.3～1.7．本州の山地渓流に普通（Niitsuma, 2008b）.

トラフユスリカ属　*Conchapelopia* Fittkau, 1957

舌板の内歯はその先端を外側に向ける．多くの種において第9毛は第10毛の前方に位置し，S_9-S_{10} / VP は1～2．本属の1亜属として設けられた *Helopelopia* Roback, 1971は独立した属に格上げされたのだが，最近これを亜属に戻す説がだされた（Cranston & Epler, 2013）．これには異論もあるが（Silva & Ekrem, 2015），北米の *Conchapelopia* (*Helopelopia*) *cornuticaudata* (Walley, 1925) の蛹は日本のトガトラフユスリカ *Conchapelopia* (*Conchapelopia*) *togamaculosa* Sasa & Okazawa, 1992（図28-1～8）や中国大陸の *Conchapelopia* (*Conchapelopia*) *brachiata* Niitsuma & Tang, 2017の蛹によく似て区別は困難である（Fittkau & Murray, 1986；Niitsuma & Tang, 2017）．日本産の種は Niitsuma（2008a）によって整理され，トガトラフユスリカ，ヤマトヒメユスリカ *Conchapelopia* (*Conchapelopia*) *japonica* (Tokunaga, 1937)（図6-1，7，27-1～10），ムモントラフユスリカ *Conchapelopia* (*Conchapelopia*) *okisimilis* Sasa, 1990（図27-11～18），シコツトラフユスリカ *Conchapelopia* (*Conchapelopia*) *sikotuensis* Sasa, 1990（図27-19～24），エリトラフユスリカ *Conchapelopia* (*Conchapelopia*) *togapallida* Sasa & Okazawa, 1992（図28-9～21），アマミトラフユスリカ *Conchapelopia* (*Conchapelopia*) *amamiaurea* Sasa, 1990（図28-22），ナガサキトラフユスリカ *Conchapelopia* (*Conchapelopia*) *unzenalba* Sasa, 1991（図28-23），セイリュウトラフユスリカ *Conchapelopia* (*Conchapelopia*) *seiryusetea* Sasa, Suzuki & Sakai, 1998（図28-24）の8種が認められた．本属の幼虫は流水域でみつかるが，多くは互いによく似て種の識別は困難である．ただしエリトラフユスリカは第9毛が第10毛の後方に位置し，S_9-S_{10} / VP は2.5～5.0．さらにこの幼虫は頭部後方が帯状に黒化するため識別は容易（図28-17）.

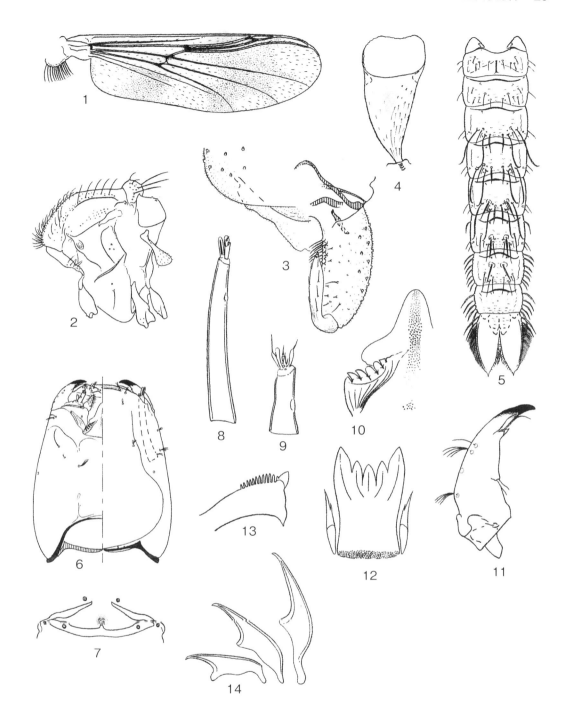

図25 キタモンユスリカ属 *Brundiniella*
ヤグキキタモンユスリカ *Brundiniella yagukiensis*　1：雄成虫の右翅　2：雄成虫の胸部（側面図）　3：雄成虫の交尾器（背面図，左側の底節と把握器を省く）　4：蛹の呼吸角　5：雄蛹の腹部（背面図）　6：幼虫の頭殻（左は腹面図，右は背面図）　7：幼虫の上唇節　8：幼虫の触角　9：幼虫の下顎髭　10：幼虫の下唇板と中央舌状体　11：幼虫の大顎　12：幼虫の舌板と副舌　13：幼虫の下咽頭櫛歯　14：幼虫後擬脚の爪

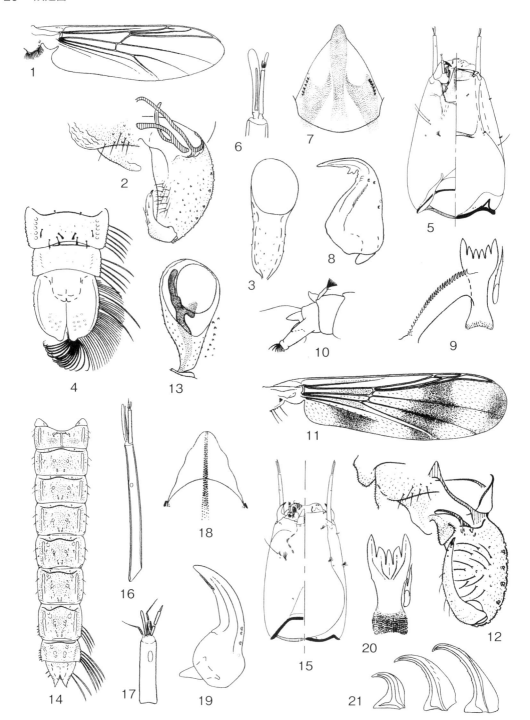

図26　ヒラアシユスリカ属 *Clinotanypus* とニセウスギヌヒメユスリカ属 *Coffmania*
1〜10：モンキヒラアシユスリカ *Clinotanypus (Clinotanypu) japonicus*　11〜21：ニセウスギヌヒメユスリカ *Coffmaina insignis*　1, 11：雄成虫の右翅　2, 12：雄成虫の交尾器（背面図，左側の底節と把握器を省く）　3, 13：蛹の呼吸角　4：雄蛹の第7〜9腹節（背面図，左側の剛毛を省く）　5, 15：幼虫の頭殻（左は腹面図，右は背面図）　6：幼虫の触角先端　7, 18：幼虫の下唇板と中央舌状体　8, 19：幼虫の大顎　9：幼虫の下唇前基節下咽頭複合体（下咽頭櫛歯，舌板，副舌を示す）　10：幼虫の後部腹節　14：雄蛹の腹部（背面図，左側の剛毛を一部省く）　16：幼虫の触角　17：幼虫の下顎髭　20：幼虫の舌板と副舌　21：幼虫後擬脚の爪

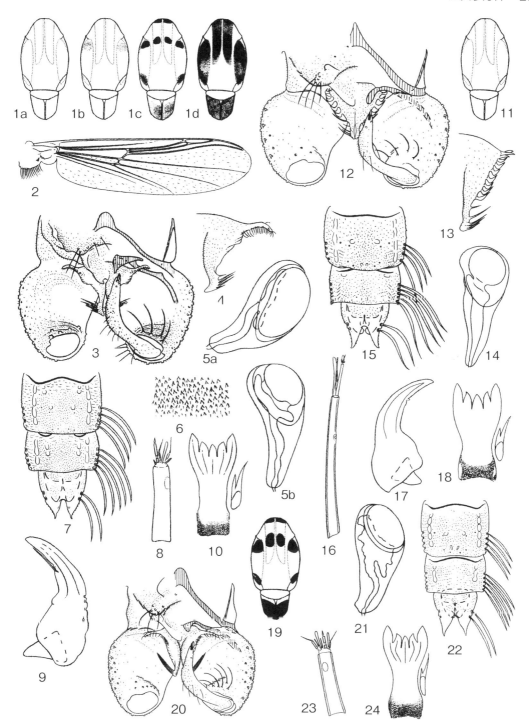

図27 トラフユスリカ属 *Conchapelopia* 1
1〜10: ヤマトヒメユスリカ *Conchapelopia* (*Conchapelopia*) *japonica* 11〜18: ムモントラフユスリカ *Conchapelopia* (*Conchapelopia*) *okisimilis* 19〜24: シコツトラフユスリカ *Conchapelopia* (*Conchapelopia*) *sikotuensis* 1, 11, 19: 成虫の胸部と斑紋（背面図, a〜dは変異） 2: 雄成虫の右翅 3, 12, 20: 雄成虫の交尾器（背面図, 左側の把握器を省く） 4, 13: 雄成虫の底節付属器 5, 14, 21: 蛹の呼吸角 (a, bは変異) 6: 蛹第4腹節背板の鮫皮様隆起 7, 15, 22: 雄蛹の第7〜9腹節（背面図, 左側の剛毛を省く） 8, 23: 幼虫の下顎髭 9, 17: 幼虫の大顎 10, 18, 24: 幼虫の舌板と副舌 16: 幼虫の触角

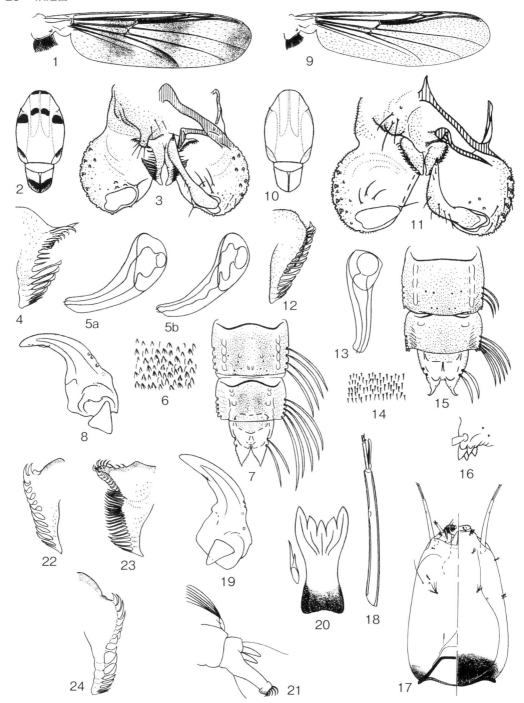

図28　トラフユスリカ属 Conchapelopia　2

1～8：トガトラフユスリカ Conchapelopia (Conchapelopia) togamaculosa　9～21：エリトラフユスリカ Conchapelopia (Conchapelopia) togapallida　22：アマミトラフユスリカ Conchapelopia (Conchapelopia) amamiaurea　23：ナガサキトラフユスリカ Conchapelopia (Conchapelopia) unzenalba　24：セイリュウトラフユスリカ Conchapelopia (Conchapelopia) seiryusetea　1，9：雄成虫の右翅　2，10：成虫の胸部と斑紋（背面図）　3，11：雄成虫の交尾器（背面図，左側の把握器を省く）　4，12，22～24：雄成虫の底節付属器　5，13：蛹の呼吸角（a，bは変異）　6，14：蛹第4腹節背板の鮫皮様隆起　7，15：雄蛹の第7～9腹節（背面図，左側の剛毛を省く）　8，19：幼虫の大顎　16：蛹第8腹節後方の角　17：幼虫の頭殻（左は腹面図，右は背面図）　18：幼虫の触角　20：幼虫の舌板と副舌　21：幼虫の後部腹節

ミナミヒメユスリカ属（新称）　*Denopelopia* Roback & Rutter, 1988

ミナミヒメユスリカ（新称）*Denopelopia irioquerea* (Sasa & Suzuki, 2000)（図29-1〜3）が沖縄の西表島から知られるのみ．幼虫や蛹は未知．

ナカヅメヌマユスリカ属　*Fittkauimyia* Karunakaran, 1969

大顎の内縁ばかりではなく側面にも多数の歯をもつ．後擬脚の爪は16本，そのうちの小さな4本は内縁に1〜3本の比較的大きな歯をもつ．ミドリナカヅメヌマユスリカ *Fittkauimyia olivacea* Niitsuma, 2004（図5-2，29-4〜15）の幼虫が，稀に山地の細流や貧栄養の池沼でみつかる（Niitsuma, 2004a）．この仲間は待ち伏せ型捕食者として知られる（Serrano & Nolte, 1996；Cranston & Epler, 2013）．

シロヒメユスリカ属　*Krenopelopia* Fittkau, 1962

大顎の内縁歯は非常に大きい．シロヒメユスリカ *Krenopelopia alba* (Tokunaga, 1937)（図29-16〜24）が四国および本州より知られる（Tokunaga, 1937）．幼虫は山中の小流に棲む．

コジロユスリカ属　*Larsia* Fittkau, 1962

本州の山地渓流からミヤガセコジロユスリカ *Larsia miyagasensis* Niitsuma, 2001（図30-1〜12）とハネナガヒメユスリカ *Larsia longipennis* (Tokunaga, 1937) が記載されている．前者は幼虫の体長が3〜4mm程度とかなり小型で（Niitsuma, 2001b, 2003a），欧州産の *Larsia curticalcar* (Kieffer, 1818) や *Larsia atrocincta* (Goetghebuer, 1942) とは蛹の呼吸角の構造が異なる（Fittkau, 1962, figs 290, 291；Fittkau & Murray, 1986, fig. 5.21；Langton, 1984, pl. 13参照）．後者の幼虫は未知．

チョウユスリカ属（新称）　*Lepidopelopia* Harrison, 1970

著者は静岡県の湿地でチョウユスリカ属（新称）*Lepidopelopia* Harrison, 1970 の成虫（図30-13〜17）を数個体採集した．現在，この属を構成するのは熱帯アフリカ区産の *Lepidopelopia annulator* (Goetghebuer, 1935) だけであるが，このタイプ種も幼虫や蛹は未知．

ヨウヒメユスリカ属　*Lobomyia* Niitsuma, 2007

舌板の内歯は真っすぐか，あるいは先端を幾分外側に向ける．S_9-S_{10} / VP は約3．山地渓流からヨウヒメユスリカ *Lobomyia immaculata* Niitsuma, 2007（図31）が記載されている．蛹は嚢状の呼吸角と腹部第7節に2対のリボン状側毛をもち，かなり特徴的である（Niitsuma, 2007a）．

オオヌマユスリカ属　*Macropelopia* Thienemann, 1916

長年独立した属として扱われてきた *Bethbilbeckia* Fittkau & Murray, 1988は本属の1亜属となった（Cranston & Epler, 2013）．ボカシヌマユスリカ *Macropelopia* (*Macropelopia*) *paranebulosa* Fittkau, 1962（図2-2，32-13〜21）は河川のよどみに普通（Niitsuma et al., 2004）．欧州産の *Macropelopia* (*Macropelopia*) *nebulosa* (Meigen, 1804) は本種に酷似する．しかし，蛹の呼吸角は，篩板が長三角形を呈し（Fittkau, 1962, fig. 39），ボカシヌマユスリカのものとは異なる．さらに本州からはキブネヌマユスリカ *Macropelopia* (*Macropelopia*) *kibunensis* (Tokunaga, 1937)（図32-1〜12）やヤマトヌマユスリカ *Macropelopia* (*Macropelopia*) *japonica* (Tokunaga, 1937) が記載されている．

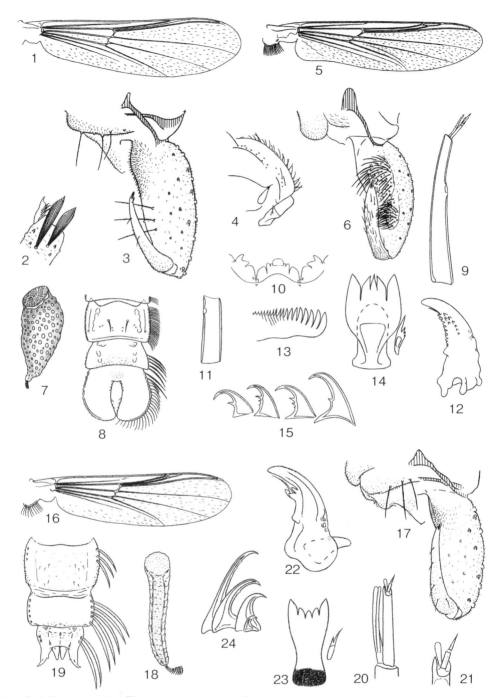

図29 ミナミヒメユスリカ属 Denopelopia とナカヅメヌマユスリカ属 Fittkauimyia，シロヒメユスリカ属 Krenopelopia

1〜3：ミナミヒメユスリカ Denopelopia irioquerea　4〜15：ミドリナカヅメヌマユスリカ Fittkauimyia olivacea　16〜24：シロヒメユスリカ Krenopelopia alba　1，5，16：雄成虫の右翅　2：成虫前肢の脛節先端　3，6，17：雄成虫の交尾器（背面図，左側の底節と把握器を省く）　4：成虫の胸部先端（側面図）　7，18：蛹の呼吸角　8，19：雌蛹の第7〜9腹節（背面図，左側と背側の剛毛を一部省く）　9，20：幼虫の触角　10：幼虫下唇板の歯列　11：幼虫下顎髭の基節　12，22：幼虫の大顎　13：幼虫の下咽頭櫛歯　14，23：幼虫の舌板と副舌　15，24：幼虫後擬脚の爪　21：幼虫の触角先端

コガタノヒメユスリカ属　*Monopelopia* Fittkau, 1962

最近，本属はコガタノヒメユスリカ亜属 *Monopelopia s. str.* とクシヒメユスリカ亜属（新称）*Cantopelopia* Roback, 1971に分けられた（Cranston & Epler, 2013）．2つの亜属を幼虫や蛹で区別することは困難である．これらの大きな違いは成虫の中肢と後肢の脛節端刺にあり，それらはコガタノヒメユスリカ属で1本，クシヒメユスリカ属で2本である．筆者はコガタノヒメユスリカ亜属の種（図33-1～3）を静岡県磐田市の沼で，クシヒメユスリカ亜属の種（図33-4～5）を静岡市有度山の小流で採集した．いずれも幼虫や蛹は未知．

モンヌマユスリカ属　*Natarsia* Fittkau, 1962

本属の幼虫は腹部の各環節前方に僅か4本の剛毛の列をもち，大顎の内縁歯は非常に大きく先

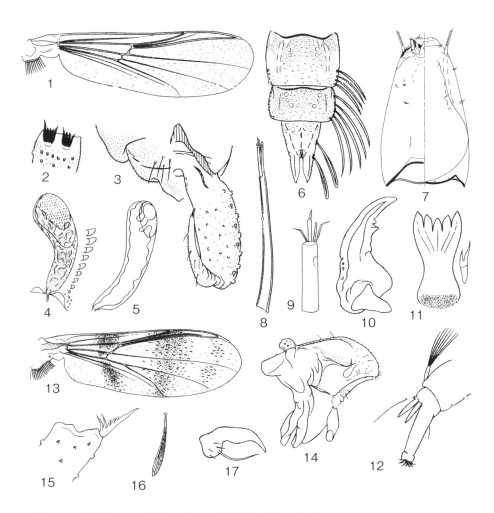

図30　コジロユスリカ属 *Larsia* とチョウユスリカ属 *Lepidopelopia*

1～12：コジロユスリカ *Larsia miyagasensis*　13～17：チョウユスリカ属の1種 *Lepidopelopia* sp.　1：雄成虫の右翅　2：成虫中肢の脛節末端　3：雄成虫の交尾器（背面図，左側の底節と把握器を省く）　4：蛹の呼吸角とその周辺部　5：蛹呼吸角の変異　6：雌蛹の第7～9腹節（背面図，左側の剛毛を省く）　7：幼虫の頭殻（左は腹面図，右は背面図）　8：幼虫の触角　9：幼虫の下顎髭　10：幼虫の大顎　11：幼虫の舌板と副舌　12：幼虫の後部腹節　13：雌成虫の右翅　14：成虫の胸部（側面図）　15：成虫前肢の脛節末端　16：成虫前肢の毛　17：成虫前肢の跗節爪

が丸い．生時，体は赤色．モンヌマユスリカ Natarsia tokunagai (Fittkau, 1962)（図34-1～11）は池沼や細流に普通．Tokunaga (1937) によって Anatopynia goetghebueri (Kieffer, 1918) と誤同定された本種は，その後オオヌマユスリカ属やヌマユスリカ属を経てここに落ち着いた（Kobayashi & Niitsuma, 1998）．欧州に広く分布する Natarsia punctata (Fabricius, 1805) は本種によく似る．しかし，蛹の尾端剛毛は非常に短く，遊泳板の長さの1/4程度（Fittkau & Murray, 1986, fig. 5. 26）．

コヒメユスリカ属　*Nilotanypus* Kieffer, 1923

舌板の歯が凸状に配列することでも日本産の他の属と区別がつく．コヒメユスリカ *Nilotanypus minutus* (Tokunaga, 1937)（図3-3，34-12～21）が知られるのみ．成虫は欧州産の *Nilotanypus dubius* (Meigen, 1804) に似る．しかし幼虫の後擬脚は1本の爪にのみ大きな鋸歯をもつ．この点において2本の爪に比較的小さな鋸歯をもつ *Nilotanypus dubius* とは明らかに異なる（Kownacki & Kownacka, 1968；Fittkau & Roback, 1983参照）．頭部背面の感覚孔DPは第7毛の近くにはっきりと認められ，それは決して不明瞭なものではない（Cranston & Epler, 2013, p. 70参照）．また蛹の呼吸角や遊泳板は *Nilotanypus dubius* のものよりも北米産の *Nilotanypus fimbriatus* (Walker, 1848) のものによく似る（Roback, 1986参照）．幼虫は山地渓流に普通．

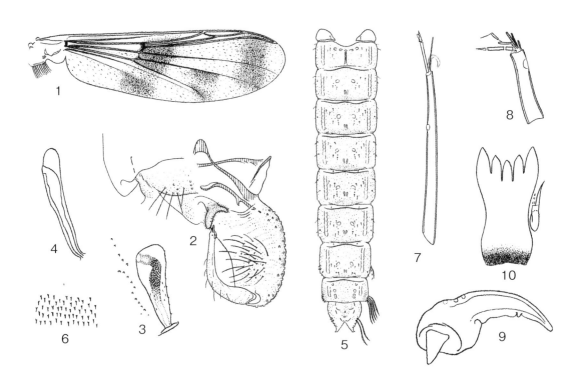

図31　ヨウヒメユスリカ属 *Lobomyia*
ヨウヒメユスリカ *Lobomyia immaculata*　1：雄成虫の右翅　2：雄成虫の交尾器（背面図，左側の底節と把握器を省く）　3：蛹の呼吸角とその周辺部　4：蛹の呼吸角（変異を示す）　5：雄蛹の腹部（背面図，左側の剛毛を一部省く）　6：蛹第4腹節背板の鮫皮様隆起　7：幼虫の触角　8：幼虫の下顎髭　9：幼虫の大顎　10：幼虫の舌板と副舌

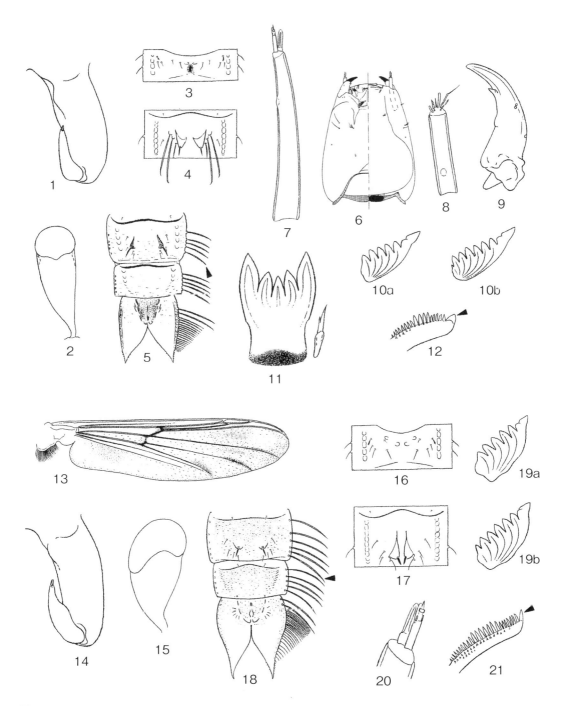

図 32　オオヌマユスリカ属 *Macropelopia*
1〜12：キブネヌマユスリカ *Macropelopia (Macropelopia) kibunensis*　13〜21：ボカシヌマユスリカ *Macropelopia (Macropelopia) paranebulosa*　1, 14：雄交尾器の底節と把握器　2, 15：蛹の呼吸角　3, 16：蛹の第1腹節（背毛および側毛の配列, 中央條紋の有無を示す）　4, 17：蛹の第4腹節（背毛および側毛の配列を示す）　5, 18：蛹の第7〜9腹節（背面図, 左側の剛毛を省く, 楔印は第7腹節のリボン状側毛の列を示す）　6：幼虫の頭殻（左は腹面図, 右は背面図）　7：幼虫の触角　8：幼虫の下顎髭　9：幼虫の大顎　10, 19：幼虫下唇板の歯列（a, bは変異）　11：幼虫の舌板と副舌　12, 21：幼虫の下咽頭櫛歯（楔印は内側の歯を示す）　13：雄成虫の右翅　20：幼虫の触角先端

カユスリカ属　*Procladius* Skuse, 1889

Procladius s.str. Psilotanypus Kieffer, 1906 *Holotanypus* Roback, 1982の3亜属に分けられている．わが国ではウスイロカユスリカ *Procladius* (*Holotanypus*) *choreus* (Meigen, 1804)（図3-2，4-3，5-1，35-1～13）が止水や緩流に普通．さらにヤハズカユスリカ *Procladius* (*Holotanypus*) *sagittalis* (Kieffer, 1909)，スヂブトカユスリカ *Procladius* (*Holotanypus*) *crassinervis* (Zetterstedt, 1838)，ニッポンカユスリカ *Procladius* (*Holotanypus*) *nipponicus* Tokunaga, 1937も記載報告されているが，日本産のこれらはウスイロカユスリカの誤同定と考えられている（Kobayashi, 1998）．欧州産の *Procladius* (*Holotanypus*) *sagittalis* は本種によく似るが，蛹の腹部背板にみられる鮫皮様隆起の微刺は横列を形成しない（Langton, 1984）．

ヌマユスリカ属　*Psectrotanypus* Kieffer, 1909

大顎の内側に，内縁歯に続いて順次小さくなる3～5本の歯をもつ．クロバヌマユスリカ *Psectrotanypus varius* (Fabricius, 1787)（図35-14～25）が知られるのみ（Tokunaga, 1937）．止水に普通．

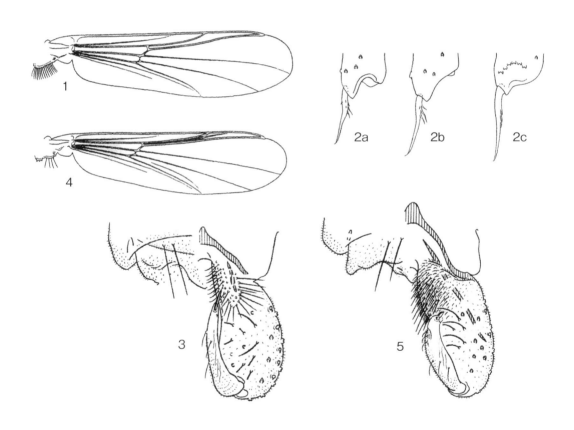

図33　コガタノヒメユスリカ属 *Monopelopia*
1～3：コガタノヒメユスリカ属（コガタノヒメユスリカ亜属）の1種 *Monopelopia* (*Monopelopia*) sp.　4～5：コガタノヒメユスリカ属（クシヒメユスリカ亜属）の1種 *Monopelopia* (*Cantopelopia*) sp.　1，4：雄成虫の右翅　2：成虫の脛節末端（a～cはそれぞれ前肢，中肢，後肢）　3，5：雄成虫の交尾器（背面図，左側の底節と把握器を省く）

ユスリカ科 35

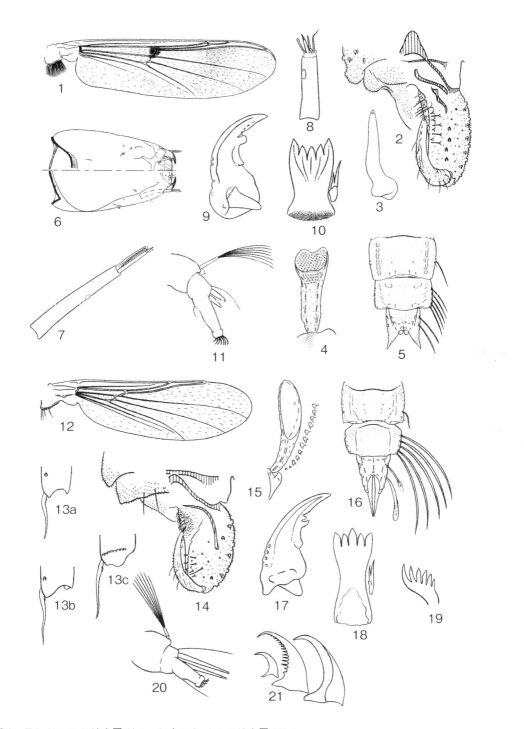

図34 モンヌマユスリカ属 Natarsia とコヒメユスリカ属 Nilotanypus
1～11：モンヌマユスリカ Natarsia tokunagai　12～21：コヒメユスリカ Nilotanypus minutus　1，12：雄成虫の右翅　2，14：雄成虫の交尾器（背面図，左側の底節と把握器を省く）　3：雄交尾器の把握器　4，15：蛹の呼吸角とその周辺部　5，16：雄蛹の第7～9腹節（背面図，左側の剛毛を省く）　6：幼虫の頭殻（上は腹面図，下は背面図）　7：幼虫の触角　8：幼虫の下顎髭　9，17：幼虫の大顎　10，18：幼虫の舌板と副舌　11，20：幼虫の後部腹節　13：成虫の脛節末端（a～cはそれぞれ前肢，中肢，後肢）　19：幼虫の下咽頭櫛歯　21：幼虫後擬脚の爪

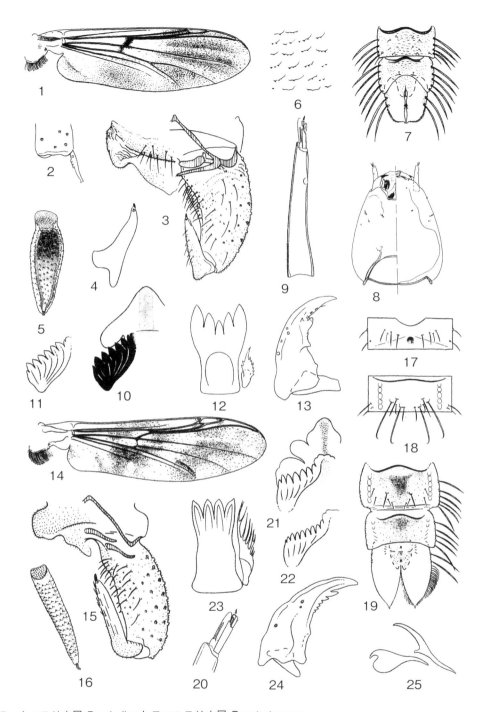

図35 カユスリカ属 *Procladius* とヌマユスリカ属 *Psectrotanypus*
1～13：ウスイロカユスリカ *Procladius* (*Holotanypus*) *choreus*　14～25：クロバヌマユスリカ *Psectrotanypus varius*　1, 14：雄成虫の右翅　2：成虫前肢の脛節末端　3, 15：雄成虫の交尾器（背面図，左側の底節と把握器を省く）　4：雄交尾器の把握器（変異を示す）　5, 16：蛹の呼吸角　6：蛹第4腹節背板の鮫皮様隆起　7, 19：雄蛹の第7～9腹節（背面図，19は左側の剛毛を省く）　8：幼虫の頭殻（左は腹面図，右は背面図）　9：幼虫の触角　10, 21：幼虫の下唇板と中央舌状体　11, 22：幼虫下唇板の歯列（変異を示す）　12, 23：幼虫の舌板と副舌　13, 24：幼虫の大顎　17：蛹の第1腹節（背毛および側毛の配列を示す）　18：蛹の第4腹節（背毛および側毛の配列を示す）　20：幼虫の触角先端　25：幼虫後擬脚の爪

ウスギヌヒメユスリカ属　*Rheopelopia* Fittkau, 1962

ウスギヌヒメユスリカ *Rheopelopia joganflava* (Sasa & Okazawa, 1991)（図36-1～12）は本州の河川に普通．本種は欧州産の *Rheopelopia maculipennis* (Zetterstedt, 1838) に似るが，雄成虫の交尾器は底節付属器に指状突起を備える（Pinder, 1978, fig. 85C）．この点において，本種はむしろ欧州産の *Rheopelopia ornata* (Meigen, 1838) に近い（Niitsuma, 2007a）．しかし，*Rheopelopia ornata* の蛹は第8腹節にリボン状側毛の列がある（Fittkau, 1962, fig. 155）．ウスギヌヒメユスリカの幼虫は，ヤマトヒメユスリカやエリトラフユスリカなどトラフユスリカ属の幼虫に似て腹部に顕著な長毛をもつ．頭部背面の後方は黒化するが，その範囲や強さはエリトラフユスリカほどではない．S_9-S_{10} / VP は約2．*Rheopelopia toyamazea* (Sasa, 1996) は本種の新参シノニム（Niitsuma & Kato, 2009）．

テドリカユスリカ属　*Saetheromyia* Niitsuma, 2007

テドリカユスリカ *Saetheromyia tedoriprima* (Sasa, 1994)（図36-13～24）が知られるのみ．リボン状の長い呼吸角や矩形の遊泳板をもつ蛹も特徴的である．幼虫は河川のよどみに棲み，ウスイロカユスリカの幼虫とともに泥底よりみつかることがある（Niitsuma, 2007b）．

モンユスリカ属　*Tanypus* Meigen, 1803

Roback（1971）は本属を2亜属に分けた．すなわち，成虫の下顎髭が5節のモンユスリカ亜属 *Tanypus s. str.* と4節のアモンユスリカ亜属（新称）*Apelopia* Roback, 1971である．しかし幼虫や蛹の特徴からこれらの亜属に分けるのは困難である．本州の止水や緩流からカスリモンユスリカ *Tanypus* (*Tanypus*) *formosanus* (Kieffer, 1912)（図37-1～11）とハバヒロモンユスリカ（新称）*Tanypus* (*Tanypus*) *nakazatoi* Kobayashi, 2010（図37-12～18）が知られている（Niitsuma, 2001a；Kobayashi, 2010）．後者は中国大陸に広く分布する *Tanypus* (*Tanypus*) *chinensis* Wang, 1994に酷似し，朝鮮半島（Makarchenko et al., 2016）からも報告されている．最近，著者は福島県いわき市の河川からアモンユスリカ亜属の種（図37-19～25）を採集した．

セマダラヒメユスリカ属　*Thienemannimyia* Fittkau, 1957

最近，セマダラヒメユスリカ亜属 *Thienemannimyia s. str.* とフトオウスギヌヒメユスリカ亜属 *Hayesomyia* Murray & Fittkau, 1985 に分けられたが（Cranston & Epler, 2013），幼虫の特徴だけでこれらの亜属に分けることは困難であろう（Silva & Ekrem, 2015）．これまで日本からはフトオウスギヌヒメユスリカ *Thienemannimyia* (*Hayesomyia*) *tripunctata* (Goetghebuer, 1922)（図38-1～7）の雄成虫が報告されているが（Sasa et al., 1998；Kobayashi, 2003），ヤボシヒメユスリカ *Pentaneura octopunctata* Tokunaga, 1937はこれに酷似する．また *Rheopelopia seiryuuvea* Sasa, Suzuki & Sakai, 1998 は本種の新参シノニムである（Kobayashi, 2003）．本著におけるセマダラヒメユスリカ属の特徴は，Rieradevall & Brooks（2001）と Epler (2001) による北米産 *Thienemannimyia* (*Hayesomyia*) *senata* (Walley, 1925) の報告に基づいた．

ハヤセヒメユスリカ属　*Trissopelopia* Kieffer, 1923

大顎に比較的大きな副歯をもち，舌板内歯の先端が明瞭に外側を向くことも特徴である．ハヤセヒメユスリカ *Trissopelopia longimana* (Staeger, 1839)（図12-1，38-8～19）は大小の河川に普通．本種の3齢幼虫はミヤガセコジロユスリカの4齢幼虫によく似る．しかし頭部腹面の感覚孔 VP と第10毛の位置で識別は可能である（Niitsuma, 2003a）．

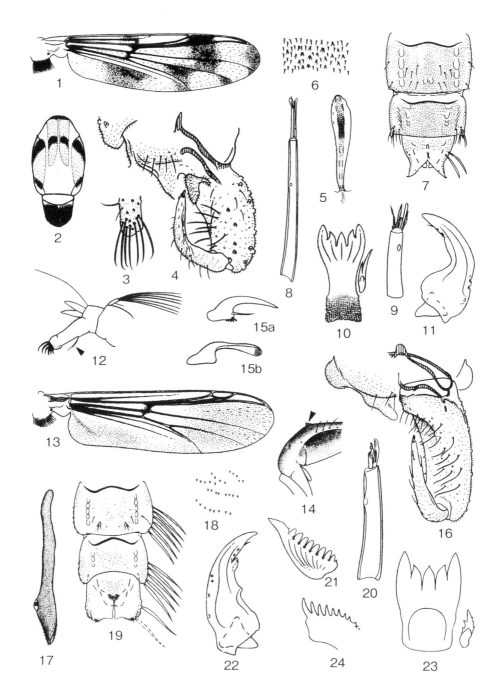

図36 ウスギヌヒメユスリカ属 *Rheopelopia* とテドリカユスリカ属 *Saetheromyia*
1～12：ウスギヌヒメユスリカ *Rheopelopia joganflava*　13～24：テドリカユスリカ *Saetheromyia tedoriprima*
1, 13：雄成虫の右翅　2：成虫の胸部と斑紋（背面図）　3：雄成虫中肢の第3跗節末端（剛毛群を示す）
4, 16：雄成虫の交尾器（背面図，左側の底節と把握器を省く）　5, 17：蛹の呼吸角　6, 18：蛹第4腹節背板の鮫皮様隆起　7, 19：雄蛹の第7～9腹節（背面図，左側の剛毛を省く）　8, 20：幼虫の触角　9：幼虫の下顎髭　10, 23：幼虫の舌板と副舌　11, 22：幼虫の大顎　12：幼虫の後部腹節（楔印は後擬脚基部の剛毛）　14：成虫の胸部先端（側面図，楔印は鱗片状の毛をもつ中胸楯板突起を示す）　15：雄成虫の跗節爪（a, bはそれぞれ前肢，中肢の爪）　21：幼虫下唇板の歯列　24：幼虫の下咽頭櫛歯

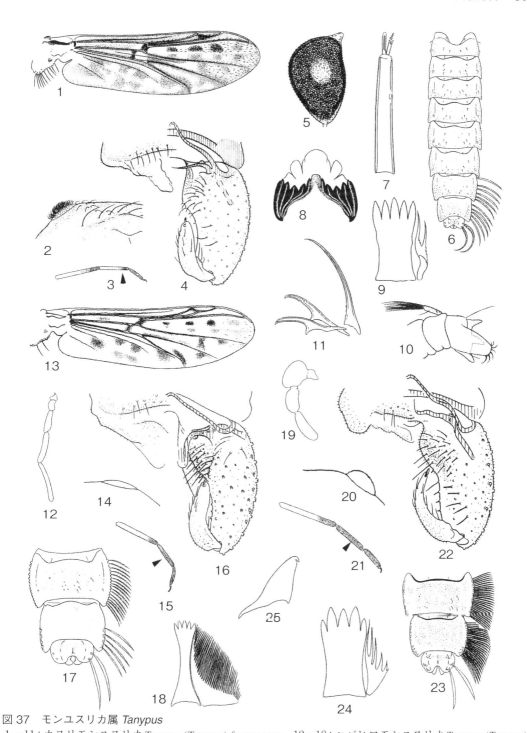

図37 モンユスリカ属 *Tanypus*
1〜11：カスリモンユスリカ *Tanypus* (*Tanypus*) *formosanus*　12〜18：ハバヒロモンユスリカ *Tanypus* (*Tanypus*) *nakazatoi*　19〜25：モンユスリカ属（アモンユスリカ亜属）の1種 *Tanypus* (*Apelopia*) sp.　1, 13：雄成虫の右翅　2, 14, 20：成虫の中胸（側面図, 中胸楯板突起を示す）　3, 15, 21：成虫前肢の第3〜5跗節（楔印は第4跗節の褐色部を示す）　4, 16, 22：雄成虫の交尾器（背面図, 左側の底節と把握器を省く）　5：蛹の呼吸角　6：雄蛹の腹部（背面図, 左側の剛毛を一部省く）　7：幼虫の触角　8：幼虫の下唇板と中央舌状体　9, 18, 24：幼虫の舌板と副舌　10：幼虫の後部腹節　11, 25：幼虫後擬脚の爪　12, 19：成虫の下顎髭　17, 23：雄蛹の第7〜9腹節（背面図, 左側の剛毛を省く）

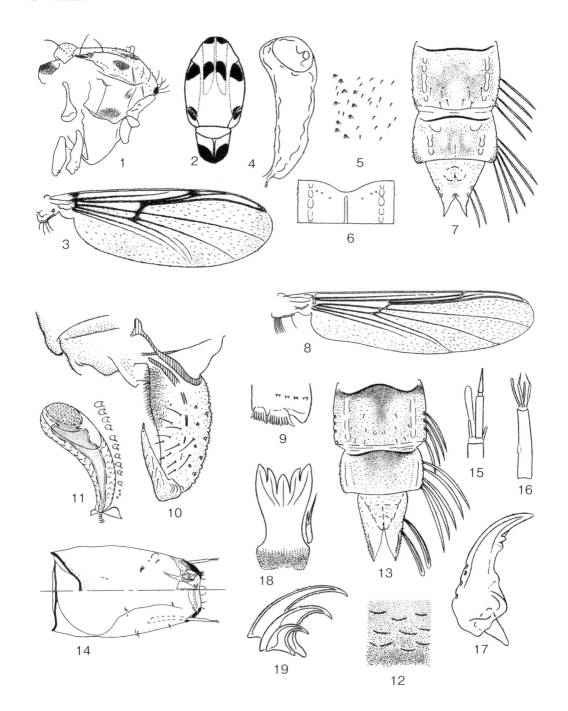

図38 セマダラヒメユスリカ属 Thienemannimyia とハヤセヒメユスリカ属 Trissopelopia
1〜7：フトオウスギヌヒメユスリカ Thienemannimyia (Hayesomyia) tripunctata　8〜19：ハヤセヒメユスリカ Trissopelopia longimana　1：雌成虫の胸部（側面図）　2：成虫の胸部と斑紋（背面図）　3：雌成虫の右翅　4：蛹の呼吸角　5，12：蛹第4腹節背板の鮫皮様隆起　6：蛹の第1腹節（背面図，側毛と背毛を省く）　7，13：雌蛹の第7〜9腹節（背面図，左側の剛毛を省く）　8：雄成虫の右翅　9：成虫後肢の脛節末端　10：雄成虫の交尾器（背面図，左側の底節と把握器を省く）　11：蛹の呼吸角とその周辺部　14：幼虫の頭殻（上は腹面図，下は背面図）　15：幼虫の触角先端　16：幼虫の下顎髭　17：幼虫の大顎　18：幼虫の舌板と副舌　19：幼虫後擬脚の爪

ヤマヒメユスリカ属　*Zavrelimyia* Fittkau, 1962

　ヤマヒメユスリカ亜属 *Zavrelimyia s. str.*，コシアキヒメユスリカ亜属 *Paramerina* Fittkau, 1962, *Reomyia* Roback, 1986, *Schineriella* Murry & Fittkau, 1988 の 4 亜属が認められている．これらは長年，独立した属として扱われてきたが，最近ヤマヒメユスリカ属の大幅な改訂が行われ，亜属として扱われるようになった（Cranston & Epler, 2013；Silva & Ekrem, 2015）．それに寄与したのがトガコシアキヒメユスリカ（新称）*Zavrelimyia* (*Paramerina*) *togavicea* (Sasa & Okazawa, 1992)（図39-12〜22）の幼虫の発見である．この種は下顎髭に単純な基節と後擬脚に先が二又に分かれた爪をもつ．Lauterborn 器官の 1 つが触角第 2 節と融合することを除けば，ヤマヒメユスリカ亜属の種と区別がつかない（Niitsuma et al., 2011）．それでコシアキヒメユスリカ類を属レベルに留めておく根拠がなくなった（Silva & Ekrem, 2015）．日本からはヤマヒメユスリカ亜属とコシアキヒメユスリカ亜属が知られている．一般に，前者の幼虫は単純な下顎髭基節をもち，後擬脚に先が二又となった爪をもつ．後者の幼虫は下顎髭基節が 2 次的に 2 節に分かれ，後擬脚の爪がすべて単純である．日本産コシアキヒメユスリカ亜属は Niitsuma et al. (2011) によって整理された．ここに入るのはトガコシアキヒメユスリカ，ニッコウコシアキヒメユスリカ（新称）*Zavrelimyia* (*Paramerina*) *yunouresia* (Sasa, 1989)（図40-1〜10），オキナリコシアキヒメユスリカ（新称）*Zavrelimyia* (*Paramerina*) *okigenga* (Sasa, 1990)（図40-11〜21），ハモンコシアキヒメユスリカ（新称）*Zavrelimyia* (*Paramerina*) *okimaculata* (Sasa, 1990)（図40-22〜23）の 4 種である．これまでわが国ではトガコシアキヒメユスリカを含む本亜属の多くの種が欧州産の *Zavrelimyia* (*Paramerina*) *divisa* (Walker, 1856) と混同されてきた．成虫の中胸楯板の褐色紋から，徳永（1937）がコシアキヒメユスリカ *Pentaneura divisa* としたのは *Zavrelimyia* (*Paramerina*) *togavicea* と推察される．おそらく真の *Zavrelimyia* (*Paramerina*) *divisa* がわが国でみつかることはないであろう．それにもかかわらずコシアキヒメユスリカの和名は，今でも *Zavrelimyia* (*Paramerina*) *divisa* や *Zavrelimyia* (*Paramerina*) *yunouresia* に使われている（小林，2010；山本・山本，2014）．そこで，ここでは混乱を避けるために種名としてのコシアキヒメユスリカを廃して，日本産の 4 種に前述のような和名をあてることを提唱する．ヤマヒメユスリカ亜属はヤマヒメユスリカ *Zavrelimyia* (*Zavrelimyia*) *monticola* (Tokunaga, 1937)（図39-1〜11）とミヤコヒメユスリカ *Zavrelimyia* (*Zavrelimyia*) *kyotoensis* (Tokunaga, 1937) が記載されている．前者の幼虫は多くのヤマヒメユスリカ亜属の幼虫とは異なり，後擬脚に二又分かれた爪をもたない．本属の幼虫は赤色を呈し山地の緩流でみつかる．

ケブカユスリカ亜科　Podonominae

　日本からはキタケブカユスリカ属 *Boreochlus* Edwards, 1938 のティーネマンキタケブカユスリカ *Boreochlus thienemanni* Edwards & Thienemann, 1938（図3-1，4-2，9-2，12-2，41-1〜5）とナガサキキタケブカユスリカ *Boreochlus longicoxalsetosus* Kobayashi & Suzuki, 2000 が報告されている．前者の幼虫は山地渓流の苔の中で稀にみつかる．後者の成虫は長崎県轟狭で採集されたが，幼虫は未だに不明（Kobayashi & Suzuki, 2000）．近年，ニセキタケブカユスリカ属 *Paraboreochlus* Thienemann, 1939 のオキナワニセキタケブカユスリカ *Paraboreochlus okinawanus* Kobayashi & Kuranishi, 1999 が沖縄本島から報告された．しかし，この種の幼虫も未知（Kobayashi & Kuranishi, 1999）．ニセキタケブカユスリカ属の幼虫は肛門鰓のすぐ前に 1 対の長毛をもつことで，キタケブカユスリカ属の幼虫とは区別される（Brundin, 1983）．

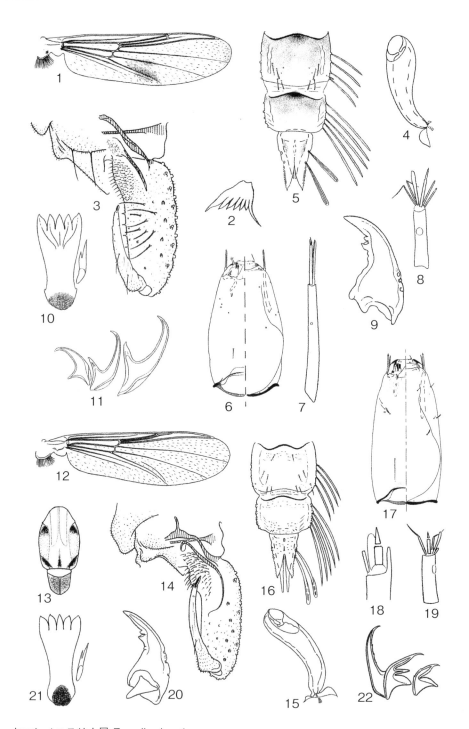

図39　ヤマヒメユスリカ属 *Zavrelimyia*　1

1〜11：ヤマヒメユスリカ *Zavrelimyia (Zavrelimyia) monticola*　12〜22：トガコシアキヒメユスリカ *Zavrelimyia (Paramerina) togavicea*　1, 12：雄成虫の右翅　2：成虫前肢の脛節端刺　3, 14：雄成虫の交尾器（背面図，左側の底節と把握器を省く）　4, 15：蛹の呼吸角　5, 16：雄蛹の第7〜9腹節（背面図，左側の剛毛を省く）　6, 17：幼虫の頭殻（左は腹面図，右は背面図）　7：幼虫の触角　8, 19：幼虫の下顎髭　9, 20：幼虫の大顎　10, 21：幼虫の舌板と副舌　11, 22：幼虫後擬脚の爪　13：成虫の胸部と斑紋（背面図）　18：幼虫の触角先端

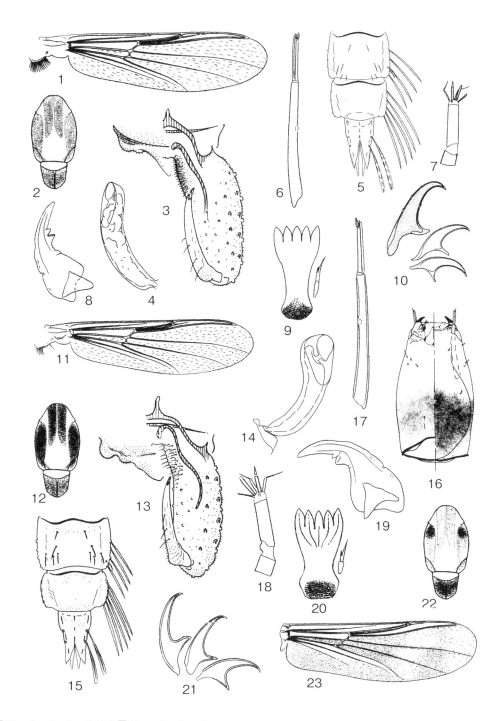

図40 ヤマヒメユスリカ属 *Zavrelimyia* 2
1〜10：ニッコウコシアキヒメユスリカ *Zavrelimyia (Paramerina) yunouresia* 11〜21：オキナワコシアキヒメユスリカ *Zavrelimyia (Paramerina) okigenga* 22〜23：ハモンコシアキヒメユスリカ *Zavrelimyia (Paramerina) okimaculata* 1, 11, 23：雄成虫の右翅 2, 12, 22：成虫の胸部と斑紋（背面図） 3, 13：雄成虫の交尾器（背面図，左側の底節と把握器を省く） 4, 14：蛹の呼吸角 5, 15：雄蛹の第7〜9腹節（背面図，左側の剛毛を省く） 6, 17：幼虫の触角 7, 18：幼虫の下顎髭 8, 19：幼虫の大顎 9, 20：幼虫の舌板と副舌 10, 21：幼虫後擬脚の爪 16：幼虫の頭殻（左は腹面図，右は背面図）

図41 キタケブカユスリカ属 *Boreochlus* とイソユスリカ属 *Telmatogeton*
1〜5：ティーネマンキタケブカユスリカ *Boreochlus thienemanni*　6〜10：ヤマトイソユスリカ *Telmatogeton japonicus*　1，6：雄成虫の交尾器（背面図，左側の底節と把握器を省く）　2：雄蛹の第8〜9腹節（背面図）　3，7：幼虫の下唇板　4，10：幼虫の大顎　5：幼虫の後部腹節　8：幼虫の触角　9：幼虫の副顎

イソユスリカ亜科　Telmatogetoninae

　ハマベユスリカ属 *Thalassomya* Schiner, 1856とイソユスリカ属 *Telmatogeton* Schiner, 1867が報告されている．幼虫副顎の歯が前者では1本，後者では3本のため，それらは容易に区別できる（Cranston, 1983）．日本からはヤマトイソユスリカ *Telmatogeton japonicus* Tokunaga, 1933（図3-6，12-5，41-6〜10），ミナミイソユスリカ *Telmatogeton pacificus* Tokunaga, 1935, ヤマトハマベユスリカ *Thalassomya japonica* Tokunaga & Etsuko, 1955 の2属3種が知られ（橋本，1970），幼虫は岩礁の潮間帯についた海草中でみつかる．すべて海産．特にヤマトイソユスリカは世界中に広く分布する．そして，北海道では冬でも活動し（巣瀬・藤沢，1982），九州南部や沖縄では時折大発生してヒトエグサ *Monostroma nitidum* Wittrock（海産アオサ藻類 Ulvophyceae）の害虫となる．

オオヤマユスリカ亜科　Prodiamesinae

　世界中で4属が知られ（Sæther & Andersen, 2013），日本からはそれらすべてが報告されている．

オオヤマユスリカ亜科の属の検索
終齢幼虫

- 1a 下唇板の歯の数は奇数［特徴は Sæther（1983）による］
 ……………………………………………… エゾオオヤマユスリカ属　*Odontomesa* Pagast
- 1b 下唇板の歯の数は偶数………………………………………………………………………… 2
- 2a 下唇板中央の2歯の間隙は広く，U字状
 ……………………………………………… トゲヤマユスリカ属　*Monodiamesa* Kieffer
- 2b 下唇板中央の2歯の間隙は狭く，V字状………………………………………………… 3
- 3a 下唇側板内側の毛は長く，下唇側板の幅の3倍以上
 ……………………………………………… オオヤマユスリカ属　*Prodiamesa* Kieffer
- 3b 下唇側板内側の毛の長さは，下唇側板の幅の2倍以下
 ……………………………………………… ケバネオオヤマユスリカ属　*Compteromesa* Sæther

ケバネオオヤマユスリカ属　*Compteromesa* Sæther, 1981

ケバネオオヤマユスリカ *Compteromesa haradensis* Niitsuma & Makarchenko, 1997（図43-1～5）が記載されている．海外からは北米の *Compteromesa oconeensis* Sæther, 1981が知られるのみ．著者はケバネオオヤマユスリカの幼虫を静岡市の田園地帯で採集したが（Niitsuma & Makarchenko, 1997），その後福島県いわき市の森林でも採集している．採集地はいずれも抽水植物の豊かな湧水流．

トゲヤマユスリカ属　*Monodiamesa* Kieffer, 1922

全北区に広く分布するシブタニオオヤマユスリカ *Monodiamesa bathyphila* (Kieffer, 1918)（図43-6～9）が日本からも報告されている（Tokunaga, 1936）．幼虫は山地渓流に棲む．

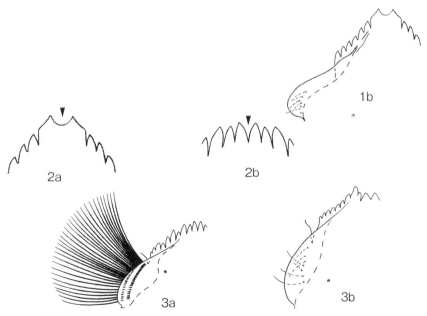

図42　オオヤマユスリカ亜科 Prodiamesinae
1b：シブタニオオヤマユスリカ *Monodiamesa bathyphila*　2a：シブタニオオヤマユスリカ *Monodiamesa bathyphila*　2b：ナガイオオヤマユスリカ *Prodiamesa levanidovae*　3a：ナガイオオヤマユスリカ *Prodiamesa levanidovae*　3b：ケバネオオヤマユスリカ *Compteromesa haradensis*

46　双翅目

エゾオオヤマユスリカ属　*Odontomesa* **Pagast, 1947**

本属幼虫の下唇板は淡色の大きな中央歯をもつ．全北区に広く分布するエゾオオヤマユスリカ *Odontomesa fulva* (Kieffer, 1919) が北海道から報告されているが（小林, 2010, p. 93），詳細は不明．

オオヤマユスリカ属　*Prodiamesa* **Kieffer, 1906**

ナガイオオヤマユスリカ *Prodiamesa levanidovae* Makarchenko, 1982（図3-4, 5-3, 44）は平地流，特に湧水流でしばしばみつかる．

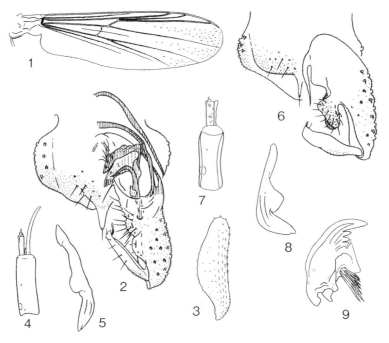

図43　ケバネオオヤマユスリカ属 *Compteromesa* とトゲヤマユスリカ属 *Monodiamesa*
1～5：ケバネオオヤマユスリカ *Compteromesa haradensis*　6～9：シブタニオオヤマユスリカ *Monodiamesa bathyphila*　1：雄成虫の右翅　2, 6：雄成虫の交尾器（背面図，左側の底節と把握器を省く）　3：蛹の呼吸角　4, 7：幼虫の触角　5, 8：幼虫の副顎　9：幼虫の大顎

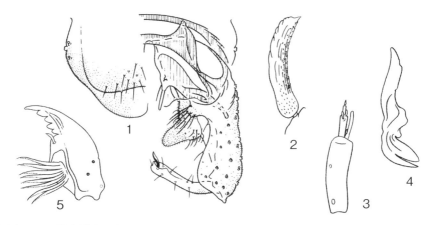

図44　オオヤマユスリカ属 *Prodiamesa*
ナガイオオヤマユスリカ *Prodiamesa levanidovae*　1：雄成虫の交尾器（背面図，左側の底節と把握器を省く）　2：蛹の呼吸角　3：幼虫の触角　4：幼虫の副顎　5：幼虫の大顎

ヤマユスリカ亜科　Diamesinae

　これまでに日本から報告されたヤマユスリカ類は11属40種を超える（山本・山本，2014）．しかし，幼虫のわかっている種はその半数にも満たない．リネビチアヤマユスリカ属 *Linevitshia* Makarchenko, 1987も未だに幼虫は不明である．多くが冬から早春にかけて羽化し，雪虫として知られる．

ヤマユスリカ亜科の属の検索
終齢幼虫

1 a　頭殻の背面に顕著な突起または瘤がある………… タニユスリカ属　*Boreoheptagyia* Brundin
1 b　頭殻の背面に突起や瘤はない……………………………………………………………… 2
2 a　頭殻は夥しい毛で覆われる［日本産の幼虫は未知．特徴は Oliver（1983）による］
　　　………………………………………………………… オナガヤマユスリカ属　*Protanypus* Kieffer
2 b　頭殻は疎らな毛をもつ…………………………………………………………………… 3
3 a　尾剛毛束の台は退化的で，微小な台が認められる時でも側毛はない．尾剛毛は4本
　　　………………………………………………………………… ヤマユスリカ属　*Diamesa* Meigen
3 b　側毛を備えた尾剛毛束の台がある．尾剛毛は5～10本（ササユスリカ属 *Sasayusurika* は尾剛毛束台の側毛を欠くが，尾剛毛は10本）………………………………………………… 4

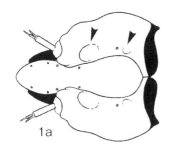
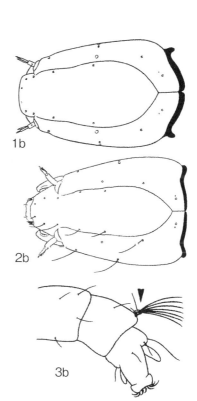
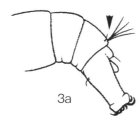

図45　ヤマユスリカ亜科 Diamesinae　1
1 a：タニユスリカ属の1種 *Boreoheptagyia* sp.　1 b：カモヤマユスリカ *Potthastia longimanus*　2 b：クビレサワユスリカ *Potthastia gaedii*　3 a：フサケヤマユスリカ *Diamesa plumicornis*　3 b：キョウトユキユスリカ *Pagastia lanceolata*

4a 下唇板に歯はない……………………………… **サワユスリカ属** *Potthastia* Kieffer（一部）
4b 下唇板に歯がある ……………………………………………………………………… 5
5a 左右の下唇側板は下唇板の中央で融合する．下唇板の側歯は6～8対
 ……………………………………… **オオユキユスリカ属** *Pagastia* Oliver
5b 下唇側板は下唇板の中央に達せず．下唇板の側歯は6～11対 ……………… 6
6a 触角の第3節は第2節よりもはるかに長い．下唇板の側歯は6対［特徴は Makarchenko & Endo（2009）による］………………… **ササユスリカ属** *Sasayusurika* Makarchenko
6b 触角の第3節は第2節よりも短いか，長くてもその差は僅か．下唇板の側歯は7～11対
 ……………………………………………………………………………………… 7

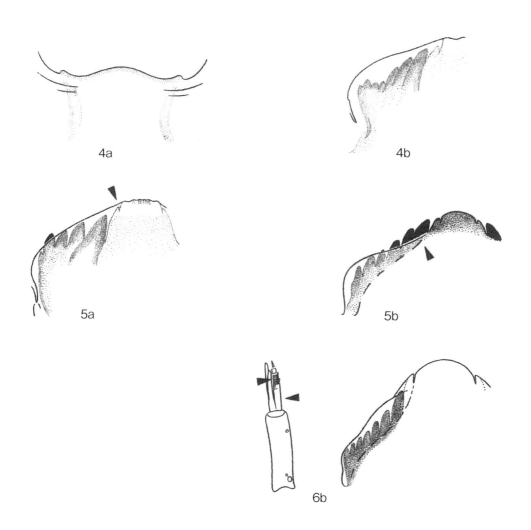

図46 ヤマユスリカ亜科 Diamesinae 2
4a：カモヤマユスリカ *Potthastia longimanus*　4b：アルプスケユスリカ *Pagastia nivis*　5a：キョウトユキユスリカ *Pagastia lanceolata*　5b：タカタユキユスリカ *Sympotthastia takatensis*　6b：クビレサワユスリカ *Potthastia gaedii*

7a	下唇板の中央歯は幅が第1側歯の2倍以上	8
7b	下唇板の中央歯は幅が第1側歯の1.5倍以下	9
8a	下唇板の中央歯は幅が第1側歯の2〜3倍．側歯は7〜10対 フサユキユスリカ属 *Sympotthastia* Pagast	
8b	下唇板の中央歯は幅が第1側歯の5〜6倍．側歯は7〜11対 サワユスリカ属 *Potthastia* Kieffer（一部）	
9a	下唇側板は第1側歯に達する．下唇板の側歯は7対 ケユキユスリカ属 *Pseudodiamesa* Goetghebuer	
9b	下唇側板は第1側歯に達せず．下唇板の側歯は9〜10対 ユキユスリカ属 *Syndiamesa* Kieffer	

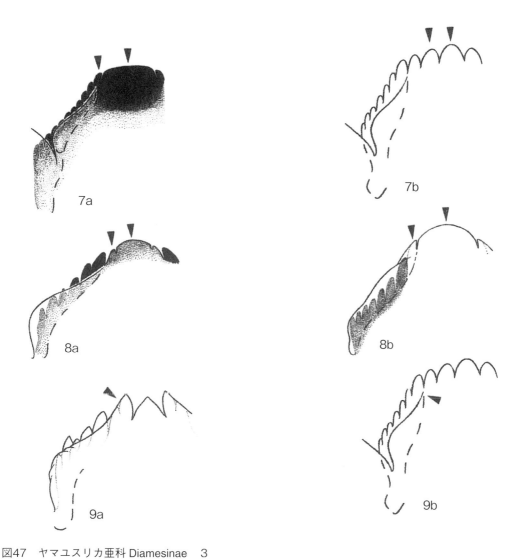

図47 ヤマユスリカ亜科 Diamesinae 3
7a：リョウカクサワユスリカ *Potthastia montium*　7b：カシマユキユスリカ *Syndiamesa kashimae*　8a：タカタユキユスリカ *Sympotthastia takatensis*　8b：クビレサワユスリカ *Potthastia gaedii*　9a：ナミケユキユスリカ *Pseudodiamesa branickii*　9b：カシマユキユスリカ *Syndiamesa kashimae*

タニユスリカ属　*Boreoheptagyia* Brundin, 1966

Toyamadiamesa Sasa, 1994は本属の新参シノニムである（Sæther et al., 2000）．Makarchenko et al. (2008) は雄成虫の形態に基づいて，ヒラアシタニユスリカ *Boreoheptagyia brevitarsis* (Tokunaga, 1936)（図48-1〜4），クロベタニユスリカ *Boreoheptagyia kurobebrevis* (Sasa & Okazawa, 1992)，ロクセツタニユスリカ *Boreoheptagyia unica* Makarchenko, 1994, ササタニユスリカ *Boreoheptagyia sasai* Makarchenko & Endo, 2008をタニユスリカ属と認めたが，他にヤマトタニユスリカ *Boreoheptagyia nipponica* (Tokunaga, 1937) とヒメタニユスリカ *Boreoheptagyia eburnea* (Tokunaga, 1937) が雌成虫だけで記載されている．幼虫は山地渓流に棲むがみかけることは稀．

ヤマユスリカ属　*Diamesa* Meigen, 1835

ツツイヤマユスリカ *Diamesa tsutsuii* Tokunaga, 1936（図48-5〜14），フサケヤマユスリカ *Diamesa plumicornis* Tokunaga, 1936（図49-1〜4），アルプスヤマユスリカ *Diamesa alpina* Tokunaga, 1936（図3-5，49-5）など12種が日本から報告されている（Makarchenko, 1996；Kobayashi & Endo, 2008）．また最近，静岡市葵区井川の小流でみつかった種が Makarchenko（私信）によってオクヤマユスリカ（新称）*Diamesa kasaulica* Pagast, 1947（図49-6〜8）と同定された．*Diamesa tsutsuii* は *Diamesa borealis* (Coquillett, 1899)の新参シノニムとして扱われることもある（Ashe & Cranston, 1990；新妻, 2005）．しかし，後者はロシアのベーリング島から雌成虫で記載された種である．本属の多くの種は雌成虫からの同定が困難なため，本書では *Diamesa tsutsuii* の名を採用した．

リネビチアヤマユスリカ属　*Linevitshia* Makarchenko, 1987

リネビチアヤマユスリカ *Linevitshia yezoensis* Endo, 2007が北海道から記載されている．幼虫は未知．本属は Endo et al. (2007) によってケブカユスリカ亜科からヤマユスリカ亜科に移されたが，タイプ種 *Linevitshia prima* Makarchenko, 1987ですら幼虫は不明である．

オオユキユスリカ属　*Pagastia* Oliver, 1959

Pagastia s. str. と *Hesperodiamesa* Sublete, 1967の2亜属に分けられ，下唇亜基節毛の位置が後頭縁寄りであることも本属幼虫の特徴とされている（図50-6）．日本からはキョウトユキユスリカ *Pagastia* (*Pagastia*) *lanceolata* (Tokunaga, 1936)（図50-1〜10），アルプスケユキユスリカ *Pagastia* (*Pagastia*) *nivis* (Tokunaga, 1936)（図50-11〜19），サキマルオオユキユスリカ *Pagastia* (*Pagastia*) *orthogonia* Oliver, 1959, ヒダカオオユキユスリカ *Pagastia* (*Pagastia*) *hidakamontana* Endo, 2004が知られる（Endo, 2004）．キョウトユキユスリカとアルプスケユキユスリカは清流に棲み，時折わさび田で大発生する．

サワユスリカ属　*Potthastia* Kieffer, 1922

日本からは3種が報告されている（Makarchenko, 1996；山本・山本, 2014）．カモヤマユスリカ *Potthastia longimanus* Kieffer, 1922（図51-1〜7）は下唇板の歯を欠く．本種は砂質の水底を好み，渓流に普通．しかし，平地流や湖でもみつかることがある．下唇板に幅の広い中央歯と多数の側歯をもつ種としてクビレサワユスリカ *Potthastia gaedii* (Meigen, 1838)（図51-8〜13）とリョウカクサワユスリカ *Potthastia montium* (Edwards, 1929)（図51-14〜20）が知られている．前者の成虫は真夏でもしばしば採集される．

ユスリカ科 51

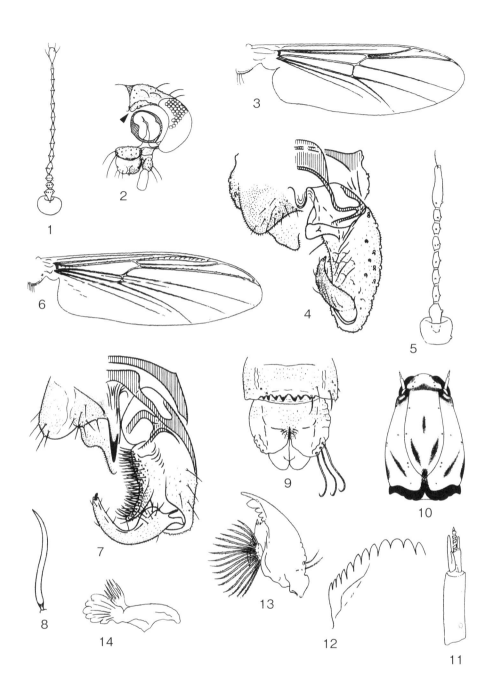

図48　タニユスリカ属 *Boreoheptagya* とヤマユスリカ属 *Diamesa*　1
1～4：ヒラアシタニユスリカ *Boreoheptagyia brevitarsis*　5～14：ツツイヤマユスリカ *Diamesa tsutsuii*　1，5：雄成虫の触角　2：雄成虫の頭部（楔印は額前突起を示す）　3，6：雄成虫の右翅　4，7：雄成虫の交尾器（背面図，左側の底節と把握器を省く）　8：蛹の呼吸角　9：雄蛹の第8～9腹節（背面図，左側の剛毛を省く）　10：幼虫の頭殻（背面図）　11：幼虫の触角　12：幼虫の下唇板　13：幼虫の大顎　14：幼虫の副顎

52 双翅目

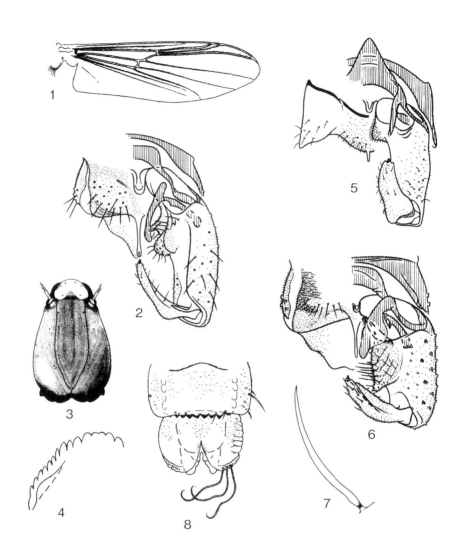

図49 ヤマユスリカ属 *Diamesa* 2
1〜4：フサケヤマユスリカ *Diamesa plumicornis* 5：アルプスヤマユスリカ *Diamesa alpina* 6〜8：オクヤマユスリカ *Diamesa kasaulica* 1：雄成虫の右翅 2, 5, 6：雄成虫の交尾器（背面図，左側の底節と把握器を省く） 3：幼虫の頭殻（背面図） 4：幼虫の下唇板 7：蛹の呼吸角 8：雄蛹の第8〜9腹節（背面図，左側の剛毛を省く）

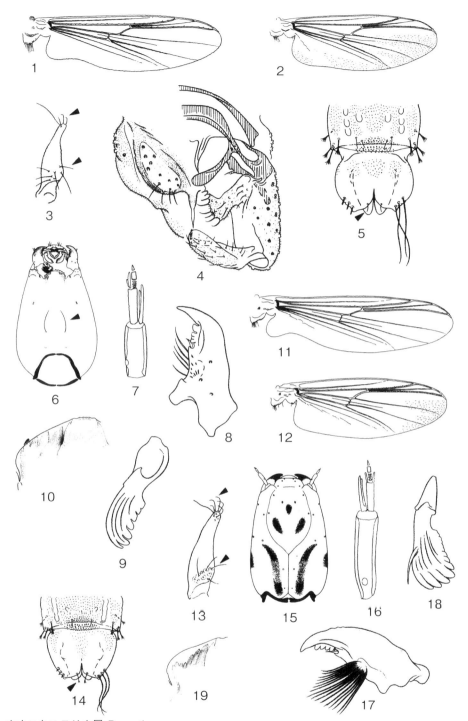

図50 オオユキユスリカ属 Pagastia
1〜10: キョウトユキユスリカ Pagastia (Pagastia) lanceolata 11〜19: アルプスケユキユスリカ Pagastia (Pagastia) nivis 1, 11: 雄成虫の右翅 2, 12: 雌成虫の右翅 3, 13: 前胸背板（側面図，楔印は背方および側方の前胸背板毛を示す） 4: 雄成虫の交尾器（背面図，左側の底節と把握器を省く） 5, 14: 雄蛹の第8〜9腹節（背面図，左側の尾端剛毛を省く，楔印は遊泳板小毛を示す） 6, 15: 幼虫の頭殻（6は腹面図，15は背面図，楔印は下唇亜基節毛を示す） 7, 16: 幼虫の触角 8, 17: 幼虫の大顎 9, 18: 幼虫の副顎 10, 19: 幼虫の下唇板

54　双翅目

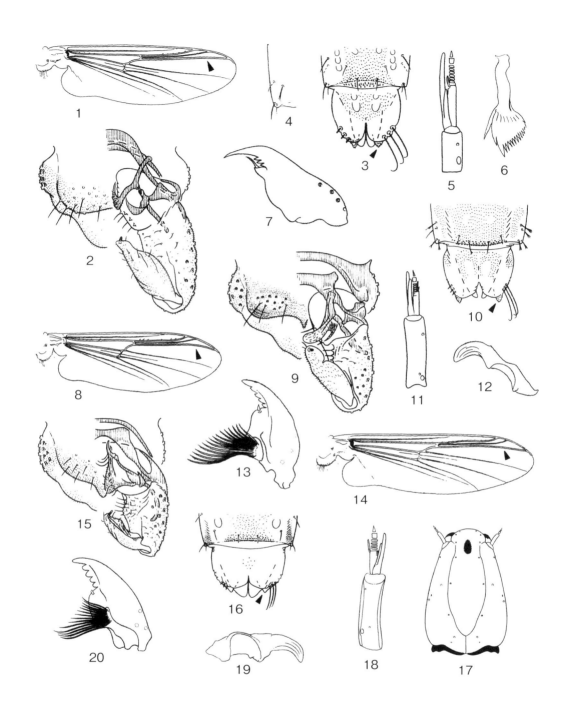

図51　サワユスリカ属 Potthastia
1〜7：カモヤマユスリカ Potthastia longimanus　8〜13：クビレサワユスリカ Potthastia gaedii　14〜20：リョウカクサワユスリカ Potthastia montium　1, 8, 14：雄成虫の右翅（楔印は無毛の翅脈 R_{4+5} を示す）　2, 9, 15：雄成虫の交尾器（背面図，左側の底節と把握器を省く）　3, 10, 16：雄蛹の第8〜9腹節（背面図，左側の尾端剛毛を省く，楔印は遊泳板突起を示す）　4：蛹第8腹節側毛の変異　5, 11, 18：幼虫の触角　6, 12, 19：幼虫の副顎　7, 13, 20：幼虫の大顎　17：幼虫の頭殻（背面図）

オナガヤマユスリカ属　*Protanypus* Kieffer, 1906

　本属の幼虫は触角の螺旋状条痕を欠き，頭殻の後頭縁に1対の長い突起をもつ（Oliver, 1983）．ヤマユスリカ亜科のなかではかなり特異的である．イナワシロオナガヤマユスリカ *Protanypus inateuus* Sasa, Kitami & Suzuki, 2001の雄成虫が福島県の猪苗代湖から記載されている（Sasa et al., 2001）．これまで本属の幼虫は貧栄養の湖沼から報告されてきたが，本種の幼虫は未知．

ケユキユスリカ属　*Pseudodiamesa* Goetghebuer, 1939

　2亜属 *Pseudodiamesa s. str.* と *Pachydiamesa* Oliver, 1959に分けられ，日本からはナミケユキユスリカ *Pseudodiamesa* (*Pseudodiamesa*) *branickii* (Nowicki, 1873)（図52-1～5）とケナシケユキユスリカ *Pseudodiamesa* (*Pseudodiamesa*) *stackelbergi* (Goetghebuer, 1933) が記録されている（Makarchenko, 1996）．幼虫は山地渓流に生息するが，みることは稀．

ササユスリカ属　*Sasayusurika* Makarchenko, 1993

　幼虫の尾剛毛は10本．その台は低く，側毛をもたない（Makarchenko & Endo, 2009）．ニイガタユキヤマユスリカ *Sasayusurika nigatana* (Tokunaga, 1936) が知られるのみ．本種はインドのヒマラヤからも記録されている（Willassen, 2007）．*Sasayusurika aenigmata* Makarchenko, 1933は本種の新参シノニム（Makarchenko & Endo, 2009）．

フサユキユスリカ属　*Sympotthastia* Pagast, 1947

　タカタユキユスリカ *Sympotthastia takatensis* (Tokunaga, 1936)（図5-4，12-3，52-6～12），キブネユキユスリカ *Sympotthastia bicolor* (Tokunaga, 1937)，フトオフサユキユスリカ *Sympotthastia gemmaformis* Makarchenko, 1944が記載報告されている（Makarchenko, 1996；Endo, 2007；山本・山本，2014）．チャイロフサユキユスリカ *Sympotthastia fulva* (Johannsen, 1921) も北海道に棲むというが詳細は不明（小林，2010, p. 88）．タカタユキユスリカの幼虫は平地流にも棲み，本州で最も普通にみられるヤマユスリカ類である．

ユキユスリカ属　*Syndiamesa* Kieffer, 1918

　Endo（2007）によって，日本の本属はカシマユキユスリカ *Syndiamesa kashimae* Tokunaga, 1936（図53），ミヤマユキユスリカ *Syndiamesa montana* Tokunaga, 1936，ヨシイユキユスリカ *Syndiamesa yosiii* Tokunaga, 1964，キタユキユスリカ *Syndiamesa mira* (Makarchenko, 1980)，キョウゴクユキユスリカ *Syndiamesa kyogokusecunda* Sasa & Suzuki, 1998，ケナガユキユスリカ *Syndiamesa longipilosa* Endo, 2007の6種に整理された．カシマユキユスリカの幼虫は，しばしば山地渓流の落ち葉の下や苔の中でみかける．

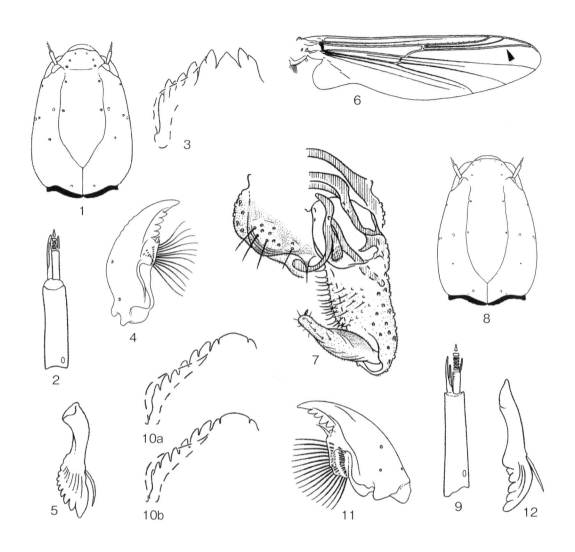

図52 ケユキユスリカ属 *Pseudodiamesa* とフサユキユスリカ属 *Sympotthastia*
1〜5：ナミケユキユスリカ *Pseudodiamesa branickii*　6〜12：タカタユキユスリカ *Sympotthastia takatensis*　1，8：幼虫の頭殻（背面図）　2，9：幼虫の触角　3，10：幼虫の下唇板（a, b は変異）　4，11：幼虫の大顎　5，12：幼虫の副顎　6：雄成虫の右翅（楔印は無毛の翅脈 R_{4+5} を示す）　7：雄成虫の交尾器（背面図，左側の底節と把握器を省く）

ユスリカ科 57

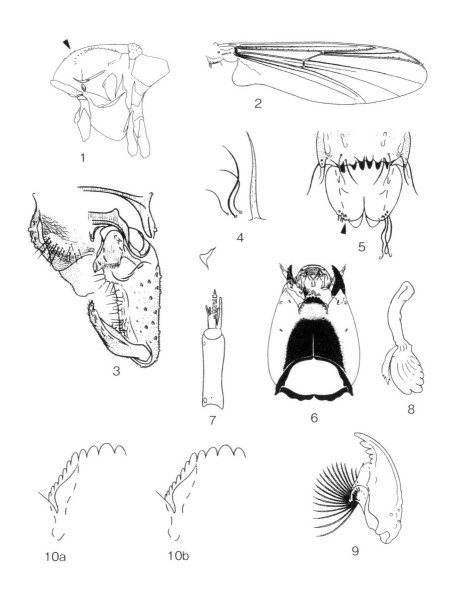

図53 ユキユスリカ属 *Syndiamesa*
カシマユキユスリカ *Syndiamesa kashimae*　1：雄成虫の胸部（側面図，楔印は微小な背中毛を示す）　2：雄成虫の右翅　3：雄成虫の交尾器（背面図，左側の底節と把握器を省く）　4：蛹の呼吸角とその周辺部　5：雄蛹の第8～9腹節（背面図，左側の尾端剛毛を省く，楔印は小隆起を示す）　6：幼虫の頭殻（腹面図）　7：幼虫の触角　8：幼虫の副顎　9：幼虫の大顎　10：幼虫の下唇板（a，bは変異）

参考文献（ユスリカ科概説，モンユスリカ亜科，ケブカユスリカ亜科，イソユスリカ亜科，オオヤマユスリカ亜科およびヤマユスリカ亜科）

Ashe, P. & P. S. Cranston. 1990. Family Chironomidae. In Á. Soós & L. Papp (eds), Catalogue of Palaearctic Diptera. Vol. 2: 113-499. Akadémiai Kiadó, Budapest.

Ashe, P. & D. A. Murray. 1983. Observations on and descriptions of the egg-mass and eggs of *Buchonomyia thienemanni* Fitt. (Diptera: Chironomidae). Mem. Amer. Ent. Soc., 34: 3-13.

Brundin, L. 1983. 4. The larvae of Podonominae (Diptera: Chironomidae) of the Holarctic region – Keys and Diagnoses. In T. Wiederholm (ed.), Chironomidae of the Holarctic region. Keys and Diagnoses. Part 1. Larvae: 23-31. (Ent. Scand. Suppl., 19: 23-31)

Cranston, P. S. 1983. 3. The larvae of Telmatogetoninae (Diptera: Chironomidae) of the Holarctic region – Keys and Diagnoses. In T. Wiederholm (ed.), Chironomidae of the Holarctic region. Keys and Diagnoses. Part 1. Larvae: 17-22. (Ent. Scand. Suppl., 19: 17-22)

Cranston, P. S. & J. H. Epler. 2013. 5. The larvae of Tanypodinae (Diptera: Chironomidae) of the Holarctic Region – Keys and Diagnoses. In T. Andersen, P. S. Cranston & J. H. Epler (eds.), The larvae of Chironomidae (Diptera) of the Holarctic Region. Keys and Diagnoses – Larvae. Insect Syst. Evol., Suppl., 66: 39-136.

Endo, K. 2004. Genus *Pagastia* Oliver (Diptera: Chironomidae) from Japan, with description of a new species. Ent. Sci., 7: 277-289.

Endo, K. 2007. Taxonomic notes on the genus *Syndiamesa* Kieffer (Diptera: Chironomidae) from Japan, with description of a new species. Ent. Sci., 10: 291-299.

Endo, K., E. A. Makarchenko & E. Willassen. 2007. On the systematics of *Linevitshia* Makarchenko, 1987 (Diptera: Chironomidae, Diamesinae), with the description of *L. yezoensis* Endo, new species. Pp. 93-98. In T. Andersen (ed.), Contributions to the Systematics and Ecology of Aquatic Diptera – A Tribute to Ole A. Sæther. The Caddis Press, Columbus, 358 pp.

Epler, J. H. 2001. Identification Manual for the Larval Chironomidae (Diptera) of North and South Carolina. North Carolina Department of Environment and Natural Resources, Raleigh, and St. Johns River Water Management District, Palatka.

Ferrington, L. C. 2008. Global diversity of non-biting midges (Chironomidae; Insecta-Diptera) in freshwater. Hydrobiologia, 595: 447-455.

Fittkau, E. J. 1962. Die Tanypodinae (Diptera: Chironomidae). Die Tribus Anatopyniini, Macropelopiini und Pentaneurini. Abh. Larvalsyst. Insekt., 6: 1-453.

Fittkau, E. J. & D. A. Murray. 1986. 5. The pupae of Tanypodinae (Diptera: Chironomidae) of the Holarctic region – Keys and Diagnoses. In T. Wiederholm (ed.), Chironomidae of the Holarctic region. Keys and Diagnoses. Part 2. Pupae: 31-113. (Ent. Scand. Suppl., 28: 31-113)

Fittkau, E. J. & S. S. Roback. 1983. 5. The larvae of Tanypodinae (Diptera: Chironomidae) of the Holarctic region – Keys and Diagnoses. In T. Wiederholm (ed.), Chironomidae of the Holarctic region. Keys and Diagnoses. Part 1. Larvae: 33-110. (Ent. Scand. Suppl., 19: 33-110)

Hashimoto, H. 1965. Discovery of *Clunio takahashii* Tokunaga from Japan. Jap. J. Zool., 14: 13-29.

橋本 碩．1970．海生ユスリカの系統と進化．動物学雑誌，79: 63-70．

Kobayashi, T. 1998. Seasonal changes in body size and male genital structures of *Procladius choreus* (Diptera: Chironomidae: Tanypodinae). Aquatic Insects, 20: 165-172.

Kobayashi, T. 2003. New record of the genus in Tanypodinae (Chironomidae) from Japan, *Hayesomyia tripunctata* (Goetghebuer, 1922). Med. Entomol. Zool., 54: 173-176.

小林 貞．2010．2．主要種への検索．Pp. 26-95．日本ユスリカ研究会（編），図説日本のユスリカ．文一総合出版，東京．

Kobayashi, T. 2010. A systematic review of the genus *Tanypus* Meigen from Japan, with a description of *T. nakazatoi* sp. nov. (Diptera: Chironomidae: Tanypodinae). Zootaxa, 2644: 25-46.

Kobayashi, T. & K. Endo. 2008. Synonymic notes on some species of Chironomidae (Diptera) described by Dr. M.

Sasa. Zootaxa, 1712: 49-64.

Kobayashi, T. & R. Kuranishi. 1999. The second species in the subfamily Podonominae recorded from Japan, *Paraboreochlus okinawanus*, new species (Diptera: Chironomidae). Raffles Bull. Zool., 47: 601-606.

Kobayashi, T. & H. Niitsuma. 1998. *Natarsia tokunagai* (Fittkau, 1962) comb. nov. (Diptera, Chironomidae). Med. Entomol. Zool., 49: 133-134.

Kobayashi, T. & H. Suzuki. 2000. New Podonominae from Japan, *Boreochlus longicoxalsetosus* sp. n. (Diptera: Chironomidae) with a key to species of the genus. Aquatic Insects, 22: 319-324.

Kownacki, A. & M. Kownacka. 1968. Die Larve des *Nilotanypus dubius* (Meigen) 1804 (Diptera, Chironomidae). Acta Hydrobiol., Kraków, 10: 343-347.

Langton, P. H. 1984. A key to pupal exuviae of British Chironomidae. P. H. Langton, March, Cambridgeshire (private publ.).

Makarchenko, E. A. 1996. A checklist of the subfamily Diamesinae (Diptera, Chironomidae) of the Far East. Makunagi, 19: 1-16.

Makarchenko, E. A. & K. Endo 2009. The description of immature stages of *Linevitshia* Makarchenko and *Sasayusurika* Makarchenko (Diptera, Chironomidae, Diamesinae), with some remarks on taxonomy and systematics of these genera. Euroasian Entomol. J., 1: 64-70.

Makarchenko, E. A., K. Endo, J. Wu & X. Wang. 2008. A review of *Boreoheptagyia* Brundin, 1966 (Chironomidae, Diamesinae) from East Asia and bordering territories, with the description of five new species. Zootaxa, 1817: 1-17.

Makarchenko, E. A., M. A. Makarchenko & H. Niitsuma. 2016. Chironomids of subfamilies Tanypodinae, Diamesinae and Orthocladiinae (Diptera: Chironomidae) from North Korea. Far East. Entomol., 325: 1-12.

森谷清樹. 1990. 講座：衛生害虫の同定法 18. ユスリカの分類. 1. ユスリカ類の概要と成虫の形態—その1. 生活と環境. 35 (10): 77-82.

Murray, D. A. 1976. Four new species of *Conchapelopia* Fittkau from Nepal with a discussion of the phylogeny of the *nepalicopla*-group (Diptera: Chironomidae). Ent. Scand., 7: 293-301.

Murray, D. A. & E. J. Fittkau. 1989. 5. The adult males of Tanypodinae (Diptera: Chironomidae) of the Holarctic region – Keys and Diagnoses. In T. Wiederholm (ed.), Chironomidae of the Holarctic region. Keys and Diagnoses. Part 3. Adult Males: 37-123. (Ent. Scand. Suppl., 34: 37-123)

Niitsuma, H. 2001a. The immature and adult stages of *Tanypus formosanus* (Kieffer) (Diptera: Chironomidae). Species Diversity, 6: 65-72.

Niitsuma, H. 2001b. A new species of the newly recorded genus *Larsia* (Insecta: Diptera: Chironomidae) from Japan. Species Diversity, 6: 355-362.

Niitsuma, H. 2003a. Redescription of the larva of *Larsia miyagasensis* (Diptera, Chironomidae). Jpn. J. Syst. Ent., 9: 43-45.

Niitsuma, H. 2003b. First record of *Brundiniella* (Insecta: Diptera: Chironomidae) from the Palaearctic Region, with the description of a new species. Species Diversity, 8: 293-300.

Niitsuma, H. 2004a. First record of *Fittkauimyia* (Insecta: Diptera: Chironomidae) from the Palaearctic Region, with the description of a new species. Species Diversity, 9: 367-374.

Niitsuma, H. 2004b. Description of *Apsectrotanypus yoshimurai* (Diptera, Chironomidae), with reference to the immature forms. Jpn. J. Syst. Ent., 10: 215-222.

新妻廣美. 2005. ユスリカ科. Chironomidae. ヤマユスリカ亜科. Diamesinae. 川合禎次・谷田一三（編），日本産水生昆虫　科・属・種への検索: 1062-1069. 東海大学出版会，秦野.

Niitsuma, H. 2005. Taxonomy and distribution of *Alotanypus kuroberobustus* comb. nov. (Insecta: Diptera: Chironomidae) from the Palaearctic Region. Species Diversity, 10: 135-144.

Niitsuma, H. 2007a. *Rheopelopia* and two new genera of Tanypodinae (Diptera, Chironomidae) from Japan. Jpn. J. Syst. Ent., 13: 99-116.

Niitsuma, H. 2007b. *Saetheromyia*, a new genus of Tanypodinae from Japan (Diptera: Chironomidae). Pp. 219-224.

In T. Andersen (ed.), Contributions to the Systematics and Ecology of Aquatic Diptera – A Tribute to Ole A. Sæther. The Caddis Press, Columbus, 358 pp.

Niitsuma, H. 2008a. Review of the Japanese species of *Conchapelopia* (Insecta: Diptera: Chironomidae), with keys to the known males and pupae. Species Diversity, 13: 73-110.

Niitsuma, H. 2008b. A new species of the genus *Coffmania* (Insecta: Diptera: Chironomidae) from Japan. Species Diversity, 13: 123-131.

Niitsuma, H. 2013. Revision of the Japanese *Ablabesmyia* (Diptera: Chironomidae: Tanypodinae), with descriptions of three new species. Zootaxa, 3664: 479-504.

Niitsuma, H. 2014. A new species of *Bilyjomyia* Niitsuma *et* Watson from Japan, with keys to species of the genus (Diptera: Chironomidae). Zootaxa, 3755: 470-476.

Niitsuma, H. & H. Kato. 2009. A synonymic note on *Rheopelopia joganflava* (Sasa and Okazawa) (Diptera, Chironomidae). Jpn. J. Syst. Ent., 15: 255-257.

Niitsuma, H. & E. A. Makarchenko. 1997. The first record of *Compteromesa* Sæther (Diptera, Chironomidae) from the Palaearctic Region, with description of a new species. Jpn. J. Ent., 65: 612-620.

Niitsuma, H., R. Suzuki & H. Kato. 2011. Review of the Japanese species of *Paramerina* (Diptera: Chironomidae: Tanypodinae), with a key to the known males. Zootaxa, 2821: 1-18.

Niitsuma, H., M. Suzuki & K. Kawabe. 2004. Redescriptions of *Macropelopia kibunensis* and *Macropelopia paranebulosa* (Diptera, Chironomidae), with biological notes. Jpn. J. Syst. Ent., 10: 43-56.

Niitsuma, H. & H. Tang. 2017. Notes on the genus *Conchapelopia* Fittkau (Diptera: Chironomidae: Tanypodinae) from southern China, with description of a new species. Zootaxa, 4236: 327-334.

Niitsuma, H. & C. N. Watson. 2009. *Bilyjomyia*, a new genus of the tribe Macropelopiini from the Holarctic (Diptera: Chironomidae). Zootaxa, 2166: 57-68.

Oka, H. & H. Hashimoto. 1959. Lunare Periodizität in der Fortpflanzung einer pazifischen Art von *Clunio* (Diptera, Chironomidae). Biol. Zentralbl., 78: 545-559.

Oliver, D. R. 1983. 7. The larvae of Diamesinae (Diptera: Chironomidae) of the Holarctic region – Keys and Diagnoses. In T. Wiederholm (ed.), Chironomidae of the Holarctic region. Keys and Diagnoses. Part 1. Larvae: 115-139. (Ent. Scand. Suppl., 19: 115-139)

Pinder, L. C. V. 1978. A Key to the Adult Males of the British Chironomidae (Diptera). Freshw. Biol. Assoc. Sci. Publ., 37.

Rieradevall, M. & S. J. Brooks. 2001. An identification guide to subfossil Tanypodinae larvae (Insecta: Diptera: Chironomidae) based on cephalic setation. J. Paleolim., 25: 81-99.

Roback, S. S. 1971. The adults of the subfamily Tanypodinae (= Pelopiinae) in North America (Diptera: Chironomidae). Monogr. Acad. Nat. Sci. Philad., 17: 1-410.

Roback, S. S. 1978. The immature chironomids of the eastern United States III. Tanypodinae-Anatopyniini, Macropelopiini and Natarsiini. Proc. Acad. Nat. Sci. Philad., 129: 151-202.

Roback, S. S. 1986. The immature chironomids of the eastern United States VIII. Pentaneurini – Genus *Nilotanypus*, with the description of a new species from Kansas. Proc. Acad. Nat. Sci. Philad., 138: 443-465.

Roback, S. S. & R. P. Rutter. 1988. *Denopelopia atria*, a new genus and species of Pentaneurini (Diptera: Chironomidae: Tanypodinae) from Florida. Spixiana Suppl., 14: 117-127.

Sæther, O. A. 1980. Glossary of chironomid morphology terminology (Diptera: Chironomidae). Ent. Scand. Suppl., 14: 1-51.

Sæther, O. A. 1983. 8. The larvae of Prodiamesinae (Diptera: Chironomidae) of the Holarctic Region – Keys and Diagnoses. In T. Wiederholm (ed.), Chironomidae of the Holarctic Region. Keys and Diagnoses. Part 1. Larvae: 141-147. (Ent. Scand. Suppl., 19: 141-147)

Sæther, O. A. & T. Andersen. 2013. 8. The larvae of Prodiamesinae (Diptera: Chironomidae) of the Holarctic Region – Keys and Diagnoses. In T. Andersen, P. S. Cranston & J. H. Epler (sci. eds), The larvae of Chironomidae (Diptera) of the Holarctic Region. Keys and Diagnoses – Larvae. Insect Syst. Evol., Suppl., 66: 179-188.

Sæther, O. A., P. Ashe & D. A. Murray. 2000. A.6. Family Chironomidae. In L. Papp & B. Darvas (eds), Contributions to a manual of Palaearctic Diptera (with special reference to flies of economic importance) Appendix: 113-334. Science Herald, Budapest.

Sasa, M., K. Kitami & H. Suzuki. 2001. 続・猪苗代湖のユスリカ（2001年）. Additional studies on the chironomid midges collected on the shore of Lake Inawashiro (2001). 野口英世記念館 Mem. Mus. Dr. Hideyo Noguchi, 2001: 1-38.

Sasa, M., H. Suzuki & T. Sakai. 1998. Studies on the chironomid midges collected on the shore of Shimanto River in April 1998. Part 2. Description of additional species belonging to Orthocladiinae, Diamesinae and Tanypodinae. Trop. Med., 40: 99-147.

Serrano, M. A. S. & U. Nolte. 1996. A sit-and-wait predatory chironomid from tropical Brazil – *Fittkauimyia crypta* sp. n. (Diptera: Chironomidae). Ent. Scand., 27: 251-258.

Silva, F. L. & T. Ekrem. 2015. Phylogenetic relationships of nonbiting midges in the subfamily Tanypodinae (Diptera: Chironomidae) inferred from morphology. Syst. Entomol., 41: 73-92.

Styczynski, B. & S. Rakusa-Suszczewski. 1963. Tendipedidae of selected water habitats of Hornsund region (Spitzbergen). Polsk. Arch. Hydrobiol., 11: 327-341.

巣瀬　司・藤沢豊一. 1982. 潮間帯にすむヤマトイソユスリカの生態. Biology of the intertidal chironomid *Telmatogeton japonicus*. インセクタリウム, 19: 284-290.

Tokunaga, M. 1936. Chironomidae from Japan (Diptera), VI. Diamesinae. Philipp. J. Sci., 59: 525-552.

Tokunaga, M. 1937. Chironomidae from Japan (Diptera), IX. Tanypodinae and Diamesinae. Philipp. J. Sci., 62: 21-65.

徳永雅明. 1937. 揺蚊科（1）（昆蟲綱 – 雙翅群）. 日本動物分類 Vol. 10, Fas. 7, No. 1. 三省堂, 東京.

Willassen, E. 2007. *Sasayusurika aenigmata* Makarchenko (Diptera: Chironomidae, Diamesinae) – a Japanese endemic discovered in the Indian Himalaya. In T. Andersen (ed.), Contributions to the Systematics and Ecology of Aquatic Diptera – A Tribute to Ole A. Sæther: 315-320. The Caddis Press, Columbus, 358 pp.

矢島英雄. 1996. 15. ヒシモンユスリカ. Pp. 130-137. 石原勝敏（編）, 動物発生段階図譜. 共立出版, 東京.

山本　優・山本　直. 2014. Family Chironomidae ユスリカ科. 日本昆虫目録. 第8巻, 双翅目（第1部 長角亜目 – 短角亜目無額嚢節）: 237-362. 日本昆虫学会.

エリユスリカ亜科　Orthocladiinae

山本　優

エリユスリカ亜科の属の検索（1）

エリユスリカ亜科のなかには水生ばかりではなく陸生のものも少なからず認められる．野外では，特に成虫は水生種と同一環境下で採集されることも多く，あえて陸生のものも外さずに検索表に組み込んだ．陸生属については解説のなかにその旨を示した．

成虫（雄）

1a 翅脈 R_1 と径脈 R_{4+5} は翅の基部近くで翅脈 C と融合し，肥厚部を形成する．肥厚部から前縁に沿って翅端部まで擬脈がのびる（図1-a）‥‥‥‥‥‥‥‥‥‥‥‥‥‥‥‥‥‥2
1b 翅脈 R_1 と径脈 R_{4+5} は翅の基部近くで翅脈 C と融合することなく明瞭に分離している（図1-b）‥‥‥‥‥‥‥‥‥‥‥‥‥‥‥‥‥‥‥‥‥‥‥‥‥‥‥‥‥‥‥‥‥‥‥‥‥‥3
2a 前脚転節の背面は強く隆起する（図1-c）．後脚脛節末端は肥大し（図1-d）内方に顕著に突出する．複眼は無毛である‥‥‥‥‥‥‥‥‥‥**コナユスリカ属**　*Corynoneura* Winnerz
　　小型で体長1～2mmで楯板は中刺毛を欠く．翅面は無毛．雄生殖器第9背板は尾針をもたない．日本から19種が報告されている．
2b 前脚転節の背面は隆起しない（図1-e）．後脚脛節末端は肥大しない（図1-f）．複眼は個眼間に細毛を有する‥‥‥‥‥‥‥‥‥‥‥‥‥‥**ヌカユスリカ属**　*Thienemanniella* Kieffer
　　コナユスリカ属にきわめてよく似ている．検索表に示した形質で識別は容易である．近年，個眼間に細毛を欠く，識別の困難な種が南米より報告されているが，前脚転節と後脚脛節末端の特徴から識別は可能である．日本からは，このような種は発見されていな

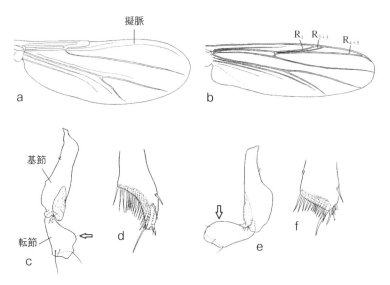

図1　エリユスリカ亜科：翅および脚（基節と転節）
a：セスジヌカユスリカ *Thienemanniella lutea* (Edwards, 1924)　b：エリユスリカ属の1種 *Orthocladius* sp.　c, d：ヨシムラコナユスリカ *Corynoneura yoshimurai* Tokunaga, 1936　e, f：セスジヌカユスリカ *Thienemnniella lutea* (Edwards, 1924)

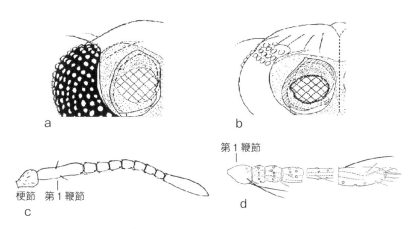

図2　エリユスリカ亜科：頭部および触角
a：ビロウドエリユスリカ属の1種 *Smittia yakyquerea* Sasa & Suzuki, 2000　b：ニセエリユスリカ属の1種 *Pseudorthocladius matusecundus* Sasa & Kawai, 1987　c：セトウミユスリカ *Clunio setonis* Tokunaga, 1933　d：*Stilocladius kurobekeyakius* (Sasa & Okazawa, 1992)

い.

- 3a　複眼は個眼間に細毛を有する（図2-a）……………………………………………………4
- 3b　複眼は無毛である（図2-b）……………………………………………………………22
- 4a　触角第1鞭節は第2鞭節よりも明瞭に長い（図2-c）．後脚脛節は櫛状歯列をもたない
  ………………………………………………………………ウミユスリカ属　*Clunio* Haliday
  小型で体長2mm前後．岩礁地帯に生息する．触角は羽毛状毛をもたない．性的二型が顕著で，雌は幼虫様の形態をしている．日本から5種が知られる．
- 4b　触角第1鞭節は第2鞭節とほぼ同じ長さである（図2-d）．後脚脛節は櫛状歯列をもつ
  ………………………………………………………………………………………5
- 5a　第9背板は膜質の溝によって分割されることはない（図3-a〜c）．尾針をもつことも欠くこともある……………………………………………………………………………6
- 5b　第9背板は正中線上を走る膜質の溝によって分割される（図3-d）．尾針を欠く
  ……………………………………………………シリキレエリユスリカ属　*Semiocladius* Strenzke & Wirth
  小型で体長2mm前後．岩礁地帯に生息する．触角鞭節は9〜10分環節よりなり，末端節は端刺を有する．中刺毛は短く，鉤状となる．通常前縁脈の伸長は殆ど認められないが，時に明瞭である（*S. endocladiae*）．脛節櫛は短い不規則に配列された刺より構成される．前肢1〜4跗節は擬刺をもつ．シリキレエリユスリカ *S. endocladiae* (Tokunaga, 1936) 1種が日本より知られる．
- 6a　中，後脚脛節の端刺上の刺列は外側に開かず，密着して生じる（図3-i）……………7
- 6b　中，後脚脛節の端刺は外側に顕著に開いた刺列を有する（図3-j）
  ……………………………………………………トゲアシエリユスリカ属　*Chaetocladius* Kieffer
  小型〜中型のユスリカ．雄生殖器の形態はきわめて変異が多い．触角末端に端刺をもつこともある．中刺毛は短いが明瞭．翅面は粗い刻印を有する．複眼はさまざまな程度に毛を装う．日本から10種が報告されている．
- 7a　把握器は単純で又分することはない（図3-a, c, d）…………………………………8
- 7b　把握器は明瞭に又分する（図3-e）……………フタエユスリカ属　*Diplocaldius* Kieffer

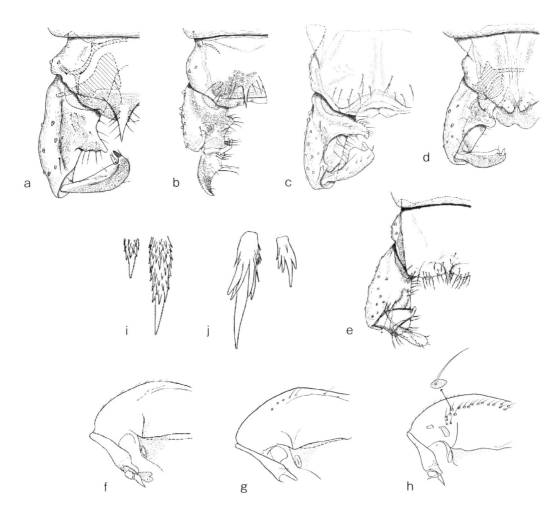

図3 エリユスリカ亜科 a〜e：雄交尾器 f〜i：胸部 j,k：脛節の端刺
a：ナガレツヤユスリカ属の1種 *Rheocricotopus longiligulatus* Yamamoto & Yamamoto, 2017　b：ツヤユスリカ属の1種 *Cricotopus montanus* Tokunaga, 1936　c：クロツヤエリユスリカ *Paratrichocladius rufiventris* (Meigen, 1830)　d：シリキレユスリカ *Semiocladius endocladiae* (Tokunaga, 1936)　e：フタエユスリカ *Diplocladius cultriger* Kieffer, 1908　f：フタスジツヤユスリカ *Cricotopus bicinctus* (Meigen, 1818)　g：テンマクエリユスリカ *Eukiefferiella cuelulescens* (Kieffer in Zavřel, 1926)　h：クロツヤエリユスリカ *Paratrichocladius rufiventris* (Meigen, 1830)　i：ケバネエリユスリカ属の1種 *Metriocnemus fuscipes* (Meigen, 1818) (Brundin, 1956より引用)　j：トゲアシエリユスリカ *Chaetocladius togatrigngularis* (Sasa & Okazawa, 1992)

　　　　体長5mm前後の中型のユスリカ．前前胸背板はよく発達する．中刺毛は短いが明瞭．
　　　　跗節には擬刺はない．フタエユスリカ *D. cultriger* Kieffer, 1908 1種が知られるのみ．
8a 中刺毛をもつ（図3-f, h） ··· 9
8b 中刺毛をもたない（図3-g 参照）
　　　　·· **ナガレビロウドエリユスリカ属（新称）** *Rheosmittia* Brundin
　　　　体長3mm前後の小型のユスリカ．前前胸背板は通常，背面に向かって細くなる．小さ
　　　　な褥板をもつ．*R. yakytriangulata* (Sasa & Suzuki, 2000) 1種が屋久島より布告されている．
9a 中刺毛は立ち上がり，生え際は広く明瞭に淡色となる（図3-h） ············· 10
9b 中刺毛は伏臥し，生え際は楯板の地色とコントラストをなすことはない（図3-f, g）··· 21

10a 前前胸背板葉は側刺毛のみを有する（図4-a）．通常，上前側板および前前側板は刺毛を
   もたないが，時に（まれに）1〜2本の刺毛をもつことがある······················ 11
10b 前前胸背板葉は全体が刺毛で覆われる（図4-b）．上前側板および前前側板は刺毛を有する
   ·· ウンモンユスリカ属　*Heleniella* Gowin
   体長3mm前後の小型のユスリカ．中刺毛を欠く．小さな褥板をもつかあるいはこれを
   欠く．日本産の種では翅に特徴的な黒色紋が現れる．*H. osarumaculata* Sasa, 1988および
   H. otujimaculata Sasa & Okazawa, 1992の2種が知られている．

11a 尾針を欠く（図3-c，図4-d）·· 12
11b 尾針をもつ（図3-a）··· 14
12a 翅面は無毛である．第9背板は中央部に縦長の隆起をもたない······················ 13
12b 翅面は先端部に大毛を有する．第9背板は中央部に縦長の隆起をもつ（図4-d）
   ·· *Tavastia* Tuiskunen
   体長3mm前後の小型のユスリカ．触角最終分環節は端刺をもつ．中刺毛は微小で鉤状で，
   楯板の前縁部より距離をおいて生ずる．*T. cristacauda* Sæther, 1991　1種が分布している．

13a 小さいが明瞭な肩孔を有する（図3-h）．径脈 R_{4+5} は中脈 M_{3+4} 末端の真上の位置を超えて終
   わる．中刺毛を有する．複眼は短い背方の伸長部をもつ
   ·· クロツヤユスリカ属　*Paratrichocladius* Santos Abreu
   体長4〜5mmの中型のユスリカ．日本から5種が報告されている．近年 Cranston &
   Krosh（2015）によって本属は *Cricotopus* の新参シノニムとされ，この属の一亜属とし
   て取り扱われている．この措置は幼生期の形態的特徴を考慮すればきわめて合理的な判
   断である．しかし，日本産の種についての詳細な研究が行われていないため，ここでは
   従来どおりの扱いとした．
13b 肩孔を欠く（図3-g）．径脈 R_{4+5} は中脈 M_{3+4} 末端のほぼ真上の位置かそれよりやや基部よ
   りに終わる．中刺毛を欠く．複眼は背方の伸長部をもたない
   ··· テンマクエリユスリカ属　*Eukiefferiella* Thienemann（一部）
   体長2〜4mmの小型〜中型のユスリカ．内陰茎棘をもつ．山間部の小規模河川で発生
   することが多い．ニセテンマクエリユスリカ属 *Tvetenia* に類似するが雄交尾器に尾針を
   もたないことで，識別は容易である．日本から36種が報告されている．

14a 触角の先端部には真っ直ぐな丈夫な刺毛はない（図8-m）······························ 15
14b 触角の先端部には1本の丈夫な真っ直ぐな刺毛がある（図8-l）
   ·· ビロウドエリユスリカ属　*Smittia* Holmgren
   体長3mm前後の小型のユスリカ．単為生殖をする種も知られている．ビロウドエリユ
   スリカ *Smittia aterrima* Meigen は最も普通にみられ，主に冬季に大量に発生することが
   知られている．幼生は陸生である．日本から26種が知られる．

15a 尾針は全面に毛を密生することはない（図4-f, g, h）······································ 16
15b 尾針は太く，先端は丸くなり，全面に短い毛を密生する（図4-e）．把握器の内面は刺毛
   を密生する························· モバユスリカ属　*Thalassosmittia* Strenzke & Remmert
   体長3mm前後の小型のユスリカ．岩礁地帯から知られる．触角鞭節は7あるいは11〜
   13分環節よりなる．中刺毛は弱く，楯板の前方に位置する．モバユスリカ *Thalassosmittia
   nemalione* (Tokunaga, 1936)　1種が知られる．

16a 褥板を欠く·· 17

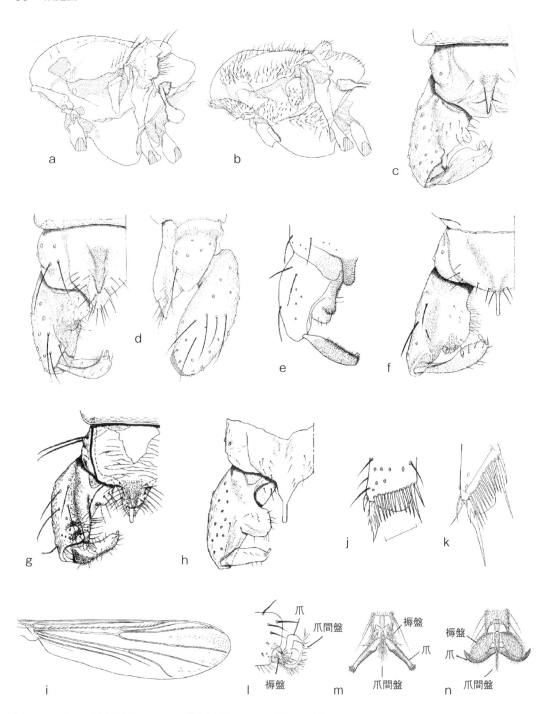

図4 エリユスリカ亜科　a～h：雄交尾器　j～n：脚　i：翅
a：カタジロナガレツヤユスリカ *Rheocricotopus chalybeatus* (Edwards, 1929)　b：ウンモンエリユスリカ属の1種 *Heleniella osarumaculata* Sasa, 1988　c：ビロウドエリユスリカ *Smittia aterrima* (Meigen, 1818)　d（左：背面図：右：側面図），i：*Tavastia cristacauda* Sæther, 1992　e：センチユスリカ *Camptocladius stercorarius* (De Geer, 1776)　f, k：コケエリユスリカ属の1種 *Stilocladius kurobekeyakius* (Sasa & Okazawa, 1992)　g, j, l：フユナガレツヤユスリカ *Gunmayusurika joganhiberna* (Sasa & Okazawa, 1991)　h：ジンツウササツヤユスリカ *Sasacricotopus jintusecundus* (Sasa, 1990)　m：トゲアシエリユスリカ属の1種 *Chaetocladius stamfordi* (Jphannsen, 1947)　n：ヒメエリユスリカ属の1種 *Psectrocladius simulans* (Johannsen, 1937)（n, m：Oliver, 1981より引用）

16b	少なくとも爪の1/2の長さの褥板を有する …………………………………………………	19
17a	後脚の櫛状刺列は脛節末端部に並ぶ（図4-j）．把握器はほぼ真っ直ぐで，先端部が基部より幅広くなることはない（図4-g, h）…………………………………………………	18
17b	後脚の櫛状刺列は斜め方向に配列する（図4-k）．把握器は強く湾曲し，先端部は基部よりも幅広くなる（図4-f）…………………… **コケエリユスリカ属** *Stilocladius* Rossaro	

体長2mmほどの小型のユスリカ．中刺毛は楯板の中央部に位置し，微小かつ小数である．第1肘脈 Cu_1 は強く湾曲する．尾針をもつこと，後脚の顕著に斜めに配列する櫛状刺列，湾曲した把握器によりテンマクリユスリカ属 *Eukifferiella* の種から識別される．日本から2種が知られる．

18a	尾針は三角形で，非常に大きい（図4-g） …………………………………… **フユナガレツヤユスリカ属** *Gunmayusurika* Sasa	

中型のユスリカ．種々な特徴はナガレツヤユスリカ属 *Rheocricotopus* にきわめてよく似るが，前前胸背版の構造がまったく異なる．*Gunmayusurika joganhiberna* (Sasa & Okazawa, 1991) が知られている．現時点では日本固有の属である．

18b	尾針は細長く，三角形状を呈することはない（図4-h） …………………………………… **ササツヤユスリカ属** *Sasacricotopus* Kobayashi & Sæther	

体長約3mm．ジンツウササツヤユスリカ *S. jintuesecndus* (Sasa, 1990) 1種が知られる．中刺毛や褥板を欠くこと，四角形状の大きな上底節突起をもつこと，前縁脈は径脈 R_{4+5} を超えて伸長すること，肘脈 Cu_1 は緩やかに湾曲すること等からコガタエリユスリカ属 *Nanocladius* の種から識別される．

19a	中刺毛は通常，前前胸背板付近から楯板の中央部にまで伸びるが，時に非常に不明瞭で認めにくい場合がある（図5-c）．額前突起を欠く．複眼の後方には膜質域は認められない（図5-a）…………………………………………………	20
19b	中刺毛はせいぜい2本で，楯板の中央部に位置する（図5-d）．額前突起をもつことがある．複眼の後方部分は広い膜質域をもつ（図5-b） …………………………………… **コガタエリユスリカ属** *Nanocladius* Kieffer	

体長約3mm．この属は，以下の特徴により識別される．触角最終分環節は端刺をもたない；複眼は毛を密生し，背面伸長部をもたない；明瞭な額突起を有することがある；中刺毛は非常に短く，楯板中央部に2本存在する；前縁脈Cの伸長部は明瞭である；径脈 R_{4+5} は中脈 M_{3+4} 末端のほぼ真上の位置で終わる；第1翅基鱗片は無毛であるか，少数の縁毛を有する；腹部背板は横1～2列の刺毛列をもつ；尾針は細く長く，微毛や刺毛をもたない．この属は *Nanocladius* と *Plecopteracoluthus* の2亜属から構成される．日本から前者は5種，後者は2種が知られる．日本産の *Plecopteracoluthus* は幼虫の形質において種々な点で異なり，*Nanocladius* として扱うには疑問が残る．

20a	径脈 R_{4+5} は中脈 M_{3+4} 末端の真上の位置を明瞭に超えて終わる（図5-e）．腹部背板の刺不規則に配列する（図5-h） …………………………………… **ナガレツヤユスリカ属** *Rheocricotopus* Thienemann & Harnisch	

体長約3～4mm．複眼は毛を密生し，背面伸長部をもたない．中刺毛列を構成する刺毛は通常小さい．前縁脈Cは通常径脈 R_{4+5} 末端を殆ど超えない．径脈 R_{4+5} は中脈 M_{3+4} 末端の真上の位置を明瞭に超えて終わる．褥板はよく発達する．尾針はよく発達し先端部が尖り，先端部付近を除いて微毛をもち，両側には後側方向に伸びた真っ直ぐな刺毛

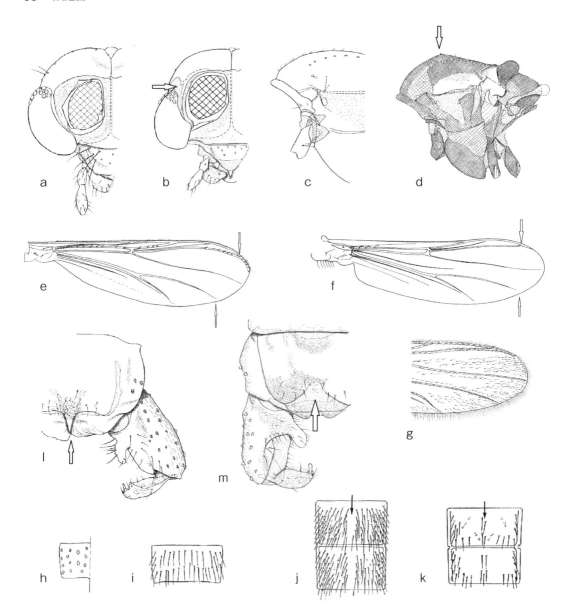

図5 エリユスリカ亜科　a, b：頭部　c, d：胸部　e～g：翅　h～k：腹節背板　l, m：雄交尾器
a：カタジロナガレツヤユスリカ *Rheocricotopus chalybeatus* (Edwards, 1929)：b, d：コガタエリユスリカ属の1種 *Nanocladius tamabicolor* Sawsa, 1981　c, f, i：ミダレナガレツヤユスリカ *Paracricotopus irregularis* Niitsuma, 1990　e：*Rheocricotopus amamipubescia* (Sasa, 1990)　g：キイロケバネエリユスリカ *Parametriocnemus stylatus* (Kieffer, 1924)　h：ナガレツヤユスリカ属の1種 *Rhecricotopus kurocedeus* Sasa, 1996　j：ニセツヤユスリカ属の1種 *Pracladius conversus* (Walker, 1856)　k：フタスジツヤユスリカ *Cricotopus bicinctus* (Meigen, 1818)　l：ニセツヤユスリカ属の1種 *Paracldius akansextus* Sasa & Kamimura, 1987　m：フタモンツヤユスリカ *Cricotopus bimaculatus* Tokunaga, 1936

をもつ．生殖器底節は基部に板状の突出物を有する．*Psilocricotopus* とナガレツヤユスリカ亜属 *Rheocricotopus* の2亜属より構成される．日本から20種が報告されている．

20b 径脈 R_{4+5} は中脈 M_{3+4} 末端のほぼ真上の位置で終わる（図5-f）．腹部背板の刺毛は横2列に配列する（図5-i）……　**ニセナガレツヤユスリカ属** *Paracricotopus* Thienemann & Harnisch
体長3mm前後の小型のユスリカ．触角最終分環節は端刺をもたずロゼット状の感覚毛を有する．複眼は毛を密生し，背面伸長部は殆ど発達しない．中刺毛は短く，楯板の前縁より始まる．日本からは4種が知られる．*Paracricotopus irregularis* Niitsuma はやや富栄養化した都市河川等で発生することがある．

21a 腹部2～5背板の長軸方向に沿った中央部は刺毛をもたず，側方部は刺毛が密生する（図5-j）．尾針をもつ（図5-l）……………………　**ニセツヤユスリカ属** *Paracladius* Hirvenoja
中型のユスリカ．触角最終分環節は端刺をもたない．複眼は毛を密生する．複眼の背面伸長部は通常明瞭であるが，時に欠如する．中刺毛は非常に短いが明瞭で，楯板の前縁部より生じている．背中刺毛は短く伏臥し，2列以上に配列する．尾針は細く円錐状で，表面は微毛を装い，両側に少数の刺毛をもつ．下底節突起は靴状となる．把握器の背面稜縁は明瞭な三角形状を呈する．*P. akansextus* Sasa & Kamimura，*P. tusimoabeus* (Sasa & Suzuki) の2種が知られる．

21b 腹部2～5背板は中央部に刺毛を有し，側方部の刺毛の密生度合いは変化に富む（図5-k）．通常尾針を欠く（図5-m）．尾針をもつ場合，腹部背板の刺毛数は少なくなる
…………………………………………………………　**ツヤユスリカ属** *Cricotopus* van der Wulp
体長6mm前後の中型のユスリカ．わが国で最も普通にみられるユスリカの1属である．脚および腹部に黄色の帯をもつことが多く，他の属の種から比較的容易に識別できる．しかし，早春期に出現する固体，低水温下で幼生期を過ごした個体は暗化氏，脚，腹部の黄帯が消失することがあるので同定には注意が必要である．フタスジツヤユスリカ *Cricotopus bicinctus* (Meigen)，ミツオビツヤユスリカ *C. trifasciatus* (Meigen)，ナカオビツヤユスリカ *C. triannulatus* (Macquart) は特に多くみられる種である．水田，農業用水路，都市河川等で発生する．これらのうちフタスジツヤユスリカは近年都市河川で大量に発生することが知られ衛生害虫としても問題となっている．日本からは *Cricotopus*, *Isocladius*, *Nostococlaius*, *Pseudocricotopus* の4亜属47種が報告されている．

22a 翅面は少なくとも翅の先端部には大毛を有する（図5-g）……………………………… 23
22b 翅面は無毛である ………………………………………………………………………… 38
23a 前前胸背板葉は側刺毛および背刺毛をともに有するか，時に背刺毛のみをもつ（図6-a, b）．RMは長い（図6-o）………………………………………………………………… 24
23b 前前胸背板葉は背刺毛をもたない（図6-c）．RMは短い（図4-i）…………………… 29
24a 把握器は又分する（図6-d～f, i）………………………………………………………… 25
24b 把握器は又分しない（図6-g, h）………………………………………………………… 28
25a 楯板は前前胸背板を超えて前方に突出することはない（図6-b）．後脚脛節末端は櫛状刺列を有する（図6-m）………………………………………………………………… 26
25b 楯板は前前胸背板を超えて非常に強く前方に突出する（図6-a）．後脚脛節末端は櫛状刺列をもたない（図6-n）……………　**トビケラヤドリユスリカ属** *Eurycnemus* van der Wulp
体長7mm前後の中型のユスリカ．多数の背中刺毛，小楯板刺毛を有す．翅面は大毛で覆われる．後脚脛節末端は櫛状刺毛列をもたない．褥板はよく発達する．第9腹節背板

は小さく，尾針を欠く．生殖器底節は非常に長い．把握器は基葉片と端葉片とに叉分し，端葉片は幅の広い刺毛をもつ．ノザキトビケラヤドリユスリカ *Eurycnemus nozakii* Kobayashi の 1 種が知られる．山地渓流河畔で採集されることが多い．本種の幼虫はニンギョウトビケラ *Goera japonica* の蛹に捕食寄生する．

26a 生殖器底節の把握器は端部に巨刺をもつ（図 6-e～g, i） ················· 27
26b 生殖器底節の把握器は端部に巨刺をもたない（図 6-d）
　················· ケブカエリユスリカ属 *Brillia* Kieffer
　体長数 mm．汚染度の少ない比較的流れの速い河川でみられる．日本からは 5 種が知られている．*B. japonica* Tokunaga ニッポンケブカユスリカは平地から低山地にかけてこの属では最も広く分布する種である．山地の冷涼な河川には *B. bifida* (Kieffer) フタマタケブカエリユスリカがみられる．*B. toneweheia* Sasa & Tanaka, 2002 は所属に問題がある．おそらく *Diplocldius cultiger* の誤同定であろう．
27a 把握器外側の葉片は端部に 2 本の長い葉状の刺毛（巨刺）をもつ（図 6-e）
　················· ヒロトゲケブカエリユスリカ属 *Euryhapsis* Oliver
　体長数 mm の中型のユスリカ．低山地の渓流河畔で得られているが，採集例は少ない．*E. subviridis* (Siebert) 1 種が知られる．
27b 把握器外側の葉片は 1 本の短い巨刺をもつ（図 6-i）
　················· ミナミケブカエリユスリカ属 *Xylotopus* Oliver
　体長数 mm の中型のユスリカ．奄美大島から得られた 1 種 *X. amamiapiatus* (Sasa) が知られるのみ．
28a 把握器は細長く，微小な刺毛を散在し，先端部には巨刺はない（図 6-h）．生殖器底節の亜端部には付属器はない··················ホソケブカエリユスリカ属 *Neobrillia* Kawai
　体長数 mm の中型のユスリカ．小規模な河川河畔で採集される．平地から 1000 m を超す山地にまで分布する．*N. longistyla* Kawai ニイツマホソケブカユスリカ，*N. raikoprima* Kikuchi & Sasa の 2 種が報告されている．この両者は体色，触角比で異なるものの，生殖器の形態ではまったく区別できない．同種あるいは同胞種である可能性も否定できず，今後の検討が必要である．
28b 把握器は太く，側縁に太い 3～4 本の刺毛を有し，先端部には把握器の約 1/2 程の長さの巨刺を有する（図 6-g）．生殖器底節の亜端部には多数の比較的強い刺毛をもった明瞭な付属器がある·············· ヤマケブカエリユスリカ属 *Tokyobrillia* Kobayashi & Sasa
　ヤマケブカエリユスリカ *T. tamamegaseta* Kobayashi & Sasa の 1 種が知られるのみ．山地渓流河畔で得られるものの採集例は少ない．
29a 尾針は通常明瞭である．尾針を欠く場合，複眼は長い，側縁がほぼ平行の背面伸長部をもつか，あるいは中，後跗節は擬刺をもつ··················· 30
29b 尾針を欠く（図 6-l）．複眼は短い，楔状の背面伸長部を有する．中，後脚跗節は擬刺をもたない·············· オナシケブカエリユスリカ属 *Apometriocnemus* Sæther
　体長 3 mm ほどの小型のユスリカ．*A. japonicus* Kobayashi & Suzuki 1 種が知られる．幼生期は不明．
30a 径脈 R_{4+5} は通常，翅脈 C は常に中脈 M_{3+4} 末端の位置のほぼ真上か，より翅端方向で終わる（図 6-p, q）················· 31
30b 径脈 R_{4+5} は常に，翅脈 C は通常中脈 M_{3+4} 末端の真上の位置より基部で終わる（図 6-r）

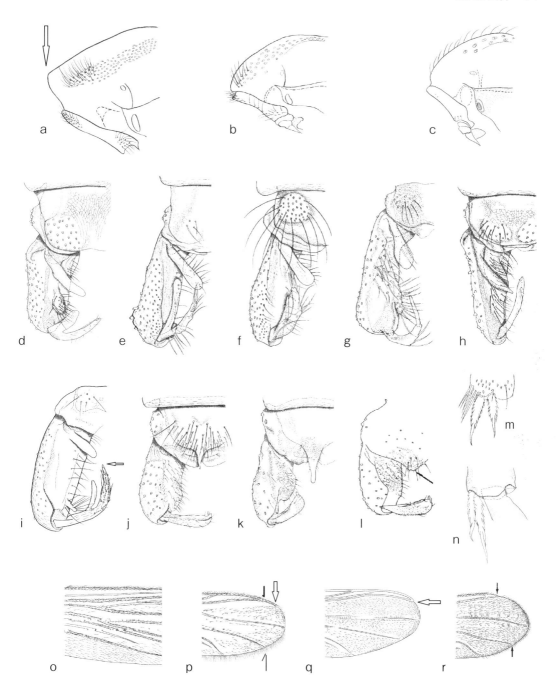

図6 エリユスリカ亜科　a〜c：胸部　d〜l：雄交尾器　m, n：脛節末端　o〜r：翅
a, f, n：ノザキトビケラヤドリユスリカ Eurycnemus nozakii Kobayashi, 1998　b, d：ニッポンケブカエリユスリカ Brillia japonica Tokunaga, 1939　c, k, p：キイロケバネエリユスリカ Parametriocnemus stylatus (Kieffer, 1924)　e：ウスキヒロトゲケブカユスリカ Euryhapsis subviridis Oliver, 1981　g：ヤマケブカエリユスリカ Tokyobrillia tamamegaseta Kobayashi & Sasa, 1991　h：ニイツマホソケブカエリユスリカ Neobrullia longistyla Kawai, 1991　i, m, o：ミナミケブカユスリカ属の1種 Xylotopus amamiapiatus (Sasa, 1990)　j：クロケバネエリユスリカ Metriocnemus picipes (Meigen, 1818)　l：ヤマトケブネエリユスリカ Apometriocnemus japonica Kobayashi & Suzuki, 1995　q：キリカケケバネエリユスリカ Heterotrissocladius marcidus (Walker, 1856)　r：ケナガケバネエリユスリカ属の1種 Paraphaenocladius sp.

....ケナガケバネエリユスリカ属　*Paraphaenocladius* Thienemann
小型ないしは中型のユスリカである．前縁脈が中脈 M_{3+4} よりも基部に位置することで *Parametriocnemus* から識別される．しかし，時にこの形質に関して判断に迷う種もあり，同定には全形質を観察しなければならない場合がある．11種が報告されている．

31a　翅脈 C は径脈 R_{4+5} 末端を超えて伸長する．翅脈 C と径脈 R_{4+5} 末端との融合部は鋭角をなす（図6-p）.. 32

31b　翅脈 C は径脈 R_{4+5} の先端を超えることはなく，翅脈 C と径脈 R_{4+5} の先端部の融合部は丸みを帯びる（図6-q）............ キリカキケバネエリユスリカ属　*Heterotrissocladius* Sparck
体長3〜4mm．触角最終分環節は端刺をもたない．尾針の先端付近は微毛を装わず，側縁は刺毛を列生する．検索表に示した前縁脈 C の特徴はエリユスリカ亜科のなかではきわめて特異な形質である．4種が報告されている．富栄養化の程度の低い種々の陸水域周辺で得られる．*H. marcidus* (Walker)，*H. subpilosus* (Kieffer) の2種はヨーロッパとの共通種．

32a　中刺毛は丈夫で長く，前前胸背板付近から始まり，楯板の中央部にまで伸びる（図6-c）... 33

32b　中刺毛はあっても，弱くかつ短く，鉤型あるいは外科用メス状の形態で，前前胸背板から距離をおいて始まり，楯板の中央部域にある（図7-c）.. 35

33a　翅脈 Cu_1 はカーヴするか波打つ．第1翅基鱗片の縁毛は短い刺毛によって構成される
.... 34

33b　翅脈 Cu_1 はほぼ真っ直ぐである．第1翅基鱗片の縁毛は非常に長い刺毛によって構成される．尾針は裸である（図6-j）......... ケバネエリユスリカ属　*Metriocnemus* van der Wulp
体長4mm前後．触角最終分環節は端刺をもつことも欠如する場合もある．楯板肩部にまで伸びる多数の背中刺毛をもつ．中，後脚第1〜2跗節は擬刺をもつ．通常明瞭な尾針をもつが，時に欠如する．肘脈 Cu_1 が真っ直ぐであることで，近縁の *Parametriocnemus*，*Paraphaenocladius* から明瞭に識別される．11種が報告されている．

34a　複眼の背方伸長部はよく発達し，その両縁はほぼ平行となる（図7-a）．褥板は痕跡的である．尾針は長く，端刺毛をもたない（図6-k）．尾針は時として欠如する
.... ニセケバネエリユスリカ属　*Parametriocnemus* Goetghebuer
体長4mm前後．触角最終分環節は端刺をもたない．13種が報告されている．*P. stylatus* (Kieffer) キイロケバネエリユスリカはこの属の最普通種で，山地渓流で夏期によく採集され，灯火にもよく集まる．

34b　複眼の背方伸長部は楔状となる（図7-b）．褥板はよく発達する．尾針は幅の広い三角形状を呈し，丈夫な多数の端刺毛を有する（図7-k）
.... ニセエリユスリカ属　*Pseudorthocladius* Goetghebuer（一部，*pilosipennis*）
この属は通常翅面に大毛をもつことはない．日本からは *P. pilosipennis* Brundin 1種が知られる．本種は，山地性のユスリカであり，1400 m を超す地域にも分布する．本種の他にもう1種，未記載種が分布することを確認している．翅面に太毛をもつ種はきわめて少なく，全北区から数種が知られるのみ．

35a　第1翅基鱗片は刺毛を欠く．尾針は側縁がほぼ平行であるか（図7-h），長く長三角形の場合，透明の板状で刺毛をもたないか（図7-i），あるいは小さく瘤状で先端部にまで刺毛をもつ（図7-j）... 36

35b 第1翅基鱗片は刺毛を有する．尾針は長く，長三角径状で側縁に真っ直ぐな刺毛をもつ（図7-1） ·· *Antillocladius* Sæther（一部）

体長4mm前後．2種と1未記載種が分布する．幼虫は陸生である．

36a 翅面の刻印は弱い．尾針は明瞭であり，瘤状とはならない．尾針に刺毛がある場合，側縁部にみられ，先端部にはない（図7-h） ·· 37

36b 翅面は粗く刻印される．尾針は不明瞭で小さく瘤状で多数の丈夫な刺毛をもつ（図7-j） ·· ケナガエリユスリカ属 *Gymnometriocnemus* Goetghebuer

2亜属（*Gymnometriocnemus*, *Rhaphidocladius*）3種が分布する．*G. murodoensis* Sasa は雌で記載されたため，本属に該当するかが疑問であるため，分布記録からは省いた．幼虫は陸生である．

37a 尾針の側縁はほぼ平行で刺毛をもち，端部を除いて微毛を有す．把握器の巨刺は先端部が鋸歯状となる（図7-h） ·················· クシバユスリカ属 *Compterosmittia* Sæther

体長2～3mmの小型のユスリカ．触角末端分環節は弱い端刺を有する．中刺毛は弱いが明瞭で，楯板中央部に生じ，各々の刺毛は鉤状となる．雄翅面は無毛か（検索表75）先端部に少数の大毛をもつ．一方雌は翅面全体に大毛を装う．胸脚跗節は擬刺を欠く．5種が知られ，うち2種 *C. claggi* (Tokunaga) および *C. tuberculifera* (Tokunaga) は小笠原諸島より知られる．*C. tsujii* (Sasa, Shimomura & Matsuo) は春季丘陵地で群飛しているのがよくみかけられる．*C. oyabelurida* (Sasa, Kawai & Ueno) および *C. togalimea* (Sasa & Okazawa) は生息域が山地に限られているようである．なお，八重山諸島より *C. nerius* および *C. togalimea* と思われる種を得ているが，特に後者は生息環境が大きく異なるため別種の可能性が高い．日本から幼生期についての知見はないが，海外ではウツボカズラ等の筒中に生息することが報告されている．

37b 尾針は長く，透明の薄板状で，長三角形を呈し，基部に微毛を装い，側縁には刺毛をもたない（図7-i）．把握器の巨刺は単純で，先端部は鋸歯状となることはない ································ トガリビロウドエリユスリカ属 *Parasmittia* Strenzke

体長3～4mm前後．触角鞭節最終分環節は端刺を有する．中刺毛は短く，楯板前縁部より列が始まる．翅面は翅端部付近に大毛をもつ．*Smittia* 属に似るが，身体はより頑強で，尾針もよりシャープに尖る．把握器の背面稜縁は明瞭である．*P. kamiacuta* (Sasa & Hirabayashi) が上高地より報告されている．

38a 楯板中央部には溝はない（図7-d） ·· 39

38b 楯板は中央部を走る顕著な長い溝がある（図7-e） ································ ミヤマユスリカ属 *Chasmatonotus* Loew

体長数mm．6種が分布する．山地性のユスリカである．旧北区では日本のみに分布する（新北区からは12種が確認されている）．翅面は褐色ないし黒色で，一部白色域を有する．機能的にみえる翅をもつものの，胸部の発達が弱く飛翔には使われず，ごく僅かの距離を滑空するのみ．外部生殖器を除いて雌雄の形態差は殆どみられない（この属の祖先的形質を保持していると考えられる *C. akanseptimus* (Sasa & Kamimura) は一般のユスリカ類と同様に性的二型が明瞭で，雄は群飛を行う．またこの種は平地から山地にまで分布する）．脚が長く丈夫で，生息地の草上を盛んに歩き回り，雌雄が出会った時に交尾が行われる．

39a 中胸側板および後胸側板は通常刺毛をもたない．前前胸背板は背刺毛をもたない．楯板上

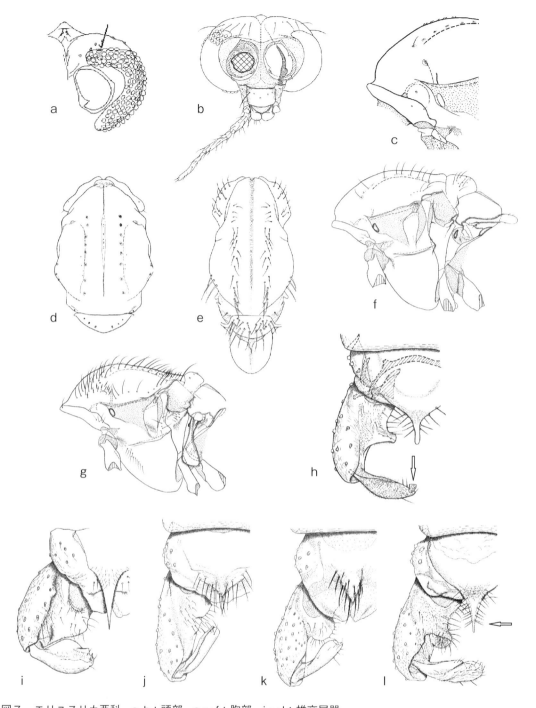

図7　エリユスリカ亜科　a, b：頭部　c〜f：胸部　i〜l：雄交尾器
a：キイロケバネエリユスリカ *Parametriocnemus stylatus* (Kieffer, 1924)　b：ニセエリユスリカ属の1種 *Pseudorthocladius matusecundus* Sasa & Kawai, 1987　c, d, h：ヒメクシバエリユスリカ *Compterosmittia oybelurida* (Sasa, Kawai & Ueno, 1988)　e：ミヤマユスリカ *Chasmatonotus unilobus* Yamamoto, 1980　f：エリユスリカ属の1種 *Orthocladius* sp.　g：ムナトゲユスリカ属の1種 *Limnophyes akanonus* Sasa & Kamimura, 1987　i：トガリビロウドエリユスリカ属の1種 *Parasmittia kamiacuta* (Sasa & Hirabayashi, 1993)　j：ケナガエリユスリカ属の1種 *Gymnometriocnemus* sp.　k：ニセエリユスリカ属の1種 *Pseudorthocladius pilosipennis* Brundin, 1956　l：*Antillocladius* sp.

の刺毛に葉状の刺毛が混じることはない（図7-f）‥‥‥‥‥‥‥‥‥‥‥‥‥‥ 40
39b 後上前腹板，後側板および前前腹板は刺毛を有する（前前側板の刺毛は時に欠如する）．前前胸背板は通常1本の背刺毛を有する．肩刺毛および中刺毛列の後部の刺毛は葉状になることがある（図7-g）‥‥‥‥‥‥‥‥‥‥‥ **ムナトゲエリユスリカ属** *Limnophyes* Eaton

体長2mm前後．形態は変化に富む．触角鞭節は10～13分環節よりなる．中刺毛は弱く鉤状になるか，外科用のメス状になり，楯板中央部に配列している．肩口をもつものもたないものがあり，もつ場合，その形状，大きさは非常に変化に富む．種によっては顕著な窪みとなり，そこに窪みの中心方向に向かって生える葉状の刺毛をもつ．把握器の形状は変化に富む．内陰茎棘をもつ．幼虫は止水中にも流水中にもみいだせ，陸生の種もある．28種が報告されている．*L. minimus* (Meigen) コムナトゲユスリカはこの属の最普通種である．なお，*L. fujidecimus* Sasaは模式標本から *Bryophaenocladius* であることを確認しているが，公的な発表は行われていないため，便宜的に *Limnophyes* に含めている．

40a 中，後脚脛節の端刺の棘列は外側に開かず，密着して生じる（図3-i）‥‥‥‥‥ 41
40b 中，後脚脛節の端刺は外側に顕著に開いた棘列を有する（図3-j）
‥‥‥‥‥‥‥‥‥‥‥‥‥‥‥‥‥‥‥‥‥ **トゲアシエリユスリカ属** *Chaetocladius* Kieffer

小型～中型のユスリカで雄交尾器はきわめて変化に富む．複眼は種々の程度に毛を装う．中刺毛は短いが明瞭であり，楯板前縁部から生じている．翅面は荒い刻印を有する．検索表に示した特徴は，この属のきわめて重要な形質である．

41a 尾針の発達状態，形態は変化に富むが（時に欠如する），決して葉状の丈夫な刺毛をもつことはない（図8-a, b, d, e, h）‥‥‥‥‥‥‥‥‥‥‥‥‥‥‥‥‥‥ 42
41b 尾針は長く丈夫で，特徴的な丈夫な葉状の刺毛を側縁と先端背面にもつ（図8-c）
‥‥‥‥‥‥‥‥‥‥‥‥‥‥‥‥‥‥‥‥ **オナガエリユスリカ属** *Doithrix* Sæther & Sublette

体長2～3mmの小型のユスリカ．触角鞭節最終分環節は端刺をもつ．中刺毛は長く，楯板前縁部より始まる．平地から山地まで分布域は広い．*Pseudorthocladius*, *Parachaetocladius*, *Georthocladius* の種に類似する．触角末端分環節は端刺をもつ．3種が報告されているが，10種前後は分布しているものと思われる．

42a 第1翅基鱗片は少なくとも1本の刺毛を有する‥‥‥‥‥‥‥‥‥‥‥‥‥‥‥ 43
42b 第1翅基鱗片は無毛である‥‥‥‥‥‥‥‥‥‥‥‥‥‥‥‥‥‥‥‥‥‥‥ 67
43a 褥板はよく発達し座布団状（図4-n）か櫛歯状で，少なくとも爪の1/2の長さがある
‥‥‥‥‥‥‥‥‥‥‥‥‥‥‥‥‥‥‥‥‥‥‥‥‥‥‥‥‥‥‥‥‥‥‥ 44
43b 褥板は欠如するか，痕跡的であるか非常に小さく爪の1/2には達しない‥‥‥‥ 47
44a 翅脈 Cu_1 は多少とも強く湾曲する（図8-j）．触角は通常先端部に丈夫な刺毛をもつ．尾針は通常第9背板から明瞭に区別されず，三角形状に後方に突出し，微毛と丈夫な刺毛で覆われる（図7-k, 図8-d～f）‥‥‥‥‥‥‥‥‥‥‥‥‥‥‥‥‥‥‥‥ 45
44b 翅脈 Cu_1 は真っ直ぐである（図8-k）．触角は先端部に丈夫な刺毛をもたない．尾針は時に欠如することもあるが，通常明瞭で，端部は微毛を装わない（図8-a）
‥‥‥‥‥‥‥‥‥‥‥‥‥‥‥‥‥‥‥‥‥ **ヒメエリユスリカ属** *Psectrocladius* Kieffer

体長4mm前後．中刺毛は長く，楯板の前縁部から始まるか，あるいは時に欠如する．尾針の長さは変化に富み，時に欠如する．非常に顕著な褥板をもつことで類似の他の属からの識別は容易である．4亜属（*Allopsectrocladius*, *Mesopsectrocladius*, *Monopsectrocladius*,

Psectrocladius) 14種が報告されている．

45a 楯板は中刺毛を有する··· 46
45b 楯板は中刺毛を欠く·············· **ケナガケバネエリユスリカ属** *Parachaetocladius* Wulker
体長数 mm. 触角鞭節最終環節は端刺をもつ．中，後脚弟1〜2跗節は偽刺をもつ（図8-n）．内陰茎棘を欠く．5種が報告されている．*Doithrix, Georthocladius, Pseudorthocladius* および本属は互いによく類似している．中刺毛，脚跗節の擬刺，雄交尾器の内陰茎刺の有無および把握器の形状（図8-d）がこれらを識別するための重要な形質となる．

46a 中，後脚の第1〜2跗節は擬刺をもつ．把握器は外側に種々の程度の突起を有する（図8-e）．内陰茎棘を欠く ···························· **シッチエリユスリカ属** *Georthocladius* Strenzke
体長4 mm前後．触角最終分環節は端刺をもつ．楯板の中刺毛列は明瞭で，前前胸背板近くより始まる．中，後脚第1ないし第2跗節は偽刺をもつ．内陰茎棘をもつ．日本からは *G. shiotanii* (Sasa & Kawai) シオタニシエリユスリカが知られる．本種は把握器側縁に顕著な突起をもつ（図8-e）ことで容易に同定識別できる．

46b 中，後脚跗節は擬刺をもたない．把握器は通常単純な形状を呈するが，外側に突起を有する場合よく発達した長い内陰茎棘をもつ．内陰茎棘は数本の丈夫な長い棘で構成されるか，微小な棘の散在した区域として構成されるが，時に欠如することがある
·························· **ニセエリユスリカ属** *Pseudorthocladius* Goetghebuer
体長2〜4 mm. 23種（*P. pilosipennis* は除く）が報告されている．未記載種も多く実際には40種前後が分布しているものと思われる．形態は変化に富む．通常触角鞭節最終環節は端刺をもつが，本邦産の幾つかの種でこれを欠くものがみられる．本属については今後，属の定義も含めて解決しなければならない問題が存在する．

47a 後脚脛節末端は櫛状刺列を欠く ··· 48
47b 後脚脛節末端は櫛状刺列をもつ ··· 51
48a 把握器は単純である ··· 49
48b 把握器は又分する（図8-i）·················· **アカムシユスリカ属** *Propsilocerus* Kieffer
日本からは1種 *P. akamusi* (Tokunaga) アカムシユスリカが知られている．本種は晩秋から初冬にかけて富栄養化した止水域から発生する．琵琶湖，諏訪湖ではオオユスリカとともに大量発生し衛生害虫として問題となっている．Sæther and Wang (1996) によって，現在の属名に落ち着いた．しかし，幼生期を含めた形態には他のエリユスリカ亜科とは顕著に異なる特徴があり，今後，別の亜科の可能性の検討も必要となってくるだろう．事実，DNA解析ではこのことを示唆する結果も得られている．

49a 楯板は中刺毛を欠く．尾針を欠く（図8-g）···························· 50
49b 楯板は中刺毛を有する．尾針は透明の薄板となる（図8-h）
····················· **マドオエリユスリカ属** *Bryophaenocladius* Thienemann（一部）

50a 小顎髭は3環節よりなる．中，後脚は擬刺をもたない
································ **ヤドリユスリカ属** *Symbiocladius* Kieffer
体長3 mm前後．短い3環節よりなる小顎髭と後脚脛節に櫛状歯列をもたないことから他の属から容易に識別できる．日本からはヤドリユスリカ *S. rhithrogenae* (Zavrel)（図8-g）が知られる．

50b 小顎髭は5環節よりなる．中，後脚は擬刺をもつ
······························ **クシナシエリユスリカ属** *Baeoctenus* Sæther

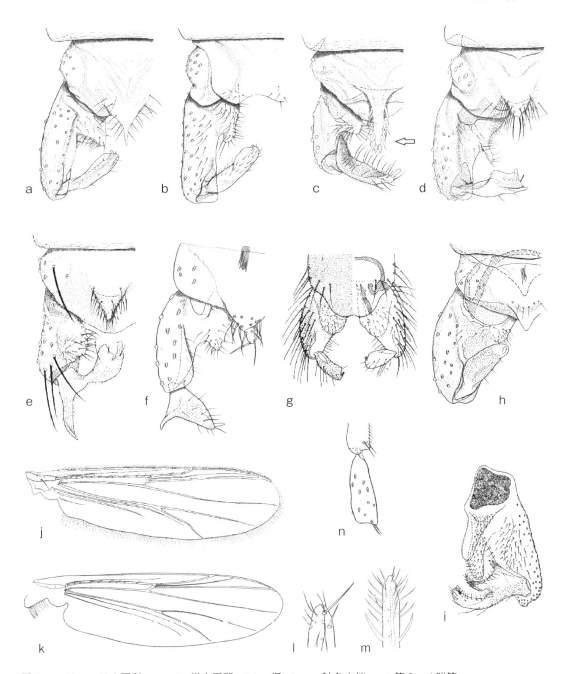

図8 エリユスリカ亜科 a～i：雄交尾器 j, k：翅 l, m：触角末端 n：第3，4跗節
a：ユノコヒメエリユスリカ *Psectrocladius yunoquartus* Sasa, 1884 b：ハダカユスリカ *Cardiocladius capucinus* (Zetterstedt, 1850) c：オナガエリユスリカ属の1種 *Doithrix togateformis* (Sasa, Watanabe & Arakawa, 1992) d：ニセトゲアシエリユスリカ属の1種 *Parachaetocladius* sp. e：シオタニシッチエリユスリカ *Georthocladius shiotanii* (Sasa & Kawai, 1987) f, l：ニセエリユスリカ属の1種 *Pseudorthocladius fujiquintus* (Sasa, 1985) (Holotype) g：ヤドリユスリカ *Symbiocladius rhithrogenae* (Zavřel, 1924) h：マドオエリユスリカ属の1種 *Bryophaenocladius akiensis* (Sasa, Shimomura & Matsuo, 1991) i：アカムシユスリカ *Propsilocerus akamusi* (Tokunaga, 1938) j：ニセエリユスリカ属の1種 *Pseudorthocladius matusecundus* Sasa & Kawai, 1987 k：ヒメエリユスリカ属の1種 *Psectrocladius flavus* (Johannsen, 1905)（Cranston et al., 1989より引用） m：ニセビロウドエリユスリカ属の1種 *Pseudosmittia* sp. n：*Etchuyusurika togacurva* Sasa & Okazaea, 1992.（Holotype）

1383

体長 4 mm 前後．前前胸背板はよく発達するが，それぞれの葉片は中央部で接することなく，広く分離する．中，後脚の第 1～2 跗節は偽刺をもつ．褥板を欠く．*B. sudagaineous* (Sasa & Tanaka)，*B. togaquindecima* (Sasa & Okazawa) の 2 種が知られる．

51a 中脚脛節末端は櫛状刺列をもたない ……………………………………………………… 52
51b 中脚脛節末端は櫛状刺列をもつ
　　　………………………… マドオエリユスリカ属　*Bryophaenocladius* Thienemann（一部）
52a 尾針を欠く ………………………………………………………………………………… 53
52b 尾針をもつ ………………………………………………………………………………… 56
53a 把握器はほぼ真っ直ぐであるか，緩やかに曲がる ……………………………………… 54
53b 把握器は顕著に湾曲し，かつ非常に長くブーメラン状を呈する（図 9-f）
　　　………………………………………… アグラユスリカ属　*Agurayusurika* Sasa & Okazawa
　　体長数 mm．日本からは 1 種 *A. toganigra* Sasa & Okazawa が報告されている．中刺毛は小さく楯板前縁部から距離をおいて生じる．中，後脚跗節は擬刺をもつ．トゲビロウドエリユスリカ属 *Trichosmittia* も長い把握器をもつが，検索表に示された種々の形質で本属とは顕著に異なる．幼生期は不明．
54a 第 9 背板はなめらかで，顕著な構造物をもたない …………………………………… 55
54b 第 9 背板は中央部に長軸方向に走る顕著な隆起をもつ（図 9-b）
　　　………………………………… シリブトビロウドエリユスリカ属　*Mesosmittia* Brundin
　　体長 3 mm 前後．日本からは *M. patrihortae* Sæther 1 種が知られる．検索表に示したように真の尾針をもたず，第 9 背板にみられる長軸方向に伸びた隆起をもつことで他の属から識別される．
55a 複眼は短い楔状の背方伸長部を有する．楯板の中刺毛は弱いが存在する．胸脚第 4 跗節は円筒形状である．内陰茎棘は密に集合した棘で構成される
　　　………………………………………… キブネエリユスリカ属　*Tokunagaia* Sæther（一部）
55b 複眼は丸く，背面の伸長部をもたない．楯板は中刺毛を欠く．胸脚第 4 跗節は短く心臓形を呈する．内陰茎棘は欠如する ……………………… ハダカユスリカ属　*Cardiocladius* Kieffer
　　体長 4 mm 前後．胸部は銀白色の光沢をもつ．楯板は中刺毛を欠く．中，後脚の第 1～3 跗節は擬刺をもつ．一見 *Diamesa* ヤマユスリカ属に類似する．日本からは 3 種，*C. capucinus* (Zetterstedt)（図 9-a）ハダカユスリカ，*C. esakii* Tokunaga，*C. fuscus* Kieffer クロハダカユスリカが報告されている．幼虫は河川流水域に生息し，成虫はライトによく飛来する．
56a 楯板は中刺毛を欠くか，まれに存在する時は非常に小さく不明瞭である …………… 57
56b 楯板は中刺毛を有する．中刺毛はたとえ小さくても常に明瞭である ………………… 61
57a 生殖中突起は殆ど認められず，あってもごく僅かに膨らむ程度である（図 9-e）…… 58
57b 生殖中突起は明瞭で，よく発達する（図 9-g）
　　　……………………………………………………… エリユスリカ属　*Orthocladius* van der Wulp
　　体長 3～6 mm 程度．中，後脚第 1～2 跗節は通常擬刺をもつが，時としてこれを欠く．内陰茎棘をもつことも欠くこともある．体色も淡黄色から黒色まで変異に富む．幼虫は流水，止水など種々の淡水域から得られる．*Eudactylocladius*, *Euorthocladius*, *Mesorthocladius*, *Orthocladius*, *Pogonocladius*, *Symposiocladius* の 6 亜属から構成される．日本からは *Pogonocladius* 亜属を除く，亜属不明の 2 種を加えた 36 種が報告されている．*Symposiocladius*

亜属の幼虫は幼虫の検索表で示すように非常に特徴的である．*Orthocladius* 亜属は種の分類が難しく，日本産の種については今後再検討が必要である．

- **58a** 尾針は欠如するか（図9-c, d），ある場合は，尖った先端に向かって一様に細くなり，基部に刺毛をもつのみ（図9-e） ··· 59
- **58b** 尾針の両側はほぼ平行で，先端部は丸くなり，側縁に刺毛を有する ······················ 60
- **59a** 第9背板は後縁中央部が窪み（図9-c～e），尾針は非常に短いか，あるいは欠如する
  ··· トクナガエリユスリカ属 *Tokunagaia* Sæther

  体長4 mm前後．触角最終分環節は端刺をもたない．中脚第1あるいは第1～2跗節は擬刺をもつ．*T. kibunensis* (Tokunaga) キブネエリユスリカがよく知られる．34種が知られるが，今後再検討が必要である．

- **59b** 第9背板の後縁中央部が窪むことはない．尾針は通常長いが，時にかなり短くなることがある（図9-h） ··· ニセテンマクエリユスリカ属 *Tvetenia* Kieffer

  体長3 mm前後．触角鞭節は10～13分環節よりなる．胸脚跗節の擬刺の有無は一定しない．褥板は小さいか退化する．把握器は通常明瞭な背面稜縁をもつ．内陰茎棘をもつ．テンマクエリユスリカ属 *Eukiefferiella* によく似るが，複眼の個眼間に刺毛をもたないこと，明瞭な尾針をもつことで識別可能である．13種が報告されている．山地渓流河畔で得られることが多い．

- **60a** 翅脈 Cu_1 は真っ直ぐである ··· *Parorthocladius* Thienemann

  体長3 mm前後．中刺毛列を欠く．中，後脚第1～2跗節は偽刺をもつ．把握器は弱い背面稜縁をもつ．内陰茎棘をもつこともともたないこともある．山地の細い渓流河畔で得られる．*P. furudoquartus* (Sasa & Arakawa)，*P. negoroi* Yamamoto の2種が知られるが，後者については所属について再検討が必要である．

- **60b** 翅脈 Cu_1 は強く湾曲する ··· *Psilometriocnemus* Sæther

  体長2～3 mm．複眼は個眼間に個眼の高さより短い微毛を有する．跗節は擬刺を欠く．生殖器底節の下底節突起はよく発達し，内方に向かって三角形又は四角形状に強く突出する．日本からは成虫についての報告はない．底生動物の調査では幼虫が得られている．

- **61a** 中刺毛は楯板の前縁，前前胸背板直後から生じる ··· 62
- **61b** 中刺毛は楯板の前縁部から距離をおいて生じる ··· 65
- **62a** 翅面は粗い顆粒状構造をもつ ··· 63
- **62b** 翅面は滑らかである ··· 64
- **63a** 尾針は透明で，刺毛および微毛をもたない（図8-h）
  ··· マドオエリユスリカ属 *Bryophaenocladius* Thienemann

  体長3～6 mm．形態的にきわめて多様な属である．幼生期の生活域は広く，水域，陸域，鳥の巣等からも発見される．日本から25種が報告されているがシノニムも多数含まれており，今後の再検討が必要な属である．

- **63b** 尾針は透明になることはなく，刺毛および先端部を除いて微毛をもつ（図9-i）
  ··· *Paratrissocladius* Zavrel

  体長3 mm前後．中刺毛は短いが明瞭で，楯板前縁近くより始まる．生殖器底節の下底節突起は指状に突出する．内陰茎棘は微小な棘より構成されるか，あるいは欠如する．幼虫は底生動物調査等で得られている．成虫については正式な報告記録はないが，筆者は長野県松本市浅間温泉で *P. exceptus* (Walker) と同定される種を採集している．

80 双翅目

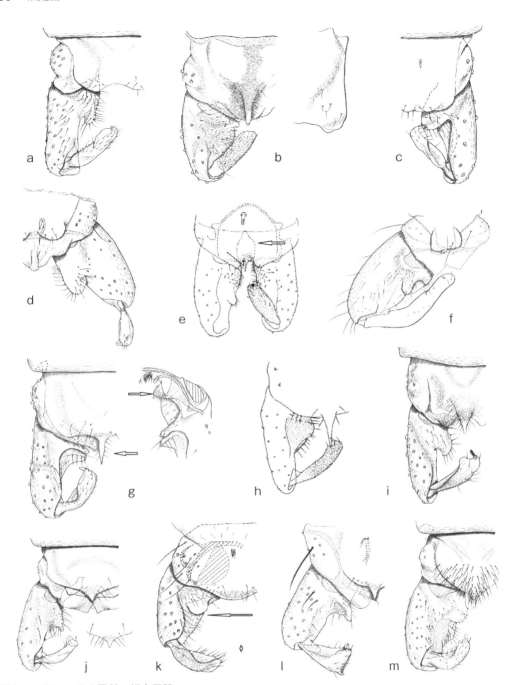

図9 エリユスリカ亜科 雄交尾器
a：ハダカユスリカ *Cardiocladius capucinus* (Zetterstedt, 1850)　b：シリブトビロウドエリユスリカ属の1種 *Mesosmittia pathrihortae* Sæther, 1985　c：トクナガエリユスリカ属の1種 *Tokunagaia kamicedea* (Sasa & Hirabayashi, 1993)（Holotype）　d：トクナガエリユスリカ属の1種 *Tokunagaia togauvea* (Sasa & Okazawa, 1992)（Holotype）　e：トクナガエリユスリカ属の1種 *Tokunagaia tonollii* (Rossaro, 1983)（Makarchenko & Makarchenko, 2007から引用）　f：アグラユスリカ *Agurayusurika toganigra* Sasa & Okazawa, 1992（Holotype）　g：ニセヒロバネエリユスリカ *Orthocladius excavates* Brundin, 1947　h：ハダカニセテンマクエリユスリカ *Tvetenia calvescens* (Edwards, 1929)　i：*Paratrissocladius* sp.　j：ムナクボエリユスリカ *Synorthocladius semivirens* (Kieffer, 1909)　k：ツダユスリカ属の1種 *Tsudayusurika fudosecunda* Sasa, 1985（Holotype）　i. フユユスリカ属の1種 *Hydrobaenus conformis* (Holmgren, 1869)　m：ビワフユユスリカ *Hydrobaenus biwaquartus* (Sasa & Kawai, 1987)

1386

64a	翅脈 C は径脈 R_{4+5} 末端を大きく超えて伸長し，翅端近くまで伸びる．尾針は顕著に発達し長く基部は非常に幅広く，長三角形で，側縁にはほぼ対生して刺毛が生じる（図7-1）.. *Antillocladius* Sæther
64b	翅脈 C は径脈 R_{4+5} 末端を大きく超えて翅端近くまで伸びることはない．尾針は上記ほど発達した基部をもたず，側縁の刺毛は明瞭な対生状態を示さない（図9-g）.. **エリユスリカ属** *Orthocladius* van der Wulp（一部）
65a	径脈 R_{4+5} は中脈 M_{3+4} 末端の真上の位置を明瞭に超えて終わる．内陰茎棘をもつ 66
65b	径脈 R_{4+5} は中脈 M_{3+4} 末端のほぼ真上の位置で終わるか，より基部で終わる．内陰茎棘をもたない................................ **ムナクボエリユスリカ属** *Synorthocladius* Thienemann
	体長3mm前後．中刺毛列は通常欠如する．尾針は短く，三角形状を呈する（図9-j）．内陰茎棘は欠如する．5種が報告されている．
66a	尾針は短く，非常に幅広くなる．底節突起は半円状で，明瞭に硬化する（図9-k）.. **ツダエリユスリカ属** *Tsudayusurika* Sasa
	雌触角が10分環節をもつことで，エリユスリカ亜科のなかでは特異な存在である．4種が認められる．雄はマドオエリユスリカ属 *Byophaenocladius* にきわめてよく似るが尾針の特徴等で識別可能である．また雄同士も互いに酷似するが，触角の末端節先端の刺毛の有無で種の同定は可能となる．
66b	尾針は痕跡的な状態から明瞭な状態まで変化に富むが，上述のようにはならない（図9-l, m）．底節突起は硬化することはない .... **フユユスリカ属** *Hydrobaenus* Fries
	体長3～6mm．前前胸背板はよく発達し，中央部で顕著なV字状の切れ込みによって明瞭に分離される．中刺毛列を構成する刺毛は短く，楯板の前縁部からやや離れて始まる．中，後脚第1あるいは第1～2跗節は擬刺をもつ．把握器は顕著に尖った突起を有する．内陰茎棘をもつ．9種が報告されている．木曽川中流域で冬季に大発生して問題となっているキソガワフユユスリカ *H. kondoi* Sæther はこの属に含まれる．冬季に発生し，夏期幼虫は繭をつくり夏眠することが知られている．
67a	楯板は中央部に微毛の束をもつ（図10-a）.. 68
67b	楯板は中央部に微毛の束をもたない 69
68a	把握器はほぼ真っ直ぐで，明瞭に曲がることは決してない（図10-e）.. **エラノリユスリカ属** *Epoicocladius* Zavrel
	真っ直ぐでやや長い把握器をもつ．幼虫は体表面に多数の刺毛を有し，モンカゲロウの身体に付着して生活する．幼虫の調査から少なくとも日本には2種が分布する．成虫は *E. itachisecundus* (Sasa & Kawai) が知られるのみ．
68b	把握器は明瞭に曲がる（図10-f）...... **ケボシエリユスリカ属** *Parakiefferiella* Thienemann
	体長3mm程度．触角最終分環節は末端付近に多数の感覚毛をもつ．中刺毛列は欠如する．よく発達した内陰茎棘をもつ．低山地の細渓流河畔で得られる．11種が報告されている．分類学的再検討の必要なグループの一つである．
69a	楯板は中刺毛を欠く 70
69b	楯板は中刺毛をもつ 72
70a	径脈 R_{4+5} は中脈 M_{3+4} 末端の真上の位置より明瞭に基部寄りに終わる．尾針はないか，もつ場合は第9背板の末端に位置する 71
70b	径脈 R_{4+5} は中脈 M_{3+4} 末端ほぼ真上の位置で終わるか，それを大きく超えて終わる（図

10-p)．尾針は 9 背板の中央部に位置し微毛で覆われ，その先端部は第 9 背板の後縁部を超えない（図10-g）･･････････････ **キタビロウドエリユスリカ属** *Prosmittia* Brundin
体長 3 mm 前後．ニセビロウドエリユスリカ属 *Pseudosmittia* によく似るが，楯板は中刺毛をもたないことや検索表に示した前縁脈の特徴で識別可能である．9 種が報告されているが，今後検討の必要な属である．幼生期については不明．

71a 翅の臀片は明瞭で丸く突出する．前縁脈 C は径脈 R_{4+5} 末端を僅かに超える．尾針は長く微毛で覆われる（図10-h）･･････････････ **センチユスリカ属** *Camptocladius* van der Wulp
体長約 3 mm．雄交尾器の尾針はよく発達し，比較的幅広く，両側はほぼ平行となり，微毛で覆われ，先端部は丸くなる．幼虫は牛の糞中や腐敗植物片等からみつかる．*C. stercorarius* (DeGeer) 1 種のみが知られ，全北区に分布する．

71b 翅の臀片は殆ど認められない．前縁脈 C は径脈 R_{4+5} 末端を大きく超えて伸長する．小さな尾針をもつか，あるいはこれを欠く（図10-i）
･･････････････ **シミズビロウドエリユスリカ属** *Krenosmittia* Thienemann & Kruger
体長 2〜3 mm．山地渓流河畔で採集される．触角鞭節は 12〜13 分環節よりなる．最終分環節末端は弱い刺毛がロゼット状に配列される．前前胸背板の発達は弱い．小さな尾針をもつかあるいは欠如する．内陰茎棘はよく発達する．日本から 6 種が報告されている．

72a 中刺毛は，短くとも明瞭で，楯板の前縁部近くから生じている（図10-b）･････････ 73
72b 中刺毛は楯板の前縁部から距離を置いて生じる ････････････････････････････ 75
73a 尾針がある．把握器は長く伸長することはなく，ほぼ真っ直ぐか，僅かに湾曲する（図10-k, l）･･ 74
73b 尾針をもたない．半月状の非常に長い把握器をもつ（図10-j）
･･････････････ **トゲビロウドエリユスリカ属（新称）** *Trichosmittia* Yamamoto
体長 1 mm 前後．雌雄ともに触角末端分環節に細い刺状の感覚毛を多数もつ．雌の触角鞭節は 4 分環節からなる．雄生殖器の内部骨片に多数の刺をもつことで特徴的である．脚は雌雄ともよく発達し丈夫で，地上を歩き回ることが可能な形状をしている．雄触角の羽状毛もよく発達することから，空中での群飛と地上探索型の配偶行動が存在することが示唆される．*T. hikosana* Yamamoto が報告されている．*Limnophyes yakybeceus* Sasa & Suzuki は本属に移されるべき種であろう．

74a 翅の臀片の発達は弱いが認められる（図10-n）･････････････････ *Boreosmittia* Tuiskunen
体長 2 mm 前後．前前胸背板はよく発達する．尾針はよく発達し，長三角形状を呈し，先端部は尖る．生殖器基節は明瞭な底節突起をもたない（図10-k）．日本から 2 種が知られる．

74b 翅の臀片はまったく認められず，翅全体が楔形となる（図10-o 参照）
･････････････････････････････････････ *Ionthosmittia* Sæther & Andersen
体長 2 mm 弱．小顎髭は短く，第 3 節は強く丸みを帯び，先端部付近に明瞭な窪みがあり，そのなかから数本の感覚毛が生える．第 9 背板は強く隆起し，その先端に微小な尾針をもつ（図10-l）．内陰茎棘はよく発達する．2 種が知られる．

75a 把握器の巨刺は単純である ･･ 76
75b 把握器の巨刺は幅広く，端部が櫛歯状となる（図 7-h）
･･････････････････････････ **クシバエリユスリカ属** *Compterosmittia* Sæther
76a 楯板中央部に 2 本（稀に 3 本）の中刺毛をもつ．前前胸背板はよく発達した状態から中央

ユスリカ科 83

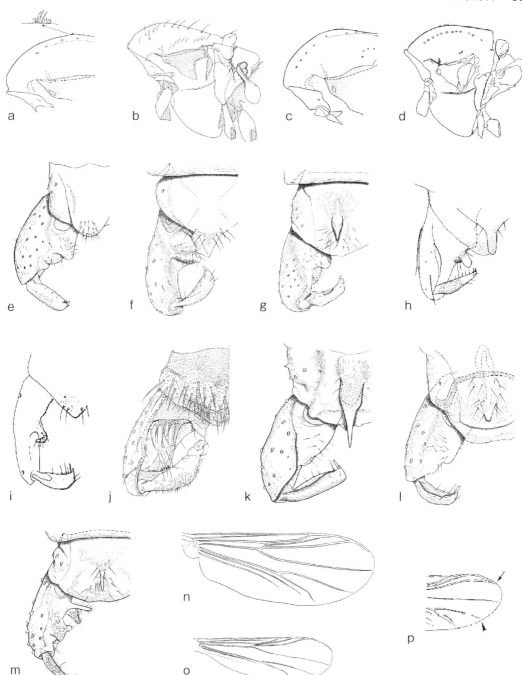

図10 エリユスリカ亜科　a〜m：雄交尾器　n〜p：翅
a：ケボシエリユスリカ *Parakiefferiella bathophila* (Kieffer, 1912)　b, j：トゲビロウドエリユスリカ *Trichosmittia hikosana* Yamamoto, 1999　c, m, o：フタマタニセビロウドエリユスリカ *Pseudosmittia forcipata* (Goetghebuer, 1921)　d：*Allocladius cleborae* Ferrington & Sæther, 2011（Ferrington & Sæther, 2011より引用）　e：エラノリユスリカ属の1種 *Epoicocladius itachisecundus* (Sasa & Kawai, 1987)（Holotype）　g, p：*Prosmittia jemtolandicus* (Brundin, 1947)；h：センチユスリカ *Camptocladius stercorarius* (De Geer, 1776) (Cranston et al., 1989より引用)
i：シミズビロウドエリユスリカ属の1種 *Krenosmittia camptophleps* (Edwards, 1929) (Pinder, 1978より引用)
k, n：*Boreosmittia toganipea* (Sasa & Okazawa, 1992)（Holotype）　l：*Ionthosmittia otujitertia* (Sasa & Okazawa, 1994)（Holotype）

部で顕著に狭くなる状態までみられる ……………………………………………………… 77
76b 楯板中央部に4～16本の中刺毛をもつ．前前胸背板はよく発達し，中央部で狭くなることはない（図10-d） ………………………………………………………………… *Allocladius* Kieffer
ミズベビロウドエリユスリカ属，ニセビロウドエリユスリカ属にきわめて類似するが，検索表に示した特徴により識別可能である．*A. jintuoctava* (Sasa) 1種が知られる．
77a 前前胸背板はよく発達し，中央部で狭くなることはない
………………………… **ミズベビロウドエリユスリカ属** *Hydrosmittia* Ferrington & Sæther
体長2～3mmの小型のユスリカ．ニセビロウドエリユスリカ属にきわめて類似するが，検索表に示した特徴で識別できる．3種が知られる．
77b 前前胸背板は中央部で顕著に狭くなる（図10-c）
………………………… **ニセビロウドエリユスリカ属** *Pseudosmittia* Goetghebuer
体長2mm前後．前前胸背板は背方に向かって非常に細くなり，左右の葉片は中央部にまで達せず，完全に分離する．楯板中央部の中刺毛の存在様式はこの属の重要な特徴の一つである．雄交尾器の形態は非常に変化に富む（図10-m）．9種が記載報告されている．

エリユスリカ亜科の属の検索（2）
終令幼虫

1a 尾剛毛台を欠く．尾剛毛は非常に短いかあるいは欠如する（図12-a～i）．前擬脚はしばしば部分的に融合する ……………………………………………………………………… 2
1b 尾剛毛台明瞭で長い尾剛毛がある（図12-j～p）．前擬脚は殆ど常に分離している …… 16
2a 後擬脚は体幹に対して直角に位置する（図12-c, d） ………………………………………… 3
2b 後擬脚は体幹と同一軸上にある（図12-a, b, e～i） ………………………………………… 4
3a 最終体環節は尾剛毛をもつ（図12-c）
……………………………………… **ケナガユスリカ属** *Gymnometriocnemus* Goetghebuer
成熟幼虫は数mm程度．マドオエリユスリカ属（*Bryophaenocladius*）に酷似するが1本の明瞭な尾毛をもつ．下唇板は大きな2つの中央歯と4対の側歯からなる．
3b 最終体環節は尾剛毛をもたない（図12-d）
…………………………………… **マドオエリユスリカ属** *Bryophaenocladius* Thienemann
成熟幼虫の体長は3～6mm．幼虫は水生，陸生，亜陸生である．日本から16種が知られる．
4a 上咽頭櫛歯は3本の硬化節片より構成されるが，時に非常に小さいか，明瞭に認められない場合もある（図15-a, b） ……………………………………………………………………… 5
4b 上咽頭櫛歯は1枚のプレートで構成され，10本前後の端歯をもつ（図15-c）
…………………………………………………………………………… *Antillocladius* Sæther
体長3～4mm．陸棲である．
5a 肛門鰓を欠く（図12-a, e） ………………………………………………………………… 6
5b 肛門鰓をもつ（図12-b, g） ………………………………………………………………… 9
6a SI刺毛は羽毛状であるか側縁に切れ込みをもつかあるいは叉分する（図15-d, e, g）．大顎は丸みを帯びるかあるいは三角形の歯をもつ．海棲である …………………………………… 7
6b SI刺毛は単純である（図15-f）．大顎は棘状の歯をもつ．ヒラタカゲロウ科，トビイロカ

ユスリカ科　85

　　　ゲロウ科の幼虫に外部寄生する　……………**ヤドリユスリカ属**　*Symbiocladius* Kieffer
　　　体長 4 mm 程．ヒラタカゲロウ科，トビイロカゲロウ科の幼虫に外部寄生する．

7a　SI 刺毛は羽毛状かあるいは側縁に切れ込みがある（図15-d, e）．他の S 刺毛は単純かあるいは先端部が小枝に分岐する．触角は 5 環節よりなる．尾剛毛は 1〜3 本である　……8

7b　SI 刺毛は又分し，他の S 刺毛は単純である（図15-g）．触角は 4 環節よりなる．尾剛毛は 1 本　………………………………**シリキレエリユスリカ属**　*Semiocladius* Sublette & Wirth
　　　日本産の種については幼生期の記録はない．海棲である．

8a　尾剛毛は 1 本である（図12-a）．SI および SII 刺毛は幅広く，先端部が多数の小枝に分岐する（図15-d）．下唇亜基節毛は単純である（図13-a）…　**ウミユスリカ属**　*Clunio* Haliday
　　　体長 2〜5 mm．海棲である．岩礁地帯，潮感帯上部の藻類間隙に生息する．

8b　2〜3 の尾剛毛を有するが，希に 1 本となる（図12-e）．SII 刺毛は単純である（図15-e）．下唇亜基節毛は単純であるか，羽毛状である（図13-b）
　　　………………………………**モバエリユスリカ属**　*Thalassosmittia* Strenzke et Remmert
　　　体長 4 mm 前後．海棲．モバユスリカ *Thalassosmittia nemalione* (Tokunaga, 1936) の幼虫は岩礁地帯の潮感帯の *Nemalion pulvianatum* および *Endocladia complanata* の繁茂する場所に生息する（Tokunaga, 1936）．

9a　SI および SII 刺毛はともに又分する（図15-a）……………………………………………10
9b　SII は又分することはない（図15-b）………………………………………………………13
10a　後擬脚がある（図12-g）………………………………………………………………………11
10b　後擬脚はない（図12-f）……………………**センチユスリカ属**　*Camptocladius* van der Wulp
　　　体長 5 mm 程度．幼虫は牛糞中にみられる．

11a　後擬脚は 7〜12 本の爪をもつ………………………………………………………………12
11b　後擬脚は 0〜5（6?）本の爪をもつ（図12-g）
　　　………………………**ニセビロウドエリユスリカ属**　*Pseudosmittia* Goetghebuer
　　　体長 4 mm 前後．陸生，半陸生のものから湖沼の波打ち際，鉄分が多く含まれる小河川等に至るまで幼虫の生息環境は多岐にわたる．

12a　大顎の内歯は 3〜4 本で（図18-d），下唇板の内歯は 4 本で，亜基節毛は単純である（図13-c）………………………………………………………………*Hydrosmittia* Ferrington & Sæther

12b　大顎に 3 本の内歯があり（図18-e），下唇板の側歯が 4 本の時，亜基節毛は又分する．大顎の内歯が 4 本の場合，下唇板の側歯は 5 本で，亜基節毛は単純である
　　　……………………………………………………………………………*Allocladius* Kieffer

13a　大顎は 3 本の内歯をもつ（図18-g）．前擬脚は融合する．後擬脚をもつ．肛門鰓は短く，括れをもたない．SI 刺毛は単純，掌状あるいは羽毛状である（図15-j〜l）…………14

13b　大顎は 2〜3 本の内歯をもつ（図18-f）．前擬脚は分離する．後擬脚は痕跡的となる．肛門鰓は長く，多数の括れをもつ（図12-i）．SI 刺毛は単純であるか側縁部に弱い切れ込みをもつ（図15-b）………………………**シッチエリユスリカ属**　*Georthocladius* Strenzke
　　　体長 4 mm 前後．低層湿原や河川源流域の水の染みだし域に生息する．日本産の 1 種 *G. shiotanii* については，幼生期は不明．

14a　大顎は内毛をもつ．SI 刺毛は掌状かあるいは羽毛状である（図15-j, l）……………15
14b　大顎は内毛をもたない．SI 刺毛は単純である（図15-k）
　　　………………………………**シリブトビロウドエリユスリカ属**　*Mesosmittia* Brundin

体長4, 5 mm. コケの中, phytotermata, 泉, 小河川の流水中, 湖沼等, さまざまな水域に生息することが知られる.

15a 触角は非常に短く, 大顎の1/3の長さよりも短く, 4環節からなり, 最終2環節は識別しにくい. 触角の付属葉状片は非常に長く触角先端部を大きく超えて伸長する（図11-n）
　　　…………………………………………… **トゲオビロウドエリユスリカ属** *Parasmittia* Strenzke

　　体長, せいぜい4 mm 程. 森林地帯や牧草地の水分を多く含む土壌中に生息する.

15b 触角は大顎の1/2の長さよりも長く, 4〜5環節よりなり, 末端節は小さいが明瞭に識別される. 触角の付属葉状片は触角末端を超えない（図11-l）
　　　…………………………………………… **ビロウドエリユスリカ属** *Smittia* Holmgren

　　体長3〜4 mm. 多くが陸棲である.

16a 触角は少なくとも頭部の長さの1/2あるいはそれ以上である（図11-a, b）………… 17
16b 触角は頭部の1/2の長さよりも短い（図11-c〜f）…………………………………… 19
17a 触角第2環節は一様に硬化し（図11-q）, ローターボーン器官は対生し, 弱く, 時に欠如する. 後擬脚は基部側方に刺毛をもつ………………………………………………… 18
17b 触角第2環節は不均一に硬化し, ローターボーン器官は交互に配列する（図11-r）. 後擬脚の基部側方に刺毛をもたない…… **ナガレビロウドエリユスリカ属** *Rheosmittia* Brundin

　　体長3 mm前後. 流水性. 触角は頭蓋の1/3程の長さである. 上唇刺毛SIは単純. 上咽頭櫛歯は不明瞭. 前大顎は10本以下の端歯をもち, 刷毛がある. 下唇板は3〜9本の同大の中央歯と5対の側歯よりなる.

18a 触角は4環節よりなり（図11-q）, 頭部より長くなる（図11-a）
　　　…………………………………………… **コナユスリカ属** *Corynoneura* Winnertz

　　体長3 mm前後. 種々な陸水域に生息し, 自由生活を行い, 捕食性.

18b 触角は5環節よりなり, 頭部より短い（図11-b）
　　　…………………………………………… **ヌカユスリカ属** *Thienemanniella* Kieffer

　　体長3 mm前後. 流水, 止水にもみられる. 上唇刺毛SIは単純であるが, 時に叉分する. 種々な点でコナユスリカ属 *Corynoneura* に類似するが, 触角の節数と長さが重要な識別形質となる.

19a 体環節は全体が刺毛で覆われることはない（図11-u, 図18-m）………………… 20
19b 体環節は全身多数の丈夫な刺毛で覆われる（図12-u）
　　　…………………………………………… **エラノリユスリカ属** *Epoicocladius* Zavrel

　　体長数 mm. 触角は4環節よりなる. 体環節は多数の刺毛を装うことがある（底生動物調査では多数の体刺毛をもつものと, 体刺毛の少ないものの2つのタイプ得られている）. 尾剛毛は顕著である. 上唇刺毛SIIは細長く, 先端部が櫛歯状となる. 下唇板は6本の中央歯と4本の側歯からなる.

20a 尾剛毛の1本は非常に長く, 体長のほぼ1/4に達する（図12-j, k）…………………… 21
20b 上記のような尾剛毛をもたない（図12-l〜p）……………………………………… 23
21a 下唇板は4〜5対の明瞭な側歯をもつ（最側方に痕跡的な側歯をもつこともある）（図13-d, e）. 前大顎は1本の端歯をもつ. 最終前体環節は最終体環節を大きく覆い, 尾毛は後方に伸びる（図12-j）……………………………………………………………………… 22
21b 下唇板は先端部が強く尖った6対の側歯をもつ（図13-f）. 前大顎は2本の端歯をもつ. 尾剛毛台上の尾剛毛は背方に向かって伸びる（図12-k）

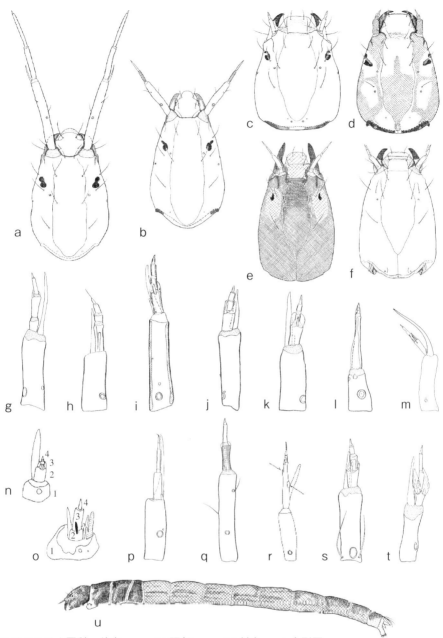

図11 エリユスリカ亜科 幼虫 a〜f：頭部 g〜t：触角 u：全形図
a：コナユスリカ属の1種 *Corynoneura* sp. b, q：ヌカユスリカ属の1種 *Thienemanniella* sp. c, j：フタスジツヤユスリカ *Cricotopus bicinctus* (Meigen, 1818) d, k：イシエリユスリカ *Orthocladius saxosus* (Tokunaga, 1939) e：ニイツマホソケブカユスリカ *Neobrillia longistyla* Kawai, 1991 f, g：ニッポンケブカエリユスリカ *Brillia japonica* Tokunaga, 1939 h：ケボシユスリカ属の1種 *Parakiefferiella* sp. i：ビワフユユスリカ *Hydrobaenus biwaquartus* (Sasa & Kawai, 1987) l：ヒメクロユスリカ *Smittia pratora* (Goetghebuer, 1926) m：ミナミケブカエリユスリカ属の1種 *Xylotopus par* (Coquillett, 1901)（Cranston et al., 1983より引用） n：トガリビロウドエリユスリカ属の1種 *Parasmittia* sp.（Cranston et al., 1983より引用） o：シリキレユスリカ属の1種 *Semiocladius* sp.（Sæther & Ferington, 1997より引用） p：*Paratrissocladius* sp. r：ナガレビロウドエリユスリカ属の1種 *Rheosmittia* sp.（Cranston et al., 1983より引用） s：ミダレニセナガレツヤユスリカ *Paracricotopus irregularis* Niitsuma, 1990 t：キモグリエリユスリカ *Orthocladius* (*Symposiocladius*) *lignicola* (Kieffer in Potthast, 1915) u：クビワユスリカ *Nanocladius* (*Plecopteracoluthus*) *asiaticus* Hayashi, 1998

1393

88 双翅目

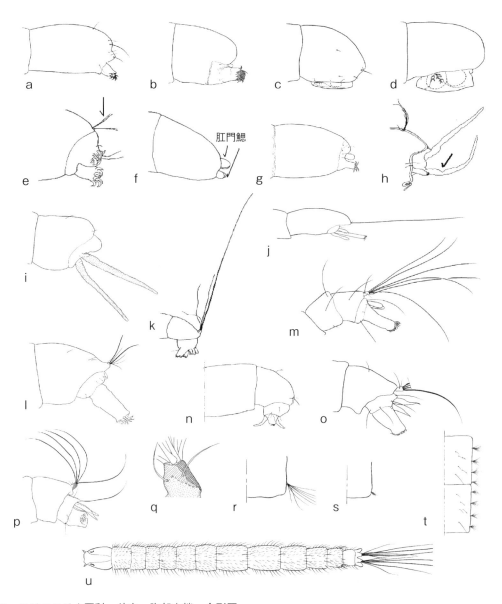

図12 エリユスリカ亜科 幼虫 腹部末端 全形図
a：サモアウミユスリカ Clunio pacificus Edwards, 1926　b：Antillocladius sp.　c：ケナガエリユスリカ属の1種 Gymnometriocnemus sp.　d. マドオエリユスリカ属の1種 Bryophaenocladius sp.　e：モバユスリカ属の1種 Thalassosmittia marina (Saunders, 1928) (Cranston et al., 1983より引用)　f：センチユスリカ属の1種 Camptocladius stercorarius (De Geer, 1776) (Cranston et al., 1983より引用)　g：ニセビロウドエリユスリカ属の1種 Pseudosmittia sp.　h：オナガエリユスリカ属の1種 Doithrix parcivillosa Sæther & Sublette, 1983 (Cranston et al., 1983より引用)　i：シッチエリユスリカ属の1種 Georthocladius sp.　j：ニセトゲアシエリユスリカ属の1種 Parachaetocladius sp.　k：シミズビロウドエリユスリカ属の1種 Krenosmittia camptophleps (Edwards, 1929) (Cranston et al., 1983より引用)　l：ハダカユスリカ属の1種 Cardiocladius sp.　m：ニセテンマクエリユスリカ属の1種 Tvetenia sp.　n：ケナガケバネエリユスリカ属の1種 Paraphaenocladius sp.　o：キイロケバネエリユスリカ Parametriocnemus stylatus (Kieffer, 1924)　p：ムナトゲユスリカ属の1種 Limnophyes sp.　q：ビワフユユスリカ Hydrobaenus biwaquartus (Sasa & Kawai, 1987) (尾毛台)　r：ミツオビツヤユスリカ Cricotopus trifasciatus (Meigen in Panzer, 1813) (第6腹節側部)　s：フタスジツヤユスリカ Cricotopus bicinctus (Meigen, 1818) (第6腹節側部)　t：ニイツマホソケブカユスリカ Neobrillia longistyla Kawai, 1991 (腹節側部)　u：エラノリユスリカ属の1種 Epoicocladisu sp.

1394

	································· シミズビロウドエリユスリカ属　*Krenosmittia* Thienemann & Kruger
	体長4mm前後．流水性．触角は4環節よりなる．SI刺毛は単純あるいは先端部に分岐がみられる．上咽頭櫛歯は細長い3本の骨片より構成される．腹下唇版の発達は弱い．
22a	大顎は3本の内歯をもつ（図18-g 参照）
	···························· ニセエリユスリカ属　*Pseudorthocladius* Goetghebuer
	体長数mm～10 mm．止水，流水いずれの環境下生息する．尾毛の1本は非常に長く，後方に真っ直ぐに伸びる．下唇板は中央部で浅く窪んだ中央歯と5対の側歯からなる．
22b	大顎は2本の内歯をもつ（図18-h）
	···························· ニセトゲアシエリユスリカ属　*Parachaetocladius* Wulker
	体長7mm前後．ニセエリユスリカ属 *Psudorthcladius* に非常によく似るが，尾毛は1本で短い刺毛をもたない．
23a	下唇板は少なくとも16本の歯をもつ（図13-g, h, j）·· 24
23b	下唇板の歯は多くて15本である（図13-i, k～v, 図14-a～o）······························· 26
24a	下唇板の中央歯は1本か，不規則な切れ込みを多数もつ（図13-g）．肛門鰓は2対である
	·· 25
24b	下唇板は前方に強く弧を描いて突出し，8本の中央歯をもつ．側歯は6対からなるが，下唇側板の発達状態により認めにくいことがある（図13-h）．肛門鰓を欠く
	···························· クシナシエリユスリカ属　*Baeoctenus* Sæther
	体長数mm前後．触角はローターボーン器官を欠く．上唇刺毛SIは又分する．前大顎は5本の端歯と1本の指状の歯を基部にもつ．終令前幼虫および終令幼虫がドブガイに侵入し，鰓を食べることが知られている．
25a	SI 刺毛は顕著な羽毛状である（図16-b）．先端部が鋸歯状となった上唇薄片をもつ．多数の小歯をもった淡色の4本の中央歯をもち，6～10対の側歯をもつ（図13-g）
	···························· アカムシユスリカ属　*Propsilocerus* Kieffer
	体長数mm～17 mm．アカムシユスリカ *P. akamusi* は本属の最大種．富栄養化した湖沼に生息．生時の体色は赤色．上唇刺毛SIは大きく，羽毛状．上唇薄片は顕著に大きく，端部は櫛歯状となる．上咽頭櫛歯は3本の単純な骨片よりなる．下唇側板は顕著で，非常に大きい．
25b	SI 刺毛は又分する（図16-c）．上唇薄片を欠く．下唇板は1本の中央歯と8～9対の側歯からなる（図13-j）··························· エリユスリカ属　*Orthocladius*（一部）
26a	下唇側板はよく発達し，下唇板の最外側歯付近を超えて伸長し，髭毛をもたない（図13-i, k～o）．SI 刺毛は又分することはない ·· 27
26b	下唇側板の発達は弱く，下唇板の最外側歯を超えず下唇板の内側に収まるか，痕跡的である（図14-b, c）．下唇板が上記の様によく発達する場合は髭毛をもつか，SI 刺毛が又分するか，あるいは髭毛と又分するSI 刺毛を同時にもつ（図13-u）························ 33
27a	SI 刺毛は単純である（図16-g, h）··· 28
27b	SI 刺毛は単純ではなく，形状は変化に富む（図16-d, e）·························· 29
28a	SII 刺毛は単純である（図16-g）．下唇側板は側方に強く伸長する（図13-k）
	···························· コガタエリユスリカ属　*Nanocladius* Kieffer
	体長4mm前後．触角は5環節よりなる．下唇板は端部に切れ込みをもつ幅広い中央歯と5対の側歯よりなる．止水から流水まで，貧栄養から富栄養の水域まで生息範囲は広い．

1395

図13 エリユスリカ亜科 下唇板

a：サモアウミユスリカ *Clunio pacificus* Edwards, 1926 b：モバユスリカ *Thalassosmittia nemalone* (Tokunaga, 1936) c：ミズベビロードエリユスリカ属の1種 *Hydrosmittia oxoniana* (Edwards, 1922) (Fwrrington & Sæther, 2011より引用) d：ニセトゲアシエリユスリカ属の1種 *Parachaetocladius* sp. e：ニセエリユスリカ属の1種 *Pseudorthocladius* sp. f：シミズビロウドエリユスリカ属の1種 *Krenosmittia camptophleps* (Edwards, 1929) (Cranston et al., 1983より引用) g：アカムシユスリカ *Propsilocerus akamusi* (Tokunaga, 1938) h：クシナシエリユスリカ属の1種 *Baeoctenus bicolr* Sæther, 1976 (Sæther, 1976より引用) i：ビワフユユスリカ *Hydrobaenus biwaquartus* (Sasa & Kawai, 1987) j：ブランコエリユスリカ *Orthocladius suspensus* (Tokunaga, 1939) k：コガタエリユスリカ属の1種 *Nanocladius tamabicolor* Sawsa, 1981 l：クビワユスリカ *Nanocladius* (*Plecopteracoluthus*) *asiaticus* Hayashi, 1998 m：*Paratrissocladius* sp. n：キリカケケバネエリユスリカ属の1種 *Heterotrissocladius* sp. o：コキソガワフユユスリカ *Hydrobaenus biwasecundus* Sasa & Kondo, 1991 p：フタエユスリカ *Diplocladius cultriger* Kieffer in Kieffer & Thienemann, 1908 q：コケエリユスリカ *Stilocladius clinopecten* Sæther, 1982 (Cranston et al., 1983より引用) r：ヒゲエリユスリカ属の1種 *Parorthocladius* sp. s：ムナクボエリユスリカ属の1種 *Synorthocladius* sp. t：ニセツヤユスリカ属の1種 *Paracladius alpicola* (Zetterstedt, 1850) (Cranston et al., 1983より引用) u：ナガレツツユスリカ属の1種 *Rheocricotopus* sp. v：ヒメエリユスリカ属の1種 *Psectrocladius* sp.

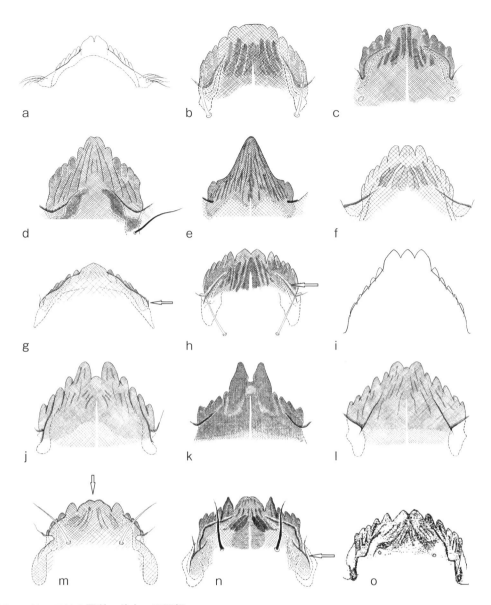

図14 エリユスリカ亜科 幼虫 下唇板
a：ヒメエリユスリカ属の1種 *Psectrocladius* sp. b：トクナガエリユスリカ属の1種 *Tokunagaia* sp. c：アンマクエリユスリカ属の1種 *Eukiefferiella* sp. d：テンマクエリユスリカ属の1種 *Eukiefferiella* sp. e：キモグリエリユスリカ *Orthocladius* (*Symposiocladius*) *lignicola* (Kieffer in Potthast, 1915) f：イシエリユスリカ *Orthocladius saxosus* (Tokunaga, 1939) g：ケボシユスリカ属の1種 *Parakiefferiella* sp. h：ムナトゲユスリカ属の1種 *Limnophyes* sp. i：ノザキトビケラヤドリユスリカ *Eurycnemus nozakii* Kobayashi, 1998 j：ウスキヒロトゲケブカユスリカ *Euryhapsis subviridis* Oliver, 1981 k：ニイツマホソケブカエリユスリカ *Neobrullia longistyla* Kawai, 1991 l：ニッポンケブカエリユスリカ *Brillia japonica* Tokunaga, 1939 m：*Psilometriocnemus* sp. n：ケナガケバネエリユスリカ属の1種 *Paraphaenocladius* sp. o：ニセケバネエリユスリカ属の1種 *Parametriocnemus* sp.

28b SII刺毛は非常によく発達し，端部は櫛歯状となる（図16-h）．下唇側板は側方に強く伸長することはない（図13-l）
……………… **コガタエリユスリカ属**　*Nanocladius* (*Plecopteracoluthus* Steffan)；*N. asiaticus*
体長約4mm．ヘビトンボ幼虫の胸部腹面に巣をつくり，そこに生息する．SII刺毛の形状は既知の本亜属と大きく異なる．また原記載では上唇下面側方にある薄片群が見落とされている．*N. asiaticus* と *N. shigaensis* の2種が知られ，体色と頭部の刺毛の配列が異なる．日本産のこの2種を *Nanocladius* とすべきかは疑問がもたれる．

29a 上唇薄片をもつ場合は弱く単純であるか，対とはならず基部が融合する（図16-f）．前大顎は毛をもたない（図16-a）．触角は5環節よりも多い ………………………………………… 30

29b SI刺毛の基部に1対の上唇薄片（大きさには非常に変異に富む）をもつ．前大顎は毛をもつ（図16-i）．触角は5環節よりなる …**トゲアシエリユスリカ属**　*Chaetocladius* Kieffer
体長数mm～10mm．種々の水域にみいだせる．上唇刺毛SIは羽毛状ないしは櫛歯状．上咽頭櫛歯は単純な3本の骨片よりなる．

30a 触角は7環節よりなり，第7環節は痕跡的となる（図11-p）………………………… 31
30b 触角は6環節よりなり，第6環節は痕跡的となることがある（図11-h）…………… 32

31a 下唇板は4対の側歯をもつ（図13-m）．SI刺毛は先端部が分割し，ハケ状となり，上咽頭櫛歯は単純（図16-j）．前大顎は1歯 ……………………………… *Paratrissocladius* Zavrel
体長数mm．流水性．触角は7環節よりなり，第3環節は非常に短く，第7環節は毛状となる．上唇薄片は骨化が弱く，融合し，先端部に切れ込みをもつ．下唇板は2本の中央歯と4本の側歯よりなる．下唇側板は顕著である．

31b 下唇板は5対の側歯をもつ（図13-n）．SI刺毛は羽毛状で，上咽頭櫛歯は細く，鋸歯状となる（図16-f）．前大顎は先端部が弱く切れ込む
……………………………………… **キリカキケバネエリユスリカ**　*Heterotrissocladius* Sparck
体長9mm前後．流水中からも止水中からもみいだせる．触角第6環節は細く糸状となる．上唇薄片は丸みを帯びた1対の板となる．

32a 触角末端節は糸状とはならない（図11-i）．下唇板4本の中央歯と5対の側歯からなる（図13-i）．前大顎は2本以上の端歯をもつ．尾剛毛台はよく発達し，後部に硬化節片をもつ
……………………………………… **フユユスリカ属**　*Hydrobaenus* Fries
体長数mm～9mm程度．止水域あるいは緩流域にみいだせる．幼虫は2令期に水底の石などの表面に繭をつくって夏眠する．冬季出現地域では多数の幼虫を発見できる．下唇側板はよく発達する．下唇板中央歯が単純（1枚のプレート）である場合，下唇側板とSI刺毛の形態で本属に含まれることが識別できる（*H. kisosecundus* コキソガワフユユスリカ）．

32b 触角末端節は糸状となる（図11-h）．下唇板は幅の広い1本の中央歯（時に側縁部が切れ込み3本となることがある）と5対の側歯からなる．前大顎は1本の端歯をもつ．尾剛毛台は後方に硬化節片をもたない ……… **ケボシエリユスリカ属**　*Parakiefferiella* Thienemann
体長4mm前後．止水，流水どちらにも生息する．上唇刺毛SIは数本から10本前後に分岐する．SI刺毛の間に弱い単純な上唇薄片をもつことがある．下唇側板は顕著に発達する．

33a 下唇側板の基部域は髭毛をもつ（図13-p～v, 図14-a）……………………………… 34
33b 下唇側板の基部域は髭毛をもたない（図14-b～o）………………………………… 41

34a	髭毛は強く，明瞭である（図13-p, r～v，図14-a）．触角は5環節よりなる …………	35
34b	髭毛は弱く，4～6本の小さな刺毛からなり，下唇側板基部縁に散在する（図13-q）．触角は6環節よりなり，最終環節は毛状となる … **コケエリユスリカ属** *Stilocladius* Rossaro	

体長3mm前後．下唇板は1本の幅広い中央歯と5～6対の側歯よりなる．山地の細流の岩上の苔中にみいだせるという．幼生期についての知見は日本からは知られていない．5月上旬頃，山地細流近辺で成虫の群飛を見ることができるので，注意すれば発見できるものと思われる．

35a	SI 刺毛は単純である ………………………………………………………………	36
35b	SI 刺毛は又分（図15-i），掌状（図17-b）あるいは羽毛状（図17-c）となる …………	37
36a	下唇板の中央歯は3本のほぼ同じ大きさの歯からなる（図13-r） ………………………………………………………………………… *Parorthocladius* Thienemann	

体長5mm前後．流水中に生息する．触角第2環節上のローターボーン器官は顕著である．上唇刺毛はすべて単純である．前大顎は単純．下唇側板毛は非常に長く顕著である．肛門鰓は後擬脚とほぼ同じ長さである．上唇上咽頭を図17-a に示す．

36b	下唇板の中央歯は2本である（図13-s） ……………………………… **ムナクボエリユスリカ属** *Synorthocladius* Thienemann	

体長4mm前後．流水性．*Parorthocladius* と酷似するが，検索表に示したように，下唇板の中央歯の数で区別できる．

37a	SI 刺毛は又分する（図15-i） ………………………………………………………	38
37b	SI 刺毛は羽毛状か掌状である（図17-b, c） ………………………………………	40
38a	下唇板の中央歯は1本で，両側に弱い切れ込みをもつ（図13-t, v）．側歯は5～6対である ………………………………………………………………………………………	39
38b	下唇板は2本の中央歯と5対の側歯よりなる（図13-u） ……………………… **ナガレツヤユスリカ属** *Rheocricotopus* Thienemann & Harnisch	

体長6mm前後．流水性．前大顎は単純．下唇側板はよく発達し，下唇側板毛は顕著である．

39a	央歯は側歯に比べて明瞭に淡色で，幅広く前方に緩やかに弧を描き，両側に切れ込みをもたない．側歯は6対である（図13-t） ……… **ニセツヤユスリカ属** *Paracladius* Hirvenoja	

体長数 mm．下唇側板毛をもつ．

39b	歯は側歯に比べて淡色となることはない．中央歯は前方に強く突出し両側に切れ込みをもつ．側歯は5対（図13 v） ………… **ヒメエリユスリカ属** *Psectrocladius* Kieffer（一部）	
40a	SI 刺毛は掌状である．前大顎は1本の端歯をもつ．下唇板は1～2本あるいは3又した中央歯と5対の側歯をもつ（図14-a）．上唇薄片は1枚の三角形の板である ……………………………………………………………… **ヒメエリユスリカ属** *Psectrocladius* Kieffer	

体長数mm ～10 mm．通常，上唇刺毛 SI が掌状であることで他の属から明瞭に識別できるが，時に又分した SI をもつことがある．下唇側板はよく発達し，下唇側板毛も明瞭である．

40b	SI 刺毛は羽毛状である．前大顎は2本の端歯をもつ．下唇板は4本の中央歯と5対の側歯からなり，すべての歯は殆ど同型同大である（図13-p）．上唇薄片は先端部が櫛歯状となった2つの葉片よりなる…………………………… **フタエユスリカ属** *Diplocladius* Kieffer	

体長8mm前後．冷涼な流水中に生息する．下唇側板はよく発達し，下唇側板毛も長く

明瞭である．尾剛毛台は明瞭な骨片をもつ．

41a SI 刺毛は単純であるか，先端部が弱く又分するか小枝をもつ．上唇薄片をもたない … 42
41b SI 刺毛は単純ではない．もし単純である場合は上唇薄片をもつ …………………… 48
42a 大顎の内縁は刺をもつ（図18-i, j）．尾剛毛台はよく発達する …………………… 43
42b 大顎の内縁は通常刺をもたない（図18-k, l）．刺をもつ場合，尾剛毛台は退行する …… 44
43a SI 刺毛は単純で，丈夫で太く，剛毛状あるいは鞘状である．SIII 刺毛は単純．下唇板の中央歯は幅広く平坦となるか，あるいは中央部で弱くくびれる，側歯は5対である（図14-b）．触角は5環節よりなる．触角の付属葉状片は触角先端部に達するか，少なくとも第4環節末端に達する………………………… **トクナガエリユスリカ属** *Tokunagaia* Sæther
　　体長5 mm 前後．流水性．前大顎は単純で強く硬化する．
43b SI 刺毛は単純で，上記ほど丈夫でなく毛状あるいは葉片状となる．SIII 刺毛は通常単純であるが，時に又分することや分岐することがある．下唇板は1〜2本の中央歯と4〜5対の側歯をもつ（図14-c, d）．触角は4〜5環節よりなり，付属葉状片は第2環節の先端部に達するか，末端にまで達する……… **テンマクエリユスリカ属** *Eukiefferiella* Thienemann
　　体長数 mm 前後．流水性．体色は暗褐色から淡緑黄色まで変化に富む．
44a 腹環節は毛の束をもつ（図12-r, s）……………………………………………… 45
44b 腹節は顕著な刺毛をもたない……………………………………………………… 47
45a 腹環節は刺毛の束をもつ（図12-r, s）．SI 刺毛は単純である（図17-e, f） ……… 46
45b 腹環節は長い単純な刺毛をもつ．SI 刺毛は先端部が不明瞭に又分するか鋸歯状を呈し，時としてまったく単純である
　　………………………… **ニセナガレツヤユスリカ属** *Paracricotopus* Thieneman & Harnisch
　　体長数 mm 前後．流水性．体色は暗褐色から淡緑黄色まで変化に富む．
46a 下唇板の中央歯は幅広くかつ顕著に突出する（図14-e）．2対の側歯をもつ．触角のローターボーン器官はきわめて大きく，触角第3節の端部を超える（図11-t）
　　………………………… **エリユスリカ属** *Orthocladius*（亜属 *Symposiocladius* Cranston）
　　幼虫は水没した朽木などに潜って生活する．
46b 下唇板の中央歯は上記のように突出することはなく，1本の中央歯と6対の側歯よりなる．触角のローターボーン器官は顕著ではあるが上記のように大きくなることはない
　　………………………………………………… **ツヤユスリカ属** *Cricotopus*（一部）
47a 尾剛毛台は退行することはない………………… **キブネエリユスリカ属** *Tokunagaia* Sæther
47b 尾剛毛台は退行する（図12-l）……………… **ハダカユスリカ属** *Cardiocladius* Kieffer
　　体長10 mm 前後．流水性で比較的流れの強い河川でみられる．頭部は黒褐色で身体は紫色を帯びる．尾剛毛台の発達は非常に弱い．肛門鰓は短く球状である．上唇刺毛は単純．前大顎は上部で，端歯は1本．下唇板はは幅広い1本の中央歯と5対の側歯よりなる．
48a SI 刺毛は明瞭に又分する．上唇薄片を欠く ……………………………………… 49
48b SI 刺毛は羽毛状，櫛歯状，掌状あるいは単純である．上唇薄片をもつことも欠くこともある………………………………………………………………………………………… 57
49a 腹環節の刺毛は単純である………………………………………………………… 50
49b 腹環節の幾つかは刺毛の束をもつ（図12-r, s） ……… **ツヤユスリカ属** *Cricotopus*（一部）
50a 下唇板の側歯は多くても6対である……………………………………………… 51
50b 下唇板は7対よりも多い側歯を有する………… **エリユスリカ属** *Orthocladious*（一部）

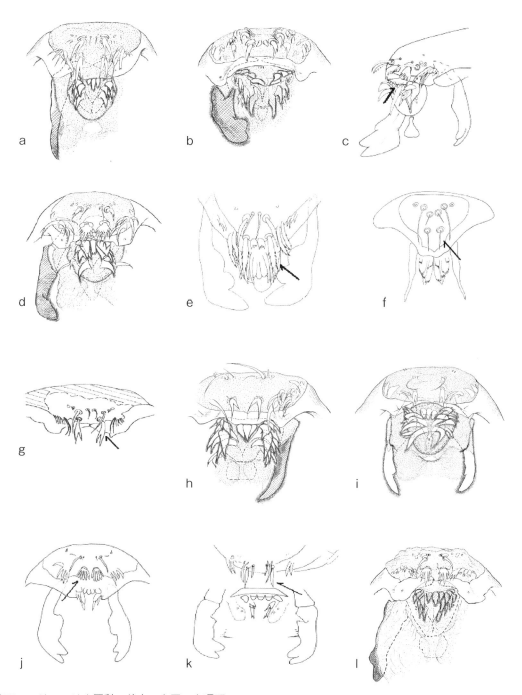

図15 エリユスリカ亜科 幼虫 上唇〜上咽頭
a：ニセビロウドエリユスリカ *Pseudosmittia* sp. b：シッチエリユスリカ属の1種 *Georthocladius* sp. c：*Antillocladius* sp. d：サモアウミユスリカ *Clunio pacificus* Edwards, 1926 e：モバユスリカ属の1種 *Thalassosmittia clavicornis* (Saunders, 1928)（Cranston et al., 1983より引用） f：ヤドリユスリカ *Symbiocladius equitans* (Claassen, 1922)（Cranston et al., 1983より引用） g：シリキレユスリカ属の1種 *Semiocladius* sp. h：フタスジツヤユスリカ *Cricotopus bicinctus* (Meigen, 1818) i：ナガレツヤユスリカ属の1種 *Rheocricotopus* sp. j：トガリビロウドエリユスリカ属の1種 *Parasmittia carinata* Strenzke, 1950（Cranston et al., 1983より引用） k：シリブトビロウドエリユスリカ属の1種 *Mesosmittia flexuella* (Edwards, 1929)（Cranston et al., 1983より引用） l：ヒメクロユスリカ *Smittia pratora* (Goetghebuer, 1926)

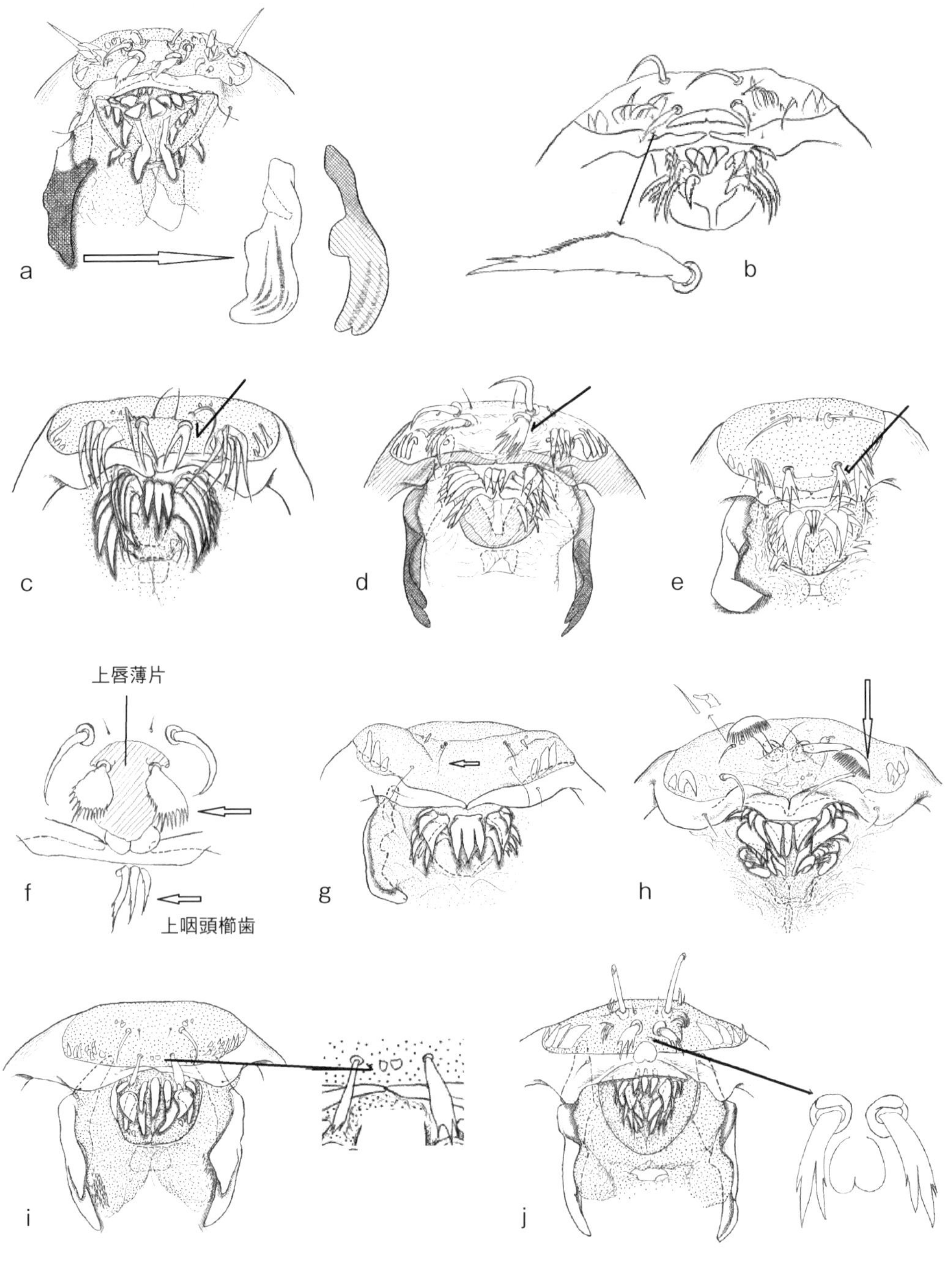

96 　双翅目

図16　エリユスリカ亜科　幼虫　上唇〜上咽頭
a：ニセトゲアシエリユスリカ属の1種 *Parachaetocladius* sp.　b：アカムシユスリカ *Propsilocerus akamusi* (Tokunaga, 1938)　c：ブランコエリユスリカ *Orthocladius suspensus* (Tokunaga, 1939)　d：キソガワフユユスリカ *Hydrobaenus kondoi* Sæther, 1989　e：ケボシユスリカ属の1種 *Parakiefferiella* sp.　f：キリカケケバネエリユスリカ属の1種 *Heterotrissocladius* sp.　g：コガタエリユスリカ属の1種 *Nanocladius tamabicolor* Sawsa, 1981　h：クビワユスリカ *Nanocladius* (*Plecopteracoluthus*) *asiaticus* Hayashi, 1998　i：トゲアシエリユスリカ属の1種 *Chaetocladius* sp.　j：*Paratrissocladius* sp.

1402

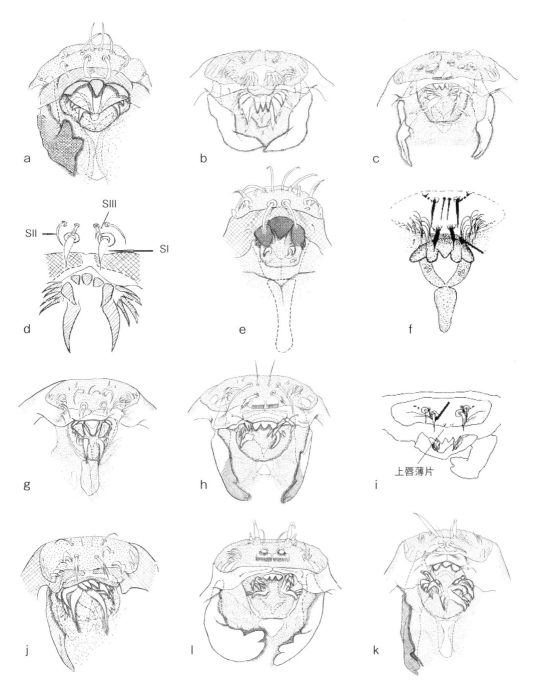

図17 エリユスリカ亜科 幼虫 上唇～上咽頭 大顎 全形図
a：ヒゲエリユスリカ属の1種 *Parorthocladius* sp.　b：ヒメエリユスリカ属の1種 *Psectrocladius* sp.　c：フタエユスリカ *Diplocladius cultriger* Kieffer, 1908　d：テンマクエリユスリカ属の1種 *Eukifferiella* sp.　e：キモグリエリユスリカ *Orthocladius (Symposiocladius) lignicola* (Kieffer in Potthast, 1915)　f：ツヤユスリカ属の1種 *Cricotous (Isocladius) elegans* Johannsen, 1943（Hirvenoja, 1973より引用）　g：ミダレニセナガレツヤユスリカ *Paracricotopus irregularis* Niitsuma, 1990　h：ニッポンケブエリユスリカ *Brillia japonica* Tokunaga, 1939　i：トビケラヤドリユスリカ属の1種 *Eurycnemus crassipes* (Panzer, 1813)（Cranston et al., 1983より引用）　j：ハダカニセテンマクエリユスリカ *Tvetenia calvescens* (Edwards, 1929)　k：ニイツマホソケブカユスリカ *Neobrillia longistyla* Kawai, 1991　l：ウスキヒロトゲケブカユスリカ *Euryhapsis subviridis* Oliver, 1981

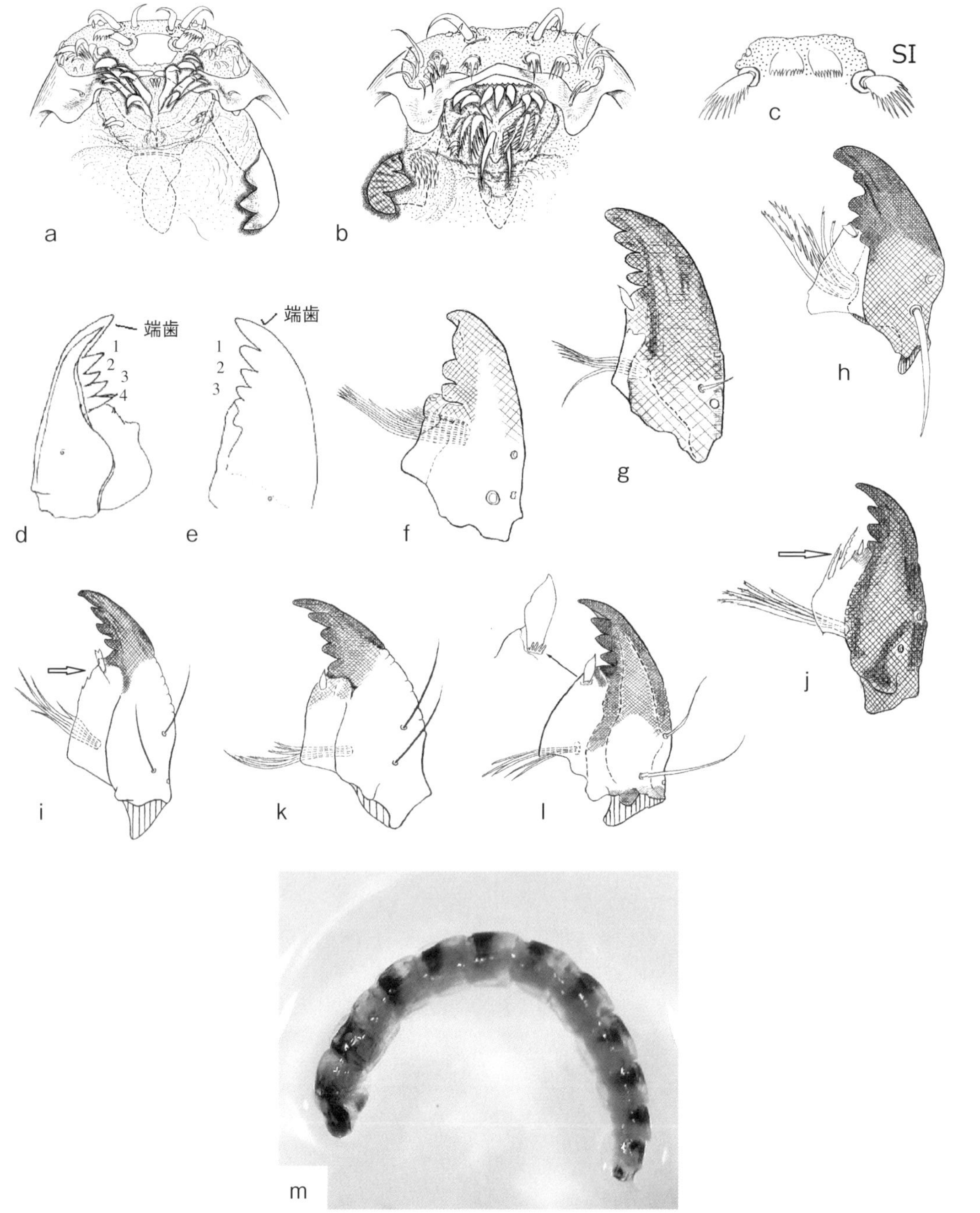

98 双翅目

図18 エリユスリカ亜科 幼虫 上唇～上咽頭 大顎 全形図
a：ケナガケバネエリユスリカ属の1種 *Paraphaenocladius* sp. b：トゲムネユスリカ属の1種 *Limnophyes* sp.
c：ケバネエリユスリカ属の1種 *Metriocnemus* sp. d：ミズベビロードエリユスリカ属の1種 *Hydrosmittia oxoniana* (Edwards, 1922)（Fwrrington & Sæther, 2011より引用） e：*Allocldius bothnicus* (Tuiskunen, 1984)（Fwrrington & Sæther, 2011より引用） f：シッチエリユスリカ属の1種 *Georthocladis* sp. g：ヒメクロユスリカ *Smittia pratora* (Goetghebuer, 1926) h：ニセトゲアシエリユスリカ属の1種 *Parachaetocladius* sp. i：テンマクエリユスリカ属の1種 *Eukiefferiella coerulescens* (Kieffer, 1926) j：トクナガエリユスリカ属の1種 *Tokunagaia* sp. k：ミツオビツヤユスリカ *Cricotopus trifasciatus* (Meigen in Panzer, 1813) l：クロツヤエリユスリカ *Paratrichocladius rufiventris* (Meigen, 1830) m：ケバネエリユスリカ属の1種 *Metriocnemus* sp.

1404

51a 触角は通常5環節よりなるが，もし4環節でかつローターボーン器官の発達が弱い場合，側歯は側方に向かって徐々に小さくなる．前大顎の端歯は1本または2本である 52
51b 触角は4環節より構成され，ローターボーン器官の発達は弱い．下唇板の第2側歯は第1，第3側歯よりも小さい．前大顎は2本の端歯を有する
　　　　　　　　　　　　　　　　　　……………… エリユスリカ属　*Orthocladius*（一部）
52a 触角第1節は基部に刺毛をもたない ……………………………………………… 53
52b 触角第1節は基部に2本の長い刺毛をもつ
　　　　　　　　　　　　　　……………… ニセナガレツヤユスリカ属　*Paracricotopus* Thienemann & Harnisch
53a 頭部は一様に淡色である（図11-c, f）…………………………………………… 54
53b 頭部は一様にあるいは広い範囲で褐色から暗褐色となる（図11-d, e）
　　　　　　　　　　　　　　　　……………………… エリユスリカ属　*Orthocladius*（一部）
54a 大顎の指状突起の基部は単純である（図18-k）………………………………… 55
54b 大顎の指状突起の基部の基部に明瞭な微小な歯列がある（図18-l）
　　　　　　　　　　　　　……………… クロツヤエリユスリカ属　*Paratrichocladius* Santos Abreu
　　　　体長数mm～10 mm前後．頭部，腹部は黒紫色を帯びる．浅い流水中にみいだせる．上唇刺毛SIは又分する．*Cricotopus*, *Orthocladius*に形態的に類似するが，体色が一つの有効な識別形質となる．大顎の歯下剛毛の基部の明瞭な微小歯列は本属を示す特徴である．成虫の検索表で言及したように，今後は，*Cricotopus*属の一亜属として取り扱われるべきなのかもしれない．
55a 大顎の内側縁には刺はない ……………………………………………………… 56
55b 大顎の内側縁には刺がある ……………… ツヤユスリカ属　*Cricotopus*（一部）
56a ローターボーン器官は小さい（図11-j）……… ツヤユスリカ属　*Cricotopus*（一部）
56b ローターボーン器官は明瞭で，触角の第3環節とほぼ同じ大きさである（図11-k）
　　　　　　　　　　　　　　　　……………………… エリユスリカ属　*Orthocladius*（一部）
57a 前大顎は刷毛をもたない（図16-e）……………………………………………… 58
57b 前大顎は刷毛をもつ（図16-i）…………………………………………………… 71
58a 通常上唇薄片を欠くが，もつ場合は薄い単純な葉片状となる（図16-e, 17-j）……… 59
58b 先端部が櫛歯状となる明瞭な上唇薄片をもつ（図17-h, i, l, k）……………… 64
59a 腹環節は明瞭な長い刺毛をもたない……………………………………………… 60
59b 腹環節刺毛の幾つかは腹環節の少なくとも1/2の長さがある（図12-m）
　　　　　　　　　　　　　　　……………… ニセテンマクエリユスリカ属　*Tvetenia* Kieffer
　　　　体長数mm．流水性．それぞれの体環節に顕著に長い刺毛をもつことで近縁の属からの識別は容易である．上唇刺毛SIは端部が数分岐する．前大顎は単純．下唇板は1～2本の中央歯と5対の側歯からなる．
60a 肛門鰓は短いか普通の長さで，くびれを有することはない ……………………… 61
60b 肛門鰓は非常に長く，後擬脚の数倍の長さがあり，多数のくびれを有する（図12-h）
　　　　　　　　　　　　　　……………… オナガエリユスリカ属　*Doithrix* Sæther & Sublette
　　　　体長3～5 mm．明瞭な数本の尾毛をもつことで*Georthocladius*から識別される．
61a 触角の付属葉状片は触角先端部を大きく超えることはない．触角第2環節は分割されない
　　　　　　　　　　　　　　　　　　……………………………………………… 65
61b 触角の付属葉状片は非常に長く，触角の先端部を大きく超えて伸長する．触角第2環節は

| | 基部付近で分割される……………………… **ウンモンエリエリユスリカ属** *Heleniella* Gowin |
| | 体長4mm前後．冷涼な流水中に生息する．上唇刺毛SIは数本の分岐をもつ．前大顎は3～4本の歯をもつ．下唇板は2本の中央歯と5対の側歯からなる． |

62a 下唇側板はよく発達する．触角は6環節よりなり，最終環節は糸状である（図11-h）
　　　……………………………………… **ケボシエリユスリカ属**　*Parakieffereiella* Thienemann
62b 下唇側板の発達は弱い．触角は5環節よりなり，最終環節は糸状になることはない … 63
63a 大顎は3本の内歯をもつ………………………… **ムナトゲエリユスリカ属**　*Limnophyes* Eaton
　　　体長2～4mm．流水，止水，半陸生，陸生と広範囲の環境下にみいだせる．上唇刺毛SIは鋸歯状となるか端部が数枝に分岐する．前大顎は2～4本の端歯をもつ．下唇板は2本の中央歯と5対の側歯からなる．
63b 大顎は4本の内歯をもつ　……………………… **クシバエリユスリカ属**　*Compterosmittia* Sæther
　　　体長3mm前後．*Limnophyes* に類似するが，大顎の第4内歯が基部から分離することで識別される．日本から幼虫の報告はない．ウツボカズラ等の筒の中に生息することが知られている．
64a 触角は4環節よりなる　………………………………………………………………………… 65
64b 触角は5～6環節よりなる　……………………………………………………………………… 66
65a SI刺毛は単純で，上唇薄片は小さく弱い（図17-i）．下唇板はほぼ同じ大きさの3本の中央歯と5対の側歯より構成される（図14-i）
　　　……………………………………… **トビケラヤドリユスリカ属**　*Eurycnemus* van der Wulp
　　　（注：模式種である *E. crasspes* (Panzer) の下唇板の中央歯のうち真ん中の1本は非常に小さく痕跡的となる）
　　　体長10 mm 前後．ニンギョウトビケラの巣中より発見される．触角は短い．前大顎は2端歯をもつ．
65b SI刺毛は羽毛状で，上唇薄片はよく発達し明瞭である（図17-l）．下唇板は2～3本の中央歯をもち，中央の1本は非常に小さく，中央歯の外側の2本は強く前方に突出する（図14-j）……………………………… **ヒロトゲケブカブカエリユスリカ属**　*Euryhapsis* Oliver
　　　体長10 mm 前後．流水性．前大顎は2端歯をもつ．下唇板は小さな中央歯と6対の側歯からなり，第1側歯は前方に強く突出する．
66a 触角は5環節よりなり，末端環節は毛状とはならない．下唇板は2本の中央歯をもつ … 67
66b 触角は6環節より構成され，末端環節は退行し毛状となる．下唇板は2本の中央歯をもつ（図14-m） ………………………………………………… *Psilometriocnemus* Sæther
　　　体長数mm．流水性．上唇刺毛SIは内縁が鋸歯状となる．上唇薄片は1枚の薄い硬化片となる．前大顎は2端歯をもつ．下唇側板は2つに分割される．
67a 上唇薄片は1対の幅広い薄片で，前縁部は明瞭に櫛歯状となる（図17-k）．下唇板の中央歯は2本で細長く強く顕著に前方に突出する（図14-k, l） …………………………… 68
67b 上唇薄片はSI刺毛の基部を取り囲む1枚の薄片である（図18-a）．下唇板の中央歯は前方に強く顕著に突出することはない　……………………………………………………… 70
68a 触角第2環節は第3節より短くなる（図11-g）………………………………………………… 69
68b 触角第2環節は第3節より短くなることはない（図11-m）
　　　……………………………………… **ミナミケブカエリユスリカ属**　*Xylotopus* Oliver
　　　体長十数mm．止水あるいは緩流下の浅瀬に堆積した半朽木中に潜む．末端2環節を除

く腹体環節は側縁に1列に並んだ刺毛束をもつ．前大顎は2本の端歯をもつ．

69a 第5〜10体環節は側縁に4対の明瞭な毛束を有する（図12-t）．頭部は黒色で体環節は白色を呈し顕著なコントラストを示す（図11-e）
....**ホソケブカエリユスリカ属** *Neobrillia* Kawai
体長数 mm〜10 mm前後．流水下の浅瀬に堆積した朽木等に潜む．*Orthocladius (Symposiocladius) ligunicola* の幼虫と一緒に得られることがある．上唇刺毛SIは羽毛状である．前大顎は幅広く，2端歯をもつ．頭部と体節の色彩のコントラストにより他から容易に識別される．

69b 体環節は毛束をもたない．頭部は淡黄褐色，体節は黄褐色で，明瞭な色彩のコントラストを示すことはない（図11-f）..................................**ケブカエリユスリカ属** *Brillia* Kieffer
体長10 mm前後．流水性．上唇刺毛SIは羽毛状．上咽頭櫛歯は3端歯をもつ1枚の硬化片より構成される．

70a 下唇板は1〜2本の中央歯をもつ．2本の場合，中央部が弱く括れるに過ぎない（図14-n）．下唇側板は明瞭でかつ二次的なプレートをもつ．最終前体環節は最終体環節を覆い，肛門鰓は下方を向く（図12-n）...**ケナガケバネエリユスリカ属** *Paraphaenocladius* Thienemann
体長3〜数mm前後．流水性．触角第2節のローターボーン器官は顕著である．上唇刺毛SIは羽毛状である．上唇薄片は融合し，端部が鋸歯状となる．上咽頭櫛歯は非常に小さい3本の単純な骨片となる．前大顎は2端歯をもつ．下唇側板は中央部で重なり合うため2枚の板にみえる．

70b 下唇板は明瞭に分割された中央歯をもつ（図14-o）．下唇側板は二次的プレートをもつこともももたないこともある．最終前体環節は最終体環節を覆うことなく，肛門鰓は後方に伸びる（図12-o）......................**ニセケバネエリユスリカ属** *Parametriocnemus* Goetghebuer
体長数mm前後．流水性．上唇刺毛SIは羽毛状．上咽頭櫛歯は短い3本の単純な骨片よりなる．前大顎は2〜6本の端歯をもつ．下唇側板は中央部でくびれる．

71a 上肛毛は長い（図12-p）．上唇薄片を欠く．触角は減退することはない
....**ムナトゲエリユスリカ属** *Limnophyes* Eaton（一部）

71b 上肛毛は短い．上唇薄片はSI刺毛とSII刺毛との間に位置する（図18-c）．触角はしばしば強く減退し短くなる．体に特徴的な斑紋パターンをもつことがある（図18-m）
....**ケバネエリユスリカ属** *Metriocnemus* van der Wulp
体長7〜9 mm．上唇刺毛SIは羽毛状であるが，時に単純となる．上唇薄片はSI刺毛基部よりやや前方に位置し，端部が櫛歯状となる．前大顎は2〜4本の端歯をもち，刷毛がある．下唇板は2〜4本の中央歯と5対の側歯よりなり，第1側歯は中央歯より明らかに長い．

ユスリカ亜科　Chironominae

山本　優

ユスリカ亜科成虫の属の検索（1）

1a 翅面は大毛をもつかあるいはこれを欠く．大毛を欠く場合，第1翅基鱗片は縁毛をもつ．径中横脈は径脈 R_{4+5} に対して明瞭に傾斜している（図19-c）
　　　　　　　　　　　　　ユスリカ族　Chironomini，ニセユスリカ族　Pseudochironomini … 2

1b 翅面は通常大毛をもつ．第1翅基鱗片は縁毛を欠く．脛中横脈は径脈 R_{4+5} に対して明瞭な傾斜をもたず，ほぼ同一線上に位置する（図25-a, b）
　　　　　　　　　　　　　　　　　　　　　　　　　　　　　　ヒゲユスリカ族　Tanytarsini … 47

2a 前脚脛節末端は刺をもつことはあるが距刺をもたない（図19-e～h） …………………… 3

2b 全脛節末端は明瞭な距刺をもつ（図19-i） … ニセユスリカ属　*Pseudochironomus* Malloch
　　体長数 mm 前後．触角は13分環節よりなる．翅面は無毛．生殖肢底節基部に1対の（あるいはこれが融合し1本となる）明瞭な葉片をもつ．上底節突起はよく発達し太く，中央方向に伸長する．下底節突起は短く，太く，先端部は扇上に広がる．中底節突起は短く指状で，先端部に少数の刺毛をもつ．*P. prasinatus* (Staeger)（図21-a）1種が尾瀬ヶ原から報告されている．筆者は，また，本種を北海道愛山渓の池塘，阿寒湖湖岸より得ている．

3a 翅面には大毛がある ……………………………………………………………………… 4

3b 翅面には大毛がない ……………………………………………………………………… 7

4a 腹部第8背板はほぼ四角形である（図21-b）………………………………………… 5

4b 腹部第8背板は前方で強く狭まる（図21-c）…… *Polypedilum* subgenus *Pentapedilum* Kieffer
　　18種が報告されている．再検討の必要な種も幾つか含まれる．オオケバネユスリカ *P. sordens*，フトオケバネユスリカ *P. convexum*，トラフユスリカ *P. tigrinum* が普通にみられる．

5a 上底節突起は細長く，先端に向かって緩やかに弧を描く（図21-d）………………… 6

5b 上底節突起は先端部付近で，ほぼ直角に曲がる（図21-e）……………… *Ainuyusurika* Sasa
　　外見的に *Polypedilum* 属の *Pentapedilum* 亜属の種に酷似するが，検索表4aの特徴で識別される．これまで3種が報告されていたが，*A. tuberculatum* 1種に整理された．上底節突起以外の形態形質は *Phaenopsectra* 属の特徴にきわめてよく一致する．筆者は本属は *Phaenopsectra* として取り扱われるべきだと考えているが，これには幼生期の解明が必須である．

6a 前脚の跗節には長い髭毛がある（図19-s）………………………………… *Sergentia* Kieffer
　　体長10 mm 前後の黒色のユスリカ．翅面は全面，あるいは翅端付近に大毛をもつ．中，後脚の脛節櫛は融合し，中脚には1本，後脚には2本の刺をもつ．上底節突起は長く角状である．下底節突起は非常に細長く，端半に多数の刺毛をもち，最端部に後方に向かって伸びる1～2本の長い刺毛をもつ．日本から2種が報告されている．キザキユスリカ *S. kizakiensis* (Tokunaga) は平地では早春期に，山地の冷涼な水域では通年発生する．

6b 前脚の跗節には長い髭毛がない（図19-r）………………………………… *Phaenopsectra* Kieffer
　　体長4 mm 前後．翅面は大毛を装う．第1翅基鱗片は縁毛をもつ．前脛節末端は顕著に

円錐状に突出し，その先端部は短く刺状に尖る．中，後脚の脛節櫛は基部で融合し，一方に1本の刺をもつ．褥板は単純である．上底節突起は細長く角状で，基部背面に1本の長い刺毛をもつ．下底節突起は非常に細長く，端半に多数の剛毛をもち，先端部の1～2本は特に長く，後方に伸長する．3種が報告されている．

7a 下底節突起は発達が弱く上底節突起を超えて後方に伸長することはないか，あるいは欠如する（図21-g～i，図22-a～i） ·· 8
7b 下底節突起は長く明瞭で，その形状は変化に富む（図21-f，図22-j，図23-a～k，図24-a～i）
 ·· 20
8a 中，後脚の脛節末端は明瞭な脛節櫛をもつ（図19-m～q） ·· 9
8b 中，後脚脛節の末端は脛節櫛をもたす，長い刺がある（図19-j～1）
 ··· *Shangomyia* Sæther & Wang

八重山諸島（石垣島，西表島）から1種が知られる．他のユスリカ族のどの種と異なる形質を幾つも保有している．Sæther & Wang（1993）によって発表された当時から分類学的な取り扱いは疑問視されていた．Cranston等（2012）はDNA解析に従えば本属はユスリカ族とは異なったクレードに位置づけられ，新族として扱われるべき可能性を示唆している．筆者はこの意見に基本的に同意するが，さらに新亜科として取り扱ってもよいと考えている．本属は東南アジアを中心に世界から *S. impectinata*（図21-j）1種のみが分布するとされている．しかし，日本産の種，東南アジアに分布する種は原記載とは明瞭に異なり，別属とするか，あるいは本属の亜属として整理されるべき，と考えている．さらに，日本産の種と東南アジアの種は蛹の形態で明瞭に異なることから，本属は複数の種を抱えていることがわかってきた．

9a 上底節突起の形状は変化に富むが明瞭に認められる（図21-g, i, k, l, 図22-a～i） ··· 10
9b 上底節突起を欠く．底節と把握器は融合する（図21-h） ····················· *Harnischia* Kieffer
楯板瘤は小さい．第9背板中央部には刺毛群をもたない．尾針は末端部が丸く膨らむ．把握器は底節と融合し，その形状は変化に富む．5種が分布する．*H. japonica* Hashimoto および *H. cultilamellata* (Malloch) はこの属の最普通種である．

10a 下底節突起は認められない（図21-i, k, l, 図22-a～b） ·· 11
10b 下底節突起をもつ（図22-c, d, f, h, i） ··· 14
11a 把握器の基部内縁は内方に強く張り出す（図21-k，図22-a） ·· 12
11b 把握器の基部内縁は張り出すことはない（図21-i，図22-b） ·· 13
12a 把握器は先端には端歯をもつ．第9背板後縁，尾針の基部には1対の刺毛の生えた葉片状の突起物がある（図21-k） ··· *Microchironomus* Kieffer
体長3mm前後．額前突起は小さいか，欠如する．楯板瘤は顕著である．尾針は長く細い．上底節突起は細長く指状で，3～数本の刺毛をもつ．底節と把握器は融合する．日本から4種が報告されているが，*M. tener* がこの属では最も普通である．日本未記録種である *M. deribae* が環境調査などで確認されている．

12b 把握器の先端には端歯がない．第9背板後縁には上記のような構造物はない（図22-a）
 ··· *Cryptotendipes* Lenz
体長4mm前後．額前突起を欠く．弱い楯板瘤をもつ．尾針は細長い．上底節突起は指状で，端部に少数の刺毛をもつ．把握器は底節と融合し，細長く，内縁中部は強く窪む．日本から3種が報告されている．

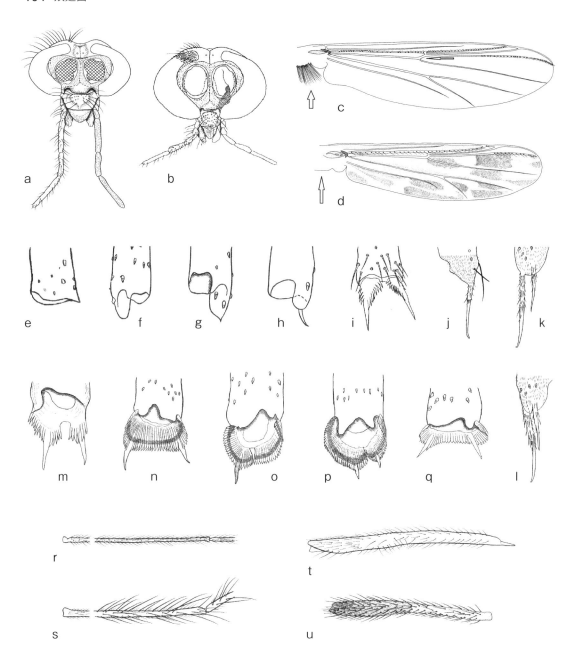

図19 ユスリカ亜科 ユスリカ族 a, b：頭部 c, d：翅 e〜h, i：前肢脛節末端 i, k〜q：中, 後肢末端 r, s：第1跗節 t, u：腿節

a：サトクロユスリカ *Einfeldia pagana* (Meigen, 1838) b：ミナミユスリカ *Nilodorum tainanus* (Kieffer, 1912) c：ミズクサユスリカ属の1種 *Endochironomus nigricans* (Johannsen, 1905) d, u：*Zavreliella marmorata* (v. d. Wulp, 1858) e：ツヤムネユスリカ属の1種 *Microtendipes* sp. f, o：ヤモンユスリカ *Polypedilum nubifer* (Skuse, 1889) g, n：ハムグリユスリカ属の1種 *Stenochironomus* sp. h, m：オナガユスリカ属の1種 *Pagastiella* sp. i：ニセユスリカ *Pseudochironomus prasinatus* (Staeger, 1839) j〜l：キモグリユスリカ *Shangomyia impectinata* Sæther & Wamg, 1993 j：前脚 k：中脚 l：後脚 p：タテジマミズクサユスリカ *Endochironomus pekanus* (Fabricius, 1775) q：ニセヒゲユスリカ属の1種 *Paratanytarsus tenuis* (Meigen, 1830) r：ハケユスリカ *Phaenopsectra flavipes* (Meigen, 1818) s：キザキユスリカ *Sergentia kizakiensis* (Tokunaga, 1940) t：ツヤムネユスリカ属の1種 *Microtendipes umbrosus* Freeman, 1955

1410

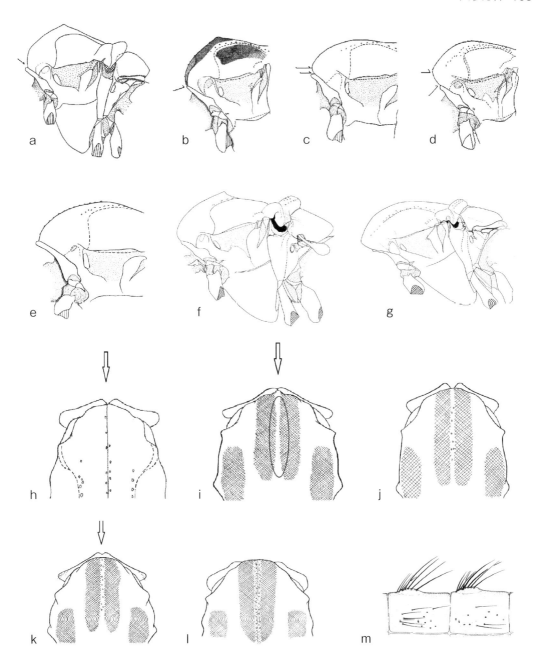

図20 ユスリカ亜科 ユスリカ族 胸部（a～l）と腹背板（m）
a：ユスリカ属の1種 *Chironomus fujitertius* Sasa, 1985　b：ヒカゲユスリカ属の1種 *Kiefferulus* sp.　c, j：オオミドリユスリカ *Lipiniella moderata* Kaligina, 1970　d, l：ハイイロユスリカ *Glyptotendipes tokunagai* Sasa, 1979　e：タテジマミズクサユスリカ *Endochironomus pekanus* (Fabricius, 1775)　f：アキズキユスリカ *Stictochironomus akizukii* (Tokunaga, 1940)　g：ミヤマハムグリユスリカ *Stenochironomus nubilipennis* Yamamoto, 1981　h：サトクロユスリカ *Einfeldia pagana* (Meigen, 1838)　i：クロユスリカ *Benthalia dissidens* (Walker, 1851)　k：ウスイロユスリカ *Chironomus kiiensis* Tokunaga, 1936　m：*Zavreliella marmorata* (v. d. Wulp, 1858)

13a 把握器は長半月状で，基部から先端部にかけて強い隆起線をもつ（図22-b）
　　　　……………………………………… スジカマガタユスリカ *Demicryptochironomus* Lenz
　　　　体長数mm．額前突起をもつ．楯板瘤は弱い．尾針は細長く，両側縁は平行となる．上底節突起は細長く指状で，端部に少数の刺毛をもつ．把握器は底節と融合し，基部から先端部に向かって明瞭な隆起線が走る（この属の重要な識別形質）．7種が報告されているが，*D. vulneratus* 以外は再検討が必要である．

13b 把握器は非常に細長く，強く湾曲し，隆起線をもたない（図21-1）
　　　　……………………………………… ナガコブナシユスリカ属 *Cladopelma* Kieffer
　　　　体長3～4mm．額前突起は明瞭．尾針基部前方の第9背板上には平行に並んだ刺毛列を有する．尾針の形状は変化に富む．上底節突起は非常に短く，微毛が全体を覆い，少数の刺毛をもつ．底節と把握器は融合する．日本から2種が知られる．*C. edwardsi* (Kruseman)（図21-1）イシガキユスリカは日本各地で普通で東南アジアまで分布は広い．*C. viridula* (Linneaus) コミドリナガコブナシユスリカは本州では山地性，北海道では平地に比較的普通にみられ，全北区に広く分布する．

14a 上底節突起は幅広く，先端に向かって広がる（図22-c～f）………………………… 15
14b 上底節突起は指状で細長い（図22-g～i）………………………………………… 18
15a 上底節突起は時に大きく広がり，微毛で覆われ数本の刺毛をもつ（図22-d～f）……… 16
15b 上底節突起は微毛で覆われ10本以上の刺毛をもつ（図22-c）………… *Chernovskiia* Sæther
　　　　Chernovskiia orbicus (Townes, 1945) の幼虫が木曽川から発見されている．
16a 下底節突起は基節内縁に沿った明瞭な膨らみとなっている（図22-e, f）……………… 17
16b 下底節突起は小さく指状で，上底節突起で覆い隠される（図22-d）
　　　　……………………………………… カマガタユスリカ属 *Cryptochironomus* Kieffer
　　　　体長数mm．通常よく発達した額前突起を有する．尾針は通常長く細い．上底節突起は丸く，全体に微毛で覆われ，数本の刺毛をもつ．把握器は幅広く短い．日本から8種が報告されている．シロスジカマガタユスリカ *C. arbofasciatus* は本属の最普通種．

17a 左右の尾背板バンドは完全に繋がりY字あるいはT字状となっている（図22-e）
　　　　……………………………………… ケバコブユスリカ属 *Paracladopelma* Harnisch
　　　　体長3mm前後．小さな額前突起をもつ．弱い楯板瘤をもつ．尾針は細長く，比較的長い．上底節突起は短く後方に向かって広がり，微毛に覆われ，先端部に数本の刺毛をもつ．下底節突起は短く，丸い葉片状で，微毛に覆われる．底節と把握器は融合する．日本から14種が報告されている．

17b 左右の尾背板バンドは端部で近接するか，緩やかに繋がり，Y字状を呈する（図22-f）
　　　　……………………………………… ヒメケバコブユスリカ属 *Saetheria* Jackson
　　　　S. reissi および *S. tamanipparai* の2種が分布する．

18a 把握器は単純で，基部に顕著な構造物をもたない（図22-g, i）……………………… 19
18b 把握器は基部に顕著な瘤状構造物をもつ（図22-h）
　　　　……………………………………… ウスヒメユスリカ属 *Hanochironomus* Ree
　　　　体長3mm前後．底節は指状の顕著な上底節突起と幅の広い平板な下底節突起をもつ．脛節櫛列は融合し脛節末端を広く取り囲み，中脚には2本，後脚には1本の刺をもつ．先島諸島の石垣島より *H. tumerestylus* Ree の1種が石垣島より知られる．

19a 把握器は非常に細長い（図22-g）……… ニセコブナシユスリカ属 *Parachironomus* Kieffer

ユスリカ科　107

体長4mm前後．通常額前突起を欠く．尾針は細く長い．上底節突起は指状で長く，端部に少数の刺毛をもつ．下底節突起は通常底節の内側に沿って弱く突出し，微毛に覆われる．把握器は非常に長く，底節と融合する．日本から9種が報告される．*P. gracilior* (Kieffer) ユミガタニセコブナシユスリカはこの属の最普通種である．

19b 把握器は先端方向に向かって顕著に幅広くなる（図22-i） ················· *Robackia* Sæther
体長数mm．額前突起を欠く．上底節突起は細長く，指状．下底節突起は肩当て状で底節の内縁から張り出す．底節と把握器は融合する．端部に向かって幅広くなる把握期は本属の重要な識別形質である．1種が知られる．

20a 下底節突起は先端1/3〜1/2に多数の長い刺毛をもつ（図23-a〜k，図24-a〜i）······ 21

20b 下底節突起は微毛で覆われるが，長い刺毛をもたない（図22-j） ········ *Kloosia* Kruseman
K. koreana 1種が知られる．

21a 腹部第8背板はほぼ四角形である（図21-b）··································· 22

21b 腹部第8背板は前方で強く狭まる（図21-c）········ **ハモンユスリカ属** *Polypedilum* Kieffe
（ヤドリハモンユスリカ亜属 *Cerobregma* Sæther & Sandal，ハモンユスリカ亜属 *Polypedilum*，ミツオハモンユスリカ亜属 *Tripodula* Townes，*Ureshipedilum* Oyewo & Sæther）
体長3〜8mm．*Cerobreguma* 亜属：第9節背板は強く盛り上がり，把握器は端部約1/3で強く括れる．*Polypedilum* 亜属：上底節突起は角状で，背面に刺毛をもつ場合とこれを欠如する場合がある．*Tripodula* 亜属：上底節突起は座布団状に広がり，全体に微毛を有し，長い刺毛が散在し，角状部分を欠く．尾針基部側方に対をなした突起をもつことがある．*Ureshipedilum* 亜属：上底節突起突起は基部の葉片部分と端部の角状部分とからなる．日本から108種が報告されている．

22a 触角鞭節は11分環節より構成される．前脚脛節末端の突出部は弱く，丸く弧を描く … 23

22b 触角鞭節は13分環節より構成される．前脚脛節末端は裁断状となるか（図19-e），明瞭に突出し，しばしば刺状の構造を示す（図19-f〜h）··································· 34

23a 胸部を側方より観察した場合，前前胸背板はほぼ楯板前縁最上部に達する（図20-a, b, e）
··· 24

23b 胸部を側方より観察した場合，前前胸背板は明らかに楯板前縁最上部に達しない（図20-c, d）·· 33

24a 下底節突起は非常に細長く，強く弧を描く（図23-a）
·································· **ホソミユスリカ属** *Dicroendipes* Kieffer
体長4mm前後．額前突起を有する．尾針はよく発達し，形状は変化に富む．上底節突起の形質状態も変化が多い．非常に細長い下底節突起は本属の重要な識別形質である．日本から11種が知られる．*D. nigrocephalicus* Niitsuma は本属の最普通種である．*D. pelochloris* (Kieffer) メスグロユスリカは各地の湖沼，ため池に普通にみられ，色彩的特徴と非常に太い尾針をもつことで識別は容易である．*D. lobiger* (Kieffer) イボホソミユスリカは成虫の形態，幼虫の形質的特徴から本属に含めることには疑問がもたれ，今後詳細な検討が必要である．

24b 下底節突起は上述のようにならず，ほぼ真っ直ぐである（図23-d〜j，図24-a〜l）··· 25

25a 把握器は三日月状ないしは細長い三角形状となる（図23-b, d〜j，図24-a〜l）········ 26

25b 把握器はほぼ円形となる（図23-c）···················· **マルオユスリカ属** *Carteronica* Strand
体長数mm．額前突起をもつ．前前胸背板は中央部に向かって細くなる．下底節突起は

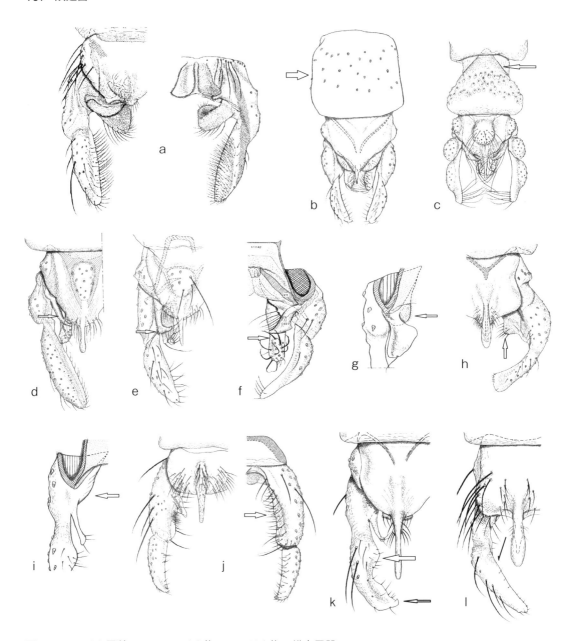

図21 ユスリカ亜科 ニセユスリカ族，ユスリカ族 雄交尾器
a：ニセユスリカ *Pseudochironomus prasinatus* (Staeger, 1839)　b：ツヤムネユスリカ属の1種 *Microtendipes umbrosus* Freeman, 1955　c：ヤドリハモンユスリカ *Polypedilum yamasinense* (Tokunaga, 1940)　d：ハケユスリカ *Phaenopsectra flavipes* (Meigen, 1818)　e：アイヌユスリカ *Ainuyusurika tuberculata* (Tokunaga, 1940)　f：ヒシモンユスリカ *Chironomus flaviplumus* Tokunaga, 1940　g：ケバコブユスリカ属の1種 *Paracladopelma kisopediformis* Sasa & Kondo, 1993　n：ヤマトコブナシユスリカ *Harnischia japonica* Hashimoto, 1984　i, k：ヒメコガタユスリカ *Microchironomus tener* (Kieffer, 1918)　j：キモグリユスリカ *Shangomyia impectinata* Sæther & Wamg, 1993　l：イシガキユスリカ *Cladopelma edwardsi* (Kruseman, 1933)

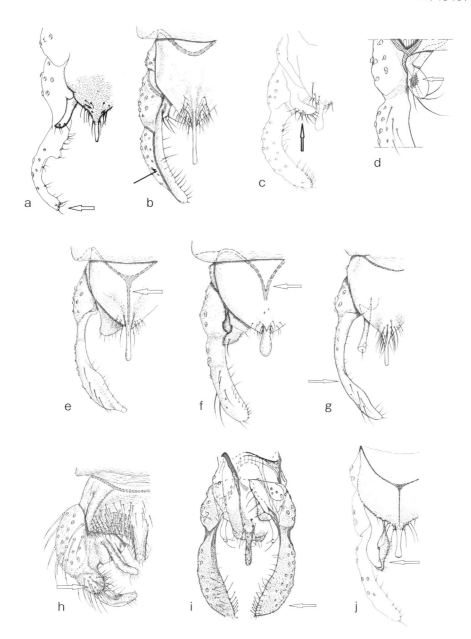

図22 ユスリカ亜科 ユスリカ族 雄交尾器
a：トゲナシコガタユスリカ属の1種 *Cryptotendipes pseudotener* (Goetghebuer, 1922)（Cranston et al., 1989年より引用） b：スジカマガタユスリカ *Demicryptochironomus vulneratus* (Zeterstdt, 1838) c：*Chernovskiia orbicus* (Townes, 1945) d：シロスジカマガタユスリカ *Cryptochironomus albofasciatus* (Staeger, 1921) e：ケバコブユスリカ *Paracladopelma camptolabis* (Kieffer, 1913) f：ヒメケバコブユスリカ *Saetheria tylus* (Townes, 1945) g：ヒメニセコブナシユスリカ *Parachironomus monochromes* (v. d. Wulp, 1874) h：ウスヒメユスリカ *Hanochirnomus tumeretylus* Ree, 1992 i：*Robackia pilicauda* Sæther, 1977 j：*Kloosia koreana* Reis, 1988

細く，非常に長く，把握器の先端近くにまで達する．把握器は短く，球状に近い形状となる．*C. longilobus* (Kieffer) エビイケユスリカ1種が沖縄県より知られる．Cranston等 (1990) によって本属は *Kiefferulus* 属のシノニムとして扱われたが，幼虫の頭部形態が異なるため，筆者は独立の属と考えている．

26a 尾針は変化に富むが，通常細長い．上底節突起はよく発達した硬化片をもつ（図23-b, e～i，図24-e～l）··· 27

26b 尾針は非常に幅広くなる．上底節突起は，葉片状で，硬化片をもたない（図23-d）
·· **カイメンユスリカ属** *Xenochironomus* Kieffer
体長4～10 mm．前前胸背板は背面中央部で分割される．上底節突起は短く扁平な幅の広い葉片で，全面に微毛を装い，数本の長い刺毛をもつ．把握器は細長く，両側縁はほぼ並行である．日本から *X. xenolabis* Kieffer カイメンユスリカ1種が報告されている．

27a 小顎髭は正常で，頭部の最大幅よりも長い（図19-a）······································· 28

27b 小顎髭は明らかに短く，頭部の最大幅の約0.6倍の長さである（図19-b）
·· **ミナミユスリカ属** *Nilodorum* Kieffer
体長数mm．小さな額前突起をもつ．前前胸背板は後方に向かって徐々に細くなる．楯板瘤を欠く．翅面は不明瞭な雲状紋をもつ．第9節背板中央部に刺毛をもたない．尾針は比較的幅広く，基部で強くくびれる．上底節突起は長く，角状となる．下底節突起は非常に長く，把握器の先端付近にまで達する．ミナミユスリカ *N. tainanus* (Kieffer)（図23-e）1種が知られる．本種は関東以西，東南アジアからオセアニアにまで分布する．富栄養化した湖沼，養鰻池等で発生する．*Carteronica* と同様，Cranston等 (1990) によって本属は *Kiefferulus* 属のシノニムとして扱われたが，成虫の胸部形態，幼虫の頭部形態が異なるため，筆者は独立の属と考えている．

28a 下底節突起はほぼ真っ直ぐで，先端部に向かって緩やかに細くなるか僅かに広がる ··· 29

28b 下底節突起は非常に大きく，長卵形でかつ扁平となる（図23-b）
·· **ヒカゲユスリカ属** *Kiefferulus* Goetghebuer
体長数mm．額前突起は非常に小さいか，欠如する．楯板瘤をもつ．翅面は無毛である（ヨーロッパに生息する模式種 *K. tendipediformis* は翅端付近に大毛をもつ）．日本から2種 *K. umbraticola* (Yamamoto) および *K. glauciventris* (Kieffer) が報告されている．前者は山間部のため池等で発生し，北海道から九州鹿児島まで分布する．後者は沖縄県から知られる．なお，筆者は沖縄県先島諸島西表島から未記載種1種を確認している．

29a 前前胸背板は背面中央部でV字状の切れ込みが有り，明瞭あるいは弱い1本の縫合線によって左右に分割される（図20-h, i）．上底節突起は基部に多数の刺毛をもった顕著な葉片をもつか（図23-g～i），両側がほぼ平行で幅広く腹面に数本の刺毛をもつ（図23-f）
··· 30

29b 前前胸背板は背面中央部にはV字状の浅い切れ込みをもつが，縫合線で左右に分断されることもなく，完全に融合している（図20-k）．上底節突起の硬化部は刺毛も微毛ももたない．基部に明瞭な葉片があることもある ··· *Chironomus* Meigen
体長数mm～14 mm前後．額前突起はよく発達する．楯板瘤は明瞭である．尾針はよく発達し，その形状は変異に富む．上底節突起は種によってさまざまな形状を示す．3亜属，*Chironomus*, *Camptochironomus*, *Lobochironomus* からなる．*Lobochironomus* 亜属は日本から *C. (L.) longipes* 1種が知られ，この種は *Einfeldia* 属や *Benthalia* 属と同様に上

底突起は基部に刺毛をそなえた明瞭な葉片をもつ．また，後に示す *C. kanazawai* および *C. ocellata* も同様の特徴を示しているが，前前胸背板の特徴が異なる．世界的には *Chaetolabis* は *Chironomus* 属の1亜属とされるが，後述するように筆者は属として取り扱っている．40種が知られるが，今後再検討が必要である．

30a 上底節突起の基部は多数の刺毛のある葉片を有する（図23-g〜i）・・・・・・・・・・・・・・・・ 31
30b 上底節突起はほぼ並行で幅広く，先端部は尖る（図23-f）
・・・・・・・・・・・・・・・・・・・・・・・・・・・・・・・・・・ **ヤチユスリカ属** *Chaetolabis* Townes
Chironomus ユスリカ属と形態的特徴においてほとんど一致するが，以下の形質によって識別される．前前胸背板は背面中央部に弱いが明瞭な縫合線を有する．上底節突起は幅広く短く，両側縁はほぼ平行で，先端部は尖り，腹面に多数の刺毛をもつ．本属は現在 *Chironomus* の1亜属として扱われている．が，筆者は上述した前前胸背板の形質は系統学的に重要な形質であると考え独立の属として扱う．残念ながら筆者のこの考えは，現時点で認められてはいない．日本からは *C. macani* (Freeman) 1種が知られる．本種は尾瀬ヶ原，北海道には広く分布するようである．

31a 前前胸背板中央部の切れ込みは小さく浅い（図20-i）・・・・・・・・・・・・・・・・・・・・・・・・ 32
31b 前前胸背板の中央部の切れ込みは幅広く明瞭である（図20-h）
・・・・・・・・・・・・・・・・・・・・・・・・・・・・・・・・・・ **サトクロユスリカ属** *Einfeldia* Kieffer
楯板には明瞭な中刺毛列が認められる．*E. pagana* (Meigen)（図23-g）と *E. nojiriprima* Sasa の2種が知られている．なお，日本昆虫目録（2014）では5種が掲載されているが，*E. chelonia* (Townes) とされた種は *E. nojiriprima* の誤同定である．*E. kanazawai* Yamamoto および *E. ocellata* Hashimoto は現在 *Chironomus* 属に移されている．

32a 楯板には中刺毛がないか，ごく少数の中刺毛があるに過ぎない（図20-i）
・・・・・・・・・・・・・・・・・・・・・・・・・・・・・・・・・・ **クロユスリカ属** *Benthalia* Lipina
体長数 mm〜10 mm 前後．額前突起は明瞭である．前前胸背板は中央部に弱い切れ込みをもつ．楯板は中央刺を欠くか，あっても1〜2本である．*Chironomus* の *Lobochironomus* 亜属と類似の上底節突起を有する．*Bentalia dissidens* (Walker)（図23-h）は最普通種で溜池などから発生する．2種が分布する．
32b 楯板には10本以上の中刺毛がある
・・・・・・・・・・・ *Chironomus ocella* (Hashimoto)（図23-i），*Chironomus kanazawai* (Yamamoto)
両種はいずれも *Einfeldia* 属で記載されたが，Yamamoto 等（2015）によって暫定的であるが *Chironomus* 属に移された．

33a 側方より観察した場合，楯板は前前胸背板を大きく超えて伸長する（図20-d）．前背方より観察した場合，前前胸背板は広く明瞭に分割される（図20-l）．額前突起は糸状である
・・・・・・・・・・・・・・・・・・・・・・・・・・・・・・・・・・ **セボリユスリカ属** *Glyptotendipes* Kieffer
体長4〜10 mm 前後．額前突起はよく発達する．楯板瘤をもたない．前前胸背板は背方に向かって細くなり，背面中央部で大きなVあるいはU字状の切れ込みによって左右に広く分割される．2〜6あるいは3〜6腹背板中央部に明瞭な刻印をもつものもいる．下底節突起は後方に向かって広がるラケット状を呈し，比較的短く，尾針の先端を超えることはない．6種が知られる．ハイイロユスリカ *G. tokunagai* Sasa は湖沼，ため池で発生し，この属の最普通種である．
33b 楯板は前前胸背板を超えない（図20-c）．前背方から観察した場合前前胸背板は深い明瞭

112 双翅目

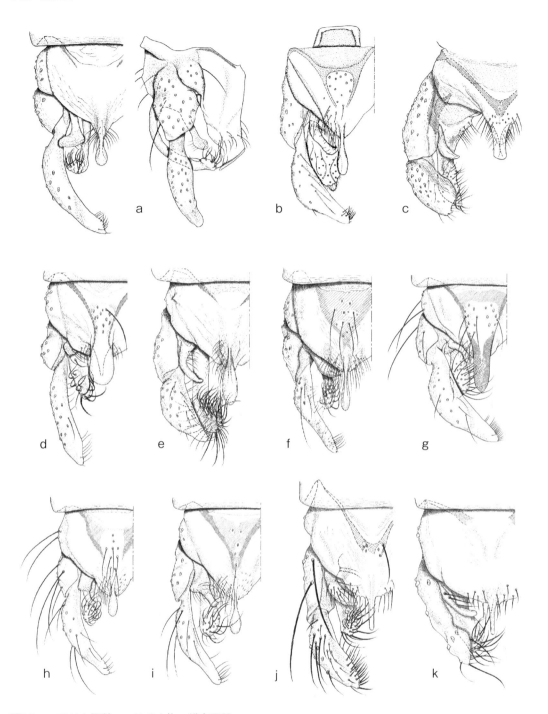

図23 ユスリカ亜科 ユスリカ族 雄交尾器
a：ユミナリホソミユスリカ *Dicrotendipes nigrocephalicus* Niitsuma, 1995　b：ヒカゲユスリカ *Kiefferulus umbraticola* (Yamamoto, 1979)　c：エビイケユスリカ *Carteronica longilobus* (Kieffer, 1916)　d：カイメンユスリカ *Xenochironomus xenolabis* (Kieffer, 1919)　e：ミナミユスリカ *Nilodorum tainanus* (Kieffer, 1912)　f：ヤチユスリカ *Chaetolabis macani* (Freenman, 1948)　g：サトクロユスリカ *Einfeldi pagana* (Meigen, 1838)　h：クロユスリカ *Benthalia dissidens* (Walker, 1851)　i：チトウクロユスリカ *Chironomus ocellata* (Hashimoto, 1985)　j：ツヤムネユスリカ属の1種 *Microtendipes* sp.　k：ミジカオユスリカ *Paralauterborniella nigrohalterlis* (Malloch, 1915)

1418

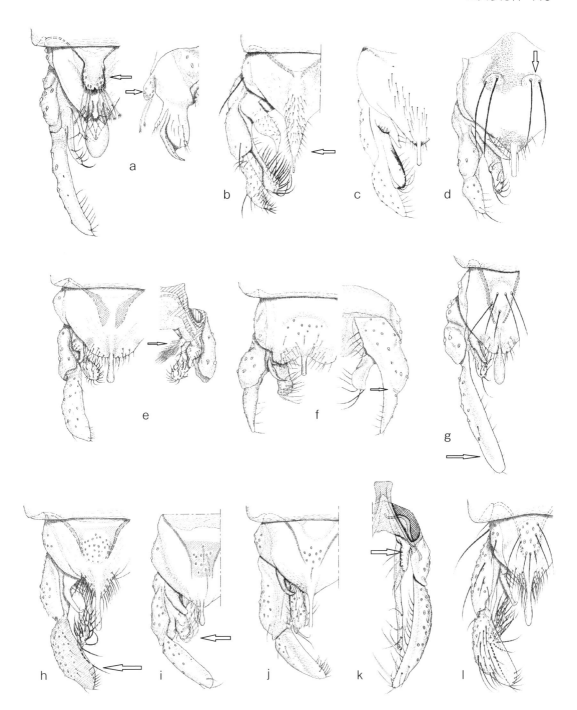

図24 ユスリカ亜科 ユスリカ族 雄交尾器
a：アヤユスリカ属の1種 *Nilothauma niidaense* Niitsuma, 2016　b：ホソオユスリカ *Omisus caledonicus* (Edwards, 1932)　c：*Zavreliella marmorata* (v. d. Wulp, 1858)　d：セダカクロユスリカ *Yaeprimus isigaabeus* Sasa & Suzuki, 2000　e：シロアシユスリカ *Paratendipes albofasciatus* (Meigen, 1818)　f：ミナミシロオビユスリカ *Kribocosmus kanazawai* Yamamoto, 1993　g：*Pagastiella* sp.　h：ミズクサユスリカ *Endochironomus tendens* (Fabricius, 1775)　i：ニセアシマダラユスリカ *Stictochironomus kondoi* Hashimoto, 1987　j：アシマダラユスリカ *Stictochironomus pictulus* (Meigen, 1830)　k：ミヤマハムグリユスリカ *Stenochironomus nubilipennis* Yamamoto, 1981　l：*Synendotendipes lepidus* (Meigen, 1830)

なV字状の切れ込みによって明瞭に分割される（図20-j）．額前突起は顕著に大きく紡錘形となる･････････････････････････**オオミドリユスリカ属** *Lipiniella* Shirova

　　体長 8 mm 前後の大型のユスリカ．楯板は楯板瘤を欠き，緩やかな弧を描く．尾針は比較的長く，基部でくびれ，端半で膨れる．上底節突起は細長く，角状で，基部に微毛と数本の刺毛をもつ．下底節突起は比較的大きく，ラケット状をしている．日本から *L. moderata* Shilova の 1 種が知られ，河川の緩流域周辺に多い．

34a 前脚脛節末端はほぼ裁断状で刺をもたない（図19-e）･････････････････････ 35
34b 前脚脛節末端は丸く強く突出し，しばしば刺をもつ（図19-f〜h）･････････ 36
35a 第 1 翅基鱗片は縁毛を有する．前脚腿節のほぼ中央部に基部方向に向かって生える 2 列の刺毛列がある（図19-t）．小さいが明瞭な褥板をもつ．把握器は正常に発達し，生殖器底節と膜を介してつながる（図23-j）･･････････**ツヤムネユスリカ属** *Microtendipes* Kieffer

　　体長 3〜7 mm 程度．胸部は光沢をもつ．前前胸背板は背方で非常に狭くなり，楯板は前方に強く伸長し，前前胸背板に覆い被さる．通常中刺毛を欠く．前脚脛節末端は裁断状となる．樹底節突起は鎌状ないし靴状で太く，基部腹面に 1 本の刺毛をもち，背面中央部に 2〜10 本の刺毛を有する．中底節突起は少数の刺毛をもつイボ状の突起となる．Niitsuma & Tang（2017）によって日本産の本属は 5 種に整理された．

35b 第 1 翅基鱗片は縁毛をもたない．前脚腿節には上記の様な刺毛列はない．褥板は欠如する．把握器は非常に小さくかつ生殖器底節と融合する（図23-k）
　　･･････････････････････**ミジカオユスリカ属** *Paralauterborniella* Lenz

　　体長 3 mm 前後．中脚，後脚脛節の脛節櫛は融合し，1 本の刺をもつ．第 9 背板は中央部に刺毛群をもたない．尾針は細長く，両縁はほぼ平行となる．上底節突起は指状で，基部背面に刺毛をもつ．下底節突起は幅広く，先端部域に多数の刺毛をもつ．*P. nigrohalteralis* (Malloch) が栃木県日光より得られている．

36a 前脛節末端には顕著な刺状突起がある（図19-h）･･･････････････････････ 37
36b 前脛節末端には通常刺状突起はないが，時にごく短い刺をもつ（図19-f, g）･･･ 45
37a 第 9 背板中央部には葉片状の突起物はない（図24-b〜l）･･････････････ 38
37b 第 9 背板は中央部に刺毛をもった葉片状の突起物をもつ（図24-a）
　　････････････････････････**アヤユスリカ属** *Nilothauma* Kieffer

　　体長 3 mm 前後．触角比は非常に小さく，0.5 以下である．第 1 翅基鱗片は縁毛を欠く．前脚脛節末端は細く円錐状に突出する長い刺をもつ．中，後脚の脛節櫛は分離し，中脚では一方に，後脚では両方にそれぞれ 1 本の刺をもつ．褥板を欠く．上底節突起は全面に微毛をもつ．下底節突起は細長い．中底節突起は小さく，先端に少数の刺毛をもつ．把握器は，非常に長い．日本からは 5 種が報告されている．

38a 尾針は第 9 背板から明瞭に識別される（図24-c〜i）･････････････････････ 39
38b 第 9 背板は後方 1/3 付近で強く萎みそのまま尾針へとつながる（図24-b）
　　･････････････････････････････**ホソオユスリカ属** *Omisus* Townes

　　体長 6 mm 前後．身体は黒褐色で光沢を有する．第 1 翅基鱗片は少数の縁毛をもつ．前脚脛節末端は刺状の突起をもつ．中，後脚の脛節櫛はお互いに分離し，狭い方の脛節櫛に 1 本の刺をもつ．褥板は小さい．上底節突起は太く長く，先端部で急に細くなり尖り，中央部に多数の短い刺毛を有する．日本からは 1 種 *O. caledonicus* (Edwards) が尾瀬ヶ原から得られている．

39a 生殖器底節は中底節突起をもたない ··· 40
39b 生殖器底節は中底節突起をもつ（図24-e）········ **カワリユスリカ属** *Paratendipes* Kieffer
   体長3～4mm. 第1翅基鱗片は縁毛をもつか，あるいは無毛. 前脚脛節末端は1本の
   刺をもつ. 上底節突起は膨らんだ基部と，先端部が強く腹方に曲がった細い指状の端部
   よりなる. 明瞭なブラシ状の中底節突起をもつ. 日本から6種が報告されている. *P.
   albimanus* (Meigen)はこの属の最普通種で，ため池，湖沼で採集される.
40a 第1翅基鱗片は縁毛をもつ（図19-c）. 腹節背板は中央隆起をもたない. 前脚腿節は先端
   部に向かって膨潤することはない ··· 41
40b 第1翅基鱗片は縁毛を欠く（図19-d）. 前脚腿節は先端方向に向かって膨潤する（図19-u）.
   第2～7腹節背板は暗色の刺毛を密生した中央隆起がある（図20-m）
   ·· **ハラコブユスリカ属** *Zavreliella* Kieffer
   体長3～7mm. 小さな額前突起をもつ. 翅面は多数の暗色紋を有する. 前脛節末端は，
   長い，先端がカーヴした刺をもつ. 中，後脚の脛節櫛は分離し，一方に長い刺をもつ. 褥
   板は単純で，細く，爪とほぼ同じ長さである. 1種 *Z. marmorata* (van der Wulp)（図
   24-c）が知られる. 本種は南米を除く，ほとんどの地域に分布する.
41a 把握器は生殖器底節と膜を介して関節し，融合することはない（図24-d, e, g～i）··· 42
41b 把握器は生殖器底はと腹面で融合する（図24-f）
   ·· **シロオビユスリカ属** *Kribiocosmus* Kieffer
   体長3mm前後. 前前胸背板は背方に向かって非常に細くなる. 楯板瘤を欠く. 楯板は
   側条紋に沿って銀白色の帯を有する. 前脚脛節末端は突出し，細長い刺をもつ. 中，後
   脚の脛節櫛は融合し1本の刺をもつ. 日本から *K. kanazawai* (Yamamoto)の1種が西表島
   より知られる. 本属はアフリカよりもう1種が知られ，雄交尾器の特徴は日本産の種と
   は大きく異なるが，他の形質はよく一致するため本属に同定した. 幼生期についての報
   告はない.
42a 第9背板は中央部に数本から多数の刺毛をもつ ····································· 43
42b 第9背板両則に1対の窪みがあり，それぞれから1～2（殆どは2本）の長い刺毛が生え
   る（図24-d）·· *Yaeprimus* Sasa & Suzuki
   体長3mm前後. 検索表にあるように，非常に特徴的な形質をもつことから識別はきわ
   めて容易である. 八重山（石垣島，西表島）より知られる. 森林に囲まれた浅い小川周
   辺で採集される. 本属はアフリカにも分布する（Spies 私信）.
43a 把握器は生殖器底節の長さを超えることはない ····································· 44
43b 把握器は非常に長く生殖器底節の長さを大きく超える（図24-g）
   ·· **オナガユスリカ属** *Pagastiella* Brundin
   体長3～4mm. 前前胸背板は背方に向かって細くなる. 中，後脚脛節櫛は分離し，
   それぞれに1本の刺をもつ. 褥板は単純で小さい. 尾針は基部で強くくびれる. 上底節突
   起は細長く，角状で，先端部で強く鉤状となり，基部側縁1/3の位置に1本の長い刺
   毛をもつ. 下底節突起は短く，先端部域に数本の刺毛をもち，そのうち1本は後方に向
   かって伸びる. 把握器は，底節よりも遥かに長い. 過去日本からの記録はないが，筆者
   は尾瀬ヶ原より本属の1種を得ている.
44a 把握器は不可動である. 下底節突起は細長く，把握器の基部1/2にまで達し，末端には
   1～2本の後方へ伸びる長い刺毛をもつ（図24-h）

・・ミズクサユスリカ属　*Endochironomus* Kieffer

体長数 mm ～14 mm 前後．前前胸背板はよく発達し，最背方で前方に突出するが，それぞれの葉片は背面中央部で分離する．楯板瘤を欠く．中，後脚の脛節櫛は比較的大きく互いに近接し，それぞれに1本の刺をもつ．褥板は大きく明瞭である．上底節突起は強く硬化し，細長く，先端部は鉤状に湾曲する．4種が報告されているが，筆者は7種を確認している．*E. tendens* (Fabricius) ミズクサユスリカは普通種で山間部のため池等で発生する．

44b　把握器は可動である．下底節突起は短く，把握器の基部を少し超える程度で，端部に後方に伸びる刺毛をもたない（図24-i）・・・・・・・・・・・・・・・・・・・・・・・・ *Stictochironomus konndoi* Hashimoto

本種は種々の形質において *Stictochironomus* 属の種とは異なる．Hashimoto（1987）は原記載で本種は *Nilodosis* 属に含まれる可能性を指摘している．しかし，雌の交尾器の形態が *Nilodosis* 属の模式種とは異なっており，今後の検討が必要である．Tang & Yamamoto（2012）によって "*Nilodosis*" sp. Japan として記載された幼虫は，種々の状況から判断して本種であろうと推測している．

45a　楯板は前前胸背板を超えて前方に突出することはない．上底節突起は硬化し角状となる（図24-j）・・・ 46

45b　楯板は前胸背板の先端部を大きく超えて前方に突出する（図20-g）．上底節突起は葉片状で骨化は弱く，内側縁に長い刺毛が列生する（図24-k）

・・ハムグリユスリカ属　*Stenochironomus* Kieffer

体長数 mm．身体は特徴的な色彩を示すものが多い．翅は透明であるか，褐色の斑紋をもつ．前前胸背板は背方で極度に狭くなり，楯板が強く前方に突出する．尾針は細長い．下底節突起は顕著に長く，側方向に圧縮され，先端部付近に刺毛が列生し，最先端部の刺毛は太く短い嘴状となるか，他の刺毛より長くなる．16種が報告されている．*S. nelumbus* (Tokunaga & Kuroda) ハスムグリユスリカはハスの葉に潜葉し，食害することが知られている．

46a　楯板は中央瘤をもたず，緩やかに弧を描く・・・・・・・・・・・・・・・・・・・・・・・・ *Synendotendipes* Grodhaus

日本からの記録はないが，筆者は *S. impar* (Walker) と *S. lepidus* (Meigen)（図24-l）の生息を確認している．

46b　楯板は顕著な中央瘤をもつ（図20-f）・・・・・・アシマダラユスリカ属　*Stictochironomus* Kieffer

体長4～10 mm．体色は淡褐色から黒色．脚に特徴的な白色のリングをもつことが多い．翅は透明であるか，黒褐色の斑紋あるいは斑点をもつ．顕著な楯板瘤をもつ．前脛節末端は円錐状に突出する．中，後脚の脛節櫛は完全に融合し，通常1本の刺をもつ．細い単純な褥板をもつ．上底節突起は細長く，先端付近背面に1本の長い刺毛を有する．把握器は端部で扁平となり，可動である．体長，体色，翅面の明瞭な斑紋の有無，幼虫形態の相違等から2つの種群の存在が示唆される．日本から11種が報告されているが，2種は明らかに本属に含まれる種ではない．他の種についても再検討が必要である．*S. akizukii* (Tokunaga) アキズキユスリカは本属の最普通種である．図24-j は本属の模式種である *S. pictulus* である．

47a　小顎髭はたとえ短くとも，5環節よりなる．中脚は前，後脚に比べて極端に短くなることはない・・ 48

47b　小顎髭は退行し短く，2～3環節より構成される．中脚は前，後脚に比べて顕著に短くな

る（図25-c）‥‥‥‥‥‥‥‥‥‥‥‥‥‥‥‥‥‥‥**オヨギユスリカ属** *Pontomyia* Edwards
　　　きわめて微小なユスリカで，岩礁地帯に生息し，雄は海面上を活発に滑走する．雌は翅を欠き，イモムシ状である．2種が知られる．

48a 中，後脚脛節末端は櫛状刺列をもつ（図19-q） ‥‥‥‥‥‥‥‥‥‥‥‥‥‥‥‥ 49
48b 全脛節末端は1本の端突起を有し，中，後脚は明瞭な櫛状刺列構造をもたない（図25-d～f）．翅面は無毛か，あるいは先端部付近に少数の大毛をもつ
　　　‥‥‥‥‥‥‥‥‥‥‥‥‥‥‥‥‥‥‥‥**ビワヒゲユスリカ属** *Biwatendipes* Tokunaga
　　　体長4mm前後．体色は黒色．早春期に発生する．触角鞭節は12分環節よりなる．複眼は無毛．弱い楯板瘤をもつ．中刺毛を欠く．褥板は欠如．翅の臀片は発達しない．尾針は短く，先端は丸くなる．上底節突起は小さな指状突起をもつ．下底節突起は比較的短く，基部で強く内方に膨らみ，先端部付近に多数の短い刺毛を有する（図25-g）．3種 *B. motoharui* Tokunaga ビワヒゲユスリカ，*B. tsukubaensis* Sasa & Ueno，*B. biwamosaicus* Sasa & Nishino が報告されているが，*B. biwamosaicus* は形態形質の特徴から考えて，ビワヒゲユスリカの間性個体であろう．また，ビワヒゲユスリカと *B. tsukubaensis* の間には翅端に刺毛があるかないかの相違しか認められず，遺伝子の違いによる地域個体群的な差違の可能性がある．

49a 尾針は変化に富むが，端部に向かって強く丸みを帯びることはない（図25-i～p）．触角鞭節は11～13分環節より構成される ‥‥‥‥‥‥‥‥‥‥‥‥‥‥‥‥‥‥‥‥‥‥‥ 50
49b 尾針は短く太く，強く丸みを帯びる（図25-h）．触角鞭節は通常9～10の分環節より構成される‥‥‥‥‥‥‥‥‥‥‥‥‥‥ **フトオヒゲユスリカ属** *Neozavrelia* Goethgebuer
　　　体長2mm程度．翅面は全面に大毛を装うか，翅端部に極小数の大毛をもつかあるいは無毛である．中，後脚は明瞭な脛節櫛を欠くか，脛節櫛は完全に分離しそれぞれに刺をもつ．褥板は欠如する．上底節突起はよく発達した指状突起をもつ．下底節突起は強く伸長する．中底節突起は比較の短く，葉片状の刺毛をもつ．日本から11種が報告されている．*Yuasaiella* ユアサヒゲユスリカは触角鞭節が13分環節であること以外，本属と明瞭に区別できない．*Neozavrelia* が *Yuasaiella* の新参シノニムである可能性があり，今後の比較検討が必要である．

50a 中，後脚脛節末端の櫛状刺列は通常融合し，刺をもつこともももたないこともある ‥ 51
50b 中，後脚脛節末端の櫛状刺列は分離し，少なくとも一方に刺を有する ‥‥‥‥‥‥ 52
51a 中，後脚脛節末端の櫛状刺列は2本の刺をもつ（図19-q）．尾針の嶺縁はほぼ同長同径で強く丸みを帯びる（図25-i） ‥ **ニセヒゲユスリカ属** *Paratanytarsus* Thienemann & Bause
　　　体長3mm前後．触角鞭節は12分環節よりなる．額前突起をもつ．翅面は大毛を装う．前脛節末端は短い刺をもつ．中，後脚脛節櫛は融合し，2本の刺をもつ．褥板を欠く．尾針は短く，両側の隆起縁は顕著で，長さと幅がほぼ等しくなり，隆起縁の間には刺の集合はない．上底節突起の指状突起はよく発達する．中底節突起は長さ，形状は変化に富み，葉片状，スプーン状の刺毛をもつ．日本から13種が報告されている．チカニセヒゲユスリカ *P. grimmii* (Schneider) は単為生殖をすることが知られているが，ごくまれに雄が発生することが知られている．
51b 櫛状刺列は通常刺をもたないが時に1本の刺を有する．尾針の嶺縁は幅に比べて長く，ほぼ平行に走り，丸みを帯びることはない（図25-j）
　　　‥‥‥‥‥‥‥‥‥‥‥‥‥‥‥‥‥‥‥‥‥**ナガスネユスリカ属** *Micropsectra* Kieffer

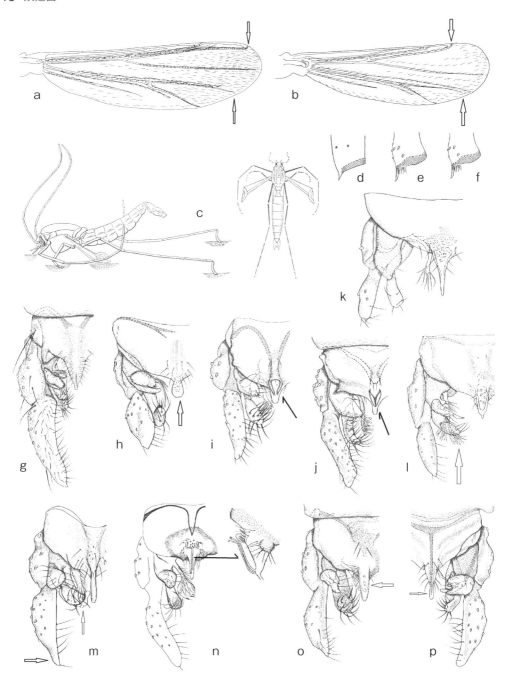

図25 ユスリカ亜科 ヒゲユスリカ属 a, b: 翅 c: 全体図 d～f: 脛節末端 k～p: 雄交尾器
a: ヒゲユスリカ属の1種 *Tanytarsus brundini* Lindeberg, 1963（Cranston et al., 1989より引用） b: ケミゾユスリカ属の1種 *Stempellinella minor* (Edwards, 1929)（Cranston et al., 1989より引用） c: セトオヨギユスリカ *Pontomyia pacifica* Tokunaga, 1932 k: カンムリケミゾユスリカ *Stempellinella coronata* Inoue, Kawai & Imabayshi, 2004 g: ビワヒゲユスリカ *Biwatendipes motoharui* Tokunaga, 1965 h: フトオヒゲユスリカ *Neozavrelia bicoliocula* (Tokunaga, 1938) i: ニセヒゲユスリカ属の1種 *Paratanytarsus tenuis* (Meigen, 1830) j: オオナガスネユスリカ *Micropsectra yunoprima* Sasa, 1984 l: ムナグロエダゲヒゲユスリカ *Cladotanytarsus vanderwulpi* (Edwards, 1929) m: キョウトナガレユスリカ *Rheotanytarsus kyotoenseis* (Tokunaga, 1938) n: *Virgatanytarsus arduennensis* (Goetghebuer, 1922)（Reiss & Fittkau, 1971より引用） o: オオヤマヒゲユスリカ *Tanytarsus oyamai* Sasa, 1979 p: エグリヒゲユスリカ *Tanytarsus excavatus* Edwards, 1929

体長4〜10 mm程度．触角鞭節は13分環節よりなる．額前突起をもつ．楯板瘤を欠く．中，後脚の脛節櫛は融合し，脛節末端を広く取り囲み，通常は刺をもたない．小さな褥板をもつ．尾針は比較的長く，その形状は変化に富み，隆起縁は常に存在する．尾針の隆起縁の間に刺の集合はない．上底節突起は指状突起をもつか欠如する．中底節突起は長さ，湾曲の程度に大きな変異がみられ，刺毛は通常スプーン状を呈する．45種が報告されている．

52a 径脈 R_{4+5} は中脈 M_{3+4} 末端の位置を超えて終わる（図25-a）.. 53
52b 径脈 R_{4+5} は中脈 M_{3+4} 末端より基方で終わる（図25-b）
.... ケミゾユスリカ属 *Stempellinella* Brundin
体長2 mm前後．触角鞭節は10分環節よりなる．額前突起は小さい．翅面は大毛をもつ．前脛節末端は短く細い刺をもつ．中，後脚の脛節櫛は小さく，一方にのみ刺をもつ．尾針は細長く，先端部は尖り，両側に隆起縁をもち，その間に刺群を有する．上底節突起は指状突起をもたない．下底節突起はよく発達し，後方に強く伸長する．中底節突起は細長く，単純な刺毛をもつ．*S. coronta*（図25-k），*S. edwardsi*，*S. tamaseptima* の3種が報告されている．幼虫は山地渓流細流で得られている．

53a 中底節突起の刺毛は分岐することはない（図25-m〜p）.. 54
53b 中底節突起の刺毛は分岐する（図25-l）...... エダヒゲユスリカ属 *Cladotanytarsus* Kieffer
体長1〜3 mm．触角鞭節は通常13分環節より構成されるが，まれに11分環節となる．額前突起はあっても微小である．翅面は通常翅端部に大毛を有するが，時として無毛となる．前脚脛節末端は細い刺をもつ．中，後脚の脛節櫛は狭く，脛節末端の周囲の1/4前後を占めるに過ぎず，それぞれの脛節櫛は1本の刺をもつ．尾針は幅広く，両側に隆起縁をもち，その間に小さな刺の集合が散在する．上底節突起は明瞭な指状突起を有する．中底節突起の枝分かれした刺毛はこの属の重要な識別形質となる．日本から4種が報告されている．*C. hibaraoctavus* Sasa は *C. wanderwulpi* (Edwards) と明瞭に区別できず，後者の新参シノニムの可能性がある．*C. utonaiquartus* Sasa は本属の特徴である中底節突起刺毛の分岐がみられず，所属には疑問がもたれる．

54a 把握器は通常端部1/2付近で急に細くなる．生殖器中突起の葉片状の刺毛は部分的に融合し膨らむ（図25-m）............... ナガレユスリカ属 *Rheotanytarsus* Thienemann & Bause
体長3〜4 mm．触角鞭節は通常13分環節より構成されるが，まれに12分環節となる．額前突起を欠く．翅面は大毛を装う．中，後脚の脛節櫛は分離し，通常それぞれに刺をもつか，時に一方または両方とも刺を欠くことがある．褥板は欠如する．尾針は細長く，両側の隆起縁はよく発達し，隆起縁の間に微小刺集合をもたない．中底節突起は種々な形状をした葉片状の刺毛をもつ．日本から16種が報告されるが，今後に検討を要するものも多い．

54b 把握器は通常端部1/2付近で急に細くなることはない．生殖器中突起の刺毛は単純であるか葉状となる（図25-n〜p）.. 55
55a 尾針は前方に伸びる長い棒状の構造物をもつ（図25-n）
.... トゲヅメヒゲユスリカ属 *Virgatanytarsus* Pinder
1種が知られている．
55b 尾針には上記のような構造物はない（図25-o, p）
.... ヒゲユスリカ属 *Tanytarsus* van der Wulp

体長3～5mm程度．触角鞭節は13分環節より構成される．額前突起をもつか，あるいは欠如する．翅面は大毛を装う．中，後脚の脛節櫛は分離し，それぞれにあるいは一方に刺をもつ．褥板は欠如するか，よく発達する．尾針は両側に隆起縁をもつ場合，もたない場合があり，もつときには隆起縁の間に刺毛群を有する．上底節突起の形状は変化に富み，通常指状突起をもつが，時としてこれを欠く．中底節突起の長さ，形状は変化に富み，葉片状あるいは単純な刺毛をもつ．日本から98種が報告されているが，再検討の必要な属である．

ユスリカ亜科幼虫の属の検索（2）

（*Shangomyia* 属については一部不明な部分があるため，検索表から省いた）

1a 触角は顕著に前方に突出する触角台上に位置し（*Pontomyia* の触角台の発達は弱い），例外なく5環節より構成される．触角刺毛をもつ．ローターボーン器官は通常触角第2環節の末端に位置し，しばしば明瞭な台座の上に位置する．SI刺毛の基部（ソケット）は融合する．SII刺毛は長い台座の上に位置する．下唇側板は常に認められ，通常下唇板の中央歯の幅よりも狭い幅でお互いが離れる（図26-a～d）（*Stempellinella* 図26-e，図31-n，*Biwatendipes* 図31-m は中央歯の幅以上に離れる）·························· **ヒゲユスリカ族** Tanytarsini … 45

1b 触角は5～8環節よりなる．触角台の発達は弱く，前方に強く突出することはない．SI刺毛のソケットは通常分離する．SI刺毛のソケットが融合するかあるいはSII刺毛が長い台座上に位置する場合，触角は6環節より構成され，触角刺毛を有することがある．ローターボーン器官は台座をもたず，触角第2環節の末端あるいは第2および第3環節の末端にそれぞれ交互に配列する．下唇側板は殆ど常に存在し，通常中央部で広く分離する（図26-f～l）·· 2

2a SIおよびSII刺毛は単純で葉片状となり（SI刺毛はまれに掌状となる），通常上唇薄片を欠く．上咽頭櫛歯は先端部が鋸歯状，幾つかの葉片に分割されたあるいは単純なほぼ三角形の硬化節片である（図28-a～c）．大顎は背歯を常に欠く．通常，大顎櫛列を欠く·················· Harnischia complex（**ユスリカ族** Chironomini：一部）… 32

2b SI刺毛は通常，羽毛状，掌状，櫛歯状となる．SII刺毛は通常単純でやや葉片状となる．上唇薄片は存在し，普通よく発達する．上咽頭櫛歯は通常，前縁部に多数の歯をもつ幅の広い1枚の板状の構造物であるか，単純あるいは先端部が分岐する1枚の硬化片か，単純か複数の歯をもった3つの硬化節片から構成される（図28-e～h）．大顎は通常，背歯をもつ大顎櫛列は殆どの場合よく発達するが，まれに欠くことがある（*Pseudochironomus*, *Stelechomyia*）························· **ニセユスリカ族** Pseudochironomini，**ユスリカ族** Chironomini（Harnischia complex を除く）… 3

3a 頭部および体環節は扁平とはならず，常に下唇側板をもつ（図30-e～r，図31-a～i）… 4

3b 頭部および体環節は扁平となり，下唇側板を欠く（図27-a）
·· **ハムグリユスリカ属** *Stenochironomus* Kieffer
体長10～13mm．ハスムグリユスリカ *S. nelumbus* はハスの葉に潜葉することがTokunaga & Kuroda（1935）によって報告されている．しかし，この種はハス以外のさまざまな植物の葉中に潜ることがわかってきた．水没した朽木等に潜って生活している種もある（*S. membranifer*）．

4a 上唇の側方に長く細い薄片の束がある（図29-k）

	··· カイメンユスリカ属 *Xenochironomus* Kieffer	
4b	上記のような特徴をもたない ···	5
5a	第11体環節は背面瘤をもたない（図30-a, c）···	6
5b	第11体環節は顕著な背面瘤をもつ．第10体環節は後縁側方に後方に伸びる肉質突起をもつ（図30-b）·· ハラコブユスリカ属 *Zavreliella* Kieffer	

額頭楯板の前縁部は後方に緩やかに弧を描く．触角第2，第3環節末端に互い違いに配列した顕著に大きなローターボーン器官をもつ．下唇板は先端の尖った2本の中央歯と6対の側歯から構成される．第1側歯は小さい．下唇側板は近接する．尾剛毛は非常に長い．

6a	第11体節は血鰓をもつ（図30-a, c）···	7
6b	第11体節は血鰓をもたない···	15
7a	第11体節は1対の血鰓をもつ（図30-a）···	8
7b	第11体節は2対の血鰓をもつ（図30-c）············ ユスリカ属 *Chironomus* Meigen	
8a	頭部の後頭三角部はよく発達し非常に大きい（図27-b, c, f）···················	9
8b	後頭三角部は小さい（図26-f，図27-e, h, 1）···	13
9a	前大顎は数本の歯をもつ（図28-d）···	10
9b	前大顎は2本の歯をもつ（図26-i）··········· セボリユスリカ属 *Glyptotendipes* Kieffer	

体長数mm～10mm前後．頭部背面は前頭片と2枚の硬化切片からなる頭盾域をもつ．前頭片前縁は後方に緩やかに弧を描く．上唇薄片は大きく，端縁は顕著に櫛歯状となる．下唇板は基部に弱い切れ込みをもつ1本の中央歯と6対の側歯より構成される．

10a	頭部は中央～中央後方で最も幅広くなり，頭盾域は2つの硬化切片をもち，前頭片（frontal apotome）は後方に向かって弧を描く（図27-b～d）．下唇側板は中央部で相接することはない ··	11
10b	頭部は前方に向かって幅広くなり，頭盾域は1つの硬化切片をもち，額頭楯板（frontoclypeal apotome）の前縁部は前方に向かって弧を描く（図27-f）．下唇側板は中央で接する（図30-e）·· オオミドリユスリカ属 *Lipiniella* Shirova	

体長7mm前後．上唇刺毛SIは羽毛状．上唇薄片は大きくよく発達する．前大顎は5本の歯をもつ．下唇板は4本の同大の中央歯と6対の側歯よりなる．富栄養化した湖沼，河川緩流域に生息する．

11a	上唇側基節片の後方節片（labral sclerite 3, Sæther, 1980）は明瞭で1枚の独立の節片で構成されている（図27-b, c）···	12
11b	上唇側基節片の後方節片は独立の1枚の節片ではなく，多数の小切片より構成されている（図27-d）·· マルオユスリカ属 *Carteronica* Strand	

体長7mm前後．頭部背面は *Glyptotendipes*, *Nilodorum*, *Kiefferulus* と同様前頭片をもち，その前縁部は後方に緩やかに弧を描く．上唇刺毛SIは両側が櫛歯状に切れ込み羽毛状となる．上唇薄片は大きくよく発達する．前大顎は5～6本の歯をもつ．Cranstonら（1990）によって，本属は *Nilodorum* とともに *Kiefferulus* に移された．しかし，筆者は彼らの解釈とは異なる派生形質に基づき，本属，*Nilodorum*，*Kiefferulus* はそれぞれ独立の属として取り扱われるべきだと考えている．

12a	SI刺毛は掌状である（図28-e）························ ミナミユスリカ属 *Nilodorum* Kieffer	

体長7mm前後．前頭片の前縁は後方に緩やかに弧を描き，中央部に前縁に接して小さ

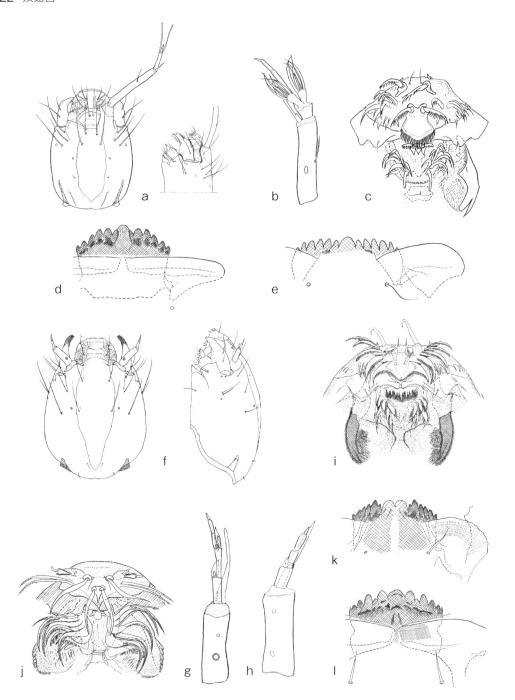

図26 ユスリカ亜科 幼虫 族の特徴
a：ナガスネユスリカ属の1種 *Micropsectra* sp.（頭部と触角台） b：エダゲヒゲユスリカ属の1種 *Cladotanytarsus* sp.（触角） c：ナガスネユスリカ属の1種 *Micropsectra* sp.（上唇〜上咽頭） d：ナガスネユスリカ属の1種 *Micropsectra* sp.（下唇板） e：ケミゾユスリカ属の1種 *Stempellinella* sp. f：セスジユスリカ *Chironomus yoshimatsui* Martin & Sublette, 1972（頭部） g：アキズキユスリカ *Stictochironomus akizukii* (Tokunaga, 1940)（触角） h：ハモンユスリカ属の1種 *Polypedilum pembai* Cornette et al., 2017 i：ヒメハイイロユリカ *Glyptotendipes pallens* (Meigen, 1818)（上唇〜上咽頭） j：ウシヒメユスリカ *Hanochironomus tumerestylus* Ree, 1992（上唇〜上咽頭） k：ツヤムネユスリカ属の1種 *Microtendipes* sp.（下唇板） l：ニセユスリカ *Pseudochironomus prasinatus* (Staeger, 1939)（下唇板）

ユスリカ科 123

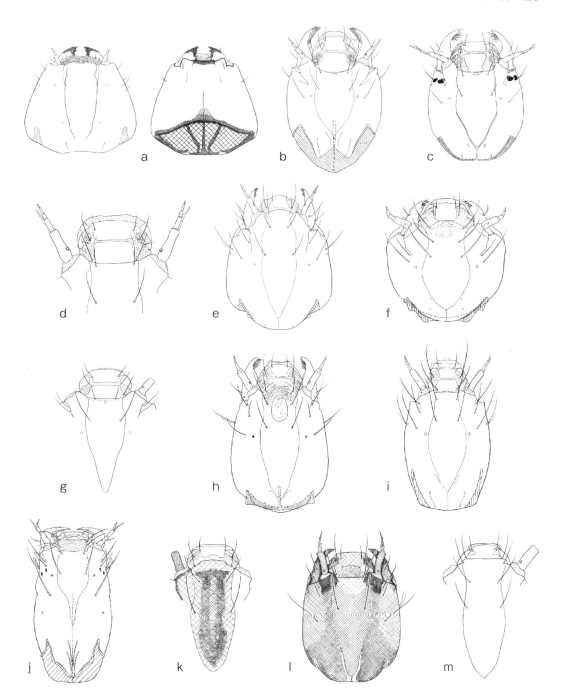

図27 ユスリカ亜科 幼虫 頭部
a：ハムグリユスリカ属の1種 *Stenochironomus* sp. b：ミナミユスリカ *Nilodorum tainanus* (Kieffer, 1912) c：ヒカゲユスリカ *Kiefferulus umbraticola* (Yamamoto, 1979) d：エビイケユスリカ *Carteronica longilobus* (Kieffer, 1916) e：クロユスリカ *Benthalia dissidens* (Walker, 1851) f：オオミドリユスリカ *Lipiniella moderata* Kaligina, 1970 g：ホソミユスリカ属の1種 *Dicrotendipes* sp. h：サトクロユスリカ *Einfeldia pagana* (Meigen, 1838) i：ニセユスリカ *Pseudochironomus prasinatus* (Staeger, 1939) j：*Nilodosis* sp. Japan k：アキズキユスリカ *Stictochironomus akizukii* (Tokunaga, 1940) l：ツヤムネユスリカ属の1種 *Microtendipes* sp. m：ヤモンユスリカ *Polypedilum nubifer* (Skuse, 1889)

な横長の刻印をもつ．上唇刺毛SIは幅広く，先端部には10前後の深い切れ込みがある．前大顎は6～7本の歯をもつ．下唇板は基部に切れ込みをもつ3叉した中央歯と6対の側歯よりなる．本属の日本唯一種ミナミユスリカは東洋熱帯起源のユスリカであろうと考えられる．1977年に故橋本碩静岡大学名誉教授によって日本から初めて報告された．冬期における終齢幼虫の確認，晩秋期の成虫確認等から日本本土域の土着は間違いないものと判断される．

12b 上咽頭のSI刺毛は両側に多数の切れ込みがあり，羽毛状となる（図28-f）
　………………………………………………………… **ヒカゲユスリカ属** *Kiefferulus* Goetghebuer
　体長7 mm前後．森林に囲まれたため池，八重山では水田周辺でみられる．第11体環節後縁腹方に1対の長い，コイル状に巻いた血鰓をもつ．肛門鰓は長く，中央部でくびれる．前頭片の前縁は後方に向かって緩やかに弧を描き，長楕円形あるいはいびつな円形の刻印をもつ．上唇刺毛SIは羽毛状である．前大顎は6～7本の尖った歯をもつ．下唇板は3叉した中央歯と6対の側歯とからなる．

13a 頭楯域は1つの硬化節片をもち，額頭楯板*（frontoclypeal apotome）の前縁部は前方に向かって弧を描く（図27-e, h）．下唇側板は下唇板と同幅であるか広くなる（図30-h）…… 14

13b 頭楯域には2つの硬化節片をもち，前頭片（frontal apotome）前縁は後方に向かって弧を描く（図27-g）．下唇側板は下唇板より明瞭に幅が狭い（図30-i）
　………………………………………………………… **ホソミユスリカ属** *Dicrotendipes* Kieffer（一部）

14a 額頭楯板には大きな楕円形の窪みがある（図27-h）．下咽頭櫛歯は幅が広くかつ短く，表面に顆粒状構造がない ……………………………………… **サトクロユスリカ属** *Einfeldia* Kieffer
　検索表に示した特徴で*Benthalia*属から容易に識別される．

14b 額頭楯板には上記のような窪みはない（図27-e）．下咽頭櫛歯は狭く長く，表面に多数の顆粒状構造物をもつ（図28-h）………………………… **クロユスリカ属** *Benthalia* Shiloba

15a 下唇板は中央部に深い切れ込みをもつ（図30-j）………………………………………… 16

15b 下唇板は中央部で深く切れ込むことはない（図30-k～l）……………………………… 17

16a 小顎髭背面側に多数に枝分かれした毛をもつ（図28-i）………………… "*Nilodosis*" sp. Japan
　決定的な証拠は得られていないが，種々の状況から判断して*Stictochironomus kondoi*の幼虫であることは，ほぼ間違いないと考えている．国立環境研究所の研究者によると，この幼虫の飼育はかなり困難との情報を得ている．今後はDNAに基づく検証も必要である．

16b 小顎髭の背面側は上述のような構造物はみられない（図28-j）
　………………………………………………………… *Fissimentum* Cranston & Nolte
　日本からの公式な記録はない．筆者は大阪府の山地小渓流より本属と判断される幼虫を確認している．

17a 頭部は前頭片をもつ（図27-l）…………………………………………………………… 18

17b 頭部は額頭楯板をもつ（図27-k, m）……………………………………………………… 23

18a 下唇側板は扇形で，各々は十分に分離される（図30-i, k～m）………………………… 19

18b 下唇側板は細長く，中央部でほぼ接触するほど近接する（図26-l）
　………………………………………………………… **ニセユスリカ属** *Pseudochironomus* Malloch
　体長10 mm前後．頭部背面は前頭片をもち，頭盾域には2枚の明瞭な硬化節片がある．後頭三角部はよく発達し，背面で前方に深く湾入する．触角は5環節よりなる．上唇薄片はよく発達し，先端部は櫛歯状となる．上咽頭櫛歯は3本の丈夫な硬化節片よりなる．

上唇刺毛SIおよびSII刺毛はよく発達し，多数の切れ込みをもつ．下唇板は1本の中央歯と6対の側歯よりなる．第2側歯は第1，第3側歯に比べて明瞭に小さくなる．

19a 前頭片の前縁はほぼ真っ直ぐとなる．下唇側板は下唇板とほぼ同じ幅になるか，幅広くなる 20

19b 前頭片（frontal apotome）前縁は後方に向かって緩やかに弧を描く．下唇側板は下唇板より明瞭に幅が狭い（図30-i）........................... **ホソミユスリカ属** *Dicrotendipes* Kieffer

体長数mm．11体環節は通常血鰓をもたないが，*D. pelochloris* メスグロユスリカは血鰓をもつ．頭部背面は前頭片と2枚の硬化節片からなる頭盾域を有する．上唇刺毛SIは幅広く，掌状あるいは羽毛状となる．前大顎は3本の歯をもつ．下唇板は基部に切れ込みをもつ（明瞭でない場合もある）中央歯と5～6本の側歯からなる．*D. enteromorphae* (Tokunaga) シオダマリユスリカは岩礁地帯に，*D. inouei* Hashimoto イノウエユスリカは汽水域に生息する．*D. lobiger* (Kieffer) は額頭楯板を，頭盾上唇域には1枚の硬化節片をもち，既存の種と形態的に大きく異なり，所属については今後詳細な検討が必要である．

20a 触角は5環節より構成される．ローターボーン器官は第2節末端にあるが，時に認めるのが困難な場合がある．SI刺毛は長三角形で，内縁のみが櫛歯状になるか，あるいは先端部のみが総状となる．下唇板は3～4本の中央歯をもち，第1側歯と第2側歯は明瞭に分割され，第2側歯と同大であるか小さくなる.. 21

20b 触角は6環節より構成される．ローターボーン器官は大きく第2～3節末端に位置し，互い違いに配置されている．SI刺毛は葉片状で両側が総状になる．下唇板の中央歯は3歯より構成され，中央の1歯は非常に小さくなることがある．第1側歯と第2側歯は基部で融合する（図30-l）................................. **ツヤムネユスリカ属** *Microtendipes* Kieffer

体長4mm前後．湖沼，河川の緩流域，汽水域に生息する．上唇刺毛SIおよびSIIはほぼ同じ長さで，葉片状である．SIIIは単純で短く，刺毛状となる．上唇薄片は認められない．上咽頭櫛歯は卵形の単純な1枚の硬化節片であり，時として先端部は3叉する．前大顎は2端歯をもつ．下唇板は6対の側歯をもつ．第4側歯は小さく，第5～6側歯は大きく前方に張り出す．

21a ローターボーン器官は認められる．SI刺毛は長三角形で内縁のみが櫛歯状となる（図28-k）．下唇板は3～4本の中央歯をもつ．中央歯が3本の場合，ほぼ同型同大で，4本の場合，中央の2歯が小さくなることがある．明瞭な大顎櫛列および内毛をもつ................ 22

21b ローターボーン器官は認めるのが困難である．SI刺毛は先端部のみが総状となる（図28-l）下唇板の中央歯は4本で，中央部の2本は外側の2本に比べて顕著に小さい．大顎櫛列および内毛を欠く... **アヤユスリカ属** *Nilothauma* Kieffer

体長4mm前後．前頭片と頭楯は分離する．上唇薄片は数本の独立した細い硬化片よりなる．上咽頭櫛歯は基部が融合した細い骨片よりなる．前大顎は3本の歯をもつ．下唇板は淡色で，中央歯域と側歯域の3部分に分割される．下唇板は6対の側歯をもつ．

22a 下唇板の中央歯は4本で，中央の1対は外側の対よりも低くなる（図30-m） .... *Synendotendipes* Grodhaus

22b 下唇板の中央歯は3～4本で，4本の場合すべてがほぼ同じ高さである（図30-k） .... **ミズクサユスリカ属** *Endochironomus* Kieffer

体長数mm前後．頭部背面は前頭片と2枚の頭楯片をもつ．上咽頭櫛歯は先端に強い小数の歯をもった小片に3分割され，かつそれぞれの小片は表面に多数の小さな歯をもつ．

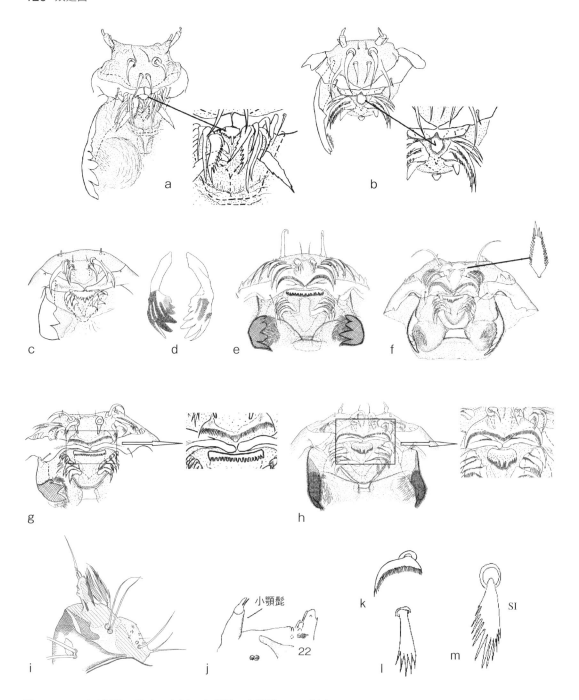

図28 ユスリカ亜科　幼虫　上唇～上咽頭　小顎髭　SIII刺毛
a：カマガタユスリカ属の1種 Cryptochironomus sp.　b：ナガコブナシユスリカ属の1種（イシガキユスリカ？）Cladopelma ewardsi (Kreuseman, 1933)　c：ユミガタニセコブナシユスリカ Parachironomus gracilior (Kieffer, 1918)　d：前大顎，左：ミナミユスリカ Nilodorum tainanus (Kieffer, 1912)，右：エビイケユスリカ Carteronica longilobus (Kieffer, 1916)　e：ミナミユスリカ Nilodorum tainanus (Kieffer, 1912)　f：ヒカゲユスリカ Kiefferulus umbraticola (Yamamoto, 1979)　g：サトクロユスリカ Einfeldia pagana (Meigen, 1838)　h：クロユスリカ Benthalia dissidens (Walker, 1851)　i：小顎髭, Nilodosis sp. Japan　j：小顎髭, Fissimentum desiccatum Cranston & Nolte, 1996　k～m：SIII刺毛，k：ミズクサユスリカ Endochironomus tendens (Fabricius, 1775)，l：アヤユスリカ属の1種 Nilothauma sp.，m：ツヤムネユスリカ属の1種 Microtendipes sp.

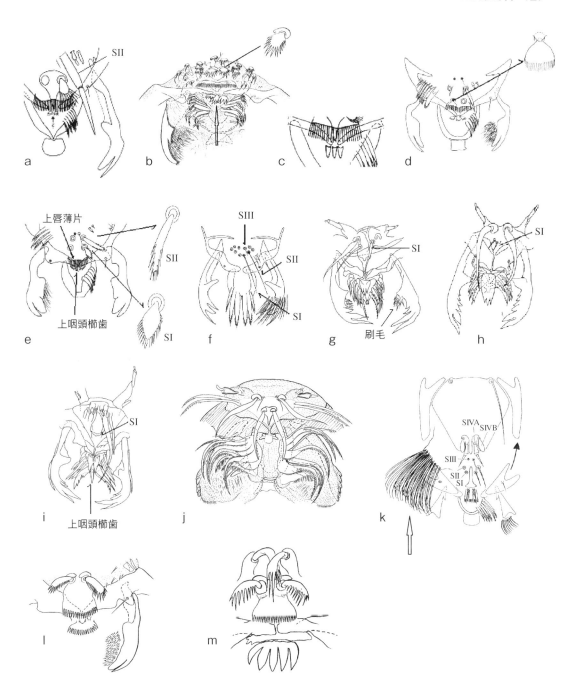

図29 ユスリカ亜科 幼虫 上唇〜上咽頭
a：ミジカオユスリカ *Paralauterborniella nigrohalteralis* (Malloch, 1915) b：アキズキユスリカ *Stictochironomus akizukii* (Tokunaga, 1940) c：シロアシユスリカ *Paratendipes albofasciatus* (Meigen, 1818) d：ホソオユスリカ *Omisus caledonicus* (Edwards, 1932) e：ハケユスリカ *Phaenopsectra flavipes* (Meigen, 1818) f：オナガユスリカ属の1種 *Pagastiella orophila* (Edwards, 1929)（Cranston et al., 1983より引用） g：*Cyphomella* sp.（Cranston et al., 1983より引用） h：マルミコブナシユスリカ *Harnischia cultilamellata* (Malloch, 1915) i：ケバコブユスリカ属の1種 *Paracladopelma nais* (Townes, 1945) j：ウスヒメユスリカ *Hanochironomus tumerestylus* Ree, 1992 k：カイメンユスリカ *Xenochironomus xenolabis* (Kieffer, 1919) l：ナガレユスリカ属の1種 *Rheotanytarsus* sp. m：ニセヒゲユスリカ属の1種 *Paratanytarsus* sp.

23a	額頭楯板の前縁は真っ直ぐである（図27-m）	24
23b	額頭楯板の前縁は前方に向かって弧を描くか，中央部が前方に突出する（図27-k）	25

24a 触角は6環節より構成される．ローターボーン器官は2～3環節上にあり大きく互い違いに配列する（図26-g 参照）．下唇板の中央歯は単純な1枚の淡色の板となる．上咽頭のSII刺毛は円筒形の長い台座上に位置する（図29-a）
　　　　　　　　　　　　　　　　　　　　　　　　　ミジカオユスリカ属　*Paralauterborniella* Lenz
　　　体長数mm．山地性のユスリカ．額頭楯板は前方で強く狭まり，前縁部は直線的となる．触角第2および3環節に交互に配列される明瞭なローターボーン器官をもつ．上唇刺毛SIは幅広く，端部は羽毛状となり，刺毛基部は融合する．下唇板は淡色の半円形の大きな中央歯と6対の側歯よりなる．下唇側板の先端部は下唇板の中央歯基部まで伸びる．

24b 触角は5環節より構成される．ローターボーン器官は第環節上に対となって位置し，小さく，時に不明瞭である（図26-h）．下唇板の全歯は暗色で，中央歯は4歯より構成される．中央歯の外側の1対が真ん中の1対の歯よりも明瞭に小さくなることがある（図30-n）．上咽頭のSII刺毛は台座をもたない（ヤモンユスリカ *Polypedium nubifer* は2～3環節上に位置するローターボーン器官をもつ）………… ハモンユスリカ属　*Polypedium* Kieffer

25a	触角は6環節より構成される．ローターボーン器官は明瞭で大きく，2～3環節末端に位置し，交互に配列する（図26-g）	26
25b	触角は5環節より構成される．ローターボーン器官は比較的小さく第2環節末端に対で位置する．また，第2環節末端および第3節中央部に位置する場合は大きく明瞭である	28
26a	下唇板の4本の中央歯は側歯と同様に暗色で，中央歯の真ん中の2本は外側の1対より顕著に小さくなる（図30-o）．上咽頭櫛歯は先端が鋸歯状となった3つの硬化節片より構成される	27

26b 下唇板の4本の中央歯はほぼ同じ大きさで常に淡色で，暗色の側歯から明瞭に識別される．上咽頭櫛歯は単純な3つの硬化節片より構成される（図29-c）
　　　　　　　　　　　　　　　　　　　　　　　　　カワリユスリカ属　*Paratendipes* Kieffer
　　　体長3～4mm．額頭楯板は前方に向かって幅が狭くなる．触角は6環節よりなり，ローターボーン器官は第2，3環節端部に位置する．上唇刺毛SIは共通の基部をもつ．下唇板は淡色のほぼ同大の4本の中央歯と6対の側歯よりなる．中央歯は側歯より低くなる．

27a 上咽頭のSI刺毛はシャベル状で幅広く，先端部のみが羽毛状となる（図29-d）．下唇板の第1側歯は第2側歯よりも明瞭に小さく基部で融合する．第側歯と第2側歯の間に下唇側板の先端部が伸長し，下唇板は3つの部分に分割される
　　　　　　　　　　　　　　　　　　　　　　　　　ホソオユスリカ属　*Omisus* Townes
　　　体長10mm前後．山地性のユスリカ．頭部は額頭楯板をもつ．ローターボーン器官は顕著で，第2，3環節末端に位置する．上唇刺毛SIは幅広く，端部に多数の分岐をもつ．

27b 上咽頭のSI刺毛は両側が羽毛状となる（図29-b）．下唇板の第1側歯は第2側歯よりも幾分小さくなるが，完全に分割される．中央歯と第1側歯の間に下唇側板の先端部が伸長し，下唇板は3つの部分に分割される（図30-o）
　　　　　　　　　　　　　　　　　　　　　　　　　アシマダラユスリカ属　*Stictochironomus* Kieffer
　　　体長10mm前後．砂泥底質の止水，河川の緩流域に生息する．額頭楯板の前縁は前方に向かって緩やかに弧を描く．触角第2，3環節末端のローターボーン器官は交互に配列

される．下唇板の中央歯は2対の歯からなり，内側の対は外側の対より小さくなる（西表島より得られた未記載種の幼虫の中央歯は3本で，一般の本属の種とは異なる）．側歯は6対である．下唇側板の先端部は下唇板の中央歯基部にまで伸びる．

28a ローターボーン器官は第2環節末端に対で位置する ··· 29
28b ローターボーン器官は第2環節末端および第3節中央部に位置する
　　　 ··· *Yaeprimus* Sasa & Suzuki
　　石垣島および西表島で得られている．森林内のきわめて浅い砂底質の小河川に生息する．
29a 下唇板の中央歯は4本．額頭楯板は大きな楕円形の構造物をもたない ················· 30
29b 下唇板の中央歯は1本で，その両則は弱い切れ込みをもつ．額頭楯板は大きな円形の構造物がある（図27-h 参照）··· ホソミユスリカ属 *Dicrotendipes*（一部）（*D. lobiger* (Kieffer)）
30a 下唇板は褐色から黒褐色で中央歯は4本で，中央の1対はやや小さくなることがある（図30-p）．下唇側板は大きく分離する．上唇薄片および上咽頭櫛歯は明瞭である．SIおよびSII刺毛は羽毛状である ··· 31
30b 下唇板は淡色で4本の中央歯をもち，中央の1対は大きく先端部が裁断状となり，側方の1対は小さく先端部が尖る（図30-r）．下唇側板は近接し，中央歯とほぼ同じ幅でお互いが分離する．上唇薄片および上咽頭櫛歯を欠く．S刺毛はすべて単純で非常に細い（図29-f）·· ホソオユスリカ属 *Pagastiella* Brundin
　　体長4mm前後．山地性のユスリカで尾瀬ヶ原で得られている．額頭楯板をもつ．前大顎は3歯をもつ．下唇板中央歯は2対からなり，側方の対は小さい．側歯は6対からなる．
31a 下唇板は光沢のある黒色．中央歯の真ん中の1対は外側の1対よりも幅が狭い（図30-q）．大顎は3本の内歯をもつ ·································· ハケユスリカ属 *Phaenopsectra* Kieffer
　　体長4〜5mm．額頭楯板をもち，その前縁は前方に向かって緩やかに弧を描く．上咽頭櫛歯は3つの小節片よりなり，それぞれの先端部は歯状に刻まれる．
31b 下唇板は光沢のない褐色．4本の中央歯はほぼ同じ幅である（図30-p）．大顎は4本の内歯をもつ ·· キザキユスリカ属 *Sergentia* Kieffer
　　体長10mm前後．泥底質の比較的低温の止水域に生息する．平地では夏期泥底約30cm付近にまで潜り夏眠し，成虫は冬期から初春季に発生する．額頭楯板の前縁部は前方に向かって緩やかに弧を描く．上咽頭櫛歯は3本の硬化節片よりなり，その各々の先端部は歯状に刻まれる．下唇板の側歯は6対よりなる．下唇側板の先端部は中央歯の基部まで伸びる．
32a 体環節は亜分割されることなく，13環節より構成される．触角は5〜7節よりなる ··· 33
32b 前方の7体環節は亜分割され，体環節は全体として20体環節から構成されるようにみえる（図30-d）．触角は8関節より構成される ··· *Chernovskiia* Sæther
33a 下唇板は側歯が中央歯を大きく超えて強く前方に突出するため，凹状となる（図31-a, b）
　　 ·· 34
33b 下唇板は上記のようにはならない ··· 35
34a 触角は5節よりなる ··························· カマガタユスリカ属 *Cryptochironomus* Kieffer
　　体長数mm前後．湖沼，大河川，河川小流のさまざまな底質下に生息する．上唇刺毛SIは単純で葉片状．SIIはSIと類似の形状を示すが，より太く長い．SIIは短く指状．SIVは大きく，3環節よりなる．上唇薄片を欠く．前大顎は4〜6本の歯をもつ（図

28-a). 大顎櫛列は認められない. 下唇板の中央歯は淡色で, 側歯は黒色で6〜7対の歯列よりなる（図31-a）. 第1側歯は中央部の淡色域と融合している. 小顎髭はよく発達し大きい.

34b 触角は7節よりなる ……………… **スジカマガタユスリカ属** *Demicryptochironomus* Lenz
体長数mm前後. 湖沼沿岸帯等に生息する. 触角第1環節は2〜7環節に比べ, 遥かに短い. 上唇刺毛SIは刺毛状. SII刺毛は非常に太く長い. SIVAは大きく, 3環節より構成される. 上唇薄片は認められない. 前大顎は4本の丈夫な歯をもつ. 下唇板は淡色の幅広い中央歯と黒色の7対の側歯からなる. 側歯は中央歯より高く, 下唇板の歯列は凹状に配列している（図31-b）.

35a 触角は5節よりなる ……………………………………………………………… 36
35b 触角は6〜7節よりなる ……………………………………………………………… 42
36a 上咽頭櫛歯はウロコ状で, 単純であるか端部に2〜3の葉片または歯をもつ. 時に痕跡的となる（図28-b, 図31-g〜i）……………………………………………… 37
36b 上咽頭櫛歯は幅広く, 端部に多数の歯をもつ（図28-c）
……………………… **ニセコブナシユスリカ属** *Parachironomus* Lenz
体長4mm前後. 種々なタイプの水域にみられる. 触角第1環節は2〜5環節の総和よりも長い. 上唇刺毛SIおよびSIIは葉片状である. SIIIは刺状. 上唇薄片を欠く. 下唇板は時に中央部に小さな切れ込みをもつ1本の中央歯と6〜7対の側歯からなる.

37a 前大顎は端部に2本の歯をもつ（図28-b）. 下唇板の側歯の最も外側の3歯は内側の側歯の並びから外れ背方に位置する ……………………………………… 38
37b 前大顎は端部に3本あるいはそれ以上の歯をもつ. 下唇板の側歯は同一平面上に並ぶ
……………………………………………………………… 40
38a 下唇板の中央歯は中央部に切れ込みをもたない（図31-e, f）……………… 39
38b 下唇板の中央歯は中央に切れ込みをもつ（図31-d）
……………………… **ナガコブナシユスリカ属** *Cladopelma* Kieffer
体長4mm前後. 止水性で砂質および泥底質下に生息する. 上唇刺毛SI, SIIは長く, 単純で, 葉片状である. SIIはSIのほぼ2倍の長さをもつ. SIIIは単純で, 刺毛状である. 上咽頭櫛歯は単純な板状節片である. 前大顎は2端歯をもつ. 下唇板側歯は7対で, 第5〜7側歯は他の側歯から明瞭に区別され, 強く前方に突出する.

39a 下唇板中央歯は強く丸みを帯び, 下唇板全体が強く前方に突出する（図31-e）
……………………… **トゲナシコガタユスリカ属** *Cryptotendipes* Lenz
体長数mm. 湖沼, 河川の砂質, 泥底質下に生息する. 上唇刺毛はナガコブナシユスリカ属 *Cladopelma* に類似する. 上咽頭櫛歯は先端部が浅く3叉した1枚の板状節片である. 前大顎は細長い2端歯をもつ. 下唇板の側歯は6対で, 最外側の3歯は他から明瞭に区別され前方に突出する.

39b 下唇板中央歯は三角形状となり, 下唇板全体の前方への突出は緩やかである（図31-f）
……………………… **コガタユスリカ属** *Microchironomus* Kieffer
体長4mm前後. 湖沼, 河川の緩流域, 汽水域に生息する. 上唇刺毛SIおよびSIIはほぼ同じ長さで, 葉片状である. SIIIは単純で短く, 刺毛状となる. 上唇薄片は認められない. 上咽頭櫛歯は卵形の単純な1枚の硬化節片であり, 時として先端部は3叉する. 前大顎は2端歯をもつ. 下唇板は6対の側歯をもつ. 第4側歯は小さく, 第5〜6側歯

は大きく前方に張り出す.

40a 前大顎は刷毛をもたない.上唇腹面のSIは小さく刺毛状となる(図29-h, i) ……… 41
40b 前大顎は刷毛をもつ.上唇腹面のSIはよく発達し葉状となる(図29-g)
　………………………………………………………………………………… *Cyphomella* Sæther
41a 上咽頭櫛歯は先端部が浅く切れ込み,ほぼ等しい大きさの3本の歯を有する(図29-h)
　…………………………………………………… **コブナシユスリカ属** *Harnischia* Kieffer
　　体長数mm前後.湖沼,ため池,水田周囲や大きな河川の泥底質下に生息する.SIIIは
　　非常によく発達し,太くかつ長い.SIVAは3環節よりなり,太く長い.上唇薄片は認
　　められない.前大顎は6本の歯をもつ.下唇板は中央部に切れ込みをもった淡色で平坦
　　な幅広い中央歯と7対の側歯からなる.第1側歯は中央歯と同様に淡色であるが,残り
　　の側歯は黒褐色となる.
41b 上咽頭櫛歯は三角形で,先端が深く切れ込み,3歯を有することがあるが,それぞれの大
　　きさは明瞭に異なる(図29-i) ………… **ケバコブユスリカ属** *Paracladopelma* Harnisch
　　体長4mm前後.湖沼の砂泥底質中に生息する.上唇刺毛SIおよびSIIIは小さく刺状,
　　SIIはよく発達し葉片状となる.上唇薄片は認められない.前大顎は4～7本の歯をもつ.
　　下唇板は1または2本の幅広い中央歯と7対の側歯よりなる.下唇側板の前縁部は鋸歯
　　状に刻まれる.
42a 触角は6節よりなる.下唇板の歯の数は奇数である(図31-h).大顎は内毛をもつ(図31-j)
　………………………………………………………………………………………………… 43
42b 触角は7節よりなる.下唇板の歯の数は偶数である(図31-g).大顎は内毛を欠く
　………………………………………………………………………………… *Robackia* Sæther
　　体長数mm.湖沼沿岸帯や河川の砂泥底質下に生息する.後擬脚は長く伸長する.ロー
　　ターボーン器官を欠く.上唇刺毛SIおよびSIIIは小さく,毛状.SIIは比較的長く,葉
　　状となる.上咽頭櫛歯は三角形の単純な板状の節片となるか,あるいは先端部に浅い切
　　れ込みをもち3叉する.前大顎は4歯をもつ.下唇板は1対の中央歯と5～6対の側歯
　　からなる.
43a 触角第2環節は極端に短くなることはない.上唇腹面の上唇腹面のSI,SIIIは細く刺毛状,
　　SIIは長く葉片状である.前大顎は4～5本の端歯をもつ ……………………………… 44
43b 触角の第2環節は極端に短い.上唇腹面の上唇腹面のSI,SIIは長く葉片状,SIIIは細く
　　刺毛状である(図29-j).前大顎は6本の端歯をもつ
　………………………………………………… **ウスヒメユスリカ属** *Hanochironomus* Ree
　　体長5～7mm.砂泥底質下に生息する.石垣島より知られる.
44a 下唇側板は強く丸みを帯びる(図31-i) ……………………………… *Kloosia* Kruseman
44b 下唇側板は強く丸みを帯びることはない ………………………………… *Saetheria* Jacson
45a 左右の下唇側板は中央部で中央歯の幅よりも狭い間隔で近接する(図31-k, l) ……… 46
45b 左右の下唇側板は中央部で,少なくとも中央歯と第1側歯を合わせた程の幅離れる(図
　　31-m, n) ……………………………………………………………………………………… 53
46a 前大顎は3～5本の歯をもつ ……………………………………………………………… 47
46b 前大顎は2本の歯をもつ(図31-q) ……………………………………………………… 50
47a 下唇板は5対の側歯をもつ.ローターボーン器官は明瞭な台座の上に位置する.殆どが淡
　　水棲である ………………………………………………………………………………… 48

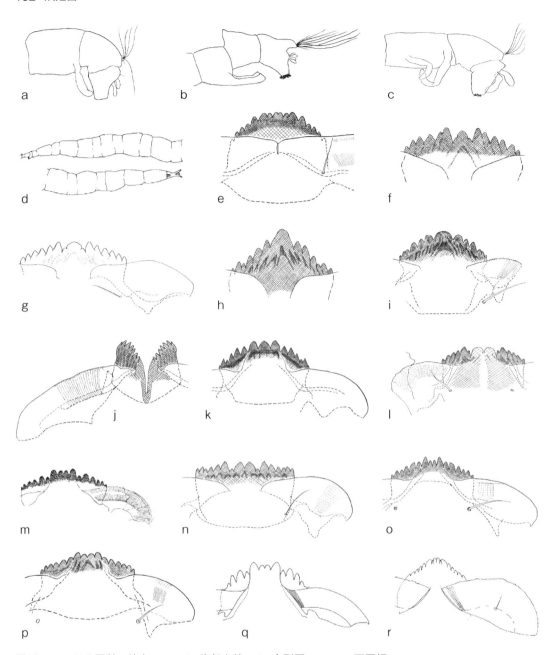

図30　ユスリカ亜科　幼虫　a～d：腹部末端　d：全形図　e～r：下唇板
a：サトクロユスリカ *Einfeldia pagana* (Meigen, 1838)　b：*Zavreliella marmorata* (v. d. Wulp, 1858)　c：ヤチユスリカ *Chaetolabis macani* (Freenman, 1948)　d：*Chernovskiia* sp.（北川，2001より引用）　e：オオミドリユスリカ *Lipiniella moderata* Kaligina, 1970　f：オオツルユスリカ *Kiefferulus glauciventris* (Kieffer, 1912)　g：サトクロユスリカ *Einfeldia pagana* (Meigen, 1838)　h：クロユスリカ *Benthalia dissidens* (Walker, 1851)　i：ホソミユスリカ *Dicrotendipes* sp.　j：*Nilodosis* sp. Japan　k：ミズクサユスリカ *Endochironomus tendesns* (Fabricius, 1775)　l：ツヤムネユスリカ属の1種 *Microtendipes* sp.　m：*Synendotendipes luski* Grodhaus, 1987（Grodhaus, 1987より引用）　n：ヤモンユスリカ *Polypedilum nubifer* (Skuse, 1889)　o：アキズキユスリカ *Stitochironomus akizukii* (Tokunaga, 1940)　p：キザキユスリカ *Sergentia kizakiensis* (Tokunaga, 1940)　q：ハケユスリカ *Phaenopsectra flavipes* (Meigen, 1818)　r：オナガユスリカ属の1種 *Pagastiella orophila* (Edwards, 1929)（Cranston et al., 1983より引用）

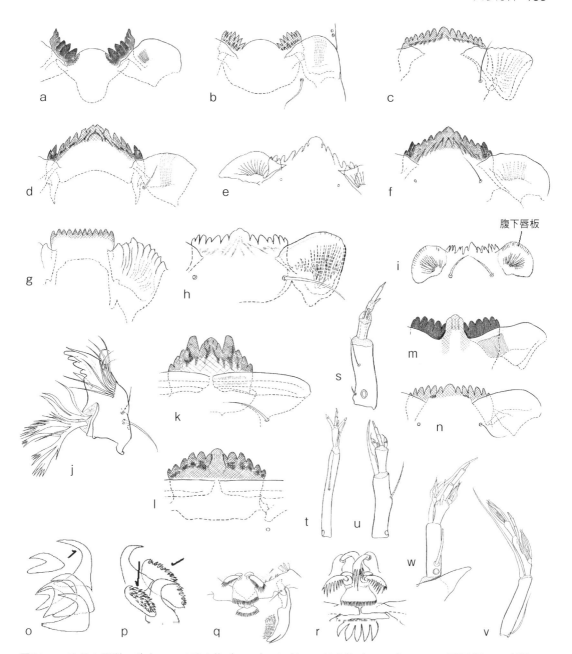

図31 ユスリカ亜科 幼虫 ユスリカ族 (a～j) ヒゲユスリカ族 (k～w) a～i：下唇板 j：大顎 k～n：下唇板 o～p：後擬脚爪 q～r：上唇 t～w：触角

a：カマガタユスリカ属の1種 *Cryptochironomus* sp. b：スジカマガタユスリカ属の1種 *Demicryptochironomus* sp. c：ユミガタニセコブナシユスリカ *Parachironomus gracilior* (Kieffer, 1918) d：ナガコブナシユスリカ属の1種（イシガキユスリカ？）*Cladopelma ewardsi* (Kreuseman, 1933) e：トゲナシコガタユスリカ属の1種 *Cryptotendipes holsatus* Lenz, 1959（Cranston et al., 1983より引用） f：ヒメコガタユスリカ *Microchironomus tener* (Kieffer, 1918) g：シリブトユスリカ *Robackia pilicauda* Sæther, 1977 h, j：ウスヒメユスリカ *Hanochironomus tumeretylus* Ree, 1992 i：*Kloosia koreana* Reis, 1988 k, s：セトオヨギユスリカ *Pontomyia pacifica* Tokunaga, 1932 l：ナガスネユスリカ属の1種 *Micropsectra* sp. m, w：ビワヒゲユスリカ属の1種 *Biwatendipes tsukubaensis* Sasa & Ueno, 1993 n, v：カンムリケミゾユスリカ属の1種 *Stempellinella* sp. o：ヒゲユスリカ属の1種 *Tanytarsus* sp. p：エダゲヒゲユスリカ属の1種 *Cladotanytarsus* sp. q, t：ナガレユスリカ属の1種 *Rheotanytarsus* sp. r, u：ニセヒゲユスリカ属の1種 *Paratanytarsus* sp.

47b 下唇板は4対の側歯をもつ．ローターボーン器官は台座をもたない（図31-s）．海棲である
………………………………………………………オヨギユスリカ属　*Pontomyia* Edwards
体長3〜4 mm．岩礁地帯の浅い潮溜まりに生息する．触角は高い触角台上に位置する．ローターボーン器官は葉状で，触角第2環節末端に位置する．上咽頭櫛歯は端部が鋸歯状となる3本の骨片よりなる．下唇板中央歯は側部に切れ込みをもち，三角形を呈する．

48a 触角第2環節は円筒形で第3環節よりも長く，ローターボーン器官は小さく長い台座の上に位置する（図26-a, 図31-t, u参照）．後擬脚の爪は単純であるか，幾つかの爪の内縁に明瞭な鉤状の突起列をもつ．それらは単純な小さな鋸歯状構造ではない ……………… 49

48b 触角第2環節は顕著な楔形で第3環節よりも短く，ローターボーン器官は非常に大きい（図26-b）．後擬脚の爪の幾つかは内縁に小さな鋸歯状構造をもつ
………………………………………………エダヒゲユスリカ属　*Cladotanytarsus* Kieffer
体長3〜4 mm．触角の特徴により他の属からの識別は容易である．

49a 後擬脚の爪は単純である（図31-o）……………ヒゲユスリカ属　*Tanytarsus* van der Wulp
体長数mm前後．種々の水域にみいだせる．海棲の種もある．ナガスネユスリカ属 *Micropsectra* に類似するが，前大顎に3〜5本の端歯をもつことで識別される．

49b 後擬脚の爪は頑丈な鉤状突起列をもつ（図31-p）
……………………………………………トゲヅメヒゲユスリカ属　*Virgatanytarsus* Pinder

50a 上咽頭櫛歯は1枚のプレートより構成される（図31-q, r）……………………………… 51
50b 上咽頭櫛歯は3つの切片より構成される（図26-c）…………………………………… 52

51a ローターボーン器官の台座は触角先端部を超えない（図31-t）．上咽頭櫛歯の端部は櫛歯状となる………………………………ナガレユスリカ属　*Rheotanytarsus* Thienemann & Bauser
体長4〜5 mm．流れの速い河川の岩や岩盤の表面にみられる．幼虫が潜む巣は前縁部に数本の長く突出した腕状の構造物をもつ．腕状の突起間に糸を張り，その糸に引っかかった有機物残滓を餌とする．この独特の巣によって，野外でも本属であることを容易に同定できる．触角は高い触角台上より生じている．前大顎は2歯をもつ．下唇板は側方に切れ込みをもった中央歯（時に，完全に3分割される）と5対の側歯から構成される．後擬脚の爪は単純である．オオヤマヒゲユスリカ *Tanytarsus oyamai* は触角のローターボーン器官は短く，一見本属に類似する．しかし，前大顎の端歯の数，上咽頭櫛歯の構造から識別は可能である．

51b ローターボーン器官の台座は非常に短く，触角第3節を超えない（図31-u）．上咽頭櫛歯は3〜5本の太い明瞭な端歯をもつ（図31-r）
………………………………………ニセヒゲユスリカ属　*Paratanytarsus* Thienemann & Bause
体長4〜6 mm程度．種々な水域に生育する．下唇板は単純な，あるいは側方に切れ込みをもった中央歯と5対の側歯より構成される．後擬脚の爪は単純である．

52a ローターボーン器官は触角先端部を大きく超える長い台座の上に位置し，小さい（図26-a）
…………………………………………………ナガスネユスリカ属　*Micropsectra* Kieffer
体長4〜10 mm．種々の水域に生息する．触角台はよく発達し，先端部に顕著な端歯をもつ．前大顎は2本の歯をもつ．下唇板は2〜3の切れ込みをもつ中央歯と5対の側歯からなる．種によっては，第11体環節の前方部に顕著な隆起をもつ．

52b ローターボーン器官は触角先端部を超えない長さの台座上に位置し，大きく顕著である
………………………………………………フトヒゲユスリカ属　*Neozavrelia* Goetghebuer

体長3mm前後．前大顎は2歯で，側方に細い付加歯をもつ．下唇板は単純な中央歯と4～5対の側歯よりなる．後擬脚の爪は単純である．

53a ローターボーン器官の一つは触角第2環節の中央部付近に，もう一つは第2環節の先端部に位置する（図31-v）．上咽頭櫛歯は3本の小さな節片より構成される．前大顎は3本の歯をもつ··· **ケミゾユスリカ属** *Stempellinella* Brundin

体長2mm前後．山地の細流で得られることが多い．触角は先端部に顕著な突起をもった背の高い触角台上より生じている．下唇板は単純な中央歯と6対の側歯よりなる．下唇側板はお互いが広く離れる．後擬脚の爪は単純である．

53b 2つのローターボーン器官は触角第2環節末端に位置し，その各々は短い台座上に位置する（図31-w）．上咽頭櫛歯は2本の小さな節片より構成される．前大顎は2本の歯をもつ **ビワヒゲユスリカ属** *Biwatendipes* Tokunaga

体長4～5mm．湖沼，大きな河川の緩流域に生息する．尾剛毛台は比較的長く，後方に伸び，数本の太く短い刺毛をもつ．肛門鰓は瘤状の隆起となる．触角台は端部に1突起を有する．上唇刺毛SIは櫛状である．SIIは低い台座上に位置し，側縁部に小数の分枝をもつ．下唇板は淡色の3叉した中央歯と6対の黒褐色の側歯からなる（図31-m）．下唇側板は中央部で広く離れる．

*frontal apotome（前頭片）と frontoclypeal apotome（額頭楯板）
幼虫頭部背面中央域は frons（額前頭），clypeus（頭盾），labrum（上唇）の3つの部分が区別される．frons が clypeus から明瞭に区別され，上記の3つの区分が明瞭に認められる場合 frons 部分を frontal apotome（前頭片）と呼ぶ．frons と clypeus が融合し，1枚の硬化片となっている場合，これを frontoclypeal apotome（額頭楯板）と呼ぶ．Cranston（2012）は frontal apotome に対して frons，frotoclypeal apotome に対しては frontoclypeus という名称を提案しているが，ここでは混乱を避けるため，今後の検討も必要なため，従来の名称を使用した．

参考文献（エリユスリカ亜科及びユスリカ亜科）

Brundin, L. 1956. Zur Systematik der Orthocladiinae (Dipt., Chironomidae). Rep. Inst. Frweshwat. Res. Drottningholm. 37: 5-185.

Cranston, P. & R. Kitching. 1995. The Chironomidae of Austro-oriental phytotelmata (plant-held waters): Richea pandanifolia Hook. f. Chironomids: From genes to ecosystem: 225-234.

Grodhaus, G. 1987. *Endochironomus* Kieffer, *Tribelos* Townes, *Synendotendipes* n. gen. (Diptera, Chironomidae). J. Kansas ent. Soc., 49: 167-247.

林 文男・小林 貞．2000．日本に生息する寄生性，共生性ユスリカ類．(51/52): 283-303．

Hirvenoja, M. 1973. Revision der Gattung *Cricotopus* van der Wulp und ihrer Verwandten (Diptera, Chironomidae). Annls Zool. Fenn. 10: 1-363.

北川禮澄．1997．琵琶湖のユスリカ．淡水生物，74: 42-76．

Pinder, L. C. V. 1978. A Key to Adult Meles of British Chironomidae. Part 1. The key; part 2. Illustrations of the hypopygia. Scient. Publs Freshwat. Boil. Ass. 37. Windermea.

Reiss, F. & E. Fittkau. 1971. Taxonomie und Ökologie europäische verbreiteter *Tanytarsus*-Arten (Chironomidae, Diptera). Arch. Hydrobiol. Suppl. 40: 75-200.

Sasa, M. 1985. Studies on chironomid midges of some lakes in Japan. Part II. Studies on the chironomids collected from lakes in southern Kyushu (Diptera, Chironomidae). Res. Rept. Nat. Inst. Environ. Stud., 83: 25-99.

Sasa, M. 1990. Studies on the chironomid midges of Jintsu River (Diptera Chironomidae). Toyama Pref. Environ.

Pollut. Cent., 1990: 29-67.

Sasa, M. & T. Okazawa. 1991. Studies on the chironomids of the Joganji River, Toyama (Diptera, Chironimidae). Toyama Pref. Enviorn. Pollut. Res. Cent., 1991: 52-67, 124, 128-134.

Sasa, M. & T. Okazawa. 1992. Studies on the chironomid midges (Yusurika) of Kurobe River. Toyama Pref. Environ. Pollut. Res. Cent., 1992: 40-91.

Sæther, O. A. 1977. Taxonomic studies on Chironomidae: *Nanocladius*, *Pseudochironomus* and the *Harnischia* complex. Bull. Fish. Res. Bd. Canada, 196.

Sæther, O. A. 1985. The imagines of *Mesosmittia* Brundin, 1956, with the description of seven new species (Diptera, Chironomidae). Pages 37-54, In Fittkau, E. J. (ed.), Beitrage zur Systematik der Chironomidae (Diptera): 37-54. (Spixiana, Suppl. 11: 1-215).

Sæther, O. A., P. Ashe, & D. A. Murray. 2000. Family Chironomidae. In Papp, L. & B. Darve (eds.), Contribution to a Manual of Palaearctic Diptera. Appendix.: 113-334. Sci. Herald Budapest.

Schmid, P. E. 1993. A key to the larval Chironomidae and their instars from Austrian Danube region streams and rivers. Part I. Diamesinae, Prodiamesinae and Orthocladiinae. Wasser und Adwasser, Suppl., 3(93): 1-514.

Soponis, A. R. 1977. A revision of the Nearctic species of *Orthocladius* (Orthocladius van der Wulp (Diptera: Chironomidae). Mem. Ent. Soc. Can. 102: 1-187.

Tang, H. & Yamamoto, M. 2012.Descriptions of four larval forms of *Nilodosis* Kieffer from East Asia. Fauna Norvegica, 31: 205-213.

Tokunaga, M. 1936. Chironomidae from Japan (Diptera), VIII. Marine or seashore *Spaniotoma*, with description of the immature forms of *Spaniotoma nemalione* sp. nov. and *Tanytarsus boodleae* Tokunaga. Philippine Journal of Science, 60: 303-321.

Tokunaga, M. 1936a. Japanese *Cricotopus* and *Corynoneura* species (Chironomidae, Diptera). Tenthredo, I: 9-52.

Tokunaga, M. 1938. Chironomidae from Japan (Diptera), X. New or little-known midges, with descriptions on the metamorphoses of several species. Philippine Journal of Science, 65: 313-383.

Tokunaga, M. 1940. Chironomidae from Japan (Diptera), XII. New or little-known Ceratopogonidae and Chironomidae. Philippine Journal of Science, 72: 255-311.

Yamamoto, M. 1979. A new species of the genus *Chironomus* (Diptera, Chironomidae) from Japan. Kontyû 47: 8-17.

Yamamoto, M. 1980. Discovery of the Nearctic genus *Chasmatonotus* Loew (Diptera, Chironomidae) from Japan, with description of three new species. Esakia, 15: 79-96.

Yamamoto, M. 1981. Two new species of the genus *Stenochironomus* from Japan (Diptera: Chironomidae). Bulletin of Kitakyushu Museum of Natural History, 3: 41-51.

Yamamoto, M. 1995. New records of three Chironomidae (Diptera, Chironomidae) from Japan. Japanese Journal Entomology, 63: 113-114.

Yamamoto, M. 1995. New record of a non-biting midge (Diptera, Chironomidae) from Japan. Japanese Journal Entomology, 63: 721-722.

Yamamoto, M. 1996. Redescription of a small chironomid midge *Stilocladius kurobekeyakius* (Sasa et Okazawa, 1992) transferred from *Eukiefferiella* (Diptera, Chironomidae). Japanese Journal Entomology, 64: 729-732.

Yamamoto, M. 1997. Redescription of *Chironomus sollicitus* Hirvenoja from Japan (Diptera, Chironomidae). Japanese Journal Entomology, 65: 205-208.

Yamamoto, M. 1997. Taxonomic notes on two species of Japanese *Cladopelma* (Diptera, Chironomidae). Japanese Journal Entomology, 65: 583-587.

Yamamoto, M. 1999. *Trichosmittia hikosana* n. gen. et n. sp. (Diptera, Chironomidae) from Japan. Journal of Kansas Entomological Society, 71: 263-271.

山本 優. 2000. 皇居で得られたユスリカ. 国立科学博物館専報, 36: 381-395.

Yamamoto, M. & Yamamoto, N. 2012: A review of *Tsudayusurika* Sasa, 1985 (Diptera: Chironomidae, Orthocladiinae), with the description of a new species. Fauna norvegica vol. 31: 215-225.

山本　優・山本　直．2014．ユスリカ科．日本昆虫目録 第 8 巻 双翅目（第 1 部 長角亜目－短角亜目無額嚢節）:237-362．日本昆虫学会．

山本　優・山本　直．2015．*Polypedilum* (*Tripodura*) *tamahinoense* Sasa et Ichimori, 1983（ニセヒロオビハモンユスリカ）は新種だったのか？　まくなぎ，No.26: 1-8．

Wiederholm, T. (ed.). 1986. Chironomidae of the Holarctic region. Keys and diagnoses. Part 2. Larvae. (Ent. Scand. Suppl., 28: 1-482).

Wiederholm, T. (ed.). 1989. Chiromomidae of the Holarctic region. Keys and diagnoses. Part 3. Adult males. (Ento. Scand. Suppl. 34: 1-532).

ミズアブ科　Stratiomyidae

永冨　昭

　本科では一部が幼虫時代に水性または亜水性となる．アブ亜目中，本科とキアブモドキ科 Xylomyidae（ミズアブ科に最近縁）のみが終齢幼虫の外皮の中で蛹化する．外皮の先端部をT字状に割って新成虫が脱出する．この点，円形に割れるハエ亜目と異なる．

　成虫は次の特徴をもつ．（1）後脛節末端に太い刺をもたない．（2）径脈（R_1，R_{2+3}，R_4，R_5；R_4は欠けることがある）は翅の前縁部に集まる．（3）d室（discoidal cell）は比較的小さい．

　幼虫は全体としてやや扁平である．頭部が胸部に対して固定していて，伸縮自在でない．外皮にカルシウムがいぼ状あるいはこぶ状に沈着する．水生種の幼虫は最後節（第8節）に冠状の浮き羽の束をもつものが多い．

　日本産の水生種の研究は分類も生態も極めて不十分で，今後の知見の集積が待たれる．

分類と形態

　検索表は水生種のみを取り扱う．Beridinae 亜科を入れたが，どの属も一部に水生または亜水生種をもつかも知れない．幼虫の検索表は主として Rozkošný（1997）によって作成している．

　成虫の分類が不十分で，種名の決定が不完全なものがある．例えば *Oplodontha*（1種），*Orthogoniocera*（1種），*Oxycera*（1種）．日本の水生種中，未知の属や種は今後もちろん発見されるであろう．*Orthogoniocera* は *Odontomyia* の1亜属，あるいは完全なシノニムになるかも知れない．

　Oxycera, *Rhaphiocerina*，それから日本から未知の *Nemotelus* と *Euparyphus* の亜科の位置は諸説乱れて定説がない．ここでは亜科名を示さない．成虫検索表中に *Euparyphus*，幼虫検索表に *Nemotelus* を入れた．*Nemotelus* は全北区と新熱帯区に広く分布し，種数も多く，アフリカ熱帯区の一部にも産するが，日本からの記録はなく，東洋区，オーストラリア区，ハワイにおいても完全に欠落している．

　御勢（1957，1973）の *Oxycera* sp.（最初は *Euparyphus* sp. とされた）は，ここでは *Allognosta* sp. と同定する．御勢（1962）の *Odontomyia* sp. と *Stratiomys* sp. については，両種とも *Odontomyia* あるいは *Orthogoniocera* のどちらかに属するものであろう．

　古屋（1972，1985）の *Euparyphus* sp. は，奈良県吉野川水系高見川の湿潤区で得たもので，水被膜が薄く，泥の多い場所であった．標本の体長は33～37 mmであるが，成熟幼虫であるか否かは不明（古屋，1985：367頁）．*Euparyphus* は北米とメキシコに25種知られるが，ほかの地域からは成虫の記録はない．日本に分布してもおかしくないが，古屋の *Euparyphus* sp. は，そのものか，未知の近縁属か，あるいは *Rhaphiocerina* か *Oxycera* か決定は困難である．

　Oxycera の幼虫は Rozkošný（1983）によると，種による変異が相当見られる．例えば最後節に浮き羽の束があるもの，ないもの，腹部第7節腹面後縁に1対の鈎状刺があるもの，ないもの，頭，胸，腹部の剛毛の長さ，数，配列も種によって異なる．古屋の *Euparyphus* sp. がこの変異幅の中に入るとすると，あるいは *Oxycera* sp. に含まれるかも知れない．

　種の同定：下記の2つの検索表から種名の決定は不可能である．成虫による種の同定は Nagatomi（1964，1977a, b, c，1978）と Nagatomi & Tanaka（1969，1972）を参照されたい．

　Rozkošný & Nartshuk（1988）によって学名を変更すると次の通りとなる．

　Actina diadema Lindner, 1936 [=*Actina japonica* (James, 1941)]，*Allognosta vagans* (Loew, 1873) (=*Allognosta sapporensis* Matsumura, 1916)，*Beris strobli* Dušek et Rozkošný, 1968 (=*Beris latifacies*

Nagatomi et Tanaka, 1972).

若干種の和名：宮武（1965）によって成虫の全形が示された種の和名を紹介する．
Actina diadema (=*japonica*)　キアシホソルリミズアブ，*Actina jezoensis*　エゾホソルリミズアブ，*Allognosta japonica*　キバラトゲナシミズアブ，*Allognosta vagans* (=*sapporensis*)　トゲナシミズアブ，*Beris fuscipes* (=*petiolata*)　ヒゲブトルミズアブ，*Odontomyia* (=*Eulalia*) *garatas*　コガタノミズアブ，*Orthogoniocera shikokuana*（ヒラヤマミズアブ［*hirayamae*］は別種である）シコクミズアブ，*Rhaphiocerina hakiensis*　ハキナガミズアブ，*Stratiomys japonica*（中国産の *apicalis* は別種とする）ミズアブ（別名イイモリミズアブ）．

ハキナガミズアブの成虫は流水の近辺で採集される．幼虫（未知）は流水性であろう．

囲蛹：最終齢幼虫の外皮が囲蛹を形成し，蛹を保護する．囲蛹の見つかる場所は幼虫と通常同じである．*Stratiomys* の蛹は小さく囲蛹の1/3ほどで，囲蛹中の空所は空気で充たされ，囲蛹は容易に水面を漂う．

幼虫の呼吸：前胸の側面に気門と腹部最後節に呼吸室がある．幼虫は呼吸室の入口に生えている羽毛列を水面に広げて空気を取り入れる．体が水中に完全に没した時も羽毛列はしばらく気泡を保持できるであろう．水生種の大部分は後胸と腹部1～6節（あるいは1～7節）にもはや機能しない退化した気門をもつ．

成虫と幼虫の関係：老熟幼虫か囲蛹を採集して室内で羽化させることが何よりも先決である．この作業が日本産の全種について必要不可欠である．

生態

生活環：大多数の種は幼虫で越冬する．成虫は年1回発生．同一種で幼虫期間が2～3年に延長するものもあろう．羽化までに複数年を必要とする種もある．蛹期間は5～15日くらいだが（温度条件で当然違ってくる）．寿命，交尾，そのほかの成虫習性は不明である．群飛は Beridinae 亜科でよく見られる．

成虫の食性：訪花性をもつものが多い．

幼虫の食性：腐敗有機物や藻類を食べる．*Stratiomys* や *Odontomyia* の幼虫は昆虫類や甲殻類を捕食するという．また日本のミズアブとコガタノミズアブでの両種で，イネ苗の根を食害したとの記録がある．捕食性とともに再確認の必要がある．

亜水性：流水や泉に沿う湿ったコケの中に幼虫がいる．例えば *Beris* のあるもの．

流水性：流水下の岩石上やコケの中にいる．腹部第7節後縁にある鉤状刺は流水生活者の典型を示すものであろう．例えば *Oxycera* のあるもの．

止水性：池，沼，湖にいる．一部は湿地の泥中や緩やかな流れの縁の泥中にひそむ．*Stratiomys, Odontomyia, Oplodontha, Oxycera* など．

塩水性：*Stratiomys, Oplodontha, Nemotelus* に塩分耐性が見られる．塩水と純水の両方にまたがる種が多いようである．

温泉性：*Stratiomys japonica* などは温泉でも発生する．硫黄泉，食塩泉，単純泉の別を問わない．

化学物質に対する抵抗性：*Stratiomys longicornis*（ヨーロッパ産）幼虫を使っての実験によると，オリーブ油中で27時間，石油5時間，40％フォルマリン24時間以上，95％アルコールでも100時間以上生存したという．

ミズアブ科の属の検索
成虫

1a M₄脈はd室から出る（図4-1, 5, 6） ··· 2
1b M₄脈はbm室から出る（この時d室に接することもある）（図2-2, 4-2～4） ······ 7
2a 触角鞭節は4～6節（図3-1, 2, 10）．小楯板（Scutellum）後縁の刺状突起は2本 ······ 3
2b 触角鞭節は8節からなり，全体として円筒形あるいは紡錘形．小楯板後縁の刺状突起は0，4あるいは6本．Beridinae亜科 ··· 4
3a 触角末端節は伸張して細い（図3-1, 2） ··· *Oxycera*（日本に2種）
3b 触角末端は太い（図3-10） ··· *Euparyphus*（日本から未知）
4a 小楯板後縁の刺状突起は4あるいは6本 ··· 5
4b 小楯板後縁の刺状突起は0 ··· *Allognosta*（日本からは5種）
5a 触鬚（Palpus）は長く，2節（まちがって3節に見えることもある）．雄の両複眼広く離れる ·· 6
5b 触鬚は退化するか，1節．雄の両複眼は通常接合する ············· *Beris*（日本産は6種）
6a 触角第1＋2節合計長は鞭節にはば等しい．複眼は長い毛で覆われる．雄の額（Frons），顔（Face），小楯板上の毛は非常に長い ·· *Actina*（日本産は3種）
6b 触角第1＋2節合計長は鞭節よりはるかに短い．複眼上の毛は短く，粗で，裸に近い．雄の額，顔，小楯板上の毛は雌と同じで短い ········· *Chorisops*（日本産は1種）
7a 触角鞭節は円筒形あるいは三角プリズム状，末端節は太く短い（図3-3～9）．Stratiomyinae亜科 ··· 8
7b 触角鞭節は紡錘形，末端節は針状に伸張する（図2-3） ····· *Rhaphiocerina*（日本産は1種）
8a 触角鞭節は円筒形．触角第1節は第2節にほぼ等しいか，長くても2.5倍を超えない（図3-4～9）．小楯板後縁（刺状突起間）は側縁よりも短い ····················· 9
8b 触角鞭節は三角プリズム状．触角第1節は長く，少なくとも第2節の3倍（図3-3）．小楯板後縁は側縁よりも長い ······························· *Stratiomys*（日本産は1種）

図1　コガタノミズアブ　*Odontomyia garatas*（斉藤政広撮影：インセクタリウム27巻7月号，1990年より）

4 双翅目

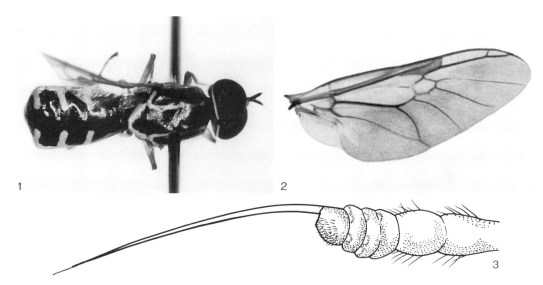

図2　ハキナガミズアブ　*Rhaphiocerina hakiensis*
1：♂の全形　2：翅　3：触角（Nagatomi, 1978より）[13]

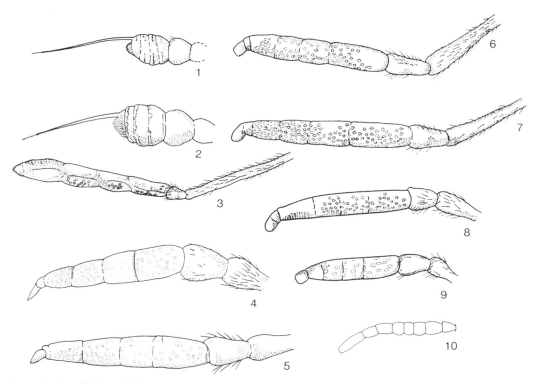

図3　ミズアブ科成虫の触角
1：クシゲマチミズアブ *Oxycera kusigematii*（♂）　2：*Oxycera* sp.（♂）　3：ミズアブ *Stratiomys japonica*（♂）　4：コガタノミズアブ *Odontomyia garatas*（♂）　5：オキナワミズアブ *Odontomyia okinawae*（♂）　6：ヒラヤマミズアブ *Orthogoniocera hirayamae*（♀）　7：シコクミズアブ *Orthogoniocera shikokuana*（♀）　8：*Orthogoniocera* sp.（♀）　9：*Oplodontha* sp.（♂）（Nagatomi, 1977a, b, c より）[10〜12]　10：*Euparyphus mutabilis*（♂）（Quist & James, 1973より）[18]

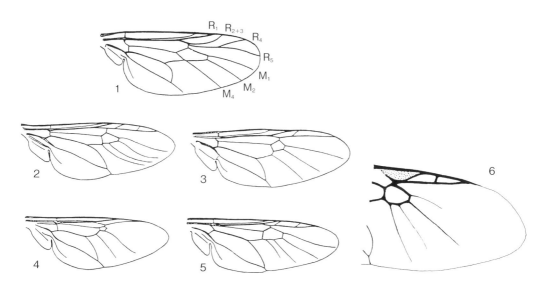

図4 ミズアブ科の翅（ヨーロッパ産種で示す）
1：*Beris geniculata* 2：*Stratiomys potamida* 3：*Odontomyia argentata* 4：*Oplodontha viridula* 5：*Oxycera rara*（Rozkošnóy, 1997より） 6：*Euparyphus mutabilis*（Quist & James, 1973より）

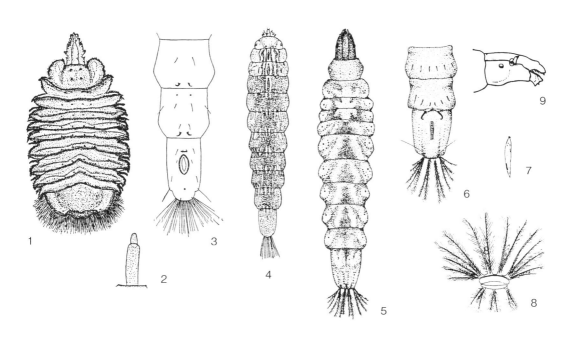

図5 幼虫 1〜4：日本産，5〜9：日本産（?*Euparyphus* sp. ?*Rhaphiocerina* sp. or ?*Oxycera* sp.）
1・2：*Allognosta* sp の全形背面と触角 3・4：*Odontomyia* sp.1 と sp.2；3は腹部6〜8節腹面，4は背面（1つあるいは2つとも *Orthogoniocera* sp. の可能性がある）（御勢，1962より，属名は改変） 5：背面 6：腹部6〜8節腹面 7：腹面の剛毛 8：呼吸室を取り巻く剛毛 9：頭部側面（古屋，1972，1985より，属名は改変）

9a　d室の大きさは正常．R_{2+3}脈は存在する（図4-3, 5） ··· 10
9b　d室は非常に小さくなる．R_{2+3}，R_4，M_3脈は欠ける．M_1，時にM_2脈は不完全または欠ける（図4-4） ··· *Oplodontha*（日本産は1種）
10a　触角鞭節中，1〜3節は次第に先端に向かって幅広くなるか，平行し，末端節は太く短くて尖らない（図3-6〜8）．雄の顔側方，額，ほお（腹眼下）は長く直立した毛をもつ
　　　 ··· *Orthogoniocera*（日本産は3種）
10b　触角鞭節全体とその末端節は先端に向かって細くなる（図3-4, 5） ······ *Odontomyia*（2種）

幼虫

1a　気門盤は最後節の背面に位置する（図6-13）．最後節先端に長い羽毛の束がない（図6-13, 図8） ·· 2
1b　気門盤は最後節の先端に位置する．最後節先端に長い羽毛の束がある ··················· 6
2a　(1) 腹部1〜7節背面にそれぞれ1列の横に走る刺毛がある．(2) 最後節後縁中央は深く凹まない ··· 3
2b　(1) 2列の刺毛がある．(2) 深く凹む（図6-13） ············ *Nemotelus*（日本から未知）
3a　最後節は縁毛をもつ（図8-2, 4） ··· 4
3b　最後節は縁毛をもたない（図8-1, 3） ··· 5
4a　腹部各節の側縁は深く2つに分かれない ·· *Beris*
4b　腹部1〜7節の側縁は深く凹み，2つに分かれる（図5-1，図8-4） ········ *Allognosta*

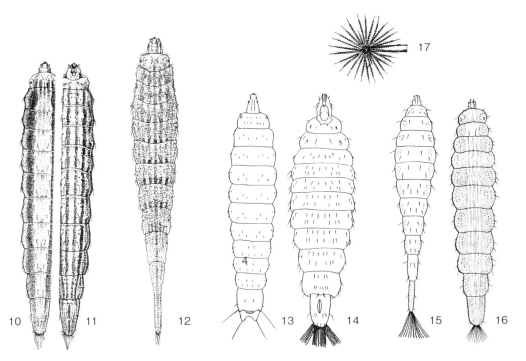

図6　幼虫　10〜12：北米産，13〜17：ヨーロッパ産
10・11：*Odontomyia cincta* の背面（左）と腹面（右）　12：*Stratiomys ornata* 背面　（James, 1981より）
13：*Nemotelus pantherinus* 背面　14：*Oxycera* sp. 腹面　15：*Odontomyia ornata* 背面　16：*Odontomyia* sp. 背面
17：*Stratiomys chamaeleon* 水面上に浮く腹部末端の冠毛（Smith, 1989より）

5a	頭部腹面に2列の縦に走る毛の列がある（図7-3）	*Actina*
5b	2列に縦に走る毛の列がない（図7-4）	*Chorisops*
6a	触角は頭部の前側端に位置する（図7-5，6）	7
6b	触角は頭部の前側端と眼の中間に位置する（*Euparyphus* も同様：図5-9）（図6-14）	*Oxycera*

7a 最後節は通常短く，長円形あるいは円錐形．もし最後節が細長の時は腹部第7節（または6～7節共）腹面後縁に1対の鉤状刺がある．肛門（Anus）（最後節腹面にある）周辺部は著しく膨れない（図5-3，4，図6-10，11，15，16，図7-7～10）……………… 8

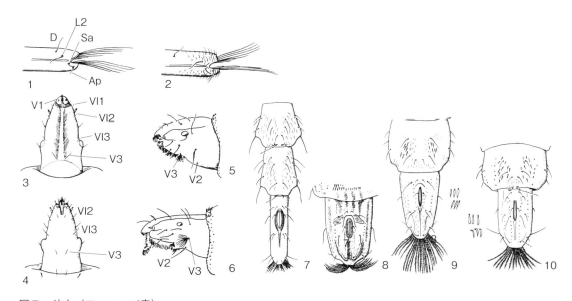

図7　幼虫（ヨーロッパ産）
1・2：腹部最後節側面　3・4：頭部腹面　5・6：頭部側面　7～10：腹部7～8（または6～8）節腹面
1：*Stratiomys longicornis*　2：*Stratiomys chamaeleon*　3：*Actina nitens*　4：*Chorisops nagatomii*　5：*Odontomyia tigrina*　6：*Oplodontha viridula*　1～4：Rozkošnoý（1982）より[19]　5・6：Rozkošnoý（1997）[21]より　7：*Odontomyia ornata*　8：*Odontomyia argentata*　9：*Odontomyia tigrina*　10：*Oplodontha viridula*　vhは鉤状刺（Rozkošnoý，1982より）[19]

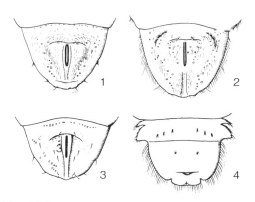

図8　囲蛹（最終齢幼虫外殻）最後節
1：*Actina nitens*　2：*Beris chalybata*　3：*Chorisops nagatomii*　4：*Allognosta fuscitarasis*　1～3：背面，ヨーロッパ産（Rozkošnoý，1982より）[19]　4：腹面，北米産（Johannsen，1923より）[6]

7b 最後節は長く,管状(図6-12).腹部第7節腹面後縁は他節同様に鈎状刺はない.肛門は最後節腹面の前方に位置し,周辺部は膨れる(図6-12, 17,図7-1, 2)
.... *Stratiomys*

8a 頭部腹面の毛(V3)は多数の枝をもつ(図7-6).腹部腹面の鈎状刺はある.水生(図7-10) .... *Oplodontha*

8b 毛(V3)は枝を普通もたない(図7-5).稀に枝をもつが,この場合は湿潤な朽ち木の材中で見つかっている.鈎状刺はあったり,なかったりする(図5-3, 4,図6-10, 11, 15, 16,図7-7~9) .... *Odontomyia*

引用・参考文献

1) 古屋八重子 1972. 奈良県吉野川水系の湿潤区の水生昆虫相. 吉野川生物生産力研究, 4: 37-41.
2) 古屋八重子 1985. 12. ミズアブ科. 川合禎次(編), 日本産水生昆虫検索図説: 366-367. 東海大学出版会, 東京.
3) 御勢久右衛門 1957. *Euparyphus*属幼虫1種について. 関西自然科学, 10: 23.
4) 御勢久右衛門 1962. ミズアブ科. 津田松苗(編), 水生昆虫学: 210. 北隆館, 東京.
5) James, M. T. 1981. Stratiomyidae. McAlpine, J. F. et al. (eds.), Manual of Nearctic Diptera: 497-511. Research Branch Agriculture Canada, Monograph No. 27: 1-674.
6) Johannsen, O. A. 1923. Stratiomyiid larvae and puparia of the North Eastern States. Journal of New York Entomological Society, 30: 141-153.
7) Mcfadden, M. W. 1967. Soldier fly larvae in America north of Mexico. Proceedings of U. S. National Museum, 121: 1-72.
8) 宮武睦夫 1965. ミズアブ科. 朝比奈正次郎・石原 保・安松京三(編), 原色昆虫大図鑑, 第3巻: 195-196. 北隆館, 東京.
9) Nagatomi, A. 1964. The *Chorisops* of the Palaearctic region (Diptera: Stratiomyidae). Insecta Matsumurana, 27: 18-23.
10) Nagatomi, A. 1977a. The Clitellariinae (Diptera, Stratiomyidae) of Japan. Kontyû, Tokyo, 45: 222-241.
11) Nagatomi, A. 1977b. The Stratiomyinae (Diptera, Stratiomyidae) of Japan, I. Kontyû, Tokyo, 45: 377-394.
12) Nagatomi, A. 1977c. The Stratiomyinae (Diptera, Stratiomyidae) of Japan, II. Kontyû, Tokyo, 45: 538-552.
13) Nagatomi, A. 1978. *Rhaphicerina hakiensis* (Diptera, Stratiomyidae). Kontyû, Tokyo, 46: 1-7.
14) Nagatomi, A. & Tanaka, A. 1969. The Japanese *Actina* and *Allognosta* (Diptera, Stratiomyidae). Mem. Fac. Agric. Kagoshima Univ., 7: 149-176.
15) Nagatomi, A. & Tanaka, A. 1972. The Japanese *Beris* (Diptera, Stratiomyidae). Mem. Fac. Agric. Kogoshima Univ., 8: 87-113.
16) Nagatomi, A., Sutou, M. & Tamaki, N. 2001. Synopsis of the Japanese *Oxycera* (Diptera: Stratiomyidae). Ent. Sci., Tokyo, 4: 523-531.
17) Nagatomi, A., Sutou, M. & Tamaki, N. 2003. *Oxycera tangi* (Lindner) (Diptera, Stratiomyidae) previously known from China and new to Japan. Jpn. J. syst. Ent., 9: 69-73.
18) Quist, J. A. & James, M. T. 1973. The genus *Euparyphus* in America north of Mexico, with a key to the new world genera and subgenera of Oxycerini (Diptera: Stratiomyidae). Melanderia, 11: 1-26.
19) Rozkošný, R. 1982. A biosystematic study of the European Stratiomyidae (Diptera), Vol. 1, 401 pp. Dr W. Junk Publishers The Hague.
20) Rozkošný, R. 1983. A biosystematic study of the European Stratiomyidae (Diptera), Vol. 2, 431 pp. Dr W. Junk Pubishers The Hague.
21) Rozkošný, R. 1997. 2. 24. Family Stratiomyidae. pp. 387-411. Papp, L. & Darvas, B. (eds.), A Manual of Palaearctic Diptera, Vol. 2, 592 pp. Science Herald, Budapest.
22) Rozkošný, R. & Nartshuk, E. P. 1988. Family Stratiomyidae. pp. 42-96. Sooś, Á. & Papp, L. (eds.), Catalogue

of Palaearctic Diptera, Vol. 5, 466 pp. Akademial Kiado, Budapest.
23) Smith, K. G. V. 1989. An Introduction to the immature stages of British flies. Diptera larvae, with notes on eggs, puparia and pupae. Handbk Ident. Br. Insexts, 10 (14): 1-280.
24) Woodley, N. E. 2001. A world catalog of the Stratiomyidae (Insecta: Diptera), Myia 11. 473pp. Backhuys Publishers, Leiden.

　Nagatomi et al.（2001，2003）によると日本産の*Oxycera*は3種．この新版検索図説の本文中の*Oxycera* sp.は*Oxycera japonica* Szilády, 1941.
　Woodley（2001）に従うと次のようになる．
（1）*Euparyphus，Odontomyia，Oxycera，Rhaphiocerina，Stratiomys*はStratiomyinae，*Nemotelus*はNemotelinae.
（2）Stratiomyinaeの中にあって，*Euparyphus*と*Oxycera*はOxycerini，*Rhaphiocerina*はProsopochrysini，*Odontomyia，Oplodontha，Stratiomys*はStratiomyini.
（3）*Orthogoniocera*は*Odontomyia*のシノニム．

ナガレアブ科　Athericidae

永冨　昭

　ナガレアブ科はシギアブ科 Rhagionidae に入っていたが，雄と雌の外部生殖器の形態からアブ科 Tabanidae により近いことがわかり，独立の科として取り扱われるようになった．日本に4属9種が知られる．未知の種があることは確実であるが，それ程増加はしないであろう．南西諸島産の2属3種を除いて幼虫期の形態が判明している．幼虫はすべて流水中に棲む．生活史の概要は『日本昆虫記第6巻』（1959年）（新書判では第4巻）[3] に記したので参照されたい．卵の記載，その他詳細は Nagatomi [1, 2, 4~7] を見られたい．ここでは成虫，蛹と篠山川流域（兵庫県）における各種の分布区域を幼虫の記述の後に簡単に触れる．

　ここで扱った標本は，幼虫を冷水中に入れて徐々に加温沸騰させた後，70~75%のアルコールに移したため，検索表中の体長は十分に伸長している．ヒメモンナガレアブは孵化幼虫の室内飼育によって得たもので，終齢には達していなかったであろう．しかし，検索表中の特徴は終齢幼虫にも当てはまるであろう．

終齢幼虫の形態概説

　体色は褐色あるいは淡褐色（生きた標本ではしばしば緑色）．擬肢の先端，腹部末端節の腹面隆起（2叉する）は白色．

　頭部は小さく胸部中に引き込められる．胴（胸・腹）部は11節（胸部3，腹部8）からなり，円筒形．両端は細くなる．

　腹部は15本の擬肢をもつ．擬肢は末端節（腹部第8節）のものを除いて対をなしている．擬肢の先端部に3層（種によっては一見2層）の鉤状刺が環状に配列されるが，この環は第1節では前方部，第2~7節では内方部，第8節では後方部で欠けている．鉤状刺の数は位置，個体，種によって変わる．腹部第2~7節上の擬肢は2叉するが第1節と第8節の擬肢は2叉しない．しかし，ヒメナガレアブ属 Atrichops のヒメモンナガレアブとコモンナガレアブでは第8節上に擬肢は存在せず，またコモンでは第7節の擬肢は2叉せず単一である．擬肢は第8節の対をなさないものを除き，後方に向かってしだいに長くなる．しかし，ヒメモンナガレアブとコモンナガレアブでは第1節と第7節の擬肢は第2~6節のもの（これらはほぼ同じ長さである）よりも短い．

　腹部はたくさんの細長で先端の尖った肉質突起をもつが，この大きさと数は種によって異なる．肉質突起は腹部各節の背面と側面に各1対，合計4本存在するが，末端節では後方にのびる1対のみが見られる．

　腹部末端節（第8節）には肉質突起基部のすぐ前に1個の背面隆起，肉質突起と擬肢のあいだに1個の2叉した腹面隆起がある．しかし，ハマダラナガレアブとミヤマナガレアブでは背面隆起は認められないようである．腹部末端節の最大幅はハマダラナガレアブ，ミヤマナガレアブ，サツマモンナガレアブ，クロモンナガレアブでは胴部最大幅の0.5~0.6倍，ヒメモンナガレアブとコモンナガレアブでは約0.3倍である．

　胴（胸・腹）部の各節は明瞭あるいは不明瞭な条あるいは襞が縦横に走り，この結果，背，側，腹面，胸部では前部と後部（前部は後部よりも短く，また後部に引き込められる），腹部では前，中，後部の別が認められる．しかし，腹部第1節では前部，第8節では前，中，後部（6種とも）と側面（ヒメモンナガレアブとコモンナガレアブのみ）が認められない．腹部各節で前部は中，後部よりも幅と高さで短いが，さらに2部に細分されるようである．中部に擬肢と背側両面合計4本の肉質突起

2 双翅目

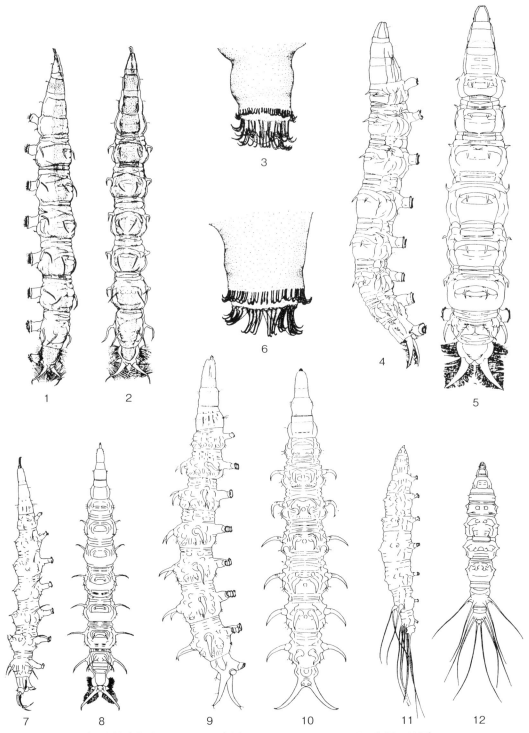

図1 ナガレアブ科終齢幼虫（1～3，6：永冨，1979；4，5，7～12：永冨，1961）
1～3：ミヤマナガレアブ Atherix basilica；1：側面，2：背面，3：腹部第2節上の擬肢（側面を外方から見る） 4～6：ハマダラナガレアブ Atherix ibis；4：側面，5：背面，6：腹部第2節上の擬肢（側面を外方から見る） 7・8：クロモンナガレアブ Asuragina caerulescens；7：側面，8：背面 9・10：サツマモンナガレアブ Suragina satsumana；9：側面，10：背面 11・12：コモンナガレアブ Atrichops morimotoi；11：側面，12：背面

が位置する．しかし，ヒメモンナガレアブとコモンナガレアブの腹部第6～7節の肉質突起の位置は後部のようである．

胴部は微細な毛で覆われるが，この毛はハマダラナガレアブとミヤマナガレアブでは不明瞭，サツマモンナガレアブとクロモンナガレアブではやや明瞭，ヒメモンナガレアブとコモンナガレアブでは明瞭である．

ナガレアブ科の幼虫は流水中の生活に適応して次の特徴を備える．①気門はない．②腹部に数多くの細長い肉質突起をもつが，これは気管鰓と考えられる．③数多くの擬肢をもつが，これは石の上を歩くのに役立つものである．

ナガレアブ科終齢幼虫の属・種の検索

1a 細長い肉質突起は腹部第2～8節（ハマダラナガレアブでは1～8節）に存在し，すべて第6～8節の合計長よりも短い．腹部第8節に擬肢がある ………………………… 2

1b 細長い肉質突起は腹部第6～8節のみに限られ，第6～8節の合計長よりも長い．腹部第8節に擬肢はない ……………… ヒメナガレアブ属 *Atrichops* Verrall… 5

2a 腹部第1～7節の擬肢（側面から見たとき）の長さはその中央幅の2倍に達しない．擬肢上の3層の鉤状刺のうち，最下層の刺は中央層あるいは最上層のものよりも短いが，微細ではない．腹部第8節に背面隆起はない
……………………………………… ナガレアブ属 *Atherix* Meigen… 3

2b 腹部第1～7節の擬肢（側面から見たとき）の長さはその中央幅の2倍あるいはそれ以上である．擬肢上の3層の鉤状刺のうち，最下層の刺は微細である．腹部第8節の肉質突起基部の前に背面隆起がある ………………… ホソナガレアブ属 *Suragina* Walker,
……………… ニセホソナガレアブ属 *Asuragina* Nagatomi et Yang… 4

3a 腹部第1節に細長い肉質突起はない．腹部第2～7節の肉質突起はハマダラナガレアブよりも長い．腹部第8節側面の基部と先端部，末端肉質突起側面の先端部に水平にのびる毛が欠けている．擬肢上の3層の鉤状刺のうち，最上層と中央層は長さも色もほぼ同じである．体長20～21 mm，体幅2.9～3.0 mm（図1-1～3）
………………………………… ミヤマナガレアブ *Atherix basilica* Nagatomi

3b 腹部第1節に合計4本の肉質突起がある．腹部第2～7節の肉質突起はミヤマよりも短い．腹部第8節側面と末端肉質突起に水平にのびる毛の列は基部と先端部で欠けない．擬肢上の3層の鉤状刺のうち，最上層は中央層よりも短くて色も淡く，容易に見落とされ，見たところ2層となる．体長16～26 mm，体幅2.6～4.1 mm（図1-4～6）
ハマダラナガレアブ *Atherix ibis* Fabricius

4a 腹部第2～5節の背面肉質突起は長い．腹部第8節側面と末端肉質突起側面に水平にのびる毛の列はない．体長18～20 mm，体幅2.6 mm～3.3 mm（図1-9～10）
サツマモンナガレアブ *Suragina satsumana* (Matsumura)

4b 腹部第2～5節の背面肉質突起は非常に短い．腹部第8節側面（基部と先端部を除く）と末端肉質突起側面（先端部を除く）に水平にのびる毛の列がある．体長12～15 mm，体幅1.6～2.1 mm（図1-7～8）
…………… クロモンナガレアブ *Asuragina caerulescens* (Brunetti)（＝ *kodamai* Nagatomi）

5a 腹部第7節の擬肢は2叉せず単一である．腹部第2～5節側面の疣状突起はいわば隣接した2つの小さい山で，谷によって隔てられる．体長8～10 mm，体幅1.4～1.6 mm（図

4 双翅目

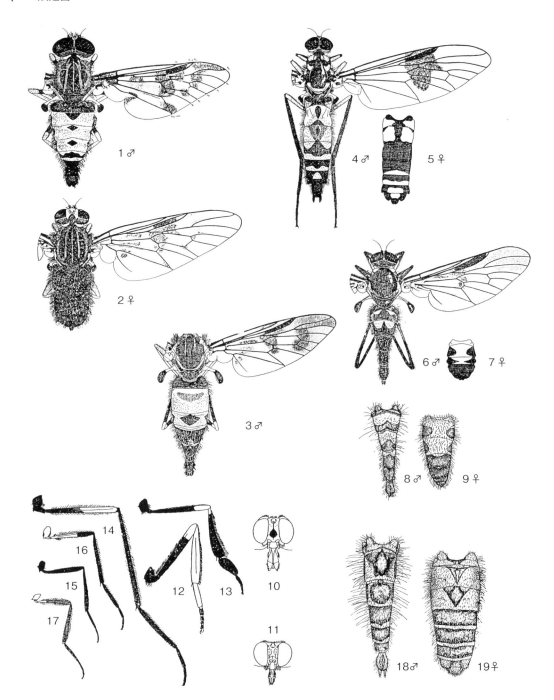

図2 ナガレアブ科成虫
1・2：ハマダラナガレアブ Atherix ibis　3：ミヤマナガレアブ Atherix basilica　4・5：サツマモンナガレアブ Suragina satsumana；4：雄成虫，5：雌腹部背面　6～9：ヒメモンナガレアブ Atrichops fontinalis；6：雄，7：雌腹部背面，8・9：腹部斑紋の変異　10～11：雌頭部：10：クロモンナガレアブ Asuragina caerulescens，11：ヒメモンナガレアブ Atrichops fontinalis　12～17：雄後肢：12：ハマダラナガレアブ Atherix ibis，13：ミヤマナガレアブ Atherix basilica，14：サツマモンナガレアブ Suragina satsumana，15：クロモンナガレアブ Asuragina caerulescens，16：ヒメモンナガレアブ Atrichops fontinalis，17：コモンナガレアブ Atrichops morimotoi　18・19：ヤエヤマナガレアブ Suragina yaeyamana 腹部背面；18：雄，19：雌

1-11～12) ……………………… コモンナガレアブ *Atrichops morimotoi* (Nagatomi)

5b 腹部第7節の擬肢は2叉する．腹部第2～5節側面の疣状突起はいわば3つの頂をもつ1つの大きな山であるが，3つの頂のうち，あるものはときにはそれ程突出しない．体長9～11 mm，体幅1.4 mmであったが多分終齢には達しておらず，幼虫はコモンナガレアブよりも大きいことは確実である　ヒメモンナガレアブ *Atrichops fontinalis* (Nagatomi)

ハマダラナガレアブ *Atherix ibis* Fabricius（図1-4～6，図2-1～2, 12，図3-1～3）
　成虫の体長7～11 mm，翅長6.5～10 mm．蛹（図3-1～3）の長さは12～14 mm．後肢の基節先端は尖らない．ヨーロッパ，シベリア，日本では本州，九州に分布．丹波篠山地方では篠山川の本流でのみ得られた．成虫出現期は4月下旬から5月中旬まで（丹波篠山地方）であるが，高冷地では6～7月．成虫の吸血性はない．

ミヤマナガレアブ *Atherix basilica* Nagatomi（図1-1～3，図2-3, 13）
　成虫の体長7～9.5 mm，翅長6～10 mm．雌の全体の色彩と後肢の腿・脛節の幅はハマダラの雌に似る．蛹は未知．本州に分布．山地の清流でのみ見出されるようである．成虫出現期は7月．成虫（雌）に吸血性はないと思われる．

サツマモンナガレアブ *Suragina satsumana* (Matsumura)（図1-9～10，図2-4～5, 14，図3-4～6）
　成虫の体長10～12.5 mm，翅長7.5～11 mm．蛹（図3-4～6）の長さは，11～12 mm．北海道，本州，四国，九州，対馬，種子島，屋久島に分布．成虫出現期は6月中旬から8月中旬（丹波篠山地方）．成虫（雌）がウシから吸血したとの報告がある．

クロモンナガレアブ *Asuragina caerulescens* (Brunetti)（図1-7～8，図2-10, 15，図3-7～9）
　成虫の体長4.5～7 mm，翅長5～6.5 mm．蛹（図3-7～9）の長さは6～9 mm．翅は全体黒く染まるが，2つの白帯をもつ．後肢基節先端は尖る．これはナガレアブ属 *Atherix* を除いた3属の共通特徴である．ビルマ，ネパール，インド（西ベンガル），日本では北海道，本州，四国，九州に分布．成虫出現期は6月下旬から9月下旬（丹波篠山地方）．成虫の吸血性はない．
　ニセホソナガレアブ属 *Asuragina* は1992年[8]にホソナガレアブ属 *Suragina* から分離された．他に中国雲南省産の1種が知られる．

表1　篠山川流域（兵庫県）における各種の分布区域

種　名	本流	支流		灌漑用水溝	
ハマダラナガレアブ *Atherix ibis*	○	×	×	×	×
サツマモンナガレアブ *Suragina satsumana*	?	○	○	○	○
クロモンナガレアブ *Asuragina caerulescens*	○	○	○	×	×
ヒメモンナガレアブ *Atrichops fontinalis*	○	○	○	○	×
コモンナガレアブ *Atrichops morimotoi*	○	○	○	○	○

備考（1）○：存在する，×：存在しない．
　　　　灌漑用水溝は場所によって種数に多少があることを示す．
　　（2）支流の水の幅は合流付近で大体3～6 m，灌漑用水溝は0.5～1 mである．灌漑用水溝の底は砂礫である．

6 　双翅目

コモンナガレアブ　*Atrichops morimotoi* (Nagatomi)（図1-11〜12, 図2-17, 図3-10〜12）

　成虫の体長3.5〜5 mm，翅長4〜5 mm．蛹（図3-10〜12）の長さは4.5〜5.5 mm．翅は明瞭に区別される3つの黒帯をもつ．ヒメナガレアブ属 *Atrichops* は前肢基節の下面に突起をもち，触角間の幅は中央単眼の幅よりも狭い．他の3属では前者はなく，後者は広い．本州，九州に分布．成虫出現期は6月上旬から9月中旬まで（丹波篠山地方）．成虫（雌）はカエル（ツチガエルとトノサマガエル）から吸血する．

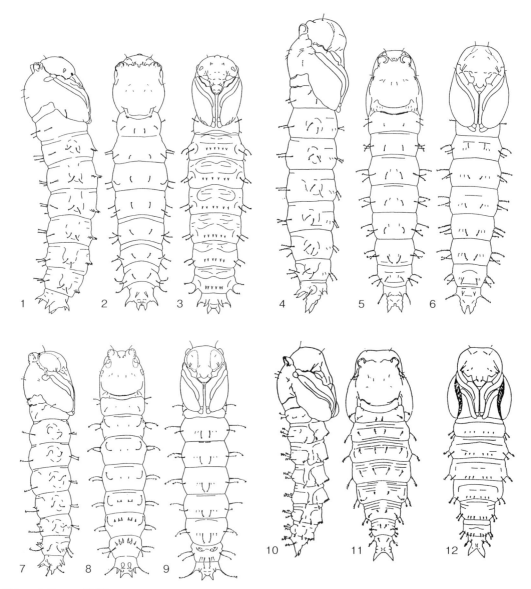

図3　ナガレアブ科蛹
1〜3：ハマダラナガレアブ *Atherix ibis* 蛹；1：側面, 2：背面, 3：腹面　4〜6：サツマモンナガレアブ *Suragina satsumana* 蛹；4：側面, 5：背面, 6：腹面　7〜9：クロモンナガレアブ *Asuragina caerulescens* 蛹；7：側面, 8：背面, 9：腹面　10〜12：コモンナガレアブ *Atrichops morimotoi* 蛹；10：側面, 11：背面, 12：腹面

ヒメモンナガレアブ *Atrichops fontinalis* (Nagatomi) （図2-6〜9, 11, 16）

成虫の体長5〜7mm, 翅長6〜7mm. 蛹は未知. 本州, 九州に分布. 成虫出現期は5月上旬から7月上旬まで（丹波篠山地方）. 成虫（雌）はカエル（ツチガエルと多分トノサマガエル）から吸血する.

ヤエヤマナガレアブ *Suragina yaeyamana* Nagatomi （図2-18〜19）

成虫の体長7〜9mm, 翅長6.5〜8mm. 幼虫と蛹は未知. 八重山諸島（石垣島, 西表島）に分布. 成虫は4月から10月にわたって得られているが各季節の出現状況は不明である. 雌が人の頭のまわりをぐるぐる飛ぶ性質があるが, 人から吸血はしないようである.

ウルマナガレアブ *Suragina uruma* Nagatomi

成虫の体長6〜7.5mm, 翅長5.5〜6.5mm. 沖縄本島と奄美大島. 幼虫と蛹は未知. 成虫はヤエヤマによく似る.

チビナガレアブ *Atrichops fulvithorax* Nagatomi

成虫の体長3.5〜5mm, 翅長3.5〜5mm. 西表島, 石垣島の原生林中で得られた. 幼虫と蛹は未知. 翅は一様に黒く染まり, 縁紋のみ濃い. 胸部は黄褐色.

参考文献

1) Nagatomi, A. 1958-62. Studies in the aquatic snipe flies of Japan (Diptera, Rhagionidae). Mushi, 32, 47-67; 33, 1-3; 35, 11-27; 35, 29-38; 36, 103-149.
2) 永冨 昭. 1958. 水棲シギアブ類の生活史. 兵庫農科大学研究報告, 農業生物学編, 3(2): 113-134.
3) 永冨 昭. 1959. 日本昆虫記第6巻. 257pp. 講談社.（新書版（1967）では第4巻）
4) Nagatomi, A. 1979. Notes on the aquatic snipe flies (Diptera: Athericidae). Kontyû, Tokyo, 47: 158-175.
5) 永冨 昭. 1984a. 八重山のナガレアブ. まくなぎ, 12: 27-30.
6) Nagatomi A. 1984b. Taxonomic notes on *Atrichops* (Diptera, Athericidae). Memoirs of Kagoshima University Research Center for South Pacific, 5: 10-24.
7) Nagatomi, A. 1984c. Notes on Athericidae (Diptera). Memoirs of Kagoshima University Research Center for South Pacific, 5: 87-106.
8) Yang, D. & Nagatomi, A. 1992. *Asuragina*, a new genus of Athericidae (Insecta: Diptera). Proceedings of Japan Society of Systematic Zoology, 48: 54-62.

アブ科　Tabanidae

早川博文

概説

　アブ類は双翅目 Diptera，短角亜目 Brachycera，アブ科 Tabanidae に属する中〜大型の昆虫で成虫の体長は 8〜28mm，人畜を刺咬・吸血し，各種疾病を媒介する重要な衛生害虫，家畜害虫を多く含む．アブ類は世界で約5千種以上，日本列島には3亜科10属104種（亜種を含む）が分布する．

　アブ類は完全変態で，卵，幼虫，蛹，成虫の各発育ステージがある．幼虫は自由生活を行い，多くは陸生よりは水生に適している．しかし，水生昆虫として自然の水系中（河川や湖沼の表面）に生活するものは少なく，水生でも多くの種類が湿地や水辺の土壌中に生息する．幼虫は肉食性で，土壌中のミミズや昆虫類などの小動物を捕食して発育する．共食いもするので，幼虫が群生することは稀である．蛹化は，水生の種類でも水辺のやや乾燥した場所へ移動して行う．

　卵は水生の種類では，水中や岸辺に生えている植物の葉裏に塊状に産み付けられ，なかには岩に付着した湿った蘚苔類にばらばらに産み付けられるものもある．アブ類は幼虫期間が極めて長く，短いもので約1年，長いもので約3年を要する．餌が不足したり，天候が不順であれば，同時に孵化した幼虫でも発育が遅延し，羽化する時期が違ってくる．越冬はどの種類でも幼虫態で行われる．蛹期間は1〜2週間と短い．

　成虫は雌のみが吸血性で，人畜を襲うのはすべて雌ということになる．吸血の他は，雌雄とも花蜜や樹液を摂取する．ただし，雌でもまったく吸血性のない種類や，羽化して最初の産卵は非吸血で行い，その後に激しい吸血性を示す種類もいる．疾病との関連では，アフリカではロア糸状虫を，北アメリカでは野兎病を媒介する種類がいるが，わが国では牛白血病など家畜疾病の機械的媒介が問題となる．

みわけ方

　アブ類では成虫，幼虫，蛹の区別が明瞭である．短角亜目の共通の特徴として，①成虫の前翅は膜状でよく発達するが，後翅は退化して棍棒状の器官となっている，②成虫の触角は3節よりなり，第3節には環節を有し，ときには複雑化して棘毛や突起をもつものもある，③成虫が羽化するとき，蛹殻は胸部背面の正中線にそって縦裂する，④幼虫では，一般の昆虫にある胸部の3対の脚を欠き，頭部は小さく，上下に動く大顎をもつことなどが挙げられる．

　短角亜目にはアブ科以外にも，ミズアブ科，シギアブ科，ムシヒキアブ科，ツリアブ科，オドリバエ科など多数の科が含まれる．以下に，アブ科の分類に重要な形態的特徴について述べる．

1) 成虫

　頭部，胸部，腹部とに明瞭に区別され，それぞれに付属した器官が生じている（図1）．アブ類は比較的頑丈な体形をしており，頭部全体を覆うように発達した複眼をもつのが特徴である．体長は小型種で10mm内外，中型種で15mm内外，大型種で25mm内外である．体色は褐色あるいは黒色のものが多く，なかには全体が黄金色のものや腹背面に美しい斑紋を有する種類もある．

　頭部は半球状で，一般に胸幅と同じか，やや大きい．雄では明らかに胸幅より大きく，より球状をしている．頭部の大部分を占める複眼は，キボシアブ属のように微毛を生ずるか，または裸眼である．雌では左右の複眼が離れて眼間区を作るが，雄では前面で左右が幅広く相接するので，一見して雌雄の区別ができる．複眼は生体では輝緑色または褐色を呈し，なかには黄色のものや，特有

な色模様を示すものがあり，種類の分類同定に役立つ．

眼間区（額ともいう）は属により大きな差異がみられ，比較的狭いものからかなり広いものまである．眼間区には種類によって特徴のある裸出した額瘤があり，下額瘤，中額瘤の形や大きさなどが，分類上のもっとも大きな特徴点の1つとなっている．

触角は3節からなり，第3節（鞭節）がもっとも長い．各節の長さや形は属によってほぼ似ており，属を区分する際の重要な決め手となる．また，種類によって鞭節上の背突起の発達程度，基部と尖突起の比，色彩など様々である．触角の前方には，雌では額三角区があり，装粉状であるか，または裸出している．

2) 幼虫

細長い円筒形で，一般に両端が細まる（図2）．しかし，なかには腹端が切断状や半球状を呈する種類もいる．老熟幼虫の体長は大型種で40mm内外，小型種で15mm内外である．体色は多くの種類で半透明の乳白色または淡黄色である．しかし，ツナギアブ属のように，種特有の白色透明斑以外は全体が黒褐色を呈するものもある．若齢虫は，形状は老熟したものとほぼ同じであるが，著しく透明である．体節の表面には一般に細縦条があり，属，種類によってその密度や発達程度が異なる．アブ類では前蛹の時期に，第2胸節に前方気門が形成される．

頭部は硬く褐色で，自由に胸部に引き込ませ，また左右に少なくとも180度回転させることができる．前方には口器が突出し，左右に黒褐色をした強靱なキチン質の大顎が鎌状に腹面に向かって湾曲する．咬まれると激痛を伴うので，取り扱いには注意を要する．

胸部各節の前縁は一般に環毛帯で囲われ，その程度と背面，側面での結合の仕方が，種類を判別する要点になる．第1胸節の側面には2本の側縦溝，腹面には1本の中央腹縦溝があり，第2，3胸節の側面には4本の側縦溝がある．第1～7腹節の前方の環襞には，背擬脚，側擬脚，側腹擬脚，中央擬脚が1対ずつある．一般に背擬脚と側腹擬脚の発達が悪く，側擬脚と中央擬脚が疣状に突出する．擬脚は後節のものほど発達し，また水生の種類の方が陸生のものより突出する傾向にある．種類により第7，8腹節の後縁に環毛帯を有するものや，擬脚の周囲にも環毛帯が発達するものがあり，その程度が種類の分類同定の重要な決め手となる．第8腹節の基部腹面には肛瘤があり，これを囲んで前肛門隆起と後肛門隆起とがある．第8腹節の後縁には，種類により環毛帯のあるものとないものがある．また，その側面と背面には種々の形の毛紋があり，種類によってその形や場所が異なる．呼吸管は一般に先端が鈍い円錐形をしており，なかにはその先に1本の棘を有するものもある．

3) 蛹

アブ類の蛹は被蛹で，翅と脚とは体に密着してキチン質の膜で覆われる（図3）．形はほぼ円筒形で，前方は複雑に尖るか円く，後方は多少細まる．全体的に腹面に多少湾曲し，背腹にやや扁平である．体長は大型種で30mm内外，小型種で12mm内外である．一般に黄褐色ないし黒褐色で，体表には微細な皺がある．

頭部は胸部に癒合するが，頭胸皺襞によって境界される．前頭の背面中央には1対の疣状に隆起した大きな額瘤があり，各々1～2本の刺毛を有する．額瘤の前下方には1対の前額瘤があり，種類によりその発達程度および形が異なる．頭部両側の触角はほぼ二等辺三角形で，先端は外側に向いて眼部の上にある．両触角の中間下方には，横に隆起した1対の触角隆起がある．この隆起は不規則な形をしており，中央で凹み，内外に二分する種類もある．

頭胸皺襞近くの背面には大きな胸部気門が耳殻状となって突出し，その形態と突出の程度が分類上の特徴点ともなる．腹面には脚および翅の原基がある．腹部は8節よりなり，各環節はほぼ等長

アブ科　3

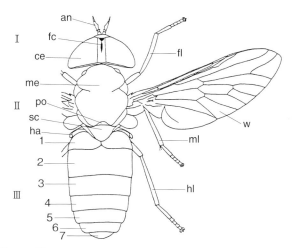

図1　アブ科の成虫（雌）の形態
Ⅰ：頭部　an（antenna）：触角　ce（compound eye）：複眼　fc（frontal callus）：額瘤
Ⅱ：胸部　fl（fore leg）：前脚　ha（halter）：平均棍　hl（hind leg）：後脚　me（mesonotum）：中胸背板（楯板）　ml（middle leg）：中脚　po（postnotum）：後胸背板　sc（scutellum）：小楯板　w（wing）：翅
Ⅲ：腹部　1～7：第1～7背板

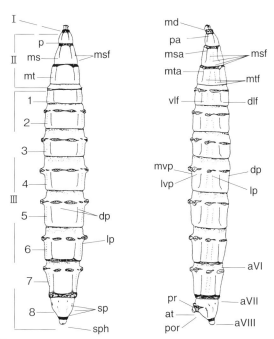

図2　アブ科の幼虫の形態
Ⅰ：頭部　md（mandible）：大顎
Ⅱ：胸部　ms（mesothorax）：中胸節　msa（pubescent annulus of ms）：中胸環毛帯　msf（lateral furrows of ms）：中胸節側縦溝　mt（metathorax）：後胸節　mta（pubescent annulus of mt）：後胸節環毛帯　mtf（lateral furrows of mt）：後胸節側縦溝　p（prothorax）：前胸節　pa（pubescent annulus of p）：前胸節環毛帯　pf（lateral furrows of p）：前胸節側縦溝
Ⅲ：腹部　1～8：第1～8腹節　at（anal tubercle）：肛瘤　aⅥ～Ⅷ：第6～8腹節環毛帯　dlf（ventro-lateral furrow）：背側縦溝　dp（dorsal pseudopod）：背擬足　lp（lateral pseudopod）：側擬足　lvp（lateral-ventral pseudopod）：側腹擬足　mvp（medio-ventral pseudopod）：中央腹擬足　por（post-anal ridge）：後肛門隆起　pr（pre-anal ridge）：前肛門隆起　sp（setose patch）：毛紋　sph（siphon）：呼吸管　vlf（ventro-lateral furrow）：腹側縦溝

4 　双翅目

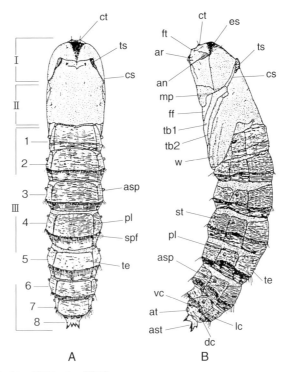

図3　アブ科の蛹の形態（A：背面　B：側面）
Ⅰ：頭部　an（antenna）：触角　ar（antennal ridge）：触角隆起　ct（callus tubercle）：額瘤
Ⅱ：胸部　cs（cephalothoracis suture）：頭胸皺襞　ff（first femur）：前脚腿節（原基）tb（tibiae）1～tb 2：第1～2脛節（原基）ts（thoracic spiracle）：胸部気門　w（wing）：翅（原基）
Ⅲ：腹部　asp（abdominal spiracle）：腹部気門　ast（aster）：肛星　at（anal tubercle）：肛瘤　lc（lateral pre-anal comb）：背側櫛毛　pl（pleura）：側板　spf（spinal fringes）：輪生棘毛　st（sternum）：腹板　te（tergum）：背板　vc（ventro-lateral pre-anal comb）：腹側櫛毛

である．第8腹節を除き，各節前方側面には1対の腹部気門が疣状に突出する．第1，8腹節を除き，側面には左右2対の側縦線があって，背板，腹板および1対の側板に明瞭に区別される．各節の2/3後方には腹部輪生棘毛が列生するが，側縦線の部分では中断する．腹部輪生棘毛は後方節になるに従って長く，第7腹節で最長となる．この棘毛が単列か複列か，その数，長さは，属や種類で異なる．第8腹節の腹面には肛門があり，その前方には雄では1列に並んだ10から30本の肛門前棘毛が，また雌では中央の棘毛を欠き，左右に3～10本の棘毛が列生する．背面には3～10本の背側棘毛が左右に並び，側面にも3～5本の側面棘毛を有するものがある．末端には3対の角状突起を星状に突出した肛星があり，この突起はそれぞれ背枝，側枝，腹枝と呼ばれ，種類によって形態に差がある．

アブ類の属・種の検索
幼虫（図4，5）

1a 第8腹節には数個の疣状突起か裂溝がある ……………………………………………… 2
1b 第8腹節には疣状突起や裂溝がない ……………………………………………………… 4
2a 第8腹節は末端が斜めに切断状で数個の裂溝がある（図4-1）
　………………………………………… マルガタアブ属　*Stonemyia* Brennan（日本産2種）

		マルガタアブ　*Stonemyia yezoensis* Shiraki, 1918
2b	第8腹節は半球状で数個の疣状突起がある（図4-2, 8, 9）…	ヒメアブ属　*Silvius* Meigen
3a	第8腹節の疣状突起は著しく大きい（図4-2, 8）	
	……………………………… マツムラヒメアブ	*Silvius matsumurai* Kono et Takahasi, 1939
3b	第8腹節の疣状突起は著しく小さい（図4-9）	
	……………………………… タイワンヒメアブ	*Silvius formosensis* Ricard, 1913
4a	第2, 3胸部の前縁環毛帯は幅広く，しかも背，腹面の中央で明瞭に中断する（図4-7）	
	……………………………… ムカシアブ属	*Nagatomyia* Murdoch et Takahasi（日本産1種）
	ムカシアブ	*Nagatomyia melanica* Murdoch et Takahasi, 1961
4b	第2, 3胸節の前縁環毛帯はまったくないか痕跡的で，またある場合も背，腹面で明瞭に中断しない ……………………………………………………………………… 5	
5a	側腹擬足は痕跡的で，腹面には中央腹擬足のみ発達する（図4-3）	
	……………………………… キンメアブ属	*Chrysops* Meigen … 6
5b	側腹擬足，中央腹擬足とも発達する ……………………………………………… 9	
6a	呼吸管に棘がある（図4-12）……………………………………………………… 7	
6b	呼吸管に棘がない（図4-11, 13）………………………………………………… 8	
7a	第8腹節の背面の毛紋は大きく，輪状に連なる（図4-12）	
	……………………………… ヨスジキンメアブ	*Chrysops vanderwulpi yamatoensis* Hayakawa, 1983
7b	第8腹節の背面の毛紋は小さく，離れる	
	……………………………… キタヨスジキンメアブ	*Chrysops vanderwulpi kitaensis* Hayakawa, 1983
	サイカイヨスジキンメアブ	*Chrysops vanderwulpi saikaiensis* Hayakawa, 1983
8a	第7腹節は腹背面の中央部を除き，黒色の絨毛が密生する（図4-11）	
	……………………………… クロキンメアブ	*Chrysops japonicus* Wiedemann, 1858
8b	第7腹節には後縁環毛帯のみあり，第8腹節の後縁環毛帯は側面で前方にのびる（図4-3）……………………………… キンメアブ	*Chrysops suavis* Loew, 1858
9a	第8腹節には肛瘤と呼吸管を除き，黒褐色の絨毛が全体に密生する（図5-2〜4）	
	……………………………… ツナギアブ属	*Hirosia* Hayakawa … 10
9b	第8腹節には絨毛がないか，あっても部分的に密生する …………………… 16	
10a	第1〜6節の背面の透明斑は大きく，各節に1個ある ………………………… 11	
10b	第1〜6腹節の背面の透明斑は小さく，左右に分離するか，中央でわずかに連なる 12	
11a	第1〜6腹節の背面の透明斑は上縁の中央で著しくへこむ	
	……………………………… アオコアブ	*Hirosia humilis* (Coquillett, 1898)
11b	第1〜6腹節の背面の透明斑は上縁の中央でわずかに狭まる（図4-5）	
	……………………………… イヨシロオビアブ	*Hirosia iyoensis* (Shiraki, 1918)
12a	第1〜6腹節の背面の透明斑は横長である ……………………………………… 13	
12b	第1〜6腹節の背面の透明斑は縦長である ……………………………………… 14	
13a	第1〜6腹節の背面の透明斑はほぼ三角形である（図5-4）	
	……………………………… チビアブ	*Hirosia kotoshoensis* (Shiraki, 1918)
13b	第1〜6腹節の背面の透明斑はほぼ長方形か，N字状である（図5-3）	
	……………………………… オオツルアブ	*Hirosia otsurui* (Ogawa, 1960)
14a	第1〜6腹節の腹面の透明斑は側面までのびない	

	··· キンイロアブ *Hirosia sapporoensis* (Shiraki, 1918)	
14b	第1～6腹節の腹面の透明斑は側面までのびる ··	15
15a	第1～6腹節の背面の透明斑はコンマ状である	
	························· ヒュウガクロアブ *Hirosia hyugaensis* (Hayakawa, 1977)	
15b	第1～6腹節の背面の透明斑は長卵形である	
	······················ ダイショウジアブ *Hirosia daishojii* (Murdoch et Takahasi, 1969)	
16a	胸，腹部の細縦条は背面と側面で，ほぼ同じ間隔である ·································	17
16b	胸，腹部の細縦条は側面にないか，あっても腹面と比べて間隔が著しく狭い ·········	27
17a	第2，3胸節の前縁環毛帯は背面中央で幅が狭いか，ない ································	18
17b	第2，3胸節の前縁環毛帯は背面中央でもほぼ同じ幅である ····························	24
18a	第2，3胸節の前縁環毛帯は，背面が側面より側縦溝でわずかに幅広い	
	··· キボシアブ属 *Hybomitra* Enderlein ···	19
18b	第2，3胸節の前縁環毛帯は，背面が側面より側縦溝でわずかに幅狭い ···············	22
19a	第8腹節の背面には毛紋がない（図4-14）···	20
19b	第8腹節の背面には基部に幅広い毛紋がある．体色は橙赤色（図4-4，13）	
	··· マルヒゲアブ *Hybomitra hirticeps* (Loew, 1858)	
20a	第2～3胸節の前縁環毛帯は痕跡的である．体色は緑色（図5-1）	
	·· コムラアブ *Hybomitra borealis* (Fabricius, 1781)	
20b	第2～3胸節の前縁環毛帯は明瞭である ··	21
21a	第1～7腹節には不明瞭な前縁環毛帯がある．体色は黄橙～橙紫色（図4-14）	
	·· キボシアブ *Hybomitra montana* (Meigen, 1820)	
21b	第1～7腹節には前縁環毛帯がない．体色は橙赤色	
	··· ジャーシーアブ *Hybomitra jersey* (Takahasi, 1950)	
22a	第1～7腹節には擬足を囲む環毛帯がある ··············· アブ属 *Tabanus* Linne ···	23
22b	第1～7腹節には擬足を囲む環毛帯がない（図5-5）	
	······ キイロアブ属 *Atylotus* Osten Sacken　スズキキイロアブ *Atylotus suzukii* Hayakawa, 1978	
23a	第1胸節の前縁環毛帯は側面で著しく幅広い．体色は黄褐色（図5-15）	
	································ キノシタシロフアブ *Tabanus kinoshitai* Kono et Takahasi, 1939	
23b	第1胸節の前縁環毛帯は背面と側面でほぼ同じ幅である．体色は淡黄橙色（図5-16）	
	································· トシオカアブ *Tabanus toshiokai* Murdoch et Takahasi, 1969	
24a	第2，3胸節の前縁環毛帯は側面より背面でやや幅広い ··································	25
24b	第2，3胸節の前縁環毛帯は背面と側面でほぼ同じ幅である　アブ属 *Tabanus* の一部 ···	26
25a	第8腹節はやや長く，肛瘤があまり突出しない	
	··· ヒゲナガサシアブ属 *Isshikia* Shiraki	
	ヒゲナガサシアブ *Isshikia japonica* (Bibot, 1892)	
25b	第8腹節はやや短く，肛瘤が著しく突出する（図4-6）	
	············· ゴマフアブ属 *Haematopota* Meigen　ゴマフアブ *Haematopota tristis* Bigot, 1891	
26a	第8腹節の肛瘤を囲む毛紋は三角形状に側方へのびる	
	·· ヤマトアブ *Tabanus rufidens* Bigot, 1887	
26b	第8腹節の肛瘤を囲む毛紋は側方へのびない（図5-13）	
	··· ウシアブ *Tabanus trigonus* Coquillett, 1898	

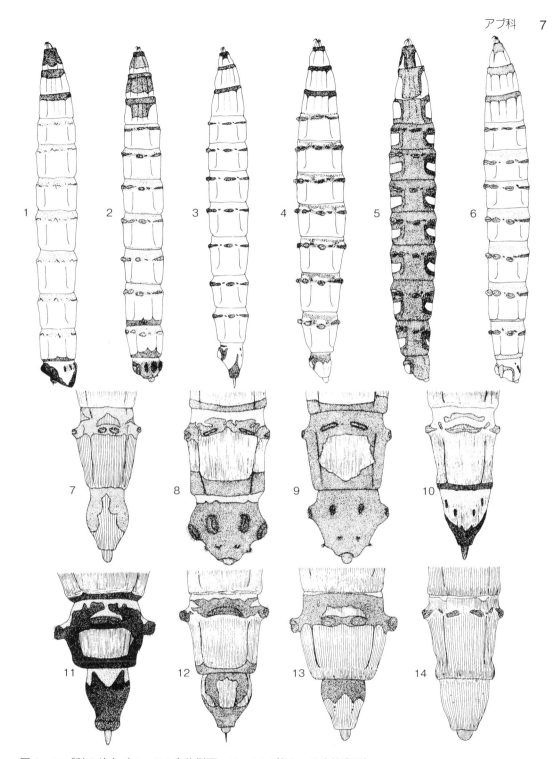

図4 アブ科の幼虫（1〜6：全体側面．7〜14：第6〜8腹節背面）
1：マルガタアブ *Stonemyia yezoensis*　2：マツムラヒメアブ *Silvius matsumurai*　3：キンメアブ *Chrysops suavis*　4：マルヒゲアブ *Hybomitra hirticeps*　5：イヨシロオビアブ *Hirosia iyoensis*　6：ゴマフアブ *Haematopota tristis*　7：ムカシアブ *Nagatomyia melanica*　8：マツムラヒメアブ *Silvius matsumurai*　9：タイワンヒメアブ *Silvius formosensis*　10：キンメアブ *Chrysops suavis*　11：クロキンメアブ *Chrysops japonicus*　12：ヨスジキンメアブ *Chrysops vanderwulpi yamatoensis*　13：マルヒゲアブ *Hybomitra hirticeps*　14：キボシアブ *Hybomitra montana*

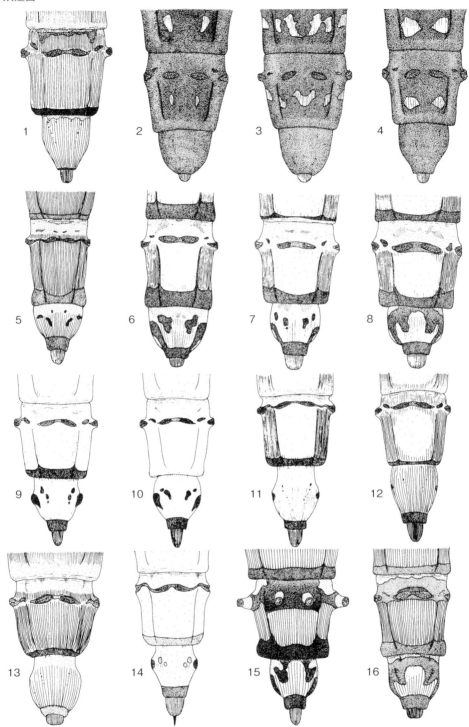

図5 アブ科の幼虫(第6〜8腹節背面)
1:コムラアブ Hybomitra borealis　2:キンイロアブ Hirosia sapporoensis　3:オオツルアブ Hirosia otsurui　4:チビアブ Hirosia kotoshoensis　5:スズキキイロアブ Atylotus suzukii　6:アカウシアブ Tabanus chrysurus　7:アカアブ Tabanus sapporoenus　8:カトウアカアブ Tabanus katoi　9:シロフアブ Tabanus trigeminus　10:シロスネアブ Tabanus miyajima　11:ギシロフアブ Tabanus takasagoensis　12:マンシュウシロフアブ Tabanus pallidiventris　13:ウシアブ Tabanus trigonus　14:オカダアブ Tabanus administrans　15:キノシタシロフアブ Tabanus kinoshitai　16:トシオカアブ Tabanus toshiokai

27a	第1～7腹節の側面の細縦条はないか，あっても極めて密である	28
27b	第1～7腹節の側面の細縦条はやや粗である	30
28a	呼吸管に棘がある ……………………… オカダアブ *Tabanus administrans* Schiner, 1868	
28b	呼吸管に棘がない	29
29a	第7節には後縁環毛帯がある（図5-9） … シロフアブ *Tabanus trigeminus* Coquillett, 1898	
29b	第7腹節には後縁環毛帯がない（図5-10) …………… シロスネアブ *Tabanus miyajima* Ricardo, 1911	
30a	第8腹節の背面の毛紋は大きく明瞭てある	31
30b	8腹節の背面の毛紋はないか，不明瞭である	33
31b	第1胸節の前縁環毛帯は背面と側面でほぼ同じ幅である（図5-6) …………… アカウシアブ *Tabanus chrysurus* Loew, 1858	
31a	第1胸節の前縁環毛帯は側面で著しく幅広い	32
32a	第8腹節の背面の毛紋は数個に完全に分かれる（図5-7) ………………… アカアブ *Tabanus sapporoenus,* Shiraki, 1918	
32b	第8腹節の背面の毛紋はほぼ連続している（図5-8) ……………… カトウアカアブ *Tabanus katoi* Kano et Takahasi, 1940	
33a	第1胸節の前縁環毛帯は側面で著しく幅広い（図5-11) ………………… ギシロフアブ *Tabanus takasagoensis* Shiraki, 1918	
33b	第1胸節の前縁環毛帯は背面と側面でほぼ同じ幅である	34
34a	第8腹節の肛瘤を囲む毛紋は側方へやや短くのびて縦に曲がる．体色は淡黄～淡褐色（図5-12) ………… マンシュウシロフアブ *Tabanus pallidiventris* Olsoufiev, 1937	
34b	第8腹節の肛瘤を囲む毛紋は側方へやや長くのびて縦に曲がる．体色は淡黄～淡緑色 …………… ニッポンシロフアブ *Tabanus nipponicus* Murdoch et Takahasi, 1969	

成虫（雌）（図6～10）

1a	触角鞭節は8環節からなる（図7-1）…… マルガタアブ属 *Stonemyia* Brennan（日本産2種） マルガタアブ *Stonemyia yezoensis* Shiraki, 1918	
1b	触角鞭節は5環節以下からなる	2
2a	後脚脛節に距棘がある	3
2b	後脚脛節に距棘がない	9
3a	触角鞭節の第1節は輪状である（図6-2) ………… ムカシアブ属 *Nagatomyia* Murdoch et Takahasi（日本産1種）, ムカシアブ *Nagatomyia melanica* Murdoch et Takahasi, 1961	
3b	触角鞭節の第1節は円筒状か板状である	4
4a	翅に横斑がない …………………… ヒメアブ属 *Silvius* Meigen	5
4b	翅に横斑がある ………………… キンメアブ属 *Chrysops* Meigen	6
5a	額瘤は痕跡的か，ない ………… タイワンヒメアブ *Silvius formosensis* Ricardo, 1913	
5b	額瘤は大きい（図6-3）… マツムラヒメアブ *Silvius matsumurai* Kono et Takahasi, 1939 シラキヒメアブ *Silvius shirakii* Philip et Mackerras, 1968	
6a	胸，腹背は黒色で，斑紋がない（図6-4) ……………… クロキンメアブ *Chrysops japonicus* Wiedemann, 1828	

	ヤマグチキンメアブ	*Chrysops yamaguchii* Shimizu et Takahasi, 1975

6b 胸，腹背は斑紋がある ……………………………………………………………………… 7
7a 腹背第2節に1対の斑紋がある（図6-5） …… キンメアブ　*Chrysops suavis* Loew, 1858
　　　　　　　　　　　　　　キゴシキンメアブ　*Chrysops basalis* Shiraki, 1918
7b 腹背第2～4節に4本の黒色縦条がある ………………………………………………… 8
8a 腹背第2節の亜側縦条は基部が細い（図6-6）
　　………… ヨスジキンメアブ　*Chrysops vanderwulpi yamatoensis* Hayakawa, 1983
8b 腹背第2節の亜側縦条は基部が太い
　　………… キタヨスジキンメアブ　*Chrysops vanderwulpi kitaensis* Hayakawa, 1983
　　　　　　　サイカヨスジキンメアブ　*Chrysops vanderwulpi saikaiensis* Hayakawa, 1983
9a 翅は透明か，くすんでいる ……………………………………………………………… 10
9b 翅は褐色で多数の点状白斑がある（図10-6）
　　……… ゴマフアブ属　*Haematopota* Meigen　ゴマフアブ　*Haematopota tristis* Bigot, 1891
10a 触角鞭節の背突起は短い ………………………………………………………………… 11
10b 触角鞭節の背突起は長くのびる（図10-5）
　　…………………………………… ヒゲナガサシアブ属　*Isshikia* Shiraki（日本産2種）
　　　　　　　　　　　　　　ヒゲナガサシアブ　*Isshikia japonica* (Bibot, 1892)
11a 単眼瘤があり，複眼に微毛がある ……………… キボシアブ属　*Hybomitra* Enderlein…12
11b 単眼瘤がなく，複眼に微毛がない ……………………………………………………… 17
12a 腹背の斑紋は黒色と黄金色の横帯である（図7-1）
　　………………………………………… カラフトアカアブ　*Hybomitra tarandina* (Linné, 1758)
12b 腹背の斑紋は縦列である ………………………………………………………………… 13
13a 腹背の斑紋は白色～灰白色である ……………………………………………………… 14
13b 腹背の斑紋は橙黄色～赤褐色である …………………………………………………… 15
14a 腹背の亜側斑は円形である（図7-2） … マルヒゲアブ　*Hybomitra hirticeps* (Loew, 1858)
14b 腹背の亜側斑は三角形である …………… コムラアブ　*Hybomitra borealis* (Fabricius, 1781)
15b 腹背の側斑は第1～3節が著しく大きい … キバラアブ　*Hybomitra distinguenda* (Verrall, 1909)
15a 腹背の側斑は第2節のみ大きいか，同じである ……………………………………… 16
16a 腹背の側斑は第2節が最大である …… ジャーシーアブ　*Hybomitra jersey* (Takahasi, 1950)
16b 腹背の側斑は各節ほぼ同大である ………… キボシアブ　*Hybomitra montana* (Meigen, 1820),
　　　　　　　　　　　　　　イシハラアブ　*Hybomitra ishiharai* (Takahasi, 1950)
17a 頭部は胸幅より大きく，複眼は黄色を帯びる　キイロアブ属　*Atylotus* Osten Sacken…18
17b 頭部は胸幅と同じか小さく，複眼は黒褐色～緑色である ……………………………… 20
18a 額は幅広く，額瘤がない（図7-4） … スズキキイロアブ　*Atylotus suzukii* Hayakawa, 1978
　　　　　　　　　　　　　　オキナワキイロアブ　*Atylotus angusticornis* (Loew, 1858)
　　　　　　　　　　　　　　サワダキイロアブ　*Atylotus sawadai* Watanabe et Takahasi, 1971
18b 額はやや幅狭く，額瘤がある …………………………………………………………… 19
19a 腹背の中央縦斑は他より明るい黄色である（図7-6）
　　………………………………… キーガンキイロアブ　*Atylotus keegani* Murdoch et Takahasi, 1969
19b 腹背の中央縦斑は他より暗く，黄灰色～黒色である（図7-5）
　　……………………………………………… ホルバートアブ　*Atylotus horvathi* (Szilady, 1926)

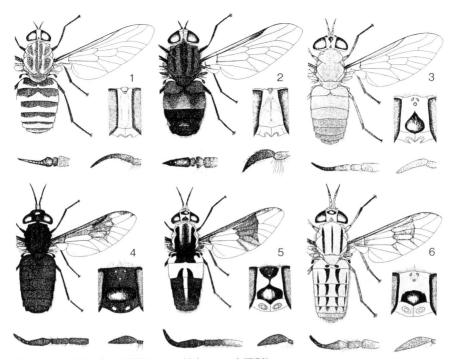

図6 アブ科の成虫（雌）（a：眼間区　b：触角　c：小顎鬚）
1：マルガタアブ *Stonemyia yezoensis*　2：ムカシアブ *Nagatomyia melanica*　3：マツムラヒメアブ *Silvius matsumurai*　4：クロキンメアブ *Chrysops japonicus*　5：キンメアブ *Chrysops suavis*　6：ヨスジキンメアブ *Chrysops varderwulpi yamatoensis*

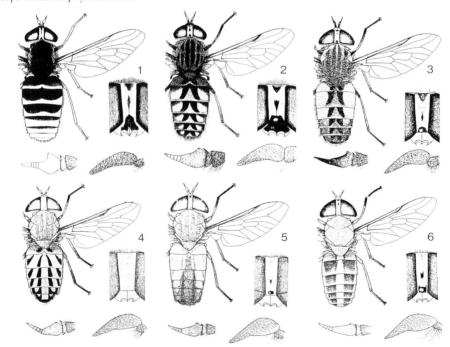

図7 アブ科の成虫（雌）
1：カラフトアカアブ *Hybomitra tarandina*　2：マルヒゲアブ *Hybomitra hirticeps*　3：キボシアブ *Hybomitra montana*　4：スズキキイロアブ *Atylotus suzukii*　5：ホルバートアブ *Atylotus horvathi*　6：キーガンキイロアブ *Atylotus keegani*

	フタスジアブ	*Atylotus bivittateinus* Takahasi, 1962

- 20a 触角鞭節の背突起は小さい ………………… ツナギアブ属 *Hirosia* Hayakawa … 21
- 20b 触角鞭節の背突起は大きい ………………… アブ属 *Tabanus* Linne … 26
- 21a 胸部小楯板は楯板と同じ色である ……………………………………… 22
- 21b 胸部小楯板は白色〜黄白色で，楯板の色と異なる ……………………… 25
- 22a 胸，腹背は全体ほぼ黄色である（図8-1）
  ……………………… キンイロアブ *Hirosia sapporoensis* (Shiraki, 1918)
- 22b 胸，腹背は全体ほぼ褐色〜黒色である ………………………………… 23
- 23a 額三角区は裸出する（図8-4）
  ……………… アマミクロアブ *Hirosia amamiensis* (Hayakawa, Suzuki et Nagashima, 1981)
- 23b 額三角区は粉状である ………………………………………………… 24
- 24a 脛節は白色〜灰白色である ……… ヒュウガクロアブ *Hirosia hyugaensis* (Hayakawa, 1977)
- 24b 脛節は黒色〜黒褐色である ……………… チビアブ *Hirosia kotoshoensis* (Shiraki, 1918)
  オオツルアブ *Hirosia otsurui* (Ogawa, 1960)
  ダイショウジアブ *Hirosia daishojii* (Murdoch et Takahasi, 1969)
- 25a 腹背の白色横帯は第3節が最大である（図8-2）
  ……………………… イヨシロオビアブ *Hirosia iyoensis* (Shiraki, 1918)
- 25b 腹背の白色〜黄白色横帯は第2節が最大である（図8-3）
  ……………………… アオコアブ *Hirosia humilis* (Coquillett, 1898)
- 26a 翅脈 R_5 と M_1 は広く開いている ………………………………………… 27
- 26b 翅脈 R_5 と M_1 は閉じるか，わずかに開いている ……………………… 35
- 27a 中額瘤は下額瘤と明瞭に区別できる ……………………………………… 28
- 27b 中額瘤は下額瘤と融合して区別できない ………………………………… 30
- 28a 中額瘤は下額瘤より小さい（図8-6）
  ……………………… トシオカアブ *Tabanus toshiokai* Murdoch et Takahasi, 1969
- 28b 中額瘤は下額瘤とほぼ同大である ………………………………………… 29
- 29a 腹背には後縁を除き，亜側斑がない
  ……………………… モノミクロバラアブ *Tabanus monomiensis* Takahasi, 1950
- 29b 腹背には斜方形または斜円形の亜側斑がある（図8-5）
  ……………………… キノシタシロフアブ *Tabanus kinoshitai* Kono et Takahasi, 1939
  マツモトアブ *Tabanus matsumotoensis* Murdoch et Takahasi, 1961
- 30a 翅脈 R_4 に明瞭な小枝がある ……………………………………………… 31
- 30b 翅脈 R_4 には小枝がないか，あっても痕跡的である …………………… 32
- 31a 額三角区は白色で，額の色と異なる（図9-1）…… ウシアブ *Tabanus trigonus* Coquillett, 1898
- 31b 額三角区は淡褐色〜黄褐色で，額と同色である（図9-2）
  ……………………… ヤマトアブ *Tabanus rufidens* Bigot, 1887
- 32a 触角鞭節の背突起は著しく突出する ……………………………………… 33
- 32b 触角鞭節の背突起はあまり突出しない …………………………………… 34
- 33a 触角鞭節は基部まで黒色である（図9-3）…… アカアブ *Tabanus sapporoenus* Shiraki, 1918
- 33b 触角鞭節は基部が橙黄色である（図9-4, 5）
  ……………………… アカウシアブ *Tabanus chrysurus* Loew, 1858

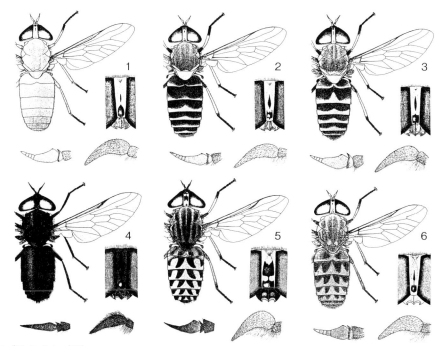

図8　アブ科の成虫（雌）
1：キンイロアブ *Hirosia sapporoensis*　2：イヨシロオビアブ *Hirosia iyoensis*　3：アオコアブ *Hirosia humilis*　4：アマミクロアブ *Hirosia amamiensis*　5：キノシタシロフアブ *Tabanus kinoshitai*　6：トシオカアブ *Tabanus toshiokai*

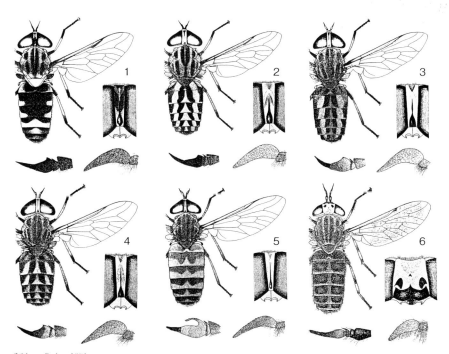

図9　アブ科の成虫（雌）
1：ウシアブ *Tabanus trigonus*　2：ヤマトアブ *Tabanus rufidens*　3：アカアブ *Tabanus sapporoensis*　4：アカウシアブ *Tabanus chrysurus*　5：ニセアカウシアブ *Tabanus chrysurinus*　6：シロフアブ *Tabanus trigeminus*

14　双翅目

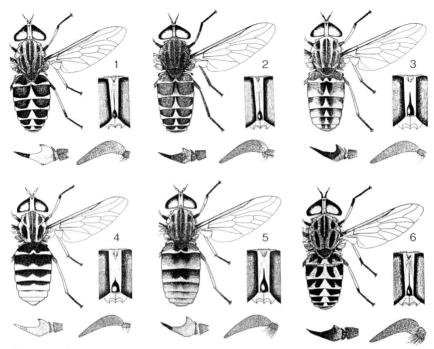

図10　アブ科の成虫（雌）
1：シロスネアブ *Tabanus miyajima*　2：ギシロフアブ *Tabanus takasagoensis*　3：マンシュウシロフアブ *Tabanus pallidiventris*　4：タイワンシロフアブ *Tabanus taiwanus*　5：ヒゲナガサシアブ *Isshikia japonica*
6：ゴマフアブ *Haematopota tristis*

　　　　　　　　　　　　　　　　　　　　　　　　　ニセアカウシアブ　*Tabanus chrysurinus* (Enderlein, 1925)
　　　　　　　　　　　　　　　　　　　　　　　　　カトウアカアブ　*Tabanus katoi* Kono et Takahasi, 1940
34a　腹背第2〜3節には中央斑がある　………　オカダアブ　*Tabanus administrans* Schiner, 1868
34b　腹背第2〜3節には中央斑がない（図10-1）
　　　…………………………………………………　シロスネアブ　*Tabanus miyajima* Ricardo, 1911
35a　腹背の亜側斑は第2〜3節にある（図9-6）
　　　……………………………………………………　シロフアブ　*Tabanus trigeminus* Coquillett, 1898
35b　腹背の亜側斑は第4節以下にも及ぶ　……………………………………………………　36
36a　触角鞭節は全体黒色で，腹背の地色は黒褐色である（図10-2）
　　　……………………………………………　ギシロフアブ　*Tabanus takasagoensis* Shiraki, 1918
36b　触角鞭節の基部は褐色〜橙黄色で，腹背の地色は暗茶色である　…………………　37
37a　腹背の亜側斑は斜方形である（図10-3）
　　　………………………………　マンシュウシロフアブ　*Tabanus pallidiventris* Olsoufiev, 1937
37b　腹背の亜側斑は長三角形である（図10-4）
　　　………………………………　ニッポンシロフアブ　*Tabanus nipponicus* Murdoch et Takahasi, 1969
　　　　　　　　　　　　　　　　　　タイワンシロフアブ　*Tabanus taiwanus* Hayakawa et Takahasi, 1983

蛹（図11）
蛹による種の検索表は明らかにされている種数が少なく，作成が困難である．種の同定は図6を

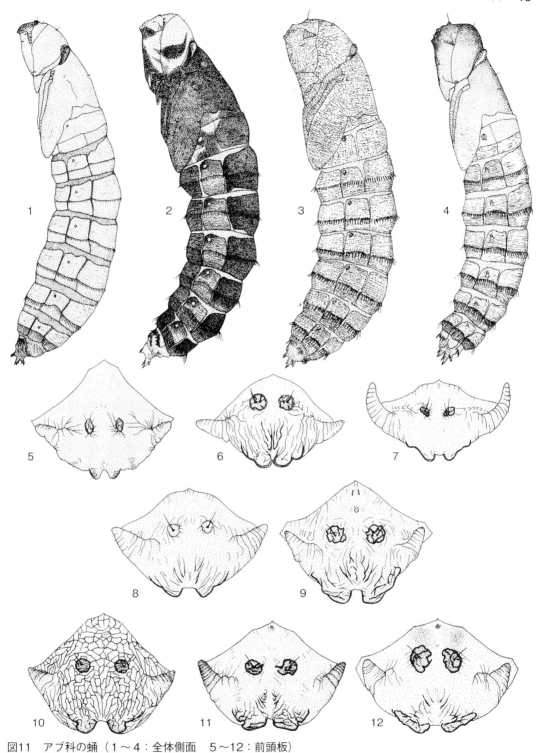

図11 アブ科の蛹（1〜4：全体側面　5〜12：前頭板）
1：マツムラヒメアブ *Silvius matsumurai*　2：カラフトアカアブ *Hybomitra tarandina*　3：イヨシロオビアブ *Hirosia iyoensis*　4：ゴマフアブ *Haematopota tristis*　5：ムカシアブ *Nagatomyia melanica*　6：マツムラヒメアブ *Silvius matsumurai*　7：クロキンメアブ *Chrysops japonicus*　8：キボシアブ *Hybomitra montana*　9：スズキキイロアブ *Atylotus suzukii*　10：キンイロアブ *Hirosia sapporoensis*　11：アカウシアブ　*Tabanus chysurus*　12：シロフアブ *Tabanus trigeminus*

参照されたい.

- 1a 前頭縦凹条の中間には丸みのある突起がある ……………… **マルガタアブ属** *Stonemyia*
- 1b 前頭縦凹条の中間には突起がない ………………………………………………… 2
- 2a 第2～7腹節の輪生棘毛は複列である ………………………………………… 3
- 2b 第2～7腹節の輪生棘毛は単列である（図6-5）……… **ムカシアブ属** *Nagatomyia*
- 3a 額瘤刺毛は2本である …………………………………………………………… 4
- 3b 額瘤刺毛は1本である …………………………………………………………… 6
- 4a 触角は太く，前頭板の縁からあまり突出しない
  ……………… **キボシアブ属** *Hybomitra* の一部，**アブ属** *Tabanus* の一部
- 4b 触角は細く，前頭板の縁から著しく突出する ……………………………… 5
- 5a 額瘤は大きく，前額は縦皺が多い ……………………………… **ヒメアブ属** *Silvius*
- 5b 額瘤は小さく，前額には縦皺が少ない（図6-7）……… **キンメアブ属** *Chrysops*
- 6a 頭，胸部には網目状の皺が全体にある（図6-3）……… **ツナギアブ属** *Hirosia*
- 6b 頭，胸部には網目状の皺がないか，少ない ………………………………… 7
- 7a 触角は太く，前頭板の縁からあまり突出しない（図6-8，9，11，12）
  ……………………………………………………………… **キボシアブ属** *Hybomitra*
  キイロアブ属 *Atylotus*
  アブ属 *Tabanus*
  ヒゲナガサシアブ属 *Isshikia*
- 7b 触角は細く，前頭板の縁から著しく突出する（図6-2，4）… **ゴマフアブ属** *Haematopota*

引用文献

江崎悌三他. 1959. 日本幼虫図鑑. 712pp. 北隆館，東京.

Hayakawa, H. 1980. Biological studies on Tabanus iyoensis group of Japan, with special reference to their blood-sucking habits (Diptera, Tabanidae). Bulletin of Tohoku National Agriculture Experimental Station, 62: 131-321.

早川博文. 1982. アブの分類，生態とその対策. 動薬研究, 28: 21-26.

Hayakawa, H. 1985. A key to the females of Japanese tabanid flies with a checklist of all species and subspecies (Diptera, Tabanidae). Japanese Journal of Sanitary zoology, 36: 15-23.

軽井沢中学校. 1974. 軽井沢のアブ. 103pp. 軽井沢町教育委員会.

オドリバエ科　Empididae

三枝豊平

概説

　双翅目短角亜目の直縫群のオドリバエ上科 Empidoidea に属する科で，形態的及び生態的に極めて多様な属や種を含む．本上科は従来オドリバエ科 Empididae とアシナガバエ科 Dolichopodidae の2科に分類されていたが，系統分岐関係に根拠を置く最近の分類体系では，オドリバエ科をオドリバエ科 Empididae，セダカバエ科 Hybotidae，ネジレオバエ科 Microphoridae，タマオバエ亜科 Brachystomatidae，Atelestidae（日本から未知）の5科に分割し，さらにネジレオバエ科をネジレオバエ亜科 Microphorinae とハマベネジレオバエ亜科 Parathalassiinae に分割した上で両者をアシナガバエ科に所属させる分類体系も見られる（Sinclair & Cumming, 2006）．本書では伝統的にオドリバエ科とアシナガバエ科の2科をオドリバエ上科の中に認める分類に従った．本科の中で幼生期または成虫期，あるいは両発育期が水生（淡水及び海水の水中ないし著しく湿潤な土壌）ないし半水生（水面ないし濡れ石上を必須の生活場所にする）の種を本書では取り扱う．このような生態的特性を持つオドリバエ科は上記細分に従うと，オドリバエ科 Empididae，タマオバエ科 Brachystomatidae 及びネジレオバエ科 Microphoridae に含まれるもので，セダカバエ科 Hybotidae と Atelestidae については，このような生態的特性を持つものは少なくとも我が国からは知られていない．
　オドリバエ上科は上述の通り形態的多様性に富むために形態的定義付けが錯綜するが，重要な形質は以下の通りである．
1）幼虫の頭部は原始的な直縫短角群（いわゆるアブ類）にみられる頭蓋を欠くが，環縫短角類（いわゆるハエ類）にみられるような発達した幕状骨咽頭骨格（tentropharyngeal sclerite）を欠き，各1対の細長く良く発達した後頭竿（metacepharic rods）と膜状骨腕（tentorial arms）を具えている
2）成虫の触角は環縫短角類のように主要節は柄節（第1触角節），梗節（第2触角節）及び第1鞭小節（第3触角節）で構成され，後者から生じる触角刺毛（arista）または触角筆節（antennal stylus）は環縫短角類（3小節で構成）とは異なり2鞭小節から構成される（環縫短角類の中で触角刺毛が2小節である例外はニセヒラタアシバエ科 Opetiidae のみである）
3）翅の cuA 室は閉ざされて翅縁に達せず，CuA 脈はしばしば回帰脈（current vein）として翅の基方に向かって走る（図1の CuA）
4）雄交尾器の生殖肢（gonopod）は下雄板（hypandrium）との境界を欠き，生殖端節（gonostylus）は消失ないし生殖基節（gonocoxite）に融合する．
　オドリバエ上科をオドリバエ科とアシナガバエ科に分類する体系では，オドリバエ科は側系統群になる．アシナガバエ科は R 脈基幹から Rs 脈が分岐する位置が肩横脈（humeral crossvein）に近く，この横脈のレベルからこの脈の長さより基方に位置する；第1基室（図1の1b）の先端は翅長の1/4以内にある；第2基室（図1の2b）と中室（dc）が融合する；中室から生じる M 脈が2本である，というセットの派生形質を現している．オドリバエ科はこれら3形質の組み合わせを持たない群の集合で，特に Rs 脈の分岐の位置はオドリバエ科全体でもより翅の先方に位置する．
　本章では前半で成虫の検索表と各属の解説，後半で幼生期の検索表と各属の解説の二部に分けて水生・半水生の日本産オドリバエ科の種属について解説する．

オドリバエ科の成虫の特徴

　頭部は小形，その幅は胸部より狭く，複眼は大型，しばしば雄（時には雌）では合眼的，触角基部でその前縁は楔型に抉られる．触角は一般に短く，主要部は3節で構成され，柄節（触角第1節）と梗節（触角第2節）が融合することもある；第1鞭小節の形状は極めて多様，これに触角刺毛または触角筆節を具えるが，稀にこれを欠く．口器は通常吻状によく発達し，大顎を欠き，小顎鬚は1節から構成され，小顎の内葉を欠くものもある．唇弁は多くは双翅類の一般的な構造であるが，一部の属では骨化が強く，偽気管を欠き，またシブキバエ亜科 Clinocerinae のものでは濡れ石上の小幼虫類を探索・捕獲する適応としてしばしば弁状の拡大する．

　胸部は背面から見るとほぼ矩形，側面から見ると一般に中胸楯板は隆起し，側板域は深い．胸部の刺毛は一般にあまり長くなく，且つ密生しない．脚は一般に細くまた長い；多くの属ではいずれかの腿節が肥大してその腹面に剛毛，刺を生じ，このような形質を持つものの一部では腿節に対応する脛節が内側に湾曲して腹面に鋸歯や刃状隆起稜を生じて捕獲脚（raptorial leg）に変形する；脚の先端の爪間盤（empodium）は一般に刺毛状であるが，水際に生息するシブキバエ亜科ではその形状が側爪板（pulvillus）に類似する．

　翅（図1-G）は一般に良く発達するが，地表走行性の種などの一部では短翅形ないし無翅型となる．翅の臀葉（anal lobe または axillary lobe）の発達程度は多様で，シブキバエ亜科やハシリバエ亜科 Tachydromiinae のように飛翔力の弱いものでは発達が悪く，翅形は細長く，基部が楔型になる．飛翔力の強いものでは臀葉が発達すると共に，小翅片（alula）が強く張り出し，小翅片裂刻（alular incision; axillary incision）が深くなり，翅が亜基部に向かって幅広くなる．翅の翅脈相はもっとも原始的なものでは，Sc 脈が前縁に達し，R 脈は R_{2+3} 脈が分岐しないために合計4本の分枝をもち；r-m 横脈によって第1基室が形成される．M 脈は3本の分枝をもち，m-m 横脈によって中室（discal cell；図1の dc）が形成され，また m-cu 横脈によって第2基室が形成される；CuA 脈は翅の後縁よりずっと基方で CuP 脈と融合し，CuA+CuP 脈として翅縁に達するので，cua 室は閉ざされる．

　このような原始的状態から次ぎのような翅脈の退化などが見られる：Sc 脈先端が消失する；R_{4+5} 脈が分岐しない；M_1 脈及び M_2 脈が消失する；中室が消失する；M 脈基幹（図1の M stem）の消失によって第1，第2基室が合一する；第2基室と中室が合一する；CuA 脈端部と CuP 脈の消失によって cua 室が消失する．これらの翅脈相の変形をもっとも多くもつものがハシリバエ亜科の諸属である．

　腹部は一般に細長いが，一部のもの，特にハシリバエ亜科ではかなり短縮されるものもある．雄では腹部は第1-8腹節と交尾器から構成される．交尾器は腹端部の半転や全転を起こさないが，しばしば上方に曲がり，極端な場合は交尾器が第8腹節背域に重なるように前背方を向くために，交尾器の形態学的背面が下側に位置する．これとは逆に一部のものでは交尾器は下方に曲がり，この場合では形態学的背面・腹面の逆転が起る．ネジレオバエ亜科のものでは，上方に傾斜した交尾器が右側に傾くために，第8腹節に弱い左右非対称性が起り，交尾器の形態学的背面が内側を向くことになる．このように交尾器が右側に傾斜する傾向はハシリバエ亜科やセダカバエ亜科 Hybotinae のセダカオドリバエ属 Hybos などでも起る．

　雄交尾器の諸構成要素の変形は次ぎのように著しく多様である．第9腹節背板である上雄板（epandrium）は完全なものから，左右に葉状に拡大し，さらに背中線部の膜質化によって1対の背板葉（上雄板葉，tergal lobe, epandrial lobe）に分離するものもある．上雄突起（surstylus）は顕著に発達するものから，完全に欠如するものまで，その発達程度は変化が多い．第9腹節腹板である下雄板（hypandrium）は生殖肢と融合する．両要素が溝状線などで識別可能な状態（図16-D）も

あるが，通常は完全に融合している．下雄板は原始的な属では大形であるが，しばしばU字型の骨片に退化し，さらに腹中線部の膜質化によって単なる1対の紐状構造に退化するものまで，その変形は多様である．ミナモオドリバエ属 Hilara では下雄板は背方から前方に湾曲する半円形の扁平な挿入器鞘（penis sheath）に変形し，その中を線状の挿入器が収納されている．パラメア（paramere）はヒロバセダカバエ属 Synches などでは良く発達するが，多くは消失する．尾角（cercus）は単純で小形，有毛の葉状突起のものから骨化変形して大型の構造である尾角突起または尾角葉（cercal process, cercal lobe）となり，交尾の際に雌の腹端部を挟む構造に変化するものまで多様である．挿入器（phallus）の形状も多様，原始的なものでは短く，先端に1対の鈎状突起を生じるが，多くは細長く，著しく変形したものでは糸状で，カモドキオドリバエ属 Trichopeza ではこれを納める扁平の袋状構造が腹部基部まで陥入し，これに沿って走る挿入器は体長を越える長さになり，また，ホソオドリバエ属 Rhamphomyia のある種では著しく細く，体表に生じるもっとも細い刺毛ほどの太さしかない状態になり，一方，同属のほかの種では枝状突起を生じたり，部分的に特殊な変形を起こしたり，数回にわたって蛇行湾曲を起こすなど，著しく多様である．セダカオドリバエ属 Hybos，多くのハシリバエ亜科の種やカモドキオドリバエ属 Trichopeza，ネジレオバエ亜科などでは交尾器は左右非対象になる．

　雌の腹端部の形状も雄交尾器と同様に多様である．一般的なものでは尾角に向かって腹節は徐々に細くなり，細長く円筒型で細毛を生じる．渓流性の種では尾角は小型・角質化する．タマオバエ亜科 Brachystomatinae のカモドキオドリバエ属 Trichopeza やクチナガヤセオドリバエ属 Heleodromia などでは第9腹節背板の後縁の刺毛が刺状に変化し，これらが良く発達し第7腹節内に納められる．

オドリバエ科の生態および分布

　捕食性．オドリバエ科はごく一部の属を除いてほとんどの種は知られている限り成虫・幼虫共に捕食性である．成虫の獲物は以下のように狩りの場所で異なるが，食餌の多くは捕食者より小形で，体が軟弱な昆虫，双翅類，小形の膜翅類，小蛾類，カゲロウ類やカワゲラ類などである．成虫の捕食場所は種や属によって様々で，空中，葉上，樹幹上，岩石上，叢間，地表，砂浜上，湿地上，渓流の濡れ石上，水面上などに及んでいる．このような多様な小環境にまたがる捕食性の他に，オドリバエ科のいくつかの群では成虫が訪花することが一般的に観察されており，それは花蜜を吸収するのが主な行動であるが，一部の属では花粉を摂食することが観察されている．

　オドリバエ科のなかで水との関係が深いものでは，捕食活動は三つに大別できる．

　第一の採餌行動は，流水あるいは止水，時には海面の水面上をこれに接するようにして飛翔しながら水面上に浮かぶ昆虫（落下昆虫や羽化昆虫など）を捕獲するもので，この採餌場所はアメンボ類など半水生半翅類のそれや，ミズスマシ類のそれに相当する．しかし，これら他目の昆虫に比べて，オドリバエ科の場合には水流によって流されることがないので，その採餌場所は池や淵のような止水ないし流れの緩やかな水面に限らず，流速の早い渓流の瀬の水面も採餌場所として利用できる点が特異である．このようなオドリバエ特有の採餌方法をとるものはミナモオドリバエ属 Hilara，ホソオドリバエ属 Rhamphomyia のイミャクオドリバエ亜属 Megacyttarus のそれぞれ雄，及び外国産ではネパールから中国（未記録）にかけて生息する Ephydrempis，ニュージーランドの Hydropeza などの両性である．このような採餌行動をとるためにこれらはしばしば渓流魚の格好の食餌となっている（藍野, 2000）．

　第二の採餌活動は渓流や岩清水など濡れ石の上で生活して，その場所，特に水面ぎりぎりの位置に生息する水生昆虫の主に幼虫を捕食するものである．このような採餌方法をとるものはシブ

キバエ亜科の各属で，これらと生息場所を同じくするネジレオバエ亜科のナガレネジレオバエ属 *Microphorella* も恐らく同様の採餌方法をとるものと推測されるが観察例はない．アケボノオドリバエ属 *Oreogeton* の成虫の生態は不明の点が多く，雄は渓畔の潅木の葉上などに静止して短距離を相互に追飛する状況はしばしば観察されるが，雌は渓流の湿石上に静止していることがあり，これが採餌のためか産卵のためかは不明である．このような採餌場所には双翅目のアシナガバエ科のナガレアシナガバエ属 *Disotracus* やギンガクアシナガバエ属 *Liancalus* をはじめとするいくつかの属，フンバエ科 Scathophagidae のナガレフンバエ属 *Acanthocnema* やイエバエ科 Musicidae のミズギワイエバエ属 *Limonophora* やカトリバエ属 *Lispe*，さらには鞘翅目ハネカクシ科 Staphylinidae のメダカハネカクシ属 *Stenus* の成虫，脈翅目ヒロバカゲロウ科 Osmilidae のヒロバカゲロウ属 *Osmilus* の幼虫，半翅目のミズギワカメムシ科 Saldidae も生息しており，その多くは成虫・幼虫共にシブキバエ亜科の種と同様な捕食性が観察されている．

第三の採餌活動は渓谷や小川の岸辺の草本上で行われると推測されるものである．カマオドリバエ亜科の種の生息場所はこのような場所であるが，筆者はこれらの種の採餌活動を実際に観察したことはない．しかし，本亜科の顕著な捕獲脚に変形した前脚や口器の構造から推測すると，本亜科の種はこの前脚を用いて捕食活動を行っていることが十分に推測され，実際に捕獲行動の画像も見るところでる．

以上の三つの採餌方法に加えて，渓流と密接な関係を持つ採餌方法がオドリバエ属 *Empis* のヒラオオドリバエ亜属 *Planempis* の *seminitida* 群，*autumnalis* 群および *laccotheca* 群の一部の種やホソオドリバエ属 *Rhamphomyia* のアジアホソオドリバエ亜属 *Orientomyia* の一部の種（クロハラアジアオドリバエ *R. heterogyne* やハヤブサアジアオドリバエ *R. nigraccipitrina* など）にみられる．これらの種の雄は，配偶行動に必要な求愛餌を狩る場所として渓流の上空を専ら用い，渓流の水面上0.5〜2mほどの空間を活発に飛翔しながらこの空間を飛翔する主にカゲロウ，カワゲラ，トビケラなど水生昆虫の成虫を捕獲する．その採餌活動はムカシトンボの成虫のそれにやや類似している．

幼生期．オドリバエ科の幼虫は恐らくすべて捕食性である．幼生期は大部分が陸生であるが，これらの自然状態での食餌の詳細は不明である．

オドリバエ属 *Empis* やホソオドリバエ属 *Rhamphomyia* の幼虫にショウジョウバエ *Drosophila* の幼虫を食餌として与えて飼育した記録があり，初齢幼虫は恐らくネマトーダ類も摂食すると推測されている（Hobby & Smith, 1961）．水生の幼虫は主に渓流や岩清水など様々な流水環境でブユやユスリカなど小形の水生昆虫の幼虫や蛹などを捕食するし，トビケラ類の蛹を攻撃するという記録もある．ネジレオバエ亜科のイソネジレオバエ属 *Thalassophorus* は礫が堆積した海浜の濡れた石上で生活しており，そのマイクロハビタットはアシナガバエ科の *Aphrosylus-Conchopus* 群のそれに類似することから，海生ユスリカなどの幼虫を摂食していると推定される．

カマオドリバエ亜科の幼虫は流れの中心部や縁に生育するコケ類の中とか，渓流の岩の表面を流れ落ちる水中などに生育する．一方，シブキバエ属 *Clinocera* やその近縁属の幼虫は泉や渓流の砂利の中，渓流の石の表面を覆っているコケの中などに生息し，その蛹は渓流などの水際に生じるコケの内部の湿った部分に埋もれている．アケボノオドリバエ属 *Oreogeton* の幼虫は渓流底の小石の下，朽木，水中の植物の根や枯葉の表面やその堆積の中に見られ，蛹は渓流の脇の湿った葉，コケ，朽木や土壌などの中に見られる（詳細は幼生期の部参照のこと）．

化性．オドリバエ科の中で幼虫が陸生のものはほとんどが年1化である．イミャクオドリバエ亜属 *Megacyttarus* やミナモオドリバエ属 *Hilara* の大部分の種では成虫が早春から初夏にかけて出現し，種によって出現期間は短く通常1ヵ月以内である．後者では晩秋から早春にかけて出現する種があ

り，このような種では出現期は数ヶ月に及ぶが，成虫の寿命は知られていない．幼虫が水生のオドリバエの多くは温暖期を通じて成虫が見られるので，これらは多化性かあるいは年1化性であっても個体によって生活環が重なり合っていると推測される．アケボノシブキバエ属 Proclinopyga は明らかに年1化で，早春から初夏にかけて出現する．幼虫が水生のオドリバエでも概して春から初夏にかけて個体数が多く，また北方ではほとんど年1化となっていると推定される．ナミシブキバエ属 Clinocera では寒冷期にも出現する種があり，凍りついた岩清水の表面で観察されることもある．ヒメカマオドリバエ属 Hemerodromia とカマオドリバエ属 Chelifera の種では，幼虫の齢期は4齢で，年2化の種が知られている．

地理的分布．オドリバエ科は全動物地理区に分布し，多数の属と極めて多数の種が知られているが，分類学的に良く研究されているのはヨーロッパのフォーナだけで，そのほかの地域には夥しく多数の未記載の種が分布していることは疑いない．日本列島の種も現在研究が進行中で，最終的には1000種以上に達すると推計されるが，現在までにその約2割が解明されているに過ぎず，幼虫が水生の種の研究は緒についた段階である．

本書で日本産の水生のオドリバエとして扱ったものは，
1）幼虫が流れや岩清水などの水中で生活し（水生），成虫も流水の濡れた石上や岩清水で生活する（半水生）もの（シブキバエ亜科の大部分の属と恐らくネジレオバエ亜科の一部やアケボノオドリバエ属の雌），
2）幼虫が水生で，成虫の活動場所は渓流など流水の岸辺の植生上に限定されるもの（カマオドリバエ亜科とアケボノオドリバエ属）．
3）幼虫・成虫共に小流水や漏水を伴う微小湿地で生活するもの（ミズタマシブキバエ属 Dolichocephala 及びクチナガヤセオドリバエ属 Heleodromia）．
4）幼虫は陸生であるが，雄成虫が雌への求愛餌を捕獲するために止水および流水，岩清水などの水面で狩猟活動する（半水生）もの（ミナモオドリバエ属 Hilara とイミャクオドリバエ亜属），
以上の4種類の生活型の種である．渓流上空でもっぱら行動する種は省いた．

オドリバエ科の水生・半水生の属の成虫の検索表 （主に図1～3を参照）

1a R_4脈とR_5脈は共通柄（R_{4+5}脈）から分岐する ·· 2
1b R_4脈を欠如するためにR_{4+5}脈は単一で，その末端部はR_5脈としてこの脈の本来の位置である翅の先端部またはその近くに達する ·· 6
2a 前脚は捕獲脚で，且つその基節は極めて長く，その腿節とほぼ等長，腿節は肥大し，下面に長い刺を生じ，脛節は腿節より著しく短く，膝部は屈曲する；胸部の前半は著しく伸長し，翅の基部から胸部前端までの間隔は後端までのそれの1.5倍以上；中室からは2本の翅脈（M_{1+2}とM_{3+4}脈）を生じ，M_1とM_2脈は長い共通柄（M_{1+2}脈）より分岐する；頭部は細長く，その長さは高さより大きい ········ **カマオドリバエ亜科** Hemerodromiinae ··· 3
2b 前脚は通常の形状で捕獲脚に変形しないか，時に変形した場合でもその基節は伸長しないで，その腿節より短い；胸部の前半は短く，翅の基部から胸部前端までの間隔は後端までの間隔の1.5倍より短い；中室から3本の翅脈（M_1，M_2，M_{3+4}脈）が独立に生じるか，M_1とM_2脈が共通柄を持つ場合でもそれは極めて短く，かつ前脚は捕獲脚ではない；頭部は球形ないし半球形で，その長さは高さより短い ·· 4
3a 中室と第2基室は横脈によって分離されている；cua室（伝統的臀室またはcup室）がある（図2-B）；一般に中型（体長3～4mm）の種が多い（図18-B）

	··· カマオドリバエ属　*Chelifera*
3b	中室と第2基室は横脈で分離されず，単一の翅室に合一する；cua室を欠く（図2-A）；一般に小形（2～25 mm）の種が多い（図18-A）··· ヒメカマオドリバエ属　*Hemerodromia*
4a	胸部の背側板（laterotergite）に毛塊を生じる；口吻は一般的に短い ·························· 5
4b	胸部の背側板に毛塊を欠く；口吻（上唇）は長く，その長さは頭部の高さの約1/2以上．翅の臀葉（anal lobe）は良く発達する；Sc脈は完全で翅の前縁に達する（図1-A～F）；雄の前跗節の第1跗小節は第2跗小節に比べて一般に著しく肥大する；雄交尾器は左右相称；メスの腹端は徐々に細くなり，常形の尾角を生じる ······ ミナモオドリバエ属　*Hilara*
5a	翅の臀葉の発達は悪く，小翅片裂刻（alular incision）は常に鈍角，翅の基半部では後縁が通常翅の基部に向かって前縁に一様に接近する為に，基半部は基部に向かって徐々に細くなる（アケボノシブキバエ属 *Proclinopyga* では臀葉がやや発達し，小翅片裂刻の部分で翅は一旦やや強く狭まる）；R_1脈背面に通常は刺毛を欠く（ケミャクシブキバエ属 *Trichoclinocera* を除く） ··· シブキバエ亜科　Clinocerinae··· 6
5b	翅の臀葉は著しく発達し，小翅片裂刻はほぼ直角，翅の基半部はこの部分で著しく細くなる（図1-G）；R_1脈は背面に刺毛を生じる ··············· アケボノオドリバエ属　*Oreogeton*
6a	口吻は短く，一般に太い ·· 7
6b	口吻は長く，かつ細い（図35-D, E）··················· クチナガシブキバエ属　*Roederiodes*
7a	頚部は後頭部のほとんど上端に接続する（図38）；一部の種ではR_4とR_1脈の先端近くを結ぶ二次的な横脈があるので r1 室は二分され，且つ翅が暗褐色味を帯び，しばしば白色透明の水玉模様を表す（図3-D）·················· ミズタマシブキバエ属　*Dolichocephala*
7b	頚部は後頭部の上端よりかなり下で接続する；R_4脈とR_1脈の間に横脈を欠くので r1 室は二分されない；翅は無色ないし灰褐色透明で通常は縁紋を除くと無紋，稀に斑紋を現しても水玉模様ではない ··· 8
8a	頭部は複眼から下が極めて短いか，やや長い場合でも口吻に向かって一様に細くならず，口吻との境界部は顕著にくびれる ··· 9
8b	頭部は複眼から下が伸長し，口吻に向かって一様に細くなり，口吻との境界部はくびれない（図36-B, C）．脚，特に跗節は短く，その長さは脛節の約3/4以下である ··· ホホナガシブキバエ属　*Hypenella*
9a	R_1脈の背面に刺毛を生じない ·· 10
9b	1_1脈の背面に刺毛を列生する．前腿節腹面には一般に顕著な刺毛や小刺を生じる（図25～31）；頚部は発達しない ····················· ケミャクシブキバエ属　*Trichoclinocera*
10a	翅の臀葉は全く発達しないので，翅の基半部は基部に向かって一様に細くなる ········ 11
10b	翅の臀葉はやや発達し，小翅片裂刻も鈍角ではあるが判然と認められる（図19, 20） ·· アケボノシブキバエ属　*Proclinopyga*
11a	頭部の複眼の下に頬がほとんど，あるいは全く発達しない ································· 12
11b	頭部の複眼の下が伸長する．前腿節腹面には毛を生じるが，強い刺毛を欠く（図22-B） ·· ケアシシブキバエ属　*Wiedemannia*
12a	R_4脈を欠く ··· 13
12b	R_4脈を持つ（図3-A）；雄交尾器の下雄板（hypandrium）は円錐形，その先端に一様に細く長い挿入器が関節する（図36-A） ·················· アジアシブキバエ属　*Rhyacodromia*
13a	口吻（上唇）は長く，その長さは頭部の高さの1/3を越える；Rs脈基部と肩横脈の間隔は

オドリバエ科　7

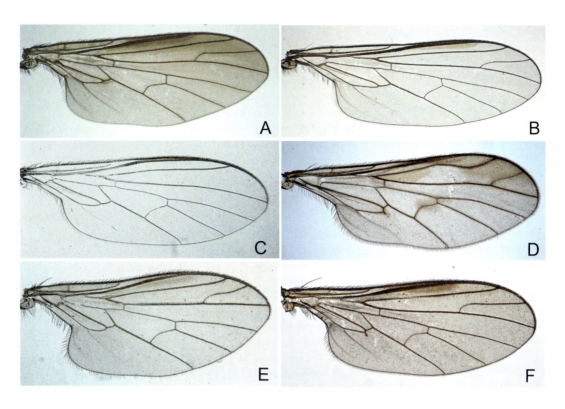

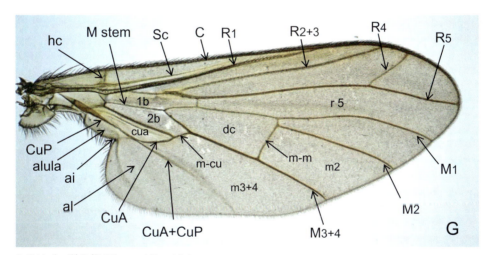

図1　オドリバエ科の翅 Wings of Empididae.
A：コシアキミナモオドリバエ Hilara neglecta　B：ギンパラカマミナモオドリバエ Hilara (Ochtherohilara) mantis　C：ヒトスジミナモオドリバエ Hilara (Pseudorhamphomyia) hyalinata　D：ハマダラミナモオドリバエ亜属の1種 Hilara (Calohilara) sp. 1　E：ヒメホソミナモオドリバエ Hilara (Pseudoragas) japonica　F：ナマリミナモオドリバエ Hilara (Meroneurula) vetula　G：ヤマトアケボノオドリバエ Oreogeton nippon と部分名称　1b：第1基室　2b：第2基室　alula：小翅片　ai：小翅片裂刻　al：臀葉　dc：中室　m-m：m-m 横脈　m-cu：m-cu 横脈

1485

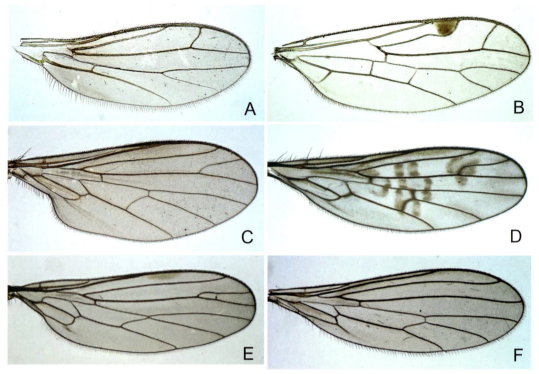

図2　オドリバエ科の翅 Wings of Empididae.
A：ヒメカマオドリバエ属の1種 *Hemerodromia* sp.　B：カマオドリバエ属の1種 *Chelifer* sp.　C：フタトゲアケボノシブキバエ *Proclinopyga bispinicauda*　D：ナミシブキバエ属 *Clinocera* の1種　E：オオケアシシブキバエ *Wiedemannia simplex*　F：ヤマトクチナガヤセオドリバエ *Heleodromia japonica*

　　　　肩横脈の長さの2倍以上 …………………………………………………………………… 14
13b　口吻は短く，その長さは頭部の高さの1/3に満たない；Rs 脈基部と肩横脈の間隔は肩横脈の長さの2倍に達しない ……………………………………………………………………… 16
14a　翅の臀葉は良く発達し，小翅片裂刻は顕著に認められる；CuA 脈中央部（cua 室を閉ざす脈）は回帰脈として翅の基部の方向に向かうので，cua 室は顕著な後端角を形成しない
　　　　………………………………………………………………………………………………… 15
14b　翅の臀葉は全く発達しないので，翅は基部に向かって一様に細くなる；CuA 脈中央部は斜め先方を向き，cua 室の後端は顕著な角をなす（図2-F, 39）
　　　　……………………………………………………… クチナガヤセオドリバエ属　*Heleodromia*
15a　翅の Sc 脈はその先端が消失し，翅の前縁に達しない；胸部の側背板に毛塊を生じる；雌の翅の中室はしばしば雄より拡大する（図4〜9）
　　　　……………………………………………… イミャクオドリバエ亜属　*Rhamphomyia* (*Megacyttarus*)
15b　翅の Sc 脈は完全で，翅の前縁にほぼ達する（図1-C）；胸部の側背板は裸で毛や刺毛を欠く；雌の翅の中室は特に拡大しない
　　　　………………………………………… ヒトスジミナモオドリバエ亜属　*Hilara* (*Pseudorhamphomyia*)
16a　翅の表面基部近くに上を向く強い剛毛を生じる（図3-F）；頭部には複眼の下に幅広い頬が発達する；小腮鬚は板状で大型；海岸の岩礁や大きな礫のある場所の石の水際に生息する（図3-F, 42-A, B, D, E） ……………………………… イソネジレオバエ属　*Thalassophorus*

オドリバエ科 9

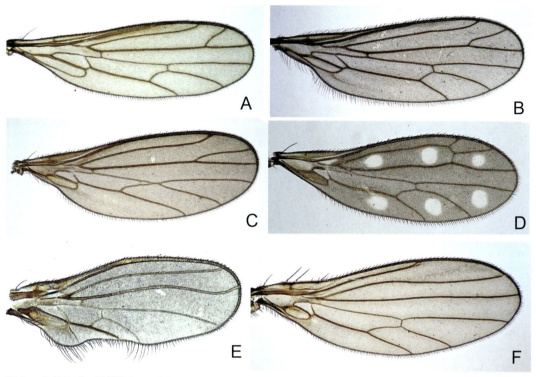

図3 オドリバエ科翅 Wings of Empididae.
A：アジアシブキバエ *Rhyacodromia flavicoxa*　B：ヤマトホホナガシブキバエ *Hypenella* sp. 1　C：クチナガシブキバエ *Roederiodes japonica*　D：ムツモンミズタマシブキバエ（新称）*Dolichocephala* sp.　E：ナガレネジレオバエ *Microphorella* sp.　F：トゲバネイソネジレオバエ *Thalassophorus spinipennis*

16b　翅の表面には強い剛毛を欠く（図3-E）；頭部複眼の下に頬はほとんど発達しない；小腮鬚は小形で葉状；渓流の濡れ石上で生活する（図42-C）
　　　　　　　　　　　　　　　　　　　　　　　　　　　　　　ナガレネジレオバエ属　*Microphorella*

ホソオドリバエ属　*Rhamphomyia* Meigen, 1822

タイプ種：*Rhamphomyia sulcata* Meigen, 1904　ヨーロッパ産

形態的特徴

成虫：頭部は球形ないし半球形；複眼は雄ではしばしば合眼的；触角第3節は一般にやや長く，触角筆節を生じる；口吻は良く発達し，長さは一般に頭高に等しく，唇弁は常形．胸部の形状は一般的；前胸腹板は前胸前側板と融合して基節前橋を形成する；平均棍前方の側背板に毛塊を生じる．翅は通常直角かそれより深い小翅片裂刻を生じ，臀葉が発達するが，一部の亜属では臀葉の発達が悪く，小翅片裂刻は極めて浅い；Sc脈は不完全で翅の前縁に達しない；R_4脈を欠き，中室から3本のM脈が独立に派生する；cua室を閉ざすCuA脈中央部は翅の基方に向かって逆走する；脚は一般的な形状で，しばしば剛毛を生じ，前跗節の第1跗小節は通常特別に肥大しない；爪間盤は刺毛状；幼虫及び蛹は地中性であるので，省略する．

1487

分布及び生態

　本属の種は多くは森林性で，湿潤な森林や渓谷の周囲などに特に多く，渓流の上空などで水生昆虫の成虫を捕食する種も多い．アジアオドリバエ亜属 *Orientomyia* のハヤブサアジアオドリバエ *R. nigraccipitrina*，キアシアジアオドリバエ *R. heterogyne* はこのような行動を取る．一方，次に述べるイミャクオドリバエ亜属 *Megacyttarus* の種のほとんどは淡水との密接な関係を持っている．すなわち本属の大部分の種の雄は主に雌に給餌する求愛餌の捕獲のためにアメンボ類とほぼ同じニッチェを共有し，止水・流水を問わず水面に接するような状態で活発に飛翔しながら水面に浮遊する落下昆虫や水面から羽化してくる水生昆虫の成虫などを捕獲する．雄は捕獲した獲物を求愛餌として配偶行動の過程で雌に贈り，雌がこれを摂食中に交尾が完遂される．本亜属以外のものは通常空中で求愛餌を捕獲する．本属は多数の亜属に分類され，極めて種数に富むもので，著者の知見では多くの未記載種を含めて日本列島に300種以上が生息している．

イミャクオドリバエ亜属　Subgenus *Megacyttarus* Bigot, 1880

　タイプ種：*Empis nigripes* Fabricius, 1794．ヨーロッパ産．

形態的特徴

　成虫：本亜属は *Rhamophoyia* 属としては口吻，特に唇弁が太く，雄でも複眼が離眼的で，額には眼縁に沿って刺毛を列生する．脚は強い剛毛を欠き，しばしば長めの軟毛で覆われる；翅の小翅片裂刻はほぼ直角；CuA+CuP 脈は翅縁に達しない；雌の中室はしばしば先方に向かって広く拡大し，種によっては翅縁ぎりぎりまで拡大し，これから生じる M 脈は通常極めて短縮されるか全く消失する；稀に中室があまり拡大しないで，中室横脈を欠如し，中室が開く（m1室と合一する）ことや，雄よりやや中室が長い程度の種もある（図8，9）；雄交尾器は大型；尾角突起は背方に露出する主要部から下方に向かって突起を生じ，これはさらに2個の突起に分かれる；背板葉は一般に方形，その後縁から多数の剛毛や軟毛を生じ，これらは挿入器を包み込む；下雄板は小型；挿入器は細く針金状，通常緩やかに湾曲するが，一部の種では独特の屈曲を示す；雌の腹部は先端に向かって細くなり，1対の細長い尾角を生じる．

　幼虫・蛹は地中性であるから省略する．

生態及び分布

　本亜属の種の大部分では，次のミナモオドリバエ属 *Hilara* と同様に，雄が渓流等の水面にほぼ脚の先端を付けるようにして水面ぎりぎりに飛翔しながら，水面に捉えられた昆虫や，水面で羽化しつつある水生昆虫の成虫などを捕獲して，これを空中に運び，群飛場所でこの虫を求愛餌として雌に贈り交尾を継続する．群飛は渓流の真上または近くの路など空地上の空間に形成され，水平の往復運動（ジグザグ運動を含む）や緩やかなホバリング飛翔などの飛翔様式で群飛を行う．交尾は空中で継続され，一般に群飛の直下で観察される．交尾の全過程が空中で行われるのは *Rhamphomyia* 属としてはどちらかと言えば例外的である．このように本亜属の大部分の種ではその雄は水との密接な関係を持つが，雌は直接的には水との関係をもたない．しかし，種としては水面での狩猟活動は必須のもので，これを通じて種の生存が保障されている．

　本亜属は旧北区と新北区に多数の種が生息し，温帯から寒帯にかけて分布し，温帯や亜寒帯では森林性である．東アジアではカムチャツカ半島から沿海州，日本列島，琉球列島をへて台湾の山地まで分布している．筆者の推計では日本列島に20種以上が分布し，そのうちで命名されたものは次

ぎの8種である．以下にこれら8種の検索表を示すが，これらの種は brunneostriata 群と geisha 群のみで，ほかに日本列島には未記録の数種群があり，さらに既知種にも近似した未記載種や未記録種があるために，この検索表で検索しても必ずしも該当種に正しく同定されたとは限らない．また，これは本亜属の種に限ったことではないが，オドリバエ科では南北に長い日本列島では地理的な分化がかなり顕著に認められることが多く，例えば本亜属の中で中部地方以西にもっとも普通なケズネイミャクオドリバエ R. (Megacyttarus) brunneostriata でも種内変異が認められるばかりか，別種とすべきか否かの解釈に困難を伴う集団もある．

本亜属の幼虫はイギリスなどでは土壌中で発見されており，これは本亜属で一般的であると推定される（Hobby & Smith, 1961）．

本亜属に与えられた和名は故伊藤修四郎博士の命名になるもので，イミャクは雌雄で脈相が異なることに基くものであろう．

日本産 Megacyttarus 亜属の既知種の検索表

1a 雄：交尾器は大型で細い線状の挿入器が露出する･････････････････････････････ 2
1b 雌：腹部の先端は徐々に細くなり，1対の細長い尾角で終わる･････････････････ 9
2a 頭部顔面に刺毛を生じる･･･ 3
2b 頭部顔面は裸で，刺毛を欠く･･･ 7
3a 中室端はほぼ裁断型，横脈（m-m 横脈）は著しく斜行しないので中室後端角はほぼ直角（図8，9-A, C）･･･ 4
3b 中室端は細くなり，横脈は斜行するので中室後端角は鈍角（図9-E, G）･････････ 6
4a 第8腹節腹板は粉で覆われず，光沢がある･････････････････････････････････････ 5
4b 第8腹節腹板は灰色粉で覆われ，光沢を欠く
　････････････････････ ヒゲヅライミャクオドリバエ　R. (Megacyttarus) pilosifacies ♂
5a 中脚第1跗小節は短く楕円形；中脛節及び中脚の第1・第2跗小節背面に黒色の長剛毛を密生する（図4-A）････････ ケズネイミャクオドリバエ　R. (Megacyttarus) brunneostriata ♂
5b 中脚第1跗小節は常形で長く円筒形；中脛節及び跗節背面に黒色長剛毛を密生しない（図4-C）･････････････ ミスジイミャクオドリバエ　R. (Megacyttarus) trimaculata ♂
6a 中室は先端に向かって著しく幅を減じ，斜行する中室横脈は中室後縁脈の約2倍長（図9-E）･････････････････ ヒメイミャクオドリバエ　R. (Megacyttarus) sororia ♂
6b 中室は先端に向かって著しく細くはならず，斜行する中室横脈は中室後縁脈の1.5倍（図9-G）･････････････ コマドイミャクオドリバエ　R. (Megacyttarus) brevicella ♂
7a 後腿節の後腹面に黄色の長刺毛を欠く；中脛節背面の刺毛はその基半部に限定される･･･ 8
7b 後腿節の後腹面に黄色の長刺毛をその基部に2～3本，2/3の位置に1本生じる；中脛節背面の剛毛は全長に亘って分布する
　･････････････････････ ゲイシャイミャクオドリバエ　R. (Megacyttarus) geisha ♂
8a 後脛節背面の剛毛は基部から全長に亘って分布する；脚は黒褐色
　･････････････････････ ギンパライミャクオドリバエ　R. (Megacyttarus) argyrosoma ♂
8b 後脛節背面の剛毛は主にその端半部に分布する；脚は暗褐色，転節とその周囲は淡色
　････････････････････ ハゴロモイミャクオドリバエ　R. (Megacyttarus) hagoromo ♂
9a 顔面に刺毛を生じる･･･ 10
9b 顔面に刺毛を欠く･･･ 14

図4 イミャクオドリバエ亜属の種 Two species of subgenus *Rhamphomyia* (*Megacyttarus*). A：ケズネイミャクオドリバエ *Rhamphomyia* (*Megacyttarus*) *brunneostriata* ♂　B：ケズネイミャクオドリバエ *Rhamphomyia* (*Megacyttarus*) *brunneostriata* ♀　C：ミスジイミャクオドリバエ *Rhamphomyia* (*Megacyttarus*) *trimaculata* ♂　D：ミスジイミャクオドリバエ *Rhamphomyia* (*Megacyttarus*) *trimaculata* ♀

図5　イミャクオドリバエ亜属の種 Two species of subgenus *Rhamphomyia* (*Megacyttarus*).
A：ヒゲヅライミャクオドリバエ *Rhamphomyia* (*Megacyttarus*) *pilosifacies* ♂　B：ヒゲヅライミャクオドリバエ *Rhamphomyia* (*Megacyttarus*) *pilosifacies* ♀　C：ハゴロモイミャクオドリバエ *Rhamphomyia* (*Megacyttarus*) *hagoromo* ♂　D：ハゴロモイミャクオドリバエ *Rhamphomyia* (*Megacyttarus*) *hagoromo* ♀

図6　イミャクオドリバエ亜属の種 Two species of subgenus *Rhamphomyia* (*Megacyttarus*).
A：ゲイシャイミャクオドリバエ *Rhamphomyia* (*Megacyttarus*) *geisha* ♂　B：ゲイシャイミャクオドリバエ *Rhamphomyia* (*Megacyttarus*) *geisha* ♀　C：ギンパライミャクオドリバエ *Rhamphomyia* (*Megacyttarus*) *argyreata* ♂　D：ギンパライミャクオドリバエ *Rhamphomyia* (*Megacyttarus*) *argyreata* ♀

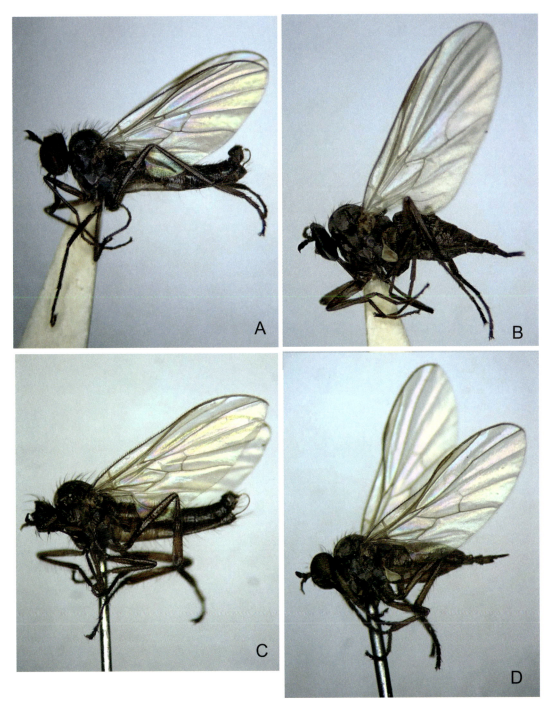

図7 イミャクオドリバエ亜属の種 Two species of subgenus *Rhamphomyia* (*Megacyttarus*).
A：ヒメイミャクオドリバエ *Rhamphomyia* (*Megacyttarus*) *sororia* ♂　B：ヒメイミャクオドリバエ *Rhamphomyia* (*Megacyttarus*) *sororia* ♀　C：コマドイミャクオドリバエ *Rhamphomyia* (*Megacyttarus*) *brevicellula* ♂　D：コマドイミャクオドリバエ *Rhamphomyia* (*Megacyttarus*) *brevicellula* ♀

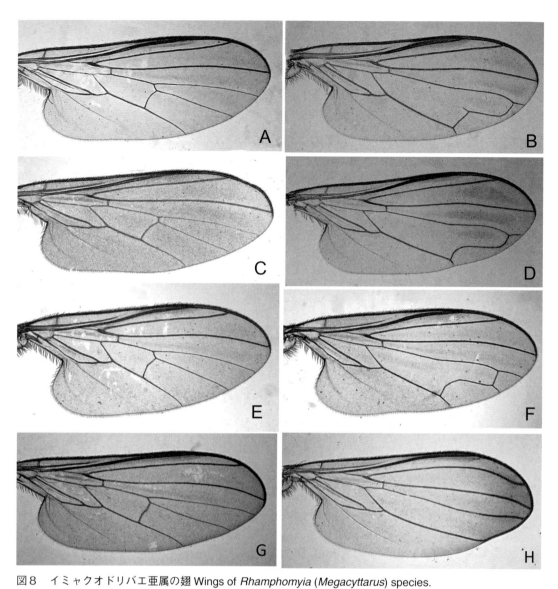

図8　イミャクオドリバエ亜属の翅 Wings of *Rhamphomyia* (*Megacyttarus*) species.
A, B：ケズネイミャクオドリバエ *Rhamphomyia* (*Megacyttarus*) *brunneostriata*　C, D：ミスジイミャクオドリバエ *Rhamphomyia* (*Megacyttarus*) *trimaculata*　E, F：ヒゲヅライミャクオドリバエ *Rhamphomyia* (*Megacyttarus*) *pilosifacies*　D：ハゴロモイミャクオドリバエ *Rhamphomyia* (*Megacyttarus*) *hagoromo*　A, C, E, G：雄の翅　B, D, F, H：雌の翅

10a 中室は閉ざされる……………………………………………………………………… 11
10b 中室は前横脈を欠くために m1 室と合一して翅縁にまで開かれる（図 9-F）．触角は頭部のかなり上方より生じる………………………………………… *R.* (*Megacyttarus*) *sororia*
11a 中室は翅縁近くまで拡大する……………………………………………………… 12
11b 中室は雄のそれに似て短く，M_1 脈よりはるかに短い（図 9-H）
　　　……………………………………………………… *R.* (*Megacyttarus*) *brevicella* ♀
12a M_1 脈および M_3 脈は短く，それらの長さは R_{4+5} 脈端と M_1 脈端の間隔の1/2以下；通常 M_2 脈を欠く……………………………………………………………………………… 13

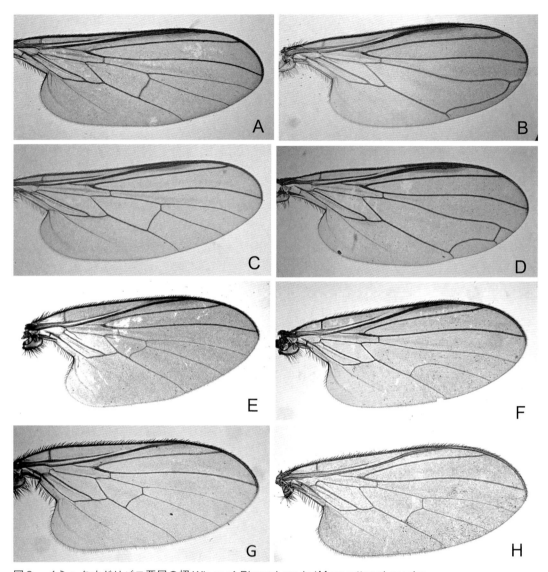

図9　イミャクオドリバエ亜属の翅 Wings of *Rhamphomyia* (*Megacyttarus*) species.
A, B：ギンパラミャクオドリバエ *Rhamphomyia* (*Megacyttarus*) *argyrosoma*　C, D：ゲイシャイミャクオドリバエ *Rhamphomyia* (*Megacyttarus*) *geisha*　E, F：ヒメイミャクオドリバエ *Rhamphomyia* (*Megacyttarus*) *sororia*　G, H：コマドイミャクオドリバエ *Rhamphomyia* (*Megacyttarus*) *brevicellula*　A, C, E, G：雄の翅　B, D, F, H：雌の翅

12b　M_1脈およびM_3脈は長く，それらの長さはR_{4+5}脈端とM_1脈端の間隔の約2/3；M_2脈がある（図8-F） ··· *R.* (*Megacyttarus*) *pilosifacies* ♀
13a　翅は端半部が灰色を帯び，ごく基部だけが白色；翅の亜端部のr_{2+3}室，r_{4+5}室，中室端にそれぞれ現れる暗条は小形で不明瞭（図8-B）············ *R.* (*Megacyttarus*) *brunneostriata* ♀
13b　翅は全面的に白色，翅の亜端部のr_{2+3}室，r_{4+5}室，中室端に現れる暗条は淡褐色で極めて顕著，r_{4+5}室の斑紋はR_{4+5}脈長の1/2長（図8-D）············ *R.* (*Megacyttarus*) *trimaculata* ♀
14a　中室横脈はほぼ直線状，M_2脈は完全に消失する；翅は基部より基室基半部まで白色，この部分の翅脈は黄白色（図8-H，9-B）··· 15

14b 中室横脈は弱いS字型湾曲をなし，M_2脈はごく短く存在し，この部分で横脈は折れ曲がる；翅は白色部を欠き，翅脈は全て暗褐色ないし黒褐色（図9-D）
.... R. (Megacyttarus) geisha ♀
15a 翅の基半部は白色；基室端半部から先の翅脈が暗褐色；中室横脈は翅の外縁からやや離れて走る；R_{2+3}脈は直線状，その末端はR_1脈とR_{4+5}脈の末端の中間点よりやや後者に近くに達する（図8-B）.. R. (Megacyttarus) argyrosoma ♀
15b 翅の基部3/4は白色，端部1/4は淡褐色，白色部の翅脈は乳白色，暗色部の翅脈は黒褐色；中室の横脈は翅の外縁に完全に接する；R_{2+3}脈は先端近くで強く湾曲し，その先端はR_1脈とR_{4+5}脈の末端の中間点よりはるかに後者に近い（図8-F）...... R. (Megacyttarus) hagoromo ♀

ケズネイミャクオドリバエ *Rhamphomyia* (*Megacyttarus*) *brunneostriata* Frey, 1950（図4-A, B, 8-A, B）

Rhamphomyia brunneostriata Frey, 1950, Notulae Entomologicae, 30: 78 (*Rhamphomyia* (*Megacyttarus*)). Type locality: Osaka: Takatuki (Honshu, Japan).

= *monstrosa* Frey, 1953, Notulae Entomologicae, 33: 75 (var. of *Rhamphomyia* (*Megacyttarus*) *brunneostriata* Frey, 1950). Type locality: Japan: Osaka, Nosé (Honshu). A junior primary homonym of *Rhamphomyia monstrosa* Bezzi, 1909.

雄：頭部は黒褐色，灰褐色粉で覆われる；前額は単眼瘤よりやや狭い；顔面は前額とほぼ等幅，刺毛を生じる．胸背は暗灰褐色，亜背帯はやや暗色；中剛毛と背中剛毛は共に2列，小楯板剛毛は1対．翅はかすかに灰色を帯び，縁紋は細く淡褐色，翅脈は暗褐色．平均棍は黄色．脚は黒褐色，前脚の被毛は短い；中腿節後腹面には数本の長刺毛を生じる；中脛節は先端に向かって弱く紺棒状に拡大し，脛節幅の2倍長の剛毛を端半部背面に密生する．第1，第2跗小節背面にも長毛を生じ，第1跗小節は短く楕円形，第2跗小節長の2/3長；第2跗小節は著しく肥大する型（f. *monstrosa*）がある．後脛節背面は数本の長刺毛を生じ，これらは脛節幅の1.5倍長，末端の1本は特に長い．雄交尾器は大型，腹部背縁を越えて背方に大きく張り出し，挿入器は一様に湾曲する．体長：3.5～4 mm；翅長：4.5 mm内外．

雌：前額は単眼瘤よりやや広い；胸部は銀白色，中胸楯板の前端部と亜背帯はやや暗色．翅は雄よりやや幅広く，基半部はやや白色，翅端部近くのr_{2+3}室，r_{4+5}室，中室端に不明瞭な暗条を現す；中室は翅縁近くまで著しく拡大し，横脈は緩やかなS字型湾曲を示し，前湾曲は翅縁に極めて接近し，その間隔は翅脈幅と同じ，後湾曲はしばしば短い二次脈を中室内に分岐する；M_1脈とM_3脈は極めて短く0.2 mm以下．脚は単純，被毛は短い．腹部は第1～5腹節背板が銀色粉で密に覆われるために，銀白色に輝く；その他の部分は暗褐色．体長：4 mm内外；翅長：4 mm内外．

分布と生息：本州（中部・関東以西），四国，九州．低地から低山地の森林の渓流の周囲に極めて普通に生息する．成虫の発生期は早春から中春，九州北部の平地から低山地では3月下旬から5月上旬．雄は渓流水面で球愛餌となる小昆虫を捕らえ，樹下の地上2～数mの空間で水平直線の往復型飛跡の群飛を雌とともに行い，往路は通常弱いジグザグ飛翔で比較的ゆっくり進み，帰路はすばやい直線飛翔で基点に戻るという運動を繰り返し，往路の過程で雄は雌の後を追飛して交尾する．交尾した番いは群飛の下の空間で漂うような飛翔を続ける．全く狩猟の可能な水面が近くにない森林内でも群飛と交配がみられ，これらのペアは求愛餌を持たないことがあるので，求愛餌なしの交配が行われる場合もあると思われる．本種雄の中脚跗節が肥大して毛を密生するが，あるいはこれが偽の求愛餌となり交配が遂行されるかもしれない．

本種は中跗節の肥大程度を含めて地理的変異があり，その分類は今後の問題である．

ミスジイミャクオドリバエ　*Rhamphomyia* (*Megacyttarus*) *trimaculata* Saigusa, 1963（図4-C, D, 8-C, D）

Rhamphomyia (*Megacyttarus*) *trimaculata* Saigusa, 1963, Sieboldia, 3: 153-155, fig. 15A (*Rhamphomyia* (*Megacyttarus*)). Type locality: Mt. Hiko-san, Soeda, Fukuoka Pref., Kyushu (Japan).

前種に近縁で，雄の第8腹板は粉に覆われず光沢がある．雄の中脚の第1跗小節は第2跗小節より長く，中脛節端から中跗節には長毛を密生しない．雌の翅の基半部は明瞭に白色を帯び，端半部の翅室に現れる3暗条は極めて明瞭，中室横脈から室内に向かって二次的な短脈をださない．体長：3.7〜4.5 mm（♂），3.5〜4.5 mm（♀）；翅長：4.1〜4.8 mm（♂），3.9〜4.5 mm（♀）．山地に生息するが，生息地は局所的で，福岡県英彦山，愛媛県面河渓の標本を検しただけである．

分布：四国，九州．

ヒゲヅライミャクオドリバエ　*Rhamphomyia* (*Megacyttarus*) *pilosifacies* Saigusa, 1963（図5-A, B, 図9-C, D）

Rhamphomyia (*Megacyttarus*) *pilosifacies* Saigusa, 1963, Sieboldia, 3: 155-159, figs. 13A, 14, 15 (*Rhamphomyia* (*Megacyttarus*)). Type locality: Mt. Inunaki-yama, Wakamiya, Fukuoka Pref., Kyushu (Japan).

前種より雌雄ともに小型，多くはこれらと混生する．前2種と同様に顔面に刺毛を生じるが，雄の第8腹節腹板は粉で被われて，前2種のような光沢はない．中脚は正常．雌は中室横脈が雄にやや類似して，M_2脈基部で強く屈曲する．翅の端半部に暗色紋を全く現さない．体長：3.5〜4.2 mm（♂），3.6〜3.9 mm（♀）；翅長：3.2〜4.0 mm（♂），3.6〜4.0 mm（♀）．

分布：本州，九州．低山地から山地にわたって生息する．

ギンパライミャクオドリバエ　*Rhamphomyia* (*Megacyttarus*) *argyrosoma* Saigusa, 1963（図6-B, C, 9-A, B）

Rhamphomyia (*Megacyttarus*) *argyrosoma* Saigusa, 1963, Sieboldia, 3: 149-151, fig. 10 (*Rhamphomyia* (*Megacyttarus*)). Type locality: Mt. Inunaki-yama (450 m alt.), Wakamiya, Fukuoka Pref., Kyushu (Japan).

次の2種と共に前3種とは異なる種群を形成する．顔面は刺毛を生じなくて裸状．雄の後腿節の後腹面に黄色の長刺毛を欠き，中脛節背面の刺毛はその基半部に限定される．雌の腹部は銀白色の粉で覆われる．雌の翅の中室横脈はほぼ翅縁に平行に緩やかに湾曲し，M_2脈等を生じない．中室前縁脈は顕著に湾曲する．体長：3.7〜4.6 mm（♂），3.8〜5.2 mm（♀）；翅長：4.0〜5.1 mm（♂），4.2〜4.8 mm（♀）．

分布：九州．九州の低山地から山地に生息し，落葉樹の多くが葉を展開する前の4月中・下旬に多く，渓流の上空で大きな群飛集団を形成する．雌雄ともに次種と酷似するので識別には注意を要する．

ゲイシャイミャクオドリバエ　*Rhamphomyia* (*Megacyttarus*) *geisha* Frey, 1952（図6-A, B, 図9-C, D）

Rhamphomyia (*Megacyttarus*) *geisha* Frey, 1952, Notulae Entomologicae, 32: 9-10 (*Rhamphomyia* (*Megacyttarus*)). Type locality: Honshu, Osaka: Minoo; Shikoku/ Kochi: Nisigawa prope Yanane [Yanase] (Japan).

前種に酷似する．雄はやや大型，後腿節の後腹面に黄色の長刺毛をその基部に2〜3本，2/3の位置に1本生じる；中脛節背面の剛毛は全長に亘って分布する．雌は前種と異なり中室横脈から非常に短いM_2脈を生じ，この部分で横脈は屈曲する．翅脈も前種より暗色．体長：4.5 mm内外（♂），5.0 mm内外（♀）；翅長：5.5 mm内外（♂），5.2 mm内外（♀）．

分布：本州，四国，九州．山地に晩春に出現し，出現期も同じであるが，これまで前種と本種が混生する場所を観察したことが無い．

ハゴロモイミャクオドリバエ　*Rhamphomyia* (*Megacyttarus*) *hagoromo* Saigusa, 1963（図5-A，B，8-G，H）

Rhamphomyia (*Megacyttarus*) *hagoromo* Saigusa, 1963, Sieboldia, 3: 152-153, fig. 11 (*Rhamphomyia* (*Megacyttarus*)). Type locality: Kanayama (1,100-1,400 m alt.), Sudama, Yamanashi Pref., Honshu (Japan).

前2種と同じ種群に属し，顔面には刺毛を欠く．雄は後腿節の後腹面に黄色の長刺毛を欠く；中脛節背面の刺毛はその基半部に限定されるによってゲイシャイミャクオドリバエ *R. geisha* から識別できる．前種からは，後脛節背面の剛毛は主にその端半部に分布し，脚は暗褐色（前種では黒褐色），転節とその周囲は淡色であるので，識別できる．雌の翅は極めて特徴的，中室は翅縁まで広がり，中室横脈は殆ど翅縁に接して走り，M_2 脈を生じない．R_{2+3}，R_{4+5} 及び M_1 脈の先端部が固有の湾曲を示す．翅は顕著に白色，先1/4程度が強く暗化する．群飛中でもこの特徴で一見して本種雌と識別できる．体長：3.7～4.5 mm（♂），3.5～5.2 mm（♀）；翅長4.4～5.3 mm（♂），3.7～5.2 mm（♀）．

分布：本州．中部地方の山地に生息し，5月下旬から6月上旬に出現し，渓流の2～3mの上空で大きな群飛集団を形成する．

ヒメイミャクオドリバエ　*Rhamphomyia* (*Megacyttarus*) *sororia* Frey, 1953（図7-A，B，9-E，F）

Rhamphomyia (*Megacyttarus*) *sororia* Frey, 1953, Notulae Entomologicae, 33: 75-76 (*Rhamphomyia* (*Megacyttarus*)). Type locality: Honshu. Osaka: Minoo (Japan).

前5種とはかなり異なる小型種．顔面に1列刺毛を生じ，雄の翅は幅広く，中室が極めて短くその後縁脈は中室横脈の1/2以下，雄交尾器も背板葉や尾角突起が腹部背縁をわずかに背方に超える程度である．交尾器の挿入器は本亜属としては太めで中途に独特の湾曲がある．雌は中室横脈を欠くので，中室が形成されず，この特徴は日本産既知種の中では本種のみであるから識別形質として使える．体長：4.0 mm 内外（♂），3.6 mm 内外（♀）；翅長：3.6 mm 内外（♂），3.5 mm 内外（♀）．

分布：本州，九州．九州の平地の森林から本州中部の山地にかけて広く分布する普通種．詳細な観察はしていないが，群飛で雄は求愛餌を持たず，本属としては例外的に求愛給餌行動なしに配偶行動が行われると思われる．群飛は通常林道の上や林内の2，3mの上空の空間で行われる．

コマドイミャクオドリバエ　*Rhamphomyia* (*Megacyttarus*) *brevicellula* Saigusa, 1964（図7-C，D，9-G，H）

Rhamphomyia brevicellula Saigusa, 1964, Sieboldia, 3: 226-227 (*Rhamphomyia*). Type locality: Mt. Ôginosen (Hataganaru), Hyôgo Pref. (Honshu, Japan).

= *brevicella* Saigusa, 2008, Iconographia Insectorum Japonicorum Colore Naturali Edita, 3: 423 (incorrect subsequent spelling).

前種にやや類似した小型種．雄は翅の中室が先端に向かって著しく細くはならず，斜行する中室横脈は中室後縁脈の1.5倍．交尾器もやや細く，挿入器に前種のような独特の湾曲はない．雌は M_2 脈の基部によって中室が閉ざされるので，前種から容易に区別できる．兵庫県の扇の仙等の山地で採集されている．体長：3.4～3.8 mm（♂），2.6～3.1 mm（♀）；翅長：3.3～3.4 mm（♂），2.7～3.1 mm（♀）．

分布：本州（近畿地方）．かなり分布は限られる．

本種や次種の地理的変異か近似した別種と思われる集団があり，その実態は十分に研究されていない．

ミナモオドリバエ属　*Hilara* Meigen, 1822

タイプ種：*Empis maura* Fabriciius, 1775（ヨーロッパの種）

形態的特徴

　頭部は球形ないし後頭部がやや張り出した半球形；複眼は雌雄ともに離眼的，稀に合眼的，個眼間刺毛を欠く；額は一般に幅広く，ほとんどの種では眼縁に沿って顕著な刺毛列を生じる；顔面は刺毛を欠く；触角の第3節は三角形ないし長三角形，その先端にやや太めの触角筆突起を生じ，その第1節は短く，第2節先端には短い刺毛を生じる；口吻は良く発達し，その長さは通常は頭部の高さと同じか，それよりやや短く，唇弁は一般的；小腮鬚は頭部下縁に沿って前方に突き出す．胸部の形状は一般的で中胸背は著しくは盛り上がらない；中胸背板の被毛状態は種によって多様；側背板は常に毛塊を生じない．脚は一般的でやや太め，通常は強い刺などを生じない；大部分の種では雄の前脚第1跗小節が肥大し，ここの腹面に求愛餌を包む糸を分泌するための腺が分布している．翅の Sc 脈は完全で，翅の前縁に達し，R_4 脈は長く，R_5 脈から分岐した後にこの脈にほぼ平行して伸びて翅縁に達するものが多いが，ハマダラミナモオドリバエ亜属 Calohilara ではナミオドリバエ属 Empis のように二つの脈は広く離れて翅縁に達する；中室からは3本の M 脈が派生する；CuA 脈は逆走し，cua 室は狭い；CuA+CuP 脈はその基部を越えると通常は皺状になるが，稀に翅縁部直前まで判然と脈状を保つ場合もある．腹部は細長い．雄交尾器の下雄板は端半部が平圧されて先端に向かって細くなりながら前背方に著しく伸長して，その腹中線部を細い挿入器が走るので，下雄板は penis sheath となっている；下雄板の先端の形状は種のよい分類形質である；背板葉は一般に楕円形，その後縁から通常は突起を生じる；上雄突起は背板葉の背縁に沿ってその先端に達し，しばしば小突起を形成する；尾角は有毛の小骨化部に退行する．雌の腹端部は細く，1対の細長い尾角を生じる．

　本属は多数の多様な種を包含するので，この中のいくつかの群（主に単系統群）には亜属が創設されている．これらの中で，前脚が捕獲脚となって前腿節が肥大し，腹面に強い棘を生じ，前脛節基部が膝状構造となるカマミナモオドリバエ亜属 Ochtherohilara は独立属とされることもある．R_4 脈を失ったもの（Hilara hyalinata Frey）にヒトスジミナモオドリバエ亜属 Pseudorhamphoyia が，前述のように R_4 脈がナミオドリバエ属 Empis のように R_5 脈から大きい角度で分離して翅縁に達するハマダラミナモオドリバエ亜属 Calohilara，翅の cua 室の先端から短い二次的な脈が生じる種（ナマリミナモオドリバエ Hilara vetula Frey，ミャンマーの Hilara fracta Frey）にナマリミナモオドリバエ亜属 Meroneurula が創設されたが，この特徴はハマダラミナモオドリバエ亜属 Calohilara の種の一部にも見られる．この他の Platyhilara 亜属も提唱されているが，これは外国産で本書の範囲外である．一方触角第3節が著しく長いヒメホソミナモオドリバエ Hilara japonicus Frey に基づいて創設された Pseudoragas 属は本属の同物異名とされているが，その亜属の所属は決められていない．ここでは日本昆虫目録に準じて亜属としてとりあつかった（三枝，2014）．

生態及び分布

　本属のほとんどすべての種では，イミャクオドリバエ亜属と同様に雄が脚を水面にほとんど接する状態で飛翔しながら水面を滑走するように移動して，水面に捉えられた昆虫や水面で羽化する水生昆虫の成虫を捕獲して，雌への求愛餌にする．雄はこれらの餌を捕獲後，これを脚で掴んで空中に引き上げ，前脚第1跗小節の多数の腺から分泌する繊細な繊維でこれを種により様々な密度で包装して，この包を抱えて群飛に達し，雌に求愛餌としてこれを贈り，交尾する．ほとんどの種で交尾中の番は交尾の全過程をイミャクオドリバエ亜属と同様に空中で完遂するが，稀に小枝や岩等に静止して交尾する種もある．なお，日本アルプスの亜高山帯に夏季に出現する1種や九州の九重山系で初夏に出現する1種は，求愛餌をふくまないで繊維だけのものを紡いで，これを雌へのプレゼ

ントとする.

　多くの種は渓流や河川の水面で狩猟を行うが，一部の種は湖沼の止水面，路上の水溜りなどでも狩猟活動をする．日本産の未記載の1種は流水の表面ではなくて，もっぱら岩清水の表面，渓流の濡れ石の表面などで狩猟活動を行う．多くの種は狩猟水域の水面の上空やその近くで群飛し，群飛中では円運動，前後往復運動，ホバリング飛翔などのうちから種特異的な飛翔を行う．狩猟中の雄は水面で飛翔するために，しばしばヤマメなど渓流魚の主要な餌となる（藍野，2000）．幼虫はすべて地中から知られており，水生のものの記録はない.

　本属は熱帯地方を除く全世界に分布し，北極圏のツンドラにも生息する．極めて多数の種から構成され，著者の推計では日本列島に300種あまりが生息しているが，そのうち26種が記載されているに過ぎない．そのために既知種の検索表を示しても，殆ど正しく同定するのには役立たないので，示さなかった．ただし，ミナモオドリバエ亜属 *Hilara* (*Hilara*) の大型種で雄の腹部の基半部が明色になるいわゆるコシアキ型の数種については，渓流魚の餌になり，また採集や参照の機会が多いので，既知種の検索表を示した．なお，本属の正確な同定には雄交尾器を解剖して比較する必要がある.

日本産ミナモオドリバエ属 *Hilara* の亜属の検索表

1a　R_4脈がある　…………………………………………………………………………… 2
1b　R_4脈を欠き，脈相はホソオドリバエ属 *Rhamphomyia* のそれに似る（図1-C, 12-D）
　…………………………………………… ヒトスジミナモオドリバエ亜属　*Pseudorhamphomyia*
2a　前腿節は特に肥大せず，脛節の膝部は特に屈曲せず，脛節腹面には刀状の隆起を欠く… 3
2b　前腿節は著しく肥大し，その腹面に多数の顕著な刺を生じ，脛節の膝部は屈曲し，脛節腹面には刀状の隆起がある（図12-A〜C）……　カマミナモオドリバエ亜属　*Ochtherohilara*
3a　R_4脈は一旦R_5脈から分岐後かなりこの脈と平行して走る；R_1脈は湾曲しない ………… 4
3b　R_1脈は直線状　かなり大きな角度でR_5脈から分離し，そのまま直線状に前縁に達する；R_{2+3}脈はその後方のr_{2+3}室に形成される透明紋を囲むように前方に向かって湾曲する．翅に斑紋がある（図1-D）………………………… ハマダラミナモオドリバエ亜属　*Calohilara*
4a　翅のcua室から二次的な脈を生じない……………………………………………………… 5
4b　翅のcua室から短い二次的な脈を生じる（図1-F）；胸部背面と腹部は銀色の粉で覆われる（図13-B）………………………………… ナマリミナモオドリバエ亜属　*Meroneurula*
5a　触角第3節は異常には長くない……………………………… ミナモオドリバエ亜属　*Hilara*
5b　触角第3節は異常に長い（図13-C, D）… ヒメホソミナモオドリバエ亜属　*Pseudoragaas*

ミナモオドリバエ亜属　Subgenus *Hilara* Meigen, 1822

タイプ種：*Empis maura* Fabriciius, 1775　ヨーロッパ産

　本亜属は最も種数が多く，多様な種を擁し，ほぼ全動物地理区に分布する．成虫：翅脈は本亜属としては一般的で，R_4脈はR_5脈から分岐後，後者とほぼ平行に走り翅端近くに達する（図3-A）．脚は正常で，前脚は捕獲脚にならない．北海道から九州に亘って平地から低山地にかけて最も普通の種は，コシアキミナモオドリバエ *Hilara neglecta* で，本種は大型，黒褐色で，暗灰色の粉で覆われ，雄の腹部の基半部が汚白色に腰空き状になる．本種の他にもこのような色彩の種があるので，この特徴だけで同定はできないが，本州中部以西の地域で5月に，北日本では6〜7月に出現する最も個体数の多い大型のミナモオドリバエ属 *Hilara* の種はまず本種と推定できる．本種は地理的変異が顕著で，その実態はまだ十分に解明されていないので，将来数種に分割される

こととも考えられる．本属は同一の産地に同じ時期に数～10種位の種が生息する．本属にはまた，夜行性の種がある（図13-A，キイロミナモオドリバエ H. tricolor Frey）．これらは一般に体色が橙黄色で，昼間は岩陰などにひそみ，夜間に渓流の水面で狩猟活動をおこなう．

ミナモオドリバエ亜属のコシアキ型大型種の検索表

1a　小楯板剛毛は4本 2
1b　小楯板剛毛は6本以上 3
2a　触角第3節は黒褐色（図10-A, B）；雄の複眼は広く離れ，その幅は中央単眼径よりはるかに広い；雄の前跗節第1跗小節は強く肥大し，その太さは脛節端幅の2倍弱（図10-A）；雌の翅は雄と同様で，先端部が暗色になる（図10-B）（模式産地は四国で，日本列島内ではある程度の地理的変異がある）............ コシアキミナモオドリバエ　*Hilara (Hilara) neglecta*
2b　触角第3節は赤褐色（図10-C, D）；雄の複眼は相互にかなり接近し，その幅は中央単眼径をほぼ同じ；雄の前跗小節は細く，脛節端とほぼ等幅（図10-C）；雌の翅は雄と同形であるが一様に煤色を帯びる（図10-D）（中部山岳の高地には雌の翅が広くなる近縁種が生息する）................................ メスグロミナモオドリバエ　*Hilara (Hilara) melanogyne*
3a　雄の第2腹節背板は側縁部が最も明色，背中部に向かって徐々に暗化する（図11-C）；雌の腹部背板は白色，白色粉で覆われる（図11-D）（本種では雄の下雄板突起に2対の棘状突起を生じるが，1対の棘状突起を生じる近似種がある
.... メスジロオオミナモオドリバエ　*Hilara (Hilara) leucogyne*
3b　雄の第2腹節背板は広く明色，前縁，後縁及び細い背中線が暗色（図11-A）；雌の腹部背板は暗褐色，鉛色粉で覆われる（図11-B）（本種に似て，雄の前脛節腹面に直立して軟毛を密生し，腹部を前方から見ると銀灰色の光沢を現し，雄交尾器が小形で長刺毛を欠き，雌の翅が一様に強く暗褐色，腹部は黒褐色で暗灰色粉で覆われる類似種がある．この種の雄はメスシロオオミナモオドリバエの雄にも類似する）
.... イトウオオミナモオドリバエ　*Hilara (Hilara) itoi*

コシアキミナモオドリバエ（コシアキナガレオドリバエ）　*Hilara (Hilara) neglecta* Frey, 1952（図10-A, B）

Hilara neglecta Frey, 1952 コシアキミナモオドリバエ（コシアキナガレオドリバエ）
　　Frey, 1952, Notulae Entomologicae, 32: 143 (*Hilara (Hilara)*). Type locality: Japan: Shikoku, Kochi: Nisigawa, prope Yanase.

　雄の腹部基半部が淡色のコシアキ型の大型ミナモオドリバエの1種．雄．前額は中央単眼径の2倍幅；触角は黒褐色，柄節と梗節は褐色味を帯びることもあるが，次種のように全体的に赤褐色にはならない．胸部は黒褐色，中剛毛は不規則に4列，背中剛毛は1列，小楯板剛毛は2対．翅は透明，暗褐色の縁紋の先端からr_4室を通りM_2脈端に達する大よその範囲はやや暗色．平均棍は暗褐色．脚は黒褐色，前・中脚の膝関節の周囲はやや淡色；前跗節の第1跗小節は脛節長の2/3長，太さは脛節端の太さの2倍弱，顕著な刺毛を欠く．腹部は暗褐色，第2～4腹節は黄白色で背板の後縁と背中線部は暗化する．雄交尾器の背板葉には数本の長刺毛を生じる．体長：6 mm内外；翅長：7 mm内外．雌．雄に類似するが，翅はやや短く幅広く，腹部は全体的に黒褐色，暗灰色粉で覆われる．体長：5.5～6 mm；翅長：6.5～7 mm.
　分布：北海道，本州，四国，九州．低地から山地に極めて普通．

図10　ミナモオドリバエ属コシアキミナモオドリバエ群 Hilara (Hilara) neglecta group.
A：コシアキミナモオドリバエ Hilara neglecta ♂　B：コシアキミナモオドリバエ Hilara neglecta ♀　C：メスグロミナモオドリバエ Hilara melanogyne ♂　D：メスグロミナモオドリバエ Hilara melanogyne ♀

図11　ミナモオドリバエ属コシアキミナモオドリバエ群 *Hilara* (*Hilara*) *neglecta* group.
A：イトウミナモオドリバエ *Hilara itoi* ♂　B：イトウミナモオドリバエ *Hilara itoi* ♀　C：メスジロミナモオドリバエ *Hilara leucogyne* ♂　D：メスジロミナモオドリバエ *Hilara leucogyne* ♀

成虫は晩春から初夏にかけて出現し，雄は渓流の水面で浮遊昆虫を捕らえて球愛餌とし，淵の上空1mくらいの空間で水平円形の大群飛集団を作って交尾する．雄はこの時期の渓流魚の餌として重要で，コシアキナガレオドリバエの名称も用いられ，本種を模したドライフライも作られている（藍野，2000）．

メスグロミナモオドリバエ　*Hilara (Hilara) melanogyne* Frey, 1952（図10-C, D）

Hilara melanogyne Frey, 1952, Notulae Entomologicae, 32: 142-143 (*Hilara (Hilara)*). Type locality: Japan: Shikoku, Kôchi: Totidani, prope Yanase; Nisigawa, prope Yanase.

前種コシアキミナモオドリバエ *Hilara neglecta* Frey に類似し，同様に小楯板剛毛は2対．触角は赤褐色．雄の複眼は前額で相互にかなり接近し，前脚の第1跗小節は細く，脛節端とほぼ同じ太さ；雌の翅は全面的に煤色を帯びる，等の点で識別できる．日中は渓畔のキノコバエ類と共に渓流横の岩陰など冷暗所に静止していることが多く，夕刻に群飛が見られ，夜間採集の照明を灯す頃に交配したペアが飛来することもある．雄の複眼が本属としてはかなり接近することも本種が黄昏飛翔性であることを示すと思われる．成虫は初夏に発生するが，前種よりも遅い．山地性．体長：6.0 mm の内外（♂，♀）；翅長：7.5 mm 内外（♂），7.0 mm 内外（♀）．

分布：本州，四国，九州．

メスジロオオミナモオドリバエ（メスジロナガレオドリバエ）　*Hilara (Hilara) leucogyne* Frey, 1952（図11C, D）

Hilara leucogyne Frey, 1952, Notulae Entomologicae, 32: 142 (*Hilara (Hilara)*). Type locality: Japan; Shikoku, Tokushima: Tsurugiyama; Honyn [Honshu]: Akita: Hukenoyu.

邦産のミナモオドリバエ類中では最大の種．小楯板剛毛は3対以上．雄の腹部基部背板の明色部は側域に限られ，背域はかなり広く暗色；雌の腹部は広く黄白色．初夏から盛夏に出現し，山地性．コシアキミナモオドリバエ *Hilara neglecta* と同様に昼行性．体長：8.0 mm 内外（♂），7.0 mm 内外（♀）；翅長：8.5 mm 内外（♂，♀）．

分布：本州，四国，九州．個体数は少ない．山地性．

イトウオオミナモオドリバエ　*Hilara (Hilara) itoi* Frey, 1952（図11A, B）

Hilara itoi Frey, 1952, Notulae Entomologicae, 32: 143 (*Hilara (Hilara)*). Type locality: Japan: Honsyn [Honshu] Kyoto: Hanase.

前種にやや類似する大型種．前種と同様に小楯板剛毛が3対以上．雄の腹部基部背板は前種より一層広く明色；雌の腹部背板は黒褐色で鉛色の粉で覆われる．初夏に出現し，山地性．昼行性である．体長：7.0 mm の内外（♂，♀）；翅長：8.5 mm 内外（♂），7.5 mm 内外（♀）．

分布：本州．

ヒトスジミナモオドリバエ亜属　Subgenus *Pseudorhamphomyia* Frey, 1953

タイプ種：*Hilara (Pseudorhamphomyia) hyalinata* Frey, 1952　日本産

本亜属はミナモオドリバエ属 *Hilara* としては例外的に R_4 脈を欠如し，その結果，翅脈相は Sc 脈が完全で翅の前縁に達する他は *Rhamphomyia* 属に類似する．ただし，個体によっては Sc 脈端が不完全だが，胸部側背板には毛塊を持たず，また口吻もやや短く，雄交尾器の基本構造はミナモオドリバエ亜属 *Hilara* の種と同一である．本亜属は *Hilara (Pseudorhamphomyia) hyalinata* Frey　1種で構成される．

ヒトスジミナモオドリバエ *Hilara (Pseudorahmphomyia) hyalinata* Frey, 1953（図1-C, 12-D）

Hilara (Pseudorahmphomyia) hyalinata Frey, 1953, Notulae Entomologicae, 33: 74 (*Hilara (Pseudorhamphomyia)*). Type locality: Hatimandai, Akita Pref.; Tokugutuuge, Sinano (Nagano Pref.) (Honshu, Japan).

本種は翅が白色，体が灰白色粉で覆われるやや小型の種で，北海道から九州まで一般に山地に生息し，暖地では4～5月，山地では5～7月に出現する．個体数は少なく，群飛を含む配偶行動は研究されていない．図12-Dの雄は油で体がにじんで，灰白色にみえない．雄．体長：2.8mm内外；翅長：3.5mm内外．

カマミナモオドリバエ亜属　Subgenus *Ochtherohilara* Frey, 1952

タイプ種：*Hilara (Ochtherohilara) mantis* Frey, 1952　日本産

本亜属は小型ないし中型の種を含むミナモオドリバエの1単系統群で，一般的な形状は *Hilara* 亜属の種に似る．しかし，雌雄ともに前脚が捕獲脚に変形するので，前腿節は著しく肥大し，下面に多数の短く強い刺を生じ，脛節はこれと噛み合うように，膝部が屈曲し，脛節の下面にはナイフ状の隆起を具え，これと腿節の腹面の刺で獲物をはさむ．本亜属は旧北区では沿海州，中国，台湾から日本列島にかけての地域と北米に分布し，特に日本列島での多様性と種分化が著しく，ここには40種程が生息しているが，既知種は次種と小形で腹部が光沢ある黒色のヒメカマミナモオドリバエ *H. (O.) mantispa*（図12-C）のみであり，今後の研究で実体を明らかにする必要がある．

ギンパラカマミナモオドリバエ（ギンパラカマナガレバエ）　*Hilara (Ochtherohilara) mantis* Frey, 1952（図1-B, 12-A, B）

本種は本亜属としては大型で体が細長く，胸背が灰白色粉で覆われ，腹部は白色毛を生じ，雌の腹部が銀白色に輝く特徴がある．雄．頭部は黒色，黒褐色粉で覆われ，後頭部下部と顔面は灰白色粉で覆われる；前額は中央単眼径の約2倍幅．触角は黒色，第3節は長三角形，基部2節の合計長の1.8倍長，基部幅の約3倍長．胸部は黒褐色，白色ないし灰白色粉でかなり厚く覆われる；中胸楯板は前方から見ると白色ないし銀白色，亜背条がやや暗色；中剛毛は2列，背中剛毛は1列でともに極めて短い；小楯板剛毛は3対，外側に1対は弱く，その1本が欠けることもある．翅は細長く，幅の3.8倍長，透明で，ほとんど煤色を帯びない；覆片の毛は淡褐色ないし黄褐色；縁紋は細長く淡褐色；R_4脈はR_5脈からほぼ一様に離れていくので，R_4脈端はR_{2+3}脈端とR_5脈端のほぼ中間に位置する．平均棍は暗褐色．脚は黒色，灰白色粉で薄く覆われる；膝関節部は狭く黄褐色，前脛節は基半部が淡色；脚の被毛は黒色，細く，短い．前腿節は紡錘形，長さは最大幅の2.7倍，腹面端半部に不規則に数列に配列した小形の棘を密生し，後腹面には長剛毛を列生する；後脛節は基部1/4で背縁が強く膝状に屈曲し，全体的に腿節腹面に沿うように内側に湾曲し，先端部を除いてその腹面に刃状隆起が走る；脛節先端は丸く，突起状の突出はない；前跗節第1跗小節は紡錘形，脛節長の2/3長，それ自体の太さの約3倍長，長い刺毛を欠く．腹部は近似種に比べてかなり細長い；黒褐色で灰白色粉で薄く覆われ，前方から見ると弱く銀白色の光沢を現す；腹部背板の被毛は細く，短く淡褐色，腹板のそれは白色．雄交尾器は単純，背板ようは淡色毛を生じ，先端突起は細く指状，幅とほぼ等長の毛を疎生する．体長：4.5～5.5mm；翅長：5.5～6.2mm．雌．雄に似るが，前跗節第1跗小節は細い；翅は雄より短く幅広い；腹部は淡褐色，第1～6腹部背板は極めて厚く銀色粉（やや微毛状）で覆われ，銀色ビロード状光沢を現す；被毛は淡色で極めて短く目立たない．体長：4.0～4.5mm；翅長：4.5mm内外．

図12 ミナモオドリバエ属各種 *Hilara* (*Ochtherohilara*) species and *Hilara* (*Pseudorhamphomyia*) *hyalinata*.
A：ギンパラカマミナモオドリバエ *Hilara* (*Ochtherohilara*) *mantis* ♂　B：ギンパラカマミナモオドリバエ *Hilara* (*Ochtherohilara*) *mantis* ♀　C：ヒメカマミナモオドリバエ *Hilara* (*Ochtherohilara*) *mantispa* ♂　D：ヒトスジミナモオドリバエ *Hilara* (*Pseudorhamphomyia*) *hyalinata* ♂

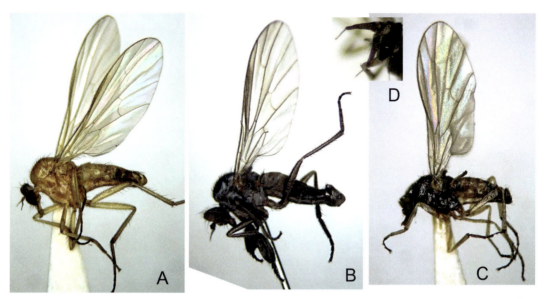

図13　ミナモオドリバエ属各種 Males of *Hilara* species.
A：キイロミナモオドリバエ *Hilara tricolor*　B：ナマリミナモオドリバエ *Hilara (Meroneurula) vetula*　C, D：ヒメホソミナモオドリバエ *Hilara (Pseudoragas) japonica*

分布と生息：本州，九州．山地渓流の周辺に生息し，晩春から初夏に出現する．雄は渓流でユスリカ類を球愛餌として捕獲し，樹木の小枝下の空間でホバリング型の楕円形群飛集団を形成し，交尾中のペアは群飛から離れて地上1〜2mの空間を漂流飛翔をする．採餌中の雄はしばしば同所的なコシアキ型でやや大型の同亜属別種の求愛餌としてかなりの頻度で狩られる．

ハマダラミナモオドリバエ亜属　Subgenus *Calohilara* Frey, 1952

タイプ種：*Hilara (Calohilara) elegans* Frey, 1952．ミャンマー産

　小型の種で，一般的な形状は *Hilara* 亜属に類似するが，翅脈相が特異で，R_4 脈は短く，R_5 脈から大きな角度で分岐し，そのまま直線状に翅の前縁に達する．この形状は *Empis* 属の脈相に類似する．その上，r_1 室や r_{2+3} 室にしばしばあらわれる透明紋を囲むように R_{2+3} 脈は波状に湾曲する．日本列島には未記載の2種，次に示す小型の1種は本州中部地方から九州まで，やや大型の1種（図14-C, D）は対馬に分布する．既知種は北西ミャンマーから知られているが，本亜属の種は実際には東アジア温帯に広く分布し，多くの種を擁する亜属である．

ヒメハマダラミナモオドリバエ　*Hilara (Calohilara)* sp. 1, Honda, 1973　（図1-C, 14-A, B）

Honda, 1973, 当間山自然環境学術調査報告：129-131, fig. 18-19 (*Hilara (Calohilara)*). Recorded from Mt. Atema-yama, Niigta Pref., Honshu, Japan.

分布：本州（新潟県）

　本種はハマダラミナモオドリバエ亜属 *Calohilara* の日本産種2種のうちの小型種．脚が黄色で後腿節の先1/3と後脛節が暗褐色になる．翅の R_1 脈の湾曲もかなり強い．対馬産の種は脚がより淡色，翅の R_2 脈の湾曲がかなり弱い．雌は対馬産の他の1種と同様に腹部が銀色．体長：2.5 mm 内外（♂），2.8 mm 内外（♀）；翅長：2.5 mm 内外（♂），3.0 mm 内外（♀）．

分布：本州，九州．本種は始め上記の通り新潟県で記録されたが，本州から九州に広く分布する．

図14　ミナモオドリバエ属ハマダラミナモオドリバエ亜属 *Hilara* (*Calohilara*) species.
A：ヒメハマダラミナモオドリバエ *Hilara* (*Calohilara*) sp. 1 ♂（九州産）　B：ヒメハマダラミナモオドリバエ属の1種 *Hilara* (*Calohilara*) sp. 1 ♀（九州産）　C：ハマダラミナモオドリバエ属の1種 *Hilara* (*Calohilara*) sp. 2 ♂（対馬産）　D：ハマダラミナモオドリバエ属の1種 *Hilara* (*Calohilara*) sp. 2 ♀（対馬産）

しかし，生息地は局所的である．雄は森林の林道上等1〜2mの空間で群飛をおこなう．

ナマリミナモオドリバエ亜属　Subgenus *Meroneurula* Frey, 1952

タイプ種：*Hilara* (*Meroneurula*) *vetula* Frey, 1952　日本産

Meroneurula 亜属は Catalogue of Palaearctic Diptera では *Hilara* の新参異名とされているが，原公表に従って亜属として用いた．*Hilara* 亜属との相違は唯一，翅の cua 室から短い二次脈が出ることである（図1-F）．

ナマリミナモオドリバエ　*Hilara* (*Meroneurula*) *vetula* Frey, 1952（図1-F, 13-B）

Hilara (*Meroneurula*) *vetula* Frey, 1952, Notulae Entomologicae, 32: 126 (*Hilara* (*Meroneurula*)). Type locality: Japan, Shikoku: Kochi, Imanoyama.

中型のミナモオドリバエ．体は黒褐色，雄の胸部背面から腹部にかけて銀色の粉で被われていて，見る方向によっては銀白色に輝く．雄．体長：3.5 mm 内外；翅長4.0 mm 内外．

分布：本州，四国，九州．四国から記載された種で，その後本州や九州でも採集されている．

ヒメホソミナモオドリバエ亜属　Subgenus *Pseudoragas* Frey, 1952

タイプ種：*Pseudoragas japonica* Frey, 1952　日本産

Pseudoragas 亜属は Catalogue of Palaearctic Diptera では *Hilara* の新参異名とされているが，原公表に従って亜属として用いた．*Hilara* 亜属との重要な相違は，触角第3節が著しく長い点のみである．

ヒメホソミナモオドリバエ　*Pseudoragas japonica* Frey, 1952　（図1-E, 図13-C）

Pseudoragas japonica Frey, 1952, Notulae Entomologicae, 32: 122 (*Pseudoragas*). Type locality: Japan, Honsyu: Kyoto, Hanase.

本種は小型細長い黒褐色のミナモオドリバエの1種で，触角第3節が異常に長く，胸部の長さの約1/2．触角刺毛も長く，第3節の約1/2．雄の前跗節の第1跗節は細く，脛節端とほぼ同じ太さである．翅の R_4 脈はややハマダラミナモオドリバエ *Calohilara* 亜属に似て R_5 脈からの分離の角度が大きい．雄．体長：2.8 mm 内外；翅長：3.5 mm 内外．

分布：本州（近畿地方）．京都の花脊峠から記載された種で，分布が局所的であるためか，他の場所では殆ど採集されていない．

アケボノオドリバエ亜科　Subfamily Oreogetoninae

アケボノオドリバエ属　*Oreogeton* Schiner, 1860

タイプ種：*Gloma basalis* Loew.　ヨーロッパ産

形態的特徴

本属は原始的形質を多く残したオドリバエ科の属で，次のような特徴をもつ．雄の複眼はしばしば合眼的，雌は離眼的；触角は3節，第3節は円錐形，触角刺毛は長くやや細い；口吻は短い．胸部の形状は一般的；胸部背板の剛毛は長い．中剛毛，背中剛毛ともに長くよく発達する；背側板に *Empis* 属のように剛毛を生じる．脚はやや細長く，形状は一般的．中腿節の腹面にしばしば強い剛毛を生じる．翅はは幅広く，覆片と臀葉がよく発達し，翅腋角は鋭角；R_4 脈は R_5 脈から大きな角度

図15　アケボノオドリバエ属 *Oreogeton* species.
A：ヤマトアケボノオドリバエ *Oreogeton nippon* ♂　B：ヤマトアケボノオドリバエ *Oreogeton nippon* ♀　C：フサアシアケボノオドリバエ *Oreogeton tibialis* ♂　D：ハナレメアケボノオドリバエ *Oreogeton frontalis* ♂

オドリバエ科　33

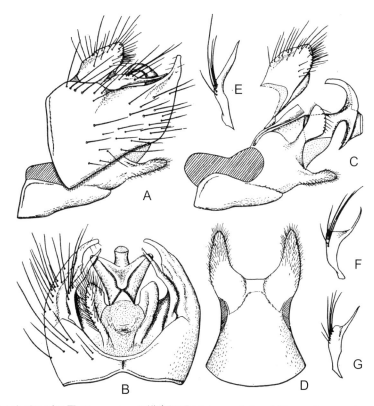

図16　アケボノオドリバエ属 Oreogeton の雄交尾器 Male genitalia of Oreogeton species.
A〜E：ヤマトアケボノオドリバエ Oreogeton nippon　F：フサアシアケボノオドリバエ Oreogeton tibialis　G：ハナレメアケボノオドリバエ Oreogeton frontalis　A：雄交尾器，側面　B：同背面　C：上雄板を除いた交尾器側面　D：下雄板＋生殖枝，腹面　E〜G：上雄突起（surstylus）（Saigusa, 1963より）

で分岐し，そのままほぼ直線状に翅の前縁に達する；中室からは3本のM脈がでる；CuA脈は基方に反転し，cua室は短い．径脈，特にR_1の表面には刺毛が列生する．腹部は円筒形，末端に向かって徐々に細くなる；雄交尾器は後方を向く；雌の腹端は尖り，尾角は常形．

生態および分布

　成虫は山地の渓流の岸辺に生息し，雄は渓畔の草や潅木の葉上に静止し，近くを同種の個体が飛翔するとそれを短距離追飛する．雌は渓流や石清水の湿石上で観察される．成虫は初夏に出現する．日本列島では本州，四国，九州から発見されている．幼生期も北米の種で知られている．幼虫は渓流性．本属はエチオピア区を除く動物地理区に分布し，北半球ではヨーロッパから1種，中国から1種，北米から数種が知られる．日本列島では一般的に個体数が少なく，3種が命名されているほかに，2〜3の未記載種が生息している．南米温帯では種が多く多様であり，その多くはタイプ種の含まれる群とは属として異なる可能性がたかい．

アケボノオドリバエ属 Oreogeton の種の検索表

1a　雄の複眼は合眼的；雄の中腿節の後腹刺毛は先端が尖らず，折れたようになるものが多い（図17-A, B）．翅は淡黄灰色，縁紋は判然としない ··· 2
1b　雄の複眼は離眼的；雄の中腿節の後腹刺毛は先端が尖る；翅は暗色で，縁紋は褐色ないし

34　双翅目

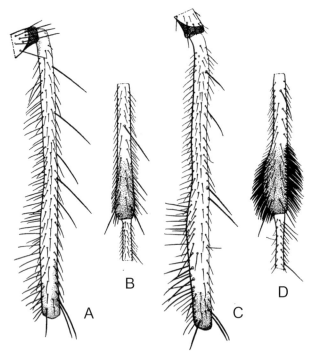

図17　アケボノオドリバエ属 *Oreogeton* の雄中脚　Male middle tibiae of *Oreogeton* species.
A, B：ヤマトアケボノオドリバエ *Oreogeton nippon*　C, D：フサアシアケボノオドリバエ *Oreogeton tibialis*
A, C：左中脛節，前面　B, D：左中脛節先端部と第1跗小節基部，背面（Saigusa, 1963より）

　　　　黒色で顕著（図15-D） ……………………… **ハナレメアケボノオドリバエ**　*Oreogeton frontalis*
　2a　雄の前脛節の先は拡大せず，また幅広い黒刺毛を密生しない（図15-A, B）；小楯板には1対
　　　の剛毛に加えて2〜4本の小刺毛を生じる …**ヤマトアケボノオドリバエ**　*Oreogeton nippon*
　2b　雄の前脛節の先は拡大し，その両側には幅広い黒刺毛を密生する（図15-C）；小楯板には
　　　1対の剛毛を生じるだけで，小刺毛を欠く
　　　　 ……………………………………………… **フサアシアケボノオドリバエ**　*Oreogeton tibialis*

ヤマトアケボノオドリバエ　*Oreogeton nippon* Saigusa, 1963　（図1-G, 15-A, B, 16-A〜E, 17-A, B）
Oreogeton nippon Saigusa, 1963, Sieboldia, 3: 112-114, figs. 1A, B, 2A-E (*Oreogeton*). Type locality: Kanayama (1,300 m alt.), Sudama, Yamanashi Pref., Honshu (Japan).

　頭部及び胸部は黒色，薄く暗灰色粉で覆われる．雄は合眼的，触角は黒色．小楯板剛毛は1対に加えて少数の小刺毛を伴う．脚は暗褐色，前・中脚の腿節端，脛節及び付節は黄色，後脚は膝部と付節が黄色．前脛節の先端は単純；中基節前端に先端が裁断された剛毛を数本生じ，中腿節後腹面に長剛毛を生じ，それらのいくつかは先端が折れたように裁断状，中脛節は中央でやや湾曲し，腹面に端刺毛を立生する．腹部は第1〜3腹節と第4腹節前半が黄色，それ以後は黒褐色．体長：5.1〜7.1 m；翅長：6.0〜6.9 mm．

　分布：本州．山地の小渓流の周囲に生息し，雄は渓畔の葉上に静止し，時折2〜3頭がもつれ合うように短距離上空に飛翔する．

フサアシアケボノオドリバエ（ミヤマセダカオドリバエ）　*Oreogeton tibialis* Saigusa, 1963（図15-C, 16-F）

Oreogeton tibialis Saigusa, 1963, Sieboldia, 3: 115-116, figs. 1C, D, 2F (*Oreogeton*). Type locality: Sengataki, Shōsenkyō, Kōfu, Yamanashi Pref., Honshu (Japan).

雄．前種に大きさや色彩で酷似するが，前脛節の先が拡大し，その両側には幅広い黒刺毛を密生するので容易に識別できる．体長：6.8 mm；翅長：6.7 mm．雌は小楯板剛毛が1対で，小刺毛を伴わない点で前種の雌から識別できる．体長：5.3〜5.8 mm；翅長：6.2〜6.7 mm.

分布：本州（中部地方，東北地方），九州（市房山）．

ハナレメアケボノオドリバエ　*Oreogeton frontalis* Saigusa, 1963（図15-D, 16-G）

Oreogeton frontalis Saigusa, 1963, Sieboldia, 3: 116-117, fig. 2G (*Oreogeton*). Type locality: Kanayama (1,300m alt.), Sudama, Yamanashi Pref., Honshu (Japan).

前2種に酷似したやや小型の種．雄の複眼が離眼的なので，容易に識別できる．体長：5.5〜6.5 mm；翅長：5.7〜6.1 mm.

分布：本州（中部地方，東北地方）．かなり稀な種である．

カマオドリバエ亜科　Subfamily Hemerodromiinae

ヒメカマオドリバエ属　*Hemerodromia* Meigen, 1922

タイプ種：*Tachydromia oratoria* Fallén, 1816　ヨーロッパ産

形態的特徴

カマオドリバエ属 *Cherifera* に外観が酷似するが，翅の第1基室ははるかに短く，第2基室と中室は合一し，cua室を欠く点で容易に識別できる．小型で体翅とも細長いオドリバエ．頭部は細長く，高さより長さの方が大；後頭部は膨らむ；複眼は顔面で接近する；触角刺毛は短い；口吻は細く，ほぼ頭部の高さに等しく，下に伸び，やや後方に曲がる．胸部は前半部が長く伸びる．前脚は捕獲脚に変形し，基節は著しく長く，腿節と等長，腿節は肥大し，下面に棘を列生し，脛節は腿節より際だって短く，下面に直立した刺毛を生じる；中・後脚は細く，常形．翅は細長く，翅腋葉はほとんど発達しないために，翅の基部付近は，基部に向かって一様に細くなる；第1基室は極めて短く，翅の長さの1/3内外；第2基室は中室と合一する；R_4脈はR_5脈から大きな角度で分岐する；M_1脈とM_2脈は中室から生じた共通柄から分岐する；肘室を欠く．

生態および分布

本属の成虫は山地等の渓流の渓畔の下草の上で生活し，小型の昆虫を，前脚で捕獲して摂食するといわれる．一か所に著しく多数の個体が見出されることもある．幼生期はヨーロッパや北米で知られていて，いずれも渓流性である．本属は全動物地理区に分布し，温帯や亜寒帯に限らず熱帯および亜熱帯地域にも分布する．多数の種が知られている．日本列島からは従来記録されていないが，著者の採集データによると，北海道から琉球列島まで各地にわたって10数種が生息している．

セグロヒメカマオドリバエ　*Hemerodromia* sp., Saigusa, 2008（図2-A, 18-A）

Hemerodromia sp., Saigusa, 2008, in Hirashima & Morimoto, Iconographia Insectorum Japonicorum Colore Naturali Edita (Revised edition), 3: 415, pl. 134, fig. 2317 (*Hemerodromia*). Recorded from Kyushu (Japan).

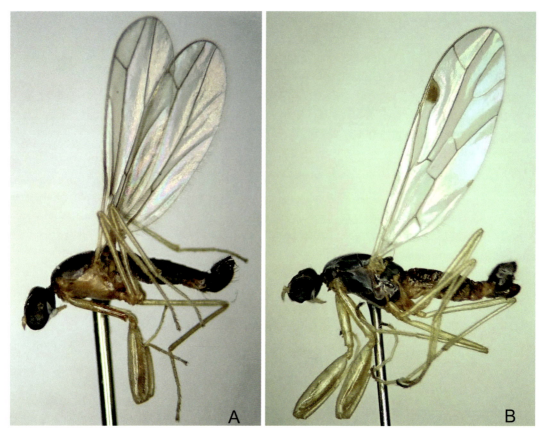

図18 カマオドリバエ亜科 Two species of Hemerodromiinae
A：セグロヒメカマオドリバエ *Hemerodromia* sp. ♂　B：モンクロカマオドリバエ *Chelifera* sp. ♂

　体が黒褐色，胸部側板は赤褐色，翅は透明で，翅脈は黄色．雄交尾器の尾角葉は深く二分し，背方の突起は太く真直ぐ，等の諸点で近似種と識別できる．体長：2.5mm 内外；翅長：2.5mm 内外．
分布：九州．

カマオドリバエ属　*Chelifera* Macquart, 1823

　タイプ種：*Chelifera raptor* Macquart, 1823　ヨーロッパ産

形態的特徴

　やや大型のオドリバエ．体が細く，前脚がカマキリ類の前脚に似た捕獲脚に変形している．頭部は縦長，複眼は離眼的，前額は狭く，顔面は極めて狭く，両複眼は接近する；触角は極めて短く，第3節はほとんど円形，痕跡的な触角刺毛を生じる．口吻は頭部の高さの2/3長，後下方に曲る．胸部は著しく細長く，中胸側板が伸長しているのが特徴的．翅は細く，臀葉を欠き，第1基室は翅のほぼ中央に達し，第2基室は前者より短い；中室がある；R_4脈は翅端近くで大きい角度でR_5脈から分離する；M_1脈とM_2脈は中室から起こる長い共通柄から分岐する；M_3脈がある；cua室は短く，第2基室の1/2長，真直ぐのCuA脈で閉ざされる．前脚は捕獲脚；基節は著しく長く，腿節は肥大し，腹面に微小な棘を密生する；脛節は短く，内側に湾曲する．中・後脚は著しく細長く，単純．腹部は長く，雄交尾器は一般に大型．ヒメカマオドリバエ属 *Hemerodromia* に類似するが，翅の第1基

1514

室は長く，翅の中央にほぼ達し，第2基室は中室から横脈によって確然と分離される；肘室は判然と形成される点で識別できる．

生態および分布

　本属の成虫は山間の渓流の渓畔にそった下草上で生活する．ヒメカマオドリバエ属に比べると一般に個体数は少ない．著者が福岡野河内渓谷で成虫が渓流の淵の直上を多数飛翔することを観察しているが，これが交尾のための群飛かどうかは確認されていない．幼虫は渓流性．

　本属は全動物地理区に分布し，多数の種が知られているが，一般に温帯ないし亜寒帯に種が多い．著者の見解では本属は日本列島にも10種以上が生息するがいずれも未発表．伊藤 (1969) によりモンカマオドリバエ *Chelifera precatoria* Fallén 1種が本州および四国から記録されている．しかし，これは雌が図示されているだけで，近似種が多いために同定には疑問が残る

モンクロカマオドリバエ　　*Chelifera* sp.（図2-B, 18-B）

Chelifera sp., Saigusa, 2008, in Hirashima & Morimoto (eds.), Iconographia Insectorum Japonicorum Colore Naturali Edita (Revised edition), 3: 415, pl. 134, fig. 2316 (*Chelifera*). Recorded from Hokkaido, Honshu, Kyushu (Japan).

　本種は体が黒褐色，触角は全面的に黄色；翅は透明，翅脈は黄褐色，縁紋は黒褐色で半円形，r1室先端部を占め，この部分でR$_{2+3}$脈は縁紋を囲むように湾曲する．脚は黄色．雄交尾器は黒色，尾角葉は菱形，後縁はやや丸みを持つ．体長：4 mm 内外；翅長：4.5 mm 内外．分布：本州，九州．原色昆虫大図鑑3巻で *C. precatoria* モンカマオドリバエの名称で図示された種との関係は不明．ただし *precatoria* では尾角葉は細長く一様に下に湾曲し，終縁は丸みが強い．

　分布：本州，九州．

モンカマオドリバエ　　*Chelifera precatoria* (Fallén, 1816)

Chelifera precatoria Fallén, 1816, Empidiae Sueciae: 34 (*Tachydromia*). Type locality: Ostrogothia [Östergötland] (Sweden).

　本種は伊藤 (1965) により原色昆虫図鑑　第3巻 (205, pl. 103, fig. 2) で記録された．ただし，三枝 (2008) は伊藤の記録の同定に疑義を示している．

　分布：本州（？），四国（？）；欧州．

シブキバエ亜科　　Subfamily Clinocerinae

アケボノシブキバエ属　　*Proclinopyga* Melander, 1928

タイプ種：*Proclinopyvga amplectens* Melander, 1928　北米産

形態的特徴

　暗褐色の渓流性のオドリバエの1群（図19）で次の特徴をもつ．頭部はほぼ球形，中間よりやや上部で胸部に接続する；複眼は離眼的，個眼間刺毛を欠く点で他のシブキバエ類とは異なる．口吻は短くやや太く，唇弁もやや太く，肉質．触角の第3節は長い球根型ないし三角形，先端に細い触角刺毛を生じる．胸部は常形，胸背には2列の中刺毛，1列の背中剛毛はよく発達する；側背板に毛塊を生じる．脚はやや細長く，しばしば変形や特殊な剛毛を生じる；跗節端の爪間板は側爪板に似て，葉状．翅（図20）はやや幅広く，翅腋角は鈍角ではあるが認められ，発達は弱いが翅腋葉

が拡大する点で他のシブキバエ類と異なる．Sc 脈は不完全で，先端部が消失する；第1基室は第2基室より長く，後者は cua 室と等長；R_4 脈はやや大きな角度で R_5 脈から分岐し，後者から徐々に離れていく；中室から3本の M 脈が生じる；CuA 脈は丸みを持って逆走するので cua 室の先端はやや丸みを帯びる．腹部は細く円筒形；雄交尾器（図21）は背側に曲がり，前生殖節の上に位置する．下雄板は短く円錐形；挿入器は先端近くに1対の棘状突起を生じる．

生態および分布

本属の成虫は山地の渓流に生息し，一部の種はやや広い渓流にも生息するが，多くの種は斜面の礫の上を浅く流れる源流域に生息する．成虫は湿石上に静止し，他のシブキバエ類と同様に，水生昆虫の幼虫などを捕食していると考えられるが，確認はされていない．著者はウスリー産の未記載の1種では，♂が♀のすぐ上を短時間飛翔する配偶行動を示したのを観察しているが，この行動はシブキバエ類としては異例で，この仲間の多くは雄が直接雌の上に乗ってから交尾が始まるのが一般的である．幼虫および蛹は水棲であることはほとんど疑いないが，未発見である．本属は北米および東アジアに分布し，ほぼ10種から構成される．日本列島には数種分布し，その内の3種が既知種である．

アケボノシブキバエ属 *Proclinopyga* の種の検索表

1a 翅の縁紋は極めて不明瞭である（図20-A, B）；雄の翅の前縁は正常で，強く前方に張り出さない；雄の中腿節は特に肥大せず，剛毛を密生しない……………………………………… 2

1b 翅には顕著な暗色の縁紋がある（図20-C, D）；雄の翅の前縁は強く張り出すように湾曲する；雄の中腿節は肥大し，長剛毛を密生する
………………………………………ヒロバアケボノシブキバエ　*Proclinopyga pervaga*

2a 大型種（体長3.2〜3.8 mm；翅長4.1〜4.6 mm）；後頭部の下半部には淡色の剛毛を生じる；翅の前縁には短い剛毛を生じない；雄の挿入器の先端は，棘状突起より先が伸長する（図21-C）……………………………………フタトゲアケボノシブキバエ　*Proclinopyga bispinicauda*

2b 小形種（体長2.2〜3.3 mm；翅長3.1〜3.6 mm）；後頭部の剛毛は全て黒色；体は太く；翅の前縁の先2/3に短い剛毛を生じる；雄の挿入器の先端は棘状突起より先がほとんど伸長しない（図21-A, B）………………………トゲハネアケボノシブキバエ　*Proclinopyga seticosta*

トゲハネアケボノシブキバエ　*Proclinopyga seticosta seticosta* Saigusa, 1963（図19-D, 20-B, 21-A, B）

Proclinopyga seticosta Saigusa, 1963, Sieboldia, 3: 91–93, fig. 1 (*Proclinopyga*). Type locality: Magaribuchi, Sagara, Fukuoka Pref., Kyushu (Japan).

小形でやや太めの種．翅の前縁の主要部に通常の刺毛より明らかに長い小剛毛を疎生する．脚はやや短く，特別の構造を欠く．雄交尾器は小形，挿入器は背板葉の先端に達しない．雄．体長：2.2〜2.8 mm；翅長：3.1〜3.5 mm．雌．体長：2.5〜3.3 mm；翅長：3.1〜3.5 mm．

分布：本州，九州．ネパールに別亜種を産する．低山地の渓流に生息し，普通．成虫は早春から中春に現れる．

フタトゲアケボノシブキバエ　*Proclinopyga bispinicauda* Saigusa, 1963（図2-C, 19-C, 20-A, 21-C）

Proclinopyga bispinicauda Saigusa, 1963, Sieboldia, 3: 93–94, fig. 2 (*Proclinopyga*). Type locality: Aizankei, Mt. Daisetsu-zan, Hokkaido (Japan).

前種に比べるとやや大型．後頭部の刺毛が下半部において淡色．翅の前縁には通常の刺毛のみを

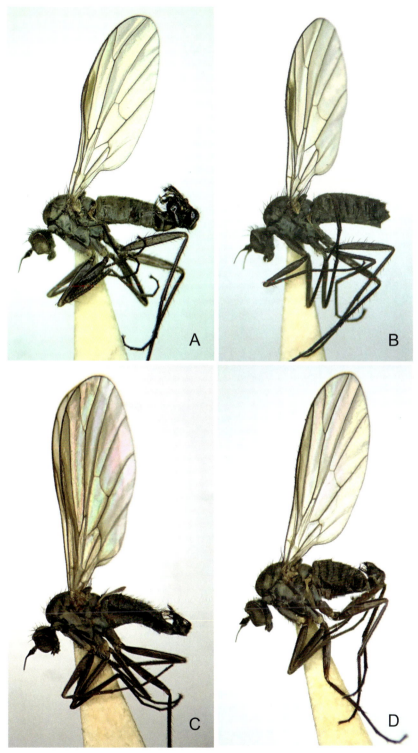

図19　アケボノシブキバエ属 *Proclinopyga* species.
A：ヒロバアケボノシブキバエ *Proclinopyga pervaga* ♂　B：ヒロバアケボノシブキバエ *Proclinopyga pervaga* ♀　C：フタトゲアケボノシブキバエ *Proclinopyga bispinicauda* ♂　D：トゲハネアケボノシブキバエ *Proclinopyga seticosta seticosta* ♂

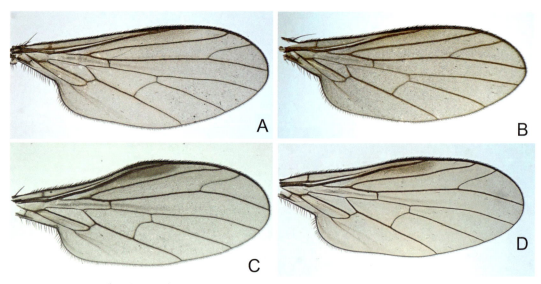

図20 アケボノシブキバエ属の翅 Wings of *Proclinopyga* species.
A：フタトゲアケボノシブキバエ *Proclinopyga bispinicauda* ♂　B：トゲハネアケボノシブキバエ *Proclinopyga seticosta seticosta* ♂　C：ヒロバアケボノシブキバエ *Proclinopyga pervaga* ♂　D：ヒロバアケボノシブキバエ *Proclinopyga pervaga* ♀　（Saigusa, 1963より）

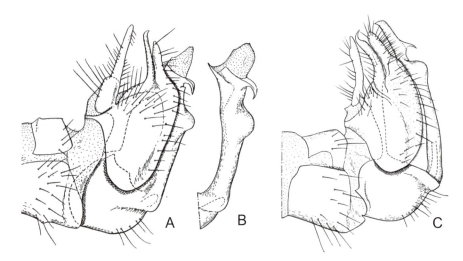

図21 アケボノシブキバエ属の雄交尾器 Male genitalia of *Proclinopyga* species.
A, B：ヒロバアケボノシブキバエ *Proclinopyga seticosta seticosta*　C：フタトゲアケボノシブキバエ *Proclinopyga bispinicauda*　A, C：雄交尾器, 側面　B：挿入器 phallus, 側面

生じ，棘状の刺毛を欠く．雄．体長3.2〜3.4 mm；翅長4.1〜4.5 mm．雌．体長3.6〜3.8 mm；翅長4.2〜4 mm．

　分布：北海道の山地帯から亜高山帯の渓流に生息する．

　ヒロバアケボノシブキバエ　*Proclinopyga peravaga* Collin, 1941（図19-A, B, 20-A, B）

　Proclinopyga pervaga Collin, 1941, Proc. R. Ent. Soc. Lond., (B) 10: 241, fig. 13 (*Proclinopyga*). Type locality: Tigrovaja, Sutshan District (Primorye, Russia).

本種は前2種の中間的な大きさで，翅は幅広い．翅の縁紋は暗褐色で顕著．雄の翅の前縁は中央部に向かって強く張り出す．雄の中腿節は肥大して，腹面に多数の長い刺毛を密生する特徴で容易に識別できる．体長：3.0～3.5 mm；翅長：3.5～4.4 mm.

分布：北海道．低山地から山地の渓流に普通．ロシア沿海州から最初記載された種である．初夏から盛夏に発生する．

ナミシブキバエ属　*Clinocera* Meigen, 1803

タイプ種：*Clinocera nigra* Meigen, 1804．ヨーロッパ産

形態的特徴

成虫：頭部はほぼ球形，中間よりやや上部で胸部に接続する；複眼は離眼的，微毛を密生する．顔面に毛を欠く；口吻は短く，唇弁は太く，肉質；触角の第3節は球根型，触角刺毛は細長い．胸部はやや細長いがほぼ常形．胸背の刺毛は少なく，背中剛毛は少数で顕著；側背板に毛塊がある；脚はかなり細長いが，捕獲脚には変形しない；前腿節の腹面にはやや強い刺毛を生じる；脚の先端の爪間盤は幅広く，葉状．翅は細長く，翅腋葉は発達しないために，翅の基部は根本に向かって一様に細くなる；Sc脈は完全．基室は短く第1基室は第2基室より長く，後者はcua室とほぼ等長．R_4脈はR_5脈から分岐後，両脈はほぼ平行に走る；中室から3本のM脈が独立に生じる；cua室は第2基室より短く，CuA脈は逆走するので，cua室の先端は丸みを帯びる．腹部は細く，円筒形．雄交尾器は上を向き，前生殖節の上に覆い被さる；下雄板は円錐形で，先端に細長い挿入器が関節する．

生態および分布

成虫は渓流や滝の両側の湿石上，石清水の岩の表面やコケ類の上などで生活し，そこに生息する．水生昆虫の幼生，時には羽化直後の成虫などを捕食する．シブキバエ類は一般に唇弁が肉質で，短く太く変形していて，これで湿石面を探って水生昆虫の幼生等を捕食する．本属の種は一般に不活発で，素早く飛び去ることは少ない．幼虫は渓流性．

本属は世界的に広く分布するが，温帯から亜寒帯にかけて種が多い．本属は日本列島から従来学名をもって記録されていないが，著者の知見では約10種が分布している．次種は未記載種であるが，以下のように記録されている．

ハマダラシブキバエ　*Clinocera* sp.（図2-D, 22-A）

Clinocera sp., Saigusa, 2008. in Hirashima & Morimoto (eds.), Iconographia Insectorum Japonicorum Colore Naturali Edita (Revised edition), 3: 413, pl. 134, fig. 2309 (*Clinocera*). Recorded from Hokkaido, Honshu (Japan).

本種はシブキバエ属としては大型種．翅に独特の暗褐色紋を現すので，近似種から容易に区別できる．

分布：北海道，本州．亜高山帯から高山帯に生息し，小渓流や雪渓の下端の細流にみいだされる．

トゲナシシブキバエ属　*Wiedemannia* Zetterstedt, 1838

タイプ種：*Wiedemannia borealis* Zetterstedt, 1838　ヨーロッパ産

形態的特徴

ナミシブキバエ属 Clinocera に極めて類似するが，複眼の下から口縁までの頬が長く伸びる，前腿節の腹面は軟毛で被われ，強い刺毛を欠くこと，雄交尾器の挿入器はその先端につく鞭状部が主部と関節すること等の諸点で識別される．

生態および分布

本属の種は渓流の飛沫のかかる湿石面で生活し，ナミシブキバエ属と同様に水生昆虫の幼虫等を捕食する．一般に活発で，周辺に異常を察知すると水面を滑るように飛翔して逃げて，別の濡れた石に移動する．幼生期は渓流性．本属は全北区温帯に生息し，多数の種が知られている．著者の知見では日本列島に数種が生息しており，そのうちの1種，次のオオケアシシブキバエ W. simplex (Loew) が三枝（2008）により北海道や本州からから記録されている．

オオケアシシブキバエ *Wiedemannia simplex* (Loew, 1862)（図2-E, 22-B）

Wiedemannia simplex Loew, 1862, Berlin. Entomol. Z., 6: 207 (*Clinocera*). Type locality: Hudson's Bay Territory (Ontario, Canada).

大型のシブキバエ．体色は他のシブキバエ類と同様に背面が暗色で側面が青味を帯びた灰色．複眼の下に発達した頬は複眼の高さの約1/2，胸背には短い中刺毛が2列に生じる；側背板の毛は淡色．翅はやや媒色を帯び，翅脈は黒褐色；縁紋は淡褐色で細長い；M_1脈とM_2脈基部が著しく近接するために，中室端は尖る．脚は暗褐色，灰色粉で薄く覆われる；腿節は棘を欠き，前腿節腹面には長めの毛が密生し，基半部のものは淡色．雄交尾器の背板葉の突起は大型，二叉し，前枝は短く，後枝は幅広く先が丸く終わる．体長：4.5 mm内外；翅長：5.5 mm内外．

分布：北海道（大雪山愛山渓），本州（飛騨山脈燕岳山麓）；北米．

成虫は山地の渓流に生息する．ケミャクシブキバエ属 *Trichoclinocera* の各種のように敏捷ではないので，採集は容易である．

ケミャクシブキバエ属 *Trichoclinocera* Collin, 1941

タイプ種：*Trichoclinocera stackelbergi* Collin, 1941　ロシア沿海州産

形態的特徴

ナミシブキバエ属 *Clinocera* に極めて類似するが，頬部はやや発達し，脚はより一層長く，翅のR_1脈の表面に刺毛を列生する点で容易に識別できる．トゲナシシブキバエ属 *Wiedemannia* とはR_1脈上の刺毛列や，前腿節腹面に多数の強い棘や剛毛を生じる点で識別できる．翅も一般に上記2属より細長い．

生態および分布

本属の種は一般に渓流の飛沫のかかる湿石面で生活し，活発に表面を歩行しながら，そこに潜む水生昆虫の幼虫や羽化直後の成虫等を捕食する．周辺の異常を察知すると滑るように水面に下りて水面を滑走するように飛翔して，別の湿石上に移動する．一部の種（例えば *T. dasyscutellum*）では源流域の細流に生息し，また中国大陸の種には岩清水に生息するものもある．幼虫は渓流性（シノギケミャクシブキバエ *T. shinogii* とキシベケミャクシブキバエ *T. miranda* の2種は成虫の生息環境から渓流性とは考えられない）．本属は主に北米と東アジアから中央アジアに分布し，1種だけ

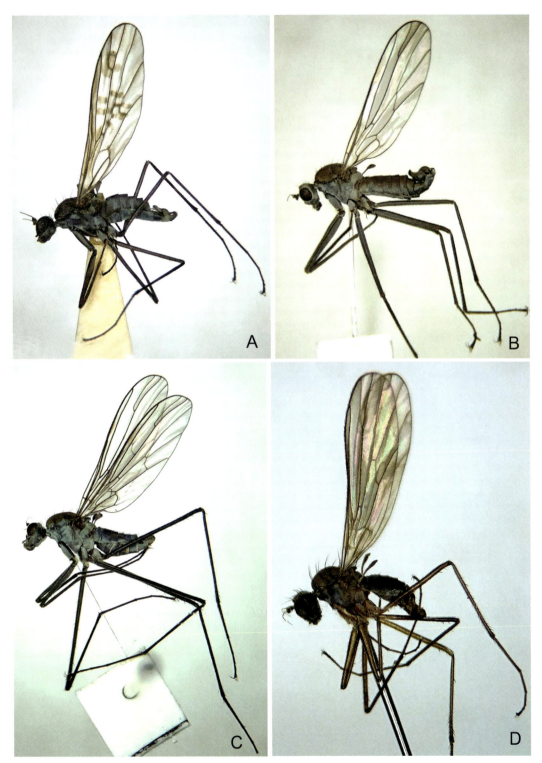

図22 シブキバエ亜科 Males of Clinocerinae.
A：シブキバエ属の1種 *Clinocera* sp. ♂（赤石山脈仙丈岳産）　B：オオケアシシブキバエ *Wiedemannia simplex* ♂　C：オオケミャクシブキバエ *Trichoclinocera grandis* ♂，ホロタイプ標本 Holotype　D：トゲスネケミャクシブキバエ *Trichoclinocera dasyscutellum* ♂，ホロタイプ標本 Holotype

T. lapponica (Ringdahl, 1933) が周北極性で，北欧にも分布している．日本列島の種は最近 Saigusa & Sinclair (2016) によって詳細な研究が発表されている．

ケミャクシブキバエ属 *Trichoclinocera* の種の検索表

1a 小楯板には後縁に生じる小楯板剛毛に加えて背面に弱い刺毛を生じる；顔面は平坦，その下縁には小さい切れ込みがある；後腿節には1本の顕著な前腹剛毛が亜端部から生じる
    ································· ハイイロケミャクシブキバエ　*T. dasyscutellum*
1b 小楯板は後縁に小楯板剛毛を生じるが，背面は裸で小刺毛を生じない；顔面は顕著に膨らみ，その下縁に大きく切れ込みを生じる；後腿節の亜端部には1本の顕著な前腹剛毛を生じないが，中程度の長さの前腹および後腹剛毛を生じる ·· 2
2a 後脛節の基部には各1本の後背刺毛と前背刺毛を生じる ································· 3
2b 後脛節の基部には1対の背刺毛を生じない ··· 5
3a 中腿節と後腿節は後背剛毛を生じる；顔面は褐色ないし青色の粉で覆われる ············· 4
3b 中腿節と後腿節は後背剛毛を欠く；顔面は青色の粉で覆われる
    ································· オオケミャクシブキバエ　*T. grandis*
4a 翅に縁紋を表すが，時にはやや薄くなる（図24-D）；顔面は明るい青色の粉で覆われる，雄の前腿節には4〜6本の前腹剛毛が基部に生じ，これらの長さは腿節の厚みにほぼ等しい（図27-A, B）；雌の第7腹節腹板は後縁にほぼ一様に配列された強い刺毛を生じる（図35-A〜C） ································· エンモンケミャクシブキバエ　*T. stigmatica*
4b 翅に縁紋を欠く（図24-H）；顔面は白っぽい粉で被われる；雄の前腿節は基部に向かって長さを増す前腹刺毛を具える（図27-C, D）；雌の第7腹板は後縁に腹中線部と1対の亜側部の群に分かれる刺毛を生じる（図35-D, E） ··· タカギケミャクシブキバエ　*T. takagii*
5a 顔面は褐色で青色の粉で被われない；雄交尾器の尾角葉は先半部で細くなる（図33-B）；雌の前腿節は腿節基部の厚みに殆ど等しい長さの少数（2〜5）の直立した長くて細い淡色毛を具える（図28-C, D） ································· ホソケミャクシブキバエ　*T. gracilis*
5b 顔面は青色の粉で被われる；雄交尾器の尾角葉は先端部岳が細くなる；雌の前腿節はその基部1/4に直立した顕著な細毛を持たないか（図29-C, D, 30-A, B, C, D），あるいは膨らんだ基部に強い刺毛を生じる（図28-A, B ハイイロケミャクシブキバエ *T. fuscipennis* のように） ·· 6
6a 翅の R_4 脈と R_5 脈の分岐は翅縁に向かって徐々に開いていく；R_4 脈の角張ったように曲がらず，緩やかに湾曲する（図24-D, F） ·· 7
6b 翅の R_4 脈と R_5 脈の分岐は翅縁に向かったほぼ平行して走る；R_4 脈の基部は角張って曲がる（図24-A, E） ·· 8
7a 中胸楯板の側縁と肩瘤にかけて幅広い青色の粉で被われた帯状部がある；雄の前腿節は密集した状態で配列された棘状の前腹剛毛を具える（図26-E, F）；雌の前腿節の前腹面には短い棘状の剛毛列を欠く（図30-C, D）；雄交尾器の尾角葉は中央部が広がる（図34-B）
    ································· シノギケミャクシブキバエ　*T. shinogii*
7b 中胸楯板の側縁から肩瘤にかけて青色の粉で被われる帯状部を欠く；雄の棘状の前腹剛毛は密集した列状にはならず，分散してしかもその長さは一様ではない（図26-A, B）；雌の前腿節は短い棘状の前腹剛毛列を具える（図29-C, D）；雄の尾角葉は側縁が平行している（図33-D） ································· キシベケミャクシブキバエ　*T. miranda*

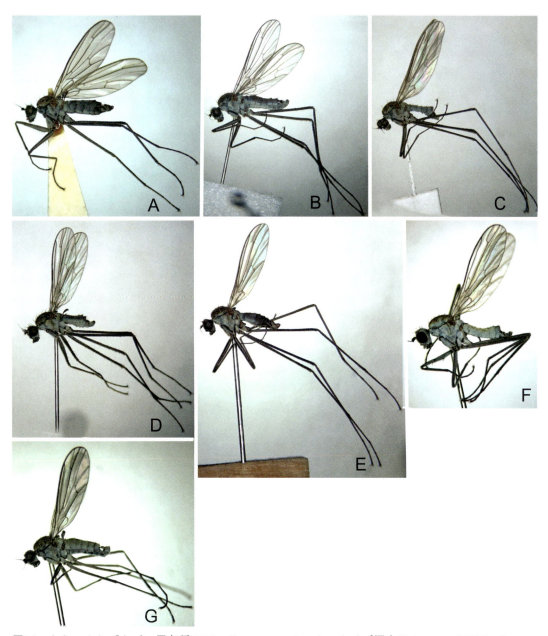

図23 ケミャクシブキバエ属各種 *Trichoclinocera* species ホロタイプ標本 Holotypes of *Trichoclinocera* species.
A：ハイイロケミャクシブキバエ *Trichoclinocera fuscipennis*, ホロタイプ♂ holotype   B：エンモンケミャクシブキバエ *Trichoclinocera stigmatica*, ホロタイプ♂ holotype   C：ミヤマケミャクシブキバエ *Trichoclinocera setigera*, ホロタイプ♂ holotype   D：タカギケミャクシブキバエ *Trichoclinocera takagii*, ホロタイプ♂ holotype   E：ホソケミャクシブキバエ *Trichoclinocera gracilis*, ホロタイプ♂ holotype   F：シノギケミャクシブキバエ *Trichoclinocera shinogii*, ホロタイプ♂ holotype   G：キシベケミャクシブキバエ *Trichoclinocera miranda*, ホロタイプ♂ holotype

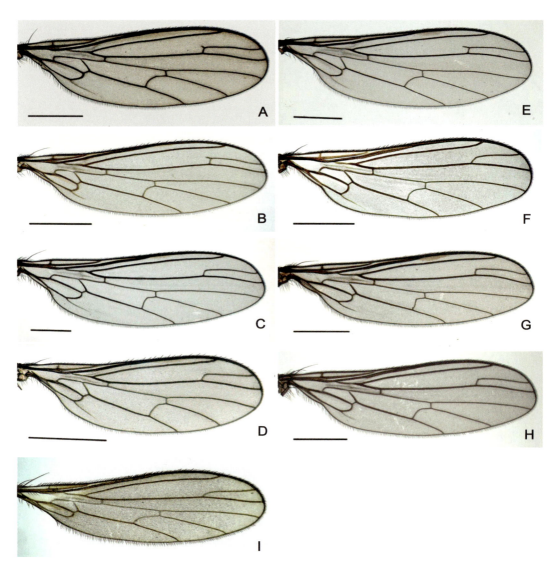

図24 ケミャクシブキバエ属 *Trichoclinocera* spp. の雄の翅 Male wings of *Trichoclinocera* species.
A：ハイイロケミャクシブキバエ *Trichoclinocera fuscipennis*　B：ホソケミャクシブキバエ *Trichoclinocera gracilis*
C：オオケミャクシブキバエ *Trichoclinocera gandis*　D：キシベケミャクシブキバエ *Trichoclinocera miranda*
E：ミヤマケミャクシブキバエ *Trichoclinocera setigera*　F：シノギケミャクシブキバエ *Trichoclinocera shinogii*
G：エンモンケミャクシブキバエ *Trichoclinocera stigmatica*　H：タカギケミャクシブキバエ *Trichoclinocera takagii* Saigusa & Sinclair　I：トゲスネケミャクシブキバエ *Trichoclinocera dasyscutellum*　（A～H：Saigusa & Sinclair, 2016より）横バーは1mm

- 8a 雄の前腿節の基半部には棘状の後腹剛毛列を具える（図25-A, B）；雌の前腿節は基半部には長くて強い毛状の刺毛を生じる（図28-A, B）；雄交尾器の挿入器は先端に線状の突起を欠く（図32-B, 33-A） ……………………… **ハイイロケミャクシブキバエ**　*T. fuscipennis*
- 8b 雄の前腿節の基半部には棘状の後腹剛毛列を欠く（図26-C, D）；雌の前腿節は基半部には長くて強い毛状の刺毛を欠く（図30-A, B）；雄交尾器の挿入器は先端に線状の突起を具える（図34-A） ……………………………… **ミヤマケミャクシブキバエ**　*T. setigera*

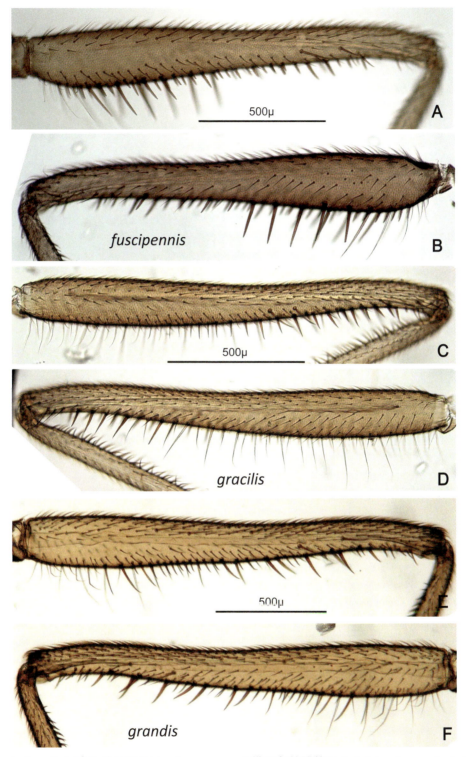

図25 ケミャクシブキバエ属 *Trichoclinocera* spp. の雄の左前腿節 Male left fore femora (anterior and posterior aspects) of *Trichoclinocera* species.
A, B：ハイイロケミャクシブキバエ *Trichoclinocera fuscipennis*　C, D：ホソケミャクシブキバエ *Trichoclinocera gracilis*　E, F：オオケミャクシブキバエ *Trichoclinocera gandis*　A, C, E：左前腿節，前面　B, D, F：同，後面　（Saigusa & Sinclair, 2016を再編集）

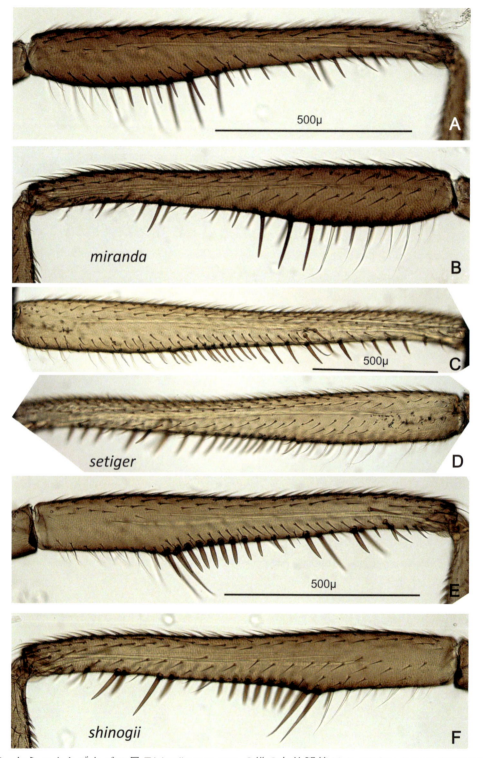

図26 ケミャクシブキバエ属 Trichoclinocera spp. の雄の左前腿節 Male left fore femora (anterior and posterior aspects) of Trichoclinocera species.
A, B：キシベケミャクシブキバエ Trichoclinocera miranda　C, D：ミヤマケミャクシブキバエ Trichoclinocera setigera　E, F：シノギケミャクシブキバエ Trichoclinocera shinogii　A, C, E：左前腿節，前面　B, D, F：同，後面　（Saigusa & Sinclair, 2016を再編集）

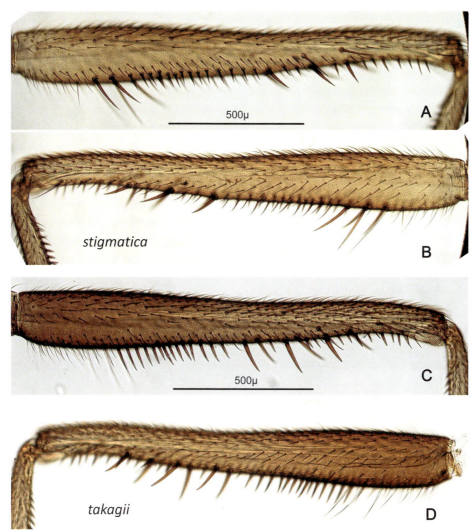

図27　ケミャクシブキバエ属 Trichoclinocera spp. の雄の左前腿節 Male left fore femora (anterior and posterior aspects) of Trichoclinocera species.
A, B：エンモンケミャクシブキバエ Trichoclinocera stigmatica　C, D：タカギケミャクシブキバエ Trichoclinocera takagii　A, C：左前腿節，前面　B, D：同，後面　（Saigusa & Sinclair, 2016を再編集）

ハイイロケミャクシブキバエ（ケミャクシブキオドリバエ）　*Trichoclinocera fuscipennis* Saigusa, 1965（図23-A, 24-A, 25-A, B, 28-A, B, 32-B, 33-A）

Trichoclinocera fuscipennis Saigusa, 1965, Kontyû, 33: 55-57, fig. 2 (*Trichoclinocera*). Type locality: Magaribuchi, Sagara, Fukuoka Pref. (Honshu, Japan).

　大型種（図23-A）．顔面は青色の粉で被われ中央に褐色帯がある；翅（図24-A）に明瞭な縁紋を欠く；R_4脈とR_5脈は並行に走り，R_4脈の基部は屈曲する；後脛節基部に1対の背刺毛を欠く；前腿節（図25-A, B）は前腹面と後腹面に強い棘状の剛毛を生じ，後腹面の剛毛は基半部で長く，腿節幅とほぼ等長；雌の前腿節（図28-A, B）の基半部には長くて強い毛状の刺毛を具える；雄交尾器（図32-B, 33-A）の把握尾角（clasping cercus）は細長く，指状，先端部は尖る．挿入器の先端にはひも状の突起を欠く．体長：3.2～4.8 mm；翅長：3.8～5.2 mm.

50　双翅目

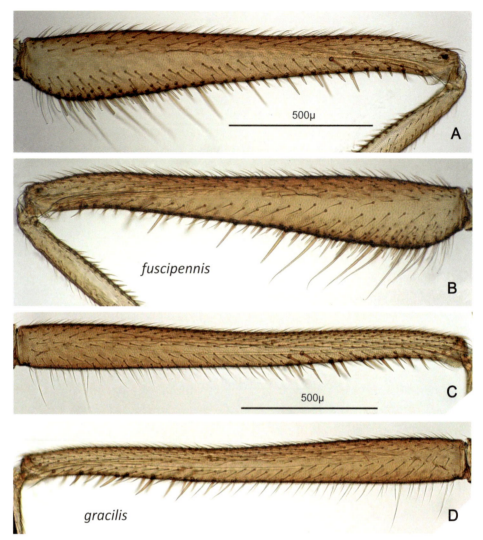

図28　ケミャクシブキバエ属 Trichoclinocera spp. の雌の左前腿節 Female left fore femora (anterior and posterior aspects) of Trichoclinocera species.
A, B：ハイイロケミャクシブキバエ Trichoclinocera fuscipennis　C, D：ホソケミャクシブキバエ Trichoclinocera gracilis
A, C：左前腿節，前面　B, D：同，後面　（Saigusa & Sinclair, 2016を再編集）

分布：本州，四国，九州．低山地の渓流に生息し，成虫は中春から盛夏にかけて出現する．普通種．
ホソケミャクシブキバエ（新称）　Trichoclinocera gracilis Saigusa & Sinclair, 2016（図23-E, 24-B, 25-C, D, 28-C, D, 33-B）

　Trichoclinocera gracilis, Saigusa & Sinclair, 2016, Zootaxa, 4103 (3): 207-209, figs. 4B, 6, 9 B, 12D-F, 16B, 17C, D, 18C, DJ (Trichoclinocera). Type locality: Minamata , Kumamoto Pref. (Kyushu, Japan).
　中型種（図23-E）．体翅共に細長い種，顔面は暗褐色；翅（図24-B）に明瞭な縁紋を欠く；翅の R_4 と R_5 脈は並行に走り，R_4 脈の基部は屈曲する；雄の後脛節基部に1対の背刺毛を欠く；前腿節（図25-E, F）の腹面の刺毛の殆どは細くて淡色，中・後脚に前背および後背刺毛を欠く；雌の前腿節（図28-C, D）は雄のそれより細く，棘や毛も細い；雄交尾器（図33-B）の把握尾角は基部が広く尖っ

1528

オドリバエ科　51

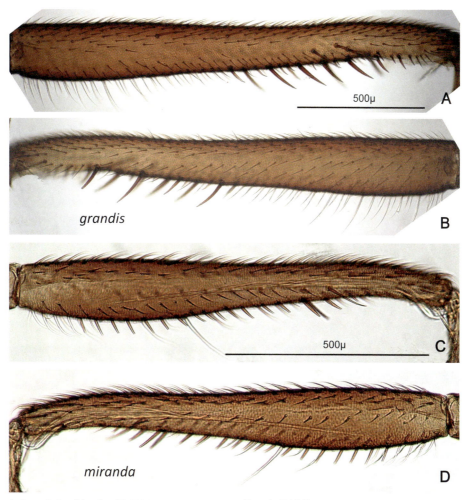

図29　ケミャクシブキバエ属 *Trichoclinocera* spp. の雌の左前腿節 Female left fore femora (anterior and posterior aspects) of *Trichoclinocera* species.
A, B：オオケミャクシブキバエ *Trichoclinocera gandis*　C, D：キシベケミャクシブキバエ *Trichoclinocera miranda*　A, C：左前腿節，前面　B, D：同，後面　（Saigusa & Sinclair, 2016を再編集）

た先端に向かって急激に細くなる：翅長：3.8〜4.0 mm.
　分布：本川，四国，九州．本種は低山地から山地の渓流に生息するが，他の本属の種に比べると個体数が少ない．初夏から盛夏にかけて成虫が出現する．
　オオケミャクシブキバエ（新称）　*Trichoclinocera grandis* Saigusa & Sinclair, 2016（図22-C, 24-C, 25-E, F, 29-A, B, 33-C）
　Trichoclinocera grandis, Saigusa & Sinclair, 2016, Zootaxa, 4103 (3): 209–211, figs. 3C, D, 4C, 7, 9C, 13A–C, 16C, 17E, F, 18E, F4 (*Trichoclinocera*). Type locality：Kanayama, Sudama, Yamanashi Pref. (Honshu, Japan).
　大型種（図22-C），顔面が空色の粉で被われる：翅（図24-C）は顕著な縁紋を欠く；R_4脈とR_5脈は並行に走り，R_4脈の基部は屈曲する；後脛節基部背面には1対の背刺毛を具える；中・後脚に強い前背剛毛を生じるが，後背剛毛を欠く；雄後脛節の基部には1対の背刺毛を生じる；雄の前腿節（図25-E, F）の腹面には先の2/3に顕著な棘を生じる；雌の前腿節（図29-A, B）は先半部に顕著な

1529

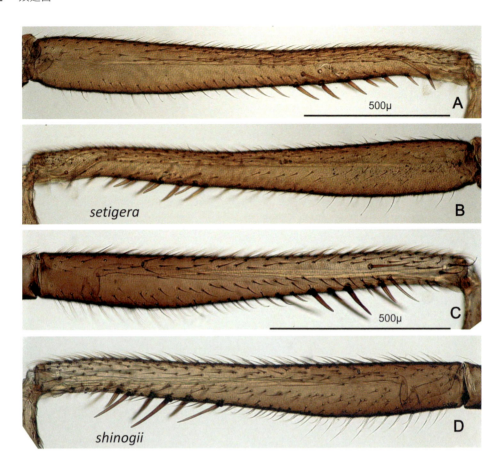

図30 ケミャクシブキバエ属 *Trichoclinocera* spp. の雌の左前腿節 Female left fore femora (anterior and posterior aspects) of *Trichoclinocera* species.
A，B：ミヤマケミャクシブキバエ *Trichoclinocera setigera*　C，D：シノギケミャクシブキバエ *Trichoclinocera shinogii*　A，C：左前腿節，前面　B，D：同，後面　(Saigusa & Sinclair, 2016を再編集)

棘を生じる；雄交尾器（図33-C）の把握尾角は基半部が幅広く，先半部は尖った先端に向かって急激に細くなる；翅長：5.6〜6.4 mm.

分布：北海道，本州，四国，九州．本種は日本列島各地の低山地から山地の渓流に極めて普通の種で，早春から晩秋まで長期間成虫の活動が見られる．

キシベケミャクシブキバエ（新称）　*Trichoclinocera miranda* Saigusa & Sinclair, 2016（図23-G，24-D，26-A，B，29-C，D，33-D）

Trichoclinocera miranda, Saigusa & Sinclair, 2016, Zootaxa, 4103 (3): 212-213, figs. 4D, 6, 9D, 13D-F, 16D, 17G, H, 18G, H (*Trichoclinocera*). Type locality: Kushidagawa, Shôchô, Matsusaka, Mie Pref. (Honshu, Japan).

小型種（図23-G）．顔面は中央に褐色のバンドを表す；翅（図24-D）に明瞭な縁紋を欠く；翅の R_4，R_5 脈が平行に走らずに，先端に向かって離れる；R_4 脈の基部は屈曲しないで，緩やかに湾曲する；雄の後脛節基部に1対の背刺毛を欠く；雄の前腿節（図26-A，B）の前腹域の棘状の剛毛は一様に広がり，その長さには幅がある；雄交尾器の把握尾角は両縁がほぼ平行，緩やかに背方に湾曲し，先端は丸い．翅長：2.9〜3.5 mm.

分布：分布（近畿地方）．本種の生息場所はシノギケミャクシブキバエ *T. shinogii* と共に本属と

オドリバエ科 53

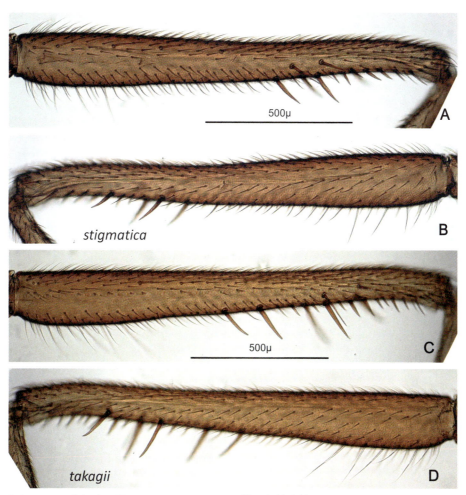

図31　ケミャクシブキバエ属 *Trichoclinocera* spp. の雌の左前腿節 Female left fore femora (anterior and posterior aspects) of *Trichoclinocera* species.
A, B：エンモンケミャクシブキバエ *Trichoclinocera stigmatica*　C, D：タカギケミャクシブキバエ *Trichoclinocera takagii*　（Saigusa & Sinclair, 2016を再編集）

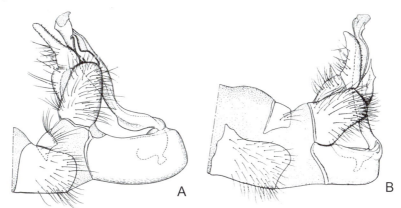

図32　ケミャクシブキバエ属 *Trichoclinocera* 2種の雄交尾器，側面 Lateral aspects of male genitalia of *Trichoclinocera* species.
A：トゲスネケミャクシブキバエ *Trichoclinocera dasyscutellum*　B：ハイイロケミャクシブキバエ *Trichoclinocera fuscipennis*　（Saigusa, 1965より）

1531

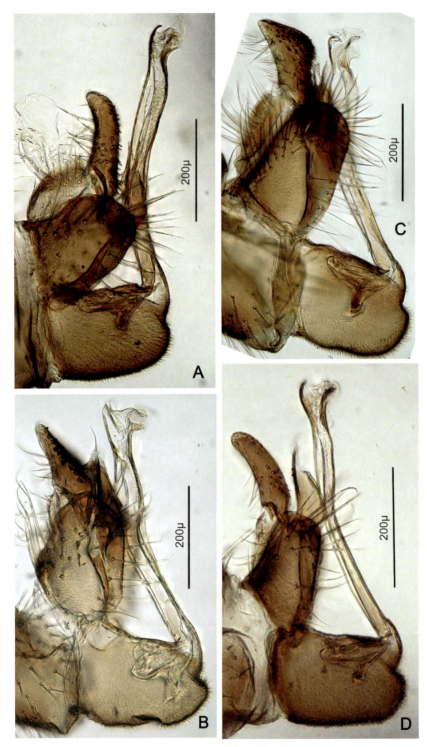

図33 ケミャクシブキバエ属 *Trichoclinocera* spp. の雄交尾器，側面 Lateral aspects of male genitalia of *Trichoclinocera* species.
A：ハイイロケミャクシブキバエ *Trichoclinocera fuscipennis*　B：ホソケミャクシブキバエ *Trichoclinocera gracilis*　C：オオケミャクシブキバエ *Trichoclinocera gandis*　D：キシベケミャクシブキバエ *Trichoclinocera miranda*　（Saigusa & Sinclair, 2016を再編集）

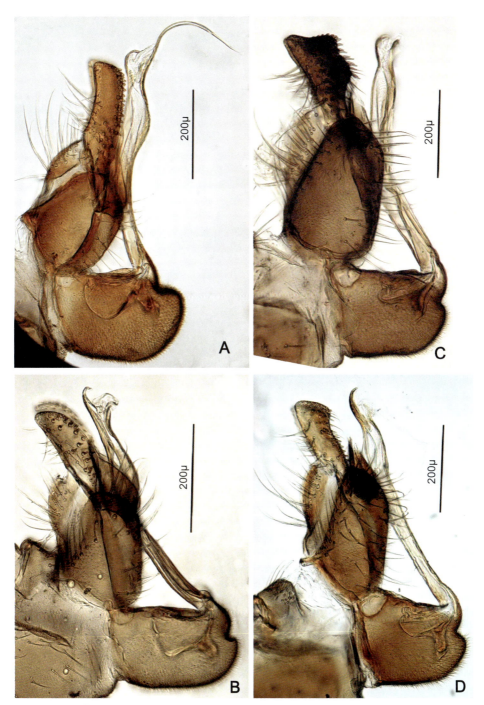

図34 ケミャクシブキバエ属 *Trichoclinocera* spp. の雄交尾器，側面 Lateral aspects of male genitalia of *Trichoclinocera* species.
A：ミヤマケミャクシブキバエ *Trichoclinocera setigera*　B：シノギケミャクシブキバエ *Trichoclinocera shinogii*　C：エンモンケミャクシブキバエ *Trichoclinocera stigmatica*　D：タカギケミャクシブキバエ *Trichoclinocera takagii*　（Saigusa & Sinclair, 2016を再編集）

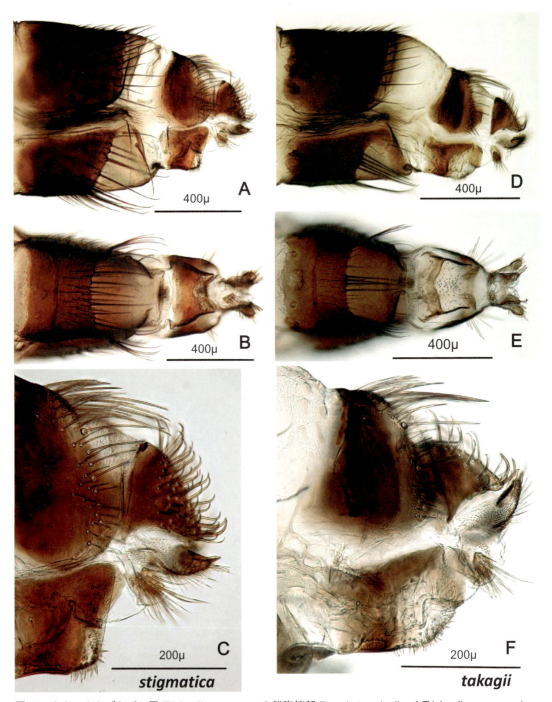

図35 ケミャクシブキバエ属 *Trichoclinocera* spp. の雌腹端部 Female terminalia of *Trichoclinocera* species. A〜C：エンモンケミャクシブキバエ *Trichoclinocera stigmatica*　D〜F：タカギケミャクシブキバエ *Trichoclinocera takagii*　A, D：側面, B, E：腹面, C, F：先端部, 側面　（Saigusa & Sinclair, 2016を再編集）

しては極めて特異．山地渓流には生息しないで，低地等の緩やかに流れる河川の下流域に生息し，河川の湿った砂や泥の川岸や浅く礫が多い部分等を主な生息場所にしている．

ミヤマケミャクシブキバエ（新称） *Trichoclinocera setigera* Saigusa & Sinclair, 2016（図23-C，24-E，26-C, D，30-A, B，34-A）

Trichoclinocera setigera, Saigusa & Sinclair, 2016, Zootaxa, 4103 (3): 213-215, figs. 8A, 9E, 10, 14A-C, 16E, 17I, J, 18I, J (*Trichoclinocera*). Type locality: Hirogawara, Kitadake, Yamanashi Pref. (Honshu, Japan).

大型種（図23-C）．顔面は青色の粉で被われる；中胸楯板は暗色；中・後脚に前背及び後背剛毛を欠く；翅（図24-E）に明瞭な縁紋を欠く；翅のR_4とR_5脈は並行に走り，R_4脈の基部は屈曲する；雄の後脛節基部に1対の背刺毛を欠く；雄の前腿節（図26-C, D）は棘状の後腹刺毛を欠く；雌の前腿節（図30-A, B）は基部1/4に顕著な直立した細い淡色の毛を欠く；雄交尾器（図34-A）の把握尾角はやや幅広く，端縁は斜め，挿入器先端には1対のひも状突起をもつ．翅長：5.2〜5.6 mm.

分布：本州（東北・中部地方）．本種は本州中部の山岳地帯に生息し，本属としては最も高所に分布する．成虫は盛夏に採集されている．

シノギケミャクシブキバエ（新称） *Trichoclinocera shinogii* Saigusa & Sinclair, 2016（図23-F，24-F，26-E, F，30-C, D，34-B）

Trichoclinocera shinogii, Saigusa & Sinclair, 2016, Zootaxa, 4103 (3): 215-217, figs. 8B, 9F, 10, 14D-F, 16F, 17K, L, 18K, L (*Trichoclinocera*). Type locality: Kushidagawa, Shôchô, Matsusaka, Mie Pref. (Honshu, Japan).

小型種（図23-F）．顔面は前面的に青色の粉で被われ，中央帯を欠く；中胸楯板と翅後瘤を結ぶ部分は帯状に青色の粉で覆われる；翅（図24-F）に明瞭な縁紋を欠く；R_4とR_5脈は平行に走らず，先に向かって離れ，R_4脈の基部は角張らずに緩やかに湾曲する；雄の後脛節基部に1対の背刺毛を欠く；雄の前腿節（図26-E, F）には密集して列状に並ぶ棘状の前腹剛毛を具える；雌の前腿節（図30-C, D）の前腹面には短い棘状の刺毛列を欠く；雄交尾器（図34-B）の把握尾角は中央部が幅広くなる．翅長：3.2〜3.7 mm.

分布：本州（近畿・東海地方）．

本種とキシベケミャクシブキバエの2種は急流が岩を食むように流れる渓流には生息しないで，平地を緩やかに流れる河川の岸辺の湿った砂や泥の上や，小さな礫を含む浅瀬等に生息し，その生息状況はアシナガバエ科の*Hydrophorus*属に似て，ケミャクシブキバエ属としては極めて例外的で特異である．生息場所では個体数が極めて多い．これら両種は最初三重県津市の篠木善重氏が松阪市の平地を流れる櫛田川で発見されたものである．これら両種は更に共通して翅のR_4脈とR_5脈が平行に走らず，緩やかに相互にはなれていき，R_4脈の基部が角張って屈曲しない点でも本属としては極めて例外的である．

エンモンケミャクシブキバエ（新称） *Trichoclinocera stigmatica* Saigusa & Sinclair, 2016（図23-B，24-G，27-A, B，31-A, B，34-C，35-A〜C）

Trichoclinocera stigmatica, Saigusa & Sinclair, 2016, Zootaxa, 4103 (3): 217-218, figs. 8C, 9G, 10, 15A-C, 16G, 17M, N, 18M, N (*Trichoclinocera*). Type locality: Kyûsuikei, Kujûsan, Oita Pref. (Kyushu, Japan).

大型種（図23-B）．顔面は青色の粉で覆われる；翅（図24-G）には顕著な縁紋を表す；翅のR_4とR_5脈は並行に走り，R_4脈の基部は強く屈曲する；雄の前腿節（図27-A, B）には4〜6本の前腹刺毛を具え，これらの長さは腿節幅にほぼ等しい；中・後腿節に前背及び後背剛毛を生じる；雄後脛節の基部には1対の背刺毛を生じる；雌の第7腹節腹板（図35-A〜C）の後縁にはほぼ一様に配列された強い刺毛を具える；雄交尾器（図34-C）の把握尾角は中央部が最も広く，先半部の基半

部でコブ状に膨らみ，先端は尖る；翅に顕著な縁紋を表す形質が本種の最も顕著な特徴である．翅長：4.8〜5.4 mm.

分布：九州．本種は九州の低山地から山地の渓流に生息し，春から盛夏にわたって成虫が活動する．

タカギケミャクシブキバエ（新称） *Trichoclinocera takagii* Saigusa & Sinclair, 2016（図23-D, 24-H, 27-C, D, 31-C, D, 34-D, 35-D〜E）

Trichoclinocera takagii, Saigusa & Sinclair, 2016, Zootaxa, 4103 (3): 219-220, figs. 8D, 9H, 11, 15D-F, 16H, 17O, P, 18O, P (*Trichoclinocera*). Type locality: Ichiu, Tokushima Pref. (Shikoku, Japan).

中型種（図23-D）；顔面は青粉で覆われる；翅（図24-H）に明瞭な縁紋を欠く；翅の R_4 と R_5 脈は並行に走り，R_4 脈の基部は屈曲する；雄後脛節の基部には1対の背刺毛を生じる；雄の前腿節（図27-C, D）には基部に向かって長くなる前腹刺毛を生じ，基部の刺毛の長さは腿節の厚みの約1/2；中・後腿節に前背及び後背剛毛を具える；雌の第7腹板後縁（図35-D〜F）には腹中線部と亜側部の2群に分断されて配列する強い刺毛を生じる；雄交尾器（図34-D）の把握尾角は亜端部で後方に張り出す．翅長：4.2〜4.7 mm.

分布：北海道，本州，四国，九州．本種は低山地から山地の渓流に生息し，晩春から盛夏にかけて成虫が採集されている．

トゲスネケミャクシブキバエ *Trichoclinocera dasyscutellum* (Saigusa, 1965)（図22-D, 24-I, 32-A）

Trichoclinocera dasyscutellum, Saigusa, 1965, Kontyû, 33: 54-55, fig. 1 (*Acanthoclinocera*). Type locality: Kanayama, (Masutomi, Sudama), Yamanashi Pref. (Honshu, Japan).

小型種（図22-D）．脚も翅も細長く，脚が赤褐色；翅（図24-I）は煤色；R_4 脈と R_5 脈は並行に走る．雄交尾器（図32-A）の把握尾角は基部が幅広く，中程から先端に向かって一様に細くなり，挿入器は中央で強く湾曲し基半部背面（一見腹面）に稜を生じる．小楯板剛毛とは別に小楯板の背面に細い毛を生じる点で他の日本産本属の種から容易に識別できる特異な種．本種を含む *dasyscutellum* 群は8種で構成され，ヒマラヤから中国大陸，台湾，さらにインドシナ半島を経てジャワまで広く分布する（Sinclair & Saigusa, 2005）．体長：2.2〜2.7 mm；翅長：3.3〜4.0 mm.

分布：本州．本種は中部地方の山地に生息し，大きな渓流では殆ど見られず，森林内の細流に多い．成虫は夏季に出現する．

アジアシブキバエ属　*Rhyacodromia* Saigusa, 1986

タイプ種：*Rhyacodromia flavicoxa* Saigusa, 1896　日本産.

形態的特徴

成虫：*Clinocera* 属に類似して，頬は発達せず，前腿節腹面に棘を生じるが，翅の R_4 脈は R_5 脈から大きな角度で分岐し，ほぼ直線状で翅の前縁に達すること，雄交尾器の下雄板は小形で，湾曲し，先端は尖った突起で終わり，基部が太く先が細く湾曲した挿入器が下雄板突起の亜端部背面から生じる，等の諸点で識別される．幼虫や蛹は発見されていない．

生態と分布

本属の成虫はトゲナシシブキバエ属 *Wiedemannia* と同様に渓流の湿石面で生活するが，一般に川幅の広い渓流よりも細流に多い．ナミシブキバエ属に似て，行動はあまり活発ではなく，ケミャクシブキバエ属の多くの種のように危険を察知して素早く逃亡することはない．幼虫や蛹は発見されていないが，他のシブキバエ類と同様に水生であることは疑いない．

オドリバエ科　59

図36　シブキバエ亜科 Clinocerinae 4属3種　Four species of three genera of Clinocerinae.
A：アジアシブキバエ *Rhyacodromia flavicoxa*　B：ホホナガシブキバエ属の1種 *Hypenella* sp. 1　C：ホホナガシブキバエ属の1種 *Hypenella* sp. 2　D：クチナガシブキバエ *Roederiodes japonica*　E：同，頭部側面，拡大

本属は日本とネパールヒマラヤ（*Rhyacodromia evae* (Smith, 1965)）から各1種が知られる．著者の知見では中国大陸，ミャンマー，沿海州等にも分布している．

アジアシブキバエ　*Rhyacodromia flavicoxa* Saigusa, 1986　（図3-A，36-A）

Rhyacodromia flavicoxa Saigusa, 1986, Sieboldia, 5: 113-114, pl. 9, fig. 9 (*Rhyacodromia*). Type locality: Mt. Tachibanayama, Fukuoka City, Fukuoka, Kyushu, Japan.

　やや小形のシブキバエ類で，マルバネシブキバエ属の唯一の邦産種．本種は属の特徴の他に，体の背面は暗褐色粉で厚く覆われ，側面は青味のある灰色粉で覆われる；翅は強く媒色，翅の先端が強く丸みを帯び；翅脈は黒褐色；脚は黒褐色，基節は淡色で特に前基節は黄褐色ないし橙褐色；前腿節腹面には短い棘が前腹面に列生し，後腹面には同様の棘が端半部に黄色の長い刺毛が基部2/3に生じる，等の点で他のシブキバエ類から容易に区別できる．体長：2.3〜3.4 mm；翅長：3.0〜3.6 mm.

　分布と生態：北海道，本州及び九州．年1化で成虫は早春に現れ，低山地から山地の細流または渓流の緩流域の濡れた石上で生活し，石から石へ移動する場合はミナモオドリバエ属の雄のように水面に接して飛翔する．本種に極めて類似した集団が沿海州に生息している．これは本種の亜種または近似種である．

ホホナガシブキバエ属　*Hypenella* Collin, 1941

　タイプ種：*Hypenella empodiata* Collin, 1941．ロシア沿海州産．

形態的特徴

　成虫：一般的形態は他のシブキバエ類に似るが，次の特徴を持つ．頭部は高く，頭蓋の下縁は斜め，複眼の下の頬はよく発達し，長く伸びて，先に向かって一様にかつ著しく細くなり，その先端に短くてシブキバエ類としてはあまり長くない口器が着く；触角は頭部の最上部近くから生じる．脚はシブキバエ類としては短く，特に前・中跗節が短い．近似種が多く，これらは雄交尾器背板葉突起の形状で識別される．

生態と分布

　本属の成虫は渓流の飛沫のかかる湿石面で生活する．特に落ち込みの両側の広く平坦な濡れた石の面で活動していることが多い．脚が短く，あまり活発に湿石面を歩行しないが，他のシブキバエ類と同様にそこの水生昆虫の幼生等を捕食していると思われる．脚が短いために，静止している状態は他のシブキバエ類とはかなり異なり，石面にへばりついているように密着している印象を受ける．周囲の異常に対して敏感で，物影が近づくと敏捷に飛び去り，他の湿石に移動する．幼虫及び蛹は未発見である．本属は極東の温帯に広く分布し，タイプ種が記載された沿海州やネパール，ヒマラヤ，ミャンマーから中国大陸にわたって広く分布している．日本列島にも数種の未記載種が生息しており，その2種が三枝（1979, 2008）により記録されている．

ヤマトホホナガシブキバエ　*Hypenella* sp.　（図3-B，36-B）

Hypenella sp., Saigusa, 2008, in Hirashima & Morimoto, Iconographia Insectorum Japonicorum Colore Naturali Edita (Revised edition), 3: 414-415, pl. 134, fig. 2315 (*Hypenella*). Recorded from Hokkaido, Honshu.

　頭部は青灰色粉で厚く覆われ，頭頂部は黒褐色．胸背は黒褐色粉で厚く覆われ，側板は頭部と同様に青灰色粉で覆われる．中剛毛を欠く．翅は弱く媒色を帯び，翅脈は黒褐色．脚は暗褐色，腿節

オドリバエ科　61

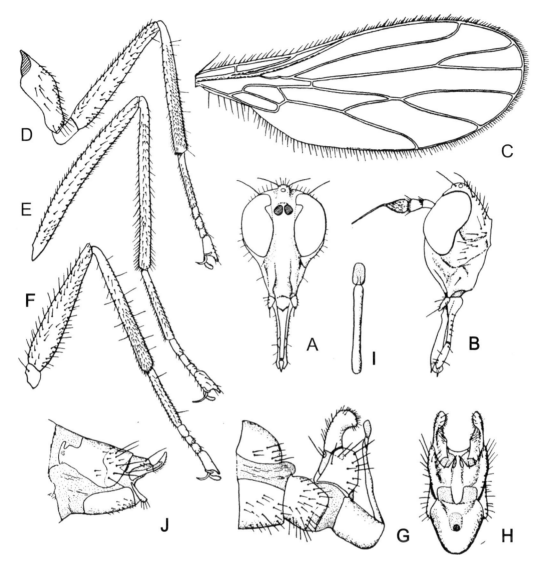

図37　クチナガシブキバエ *Roederiodes japonica*
A～I：雄　J：雌　A：頭部，前面　B：同，側面　C：翅　D：左前脚，前面　E：左中脚，前面　F：左後脚，前面　G：雄交尾器，側面　H：同，後面　I：挿入器，後面
J：雌腹端部，側面　（Saigusa, 1963より）

基部は黄褐色．雄交尾器の背板葉突起は幅広く矩形，丸みを帯びた上縁に向かって僅かに幅を増す．体長：3mm内外，翅長：3.5mm内外．

分布：北海道，本州，九州．山地渓流に生息し，温暖期を通じて成虫が現れる．渓流の落ち込みの周囲など飛沫のかかる岩の面で生活し，他のシブキバエ類に比べると脚が短いために見落としやすい．

ホホナガシブキバエ属の1種　*Hypenella sp.*（図36-C）

Hypenella sp., Saigusa, 1979, 馬場（編），新潟県の昆虫，越佐昆虫同好会会報50号慶祝論文集：193, fig. 29; pl. 6, fig. 54 (*Hypenella*). Recorded from Iwakuzure, Niigata Pref., Honshu, Japan.

前種に酷似するが雄交尾器の背板葉突起の形状が異なり，先端に向って細くなる．

分布：本州（新潟県）.

ホソクチシブキバエ属　*Roederiodes* Coquillett, 1901

タイプ種：*Roederiodes juncta* Coquillett, 1901. 北米産.

形態的特徴

一般的な特徴はナミジブキバエ属に似るが，はるかに小形；複眼の下は頬が長く発達する．頭部は口吻に向かって細くなり，その先端に頭部の高さよりやや短い細長い口吻をつける；小腮鬚は小形；胸背は中刺毛を欠く；M_1脈とM_2脈はしばしば基部がほとんど合一するので，中室から生じる脈が2本になることもある．脚は強い刺毛を欠き短い細毛で覆われる．

分布及び生態

成虫は低山地の渓流の飛沫などで濡れた垂直ないし傾斜の強い石面に生息する．食性等の詳細は不明である．日本産のクチナガシブキバエ *Roederiodes japonica* の生態は研究されていない．北米から水生の幼虫が記録されている．本属は北半球の温帯に分布するが，北米を除いてどこでも種数は少なく，日本にも次の1種が産するのみである．

クチナガシブキバエ　*Roederiodes japonica* (Saigusa, 1963)（図3-C, 36-D, 37）

Roederioides japonica Saigusa, 1963, Sieboldia, 3: 187-189, pl. 9, figs. 1-10 (*Roederioides*). Type locality: Magaribuchi, Sagara, Fukuoka Pref., Kyushu (Japan).

体は暗褐色．顔面は青灰色粉で覆われる；口器は頭部の高さの2/3よりやや長い．胸部背面は黒褐色粉で厚く覆われる；中刺毛を欠く．翅は媒色を帯び，翅脈は黒褐色，M_1脈とM_2脈は1点あるいは短い共通柄から生じるために中室先端は尖る．脚は暗褐色．雄交尾器の背板葉突起は幅広く緩やかに後方に曲り，終縁は丸い．体長：2〜2.3 mm；翅長：2.4〜3 mm.

分布：九州．北部九州の脊振山系の野河内渓谷から記載された種で，宮崎県，対馬等からも採集されている．成虫は温暖期を通じて現れ，山間の渓流の濡れた石の面で生活する．かなり小形，かつ敏捷であるので，観察や採集には細心の注意が必要である．

ミズタマシブキバエ属　*Dolichocephala* Macquart, 1823

タイプ種：*Dolichocephala maculata* Macquart, 1823. ヨーロッパ産.

形態的特徴

小形のシブキバエ類で，基本的な形状は *Clinocera* 属に似るが，頭部が縦に長く，後頭部の最上部で胸部と接続すること，多くの種では翅のR_4脈とR_{2+3}脈を結ぶ横脈があるために，r_{2+3}室が二分されること，翅が暗褐色で多くの種で白色の水玉模様を散らすなどの特徴で容易に認識できる（白色の斑点を欠く種もある（ムモンミズタマシブキバエ（新称）（図38-C））．胸背は中刺毛を欠く．翅はやや広く水玉模様の白斑を示す種ではその上下で斑紋を囲むように翅脈は湾曲する．

生態及び分布

全動物地理区から知られる．本属はシブキバエ類であるが，渓流には生息しないで，成虫は一般に湿った切り通しの道の法面やぬかるんだ山道など，植物などで被覆されない著しく湿った露地の

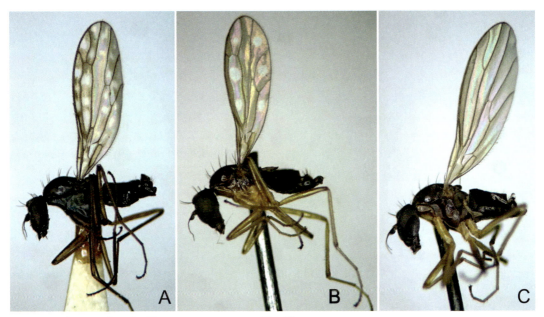

図38 ミズタマシブキバエ属 *Dolichocephala* の3種の雄. Males of three species of *Dolichocephala*.
A：ミズタマヒメシブキバエ *Dolichocephala* sp.　B：ムツモンミズタマシブキバエ（新称）*Dolichocephala* sp.
C：ムモンミズタマシブキバエ（新称）*Dolichocephala* sp.

　上で生活し，このような場所を地表ぎりぎりにスィーピングすると採集することができる．他のシブキバエ類のように渓流や石清水などでは観察できない．本属は世界各地の温帯から寒帯にかけて分布するが，種数は少なく，各地でも数種以下である．日本列島には3未記載種が分布しているが，そのうち1種は下記に示すように伊藤（1965）によりヨーロッパ産の *Dolichocephala irrorata* Fallén（ミズタママメオドリバエ）として同定された種と同一であると思われる．この種は翅の全面に多数の水玉模様を配する．

ミズタマヒメシブキバエ（ミズタママメオドリバエ）　*Dolichocephala* sp. Saigusa, 2008（図3-D, 38-A）

　Dolichocephala sp. Saigusa, 2008, in Hirashima & Morimoto, Iconographia Insectorum Japonicorum Colore Naturali Edita (Revised edition), 3: 414, pl. 134, fig. 2314 (*Dolichocephala*). Recorded from Hokkaido, Honshu, Shikoku, Kyushu (Japan).

　本種は黒褐色．顔面及び胸部側板は青味を帯びた灰色粉で覆われる．胸背は暗褐色粉で覆われ，灰白色粉で覆われた細い背中線を現す．翅は暗褐色，図示のように多数の白色の水玉模様を浮き出す．R_1脈とR_{4+5}脈の間に横脈がある．脚は黄褐色．腹部はやや光沢がある．体長：2 mm内外；翅長：2.5 mm内外．分布：北海道，本州，四国，九州．本種は原色昆虫大図鑑でヨーロッパの *Dolichocephala irrorata* の学名で図示されたものと同種であると思われるが，本種の雄交尾器の背板葉突起は大型で背板葉とほぼ大きさが等しく，形状も三角形で，*irrorata* のそれとは著しく異なる．

タマオバエ亜科　Brachystomatinae

クチナガヤセオドリバエ属　*Heleodromia* **Haliday**, 1833

　タイプ種：*Heleodromia immaculata* Haliday, 1833. 旧北区産．

形態的特徴

頭部は球形，前額は広く，顔面は極めて狭く，複眼はこの部分でほとんど合眼的；触角は短く，第3節は基部球状で先端が細く伸び，その先に細い触角刺毛が生じる；口器は長く細く，頭部の高さとほぼ等長，下方に伸びる．胸部はやや細長く，胸背の盛り上がりは弱く，中剛毛を欠き，背中剛毛は少数．翅は臀葉を欠き，Sc脈は完全，R_4脈を欠く；第1基室は第2基室より長い；cua室は第2基室と等長，その末端は短いCuA脈によって裁断形に閉ざされる；中室は長く，3本のM脈を生じる．腹部は細長い．雄交尾器はしばしば大型，腹域の要素が舟形に拡大し，その上に背域などの要素が乗る．雌の腹端は裁断状，第7腹節背板の後縁は刺毛列を生じ，以後の節はこの中に隠される．著者の未発表の知見ではタイプ種も北海道で採集されているが，今回はこれを含めない．

生態及び分布

属名（沼の走者の意味）のように，成虫は湿潤な環境に生息する．幼生期は細流，岩清水，湧水等の脇の湿潤な環境であろうと推定される．生息場所はミズタマオドリバエ属 Dolichocephala のそれに類似している．本属は北半球に広く分布し，最近は中国や北米から多くに新種が記載されている．

日本産クチナガヤセオドリバエ属 Heleodromia の種の検索表

1a 背面から見ると頭頂は鈍い黒色で灰褐色の中央帯がある；雄交尾器は極めて弱く腹部の下縁を越えるか，ほとんど越えない（図39-A, D, 40-A, 41-E） ················· 2
1b 背面から見ると頭頂は全面的に灰褐色；雄交尾器は大型，腹部の上，下縁を越えて上下に張り出す（図39-B, C, 40-D, 41-A） ················· 3
2a 大型種，翅長2.6〜3.3 mm；胸部側板は全面的に灰褐色粉で覆われる；雄交尾器は大型，これを除く腹部の長さよりやや短く，腹部の上縁をはるかに越えて背方に突出する（図39-A, 40-A） ················· ヤマトクチナガヤセオドリバエ　*H. japonica*
2b 小形種，翅長2.2〜2.5 mm；胸部側板は青灰色粉で覆われる；雄交尾器は小形，これを除く腹部の長さの1/2，腹部の上縁を僅か越える（図39-D, 41-E） ················· ヒメクチナガヤセオドリバエ　*H. minutiformis*
3a 小形種，翅長2.9〜3.2 mm；脚は全面的に黒色，灰色粉で覆われる；雄交尾器は中庸大，これを除く腹部の長さよりやや長い（図39-B, 40-D） ················· ダイセツクチナガヤセオドリバエ　*H. boreoalpina*
3b 大型種，翅長3.6〜4.7 mm；脛節は黄褐色；雄交尾器は極めて大型，これを除く腹部の長さより長く，腹部の上，下縁をはるかに越えて上下に張り出す（図39-C, 41-A） ················· カナヅチクチナガヤセオドリバエ　*H. macropyga*

ヤマトクチナガヤセオドリバエ　*Heleodromia japonica* Saigusa, 1963（図2-F, 39-A, 40-A〜C）
Heleodromia japonica Saigusa, 1963, Sieboldia, 3: 121-123, fig. 1 (*Heleodromia*). Type locality: Mt. Wakasugi-yama, Sasaguri, Fukuoka Pref., Kyushu (Japan).

雄雌：黒褐色，灰褐色粉で覆われる．翅は微かに黄褐色味を帯び，翅脈は淡褐色．脚は黄色．雄交尾器は大型，これを除く腹部の長さよりやや短い；強く背方に張り出し，挿入器主要部は鳥頭型，両側に2回湾曲した細い突起を伴う．体長：2.4〜2.8 mm；翅長：2.6〜3.3 mm.

分布：北海道，本州，四国，九州．低地から山地に極めて普通．成虫は冷涼な季節に多く，切り通しの道の両側や路上に漏水があるような場所の湿った地表で生活する．

ダイセツクチナガヤセオドリバエ　*Heleodromia boreoalpina* Saigusa, 1963（図39-B, 40-D〜F）

Heleodromia boreoalpina Saigusa, 1963, Sieboldia, 3: 125-127, fig. 3 (*Heleodromia*). Type locality: Mt. Hokuchin-dake (2,100 m) in Mts. Daisetsuzan, Hokkaido (Japan).

前種に類似するが，脚は全面的に黒色．雄交尾器は前種よりやや大形．本種は大雪山の高山帯の雪渓の脇の湿潤な地表で採集された．幼虫はおそらくそのような場所の湿地に生息すると思われる．体長：2.5〜2.9 mm；翅長：2.7〜3.2 mm.

分布：北海道（大雪山高山帯），ロシア北東部（マガダン），アラスカ，カナダ北部.

カナヅチクチナガヤセオドリバエ　*Heleodromia macropyga* Saigusa, 1963（図39-C, 41-A〜D）

Heleodromia macrpyga Saigusa, 1963, Sieboldia, 3: 127-129, fig. 4 (*Heleodromia*). Type locality: Yabusawa (2,600 m alt.) in Mt. Senjô-dake, Nagano Pref., Honshu (Japan).

本属としては大型種，脚が黄褐色，雄交尾器が著しく大型で，この特徴で容易に識別できる．本種は本州中部の亜高山帯の森林中に生息する．しばしば水場から離れた場所でも採集されるので，幼虫は湿潤な土壌中に生息する可能性が高い．体長：2.9〜3.6 mm；翅長：3.6〜4.8 mm.

分布：本州（中部地方）.

ヒメクチナガヤセオドリガエ　*Heleodromia minutiformis* Saigusa, 1963（図39-D, 41-E〜G）

Heleodromia minutifromis Saigusa, 1963, Sieboldia, 3: 123-125, fig. 2 (*Heleodromia*). Type locality: Kanayama, Sudama, Yamanashi Pref., Honshu (Japan).

日本産の本属としては最も小型．雄交尾器も小さく，腹部の背縁や腹縁をほとんど超えない．本州中部地方の山地帯の岩清水の周囲で採集される稀な種．成虫の生息地から判断して，幼虫は岩清水周辺に生息すると推定される．体長：1.6〜2.5 mm；翅長：2.2〜2.5 mm.

分布：本州（中部地方）.

ネジレバエ亜科　Microphorinae

ナガレネジレオバエ属　*Microphorella* Becker, 1909

タイプ種：*Microphorus praecox* Loew, 1864．ヨーロッパ産．

形態的特徴

成虫：体が太く短い，微小なオドリバエ．複眼は微毛を生じ，額では離れ，顔面では相互に接近する；触角は3節，第3節は小形でほぼ球状，触角刺毛は細長く，微毛を生じる；口器は極めて短く，角質．胸部は太く，胸背の中剛毛を欠き，側背板には剛毛を生じない．翅の翅腋葉は発達が悪い；基室が極めて短い；Sc脈は完全であるが短い；R₄脈を欠く；中央室からは3本のM脈を生じる；CuA脈はやや逆走し，cua室の先端はやや丸みを帯びる．脚は短い．腹部は短く円筒形，雄交尾器は大型で，概形は楕円形，腹部の右斜め下に折り曲げられる．

生態及び分布

日本産の本属の成虫はシブキバエ類と同様に，渓流や源流域の細流等の湿石面に静止している．行動の詳細は知られていないが，このような環境以外では全く得られていないので，成虫・幼虫共に渓流の湿石面で生活しているものと推定される．本属は熱帯地方も含めて世界各地に少数の種が知られ，主に温帯に多い．

図39 クチナガヤセオドリバエ属 *Heleodromia* の4種の雄 Males of four species of *Heleodromia*.
A：ヤマトクチナガヤセオドリバエ *Heleodromia japonica*　B：ダイセツクチナガヤセオドリバエ *Heleodromia boreoalpina*　C：カナヅチクチナガヤセオドリバエ *Heleodromia macropyga*　D：ヒメクチナガヤセオドリバエ *Heleodromia minutiformis*

オドリバエ科 67

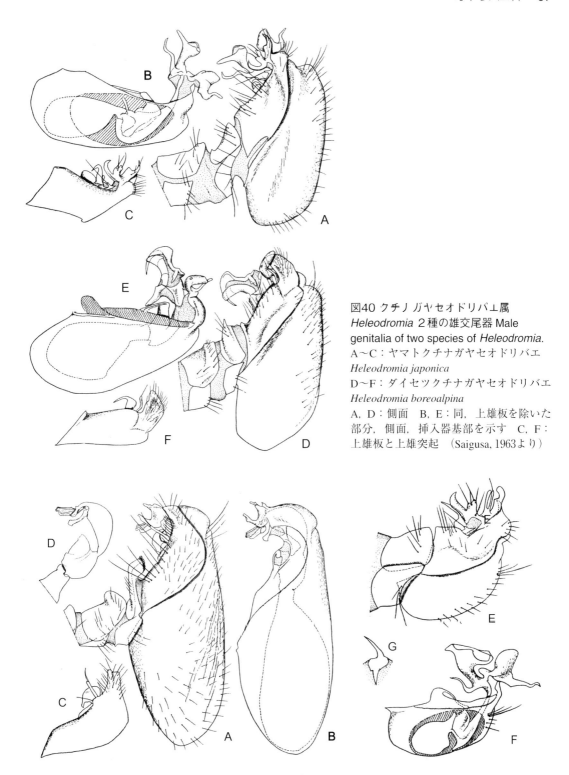

図40 クチナガヤセオドリバエ属 *Heleodromia* 2種の雄交尾器 Male genitalia of two species of *Heleodromia*.
A〜C：ヤマトクチナガヤセオドリバエ *Heleodromia japonica*
D〜F：ダイセツクチナガヤセオドリバエ *Heleodromia boreoalpina*
A, D：側面 B, E：同，上雄板を除いた部分，側面，挿入器基部を示す C, F：上雄板と上雄突起 （Saigusa, 1963より）

図41 クチナガヤセオドリバエ属 *Heleodromia* 2種の雄交尾器 Male genitalia of two species of *Heleodromia*. A〜D：カナヅチクチナガヤセオドリバエ *Heleodromia macropyga* Saigusa E〜F：ヒメクチナガヤセオドリバエ *Heleodromia minutiformis* Saigusa A, E：側面 B, F：同，上雄板を除いた部分，側面，挿入器基部を示す C：上雄板と上雄突起 D：挿入器先端部 G：尾角突起 （Saigusa, 1963より）

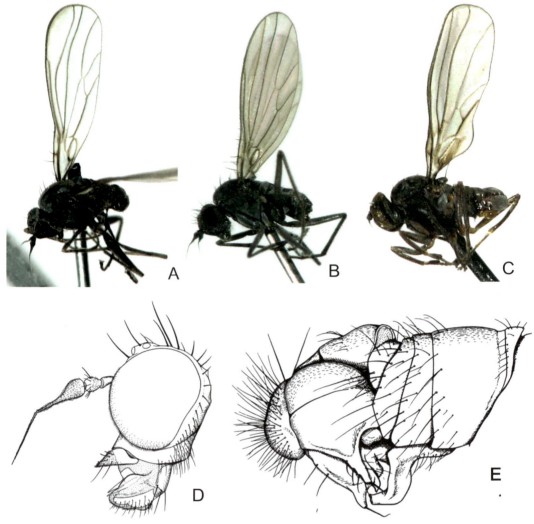

図42　ネジレオバエ亜科 Microphorinae の2属　Two genera of Microphorinae.
A, B, D, E：トゲハネイソネジレオバエ *Thalassophorus spinipennis*　C：ナガレネジレオバエ *Microphorella* sp., A, C：雄　B：雌　D：頭部, 側面　E：雄腹端部, 右側面（乾燥状態）　（D, E：Saigusa, 1986より）

キタナガレネジレオバエ　*Microphorella emiliae* Shamshev, 2003

Microphorella emiliae Shamshev, 2003, Studia Dipterol., 10: 2-7, figs. 1-19 (*Microphorella*). Type locality: RUSSIA: Kunashir, Tre'yakovo (Chishima Islands, Japan).

Distribution: Chishima Islands; Sakhalin.

千島列島の国後島から記載された種である．おそらく北海道の山地にも生息すると推定される．

分布：千島（国後島）；サハリン．

ナガレネジレオバエ　*Microphorella* sp.（図3-E, 42-C）

暗褐色の微小なオドリバエ．雄の翅は臀葉部の外縁が内側に抉られ，その部分から翅の亜端部にかけて外縁の縁毛は著しく長くなり湾曲して下方を向く．雄の前跗節の第1跗小節は長く，残りの跗小節の合計長にほぼ等しく，先端に向かって著しく拡大する．体長1.3～1.5 mm.

分布：九州の低山地から山地にかけての小渓流に生息し，渓流上の濡れた石のあたりを掬うと採集できる．

イソネジレオバエ属　*Thalassophorus* Saigusa, 1986

タイプ種：*Thalassophorus spinipennis* Saigusa, 1986．日本産．

形態的特徴

ナガレネジレオバエ属 *Microphorella* 類似するが，複眼の下に頬が著しく発達し，触角第3節は長三角形で先は著しく伸長し，小腮髭は板状で三角形，翅の前縁に強い直立した剛毛を生じる等の点で区別できる．

生態及び分布

成虫は石の多い海岸の汀線に生息し，濡れた石の上で生活している．生態の詳細は不明である．オドリバエ科には海岸の砂浜で生活する属がいくつかあるが，本属は海水と関連して生活する唯一の属である．幼生期は全く知られていない．本属は2種から構成され，下記のタイプ種の他に最近北米西海岸に分布する *T. arnoudi* Brooks & Cumming, 2011が発見された．

トゲバネイソネジレオバエ　*Thalassophorus spinipennis* Saigusa, 1986（図3-F, 42-A, B, D, E）

Thalassophorus spinipennis Saigusa, 1986, Sieboldia, 5: 108-109, fig. 6 (*Thalassophorus*). Type locality: Oshidomari, Rishiri Island, north of Hokkaido, Japan.

雄（図42-A）：小形暗色の海浜性のハエ：複眼は離眼的，顔面は狭く両複眼は極めて接近する；頭頂剛毛は中央単眼より前に位置する；触角（図42-D）は長め，第3節は基部太く，先は著しく細くなり，これと等長の触角刺毛を生じる；口器は短い；下唇鬚は三角形，先端は尖る．胸部は黒褐色，灰褐色粉で覆われる；中剛毛を欠く，背中剛毛は4本で極めて強い；小楯板剛毛は1対．翅は細長く，臀葉を欠き，先端部は異様に丸みを帯びる；第1，第2基室，cua 室は極めて短い；R_{2+3} 脈は基半部が R_1 脈に接近して走り，その先は強く湾曲して R_{4+5} 脈に接近して走る；前縁の亜基部に3～4本の強い剛毛が直立する．平均棍は暗灰色．脚は細長く，暗色，中腿節前面に数本の長刺毛を生じる．腹部は暗褐色，雄交尾器（図42-E）は大型，腹部後半の右側面に押し付けられる．体長：1.8～2.1 mm；翅長：3.1～3.4 mm.

雌（図42-B）：雄に似るが，翅形（図3-F）は正常，中腿節は長刺毛を欠く．体長：1.9～2.3 mm；翅長：3.2－3.4 mm.

分布：千島（国後島），礼文島，利尻島．本種は岩石が堆積した海岸の濡れた石上で採集されたもので，直径10～30 cm ほどの石が堆積した海岸に生息し，海水で濡れた石の表面に静止している．

オドリバエ科の幼生期の特徴

オドリバエ科の幼生期，特に蛹期に関する研究は乏しく，現在までに約17属について幼生期が知られているのみである．本科の幼虫はその生息場所や生態に基づいて，水生ないし半水生のものと，陸生のものの2群に分けられる．これは分類学的な区分とは必ずしも一致していない．水生または半水生のものは，3亜科に分類される．すなわち，シブキバエ亜科 Clinocerinae のナミシブキバエ属 *Clinocera*，ケアシシブキバエ属 *Wiedemannina*，クチナガシブキバエ属 *Roederiodes*，ケミャクシブキバエ属 *Trichoclinocera*，ミズタマシブキバエ属 *Dolichocephala* の諸属，カマオ

ドリバエ亜科 Hemerodromiinae のカマオドリバエ属 Chelifera, Neoplasta 属及びヒメカマオドリバエ属 Hemerodromia, 並びに従来オドリバエ亜科 Empidinae（現在はアケボノオドリバエ亜科 Oreogetoninae）に分類されているアケボノオドリバエ属 Oreogeton の8属である．この他にも幼生期は不明であるが，日本産の属ではシブキバエ亜科のアケボノシブキバエ属 Proclinopyga, ホホナガシブキバエ属 Hypenella 及びアジアシブキバエ属 Rhyacodromia, ネジレオバエ亜科 Microphorinae のナガレネジレオバエ属 Microphorella 及びイソネジレオバエ属 Thalassophorus は幼生期が水生の渓流性シブキバエ亜科の諸属と成虫の生態がほぼ等しいので，幼生期が水生であることがほとんど確実である（イソネジレオバエ属 Thalassophorus は海浜性のために渓流性ではない）．タマオバエ亜科 Brachystomatinae のクチナガヤセオドリバエ属 Heleodromia も多くの種が路傍の漏水部や岩清水の周辺で成虫が活動するために，幼虫は水生である可能性が高い．一方，陸生のものは本科のほぼすべての亜科に及び，オドリバエ亜科 Empidinae のナミオドリバエ属 Empis, ホソオドリバエ属 Rhamphomyia 及びミナモオドリバエ属 Hilara, カマオドリバエ亜科のヒメニセカマオドリバエ属 Phyllodromia, チョボグチオドリバエ亜科 Ocydromiinae のツヤハダチョボグチオドリバエ属 Ocydromia, ハシリバエ亜科 Tochydromiinae のクロクサハシリバエ属 Drapetis, モモブトハシリバエ属 Platypalpus, ネジレオバエ亜科のネジレオバエ属 Microphorus などが陸生である．幼生期の記載はないが，セダカバエ亜科 Hybotinae のハナムグリセダカバエ属 Euthyneura およびハシリバエ亜科のカマアシハシリバエ属 Tachypeza の幼虫も陸生であるといわれている（Collin, 1961）．

水生のオドリバエ科の幼虫には以下のような形態的特徴が見られる．1）アケボノオドリバエ属 Oreogeton を除いて呼吸器系がすべて気門を欠く無気門式である（クチナガシブキバエ属 Roederiodes では後気門がある），2）第8腹節（尾節）に伸長した尾突起（cuadal lobe）または1対またはそれ以上の顕著な刺毛を生じた小突起を生じる，3）第1（2）～8腹節に7～8対の腹脚（prolegs）を持ち，その先端に小鈎（crochet）を生じる（ミズタマシブキバエ属 Dolichocephala では腹脚は著しく退化し，不規則に配列された crochet から構成された8個の creeping welts を生じる），4）大顎複合体の2部分は4個の小骨片で結合されている．

オドリバエ科の蛹は裸蛹で，終齢幼虫のクチクラを完全に脱皮する裸蛹であって，高等ハエ類のように幼虫の脱皮殻によって包まれる囲蛹の状態にはならない．水生のオドリバエの蛹に関する研究は幼虫の研究よりさらに少ない．現在知られている限りでは，水生オドリバエの蛹には以下のような形態的特徴が見られる．1）ヒメカマオドリバエ属 Hemerodromia とカマオドリバエ属 Chelifera では蛹の腹部側面に伸長した気門突起（spiracular process）がある．一方，ナミシブキバエ属 Clinocera とその近縁属およびアケボノオドリバエ属 Oreogeton では，蛹の腹部側面には伸長した気門を欠く，2）腹部末端には硬化した短い，あるいは顕著に長い鈎状突起を生じる．

幼生期の生態．カマオドリバエ亜科の幼虫は急流の中やその側に生息している蘚苔類の中，多少垂直になった岩の表面を流れ落ちる水の中などに生息する．一方，シブキバエ亜科の幼虫は渓流や泉の砂利，渓流の濡れた石面を覆っている藻類やコケ類の間などに生息し，その蛹は渓流などの水面そばの蘚苔内の湿った層に埋まっている．オドリバエ亜科のアケボノオドリバエ属 Oreogeton の幼虫は川の底の小石の下，朽ち木，根や枯れ葉の表面や内部にみられ，蛹は渓流の脇の湿った葉，苔，朽ち木や土壌の中に見られる．

オドリバエの幼虫のおそらく全ては肉食性であり，ブユなどの小型の昆虫の幼虫や蛹を摂食する．またカマオドリバエ亜科の幼虫は4齢までで蛹になり，数例ではあるが年2化であることが明らかになっている．

オドリバエ科の水生属の幼虫の検索表

1a 腹脚は7対 ··· カマオドリバエ亜科 Hemerodromiinae … 2
1b 腹脚は8対，またはほとんど発達しない ··· 3
2a 腹端部は丸みを帯び，ほとんど突起を欠くか，せいぜい1対の背瘤と1個の端瘤を生じ，これに1対ないし3対の長刺毛を生じる；腹脚は短い（図43-E）
  ·· カマオドリバエ属 Chelifera
2b 腹端部には先端が二分する1個の背突起を生じ，これに長毛を生じる；腹脚は一般に長い（図43-D） ······································· ヒメカマオドリバエ属 Hemerodromia
3a 呼吸系は無気門式；第1～7腹節には目立った刺毛を生じない；中．後胸背面は平滑でブラシ状小瘤を生じない ·· 4
3b 腹端部の1対の背突起の先端に気門が開口する；第1～7腹節の側面には横一列に配列された刺毛を生じる；中・後胸背面にはブラシ状小瘤が1列に配列される．腹端部には1対の長い突起を生じその先端に1対の刺毛を生じる（図43-F, G）
  ·· アケボノオドリバエ属 Oreogeton
4a 腹脚及び腹端の突起は長い ·· 5
4b 腹脚及び腹端の突起は極めて短く疣状；腹脚は半円形のドーム状に盛り上り，腹端の突起は目立たない低い瘤状である（図43-H, I） ········ ミズタマシブキバエ属 Dolichocephala
5a 腹端部に1対の背突起と先端が多少分岐した1個の末端突起をもつ ······················ 6
5b 腹端部には各1対の背突起と末端突起をもつ，後者は基部から明確に分離しており，共通部から分岐していない ·· 7
6a 背突起はその幅の2倍より長い（図43-Q） ········ ケミャクシブキバエ属 Trichoclinocera
6b 背突起はその幅と等長ないしこれより短い（図43-A）
  ·· ナミシブキバエ属 Clinocera (Hydromia 亜属)
7a 腹端部の背突起の先端は末端突起の先端とほぼ同じレベルに達する（図43-J）
  ·· クチナガシブキバエ属 Roederiodes
7b 腹端部の背突起の先端は末端突起のそれのレベルに達しない（図43-B, C）
  ·· ケアシシブキバエ属 Wiedemannia

オドリバエ科の水生属の蛹の検索表

1a 前胸と第1～7腹節側面に極めて長く伸長した気門突起がある（図44-O, P）
  ·· カマオドリバエ亜科 Hemerodromiinae … 2
1b 体には長く伸長した気門突起を欠く ··· 3
2a 腹端節亜背部に1対の小形の刺，側部に数個の小形の刺を生じる（図44-Q, R）
  ·· カマオドリバエ属 Chelifera
2a 腹端節亜背部と側部に各1対の強大な刺を生じる（図44-S）
  ·· ヒメカマオドリバエ属 Hemerodromia
3a 翅鞘の先端は第3腹節後縁に達しない；頭部は小形；腹節は前後2横列の刺を生じる
  ·· シブキバエ亜科 Clinocerinae … 4
3b 翅鞘の先端は第3腹節後縁を越えて第4腹節に達する；頭部は大型；腹節は後縁近くに1横列の強い刺を生じる（図44-M, N） ········ アケボノオドリバエ属 Oreogeton
4a 触角鞘は短く，複眼の縁を越えない ··· 5

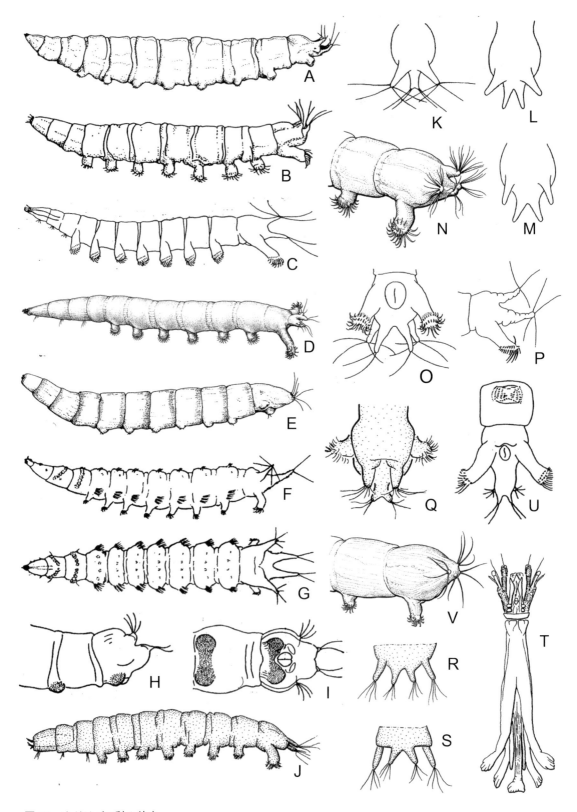

図43 オドリバエ科の幼虫

オドリバエ科 73

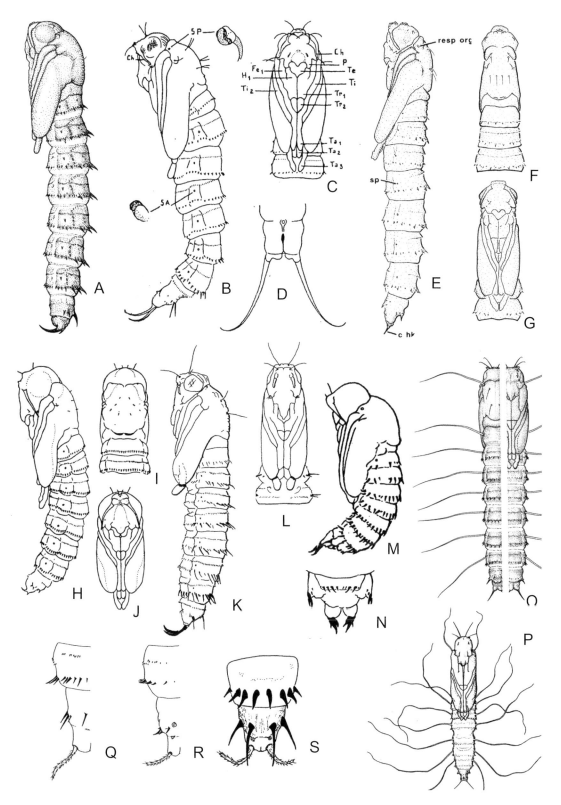

図44　オドリバエ科の蛹

4b 触角鞘は長く，複眼の縁を越えて下方に伸び，前脚鞘まで達する（図44-H～J）
  ……………………………………………… ミズタマシブキバエ属 *Dolichocephala*
5a 顔面鞘及び上唇鞘は伸長しない；唇弁鞘は小形切れ込みを前縁にもち，深いU字型にならない ……………………………………………………………………………… 6
5b 顔面鞘及び上唇鞘は著しく長く，盛り上がっている；唇弁鞘は深いU字型である（図44-K, L）……………………………………… クチナガシブキバエ属 *Roederiodes*
6a 腹節の前後2本の棘列のうち前列は後列よりかなり短い ………………………… 7
6b 腹節の前後2本の棘列はほぼ等長である（図44-B～D）
  ………………………………………………… ケアシシブキバエ属 *Wiedemannia*
7a 中胸背域は3対の刺毛を生じる（図44-E～G） … ケミャクシブキバエ属 *Trichoclinocera*
7b 中胸背域は2対以下の刺毛を生じる（図44-A）……………… ナミシブキバエ属 *Clinocera*

アケボノオドリバエ亜科　Subfamily Oreogetoninae

アケボノオドリバエ属　*Oreogeton* Schiner, 1860

幼虫：体長約8 mm．白または緑色を帯びた白色．皮膚は硬く，顆粒状か微小な刺がある．蛆状で腹脚は8対．肉質で先端に長さの多様な小鉤を生じ，前端（第1腹節）のが最も短く，後端のが最も長い．呼吸系は双気門式．頭部は胸部に引き込まれ，胸部は円錐形，中・後胸の背面にごく短い房を生じた小型の瘤状突起の1横列がある．第1～7腹節の背面には2対の微小な突起が1列に配列され，また側面には6本の刺毛状の半透明の顕著な側突起を具える．尾節には各1対の長い背側突起と末端突起がある．背側突起の先端には後気門と4本の長い剛毛があり，末端突起の先端に

図43　オドリバエ科の幼虫 Larvae of Empididae.
A：*Clinocera* sp. 幼虫側面（Wagner, 1997より）　B：*Wiedemannia* sp. 幼虫側面（Wagner, 1997より）　C：*Wiedemannia ouedorum* Vaillant, 1951幼虫側面（Vaillant, 1951より）　D：*Hemerodromia* sp. 幼虫側面（Steyskal & Knuston, 1981より）　E：*Chelifera* sp. 幼虫側面（Wagner, 1997より）　F：*Oreogeton* sp. 多分 *O. basalis* 幼虫側面（Sommerman, 1962より）　G：*Oreogeton* sp. 多分 *O. basalis* 幼虫背面（Sommerman, 1962より）　H：*Dolichocephala ocellata* 幼虫腹端部側面（Vaillant, 1952より）　I：*Dolichocephala ocellata* 幼虫腹端部腹面（Vaillant, 1952より）　J：*Roederiodes wirthi* (Chillcott, 1961)　幼虫側面（Sinclair & Harkrider, 2004より）　K：*Clinocera stagnalis* 幼虫腹端部背面（Brindle, 1973より）　L：*Wiedemannia lata* 幼虫腹端部背面（Brindle, 1973より）　M：*Wiedemannia bistigma* 幼虫腹端部背面（Brindle, 1973より）　N：*Clinocera* sp. 幼虫腹端部後背面（Steyskal & Knuston, 1981より）　O：*Wiedemannia ouedorum* Vaillant, 1951 (Vaillant, 1951より)　P：*Wiedemannia zetterstedti* 幼虫腹端部側面（Wagner, 1997より（Niesoloski, 1990の改写））　Q：*Trichoclinocera* sp. 幼虫腹端部腹面（Sinclair, 1994より）　R：*Roederiodes wirthi* (Chillcott, 1961) 幼虫腹端部背面（Sinclair & Harkrider, 2004より）　S：*Roederiodes wirthi* (Chillcott, 1961) 幼虫腹端部腹面（Sinclair & Harkrider, 2004より）　T：*Roederiodes wirthi* (Chillcott, 1961) 幼虫頭蓋骨格　（Sinclair & Harkrider, 2004より）

図44　オドリバエ科の蛹 Pupae of Empididae.
A：*Clinocera* sp. 蛹側面（Steyskal & Knutson, 1981より）　B：*Wiedemannia ouedorum* Vaillant, 1951 蛹側面（Vaillant, 1951より）　C：同，蛹腹面　D：同，腹端突起，腹面　E：*Trichoclinocera* sp. 蛹側面（Sinclair, 1994より）　F：同，蛹前部背面　G：同，蛹前部腹面　H：*Dolichocephala ocellata* 蛹側面（Vaillant, 1952より）　I：蛹前部背面　J：同，蛹前部腹面　K：*Roederiodes wirthi* (Chillcott, 1961)) 蛹側面（Sinclair & Harkrider, 2004より）　L：同，蛹前部腹面　M：*Oreogeton* sp. 多分 *O. basalis* 蛹側面（Sommerman, 1962より）　N：同，腹端部　O：*Hemerodromia* sp. 蛹背面（左側）と腹面（右側）（Steyskal & Knutson, 1981より）　P：*Chelifera* sp. 蛹，腹面（Wagner, 1997より）　Q：*Chelifera precatoria* 蛹，腹端部背面（Wagner, 1997より）　R：*Chelifera diversicauda* 蛹，腹端部背面（Wagner, 1997より）　S：*Hemerodromia unilineata* 蛹，腹端部腹面（Wagner, 1997より）

は2本の長い剛毛を生じる.

蛹：体長約5mm. 白色または黄褐色. 触角の基部に4本の剛毛（2本は明瞭）がある. 第1～7腹部背板の後縁部に1列の刺がある. 第3～7腹部腹板に外側に向かって生える2本の刺があり, その基部に数本の小さな刺がある. 尾節に先の曲がった平らな刺がある. 気門は表皮上に張り出している.

アケボノオドリバエ属 Oreogeton の幼生期は Sommerman (1962) のよってアラスカ産の O. cymballista Melander 及び Oreogeton basalis と思われるについて研究されている（図43-F, G, 44-M, N）. 上記の形態の記述はこれに基づいた. 日本産の幼生期は未知.

カマオドリバエ亜科　Hemerodromiinae

カマオドリバエ属　*Chelifera* Macquart, 1823

幼虫：体長は5～6mm. 白または黄色. 呼吸系は無気門式. 腹脚は7対, 第2～8腹節に生じ, 比較的短い. 腹端部は丸味を帯び, 明瞭な突起を欠くが, ヒメカマオドリバエ属の幼虫に見られる腹端の突起に相当すると考えられる小隆起を生じ, それぞれ数本の長剛毛が生じる（図43-E, V）.

蛹：体長は3mmかそれ以上. 赤味がかった黄色. 前胸と第1～7腹節の気門は気門突起として細く伸張し, 白色. 複眼の上は刺状に隆起する. 各腹節には2横列の刺があり, 前方の列の刺は後方の刺よりも小さい. 尾節に複数の小さな刺と1対の尾鉤がある（図44-P, Q, R）.

幼虫は流れの速い渓流に生息する.

本属の幼生期については Brindle (1964) や Wagner (1997) 等に詳しい. 日本産の種の幼生期は未知.

ヒメカマオドリバエ属　*Hemerodromia*

幼虫：体長は3～4mm. 白または黄色. 呼吸系は無気門式. 腹脚は7対, 第2～8腹節にある. 腹脚の先端には小棘が密生する. 第8腹節の腹脚が最も長く発達する. 尾節には2対のやや長い肉質突起があり, 各突起の背側は小さく隆起しており, 数本の長い剛毛が生じる（図43-D, U）.

蛹：体長は4mm. 赤味がかった黄色. 前胸と第1～7腹節の気門突起は細く伸張しており, 黒味を帯びる. 複眼の上は丸く隆起する. 各腹部背面の前方に微小な刺状剛毛が, 後方には顕著な刺の横列がある. 尾節に4本の強く骨化した長い刺と1対の尾鉤がある（図44-S）.

幼虫は流れの速い渓流や流れの緩やかな川の深いところにある苔の中に生息し, ブユ科の幼虫を摂食する. 蛹化は川岸の水に浸った岩の割れ目で行う.

本属の幼生期については, 前属と同様に Brindle (1964) や Wagner (1997) 等に詳しい. 日本産の種の幼生期は未知.

シブキバエ亜科　Clinocerinae

ナミシブキバエ属　*Clinocera* Meigen, 1803

幼虫：白色. 無気門式呼吸系. 腹脚は8対, 第1～8腹節にあり, 長めで末端には多数の小鉤を生じる. 尾節に1対の短い背側突起と先端が多少分岐した1本の末端突起があり, 各突起の先端には長い剛毛が生じる（図43-A, K, N）.

蛹：赤味がかっているか赤味を帯びた黄色. 胸部背面に顕著な剛毛がない. 各腹節の後方に顕著な刺の1横列と, 第4～8腹環節の前方に1横列の微小な刺状剛毛がある. 尾節の背面部と側面部

に1対の顕著な刺と，末端部に1対の短い尾鉤（caudal hook）があり，尾鉤はほぼ垂直に屈曲する（図44-A）．

本属の幼生期は欧米の種ではよく研究されており，Brindle (1964), Steyskal & Knuston (1981), Wagner (1997) らによってまとめられている．上記の形態の記述はこれらの文献に基づいている．日本産種の幼生期は未知．

トゲナシシブキバエ属　*Wiedemannia* Zetterstedt, 1838

幼虫：体長5〜7 mm．白色．形態的には前属に類似し，腹脚は8対．長く顕著．第8腹脚が最も大きい．尾節には1対の背側突起と1対の末端突起があり，各突起には剛毛が生じる．前属に類似するが腹端の突起が明瞭に分離した1対から構成される（図43-B, C, L, M, O, P）．

蛹：赤味がかった黄色．各腹環節に横一列に配列した刺の輪が2つある．尾節に1対の長い刺がある（図44-B〜D）．

殆どの種の幼虫は渓流の流速の速いところに生息する．

本属の幼生期は Brindle (1964), Steyskal & Knuston (1981), Wagner (1997) にまとめられ，また Vaillant (1951) による *Wiedemannia* (*Roederella*) *ouedorum* Vaillant の詳しい幼虫の形態の研究もある．上記の形態の記述はこれらの文献に基づいている．

ミズタマシブキバエ属　*Dolichocephala* Macquart, 1823

幼虫：体長は3 mm．呼吸系は無気門式．前2属と同様に8対の腹脚をもつが，各腹脚は極めて短く，疣状で10μ以下の長さの微小突起群から構成されていて（creeping welt）左右の突起の間も微小突起が帯状に広がる．尾節に長い刺毛を生じた各1対の背側突起と末端突起があるが，各突起は極めて短く，疣状（図43-H, I）．

蛹：体長は2.7 mm．頭部に2対，中胸に4対の細い剛毛がある．尾節には5対の短い刺がある（図44-H〜J）．

上記の形態の記述は Vaillant (1962) による欧州の *Dolichocephala ocellata* var. *barbarica* Vaillant の研究に基づくものである．日本には本属が数種生息するがそれらの幼生期は未知．

D. ocellata の幼虫は淡水の池，沼地に生息し，特にヌカカの幼虫を摂食する．

クチナガシブキバエ属　*Roederiodes* Coquillett, 1901

幼虫：体長は5〜7 mm．白色．呼吸系は双気門式．腹脚は8対．第1〜7腹脚は腹部直径の1/3の長さで，第8腹脚はそれらよりも長い．尾節にかなり離れて位置する1対の背側突起と先端部が分岐した短い末端突起がある．背側突起には3本の長い剛毛，末端突起には2本の短い剛毛が生じる（図43-J, R, S）．

蛹：体長は4.2 mm．黄色．頭部に2対の強い剛毛がある．触角は短く，顔の長さの半分に満たない．各腹環節の中間部には1つの刺の輪がある．尾節に1対の長い尾鉤があり，腹面に曲がっている．尾鉤の内側の基部には非常に小さい1つのまっすぐな小刺が生じる（図44-K, L）．

本属の幼虫と蛹は古くはニューヨークの Adirondacks における *R. juncta* Coquillett の生態や記載がある（Needham & Betten, 1901）．近年の研究では Sinclair & Harkrider (2004) による詳細な幼生期の形態や生態の研究がある．上記の形態の記述はこの論文に基づいている．幼虫と蛹は急流に生息するブユの蛹のケースから発見されている．日本産のクチナガシブキバエ *R. japonica* Saigusa の幼生期は未知．

ケミャクシブキバエ属　*Trichoclinocera* Collin, 1941

幼虫：体長4.5〜6mm．淡い白色．呼吸系は無気門式．無気門式呼吸系．腹脚は8対．腹脚の長さは腹節幅の1/4．腹脚の先端には長い鉤状刺毛を生じる．尾節に1対の長く相互に平行に伸びる背側突起と先端部が分岐した末端突起があり，各突起には長い末端剛毛がある（図43-Q）．

蛹：触角鞘は複眼の下で下方に向かった湾曲する．翅鞘は第2腹節後縁まで伸びる．脚鞘は第3腹節腹板の中程に達する．呼吸器官は盛り上がった円形のリッジに退化する．中胸背板は前方に1対の相互に離れた長い刺毛を生じ，また中程には2対の長い刺毛が横1列に並んで生じる．気門は第1〜7腹節にある．第1腹節背板には短くで細い針状突起の列が後方にある；第2〜7腹節には長く太い棘の横列があり，また第2〜7背板には前方に短い棘の横列がある；第4〜7腹節腹板には微小な棘状刺毛の横列がある．第8腹節腹板は中側部に長い棘のシリーズがある；第8背板は太く長い棘の横列がある．尾端の鉤状突起は短く，緩やかにまがり，その長さは節の長さの1/3である（図44-E〜G）．

幼虫は渓流から，蛹は渓流の川岸に沿う石の下層から採集される．幼生期の形態についてはSinclair（1994）に基づいている．日本産の種については幼生期が未知である．

謝辞

本章のオドリバエ科の幼生期の執筆に当たっては，舘 亜古氏に関係文献の探索・収集やそれらの研究内容のレビューをしていただいた．本章の原稿編集過程では，杉本美華氏に尽力していただいた．記して両氏に深謝する次第である．

引用文献

藍野裕之，2000．初夏の最重要種を極める，オドリバエ*Hilara neglecta*. Fly Roders（フライロッダーズ），vol. 9（ロッド＆リール7月号別冊第4巻第10号）: 36-39.

Brindle, A., 1964. Taxonomic notes on the larvae of British Diptera. No. 18-The Hemerodrominae (Empididae). The Entomologist, 97: 162-165.

Brindle, A., 1973. Taxonomic notes on the larvae of British Diptera. No. 28. The larva and pupa of *Hydrodromia stagnalis* (Halidae). The Entomologist, 106: 249-252. viii+782 pp.

Collin, J. E., 1961. British Flies, Vol.VI, Empididae. The Syndics of the Cambridge University Press, London.

Hobby, B. M. & Smith, K. G. V. 1961. The immature stages of *Rhamphomyia* (*Megacyttarus*) *anomalipennis* Mg. (Dipt., Empididae). The Entomologist's Monthly Magazine, 97: 138-139.

伊藤修四郎，1960．オドリバエ科．朝比奈正二郎他（編）原色昆虫大図鑑，第III巻：205-206, pl. 103. 北隆館，東京．

Needham, J. G. & Betten, C., 1901. Aquatic insects in the Adirondacks. New York State Museum, Bull., 47: 383-612.

Saigusa, T., 1963. The genus *Proclinopyga* Nearctic element of Empidiae in Japan (Diptera, Empididae). Sieboldia, 3(1): 91-96.

Saigusa, T., 1963. Studies on the genus *Oreogeton* in Japan (Diptera, Empididae). Sieboldia, 3: 111-118.

Saigusa, T., 1963. Studies on the genus *Heleodromia* in Japan (Diptera, Empididae). Sieboldia, 3: 119-129.

Saigua, T., 1963. A new species of the genus *Roederioides* Coquillett from Japan (Diptera, Empididae). Sieboldia, 3: 187-192.

Saigusa, T., 1965. Two new species of Clinocerinae from japan (Diptera, Empadae). Kontyû, 33: 53-57.

Saigusa, T., 1986. New genera of Empididae (Diptera) from Eastern Asia. Sieboldia, 5: 97-118.

三枝豊平，2008．オドリバエ科Empididae，新訂原色昆虫大図鑑，平嶋義宏・森本桂（編），新訂原色日本昆虫図鑑，第III巻: 405-434, pls. 133-136, figs. 2284-2346. 北隆館，東京．

三枝豊平，2014．オドリバエ科，セダカバエ科，日本昆虫目録，第8巻双翅目，第1部 長翅目−短角亜

目無額囊節: 408-438. 日本昆虫学会, 福岡 (櫂歌書房).

Saigusa, T. & Sinclair, J. B., 2016. Revision of the Japanese species of *Trichoclinocera* Collin (Diptera: Empididae: Clinocerinae). Zootaxa, 4103(3): 201-229.

三枝豊平, 1979. 馬場博士採集の新潟県のオドリバエ科. 馬場金太郎編集, 新潟県の昆虫. (越佐昆虫同好会会報第50号慶祝論文集: 173-208.

Sinclair, J. R., 1994. Revision of the Nearctic species of *Trichoclinocera* Collin (Diptera:Empididae; Clinocerinae). The Canadian Entomologist, 126: 1007-1059.

Sinclair, J. B. & Cumming, J. M., 2006. The morphology, higher-level phylogeny and classification of the Empidoidea (Diptera). Zootaxa, 1180: 3-172.

Sinclair, J. R. & Harkrider, 2004. The immature stages and rearing observations of the aquatic dance fly, *Roederiodes wirthi* Chillcott (Diptera: Empididae: Clinocerinae), with taxonomic notes on the genus. Studia Dipterologica, 11 (2004): 51-61.

Sommerman, K. M., 1962. Notes on two species of *Oreogeton*, predaceous on black fly larvae. Diptera: Empididae and Simuliidae. Proceedings of the Entomological Society of Washington., 64: 123-129.

Steyskal, G. C. & Knuston, L. V., 1981. Empididae [Chapter] 47. In J. F. McAlpine et al. (eds.); Manual of Nearctic Diptera, vol.1: 607-624. Research Branch Agriculture Canada, Ottawa.

Vaillant, F., 1951. Un empidide destructeur de simulies. Bulletin de la Société Zoologique de France, 86(5/6): 371-377.

Vaillant, F., 1953. *Kowarzia barbatula* Mik et *Dolicocephala ocellata* Costa, deux empidides a larves hygropétriques (Dipteres). Bulletin de la Société Zoologique de France, 77(1952): 286-291.

Wagner, R. H., 1997. Diptera Empidiae, dance flies. In A. Nilsson (ed.) Aquatic Insects of North Europe, Vol.2: 333-344.

アシナガバエ科　Dolichopodidae

桝永一宏

　アシナガバエは双翅目短角群の一群で世界各地に広く分布し226属6870種以上が知られている（Yang et. al., 2006）．日本には現在までに23属96種が報告されている（桝永, 2014）．分類学的研究が進めば日本には500種を越える種が生息すると推測される．成虫の大きさは0.8 mmから9.0 mm位で，体は細く，足が長い．色彩は金属光沢のある緑色のものが多く，黄金色，藍色，銅色，黄色，紫色や，稀に黒色光沢のあるものもいる．

科の特徴

　成虫の雄には脚と翅にしばしば性的二型が見られ，形や色が様々に変化することがある．頭部は下口式．額は幅広い．複眼はふつう雌雄ともに離眼的である．単願瘤は明瞭で単眼は3個．後頭刺毛を有する．触角は3節から成り，短い．触角刺毛は2節で，ふつう触角第3節背面または先端から生じる．口吻はふつう短く，まれに伸長する．翅形は細長く，翅脈は単純．横脈（discal crossvein）は翅の中央部に位置する．中室は第2基室と融合する．r–m横脈は翅の基部にある．脚は細長く，基節は短い．脛節は変化に富む．腹部は円筒形で細長い．雄の交尾器はしばしば大型となり腹部下側に位置し，その先端は前方に向かう．

　幼虫は通常白色，細長い円筒形で12節から成る．頭部は短く，硬化せず，自由に胸部に引き込むことができる．腹部末端節は4つかそれ以上の葉状突起を有する．背側の葉状突起はふつう後方気門と刺毛束をもつ．腹部第1〜7節はそれぞれ1対の匍匐帯（creeping welt）を各節の前端にもつ．

　蛹はときに繭に覆われる．頭胸部背面から1対の大きな呼吸管 (respiratory horn) を生じる．腹部背板はふつう棘の横列を有する．肛節は丸みがあるか1対の頑丈な棘をもつ．

生態と分布

　生息場所は渓流付近の石の上，濡れた落ち葉の上や地面の上，水たまりの水面上やその周辺の湿潤な環境を好むが，林縁の下草の葉の上，樹の幹などにも生息する．*Hydrophorus* 属は水面上を滑走する．また，潮間帯の海水域に生息するナミイソアシナガバエ *Conchopus* とムモンイソアシナガバエ *Acymatopus* がみられる．成虫の発生の最盛期は春から夏にかけてである．食性は幼虫，成虫ともに捕食性で，柔らかい小さな節足動物を食べる．植物潜行性の *Thrypticus* 属の幼虫は例外として植食性である．

　アシナガバエ科は，双翅目のなかで幼虫が水生であるハエとして最も大きなグループの1つであるが，幼生期についてはほとんど調べられていない（Smith, 1952）．日本では，ナミイソアシナガバエ属の *Conchopus borealis* Takagi, 1965とギンガクアシナガバエ属の *Liancalus zhenzhuristi* Negrobov, 1979について調べられただけである（Sunose and Satô, 1994；Masunaga, 2001）．

　日本のアシナガバエ科の研究は進行中であり，ここで扱われた属は日本ですでに記録されているものと，おそらく生息すると考えられるものを扱った．幼生期の研究も立ち遅れているため，成虫の生息場所が水辺環境と密接に関連するもの，幼生期に水辺のかなり水を含んだ泥中で生活するものも含まれている．なお，本稿の属と幼生期の検索表はRobinson and Voceroth (1981) によるものを一部改変して作成した．属の解説と種への検索表は日本でよく調べられている4属について行った．

成虫の属の検索表

1　翅のC脈はR$_{4+5}$脈の先端を明らかに越えない；M$_{1+2}$脈は弱く，通常後半部は不連続である
　　　Asyndetus
—　翅のC脈はR$_{4+5}$脈の先端まで到達する；M$_{1+2}$脈は弱くなく，後半部は不連続でない
　　2

2　中脚と後脚の腿節は前面から前方背面に明瞭な亜先端剛毛を欠く．前胸前側板上部は無毛または少数の刺毛を有する　　　　　　　　　　　　　　　　　　　　　　　　　　　　　　　　　　　　　　3
—　中脚と後脚の腿節は前面から前方背面に明瞭な亜先端剛毛を有する，または前胸前側板上部は長い淡色刺毛で密に覆われる　　　　　　　　　　　　　　　　　　　　　　　　　　　　　　　　　　5

3　前胸前側板上部は1本の強い白色刺毛を有する；小楯板はときに細毛を有する．触角第1節はしばしば刺毛を有する．腹部第1節腹板はときに細毛を有する．雄の顔と前額は少なくとも単眼瘤の幅と同じであり，すべての脚の爪を有する　　　　　　　　　　　　　　*Argyra*
—　前胸前側板上部は無毛または2～4本の細い刺毛を有する；小楯板は無毛．触角第1節は無毛．腹部第1節腹板は無毛．雄はときに，顔か前額のどちらかが単眼瘤の幅より狭く，ときに前脚ふ節の爪の片方または両方とも欠く　　　　　　　　　　　　　　　　　　　　　　4

4　前胸前側板上部は2～4本の細い刺毛を有する．胸弁刺毛は黒色．雄の顔の側面は平行，前脚の爪は欠く，腹部第6節背板は無毛，第8節腹板に4～8本の長い刺毛を有する．雌の顔の最も狭い部分は前額の最も広い部分とほぼ等しい　　　　　　　　　　　　*Diaphorus*
—　前胸前側板上部は無毛．胸弁刺毛は褐色または淡色．雄の顔は下方で狭くなるまたは平行，前脚の爪を有するまたは欠く，腹部第6節背板は両端に少なくとも1本の刺毛を有し，通常多くの刺毛とときに強い縁刺毛を有し，第8節腹板の刺毛は第6節背板のそれより長くも強くもない．雌の顔の最も狭い部分は前額の最も広い部分より狭い　　　*Chrysotus*

5　触角第1節は背側に1本かそれ以上の明瞭な刺毛を有する．ときに先端に1本か2本のみ有する　　6
—　触角第1節は刺毛を欠く　　　　　　　　　　　　　　　　　　　　　　　　　　　　　　　10

6　中胸背板の中剛毛を欠く．雄の交尾節は小さく腹部腹側前方へ突き出さない　　*Diostracus*
—　中胸背板の中剛毛を有する．雄の交尾節はたいへん大きく腹部腹側へ湾曲し前方へ突きでる　　　7

7　後脚第1跗節は明瞭な剛毛を有する　　　　　　　　　　　　　　　　　　　　　*Dolichopus*
—　後脚第1跗節は明瞭な剛毛を欠く　　　　　　　　　　　　　　　　　　　　　　　　　　　8

8　顔の下端は丸みがあり，下方へ突き出す　　　　　　　　　　　　　　　　　　*Tachytrechus*
—　顔の下端はほぼ直線上または凹む　　　　　　　　　　　　　　　　　　　　　　　　　　　9

9　翅のM$_{1+2}$脈は直線状または横脈を越えてわずかに波状．後脚腿節は1本のみ亜先端剛毛を有する　　　　　　　　　　　　　　　　　　　　　　　　　　　　　　　　　　　*Hercostomus*
　　翅のM$_{1+2}$脈は明らかに横脈を越えて曲がる，または後脚腿節は別の小さな亜先端剛毛を前方腹側に有する　　　　　　　　　　　　　　　　　　　　　　　　　　　　　　　*Paraclius*

10　触角第3節は細い小刺毛が散在し，加えてビロード状の毛を有する　　　　　　　　　　11
—　触角第3節はビロード状の軟毛のみ有する　　　　　　　　　　　　　　　　　　　　　12

11　中胸背板上に二次的な小刺毛を欠く．雄前脚の第1跗節が強く変形する　　　*Conchopus*
—　中胸背板上に多くの二次的な小刺毛を有する．雄前脚の第1跗節が強く変形しない

	··· *Acymatopus*	
12	翅の横脈は M_{3+4} 脈の先端部と等長または長い ·································	13
—	翅の横脈は M_{3+4} 脈の先端部と等長でない ·····································	15
13	中胸上後側板と後胸後側板に細毛を有する ················· *Hydrophorus*	
—	後胸後側板は無毛 ···	14
14	前胸後側板は指状突出物を有する．前脚腿節はかなり細長く，その下面に黒色刺毛を有しない；後脚基節は強い黒色側方剛毛を有する．背中剛毛は長く6本を有する ·· *Liancalus*	
—	前胸後側板は突出物を有しない．前脚腿節は基部が強く膨れ，通常強い黒色腹側刺毛を有する；後脚基節は通常短い淡色毛のみを有し，まれに端部付近に1本か2本の弱い濃色剛毛を有する．背中剛毛は短く；後方1本または2本の刺毛は他のものより著しく長い ·· *Hydrophorus*	
15	触角第2節は第3節の内側に親指状に伸張する，または少なくともその先端は明らかに凸状 ·· *Syntormon*	
—	触角第2節は内側の先端は切形であり，突出物を欠く ·······················	16
16	背側板は1本の強い剛毛を有する ·······································	17
—	背側板は2本の強い剛毛を有する ·······································	18
17	中胸背板の中剛毛を欠く ·· *Thinophilus*	
—	中胸背板の中剛毛を有する ····································· *Campsicnemus*	
18	触角端刺は触角第3節の先端より生じる ····················· *Rhaphium*	
—	触角端刺は触角第3節の亜先端または背側より生じる ····················	19
19	前胸後側板と中胸後側板は細い淡色毛を有する．腹部は背腹方向に扁平になる ·· *Campsicnemus*	
—	前胸後側板と中胸後側板は無毛．腹部は円筒状またはそれに近い形 ············	20
20	すべての刺毛は淡色 ··· *Chrysotimus*	
—	すべての刺毛は黒色か茶色 ··	21
21	腹部は幅広く，明らかに腹背方向に扁平である．顔は中央付近で最も狭い ··· *Campsicnemus*	
—	腹部は円筒状，または円錐状．顔は口付近で最も狭い ····················	22
22	後胸後側板は細毛を有する．雄翅のC脈は肥大するまたは後脚の脛節腹面に棘を有する．雄の腹部は先細になる ································· *Teuchophorus*	
—	後胸後側板は無毛．雄翅のC脈は肥大せずかつ後脚脛節の腹面に棘を欠く．雄の腹部は通常円筒状 ·· *Sympycnus*	

幼虫の属の検索表

1	3齢の後方気門の発達は不十分；先端の両側には2つの飾らない葉片のみ有する．口は濃色の突き出た歯を欠く上唇を有する；口器の後頭竿は後方部で明らかに曲がり分岐する；上唇は後方に1対の歯を有する ····························· *Syntormon*	
—	3齢の後方気門は外管に囲まれた明瞭な内管を有する．口は濃色の突き出た歯をもつ上唇を有する；口器の後頭竿は明らかに後方部で曲がらない；上唇は後方に2対の歯を有する	

	··	2
2	3齢の後方気門は左右相称 ···	3
―	3齢の後方気門は放射相称 ··	4
3	3齢の後方気門は上面から内部に1対の細長い突起物を有する ············	*Dolichopus*
―	3齢の後方気門は上面から内部に明瞭な細長い突起物を欠く ·············	*Hydrophorus*
4	3齢の末端節は背方葉状突起の間に小葉片を欠き，単純な側方小葉片を有する；背方葉状突起の亜先端のふさは大変顕著であり，約40本の刺毛を有する ············	*Liancalus*
―	3齢の末端節は背方葉状突起の上部と間に小葉片を有し，二又の側方葉片を有する；背方葉状突起の亜先端のふさはせいぜい20本の刺毛を有する ············	5
5	背方葉状突起の亜先端のふさはせいぜい10本の刺毛を有する ············	*Rhaphium*
―	背方葉状突起の亜先端のふさは15～20本の刺毛を有する ·················	*Tachytrechus*

蛹の属の検索表

1	呼吸管はとても短く，まれに頭部を越えて伸長する．中胸背板は多くの長い直立刺毛を有する；腹部第1～8節背板は長い扁平刺毛を有する ············	*Asyndetus*
―	呼吸管は伸長し，頭部を越えて少なくともその長さの半分までのびる．中胸背板は長い直立刺毛を欠く；腹部背板は短い扁平刺毛または亜直立刺毛を有する ············	2
2	6つの腹部背板にのみ剛毛帯を有する ··	3
―	7または8つの腹部背板に剛毛帯を有する ··································	4
3	呼吸管は基部を除いてやや扁平した自由部位を有し，中央で最も広くなる．頭部の先端は3対の隆起部を有する ············	*Campsicnemus*
―	呼吸管は剣状の自由部位を有し，基部またはその付近で最も広くなる．頭部の先端は2対の隆起部を有する；上側の隆起部は腹側に棘状の歯を有する ············	*Systenus*
4	前顔縫合線は分岐し後方半分で広く分離する ·······························	5
―	前顔縫合線は近接しそれらの長さの大部分でほぼ平行である ············	6
5	頭部先端は側面から見るとやや切形に見える隆起群を有する ············	*Hydrophorus*
―	頭部先端は側面から見ると尖っている単純な1対の隆起を有する ·······	*Liancalus*
6	頭部先端は接近した扁平隆起を有し，それは側面から見て小鈍鋸歯状の縁をもつ切形で，前方から見ると丸形である ············	*Rhaphium*
―	頭部先端は1対の単純で尖った隆起または4つに横断された隆起を有する ············	7
7	頭部先端の各隆起は横断される．呼吸管の自由部位はときに胸部より短くなる ···	*Dolichopus*
―	頭部先端の隆起は分断されない ··	8
8	触角鞘は伸長し先細になり，頭部の上唇域を覆い隠す ····················	*Syntormon*
―	触角鞘はとても短い ···	9
9	腹部は剛毛帯のある第1背板を有する．呼吸管は自由部位の中位を越えて完全に分化した領域を有する ············	*Argyra*
―	腹部は第2～8背板のみに剛毛帯を有する．呼吸管は自由部位の基部1/3まで伸長する分化した領域を有する ············	*Tachytrechus*

ナガレアシナガバエ属　*Diostracus*

成虫は中型から大型で，体長は3.5～7.0 mm．金属光沢をもつ緑色．頭部は幅広く，頭頂はわず

かに窪む．小腮鬚は非常に大きい．口吻は分厚い．翅は細長く，ときに雄では斑紋を有する．脚は長く，中脚と後脚の基節の外側に剛毛を欠く．腹部は円筒形．本属は東アジア大陸に分布の中心をもち，北米大陸にも隔離分布する東亜北米隔離分布に近い分布パターンをもつ．世界から81種が知られ，そのうち日本からは14種が記録されている．本属はふつう標高1,000m以上の冷温帯から暖温帯の山地の渓流中で水飛沫がかかり濡れている石上や，石清水や滝のある濡れたコケの上で生活する．成虫は補食性で他の小さな昆虫などを摂食する．幼虫は不明．

ナガレアシナガバエ属 *Diostracus* の成虫の種の検索表

1	前脚の基節と腿節は黄色	2
—	前脚の基節と腿節は黒色または茶色；腿節が黄色なら基節は濃色	3
2	触角は濃茶色；背中剛毛は6対	*Diostracus flavipes* Takagi, 1968
—	触角は黒色；背中剛毛は5対	*Diostracus nakanishii* Takagi, 1968
3	横線剛毛と横線後剛毛を有する	4
—	横線剛毛と横線後剛毛を欠く	*Diostracus yamamotoi* Masunaga, 2000
4	小盾板は1～2本の小さな縁毛を有する	5
—	小盾板は多数の小さな縁毛を有する	*Diostracus genualis* Takagi, 1968
5	膝は黄色または茶色	6
—	膝は黒色	10
6	翅は色帯を欠く；翅の横脈はM_{3+4}脈の基部と鋭角をなす；M_{1+2}脈の先端部はその基部の2倍より短い	7
—	翅は先端に濃茶色帯を有する；翅の横脈はM_{3+4}脈の基部と直角をなす；M_{1+2}脈の先端部はその基部の2倍より長い	*Diostracus fasciatus* Takagi, 1968
7	前脚腿節の中程は黒色	8
—	前脚腿節の中程は黄色または茶色，ときにわずかに黒色	*Diostracus antennalis* Takagi, 1968
8	翅の横脈はM_{3+4}脈先端部の1.2倍の長さである；雄の触角刺毛は先端に飾りがある	9
—	翅の横脈はM_{3+4}脈先端部の1.7倍の長さである；雄の触角刺毛は先端に飾りがない	*Diostracus yatai* Masunaga, 2000
9	雄の前脚腿節の腹側は湾曲し基部付近で凹む	*Diostracus aristalis* Saigusa, 1995
—	雄の前脚腿節の腹側は基部付近では凹まない	*Diostracus yukawai* Takagi, 1968
10	翅の横脈はM_{3+4}脈の基部と直角をなす	11
—	翅の横脈はM_{3+4}脈の基部と鋭角をなす	13
11	小盾板は1対の小縁毛を有し，それらは1対の長い剛毛のそばにある；翅の横脈はM_{3+4}脈先端部の1.5倍の長さである	12
—	小盾板は2対の小縁毛を有し，それらは1対の長い剛毛の間にある；翅の横脈はM_{3+4}脈先端部の1.1倍の長さである	*Diostracus tarsalis* Takagi, 1968
12	翅は幅広い（ときに雄翅は先端に濃茶色帯がある）；雄の前脚第1跗節は大きくなる	*Diostracus latipennis* Saigusa, 1995
—	翅は普通；雄前脚第1跗節は普通	*Diostracus miyagii* Takagi, 1968
13	触角第1節はその深さの1.5倍の長さである；小腮鬚はその幅の2～2.5倍の長さである；雄翅は斑紋を欠く	*Diostracus inornatus* Takagi, 1968
—	触角第1節はその深さの2～3倍以上の長さである；小腮鬚はその幅の3～3.5倍の長さ	

である；雄翅は多くの濃茶色斑紋を有する ················· *Diostracus punctatus* Takagi, 1968

ギンガクアシナガバエ属　*Liancalus*

本属は日本から *Liancalus zhenzhuristi* Negrobov, 1979の1種のみが知られ，北海道から九州まで生息し，韓国にも分布する．本種は一般に山地渓流の石の上に見られる．成虫は大型で，体長は5.7〜8.7 mm．触角刺毛は触角第3節の背面から生じる．胸部背面に中剛毛をもち，小楯板は8本のほぼ同じ長さの長刺毛を有する．雄の翅はかすかな茶色の帯紋を有し，横脈はM_{3+4}脈先端部の4倍の長さである．幼虫（終齢）の体長は8.3〜10.5 mm．体は円筒形で前方にむかいやや先細となる．匍匐帯（creeping welt）は第4〜11節にある．末端節には4つの葉状突起と2つの短い側方突起，1対の後方気門を有する．福岡県の観察例では，成虫が用水路の壁面に生えた藻類上でチュウバエの1種の幼虫を捕食していた．

ムモンイソアシナガバエ属　*Acymatopus*

成虫は小型から中型で体長は2.5〜4.0 mm．口吻は短く，頬を欠く．中胸背板側部上と背中剛毛列上に二次刺毛を有する．雄前脚第1跗節は変形せず，剛毛を有する．体色はくすんだ茶色で灰茶色粉を装う．中胸背板上に白黒紋を欠く．小楯板は4本の長刺毛を有する．幼虫は不明．本属の成虫は潮間帯に生息し，波打ち際に生息する節足動物の幼虫等を捕食している．

ムモンイソアシナガバエ属　*Acymatopus* の成虫の種の検索表

1　触角第1節は背側に刺毛を欠く ··· 2
—　触角第1節は背側に数本の刺毛を有する ················· *Acymatopus major* Takagi, 1965
2　前脚腿節は明瞭な背側後方剛毛を欠く；雄の前脚第3跗節は2〜3本の長剛毛を有し，最も長い剛毛はその節の幅の2.5〜3.0倍の長さである ··· 3
—　前脚腿節は1〜4本の明瞭な背側後方剛毛を有する；雄の前脚第3跗節は2〜3本の長剛毛を有し，最も長い剛毛はその節の幅の1.5倍の長さである
　　················· *Acymatopus femoralis* Takagi, 1965
3　膝は濃茶色；翅のM_{3+4}脈先端部は横脈の長さの1.5倍より短い
　　················· *Acymatopus longisetosus* Takagi, 1965
—　膝は黄色から薄茶色；翅のM_{3+4}脈先端部は横脈の長さの1.5倍より長い
　　················· *Acymatopus minor* Takagi, 1965

ナミイソアシナガバエ属　*Conchopus*

成虫は小形から大型で体長は2.7〜6.5 mm．上唇裏面に3対の突起をもつ．雄前脚第1跗小節腹側基部が先端方向へ葉状に張り出し，雄後脚脛節の先端に突起を有する．中胸部背板の逆Y字型の灰白色斑紋を装う．

本属の幼生期は *Conchopus borealis* について詳しく研究されている（Sunose and Satô, 1994）．これによると，幼虫はフジツボとフジツボの間や潮間帯の海藻内に生息する．終齢（3齢）幼虫の体長は6.6〜9.4 mm．室内ではヤマトイソユスリカの幼虫を摂食する．蛹の全長は4.5〜6.0 mmで，紡錘形の茶色の堅いゼラチン状の繭に包まれる．蛹化は空のフジツボの中やフジツボとフジツボの間で行われる．

ナミイソアシナガバエ属 *Conchopus* の成虫の種の検索表

1	口吻は目の高さの2/3の長さ；雄の前脚腿節は腹側に亜先端突起を有する；雄の前脚第2跗節は前方背側の長刺毛を1〜3本有する	2
—	口吻は目の高さと同じか長い；雄の前脚腿節は腹側に亜先端突起を欠く；雄の前脚第2跗節は前方背側の長刺毛を欠く	5
2	翅のM_{1+2}脈の中程は肥大し，M_{3+4}脈の先端部はかなり長い	3
—	翅のM_{1+2}脈の中程は肥大せず，M_{3+4}脈の先端部は横脈の長さの2倍より短い .... *Conchopus rectus* Takagi, 1965	
3	体長が4.0 mm以上である	4
—	体長が3.9 mm以下である .... *Conchopus pudicus* Takagi, 1965	
4	触角第1節は幅の1.5倍の長さである .... *Conchopus borealis* Takagi, 1965	
	触角第1節は幅の2.0倍の長さである .... *Conchopus sikokianus* Takagi, 1965	
5	口吻はせいぜい目の高さと同じ	6
—	口吻は目の高さより長い	7
6	雄の前脚脛節は後方背側に2本の顕著な長剛毛を有する．雌の横脈はほぼ直線状である .... *Conchopus sinuatus* Takagi, 1965	
—	雄の前脚脛節は後方背側に1本の顕著な長剛毛を有する．雌の横脈は波状である .... *Conchopus corvus* Takagi, 1965	
7	肩瘤の下方に1〜3本の刺毛を有する	8
—	肩瘤の下方に刺毛を欠く	10
8	雄の翅の横脈は外側へ強く弓形状となる．雌の翅の横脈は直線状とならない	9
—	雄の翅の横脈は外側へ強く弓形状とならない．雌の翅の横脈は直線状となる .... *Conchopus sigmiger* Takagi, 1965	
9	前脚基節は1〜3本（多くは2本）の基部剛毛を有する .... *Conchopus saigusai* Takagi, 1965	
—	前脚基節は1本の基部剛毛を有する .... *Conchopus uvasima* Takagi, 1965	
10	口吻は目の高さの1.5倍より短い	11
—	口吻は目の高さの1.5倍より長い	13
11	翅のR_{2+3}脈とR_{4+5}脈の間に黒斑を有する .... *Conchopus signatus* Takagi, 1965	
—	翅のR_{2+3}脈とR_{4+5}脈の間に黒斑を欠く	12
12	雄の翅は濃茶色と乳白色の斑紋を有する．雌の横脈はほぼ直線状でない .... *Conchopus poseidonius* Takagi, 1965	
—	雄の翅は濃茶色と乳白色の斑紋を欠く．雌の横脈はほぼ直線状である .... *Conchopus convergens* Takagi, 1965	
13	翅のM_{3+4}脈は波状でない	14
—	翅のM_{3+4}脈は波状である	15
14	触角第3節は幅と同じ長さである .... *Conchopus nodulatus* Takagi, 1965	
	触角第3節は幅の4倍の長さである .... *Conchopus mammuthus* Takagi, 1965	
15	雄後脚脛節は先端に突起を有する .... *Conchopus anomalopus* Takagi, 1965	
—	雄後脚脛節は先端に突起を欠く .... *Conchopus abdominalis* Takagi, 1965	

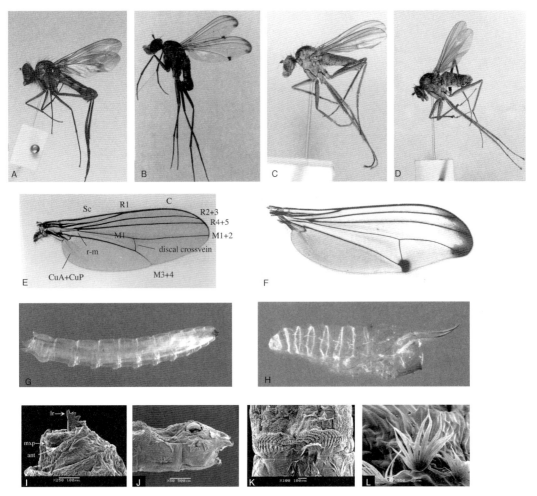

Fig. A-D. 成虫 Adults, ♂; A: *Liancalus zhenzhuristi* Negrobov, 1979; B: *Diostracus yamamotoi* Masunaga, 2000; C: *Acymatopus major* Takagi, 1965; D: *Conchopus rectus* Takagi, 1965; E, F: Wings, ♂; E: *Conchopus rectus*; F: *Diostracus yamamotoi*; G, H: *Liancalus zhenzhuristi*; G: Final instar larva, left lateral aspect; H: Pupal exuvia, left lateral aspect.; I～L: Scanning electron micrographs of final instar larva of *Liancalus zhenzhuristi*; I: Head and prothorax, left lateral aspect (abbreviations: ant: antenna, lr: labrum, mxp: maxillary palpus); J: Post abdomen, oblique right lateral aspect; K: Creeping welt, dorsal aspect; L: Magnified hair tuft, posterior aspect.

参考文献

Masunaga, K. 2001. Redescription of *Liancalus zhenzhuristi* Negrobov (Diptera: Dolichopodidae) from Japan, with description of immature stages and biological notes. *Entomological Science*, 4(1): 109-119.

桝永一宏. 2014. Family Dolichopodidae アシナガバエ科. 日本昆虫目録編集委員会（編）. 日本昆虫目録 双翅目, 8(1): 439-447. 日本昆虫学会, 東京.

Robinson, H. & Vockeroth, J. R. 1981. Dolichopodidae. In McAlpine, J. F. et al. (eds.), *Manual of Nearctic Diptera*, 1: 625-639. Canadian government Publishing Centere, Hull.

Smith, M. E. 1952. Immature stages of the marine fly, *Hypocharassus purinosus* Wh., with a review of the biology of immature Dolichopodidae. *The American Midland Naturalist*, 48: 421-432.

Sunose, T. & M. Satô. 1994. Morphological and Ecological Studies on a Marine Shore Dolichopodid Fly, *Conchopus borealis* Takagi (Diptera, Dolichopodidae). *Japanese Journal of Entomology*, 62(4): 651-660.

Yang, D., Y. Zhu, M. Wang & L. Zhang. 2006. World Catalog of Dolichopodidae (Insecta: Diptera). vii + 704 pp., China Agricultural University Press, Beijing.

ヤリバエ科　Lonchopteridae

三枝豊平

ヤリバエ科の概要

　ヤリバエ科 Lonchopteridae は双翅目短角亜目 Brachycera，環縫ハエ型群 Cyclorrhaphous Muscomorpha，無額嚢節 section Aschiza のヒラタアシバエ上科 superfamily Platypezoidea に属する1科で，比較的少数の種を含んでいる．本科はいわゆるアブ型の双翅類からハエ型の双翅類に移行する進化段階に位置すると考えられる．本科の種のハエはすべて小型で，成虫は体長2〜4mm，体はやや細長く，先端が細く尖る長楕円形の特徴的な翅を具え，属名および和名もこの特徴に基づいている．幼虫は体が扁平の独特の形状をしていて，体の前部に2対，後端に1対の長い突起を生じる．

　本科は従来1属 Lonchoptera Meigen, 1803 が知られており，これは全動物地理区に分布しているが，最近ヨーロッパ南部から Neolonchoptera Vaillant, 1989（1種），中国から Homolonchoptera Yang, 1998（1種）と Spilolonchoptera Yang, 1998（属創設時は2種，その後3種追加）の3属が新しく記載されている．日本列島からは Lonchoptera 属の8種が知られているが，著者の知見によればこのほかにも同数程度の未記載，未記録の種が生息しており，そのうちの1種は Spilolonchoptera に属する．単為生殖を主とするヤチヤリバエ Lonchoptera bifurcata (Fallén) はこの生殖法のためか，ほぼ全動物地理区に分布している．

　Musidoridae および Musidora はそれぞれ Lonchopteridae と Lonchoptera の異名である．幼虫は腐葉中や石下などに生息し，陸生のものと淡水性のものがある．

ヤリバエ科の研究

　ヤリバエ科は初期にはヨーロッパで詳しく研究され，それは古く de Meijere（1906）の総説にまとめられている．その後ヨーロッパの種については Duda（1927），Collin（1938），Smith（1969）ら多くの研究がつづけられている．日本を含む極東の種については，松村（1915）が最初で，セスジヤリバエ Lonchoptera japonica Matsumura (= L. impicta Zetterstedt) とウスグロヤリバエ Lonchoptera sapporensis Matsumura を，さらに松村（1916）はハコネヤリバエ Lonchoptera hakonensis Matsumura を記載した．その後 Czerny（1934）が沿海州やカムチャツカ半島の種も扱い，Okada（1935）が日本産の種の再検討を行った．東洋区については，古く Kertész（1914）が台湾から Lonchoptera orientalis (Kertész) を，近年 Andersson（1971）が R. Malaise によるミャンマー（ビルマ）の中国国境に近い Kambaiti から10種に及ぶ Lonchoptera を，Smith（1974）が顕著な翅形をもつボルネオの1種を，それぞれ扱っている．最近は中国から多数の新種が記載されている（Yang, 1995, 1998；Yang & Chen, 1998, 1995；Dong et al., 2008a, 2008b；Dong & Yang, 2011, 2012, 2013）．この他，重要な分類学的研究は，北米の種については，Curran（1934）が，また最近は総説が Klymko & Marshall（2008）によって著されている．アフリカの種についての Stuckenberg（1963）や Whittington（1991）の研究もある．日本産の種については三枝（2008, 2014）で既知種の解説や目録が示されている．

　ヤリバエ科の幼生期については，de Meijere（1900）に詳細な形態学的研究があり，また前述の de Meijere（1906）にもその概要が示されている．さらに最近では Drake（1996），Baud（1973）や Vaillant（2002）の研究があり，後の2つでは幼生期については水生の種を扱っている．また，Smith（1989）も双翅目の幼生期の総説の中で，本科の幼虫期について簡単に図説している．Stalker（1956）によるヤリバエ科のヤチヤリバエ Lonchoptera dubia Fallén (= bifurcata) の単為生殖の研究

では，本種の幼生期を含む飼育方法も記述され，また Baud (1970) もヤチヤリバエ L. bifurcata や L. lutea Panzer について幼生期の生態に関する研究を著している．ヤリバエ科の分類学的研究で重要な形質となる雄交尾器の詳細な形態学的研究は Hennig (1976) によって著されている．

成虫の形態

やや細長い体の小型のハエで，長めの脚を具え，翅は長楕円形で，先端は鋭くまたは丸みを帯びて尖る．

頭部は胸部（図1G）と等幅かやや広く，ほぼ球形，複眼は中庸大，円形，無毛，左右の複眼は雌雄とも前額では広く離れ，顔面では一般に前額より接近するが，それでもかなり離れている．触角は短く，第3節は栗の実型，触角刺毛は細く，第3節先端より生じる．各1対の強い内前額剛毛（図1では前額），上額眼縁剛毛（外頭頂剛毛との解釈もある．図1では額眼縁），単眼剛毛を具え，後眼縁剛毛列の最上部の2本は強く，最上端のものは内頭頂剛毛，その外側のものは外頭頂剛毛とも解釈される．単眼瘤に接してその直後に1対の微小な後単眼剛毛（図1Gで赤矢印），そのさらに後下方の後頭部には1対の弱い後頭頂剛毛，口縁には数対の顕著な剛毛（鬚剛毛と亜鬚剛毛または合わせて口縁剛毛）を生じる．

胸部背面には各1本の通常は強い肩剛毛，横線前翅背剛毛，横線後翅背剛毛，横線前翅内剛毛，横線後翅内剛毛，翅後剛毛（図1Gでは指示なし），2本の背側剛毛，4本の背中剛毛，2対の小楯板剛毛がある．中剛毛を欠く．脚はやや長く，脛節には少数の剛毛を生じる．雄の前跗節はやや変形し，特殊な剛毛を生じ，交尾の際にこの部分で雌の翅の前縁を掴む．雄の中脚と後脚の脛節や跗節などは種によって多様な変形を起こし，雌のそれと顕著に異なることがある．

翅は細長い紡錘形，基部は細く，先端部も同様に細く，先端は丸みを帯びて突出するか，あるいは程度の差はあるが鋭く尖る．翅（図3C，D，但しDは雌の翅）の基室と肘室（従来の臀室）は著しく短く，中央室を欠く．中脈は M_{3+4}，M_2，M_1 脈の順で三分岐し，雄の CuA+CuP 脈（図3C，従来の CuA+A_1 脈）は翅縁に達するが，雌（図3D）では M_{3+4} 脈と合流する．雌にみられるこの特徴的な形質は中国の Homolonchoptera 属では雄にも現れる．

腹部はやや細長く，雄では第6節，雌では第7節まで外部から認められる．雄交尾器は一般に大型，腹部後半の腹側に折りたたまれるように添えられ，尾角葉は一般に大型で板状である．雄交尾器はかなり複雑で，種の形質が顕著に現れる．

幼虫の形態（図1，2）

体は褐色，楕円形で扁平，背面はやや盛り上がり，腹面は平坦．体の中央部が最も幅広い（図1A，2A，G〜I）．体の腹面は背部より軟質で，節の境界は不明瞭である．双気門式で前胸と最終腹節に各1対の気門をもつ（図1A，ps, as）．体の前方の前胸と後胸および体の後端に相当する第8腹節に各1対の突起を生じ，その発達状態は種によって異なる（以下 Peterson (1985) の解釈で，Vaillant, (2002) のように，後胸を中胸，第1腹節を後胸，第8腹節を第7＋8腹節とするとする解釈もある）．

頭部と胸部は小型，中胸は特に小型で膜質．頭部の頭蓋はかなり退化する．頭部には2節からなる短い触角（図1B, a）と1節からなる微小な小腮鬚（図1B, mp）が外部に現れている．口は頭部腹側の円形の突出部に生じる縦溝（図1D, ms）である．頭部の内部には退化した頭蓋や変形した大腮・小腮複合体（図1C, mm），咽頭骨に関連した骨化部，咽頭壁を強化する2対の板状骨片などが認められる．下唇は1対の膨らんだ半円錐形の唇弁状の構造をもち，これは頭部側縁を越えて側方に張り出す（図2F〜H）．この構造の腹面には多数の偽気管状の溝と刺毛を生じる．

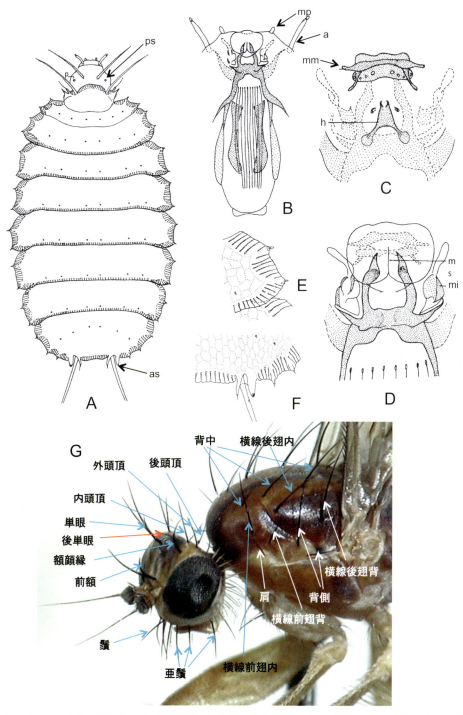

図1　*Lonchoptera lutea* の6齢幼虫（A〜F）とクモスケヤリバエ *Lonchoptera stackelbergi* の剛毛説明図
Lonchoptera lutea (6th instar) and *Lonchoptera stackelbergi* (head & thorax chaetotaxy).
A：全形背面（後突起は先端部を省略）　B：頭部と口器・咽頭器官　C：頭部の骨格　D：口と頭部骨格　E：第2腹節の右部分　F：第7＋8腹節の後縁部　G：ヤリバエ科クモスケヤリバエ *Lonchoptera stackelbergi* 雄の頭部, 胸部剛毛説明図（図中の剛毛の名称は「剛毛」を省略）　a：触角　as：腹部の気門　h：頭蓋構成骨　mp：小腮鬚　mi：小腮内部構造　mm：大腮・小腮の複合構造　ms：口器のスリット　（A〜Fは Vaillant, 2002より改変；Gは三枝原図）

4 双翅目

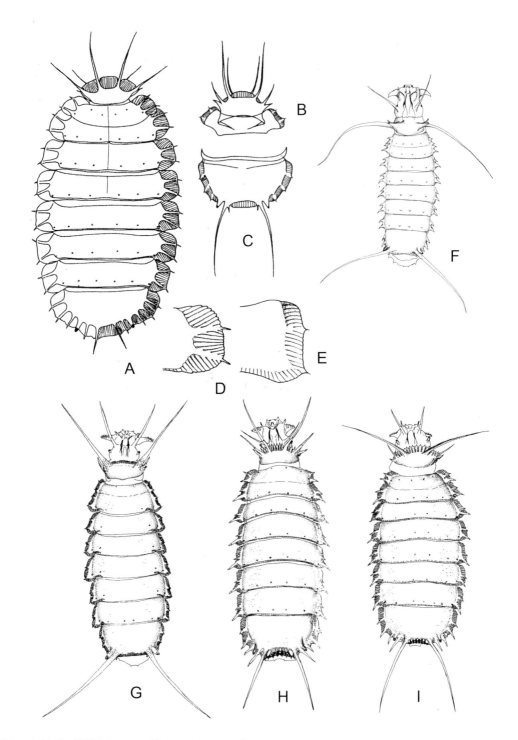

図2　ヤリバエ科幼虫 Larvae of *Lonchoptera* species.
A：*Lonchoptera nigrociliata* の6齢幼虫，左側鍔状部の構造細線は省略　B：*Lonchoptera lutea* の6齢幼虫の中胸と後胸　C：同，最後尾の背板　D：*Lonchoptera nigrociliata* の6齢幼虫の側鍔状部　E：*Lonchoptera lutea* の6齢幼虫の側鍔状部　F：*Lonchoptera tristis* の2齢幼虫　G：*Lonchoptera fallax* の5齢幼虫　H：*Lonchoptera lutea* の5齢幼虫　I：*Lonchoptera bifurcata* の5齢幼虫　（A～E は Drake, 1996, F～I は Baud, 1973 より）

腹節背板は骨化して大きく，板状，第1，第2腹節背板は不完全に区分され，第8腹節背板は大型で，ほぼ半円形．後胸前縁と第1〜7腹節のそれぞれ側縁，第8腹節辺縁は板状に張り出し，その縁は鋸歯状，辺縁部には横に平行に走る多数の細いリボン状隆起線がある．腹節背板にはそれぞれ3対の感覚子が横に配列される．第1〜2腹節側縁の張り出し部には各2個の感覚子を，第8腹節背板には4対合計8個の感覚子を生じ，これらは通常弱い突出部の先端から生じる．体の3対の長い突起の長さ，腹節背板側縁の鋸歯などの形状に種間の顕著な相違がみられる．幼虫は5回の脱皮を行い，6齢が終齢幼虫である．4齢から5齢に脱皮することで，体形等に大きな変化が生じる．

　本科の幼虫期の形態については de Meijere（1900）が詳細に図説しているので，それを参照されたい（古い文献ではあるが Biodiversity Heritage Library で pdf をダウンロード可能）．ヨーロッパの種では，Baud（1973）が7種について生態，核型等の研究を行い，特に単為生殖について論じ，また4種の幼虫の形態を図示している．

　囲蛹殻は終齢幼虫とほぼ同様で，クチクラの骨化が強く，前気門は長く突出する．成虫は囲蛹殻背面前方の T 字形のスリットを破って羽化する．

生態
成虫

　成虫は湿潤な森林の水辺や林床，さらに谷地などの草原に生息し，地表や草上で活動する．日本産種の中では，クモスケヤリバエ Lonchoptera stackelbergi (Czerny) はもっぱら渓流の湿石上等流れの周囲で生活する．グンバイヤリバエ Lonchoptera platytarsis (Okada) もクモスケヤリバエと同様に渓流や細流の湿石上を主要な活動の場とし，ウスグロヤリバエも上記2種と同様な場所や林内の湿潤な地表の周辺で活動する．キイロヤリバエ Lonchoptera meijerei Collin は山林の細流や平地の河川の周囲の湿地などの叢間でもっぱら採集される．さらに，ヤチヤリバエは谷地的な環境を主な生息場所にしている．一方ハコネヤリバエやツマグロヤリバエ Lonchoptera apicalis (Okada) は水辺から離れた山腹も生息場所にしている．このように本科の成虫の生息場所は多様で，一部の種の活動場所が水辺との密接な関係がある．

　ウスグロヤリバエ，クモスケヤリバエ，ヤチヤリバエ，セスジヤリバエは暖地では早春から晩秋まで成虫が活動し，発生は多化性であると推定される．これらの種の中で，前2種は春と秋に個体数が多く，初夏から盛夏にかけてかなり個体数が減少する．ヤチヤリバエは北米では少なくとも2〜3化すると考えられている．このような種では季節的多型を現すものがあり，春や晩秋に出現する個体は頭部や胸部，腹部が暗色（暗褐色），夏季の個体は明色（黄褐色ないし淡褐色）である（脚の色彩には季節的変異は小さい）．クモスケヤリバエでは脚の刺毛の発達状態に季節的2型がみられるが，このような形態学的変異は稀である．グンバイヤリバエにも体色に変異がみられるが，本種は年1化と考えられ，この色彩変異は季節的なものとは考えられない．一方，ツマグロヤリバエやハコネヤリバエなども年1化と考えられ，夏の短い期間だけ成虫がみられ，季節型はない．

　成虫は生息地の低丈の草本の葉上，地上，湿石上などで活動し，地上から離れた潅木などの葉上ではほとんど観察されない．飛翔はあまり速くはなく，ほぼ水平に地表に沿って短距離を飛翔して止まる．成虫の行動は活発で，クモスケヤリバエでは渓流の縁や流れの中の石上を活発に走行し，多くの場合は翅をちらちらと開閉するような独特の行動を繰り返し，しばしば近くにいる同種個体を追走する．

　成虫の食性はほとんど研究されていない．研究室内では蜂蜜と水を与えて飼育した記録があり（Stalker, 1956），野外ではこれに類する液状のものを摂取していると推定される．ウスグロヤリバ

エは成虫が実験室内の自然環境に模した容器の中でも頻繁に交尾し，雄は雌の背上に位置して，前脚の特化した跗節を用いて雌の翅の前縁を掴んで体を固定する．本種は容器内では雌は湿った腐葉などに産卵し，卵はまもなく孵化する．

　ヤチヤリバエは世界各地で単為生殖をする．しかし，地域によってはかなりの頻度で雄が得られているが，日本ではこれまで本種の雄が採集されたことはない．本種は北米でも単為生殖ではあるが，北米では複数の核型の系統が確認されていて，複数の角型が同所的に存在し，その割合は地域で異なる．しかし，これらの間の決定的な形態差は確認されず，翅脈の相対的な長さにかろうじて相違が認められるという（Stalker, 1956）．日本産の集団についての核型の研究は行われていないし，上記の通り雄も発見されていない．

幼虫

　ヤリバエ科の幼虫は多くは湿潤な土壌の落ち葉や腐葉層内で生息し，一部の種では次に述べるように水生である．自然状態での幼虫の食餌はよく知られていない．実験室内では落ち葉などの表面の微生物を摂食するが，これだけでは生長を完了できない．実験的にはグルコース，イーストおよび肝臓抽出物の混合餌で成虫まで飼育できるという（Stalker, 1956）．

　幼虫の生息環境については，ヨーロッパの種では *Lonchoptera lutea* Panzer に 2 系統があり，1 系統はアルプス南部から北アフリカに分布し，もう 1 系統はそれより北部のヨーロッパに生息している．南部の系統は幼虫が明らかに淡水性で，泉の周囲の泥や水に浸された腐葉の間で生息し，このような場所には淡水ヨコエビ類 *Gammarus* やトビケラ，カワゲラなどの幼虫も一緒に生息している．北部の系統は多くのヤリバエ類の幼虫と同様に土壌中に生息し，このような場所は降雨などによって一時的に水浸しになることはあっても，通常はそのような状態にはならない（Vaillant, 2002）．

　ヨーロッパ北部に分布する *Lonchoptera nigrociliata* Duda は流れの縁にある部分的に水に浸かったある程度大きな丸石の下から見出されるが，小石の下や完全に水中にある石の下からは発見されなかった（Drake, 1996）．本種の成虫はしばしば流れの近くの石上で観察されるという．このようにヨーロッパでは成虫が水辺で活動する種の幼虫が淡水性であることがわかっているので，日本産の種でも，本章で扱ったクモスケヤリバエ，グンバイヤリバエなど 4 種は，幼虫が淡水性である可能性が著しく高い．

ヤリバエ科の採集と飼育

　ヤリバエ科の多くの種は森林内の下草を，また草原性の種は草地の下層を主要な生息場所にしているので，このような場所を掬い網法（スイーピングネット）で採集する．本書で扱っているクモスケヤリバエは渓流を，グンバイヤリバエやウスグロヤリバエは渓流や林内の細流付近を生息場所にしているので，このような場所を選んで採集する．特に前種はもっぱら渓流の岸や水面から出ている湿った石の上を走ったり，飛翔したりするので，そのような個体を確認して採集すると確実に得られる．キイロヤリバエは河川の川岸近くの湿地や山間の小渓流の周囲の湿地などを主な生息地にしているので，そのような場所で掬い網法を根気強く繰り返すことで，湿地表近くで活動している個体を採集することができる．本章では解説していないがヤチヤリバエは幼虫が水生ではないが，山地の湿原の周囲を主要な生息環境にしているので，キイロヤリバエと同様の方法で得ることができる．成虫の餌としては，一般的に微量の蜂蜜を楊枝等に薄く塗って与えると，舐食する．

　野外での幼虫の採集経験はないが，ヨーロッパでの *L. nigrociliata* Duda は流れの岸の湿った石の下等で採集できると言われているので，今後日本産の種でも同様な環境で探索することで，幼虫が

得られる可能性がある.

　著者の乏しいヤリバエ科の飼育経験では，中型の腰高シャーレのような容器にごく浅く水をいれ，そこに落ち葉や枯れ枝などを入れたものに，数頭以上の雌雄を放すと，交尾や産卵の状態を観察できる．本科の雄の前跗節に変形がみられるので，上記のような容器に入れて観察すれば，雄が前跗節の構造を使って雌の翅の前縁を掴んで自分の体を雌の体に固定させて，交尾をするのが観察できる．また，このような状態でしばらく飼育を続けると，産卵が行われ，間もなく微小ではあるが本科独特の形状をした1齢幼虫が孵化して活動するのが観察できる．

分類

　以下に日本産ヤリバエ科の既知種の検索表と，淡水域と密接な関係が認められる4種について，詳細な形態および生態を記述し，重要な形質等を図解する．

種の検索と記載
日本産ヤリバエ属 *Lonchoptera* の既知種の検索表（淡水との可能性がある種は太字）

1a 後眼縁剛毛列の最上端の剛毛（内頭頂剛毛）は黄色（キイロヤリバエの一部の個体はここにくるが，R_1脈上の最先端の刺毛が著しく長く，これは5で検索）……………………2
1b 後眼縁剛毛列の最上端の剛毛（内頭頂剛毛）は黒色ないし暗褐色……………………………5
2a 鬚剛毛や亜鬚剛毛（口縁剛毛）は黒色；小型種………………………………………………3
2b 鬚剛毛や亜鬚剛毛（口縁剛毛）は黄色；中型種………………………………………………4
3a CuA脈基半部の背面刺毛は通常の長さで，同脈の先半部の刺毛とほぼ等長；前脛節は1本の後背剛毛を生じる；後眼縁剛毛列の複眼後背部近くの少なくとも1～2本は黒色
　………………………………………………………………… ヤチヤリバエ　*L. bifurcata*
3b CuA脈基半部の背面刺毛は著しく長く，同脈の先半部の刺毛より遥かに長い；前脛節は後背剛毛を欠く；後眼縁剛毛列の剛毛はすべて黄色……… セスジヤリバエ　*L. impicta*
4a 翅の端半部は暗色；雄の触角第3節は黒色；雌の中胸背板は一様に黄色
　………………………………………………………………… ツマグロヤリバエ　*L. apicalis*
4b 翅は一様に淡色；雄の触角第3節は黄色；雌の中胸背板には通常中央に1暗条を現し，またしばしば側部にも短い暗条を現す…………………… ハコネヤリバエ　*L. hakonensis*
5a R_1脈背面刺毛列の刺毛は短く，前縁脈の刺毛と大差ない；前脛節には末端剛毛を除いて2本の前背剛毛と1本の後背剛毛を具える；中型ないし大型種……………………………6
5b R_1脈背面刺毛列のうち最先端の刺毛は著しく長く，その長さは前縁脈の刺毛のほぼ2倍；前脛節に後背剛毛を欠き，雄の前背剛毛は1本．黄色の小型種
　………………………………………………………………… キイロヤリバエ　*L. meijerei*
6a 大型種；翅長は4.0 mm以上；雄の中脚跗節または後脚脛節は変形する ………………7
6b 中型種；翅長は3.5 mm以下；雄の中脚および後脚は変形しない．後頭頂剛毛は通常黒色
　………………………………………………………………… ウスグロヤリバエ　*L. sapporensis*
7a 肩瘤には数本，稀に1本の弱い剛毛を生じ，そのうちの1本はやや長いが，通常他の剛毛の2倍以下；後頭頂剛毛は黒色；雄では中腿節は腿節の厚みの2倍の長さに達する数本の刺毛を腹面に生じる，中脛節は正常で腹面に湾曲した毛を欠き，中跗節は第2～6小節が扁平に拡大し，後脛節は正常………………………… グンバイヤリバエ　*L. platytarsis* (Okada)
7b 肩瘤には1本の強い肩剛毛と少数のきわめて弱い微刺毛を生じる；後頭頂剛毛は黄色，と

きに黒色；雄では中腿節腹面の基部から1/3の位置に1本の強い剛毛，中脛節腹面に先端が湾曲した長い毛を生じ，中跗節は正常，後脛節は多少先端に向かって肥大し，その端半部において後面から腹面にかけて短く太めの刺毛を密生する
.... クモスケヤリバエ　*L. stackelbergi*

各種概説

キイロヤリバエ　*Lonchoptera meijerei* Collin, 1938

Lonchoptera meijerei Collin, 1938. Entomologist's Mon. Mag., **74**: 63-64 (*Lonchoptera*). Type locality: The river Monnow near Pandy (Herefordshire) & Kinarara, near Aviemore (Invrness-shire) (England).

形態：全身黄色の小型種．雄（図3A），体長2.1〜2.5 mm；翅長3 mm内外．頭部は光沢ある黄色，単眼瘤は暗褐色，胸部は黄色ないし黄褐色，ごく薄く白色粉で覆われる．胸背には斑紋を欠くものから暗褐色の細い背中縦条を現す個体もある．腹部は腹板や上雄板を含めて黄色，背域に暗色の背中条を現す個体もある．脚は黄色，末端の跗小節はやや暗色．

触角は第1，2節が黄色，後者はしばしば暗色を帯びる，第3節は黒色．後頭頂剛毛，後眼縁剛毛，後頭部の剛毛は黄色，後眼縁剛毛列の最上部の剛毛は通常褐色ないし黒色，少数であるが黄色の個体もある．内前額剛毛，上額眼縁剛毛，単眼剛毛，鬚剛毛および口縁剛毛は黒色．肩瘤は明瞭，通常は暗色の細線で囲まれる．肩剛毛，横線前翅背剛毛，横線前翅間剛毛は低い三角形状に配列される．

翅（図3C）は一般的，長さは幅の3倍，先端の尖りは中庸，かすかに黄褐色味を帯び，翅脈は黄色．R_1脈の刺毛列のうち最先端の1本は異常に長く，それより基部の刺毛や前縁の刺毛の長さの約2倍（図3E）．M_1脈の端半部，M_2脈，M脈幹の端半部，CuA+CuP脈の背面にも刺毛列がある．R_1脈融合点までの前縁の端半部の刺毛は長い．

脚（図4）の形状は一般的，特化構造はみられない．前脚（図4A）．前基節は前面基部に2〜3本，中央に1本の直立剛毛を生じる；前腿節は端部の剛毛以外には特に発達した剛毛を欠く；前脛節は0.4の位置に1本の前背剛毛を生じ，個体によっては0.7の位置に1本の背剛毛をもつ．前跗節の第3跗小節腹面には基部にやや長めの強い棘状刺毛が4本ほぼ横に配列され，その内の最後方の棘は長く先端が尖り，他は鈍頭，これらの棘の先に3本のより短い棘が跗節中央線に沿って配列され，最先端のものは関節膜状部近くに達する；第5跗小節の前縁と後縁にはそれぞれ2個の短い棘状刺毛を生じ，後縁のものが前縁のそれより強い．

中脚（図4B）．中基節は2〜3本の長めの剛毛を生じるが，特化した棘状剛毛を欠く；中腿節は中央よりやや先に1本の顕著な前腹剛毛，中央に1本の弱い前背剛毛を生じる；中脛節は0.4と0.7の位置に各1本の前背剛毛，0.2の位置に1本の後背剛毛，0.5の位置に1本の前腹剛毛を生じる．中跗節は常形．

後脚（図4C）．後基節は3〜4本の通常の刺毛を生じ，特殊な刺毛を欠く；後腿節は基半部に亜直立した短い前背刺毛列を生じ，0.7の位置に各1本の前背および前腹剛毛を生じる．後跗節は常形．

腹部（図5）．雄の第6腹節背板（図5A，B）の長さは第5腹節背板の約1.5倍，後者は後端に向かってやや細くなる．背板の亜側剛毛は第2〜6背板に生じ，第5背板のそれは最も長く，第2と第6のそれはほぼ同大；背板の後縁刺毛は第4〜5背板で顕著；第6背板の後縁の刺毛は分化しない．第2〜4腹板（図5C）には短刺毛を疎生し，第3腹板の後半部と第4腹板の刺毛はやや太く，第3腹板の後縁部中央では刺毛の密度が高い．第8腹板は小型，上雄板とは強く結合されない．

交尾器（図6）は小型，第6腹節の下面に畳まれているが，乾燥標本でも外部から観察可能，尾角葉の先端は第5腹節中央にかろうじて達する．上雄板（図6A）は小型，細長く，その長さは

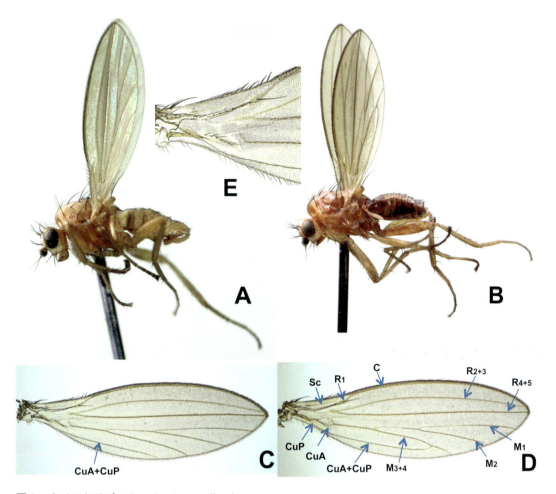

図3　キイロヤリバエ Lonchoptera meijerei
A：雄側面　B：雌側面　C：雄の翅　D：雌の翅　E：雄の翅の基部（Sc脈のきわめて長い先端刺毛に注意）

　第6背板の3/4，側縁での長さは最大幅の1.4倍，後縁はかなり深くV字形に抉られるために側端部はやや突出する；上雄板には微小な刺毛を疎生する．尾角葉は小型，長さは上雄板の約1/2，先端はやや尖り，左右の尾角葉は先端でも分離しない（境界の抉れを欠く）；尾角葉は短毛を生じ，側縁の刺毛も短い．下雄板（図6C）は細長く，幅よりやや長くほとんど無毛，先の1/3はpregoniteとして幅広い板状に突出し，その端縁は裁断状で微小な棘状刺毛列を生じる；postgoniteはやや骨化の強い小型の板状，挿入器の部分（図6B）は広く膜質で，突出する．

　雌（図3B）は性差を除いて雄と大差ない．ただし，前脛節の0.7の位置に1本の背剛毛を生じるために，背面の剛毛は合計2本になる．第7腹節背板は後方に向かってやや細くなり，後縁は裁断状，亜背部の刺毛は強くない．

　日本各地に生息するヤチヤリバエ Lonchoptera bifurcata は，成虫の大きさや色彩，頭部の剛毛の色彩などで本種に酷似するが，この種では R_1 脈背面の刺毛列の最先端のものはそれより基部の刺毛と長さがほぼ等しく，この点で容易に本種から識別できる．なお，この種は日本を含む世界各地で単為生殖集団が主体であり，これには古くから Lonchoptera furcata (Fallén, 1823) の学名が当てら

1573

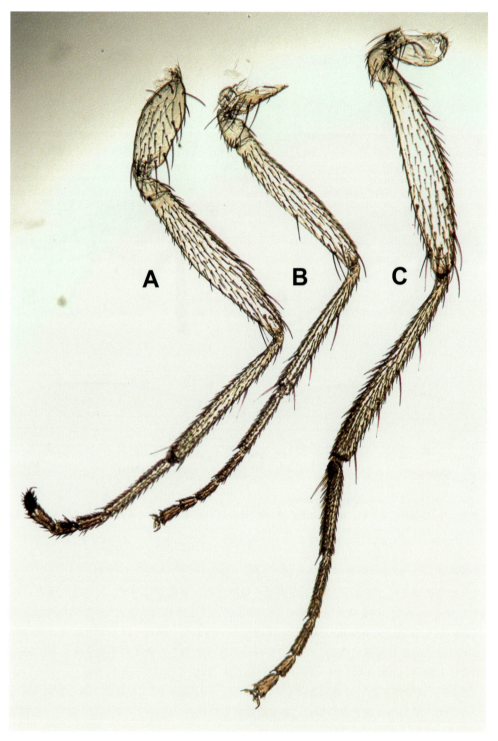

図4　キイロヤリバエ *Lonchoptera meijerei* の雄の左脚前面 Left legs of *Lonchoptera meijerei* male, anterior aspect.
A：前脚　B：中脚　C：後脚

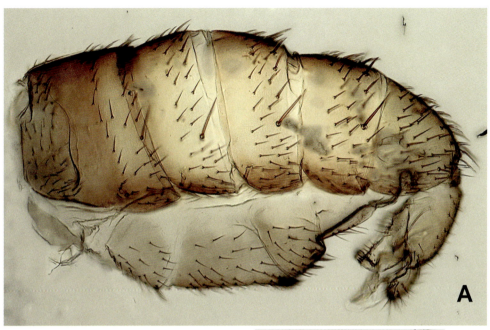

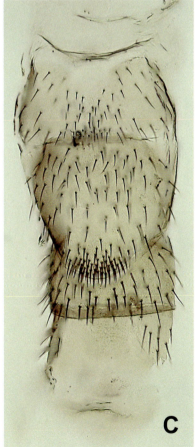

図5 キイロヤリバエ Lonchoptera meijerei の雄の腹部 Abdomen of Lonchoptera meijerei male, A, B, C: lateral aspect, terga, sterna.
A：側面　B：背面　C：腹板

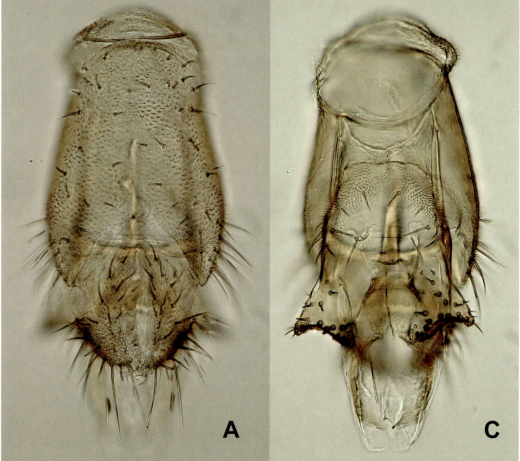

図6　キイロヤリバエ *Lonchoptera meijerei* の雄交尾器 Male genitalia of *Lonchoptera meijerei*, A, B, C: dorsal, lateral, ventral aspects.
A：背面　B：側面　C：腹面

れていて，Stalker（1956）や Baud（1973）もこの学名を当てている．

生態：森林や開放地を問わず河畔の湿地で採集されるが，生息地の選択性が強く，産地はきわめて局所的．生息地ではやや普通．成虫の生息環境から推定して，本種の幼虫は淡水と密接な関連があると推測される．宮崎県小林市浜ノ瀬地域では5月から6月にかけて採集されているが，京都府北部では11月にも採集されているので，多化性と考えられ，成虫は初夏から晩秋まで出現する．体色などの季節的変異は明瞭ではない．

国内分布：北海道，本州，九州．世界的には旧北区の温帯から亜寒帯地域に広く分布する．

ウスグロヤリバエ　*Lonchoptera sapporensis* Matsumura, 1915

Lonchoptera sapporensis Matsumura, 1915. Konchû Bunruigaku, **2**: 24 (*Lonchoptera*). Type locality: Sapporo (Hokkaido, Japan).

Musidora japonica Okada, 1935 (not *Lonchoptera japonica* of Matsumura, 1915). *Insecta Matsumurana*, **10**: 17.

形態：色彩の変異が著しい中型種．雄（図7A）．体長3.0 mm内外，翅長3.2 mm内外．最も明るい個体では地色は黄褐色，眼縁を除く前額の大部分と後頭部上部，中胸楯板の全長にわたる背中条と後半部の亜側条，辺縁部を除く小楯板，後楯板，腹部前半の背板，後半の背板の中央部が暗褐色ないし黒褐色．最も暗色の個体では肩瘤を除く胸部背板と腹部背板は暗褐色ないし黒褐色，胸部側板は前胸を除き暗褐色．頭部はやや光沢があり，胸部，腹部は薄く灰褐色粉で覆われる．上雄板は暗褐色ないし黒褐色．尾角葉は灰白色．脚は黄色．

触角は黒色，第1節が黄色で先端部が暗化することもある．後眼縁剛毛列の下半部の剛毛，後頭部下部の剛毛，亜鬚剛毛の後半のものが黄色，他は黒色．稀に後頭頂剛毛が淡色化する．肩瘤と中胸背板の間は浅い溝状線が認められ，両者は識別できる．肩剛毛，横線前翅背剛毛，横線前翅間剛毛はやや高さのある三角形状に配列される．

翅（図7C）は一般的．長さは幅の3倍．先端の尖りは中庸，やや黄色味を帯びる．翅脈上の刺毛に特に長いものはない．R_{4+5}脈，M_1脈の基半部，M_1脈とM_2脈の共通柄の基半部を除くM脈系全体，CuA＋CuP脈の背面，Cu脈基部の背面には刺毛を生じる．R_1脈の先端の刺毛は他の刺毛とほぼ長さが等しく，著しく長くはない．平均棍は黄色．

脚（図8）の形状は一般的，特化構造はみられない．前脚（図8A，B）．前基節前面には基部に2～3本のやや長めの直立剛毛，亜基部に1本の長い顕著な直立剛毛を生じる；前腿節は腹面基部に腿節厚の2/3の長さの直立刺毛を生じる；前脛節は0.3の位置に前背剛毛，0.45の位置に後背剛毛，さらに0.7の位置に背剛毛を生じる；前跗節（図8D）の第3跗小節腹面には前縁に沿って数本のやや短い棘状刺毛，ほぼ中央に1本の長めの釘状の剛毛を生じる．第5跗小節腹面にはその前縁に短くやや強い棘状刺毛を基半部中央ないし後縁よりに2本のより長い棘状刺毛を生じる．

中脚（図8B）．中基節の前面から先端にかけて数本のやや強く長い刺毛を生じるが，これらの最先端の1本はやや太い；中腿節は基部腹面に1本の直立した腿節厚の2/3の長さの直立刺毛を生じる；中脛節は0.3～0.4の位置に1本の前背剛毛，0.4～0.5の位置に1本の後背剛毛，0.7の位置に1本の前背剛毛を生じる．跗節は常形．

後脚（図8C）．後基節の刺毛は短く，通常の形状；後腿節の基部1/3の背面に亜直立した刺毛列を生じ，端半部には2本の強い前背剛毛を生じる；後脛節は0.3の位置に1本の前背剛毛，0.4の位置に1本の後背剛毛，0.6の位置に1本の前背剛毛，端半部に2本の短い前腹刺毛を生じる．後跗節は常形．

腹部（図9）．第6背板と第5背板は等長（図9A，B）；背板の亜側剛毛は第2背板から第5背

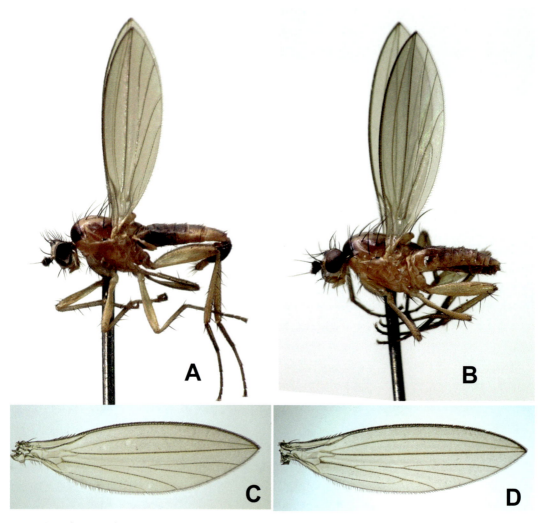

図7　ウスグロヤリバエ *Lonchoptera sapporensis*
A：雄側面　B：雌側面　C：雄の翅　D：雌の翅

板に向かって徐々に強さを増し，第6背板のそれは第2背板のそれと大差ない；第6背板後縁にはやや強めの2対の刺毛を生じる；第4，第5背板の後縁刺毛は強い．腹板（図9C）はよく発達し，第2腹板から第5腹板までほぼ方形，第3腹板が最も大きい；第2，3腹板には微小な刺毛をやや密に生じる；第4，5腹板はほとんど無毛；第6腹板はその腹中線部での長さが第5腹板のそれの約1/2．第8腹板は小型，上雄板とは強く結合しない．

　交尾器（図10）上雄板は第6腹節とほぼ同大，通常の長さの刺毛を生じる．尾角葉（図10A, B, C）は長く，上雄板とほぼ等長，左右の尾角葉の間はＶ字形のやや深い切れ込みがはいり，その深さは尾角葉の長さの2/5．尾角葉も側縁から端縁にかけて多くは先が湾曲する長毛を生じる．下雄板（図10D, E）は後方から基部近くまで深く抉れ，pregonite はその腹面に3本の棘状剛毛を生じ，基部の2本は単純，先端の剛毛は太くその先が弱く鉤状に曲がる；基部2本の剛毛の間で pregonite は腹側がやや抉られる；postgonite は短く幅広く，先が浅く二分する；挿入器は短い．

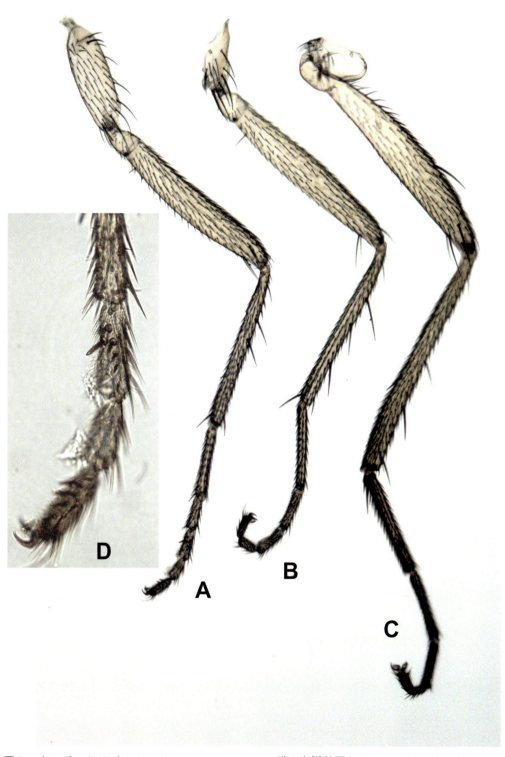

図8 ウスグロヤリバエ *Lonchoptera sapporensis* の雄の左脚前面 Left legs and left fore tarsus of *Lonchoptera sapporensis* male, anterior aspect; D: fore tarsus, ventral aspect.
A：前脚　B：中脚　C：後脚　D：前跗節，腹面

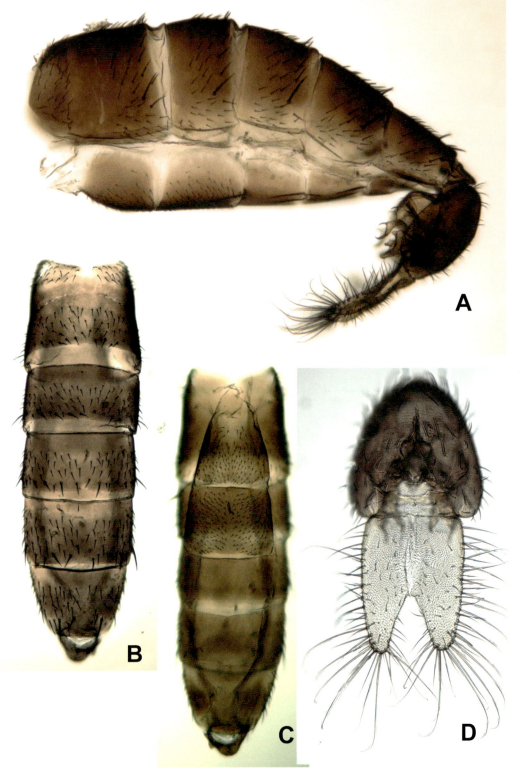

図 9　ウスグロヤリバエ *Lonchoptera sapporensis* の雄の腹部 Abdomen of *Lonchoptera sapporensis* male, A, B, C, D: lateral, dorsal, ventral aspects and genitalia.
A：側面　B：背面　C：腹板　D：交尾器背面

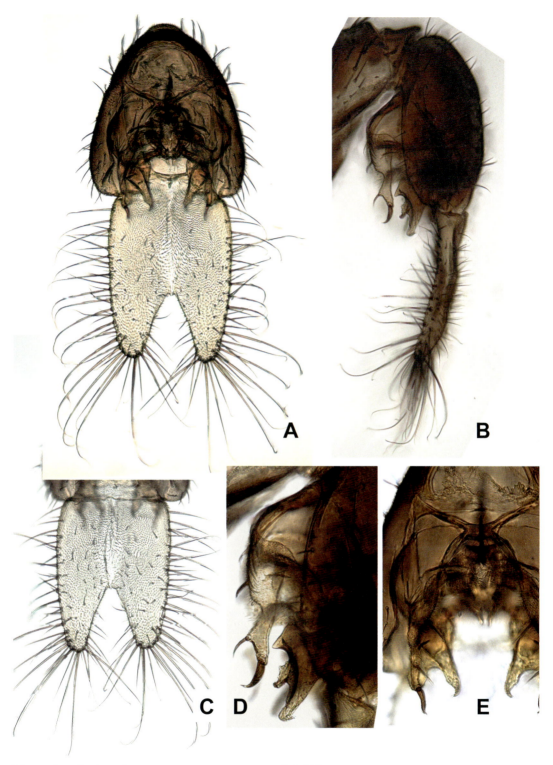

図10 ウスグロヤリバエ *Lonchoptera sapporensis* の雄交尾器 Male genitalia of *Lonchoptera sapporensis*.
A：腹面　B：側面　C：尾角, 背面　D：腹域の側面　E：腹域の腹面の左側

雌（図7B）．一般的な性差以外は雄と大差ない．体色は一般に雄より暗色の個体が多い．

本種は Okada（1935）によってセスジヤリバエ（*L. japonica* Matsumura, 1915の学名を使用）の同物異名とされたが，*sapporensis* と *japonica* はタイプ標本によれば別種．ただし，本種ウスグロヤリバエには雌では識別形質を見出し得ない近似種があり，この近似種では雄の尾角葉が本種よりはるかに短く，上雄板の1/2前後で，その端縁中央の抉れがきわめて浅い．本種のタイプ標本は雌のために，両種のいずれであるか判断が現状では著者には不可能であるが，三枝（2008）は暫定的に雄の尾角葉の長い種に *sapporensis* の学名を当てた．Okada（1935）が *sapporensis* を *japonica* Matsumura と同一とした上で図示した雄交尾器は本章で *sapporensis* としたものと同一である．この尾角葉の長い種に *sapporensis* を当てた理由は，この種の方が多くの生息地でより個体数が多く，北海道から九州まで広く分布しているためである．この近似種は北海道，本州でウスグロヤリバエと同所性であるが，九州からは採集されていない．そのために九州ではウスグロヤリバエの同定には問題がない．

生態：日本列島各地の低地から山地にきわめて普通の種で，谷川の周囲やじめじめした地面で生活する．成虫の生息環境から推定すると，本種の幼虫はヨーロッパ南部の *L. lutea* のように淡水との関連性が強いと考えられる．多化性と考えられ，成虫は早春から晩秋まで現れ，同一場所では盛夏に成虫の個体数が著しく減少する傾向がある．和名は松村松年博士の命名で，暗色個体に基づくものであろう．

国内分布：現在までの知見では日本特産種．北海道，本州，四国，九州．

クモスケヤリバエ　*Lonchoptera stackelbergi* (Czerny, 1934)

Lonchoptera stackelbergi Czerny, 1934, Die Fliegen der palaearktischen Region, 30. Musidoridae (Lonchopteridae): 13-14 (*Musidora*). Type locality: Sutshan, Ussuri (Russia).

形態：色彩の変異が著しい大型種．雄（図11A）．体長3.5〜4.0 mm．翅長4〜5 mm．最も明るい個体は黄褐色で，単眼瘤と後頭部上部，中胸楯板の全長にわたる細い背中条と後半部の亜側条，先端部を除く小楯板，後楯板，腹部背板の中央部が暗褐色．最も暗色の個体では胸部側板を含めてほぼ全身が暗褐色ないし黒色で，顔面，頬，後頭部下部が明色．頭部，特に前額と顔面中央は光沢が強く，胸部，腹部は薄く灰褐色粉で覆われる．腹部は黄色で背板中央部がやや暗色の個体から全面的に黒褐色ないし黒色まで多様．雄の上雄板は黒褐色，尾角葉は灰白色．

触角は第1，第2節が黄褐色ないし黄色，灰白色粉で覆われ，第3節と触角刺毛は黒色．脚は黄色，腿節の背面，特に先端に向かう部分と前脛節，中脛節および後脛節の肥大部はしばしば暗褐色，春季の個体は特に暗色，跗節の先端2〜3小節は一般に暗化する．後眼縁剛毛列の少なくとも下半部の剛毛，後頭部下部，亜鬚剛毛の後半のものが黄色，後頭頂剛毛は一般に黄色，時に黒色．その他の剛毛は黒色．肩瘤と中胸背板の間には浅い溝状線が認められ，両者は識別できる．肩剛毛はよく発達し，2〜3本の微小な刺毛をともなう．肩剛毛，横線前翅背剛毛，横線前翅間剛毛は明確に三角形状に配列される．

翅（図11C）は一般的，長さは幅の約3倍．先端の尖りは春型では本属としてはあまり尖らないが夏型では顕著に尖る．翅の色彩は淡灰褐色を帯びる．翅脈は淡褐色を帯び，特定の翅脈上の刺毛が長くなることはない R_{4+5} 脈，M_1 脈と M_2 脈の共通柄の基半部を除く M 脈系全体，CuA + CuP 脈の背面は刺毛を生じる．平均棍は黄色．

脚（図12）はかなり特化している．前脚（図12A，B）．前基節は亜基部に1本の直立した刺毛を生じる；前腿節は腹面の基半部に腿節の厚さの1/3〜1/2の長さの刺毛が直立して列生し，中央よりやや先方に1本の弱い前背剛毛を生じる；前脛節は春型では中ほどにかなり弱い前背剛毛とそ

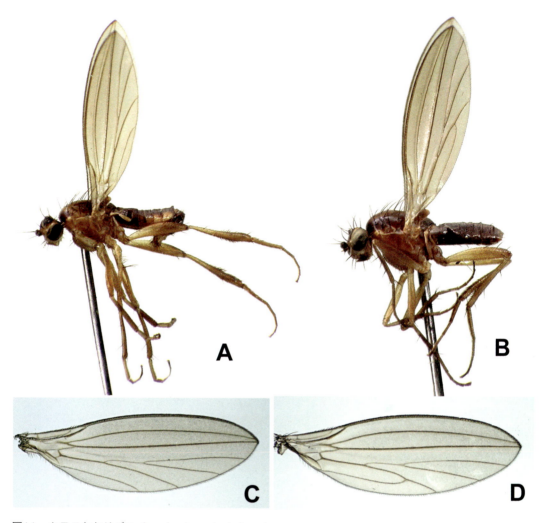

図11　クモスケヤリバエ *Lonchoptera stackelbergi*
A：雄（夏型）側面　B：雌（春型）側面　C：雄（春型）の翅　D：雌（春型）の翅

のやや基方に同様に弱い後背剛毛を生じるが，これらは著しく短く，後背剛毛はしばしば消失する．これらの剛毛は夏型では一般的な長さの剛毛に変化する；前跗節（図12D）の第1跗小節は短く，長さは第2跗小節の約1.5倍；第3跗小節は基部に横に配列された3本の強い棘状の剛毛を生じる；第5跗小節はその前縁に数個の小棘状剛毛を生じ，基部中央に1本の短く太い棘状剛毛，前縁先端に長めの棘状剛毛を生じる．

　中脚（図12C, D）．中基節は先端に2本の長く太い剛毛を生じる；中腿節は中央がやや肥大し，そのやや基方腹面に1本の強い剛毛を直立させ，これは腿節厚とほぼ等長，この剛毛から腿節基部にかけて多数の長く先端が曲がった細刺毛を密生する；中脛節は緩やかに背方に湾曲し，0.3と0.75の位置にそれぞれ1本の前背剛毛を，0.4の位置に1本の後背剛毛を生じる；この後背剛毛は春に現れる第1化の個体ではきわめて短く，通常の列生刺毛と長さがほとんどかわらない；中脛節腹面の端半部には先端が強く湾曲した長めの刺毛を密生し，これらは脛節厚とほぼ等長；中跗節（図12D）の第1跗小節腹面には短い軟毛が密生し，第3跗小節はやや扁平化する．

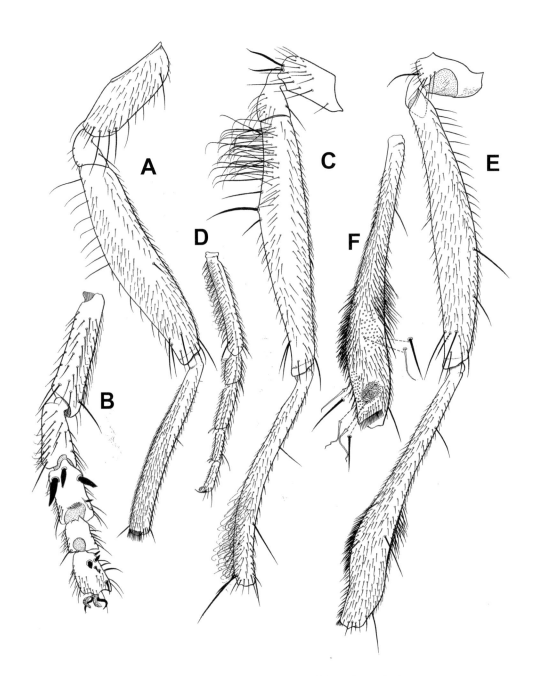

図12 クモスケヤリバエ *Lonchoptera stackelbergi* の雄（春型）の左脚 Left legs of *Lonchoptera stackelbergi* male, anterior aspect (B: fore tarsus (enlarged), D: middle tarsus, F: hind tibia, dorsal).
A：前脚，前面　B：前跗節，腹面（Aより拡大率が大）　C：中脚，前面　D：中跗節，前面　E：後脚，前面　F：後脛節，背面

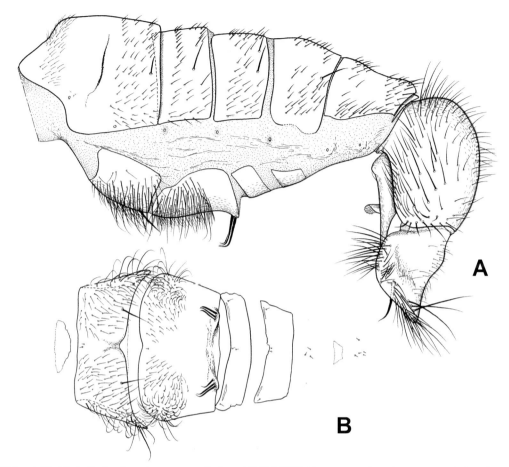

図13　クモスケヤリバエ Lonchoptera stackelbergi の雄の腹部 Abdomen of Lonchoptera stackelbergi male, A: lateral, B: sterna.
A：側面　B：腹板，腹面

　後脚（図12E, F）．後基節は先端に1本のやや強い刺毛を生じる；後腿節基半部背面の半直立刺毛列は顕著，腹面中央に短い半直立刺毛を生じるが顕著ではない；腿節端半部には2本の強い前背剛毛を生じる；後脛節（図12F）は中ほどから肥大し，ここの後背面および後腹面には周囲よりやや強い刺毛が密生する．脛節の肥大部から先は再び先端に向かって太さをやや減じる．脛節の0.25と0.7の位置に各1本の前背剛毛を生じ，基方の前背剛毛のやや先方にこれよりは遥かに短い後背剛毛を生じる．後脛節先端後面の櫛状刺毛列のやや基方に白色ないし透明の変形微小刺毛が密生する円形領域がある．

　腹部（図13）．雄の第6背板の長さは第5背板の1.3倍．第6背板の両側は弱く骨化して内側に曲がる．第2～5背板の亜側剛毛は顕著，第2背板のものは短いが3～5背板のものは等しく強く長い；第6背板の亜側刺毛は明確に識別できない．腹板（図13B）．第1腹板は小型で骨化は弱い；第2腹板は広く，側縁に長刺毛を密生し，後縁の亜腹部に1本の長めの刺毛を生じる；第3腹板は第2腹板よりやや長く，基半部の両側には長刺毛が密生し，後縁の亜腹部には先端が前方に湾曲した3本の強い剛毛が相互に密接して立生する；第4～5腹板は小型でほとんど無毛；第7腹板は小型で不鮮明；第8腹板は小型で上雄板とは結合しない．

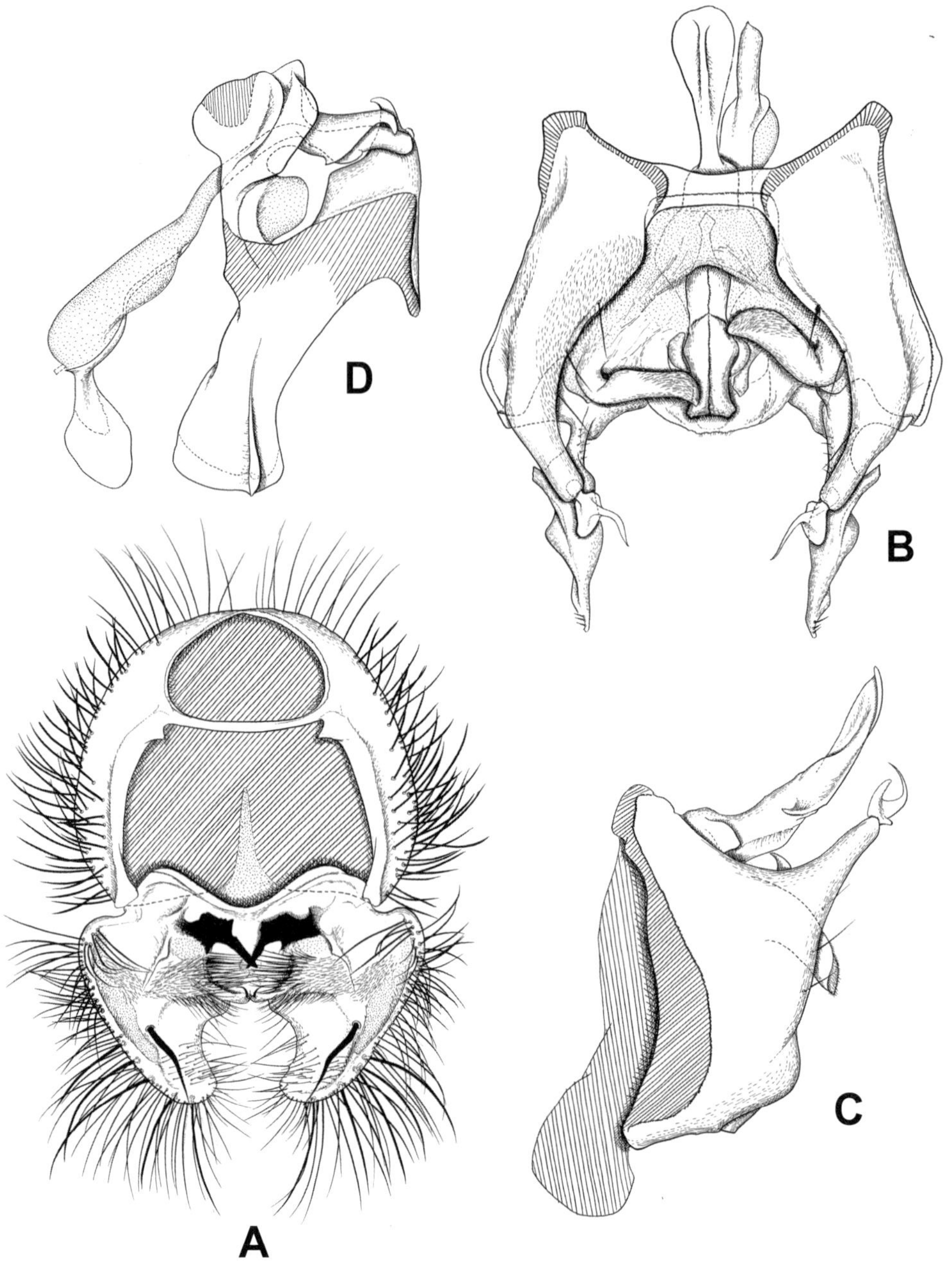

図14 クモスケヤリバエ *Lonchoptera stackelbergi* の雄交尾器 Male genitalia of *Lonchoptera stackelbergi* (A: dorsum, B: venter, C: ditto, lateral, D: phallic organ).
A：背域，腹面　B：腹域，腹面　C：腹域，側面　D：挿入器複合部，側面

交尾器（図14）上雄板は大型で第6腹節よりはるかに大きく，長さはそれの1.5倍，半球形，比較的強い剛毛をかなり密に生じる．尾角葉（図14A）は短く，左右の尾角葉の間は後縁から幅広く深い切れ込みがはいる；尾角葉の亜基部はかなり強く側方に張りだす；尾角葉の外縁から後縁にかけて多数の強い刺毛を密に生じる；尾角葉内面（腹面）の中央から1本の強く長い棘状の剛毛を生じ，これは先方を向く；尾角葉の内面基部（より正確には第9腹節腹域）には中央を向く大型黒色の棘状突起を生じ，その基部は幅広く，端半部は細く尖り，左右の突起の先端は中央でほぼ交叉する．この突起より後方に1対の短い棘状刺毛が密接して生じる．下雄板（図14B, C）は後方から基部近くまで深く抉れ，両端は pregonite となり，これは中ほど内縁に少数の微刺毛を生じ，先は細い突起となり，その先端に強い変形剛毛を生じる．この剛毛の基部は円形葉状に広がり，その先が細い棘状に変形する．Postgonite はやや細長い突起で，外縁が波状に突出し，先端は尖り，この部分の外側に3本ほどの微小刺毛を生じる．挿入器（図14D）は小型で単純．

雌（図11B）．腹部や脚を除く基本的な色彩や構造は雄に似る．脚には雄にみられるような形状の変形はみられず，脚節は細く，主要な剛毛は雄と同様である．

生態：森林性で暖温帯林から亜寒帯林に生息し，谷川の周囲に多く，岸辺の石や流れの中の水面上に出ている石の上に多い．雄は渓流の石の上を活発に歩行し，雌雄を問わず同種個体が近くにいると翅をせわしげに振動させながら，その個体を追う．本種の成虫の活動場所はほとんど渓流の周囲や渓流周囲の湿石上であることから，幼虫は渓流と密接な関連性をもつと推測される．タイプ標本も沿海州の小川の石上（an Bachsteinen）で採集されたとしている．多化性で早春から晩秋まで成虫がみられる．岡田一次博士の命名による和名は毛深い中脚や後脚の形状に基づくものであろう．季節的変異が体色に限らず前脛節の刺毛の発達程度まで現れる．

国内分布：北海道，本州，四国，九州．国外では沿海州から知られ，ここがタイプ産地．

グンバイヤリバエ　*Lonchoptera platytarsis* (Okada, 1935)

Lonchoptera platytarsis Okada, 1935, Insecta Matsumurana, **10**: 38–40, fig. 3. (*Musidora*). Type locality: Sapporo, Hokkaido (Japan).

形態：色彩変異が著しい大型種．雄（図15A）．体長3.6～4.2 mm 内外，翅長4.3～5.0 mm．クモスケヤリバエとほぼ同形かやや大型．頭部は光沢があり，胸部と腹部はきわめて薄く灰色粉で覆われる．最も明るい個体は黄褐色で，薄く灰白色粉で覆われる．単眼瘤は暗褐色，後頭部上部の左右の輪郭が判然としない円形紋は淡褐色，腹部背板の背中線部は暗黄褐色，交尾器の上雄板は黒褐色．最も暗色の個体では胸部および腹部，上雄板が暗褐色ないし黒褐色で，頭部は淡黄褐色で，単眼瘤とその周囲から後頭部にかけて暗褐色．頭部，特に前額と顔面中央は光沢が強い．尾角葉は淡黄褐色．

触角は第1，第2節が黄褐色ないし黄色，灰白色粉で覆われ，第2節はやや暗色，第3節と触角刺毛は黒色．後眼縁剛毛列の少なくとも下半部の剛毛，後頭部下部，亜鬚剛毛の後半のものが黄色，その他の剛毛は黒色．肩瘤と中胸背板の間は浅い溝状線が認められ，両者は識別できる．肩剛毛，横線前翅背剛毛，横線前翅間剛毛は明確に三角形状に配列される．肩剛毛の発達は悪く，それよりやや弱い2～3本の刺毛をともなう．

翅（図15C）は一般的，長さは幅の約3倍．先端の尖りは早期に現れる個体でも本属としてはあまり尖らない．翅の色彩は淡灰褐色を帯びる．翅脈は淡褐色を帯び，特定の翅脈上の刺毛が長くなることはない．R_{4+5} 脈，M_1 脈と M_2 脈の共通柄の基半部を除く M 脈系全体，CuA + CuP 脈の背面は刺毛を生じる．平均棍は黄色．

脚（図16）は黄色，かなり特化している．前，中跗節の先端2～3跗小節，中跗節の拡大した第2～5跗小節は黒色．前脚（図16A, B）．前基節は亜基部に2本の直立した刺毛を生じる；前腿節

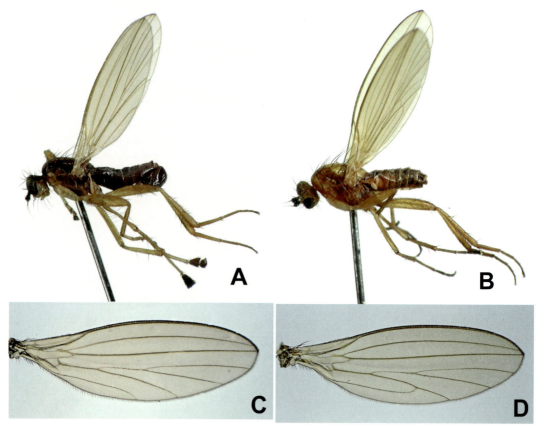

図15　グンバイヤリバエ *Lonchoptera platytarsis*
A：雄側面　B：雌側面　C：雄の翅　D：雌の翅

は短刺毛で覆われ，中央よりやや先方に1本の弱い前背剛毛を，末端部に数本の刺毛を生じる；前脛節は基方から1/3の位置に各1本の前背と後背刺毛，2/3の位置に1本の背刺毛，亜端部に各1本の背，腹刺毛を生じる．前跗節（図16B）の第1跗小節は短く，長さは第2跗小節の約1.5倍；第3跗小節は前半部が瘤状に張り出し，そこに横に配列された3本の強い棘状の剛毛を生じる；前方の2本は太く短い；第5跗小節はその前縁に数本の小棘毛を生じ，前縁先端に長めの棘状剛毛を生じる．

　中脚（図16C, D, E）．中基節は先端に2本の長く太い剛毛を生じる；中腿節は中央が最も厚く，その腹縁は丸く張り出し10数本の長剛毛を直立させ，中央の剛毛が最も長く，これは腿節の厚みの約2倍長，腿節両端にかけてこれらの剛毛は長さを減じる；腿節前腹面の基部1/3には多数の先端が曲がった細刺毛を密生する；中脛節は真直ぐで，基部より1/3と3/4の位置にそれぞれ1本の前背剛毛を，2/5の位置に1本の後背剛毛を生じる；中跗節（図16D, E）の第1跗小節は細く単純；第2〜5跗小節は扁平に拡大し，その合計長は第1跗小節よりやや短い；第2跗小節はほぼ三角形．第3, 4跗小節は幅が長さの約2倍，第5跗小節はほぼ円形．

　後脚（図16F, G）．後基節は先端に3本のやや強い刺毛を生じる；後腿節基半部背面の半直立刺毛列は顕著，腿節端半部には2本の強い前背剛毛を生じる；後脛節（図16G）は亜端部に向かってわずかに肥厚し，亜端部から先端に向かってわずかに厚さを減じる．脛節の基部から1/4と2/3

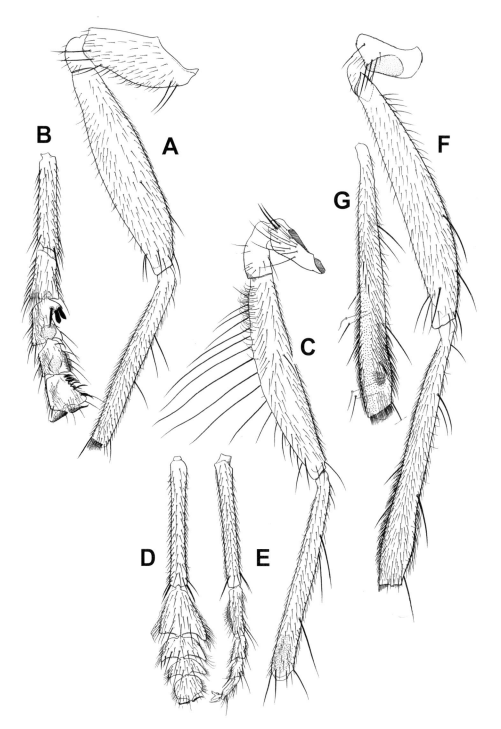

図16 グンバイヤリバエ Lonchoptera platytarsis の雄の左脚 Left legs of Lonchoptera platytarsis male, anterior aspect (B: fore tarsus (enlarged), D, E: middle tarsus, G: hind tibia, dorsal).
A：前脚，前面　B：前跗節，腹面（Aより拡大率が大）　C：中脚，前面　D：中跗節，背面　E：中跗節，前面　F：後脚，前面　G：後脛節，背面

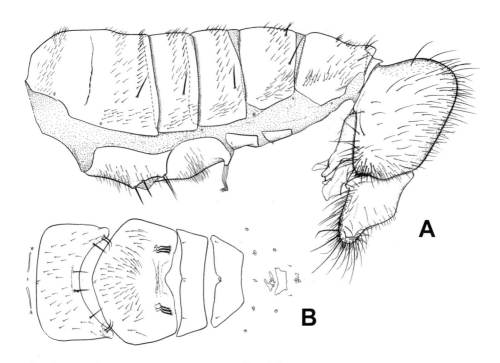

図17　グンバイヤリバエ *Lonchoptera platytarsis* の雄の腹部 Abdomen of *Lonchoptera platytarsis* male, A: lateral, B: sterna.
A：側面　B：腹板，腹面

の位置に各1本の前背剛毛を生じ，基方の前背剛毛のやや先方にこれよりやや短い後背剛毛を生じる．後脛節先端後面の櫛状刺毛列のやや基方に白色ないし透明の変形微小刺毛が密生する円形領域がある．後脛節の後腹面の先半部には白色のやや湾曲した短刺毛が密生する両域がある．

腹部（図17）．雄の第6背板の長さは第5背板の1.3倍；第2～5背板の亜側剛毛は顕著，各節を通じてほぼ強くて長い；第2背板のものは短いが3～5背板のものは等しく強く長い；第6背板の亜側刺毛は識別できない．腹板（図17B）第1腹板はほとんど退化して，本来の後縁が細く線状に残る；第2腹板は広く，短刺毛を疎生し，後縁に4対の長い剛毛を生じ，外側の2対は腹板側縁に近く相接して生じる；第3腹板は第2腹板より長く，基半部の両側には長めの刺毛が密生し，後縁の亜腹部には先端が前方に湾曲した3本の強い剛毛が相互に密接して立生する；第4～5腹板は小型でほとんど無毛；第7腹板は小型で不鮮明；第8腹板は小型で上雄板とは結合しない．

交尾器（図18）．上雄板は大型で第6腹節よりはるかに大きく，長さはそれの1.5倍，半球形，前部が背方に強く膨れ，比較的強い剛毛をかなり密に生じ，これらは後側部で顕著．尾角葉は短く，左右の尾角葉の間は後縁から幅広く浅い切れ込みがはいる；尾角葉（図18A）の側縁は直線状；尾角葉の外縁から後縁にかけて多数の強い刺毛を密に生じる；尾角葉内面（腹面）には基部や亜端部を除いて微小な細毛を密生し，端縁近くにやや先端が湾曲した1本の長剛毛を生じる．尾角葉の内面基部（より正確には第9腹節腹域）には中央で屈曲する大型黒色の棘状突起を生じる．尾角葉内面中央の亜端部に1対の短い棘状刺毛が密接して生じる．下雄板（図18B, C）は後方から基部近くまで深く抉れ，両端は pregonite となり，これは中ほど内縁に少数の微刺毛を生じ，先は細い突起となり，その先端に強い変形剛毛を生じる．この剛毛の先端部はT字形に分岐・変形す

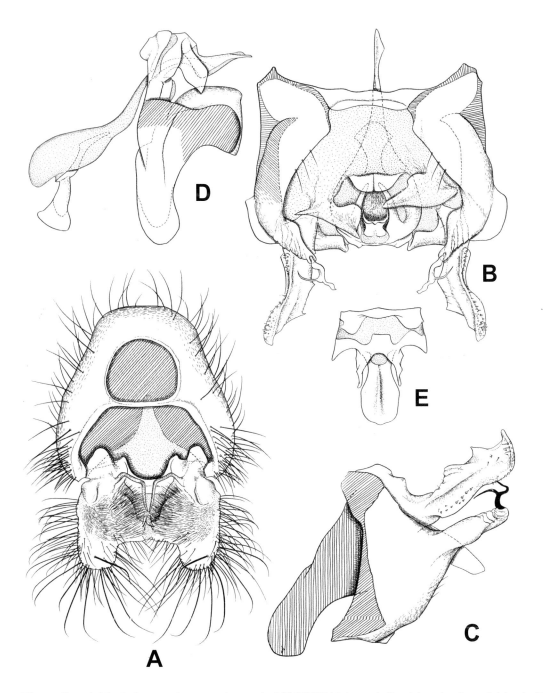

図18　グンバイヤリバエ Lonchoptera platytarsis の雄交尾器 Male genitalia of Lonchoptera platytarsis (A: dorsum, B: venter, C: ditto, lateral, D: phallic organ, E: ditto, dosal).
A：背域，腹面　B：腹域，腹面　C：腹域，側面　D：挿入器複合部，側面　E：挿入器，背面

る．Postgoniteはやや細長い突起で，外縁が波打ち，微小な棘を列生し，突起の先端は丸味を帯びる．挿入器（図18D, E）は小型で単純．

雌（図15B）．腹部や脚を除く基本的な色彩や構造は雄に似る．脚には雄にみられるような形状の変形はみられず，脚節は細く，主要な剛毛は雄と同様である．

生態：森林性で冷温帯林から寒温帯林に生息する．前種より寒地，山地性が強い．成虫は谷川の周辺や林内の細流の周辺に多く，その生息地の状況から推定すると，未知の幼虫は淡水との密接な関連があると推測される．和名は扁平に拡大した雄中跗節の形状に基づく．年1化と考えられるが，部分的に2化するかもしれない．

国内分布：北海道，本州，四国．現在のところ日本列島特産である．

引用文献

Andersson, H. 1971. Eight new species of *Lonchoptera* from Burama (Dipt., Lonchopteridae). Entomologisk Tidskrift, Årg. 92(3/4): 213-231.

Baud, F. 1970. Le développement post-embryonnaire de deaux Dipteres Musidoridés: *Musidora furcata* Fall. et *Musidora lutea* Panz. Revue Suisse Zoo., 77: 647-650.

Baud, F. 1973. Biologie et cytology de cinq espéces du genre *Lonchoptera* Meig. (Dipte.) dont l'une est parthénogénetetique et les autres bissexuées, avec quelques remarques d'ordre taxonomique. Revie Suisse Zool., 80(2): 473-515.

Collin, J. E. 1938. The British species of *Lonchoptera* (Diptera). Entomologist's Monthly Magazin, 74: 60-65.

Curran, C. H. 1934, The North American Lonchopteridae (Diptera). American Museum Novitates. (696): 1-7.

Czerny, L. 1934. 30. Musidoridae (Lonchopteridae). In E. Lindner (ed.) Die Fliegen der Palaearktischen Region, 4: 1-16. E. Schweizerbart'sche Verlagsbuchhandlung, Stuttgart.

Drake, C. M. 1996. The larva and habitat of *Lonchoptera nigrociliata* (Diptera: Lonchopteridae). Dipterists Digest, 3: 28-31.

Dong, Q., Pang, B. & Yang, D. 2008. Lonchopteridae (Diptera) from Guangxi, Southwest China. Zootaxa, 1806: 59-65.

Dong, Q., Pang, B. & Yang, D. 2008. Two new species of the genus *Lonchoptera* form Shaanzi, China (Diptera, Lonchopteridae). Acta Zootaxonomica Sinica, 33(2): 401-405.

Dong, Q. & Yang, D. 2011. Two new species and one new record of *Lonchoptera* (Diptera: Lonchopteridae) from China. Entomotaxonomia, 33(4): 267-272.

Dong, Q. & Yang, D. 2012. Three new species and one new record of *Lonchoptera* from Yunnan, China (Diptera, Lonchopteridae). Acta Zootaxonimica Sinica, 37(4): 818-823.

Dong, Q. & Yang, D. 2013. Two new species of *Spilolonchoptera* (Diptera: Lonchopteridae) form China. Entomotaxonomia 35(1): 68-72.

Duda, D. 1927. Beitrag zur Kenntnis der Gattung *Lonchoptera* Meigen (Dipt.). Konowvia, 6: 89-99.

Hennig, W. 1976. Das Hypopygium von Lonchoptera lutea Panzer und dei phylogenetischen Verwandtshaftsbeziehungen der Cyclorrhapa (Diptera). Stuutgarter Beitrage zu Naurkunde, Serie A (Biologie), (283): 1-63.

Kertész, K. 1914. Some remarks on Cadrema lonchopteroides Walk. With description of a new *Musidora* from the Oriental Region. Annales Musei Nationalis Hungarici, 12: 674-675.

Klymko, J. & Marshall, S. A. 2008. Review of the Nearctic Lonchopteridae (Diptera), including descriptions of three new species. Canadian Entomologist, 140: 649-673.

松村松年．2015．昆虫分類学．下巻．316+10+10 pp, 2 pls. 警醒社書店．東京．

松村松年．1916．新日本千蟲圖解 巻之貳．185-474 pp, 16-25 pls. 警醒社書店．東京．

Meijere, J. C. H. De. 1900. Ueber die Larven von *Lonchoptera*. Zool. Jahrb. (syst.), 14: 87-132.

Meijere, J. C. H. De. 1906. Die Lonchopteren des Palaearktischen Gebietes. Tijdschr. Ent., 49: 44-98, 2 pls.

Okada, T. 1935. Ueber die Gattung *Musidora* Meigen (Musidoridae). Insecta Matsumurana, 10(1/2): 34-41.

Peterson, B. V. 1985. Lonchopteridae. In J. F. McAlpine et al. (eds.) Manual of Nearctic Diptera, 2: 675-689. Research Branch Agriculture Canada, Ottawa.

三枝豊平. 2008. ヤリバエ科Lonchopteridae. 平嶋義宏・森本桂（編）. 新訂原色日本昆虫図鑑. 第Ⅲ巻: 449-453, pl. 138, figs. 2396-2403.

三枝豊平. 2014. ヤリバエ科. 日本昆虫目録, 8(1): 448-449. 日本昆虫学会. 福岡（櫂歌書房）.

Smith, G. G. V. 1969. Diptera, Lonchopteridae. Handbooks for the Identification of British Insects, 10 (2ai). Royal Entomological Society of London, London.

Smith, K. G. V. 1974. A striking new species of *Lonchoptera* (Diptera, Lonchopteridae) from Mount Kinabalu, Borneo. Journal of Natural History, 8: 235-237.

Smith, G. G. V. 1989. An introduction to the immature stages of British flies. Diptera larvae, with notes on eggs, puparia and pupae. Handbooks for the Identification of British Insects, 10(14). Royal Entomological Society of London, London.

Stuckenberg, B. R. 1963. The genus *Lonchoptera* Meigen in Southern Africa (Diptera; Lonchopteridae). Journal of the Entomological Society of Southern Africa, 26(1); 128-143.

Stalker, H-D. 1956. On the evolution of parthenogenesis in *Lonchoptera* (Dipt). Evolution, 10: 345-359

Vaillant, F. 2002. Insecta: Diptera: Lonchopteridae. In A. Brauer, J. Schwoerbel & P. Zwick (eds.), Susswasserfauna von Mitteleuropa, 21(22, 23): 1-14. Spektrum Akademischer Verlag Heidelberg, Berlin.

Whittington, A. E. 1991. Two new Afrotropical species of *Lonchoptera* Meigen (Diptera: Lonchopteridae). Annals of Natal Museum, 32: 205-214.

Yang, C-K. 1995. Diptera: Lonchopteridae. In T. Zhu (ed.), Insects and Macrofungi of Gutianshan. Zhejang［浙江省古田山昆虫和大型真菌］: 241-244. Zhejiang Science and Technology Press, Hanghou.

Yang, C-K. 1998. Lonchopteridae. In W. Q. Xue & C. M. Chao (eds.), Flies of China［中国蝿類］, Vol. 1: 49-59, Liaoning Science and Technology Press, Shenyang.

Yang, C.-K. and Chen, H. 1998. The family Lonchopteridae new to Henan, with description of a new species (Diptera: Aschiza)[First record of Lonchopteridae and one new species from Henan (Diptera, Acalyptratae)]. In XC. Shen & HC. Pei (eds.), The Fauna and Taxonomy of Insects in Henan［河南昆虫分類区系研究．第二巻, 伏牛山区昆虫（一）］, vol. 2: 92-94., Agriculture Science and Technology of China Press, Beijing.

Yang, C-K. & Chen, H. 1995. Diptera: Lonchopteridae. Insects of Baishanzu Mountain, Eastern China［華東百山祖昆虫］: 520-521, China Forestry Publishing House, Beijing.

ハナアブ科　Syrphidae

池崎善博

　ハナアブ科の昆虫は世界に5000種以上，日本からは現在までに500種弱が知られている（池崎，2007a，b）．成虫は訪花性が著しくポリネーターとして自然界では大きな役目をもっている．針をもたないハナアブ科昆虫はハチに様々な Batesian mimicry をして身を護っていると考えられる．成虫の多くが花粉，蜜などを食物としているが，樹液を食するものもいる．夏は川べりや湿った地面に止まって吸水することもある．雄成虫は hovering の性質が著しい．日本産ハナアブ科で幼虫が知られているのは1割にも満たないが，その中でも幼虫の形態，食性や天敵などが比較的に判明しているのは幼虫が食蚜性のヒラタアブ類である（二宮，1959a，b）．幼虫の食性はひじょうに多様で，アブラムシやカイガラムシを食うもの（ヒラタアブ族 Syrphini の各属），アリやシロアリの巣の中で生活しその死骸を食うもの，生きた幼虫を食うものがいるかもしれない（アリノスアブ属 *Microdon*），スズメバチ類の巣の中で生活し，おそらくハチの死骸（生きた幼虫も？）を食うもの（ベッコウハナアブ属 *Volucella*），樹洞や池沼の腐食質で水生生活するもの，球根の中で生活するもの（ハイジマハナアブ属 *Eumerus*），朽木にもぐって生活するものなどである（ナガハナアブ属 *Temnostoma*，クロハナアブ属 *Cheilosia* など）．

水生のハナアブ科（幼虫）

ナミハナアブ族　Eristalini の特徴

　幼虫が完全に水生でオナガウジと呼ばれるものはハナアブ亜科（Eristalinae）のナミハナアブ族 Eristalini に属する．成虫は翅 Wing の R_{4+5} 脈が後方に向かって大きくくぼみをつくる（図1）．また，脚の腿節の基部に剛毛のまとまった部分がある（図2）ことによって他と区別される．

　歴史的に古い記録は，旧約聖書の中にライオンの死骸からハチが発生したという記述がある．それはハナアブ類の成虫がライオンの死骸から羽化したのを誤認したものである．ちなみにナミハナアブが Drone fly（drone はミツバチの雄の意）と呼ばれるのは，ナミハナアブがミツバチにそっくりであることに由来する．

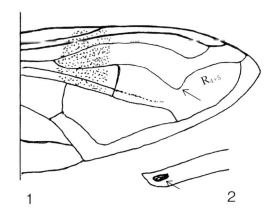

1．ナミハナアブの翅　2．脚（腿節）基部

卵，幼虫の一般的な形態

卵は球形，バナナ形で白色．水辺の小石，土，コケの隙間，樹洞などに産み付けられる．卵の表面には微小な表面彫刻がある．卵は1昼夜ほどすると孵化する．終齢幼虫は白く半透明，不透明で円筒形．腹端には長い後呼吸器突起をもち，通称「おながうじ」と呼ばれる．後呼吸器突起は3節に分かれ，中節は後呼吸器突起が収縮した際には基節に中に引き込まれる．後呼吸器突起の末端には羽毛状の4対の突起があり呼吸器を水の表面に浮かせる役目をもっている．胴部の各関節はしわ状で，体表に二叉した毛をもつもの，もたないものがある．腹面にはこぶ状の擬脚（proleg）が7対あり，先端部には駒状の鉤が配列し，歩行に役立つ．水中では肛門から肛門鰓を出して揺り動かし，呼吸に役立っていると考えられ，種によって形態も異なる．幼虫は腐った植物や浮かんだ木の葉などにつかまり，摂食しているが，後呼吸器突起の長さ以上には深く潜ることができない．腸管内には原生動物がみられる．幼虫が共食いするものが外国で知られており，たくさんの幼虫を飼育していると個体数がしばしば減少することに出くわし，日本産でも共食いの性質があるかもしれない．日本産のハナアブ科では越冬態が判明していないものがほとんどであるが，アシブトハナアブ *Helophilus eristaloides* (Bigot, 1882) は幼虫越冬するようである．幼虫期間は2ヶ月程度のものから1年を必要とするものなどがいる．終齢幼虫は蛹化する際は水から這い出し，近くの小石の下や小石の側面，落ち葉下など体を横たえる場所をみつけて蛹化する．蛹の外側は囲蛹殻，または蛹殻 Puparium と呼ばれ，終齢幼虫の外皮でできている．やがて蛹殻の前方に1対の呼吸角（respiratory horn）が出てくる．蛹殻の全面下側には1対の前呼吸器突起が固化し，呼吸角と共にその形態は種によって特徴的で種の識別に役立つ．

人工採卵と飼育

自然状態で卵を発見することはなかなか困難であるから，雌成虫を野外で採集してきて飼育し人工的に採卵し幼虫を室内で飼育することもある（池崎善博，1999）．

生態など

ナミハナアブ，シマハナアブ，オオハナアブ，ホシメハナアブなど，幼虫が溝のどぶの中でも成育するが，近年街中の溝には溝蓋が普及し，一方，汚水処理が普及したので街中でのハナアブ類の発生がみられなくなってきて，野外でみる成虫の数も以前より減少しているようである．山の山頂部でみられるナミハナアブなどは麓のどこかで発生した個体が移動して山頂部に集まったものと推定される．

天敵

つぎのような寄生蜂が蛹（蛹殻）から羽化してくる．

ヒメバチ科　Chneumonidae

ツヤチビトガリヒメバチ *Rhembobius perscrutator* (Thunberg, 1822) シマハナアブの蛹に寄生

ハエヤドリクロバチ科　Diapriidae

ハナアブヤドリコバチ *Trichopria subpetiolata* Honda, 1969 シマハナアブの蛹に寄生

イケザキハナアブヤドリコバチ *Spilomicrus ikezakii* Honda, 1969 ホシメハナアブの蛹，シマハナアブの蛹に寄生

ナミハナアブ　*Eristalis tenax* (Linnaeus, 1758)

分布：北海道，本州，小笠原，四国，九州，対馬，五島列島，男女群島，沖縄，人為により世界各地．成虫の体長15 mm.

蛹殻

後呼吸器突起を除く長さは12.0～13.5 mm．灰褐色．円筒形で背腹に圧され，前端は裁断状で，両側にゆるやかに膨らみ，後端に向かって細まる．背面はおおむね平坦で腹面に平行．腹面には7対の擬脚の痕跡がみられる．前呼吸器突起は幼虫時のものとほぼ同様で長さは0.45～0.50 mm．短靴を逆向きにした形をしていて，褐色，平滑で光沢がある．気門版は黄褐色，長だ円形，気門は気門版の周辺に一列に配列し，通常20個，時に18～21個．気門版の外側に気門列の欠如部分がある．呼吸角は長さ1.6～1.8 mm．両方の角は基部で腹側に向かって湾曲し，背面よりみると両角はほぼ平行か，わずかに前方に向かって広がり，側面からみると背面に平行に突出る．呼吸角は円筒形で太く短く，先端部でもあまり細まらず，先端は丸く終わる．色は光沢ある黒褐色．表面は平滑で光沢があり，基部（柄）の部分には白色の微軟毛を装う．気門群は8～10．気門は呼吸角の基部では各気門群内で2列に並ぶ．気門は黒く突出する．

老熟幼虫

体は円筒形で後呼吸器突起は20～25 mm．体は柔軟性に富み，触ると死を装う．色は乳白色でわずかに黄褐色味を帯びたり，著しく黒色味を帯びる場合もある．背面から透視される2本の気管は直線状で波打つことはない．擬脚は7対で歩行鉤はよく発達しほぼ三角形，先端は褐色を帯びる．体節棘は先端が二叉する．後呼吸器突起の中節ははキチン化した褐色の微鉤をもつ．末端の羽状体はよく発達して4対あり，各羽状体は分岐する．前呼吸器突起の気門版の形や気門の配列は蛹殻で記述したとおりである．

幼虫の生息場所

鶏舎，豚舎，牛舎の糞尿が流れる排水溝，豆腐屋の排水溝，畑地の肥えつぼ，人家のキッチンの排水溝などの有機物が豊富で汚泥があり，流れが緩やかな環境に生活し，シマハナアブ，オオハナアブなどの幼虫と共に混棲することもある．

シマハナアブ　*Eristalis cerealis* Fabricius, 1805

分布：北海道，本州，四国，九州，対馬，五島列島，男女群島，沖縄，ロシア極東部，中国，朝鮮半島，東南アジア．成虫の体長10 mm.

蛹殻

後呼吸器突起を除く長さは11.0－13.0 mm．幅4.9－6.0 mm．黄褐色から灰褐色．ナミハナアブの蛹殻より小型で背面からみると先端，後端に向かってより細まる．前呼吸器突起は長さ1.0～1.2 mm．黄褐色．背面からみると先端部はよじれて牙状．柄にあたる部分は円筒形で，気門版の基部付近で少し広がり，先端に向かって細まる．気門版は褐色でL字形に湾曲し，気門は気門版の周辺部のみに1列に配列し，気門版の内側には気門の列を欠く．気門は25個前後．呼吸角は長さ3.5～3.8 mm．細長く黄褐色．光沢は鈍い．背面からみると両方の呼吸角は前方に向かって強く広がり，さらに側面から見ると斜め上方に突き出る．呼吸角を側面からみると先端1/4付近で腹側に向かって少し湾曲し，さらに先端に向かって細まる．柄は全長の2/9～1/6で気門を欠き，気門の隆起は著しく，円錐状のため呼吸角全体がとげとげしい感じがする．気門群はあまりはっきりしないが12～13位数えられる．呼吸角の柄の部分は毛を欠く．

老熟幼虫

後呼吸器突起を除く長さは22 mm 前後．ナミハナアブの幼虫に酷似する．前呼吸器突起は蛹殻のものの先端1/2．気門版の形や気門の配列は蛹殻で記述の通り．

幼虫の生息場所

幼虫はナミハナアブと同様な環境に棲息する．

オオハナアブ　*Phytomia zonata* (Fabricius, 1787)

分布：北海道，本州，四国，九州，壱岐，対馬，五島列島，男女群島，沖縄，中国，朝鮮半島．成虫の体長15 mm．各地に普通．

蛹殻

後呼吸器突起を除く長さは14.0 mm．幅7.5 mm．高さ6.8 mm．大型卵形，背面や側面に強く膨らみ腹面も弱く膨らむ．色は黄褐色．前呼吸器突起は高さ0.45～0.5 mm．ナミハナアブのものに似るが平滑，黒褐色で強い光沢がある．気門版は黄褐色で基部1/2は半円形，先端1/2は半楕円形．気門は基部半分で周縁部のほか中央部のもあり，数列に配列し，先端1/2では周縁部のみに配列し，気門は50個前後．蛹角は長さ2.0～2.2 mm．黒褐色．柄の部分は濃く，先端に向かって淡褐色となる．全面平滑で光沢があり，毛を欠く．両方の呼吸角はよく両側へ広がり，かつ斜め上方へ突き出る．基部は少し湾曲している．先端に向かって少し細まり最先端は凸になって終わることが多い．柄は全長の1/4あまりで気門を欠き，弱い隆起があり，時に連なって横しわとなる．気門群の間は基部ではあまりくびれないが，先端部ではよくくびれる．基部の気門群では気門がほぼ2列に並ぶが先端付近では気門はまばらで少ない．

老熟幼虫

後呼吸器突起を除く長さは22 mm 前後．ナミハナアブに酷似する．前呼吸器突起の気門板の形や気門の配列は蛹殻の項で記述のとおり．

幼虫

ナミハナアブやシマハナアブなどと同じ環境に棲むが，最近ではそういう環境のほかに休耕田の泥の中にもぐって，後呼吸器突起だけ水面に出して生活しているのを観察し，採集・羽化させたことがある．ナミハナアブやシマハナアブなどもまだ確認はしていないが休耕田を利用しているかもしれない．

ホシメハナアブ　*Eristalinus tarsalis* (Macquart, 1855)

分布：北海道，本州，四国，九州，五島列島，中国，朝鮮半島，台湾，ネパール，インド．体長10 mm．

蛹殻

後呼吸器突起を除く長さは9.0～11.5 mm．幅4.2～5.0 mm．高さ3.1～4.0 mm．シマハナアブのものに酷似する．前呼吸器突起は長さ1.3～1.4 mm．細長い．基部2/3は細長い円筒形で直線状．黄褐色であるが先端1/3は暗褐色で斜裁され後方に湾曲し，末端は気門版とともに短く反転する．気門版は細長く，気門のためいくらかごつごつしてみえる．気門は1～数列に配列し，基部では数列にあい離れて分布するが，先端部分では周縁部に1列となる．気門は50～60個．蛹角は長さ3.0～3.8 mm．黄褐色．基部は黒味を帯びる．シマハナアブ動揺に前斜め上方に突出するが，シマハナアブのものより上向き，左右不ぞろいなことが多い．蛹角は円筒形に近いが先端1/2は上下に圧され中央部には縦に浅い溝が感じられる．幅は先端までほとんどかわらない．柄は全長の1/4～1/5で気門

を欠く．気門群は11～13個で各気門群の間は特に基部でよくはなれているが，間はあまりくびれない．基部2～3の気門群では気門はほぼ1列に並ぶ．呼吸角の表面は全面に微小なあばた状のくぼみがあり，そのため光沢があまり感じられない．柄の部分は毛を欠く．

老熟幼虫

後呼吸器突起を除く長さは18 mm 前後．前呼吸器突起は蛹殻の1/3前後の長さで，気門版や気門の配列は蛹殻の項で記述したとおり．これによってシマハナアブなどの幼虫とは容易に区別できる．

キゴシハナアブ　*Eristalinus quinquestriatus* (Fabricius, 1794)

分布：本州，四国，九州，南西諸島，中国，台湾，東南アジア．成虫の体長10 mm.
夏季発生し水辺のセリの花に吸蜜に集まる．

蛹殻

後呼吸器突起を除く長さは9.0 mm．幅4.0 mm．高さ3.0 mm．黄褐色～灰褐色．

前呼吸器突起は黄褐色．気門版は長楕円形，先端部は黒ずむ．気門は15個くらいあるようだが不鮮明．呼吸角の長さは2.9 mm 前後．褐色で左右は前方に向かって開きながら斜め上に伸びる．気門は先端部1/2にあり，気門はよく突出する．気門群はよくは分からない．

老熟幼虫

後呼吸器突起を除く長さは8.0 mm くらいで小型，白色，不透明．

生態など

休耕田の汚泥の側に産卵され，孵化した幼虫は後呼吸器突起を空気中に出しながら，汚泥の中で育つ．多数の幼虫を育てても羽化する個体が少ない．

シマアシブトハナアブ　*Mesembrius peregrinus* (Loew, 1846)

分布：北海道，本州，四国，九州，壱岐，ロシア極東部，朝鮮半島．成虫の体長12 mm.
成虫は池沼に出現し，水辺のマコモやアシ群落の中を縫うように，低く飛び回る．おそらくこのような環境で産卵し，幼虫は腐食質の多い中で育つものであろう．まだ野外で幼虫が発見されたことがない．

蛹殻

蛹殻は一見して他の種のものに比べ細長い円筒形．後呼吸器突起を除く長さは11.5 mm．高さは3.5 mm．幅3.8～4.0 mm．固化した後呼吸器突起は体の2倍長．蛹殻は黄褐色，背面中央に1本およびその両側に各2本の切断，または連続した黒色縦線がある．前呼吸器突起は褐色か黒褐色で高さ0.24 mm．全体に光沢があり，毛はない．突起は短く斜めに裁断され，気門版は長卵形，中央が縦に溝となる．気門は11個．呼吸角は蛹殻前方に斜上し，長さ1.8 mm 前後．基部から先端までほぼ同じ幅で先端は丸く終わる．色は黒褐色で毛を欠き，基部1/2は気門を欠く．気門群は内側で5～6個，外側で4～6個．気門はあまり突出しない．呼吸角の表面には網目状の斑紋が全体にみられる．

老熟幼虫

前呼吸器突起を除く長さは15.0 mm．体は著しく透明で，背面から透視される気管はゆるやかに3つの山に波打つ．後呼吸器突起の中節はキチン質の微棘を欠く．前呼吸器突起の形態は蛹殻と同じ．肛門鰓は基部より前後に分かれ，それぞれが6本に分かれる．擬脚の歩行鉤はアシブトハナアブのものに酷似し，長三角形，半透明，先端が黒褐色．アシブトハナアブのものより幾分長め．

卵

白色，長さ1.4 mm．野外で採集してきたある♀個体では室内で，177個産卵し，孵化率は93％，

産卵から羽化までは25～30日であった.

アシブトハナアブ　*Helophilus eristaloides* (Bigot, 1882)
分布：北海道, 本州, 四国, 九州, 対馬, 五島列島, ロシア極東部. 成虫の体長13 mm.
蛹殻
　後呼吸器突起を除く長さは10.0 mm. 幅4.1 mm. 高さ3.5 mm前後. 小型, 前後に細まり背面は少し膨らむ. 前呼吸器突起は長さ0.30～0.35 mm. 円筒形で先端は裁断状. 全体が明るい褐色で平滑, 強い光沢がある. 気門版は黄褐色で狭く, まがたま形. 気門は10個前後で周辺部に1列に並ぶ. 呼吸角は長さ1.20～1.4 mm. 短く直線状で先端に向かって細まる. 背面からみると前方にむかって広がり, かつ側面からみるとわずかに上向く.
　柄の部分は全長の1/4～1/5で気門を欠き, 気門群は7～9が認められる. 気門隆起は低くあまり突出しない. 表面は平滑で光沢があるが, 基部はすこしさめ肌で光沢を欠く.
老熟幼虫
　後呼吸器突起を除く長さは17.0 mm前後. 細く小型で著しく透明. 気管は波状で3つのうねりをつくる. 体節棘はナミハナアブのように2叉する. 体表の毛はナミハナアブのものより長い. 擬脚の鉤はあまり発達せず長三角形, 先端は褐色. 前呼吸器突起は気門版の形, 気門の配列とも蛹殻の項で述べたとおり. 後呼吸器突起の中節はキチン質の微鉤を欠く. 羽状体は4対で軟弱.
生態など
　幼虫は雨水がたまって落葉の多い容器の縁や水があおくなった甕, 貯水槽などに発生し, カエル, カタツムリ, 魚の死骸にも群がるし, ホテイアオイの腐った部分にもぐりこんでいることもある. 汚泥が多い溝, 畜舎の汚水などの中ではみられない. 産卵も蛹化も発生した容器のそばで行われる.

タカサゴモモブトハナアブ　*Mallota takasagensis* Matsumura, 1916
分布：本州, 九州, 五島列島, 奄美大島. 体長11 mm.
蛹殻
　後呼吸器突起を除く長さ93.0 mm. 幅48.5 mm, 高さ38.5 mm. 黄褐色. 背面に灰黒色の縞模様がある. 前呼吸器突起は短く, 気門版は楕円形で10個前後の気門が周辺に配列する. 呼吸角は短く左右の斜め上方に突出する. 色は褐色で表面には気門が散在し, 裏側には縦の皺が発達する.
老熟幼虫
　一見ナミハナアブの幼虫に似る. 体長は15.0～20.0 mm. 幅5.0～6.0 mm. 後呼吸器突起は長く, よく伸長したら35 mmくらいある. 体は半透明で前呼吸器突起, 直線状の気管, 腸管などが透けてみえる. 頭部付近も透明に近く前端部にはキチン質, 褐色の微細な棘が多くみえる. 後呼吸器突起の中節には棘はない.
卵
　白く卵形, 樹洞の縁にばらばらに産み付けられる.
生態など
　樹洞に産卵し, 発生する.

フタガタハラブトハナアブ　*Mallota dimorpha* (Shiraki, 1930)
分布：北海道, 本州, 九州, 五島列島, 中国, ロシア極東部. 体長17 mm.
成虫は雌雄で斑紋, 色彩が異なり性的2型をなす. 雄成虫は山頂部の木の葉上にとまってテリト

リーをつくる性質が著しい．雌は林内で樹洞から樹洞へ徘徊飛翔するのが観察される．

蛹殻

　後呼吸器突起を除く長さは16.0 mm．幅約8.0 mm．高さ約6.0 mm．涙形．前呼吸器突起は長さ0.7 mm．黒褐色．滑らかで光沢があり，毛はない．気門版は黄褐色，先端部は反り返り，中央部分は縦にくぼみがあり，気門は15個前後．呼吸角は長さ11.0 mm．黒褐色で先端は褐色．先端に向かって細まる．表面には複雑な凹凸があり，光沢はあるが，毛はない．気門群は7〜8個．各気門群を取り巻くように黒いへりがみられる．左右の呼吸角はそれぞれ外側に向かってつく．一見オオハナアブの蛹殻に似るが前呼吸器突起，呼吸角の形態により区別できる．蛹化から2週間あまりで羽化する．

生態など

　自然状態ではおそらく樹洞で発生するものであろう．

1．ナミハナアブ *Eristalis tenax*　2．シマハナアブ *Eristalis cerealis*　3．オオハナアブ *Phytomia zonata*　4．ホシメハナアブ *Eristalinus tarsalis*　5．キゴシハナアブ *Eristalinus quinquestriatus*　6．シマアシブトハナアブ *Mesembrius peregrinus*　7．アシブトハナアブ *Helophilus eristaloides*　8．タカサゴモブトハナアブ *Mallota takasagensis*　9．フタガタハナアブ *Mallota dimorpha*

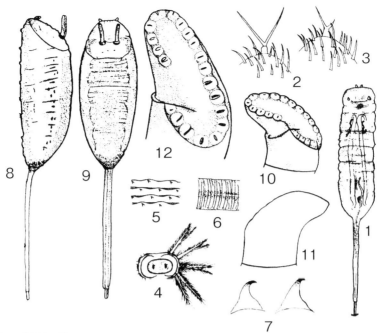

図1　ナミハナアブ *Eristalis tenax*
1〜7：幼虫 Larva　8〜11：蛹殻 Puparium　1：幼虫（背面図），2，3：体節棘，4：後呼吸器突起の先端と羽状体，5：後呼吸器突起第2節，6：後呼吸器突起第3節，7：擬脚歩行鈎　8：蛹殻（側面図），9：同（背面図），10，11：前呼吸器突起　12：前呼吸器突起気門板

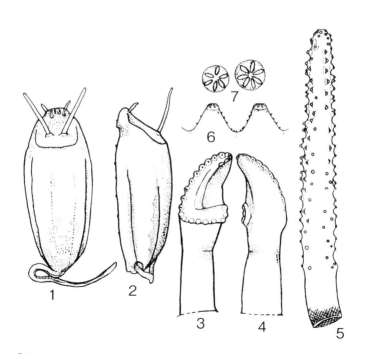

図2　シマハナアブ *Eristalis cerealis*
1〜7：蛹殻 Puparium　1：蛹殻（背面図），2：同（側面図），3，4：前呼吸器突起，5：蛹角，6：蛹角の気門隆起，7：蛹角の小気門

10　双翅目

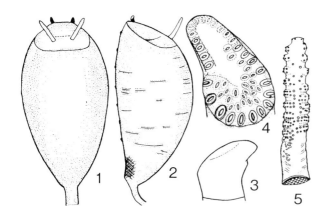

図3　オオハナアブ *Phytomia zonata*
1〜5：蛹殻 Puparium　1：蛹殻（背面図），2：同（側面図），3：前呼吸器突起，4：前呼吸器突起気門板，5：蛹角

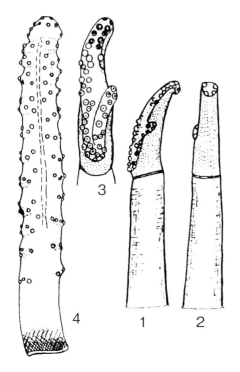

図4　ホシメハナアブ *Eristalinus tarsalis*
1〜4：蛹殻 Puparium　1，2：前呼吸器突起，3：前呼吸器突起気門板，4：蛹角

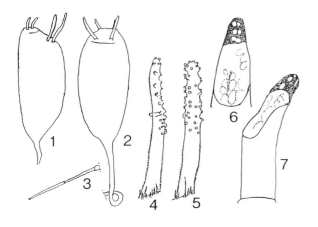

図5　キゴシハナアブ
Eristalinus quinquestriatus
1，2：蛹殻 Puparium（側面と背面）3：蛹殻の尾端　4，5：呼吸角　6：前呼吸器突起の気門板　7，前呼吸器突起

1604

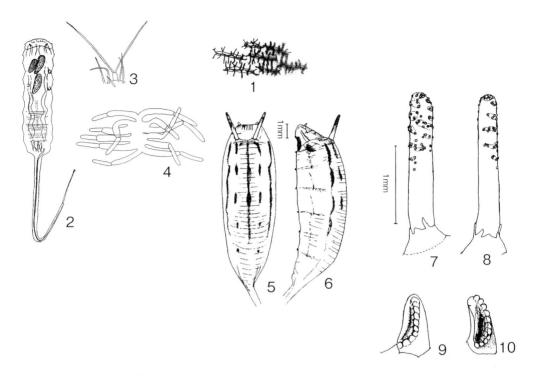

図6 シマアシブトハナアブ *Mesembrius flaviceps*
1：卵殻の表面構造（光学顕微鏡による） 2：成熟幼虫 3：体節棘 4：幼虫の肛門鰓 5：蛹殻 Puparium（背面） 6：蛹殻（側面） 7：呼吸角 8：呼吸角 9：前呼吸器突起 10：前呼吸器突起

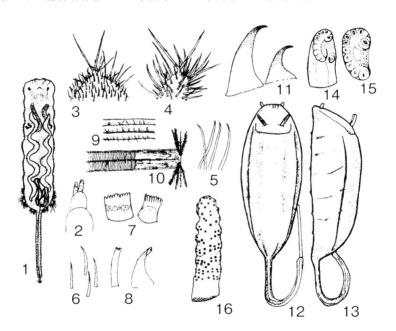

図7 アシブトハナアブ *Helophilus eristaloides*
1〜11：幼虫 Larva 12〜16：蛹殻 Puparium 1：幼虫（背面図），2：触角，3，4：体節棘，5，6：刺毛，7，8：口部のキチン板，9：後呼吸器突起第2節，10：後呼吸器突起先端と羽状体，11：擬脚の歩行鈎 12：蛹殻（背面図），13：同（側面図），14：前呼吸器突起，15：前呼吸器突起気門板，16：触角

12　双翅目

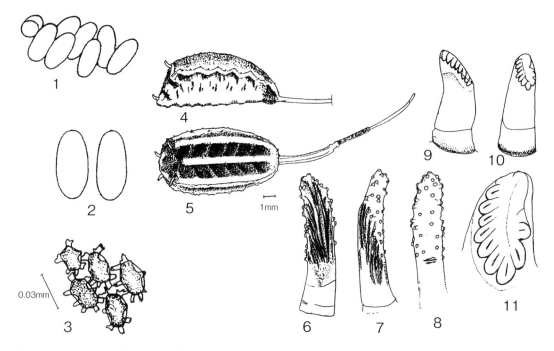

図8　タカサゴモモブトハナアブ *Mallota takasagensis*
1：卵塊　2：卵　3：卵殻の表面構造（光学顕微鏡による）　4, 5：蛹殻 Puparium（側面と背面）　6〜8：呼吸角　9, 10：前呼吸器突起　11：前呼吸器突起の気門板

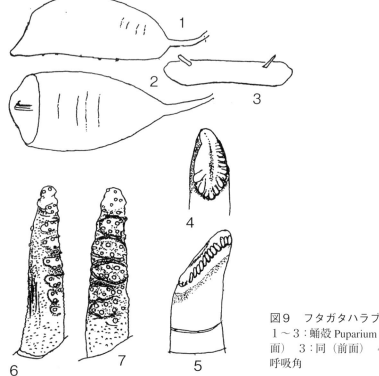

図9　フタガタハラブトハナアブ *Mallota dimorpha*
1〜3：蛹殻 Puparium　1：蛹殻（側面）　2：同（背面）　3：同（前面）　4, 5：前呼吸器突起　6, 7：呼吸角

参考文献

Coe, R. L. 1953. *Mallota cimbiciformis* Fallén (Diptera: Syrphidae), breeding in Hyde Park, London, Its larva and puparium compared with those of *Eristalis tenax* L., *Myatropa frorea* L., and *Hellophilus* spp. Entom. Gazette Vol. 4. 282-286.

Dolezil, Z. 1972. Developmental stages of the tribe Eristalini (Diptera, Syrphidae). Acta ent. Bohemoslov., 69: 339-350.

池崎善博. 1977. ハナアブ類5種の幼虫および蛹殻（Diptera: Syrphidae）. 長崎県生物学会誌, 13: 31-37.

池崎善博. 1999. ナミハナアブ族の採卵と長尾型幼虫の飼育（ハナアブ科）. HANA ABU, 8: 13-14. 双翅目談話会.

池崎善博・桂孝次郎. 2000. フタガタハナアブの蛹殻（ハナアブ科）. HANA ABU, 10: 6. 双翅目談話会.

池崎善博. 2007a. 日本産ハナアブ科目録（1）（I）ヒラタアブ亜科. 長崎県生物学会誌, 63: 29-43.

池崎善博. 2007b. 日本産ハナアブ科目録（2）（II）ハナアブ亜科，（III）アリノスアブ亜科. 長崎昆虫研究会誌「こがねむし」, 72: 19-44.

桂孝次郎. 2000. フタガタハナアブの飼育. HANA ABU, 9: 78-80. 双翅目談話会.

二宮榮一. 1959a. 邦産食蚜性ヒラタアブのimmature stagesについて. 長崎大学学芸学部自然科学報告, (10): 23-52.

二宮榮一. 1959b. ハナアブ科. 日本幼虫図鑑: 656-662. No. 1197-662.

Rothery, G. E. 1993. Colour Guide to Hoverfly Larvae (Diptera, Syrphidae). Dipterist Digest No. 9.

Rothery, G. E. & F. S. Gilbert 1989. The phylogeny and systematics of European predacious Syrphidae (Diptera) based on larval and puparial stages Zool. Jour. Linnean Soc., 95: 29-70.

ベッコウバエ科　Dryomyzidae

巣瀬　司

　ベッコウバエ科には *Dryomyza* と *Oedoparena* の 2 属が知られている．日本産の 6 種の *Dryomyza* 属の幼虫の生態は未知だが（Kurahashi, 1981），*Oedoparena* 属の幼虫は海水生である．ここでは *Oedoparena* 属のベッコウバエについて解説する．

　Oedoparena 属のベッコウバエには，*Oedoparena glauca* (Coquillett, 1900) と *Oedoparena nigrifrons* Mathis and Steyskal, 1980，*Oedoparena minor* Suwa, 1981 の 3 種が知られている．これら 3 種の幼虫はすべてフジツボを食する．*Oedoparena glauca* と *Oedoparena nigrifrons* は北アメリカの太平洋側に分布し（Mathis & Steyskal, 1980），フジツボベッコウバエ *O. minor* は北海道小樽市朝里から記録された（Suwa, 1981）．

　フジツボベッコウバエの成虫は 5 月上旬から羽化し，6 月中旬まで見られる．成虫の体色は黒色で翅にもベッコウバエ *Dryomyza formosa* のような斑紋はない．翅長，体長とも個体変異が大きいが，ともに 4 ～ 7 mm である．外観はベッコウバエよりはフンバエ科のハエに似ている．野外での成虫の寿命は雄で 12 日間，雌で 20 日間ほどである．成虫は羽化した岩礁からあまり移動せず，特に雄成虫はほとんど岩礁間の移動をしない．性比は 1 : 1 である．雌成虫はゼラチン状の卵殻に覆われた卵をフジツボのくぼみに産み付ける．そのゼラチン状の卵殻は，上側の左右が飛行機の翼のようにのびており，卵が波で流されないような構造になっている（図 1-1 ～ 2）．卵期間は約 10 日で，体長 0.7 mm 前後の孵化幼虫はイワフジツボの中身を食するが，フジツボを食い尽くすことは

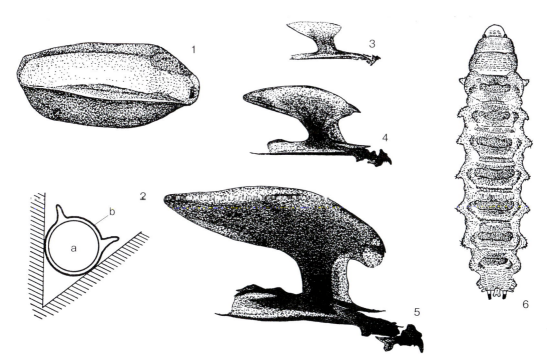

図 1　フジツボベッコウバエ *Oedoparena minor*
1：卵の外観　2：卵の概形横断面（a：卵，b：卵殻）　3：1 齢幼虫咽頭骨（ceph. skl.：cephalopharyngeal skelton）側面　4：2 齢幼虫咽頭骨側面　5：3 齢幼虫咽頭骨側面　6：3 齢幼虫全形背面

ない．つまり，寄生者的に生活する．1齢幼虫は孵化後約2週間で体長3〜5mmの2齢幼虫になり，6月中旬頃から3カ月間活動を停止する．9月中旬から幼虫は摂食を再開し，10月には3齢（終齢）幼虫になる．3齢幼虫の体長は5〜7.6 mmである．この2回目の成長期には摂食量が多いため，幼虫はフジツボを食い尽くしてしまう．幼虫はフジツボの中にいることが多いが，フジツボの外に出ていることもある．3齢幼虫は蛹化に際して潮間帯の上部に移動し，空のフジツボの中で11月に蛹化する．蛹化は3齢幼虫の外皮の中で行われる．蛹の期間は約6カ月間である．北アメリカの *Oedoparena glauca* は蛹の期間は28日以上と報告されているが（Burger et al., 1980），囲蛹の中のキチン化の弱い冬期の蛹を見逃している可能性が高い．

幼虫の形態は，1齢から3齢までほとんど変化しない．幼虫の外観等については図1-6を参照されたい．本州の日本海側は潮位差が小さいため，フジツボが小さい上に少なく，本種は分布していないと思われる．北海道と本州北部の太平洋側の岩礁には広く生息している可能性があるが，よくは調べられていない．

参考文献

Kurahashi, H. 1981. A revision of the genus *Dryomyza* (Diptera, Dryomyzidae) from Japan. Kontyû, Tokyo, 49: 437-444.

Mathis, W. N. & G. C. Steyskal. 1980. A revision of the genus *Oedoparena* Curran (Diptera: Dryomyzidae: Dryomyzinae). Proceedings of Entomological Society of Washington, 82: 349-359.

Suwa, M. 1981. Description of a new Japanese species of *Oedoparena*, an Asia-American dipterous genus (Dryomyzidae). Insecta Matsumurana, New Series, 22: 29-35.

Burger, J. F., J. R. Anderson & M. F. Knudsen. 1980. The habits and life history of *Oedoparena glauca* (Diptera: Dryomyzidae), a predator of barnacles. Proceedings of Entomological Society of Washington, 82: 360-377.

ヤチバエ科　Sciomyzidae

末吉昌宏

　ヤチバエ科は短角亜目環縫群無弁類に属し，ベッコウバエ科やツヤホソバエ科などとともにヤチバエ上科を構成するハエ類の1科である．本科は全世界に65属553種が知られており，それらは3亜科（Huttonininae：2属9種，Salticellinae：2属3種（化石種含む），ヤチバエ亜科 Sciomyzinae：61属541種（化石種含む））に分類され，最も多くの種が含まれるヤチバエ亜科は2つの族（ヤチバエ族 Sciomyzini とキタヤチバエ族 Tetanocerini）に分類される（Knutson & Vala, 2011）．これまでに日本からヤチバエ亜科の2族に属する12属28種2亜種が記録されている（末吉，2014）．これらに加えて，ヤスデ類に寄生するヤドリヤチバエ科 Phaeomyiidae (Knutson & Vala, 2011) を亜科として含めることもあるが（Sueyoshi et al., 2009；末吉，2014），高次分類群の分類学的位置付けは研究者間で異なる．本章では幼虫が水生生活者を含むヤチバエ亜科の族・属・種について解説する．

I．科の特徴
形態[*]

　成虫：他の科群の成虫から，1）1〜2対の上額眼縁剛毛（orbital seta）をもつ，2）下額眼縁剛毛（frontal seta）をもたない，3）髭剛毛（vibrissa）を欠く，4）後単眼剛毛（postocellar seta）の先端は交叉せず，左右に開く，5）頭楯（clypeus）は口縁より前方に突出しない，6）脛節末端部背面に1〜2本の剛毛をもつ，7）前縁脈（costa）は肩横脈（humeral crossvein）や亜前縁脈（subcosta）の終点で分割されない，といった特徴によって区別される．体色は黄褐色から暗灰色であり，派手な色彩をもたない．体長は2〜11 mm.

　卵：白色，長楕円形．前端部は弧状隆起の腹面に精孔（micropyle）をもつ．後端部は天蓋状の突起の先端に呼吸孔（aeropyle）をもつ．電子顕微鏡下では卵殻に長軸方向に走り，ところどころ互いに吻合する発達した多くの稜線をみることができる．腹側が背方よりも膨らみが強い．ヒゲナガヤチバエ属 Sepedon Latreille, 1804 では個々の卵はそれぞれの保護殻の中に納められている．

　幼虫：頭部に向かって先細り，尾部は裁断形の一般的な蛆形．他の科群の幼虫から，1）大顎（mandible）の腹面に腹面弧状骨（ventral arch）をもつ，2）後気門は比較的長い気門毛（interspiracular process）をもつ（水生幼虫のみ），3）尾節に4〜5対の乳状突起をもつ，4）前気門と後気門からなる二気門型の呼吸器官をもつ，5）体表には著しい突起物をもたない，といった特徴により区別される．体色は乳白色から黄褐色．成熟幼虫の体長は3〜20 mm.

　蛹：真の蛹は裸蛹であり，終齢幼虫（第3齢幼虫）のクチクラ層に出来する囲蛹殻の中に収まっている．囲蛹殻は前後に気門の突出部を備え，後方に向かって次第に細くなる雨粒状の楕円体である．囲蛹殻の体色は黄褐色から濃茶色，体長は3〜8 mm.

生態および分布

　幼虫は陸生もしくは淡水性貝類や貧毛類に寄生，またはそれらを捕食するという特異な食性を示す．また，その生態もヒゲナガヤチバエ属のように水面下に浮遊するものから，泥水や落葉層中に生息するもの，ヤチバエ族の種のように完全に水域から離れた陸地で寄主の殻の中で生活するもの

---

[*]本章で用いる形態学用語は以下の文献に従った：成虫（McAlpine, 1981；Stuckenberg, 1999），幼虫および蛹（Bratt et al., 1969；Sueyoshi, 1999）．また，用語の和訳は主に素木（1962）に従った．

まで非常に多様である．特に，後気門周辺の形態（発達した気門毛，乳状突起）は水面下に浮かんで呼吸する生活様式に適応したものであると考えられており，水生貝類を捕食する種では著しく発達する．陸生貝類を捕食し，水中に浸ることのないような環境に生息する種では，気門毛や乳状突起が消失するか，または未発達な状態である．このような形態・生態の多様性は，水中から陸地まであらゆる環境を生息域としているキタヤチバエ属 Tetanocera Dumeril, 1800 のように一属のなかでさえもみることができる．陸生貝類に寄生する種（大部分のヤチバエ族の種，一部のキタヤチバエ族に属する種）の幼虫は多くの場合，成虫がその貝殻の表面に産卵した個体内で発育を完了する．一方，キタヤチバエ族に属する多くの種は複数個体の水生貝類やナメクジ類を捕食し，新しい個体を幼虫自身が探索する．

多くの種はそれぞれ幼虫の生息場所に近い，湿地や池沼の水際や水面上もしくは落葉層下で蛹化する．ヒゲナガヤチバエ属やキタヤチバエ属の幼虫が水生の種では囲蛹殻は水面上に浮遊し，前気門および後気門は囲蛹殻の背側に位置するという特徴がみられる．マルヒゲヤチバエ属 Pherbellia Robineau-Desvoidy, 1830 の一部の種は捕食した貝の殻の中で隔膜を形成して蛹化することが知られている．ヤチバエ科の幼生期の天敵としてコマユバチ類やヒメバチ類が知られている．

成虫は幼虫の生息場所に近い河川，池沼，水田などの水際の草地に多くみられる．成虫は死んで間もない動物の死体（貝，ミミズなど）や動物の糞尿など汁気の多いものを摂食する．ヒゲナガヤチバエでは，雄の口吻から分泌される物質を求愛行動に利用することが知られている．

ヤチバエ科は全動物地理区に分布しているが，その多くはヤチバエ亜科に属する種であり，Huttonininae はニュージーランドに，Salticellinae はヨーロッパおよびアフリカにのみ分布が知られている．ヨーロッパと北米大陸では本科の分類学的研究が進んでおり，そのフォウナがよく解明されている．東アジアでは Sueyoshi (2001) が日本のヤチバエ科の分類学的再検討を行い，11属23種を記録したが，その他の地域では研究が未だ十分に行われておらず，この地域のフォウナの解明は今後の研究に託される．また，日本から記録された種のうち，国内で幼生期の形態と生態が研究されたのはヒゲナガヤチバエ Sepedon aenescens Wiedemann, 1830 のみである．その他のいくつかの種については国外での研究例をいくつか挙げることができるが，国内での研究は未だ発表されておらず，その成果の発表が待ち望まれるところである．

II．日本産ヤチバエ亜科の属への検索
成虫（Sueyoshi, 2001, 2010 より改変）

1a 前胸側板（propleuron）は1本の太い前胸側剛毛（propleural seta）をもつ（少数の短い軟毛をもつ場合は5へ）（図1a）……………………………… ヤチバエ族 Sciomizini … 2

1b 前胸側板は前胸側剛毛をもたず，無毛（図3a, c，4a, c，6a，7a）
　　……………………………………………………………………… キタヤチバエ族 Tetanocerini … 5

2a 触角刺毛（arista）は触角第3節（postpedicel）の先端付近から生じる（図1e）．雌の腹部第7節以降の腹節は互いに癒合し，背腹に平たく長い（図2c）
　　………………………………………………………………………………… マルズヤチバエ属 Tetanura

2b 触角刺毛は触角第3節の基部背面から生じる（図1a, d）．雌の腹部第7節以降の各腹節は癒合せず，円筒形（図2d）………………………………………………………………… 3

3a 翅脈（$A_1 + CuA_2$）は前翅後縁に達しない（図8a）………… オガミヤチバエ属 Colobaea

3b 翅脈（$A_1 + CuA_2$）は前翅後縁に達する（図8b〜f）………………………………… 4

4a 額（frons）は1〜2対の上額眼縁剛毛をもつ（図1a）．前胸基腹板（basisternum）は無毛

	（図2a）．上額眼縁剛毛が1対のみの場合は前胸基腹板は無毛
	……………………………………………… マルヒゲヤチバエ属 *Pherbellia*
4b	額は1対の上額眼縁剛毛のみをもつ（図1d）．前胸基腹板は有毛（図2b）
	……………………………………………… フタスジヤチバエ属 *Ditaeniella*
5a	中胸楯板（scutum）は横線（transverse suture）の前に前翅背剛毛（presutural supra-alar seta），楯板小楯板線（scutoscutellar suture）の直前に中剛毛（acrostical seta）をもたない ……6
5b	中胸楯板は横線の前に前翅背剛毛，楯板小楯板線の直前に中剛毛をもつ ……………8
6a	触角第3節先端に長く発達した剛毛束をもつ（図3a）
	……………………………………………… フサヒゲヤチバエ属 *Coremacera*
6b	触角第3節先端に上記のような剛毛束はなく，全体に短毛で覆われる（図3c，6a）…7
7a	上額眼縁剛毛は1対（図6a）．触角第2節（pedicel）は第3節よりも明らかに長く，棍棒状（図6a）．前翅は透明，たかだか横脈上もしくは端半部に暗色を帯びるのみで，網目状ではない（図9d） ……………………………… ヒゲナガヤチバエ属 *Sepedon*
7b	上額眼縁剛毛は2対（図3c）．触角第2節は第3節よりもわずかに長いのみ（図3c）．前翅は全体に網目状の斑紋に覆われる（図5c，d，Sueyoshi, 2001：fig. 7b, c）
	……………………………………………… ホソバネヤチバエ属 *Dichetophora*
8a	前翅は全体に網目状の斑紋に覆われる（図9a，b） ………………………………………9
8b	前翅は前縁に暗色の斑紋をもつか（図8b，9f），全体に（図9c），もしくはたかだか第4+5径脈（R_{4+5}）末端に暗色の斑点をもつ（図9e）のみであり，網目状ではない ……10
9a	触角刺毛は白色，かつ白色軟毛で覆われる ……………… セスジヤチバエ属 *Limnia*
9b	触角刺毛は黒色，かつ黒色軟毛で覆われる ……………… マダラヤチバエ属 *Pherbina*
10a	翅下突起（subalar）に剛毛をもつ．前翅の暗色斑は前縁部，横脈上，もしくはたかだか第4+5径脈末端に限られる（図8b，9e，f） ………………………………………11
10b	翅下突起に剛毛をもたない．前翅全体に円形もしくは楕円形の黄褐色斑紋をもつ（図9c）
	……………………………………………… スナイロヤチバエ属 *Psacadina*
11a	体色は暗灰色．前翅は全体に暗灰色，4つの暗斑点を中脈上にもつ．触角刺毛は短毛に覆われるのみ（図4a）．雄第4腹節腹板は前方に伸びる1対の棍棒状突起をもつ（図4b）
	……………………………………………… ナガレヤチバエ属 *Hydromya*
11b	体色は褐色．前翅は暗褐色，斑点はあるとしても径中横脈（R-M crossvein）と端中肘横脈（dM-Cu crossvein）上のみ（図9e，f）．触角刺毛は白色軟毛に覆われ，羽毛状となる（図7a）．雄第4腹節腹板は突起をもたない ………………… キタヤナバエ属 *Tetanocera*

終齢幼虫（Knutson, 1987：Rozkošný, 2001 より改変）

1a	大顎は腹面に付属歯片（accessory tooth）をもたない（図10c～d）．体表腹面に微刺突起帯（spinule band）をもつ（図10a，b）．後気門板（spilacular plate）の周囲の乳状突起は短い
	……………………………………………… ヤチバエ族 …2
1b	大顎は腹面に付属歯片をもつ（図12b, c，14a～i）．体表腹面に微刺突起帯をもたない（図12a）．後気門板の周囲の乳状突起はよく発達する ……………… キタヤチバエ族 …5
2a	腹面弧状骨は大顎と癒合する ……………………………… マルズヤチバエ属 *Tetanura*
2b	腹面弧状骨は大顎と分離する（図10c，d） ………………………………………………3
3a	下咽頭骨（hypopharyngeal sclerite）の上突起（dorsal projection）は細く，後方に向かって

	下突起と離れていく（図10c） ………………………………… オガミヤチバエ属 *Colobaea*	
3b	下咽頭骨の上突起は幅広く，下突起（ventral projection）と並行する（図10d） ………… 4	
4a	すべての腹節の微刺突起帯は腹節を一周する（図10a）	
	………………………………………………… フタスジヤチバエ属 *Ditaeniella*	
4b	第1〜2腹節の微刺突起帯のみ腹節を一周する ……… マルヒゲヤチバエ属 *Pherbellia*	
5a	尾節（caudal segment）の乳状突起は5対（図12a）．腹面弧状骨は後方に伸びる突起をもつ（図12b） …………………………………… ヒゲナガヤチバエ属 *Sepedon*	
5b	尾節の乳状突起は3〜4対．腹面弧状骨は後方に伸びる突起を欠く（図14a〜d, f, g, i） ……………………………………………………………………………………… 6	
6a	後気門板は気門毛を欠く ………………………………………………………… 7	
6b	後気門板は気門毛をもつ ………………………………………………………… 9	
7a	大顎の口鈎（mandibular hook）は基部よりも短い（図14b〜i） ……………… 8	
7b	大顎の口鈎は基部よりも長い（図14a） ……………… フサヒゲヤチバエ属 *Coremacera*	
8a	大顎の口鈎は直線的，先端は前方腹側を向く（図14f）	
	……………………… キタヤチバエ属（一部）*Tetanocera arrogans, Tetanocera elata*	
8b	大顎の口鈎は湾曲し，先端は腹側を向く（図14b） … ホソバネヤチバエ属 *Dichetophora*	
9a	側方突起（lateral lobe）が発達する ……………………… ナガレヤチバエ属 *Hydromya*	
9b	側方突起は未発達 ………………………………………………………………… 10	
10a	大顎に5〜6本の付属歯片をもつ（図14e〜i） ………………………………… 11	
10b	大顎に3〜4本の付属歯片をもつ（図14d） ………………… マダラヤチバエ属 *Pherbina*	
11a	尾節の腹側方突起（ventrolateral lobe）は分節しない ………… セスジヤチバエ属 *Limnia*	
11b	尾節の腹側方突起は分節する ……… キタヤチバエ属（一部）*Tetanocera ferruginea*	

蛹（囲蛹殻）

1a	囲蛹殻の最大幅は囲蛹殻の前半部に位置する（図13a） ……………………………… 2
1b	囲蛹殻の最大幅は囲蛹殻のほぼ中央部に位置する（図11b, c ; 15f） ……………… 3
2a	後気門は背方へ向く（図13b） ……………………… ヒゲナガヤチバエ属 *Sepedon*
2b	後気門は後方へ向く（図15a） ……………………… フサヒゲヤチバエ属 *Coremacera*
3a	後気門は後方へ突出し，その先端に位置する（図15b, c, e〜g） ……………… 7
3b	後気門は突出せず，尾節後面上に直接位置する（図11a, d） …………………… 4
4a	前胸前縁は中胸以下の体節の側縁の稜線と滑らかに繋がる（図11d）．後気門板は周縁に乳状突起をもたない（図11d）．腹面弧状骨は大顎と癒合する
	……………………………………………………… マルズヤチバエ属 *Tetanura*
4b	前胸前縁は中胸以下の体節の側縁と段をなして繋がる（図11a〜c）．後気門板は周縁に大小の乳状突起をもつ（図15a〜c）．腹面弧状骨は大顎と分離する ……………… 5
5a	すべての体節に微刺突起帯をもつ（図11b） ……… フタスジヤチバエ属 *Ditaeniella*
5b	体節に微刺突起帯を欠く（図11a, c）
	……………………… オガミヤチバエ属 *Colobaea*, マルヒゲヤチバエ属 *Pherbellia*
6a	後気門は正中線よりも腹側に位置する（図15b, e） ……………………………… 7
6b	後気門は正中線上またはそれよりも背側に位置する（図15c, g, 16b, c） ……… 8
7a	前気門は前端突出部の先端に位置する ……………… ホソバネヤチバエ属 *Dichetophora*

7b 前面に突出部をもたず，前気門は本体上に直接位置する（図15f）
　　　　　　　　　　　　　　　　　　　　　　　　　　　　セスジヤチバエ属　*Limnia*
8a 前端が背方へ屈曲する（図15c）．側方突起（lateral lobe）が大きく発達している（図15d）
　　　　　　　　　　　　　　　　　　　　　　　　　　　　ナガレヤチバエ属　*Hydromya*
8b 前端は体軸と平行に前方へ伸長する（図15g，16b, c）．側方突起は発達しない（図16a, d）
　　　　　　　　　　　　　　　　　　　　　　　　　　　　　　　　　　　　　　　9
9a 腹側方突起および側方突起は円錐状に突出する（図16d）………… 10
9b 腹側方突起および側方突起先端は丸く，不明瞭（図16a）
　　　　　　　　　　　　　キタヤチバエ属（一部）　*Tetanocera elata*, *Tetanocera arrogans*
10a 後気門は正中線よりわずかに背方に位置する（図15g）…… **マダラヤチバエ属**　*Pherbina*
10b 後気門は正中線よりも明らかに背方に位置する（図16c）
　　　　　　　　　　　　　　　　　　　キタヤチバエ属（一部）　*Tetanocera ferruginea*

III. 属の特徴

オガミヤチバエ属　*Colobaea* Zetterstedt, 1837

形態的特徴　成虫：体色は黄色から黒褐色．額は2対の上額眼縁剛毛をもつ．頭部の他の剛毛と同等の太さに発達した単眼剛毛をもつ．触角第2節は第3節よりも短い．触角第3節先端は丸い．触角刺毛は第3節の基部背面から生じる．前胸側板は1本の太い前胸側剛毛をもつ．前胸基腹板および中胸上後側板（anepimeron）は無毛．小楯板は2対の剛毛をもつ．翅下突起および後脚基節後縁内側は無毛．前脚脛節先端部には1本の剛毛のみもつ．前翅は径中横脈上の斑紋と端中肘横脈とその外側を横断する斑紋をもつか，全体に淡く黄褐色を帯びる．翅脈（A_1+CuA_2）の先端は前翅の後縁に達しない（図8a）．

幼虫：本属の幼虫の形態は未だ知られていない．

囲蛹殻：赤褐色．貝殻の中にあるが内面にぴたりと嵌っていない．隔膜もしくは隔膜様物質（septum：Knutson et al., 1967）を形成しない．頭部背面は凹んでいる．微刺突起帯を欠く（図11a）．*Colobaea americana*（Cresson, 1920）では前気門は2又する．体長2.8～4.2 mm（Rozkošný, 1967；Bratt et al., 1969）．

生態および分布　本属の幼生期の形態は欧州産4種（Lundbeck, 1923；Rozkošný, 1967）と北米産1種（Bratt et al., 1969）の蛹で知られている．幼虫はモノアラガイ類，ヒラマキガイ類など水生貝類を寄主とし，貝殻の中で蛹化する（Lundbeck, 1923；Rozkošný, 1967）．全北区から12種が知られており（Rozkosny, 1995），日本から *Colobaea eos* Rozkošný & Elberg, 1991 が記録されている（Sueyoshi, 2001）．

オガミヤチバエ　*Colobaea eos* Rozkošný & Elberg, 1991

形態的特徴　成虫：額は黒褐色，頭部腹面は黄褐色．胸部背面は黒褐色，側面および腹面は褐色を帯びる，全体に青白い微粉に覆われる．前翅は透明，たかだか淡く黄褐色を帯びるのみ．脚は黒褐色の前脚脛節および跗節を除き黄褐色．腹部は基部の茶褐色を除き黒色．翅長3.5～4.6 mm，体長3.5～4.8 mm．

幼虫および囲蛹殻：本種の幼生期の形態は未だ知られていない．

生態および分布　極東ロシア（Rozkošný & Elberg, 1984；Przhiboro, 2016），韓国（Rozkošný et al., 2010）および日本（Sueyoshi, 2001）から分布が知られている．国内では成虫は7月から11月までの間に国後島と択捉島および北海道から四国でみられる（Sueyoshi, 2001；末吉ら，2003；Sidorenko,

2004；Przhiboro, 2016）.

フタスジヤチバエ属　*Ditaeniella* Sack, 1939

形態的特徴　成虫：体色は褐色．額は1対の上額眼縁剛毛のみをもつ．頭部の他の剛毛と同等の太さに発達した単眼剛毛をもつ．触角第2節は第3節よりも短い．触角刺毛は第3節の基部背面から生じる（図1d）．中胸楯板は縦走する明瞭な黒褐色条を2つもつ．前胸側板は1本の太い前胸側剛毛をもつ．前胸基腹板は有毛（図2b）．中胸上後側板に2〜3本の剛毛をもつ．小楯板は2対の剛毛をもつ．翅下突起および後脚基節後縁内側は有毛．前脚脛節先端部には1本の剛毛のみもつ．前翅は前縁に暗色の斑紋をもつか，全体に暗色，もしくは，斑点はあるとしても径中横脈と端中肘横脈上のみ．翅脈（A_1+CuA_2）の先端は前翅の後縁に達する．

幼虫：体節を周回する微刺突起帯を節間または節内にもつ（図10a）．前気門は9〜18の指状突起をもつ．後気門板は5対の乳状突起をもつ．体長4.5〜8.0 mm（Bratt et al., 1969）．

囲蛹殻：黄褐色から褐色．貝類の貝殻の中または外にある．貝殻の内面にぴたりと嵌っていない．隔膜もしくは隔膜様物質を形成する．前端部背面は平たい．前胸気門は9〜16の指状突起をもつ．後気門板は背方突起（および側背方突起）を欠く（図11b）．体長3.7〜6.8 mm（Bratt et al., 1969）．

生態および分布　本属の幼生期の生態は *Ditaeniella parallela* (Walker, 1853), *Ditaeniella trivittata* (Cresson, 1920) とフタスジヤチバエ *Ditaeniella grisescens* (Meigen, 1820) で知られている．本属の種の幼虫は種々の水生または陸生貝類を寄主とし，貝殻の中あるいは外で蛹化する（Bratt et al., 1969）．旧北区，東洋区，新北区，新熱帯区から4種が知られており（Knutson et al., 1990），日本からフタスジヤチバエが記録されている（Sueyoshi, 2001）．

フタスジヤチバエ　*Ditaeniella grisescens* (Meigen, 1820)

形態的特徴　成虫：額はオレンジ色，頭部腹面は銀白色．触角第3節端半分は暗褐色．胸部は暗褐色，中胸楯板は青灰色を帯び，全体に灰褐色の微粉に覆われる．前翅は透明，高々淡く黄褐色を帯びるのみ．脚は黄褐色から茶褐色．腹部は各背板後縁の黄褐色を除き青灰色，全体に灰褐色の微粉に覆われる．翅長3.5〜4.6 mm，体長3.5〜4.8 mm．

幼虫および囲蛹殻：前胸腹面中央に微刺突起塊をもたない．第7〜8腹節背面の微刺突起を欠く．後気門板は3対の乳状突起をもつ（図11b）．体長6.0 mm（終齢幼虫），3.8〜4.9 mm（囲蛹殻）（Bratt et al., 1969）．

生態および分布　成虫は湖沼周辺をはじめ，幅広い生息環境でみられる（Bratt et al., 1969）．幼虫は種々の水生または陸生貝類を捕食する．少数の幼虫が1個体の貝を7〜9日かけて捕食し，蛹化する．蛹化は貝殻の外，稀に中で行われ，蛹期6〜11日を経て羽化する（Bratt et al., 1969）．旧北区および東洋区に分布が知られる（Rozkošný & Elberg, 1984）．日本では成虫は6月に北海道で採集された標本のみが知られる（Sueyoshi, 2001）．

マルヒゲヤチバエ属　*Pherbellia* Robineau-Desvoidy, 1830

形態的特徴　成虫：体色は褐色．額は1〜2対の上額眼縁剛毛のみをもつ．頭部の他の剛毛と同等の太さに発達した単眼剛毛をもつ．触角第2節は第3節よりも短い．触角第3節は楕円形．触角刺毛は第3節の基部背面から生じる．触角刺毛は黒色，無毛かごく短い軟毛に覆われる．前胸側板は1本の太い前胸側剛毛をもつ．前胸基腹板は有毛．中胸楯板は縦走する明瞭な黒褐色条を2つもつ．中胸上後側板に2〜3本の剛毛をもつ（図1a）．小楯板は2対の剛毛をもつ．翅下突起および後脚基節後縁内側は無毛（図1a）．前脚脛節先端部には1本の剛毛のみもつ．前翅はまったくの透

明から，前縁や横脈上に暗色の斑紋をもつか（図8b，c），全体に多くの斑紋を生じ，格子状の斑紋にみえる（図8d，e）．翅脈（A_1+CuA_2）の先端は前翅の後縁に達する（図8b～e）．

終齢幼虫：体節を周回する微刺突起帯を節間または節内にもたない（図10b）．前気門は7～18の指状突起をもつ．後気門板は2～5対の乳状突起をもつ．大顎は付属歯片をもたない．腹面弧状骨は大顎と分離する．下咽頭骨はH字形．体長2.5～10.0 mm（Bratt et al., 1969）．

囲蛹殻：黄褐色から褐色．貝類の貝殻のなかまたは外にある．微刺突起帯を欠く．頭部背面は平坦，凹んでいる，または膨らんでいる．前気門は中胸の前側縁に位置する．後気門は平らな気門板上に位置する．後気門板の乳状突起は幼虫のそれらよりも不明瞭（図11c）．体長3.0～8.4 mm（Bratt et al., 1969）．

生態および分布 本属の種の幼虫は水生または陸生貝類を寄主とし，貝殻の中あるいは外で蛹化する．これらの中で水生貝類を捕食し，蛹化を貝殻の中で行うものは，蛹化の際，貝殻の口に隔膜を張る性質をもつ（Bratt et al., 1969）．成虫は河川に面した草地や水田で多くみられる．オーストラリア区を除く世界から94種が知られており，北米とユーラシアにその大部分の種（84種）が分布している（Rozkošný, 1995ほか）．日本から8種2亜種が記録されている（Sueyoshi, 2001；Sidorenko, 2004；田悟, 2010）．

種への検索

成虫 （Rozkošný, 1987；Sueyoshi, 2001より改変）

1a 額は1対の上額眼縁剛毛のみをもつ（Sueyoshi, 2001：fig. 1 a, b）
　　………………………………… ミイロマルヒゲヤチバエ　*Pherbellia tricolor*
1b 額は2対の上額眼縁剛毛をもつ（図1a）………………………………………………… 2
2a 中胸上前腹板（anepisternum）後縁部に剛毛列をもつ（図1b）
　　………………………………… ムナゲマルヒゲヤチバエ　*Pherbellia griseola*
2b 中胸上前腹板後縁部に剛毛列をもたず，全体に無毛（図1a）……………………… 3
3a 前翅中脈（M）先端部に2本の分枝をもつ（図8b）
　　………………………………… ブチマルヒゲヤチバエ　*Pherbellia ditoma*
3b 前翅中脈先端部に分枝はない（図8c, d）……………………………………………… 4
4a 中脚および後脚の腿節および脛節の先端がその他の部位に比べて明らかに黒ずむ（図1c）．前翅は灰色の斑紋をもつ（図8d, e）……………………………………………… 5
4b 中脚および後脚の腿節および脛節は黄白色．前翅は斑紋をもたず，全体一様に透明か，やや曇る…………………………………………………………………………………… 6
5a 前翅は亜前縁室（sc）に斑紋をもたない．径室（r_1, r_{2+3}, r_{4+5}），中室（bm, dm, m）の斑紋の多くはその前後の翅脈に接することなく，楕円形または亜四角形（図8e）
　　………………………………… ダンダラマルヒゲヤチバエ　*Pherbellia schoenherri schoenherri*
5b 前翅は亜前縁室（sc）に斑紋をもつ．径室（r_1, r_{2+3}, r_{4+5}），中室（bm, dm, m）の斑紋の多くはその前後の翅脈に達し，帯状（図8d）
　　………………………………… カスリマルヒゲヤチバエ　*Pherbellia nana reticulata*
6a 額中央の縦走条（mid frontal stripe）の長さは前単眼前縁から額前縁までの長さの半分以下である………………………………… ハイイロマルヒゲヤチバエ　*Pherbellia obscura*
6b 額中央の縦走条の長さは前単眼前縁から額前縁までの長さの半分より長く，前方に伸びる………………………………………………………………………………………… 7

7a 触角第3節は一様に黄褐色 ・・・・・・・・・・・・・・・・・・ ミネマルヒゲヤチバエ *Pherbellia alpina*
7b 触角第3節の先半分は黒褐色で基半分の黄褐色と明瞭に異なる（図1d）
・・・・・・・・・・・・・・・・・・・・・・・・・・・・・・・・・・・・ クロマルヒゲヤチバエ *Pherbellia dubia*

終齢幼虫（Bratt et al., 1969より改変）

1a 前胸腹面中央に微刺突起塊をもつ ・・・・・・・・・・ ムナゲマルヒゲヤチバエ *Pherbellia griseola*
1b 前胸腹面中央に微刺突起塊をもたない ・・・・・・・ クロマルヒゲヤチバエ *Pherbellia dubia*

囲蛹殻（Bratt et al., 1969より改変）

1a 隔膜もしくは隔膜様物質を形成する ・・・・・・・・ ムナゲマルヒゲヤチバエ *Pherbellia griseola*
1b 隔膜もしくは隔膜様物質を形成しない ・・・・・・・ クロマルヒゲヤチバエ *Pherbellia dubia*

ミネマルヒゲヤチバエ *Pherbellia alpina* (Frey, 1930)

形態的特徴 成虫：体色は褐色，全体に灰色の微粉を備える．翅長3mm前後，体長3mm前後（Rozkošný, 1984）．

幼虫および囲蛹殻：本種の幼生期の形態は未だ知られていない．

生態および分布 成虫は川沿いの草むらやバラ類，ナナカマド，ハスカップなどの灌木上で得られている（Frey, 1930）．ロシアおよびヨーロッパで分布が知られる．国後島から記録されているが（Sidorenko, 2004），具体的な産地が不明である（末吉，2014）．

ブチマルヒゲヤチバエ *Pherbellia ditoma* Steyskal, 1956

形態的特徴 成虫：額前半部は黄褐色，後半部は暗灰色，頭部腹面（顔 face，頬 gena，後頬 postgena）は黄褐色，触角はオレンジ色，胸部および腹部は暗灰色，前脚付節背面は黒色．触角刺毛は無毛．翅長5.5〜6.0 mm，体長6.0 mm．

幼虫および囲蛹殻：本種の幼生期の形態は未だ知られていない．

生態および分布 本種の生態はまだ知られていない．ロシア沿海州（Rozkošný et al., 2010），韓国および日本から分布が知られている（Rozkošný & Elberg, 1984；Sueyoshi, 2001）．成虫は6月から12月までの間に北海道から九州にかけてみられる（Sueyoshi, 2001, 2010, 2013；脇，2003）．

クロマルヒゲヤチバエ *Pherbellia dubia* (Fallén, 1820)

形態的特徴 成虫：額前半部は黄褐色，後半部は暗灰色，頭部腹面は黄褐色，触角はオレンジ色，触角第3節先端黒色．触角刺毛は微毛に覆われる．胸部は暗褐色の地に明灰色の微粉に覆われる．黄褐色の中・後脚腿節を除き脚は暗褐色．腹部は黄褐色．翅長3.2〜6.6 mm，体長3.4〜6.2 mm．

終齢幼虫：体節を周回する微刺突起帯をもたない．口鉤は鎌状．前気門は10〜12の指状突起をもつ．前胸腹面中央に微刺突起塊をもたない．後気門板は2対の突起をもつ．後気門板の背方突起および側背方突起を欠く．腹方突起，腹側方突起は丸く，退化している．体長6.0 mm（Bratt et al., 1969）．

囲蛹殻：赤褐色．陸生貝類の貝殻の中にある．貝殻にぴたりと嵌っている．隔膜もしくは隔膜様物質を欠く．頭部背面は平たい．体長4.3 mm.（Bratt et al., 1969）．

生態および分布 成虫は湿った，下層植生のよく発達した森林でみられる（Bratt et al., 1969）．幼虫はキセルガイ類，ヤマボタル類，パツラマイマイ類，ハリマキビ類，ウスクチベッコウ類，コハクガイ類，ハリガイ類などの陸生貝類の捕食者である（Bratt et al., 1969）．幼虫は複数の寄主個体を捕食する．蛹化は寄主の殻が十分な大きさであれば中で行われ，蛹で越冬する（Bratt et al., 1969）．ユーラシア大陸に広く分布し，国後島と択捉島からも記録された（Elberg & Remm, 1974；Przhiboro,

2016).日本本土での分布は未確認である（Sueyoshi, 2001）．

ムナゲマルヒゲヤチバエ *Pherbellia griseola* (Fallén, 1820)

形態的特徴 成虫：額は褐色，顔は黄褐色，胸部および腹部は褐色から暗灰色．中胸楯板に2対の暗色縦縞をもつ．前脚は脛節基半部を除き暗褐色．触角刺毛は短毛に覆われる．翅長4.5 mm，体長5.0 mm．

終齢幼虫：体節を周回する微刺突起帯をもたない．口鉤はゆるい鎌状（図10d）．前気門は7～9の指状突起をもつ．前胸腹面中央に微刺突起塊をもつ．後気門板は5対の乳状突起をもつ．体長4.0～8.0 mm（Bratt et al., 1969）．

囲蛹殻：黄褐色．水生または陸生貝類の貝殻の中にある．貝殻の内面にぴたりと嵌っている．隔膜もしくは隔膜様物質を形成する．後気門板の背方突起および側背方突起を欠く．腹方突起，腹側方突起が突出する（図11c）．体長3.6～5.5 mm（Bratt et al., 1969）．

生態および分布 成虫は水域環境に生息する（Beaver, 1972a）．幼虫はオカモノアラガイ類を捕食する（Rozkošný, 1967）．蛹化は殻の中，または外で行われる．全北区に広く分布する（Rozkošný & Elberg, 1984）．国内では7月に北海道でみられる（Sueyoshi, 2001）．

カスリマルヒゲヤチバエ *Pherbellia nana reticulata* (Thomson, 1869)

形態的特徴 成虫：額は暗褐色，腹面は銀白色，触角は暗褐色，胸部および腹部は暗灰色，中胸楯板に2対の暗色縦縞をもつ．胸部側面に明瞭な黒色の帯をもつ，前脚は腿節末端の黄褐色を除き全体に黒色．触角刺毛は短毛に覆われる．翅長 3.0～3.5 mm，体長3 mm前後．

幼虫および囲蛹殻：本亜種の幼生期の形態は未だ知られていない．

生態および分布 幼虫は好湿性貝類（モノアラガイ，サカマキガイ，ヒラマキガイ，*Eulota*，マイマイ類，オカモノアラガイなど）の捕食者である．蛹化は寄主の殻の中で行われる．本種の成虫は他の日本産種に比べて微小．東アジアに広く分布が知られる（Rozkošný & Elberg, 1984）．国内では北海道から沖縄までの地域で3～11月に普通にみられる（Sueyoshi, 2001；脇, 2003）．

ハイイロマルヒゲヤチバエ *Pherbellia obscura* (Ringdhal, 1948)

形態的特徴 成虫：額前半部は黄褐色，後半部は暗灰色，頭部腹面は黄褐色，触角は暗橙褐色．触角，刺毛は微毛に覆われる．胸部は暗褐色の地に明灰色の微粉に覆われる．前脚は灰褐色．中・後脚は黄褐色．腹部はおおむね灰褐色で背板後縁は黄褐色．翅長4.2～4.8 mm，体長4.5 mm（Rozkošný, 1987；田悟, 2010）．

終齢幼虫：囲蛹殻から得られた口器のみが知られる．前下方に向いた大顎の口鉤はそれに連なる小歯片をもたない（Bratt et al., 1969）．

囲蛹殻：赤褐色．前気門は14～18の指状突起をもつ．後方気門板の腹側方・腹方突起が発達し，背方・側方突起は小さく目立たない．後方気門は後方に突出している．体長3.3～3.5 mm（Bratt et al., 1969）．

生態および分布 成虫は渓畔林の陰になった草本で見られる．幼虫はモノアラガイあるいはオカモノアラガイ類の捕食者である．実験下では成虫はコケや生きたモノアラガイの殻に卵を産み付けたが，サカマキガイ類には産卵しなかった．また，成熟幼虫は貝殻から離れ，蛹化した．幼虫期間は7～10日であり，蛹期間は12～16日であった（Bratt et al., 1969）．ユーラシア大陸と北米大陸に分布する（Rozkošný & Elberg, 1984）．本種は日本産種の目録（末吉, 2014）で未採録であるが，国内で4月と5月に本州で採集されている（田悟, 2010）．

ダンダラマルヒゲヤチバエ *Pherbellia schoenherri schoenherri* (Fallén, 1826)

形態的特徴 成虫：額は黄褐色，腹面は黄白色，触角は黄褐色，胸部および腹部は褐色，全体に

黄白色の微粉に覆われる．胸部側面に明瞭な暗褐色の帯をもつ．脚は黄褐色．日本の個体は欧州で知られるものよりも大きい．翅長4.2〜5.2 mm，体長5.0〜5.1 mm．

終齢幼虫：本亜種の幼虫の形態は不明である．

囲蛹殻：黄褐色．前胸腹面中央に微刺突起塊をもたない．前気門は13〜18の指状突起をもつ．後気門板の背方突起および側背方突起を欠く．腹方突起，腹側方突起が突出する．体長5.1 mm．

生態および分布　幼虫はオカモノアラガイ，モノアラガイの捕食者である（Bratt et al., 1969；Beaver, 1972a）．卵は主にオカモノアラガイの殻に産み付けられ，4〜5日で孵化する．幼虫は実験室下ではその期間（13〜17日間）に10個体ほどのオカモノアラガイまたはモノアラガイを捕食することがある．蛹期は13〜16日（Beaver, 1972a）．ユーラシア大陸に広く分布が知られる（Rozkošný & Elberg, 1984）．国内では成虫は6月と7月に北海道でみられる（Sueyoshi, 2001）．

ミイロマルヒゲヤチバエ　*Pherbellia tricolor* Sueyoshi, 2001

形態的特徴　成虫：額は黄色，頭部腹面（顔，頬，後頬）は黄白色，触角は黄色．中胸楯板は青銅色，他は褐色．前翅は全体に淡く褐色を帯びる．雌の前翅は雄よりも色味が濃い．脚腿節は褐色（雌前脚腿節は黒褐色），先端は環状に黒色，脛節は黄色または黄白色，先端は褐色，跗節基部は黄白色，端部は黒色．腹部背板基部は暗褐色，後縁は黄色．翅長5.4〜7.6 mm，体長5.5〜8.0 mm．

幼虫および囲蛹殻：本種の幼生期の形態は未だ知られていない．

生態および分布　本種の生態はまだ知られていない．日本でのみ分布が知られ，成虫は5月から7月までの間に本州の関東以北でみられる（Sueyoshi, 2001；末吉ら，2003）．

マルズヤチバエ属　*Tetanura* Fallén, 1820

本属は *Tetanura pallidiventris* 1種のみで構成される．旧北区から2種 *T. pallidiventris* と *T. falleni* Hendel, 1923 が知られていたが（Rozkošný & Elberg, 1984），後者は前者の新参異名とされた（Vikhlev, 2011）．

マルズヤチバエ　*Tetanura pallidiventris* Fallén, 1820.

形態的特徴　成虫：体色は以下の茶褐色部を除き全体に明るい黄褐色．額後半，後頭（occiput），後頬，中胸楯板，基部を除く前脚脛節より付節先端まで，腹部背板中央部．額は2対の上額眼縁剛毛をもつ．頭部の他の剛毛と同等の太さに発達した単眼剛毛をもつ．触角第2節は第3節よりも短い．触角第3節は楕円形．触角刺毛は第3節の基部先端または亜先端から生じる．触角刺毛は白色，短い軟毛に覆われる．前胸側板は1本の太い前胸側剛毛をもつ．前胸基腹板および中胸上後側板は無毛．中胸楯板は艶やかで斑紋はない．小楯板は2対の刺毛をもつ．翅下突起及び後脚基節後縁内側は無毛．前脚脛節先端部には1本の剛毛のみもつ．前翅は透明，高々淡く黄色を帯びるのみ．翅脈（A_1+CuA_2）の先端は前翅の後縁に達する．♀腹部第7節以降の腹節は互いに癒合し，背腹に平たく長い．翅長 3.0〜5.5 mm，体長 2.5〜5.0 mm．

終齢幼虫：終齢幼虫口器のみが知られる：大顎には下方に向いた口鉤とそれに連なる2〜5つの小歯片をもつ．腹面弧状骨は側方で大顎と癒合する．下咽頭骨はH字形．前口骨（epistomal sclerite）は1〜2対の孔を生じる（Knutson, 1970a）．

囲蛹殻：黄褐色．背腹に平たく，C字状によじれている．前気門は中胸の前背面に位置する．前端腹面は膨らんでいるが，背面は凹んでいる．後気門は平らな気門板上に位置する（図11d）．体長 2.1〜3.5 mm（Knutson, 1970a）．

生態および分布　ヤマボタル類，パツラマイマイ類，コハクガイ類といった陸生貝類を寄主とし，貝殻の中あるいは外で蛹化する（Knutson, 1970a）．雌は平たくなった生殖節を使い，冬蓋を張って

殻の中に引き込まれたヤマボタルの体表に産卵する．幼虫は産卵されたヤマボタルを捕食したのち蛹化する．成虫は雑木林の林縁のような下層植生の茂った林によくみられる（Knutson, 1970a）．ユーラシア大陸に広く分布が知られる（Rozkošný & Elberg, 1984；Vikhlev, 2011）．国内では成虫は6月から8月までの間に北海道および本州の中部以北でみられる（Sueyoshi, 2001, 2013；Vikhlev, 2011）．

フサヒゲヤチバエ属　*Coremacera* Rondani, 1856

形態的特徴　成虫：体色は黄褐色から暗褐色．額は2対の上額眼縁剛毛をもつ．前方上額眼縁剛毛及および側顔上方の基部に各々ベルベット状の黒毛を生やした黒斑をもつ（一部の種では不明瞭）．単眼剛毛は短く細い．触角第2節は第3節とほぼ同じ長さをもつ．触角第3節先端は突出し，黒剛毛の束をもつ．触角刺毛は第3節の背面から生じる．触角刺毛は白色，短い軟毛に覆われる．前胸側板は前胸側剛毛をもたない．前胸基腹板および中胸上前腹板・上後側板，翅下突起は無毛．中胸楯板上の短剛毛基部に黒斑をもつ（一部の種ではこれを欠く）．小楯板は2対の剛毛をもつ（図3b）．後脚基節後縁内側は無毛．前脚脛節先端部には2本の剛毛をもつ．前翅は網目状の斑紋をもつ．翅脈（A_1+CuA_2）の先端は前翅の後縁に達する（図8f）．

終齢幼虫：白色．大顎の付属歯片は比較的小さい．前気門は掌状，指状突起は9つ．第1〜7腹節は背方および腹方に3本の皺によって4帯に分節する．尾節は4対の乳状突起をもつ．後気門毛を欠く（Knutson, 1973）．

囲蛹殻：末端部の暗色部を除き全体に赤褐色．前端部は背腹に平たく，側方の隆起線は顕著に発達する．前気門は中胸の前側縁から突出し，正中線より背方に位置する．後気門は正中線上に位置する．後気門毛を欠く．後気門板は短小な4対の乳状突起をもつ（図15a）．体長5.8〜5.8 mm（Knutson, 1973）．

生態および分布　本属の幼虫はヨーロッパに分布する *Coremacera marginata* (Fabricius, 1775) についてのみ知られている．この種の幼虫はヤマボタル類，パツラマイマイ類，マイマイ類，ウスクチベッコウ類，コハクガイ類といった陸生貝類の1〜3個体を捕食した後，貝殻の外で蛹化し，越冬する（Knutson, 1973）．本属は旧北区に分布する12種1亜種からなる（Vala & Leclercq, 1981）．日本から *Coremacera scutellata* (Matsumura, 1916) が記録されている（Sueyoshi, 2001）．

フサヒゲヤチバエ　*Coremacera scutellata* (Matsumura, 1916)

形態的特徴　成虫：額はオレンジ色，頭部腹面は銀白色．胸部は暗褐色，背面は青灰色を帯びる．側面に銀白の微毛を密生する．脚は黄褐色．腹部は茶褐色および青灰色，腹部背板は中央に暗色の縦縞をもつ．翅長7.0〜7.5 mm，体長10.0 mm．

幼虫および囲蛹殻：本種の幼生期の形態は未だ知られていない．

生態および分布　本種の生態は未だ知られていない．日本でのみ分布が知られ，成虫は4月，9月，11月に四国，沖縄島でみられ，灯火にも飛来する（Sueyoshi, 2001, 2013）．

ホソバネヤチバエ属　*Dichetophora* Rondani, 1868

形態的特徴　成虫：体色は黄褐色から暗褐色．額は0〜2対の上額眼縁剛毛をもつ．上額眼縁剛毛，後単眼剛毛（postocellar seta）後部および側顔（parafacial）上方の基部に各々ベルベット状の黒毛を生やした黒斑をもつ．短い単眼剛毛をもつ（一部の種ではこれを欠く）．触角第2節は第3節とほぼ同じ長さをもつ．触角第3節先端は突出するが，目立つ剛毛束はない．触角刺毛は第3節の背面から生じる．触角刺毛は白色，短い軟毛に覆われる．前胸側板は前胸側剛毛をもたない．前胸基腹板および中胸上前腹板・上後側板，翅下突起は無毛（図3c）．小楯板は1〜2対の剛毛をも

つ（図3d, f）．後脚基節後縁内側は有毛（一部の種では無毛）．前脚脛節先端部背面には1本の剛毛をもつ．後脚腿節下面に棘状剛毛をもつ．前翅は比較的細長く，翅基片は短く，網目状の斑紋をもつ．翅脈（A_1+CuA_2）の先端は前翅の後縁に達する．

終齢幼虫：大顎の付属歯片は2つ（図14b）．前気門は掌状，指状突起は7つ．第1〜7腹節は3帯に分節する．尾節は4対の乳状突起をもつ．後気門板は顕著に突出する．後気門毛は非常に小さく，鱗片状．

囲蛹殻：全体に赤褐色．前気門は正中線より背方に位置する．後気門は正中線よりわずかに腹方に位置する．後気門は突出し，尾節後方に位置する（図15b）．体長6.0〜6.5 mm（Vala et al., 1987）．

生態および分布 本属の生態はヨーロッパに分布する *Dichetophora obliterata* (Fabricius, 1805) とオーストラリアに分布する *Dichetophora biroi* (Kertetz, 1901) について知られている（Lynch, 1965；Fontana, 1972；Vala et al., 1987）．後者の成虫は寄主（Limnaea tomentosa）の貝類の殻上に産卵し，幼虫は複数個体の貝を食して成長し，殻中または外で蛹化する．本属の成虫は森林を生息域とし，山道や林道沿いの草むらにみられる（Vala et al., 1987）．本属は旧北区，東洋区，およびオーストラリア区に分布する12種からなる（Rozkošný, 1995；Sueyoshi, 2001）．日本から2種が記録されている（Sueyoshi, 2001）．

種への検索（成虫）(Sueyoshi, 2001より改変)

1a 単眼剛毛をもつ（図3c）．小楯板は1対の小楯板剛毛をもつ（図3d）．
　　　　　　　　　　　　　　　　　　　　クマドリホソバネヤチバエ　*Dichetophora kumadori*
1b 単眼剛毛をもたない（図3e）．小楯板は2対の小楯板剛毛をもつ（図3f）．
　　　　　　　　　　　　　　　　　　　　ヤマトホソバネヤチバエ　*Dichetophora japonica*

ヤマトホソバネヤチバエ　*Dichetophora japonica* Sueyoshi, 2001

形態的特徴 成虫：頭部および胸部の色は地理的変異を示し，黄褐色型（図5d）では顔は全体に黄色，後頭および前翅斑紋は明褐色，胸部は黄褐色地に中胸楯板に縦走する白色微粉帯が顕著，平均棍は黄色，腹部の地色は褐色．暗灰色型（図5c）では顔は黄色地に中央を縦走する褐色斑を備え，後頭および前翅斑紋は褐色から暗褐色，胸部は暗褐色地に中胸楯板の白色微粉帯は不明瞭，平均棍は黒色，腹部の地色は黒色．翅長5.0〜7.5 mm，体長5.4〜8.4 mm．

幼虫および囲蛹殻：本種の幼生期の形態は未だ知られていない．

生態および分布 本種の生態は未だ知られていない．日本でのみ分布が知られ，成虫は6月から9月までの間に北海道および本州の関東以北でみられる．暗灰色型は神奈川・山梨・静岡から知られ，黄褐色型はそれより北部の本州と北海道から知られる（Sueyoshi, 2001）．

クマドリホソバネヤチバエ　*Dichetophora kumadori* Sueyoshi, 2001

形態的特徴 成虫：顔は黄褐色．後頭，胸部および腹部は茶褐色から暗灰色．翅長5.5〜8.8 mm，体長6.8〜8.4 mm．

幼虫および囲蛹殻：本種の幼生期の形態は未だ知られていない．

生態および分布 本種の生態は未だ知られていない．日本でのみ分布が知られ，成虫は7月から9月までの間に本州の関東以北でみられる（Sueyoshi, 2001, 2013）．

ナガレヤチバエ属　*Hydromya* Robineau-Desvoidy, 1830

本属は *Hydromya dorsalis* 1種のみで構成される．

ナガレヤチバエ *Hydromya dorsalis* (Fabricius, 1775)

形態的特徴 成虫：頭部は後頭部の茶褐色を除き黄褐色，触角は茶褐色，胸部および腹部は茶褐色，中胸楯板は暗灰色．額は2対の上額眼縁剛毛をもつ．後単眼剛毛後部，側顔上部に黒斑をもつ．頭部の他の剛毛と同等の太さに発達した単眼剛毛をもつ．触角第2節は第3節よりも短い．触角第3節は楕円形．触角刺毛は褐色，極短い短毛に覆われる．前胸側板は前胸側剛毛をもたない．前胸基腹板および中胸上前腹板・上後側板，翅下突起は無毛．小楯板は2対の剛毛をもつ．後脚基節後縁内側は無毛．前脚脛節先端部背面には1本の剛毛をもつ．前翅前縁は第2＋3径室前半部に至るまで暗色．端中肘横脈は著しくクランク状に屈曲する．翅脈（A_1+CuA_2）の先端は前翅の後縁に達する．雄の第4腹節腹板は1対の顕著な突起をもつ．翅長6.0〜6.5 mm，体長6.0〜6.5 mm．

終齢幼虫：大顎には5〜6つの付属歯片をもつ．前気門は長楕円形，指状突起数は13〜15．第1〜7腹節は3帯に分節する．尾節は4対の乳状突起をもつ．後気門毛は多くの分岐をもつ．10.0〜10.5 mm（Kuntson & Berg, 1963）．

囲蛹殻：赤褐色．前端部は背腹に平たく，側方の隆起線は顕著に発達する．前気門は正中線よりも背方に位置する．後気門は正中線上に位置する．後気門板は4対の乳状突起をもつ（背側方突起は不明瞭）（図15d）．体長6.0〜6.3 mm（Kuntson & Berg, 1963）．

生態および分布 幼虫は浅瀬の緩やかな流水域にみられる．水生有肺類（ヒラマキガイ類，ヤマボタル類，マイマイ類，モノアラガイ類，ウスクチベッコウ類，サカマキガイ類，ミジンマイマイ類，キバサナギ類），特にモノアラガイ類を捕食し，貝類の卵塊も食する．若齢期では貝類の腐乱死体を食するが，成熟幼虫は新鮮な個体を捕食するようになる（Knutson & Berg, 1963；Beaver, 1972b）．成虫もまた幼虫の生息するような渓流沿いでみられる．成虫越冬の記録があるが，通常幼虫態で越冬すると推察されている（Kuntson & Berg, 1963；Beaver, 1972b）．ユーラシア大陸に広く分布が知られており（Rozkošný & Elberg, 1984），国内では6月から9月までの間に国後島と択捉島および北海道と本州の中部以北で成虫がみられる（Elberg, 1974；Sueyoshi, 2001, 2013；Przhiboro, 2016）．

セスジヤチバエ属 *Limnia* Robineau-Desvoidy, 1830

形態的特徴 成虫：体色は黄褐色から褐色．額は2対の上額眼縁剛毛をもつ（図4c〜e）．前方の上額眼縁剛毛の基部，側顔上部および後単眼剛毛後部にそれぞれ黒斑をもつ．頭部の他の剛毛と同等の太さに発達した単眼剛毛をもつ（図4c〜e）．触角第2節は第3節よりも長い．触角第3節先端は突出するが，目立つ剛毛束はない．触角刺毛は第3節の背面から生じる．触角刺毛は白色，白色短毛に覆われる．前胸側板は前胸側剛毛をもたない．中胸上前側板，上後側板に短剛毛が散在し，上前側板後縁に剛毛列をもつ．翅下突起は有毛（図4c）．小楯板は2対の刺毛をもつ．後脚基節後縁内側は有毛（図4c）．前脚脛節先端部背面には1本の剛毛をもつ．前翅は網目状の斑紋をもつ．翅脈（A_1+CuA_2）の先端は前翅の後縁に達する（図9a）．

終齢幼虫：大顎は6つの付属歯片をもつ（図14c）．前気門は掌状，指状突起は8つ．尾節は4対の乳状突起をもつ．後気門毛は多くの分枝をもち，後気門板周縁に達する．体長6〜12 mm．

囲蛹殻：全体に黒色．前端部は裁断形，後端部は先細り形．前気門は先端部の背面に位置し，後気門は正中線上または腹方に位置する．後気門板は4対の乳状突起を備え，腹方突起および腹側方突起が顕著に突出する（図15e, f）．体長5.8〜7.0 mm．

生態および分布 ヨーロッパおよび北米に分布する *Limnia unguicornis* (Scopoli, 1763) 以外の種の生態はよく知られていない．早春の池にみられる北米産の種 *Limnia boscii* (Robineau-Desvoidy, 1830) の第3齢幼虫はオカモノアラガイを食する（Steyskal et al., 1978）．またヨーロッパ産の *Limnia* *unguicornis* は若齢期にオカモノアラガイの死肉を食した後，成熟期には捕食者になる（Vala & Knutson, 1990）．*Limnia unguicornis* の幼虫は10個体以上のモノアラガイ類，ヒラマキガイ類，オカモノアラガイ類といった水生貝類を捕食することがある（Beaver, 1972b）．成虫は河川に沿った草地に多くみられるが，ときにまったく水気のない山頂付近にいることもある．本属は北米とユーラシアに分布する22種から構成され（Rozkošný, 1995），日本から2種が記録されている（Sueyoshi, 2001）．

種への検索（成虫）（Sueyoshi, 2001より改変）

1a 額は幅よりも長い：上後側板（anepisternum）は後縁に剛毛をもたない：前翅の前縁は透明斑が少なくその他の部位よりも暗色がかっている（図5a, b） ･････････････････ 2
1b 額は長さよりも幅広い：上後側板（anepisternum）は後縁に剛毛をもつ：前翅は散在する透明斑と黄褐色の網目状斑紋に一様に覆われる（図9a）
 ･････････････････････････････ ヒメマダラヤチバエ　*Limnia setosa*
2a 胸部，前翅，腹節背板は暗灰色（図5a）．顔面中央に暗色帯をもつ
 ･････････････････････････････ ヤマトヤチバエ　*Limnia japonica*
2b 胸部，前翅，腹節背板は黄褐色（図5b）．顔面中央に暗色帯をもたないか，淡く目立たない ･････････････････････････ ホッカイヤチバエ　*Limnia pacifica*

ヤマトヤチバエ　*Limnia japonica* Yano, 1978

形態的特徴　成虫：額および触角は黄褐色，顔は黄白色，中央に暗色帯をもつ．胸部および腹部の色は暗灰色（図5a）．中胸楯板に幅広の3本の暗色縦縞をもつ．下側背板（katatergite）は密生した黒色軟毛に覆われる．脚は黄褐色．前胸基腹板は剛毛をもつ．翅長6.5 mm，体長7.5～8.0 mm.

幼虫および囲蛹殻：本種の幼生期の形態は未だ知られていない．

生態および分布　成虫は河川沿いの草地に生息する．日本でのみ分布が知られ（Rozkošný & Elberg, 1984）．本州，四国，九州から記録されている（末吉, 2014）．九州で5，8，9月，本州では4月から11月までの間に普通にみられる（Sueyoshi, 2001, 2013；脇, 2003）．

ホッカイヤチバエ（新称）　*Limnia pacifica* Elberg, 1965

形態的特徴　成虫：額及び触角は黄褐色，顔は黄白色，暗色部をもたない．胸部および腹部の色は黄褐色．中胸楯板に幅広の3本の暗色縦縞をもつ．下側背板（katatergite）は密生した黒色軟毛に覆われる．脚は黄褐色．前胸基腹板は剛毛をもつ．翅長6.5 mm，体長7.5～8.0 mm.

幼虫および囲蛹殻：本種の幼生期の形態は未だ知られていない．

生態および分布　本種の生態は未だ知られていない．日本（国後島，択捉島，利尻島，北海道，本州）およびロシア（沿海州）に分布する（Sueyoshi, 2010, 2013；笹川, 2005；Przhiboro, 2016）．Sueyoshi（2001）と末吉（2005）で前種の黄褐色形としたものが本種に相当する．

ヒメマダラヤチバエ　*Limnia setosa* Yano, 1978

形態的特徴　成虫：頭部腹面は銀白色．触角第3節末端部は茶褐色．胸部および腹部は全体に黄褐色．前胸基腹板は剛毛をもたない．胸部の暗色部位外は白色微粉に覆われる．翅長4.4～5.4 mm, 体長4.7～6.3 mm.

幼虫および囲蛹殻：本種の幼生期の形態は未だ知られていない．

生態および分布　成虫は湿地，池沼周辺の草地に生息する．択捉島ではスゲの湿地で採集されている（Przhiboro, 2016）．5月から9月までの間に択捉島，北海道および本州の関東以北でみられる（Sueyoshi, 2001, 2010；Przhiboro, 2016）．

マダラヤチバエ属　*Pherbina* Robineau-Desvoidy, 1830

形態的特徴　成虫：体色は黄褐色．額は2対の上額眼縁剛毛をもつ．前方の上額眼縁剛毛の基部，側顔上部にそれぞれ黒斑をもつ．頭部の他の剛毛と同等の太さに発達した単眼剛毛をもつ．触角第2節は第3節よりも長い．触角第3節先端は突出するが，目立つ剛毛束はない．触角刺毛は第3節の背面から生じる．触角刺毛は黒色，黒色短毛に覆われる．前胸基腹板は無毛．前胸側板は前胸側剛毛をもたない．中胸上前腹板は短毛が散在し，後縁部に剛毛をもつ．上前腹板，翅下突起は有毛．小楯板は2対の剛毛をもつ．後脚基節後縁内側は有毛．前脚脛節先端部背面には1本の剛毛をもつ．前翅は幅広く，網目状の斑紋をもつ．翅脈（A_1+CuA_2）の先端は前翅の後縁に達する（図9b）．

終齢幼虫：黄色から薄茶色．全体に密生した微毛に覆われる．大顎は4つの付属歯片をもつ（図14d）．肛前擬脚（anal proleg）はよく発達し，鉤状突起をもつ．尾節の4対の乳状突起それぞれは幅と同長か少し長い．後気門毛は多くの分枝をもち，先端は後気門板の周縁を十分に越える（Knutson et al., 1975）．

囲蛹殻：赤褐色．背面中央に暗色の縦縞をもつ．前端部は背腹に平たく，前気門は背腹の正中線上に位置する．後気門板は後方背側に突出し，腹方突起および腹側方突起が顕著に突出する．後気門は後方背側を向く（図15g）．体長7.8〜8.8 mm（Knutson et al., 1975）．

生態および分布　本属の幼生期の生態は欧州に分布する *Pherbina coryleti* (Scopoli, 1763) とマダラヤチバエ *Pherbina intermedia* Verbeke, 1948, *Pherbina mediterranea* Mayer, 1953 について知られている（Knutson et al., 1975；Vala & Gasc, 1990）．幼虫は種々の水生・陸生貝類を捕食し，2〜3個体を食して成熟する．幼虫と蛹は止水の周縁部に浮かんでいるのが観察される（Knutson et al., 1975）．本属は旧北区に分布する4種が知られており（Rozkošný, 1995），日本からマダラヤチバエが記録されている（Sueyoshi, 2001）．

マダラヤチバエ　*Pherbina intermedia* Verbeke, 1948

形態的特徴　成虫：体色は額と側顔の黒斑を除き，一様に黄褐色．中胸楯板に2本の褐色の縦縞をもつ．翅長7.5 mm．体長7.5〜8.0 mm．

終齢幼虫：褐色．前気門は長楕円形．指状突起数は10〜11．後気門毛は未発達，後気門板周縁に達する程度．体長7.2 mm（Knutson et al., 1975）．

囲蛹殻：本種の蛹の形態は未知である．

生態および分布　幼虫はヒラマキガイ類，モノアラガイ類，サカマキガイ類の1種を食す（Knutson et al., 1975）．ユーラシア大陸に広く分布する（Rozkošný & Elberg, 1984）．国内では成虫は5月から9月までの間に北海道および本州の東北でみられる（Sueyoshi, 2001, 2013）．

スナイロヤチバエ属（新称）　*Psacadina* Enderlein, 1939

形態的特徴　成虫：体色は黄褐色．額は2対の上額眼縁剛毛をもつ．頭部の他の剛毛と同等の太さに発達した単眼剛毛をもつ．触角第2節の長さは第3節の長さの1/2．触角第3節先端は突出するが，目立つ剛毛束はない．触角刺毛は第3節の背面から生じる．触角刺毛は褐色，羽毛状になる．前胸基腹板は無毛．前胸側板は前胸側剛毛をもたないか，ごく短く弱い剛毛を下端に複数もつ．中胸上前腹板は短毛が散在し，後縁部に剛毛をもつ．上前腹板は有毛．翅下突起は無毛．小楯板は2対の剛毛をもつ．後脚基節後縁内側は有毛．前脚脛節先端部背面には1本の剛毛をもつ．前翅は幅広く，楕円状の斑紋をもつ．翅脈（A_1+CuA_2）の先端は前翅の後縁に達する（図9c）．

終齢幼虫：淡灰色から濃灰色．全体に密生した微毛に覆われる．大顎は5〜6つの付属歯片をもつ．肛前擬脚（anal proleg）は側方突起（lateral tubercle）とほぼ同じか少し小さく，鉤状突起を備え

ない．尾節の4対の乳状突起それぞれは幅よりも十分に長い．後気門毛は多くの分枝をもち，先端は後気門板の周縁を越えないか，周縁をわずかに超える（Knutson et al., 1975）．

囲蛹殻：赤褐色，背面中央に暗色の縦縞をもたない．前端部は背腹に平たく，前気門はわずかに背方に位置する．後気門板は体の背腹正中線上の後方に突出し，側方突起，腹方突起および腹側方突起が顕著に突出する．後気門は後方背側を向く．体長6.1〜7.6 mm（Knutson et al., 1975）．

生態および分布 本属の幼生期の生態は欧州に分布する4種（*P. disjecta* Enderlein, 1939，*P. verbekei* Rozkošný, 1975，*P. vittigera* (Schiner, 1862)，*P. zernyi* (Meyer, 1953)）について知られている（Knutson et al., 1975）．幼虫は種々の水生・陸生貝類を捕食して成熟する．幼虫と蛹は止水の周縁部の砂の下にいるのが観察される（Knutson et al., 1975）．本属は旧北区に分布する5種が知られており（Rozkošný, 1995），日本からスナイロヤチバエ *P. kaszabi* Elberg, 1978が記録されている（Sueyoshi, 2010）．

スナイロヤチバエ（新称） *Psacadina kaszabi* Elberg, 1978

形態的特徴 成虫：体色は側顔や副節背板中央と両側縁の暗色斑を除き，一様に黄褐色．中胸楯板に3本の褐色の縦縞をもつ．翅長4.5 mm，体長4.7 mm．

幼虫および囲蛹殻：本種の幼生期の形態は未だ知られていない．

生態および分布 本種の生態は未だ知られていない．本種はモンゴルとツバ共和国，ロシア（沿海州）で分布が知られている（Elberg, 1978；Rozkošný, 1992）．国内では成虫が7月に北海道でみられる（Sueyoshi, 2010）．

ヒゲナガヤチバエ属 *Sepedon* Latreille, 1804

形態的特徴 成虫：体色は黄褐色から黒色．額は前方の額眼側剛毛を欠く．前方の上額眼縁剛毛の基部，側顔上部にそれぞれ黒斑をもつ．単眼剛毛を欠く．頬および顔は下方に伸長する．触角第2節は第3節よりも長い．触角第3節先端は突出するが，目立つ剛毛束はない．触角刺毛は第3節の背面から生じる．触角刺毛は基部の暗色部を除き白色，白色短毛に覆われる．前胸基腹板は有毛．前胸側板は前胸側剛毛をもたない．肩剛毛（postpronotal seta），背中剛毛（dorsocentral seta），中剛毛（acrostical seta），前翅背剛毛（anterior supra-alar seta），後翅間剛毛（posterior intra-alar seta）を欠く．中胸上前側板，上後側板，翅下突起に剛毛はない（図6a）．小楯板は1対の剛毛をもつ．後脚基節後縁内側は無毛．前翅は淡く黄褐色から褐色を帯び，明瞭な斑紋をもたない．翅脈（A_1+CuA_2）の先端は前翅の後縁に達する（図9d）．前脚脛節先端部背面には1本の剛毛をもつ．後脚腿節背面は軟毛をもつが顕著な剛毛はない．腹部背板に顕著な剛毛はない（図6a）．

終齢幼虫：暗褐色．大顎は4つの付属歯片をもつ（図12b）．尾節は5対の乳状突起をもつ．後気門毛は多くの分枝をもち，先端は後気門板の周縁を越える．体長4.2〜11.0 mm（Barraclough, 1983）．

囲蛹殻：赤褐色．前端部は先端に向かって細くなり裁断形（図13a），前気門は正中線上に位置する（図13b）．後気門板は後方背側に突出し，腹方突起および腹側方突起は短いが顕著に突出する．後気門は後方背側を向く（図13a，b）．体長7.0〜8.0 mm（Barraclough, 1983）．

生態および分布 卵は水面上の草本やその他の物質上に列をなして産卵される．幼虫は水田やその脇の水路などの水中にみられる．本体を水中に置きながら後気門板を水面上に出して浮いており，時折腹面を上にし，体の後半部を屈伸させて水をかき，敏捷に遊泳する．蛹は水面上に浮く．成虫もまた水田域をはじめ，海岸も含めた水域周辺の草地に多くみられ，頭部を下にして静止する．本属は北米，ユーラシア，アフリカと東南アジアに分布する73種から構成され（Rozkošný, 1995ほか），日本から3種が記録されている（Sueyoshi, 2001）．

種への検索（成虫）（Sueyoshi, 2001より改変）

- 1 a 頭部は青みがかった黒色 ……………………… ヒゲナガヤチバエ *Sepedon aeneschens*
- 1 b 頭部は黄褐色 …………………………………………………………………………… 2
- 2 a 額と側顔（parafacial）に黒斑をもたない．下側背板に剛毛をもたない．雄の前脚の第2〜4付小節は幅よりも短い（図7b） ……………… ヒラタヒゲナガヤチバエ *Sepedon* sp.
- 2 b 額と側顔にそれぞれ1対の黒斑をもつ（図7a）．下側背板に剛毛をもつ（図7a）．雄の前脚の第2〜4付小節は幅よりも長い（図7b） …ヒガシヒゲナガヤチバエ *Sepedon noteoi*

ヒゲナガヤチバエ　*Sepedon aenescens* Wiedemann, 1830

形態的特徴　成虫：頭部，胸部および腹部は青みがかった黒色，脚部腿節は褐色．下側背板に剛毛をもつ．翅長7 mm，体長8 mm．

終齢幼虫：大顎は4つの付属歯片をもつ（図12b, c）．尾節は5対の乳状突起をもつ．後気門毛は多くの分枝をもち，先端は後気門板の周縁を越える．体長14 mm．

囲蛹殻：赤褐色．前端部は背腹に平たく，両側縁に隆起線をもつ．先端側方に前気門をもち，正中線よりもわずかに背方に位置する．後気門は突出し，正中線よりも背方に位置し，背方を向く（図13a, b）．体長7 mm．

生態および分布　幼虫は尾端を水面上に出して水面下に浮かんでとなる貝類を探索する．ヒメモノアラガイ，モノアラガイ，サカマキガイ，レンズヒラマキガイ，ヒラマキガイ，エゾマメタニシ属の1種といった貝にフタをもたない腹足類を捕食する（米田，1981）．成虫態で越冬すると考えられている（永冨・櫛下町，1965）．本種は国内では新参異名 *Sepedon sauteri* Hendel, 1911 で長く知られていた．東アジアおよび東南アジアに広く分布する（Rozkošný & Elberg, 1984）．国内では北海道から対馬，琉球まで広く通年普通にみられ（Sueyoshi, 2001；脇, 2003），特に秋に多くの個体が発生する（Sueyoshi, 2001）．

ヒガシヒゲナガヤチバエ　*Sepedon noteoi* Steyskal, 1980

形態的特徴　成虫：頭部および脚は黄褐色，胸部および腹部は茶褐色，後頭部および胸部側面は白色微粉を装う．触角第3節は暗褐色．額両側縁および側顔上方にベルベット状に密生した黒色軟毛をもつ（図6a）．下側背板（katatergite）に剛毛をもつ．翅長5.5〜6.0 mm，体長6.0〜6.5 mm．

幼虫および囲蛹殻　本種の幼生期の形態はまだ知られていない．

生態および分布　元来日本，中国，フィリピンに生息する種であるが，ハワイにカンテツ防除のため，人為的に移入された（Steyskal, 1980）．成虫は2月から11月までの間に本州と四国でみられる（Sueyoshi, 2001, 2010, 2013；脇, 2003）．*Sepedon oriens* Steyskal, 1980 は本種の新参異名とされた（Rozkošný et al., 2010）．

ヒラタヒゲナガヤチバエ　*Sepedon* sp.

形態的特徴　成虫：頭部背面，触角，胸部，脚部脛節および跗節，腹部は暗褐色．頭部腹面，脚部腿節は黄褐色．頭部に黒斑はない．下側背板に剛毛をもたない．翅長8.0 mm，体長8.0〜9.0 mm．

幼虫および囲蛹殻：本種の幼生期の形態はまだ知られていない．

生態および分布　本種の生態に関する知見はまだ得られていない．本種は琉球（石垣島）で採集された標本に基づいて Yano（1968）で *Sepedon plumbella* Wiedemann, 1830 と同定されたが，Yano（1978）はこの同定を撤回し，未同定としている．この標本の所蔵先は現在確認されておらず，本種の日本での分布は未確認である（Sueyoshi, 2001）．

キタヤチバエ属　*Tetanocera* Dumeril, 1800

形態的特徴　成虫：体色は一様に黄褐色から赤褐色．胸部および腹部に白色微粉を装う．額は2対の額眼側剛毛をもつ．前方の上額眼縁剛毛の基部，側顔上部に目立つ黒斑はない．頭部の他の剛毛と同等の太さに発達した単眼剛毛をもつ．触角第2節は第3節よりも短い．触角第3節は倒卵形．触角刺毛は第3節の背面から生じる．触角刺毛は黒色，羽毛状に軟毛をもつ．前胸基腹板は無毛．前胸側板は前胸側剛毛をもたない．中胸楯板が灰色微粉に覆われる種では2本の黄褐色の縦縞が目立つ．中胸上前腹板，上後側板，翅下突起に剛毛はない（図7a）．小楯板は2対の剛毛をもつ．後脚基節後縁内側は無毛（図7a）．前脚脛節先端部背面には1本の剛毛をもつ．前翅は淡く黄褐色を帯び，横脈が暗褐色を帯びる（一部の種では前縁が暗色になるか，不連続な横縞を生じる）．翅脈（A_1＋CuA_2）の先端は前翅の後縁に達する（図9e, f）．後脚腿節背面に2～4本の剛毛をもつ（図7c, d）．

終齢幼虫：白色．大顎には2～5つの付属歯片をもつ（図14e～i）．前気門は卵形．後気門板の乳状突起は3～4対．後気門毛は鱗片状のものから，多くの分枝をもち，先端が後気門板の周縁に達するものまで変異がある（cf. Rozkošný, 1965；Trelka & Berg, 1970）．

囲蛹殻：暗褐色から黒色：前気門は正中線上，後気門は正中線上，またはより背方に位置する（図16b, c）．

生態および分布　本属の幼虫は水中から陸地までさまざまな環境を生息場所としている．水生または半水生の幼虫は水生貝類の，陸生の幼虫はナメクジの捕食者であり（Knutson, 1970b），*Tetanocera plebeja* Loew, 1862 と *Tetanocera elata* (Fabricius, 1781) でナメクジを捕食する生態がよく調べられている（Knutson et al., 1965；Trelka & Berg, 1977）．成虫は河川に面した草地で多くみられる．本属は北米とユーラシアに分布する40種から構成され（Rozkošný, 1995ほか），日本から6種が記録されている（Sueyoshi, 2001）．本属の種間の外観上の差異は，前翅翅室に明瞭な斑紋をもつ一部の種を除き非常に軽微であるため，正確な同定には雄生殖器の観察を必要とする．

種への検索

成虫（Sueyoshi, 2001より改変）

1a　後脚腿節先端に前後で対になる剛毛を2本もつ（図7d）
　　　　　　　　　　　　　　　　　　　　　　キイロキタヤチバエ　*Tetanocera arrogans*
1b　後脚腿節先端前方にのみ剛毛を1本もつ（図7c）　……………………………………………2
2a　前翅前縁はその他の部位と明らかに明度が異なり，一様に暗褐色を呈する（図9f）……3
2b　前翅前縁は高々一部暗褐色を呈するのみ（図9e）　………………………………………………5
3a　上尾突起（surstylus）基部外側に剛毛束を生じる　…　ナミキタヤチバエ　*Tetanocera plebeja*
3b　上尾突起基部外側に剛毛束を生じない　……………………………………………………………4
4a　後頭中央部に暗色斑をもつ（図7b）　………………　モンキタヤチバエ　*Tetanocera elata*
4b　後頭中央部に暗色斑はなく，広く銀白色を呈する微粉に覆われる
　　　　　　　　　　　　　　　　　　　　　　オカキタヤチバエ　*Tetanocera phyllophora*
5a　上尾突起の先端は幅広く平たい（図7e）
　　　　　　　　　　　　　　　　　　　　　チョウセンキタヤチバエ　*Tetanocera chosenica*
5b　上尾突起は先端は幅狭い（図7f）　………………　サビキタヤチバエ　*Tetanocera ferruginea*

囲蛹殻

1a　後気門は正中線上もしくはそれよりわずかに背方に位置する（図16b）

.... モンキタヤチバエ *Tetanocera elata*, ナミキタヤチバエ *Tetanocera plebeja*
1b 後気門は正中線よりも明らかに背方に位置する（図16c） 2
2a 大顎の付属歯片は5つ（図14h）．後気門板の乳状突起（腹方突起，腹側方突起）は顕著に突出する（図16e） .... サビキタヤチバエ *Tetanocera ferruginea*
2b 大顎の付属歯は3つ（図14e）．後気門板の乳状突起（腹方突起，腹側方突起）は不明瞭（図16a） .... キイロキタヤチバエ *Tetanocera arrogans*

キイロキタヤチバエ *Tetanocera arrogans* Meigen, 1830

形態的特徴 成虫：後頭中央部に暗色斑を欠く．中胸楯板は茶褐色．前翅前縁は前翅の他の部分よりわずかに暗褐色に色づくのみ（図9e）．後脚腿節先端に剛毛を2本もつ（図7d）．翅長6.9～9.0 mm，体長8.7～10.0 mm．

幼虫：幼虫の形態はまだ知られていない．

囲蛹殻：黒褐色．前気門は11の指状突起をもつ．後気門は正中線よりも背方に位置し，後方背側を向く．後気門板の腹方突起および腹側方突起は不明瞭（図16a）．体長7.8 mm（Rozkošný, 1965）．

生態および分布 幼虫は湿地や開放水面に生息する水生貝類（モノアラガイ類，サカマキガイ類，ヒラマキガイ類など）の捕食者である（Rozkošný, 1967；Manguin et al., 1986；Knutson, 1970b）．蛹は水際の落葉層中にみられ，蛹での越冬が示唆されている（Rozkošný, 1965）．欧州では年2化である（Soós, 1958）．ユーラシア大陸に広く分布する（Rozkošný & Elberg, 1984）．国内では成虫は5月，7月，8月に国後島と択捉島および北海道と本州の東北でみられる（Elberg, 1968；Elberg & Remm, 1974；Sueyoshi, 2001；Przhiboro, 2016）．

チョウセンキタヤチバエ *Tetanocera chosenica* Steyskal, 1951

形態的特徴 成虫：後頭中央部に暗色斑を欠く．中胸楯板は青灰色を帯びる．前翅前縁は前翅の他の部分よりわずかに暗褐色に色づくのみ．後脚腿節先端に剛毛を1本もつ．翅長7.5 mm，体長10.0 mm．

幼虫および囲蛹殻：本種の幼生期の形態はまだ知られていない．

生態および分布 本種の幼生期の生態に関する知見はまだ得られていない．中国（Rozkošný et al., 2010），韓国および日本に分布する（Rozkošný & Elberg, 1984）．国内では成虫は6月から10月までの間に北海道，本州，四国，対馬でみられる（Sueyoshi, 2001, 2013）．

モンキタヤチバエ *Tetanocera elata* (Fabricius, 1781)

形態的特徴 成虫：後頭中央部に暗色斑をもつ（図7b）．中胸楯板は茶褐色．前翅前縁は一様に暗褐色で，前翅の他の部分より明瞭に暗い．後脚腿節先端に剛毛を1本もつ（図7c）．翅長6.0～8.0 mm，体長7.0～8.8 mm．

幼虫：本種の幼虫の形態はまだ記載されていない．

囲蛹殻：暗赤褐色．前気門は13の指状突起をもつ．後気門は正中線上もしくはわずかに背方に位置し，短い突出部の上に開く．体長5.8～5.9 mm（Rozkošný, 1965）．

生態および分布 幼虫はコウラナメクジ類，ナメクジ類，ニワコウラナメクジイ類の捕食者である．北米ではノハラナメクジの生物防除で用いる天敵として研究されている（Hynes, 2014a, b）．年2化性であり，蛹での越冬が示唆されている（Knutson et al., 1965）．ユーラシア大陸に広く分布する（Rozkošný & Elberg, 1984；Rozkošný et al., 2010）．国内では成虫は6月から9月までの間に国後島と択捉島および北海道でみられる（Elberg, 1968；Sueyoshi, 2001；Przhiboro, 2016）．

サビキタヤチバエ　*Tetanocera ferruginea* Fallén, 1820

形態的特徴　成虫：後頭中央部に暗色斑を欠く．中胸楯板はわずかに青灰色を帯びる．前翅前縁は前翅の他の部分よりわずかに暗褐色に色づくのみ．後脚腿節先端に剛毛を1本もつ．翅長7.3～7.5 mm，体長9.0 mm．

終齢幼虫：暗褐色．大顎は5つの付属歯片をもつ（図14g, h）．前気門の指状突起数は13．尾節は4対の乳状突起をもち，腹側方突起は2節に分節する．後気門毛は多くの分枝をもち，先端は尾節の外縁近くまで達する．体長13.6～17.0 mm（Rozkošný, 1965）．

囲蛹殻：灰褐色から黒色．前気門は10～13の指状突起をもつ．後気門は正中線よりも背方に位置し，後方背側を向く（図16c）．後気門板の腹方突起および腹側方突起は顕著に突出する（図16d）．体長7.2～7.8 mm（Rozkošný, 1965）．

生態および分布　幼虫は浅い静水域に生息し，ミズコハクガイ類，ヒラマキガイ類，モノアラガイ類，ナガオモノアラガイ類，サカマキガイ類，オカモノアラガイ類などの水生貝類を捕食する（Berg, 1953；Disney, 1964；Rozkošný, 1967；Knutson, 1970b）．ユーラシアおよび北米大陸に広く分布する（Rozkošný & Elberg, 1984）．国内では成虫は6月から8月までの間に国後島と択捉島および北海道でみられる（Elberg, 1968；Sueyoshi, 2001；Przhiboro, 2016）．

オカキタヤチバエ　*Tetanocera phyllophora* Melander, 1920

形態的特徴　成虫：後頭中央部に暗色斑を欠く．中胸楯板は茶褐色．前翅前縁は一様に暗褐色で，前翅の他の部分より明瞭に暗い（図9f）．後脚腿節先端に剛毛を1本もつ．翅長6.0～7.5 mm，体長5.0～7.7 mm．

終齢幼虫：後気門毛は未発達．体長2.0～5.0 mm（Bhatia & Keilin, 1937；Knutson, 1987）．

囲蛹殻：囲蛹殻の形態は未だ知られていない．

生態および分布　幼虫はパツラマイマイ類，マイマイ類，ヤマボタル類など陸生貝類の捕食者であり，幼虫の生息場所の知られている上記の4種よりも，より内陸地に生息する（Knutson, 1970b）．ユーラシアおよび北米大陸に広く分布する（Rozkošný & Elberg, 1984）．国内では成虫は7月から8月までの間に択捉島と北海道でみられる（Sueyoshi, 2001；Przhiboro, 2016）．

ナミキタヤチバエ　*Tetanocera plebeja* Loew, 1862

形態的特徴　成虫：後頭中央部に暗色斑をもつ．中胸楯板は茶褐色．前翅前縁は一様に暗褐色で，前翅の他の部分より明瞭に暗い．後脚腿節先端に剛毛を1本もつ．翅長6.3 mm，体長7.0 mm．

終齢幼虫：白色～銀白色：大顎は背面に明瞭な1つの突起をもつ（図14i）．付属歯片は2つ（図14i）．前気門の指状突起数は16～20．後胸および第1～4腹節は2本の皺によって3帯に分節する．尾節は3対の乳状突起をもつ．後気門毛は鱗片状，後気門の間に2つのみみられる．体長10.0～13.0 mm（Trelka & Foote, 1970）．

囲蛹殻：黄橙色～赤褐色．前気門は16～20の指状突起をもつ．前気門および後気門は正中線上に位置し，後方を向く．体長5.5～6.9 mm（Trelka & Foote, 1970）．

生態および分布　幼虫はナメクジ類の捕食者であり（Foote, 1963, 2008），成熟幼虫は陸生貝類も捕食する．極東ロシア，日本および北米に分布する（Rozkošný & Elberg, 1984）．国内では成虫は7月に国後島と北海道でみられる（Sueyoshi, 2001）．

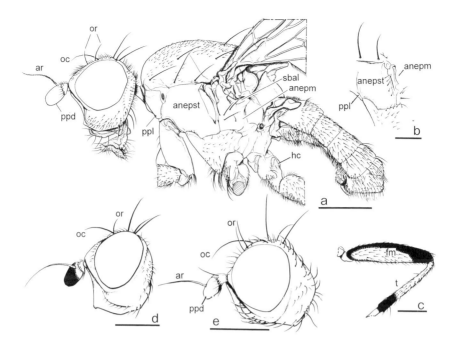

図1
a：ブチマルヒゲヤチバエ *Pherbellia ditoma* ♂成虫左側面　b：ムナゲマルヒゲヤチバエ *Pherbellia griseola* 胸部側面　c：カスリマルヒゲヤチバエ *Pherbellia nana reticulata* 左後脚部　d：フタスジヤチバエ *Ditaeniella grisescens* 頭部左側面　e：マルズヤチバエ *Tetanura pallidiventris* 頭部左側面　anepm (anepimeron)：上後側板；anepst (anepisternum)：上前腹板；ar (arista)：触角刺毛；fm (femur)：腿節；hc (hind coxa)：後脚基節；oc (ocellar seta)：単眼剛毛；or (orbital seta)：上額眼縁剛毛；pd (pedicel)：触角梗節；ppd (postpedicel)：触角第3節；ppl (propleuron)：前胸側板；sbal (subalar)：翅下突起；t (tibia)：脛節（スケールは a = 1.0 mm；b〜e = 0.5 mm）

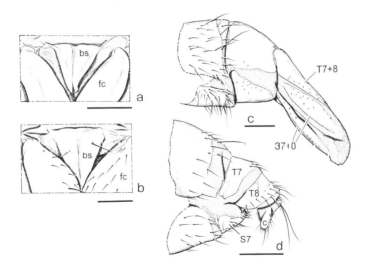

図2
a：クロマルヒゲヤチバエ *Pherbellia dubia* 前胸基腹板　b：フタスジヤチバエ *Ditaeniella grisescens* 前胸基腹板　c：マルズヤチバエ *Tetanura pallidiventris* ♀生殖節左側面　d：カスリマルヒゲヤチバエ *Pherbellia nana reticulata* ♀生殖節左側面　bs (basisternum)：前胸基腹板；c (cercus)：尾角；fc (fore coxa)：前脚基節；S7+8 (7-8th abdominal sternite)：腹部第7+8節腹板；T7+8 (7-8th abdominal tergite)：腹部第7+8節背板（スケールは 0.2 mm）

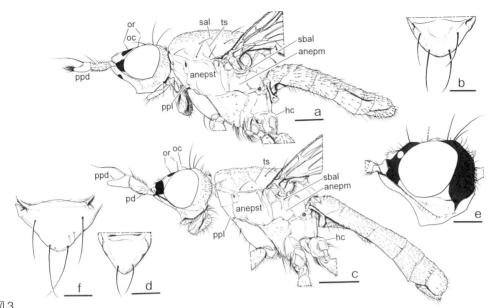

図3
a：フサヒゲヤチバエ *Coremacera scutellata* ♂成虫左側面図　b：同小楯板背面図　c：クマドリホソバネヤチバエ *Dichetophora kumadori* ♂成虫左側面　d：同小楯板背面　e：ヤマトホソバネヤチバエ *Dichetophora japonica* 成虫頭部左側面　f：同小楯板背面　anepm（anepimeron）：上後側板；anepst（anepisternum）：上前腹板；hc（hind coxa）：後脚基節；oc（ocellar seta）：単眼剛毛；or（orbital seta）：上額眼縁剛毛；ppd（postpedicel）：触角第3節；ppl（propleuron）：前胸側板；sal（presutural supra-alar seta）：前翅背剛毛；sbal（subalar）：翅下突起；ts（transverse suture）：横線（スケールは a, c=1.0 mm；b, d, e=0.5 mm；f=0.25 mm）

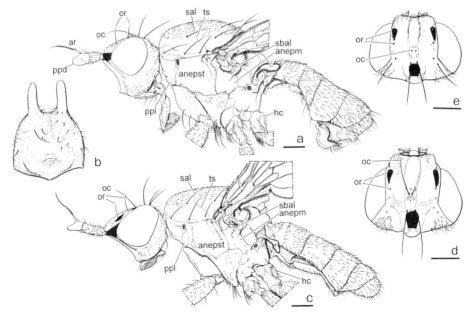

図4
a：ナガレヤチバエ *Hydromya dorsalis* ♂成虫左側面図　b：同♂第4腹節腹板　c：ヤマトヤチバエ *Limnia japonica* ♂成虫左側面図　d：同頭部背面図　e：ヒメマダラヤチバエ *Limnia setosa* 頭部背面図　anepm（anepimeron）：上後側板；anepst（anepisternum）：上前腹板；ar（arista）：触角刺毛；hc（hind coxa）：後脚基節；oc（ocellar seta）：単眼剛毛；or（orbital seta）：上額眼縁剛毛；ppd（postpedicel）：触角第3節；ppl（propleuron）：前胸側板；sal（presutural supra-alar seta）：前翅背剛毛；sbal（subalar）：翅下突起；ts（transverse suture）：横線（スケールは a, c～e=0.5 mm）

ヤチバエ科 23

図5
a：ヤマトヤチバエ *Limnia japonica* 成虫　b：ホッカイヤチバエ *L. pacifica* 成虫　c：ヤマトホソバネヤチバエ *Dichetophora japonica* 成虫（暗灰色型）　d：同成虫（黄褐色型）

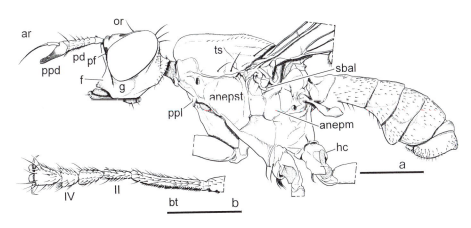

図6
a：ヒガシヒゲナガヤチバエ *Sepedon noteoi* ♂成虫左側面図　b：同右前脚跗節　anepm（anepimeron）：上後側板；anepst（anepisternum）：上前腹板；ar（arista）：触角刺毛；bt（basitarsus）：前跗節；f（face）：顔；g（gena）：頬；hc（hind coxa）：後脚基節；pd（pedicel）：触角第2節；pf（parafacial）：側顔；ppd（postpedicel）：触角第3節；ppl（propleuron）：前胸側板；sbal（subalar）：翅下突起；ts（transverse suture）：横線；II-IV（2-4th tarsomeres）：第2～4跗節（スケールは1.0 mm）

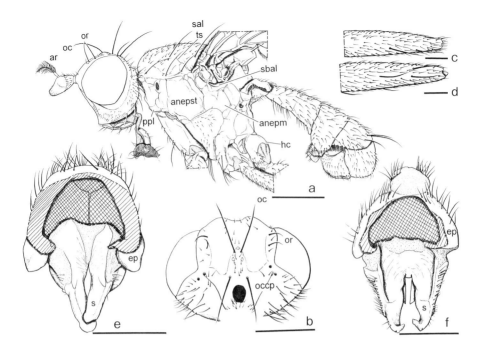

図7
a：オカキタヤチバエ Tetanocera phyllophora ♂成虫左側面図　b：モンキタヤチバエ Tetanocera elata 後頭部背面図　c：同左後脚腿節背面図　d：キイロキタヤチバエ Tetanocera arrogans 左後脚腿節背面図　e：チョウセンキタヤチバエ Tetanocera chosenica ♂背端葉（epandrium）および上尾突起（surstylus）腹面　f：サビキタヤチバエ Tetanocera ferruginea ♂背端葉および上尾突起腹面　anepm（anepimeron）：上後側板；anepst（anepisternum）：上前腹板；ar（arista）：触角刺毛；ep（epandrium）：背端葉；hc（hind coxa）：後脚基節；oc（ocellar seta）：単眼剛毛；occp（occiput）：後頭；or（orbital seta）：上額眼縁剛毛；ppl（propleuron）：前胸側板；sbal（subalar）：翅下突起；ts（transverse suture）：横線（スケールは a，b = 1.0 mm；c ～ f = 0.5 mm）

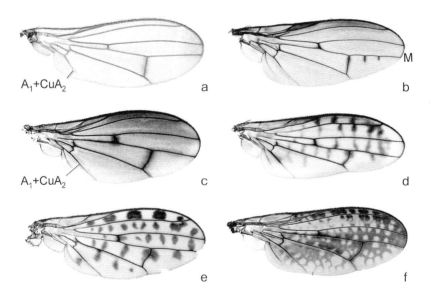

図8　成虫左前翅腹面
a：オガミヤチバエ Colobaea eos　b：ブチマルヒゲヤチバエ Pherbellia ditoma　c：ムナゲマルヒゲヤチバエ Pherbellia griseola　d：カスリマルヒゲヤチバエ Pherbellia nana reticulata　e：ダンダラマルヒゲヤチバエ Pherbellia schoenherri schoenherri　f：フサヒゲヤチバエ Coremacera scutellata．M（medial vein）：中脈

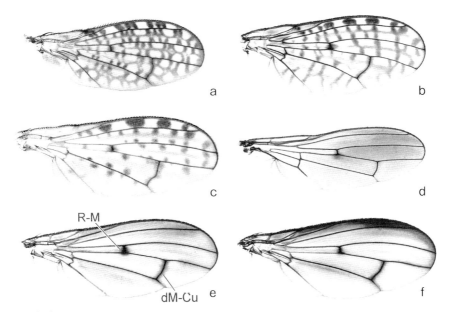

図9 成虫左前翅腹面
a：ヒメマダラヤチバエ Limnia setosa　b：マダラヤチバエ Pherbina intermedia　c：スナイロヤチバエ Psacadina kaszabi　d：ヒゲナガヤチバエ Sepedon aenescens　e：キイロキタヤチバエ Tetanocera arrogans　f：オカキタヤチバエ Tetanocera phyllophora．dM-Cu（crossvein）：端中肘横脈；R-M（crossvein）：径中横脈

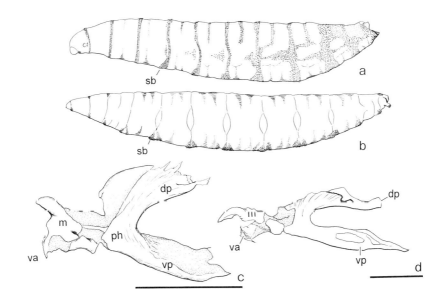

図10
a：Ditaeniella parallela (Walker, 1853) 第3齢幼虫左側面（Bratt et al., 1969 より改変）　b：Pherbellia dorsata (Zetterstedt, 1846) 第3齢幼虫左側面図（Bratt et al., 1969 より改変）　c：Colobaea bifasciella (Fallén, 1820) 頭咽頭骨（pharyngeal sclerite）*（欧州産）左側面　d：ムナゲマルヒゲヤチバエ Pherbellia griseola 頭咽頭骨*（スウェーデン産）左側面　dp (dorsal projection of pharyngeal sclerite)：咽頭骨背突起；m (mandible)：大顎；ph (pharyngeal sclerite)：咽頭骨；sb (spinule band)：微刺突起帯；va (ventral arch)：腹面弧状骨；vp (ventral projection of pharyngeal sclerite)：咽頭骨腹突起（スケール は c，d＝0.1 mm）*囲蛹殻中に残されたものから描画した

26　双翅目

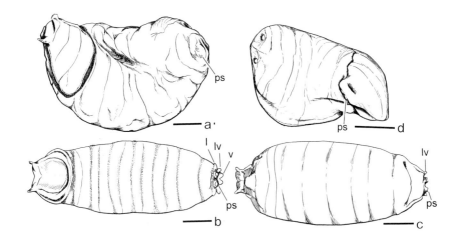

図11
a：*Colobaea bifasciella* (Fallén, 1820) 囲蛹殻（欧州産）背面　b：フタスジヤチバエ *Ditaeniella grisescens* 蛹殻（イラン産）背面　c：ムナゲマルヒゲヤチバエ *Pherbellia griseola* 囲蛹殻（スウェーデン産）背面　d：マルズヤチバエ *Tetanura pallidiventris* 囲蛹殻（デンマーク産）左側面　lp（lateral lobe）：側方突起；lv（lateroventral lobe）：腹側方突起；ps（posterior spiracle）：後気門；sb（spinule band）：微刺突起帯；v（ventral lobe）：腹方突起（スケールは0.5 mm）

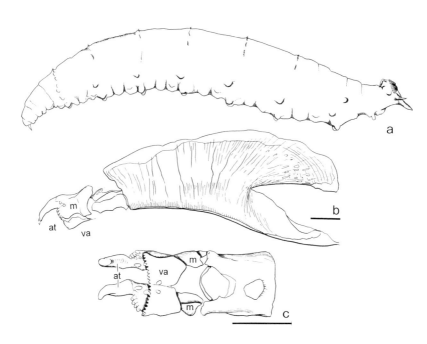

図12
a：ヒゲナガヤチバエ *Sepedon aenescens* 終齢（第3齢）幼虫（日本産）左側面　b：同頭咽頭骨（cephalopharyngeal sclerite）左側面　c：同前部腹面　at（accessory tooth of mandible）：付属歯片；m（mandible）：大顎；sb（spinule band）：微刺突起帯；va（ventral arch）：腹面弧状骨（スケールは1.0 mm）

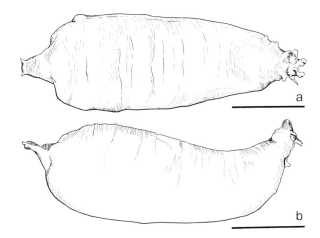

図13
a：ヒゲナガヤチバエ Sepedon aenescens 囲蛹殻（日本産）左側面　b：同背面（スケールは 2.0 mm）

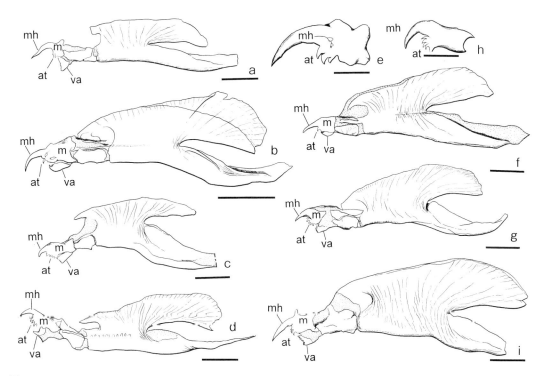

図14
a：*Coremacera marginata* (Fabricius, 1775) 頭咽頭骨（cephalopharyngeal sclerite）*（デンマーク産）左側面　b：*Dichetophora obliterata* (Fabricius, 1805) 頭咽頭骨*（英国産）左側面　c：*Limnia boscii* (Robineau-Desvoidy, 1830) 頭咽頭骨*（アメリカ合衆国産）左側面　d：*Pherbina coryleti* (Scopoli, 1763) 頭咽頭骨*（フランス産）左側面　e：キイロキタヤチバエ *Tetanocera arrogans* 大顎（mandible）*（イタリア産）左側面　f：モンキタヤチバエ *Tetanocera elata* 頭咽頭骨*（スウェーデン産）左側面　g：サビキタヤチバエ *Tetanocera ferruginea* 頭咽頭骨*（スウェーデン産）左側面　h：同大顎*左側面　i：ナミキタヤチバエ *Tetanocera plebeja* 頭咽頭骨*（アメリカ合衆国産）左側面　at（accessory tooth of mandible）：付属歯片；m（mandible）：大顎；mh（mandibular hook）：口鉤；sb（spinule band）：微刺突起帯；va（ventral arch）：腹面弧状骨（スケールは a～d, f～h＝0.10 mm；e, i＝0.05 mm）*囲蛹殻中に残されたものから描画した

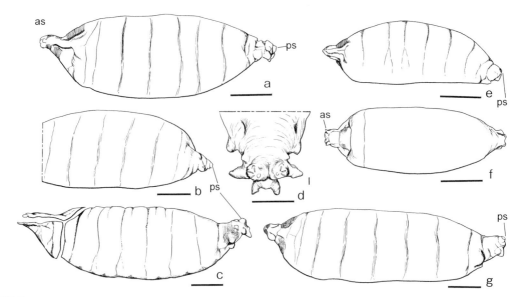

図15
a：*Coremacera marginata* (Fabricius, 1775) 囲蛹殻（産地不明）左側面　b：*Dichetophora obliterata* (Fabricius, 1805) 囲蛹殻（英国産）左側面　c：ナガレヤチバエ *Hydromya dorsalis* 囲蛹殻（ギリシア産）左側面　d：同気門板　e：*Limnia boscii* (Robineau-Desvoidy, 1830) 囲蛹殻（アメリカ合衆国産）左側面　f：同前端背面　g：*Pherbina coryleti* (Scopoli, 1763) 囲蛹殻（フランス産）左側面　as (anterior spiracle)：前気門；ps (posterior spiracle)：後気門；l (lateral lobe)：側方突起（スケールは a〜c, e〜g＝0.50 mm；d＝0.25 mm）

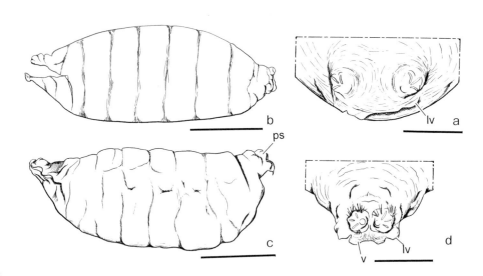

図16
a：キイロキタヤチバエ *Tetanocera arrogans* 囲蛹殻（英国産）後気門板　b：モンキタヤチバエ *Tetanocera elata* 囲蛹殻（フィンランド産）左側面　c：サビキタヤチバエ *Tetanocera ferruginea* 囲蛹殻（英国産）左側面　d：同後気門板　lv (lateroventral lobe)：腹側方突起；v (ventral lobe)：腹方突起（スケールは a, d＝0.2 mm；b, c＝1.0 mm）

参考文献

Barraclough, D. A. 1983. The biology and immature stages of some *Sepedon* snail-killing flies in Natal (Diptera: Sciomyzidae). Annals of the Natal Museum, 25: 293-317.

Beaver, O. 1972a. Notes on the biology of some British sciomyzid flies (Diptera: Sciomyzidae). I. Tribe Sciomyzini. The Entomologist, 105: 139-143.

Beaver, O. 1972b. Notes on the biology of some British sciomyzid flies (Diptera: Sciomyzidae). II. Tribe Tetanocerini. The Entomologist, 105: 284-299.

Berg, C. O. 1953. Sciomyzid larvae (Diptera) that feed on snails. The Journal of Parasitology, 39: 630-636.

Bratt, A. D., L. V. Knutson, B. A. Foote & C. O. Berg. 1969. Biology of *Pherbellia* (Diptera: Sciomyzidae). The Cornel University, Memoir Agricultural Experiment Station of Ithaca, 404: 1-247.

Disney, R. H. L. 1964. A note on diet and habitats of the larva and an ichneumonid parasitoid of the pupa of *Tetanocera ferruginea* Fall. (Dipt., Sciomyzidae). Entomologist's Monthly Magazine, 25: 88-90.

Elberg, K. 1968. Zur Fauna der Sciomyziden (Diptera) der UdSSR. Eesti Nsv Teaduste Akadeemia Toimetised. 17(Bioloogia): 217-222. (In Estonian, with German title and abstract.)

Elberg, K. 1978. Sciomyzidae aus der Mongolei (Diptera). Annales Historico-naturales Musei nationalis Hungarici, 70: 207-211.

Elberg, K. & H. Remm. 1974. Neue Angaben über die Verbeitung der Sciomyziden (Diptera) in der USSR. Acta et Commentationes Universitatis Tartuensis, 327: 59-64. (In Estonian, with German title and abstract.)

Fontana, P. G. 1972. Larvae of *Dichetophora biroi* (Kertesz, 1901) (Diptera: Sciomyzidae) feeding on *Lymnaea tomentosa* (Pfeiffer, 1855) snails infected with *Fasciola hepatica* L. Parasitology, 64: 89-93.

Foote, B. A. 1963. Bilogy of slug-killing *Tetanocera* (Diptera: Sciomyzidae). Proceedings of North Central Branch of Entomological Society of America, 18: 97.

Foote, B. A. 2008. Biology and immature stages of snail-killing flies belonging to the genus *Tetanocera* (Diptera: Sciomyzidae). IV. Life histories of predators of land snails and slugs. Annals of Carnegie Museum, 77: 301-312.

Frey, R. 1930. Neue Diptera brachycera aus Finnland und angrenzenden ländern. Notulae entomologicae, 10: 82-94.

Hynes, T. M., I. Giordani, M. Larkin, R. J. McDonnell & M. J. Gormally. 2014a. Larval feeding behaviour of *Tetanocera elata* (Diptera: Sciomyzidae): potential biocontrol agent of pestiferous slugs. Biocontrol Science and Technology, 24: 1077-1082.

Hynes, T., R. J. McDonnell & M. J. Gormally. 2014b. Oviposition, adult longevity and temperature effects on the eggs of *Tetanocera elata* (Fab.)(Diptera: Sciomyzidae): a potential biocontrol agent for slugs. Journal of applied entomology, 138: 670-676.

Knutson, L. V. 1970a. Biology and immature stages of *Tetanura pallidiventris*, a parasitoid of terrestrial snails (Dipt. Sciomyzidae). Entomologica Scandinavica, 1: 81-89.

Knutson, L. V. 1970b. Biology of snail-killing flies in Sweden (Dipt., Sciomyzidae). Entomologica Scandinavica, 1: 307-314.

Knutson, L. V. 1973. Biology and immature staegs of *Coremacera marginata* F. a predator of terrestrial snails (Dipt. Sciomyzidae). Entomologica Scandinavica, 4: 123-133.

Knutson, L. V. 1987. Sciomyzidae. In J. F. McAlpine et al. (eds.), Manual of Nearctic Diptera, 2: 927-940 Research Branch, Agriculture Canada Monograph, 28. Biosystematics Research Centre, Ottawa.

Knutson, L. V. & C. O. Berg. 1963. Biology and immature stages of a snail-killing fly, *Hydromya dorsalis* (Fabricius) (Diptera: Sciomyzidfae). Proceedings of the Royal Entomological Society of London, A38: 45-58.

Knutson, L. V. & Vala, J.-C. 2011. Biology of snail-killing Sciomyzidae flies. Cambridge University Press, New York.

Knutson, L. V., J. W. Stephenson & C. O. Berg. 1965. Biology of a slug-killing fly, *Tetanocera elata* (Diptera: Scomyzidae). Proceedings of the Malacological Society of London, 36: 213-220.

Knutson, L. V., C. O. Berg & L. J. Edwards. 1967. Calcareous septa formed in snails by larvae of snail-killing flies. Science, 156: 522-523.

Knutson, L. V., R. Rozkošný & C. O. Berg. 1975. Biology and immature stages of *Pherbina* and *Psacadina* (Diptera, Sciomyzidae). Acta scientiarum naturalium academiae scientiarum Bohemoslovacae Brno, 9 (1): 1-38.

Knutson, L., R. E. Orth & R. Rozkošný. 1990. New North American *Colobaea*, with a preliminary analysis of related genera (Diptera: Sciomyzidae). Proceedings of the Entomological Society of Washington, 92: 483-492.

Lundbeck, W. 1923. Some remarks on the biology of the Sciomyzidae together with the description of a new species of Ctenulus from Denmark (Dipt.). Videnskabelige meddelelser fra Dansk naturhistorisk forening, Kobenhagen, 76: 101-109.

Lynch, J. J. 1965. The ecology of *Lymnaea tomentosa* (Pfeiffer, 1855) in south Australia. Australian Journal of Zoology, 13: 461-473.

Manguin, S., J. -C. Vala & J. M. Reidenbach. 1986. Predation of freshwater mollusks by malacophagous larvae of *Tetanocera ferruginea* Fallén, 1820 (Diptera: Scomyzidae). Canadian Journal of Zoology, 64: 2832-2836.

McAlpine J. F. 1981. Morphology and terminology - adults. In J. F. McAlpine et al. (eds.), Manual of Nearctic Diptera, 1: 9-63 Research Branch, Agriculture Canada Monograph 27. Biosystematics Research Institute, Ottawa.

永冨　昭・櫛下町鉦敏．1965．ヒゲナガヤチバエの生活史．昆虫，33: 35-38.

Przhiboro, A. A. 2016. First data on Sciomyzidae (Diptera) of Iturup Island (Kuril Islands). Zoosystematica Rossica, 25: 387-395.

Rozkošný, R. 1965. Neue Metamorphosestadien Mancher *Tetanocera*-Arten (Diptera, Sciomyzidae). Zoologick listy, 14: 367-371.

Rozkošný, R. 1967. Zur Morpholgie und Biologie der Metamorphosestadien Mitteleuropaischer Sciomyziden (Diptera). Acta scientiarum naturalium academiae scientiarum Bohemoslovacae Brno, 1: 117-160.

Rozkošný, R. 1984. The Sciomyzidae (Diptera) of Fennoscandia and Denmark. Fauna entomologica Scandinavica, 14:1-224.

Rozkošný, R. 1987. A review of the Palaearctic Sciomyzidae/ Diprera/. Folia Facultitas Scientiarum Naturalium Universitatis Purkynianae Brunensis, Biologia, 86: 1-156.

Rozkošný, R. 1992. Additions to the taxonomy, morphology and distribution of Palearctic Sciomyzdiae (Diptera). Scripta – Biology. A collection of original articles from the Faculty of Science, Masaryk University, Brno, 21: 37-46.

Rozkošný, R. 1995. World distribution of Sciomyzidae based on the list of species (Diptera). Studia Dipterologica, 2: 221-238.

Rozkošný, R. 2001. Family Sciomyzidae. In A. Papp & B. Darvas (eds.), Contribution to a Malual of Palaearctic Diptera, 3: 357-376. Science Herald, Budapest.

Rozkošný, R. & K. Elberg. 1984. Family Sciomyzidae (Tetanoceridae). In Á. Soós & L. Papp, (eds.), Catalogue of Palaearctic Diptera, 9: 167-193. Akadmiai Kiad, Budapest & Elsevier Science Publishers, Amsterdam.

Rozkošný, R., L. Kuntson & B. Merz. 2010. A review of the Korean Sciomyzidae (Diptera) with taxonomic and distributional notes. Acta Zoologica Academiae Scientiarum Hungaricae, 56: 371-382.

笹川満廣．2005．利尻島のヤチバエとシマバエ．利尻研究，24: 101-102.

Sidorenko, V. S. 2004. Sciomyzidae In P. A. Lehr, (ed.) Key to the insects of Russian Far East 6(3): 98-118. Dal'nauka, Vladivostok.

素木得一．1962．昆虫学辞典．北隆館．1098 + 114 + 41pp. pls. 52.

Soós. Á. 1958. Ist das Insektenmaterial der Museen für Ethologische und kologische Untersuchungen verwendbar? Angaben ber die Flugzeit und die Generationzahl der Sciomyziden (Diptera). Acta Entomologica Musei Nationalis Pragae, 32: 101-150.

Steyskal, G. C. 1980. Family Sciomyzidae. In D. E. Hardy & M. D. Delfinado (eds.), Insects of Hawaii, 13 (Diptera: Cyclorrhapha III, series Schizophora, section Acalypterae, exclusive of family Drosophilidae): 108-125. University Press of Hawaii, Honolulu.

Steyskal, G. C., T. W. Fisher, L. Knutson & R. E. Orth. 1978. Taxonomy of North American flies of the genus

Limnia (Diptera: Sciomyzidae). University of California Publications Entomology, 83: 1-48.

Stuckenberg, B. R. 1999. Antennal evolution in the Brachycera (Diptera), with a reassessment of terminology relating to the flagellum. Studia dipterologica, 6: 33-48.

Sueyoshi, M. 1999. Immature stages of three Oriental species of the genus *Rhabdochaeta* de Meijere (Diptera: Tephritidae), with brief biological notes. Entomological Science, 2: 217-230.

Sueyoshi, M. 2001. A revision of Japanese Sciomyzidae (Diptera), with descriptions of three new species. Entomological Science, 4: 485-506.

末吉昌宏．2005．ヤチバエ科．川合禎二・谷田一三（編）日本産水生昆虫－科・属・種への検索－: 1229-1256．東海大学出版会，秦野．

Sueyoshi, M. 2009. A taxonomic review of *Pelidnoptera* Rondani (Diptera: Sciomyzidae), with discovery of a related genus and species from Asia. Insect Systematics and Evolution, 40: 389-409.

Sueyoshi, M. 2010. New records of sciomyzid flies from Japan. Makunagi (Acta Dipterologica), 22: 1-6.

Sueyoshi, M. 2013. Supplementary records of Japanese sciomyzid flies. Makunagi (Acta dipterologica), 25: 28-34.

末吉昌宏．2014．ヤチバエ科．中村剛之・三枝豊平・諏訪正明（編），日本産昆虫目録第8巻双翅目: 609-613．日本昆虫学会，福岡．

末吉昌宏・前藤　薫・槇原　寛・牧野俊一・祝　輝男．2003．皆伐後の温帯落葉樹林の二次遷移に伴う双翅目昆虫群集の変化．森林総合研究所研究報告．2(3): 171-191

田悟敏弘．2010．*Pherbellia obscura*の千葉県からの記録．はなあぶ．29: 50-52.

Trelka, D. G. & B. A. Foote. 1970. Biology of slug-killing *Tetanocera* (Diptera: Sciomyzidae). Annals of the Entomological Society of America, 63: 877-895.

Trelka, D. G. & C. O. Berg. 1977. Behavioral studies of the slug-killing larvae of two species of *Tetanocera* (Diptera: Sciomyzidae). Proceedings of the Entomological Society of Washington, 79: 475-486.

Vala, J. -C. & C. Gasc. 1990. *Pherbina mediterranea*: immature stages, biology, phenology and distribution (Diptera: Sciomyzidae). Journal of Natural History, 24: 441-451.

Vala, J. -C. & L. Knutson. 1990. First insters and biology of *Limnia unguicornis* (Scopoli), a Dipteran Sciomyzidae feeding on Molluscs. Annals de la Socit Entomologie de France, 26: 443-450. (In French with English title and summery)

Vala, J. -C. & M. Leclercq. 1981. Taxonomie et repartition geographique des especes du genre *Coremacera* Rondani, 1856, Sciomyzidae (Diptera) Palearctiques (1). Bulletin Institut Royal des Sciences Naturelles des Belgique, 53 (10): 1-13.

Vala, J. -C., C. Caillet & C. Gasc. 1987. Biology and immature stages of *Dichetophora obliterata*, a snail-killing fly (Diptera: Sciomyzidae). Canadian Journal of Zoology, 65: 1675-1680.

Vikhlev, N. E. 2011. On the synonymy of the Palaearctic Sciomyzidae (Diptera). Far Eastern Entomologist, 220: 17-20.

脇　一郎．2003．神奈川県でのヤチバエ科昆虫の採集記録．神奈川虫報，143: 7-10.

Yano, K. 1968. Notes on Sciomyzidae collected in paddy field (Diptera), I. Mushi, 41: 189-200.

Yano, K. 1978. Faunal and biological studies on the insects of paddy fields in Asia. Esakia, 11: 1-27.

米田　豊．1981．ヒゲナガヤチバエの発育と捕食に及ぼす温度の影響．衛生動物．32: 117-123.

ニセミギワバエ科　Canacidae

宮城一郎，大石久志

　ニセミギワバエ科はミギワバエ科（Ephydridae）と外見上よく似ており，一時ミギワバエ科の一亜科として取り扱われていた．本科はミギワバエ科と主として翅脈（図1-2，5の写真矢印比較）で容易に区別できる．すなわち，前縁脈（costal vein）はh-横脈（humeral cross vein）近くで途切れない（図1-2）．第2基室（second basal cell）と臀室（anal cell＝cup）は小さいが明らかに存在する．触角第3節は小さく，丸い．触角毛（arista）は無毛か微細毛を有する．

　本科は小さなグループでWirth（1955）が初めて世界のニセミギワバエ科（現在のニセミギワバエ亜科）をまとめ，わが国からSasakawa（1955）とMiyagi（1963，1965a，b，1973）が数種を記載している．その後，Mathis（1992）によって113種3亜科，Canacinae（32種），Nocticanacinae（78種）およびZaleinae（3種）に分類されたが，すでにこの時Zaleinae亜科の所属に関しては疑問視されていた．また，Mathis & Munari（1996）はニセミギワバエ科と近縁のイソベバエ科（Tethinidae）に関して分類学的な検討を行い，世界のカタログを編集している．その後，Freidberg（1995）やMunari（1998）はZaleinae亜科をイソベバエ科に移し，またニセミギワバエ科とイソベバエ科の関連について論じた．次いで，McAlpine（2007）はこの両科を統合し，広義のニセミギワバエ科（Canacidae sensu lato）とした．つまり従来のニセミギワバエ科はニセミギワバエ亜科（Canacinae）となり，またイソベバエ科とされていたものは多様な形質をもつため5亜科（Apetaeninae，Horaismopterinae, Pelomyiinae, Tethininae, Zaleinae）としてニセミギワバエ科に取り込み6亜科となった．このようにニセミギワバエ科の分類構成は再編され，現在，この科はミギワバエ科とはまったく異なった系統に属し，むしろキモグリバエ科（Chloropidae）やクロコバエ科（Milichiidae）との関連性が指摘されている．わが国のイソベバエは主としてSasakawa（1974，1981，1986，1995）によって分類学的研究が行われている．わが国のニセミギワバエ科は現在2亜科（ニセミギワバエCanacinaeとイソベバエTethininae）からなり7属28種が各地から記録されている（Foster & Mathis, 2008；松本史樹郎, 2013；大石ら, 2007；笹川, 2014）．

　ニセミギワバエ科は英名Beach-fliesと呼ばれ，海浜性の種が多く，海岸の岩礁上や潮間帯の堆積物上でみられる．特にNocticanace属の種は成虫も荒波で洗われ，しばしば水没するような海岸の岩礁にみられるが，小型で敏捷なため観察は困難である．他方，一部のProcanace属の種は淡水に適応し，滝や森林内の急流でしぶきがかかる岩上でよくみられる．観察記録はきわめて少ないが，これらニセミギワバエ亜科の幼虫・成虫はともに藻類を食べるらしい．イソベバエ亜科のミナミイソベバエの幼虫が海草で飼育された例が知られている（Ferrar, 1987）．本科の成虫は体長3〜5 mm，黒色あるいは茶褐色・黄褐色の種が多く，灰色・黄色などの微毛で覆われている．種の特徴は体色，体長，剛毛の配列などの外部形態にはほとんどみられず，同定はもっぱら雌雄の生殖器の形態に基づいて行われている（図2〜10）．

　生殖器の標本は以下のような方法で作成する．雌雄の腹部先端2節を先の尖った細い眼科用のピンセットで切り取り，5％の苛性カリ（KOH）が入ったるつぼ（小容器）に移し，約1時間（50℃）放置後アルコールで脱水し，生殖器の部分を解剖針で切り取りユーパラルかバルサム（封入剤）でスライド上に封じる．

ニセミギワバエ科　Canacidae Jones

日本産ニセミギワバエ科の亜科および属の検索

1a 口孔はきわめて大きい．収斂する（向かい合う）後頭頂棘毛（postvertical bristle = pvt）を欠く．複眼直下に上向きの1～数本の強い複眼直下棘毛をもつ（図1-7，8，11，12）［ニセミギワバエ亜科］ ··· 2

1b 口孔は正常，収斂する1対の後頭頂棘毛を有する．複眼直下には棘毛をもたない（図1-9，10）［イソベバエ亜科］ ·· 5

2a 中額板（mesofrons）には中額棘毛（interfrontal bristle）を欠くが、額板には未発達の毛や顕著な眼縁棘毛（front-orbital bristle）と単眼棘毛（ocellar bristle）を有する（図1-11，12） ·· 3

2b 中額板には1対またはそれ以上の中額棘毛を有する（図1-7，8） ·················· 4

3a 体毛は長く，顕著である．額板（frons）は前方から後方に次第に少し広がる．3対の外側に湾曲した眼縁棘毛を有する．額板には未発達の毛を生じる．触角毛（arista）は基部から先端に微細な毛が生えている（図1-11） ············ ニセミギワバエ属　*Procanace* Hendel

3b 体毛は多いが，白色で短く，あまり発達していない．額板は先端で尖り，後方で明らかに広がり，三角形になり全面に未発達の毛がある．外側に湾曲した4対，またはそれ以上の眼縁棘毛を有する．触角毛の先端半分は微細毛を欠く（図1-12）
 ·· シラゲニセミギワバエ属　*Xanthocanace* Hendel

4a 中額板には少なくとも2対の中額棘毛，4対の外側に湾曲した眼縁棘毛と顕著な後単眼棘毛（postocellar bristle）を有する．小楯板（scutellum）には1対の小楯板棘毛があり，それらは前縁から離れて生じる ············ エンスイニセミギワバエ属　*Chaetocanace* Hendel

4b 中額板には1対の中額棘毛が前単眼の外側に生じる．3対の外側に湾曲した眼縁棘毛を有する．後単眼棘毛は未発達か，欠く．小楯板には2対の棘毛を有する．うち前縁の1対は先端で互いに交差する（図1-7，8，13）
 ·· カイガンニセミギワバエ属　*Nocticanace* Malloch

5a 前縁脈は中脈（M_{1+2}）付近で終わる（図1-3）．小楯板背面は無毛，中・後脛節は顕著な棘毛をもたない ··· 6

5b 前縁脈は径脈（R_{4+5}）に達する．小楯板背面に小棘毛をもつ．中・後脛節は棘毛をもつ
 ·· トゲイソベバエ属　*Pseudorhicnoessa* Malloch

6a 顔面の下方に1対の光沢を帯びる小隆起をもつ．複眼は無毛（図1-9，10）
 ·· イソベバエ属　*Tethina* Haliday

6b 顔面の下方に小隆起を欠く，複眼は密に短毛を装う
 ··· ミナミイソベバエ属　*Dasyrhicnoessa* Hendel

ニセミギワバエ亜科

エンスイニセミギワバエ属　*Chaetocanace* Hendel

中額板側面の後方から前方に1列に並んだ4～6本（2～3対）の前方に曲がった中額棘毛と外側に湾曲した4対の眼縁棘毛（front-orbitral）を有する．後単眼棘毛は単眼棘毛とほぼ同長で同じ方向に曲がっている．背中棘毛（dorosocentral bristle）は4対（1＋3）ほぼ同長，背正中棘毛（acrostichal

ニセミギワバエ科　3

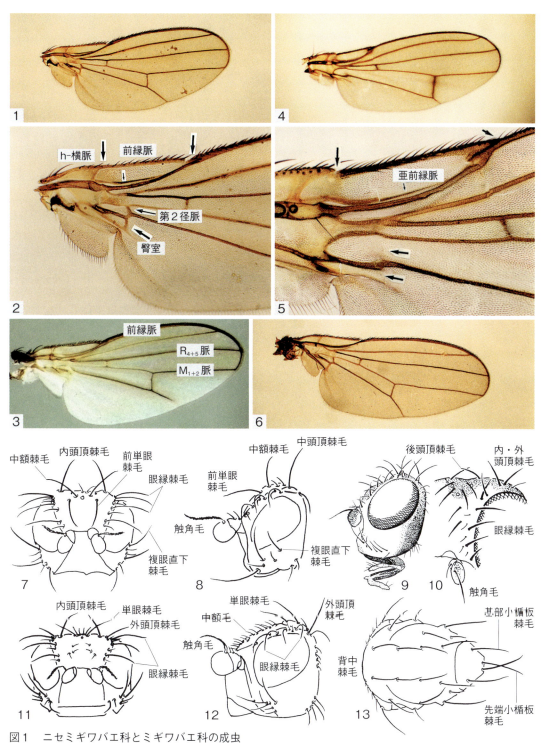

図1　ニセミギワバエ科とミギワバエ科の成虫
1〜6：翅脈　7〜12：頭部　13：胸部背面　1, 2：オキナワニセミギワバエ Procanace flaviantennalis
3：イソベバエ属　4, 5：ミギワバエ科オシロイミギワバエ Paracoenia fumosa　6：エンスイニセミギワ
バエ Chaetocanace biseta　7, 8, 13：カイガンニセミギワバエ属 Nocticanace　9：サイグサイソベバエ
Tethina saigusai　10：イソベバエ属 Tethina の頭部（正面）　11：ニセミギワバエ属 Procanace　12：シラゲニ
セミギワバエ属 Xanthocanace　13：カイガンニセミギワバエ属 Nocticanace

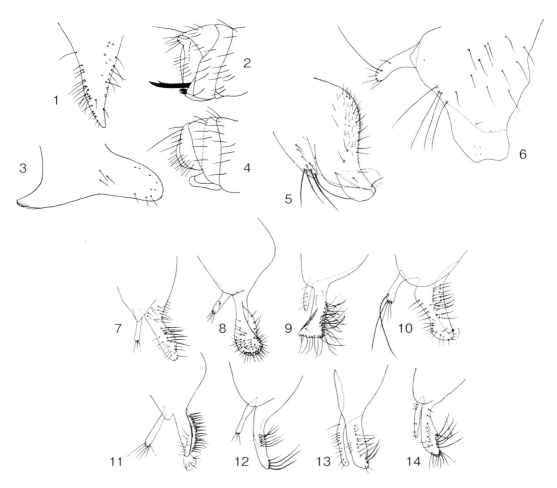

図2 エンスイニセミギワバエおよびニセミギワバエ属雄の生殖器(側面) male genitalia (lateral)
1：シラゲニセミギワバエ *Xanthocanace pollinosa* 雄の生殖器(第9腹板) male genitalia　2：エンスイニセミギワバエ *Chaetocanace biseta* 雌の腹部先端節　3, 4：エンスイニセミギワバエ *Chaetocanace biseta* 雄の第9腹板と腹部先端節　5：クレッソンニセミギワバエ *Procanace cressoni*　6：ヤマトニセミギワバエ *Procanace fulva*　7：スイゴニセミギワバエ *Procanace suigoensis*　8：キイロニセミギワバエ *Procanace flavescens*　9：ナカザトニセミギワバエ *Procanace nakazatoi*　10：キタニセミギワバエ *Procanace rivalis*　11：ニセミギワバエ *Procanace grisescens*　12：ハイイロニセミギワバエ *Procanace aestuaricola*　13：オキナワニセミギワバエ *Procanace flaviantennalis*　14：ウイリアムニセミギワバエ *Procanace williamsi*

bristle) は短く2列，小楯板棘毛は先端の1対だけである．わが国から次のエンスイニセミギワバエが記録されている．本属の種はほかにオーストラリアから *Chaetocanace brincki* Delfinado が記載されているだけである．

エンスイニセミギワバエ　*Chaetocanace biseta* (Hendel, 1913) (図2-2〜4)
本種は日本全国に分布する．成虫は河口や塩水性の湖などの湿地帯でよくみかける．
分布：北海道，本州，四国，九州，琉球列島，台湾，韓国，フィリピン

シラゲニセミギワバエ属　*Xanthocanace* Hendel
中額板には多数の小さい毛が一面に生えているが，側面に沿った顕著な棘毛や額棘毛は欠く．後

単眼棘毛と単眼棘毛は同長，4〜6対の白色の短い眼縁棘毛を有する．触角毛の先端1/2は無毛である．背中棘毛の数は変異があり，後部の1〜2本が周りの毛に比較して顕著である．小楯板には2対（基部・先端）の小楯板棘毛と多数の短い毛がある．本属の種は世界各地から10種が掲載され，わが国からは次の1種が記録されている．

シラゲニセミギワバエ　*Xanthocanace pollinosa* Miyagi, 1936（図2-1）

本種は台湾やタイから記録されている *X. orientalis*（Hendel）とよく似ているが，本種は中額板の前面に微毛が生えていること，脛節が灰色であることで区別されている．

分布：北海道，本州，韓国（ソウル），マレーシア

カイガンニセミギワバエ属 *Nocticanace* Malloch（図1-7, 8, 13）

本属はニセミギワバエ科のなかではもっとも種分化がみられ，荒波が打ち寄せる岩礁上で生息する種が各島でしばしば異なる．世界各地から33種，わが国からも6種が記録されている．体長1.8〜3.7 mmで，概して黒褐色で灰白色の粉で覆われている．1対の発達した中額棘毛を有する．後単眼棘毛は欠くか，未発達（単眼棘毛の1/4以下）である．背中棘毛は4対，背正中棘毛は欠く．小楯板棘毛は顕著で先端で湾曲する．小楯板には微細毛を欠く．

メシマカイガンニセミギワバエ　*Nocticanace danjoensis* Miyagi, 1973

分布：九州（長崎県男女群島）

ハチジョウカイガンニセミギワバエ　*Nocticanace hachijoensis* Miyagi, 1965（図4-2, 7, 9）

分布：八丈島

ヤマトカイガンニセミギワバエ　*Nocticanace japonica* Miyagi, 1965（図4-1, 8, 11）

分布：北海道，本州，九州

ササカワカイガンニセミギワバエ　*Nocticanace pacifica* Sasakawa, 1955（図4-4, 6）

分布：四国，九州（トカラ），台湾

マロックカイガンニセミギワバエ　*Nocticanace peculiaris* Malloch, 1933

分布：琉球列島，オーストラリア，マルケサス，マンガレバ，マリアナ諸島

タカギカイガンニセミギワバエ　*Nocticanace takagii* Miyagi, 1965（図4-3, 5, 10）

分布：本州，四国，九州

ニセミギワバエ属　*Procanace* Hendel（図1-11）

本属はカイガンニセミギワバエと同様種分化しており，世界各国から29種が記録されており，わが国には9種が生息する．概して灰白色だが，薄黄色，黒褐色の種もいる．中額板は棘毛を欠くが，数本の未発達の毛が生えている．3対の眼縁棘毛を有する．触角毛は全体微細毛を生ずる．2対の小楯板棘毛は発達し，先端棘毛は交差する．後脚の跗節には棘毛を欠く．

ハイイロニセミギワバエ　*Procanace aestuaricola* Miyagi, 1965（図2-12, 図3-4）

分布：本州，四国，九州，琉球列島

クレッソンニセミギワバエ　*Procanace cressoni* Wirth, 1951（図2-5, 図3-3, 8）

分布：北海道，本州，四国，九州，対馬，屋久島，中国

キイロニセミギワバエ　*Procanace flavescens* Miyagi, 1965（図2-8, 図3-1）

分布：本州，四国，九州

オキナワニセミギワバエ　*Procanace flaviantennalis* Miyagi, 1965（図1-1, 2, 図2-13, 図3-6）

分布：琉球列島

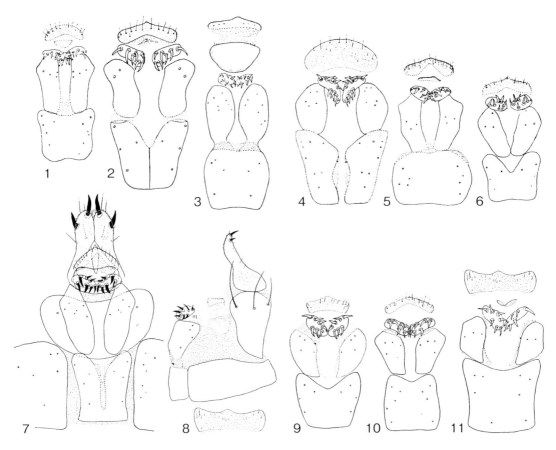

図3 ニセミギワバエ属 *Procanace* 雌の生殖器（腹面）female genitalia (ventral)；8 は側面 (lateral)
1：キイロニセミギワバエ *Procanace flavescens*　2：ウイリアムニセミギワバエ *Procanace williamsi*　3：クレッソンニセミギワバ *Procanace cressoni*　4：ハイイロニセミギワバエ *Procanace aestuaricola*　5：ヤマトニセミギワバエ *Procanace fulva*　6：オキナワニセミギワバエ *Procanace flaviantennalis*　7：ナカザトニセミギワバエ *Procanace nakazatoi*　8：クレッソンニセミギワバエ *Procanace cressoni*　9：ニセミギワバエ *Procanace grisescens*　10：キタニセミギワバエ *Procanace rivalis*　11：スイゴニセミギワバエ *Procanace suigoensis*

ヤマトニセミギワバエ　*Procanace fulva* Miyagi, 1965（図2-6，図3-5）
分布：北海道，本州，九州

ニセミギワバエ　*Procanace grisescens* Hendel, 1913（図2-11，図3-9）
分布：本州，四国，九州，琉球列島，熱帯アフリカ（ケニア，リベリア，ナイジェリア，スーダン，ザイール），オーストラリア，オセアニア（パプアニューギニア，ヤップ），東洋区（バングラデシュ，マレーシア，ネパール，台湾，タイ，西パキスタン）

ナカザトニセミギワバエ　*Procanace nakazatoi* Miyagi, 1965（図2-9，図3-7）
分布：琉球列島

キタニセミギワバエ　*Procanace rivalis* Miyagi, 1965（図2-10，図3-10）
分布：北海道，本州，四国，九州

スイゴニセミギワバエ　*Procanace suigoensis* Miyagi, 1965（図2-7，図3-11）
分布：本州，九州

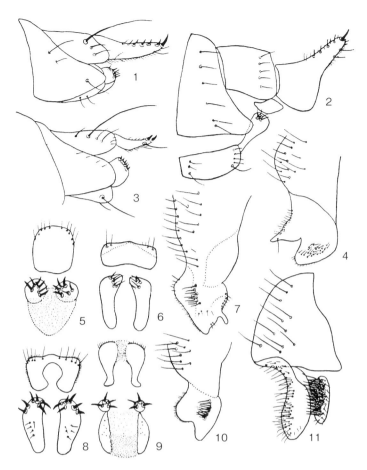

図4　カイガンニセミギワバエ属 *Nocticanace* 雌の腹部先端節（側面）（1～3）と生殖器 female genitalia (lateral)（5, 6, 8, 9）および雄の生殖器 male genitalia (lateral)（4, 7, 10, 11）
1, 8, 11：ヤマトカイガンニセミギワバエ *Nocticanace japonica*　2, 7, 9：ハチジョウカイガンニセミギワバエ *Nocticanace hachijoensis*　3, 5, 10：タカギカイガンニセミギワバエ *Nocticanace takagii*　4, 6：ササカワカイガンニセミギワバエ *Nocticanace pacifica*

ウイリアムニセミギワバエ　*Procanace williamsi* Wirth, 1951（図2-14, 図3-2）
分布：本州，四国，九州，屋久島．ハワイ

イソベバエ亜科

ミナミイソベバエ属　*Dasyrhicnoessa* Hendel, 1934

南方系の属で日本から5種が記録されていて，特に琉球列島で分化している．打ち上げられた海草の堆積に多数みられる．本属の種は体色・微粉とも黄色の目立つ小バエである．

オガサワライソベバエ　*Dasyrhicnoessa boninensis* Sasakawa, 1995
分布：小笠原（父島），硫黄列島

アシブトイソベバエ　*Dasyrhicnoessa platypes* Sasakawa, 1986（図8）
分布：琉球列島（沖縄本島）

8　双翅目

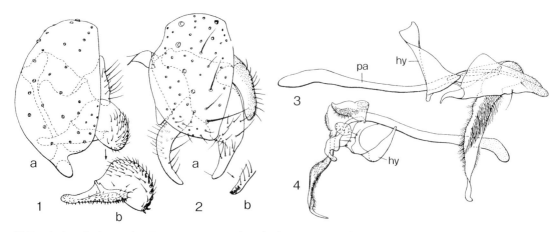

図5　トウヨウイソベバエ Tethina orientalis（1，4）とトゲイソベバエ Pseudorhicnoessa spinipes（2，3）の雄生殖器（Sasakawa, 1974より引用）
a：上雄板（＝第9腹節背板）epandrium（側面）　b：後上雄突起（図6bの解説を参照）(posterior) surstylus（内面），pa：陰茎内甲　hy：下雄板

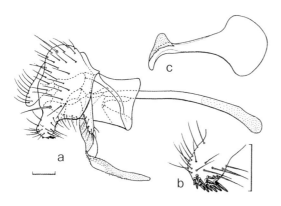

図6　ヨシヤスイソベバエ Dasyrhicnoessa yoshiyasui の雄生殖器（Sasakawa, 1986より引用）
a：雄の生殖器（側面）　b：後上雄突起（Dasyrhicnoessa 属と Pseudorhicnoessa 属とは，ともに前後に分離した2対の上雄突起をもつ）posterior surstyus（内面）　c：射精内甲 ejaculatory apodeme

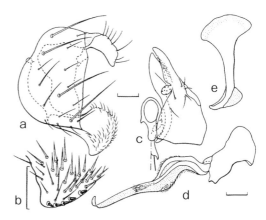

図7　キタイソベバエ Tethina thula の雄生殖器（Sasakawa, 1986より引用）
a：上雄板 epandrium（側面）　b：上雄突起 surstylus（内面）　c：陰茎 phallus（側面）　d：前・後生殖片 pre-and postgonites　e：射精内甲 ejaculatory spodeme

ミツボシイソベバエ　*Dasyrhicnoessa tripunctata* Sasakawa, 1974（図10）
　分布：琉球列島，フィリピン，マレーシア，マリアナ諸島，カロリン諸島，ビスマルク諸島，パプアニューギニア，オーストラリア，アラブ連邦

ミナミイソベバエ　*Dasyrhicnoessa vockerothi* Hardy et Delfinado, 1980
　分布：琉球列島，フィリピン，マレーシア，スリランカ，マリアナ諸島，マーシャル諸島，ハワイ，ギルバート諸島，カロリン諸島，ビスマルク諸島，パプアニューギニア，オーストラリア，ウェーキ島

ヨシヤスイソベバエ　*Dasyrhicnoessa yoshiyasui* Sasakawa, 1986（図6）
　分布：琉球列島（石垣島，西表島），中国（香港）

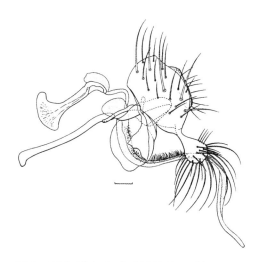

図8 アシブトイソベバエ *Dasyrhicnoessa platypes* 雄生殖器（側面）（Sasakawa, 1986より引用）

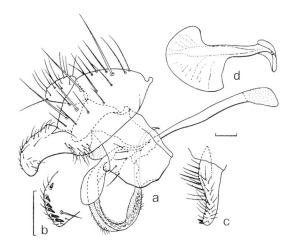

図9 サイグサイソベバエ *Tethina saigusai* の雄生殖器（Sasakawa, 1986より引用）
a：雄の生殖器（側面） b：上雄突起 surstylus（内面） c：上雄突起 surstylus（後面） d：射精内甲 ejaculatory apodeme

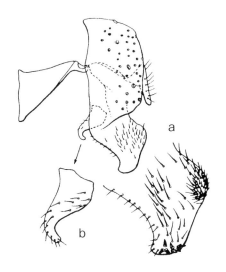

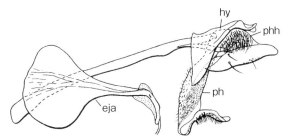

図10 ミツホシイソベバエ *Dasyrhicnoessa tripunctata* の雄生殖器（Sasakawa, 1974より引用）
a：雄の生殖器（側面） b：上雄突起 surstylus（内面） eja：射精内甲 ejaculatory apodeme hy：下雄板 ph：陰茎 phh：陰茎フード

トゲイソベバエ属　*Pseudorhicnoessa* Malloch, 1914

日本産は1種だが，この種は東南アジア，南太平洋諸国の海岸に広く分布する．体色はイソベバエ属によく似ている．

トゲイソベバエ　*Pseudorhicnoessa spinipes* Malloch, 1914（図5-2，3）
　分布：琉球列島，台湾，フィリピン，マレーシア，シンガポール，ベトナム，タイ，ビスマルク諸島，オーストラリア，マリアナ諸島，カロリン諸島，マーシャル諸島，パプアニューギニア

イソベバエ属　*Tethina* Haliday, 1837

北海道，本州にも分布する唯一のイソベバエ亜科の属である．海岸の堆積物上で多数みられる．体色は黒色で，全体は灰色の微粉に覆われるが，顔面は灰白ないし黄白色で特徴的である．

トウヨウイソベバエ　*Tethina orientalis*（Hendel, 1934）（図5-1，4）
分布：琉球列島，台湾，中国，マリアナ諸島
サイグサイソベバエ　*Tethina saigusai* Sasakawa, 1986（図9）
分布：北海道，本州
ササカワイソベバエ　*Tethina sasakawai* Foster et Mathis, 2008
分布：北海道，アメリカ合衆国，カナダ
キタイソベバエ　*Tethina thula* Sasakawa, 1986（図7）
分布：千島列島，北海道，極東ロシア，アラスカ

参考文献

Ferrar, P. 1987. A guide to the breeding habits and immature stages of Diptera Cyclorrhapha. Entomograph, Vol.8. E. J. Brill/ Scandinavian Science Press, Leiden-Copenhagen (part 1: text)1-478, (part 2: figs): 479-907.

Freidberg, A. 1995. A study of Zaleinae, a taxon transitional between Canacidae and Tethinidae (Diptera), with the description of a new genus and species. Entomologica Scandinavica, 26: 447-457.

Foster, G. & W. N. Mathis. 2008. Review of the genus *Tethina* Haliday (Diptera: Canacidae: Tethinidae) from western North America. Proc. Ent. Soc. Washington, 110: 317.

Mathis, W. N. 1992. World Catalog of the Beach-flies Family Canacidae (Diptera). Smithonian Contributions to Zoology, 536.

Mathis, W. N. & L. Munari. 1996. World Catalog of the Tethinidae (Diptera). Smithonian Contributions to Zoology, 584.

McAlpine, D. K. 2007. The surge flies (Diptera: Canacidae: Zaleinae) of Australasia and notes on Tethinid-Canacid morphology and relationships. Records of Australian Museum, 59: 27-64.

松本史樹朗（編）．2013．Canacidae．大阪自然史博物館所蔵双翅目目録（1）．大阪市立自然史博物館収蔵資料目録，45: 97-100．

Miyagi, I. 1963. Notes on Korean species of the Canacidae, with descriptions of two new species (Diptera: Canacidae). Insecta Matsumurana, 26: 122-126.

Miyagi, I. 1965a. On the Japanese species of genus *Procanace* Hendel, with descriptions of seven new species (Diptera: Canacidae). Insecta Matsumurana, 27: 85-98, 4 figs.

Miyagi, I. 1965b. On the marine shore flies of the genus *Nocticanace* from Japan (Diptera: Canacidae). Kontyû, 33: 299-303, 1 plate.

Miyagi, I. 1973. A new species of *Nocticanace* from Danjo Islands, south Japan (Diptera: Canacidae). Tropical Medicine, 15: 173-176, 5 figs.

Munari, L. 1988. 3. 19. Family Tethinidae. In L. Papp & H. Darvas (eds.), Contribution to a Manual of Palaearctic Diptera, 3: 243-250. Budapest: Science Herald.

大石久志，乙部　宏，蒔田実造．2007．三重のニセミギワバエとイソベバエ．はなあぶ，23: 71-77．

Sasakawa, M. 1955. Marine Insects of the Tokara Islands, III. A new species of *Nocticanace* from Japan (Diptera: Canacidae). Publication of the Seto Marine Biological Laboratory. 4: 367-369, 2 figs.

Sasakawa, M. 1974. Oriental Tethinidae (Diptera). Akitu, (n. s.), 1: 1-6.

Sasakawa, M. 1981. The tethinid flies from Japan (Diptera, Tethinidae). Kontyû, 49: 520.

Sasakawa, M. 1986. A revision of the Japanese Tethinidae (Diptera). Kontyû, 54: 433-441.

Sasakawa, M. 1995. Diptera Tethinidae. Micronesica, 27: 51-72.

笹川満廣．2014．Family Canacidae ニセミギワバエ科．日本昆虫目録第8巻双翅目: 654-656．日本昆虫学会．

Wirth, W. 1951. A revision of the Dipterous family Canacidae. Occasional papers of Bernice P. Bishop Museum, 20: 245-275, 6 figs.

フンバエ科　Scathophagidae

諏訪正明

　フンバエ類は世界から約400種（Ozerov & Krivosheina, 2014），ほとんどが旧北区および新北区からの記録である．日本での研究は不十分で，わずかに20種程（Hironaga & Suwa, 2014；Iwasa, 2014）が記録されているにすぎない．幼虫の外形はハナバエに似るが，前気門は通常前縁の中央が凹み2葉に分かれており，識別に役立つことが多い．幼虫は，知られている限りでは，主として植食性，腐食性，糞食性で，一部捕食性である．大部分の幼虫は陸生であるが，*Hydromyza*，*Acanthocnema*，*Spaziphora* では水生あるいは亜水生とされる．

　Hydromyza Fallén は旧北区から1種，北米から1種の計2種が知られる．幼虫はスイレンやコウホネの水面に浮かぶ葉や水面下の茎に潜る（Welch, 1914, 1917；Hering, 1937）が，水中で生活しているわけではないので真の水生昆虫とはいえない（Johannsen, 1935）．日本からは未記録．

　ナガレフンバエ属 *Acanthocnema* Becker はヨーロッパに3種，北米に3種，ネパールに1種，極東ロシアに1種，日本に2種の計10種が知られる．*Acanthocnema glaucescens* (Loew, 1864) に関するイギリスでの観察によれば，雌成虫は水面下のトビケラの卵塊や水生双翅類の卵塊に産卵し，孵化した幼虫はゼラチン質に包まれた寄主の卵をゼラチン共々摂食する（Hinton, 1981）．蛹は増水時には冠水する石に生ずる苔の下や藻類の被膜下で見出されている（Nelson, 1992）．日本産のトゲアシナガレフンバエ *Acanthocnema longispina* Suwa, 1986（北海道，本州）とソラヌマナガレフンバエ *Acanthocnema sternalis* Suwa, 1986（北海道）の生活史は未知．

　Spaziphora Rondani は旧北区から1種，北米から1種の計2種が知られる．旧北区の *Spaziphora*

図1　ソラヌマナガレフンバエ *Acanthocnema sternalis* Suwa の雌成虫

hydromyzina (Fallén, 1819) の幼虫は下水の濾過床や淀んだ水域に発生し，藻類や菌類を摂食している (Graham, 1939)．水中に没するのは時折であり，亜水生である．日本からは未記録．

参考文献

Graham, J. F. 1939. The external features of the early stages of *Spathiophora hydromyzina* (Fall.) (Dipt., Cordyluridae). Proceedings of the Royal Entomological Society of Lodon, (B), 8: 157-162.

Hering, M. 1935-1937. Die Blattminen Mittel- und Nord-Europas einschliesslich Englands. xii + 631 pp., 7 plates. Verlag Gustav Feller, Neubrandenburg.

Hinton, H. E. 1981. Biology of Insect Eggs. Pergamon Press, Oxford etc.

広永輝彦・諏訪正明，2014．フンバエ科．中村剛之・三枝豊平・諏訪正明（編），日本昆虫目録第8巻（双翅目）: 752-754．日本昆虫学会．

Iwasa, M. 2014. Three new species of the genus *Acerocnema* Becker (Diptera: Scathophagidae) from Japan, with a key to the Palaearctic species. Studia Dipterologica, 20(2): 175-183.

Johannsen, O. A. 1935. Aquatic Diptera, Part II. Orthorrhapha-Brachycera and Cyclorrhapha. Cornell University Agricultural Experimental Station, Memoir, 177: 1-62, 12 plates.

Nelson, J. M. 1992. Biology and early stages of the dung-fly *Acanthocnema glaucescens* (Loew) (Dipt., Scathophagidae). Entomologist's Monthly Magazine, 128: 71-73.

Ozerov, A. L. & M. G. Krivosheina 2014. To the fauna of dung flies (Diptera: Scathophagidae) of Russian Far East. Russian Entomological Journal, 23: 203-222.

Suwa, M. 1986. The genus *Acanthocnema* in Asia and Europe, with descriptions of three new species from Japan and Nepal (Diptera: Scathophagidae). Insecta Matsumurana, New Series, 34: 1-33.

Welch, P. S. 1914. Observations on the life history and habits of *Hydromya confluens* Loew, (Diptera). Annals of Entomological Society of America, 7: 135-147.

Welch, P. S. 1917. Further studies on *Hydromya confluens* Loew, (Diptera). Annals of Entomological Society of America, 10: 35-46.

ハナバエ科　Anthomyiidae

諏訪正明

　ハナバエ科昆虫類は世界から約2000種（Michelsen, 2015），日本から228種（Suwa, 2014）が知られる．幼虫は主に植食性，腐食性であり，陸生である．体は白色ないし淡黄色，円筒形，先端は細まり，尾端は裁断状で通常周囲に数対の肉質突起がある．前気門は通常扇状で，数個から20数個の気門小孔を有する．*Hydrophoria* Robineau-Desvoidy のある種の幼虫は水生との記録もあるが（Malloch, 1919），確認されていない．最近イギリスにおいて *Alliopsis* (= *Paraprosalpia*) *sepiella* (Zetterstedt, 1845) の幼虫が時折冠水する岩上のコケの下から見出されている（Nelson, 1991）．まだ死にきっていないガガンボの幼虫を摂食しているのも観察されているが，捕食性というよりは死体食というべきかも知れない．*Alliopsis* Schnabl et Dziedzicki のハナバエは日本から7種が知られるが，*Alliopsis sepiella* は未発見である．本種の老熟幼虫は6×2 mm，白色，ややずんぐりしているものの，典型的なハナバエ型で，時折撹乱される環境に特に適応した形態をもっているわけでもないということである．ハナバエ類の成虫は湿潤な環境に見られることが多いので，同様な生活型をもつ種がほかにもいることは大いに考えられる．なお，日本にはツマグロイソハナバエ *Fucellia apicalis* Kertész, 1908など6種のイソハナバエ属 *Fucellia* Robineau-Desvoidy のハナバエが海浜に生息しているが，幼虫は打ち上げられた海藻や魚介類で生育しており，水生ではない．

図1　*Alliopsis sepiella*　雄成虫（イギリス産標本）

2 　双翅目

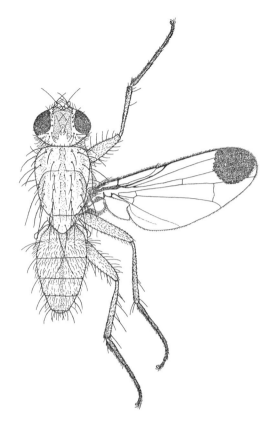

図2　ツマグロイソハナバエ *Fucellia apicalis*　雄成虫

参考文献

Malloch, J. R. 1919. The Diptera collected by the Canadian Expedition, 1913-1918 (excluding the Tipulidae and Culicidae). Report of the Canadian Arctic Expedition 1913-1918, 3 (C): 34-90.

Michelsen, V. 2015. 17. 26. Anthomyiidae, Fanniidae, Muscidae and Scathophagidae (The Muscidae family group). In J. Böcher, N. P. Kristensen[†], T. Pape & L. Vilhelmsen (eds.), The Greenland Entomofauna. An Identification Manual of Insects, Spiders and Their Allies, pp. 635-657. Brill, Leiden.

Nelson, J. M. 1991. The biology and early stages of the fly *Paraprosalpia sepiella* (Zetterstedt) (Diptera: Anthomyiidae). Entomologist's Gazette, 42: 185-187.

Suwa, M. 2014. Family Anthomyiidae. In T. Nakamura, T. Saigusa & M. Suwa (eds.), Catalog of the Insects of Japan 8(2) Diptera (Brachycera Schizophora), pp. 755-778. Touka Shobo, Fukuoka.

イエバエ科　Muscidae

篠永　哲

　イエバエ Musca domestica に代表されるイエバエ科は，ハエ目の中でも大きな科で，世界のすべての地理区に生息し，170属4000種が記録されている．成虫はすべて陸生であり，幼虫もほとんどが陸生である．これらのうちで，水生の幼虫が記録されている属は，12属にすぎない（Ferrar, 1987）．日本国内に生息している種を含んでいるのは，セマダラエバエ属 Graphomyia，ミズギワイエバエ属 Limnophora，カトリバエ属 Lispe の3属のみである．これら3属のうち，成虫が記録されているのは，セマダライエバエ属2種（または2亜種），ミズギワイエバエ属18種，カトリバエ属14種で，幼虫が記載されているのは，カトリバエ属の4種にすぎない．本項では，これら3属の幼虫を中心にして解説する．

基本形態

　卵：一般的に長卵形で，背面が凹陥している（図2-4）．凹陥部は，幼虫が孵化してくる際に剥がれる卵膜の部分である．イエバエの卵のような，単純なものから，ノイエバエのような角状の突起や付属物を持つものもある．

　幼虫：幼虫の形態はいわゆるウジ型である．発育期は，1齢から3齢を経過して蛹となる．孵化したばかりの1齢幼虫は，前方気門を持たず，後方気門の裂口は1本である．2齢になると，前方気門が出現し，後方気門の裂口は2本となり，3齢では3本となる．幼虫の分類は，咽頭骨格の形態を基本としているが，前方気門の形態，各体節の棘や肉質突起の配列，後方気門の形態なども特徴となる（図2-1〜2, 5）．

　蛹：イエバエ科の蛹は，3齢幼虫の外皮が萎縮・硬化して，その中で蛹化した囲蛹である．したがって，3齢幼虫の外皮の棘列，後方気門の形態，咽頭骨格なども囲蛹から判別可能である（図2-6〜8）．

　成虫：イエバエ科は，有弁亜節 Calyptratae イエバエ上科 Muscoidea に属する．大別すると，イエバエ亜科 Muscinae，トゲアシイエバエ亜科 Phaoniinae，マルイエバエ亜科 Mydaeinae，ハナレメイエバエ亜科 Coenosiinae の4亜科に分類される．水生の種の多くは，ハナレメイエバエ亜科とマルイエバエ亜科に属する．代表的なのは，カトリバエ属 Lispe で，成虫も水際で生活し，水中から孵化してきたユスリカなどを捕食する．このような種では口器が硬化し，水際での生活に適応して，跗節に大きな浮嚢を発達させた種もある（図1-4〜5）．種ごとの形態については，種の解説の項で行う．

セマダライエバエ　*Graphomyia maculata* (Scopoli, 1763)（図2-1〜4）

　卵：長径約1.0mm，舟形，孵化板（hatching plate）は葉状．

　幼虫：3齢幼虫は黄赤色，円筒状，前方（頭部）に向かって尖る．胸部の3節の前棘帯は，完全．第1〜7腹節は，完全な後棘帯と擬脚（false leg）を持つ．第8腹節は，円筒状で，後背部に向かって突出する．肛門乳頭（anal pailae）と副肛門乳頭（subanal papillae）はよく発達している．後方気門は突出し，小さい．咽頭骨格は複雑で，特徴的．口鉤（mouth hook）は大きく，弓状，棹状骨（accesory sclerite）は大きい．

　囲蛹：長径約10mm，突出した第8腹節と擬脚が見られる．前方気門は棒状で，突出する．

　幼虫は捕食性で，水深の浅い有機物の腐敗した泥水に生息し，ガガンボやハナアブなどの幼虫を

2 双翅目

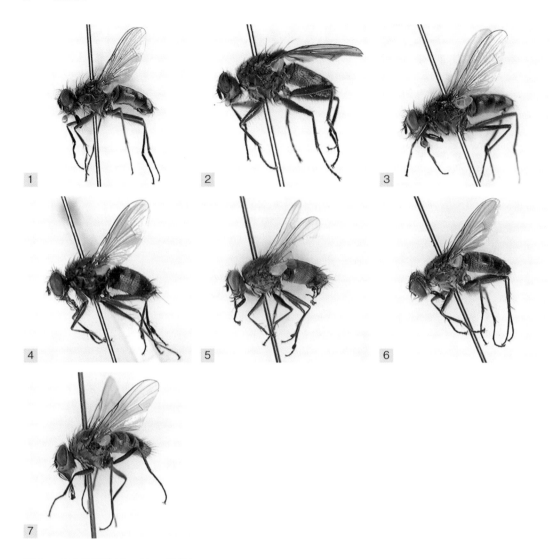

図1　イエバエ科 Muscidae の成虫
1：カトリバエ Lispe tentaculata　2：トーヨーカトリバエ Lispe orientalis　3：ケズメカトリバエ Lispe consanguinea　4：ウミベカトリバエ Lispe aquamarina　5：ハマナコカトリバエ Lispe hamanae　6：ミナミカトリバエ Lispe pacifica　7：ハイイロミズギワイエバエ Limnophora orbitalis

襲って食べる（Keilin, 1917）．Keilin の観察によると，小型のセマダライエバエ幼虫と老熟したハナアブ Eristalis の幼虫を一緒にしたところ，強力な口器でハナアブの幼虫の体に食い込んで，食べてしまったという．また，この幼虫は，1カ月も餌なしで生存可能であり，幼虫期間は，餌の有無にかかっている．囲蛹は水の溜まった樺の木の樹洞で見つかっているほか，水辺の腐敗した植物の中でも得られている（Skidmore, 1985）．

成虫は，牧場などで種々の花を訪れているのが観察されるほか，腐肉などにもよく集まる．北海道から九州，屋久島まで広く分布している．

ヒメセマダライエバエ　*Graphomyia rufitibia* Stein, 1918（図2-5～8）

Fan（1957）によると，卵はフリルのある舟形でセマダライエバエのものと同じである（図2-4）．

1658

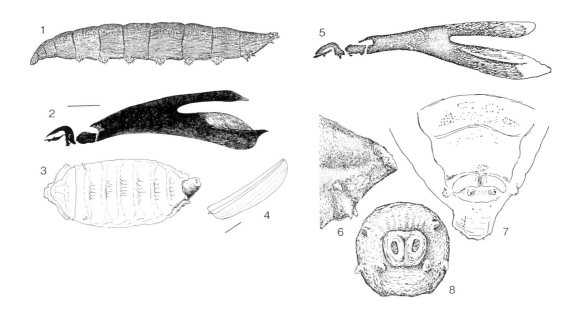

図2　セマダライエバエ属 *Graphomyia* の幼虫・蛹
1～4：セマダライエバエ *Graphomyia maculara*；1：3齢幼虫（Keilin, 1915），2：咽頭骨格（囲蛹内より），3：囲蛹（背面），4：卵（2～4：Skidmore, 1985）　5～8：ヒメセマダライエバエ *Graphomyia rufitibia* Stein：5：咽頭骨格，6～8：囲蛹尾端（6：側面，7：腹面，8：後面）

幼虫は記載されていないが，囲蛹の形態と囲蛹殻内の咽頭骨格の形態から，幼虫もセマダライエバエに類似している．成虫も，脛節の色彩と胸背の斑紋がわずかに異なるくらいである．本種も，花上でよく観察されるが，腐肉などにもよく集まる．本州中部から南西諸島まで分布している．東南アジアでも普通に見られる．

カトリバエ　*Lispe tentaculata* (De Geer, 1776)（図3-9）（図1-1）
　成虫は水際に生息し，羽化してきたユスリカや蚊を捕食する．幼虫は水生とされているが，生態はわかっていない．干上がった砂泥地に現れたユスリカの幼虫を襲うこともある．囲蛹から得られた咽頭骨格と囲蛹の一部分が記載されている（Skidmore, 1985）．

トーヨーカトリバエ　*Lispe orientalis* Wiedemann, 1830（図3-10）（図1-2）
　本種の成虫も水際に生息し，羽化してきたユスリカなどを捕食することが知られているが，幼虫期の生態は不明である．牛糞から採集された囲蛹内の咽頭骨格と囲蛹の一部が記載されている（Skidmore, 1985）．

ケズメカトリバエ　*Lispe consanguinea* Loew, 1858（図1-3）
　成虫は水際に生息し，羽化してきたユスリカなどを捕食する．海岸や塩分濃度の高い湖岸に生息することも知られている．幼虫も捕食性で，大型のハナアブやガガンボなども襲う．

4　双翅目

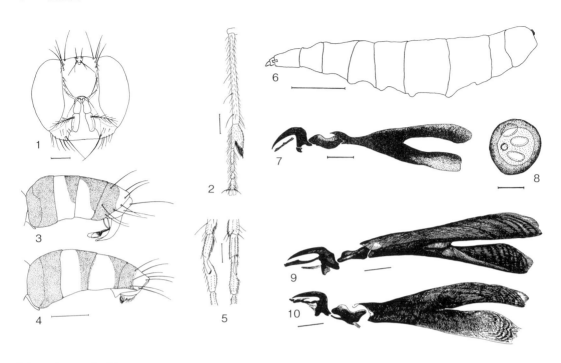

図3　カトリバエ属 Lispe
1, 2：ウミベカトリバエ Lispe aquamarina（成虫）；1：頭部前面，2：雄後脚脛節および跗節　3：雄腹部側面　4：雌腹部側面　5：ケズメカトリバエ Lispe consanguinea（成虫）；前脚跗節（a：側面, b：背面）6～8：ウミベカトリバエ Lispe aquamarina（幼虫）；6：3齢幼虫（側面），7：咽頭骨格，8：後方気門　9, 10：咽頭骨格；9：カトリバエ Lispe tentaculata，10：トーヨーカトリバエ Lispe orientalis（スケールは1～6：0.3mm；7, 9, 10：0.1mm；8：0.05mm）

ウミベカトリバエ　*Lispe aquamarina* Shinonaga et Kano, 1983（図1-4）

成虫は海岸の岩礁，岩などの上で観察されるが，捕食行動は不明である．篠永ら（1983）は，海中の海藻の上で採集され，羽化した成虫と幼虫を記載している．成虫は，体長約5mm，雄の後脚跗節（hind metatarsus）は，大きく膨れ浮嚢状になっている．幼虫は体長約8.0mm，白色で咽頭骨格は，他の種に類似している．後方気門の周気環は円形で，強く硬化し，わずかに突出している（図3-8）．幼虫の生態は不明である．

ハマナコカトリバエ　*Lispe hamanae* Hori et Kurahashi, 1963（図1-5）

成虫は，静岡県の浜名湖沿岸で多数採集されている．湖岸の砂泥地で見られるが，成虫，幼虫ともに生態はわかっていない．前種と同じく雄の後脚跗節に，大きな浮嚢がある．

ミナミカトリバエ　*Lispe pacifica* Shinonaga et Pont, 1990（図1-6）

南日本から南西諸島，小笠原諸島などに広く分布している種である．成虫は，海岸の砂泥地に生息し，小型のハエ目昆虫を捕食している．近縁の *L. assimilis* Wiedemann は，南太平洋地域に分布し，海岸に生息している．両種ともに生態は不明である．

ミズギワイエバエ属　*Limnophora* Robineau-Desvoidy, 1830

国内からは，ミズギワイエバエ属のハエが15種記録されているが，成虫，幼虫を含めて生態のわ

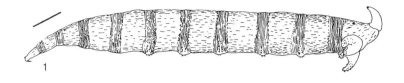

図4　ミズギワイエバエの1種　*Limnophora orinpiae* Lyneborg
1：3齢幼虫側面　2：咽頭骨格（スケールは1：0.3mm；2：0.1mm）

かっている種はない．国外での記録も少なく，囲蛹からの咽頭骨格が記載されている種は数種にすぎない．これらほとんどの成虫は水際に生息し，幼虫は水生で，ミミズやユスリカ，チョウバエなど小型の昆虫の幼虫を捕食しているが，なかには牛糞から発生する種もある（Skidmore, 1985）．図4-1〜2に示した種は，ヨーロッパ産の種である．日本産の成虫の1種のハイイロミズギワイエバエ *Limnophora orbitalis* Stein, 1907を図1-7で示した．カトリバエ属 *Lispe* との違いは，カトリバエ属では，パルプがスプーン状であるが，他のイエバエ科のハエと同じく棍棒状である．

参考文献

Fan, T. 1957. Notes on the third stage larvae of synanthropic flies in Shanghai district. Acta Entomologica Sinica, 7: 405-422.

Ferrar, P. 1987. A guide to the breeding habits and immature stages of Diptera Cyclorrhapha. Lyneborg, L. (ed.), Entomograph, 8, pp. 228-249, 721-734.

Ishijima, H. 1967. Revision of the third stage larvae of synanthropic flies of Japan (Diptera : Anthomyiidae, Muscidae, Calliphoridae and Sarcophagidae). Japanese Journal of Sanitary Zoology, 18: 47-100.

Keilin, D. 1915. Reserches sur Anthomyides a larves carnivores. Parasitology, 9: 325-450.

Shinonaga, S. & R. Kano. 1983. Two new species and a newly recorded subspecies of the genus *Lispe* Latreille from Japan with a key to Japanese species (Diptera, Muscidae). Japanese Journal of Sanitary Zoology, 34: 83-88.

Shimomaga, S. & A. C. Pont. 1992. A new species of the genus *Lispe* Latreille, with notes on two related species, *L. assimilis* Wiedeman and *L. microptera* Ségug (Diptera, Muscidae). Japanese Journal of Entomology, 60: 715-722.

Skidmore, P. 1985. The biology of the Muscidae of the World. Dr. W. Junk Publ., 550pp.

Smith, K. G. V. 1989. An Introduction to the Immature Stages of British Flies. Diptera Larvae, with Notes on Eggs, Puparia and Pupae: 134-139. Royal Entomological Society, London.